U0560712

■ 刘纲纪 著

美学与哲学

新 版

WUHAN UNIVERSITY PRESS
武汉大学出版社

图书在版编目(CIP)数据

美学与哲学:新版/刘纲纪著. —武汉:武汉大学出版社,2006.10
名家学术
　ISBN 7-307-04990-2

　Ⅰ.哲⋯　　Ⅱ.刘⋯　　Ⅲ.美学—关系—哲学—文集　　Ⅳ.B83-02

中国版本图书馆 CIP 数据核字(2006)第 028642 号

责任编辑:王雅红　　　责任校对:刘　欣　　　版式设计:支　笛

出版发行:**武汉大学出版社**　(430072　武昌　珞珈山)
　　　　　(电子邮件:wdp4@whu.edu.cn　网址:www.wdp.com.cn)
印刷:湖北省通山县九宫印务有限公司
开本:730×1000　1/16　印张:53.75　字数:773 千字　插页:2
版次:2006 年 10 月第 1 版　　　2006 年 10 月第 1 次印刷
ISBN 7-307-04990-2/B·150　　　定价:80.00 元

目　　录

新 版 序

　　本书于1986年5月由湖北人民出版社出版，收入我在20世纪70年代末至80年代所写的较重要的美学文章。从此书出版到现在，时间已过去了20年。我感谢当时读者的厚爱，初版印了一万册，次年6月又再印了两万册。这次重版，除抽去《"六法"初步研究》一文，编入我的另一文集《中国书画、美术与美学》之外，其他文章均保留，并加入此书出版时未收入和出版后所写的多篇文章，包含20世纪90年代初至近年所写的文章。每篇文章我都仔细重读，改正错漏之处，并作了文字加工。某些文章，为了把问题说得准确完善一些，作了局部的修改。但论点、提法统统不变，以保持文章发表时的原貌。为了便于读者阅读，我将文章按内容的性质分为六组，每组文章大致按发表时间先后排列。下面对各组文章作一些说明，并顺带讲一下目前的一些想法。

一

　　第一组收入了我在20世纪80年代所写讨论马克思主义美学基本观点的文章，我把1980年7月所写的《关于马克思论美》列为第一篇。因为这篇文章是我从1956年末开始长期研究解读马克思的《1844年经济学—哲学手稿》（以下简称《手稿》）的产物，在我个人的美学观点的形成上有十分重要的意义。

　　我从两个相互联系的方面来解读《手稿》，一是通过广泛参阅《手稿》之外马克思众多的经济学著作来解读，二是密切结合从康德到席勒再到黑格尔的德国古典美学来解读。解读的结果使我认识到康

1

德在他的《判断力批判》的"导言"中明确提出从"自由"与"自然"（必然）的统一中去找美，在西方美学发展史上具有极为重要的意义，可以说是西方美学在解决美学问题上的思考途径的一个划时代的变化，超越了古希腊的"模仿说"，以及后来英国的经验主义美学、法国的启蒙主义美学和法、德两国的理性主义美学。席勒和黑格尔都是沿着康德所开辟的道路前行，各以不同的方式去解决"自由"与"自然"（必然）的统一问题，提出对美与艺术的本质的看法。马克思的贡献则在于他批判地继承了德国古典哲学与美学的成果，并通过对政治经济学的广泛深入的研究，创立了他的实践的、历史的唯物主义，把由康德提出的"自由"与"自然"（必然）的统一放到了人类物质生产实践（劳动）的基础之上，从而打开了美学史的全新的一页。这就是我长期研读《手稿》，在 20 世纪 70 年代末终于明确达到的结论。一旦达到这个结论，我感到对马克思美学的理解就豁然开朗了。《关于马克思论美》一文就是在这种情况下写成的。其中，我提出了两个根本性的观点。第一，我指出马克思对人类物质生产劳动不同于动物活动的本质特征的分析，是马克思美学的根本出发点和基石。因为在我看来，这正是马克思之所以能彻底科学地解决康德提出的"自由"与"自然"（必然）的统一问题的根本原因。套用马克思在《手稿》中评论黑格尔《精神现象学》一书的话来说，马克思对人类劳动的本质特征的分析，是马克思美学（同时也包含哲学）的"真正诞生地和秘密"（重点为我所加，引文依 1979 年版《马克思恩格斯全集》第 42 卷的译文，下同）。第二，我通过对马克思在《手稿》中讲到的"美的规律"和直接与之相关的"种的尺度"与"内在的尺度"的含义及两者关系的分析，指出美的最根本、最普遍的规律就是在人类实践（首先是物质生产劳动）基础上，人的自由与客观的自然必然性两者如何统一的规律，美就是这种统一的实现在人类生活中的感性具体的表现。以上两点，就是我所理解的马克思主义实践观美学的根本性的观点，也是我直至现在始终坚持的观点。我对美学上一切问题的解决，都是从这两个根本观点出发的。这也是我讲的实践美学与别的人所讲的实践美学的区别所在。

《关于马克思论美》一文，既是我对马克思美学的根本看法的表达，同时又是一篇与蔡仪先生商榷的文章。而蔡先生的观点与我的学长、老友李泽厚的观点一向是尖锐对立的。因此我在写此文时，把最能代表李泽厚观点的《美学三题议》一文仔细重读了一遍，希望我的立论尽可能妥帖一些，没有无故唐突蔡先生，或无条件地为李泽厚的观点作辩护的地方。在学术上，我历来反对搞宗派。虽然我不同意蔡先生的基本观点，但我不愿我的这篇文章带有站在李泽厚一边去反对蔡先生的宗派色彩。李泽厚的《美学三题议》发表于 1962 年，当时我就认为是一篇有创意、有理论深度的文章，但又感到有不少问题没有讲清楚。到了 1980 年，为了写《关于马克思论美》而重读此文时，更是感到问题不少。中心问题是：在这篇文章中，李泽厚试图引入康德的美学，并用马克思的实践观点去解释它，但又没有达到两者的真正统一。这主要表现在三个方面：

第一，李泽厚提出美是"诞生在人的实践与现实的相互作用与统一之中"（李泽厚：《美学论集》第 163 页，上海文艺出版社，1980 年版。以下只注页码），这是试图对康德从他的《实践理性批判》与《纯粹理性批判》的统一中去找美作一种马克思主义的改造。但是，从康德来看，《实践理性批判》所讲的"实践"不同于马克思所讲的"实践"，《纯粹理性批判》讲了感性世界、真，但也不等于就是讲"现实"，更不同于马克思所讲的"现实"。从马克思来看，他从来不把"实践"与"现实"平列起来去讲它们的"相互作用与统一"。他认为"实践"不能脱离"现实"，并且是由"现实"的种种条件所规定的。但对于人来说，"现实"和人的关系是怎样的，"现实"是怎样的一种"现实"，这在根本上决定于"实践"及其发展。因此，必须立足于"实践"去讲"实践"与"现实"的"相互作用与统一"，不能把两者平列起来，抽象地讲它们的"相互作用与统一"。"现实"之所以对人产生了美的意义，又是由于人生活于其中的"现实"，是人依据对"现实"的规律的认识，按照人的目的去改变了的"现实"的结果。这个"现实"，也就是马克思所说的人在实践中"创造"出来的"对象世界"、人的"作品"，因此它才会对人具有美的意义与价值。所以，按马克思的观点来看，美就不是如李泽厚所说，"诞生在实践与现实的相互作用与统一之中"，而是诞生在人依据对"现实"的规律的认识，按照自己的目的去改变"现实"的实践活动之中。抽象地讲"实践与现实的相互作用与统一"，不能说明美的"诞生"，美之为美的本质。因为这种"相互作用与统一"表现人的生活的各个方面，但并不都是美。马克思说实践产生或创造了美，是从人的实践是能够掌握必然以取得自由的创造性活动这个方面来说的。

第二，李泽厚提出"实践"就是"善"，"美"是"善"与"真"相符合而得到实现的结果，所以"美"是"善"与"真"的统一。这也明显是试图对康德把他的《判断力批判》（讲美与崇高，也讲目的论，后者和前者是密切相关的）看成是《实践理性批判》（讲善）与《纯粹理性批判》（讲真）的统一进行一种马克思的改造，但又同康德和马克思的思想都发生了矛盾。先从马克思的思想来看，马克思从来没有认为"实践"就是"善"。他明确地区分了两种不同的"实践"，一种是与人类社会进步发展的客观要求相一致的"实践"，它是"善"，同时也产生了"美"；反之，一切与人类社会进步发展的客观要求相违背的"实践"则是"恶"，并且只能产生"丑"（这里指现实生活中作为对人类进步发展客观要求的否定来看的丑）。当然，马克思从未把"善"与"恶"抽象地对立起来，他深刻地洞察到其中表现出来的人类进步发展的历史二重性或矛盾性，但这又是以上述他对两种不同的"实践"区分为根据的。从道德思想观念、行为意义上来讲的"善"，马克思深刻指出，它是一定的阶级、阶层、社会集团把它们追求的利益说成是全社会的普遍利益的表现。它最终是由物质生产的发展、社会的经济状态、人们相互之间的社会关系决定的。在这里更不能简单地说"实践"就是"善"，而且人们认为什么是"善"或"恶"，既然最终是由物质生产的发展决定的，当然也就是由人类最基本的实践活动决定的。因此，不是"实践"就"善"，而是"实践"决定人们认为什么是"善"。李泽厚为了说明"实践"就是"善"，引用了列宁《哲学笔记》中的一段话。其实，这段话只是列宁对黑格尔《逻辑学》中的话的解释，目的是为了说明在黑格尔对"善"的看法中，包含有和马克思主义哲学所说的"实践"相关的思想。至于在"实践"与"善"的关系问题上，列宁和马克思、恩格斯的看法是完全一致的，决不会认为"实践"就是"善"。这鲜明地表现在列宁论及社会主义革命、国家、道德问题的著作中。再从康德的思想来看，他确实认为美就是善与真的统一，或打通、联结善与真的中介。但康德在《实践理性批判》中所论述的"善"，既是道德行为，同时也就是人的自由的本质或人的意志自己决定自己的表现。因为在康德看来，人的真正的道德行为决不会考虑这行为对自己的欲望、需要、幸福的实现是有利还是有害，所以康德认为真正的"善"是不受自然规律支配的、超感官的。从而，他所说的"美"是"善"与"真"的统一的，也就是感官的、与一切功利需要满足绝对无关的人的自由与感官世界中、受必然性支配的自然的统一。李泽厚主张"实践"就是"善"，"美"是"善"与"真"的统一，本来是为了使他对美的问题的解决与康德美学的理论构架相一致，但他说明什么是"善"时，却又认为"善"就是"对人有利有益有用"，并且认为这种"社会功利的性质"就是"美的内容"（第163页）。这显然与康德对"善"的理解背道而驰，而且从马克思对美的理解来看也同样是不对的。马克思在《手稿》中讲到人的审美感觉的产生时，曾深刻地指出资本主义下人的本质的异化引起了人的感觉的异化，使人对物、世界的"一切肉体的和精神的感觉"变成了单纯"拥有"、"占有"、"使用"（吃、喝、穿、住等等）的感觉。怎样消除感觉的这种异化呢？马克思并没有否认人必须用物来满足自己的吃、喝、穿、住等的需要，而只是指出要消除这种满足的"利己主义性质"，使物的"纯粹的有用性"变成"人的效用"，也就是变成人全面发展自己的个性、才能的手段。所以，马克思在讲到人的审美感觉时，一方面讲了"贩卖矿物的商人只看到矿物的商业价值，而看不到矿物的美和特性"，这是对感觉的异化的说明，即只看到物的"纯粹的有用性"；另一方面，马克思又指出"忧心忡忡的穷人甚至对最美丽的景色都没有什么感觉"，这是对审美感觉的产生必须以物质生活需要的满足和发展为前提，因而离不开物对人的"有用性"的说明。因此，从马克思的观点来看，李泽厚所说的"对人有利有益有用"是不能成为"美的内容"的，因为物"对人有利有益有用"还只是产生美的基础，只有当物与人的关系超越了单纯的"有利有益有用"之后，才会有美的产生。而这种超越，在马克思看来最终是由物质生产的发展决定的。这也就是马克思对美学中功利与超功利的关系的解决：美是超功利的，但超功利又要以由物质生产发展决定的功利满足的发展为基础（我在收入本书的文章中曾多次讲到这个问题）。李泽厚在 1956 年发表的《论美感、美和艺术》一文中就已提出和强调美具有功利性，并以此来论证他所主张的美具有"社会性"，这在当时是具有积极意义的。但他的这个观点来自普列哈诺夫，而普列哈诺夫又始终没有搞清功利与超功利的关系（在他之前德国的梅林也是这样）。总之，李泽厚提出"实践"就是"善"，并由此主张"美"就是"善"与"真"的统一，不论从康德的观点或从马克思的观点来看都是有问题的。从康德的观点看，李泽厚对"善"的含义的解释不仅恰好与康德的思想相反，而且还因此忽略了康德思想中一个很重要的观点，即把"善"看成是人的自由的本质的表现，并从人的自由与自然（必然）的统一中去找美。从马克思的观点看，李泽厚把"善"解释为"有利有益有用"，并认为它就是"美的内容"，也是不对的。此外，由于他认为"实践"就是"善"，"美"又是"善"与"真"的统一，这样就难以贯彻他认为美是人的实践的产物的观点，因为"实践"作为"善"已包含在"美"之中。为了解决这一问题，他实际上赋予了"善"以双重的意义，既是"有利有益有用"，又是使"有利有益有用"得以实现的活动。这种说法把作为人的目的的"善"和人实现"善"的行为、实践混到一起，在逻辑上是讲不通的。作为人的目的的"善"和人实现"善"的行为、实践，两者必须区分开来。但不论如何，李泽厚不脱离真、善来讲美，这一点我很赞成。因为脱离真、善来讲美，就会抽空美的现实的社会历史内容，使美成为空洞的纯形式。问题在于，下面我们可以看到，当李泽厚把美的本质归结为"自由的形式"时，他又恰好使美脱离了真和善。至于我本人是如何来讲真、善、美的关系的，我在本书收入的一些文章中已作过说明，这里略而不谈。

第三，李泽厚把美规定为"自由的形式"，这也是从康德而来的，同时他又想对之作出一种与马克思实践观点相一致的解释，结果仍然同康德与马克思的观点都有矛盾。李泽厚的这种观点是从他对"社会美"与"自然美"的分析中引出来的。他认为"社会美"的内容就是前面已讲到的"有利有益有用"，也就是"善"。"善"因符合规律（"真"）而获得实现，具有感性、具体的性质，这就是"美的形式"。但他只说"社会美"具有"美的形式"，不说是"自由的形式"。这是因为"社会美"的内容是"有利有益有用"，"社会美以内容胜，它的形式服务于具体的合需要性"。"自然美"则不同，它的内容是"朦胧"的，所以它的形式不像"社会美"的形式那样"服务于具体的合需要性"，是"独立而自由"的，因此也就具有"自由的形式"。由于"社会美以内容胜"，所以只能一般地说它具有"美的形式"；"自然美以形式胜"，所以它的形式是"自由的形式"。由此可以明显看出，李泽厚所说的"社会美"就相当于康德所说的"附庸美"或"依附美"。康德认为，这种美要以一个明确的目的概念为前提，这概念规定了对象应该是什么样的，因此是"附庸美"或"依附美"。如一个男人或女人、一匹马、一座建筑的美就是这样。李泽厚所说的"自然美"则相当于康德所说的"自由美"。康德认为，"自由美"的特征在于它只与形式有关，人们在欣赏它时根本不知道或不去想它与什么目的有关，或是由什么目的概念规定的，只凭形式本身就觉得它美。如花、鸟类、贝壳、图案的簇叶饰、无标题和无歌词的音乐的美，就属于"自由美"。在康德看来，只有"自由美"才是真正"纯粹"的美，"附庸美"则是不"纯粹"的美。但是，将李泽厚对"社会美"与"自然美"的分析和康德所讲的"附庸美"与"自由美"作一比较，李泽厚的看法与康德的看法又出入不小。康德所说的"附庸美"，只是说它是直接为一个目的概念所规定的美，并不认为"附庸美"的内容就是"有利有益有用"。因为康德认为美是超功利的，不可能以"有利有益有用"为"内容"。如前已指出，马克思也并不认为这就是"美的内容"。从"自然美"来说，李泽厚认为"自然美"的内容也是他所说的"善"即"有利有益有用"，只不过十分"概括而朦胧"而已，这也不对。"有利有益有用"不是"社会美"的内容，更不是"自然美"的内容。此外，康德所说的"自由美"不是李泽厚所说的"自然美"，即自然界的各种事物的美，而是指一切没有为目的概念明确规定的"纯粹"的美。所以，按李泽厚对"自然美"的理解，一匹马的美应属于"自然美"，康德却把它划归"附庸美"，即李泽厚所理解的"社会美"。但在康德认为"自由美"是"只涉及形式"的美这一点上，李泽厚又把它拿过来讲"自然美"的形式，并且说了这样一段话："如果说，现实对实践的肯定是美的内容，那么，自由的形式就是美的形式。就内容言，美是现实以自由形式对实践的肯定；就形式言，美是现实肯定实践的自由形式"（以上引李泽厚的话，均见《美学论集》第163～164页）。这是李泽厚《美学三题议》中一段很重要的话，也是李泽厚自己后来不断引述，而且最后不再把"自由的形式"只看作是自然美的形式，而看作是对美的本质的一般定义了（见李泽厚的《美学四讲》）。这里的问题是，如果"美的内容"是"现实对实践的肯定"，即对"有利有益有用"的肯定，那么美的形式怎么就会成为"自由的形式"呢？因为一种肯定"有利有益有用"的形式只能是一种符合某种需要，为这种需要所规定的形式，不可能是美的、"自由的形式"。但从另一方面看，我认为在1962年李泽厚发表《美学三题议》的时候，他鲜明地提出美与"自由"、"形式"的关系，虽然是从康德关于"自由美"的说法来的，并且还没有讲清楚，但仍不失为一种大胆的创见，对推动人们（包含我）去深入思考美的本质是起了作用的。问题在"自由的形式"是从何而来的和为什么是美的。我通过前述对马克思《手稿》（其中也明确涉及"形式美"）的解读，最后得出了我在《关于马克思论美》中提出的这个基本看法：美是人在实践创造中所达到的人的自由与必然的统一，在人的生活中的感性具体表现。我没有使用李泽厚的"自由的形式"这种说法，这不是为了和他相区分，以独树一帜，而是因为我觉得他的说法打上了太深的康德的烙印，对什么是"自由"又未作出符合人类历史实际的说明，而且会使人误以为美只在形式。我把我对美的内容与形式的理解包含在我所说人的自由与必然统一的"感性具体表现"这一概念或规定中。从内容说，美的内容是人掌握必然以取得自由的实践创造活动；从形式说，美的形式是表现在这种实践创造活动的过程（动态的）和结果（静态的）上的感性形式。仅从形式看，可以说它是"自由的形式"。但它之所以是"自由的"，就因为人掌握必然以取得自由的实践创造活动既是合规律的，又是自由的；它之所以是"美"的，就因为人掌握必然以取得自由决不是一件轻而易举的事，它要求人必须充分发挥创造的智慧、才能和力量去克服种种困难，有时甚至要以人自身的牺牲为代价。所以，当目的实现了的时候，人就不仅会因为目的的实现满足了某种实际需要而产生功利的愉快，还会因为目的的实现是人发挥创造的智慧、才能和力量去掌握客观规律，克服一切艰难险阻的结果，而产生出一种超功利的，与功利满足引起的愉快不同的愉快，即审美的愉快。前面提到的很强调美的功利性的普列哈诺夫曾指出劳动先于审美，人先是先用功利的观点去看对象，然后才用审美的观点去看。但他始终说明不了这种转变是如何发生的，为什么会有这种转变。因为他没有看到，至少是没有充分地理解人类的物质生产劳动，既是满足物质功利需要的活动，又是掌握必然以取得自由的创造性的活动。李泽厚认为美的内容是"有利有益有用"，从美的产生必须以物质需要的满足为前提来说是不错的。但只有当"有利有益有用"的目的实现，表现为人掌握必然以取得自由的创造性实践活动的结果时，"有利有益有用"的东西才会同时也成为美的东西，并且具有我所理解的"自由的形式"。从上述意义上来理解的"自由的形式"，不论对康德所说的"附庸美"或"自由美"，李泽厚所说的"社会美"或"自然美"都是适用的，尽管在不同的美的形态中，它的具体的表现确有差别。这里，问题的解决的关键，我认为需要在社会美、自然美之外，把形式美也看作是既与社会美、自然美分不开，同时又是相对独立的一种形态。我从20世纪80年代初开始就是这样来划分美的形态的。在康德那里，他所

9

说的"附庸美"大致相当于我们所说的"社会美",但同时又把我们所说的"自然美"(如一匹马的美)也包含于其中,或者说部分地包含于其中。他所说的"自由美",大部分是指我们现在所说的"自然美"的美,但同时又包含了他所说的纯形式的美,不限于我们所说的"自然美"。从李泽厚的《美学三题议》来看,他所说的"社会美"相当于康德所说的"附庸美",不具有他所说的"自由的形式";他所说的"自然美"则相当于康德所说的"自由美",具有他所说的"自由的形式"。由于康德和李泽厚都没有把形式美与社会美、自然美区分开来,视为一种相对独立的形态,因此在解释美的形式是"自由的形式"时就出现了一种混乱的状态,即认为只有自然美或纯形式的美才有"自由的形式",社会美的形式则是不"自由"的,因此社会美不是"纯粹"的美。实际上,只要我们把"形式美"视为一种相对独立的形态,并给予马克思主义的解释,问题就可以解决。我认为形式美是人类在漫长的物质生产实践中认识、掌握、利用了自然物的各种属性规律,使之直接成为人的自由的表现的结果。因此,看起来美就直接存在于自然物的各种属性规律之中,与人类的社会生活无关,因而也就成了康德所说的只涉及形式的"自由美"和李泽厚所讲的"自由的形式"。实际并非如此,它仍然具有社会的、精神的意义、内容。康德在讲到"美是道德(或译德性)的象征"时也已意识到这一点了。如他认为,我们可以说一棵高大的树的美是庄严、雄伟的,说一种颜色的美是纯洁、温柔的,等等。从自然美来说,表面看去似乎与社会生活的具体内容没有什么关系的纯形式的美的确占有很大的比重,但如上所说,这种纯形式的美仍然是具有社会的、精神的意义与内容的。如果不只看单个的自然物,再就自然风景的美来看,它更是与人的社会生活分不开,不能说仅仅是一种纯形式的美。从社会美来说,它的内容当然是同人的社会生活最直接地联系在一起的。但从形式来说,它仍然必须和自然美一样具有与形式美的规律相符合的形式,也就是"自由的形式"。特别是在艺术作品对社会美的反映中,更必须是这样。尽管这种形式是历史地变化着的,不是一成不变的。由此看来,一切的美从形式来说都是"自由的形式"。但这又只是对美的形式的特征的一个一般性的规定，它还没有说明这"自由的形式"是从何而来的，所谓"自由"的实际含义是什么，为什么"自由的形式"必然是美的。因此，所谓"自由的形式"，仅仅是对美的形式的一般特征所作的一种哲学的概括，不能把它看作就是对美的本质的定义。如果把它视为美的本质的定义，就会重复康德的错误，即认为纯粹的美只涉及形式，与内容无关。这显然又是和李泽厚在《美学三题议》中企图从"真"与"善"的统一中去找美相矛盾的。

《美学三题议》一文中存在的种种问题，归结到一点，就是李泽厚企图按照康德哲学与美学的理论思路来解决美的本质问题，同时又想使这种理论思路和马克思的实践观点统一起来。我认为这是无法办到的。因为如前已指出，马克思虽然也是从康德所开辟，德国古典美学共同遵循的，从人的自由与自然（必然）的统一中去找美，但他又已把对人的自由的本质以及人的自由如何与自然相统一的理解，放到了他所建立的以物质生产劳动为出发点的实践的、历史的唯物主义基础之上了。马克思认为劳动、实践创造了美，是从他对人类劳动不同于动物活动的本质特征的分析中得出来的。如果人类的劳动和动物的活动一样是本能的、无意识的、非社会的活动，那么在人类生活中就决不会有什么美。这正是马克思从根本上超越了从康德到黑格尔的德国古典美学，并在美学史上引起了一场大革命的原因所在。既然马克思已超越了康德，那又有什么必要回到康德的理论思路上去呢？李泽厚在从 1981 年开始写的一系列文章中回答了这个问题。在他看来，康德哲学与美学的伟大之处在于它把个体感性存在放到了最高的位置。黑格尔哲学大讲"绝对理念"，把个体变成实现"绝对理念"发展的工具，否定了个体。马克思把黑格尔的哲学颠倒过来，认为个体的生存发展不能不受历史发展的客观必然规律的制约，也有束缚个体发展的缺陷。但马克思在《手稿》中所讲的"自然的人化"能够通向康德的思想。因此，他提出要在重新理解马克思的基础上，返回康德，发展康德的思想。他的这些论断，我认为每一个都是有问题的，不能成立的。这里无法详谈，我只想指出，马克思所讲的"自然的

11

人化"是以物质生产劳动的发展为前提的，并且与马克思创立的科学社会主义、共产主义分不开，不可能与康德的思想相一致。马克思思想的康德化是行不通的。

二

以上我用了相当长的篇幅讲了《关于马克思论美》一文，原因是这篇文章第一次比较明确系统地表达了我在美学上的基本观点。编入本书第一组及其他各组的文章，从根本上看，都是这篇文章提出的观点的发挥、展开、论证与应用。30 多年来，我始终坚持这篇文章提出的基本观点，或者可以说是"吾道一以贯之"了。

《关于美的本质问题》，是 1981 年 8 月，应林同华同志之约，在上海举办的"全国第二期高校美学教师进修班"所作的报告，据记录整理而成，后收入《美学与艺术讲演录》（上海人民出版社，1983年版）。在这篇文章中，我针对当时美学界在美的本质问题上存在的争论，对我在《关于马克思论美》中提出的观点，作了一次比较全面具体的展开论证。其中还讲到了"美的二重性"，这是从马克思讲商品的二重性获得启发，希望从分析美的二重性以说明美的本质为什么会是一个难解的"谜"。和《关于马克思论美》相比，此文对与美的本质相关的各个问题的论述有重要的推进，对我后来的美学研究很有影响。

《关于"劳动创造了美"》，是我在 1982 年和一位同志进行商榷的文章，也是我对马克思提出的"劳动创造了美"这一十分重要的观点作了一次集中的思考研究的产物。"劳动创造了美"这句话，也有人译为"劳动生产了美"。原文中的"Producirt"这个词，本意为生产、制造。但考虑到马克思在《手稿》中及其他经济学著作中对"劳动"的种种论述，如认为"劳动是积极的、创造性的活动"、"创造形式的活动"等，将"Producirt"译为"创造"似更妥帖。我始终认为，劳动是理解马克思美学的根本关键所在。不但要从历史上去进行实证科学的研究，而且还要充分注意研究今天物质生产劳动中已经发生和正在发生的种种重大变化将会对审美、美与艺术的创造产生怎样的影响。此外，从我们今天来说，树立"劳动创造了美"的观点，我认为是社会主义审美教育中一个很重要的问题。

《略论"自然的人化"的美学意义》，是为上海出版的《学术月刊》而写的，20世纪80年代我和这个刊物有较密切的联系。"自然的人化"是马克思哲学、美学思想中一个很重要的问题。在这篇文章中，我强调不能脱离马克思所说的物质生产劳动的发展去讲"自然的人化"，并认为美就是在物质生产劳动发展的基础上"自然的人化"的产物，指出马克思提出"自然的人化"是为了批判资本主义下人的异化。因此，他所说的"人化"不仅和人与自然的关系问题相联，而且还包含有通过社会主义、共产主义的实现，消除资本主义下人的"异化"使个体与社会的高度统一，使人的社会的本质获得充分实现这一层重要的意思。从人与自然的关系来看，"自然的人化"是一个永远不会完结的历史过程。今天由于人类的生态环境遭到破坏，这一问题尤为重要。但有人把马克思所说的"自然的人化"当做"人类中心主义"来加以批判，我认为是错误的。马克思主义既不是"人类中心主义"，也不是最终必然通向神秘而愚昧的自然崇拜的"自然中心主义"，而是主张在物质生产发展的基础上，实现人与自然的和谐统一。马克思提出"自然的人化"，本来就明显包含了批判资本主义的生产使自然与人相异化，破坏了人与自然的和谐统一的意思。我也不同意"人的自然化"这种说法。马克思在《手稿》中及其他著作中多次指出，人既与动物相区别，同时人自身就是自然的一部分，"人是人的自然"。因此，从马克思的观点来看，所谓"人的自然化"是什么意思？如果理解为要人倒退回去成为动物，这显然是错误的。如果指的是要消除人与自然之间的疏离、敌对，那么这本来就包含在马克思所说的"自然的人化"之中。

《美——从必然到自由的飞跃》、《从劳动到美》、《从美的哲学分析到心理学和社会学的分析》这三篇文章，是我在此书旧版初步编成后，感到对我在《关于马克思论美》一文中提出的观点有再加申述的必要而补写的，均写于1984年，在收入本书前没有发表过。在

第一篇文章中，我从马克思、恩格斯所提出的人类从"必然王国"向"自由王国"的飞跃，论证了马克思主义美学对美的本质的看法，指出马克思主义美学与马克思主义的科学社会主义、共产主义的实现有不可分离的联系。我认为这是马克思主义美学的一个重要特征。从马克思的《手稿》就可以清楚地看出，马克思在此书中多处涉及和论述了美学问题，既是对资本主义下人的本质的异化的批判，同时也是对马克思的科学社会主义、共产主义所作的美学论证。不可能设想，没有马克思关于社会主义、共产主义的理论，还会有马克思主义的美学。尽管今天有不少人（包括一些"西方马克思主义者"）对马克思的社会主义、共产主义理论提出了各种质疑、批评、反对的意见，有人甚至宣称资本主义就是整个人类历史发展的"终结"，但他们并没有真正驳倒马克思的社会主义、共产主义理论。今天，社会主义中国的存在和惊人快速的发展，就是社会主义仍有强大生命力的证明。我认为，社会主义在中国和其他坚持社会主义的国家中的不断发展和最终完全实现，将会重新改写整个世界历史。当然，这里所说的社会主义的完全实现，再也不会像过去的冷战时期那样，表现为社会主义与资本主义"两大阵营"你死我活的斗争。今天，社会主义与资本主义都只有在相互和平共处中才能发展，任何企图恢复"新冷战"的做法都是错误的。不论历史的发展会有多少意想不到的曲折，当代社会主义在世界范围内的胜利，只能是由世界和平发展所带来的生产力在全球范围内高度发展的产物和结果。此外，在这篇文章中，我第一次提出了审美意义上的自由的三大特征。这三大特征，我认为在今天仍然需要结合现实作进一步的更为具体深入的研究。在《从劳动到美》中，我概述了美从劳动中产生的过程，这是一篇提纲性的东西。在《从美的哲学分析到心理学和社会学的分析》一文中，我认为对美进行哲学分析是很重要的，但又要从哲学的分析走向心理学、社会学的分析。这样才能使哲学的分析不致老停留在抽象的层面上，使美学成为一门将哲学的分析和实证的研究结合起来的科学。我曾经有一个梦想，要像马克思的《资本论》研究经济学那样来研究美学。但这又很难做到，而且不是短时期就能做到的。尽管如此，我认为只有当马克思主义美学做到了这一点，它才能取得一种具体完备的科学的形态。多年来，我们在对美的哲学分析上是下了功夫的，有成绩的，但实证的研究做得很不够。这当然也包含我自己在内。

《谈形式美》一文，是在1980年，应金忠群同志之约，到湖北省工艺美术学会所作的一次报告。当时"文革"刚过去不久，人们对讲"形式美"还有不少顾虑。而工艺美术显然和形式美有密切联系，于是我就纵谈形式美。这也是我的第一篇集中谈形式美的文章。虽然卑之无甚高论，在湖北省工艺美术学会的内部刊物发表后，曾引起了不小的反响。

《论美学理论的更新》一文，是1988年为《学术月刊》而写的。当时要求美学理论更新的呼声已经很高，因此我就写了这篇文章来谈谈自己的看法。总起来说，我的基本想法就是在深入钻研马克思主义哲学、美学的基础上，综合中西美学的成就进行理论更新，不简单地追随西方现当代的某家某派。用我后来在20世纪90年代初提出的说法来讲，就是"打通中、西、马"。这也仍然是我现在的基本想法，并且认为只有真正做到"打通中、西、马"，中国才可能产生一流的、有世界性影响的哲学家、美学家。我认为理论的真正的更新、创新，需要符合三个条件：（1）是建立在对客观事实的研究之上的；（2）是有严密的逻辑论证的；（3）是透彻地考察了过去的学术史，确有重要理论创见的。我们现在迫切需要理论创新，但也十分需要坚持实事求是的态度，并加强学术史的研究，不追求一时的短期效应。

编入第二组的文章，包含三篇文章。《美学十讲》是1981年湖北省美学学会成立之后，应《湖北日报》之约，为普及美学知识而写的，曾在该报连载。虽然是一组普及性的文章，但也是我第一次对自己的美学思想所作的具有系统性的简明陈述。末一讲批评了我当时觉得是不正确的关于美的几种想法，包含"有钱就是美"，但现在看来批评太激烈过火、不恰当，所以略加修改。《美学对话》原是应湖北人民出版社之约而写的"哲学社会科学基础知识丛书"中的一本，是一本普及性的小册子（1983年出版）。这里我要感谢胡光清同志的热情催稿，使这本书得以降生。书中我让两个对话者互相将对方的军，经过反复论辩把我的观点讲得比较透彻，并有所深化。我自己原来并不太在意这本书，但出版后颇获读书界好评。《美学纲要》原是我主持编写的《美学概论自学考试大纲》，收入《哲学专业本科段各课程自学考试大纲》一书，1988 年由红旗出版社出版。这里我要感谢在 1953 年曾在北大哲学系给我们班上过哲学课的肖前老师，是他要我去参加自学考试的哲学专业委员会，并负责美学课的自学考试大纲的编写。当时由王朝闻同志主编，我曾加编写、修改的《美学概论》已经出版，我自己写的《美学对话》、《美学与哲学》、《艺术哲学》，杨辛、甘霖同志写的《美学原理》也已出版。这个大纲就是在充分考虑到这些著作及其他相关著作、论文的基础上写成的，可以说是在 20 世纪 80 年代末期，我对自己的美学观所作的一次最系统、准确、全面的表述。由于是一个大纲，表述要尽可能简明，不能展开论证，所以不少看来是简单的定义、论断、命题，都是在反复斟酌各种不同观点之后作出的。初稿写成后，曾在江西庐山召开过一次讨论会，得到了已故老友马奇同志，还有李范等其他许多同志的热情帮助。当时在南昌大学任教的李冬妮同志，也为张罗这次会议的召开费了许多心力。1994 年，我将这个大纲稍作改动，改名为《美学纲要》，请武汉大学哲学系打印出来作为美学课教材。但由于打印后我没有亲自校对，所以文字以至标点有错误。这里我要向使用过这个纲要的武汉大学的同学，还有校外来索取（付工本费）这个纲要的青年朋友致歉。这次收入本书，我据红旗出版社出的本子，仔细做了一次校订、推敲、加工，并在谈各门艺术这一章，补写了一段谈摄影艺术。原来各章之后列出的"阅读书目"，一律删去。

收入第三组的文章，是自 1996 年以来到近年所写的讨论马克思主义美学的文章。第一篇《马克思主义美学在当代的发展问题》于 1996 年发表在武汉大学哲学系所编的《珞珈哲学论坛》。次年，我与王杰合作主编《马克思主义美学研究》（年刊），又在该刊的创刊号上发表。这篇文章实际是我对自 20 世纪 80 年代到 90 年代上半期中国的美学研究的反思。我深感从 20 世纪 80 年代后期至 90 年代初期，马克思主义在美学研究中的地位已不断边缘化，取而代之的是从西方传入的各种各样的美学思想，而且大部分是肤浅皮毛的、简单的转述。因此，我在文中提出首先要努力研究马克思的哲学著作和经济学著作包含的丰富而深刻的思想，其中存在着解决当代美学的各种问题的理论钥匙。要发扬马克思主义固有的科学的批判精神，既不简单否定西方美学，也不做它的追随者。其次，我提出中国马克思主义美学在当代的发展必须充分考虑到它所处的世界历史背景和中国背景。在前一方面，我大致讲了对西方后现代主义和西方马克思主义美学的看法；在后一方面，我讲了当代马克思主义美学的发展必须和中国特色社会主义的发展紧密结合起来。最后大略展望了中国马克思主义美学发展的前景，其中特别强调了要坚持社会主义理想，充分肯定人生的意义与价值，抵制一切消解人生意义与价值而走向虚无主义的思想。

第二篇《马克思主义实践观与当代美学问题》，是应《光明日报》之约而写的，也是我第一次公开表达对"后实践美学"的看法。这个"后实践美学"的出现，我以为是20世纪90年代初以来市场经济空前迅速发展的产物。这种发展使不少人把"美"看作就是物质的消费与享受，于是在文艺界出现了对"人文精神"的强烈呼吁，在美学界则出现了"后实践美学"。它认为马克思主义实践观的美学主张美来源于人类改造世界的实践，并存在于人类生活实践创造之中是错误的；相反，真正的"美"只能存在于与生活实践无关的"超越"（或"否定"？）的世界中。因此，我认为"后实践美学"与"实践美学"之争所包含的实质性问题，其实就是如何来解释由市场经济大发展所引起的对美与艺术的观念的重大变化。我认为真正符合于马克思主义的"实践美学"完全能解释，而且只有它才能真正科学地解释这种变化，并找到解决问题的现实的途径；"后实践美学"则认为"实践美学"已完全不能解释这种变化，"美"现在只存在于"超越"的世界中，因此必须以"后实践美学"取代"实践美学"。有人还心情急切，预言一种新的美学已出现在地平线上。其实，"美"与"超越"的关系，西方美学早已提出，而且至迟在德国古典美学中已提出。如果再往前追溯，欧洲中世纪的神学的美学也认为"美"是"超越"的，即真正的美只能存在于超越现实世界的彼岸世界中，尽管它并不使用或不到处使用"超越"这个词。我认为马克思主义实践观的美学也不是不讲"超越",问题是"超越"什么和怎样"超越"。但我应《光明日报》之约而写的这篇文章并没有将以上的想法全盘托出,只从几个主要的方面大略回答了"后实践美学"对"实践美学"的批评。《光明日报》约我写此文的意思,是希望借此在报上活跃一下学术争鸣。所以在登出时编者还加了一个按语,希望大家就"后实践美学"与"实践美学"之争发表看法。但后来争鸣未能充分展开,这是因为历史条件已发生巨大变化,像从1956年到"文革"前,以及"文革"后80年代那样热烈的美学讨论已不可能再出现。人们对美学的关注的焦点也已发生重大变化,不再是美学的哲学基础和美的本质这一类相当抽象的问题了。但这一类问题的解决,对解决现实生活中关于美与艺术的各种具体的问题,在现在和今后都仍然是有重要意义的。因为要分析和澄清在解决各种具体问题时发生的种种争论,找到解决之道,最后还得回到对这一类相当抽象的问题的思考上来。

《20年来的中国当代美学》一文,是1999年应《深圳特区报》之约而写的,它也和对"后实践美学"的看法有关。《略论19世纪末至20世纪马克思主义美学》一文,是为纪念《文艺研究》创刊20周年而写的,对马克思主义美学从19世纪末到20世纪的发展作了一个历史的概述。此文和后一篇《马克思主义美学研究与阐释的三种基本形态》是直接相关的。后一篇是我提交给2001年在桂林广西师范大学召开的"马克思主义美学研究的现状与未来国际学术研讨会"的论文。在这篇文章中,我第一次明确地把恩格斯去世后,马克思主义美学在世界范围内的发展划分为三种基本形态:苏联马克思主义美学、西方马克思主义美学、中国马克思主义美学,并指出毛泽东《在延安文艺座谈会上的讲话》(以下简称《讲话》)的发表标志着中国马克思主义美学的产生与形成。我认为这种划分是有根据的。因为中国既有悠久的美学传统,中国的马克思主义者又是依据中国的国情和由这种国情所决定的中国革命的发展来解决文艺、美学问题的,因此就形成了与苏联马克思主义美学、西方马克思主义美学不同的中国马克思主义美学。确认这一点，对于中国马克思主义美学的发展，以及我们与国外马克思主义美学研究者之间的交流，都是有好处的。解放后，我国曾大量翻译介绍苏联的文艺理论与美学，一时产生了很大的影响。大约在 20 世纪 50 年代末 60 年代初，苏联研究美学的一位"副博士"（是一位女士，我一时记不起她的名字）还曾到中国人民大学讲授美学，我也去听过一次。但从 20 世纪 50 年代初开始，苏联美学的大量引进并未使中国的美学成为苏联美学的翻版。这是为什么？就因为中国有自己的悠久的美学传统，有自己的国情，而且还有一本融入了中国美学传统的毛泽东的《讲话》。在从 1956 年开始的美学大讨论中，朱光潜、蔡仪、李泽厚都主张要以马克思主义为指导来解决美学问题，但都没有把斯大林或苏联美学家的理论作为指导。除马克思的《手稿》之外，引用最多和以之为立论根据的还是毛泽东的《讲话》。王朝闻主编的《美学概论》和苏联权威的美学家所写的美学原理一类的著作相比也有重大差别。当然，我这样说，决不是要否认苏联马克思主义美学的贡献以及中国人对马克思主义美学的学习、了解、研究曾得到苏联的帮助，也决不否认西方马克思主义美学所作的贡献。在桂林的会议上，我与希利斯·米勒（J. Hillis Miller）、加布里埃尔·施瓦布（Gabriele Schwab）、亚历山大·格雷（Alexander Gelley）、西蒙·杜林（Simon During）等几位美学家的交流使我得到不少启发，深感从多种不同角度来思考马克思主义美学的重要性，而且还感到他们（这里的"他们"包含和我作了愉快的交谈、出生于德国的施瓦布女士）的研究都是和现实中有重要意义的具体问题的研究结合在一起的，这一点也值得我们学习。我在我的文章中对中国马克思主义美学在当代的发展问题作了一些思考和展望，其中也包含这个意思，即中国当代马克思主义美学的发展必须和种种现实的具体问题研究密切结合起来。

《〈讲话〉解读》一文，是从 2002 年开始写的。原预定写九节，但至今只发表了三节。我决定来写《讲话》的解读，和我在上述文章中以《讲话》为中国马克思主义美学产生形成的标志分不开，也和我把《讲话》的美学概括为"以人民大众为本位的马克思主义实践观的美学"分不开。从前一方面说，我希望把《讲话》放在20世纪以来世界美学的发展中去解读，以说明它所作出的贡献。从后一方面说，我觉得《讲话》所体现的"以人民大众为本位的马克思主义实践观美学"，对当代中国文艺的发展有很重要的意义。在目前已发表的三节中，我对当代中国马克思主义美学所处的历史背景，包含后现代主义的实质作了一些比较详细的分析，也许可供参考。《中国马克思主义美学的建设者与开拓者》一文，是为纪念王朝闻同志的去世而写的。我认为他不仅是一位罕见的、卓越的文艺评论家，同时也是为建设充分中国化的马克思主义美学作出了开拓性贡献的美学家。他始终结合着文艺现象的具体分析去思考美学问题，而且所达到的哲学的深度，不见得就比专门从哲学层面分析美学问题的人（当然包括我自己）差。我自认为我对他的著作是比较熟悉的，但至今仍感需要继续阅读研究。

编入第四组的文章看来比较杂，但也有一个中心、主题，这就是对"五四"以来中国现当代美学的思考，不过有两篇是涉及西方当代美学的。《中国现代美学研究的历史和现状》，是1981年3月我在湖北省美学学会成立大会上的讲话，原发表在成立大会的"专刊"上。当我找出这"专刊"，想到当时热情支持美学学会成立的徐迟、曾卓、骆文同志均已先后去世，心里有许多感慨。这篇文章概略回顾介绍了"五四"前后以来中国现代美学的发展。"五四"前后这一段，由于在北大时看过一些材料，讲得比较具体。《马克思主义与中国现代美学》是给《江汉论坛》写的，可以看做是对前一文的补充、扩展。《论鲁迅美学思想的发展》写于1978年，当时想对鲁迅美学思想作一次较系统深入的研究，但后来又由于各种原因而中断了。《中国现代美学家和美术史家邓以蛰的生平及其贡献》，是在我的恩师叔存先生去世9年后写的，对他的美学思想作了一次系统的研究与阐明。原发表于1982年《美术史论》第6期，后收入本书的旧版。1998年，安徽教育出版社出版的《邓以蛰全集》将此文作为附录，印出前我又仔细改了一次，现在收入本书的是《邓以蛰全集》中刊出的稿子。《马采著〈哲学与美学文集〉序》写于1994年，此书是为纪念马先生的 90 诞辰而出版的。马先生也是我在北大时的好老师，是我国"五四"以来美学界的前辈之一。他嘱我为这文集写一个序，我既感难以承当，又觉不应推却。当时来不及通读研究收入书中的著作，对他的美学思想作一次系统的研究，只作了一个简略的介绍。现在马先生又已去世多年了，我将此文收入本书，是对他的纪念，同时也希望能引起人们对他的美学思想的注意与研究。《读〈王朝闻文艺论集〉》，是该书于 1980 年出版后，我写的一篇评论。"文革"刚结束不久，我建议朝闻同志将他过去写的文艺评论编集出版，以驳斥"四人帮"声称 17 年的文艺是"一片空白"的谬论，并打破当时沉闷的气氛，促使文艺理论、美学的研究重新活跃起来。他接受了我的建议，并由我和上海文艺出版社的唐宗良同志协助他进行这一工作。经过近两个月的紧张工作，三卷本的《王朝闻文艺论集》终于编成了，出版后受到广大读者欢迎。《中国美学研究的一个新收获》是对李泽厚《美的历程》一书的评论。此书于 1981 年 3 月由文物出版社出版，他送了我一本，我读后十分高兴，认为这是一本从内容到文笔都很难得的佳作，尽管我对书中的某些观点、提法有不同的想法。当时还在《人民日报》工作的李希凡同志约我写篇书评，我即欣然应命。现在看来，我认为此书是可以和"五四"以来许多美学前辈所写的著作并列而无愧的。"江山代有才人出"，历史是不断发展的。《〈赵宋光文集〉序》写于 2001 年。我认为宋光是一位思想周密深刻的哲学家、美学家、音乐理论家，此文对他的美学思想作了粗略的分析。《评 H. G. 布洛克的〈美学新解〉》（《美学新解》是中译者所拟的书名，原名《艺术哲学》）写于 1983 年。布洛克先生是美国著名的哲学家、美学家，我认为他的《艺术哲学》一书是西方当代论述艺术哲学的一本很有价值的著作。我在评论这本著作的同时，对美学上的"自律"问题作了一些探讨。布洛克先生于 1983 年到武汉大学哲学系访问讲学，由我负责接待。我们很快成为朋友，在 1995 年于深圳召开的国际美学讨论会上又再次欢聚倾谈。他访问武汉大学以及复旦大学归国后，编选了中国当代美学家的一本论文选集，并写了一篇序（后曾由刘清平同志译为中文登在《马克思主义美学研究》

上）。此书由我的已故的老友、美籍华人学者、著名哲学家傅伟勋先生收入他主编的关于东亚文化的一个丛书，在美国出版。我估计这大约是美国出版的第一本中国当代美学家的论文选。《伊格尔顿著〈美学意识形态〉中译本序》写于 1997 年。在此文中，我对西方马克思主义者在对马克思主义的理解上的总体特征提出了我的看法。《"三个代表"与艺术的发展》，是 2001 年应约为《艺术》第 3 期所写的"卷首语"。虽然不到六百字，但是花了一些心思写成的，不是一般所说的"应景文章"。我认为"三个代表"重要思想确与中国当代艺术的发展有重要关系，需要不断深入思考研究，所以我把这篇短文编入本书。

编入第五组的三篇文章都与美学的研究对象问题有关。《鲍姆加登之后关于美学的争论与看法》，原是我为研究生授课的一篇讲义，后加以修改，发表在 2000 年《马克思主义美学研究》第 3 辑。这篇文章对鲍姆加登之后关于美学的各种看法、定义，作了一次比较细致的梳理。《关于文艺美学的思考》，是据 1999 年我在暨南大学召开的一次讨论会上的发言写成的，对"文艺美学"的对象问题，和与之相关的中文系、艺术院校的课程设置问题提出了一些看法。讲到"文艺美学"，还使我想起 20 世纪 50 年代初苏联专家皮达可夫到北大讲"文艺学"，一时各校中文系都以他的讲义为蓝本开设了"文艺学"这门课。后来胡经之同志率先提出"文艺美学"这个概念（我想这和 1956 年开始的美学大讨论有关），"文艺美学"就逐渐取代了由苏联传入的"文艺学"。这也可以说明我在前面讲过的，解放后中国的文艺理论与美学并不就是苏联文艺理论与美学的翻版。此外，据我所知，在西方没有"文艺美学"这样的概念，只有"文学美学"、"音乐美学"即包含文学在内各部门艺术的美学概念。如果是包括文学在内、所有各部门艺术共同的美学，那就是"艺术哲学"，属于美学。所以，"文艺美学"这个词可以说是中国人所独创，尽管在中文系这门课主要讲的是文学。为什么中国人会提出"文艺美学"这个概念呢？这是因为中国从古代到毛泽东的《讲话》，都认为文学和其他各门艺术都离不开"美"。这比皮达可夫主要从社会政治意识出发来讲"文艺学",忽视了美的问题要更为正确。《略论艺术学》,是我为在上海大学召开的关于艺术学的讨论会提交的论文。当时应邀去参加这个会议,一是为了要看看我在1980年之后从未去过的上海,二是因为我觉得"艺术学"确实应当是一门既与美学有密切联系,又不同于美学的、独立的实证科学。参加这次会议受到了上海大学的热情招待,结识了许多新朋友,也会见了几位老朋友。金丹元教授还专门陪我去游了浦东,使我看到了上海现代化的新气象和宏伟的气魄。

编入最后一组的是关于中国古代美学的四篇文章。我把它放在最后,是因为前面各组文章讲的都是一般性的美学问题,如果插入前面,会打断读者的思路。此外,我对中国古代美学的看法又是和我对美学上各个问题的看法分不开的,所以放在后面刚好。《中国古典美学概观》,原是我在1983年6月应蒋孔阳先生之约,到上海复旦大学举办的美学进修班讲课的提纲。讲时根据提纲临场发挥、讲解,讲后也没有要写成文章的想法。这里我要感谢蒋先生,是他建议和催促我写成文章。我于同年7月15日写毕,发表在蒋先生主编的《美学与艺术评论》第1辑(复旦大学出版社,1984年版)。现在蒋先生也已去世多年,想起我们在1980年,中华全国美学学会在昆明开成立大会时的初次相见,想起我在复旦讲课时他像家人兄长似的对我的关照,想起我们在编写讨论《中国大百科全书·哲学卷》美学条目时的朝夕相处,都使我深深地怀念他。在复旦的这次讲课,我提出中国美学史上的"四大思潮",最初是受到李泽厚在《宗白华〈美学散步〉序》中所说的一段话的启发。此文写于1981年,文中说:"'天行健,君子以自强不息'的儒家精神,以对待人生的审美态度为特色的庄子哲学。以及并不否弃生命的中国佛学——禅宗,加上屈骚传统,我以为,这就是中国美学的精英和灵魂",并且认为《美学散步》一书的价值就在"直观式地牢牢把握和强调了这个灵魂(特别是其中的前三者)"(见李泽厚:《走我自己的路》第122页,三联书店,1986年版)。宗白华先生是我在北大时常去拜访,使我受益很多的好老师。依据我对宗先生美学思想的了解,我认为李泽厚的这一观察是敏锐的，很有深度。不过，他认为宗先生只作了一种"直观式地"把握，这并不准确。因为宗先生也曾作过很有深度的理论上的分析，尽管不是以一种系统的形式陈述出来的。此外，李泽厚还忽视了宗先生对魏晋玄学的美学很重视并且有很深的理解，这充分表现在他的《论〈世说新语〉与晋人的美》一文中。记得在大学时代，有一天我去看宗先生，希望借阅他解放前发表的著作。他说自己不太注意保存，都散失了。但最后他还是找出了一篇文章给我看，这就是《论〈世说新语〉和晋人的美》一文，是写在解放前用来记账的账本上的手稿。我看后留下了很深的印象。所以我觉得李泽厚没有讲到宗先生的美学与玄学的美学的关系，是一个疏忽。他所说的"屈骚传统"，能否成为中国美学的一个与儒家、道家、禅宗并列的方面，开始我也有怀疑。此外，这四方面的思想，能否把明中叶后汤显祖、李贽、袁宏道以至清代袁枚、"扬州八怪"、曹雪芹《红楼梦》等的美学思想概括进去，也是一个问题。所以，我觉得中国美学应包含六大思潮：儒、道、楚骚、玄学、禅宗和明中叶后已开始具有近代人文主义色彩的美学（就哲学基础说，我同意李泽厚在他的有关思想史的著作中所作的概括，可称之为"自然人性论"）。但在 1983 年去复旦讲课时，上述种种问题还来不及深入思考解决，所以就写了一个提纲，单讲儒、道、楚骚、禅宗四者，并称之为"四大思潮"。后来写成文章时，又作了很大的补充、扩展。如为了讲清禅宗美学，较仔细地读了《坛经》、《五灯会元》，基本上弄清了禅宗哲学及其与美学的联系。所以，《中国古典美学概观》一文的写成，虽说最初是从李泽厚谈宗先生的《美学散步》一书的话得到启发，但也包含我从宗先生以及前面讲到邓以蛰先生的著作中得到的种种启发，再加上我自己的独立研究而写成的。此文是我对儒、道、楚骚、禅宗四派美学所作的最详细的阐发。其中论述中国古代美学思想产生的历史背景时，我又相当集中地论述了我对包含美学在内的中国古代思想史的一个重要看法，即认为中国古代思想的产生与发展与中国原始氏族社会的思想观念有直接而密切的联系。这是了解中西思想的差异的一大关键。《略论中国古代美学四大思潮》一文是《中国古典美学概观》一文的提要、缩写。之所以写了这篇文章，是因为前面讲到的布洛克先生编中国当代美学家的论文集时向我征稿，我除选了我在《艺术哲学》一书中论艺术的本质的一部分给他之外，感到向国外介绍一下中国美学也很有必要。但《中国古典美学概观》一文又太长，所以就写了这篇提要式的文章，并请人译为英语寄给他。因此，这篇文章在收入本书旧版之前没有在国内发表过。《中国哲学与中国美学》写于1983年，曾在《武汉大学学报》刊出。这是在前两篇文章的基础上，对中国哲学与中国美学的关系作一种总体的、宏观的探讨，特别强调中国美学是从主观与客观、主体与客体的统一出发来解决美与艺术问题的。《中西美学比较方法论的几个问题》一文的主要观点，我在1984年10月于武汉召开的"中西美学艺术比较讨论会"的发言中已经讲到，后写成文章，发表于《文艺研究》1985年第1期。这是我讲中西美学比较的第一篇文章，其中特别强调在将两种观点进行比较时，先要弄清它们产生的历史条件和思想实质，并注意它们的异中之同与同中之异。等到编上面说的讨论会的论文集《中西美学艺术比较》时，我又将此文略加修改，收入其中。这个论文集由湖北人民出版社于1986年出版。现在回忆起这次讨论会，不仅第一次明确提出和讨论了中西美学的比较问题，而且称得上是中国美学界在20世纪80年代的一次盛会。这次大会在当时建成不久的晴川大楼举行，王朝闻、洪毅然、伍蠡甫、蒋孔阳及其他较年轻的美学家（包括湖北的）都到会了，差不多可称是"群贤毕至，少长咸集"。会议得到了武汉市服装协会、《长江日报》的赞助，会议过程中还曾举行了一次在当时来说是相当成功的服装表演。湖北省美学学会作为承办单位，汤麟同志及其他许多同志为这次会议的召开付出了很多精力。

三

以上所说，本来是为了介绍一下收入本书的各组文章的内容，但越写越长，收不住了。特别是介绍每一篇文章时，常常会想到和文章的写作相关的各种人和事上去，抑制不住地要写上一笔。人老了会有怀旧情绪，我也未能幸免，尚祈读者谅之为幸。但我也深知，时代是不断发展的。因此，不论如何怀旧，也不论自己过去在美学研究上曾作过多少努力，面对今天的时代，都是"俱往矣"的事了。今天的问题是：马克思主义实践观的美学将如何在市场经济的条件下求得发展？或者更扩大开来说，今天中国当代美学的发展将出现怎样的一种态势？

解放后中国的马克思主义美学，我认为基本上是在从1956年开始到"文革"前以及"文革"后80年代初期的美学讨论中形成的。我自己对美学的看法，也是在这一过程中形成的。这也就是说，从1956年开始到80年代初期基本形成的中国当代马克思主义美学，是在计划经济的体制和历史条件下形成的，可以称之为计划经济体制下的中国社会主义、马克思主义的美学。这明显地表现在两个方面：第一，当时参加美学讨论的人，不论彼此的观点如何不同，绝大多数人都坚决主张美学问题的解决必须以马克思主义为指导。因此，相互之间的争论十分激烈，有时甚至达到白热化的、毫不留情的程度。因为每个人都认为自己的观点是符合马克思主义的，坚持自己的观点就是为坚持马克思主义而斗争，并不是一个仅仅为了维护个人观点的问题。第二，当时参加讨论的绝大多数人都认为马克思主义美学问题的解决与社会主义、共产主义的实现不能分离，美学必须为社会主义、共产主义理想的实现服务。而当时大家所理解的社会主义就是计划经济体制下的社会主义，并且认为这种社会主义已经实现和正在不断发展，它与西方资本主义和一切私有经济是绝对不能相容的。但是，随着20世纪70年代末、80年代初，我国是继续发展计划经济的社会主义还是转向社会主义市场经济一度处于犹豫不决的状态宣告结束，从80年代中期，特别是90年代初以来，社会主义市场经济得到了迅猛的发展，中国社会发生了前所未见的巨大深刻的变化，从而对整个中国思想学术界，当然也包含美学的研究，产生了巨大的冲击。一个崭新的时代已不可逆转地到来了。仅从美学来看，上述那种认为美学研究必须以马克思主义为指导和坚持社会主义、共产主义理想的看法已发生了显著的变化，相当多的人认为过去所讲的马克思主义实践观美学已经过时。原先被认为是实践美学的重要代表的李泽厚也从

26

1981 年开始明显转向。不久前我还看到一本书中说，由于李泽厚已从马克思主义的实践观点转向了康德和现代新儒家，所以"实践美学"在中国已宣告"终结"。这种看法相当奇特，似乎实践美学在中国是否存在，完全取决于李泽厚一人的观点是怎样的。其中，明显包含了对李泽厚之外，也主张实践观美学，而且讲法与李泽厚的讲法不能等同的其他一些人的蔑视。此外，如前已说过，"后实践美学"的出现，实际上也是市场经济大发展条件下的产物。由于市场经济的大发展，我认为当代中国美学的发展出现了下述三种态势，或者说出现了三种取向不同的美学。

第一种是至今仍然存在，但发展较慢，并且受到了种种批评和挑战的马克思主义实践观美学。这种美学曾经在一个长时期内对美学中各个根本性的问题作了不倦的深入的理论思考，并取得了重要的理论成果。因此，从美学的基本理论层面说，它完全能够对各种批评与挑战作出回答，决不会被其他的理论所驳倒或消解。问题在于，在新的历史条件下，首先它要对西方当代的各种美学进行比过去更细致深入的研究，弄清所有这些理论的根据与实质，其次还要对市场经济发展所引起的美与艺术的变化进行全面的分析思考，作出科学的说明与回答。而这两方面的任务的完成都不是轻而易举，可以一蹴而就的。它实质上是中国当代马克思主义美学发展史上一次新的飞跃，因此需要一个较长的过程。但时不我待，因此又要全力以赴地加速这个过程，密切联系当前的实际，直面当代的美学问题，大力展开对马克思主义实践观美学的研究，使马克思主义实践观美学的基本观点不断得到丰富、深化和发展，作出新的阐明、新的论证、新的概括，并且能够准确地抓住当代美学发展的关键与实质。

第二种美学可以总称之为"超越"美学。这不仅指"后实践美学"，它包含一切从对现实生活的"超越"中去找美的美学。所有这一类美学，不论说法如何不同，都认为美只能存在于与现实生活不同的"超越"的世界中。从当前的中国来说，它认为市场经济的发展已造成了对现实人生的意义与价值的消解，从而也造成了对美与艺术的消解。因此，它认定 20 世纪 80 年代基本形成的马克思主义美学主张从实践和社会主义、共产主义的最终实现出发来解决美学中的各种问题，已根本行不通，没有意义了。这一类美学最关注的是西方从19世纪到20世纪的美学所讲的"超越"问题，并且带有一种相当浓厚的西方的"拯救美学"的气味。它希望通过"超越"而使人们获得"拯救"，找到在现实生活中已找不到或很难找到的"美"。由于市场经济的大发展引起了人们对"美"与艺术的种种困惑、迷惘，因此这一类美学在社会上有一定的影响，今后也还会以各种不同的面貌出现。

第三种美学可以称为"消费美学"。从中国的情况来看，我认为中国的现代化尚未完成（特别是在广大农村），但同时又已开始进入西方一些学者所说的"后现代"、"后工业"时代。在我看来，就是与马克思曾作过详细考察的"机器大工业"时代不同的信息技术革命时代。这个时代的到来，的确如西方不少学者指出的那样，使西方社会成为一个"消费社会"，美学在很大程度上也成为"消费美学"，不再像过去那样大讲美同人的存在的意义与价值的关系问题了（这是上述"超越"美学最关注的问题）。美就在消费之中，在人的各种感官生理欲望的愉快满足中。西方有的美学家把这称之为"生活的审美化"，本质上就是消费的审美化。在我看来，由于中国有自己悠久的民族文化传统，又有近现代以来的革命传统，并且建立了中国特色的社会主义制度，因此中国不可能成为像西方"后现代"的那样一种"消费社会"。但西方"后现代"的消费主义对中国的影响已是一个明显的事实，再加上在市场经济条件下美与消费确有密切关系，因此近年来在中国也已产生了以各种不同形态表现出来的"消费美学"。

在我看来，中国当代美学的发展将会涉及各种各样的问题，但从最基本的态势来看，大致上将是马克思主义实践观美学、"超越"美学、消费美学三者的共生与发展。从思想的谱系说，它们分别属于马克思主义、现代主义、后现代主义。当然，也有可能出三者互相交义的情况。我并不否认后两者存在与发展的意义，因为"超越"美学可能对市场经济发展中，在审美与艺术方面出现的某些消极的、坏的现象提出某种批判的见解;消费美学也可能在研究消费与美的关系上作出某种贡献。但要现实地、历史地、科学地解决中国社会主义市场经济发展中出现的一系列美学问题(扩大开来说,也是当代世界美学面临的问题,包含消费与美的关系问题),既不堕入到各种非现实、非历史的玄想中去,也不为一时的泡沫、幻象所迷惑,我以为仍然要依靠马克思主义实践观美学在当代的发展。这种发展不可能脱离社会主义在当代的发展,它的发展历程和中国通过市场经济的发展而最终走向社会主义完全实现的历程,将是相互吻合、一致的。这是一个十分漫长的历程,当然会划分为大大小小的不同阶段,因此重要的是要把握住每一阶段的历史特点。

前面曾讲到,我在写这序文时常常会勾起一种怀旧的情绪。我深感个人能在美学研究上取得一些微薄的成就,是和许多师友以及我的许多学生在长时期中对我的关心、支持、鼓励、期许分不开的。我的妻子孙家兰多年来承担了全部家务劳动,把两个孩子抚养长大,使我能集中全力于学术研究。过去我在自己的著作的序跋中从未说过,现在到了晚年,也应记上一笔。此外,我还要感谢武汉大学哲学学院、武汉大学出版社、武汉大学社科处对我的大力支持,感谢郭齐勇、陈庆辉同志对我的学术研究工作的关心,使我的《美学与哲学》、《艺术哲学》、《〈周易〉美学》、《传统文化、哲学与美学》四本旧作得以印行新版,并把我自1956年以来所写的有关中国绘画史论、美术理论、书法美学的文章、著作集为《中国书画、美术与美学》一书出版。我还要感谢负责这五本书的编辑出版工作的王雅红同志,没有她的细心、认真而辛勤的工作,这五本合起来接近250万字的书,是不可能在短时期内与读者见面的。

刘纲纪

2006年2月17日写毕于武大珞珈山下

旧　序

　　感谢湖北人民出版社同志们的鼓励和支持，使我有可能把近年来所写的一些有关美学的文章编成这个集子问世。由于全书大部分是从哲学角度来讲美学的，所以以"美学与哲学"作书名。

　　我对于自己所写的东西一向极少有感到满意的。唯一聊以自慰的是，从主观愿望说，多年来总在力求以马克思主义为指导进行比较深入的思考，并注意一些比较困难的关键问题的解决，希望写出的东西不要太平淡，能多少给读者一些启发。现在有可能把自己认为稍可的一些文章集印成书，以奉献给读者和朋友们，终究是感到快慰的。此外还有一个原因推动我编这集子。我自一九五六年应已故李达校长之命，离开北京到武汉大学以来，虽然身在武大，但我是一个研究美学而且对中国绘画史很有兴趣的人，所以心里常常想着北京那些丰富的图书资料，文物古迹，很是羡慕在北京的许多同窗、老友有着进行研究的优越条件。但我如今年过半百，还京之望渺渺，而且也得服从党的安排，因之倒是日益地产生了安居武汉，为发展武汉地区的学术事业尽一点微力的意思。这样一想，觉得把这集子尽力编好印出，也还是有些意义的。就个人来说，也算居楚国，做楚人近三十年的一个小小纪念。

　　于是就动手干起来。但编成一看，又颇觉内容单薄，还有些想说而未说，或已说而未说清的话，决计增写几篇新的文章。这就是《美——从必然到自由的飞跃》、《从劳动到美》、《从美的哲学分析到心理学和社会学的分析》，算是目前我对自己在美学问题上的基本看法的进一步补充说明。还有两篇关于中国古代美学的稿子，题为《略论中国古代美学四大思潮》、《中国古典美学概观》，也收入这集子中。最末一篇《"六法"初步研究》，是我在青年时代所写，曾于1960 年 3 月由上海人民美术出版社出过单行本。因为其中搜集的一些材料，提出的某些观点，现在看来可能还略有参考价值，而且也曾有一些青年朋友希望得到它，所以我就趁编这集子的机会，作些文字上的修订，把它附在后面。其余的文章，都是打倒"四人帮"以后在一些报刊上发表过，我以为可以略供参考的。每篇我都从文字到论点作了一番加工（但与别的同志商榷的文章，只作文字加工）。我对于自己的文章，写时似觉还可，发表之后一看又常常觉得很不舒服。特别是在文字上，我对自己很不满。多年来，由于不愿停留在现象的描述上，一心要追求理论分析的深度，加之我对词藻华丽而内容空虚肤浅的文章历来有一种强烈的反感，于是就日益走到极端，对文采修辞之类很少注意，堕入了古人所说"言之无文"的境地。这是今后要努力改正的。

　　谈到本书在美学上的基本观点，我翻来覆去讲的就是一个观点：劳动创造了美，美是人在改造世界的实践创造中取得的自由的感性具体表现。这里有点麻烦的是"自由"问题。如果对马克思主义哲学关于"自由"这个概念的理论缺乏应有的了解，或把它混同于非哲学意义上的日常生活中所说的"自由"，那就可能引起误解，认为我把美同"自由"联系在一起，是在宣传人们可以不要纪律，为所欲为，宣传资产阶级的极端个人主义，以致宣传资产阶级自由化……等等。我其实是早就预计到会有这一类误解或责难产生的，但为什么不从趋利避害着想，放弃我现在的这种说法呢？因为我通过多年的思考研究，感到从马克思主义哲学来看，如果要找出一个足以概括美的本质和特征的哲学概念的话，就只有马克思主义哲学所讲的"自由"这个概念足以概括它。我想只要说清楚马克思主义哲学所讲的"自由"同资产阶级唯心主义哲学所讲的"自由"的根本区别，是不至于引起误解的。我不能为了怕引起误解，怕挨批而放弃对真理的探求。至于我的这种看法是否真理，当然要待实践的检验和读者的批评指正。

　　说到我这个基本的看法，回想起了五十年代后期开始的那场热烈而持久的富于成果的美学讨论。我怀着极大的兴趣注视着这场讨论，但由于我当时被中国绘画理论和绘画史方面的研究课题吸引住了，更重要的是由于我当时在美的本质问题上始终没有找到一个可以自己说服自己，并自以为是合乎马克思主义的看法，所以在这场讨论中我只写了许多笔记，没有写过一篇文章。一九五六年 9 月，何思敬先生译，宗白华先生校的马克思《1844 年经济学—哲学手稿》第一个中译本由人民出版社出版后不久，承宗白华先生送了我一本，并叮嘱我要好好一读。一读之后，的确使我感到好像发现了一个新世界。一九五八年，我又在湖北红安烟宝地水库的工棚中十分兴奋地细读了朱光潜先生翻译的黑格尔《美学》第一卷，常常拍"床"叫绝，① 并感到它虽然是唯心主义的，但和马克思的思想实有血脉相通之处。② 这样，我对什么是美这个问题的想法逐步地清晰起来了，而且越来越集中到"自由"的问题上。一九六二年，我参加了王朝闻同志主编的《美学概论》的编写工作，在一次讨论美的本质问题如何写的会上，我贸然地提出了美是以实践为基础的人的自由的表现。这实在是已隐藏在我心中多年的一个基本想法。记得当时洪毅然先生说，这说法太空泛。其他同志不置可否，接着就扯到别的方面去了。确实，我当时的说法太空泛，因为我没有提出多少论证。而且直至现在，我仍然感到还没有把它讲得很清晰、明白、具体。但在我自己，却始终觉得这是一个唯一能为自己所认可和接受的看法。"文化大革命"中，当我在襄阳放鸭子的时候，一面让鸭子在小河中觅食，一面就对着田野默想黑格尔、马克思、美和"自由"的关系等等。打倒"四人帮"后，一九八〇年，我看到了《马克思究竟怎样论美》一文，感到这是一篇认真研究马克思美学的文章。但它的观点刚好同我多年思索所得的结果相反，而且它把国内主张从实践观点研究美学的同志和苏联

---

　　① 　因为当时的工棚中只有床，没有桌子——作者补注。

　　② 　到了 60 年代，我读了冯至先生译并陆续发表在《文艺理论译丛》上的席勒的《审美教育书简》，受到了很大的启发，极大地加深了我对黑格尔马克思美学的理解。至于康德的《判断力批判》上卷，是在 1964 年才读到了宗白华先生的译本。开始不太理解，读进去之后，我于终把康德——席勒——黑格尔——马克思这条线打通了——作者补注。

"修正主义"挂上了钩，这也颇使我不平。于是就促使我写了一篇《关于马克思论美》的文章，并承《哲学研究》在一九八〇年十月号登了出来。这篇本来不过是为了商榷而写的文章，使我把多年来思考美的本质所得到的结果第一次形诸文字。接着我又写了一些文章来说明我的想法，其中也包括答复一些同志对我的批评意见。如果要说我属于某一派的话，我自以为属于马克思主义的实践观点派，或实践的唯物主义派。记得我在中华全国美学学会成立大会上的发言中曾经说过，从哲学路线上看，美学研究的道路只能有三条：马克思主义的实践的唯物主义、唯心主义和机械的形而上学的唯物主义。至今我仍然这么看，不相信在这三条道路之外还有第四条道路。尽管就个人研究的途径、方法来说，可以多种多样，在这意义上可以说"条条大道通罗马"，但就根本的哲学道路来说，我认为只能有上面所说的三条。而且就最后能否取得真正科学的结果来说，我认为只有马克思主义的道路才能"通罗马"。多年来，我自己在主观上力求坚持马克思主义的道路，一方面反对唯心主义，另一方面反对机械的形而上学的唯物主义。在每一个问题上都注意如何在反对唯心主义的时候，不要掉入机械的形而上学的唯物主义；在反对机械的形而上学的唯物主义的时候，防止滑入唯心主义。当然，这还只是我的一种主观愿望，我并不认为自己的观点就必定是马克思主义的。此书的出版，非常希望能得到各方面同志的严格批评。我的态度是，随时准备坚持真理，又随时准备修正错误，决不明明知道错了还是坚持不改。

回顾我走上美学研究的道路以来，所取得的成绩是很可怜的。近年来，湖北人民出版社先后出版了我的《书法美学简论》和《美学对话》两本小书，现在又轮到了第三本。没有出版社同志们的热情鼓励和推动，我大约是一本也弄不成的。使我深感抱愧的是，我未能拿出具有较高科学价值的书稿交给读者，我决心在今后不断地努力，努力，再努力！

刘纲纪

一九八四年春节，写于珞珈山下

关于马克思论美

深入研究马克思对美的问题的看法，对发展我们的美学科学有着极为重要的意义。最近，蔡仪同志的《马克思究竟怎样论美》（载《美学论丛》第 1 期）一文，是一篇认真研究马克思怎样论美的文章，在我国美学界这样的文章还不多。但是，我在学习研究了这篇文章之后，感到蔡仪同志对马克思观点的解释是不正确的或不完全正确的。为了探求真理，我想坦率地把自己的看法写出来，就教于蔡仪同志以及关心这一问题的其他同志。

一、关于"自然界的人化"和"人的对象化"

马克思所提出的"自然界的人化"和"人的对象化"，我认为是马克思论美的基础。蔡仪同志则不是这么看，他对这一问题的论述的中心思想，就是不同意从"自然界的人化"和"人的对象化"出发去探求美的本质。他还举出马克思有关金银的美的论述为例，以证明马克思本人也并不是用"自然界的人化"和"人的对象化"来解释美的本质的。下面就来逐一地分析一下蔡仪同志的看法。

第一，蔡仪同志认为"自然界的人化"和"人的对象化"的说法在马克思的《1844 年经济学—哲学手稿》一书中找不到"明确的出处"。

我认为出处还是找得到的，只要不过分地拘泥于文字的表达方式。马克思没有说过"自然界的人化"，但他说过"人化的自然界"，这是一件事情的两种不同的说法。前者是从过程来说的，后者是从结果来说的。如果没有"自然界的人化"，当然也就不会有"人化的自然界"。马克思是否说过"人的对象化"呢？说过的，见于该书批判黑格尔哲学的部分。马克思在批判黑格尔对感性意识的唯心的理解时说："感性意识不是抽象感性的意识，而是人的感性的意识；宗教、财富等等不过是人的对象化的异化的现实，是客体化的人的本质力量的异化的现实。"① 退一步说，即使马克思没有说过"人的对象化"，但他多次说过的"人的本质的对象化"，"他（指人）自身的对象化"、"对象化了的人"等等，同"人的对象化"在实质上是一样的意思。所以，我认为"出处"的问题，重要的是看精神实质，而不是看文字的表达方式。

第二，蔡仪同志认为，"马克思是在'私有制的扬弃是一切人的感觉和属性的完全的解放'的前提下，说到'人类化了的自然界'和'对象化了的人'这种话的。也就是说，他不是说的从来一般人的生产劳动"。在蔡仪同志看来，"人类化了的自然界"和"对象化了的人"（也就是"自然界的人化"和"人的对象化"）的说法只适用于私有制消灭了的社会下的生产劳动，不具有适用于一切生产劳动的普遍意义，因为马克思自己就指出了私有制下的劳动是异化劳动。

这种看法是不对的。其所以不对，是由于没有弄清楚马克思是在怎样的意义上说劳动是人的对象化，又是在怎样的意义上说私有制下的劳动是人的异化。我认为，当马克思说劳动是人的对象化的时候，他是从人与自然的关系来看劳动的。从人与自然的关系来看，劳动都是人改造自然以满足人的物质生活和精神生活需要的活动，因而都是人的对象化的活动。这是普遍的，适用于一切社会（包括私有制社会）的。但当马克思谈到私有制下的劳动时，他又指出这种劳动是异化劳动。这时，马克思是从人和他的劳动以及劳动产品的关系来看劳动的。在私有制下，由于劳动者失去对自己的劳动和劳动产品的支配权，劳动和劳动产品成了同劳动者相敌对的东西。但是当马克思说私有制下的劳动是人的异化时，他并未否定私有制下的劳动从人与自然的关系来看也同样是人的对象化。他不但没有否认这一点，而且还

----

① 《马克思恩格斯全集》第42卷，人民出版社1979年版，第162页。

充分地肯定和论证了这一点，因为这正是马克思揭露劳动异化的前提。只有肯定了从人与自然的关系上看，劳动本来是人的对象化，才能有力地揭露和批判私有制把劳动变成了人的异化。如果从人与自然的关系上看，劳动本来就是人的异化，那就不存在什么批判异化劳动的问题。不论私有制下的或消灭了私有制的社会下的劳动都是人的对象化，所不同的是前者是在异化的形式下存在着，后者则消除了异化。我认为只有这样来理解，才符合马克思的原意。

第三，蔡仪同志不但否认人的对象化以及与之相联系的自然的人化具有适用于一切社会的生产劳动的普遍的意义，而且他还否认这是马克思论美的根本的出发点。他所提出的理由主要是有关自然美的解释问题。他认为像"山陵川泽、草木鸟兽，甚至春风秋月、虹彩霞光"这些自然物，绝对不能说"因为'人化'了才可能成为审美对象"。特别重要的是，他还举出马克思有关金银的美的论述为例，认为"按马克思原话的意思，所谓金银的审美属性，很明显地就是指的金银作为自然矿物的'天然的光芒'色彩"。他由此断定马克思"认为自然界事物的美就在于自然界事物本身"，同什么"自然的人化"和"人的对象化"毫无关系。

在应用"自然的人化"和"人的对象化"去说明美的本质时，特别是说明自然美的本质时如何正确地理解和具体化，是一个还需要深入研究的问题。我在这里只想证明：就马克思的有关言论来看，他的确是从"自然的人化"和"人的对象化"去说明美的本质（包括自然美的本质）的。

第一，马克思说过："劳动创造了美。"① 这在美学史上，是一个标志着美学的重大变革的命题。如果我们同意这一命题，那么要认清美的本质，就必须研究劳动的本质。而劳动的本质正在于它是人改造自然以满足人的物质生活和精神生活需要的活动，也就是"自然的人化"和"人的对象化"。所以，主张"劳动创造了美"的马克思无疑是以"自然的人化"和"人的对象化"，作为他对美的本质的认

---

① 《马克思恩格斯全集》第42卷，人民出版社1979年版，第93页。

识的基础的。

第二，马克思说："只是由于人的本质的客观地展开的丰富性，主体的、人的感性的丰富性，如有音乐感的耳朵、能感受形式美的眼睛，总之，那些能成为人的享受的感觉，即确证自己是人的本质力量的感觉，才一部分发展起来，一部分产生出来。因为，不仅五官感觉，而且所谓精神感觉、实践感觉（意志、爱等等），一句话，人的感觉、感觉的人性，都只是由于它的对象的存在，由于人化的自然界，才产生出来的。"① 这里，马克思清楚地指出"有音乐感的耳朵、能感受形式美的眼睛"，即人的审美感觉，是由于"人的本质的客观地展开的丰富性"，由于"人化的自然界"才产生出来的。马克思在这里虽只提到了美感，未直接涉及美，但既然美感是由人的本质力量的对象化、自然界的人化所产生的，那么所谓美，就必然同人的本质力量的对象化和自然界的人化有关。另外，我们还要注意马克思在这里提到了"形式美"，其中就涉及了后来马克思对金银的美的论述问题。因为金银的美，如马克思所指出，同它们的光和色有密切关系，而光和色的美在美学上正是属于形式美。马克思既然认为形式美感产生于人的本质力量的对象化和自然的人化，那和金银的美相联系的光和色的美自然也是从人的本质力量的对象化和自然的人化而来的。当然，马克思在讲到金银的光和色的美时并未提到什么人的本质力量的对象化和自然的人化，而只讲到了金银的光和色的美同金银的自然属性的关系。但我以为马克思在论到金银的光和色的美时肯定它和金银的自然属性相关，决不等于说他认为金银的美就在金银的自然属性。因为在马克思看来，美不仅仅是自然，而是"人化的自然"。至于运用"人化的自然"的思想去说明自然美的现象时常常要碰到的一些似乎是讲不通的困难（如某一自然现象如何"人化"之类），我认为只要从人类历史发展的过程去加以具体的分析，把自然作为一个整体来看待，并具体考察它与人类生活的关系，不作孤立的、机械

---

① 《马克思恩格斯全集》第42卷，人民出版社1979年版，第126页。

4

的、狭隘的了解，都是完全可以解决的。①

第三，马克思在《1844 年经济学—哲学手稿》中提出了"人也按照美的规律来建造（或译造形）"的重要思想，而这一思想是在马克思把人的生产和动物的生产加以全面的比较时提出来的。他认为人之所以能"按照美的规律来建造"，是由于"动物只是按照它所属的那个种的尺度和需要来建造，而人却懂得按照任何一个种的尺度来进行生产，并且懂得怎样处处都把内在的尺度运用到对象上去。"② 他的这些话，实际就是对他所说的"劳动创造了美"这一重要命题的进一步说明，其基础仍然是自然的人化和人的对象化。这一点将在后面再加以说明。

总起来说，蔡仪同志对马克思所提出的"自然的人化"和"人的对象化"的思想的理解是有问题的。特别是他完全否定了这一思想对马克思美学的极其重要的意义，这更是不符合马克思的原意的。

二、关于实践观点问题

"自然的人化"和"人的对象化"的思想是马克思对美的看法的根本。而"自然的人化"和"人的对象化"在马克思看来是人改造世界的实践活动的结果，不是观念的、精神的活动的结果。这是马克思区别于也讲"自然的人化"和"人的对象化"的唯心主义者黑格尔的根本之点。所以，马克思的美学，完全可以称之为"实践观点的美学"。对此，蔡仪同志是很不以为然的。他批判了"所谓实践观点的美学"，这里我不想去说这种批判是否完全正确，只想指出，即使有人对马克思的实践观点的美学作了不正确的解释，甚至故意曲解，但不能因此就否认马克思的美学是实践观点的美学，问题只在于如何正确地加以理解。在我看来，如果说有人对马克思的实践观点作

---

① 如金银的光和色对人成为美是和整个大自然的光和色与人类生活的密切关系分不开的。对此完全可以作出实证科学的说明——作都补注。

② 《马克思恩格斯全集》第 42 卷，人民出版社 1979 年版，第 97 页。

了不正确理解的话，那么，蔡仪同志对马克思的实践观点的解释，也没有抓住其中最本质的东西，基本上还是站在直观唯物主义的立场来看实践的。我之所以作出这样的论断，有下面的一些理由。

第一，蔡仪同志在论述马克思的实践观点时引用了马克思在《关于费尔巴哈的提纲》中所说的这段话："从前的一切唯物主义——包括费尔巴哈的唯物主义——的主要缺点是：对事物、现实、感性，只是从客体的或者直观的形式去理解，而不是把它们当作人的感性活动，当作实践去理解，不是从主观方面去理解。"① 这段话对了解马克思的唯物主义同直观唯物主义的区别很重要，对了解马克思的美学观点也很重要。蔡仪同志正确指出了这是马克思"对旧唯物主义的批判"的"中心之点"，但他对这个"中心之点"却还没有作出符合马克思意思的正确说明。如他说"所谓'事物、现实、感性'，根本说的就是实际社会活动"，这就不确切。因为自然界的事物不能说"就是实际社会活动"，社会中的事物也不能统统说成都是"社会活动"。实际上，马克思说旧唯物主义对事物、现实、感性只从直观的形式去理解，而不是当做实践去理解，指的是旧唯物主义不懂得人所生活的周围世界（包括自然和社会两者），他和他的感官所接触的自然界及人类社会生活中各种事物的关系，都是人改造世界的实践活动的结果和产物，人对它们的感性直观不可能离开人改造世界的实践活动。这个道理，马克思在《德意志意识形态》一书中批判费尔巴哈时讲得十分清楚。马克思说："他（指费尔巴哈）没有看到，他周围的感性世界决不是某种开天辟地以来就直接存在的、始终如一的东西，而是工业和社会状况的产物，是历史的产物，是世世代代活动的结果，其中每一代都立足于前一代所达到的基础上，继续发展前一代的工业和交往，并随着需要的改变而改变它的社会制度。甚至连最简单的'感性确定性'的对象也只是由于社会发展、由于工业和商业交往才提供给他的。大家知道，樱桃树和几乎所有的果树一样，只是在数世纪以前由于商业才移植到我们这个地区。由此可见，

---

① 《马克思恩格斯全集》第3卷，人民出版社1960年版，第3页。

樱桃树只是由于一定的社会在一定时期的这种活动才为费尔巴哈的'感性确定性'所感知。"① 马克思又指出:"这种活动、这种连续不断的感性劳动和创造、这种生产,正是整个现存的感性世界的基础,它哪怕只中断一年,费尔巴哈就会看到,不仅在自然界将发生巨大的变化,而且整个人类世界以及他自己的直观能力,甚至他本身的存在也会很快就没有了。"② 马克思的这些话,是他在《关于费尔巴哈的提纲》中对直观唯物主义批判的最好的注解。而蔡仪同志的解释却没有触及马克思思想的真正的实质,只笼统地说到马克思的思想"就是强调实践对认识的决定作用,强调革命的实践对历史发展的决定作用"。像这样仅仅在认识的范围内来观察实践,只把实践看做是认识的一个条件(尽管在蔡仪同志看来是最重要的条件),而看不到实践首先是人改造世界的活动,表明蔡仪同志的看法和马克思以前的旧唯物主义者的看法大体一样。实际上,由于实践是人改造世界的活动,所以它才能成为认识的基础和检验真理的标准。而马克思以前的旧唯物主义者,虽然也可以在一定的范围和程度上承认认识离不开实践,但由于他们不懂得实践是人改造世界的活动,因而也就不懂得人所生活的感性世界是人的实践所创造出来并不断在改造着的世界。所以,他们对于事物、现实、感性,就只能从客体的或直观的形式去理解,而不能当做实践去理解;对实践在认识中的地位和作用,也始终不能作出科学的解决。

第二,蔡仪同志在讲到马克思的实践观点的时候还特别指出"认识论上的实践观点,并不规定认识的内容或认识的成果必须是'人化的'云云"。他又指出,"真正的"实践观点并不讲什么"自然界的人化",并且把讲"自然界的人化"一律说成是主张"物我不分、主客同一"。这些说法,也表明蔡仪同志对实践的理解还是站在直观唯物主义的立场上的。马克思的实践观点虽然并不规定认识的内容或认识的成果必须是"人化的",但实践既然是人改造世界的活

① 《马克思恩格斯选集》第1卷,人民出版社1995年版,第76页。
② 《马克思恩格斯选集》第1卷,人民出版社1995年版,第77页。

动，当着人把那原来同人的要求相对立的自然改造成了同人的要求相一致的自然时，这难道不就是把自然"人化"了吗？所谓"自然的人化"，归根到底，无非就是指的人对自然的征服和支配。如果否认我们今天生活于其中的自然是人类实践活动所改造了的自然，即"人化"了的自然，那么这种所谓真正的实践观点恰恰是马克思所批判了的，不把事物、现实、感性当做实践来理解的直观唯物主义的看法。此外，马克思所理解的自然的人化，很明白地是人在实践中改造了存在于人的意识之外的自然的结果，不是单纯的意识、精神活动的结果，因此它和什么"物我不分、主客同一"之类的唯心主义论调是完全不同的。从马克思的实践观点看来，这并没有什么难于了解的地方。

第三，蔡仪同志说："劳动实践对人的审美能力的影响，这当然是谁也不会否认的。"他又说："劳动使人具有一般的认识能力，也包括使人具有审美的能力，这是不成问题的。"这些话清楚地表明蔡仪同志在美学上对实践观点的承认和肯定，仅仅限制在审美能力的产生和形成的范围内。换句话说，他只承认审美能力的发展同实践有关，而不承认审美的对象是人类的劳动实践所创造出来的。这种看法，显然同马克思的"劳动创造了美"的提法不一致，同时也表明蔡仪同志对实践观点的了解还未脱出直观唯物主义的范围。一般来说，直观唯物主义在认识论上不把事物、现实、感性当做实践来理解，即当做人的实践活动的结果和产物来理解；同样，在美学上，它也不把审美的对象（事物、现实、感性）当做实践来理解，即当做人的实践活动的结果和产物来理解。这也就是说，它对于审美的对象或客体，是仅仅从直观的形式去理解的。这正是直观唯物主义美学的重要特征。①

第四，蔡仪同志说："按马克思在《提纲》中所说的实践观点，虽然可以认为是对直观唯物主义的根本区别之点，却不能说，也是对唯物主义的根本区别之点。"这个看法是对的。问题在于，在肯定一般唯物主义与唯心主义的根本区别（即对物质与精神、存在与思维

---

① 前苏联所讲的马克思主义美学也是这样，只承认审美能力的产生与实践有关，不承认审美对象是人类实践改造了世界的产物——作者补注。

何者为第一性的不同解决）的前提下，对于我们来说，最重要的还是要看到马克思的唯物主义同直观唯物主义的根本区别，而不要忽视这种区别，更不要否认和取消这种区别。从蔡仪同志过去到最近所发表的美学观点来看，他处处强调了唯物主义和唯心主义的根本区别，但对马克思的唯物主义和直观唯物主义的根本区别却忽视了，甚至还没有看出这种根本区别。我认为，这正是蔡仪同志的美学观点的根本缺陷所在。

三、关于美的规律

前面说到马克思在《1844 年经济学—哲学手稿》中曾经明确地提到"美的规律"的问题。蔡仪同志在他的文章中用相当多的篇幅论及了这个问题，但他的论述我以为也是离开了马克思的原意的。

蔡仪同志引出了马克思论及"美的规律"的原话，但略去了在此之前马克思把人的生产和动物的生产相比较的许多话。根据最近的新译本，蔡仪同志引用的话是："动物只是按照它所属的那个种的尺度和需要来建造，而人却懂得按照任何一个种的尺度来进行生产，并且懂得怎样处处都把内在的尺度运用到对象上去；因此，人也按照美的规律来建造。"① 在引了这段话之后，蔡仪同志指出"'美的规律'显然是和'物种的尺度'与'内在的尺度'有关系的"。接着他就分析了什么是"尺度"以及什么是"内在的尺度"。他认为"所谓'尺度'，就它的原意说，本来是测定事物的标准；而在这里，若用普通的话来说，相当于'标志'、'特征'或'本质'"。在讲到什么是"内在尺度"时，他认为"'物种的尺度'和'内在的尺度'，无论从语义上看或从实际上看，并不是说的完全不同的两回事"。所谓"内在的尺度"，指的就是"物种的内在的特征"。在作了这些分析，断定了"尺度"即事物的本质特征，"内在尺度"即物种的内在的本质特征之后，蔡仪同志最后作出结论："事物的美显然和事物的物种本质特

---

① 《马克思恩格斯全集》第 42 卷，人民出版社 1979 年版，第 97 页。

征、物种的普遍性是有关系的。这是所谓美的规律的一个方面。"

上述对马克思的话的分析，是蔡仪同志对马克思所说的"美的规律"的看法的最为重要之处。他后来的关于"美的规律"的说明，都是以这里的分析作为前提的。

首先，我认为蔡仪同志把"尺度"解释为"测定事物的标准"，虽然狭窄了一点，但基本上是正确的。问题在于，接着他就笔锋一转，未加任何论证，就断定"尺度"即是事物的"本质特征"，这就很值得商榷了。在我看来，马克思所使用的"尺度"这一概念，来源于黑格尔的《逻辑学》，它指的是事物的质与量的统一。所以，在尺度中，"已经包含本质的观念"。① 但是，尺度又不等于本质，因为尺度不是单纯的质本身，它是表现着质，或和质相统一的量。当我们运用某一尺度去衡量事物时，尺度即成为我们所运用的一种标准。但不论在任何情况下，尺度虽和事物的本质相关，却不等于事物的本质。在上面所引马克思的话中使用的"尺度"这个概念，就它本有的意义来说，只能理解为同质结合在一起的量。但是，在有形可见的事物上，由于尺度同事物的形式结构大小相关，所以尺度也可理解为和事物的样式、形式有关的东西。我们按某一样式、形式去造成一个事物，也即是按某一特定的尺度去造成一个事物。②

其次，蔡仪同志把马克思所说的"内在的尺度"理解为物种的内在的本质特征，在我看来也是不正确的。这里抛开前面已说过的如何理解尺度的含义不谈，我认为马克思所说的物种的尺度和内在的尺度决不是一个东西。前者指的是动物所属的物种的尺度，后者指的则是和动物不同的人自身所要求的尺度。之所以称之为"内在的尺度"，就因为它不是外在的物种所具有的尺度，而是人根据他的目

---

① 黑格尔：《逻辑学》（上册），商务印书馆1976年版，第357页。

② 在西方美学史上，自古希腊开始，"尺度"与"美"就有密切的关系。18世纪德国美学家温克尔所著《古代艺术史》和莱辛所著《拉奥孔》又特别强调了"美的规律"与"尺度"的关系。马克思在柏林大学学习期间曾读了这两本书，并作了摘录。见马克思：《给父亲的信》，《马克思恩格斯全集》第40卷，第14页，人民出版社1982年版——作者补注。

的、需要所提出的尺度。如果说这内在的尺度是物种自身所具有的尺度，那么马克思就决不会说什么"把内在的尺度运用到对象上去"这样的话。因为这里所说的对象即是人所改造的属于某一物种的自然物，既然内在尺度已经是这属于某一物种的自然物本身内在地具有的尺度，人又何必还要把它运用到对象上去呢？人类的一切生产劳动，都是要把自然物改造成为合乎人的目的和需要的东西，而这个改造的过程，也就是马克思所说的"把内在的尺度运用到对象上去"。这是只有人才能做到，而为一切动物所做不到的。

为了进一步证明我上述的观点是符合于马克思的原意的，我想引证一下马克思在别的经济学著作中所说过的一些话。在《经济学手稿》（1861—1863 年）中，马克思说过："在劳动过程中，劳动材料获得形式，获得一定的属性，创造这些属性是整个劳动过程的目的，并且作为内在目的决定劳动本身的特殊方式和方法"。① 这里所说的作为劳动过程的"内在目的"，显然是同人加到对象上去的"内在的尺度"相关的东西。这目的决定着人按怎样的尺度去改造劳动材料，赋予它怎样的形式。目的是内在的目的，它所决定的尺度自然也是内在的尺度。在《政治经济学批判》（1857～1858 年草稿）中，马克思在讲到把原料变为产品以及产品的形式同原料的形式的区别的时候，又曾说过这样的话："桌子的形式对于木头来说是外在的，轴的形式对于铁来说是外在的。"还说："桌子的形式对于木头来说则是偶然的，不是它的实体的内在形式。"② 这些话更为清楚地说明了马克思所说的"内在的尺度"是什么意思。在人把木头改造成为桌子的时候，他是按照桌子的形式所要求的尺度去改造木头。这尺度不是木头自身所具有的尺度，因为木头按其自身的尺度并不是桌子。所以，对于木头来说，桌子之为桌子的尺度并非它所内在地具有的，不是它的内在的尺度。这尺度是人按他的劳动的目的和需要提出来的，

---

① 《马克思恩格斯全集》第 47 卷，人民出版社 1979 年版，第 69 页。
② 《马克思恩格斯全集》第 46 卷（上册），人民出版社 1979 年版，第 330页。

是人把它加到木头上去的。由此看来，蔡仪同志把马克思所说的"内在的尺度"说成是物种的内在的尺度，是不对的。就木头与桌子这个例子来看，木头自身所具有的尺度是物种的尺度，而桌子所具有的尺度则是由人所提出来的、并被人运用到木头上去的尺度，即内在的尺度。两者是不能混同的。

弄清了马克思所说的"尺度"不等于事物的"本质特征"，"内在尺度"不等于"物种的内在的本质特征"，那么蔡仪同志由此推论出来的关于美的规律、美的本质的看法，显然就是不符合马克思的原意的了。因此，我在这里就不想再去分析蔡仪同志如何从美和物种的本质特征相关这个前提出发，最后得出"美的规律就是典型的规律"，"就是事物以非常突出的现象充分表现了事物的本质"这些结论了。

立足于科学的实践观点的基础上，从自然的人化和人的对象化中去探求美的本质的马克思，会把美的规律建立在物种的本质特征的基础之上吗？会脱离人类对自然的实践改造，仅从自然物种的本质特征中去寻找美的根源吗？我认为是不会的。由于篇幅的限制，这里我不想从正面来详论马克思所说的"美的规律"的真实的含义究竟是什么，只想概略地指出以下几点：第一，马克思是从人的生产与动物的生产的本质区别出发去探求美的规律的，也就是从人类所特有的改造世界的实践活动出发去探求美的规律的。第二，马克思是从人类历史发展的广阔的视野内来观察美的规律。他所说的美的规律，指的是从根本上决定着一切美的现象的本质的规律，不同于我们一般所理解的使某一事物成为美的那些较为具体的规律。第三，马克思所谓的美的规律，就他所讲到的物质生产劳动的范围来看，即就人对自然的改造的范围来看，是物种的自然尺度同人所提出的内在尺度这两者的统一。这个统一，从哲学上看，也就是客观的自然的必然性同人的自由的统一。表现在人对社会的改造上，则是社会发展的客观的必然性同人的自由的统一。所以，从哲学的最高的概括来看，美的最根本、最普遍的规律，即是必然与自由的统一。而且这个统一，是在人的生活实践中获得了完全感性具体的实现的，是从完全感性具体的对象上表现出来，并为我们所感知的。第四，马克思所说的美的规律同他所说的"人的本质的对象化"在根本上是一致的。因为按照马克思的观点，人的本质，从根本上看就是人区别于动物的本质，这本质就在于人能够支配他所生活的周围世界，从周围世界取得自由；所以马克思所说的"人的本质的对象化"即是人的自由的对象化，也就是现实的感性具体的对象所具有的必然性同人的自由两者的统一。这个统一，是一切美之为美的本质所在，因而也就是美的最根本、最普遍的规律。一切使某一事物成为美的具体规律，都不过是这种统一的具体的表现形态。①

1980 年 7 月 15 日于武昌

（原载《哲学研究》1980 年第 10 期）

---

① 关于这个问题，请参看本书《美——从必然到自由的飞跃》一文。

关于美的本质问题

　　我对美学还缺乏系统深入的研究，现在要我来讲课，的确感到惶恐。讲什么好呢？想来想去，还是决定讲一个最使人头痛的问题，也就是美的本质问题。因为相对说来，我对这个问题考虑得多一点。这一方面是由于我是哲学系毕业的，对于这个直接同哲学联系在一起的问题有较大的兴趣；另一方面是由于我深深感到美的本质问题的解决，是解决美学中其他一系列问题的前提和基础。我们对美学中一系列问题的认识的深度，最终都取决于我们对美的本质问题认识的深度。如艺术的本质、艺术的社会功能、艺术典型、形象思维、创作个性、风格等这些为艺术家们所关心的问题，如果要求得深入的解决的话，最后都离不开对美的本质问题的解决。当然，我不是说要等美的本质问题得到解决（所谓解决也只能是相对而言）之后才能来研究这些问题，实际上这些问题的研究也会推动美的本质问题的解决。但是，不深入地思考研究美的本质问题，对这些问题的研究往往就会停留在比较表面的现象上，知其然而不知其所以然，不容易抓住本质性、规律性的东西，从根本上作出比较彻底的科学的说明。自康德以来的近代美学，之所以对有关审美和艺术的种种问题作出了前人所不能作出的更为深刻的理论的说明，使美学成了一门系统的科学，我认为最根本的就是因为康德等人从哲学上深入考察了美的本质问题。这在黑格尔美学中表现得最为清楚。黑格尔对艺术的本质、艺术创造、艺术类型的划分和发展等一系列问题的认识，都是建立在他对美的本质问题认识的基础之上的，是从他对美的本质问题的认识合乎逻辑地推演出来的一个系统。我们如果要建立一种有严密系统的美学，恐怕也不能不深入地研究美的本质问题。美的本质问题在美学中的地位，我觉得就相当于价值理论在马克思经济学中的地位。没有价值理论，就不会有马克思的整个经济学体系；同样，是不是也可以说，没有一种符合于马克思主义的关于美的本质的理论，也就没有整个的马克思主义美学的体系。有的同志觉得美的本质问题很难搞清，干脆不管它算了。这恐怕不行。因为不论在理论上或实践上，这个问题是回避不了的。20世纪50年代以来我国的美学讨论，一个很大的优点就是紧紧抓住了美的本质问题，进行了比苏联美学界更为深入的讨论，这对今后我国美学的发展是有重要影响的。我觉得我们应该把这个讨论继续深入下去，不要半途而废。这对我国美学理论的建设，是一件很重要的事情。

我对美的本质问题虽然作过一些考虑，但到现在也还没有想清楚。下面所谈的，不过是向大家汇报一下我对如何解决这个问题的一些设想，聊供参考而已。

一、美的问题的难解性

当我们一想到"美"时，在我们的头脑中就会出现许许多多非常生动形象有趣的东西。美的世界的确是一个五彩缤纷的形象的世界，不是一个抽象的概念的王国。如果我们只满足于审美的享受，不去考虑什么是美的问题，那么我们在美的世界里是感到很舒服的。可是，只要我们一考虑到什么是美的问题，并且企图寻根究底，给它一个圆满的回答，我们很快就会从那个生动形象的、美的世界转入一个相当枯燥的、抽象的王国。本来是我们非常直接具体地感受到的美，变得神秘起来了，好像不可捉摸。搞到最后，就成了一个哲学问题，越来越抽象。而且抽象到最后，竟然返不回来了。所得到的抽象的美的理论同我们原来感受到的非常具体的美好像是两回事，挂不起钩来了。这也是一些美学家之所以讨厌这个问题，干脆抛开它不管的一个重要原因。马克思在谈到对商品的研究时说："最初一看，商品好像是一个明明白白的普通的东西。但是它的分析告诉我们，它是一件非常奇怪的东西，充满着形而上学的烦琐性和神学的微妙性"①。我觉得美的本质的研究，也有与此类似的情况。美学史上，早就有不少美学家指出了"什么是美"这个问题好像是一个"谜"。就连近代美学的真正创立者，很有哲学思维能力的康德，也感到审美判断力的分析像是"谜样的东西"②。曾经对美与艺术的本质作过长期思考的俄国大作家和思想家列夫·托尔斯泰说得更有趣，他说："'美'这个词儿的意义想来当然已经是大家知道和了解的。但事实上这个问题不但没有明白，而且，虽然一百五十年来——自从 1750 年包姆加登为美学奠定基础以来——多少博学的思想家写了堆积如山的讨论美学的书，'美是什么'这一问题却至今还完全没有解决，而且在每一部新的美学著作中都有一种新的说法。……'美'这个词儿的意义在一百五十年间经过成千的学者的讨论，竟仍然是一个谜。"③

为什么美的问题会这样困难呢？我想最根本的原因是由于美的问题是同人的本质、人类的历史发展这些困难而复杂的问题联系在一起的。这一点后面还要讲到。仅从比较粗浅的事实来看，美的问题之所以如此困难，可能有下面的两个原因。

第一，美的现象的无限的多样性、差异性掩盖着美的本质的一般性、共同性。我们知道，所谓找出美的本质，就是要找出使一切事物成为美的那个共同的东西。既然我们认为各种各样的东西都有美，那么它们作为美的对象来看，必定有一种使它们成为美的共同的本质。这是柏拉图早就说过了的，他在他的《大希庇阿斯篇》中已经把"什么东西是美的"同"什么是美"这两个问题区分开来了。而要找出一切美的事物所具有的共同的本质，却是很为困难的。因为我们称之为"美"的事物是无限多样的，极不相同的东西，甚至看起来风

---

① 《资本论》（郭大力、王亚南译），第 1 卷，人民出版社 1963 年版，第 46 页。

② 《判断力批判》（上卷），商务印书馆 1964 年版，第 6 页。

③ 列夫·托尔斯泰：《艺术论》，丰陈宝译，人民文学出版社 1958 年版，第 13 页。

马牛不相及的东西，都能使我们感到美。天上的一颗星，地上的一头牛，有什么相似之处呢？但它们都能使我们感到美，都可以成为美的对象。植物学家研究植物的本质，只需要考虑属于植物的这一类事物，而且它们所具有的外表的共同点，即使不是植物学家的人也可以一眼看出来。美学家研究美的本质，却要考虑各种极不相同的、无限多样的事物，他的理论要能说明所有一切美的事物的共同本质才成。正因为美具有无限的多样性，这就使得要从经验的观察上去找出一切美的事物所具有的共同点成为十分困难的事。有些事物，如果我们不把它们作为美的对象来看，它们的共同点是很清楚的；但一当我们把它们作为美的对象来看，它们的共同点却看不清了。例如，一块宝石和一座美的建筑，如果作为商品来看，它们都可以买卖，其共同点是很清楚的，即使不是经济学家的人也可以看出来。但作为美的对象来看，它们的共同点何在呢？是什么共同的原因使它们都成了美的呢？这很难看出来。一个艺术家可以对一块宝石和一座建筑的美作出许多生动的描绘，但这不等于他已经找到了那使宝石和建筑成为美的共同的原因。就算已经找到了这种共同的原因，但能不能用它去解释别的各种各样的事物的美呢？例如，如何解释一块并非宝石的石头、一座山、一匹马、一棵树、一个人等的美呢？面对着大千世界的无限多样的美的现象，那使一切事物成为美的共同的原因好像无法找到了。一切美的事物所具有的一般性、共同性，在美的现象所具有的无限的多样性中消失了，看不到了。这就是对美的理解的困难性的第一个原因。

第二，人们对美的感受的差异性、易变性、相对性掩盖着美的本质的普遍性、客观性。我们对事物的美的感受充满了差异性，如民族的差异、时代的差异、阶级的差异、性别和年龄的差异、个人爱好的差异等。同一个事物，你说美，我说不美，这种情况多得很。就是同一个人对于同一个事物，在一种情况下觉得美，在另一种情况下又觉得不美；在早年觉得美，在晚年又觉得不美；甚至昨天觉得美的，今天就觉得不美了。这同科学认识，特别是自然科学的认识很不一样。一朵花是红的，只要不是患了色盲的人，大家都公认是红的，不会有什么争议。而且花是红的，还可以用科学的试验来加以证明。花的美就不一样，人们常常会有不同的感受，也无法用实验来证明究竟谁的看法正确。可不可以写一篇论文，从逻辑上来证明某一种花确实是美的或不美的呢？也很难。康德说过，没有任何法则可以强迫一个人认为什么东西是美的或不美的。你的道理讲得再好，别人不见得就听你的。就是口服，心里也不见得服。科学上却不是这样，一种经过实验和逻辑证明了的东西，一般都能得到人们的公认。这里有一种不以人们的趣味、爱好为转移的客观的法则在支配着人们的认识。而在美的问题上，似乎事物的美与不美，不是由事物客观地决定的，而是由人们的趣味、爱好决定的。有时人们也可以公认某一事物是美的，但这种公认看起来是人们的趣味、爱好不期而然地达到了一致的结果，同科学上那种由实验和逻辑的证明而来的公认还是不同的。而且，人们虽然可以公认某一事物为美，但不同的人对于这一事物何以美的看法却常常不一样。如古希腊雕塑，至少是从文艺复兴时期以来，一般是被公认为美的了。但不同时代、不同阶级的人对于它的美的认识却是有差别的。总之，人们对美的感受的差异性、易变性、相对性，使得美的本质的客观性看起来好像是根本不可能存在的，因而"什么是美"也就成为康德所谓"谜样的东西"了。

以上所说，还只是美的难解性的两个简单的原因。实际上，美的难解性只有在我们弄清了美的本质之后才能真正搞清。这且留到下面再来加以说明。

二、美学史上对美的本质问题的解决

在美学史上，对于美这个难题是怎样去解决的呢？绝大多数美学家基本上是沿着两条不同的道路去找寻美的本质的。一条是从物质世界中去找，另一条是从精神世界中去找。这里，我要特别说明一下，我所说的"道路"指的是找寻美的本质的根本的途径或路线，而不是指研究的具体的方式方法。研究的方式方法可以而且应该是多种多样的，例如可以从哲学、心理学、生理学、人类学、社会学等各种不同的角度去研究，也可以侧重于从现实美或艺术美、美的形式方面或内容方面去研究，还可以用经验观察的方法或逻辑分析的方法去研究，如此等等。但从找寻美的本质的根本的途径或路线来说，却不外是上面所说的两条。也有介于这两条之间的折中的解决办法，但最后不是倒向从物质世界去找的一边，就是倒向从精神世界去找的一边。美不可能存在于世界之外，而世界上的一切现象，不论如何纷繁复杂，最后归结起来，不外是物质与精神两大系列。所以，历史上的美学家找美，总是或者从物质现象中去找，或者从精神现象中去找。是不是还可以从物质与精神的联系或关系中去找呢？这不但是可以的，而且是很重要的。但对这种联系的认识又不外是两种，或者认为是由物质的原因决定的，或者认为是由精神的原因决定的，所以到了最后，还是要归结到或者从物质现象中去找，或者从精神现象中去找。我认为超然于这两者之上的美学派别是不存在的。

下面，我们就来简单考虑一下美学史上这两条不同路线对于美的本质的看法各自有什么贡献和局限，它们为什么终于不能解决"美之谜"。

首先说从物质世界中去找美的这一派。这一派又大致上可以分为三派。第一派认为美存在于物的属性之中，美就是物所具有的某种特定的属性。这是一种很古老的看法，也是一种看起来很符合于常识的看法，它的影响也最大。因为我们对于事物的美的感受总是同事物所具有的一些非常具体的属性分不开的，如我们对于花的美的感受就同花的形状、颜色以至香味分不开。所以，很早就有人企图从物的属性中去把美找出来，把美规定为物所具有的某些特定的属性。如古希腊美学很早就提出美在于形体的比例对称、多样统一。到了近代，从物的属性中去找美的重要代表人物，是英国美学家柏克。他明确地声称，"美大半是借助于感官的干预而机械地对人的心灵发生作用的物体的某种品质"①。于是他就来考察这些"品质"，最后归纳出形体

————————

① 《关于崇高与美的观念的根源的哲学探讨》，见《古典文艺理论译丛》1963 年第 5 期。

要比较小、表面要光滑等七种"品质"。他认为具备了这七种"品质"的事物，就是美的事物。这种从物的属性中去找美的看法，它的最大的毛病有两条：第一，它不能从理论上说明它所举出的属性为什么就是美的，何以能成为美的。如柏克对他所举出的七种属性何以是美的，就没有作出有说服力的理论上的说明，只是简单地指出这七种属性最适于引起人的美感（松弛舒畅的感觉），因而就是美的。这等于说美就是能引起我们的美感的东西。这当然是不能解决问题的，因为它还不能说明事物何以成为美。第二，这种看法所举出的那些美的属性，不能普遍地说明千变万化的各种事物的美，它犯着柏拉图早就指出的"时而美时而丑"的毛病。例如，柏克认为光滑是美的一种重要属性，宣称他"想不起任何美的东西不是光滑的"，并且还颇为自负地说，他"感到非常诧异"，不知为什么过去讨论美的问题的人，在列举美的各种因素时，竟然没有提到"光滑"这个重要的"品质"。实际上，光滑在不少情况下是美的，但并不是一切光滑的东西都美。除光滑之外，柏克所说的其他六种属性，也都不可能普遍地说明一切事物的美。总起来看，从物的属性中去找美这种看法，不外是根据某一时代的某些人们的美感经验，把对象上那些看来是能引起人们美感的属性，作一种经验性的描述和归纳而已。它远远还没有深入到美的本质中去，而且由于它仅仅从物的属性中去找美，它也不可能深入到美的本质中去。我认为美同物的属性分不开，问题在于要对属性何以能成为美、什么是美的属性作出本质性的规定。这点我们下面再谈。

从物质世界中去找美的第二派，是狄德罗的"美是关系"说。狄德罗正确地看到了美是千变万化的东西，很难把它规定为几个有限的属性，所以他主张用"关系"这个广泛的概念来说明美，而且他所说的"关系"包括了社会生活中的关系在内。这都是他比柏克前进了的地方。狄德罗还一再地说明他所说的"关系"是客观的，不是精神的产物，不是人们的想象力强加给事物的。但是，不能说任何一种"关系"都是美的，这一点狄德罗自己也看到了。他竭力要说明那属于美的"关系"是怎样的一种"关系"，但却始终说不清楚，没有对美的"关系"与非美的"关系"的区别作出规定。最后，他只好说："不论关系是什么，我认为组成美的，就是关系"①。显然，这是一种不了了之的武断的说法。

从物质世界中去找美的第三派，是车尔尼雪夫斯基的"美是生活"说。坚定地站在费尔巴哈唯物论立场上的车尔尼雪夫斯基反复批判了"美是观念的表现"的说法，认为美是客观的物质的存在，不是由精神、观念产生出来的东西。但他不像狄德罗那样用"关系"这个空泛而不确定的概念来说明美，更不像柏克那样从物的属性中去找美，而是用"生活"来说明客观的物质世界中的美。车尔尼雪夫斯基也讲"美的属性"，但他认为"所有那些属性都只是因为我们在那里面看见了如我们所了解的那种生活的显现，这才给与我们美的印象"②。把美同"生活"联系起来，认为客观的物质世界中的一切美都只是由于它表现了"生活"，这较之于柏克和狄德罗是一个重大的进展。因为这种看法已经紧紧地接近了一切美的现象所围绕着的轴心——人和人类的生活。但是，"生活"这个概念在车尔尼雪夫斯基那里还是很抽象的，而且他对于为什么"美是生活"还没有作出真正科学的说明。他认为美之所以是"生活"，是由于"但凡活的东西在本性上就恐惧死亡，恐惧不存在，而爱生活"③。显然，他是用动物性的生存欲望来解释"美是生活"的。但我们知道，一切动物都恐惧死亡，而动物并不觉得它的"生活"有什么美。此外，车尔尼雪夫斯基认为能成为美的"生活"，是"依照我们的理解应当如此的生活"，这样事物的美与不美就是以人们对生活的看法为转移的东西了。这同车尔尼雪夫斯基一再肯定美是客观的，发生了不可调和的矛盾。普列汉诺夫在论到车尔尼雪夫斯基的美学时曾经深刻地指出了这一点。

总起来看，从物质世界中去找美的这一派美学家，他们的最大贡

---

① 《美之根源及性质的哲学的研究》，见《文艺理论译丛》1958 年第 1 期。

② 《生活与美学》，周扬译，人民文学出版社 1957 年版，第 9 页。

③ 同上书，第 6 页。

献在于肯定了美是客观的存在，从而也就肯定了艺术美是客观现实中的美的反映，在美学史上起着积极的进步的作用。但是，他们对美的客观性的肯定是相当空洞的，他们都不能真正科学地说明那客观存在的美究竟是什么，它何以是美的。在美之所以为美的本质的认识上，他们的看法都很空泛。

现在我们再来看一看从精神世界中去找美的这一派美学家的看法。这一派美学家又可以分为两大派：一派从客观精神（绝对理念、上帝的意志）中去找美；另一派从主观精神（主体的情感、意志、幻想、直觉、下意识的欲望等等）中去找美。两者的说法各各不同，但都一致地肯定着美是由精神决定的，是精神的表现。这种看法，否定了美是客观的存在，从而也就否定了艺术美是现实美的反映①，可以用它来为各种腐朽、反动，荒谬的艺术作辩护。这是这一派美学的根本错误和危害性所在。实际上，精神同美虽然有极为密切的重要的联系，但精神不可能创造出美。一切的美都是在我们的意识之外的一个感性物质的对象，而精神自身是不能创造出任何感性物质的东西来的。里普斯说，一朵花对我们之所以成为美的，是我们把自己的情感移入到花中去的结果，因而花的美就是我们的情感所创造的。但是，我们为什么不能把我们的情感移入到一堆牛屎中去，使它成为美的呢？如果承认感情的移入要受对象的制约，那就至少已经承认了感情不能任意地创造对象的美了。事实上，感情移入只是审美反映中的一种心理现象，并不是现实美的创造主。此外，不同的人们对于事物的美有着极为不同的认识，而这种认识的正确与否又是不能用实验或逻辑的证明来加以检验的，这能不能用来证明美是人们的精神所创造的呢？不能。全部的问题在于这种现象并不能说明美是毫无客观标准可言的。连主张美是人心的产物，每个人有每个人的美的休谟，也不能不承认审美究竟还有某种客观的尺度。他说："谁要是硬认为奥基尔比和密尔顿、本扬和艾迪生在天才和优雅方面完全均等，人们就一定

---

① 我在这里所用的"反映"这个词，是在广泛的意义上用的，它不等同于哲学认识论中所说的"反映"，也不等同于"再现"。

会认为他是在大发谬论，把丘垤说成和山陵一样高，池沼说成和海洋一样广。即使真有人偏嗜前两位作家，他们的'趣味'也不会得到重视；我们将毫不迟疑地宣称像那样打着批评家招牌的人的感受是荒唐而不值一笑的"①。休谟还说："同一个荷马，两千年前在雅典和罗马受人欢迎，今天在巴黎和伦敦还被人喜爱。地域、政体、宗教和语言方面的千变万化都不能使他的荣誉受损。偶尔一个糟糕的诗人或演说家，以权威和偏见作靠山，也会风行一时。但他的名气决不能普遍或长久"②。常常被我们作为主观唯心论者来加以否定的休谟的这些见解是很中肯的。但也正是他所说出的这些在审美中存在着的无可怀疑的事实，表明了美并不是人的主观意识任意创造出来，完全以人们的主观意识为转移的东西。

认为美是精神的产物，这是从精神世界中去找美的唯心主义美学的根本错误所在。但我们决不能认为唯心主义的美学统统都是胡说八道，毫不足取。多年来，我们缺乏具体的历史分析的观点，流行着这样一种简单化的观念：唯物主义＝绝对正确，唯心主义＝绝对荒谬。实际上，仅从对美的本质的认识来看，唯心主义美学是人类对美的本质的认识发展史上的一个重要环节。它从精神的方面集中探讨了美的本质，发挥出了许多虽然常常是片面的，但却又是很为深刻的观点，大大地把人类对美的本质的认识推向了前进。和唯心主义的美学比较起来，唯物主义美学在肯定美的客观性这一点上是正确的、可取的，但它对于美的本质却缺乏像唯心主义美学那样深入的、多方面的分析。如果从美学史上把唯心主义美学一笔勾销，那么一部美学史将变得非常空虚、贫乏。仅仅满足于一般地、空泛地肯定美的客观性是不行的，必须深入到美的本质的各个方面去，才能使问题得到解决。而唯心主义美学正是在深入地去探求美的本质上，作出了它的贡献。这种贡献，有如下的一些方面：

第一，它极大地突出了主体在审美中的作用，这就使得人们不再仅仅从客体方面去找寻美的本质，把美看成是同主体无关，单纯由客体决定的东西。特别是康德从主体的自由与客体的必然之间的联系中去找美，大大地向着认识美的本质跨进了一步，成为后来黑格尔以至马克思的美学的先导。从这一点来说，康德的贡献是上述的柏克、狄德罗以至车尔尼雪夫斯基等人所不能比拟的。

第二，唯心主义的美学认为美是精神的表现，不是单纯的物理事实。这抓住了美的本质的核心问题，虽然它认为美是精神的产物是不对的。因为美的确不是单纯的物理的事实，它同人的精神密切相关，而且的确表现着人的精神。如红色，作为物理学的研究对象来看，是一个单纯的物理事实，即一定长度的以太波的运动，同人的精神毫无关系。但我们只要一把红色作为美的对象来看，它立即就同人的精神联系到一起了。红色的美同它能引起兴奋、热烈、昂扬的情感分不开，在有些情况下它还是革命的象征。作为美的对象的红色，决不仅仅是一定长度的以太波的运动而已。一个美的对象同一个单纯的物理事实的区分，确实在于前者是表现着人的精神的，全部的问题仅仅在于要科学地说明本来是物理的事实何以能成为人的精神的表现，而且何以表现了人的精神就成了美。克罗齐曾经在他的《美学原理》第十四章中集中地批判了把审美的事实同物理的事实相混淆的错误，尽管他对什么是审美的事实的看法是错误的，他认为物理的事实和审美的事实之间没有彼此相通的道路也是错误的，但他要求分清审美的事实和物理的事实却是完全正确的。他对于把这两者混淆起来的那些美学家的尖刻的批判，打中了从物的属性之中去找美这种说法的要害。克罗齐的美学在片面的夸大的形态中包含着不少有相当深度的思想，绝非一无可取。

第三，唯心主义美学把人对美的主观感受同科学的和伦理道德功利的认识作了相当细致的比较，从认识论和心理学上系统分析了美感。虽然在这种分析中，它常常割断了美感同科学认识、伦理道德的联系，但它究竟第一次突出地揭示了美感所具有的各个重要特征。这也是唯心主义美学的一大贡献。这种对美感的分析，表面看来好像只涉及了美感，同美的本质无关。实际上，它从主体的感受的方面揭示了客体的美的特征，对于分析客体的美具有重要意义。

以上，我们简略地分析了美学史上的两大派别对美的本质问题的解决。从中我们可以看到，它们对这个问题的解决是各执一端的：一个抓住了物质，另一个抓住了精神。可是，美虽然如唯物主义美学所说的那样是物质世界中的存在，但这个存在于物质世界中的美又恰好是物质与精神的相互渗透和统一。把物质与精神相分裂，认为它们只有差别而无统一，就永远不可能认识美的本质。从广泛的哲学的观点来看，美只能是物质与精神的统一的产物。德国古典美学已经开始认识到这一点了，因为作为德国古典美学的直接理论前提的德国古典哲学，认为物质与精神、思维与存在是应当而且必须统一起来的。它把这种统一的达到看作是哲学所追求的最高目的，也是人类历史所追求的最高目的。而美，即是这种统一的感性表现。这使得德国古典美学对于美的本质的认识达到了资产阶级美学的高峰，并直接成为马克思主义美学的渊源。但是，德国古典哲学所说的精神与物质、思维与存在的统一，是由精神的活动所产生的统一，而不是由物质的感性的活动所产生的统一，因此德国古典美学（费尔巴哈除外）仍然像在它之前的唯心主义美学一样，从精神世界中去找美的根源，认为美是精神的产物。只有马克思主义的哲学才第一次找到了精神与物质、思维与存在统一的现实的物质的基础，这就是人类改造世界的能动的革命的实践。因而，也只有马克思主义美学才第一次给我们揭开了"美之谜"，给美学奠定了真正科学的基础。

三、对马克思主义美学如何解决美的本质问题的一些看法

我认为马克思主义所理解的实践（即不是其他任何意义上的实践）是马克思主义美学的根本观点，是它的不可动摇的直接的理论前提。马克思主义的美学完全可以称之为实践观点的美学。关于这个问题，我在《关于马克思论美》① 一文中已作了说明，这里不再重

———————————

① 见《哲学研究》1980 年第 10 期。

复。下面，我想先来分析一下究竟什么是美，然后再说明那我们称之为"美"的东西，是人类实践改造世界的产物。这样，也许可以避免造成一种印象，好像我们对于美的看法是从马克思主义的实践观点简单地推论出来的，而且在理解上也许可以比较容易一些。

前面我们已经说过，美是表现在极不相同、无限多样的事物之中的。车尔尼雪夫斯基也已经看到，"美包含着一种可爱的、为我们的心所宝贵的东西。但这个'东西'一定是一个无所不包、能够采取最多种多样的形式、最富于一般性的东西"①。怎样把这个"东西"找到呢？我们也已经说过，美的现象的无限的多样性掩盖着美的本质的一般性、共同性，使它很难发现，很难捉摸。我们可不可以把那无限多样的美的事物拿来一一加以观察研究，然后从中归纳出它们所具有的共同点，从而把美的一般本质确定下来呢？这是办不到的，也是不可能取得成功的。我们在前面所说的美学史上的事实已经证明了这一点。用所谓"自下而上"的归纳法去寻找美的本质不中用，克罗齐已经说得很清楚了。其所以不中用，首先是由于所要归纳的美的现象是无限多样的，而且在经验的观察中看不出它们有什么明显的共同点。也许，它们都是感性具体的存在，可以算是一个共同点吧。但这丝毫说明不了美的本质是什么，因为并非一切感性具体的东西都美。还有狄德罗所说的"关系"，车尔尼雪夫斯基所说的同"生活"的联系，也可看作是共同点，但同样说明不了美是什么。其次，经验归纳法的根本不中用，还由于所要归纳的美的现象，具有我们已经指出过的无穷的易变性、相对性。同一现象，对这一些人来说是美的，对另一些人来说又是不美的；在这种情况下是美的，在另一种情况下又是不美的，如此等等。既然所要归纳的美的现象本身是多变的、不确定的，那又怎样通过归纳法，从经验的现象上去找到美的本质呢？

那么，究竟要采取怎样的方法，才能找到美的本质呢？我认为有一个最直接的，也是最能解决问题的方法，就是从美感的分析中去找。但长期以来，这被人看作是一条错误的唯心主义的道路。理由大

---

① 《生活与美学》，周扬译，人民文学出版社1957年版，第6页。

概是这样的：既然美感是美的反映，怎么能从美感的分析中去找美呢？这不是用美感去规定美吗？其实，这是一种简单化的看法。我认为，既然我们承认美感是美的反映，那么美之为美的本质就必然要反映在美感的特征中，为什么就不能从美感的分析中去找美呢？在实际上，美之为美的本质恰好正是最为明显地反映在美感的特征中。事实告诉我们，不论美的事物如何多种多样，也不论人们的审美的趣味、爱好如何各各不同，变化不定，从人们对美的主观感受（也就是美感）来看，这种感受总是明显地表现出区别于科学认识以及功利伦理道德考虑的共同性。我们已经说过的天上的一颗星，地上的一头牛，作为美的对象来看，是极不相同的事物，它们的共同点何在完全看不出来。但从我们对它们的美的感受来看，却有着十分明显的共同点。这种感受不同于天文学家研究星体，动物学家研究牛的时候的感受，不同于把星体或牛作为一种同人类功利目的相关的对象来考虑时的感受，而是一种有其独特性的感受。而且不论引起我们的这种感受的事物是什么，这种感受的独特性总是存在。正因为它具有这种独特性，我们才把它称之为"美感"。再从具有完全不同的审美趣味、爱好的人来看，即使他们的审美趣味、爱好刚好相反，但当他们把引起他们美的感受的事物称之为"美"的时候，他们的感受也同样具有明显的共同点，虽然那引起这种感受的事物对他们来说是刚好相反的。这是由于他们从刚好相反的事物中所获得的这种感受，都具有只能称之为"美感"的共同特征，而非科学的认识或是伦理道德的判断。既然不论美感是由什么事物引起的，也不论产生美感的人们的审美的趣味、爱好究竟怎样，凡属美感都必有其共同的特征，那么这种共同的特征是从何而来的呢？是由什么东西决定的呢？我想，只要我们承认美感是美的反映，那么这种共同特征就只能是由美的事物所具有的共同特征而来，由这种共同特征决定的。所以，我们在分析了美感所具有的共同特征之后，美的事物所具有的共同特征，亦即美的本质，也许就可以找到了。说到这里，自然会产生这样一个问题：尽管凡属美感都有共同的特征，但不能说任何一个人的美感都必定是正确的啊！我想，对于这一类的问题可以这样回答：错误的美感也仍然是一种美感，就像错误的思维也仍然是思维一样。这里的问题是要通过分析美感的一般特征去把握美的一般特征。至于人们的美感是否正确反映了客观存在的美以及所谓美的客观标准是什么的问题，我们将在后面再加以说明。

如果上述的看法是站得住脚的，那么我们现在就来分析一下美感的特征，然后再从美感的特征中来考察一下美究竟是什么。在作这种分析之前，我想先要作两点说明：第一，我在这里并不想也不需要对美感作出一种包含心理分析在内的全面的细致的分析，而只想也只需要对美感区别于科学认识以及功利伦理道德考虑的本质性的特征作出一些基本的分析。第二，我的这种分析基本上是以康德的分析为依据的，因为在美学史上，我认为还只有他对于美感作了最为系统深刻的分析。但我的分析当然是力求从马克思主义的观点来吸取运用康德的分析，至于我自以为是马克思主义的，究竟是否真的是马克思主义，那就要请大家来批评指正了。

我认为美感的基本特征有如下一些：

第一，美感不是直接的功利欲望的满足。虽然从人类的生存和发展来说，从美感所产生的最后的终极的社会作用来说，美感不能超越人类的生存发展这一根本的利益，但美感自身并非直接的功利欲望的满足。许多我们称之为"美"，同时又具有实用功利价值的东西，它们的美并不是由于满足了我们作为个体的直接的功利欲望。当我们欣赏丰收在望的金黄色的麦田的美时，我们决不会考虑到这麦田是否归我所有，收获之后我可以得到多少收入这些问题。我们是排除了个体的功利欲望的打算去欣赏它，而且只有在这种情况下才能欣赏它。还有许多我们所欣赏的美的东西，例如各种各样的花，毫无任何实用功利的价值。有少数的花，如菊花，可以用作药材，具有实用功利的价值，但它们的美却完全与此无关。

第二，美感和伦理道德有非常密切的关系，但又不是一般的伦理道德判断。一切伦理道德判断都是以个体的欲望、要求同一定社会、阶级的普遍利益这两者的区分和对立为前提的。这种判断要求严格地区分这两者，并且要求个体的欲望、要求的满足必须服从于由一定社会、阶级的普遍利益所决定的伦理道德规范。但在美感中，由一定社会、阶级的普遍利益所决定的伦理道德规范却不是同个体的欲望、要求相对立，从外部来限制、规定个体欲望、要求的满足的东西；相反，它同个体欲望、要求的满足完全融为一体，个体欲望、要求的满足本身同时就是社会伦理道德规范的实现，反过来说也是一样。因此，在美感中，我们不把个体的欲望、要求同社会的伦理道德规范对立起来，对所欣赏的对象作伦理道德上的鉴定，而是直接从个体欲望、要求的满足上感受到他的美与不美。这种美，是包含了伦理道德的善在内的，但这种善却又非外在于个体欲望、要求的满足的东西，而是直接地体现在个体欲望、要求的满足之中。换句话说，这种欲望、要求的满足本身即是合乎于善的。正是在这两者的内在的不可分的统一中才会有美，才能引起美的感受。相反，如果社会的伦理道德规范外在于个体欲望、要求的满足，从外部来束缚限制个体，成为个体不得不勉强地服从的东西，那么美的感受就消失了。古今中外一切文学艺术作品对人物崇高的道德精神美的成功描写都向我们证实了这一点。只有当我们从这种描写中感到人物崇高的道德行为是人物内在的个性的要求，是他作为个体存在的生命的意义和价值之所在的时候，我们才会感到美。相反，如果我们觉得人物的崇高的道德行为不是出自人物内在的个性的要求，不是人物自身作为个体的生命和价值的所在，而是由作家、艺术家外加给他的，这时我们就不会产生真正的美感。我们完全可以这样说，在一般的伦理道德判断中，社会的伦理道德规范是外在于个体的感性欲求的，而在美感中，却是内在于个体的感性欲求，同这种感性欲求不可分离的。因而，在美感中，我们经常不是按照某种明确的伦理道德规范去评定对象，而是直接地去感受它。这就出现了康德所谓审美无利害感（这里指伦理道德意义上的利害感）的现象。

第三，美感同科学的认识不能分离，但它又不是一般的科学认识。在科学认识中，个体的感觉、情感、欲望、要求等等是同所认识的对象的客观的必然性或规律性相对立的。这种对立正是进行科学认识的一个前提，个体只有排除掉他作为个体的主观的愿望、爱好、欲求这些东西，才能正确地认识客观的必然规律。在美感中则不一样，客观的必然规律不是同个体的愿望、爱好、欲求等相对立的，而是和它不可分地统一在一起的。这也就是说，个体的愿望、爱好、欲求等的满足本身就是合乎客观必然的规律的。因而，在美感中我们并不把这两者分离和对立起来，去作抽象的思考，而是直接从感性的直观中去领会人生的真理，感受对象的美与不美。这就出现了康德所谓审美是"不凭借概念"的这样一种现象。而所谓"不凭借概念"，绝非不要概念，而是概念已经同个体的感觉、情感、愿望等融为一体。它不是在个体的感觉、情感、愿望之外起作用，来限制规定个体，而是就在个体的感觉、情感、愿望之中起作用。个体的感觉、情感、愿望的表现同时就是客观必然的规律的表现，反过来说也是一样。美的欣赏和创造中的大量的事实都说明了这一点。真正的艺术家的创造活动既是他作为个体的感觉、情感、愿望的表现，同时又完全合乎客观必然的规律。它不受规律的限定和束缚，但又是完全合乎规律的。这也就是石涛所谓的"无法而法，乃为至法"。总之，美感同科学认识的区别，在于客观的必然规律同个体的感觉、情感、愿望等达到了一种内在的统一，而不是彼此外在，互相对立。这也就是美感呈现为一种似乎同概念无关的直觉的根本原因。

从以上的分析，我们可以看出美感有一个重大的根本性的特点，那就是在日常的功利追求、道德评价、科学认识中明显存在的物质与精神、思维与存在、主观与客观的截然对立消失不见了，双方内在地互相渗透和统一起来了。正是对这种统一的感受，产生出了审美的愉快。因为，在上述的对立明显地存在的情况下，人是受着客观对象的支配、束缚和压制的，他感到焦虑、紧张、不安、痛苦，而当这种统一的感受现实地呈现在他的眼前的时候，他就会感到无比的喜悦。黑格尔说："审美带有令人解放的性质。"① 它把我们从那困扰着人类的物质与精神、思维与存在、主观与客观的巨大对立中解放出来了，从而又给我们以不断解决这一巨大对立的勇气、信心和力量。所谓审

① 《美学》第1卷，商务印书馆1979年版，第147页。

30

美的愉快，不是别的，就是康德首先指出的"自由的愉快"。在这种愉快中，我们深深地体验着我们作为和动物不同的社会的人所应有的生存发展的欲求和自然、社会的客观必然规律的统一。我们摆脱了物质功利的追求对人的压迫，也摆脱了客观必然规律对人的强制和束缚，社会伦理道德也不再是不得不服从的外在行为规范，我们在对象的直观中感受到人是自由的，从而产生了有时会达到如醉如痴那样一种境界的喜悦。这样看来，那被我们称之为"美"的东西，它不是人的自由在人所生活的感性现实的世界中的表现又是什么呢？不论我们在大千世界中所感受到的美的事物如何形形色色、多种多样，它们不是对人的自由的感性现实的肯定又是什么呢？这不正是那被美的现象的无限多样性所掩盖着的美的本质的一般性、共同性吗？

我这样说，自然还会碰到不少麻烦。比如，我们在欣赏一朵花的美的时候，使我们感到喜悦的是它的鲜艳的颜色、旺盛的生机等，这时谁会想到什么花是人的自由的表现呢？这样看来，这种说法不是牵强附会，大而无当的吗？怎样才能使我们所得出的美的定义同人们日常的审美经验比较接近，使人们觉得足以解释他们曾经感受过的种种美呢？这也是一个相当之困难的问题。我感到解决这个问题的办法，恐怕不能是牺牲对于美的本质的普遍的哲学的概括，去服从于人们从一个一个美的事物的感受上所获得的各种各样的经验或常识性的东西。如果这样做，美学将成为一种描述片段、杂乱、变化无常的审美经验的东西，不再是一门科学。正确的做法，应当是设法把人们的审美经验提高到哲学概括的水平。就拿一朵花的美来说，你在欣赏它的时候，不也是获得了一种和功利追求、道德评价、科学认识不同的"自由的愉快"吗？不也是体验到了一种好像超出了人世扰攘的自由的心境吗？它那鲜艳的色彩、旺盛的生机为你所喜爱，有时还使你恍如看到一个妙龄的少女，使你感受到青春的生命的纯洁无瑕，优游自在，光彩照人，脉脉含情……古今的诗人不知用了多少美丽的词藻来描写这一类对于花的美的感受。然而，那无数美丽的词藻所包含的东西，如果从哲学上加以概括的话，它不是人的生命的自由的一种曲折的表现又是什么呢？如果你再从更大的范围来思考问题，不要紧紧地粘着在你对一朵花的美的感受上，开始想一想花原来是人所生活的大自然的一部分，想一想人同自然的关系的历史的发展，想一想在自然还支配和压迫着人的时候花对人有没有美……那么，说花的美是人从自然所取得的自由的表现，也许就不是毫无道理的了。只要不被自己一时一地对一事一物的美感经验所局限，而从人类历史发展的宽广的角度来看美，那么说美是人与自然、个体与社会的统一的表现，也就是人的自由的表现，不见得就是无法理解的。如果还是不满意于这种带哲学概括性质的说法，那又怎么办呢？我看惟一的办法就是去走早已有人走过的那一条所谓"自下而上"的经验归纳的道路。但如前面已说过的，我感到这条道路是走不通的。余非好"抽象"也，余亦不得已也。不过，我也承认，上面这一番话也还是多少有些空洞的辩解。所以，我希望有哪一位同志发一宏愿，根据自然史、人类史、经济史、文化史、科学史的大量确凿材料，写它一部人类审美意识起源和发展的历史出来。这样，许多问题都可以得到解决。当然，这是一个很大的工程，完成它所需要的时间，也许不会比达尔文写《物种起源》，摩尔根写《古代社会》，马克思写《资本论》所花的时间少。但这项工程还未完成之前，我认为马克思主义的美学多少还是停留在一般原则上的。

对美是什么的分析，现在只好如上面这样的草草交卷。下面我们再来说明一下实践怎样创造了美。然后再回过头来想一想美是什么，也许又会更加清楚一点。

美是人的自由的表现（也就是人与自然、个体与社会的统一的表现），而人的自由不是精神活动的产物，不是主观幻想的产物，而是人在实践中掌握了必然，实际改造和支配了世界的产物。世界对于人之所以产生了美，就因为人和动物不同，他能有意识有目的地去改造世界，从客观世界取得自由。而这自由之所以引起了他的一种被称为"美感"的愉快，又因为这自由是来之不易的，是他克服了各种困难的创造性活动的成果。恩格斯说："动物的正常生存，是由它们当时居住的和所适应的环境造成的；人的生存条件，并不是他一从狭义的动物中分化出来就现成具有的；这些条件只是通过以后的历史发展才能造成。人是唯一能够由于劳动而摆脱纯粹的动物状态的动物——他的正常状态是和他的意识相适应的而且是要由他自己创造出来的。"① 这段看来好像很平常的话，我认为正是一把打开"美之谜"的钥匙，同时也是理解马克思《1844 年经济学—哲学手稿》中有关美的论述的指针。关键就在于人的生活"是要由他自己创造出来的"。正因为这样，人自身的生活以及他所生活的周围世界，都可以说是人创造出来的"作品"。从广阔的意义上来说，所谓审美不外就是人把他自己所创造的生活以及他所生活的周围世界当做是他的"作品"来观赏，他从中看到了自己经过漫长艰苦的创造而取得的自由，看到了他创造的智慧、才能和力量的种种表现，因而在满足了物质功利的要求之外，又产生出一种由于见到人的自由获得了实现而引起的精神的愉快，即我们称之为"美感"的那样一种愉快。车尔尼雪夫斯基说："美是生活"，但他不懂得生活之所以成为美，关键在于人的生活是人自己创造出来的，是人自己的"作品"。生活对人成为美的，是由于他从自己所创造的"作品"中看到了人的自由。

这听起来好像是一些大而无当的空话。我现在就从人类最基本的实践活动——劳动的产品的美来看一看这种美是不是劳动所创造出来的，然后再略为分析一下社会生活和自然中的美是不是实践的创造。劳动产品有美，这大约是没有人不承认的。就连奴隶主的思想家柏拉图也认为一个汤罐"也有它的美"。"假定是一好陶工制造的汤罐，打磨得很光，做得很圆，烧得很透，像有两个耳柄的装三十公升的那种，它们确是很美的。"② 为什么这样的汤罐是"很美的"呢？就因为它是一个"好陶工"制造的，它表现了人类在把泥土这种自然物质改造成符合于人的目的和需要的产品时所显示出来的创造的智慧和才能，表现了人所具有的支配自然物质的自由。这种自由并不是容易取得的，只有经过艰苦锻炼的"好陶工"才能具有。因而，这个汤

---

① 《自然辩证法》，人民出版社 1971 年版，第 174 页。
② 《柏拉图文艺对话集》，人民文学出版社 1981 年版，第 182 页。

罐在很好地满足了人的物质生活需要之外，还能引起一种我们称之为"美感"的愉快，一种对人类作为自由的动物所具有的智慧才能的赞叹。这里，我要附带说一下前面没有加以说明的"美的属性"应如何理解的问题。柏拉图显然描述了他所说的美的汤罐所具有的"美的属性"，如"打磨得很光，做得很圆，烧得很透"。为什么这些"属性"能成为"美"呢？不正是因为它们表现了人在改造世界、支配自然上所取得的自由吗？推而广之，一切事物所具有的"美的属性"，不论它如何多种多样，都无不是因为它们是人的自由的肯定才成为美的。同一属性之所以时而美时而丑，就因为它在一种情况下是人的自由的肯定，在另一种情况下是人的自由的否定。只有这样，我们才能抓住那为柏克所抓不住的"美的属性"的本质。一个坏陶工制造的汤罐即使不漏水，完全可以使用，但却很难具有"美的属性"。因为汤罐的制作的最理想的情况是要"打磨得很光，做得很圆，烧得很透"；坏陶工却磨不光，做不圆，烧不透，弄成一个凸凸凹凹、七歪八扭、火候不到的东西，处处显示了他的愚笨无能，对他本来想要支配的自然物质无可奈何，见不出人的创造的自由，因而也就只能获得"丑"的评价。"丑"（非艺术意义上的"丑"）向来是同愚蠢相联系的，"美"向来是同智慧相联系的，这绝非出于偶然。总起来看，一个劳动产品的美是从何而来的呢？是从劳动创造的智慧才能而来的，是人类支配自然的力量的表现，也就是人类的自由的表现。一个劳动产品的美，是物化在产品中的人的自由。劳动，作为具体劳动（经济学意义上的），创造出一个产品的使用价值；作为抽象劳动（同样是经济学意义上的），创造出一个产品的交换价值；作为人类支配自然的创造性的自由的活动，创造出一个产品的审美价值。我认为这也正是马克思所说的"劳动创造了美"的真实含义。这里自然是仅就劳动产品的美来说的，除此之外，这句话还有更为广泛深刻的含义。因为劳动是人类最基本的实践活动，是决定其他一切实践活动的东西。在这一意义上，整个人类世界的美，归根到底是劳动所创造的。

但是，这里有一个问题。马克思说："劳动创造了美，却使劳动者成为畸形。"① 畸形即是丑，这也就是说劳动不但可以产生美，也可以产生丑，所以说劳动创造美，就不正确了，至少是片面的了。我想，这个问题的解决，关键在于要看到马克思所说的创造美的劳动，指的是人改造自然的创造性的自由的活动。这种活动只能产生美，不会产生丑。而那产生了"畸形"的劳动，恰恰因为它对劳动者来说失去了人类劳动区别于动物活动的本质特征，变成了使人异化的劳动，成为对劳动者生命的自由的否定。但这种对劳动者说来是异化的劳动，就对于自然的改造来说，仍然可以显示出人类支配自然的力量，创造出美。例如，古代的奴隶劳动，对奴隶来说，无疑是高度异化了的劳动。但从对自然的改造来说，大量奴隶劳动的应用仍然显示了人类改造自然的巨大力量，创造了埃及的金字塔，中国殷周的青铜器这样一些不朽的美的奇迹。对于任何理论的命题，我们都应在一定的意义和范围中去理解它，否则就会发生混乱。如马克思还说过具体劳动创造了产品的使用价值，他在这里所说的具体劳动当然是指那种符合生产要求，能生产出合格产品的劳动，而不包含那种生产废品的劳动。否则我们也可以指责马克思的说法是"片面的"，因为具体劳动也可以生产出毫无使用价值的废品嘛！

劳动创造了美，但劳动产品成为美的对象，这当中有个历史转变的过程。实用先于审美，使用价值先于审美价值。开始只被看作是实用的东西，后来具有了美的意义，而且还产生了仅有审美价值而毫无任何使用价值的东西，这是经历了一个漫长的历史过程的。其中，关键在于人类能否超出直接的实用功利的束缚去观赏他所创造的对象。而这种对直接的实用功利的超出，又绝非像布洛等人所说的那样，是仅仅由个体的心理作用决定的。真正最终决定着这种超出的东西，是人类历史发展所达到的高度。从本质上来看，对直接的功利需要的超出，同时也就是人类的自由的扩展，它只能是历史的产物。在前一历史阶段上是实用功利的对象，在后一历史阶段上被当作单纯的审美对象来看待，是由于在历史的发展过程中，这个对象已失去了原先同人

---

① 《1844年经济学—哲学手稿》，人民出版社1979年版，第46页。

类生死攸关的功利意义，因此就可以把它作为人类历史创造的成果，作为人的作品来加以观赏了。如汉代的一些玉佩，其形状完全和石斧相同，今天我们在博物馆中也可以把石斧作为美的对象来观赏，但在原始人那里，石斧是同他的生死存亡相关的一种工具，他不可能摆脱直接的功利需要的束缚去观赏它，把它作为审美对象来看待。文学作品中所描写的许多事件和斗争，在它们发生的时候，人们也很难对之采取审美的观赏的态度。只有当这些事件、斗争过去之后，当它成为人类历史向前发展的一个已经逝去的环节之后，人们才能来观赏体验它，并把它写成很美的文学作品。我们个人生活中的某些经历，在若干年后回忆起来很美，但在当时却并不觉得它很美。这都说明超出直接的功利需要的束缚，是功利的对象转化成审美的对象的一个根本条件。一旦在这种转化完成之后，这个对象原来同功利的联系就渐渐地看不清了。通过文化的教养，这对象被人们普遍地认为是美的，渗入到社会的心理结构之中去，它的美就好像是事物天然具有的某种属性，看起来同什么实践的创造毫无关系了。

劳动产品的美是实践所创造的，那么社会生活中的美和自然界的美是否也是实践所创造的呢？就前者来说，我想是比较容易理解的，用不着说太多的话。人们常讲人的历史是人自己创造的，在这句话里就已经包含了对社会生活的美的本质的揭示。需要加以说明的是，这种创造的最根本之点，在于如何求得个人与社会的统一，使社会的发展与个体的发展相一致，两者达到和谐。所谓社会美，其核心就是个体的感性存在同社会发展的客观要求两者之间的统一。这种统一是人类改造社会的漫长而艰苦的斗争成果，常常要付出重大的牺牲。因而，当我们摆脱直接功利需要的束缚，把人类历史作为人类追求个体与社会的统一，亦即追求自由的感性具体的实践来加以观察的时候，我们就会产生出一种常常会引起精神的强烈震动的美感。在所有一切美感中，对社会美的感受是最激动人心的。这一点，十分鲜明地表现在悲剧的美感中。悲剧是以否定的形式肯定着的人的自由，是人这种社会动物为了获得自由而进行的惊心动魄的搏斗。人类全部描写复杂的社会生活的作品，特别是长篇小说和多幕剧，都是在把人类创造自身历史所经历的悲壮剧表现给人看。我们在观赏这些作品时，最为关心的不是获得某种道德教训，也不是取得某种科学的知识，而是欣赏体验那和我们同属于人类的个体，是如何击破那摆在他的生存和发展道路上的重重障碍而走向自由的。至于讲到自然美，说它是实践的创造，常常会招来不少的反对或是怀疑。其原因我想不外两条：第一，对人类改造自然作狭隘的理解，以为就是一个一个地去改造各种自然物的形态。于是，实践如何创造太阳的美、蔚蓝色天空的美这一类问题就来了。其实，所谓对自然的改造，在最根本的意义上是指改造人和自然的关系，使人和自然相统一，而不仅仅是指改变某些自然物的形态。所谓自然美，不外是人类实践所创造出来的人与自然的统一（包含物质生活和精神生活两个方面）在自然界的各种事物上的感性具体的表现。经过实践创造，自然成了马克思所说的"人类学的自然"，成了人的作品，成了人的自由的表现，于是自然就产生了美。在自然美欣赏中普遍存在的所谓"拟人化"的现象，正是经过实践而人化了的自然的美在人的心理想象中的反映，它绝非自然美的创造主。实践中的自然的人化，是审美中的"拟人化"的前提和基础。第二，对自然美的观察缺乏历史的观点，看不到我们今天所欣赏的自然的美是人类在漫长的历史年代中改造自然的结果，于是就以为自然美是天生的，同实践无关。最典型的例子是人们常常说人体的美是天生的，并以此为理由来反驳实践观的美学。其实，人体的美是人在亿万年的劳动实践中改造了自己的形体的结果。如人手的美同它给我们以灵巧的感觉很有关，而这种灵巧以及人手本身正是劳动的产物。但是，由于在劳动中产生的人体的美经过生物遗传而保存和一代代传了下来，因而人体的美就好像是天生的了。我曾经开玩笑说：林黛玉的妈妈能生出林黛玉这样的美人，为什么任何一个北京猿人的母猿人都生不出一个我们所欣赏的美人呢？

实践创造美的观点之所以在不少情况下难以为人们所接受有种种原因。如前所述，我们对这一观点的研究还很不具体，还没有同对美的历史发展的考察结合起来，就是一个重要的原因。但更为重要的、根本的原因，是如马克思所指出的，在漫长的历史年代中都存在着人

37

的异化的现象，人类的实践经常表现为不是人的自由的肯定，而是否定。劳动，实践常常意味着受苦受累，因而说劳动、实践创造了美，就好像是不可理解的了。马克思说："……如果我的生活不是我自己本身的创造，那么，我的生活就必定在我之外有这样一个根基。所以，造物这个观念是很难从人们的意识中排除的。人们的意识不能理解自然界和人的依靠自身的存在，因为这种依靠自身的存在是跟实际生活中的一切明摆着的事实相矛盾的。"① 马克思的这段很深刻的话，可以用来说明为什么实践创造美的观点常常难以为人所理解。但是，在消除了人的异化，物质生产力得到高度发展，人的实践处处表现为人的自由的肯定的共产主义社会（社会主义社会是它的初级阶段）里，我想实践创造美的观点就将像 1 + 1 = 2 那样，成为不言而喻的普通常识了。

四、美的二重性

马克思讲商品具有二重性，我认为美也具有二重性。这对于理解美的本质是一个重要问题。美的二重性表现在哪些方面呢？

第一，属于客体的东西表现了属于主体的东西。一朵美的花，它所具有的形状、颜色等是属于客体的，但它却又表现了属于欣赏主体的情感、理想、愿望等东西，而且只有在表现了属于主体的这些东西的情况下才有美可言。世界上没有任何审美的客体不是审美的主体的表现。从另一方面看，如果属于主体的东西还仅仅是内心的一种观念，没有外化为感性具体的存在，那也不会有美。属于客体的东西为什么能表现属于主体的东西呢？答曰：实践的结果。实践是改造客体，变属于主体的东西为客观存在的活动，也就是所谓对象化的活动。那经过实践改造的客体，不但变成了一个符合于人的目的需要的对象，而且连人的智慧、才能、愿望、情感、理想等，也物化和凝结在客体之中了。我们完全可以说，经过实践，主体把他的生命贯注到

---

① 《1844 年经济学—哲学手稿》，人民出版社 1979 年版，第 83 页。

客体中去了。里普斯曾经说过，就一个美的对象来说，对象的生命也就是自我的生命。但他不懂得这是实践的结果，而认为是感情移入的结果。实际上，只因主体通过实践把他的生命贯注到了对象中，才产生了审美中的感情移入这种心理现象。

第二，属于自然的东西是属于人的东西的表现。一个优秀的风景画家，就是能从自然中看到人的风景画家，所谓"山川即我也，我即山川也"。如果属于自然的东西不表现属于人的东西，那么自然的东西决不会有美。这在人体美上，可以最清楚地看到。真正是艺术的、高尚的裸体画同黄色下流的裸体画的区别，就在于它所描绘的属于自然肉体的东西处处表现着属于人的精神的东西，使我们看到了青春的力量、生命的优美。我曾看到美术学院有的学生画的裸体画，很逼真，但越逼真却越糟糕。高明的裸体画，把很多东西减弱了，略掉了单纯动物性的东西，强调了精神性的东西。把那些只能引起动物性反应的东西画得那么逼真，丑死了！但是，从另一方面看，属于人的东西如果不表现在属于自然的东西里边，也不会有美。抛掉了自然属性，人就成了一个幽灵，哪里还有什么美。蔑视自然的封建禁欲主义，从来是美与艺术的死敌。即令是性的要求，艺术也是可以描写的，只要其中有高尚的精神性的东西。《西厢记》中的"春至人间花弄色，露滴牡丹开"，是描写什么的？虽然不见得很高明，但并无污脏之感。

第三，属于个体的东西是属于社会的东西的表现。我们看一切成功的艺术作品，其中所描写的人物的欲望、要求、爱好、情感、个性、气质等，都渗透着某种具有普遍性的、深刻的、社会的东西。这正是这些人物形象能引起我们的审美感受的重要原因。属于社会的东西，当它还没有表现为个体的欲望、要求、爱好、情感……时，不论它的意义如何重大，都不可能是美的。因为美之所以为美，就在于社会的伦理道德、政治、法律等的原则，不是外在于个体的欲望、要求、情感、个性的，而恰恰是通过这些东西表现出来的。例如，"为人民服务"这个崇高的道德原则，只有当它表现在个体的欲望、要求、情感、个性等东西之中，成为个体内在生命价值的肯定和个体不顾一切地去追求的崇高理想，这才能成为美的，才会真正地感动我们。反过来说，如果属于个体的东西不包含属于社会的具有普遍深刻意义的东西，那它也不可能有什么美。为什么守财奴不能把他失去金钱的痛苦写成一首美丽动人的诗呢？因为在他的这种痛苦中不包含具有普遍意义的深刻的社会内容，不过是他的纯属自私的功利欲望的损失所带来的痛苦，引不起人们的同情和共鸣。

简略地说来，美的二重性就表现在上述这三个方面。为什么美会具有这种二重性呢？就因为美本来是主体和客体、人和自然、个体和社会的相互的渗透和统一。它所具有的二重性，不过是这种渗透和统一的表现罢了。然而，在日常的意识里，主体和客体、人和自然、个体和社会经常被看作截然分开的东西，只有差别而无统一。说客体中有主体、自然中有人、个体中有社会，会被认为是荒诞而不可思议的。由于固执着这种区别而看不到它的统一，于是美就成了不可理解的"谜"了。应该说，在历史上的一切美学家中，康德、席勒、黑格尔这三个人比较清楚地意识到了这种区别中的统一的存在，因而也比较清楚地意识到了"美之谜"的谜底是什么。但他们都不能科学地说明这种统一是如何产生的，因而也就不能真正揭开"美之谜"。我们在前面曾经讲了美的难解性的两个原因，现在看来，最重要的原因，还是在于美的二重性。这和马克思说商品的二重性造成了商品的神秘性，是完全类似的。如果美单纯是属于客体、属于自然、属于个体的东西，或单纯是属于主体、属于人、属于社会的东西，那么美就不会有任何难解神秘之处。神秘就在这属于客体、属于自然、属于个体的东西，同时又是属于主体、属于人、属于社会的东西的表现。而当人们还不懂得人类实践的特征，并从实践中去观察美的时候，客体与主体、自然与人、个体与社会的这种相互渗透就成了无法说明和理解的东西了。于是，那在我们的直接感受中是非常具体的"美"，在人类对它的思维中却变成了一个长期捉摸不定的幻影。

五、美的客观性

美是客观的还是主观的，或者是主客观的统一？这是我们过去争论得很热烈的问题。这种争论似乎引起了一种误解，好像只要回答了这个问题，美的问题就解决了。其实，在还没有弄清什么是美之前，你怎么知道美是客观的、主观的？另外，还有一种误解，好像肯定美是客观的，就一定是唯物主义的，因而也就是正确的。其实，客观唯心主义的美学，如黑格尔的美学也主张美是客观的。再有，主张美是客观的，好像就不能同时主张美是主客观的统一，这也是一种误解。

我认为，只要我们认识了美是人类实践的产物，那么美的客观性问题自然也就不难明白了。究竟应当如何来理解美的客观性呢？简单地谈以下三点。

第一，美的客观性不同于自然物质的客观性，因为美是人类社会历史的产物，不是自然的产物。这是很有必要首先搞清楚的。两者的混淆必然在理论上造成混乱，并使美的客观性问题成为不可解决的，而且还会转到唯心主义方面去。我们说红色是客观的，同说红色的美是客观的，两者的含义并非完全相同。前者的客观性，是讲的自然物的客观性，它在人类社会出现之前就存在着；后者的客观性，是讲的人类社会历史的产物的客观性，它只有在人类社会中才产生和存在。这就像金银作为矿物是自然产物，作为货币是社会历史的产物，两者都是客观性，但含义不一样。我们说美是客观的，是在这个意义上来讲的，即它是人类社会实践的产物，因而是人的意识之外的客观存在，不是意识创造出来的，也非存在于意识中的东西。它可以脱离个别人的意识而存在，但却不能脱离人类社会而存在。把美的客观性混同于自然物的客观性，就会认为在人类之前就已有美的存在，这是说不通的。此外，还会认为美应该像自然的属性那样，不论何时何地，对于任何人都应当是一样的，从而去追求一种超历史、超时代的永恒不变的美、绝对的美，最后走向唯心主义。柏拉图就是因为主张美必须是不受时空条件制约的永恒绝对的美，而到"理念"世界中去找

41

美的。这从他的《大希庇阿斯篇》中已经可以看出来。

第二，我们肯定了美的客观性，当然同时也就肯定了美与丑的区分是有其客观标准，不以人们的主观判断为转移的。但是，我们必须牢牢记住，美是社会历史的产物，不是自然的产物，因而说美、丑的区分有客观的标准，并不是说在人们的社会实践之外存在着一个客观的美，人们对美、丑的判断是否正确，就看它是否符合于这个客观的美。这是一种虚幻的设想，是由于把美的客观性同自然物的客观性混为一谈而引起的。当然，在人们都共同肯定了某一事物是美的前提下，我们可以来讨论我们对它的感受是正确的还是错误的。例如，在我们都共同肯定无产阶级的英雄人物是美的这一前提下，我们就可以来讨论某一文学艺术作品是否正确反映了这种美。但是，我们现在所要讨论的问题是判定某一事物为美为丑的客观标准或根据是什么，而不是判定对一个已被我们共同承认为美的事物的反映是否正确的客观标准是什么。这是两个不同的问题，不能把它们混在一起。现在的问题是：无产阶级的英雄人物为什么就是美的，资产阶级法西斯的反动人物为什么就是丑的？这种区分有何客观的标准、根据？解决这样的问题，能不能假定有一个不以人们的社会实践为转移的客观的美存在，以它为根据、标准来判定事物的美呢？不能。因为这样一种客观的美并不存在。美只能是人的社会实践的产物，人们的社会实践不同，那对他们具有美的意义，被他们称之为"美"的事物也就不同。在这个意义上，休谟认为"每个人有每个人的美"，这种说法并不是完全错误的。但从科学认识来说，就不能说真理是人们的社会实践创造出来的，每个人有每个人的真理。在事实上，对于事物的科学认识，特别是对于自然事物的科学认识，如果是错误的，那么经过实验和逻辑证明了它确实是错误的之后，人们就会放弃自己的看法，即使口头上不认错，心里也不得不认错。而对于美的看法却不是这样，我们无法用实验或逻辑的证明来迫使人们放弃他的看法。因为他所认为是美的东西是他所参与的社会实践的产物，是同他的生存和发展不可分地联系在一起的东西。我们要改变他的看法，从根本上说，只有改变他的社会实践，改变他的生活。这样说来，区分美、丑的客观标准不是没有了吗？还是有的。这种客观标准就包含在美的本质之中，弄清了什么是美，也就弄清了什么是美的客观标准。我们说过，美是人的自由的表现。尽管每个人有每个人的美，每个人都认为他的美是人的自由的表现（即使在理论上并没有明确认识到），但有的自由是同人类历史发展的客观必然规律相一致的，它作为人类实践的成果具有不可磨灭的价值，这是真正的自由，也是真正的美；有的自由是违背人类历史发展的必然规律的，它是人类历史发展中的一种假象，不具有客观的历史的价值，这是虚假的自由，也是虚假的美，常常就是美的反面——丑。用什么东西来检验人们所谓的自由是真实的还是虚假的呢？用实践。美是人类实践的产物，它也只有用人类实践这个社会历史的尺度去检验。美所表现的如果是违背人类历史发展必然规律的虚假的自由，那么不论它在一个时期内为多少人所欣赏，随着历史的发展，终究要暴露出它的空虚无物，暴露出它并不是对人的真正的自由的肯定，从而被人类的实践所否定，被人们普遍地唾弃。例如，现代西方资本主义国家的某些艺术家，由于看不到人类历史发展的前途，于是就到反理性、反道德的极端个人主义的感官享乐中去追求人的自由，把表现这种自由的作品称为是美的，或者干脆声称他们根本不需要什么美，但他们的作品仍然是最有价值的艺术品，等等。但他们的这种作品，现在就有人反对，将来更不会留存在历史上，成为人们永远欣赏的作品。历史上曾经红极一时，被许多人认为是了不得的作品，到后来灰飞烟灭，再也无人过问，这种情况多得很。人类历史的发展总是要无情地淘汰掉那些虚假的美，那些貌似美而实则丑的东西。历史的尺度是最客观、最公正的尺度。真正能在人类历史上留存下来，被人们永远珍视的美，只能是符合历史发展要求，真正体现了人的自由的美。这种美，是人类在改造世界的艰苦斗争中所取得的成果，它虽然随着历史的发展而成了过去的东西，但由于它是人类在一定历史发展阶段上所取得的自由的结晶，对后世仍然有着启示、教育、鼓舞的重要意义，所以不论时间过去了多久，它们仍然具有马克思所说的"永久的魅力"，为人们所欣赏。这也就是所谓美的永恒性。但我们要注意，这种永恒性不是柏拉图所说的那种超历史、越时空的永恒性；相反，它之所以具有永恒性，恰恰因为它是在人类发展的一个已经一去不复返，但又是必然的阶段上产生出来的。这个特定的、必然的历史阶段使得这种美充分地显示出人的自由的本质，因而永远为我们所叹赏。永恒性同历史性决不是不能相容的。真正的永恒性，是暂时中的永久，有限中的无限，相对中的绝对。超历史的永恒性，不过是唯心主义者的幻想。总而言之，只有人类的实践才是判别美、丑的最后的终极的客观尺度。康德曾经说过，审美判断的普遍性是一种"主观的普遍性"，不同于科学认识判断的"客观的普遍性"。它企图把这两者区分开来，这个看法是深刻的，但康德并没有真正解决问题。在我看来，所谓"主观的普遍性"，其实就是人类实践的普遍性，它不同于那不以人类实践为转移的自然规律的普遍性。美是人类实践的产物，因而它的普遍性来源于人类实践的普遍性，而不是来源于与人类实践无关、单纯由自然本身所决定的自然规律的普遍性，也不是来源于康德所说的"先天的共同感"。虽然心理上的共同感不可忽视，但只有从人类实践出发才能得到科学的说明。

第三，我们说美是客观的，这同说美是主客观的统一，两者是一致的。而且，只有在唯物主义的基础上把握两者的一致性，才能真正弄清美的客观性，才不至于把客观性理解为机械唯物主义所说的那种排除了主体能动作用的客观性，也不至于因为强调主体的能动作用而导致唯心主义。我们认为美是人的自由的表现，这就已经肯定了美是主客观的统一。因为，没有主客观的统一，哪里还有什么自由呢？但我们所说的主客观的统一，是在实践基础上的统一，不是由精神活动所造成的统一。这是理解美的客观性的关键所在。首先，由于这种统一是在实践基础上的统一，所以这种统一永远是受着一定历史条件制约的。如马克思早已指出的那样，人的历史虽然是人自己创造出来的，但人是在自己所面临的既定的条件下去创造历史的，他创造历史的活动决不是随心所欲的活动。"人们每次都不是在他们关于人的理想所决定和所容许的范围之内，而是在现有的生产力所决定和所容许的范围之内取得自由的。"① 所以，每一个时代都有自己的美，而这种美是怎样的，归根到底决定于一定的历史条件，而不是决定于人们的主观意识。虽然主观意识也起着不可忽视的作用，但不是最后的决定的作用。其次，这种统一是对客观世界的实际改造的结果，因而是一个物质性的、客观的活动过程，而不是精神性的、主观意识的活动过程。仅凭精神的活动，绝对不可能改造客观世界，达到主客观的统一（实践中的统一，而非认识中的统一）。"思想根本不能实现什么东西。为了实现思想，就要有使用实践力量的人。"② 认为凭着精神的活动就可以达到主客观的统一，这是历来一切唯心主义者的幻想。再次，既然主客观统一的活动是物质的、客观的活动，那么这种统一所得到的结果，也就是物质的、客观的，不是仅仅存在于观念中的东西。例如，一张桌子，就是我们制造桌子的主观目的同木材这种自然物质材料两者通过实践（制作桌子、改造木材的实际活动）而达到的统一，这个统一的结果是一个使我们的主观目的获得了对象化的物质存在，决不是观念的东西。基于上述种种理由，我认为美既是主客观的统一，又是客观的，两者不但不是非此即彼地互相矛盾的，而且是完全一致的。但是，只有在实践的基础上，才能使这两者一致起来，如果以精神的活动为基础，那情况就不一样。客观唯心论（如黑格尔的唯心论）以"绝对精神"为主客观统一的基础，由于这"绝对精神"是独立于任何人的精神而存在的，所以客观唯心论也可以承认美是客观的，但它所谓的"客观"实质上是一种幻想中的"客观"，并不是真正作为物质存在的客观。这种幻想，是从客观唯心论者设想有一种独立于人类、在人类之前就存在，并且产生万事万物的精神实体而来的。主观唯心论者把个体的主观精神（情感、欲望、意志、想象、直觉、幻觉等等）看做是主客观统一的基础，实际上是把客观的东西看做是由主观精神决定的，因而所谓统一也只是存在于观念中的东西。这一类的主客观统一说，是根本不承认美的客观

① 《马克思恩格斯全集》第3卷，人民出版社1960年版，第507页。
② 《神圣家族》，人民出版社1958年版，第152页。

性的。他们所说的主客观统一，并非主观精神同在主观精神之外的物质世界的统一。在他们那里，即使承认有客观的东西存在，也只是一种假定性的存在，是一种由个体的精神产生但又同个体有别的存在物①。

总起来看，我认为说美是客观的，不外是说：第一，美是社会实践的产物，不是精神的产物；第二，各个时代的美都是由该时代的社会实践所决定的，有什么样的社会实践就会有什么样的美；第三，判定美、丑的最终的客观标准是社会实践，只有同人类历史发展的必然规律相一致的美才是真正的美。而这种建立在实践基础上的客观说并不排斥在唯物的意义下了解的主客观统一说，因为实践本身即是一种变主观的东西为客观的东西，使主观同客观达到统一的活动（参见毛泽东同志的《实践论》）。

我对于美的本质问题的一些想法，就讲到这里为止。回顾我们的探讨所走过的道路，我想引用马克思的一段含义极为深刻的话来作为结束：

> "共产主义是私有财产即人的自我异化的积极的扬弃，因而也是通过人并且为了人而对人的本质的真正占有；因此，它是人向作为社会的人即合乎人的本性的人的自身的复归，这种复归是彻底的、自觉的、保存了以往发展的全部丰富成果的。这种共产主义，作为完成了的自然主义，等于人本主义，而作为完成了的人本主义，等于自然主义：它是人和自然界之间、人和人之间的矛盾的真正解决，是存在和本质、对象化和自我确立、自由和必然、个体和类之间的抗争的真正解决。它是历史之谜的解答，而且它知道它就是这种解答。"②

美作为人的自由的表现，不正是马克思所说的人和自然、存在和本

---

① 我这里对主客观统一说的评述，是就历史上的情况而言的。至于我们过去的美学讨论中的主客观统一说，情况并不完全相同，当另行讨论。

② 《1844年经济学—哲学手稿》，人民出版社1979年版，第73页。

质、对象化和自我确立、自由和必然、个体和类（社会）这个"历史之谜"在不同历史阶段上的解决的表现吗？"美之谜"之所以难解，难道不正是因为它是同这个"历史之谜"直接联系在一起的吗？历史上的一切美学家之所以还猜不透它，难道不是因为在私有制社会中这个"历史之谜"是很难看清的吗？如何解决这个"历史之谜"，从而解决"美之谜"呢？只有通过实践。从哲学上看，"美之谜"的秘密最终是包含在人类实践之中。但为了更为具体地而非抽象地解决这个"谜"，我们还需要从美的哲学走向美的心理学和社会学。当着这三者内在地、有机地融合在一起的时候，"什么是美"这个古老的问题就会变得清晰起来，失去它的"谜"一样的神秘性。但是，对美的本质的探讨永远只能达到相对的真理，因为人类社会的实践是不断发展着的，美也是不断发展着的。就当代的中国而论，千百万人民群众正在进行着的四化建设这一中国历史上前所未见的改造自然和社会的伟大实践，一定会在中国大地上画出最新、最美的画图，最终创造出在共产主义思想基础上把东西方文化的精华融为一体的美。在这过程中，既有悠久历史传统，又有马克思主义为指导的中国现代美学必将有重大的发展，必将对人类作出应有的贡献。

（本文是作者1981年8月在全国第二期高校美学教师进修班所作报告。原载《美学与艺术讲演录》，上海人民出版社1983年版）

关于"劳动创造了美"

潇牧同志在《美的本质疑析》①一文中对拙作《关于马克思论美》一文有关马克思"劳动创造了美"这一命题的论述提出了不同看法。为了通过争鸣共同推进有关美的本质问题的探讨，这里就和理解"劳动创造了美"有关的几个具有原则性和方法论意义的问题作一点简要说明。

一、"劳动创造了美"不是一个"公式"

潇文一上来就引了拙作中的一段话，为了便于弄清问题，照录于下：

> 马克思说过："劳动创造了美"。这在美学史上，是一个标志着美学的重大变革的命题。如果我们同意这个命题，那么要认清美的本质，就必须研究劳动的本质。而劳动的本质正在于它是人改造自然以满足人的物质生活需要和精神生活需要的活动，也就是"自然的人化"和"人的对象化"。所以，主张"劳动创造了美"的马克思无疑是以"自然界的人化"和"人的对象化"作为他对美的本质的认识的基础的。

这段话的意思不外是说：既然马克思认为"劳动创造了美"，而劳动的本质又正是"自然的人化"和"人的对象化"，因此我们要研究美的本质，就要研究劳动的本质，从而也就要研究"自然的人化"和"人的对象化"。我认为这正是马克思对美的本质的认识的理论基

―――――――――

① 《学术月刊》1982 年第 7 期。

础。我的意思不过如此而已，但潇文在引用拙作之后，接着就大讲"劳动创造了美"这个"公式""不能解释所有的审美事实"，例如不能解释"日月星辰为何对人具有美学意义"，还有"社会生活中家庭伦常、道德力量的美"，也"显然不能套用'劳动创造了美'的公式"，如此等等。这样一来，"劳动创造了美"的说法就大出其丑，成为违背普通常识的荒谬可笑的说法了。

这里的全部问题就是要求"劳动创造了美"必须是一个可以用来直接说明一切美的现象的万能的"公式"。如果它不能成为这样的"公式"，那就是荒谬可笑的了。实际上，这样的一种"公式"，是不可能有的。对于美的本质的哲学探讨，只能在最高的理论概括上指出美是什么，至于对各种具体的美的现象的解释，经常需要有许多中间环节，需要进行一系列具体的历史的分析。我主张"劳动创造了美"，既非把它看作是一个可以用来说明一切美的现象的"公式"，也还不是对于什么是美的回答，而只是指出美的产生的终极的根源在于劳动，应从劳动的本质中，也就是从"自然的人化"和"人的对象化"中去探求美的本质。所以，从这一主张得不出只有劳动所改造了的对象才是美的对象这样的结论。所谓"劳动创造了美"，是从美的产生最后的终极的根源上来说的。从阐明劳动的本质到阐明美的本质之间，还需要有一系列哲学的、历史的、心理学的分析，最后才能得出什么是美的结论。这里有许许多多复杂的问题等待着我们去解决。马克思的"劳动创造了美"这一命题的重要意义，在于它为我们开辟了一条从实践，首先是从物质生产实践——劳动去探求美的本质的道路，指出了美既不是唯心主义者所说的精神、观念的产物，也不是机械唯物论者所说的某种亘古以来就存在的、同人类无关的自然属性，而是人改造世界的实践活动的产物。所以，主张"劳动创造了美"，不能像潇文那样概括为什么"劳动美学"，而应概括为马克思主义的实践观的美学。

谁主张"劳动创造了美"，谁就是主张美只限于劳动和劳动所改造了的对象，这是贯穿潇文的一个基本观点，也是它用以反对"劳动创造了美"这一主张的一个最主要的理由。正是基于这个理由，于是它就来引述艺术起源的材料，声称"原始艺术并不限于表现劳动，不限于劳动而发生"，以为这就可以推翻"劳动创造了美"的主张了。其实，由于它驳斥"劳动创造了美"的前提或理由是错误的，因而不论它从原始艺术史中找到多少证明"原始艺术并不限于表现劳动"的材料，都推翻不了"劳动创造了美"这一论断。这正如恩格斯说"劳动创造了人"，丝毫不是说人和人的生活只包含同劳动有关的东西，或只能处处归结为劳动。一般地讲，当我们说一个东西创造出另一个东西时，那被创造出来的东西一定包含着和创造它的东西不同的新的东西，一定同那创造了它的东西有区别。如果两者是等同的，在性质和范围上是全然相同的东西，那就不是什么创造，而且根本就没有创造。潇文由于不明此理，于是就从"劳动创造了美"得出了美只限于劳动和劳动改造了的对象这种根本不能成立的结论，并以此作为它反驳"劳动创造了美"的重要理由。

二、关于"两种生产""并行"或"并重"地决定人类历史发展的问题

潇文在反驳"劳动创造了美"的同时，大讲所谓"人口生产"、种的繁殖是同"物质生产"一起"并行地"或"并重地"决定人类历史发展的"两个方面"，因而美与艺术也有两个来源，一个是"人口生产"，另一个是"物质生产"。在讲到原始艺术时，它已经指出：

> 无论陶器、雕塑、饰身、舞蹈还是其他原始艺术，都不仅仅表现了对劳动的歌颂和肯定，并以劳动为唯一的泉源；同时也来源于人类自身生命繁衍需要，歌颂生命、母爱和性爱。人类对生命繁衍的歌颂与对劳动的歌颂是并行的！

在我看来，马克思主义决不否定人的生命的繁衍或"人口生产"在人类历史发展过程中的作用，在说明美的本质时也应考虑到包括性

的要求在内的种种生理因素。但马克思主义从来没有认为"人口生产"和"物质生产"没有主次从属关系，两者是并行地或并重地决定人类历史发展的。相反，马克思主义认为物质生产是决定社会发展的最根本的东西，人的各种动物生理的自然的东西也只有在漫长的物质生产过程中被"人化"之后，才能具有美的意义。马克思主义的物质生产决定历史发展的一元论的唯物史观同它的"劳动创造了美"的观点是完全一致，不能分离的。潇文则不然，它要打破人类历史的发展归根到底是由物质生产发展决定的一元论的观点。它声称：

> 两种生产（即"人口生产"和"物质生产"——引者）的关系在历史上相当复杂，不能简单地肯定谁决定谁。两种生产既是相关的、统一于人的、交互作用的，又是相对独立的。

只讲两种要素或两个方面的交互作用，而不讲两者之间的主次从属关系，或对此存而不论，这正是一切二元论的特色。潇文企图把"人口生产"与"物质生产"说成是不能分主次从属关系的。它说：

> 人类自身繁衍的具体方式（以两性关系为基础的家庭形式）的确是与社会经济生产的发展相关的，然而并不能凭此而下结论说物质生产决定人口繁衍，因为人们也可以提出相反的命题：人口繁衍作为劳动的前提，决定物质生产。因此，如果这样来提出和认识问题，就不免产生偏颇。

这是一切二元论的观点在论证方法上经常采用的近似于所谓"二律背反"的方法。它不外是说：从这方面看，这一命题是正确的，但从另一方面看，与之相对立的另一命题也是正确的，因此，不要在它们之间分出谁决定谁，把它们作为没有主次从属关系的两个方面同时接受下来，这样就不会发生"偏颇"了。这种貌似正确的推论的根本错误，在于它不去具体考察处于相互作用之中的两个方面，何者是本原的、决定的，何者是派生的、从属的。所谓"人口繁衍"固然是"劳动的前提"，但劳动是人所特有的活动，只有劳动才能使人从动物界分离出来，只有人才能进行劳动，所以作为人的"人口繁衍"已不同于动物的繁殖，它具有由物质生产劳动所决定的和动物的繁殖根本不同的特征。所以，认为"人口繁衍"不受物质生产劳动制约和决定，完全是由于在讲"人口繁衍"时根本不顾及人与动物的区别，把人的繁殖和动物的繁殖混为一谈。事实上，从来没有什么不被物质生产最后决定的"人口生产"：尽管后者和前者的确是处在相互联系、作用之中。"人口生产"不论在什么时候都是具体的历史的，为一定社会历史阶段的物质生产所决定。所以马克思多次指出没有什么抽象的"人口生产"的规律，每一个社会都有为它自己的物质生产发展状况所决定的"人口生产"。就拿我们国家来说，我国的"人口生产"难道不是为我们的物质生产的发展状况所决定的吗？过去我们所犯的错误不正是脱离生产的发展水平去片面地讲"人多力量大"吗？潇文还说"人口生产"能够"决定物质生产"，这更是毫无根据的。一个社会的生产力发展水平的高低，同这个社会的"人口生产"的多少并无必然的联系，不能认为人口的多少决定生产发展水平的高下。作为种族的人的自然差异，固然也可影响生产的发展，但不能从根本上决定生产的发展。总之，人口只是物质生产不可缺少的一个前提或要素，不是决定物质生产发展的根本性的东西。

然而，潇文却认为它的"两种生产""并重"地决定人类历史发展是马克思主义的观点。为了证明这一点，它首先引证了恩格斯的《家庭、私有制和国家的起源》一书的"第一版序言"中的一段话。但它只引到"一定历史时代和一定地区内的人们生活于其下的社会制度，受着两种生产的制约：一方面受劳动的发展阶段的制约，另一方面受家庭的发展阶段的制约"为止，接下去的话它就不引了。下面的话是这样的："劳动愈不发展，劳动产品的数量、从而社会的财富愈受限制，社会制度就愈在较大程度上受血族关系的支配"①。由此可见，恩格斯虽然讲到了人类社会历史的发展受着"两种生产的

---

① 《马克思恩格斯选集》第 4 卷，人民出版社 1972 年版，第 2 页。

制约",即受着物质生产和与家庭相关的"种的蕃衍"的制约,但他决没有把两者等量齐观,认为它们是无主次从属关系可分的。因为恩格斯指出原始的以氏族血缘关系为基础的家庭的产生和存在,乃是劳动生产不够发展的结果。接下去他又指出,随着劳动生产率的发展,特别是私有财产的出现,这种原始的血族关系的家庭就被彻底打破了。

更为奇怪的是,潇文声称:

> 根据摩尔根的考察和恩格斯的著述,在原始社会,社会形态不是由生产来决定,而是由家庭形式决定社会形态。如旧石器时代的母权制社会,完全是由于人类自身生产的方式(按:即潇文所谓"人口生产")——家庭婚姻状况造成的。而家庭形式则最初是由"自然选择原则"支配的。

我完全承认,在家庭形式的形成中,有种种复杂的要素在起作用,但其中决定性的东西不是别的,而是一定历史时期的物质生产状况。明确地和充分地论证了这一点,这正是马克思、恩格斯对家庭形式的发展的研究同摩尔根以及其他资产阶级学者的研究不同的主要之点。恩格斯决没有认为原始社会的形态不是由生产来决定,而是由家庭形式来决定的。潇文提到的所谓"母权制社会",是原始社会研究学者巴霍芬所使用的一个术语。恩格斯认为这种"母权制"是同一切群婚形式的家庭分不开的。在这种家庭中,谁是孩子的父亲是不能确定的,但谁是孩子的母亲却是知道的,因而世系就只能从母亲方面来确定,于是出现了所谓"母权制"的家庭形式①。由此可见,"母权制"是群婚的产物,而群婚又是从何而来的呢?恩格斯极为明确地指出,它是人类刚从动物分离出来,生产力的发展还极为低下的产物。恩格斯说:

---

① 参见《马克思恩格斯选集》第4卷,人民出版社1972年版,第36~37页。

一种没有武器的象正在形成中的人这样的动物，即使互相隔绝，以成对配偶为共居生活的最高形式，就象韦斯特马尔克根据猎人的口述所断定的大猩猩和黑猩猩那样，也还能以不多的数量活下去。但是，为了在发展过程中脱离动物状态，实现自然界中的最伟大的进步，还需要一种因素：以群的联合力量和集体行动来弥补个体自卫能力的不足。①

由此可见，群婚形式的出现和可能存在，原始人之所以能克服在动物的交配中也存在着的排他的嫉妒，实行群婚，最根本的是由于在生产力极低的情况下，人类需要以群的联合的力量去抗御自然。恩格斯很深刻地反驳了资产阶级学者把人类的婚姻形式同动物婚姻形式简单类比，以及所谓群婚是人类堕落的表现的观点，指出在原始社会生产力发展水平极低的情况下，人类能克服动物中也存在的嫉妒，实行群婚，恰恰是人类超出动物，结成能够抗御自然的一个群体的重要条件。用恩格斯的话来说："……成年雄者的相互宽容，嫉妒的消除，则是形成较大的持久的集团的首要条件，只有在这种集团中才能实现由动物向人的转变。"② 在恩格斯有关"母权制"的所有论述中，什么地方能找到潇文所谓家庭形式不受生产发展状况的支配，社会形态决定于家庭形式，而不是决定于生产的观点呢？找不到的。这里还想就潇文对恩格斯所说的"劳动创造了人本身"这一论断的理解，再说几句话。潇文说：

恩格斯说："在某种意义上不得不说：劳动创造了人本身。"有人把这句话拿来作为美根源于劳动的理论依据，其实是把恩格斯的话片面化。劳动创造了人，是在"某种意义上"才可以承认的一个命题，即在不否定人是劳动的主体，人的发展有生物过

① 《马克思恩格斯选集》第4卷，人民出版社1972年版，第29页。
② 《马克思恩格斯选集》第4卷，人民出版社1972年版，第30页。

程，也有种的延续下才能成立。这个命题不以劳动包容和代替人口生产在人之成为现实人过程中的作用，更不能以此否定人口生产。忘记了这个命题本身所要求的条件性，就会造成曲解。

这是一些混乱的、无的放矢的话。第一，任何命题当然都是"在某种意义上"说的，没有特定意义的命题是不存在的。第二，肯定"劳动创造了人本身"这一命题，决没有否定人是劳动的主体，否定人的发展的生物过程、种的延续，以及"人口生产"，因为这一切本来就是同劳动分不开的东西。问题在于这些东西同劳动的关系是怎样的，它们之间有没有决定与被决定的关系？物质生产劳动是不是最终决定着劳动主体以及他的生物过程、种的延续等的发展的东西？我认为是的，马克思主义也是这么讲的。潇文则不然，它认为两者是"并行"的，是"两个并重的方面"。马克思主义的看法是一元论的，潇文的看法则是二元论的。而二元论最后不可能不偏不倚，它总是要偏到某一方面。潇文宣称原始社会形态不是决定于物质生产，而是决定于家庭关系即人口生产，这就表明它至少在原始社会的范围内主张人口生产最终决定社会的发展，也就是种的繁殖决定社会的发展。所谓"并重"的说法看不到了，不偏向哪一方的所谓"全面"的姿态也消失了。

同对"劳动创造了人本身"这一命题的理解相关，在讲到马克思所说的"人的本质在其现实性上是社会关系的总和"这一命题时，潇文又说：

> 如果一切社会关系的总和可以简单化为物质生产关系，那无疑人的本质是劳动。但是人类社会关系不仅仅是人们在劳动中形成的生产关系，还包括人类在自身生产中所创造的家庭关系，以及由此两种关系交互作用所再生的其他社会关系。

这段话的问题是：第一，有什么理由认为主张劳动是人的本质，即人区别于动物的本质，就一定要把一切社会关系的总和"简化为物质生产关系"？前者和后者之间有什么必然的逻辑联系？第二，人的社会关系当然不仅仅包含在劳动中形成的生产关系，还有其他种种关系，但归根到底都是为人们在劳动中形成的生产关系所决定的。马克思、恩格斯、列宁都多次指出过这一点，这正是马克思的历史唯物主义的一个重大贡献。

潇文翻来覆去地强调"人口生产"的无比重大的意义，可是，仔细一看，却只不过是肯定了美不能离开人类社会而已。它没有看到，"劳动创造了美"这一命题，已经在更深刻得多的意义上肯定了"没有人类社会就没有美"了。问题的关键在于：有了人怎么就有了美。这是"人口生产"所说明不了的。要说明它，就必须深入到劳动的本质中去。在这里，包含着"美之谜"的最后的解决。

潇文曾指出"劳动创造了美"这个"公式""不能解释所有的审美事实"，例如不能解释"日月星辰"的美，"家庭伦常"的美，等等。它把"人口生产"引入美的根源之中，用"人口生产"与"物质生产"共同决定美的理论是否就是一个可以用来说明一切美的现象的万能的"公式"呢？我看不是的。拿"日月星辰"的美来说，在原始社会，"物质生产"和"人口生产"都有了，而且据潇文说，"人口生产"还起着最后的决定作用，但为什么当时"日月星辰"对人来说还没有美呢？为什么夜晚住在树上的原始人还感受不到"月下飞天镜"或是"明月松间照"的美呢？拿"家庭伦常"的美来说，它同所谓"人口生产"的关系是最密切的了。但潇文所说的"澳洲盛行的'卡罗'舞，手执长矛的男舞沿着一个象征女性生殖器的土坑跳来跳去，插矛入坑，狂歌狂舞"，这是不是就是由"人口生产"产生的"家庭伦常"的美的表现呢？恐怕说它是一种和宗教巫术结合在一起的生殖崇拜的表现更恰当罢？要从这种原始的性的狂热中去发现"家庭伦常"的美，不能不说是有些困难的。还有，在阶级社会中，许多荒淫无耻的统治者无疑也在同他们的女人们进行着"人口生产"，郭子仪的儿子据说多到他自己也认不清，但是否就因此而有了许多"家庭伦常"的美呢？如果说是因为缺乏必须与"人口生产""并重"的"物质生产"这个条件，那么只进行"人口生产"而不进行"物质生产"的剥削阶级的家庭，就永远也不可能有"家庭伦常"的美了。这在事实上说得通吗？

三、"劳动创造了美"的主张
没有误解马克思的原意

为了反对我所主张的"劳动创造了美"，潇文还指出这种主张是"随意发挥"，"误解了马克思的原意"。它说：

> 从《手稿》中前后文的逻辑关系不难弄清，马克思是在论劳动本质异化的表现，旨在说明异化劳动与劳动者的对立，并不是在探讨美的本质。"劳动创造了美"一语，仅仅是在劳动能够造美的涵义上提及的，而绝非是从美根源于劳动的角度来阐发的。他仅仅肯定了异化劳动也可以产生美的产品，绝非是把"劳动创造了美"作为美学基本命题提出。马克思并不认为唯劳动是美的根源，这从马克思的其他论述中可以得到旁证。

不错，整个《手稿》本来就"不是在探讨美的本质"，但它所提出的许多基本观点却具有重大的美学意义。这是由于对美的本质的认识和对人的本质的认识分不开，对人的本质的认识又同对劳动的本质的认识分不开；而《手稿》恰好不但从政治经济学的角度，而且从历史哲学的角度考察了劳动同人的本质及其历史发展的关系，并且在不少地方明确地涉及了美的问题。这就使得《手稿》涉及美的论述不是一些孤立的、偶发的言论，而是同马克思在劳动的基础上对人的本质的理解密切相关的，对揭示美的本质有着极为深刻的指导意义。我们知道，马克思在《手稿》中从唯物主义出发批判改造了包含在黑格尔《精神现象学》中的"把劳动看作人的本质，看作人的自我确证的本质"这一伟大的思想①，指出感性物质的生产劳动是人的本质的现实的基础。这是马克思从费尔巴哈的唯物主义向以实践（首先是

① 《1844年经济学—哲学手稿》，人民出版社1979年版，第116页。

生产实践）为基础的历史唯物主义飞跃的一个关节点。由于马克思从人的感性物质的生产劳动中找到了理解人的本质的现实基础，同时他也就找到了理解同人的本质不能分离的美的本质的现实基础。因此，当马克思说"劳动创造了美"时，他决不像潇文所说那样"仅仅"指出了"劳动能够造美"，而是从对人的本质的历史唯物主义的科学理解的高度上，从人类社会实践的高度上，第一次揭示了理解美的本质的秘密所在，指出了产生美的现实的、也是终极的、最后的根源。马克思说："全部所谓世界史不外是人通过人的劳动的诞生，是自然界对人说来的生成。"① 而世界的美和人对世界的审美意识，正是随着"人通过人的劳动的诞生"而逐渐诞生出来的。潇文认为"劳动创造了美"这一命题"仅仅"指出了"劳动能够造美"，这是对马克思思想的一种肤浅的理解。其所以如此，又是因为它忽视了《手稿》的整个逻辑体系，忽视了"劳动"这一概念在《手稿》中所占有的极为重要的位置，以及它所包含的深刻的意义。至于说"马克思并不认为唯劳动是美的根源"，这并不能否定"劳动创造了美"这一命题的伟大意义。美作为实践创造的产物当然不能只限于生产劳动这一种实践，但由于生产劳动实践是最终决定其他一切实践的东西，因而从终极的意义上说，劳动正是美的最后的根源，此外再无别的根源。

四、潇文对"美的规律"的理解是错误的

潇文为了证明"劳动创造了美"的主张是错误的，它还引用了《手稿》中那段讲到了"美的规律"的著名的话。我在拙作中曾指出这段话正是马克思对"劳动创造了美"的具体阐明，潇文则认为大谬不然。它说：

> 不能否认，马克思是在谈人的劳动时谈到美的规律的，可这

---

① 《1844 年经济学—哲学手稿》，人民出版社 1979 年版，第 84 页。

却不能给"劳动美学"论者提供什么证据。我们必须区分两个概念，一个是人在劳动中按照美的规律造形，一个是在劳动中创造美的规律，这本来是易于分别的，"劳动美学"却把它们混淆了。马克思讲的是人在劳动中创造美的规律。这一区别是重要的。说明美的规律外于劳动而存在，或者说不唯在劳动中存在。

潇文所说的重要区别其实是一种人为地生造出来的区别。仅就字面的意义上看，潇文所谓"人在劳动中创造美的规律"，不但易于产生歧义，使人误以为"美的规律"是由人任意地创造出来的，而且就潇文的实际的意思来了解，也不过是马克思所说的人在劳动中"也按照美的规律来塑造物体"这一意思的同语反复。潇文之所以硬要作出"区别"，目的是为了要证明"美的规律外于劳动而存在，或者说不唯在劳动中存在"。它的逻辑是这样的：主张"劳动创造了美"，就必然要主张"美的规律"仅仅存在于劳动中，现在来个反其道而行之，证明了"美的规律外于劳动而存在"，这不就把"劳动创造了美"的主张推翻了吗？潇文没有看到，主张"劳动创造了美"并不需要也不应当主张"美的规律"仅仅存在于劳动之中，前者和后者之间并无什么必然的逻辑联系。马克思的确是在讲到人的物质生产劳动和动物的活动的本质区别时讲到了"美的规律"的，潇文也同意这是事实，但它由此得出结论说，马克思所讲的"美的规律"只限于生产劳动中的美的创造，这就完全错误了。任何规律都有普遍性，"美的规律"也应当有适用于一切美的事物的普遍性，尽管它在表现或运用于生产劳动领域和其他领域时，一定会有不同的特点。例如，我国半坡村出土的那些美丽的陶器，殷周的辉煌壮观的青铜器，无疑都是马克思所说的人在劳动中"按照美的规律来塑造物体"的产物。但体现在这些器皿上的"美的规律"，难道就只限于劳动产品的美的创造，而没有普遍的意义吗？不要说体现在这些堪称美的杰作的器皿上的美的规律，就是那体现在不过是远古的劳动工具石斧上的平衡对称的规律，不也有着相当普遍的美的意义吗？"美的规律"如果不具备普遍意义，就不能称之为"美的规律"。更何况我曾在拙作中指出，马克思所说的"美的规律"，在实质上是"物种的尺度"和由人的目的（这目的当然又是从人对自身及外部世界的认识而来的）所决定的"内在的尺度"两者的统一，也就是外在的必然性和人的自由的统一，合规律与合目的的统一，其意义是极为广泛深刻的。萧文企图把马克思所说的"美的规律"仅仅局限于生产劳动的领域，既不符合马克思主义对规律的普遍性的了解和客观事实，又大大减少了"美的规律"的普遍、广泛而深刻的含义。与此同时，它企图通过证明"美的规律外于劳动而存在"来推翻"劳动创造了美"这一主张，也就完全落空，成了不论在逻辑上或事实上都站不住脚的了。

1982 年 10 月 2 日写毕

（原载《学术月刊》1982 年第 8 期）

略论"自然的人化"的美学意义

马克思在《1844年经济学—哲学手稿》中提出的"自然的人化"的思想,是马克思从他创立的历史唯物论提出的一个极为重要的观点,同时也是马克思美学思想的哲学前提。

没有人就没有人类的历史,而人是从动物界分化出来的。因此,作为一个实际存在着的感性的实体,人首先是一个自然存在物,是自然的一部分,是有感性血肉之躯的存在。在这一点上,人和动物一样,有种种强烈的欲望需要求得满足,才能生存下去。但是,人之所以为人,又在于他是一种不同于动物的自然存在物。"人是属人的自然界"①。"自然的人化"的历史过程就是马克思所说的"自然界生成为人"的过程,这是一个漫长的历史过程,是人的诞生、成长、形成、发展的过程,并且是一个无限的过程。"自然的人化"是对这一过程的哲学概括。从本质上看,它是一个历史哲学的命题。只有这样去理解,才能把握住它的丰富深刻的内容。

由于人本是自然的一部分,不能离开自然而生存,因此"自然的人化"包含着两个不可分割的方面,即马克思所说的"客观意义的自然界"的"人化"和"主观意义的自然界"的"人化"。前者指的是人所生活的外部自然界的"人化",后者则是指人的自然躯体、感官、欲望、需要等等的"人化"。"自然的人化"具有主客、内外双重发展的性质,两者不能分离。

"自然的人化"或"自然界生成为人",关键是在物质生产劳动。劳动是人作为自然存在物与动物这种自然存在物的本质区别所在。它

---

① 《1844年经济学—哲学手稿》,人民出版社1979年版,第119页。

是"自然界生成为人"的历史过程中一个意义极其重大的飞跃，同时又是"自然的人化"的基础、源泉和动力。马克思说："全部所谓世界史不外是人通过人的劳动的诞生，是自然界对人说来的生成。"①没有劳动就没有"自然的人化"，离开劳动去讲"自然的人化"就离开了马克思主义。

"自然的人化"本来并非仅仅针对美学而提出，其意义也决不限于美学，但它同美学确实又有着极为密切的联系。美正是在最深刻的意义上来了解的"自然的人化"的产物。

"自然的人化"究竟表现在哪些方面？它有哪些本质性的规定？具有怎样的美学意义？

第一，人作为自然存在物，和动物一样必须依靠自然来满足他的肉体生存需要，但他的活动不像动物那样是一种本能地适应自然的活动，而是一种有意识有目的地改造自然的活动，因而是一种创造性的、自由的活动。

关于这一点，马克思在《手稿》里作过许多说明，这里则引述马克思、恩格斯后期著作中关于这个问题的更为具体明确的说明，以利于理解《手稿》中的思想。在1857～1858年所写的《经济学手稿》中，马克思指出"劳动是积极的创造性的活动"，它表现着"个人本身对他所加工的物和对他自己的劳动才能的一定关系"②。在批评亚当·斯密不加分析地把劳动看做是对人的自由、幸福的否定时，马克思又指出劳动是人的"自由的实现"，是"自我实现，主体的物化，也就是实在的自由"③。恩格斯在《自然辩证法》一书中的"历史的东西"（写于1874年）这一小节中也曾指出动物的生活是由它所适应的自然环境决定的，而人的生活却是由人自己创造出来的。这

---

① 《1844年经济学—哲学手稿》，人民出版社1979年版，第119页。
② 《马克思恩格斯全集》第46卷（下册），人民出版社1980年版，第116页。
③ 《马克思恩格斯全集》第46卷（下册），人民出版社1980年版，第112页。

都说明人为了满足自己生存需要而进行的劳动，是一种有意识有目的地改造自然的、创造性的自由活动。正因为这样，人通过劳动实现了自己的目的，不但满足了自己的某种需要，而且会产生出一种精神上的愉快，也就是见到人的自由（对客观自然必然性的能动的支配）得到了实现而产生出来的愉快。这种与物质需要的满足所带来的生理愉快不同的精神愉快，就是最本质的意义上的美感。而那感性现实地显示了人的自由的对象，即人的劳动及其产品，就是人们称之为"美"的东西。例如，柏拉图的《大希庇阿斯》篇中曾谈到一个汤罐也可以有美，"假定是一个好陶工制造的汤罐，打磨得很光，做得很圆，烧得很透，像有两个耳柄的装二十公升的那样，它们确是很美的"①。这美就在于汤罐的感性物质的形式向我们显示了人创造的智慧、才能和力量，体现了人支配自然的自由。从一个汤罐的美上，我们已可看出美不能脱离人赖以生存的自然界，不能脱离自然物质的形式，但这种形式之所以成为美，完全是因为人改造自然物质以满足人的需要的活动是一种创造性的、自由的活动，因为那经过人的劳动实践所改造了的自然物质的形式成了人的自由的表现和确证。在这种形式里凝结着人的创造的智慧、才能和力量，形式成为人的自由的物化了的表现，于是形式就成为美的形式。由此可见，美的产生根源于人的劳动不但是一种满足生存需要的活动，同时又是一种创造性的、自由的活动。

但是，在人们还看不到人的劳动区别于动物活动的本质，还不了解人类劳动的过程的时候，人们就会认为一个劳动产品的美，如上面所说的汤罐的美，是对象天然具有的属性，同人的活动没有关系。这种幻觉的产生，是由于在一个劳动产品上，创造的过程已经看不到了，过程已经表现为结果，表现为一个静止的存在物。一切企图从物的属性中去找美的根源的想法的产生，重要的原因之一就是看不到属性之成为美是人的创造性的、自由的活动的结果，属性只是作为人的

---

① 《柏拉图文艺对话集》，人民文学出版社 1981 年版，第 182 页。

自由的表现和确证才对人成为美的。美是自然的感性物质的形式同人的自由这两个要素的结合，是两者契合无间的交融渗透。这交融渗透是由劳动而引起的"自然的人化"的结果，是人的实践创造作用于自然的结果。但是，"自然的人化"并不仅仅指人同他所直接改造了的个别自然物的关系，而且还指人同整个自然界的关系，应当从人对整个自然的利用、支配、占有这样广阔的意义上来了解。马克思说："动物只生产自己本身，而人则再生产整个自然界。"① 他又说："人较之动物越是万能，那么，人赖以生活的那个无机自然界的范围也就越广阔"。②动物和自然所发生的关系，只以同它的生命的维持有关的范围为限，它仅仅生产它自身。人却能"再生产整个自然界"，也就是创造出适应于人的生存的整个自然界，即高尔基所谓的"第二自然"。这种创造是说他改变着同整个自然的关系，使整个自然从原来与人相对抗或与人漠不相关的、疏远的东西变为人能够利用、支配、占有的东西，变为马克思所说的全面地"表现和证实他的本质力量所必要的、重要的对象"③。拿农业劳动来说，看起来人只同他所种植的农作物和土地发生关系，实际上他还同那非常遥远的、但却与农作物的生长密切相关的天体世界发生了关系。他在种植农作物的过程中，越来越对天体世界发生了强烈兴趣，最后研究起天文学来了。于是，太阳、月亮、星星这些东西都同人的生活发生了关系。虽然它们并不是人的劳动的产品，人也不需要直接从形态上去改变它们，但对于任何一个学会了农业生产的民族来说，它们难道不已是同人类生活不能分离的东西了吗？劳动创造不出太阳、月亮、星星，但却能创造这些自然物同人类生活的密切关系。不但农业劳动是这样，其他任何劳动，在直接改变某些自然物的同时都创造出了人同整个自然的越来越广阔的关系，并不断使整个自然从"自在之物"变成"为我之物"。这种关系，在开始还只是一种同人类的生存需要相关

①②③ 《1844年经济学—哲学手稿》，人民出版社1979年版，第50、49、121页。

的关系，但由于这种关系的造成是人的创造性的自由的活动的结果，因此在历史发展的一定的阶段上，它就逐渐演化成为一种审美的关系。不论自然美的问题如何复杂，没有由劳动所创造出来的人同整个自然的关系，自然对人来说就不会有一点美。有人说，我们今天看到的、引起了美感的月亮，是在人类产生之前就已存在的那个月亮，可见月亮的美根本同人类无关，在人类产生之前已经存在，用什么"自然的人化"来解释自然美是说不通的。这种看法忽视了我们今天看到的月亮虽然在人类出现之前就已存在，但却是一个已经同人类生活发生了关系的月亮。离开月亮同人类生活的关系，月亮照样存在，但不会有美。而这种关系，最初就是由劳动所引起、所产生，以后又超越劳动而与人类多方面的生活发生了关系。实际上，自然美只能存在于人与自然的现实的关系之中，它不外就是自然对人的自由的感性现实的肯定。

第二，由于人满足生存需要的劳动同时又是一种创造性的自由的劳动，因而使得劳动在它的历史发展过程中最后必然要超出肉体生存需要的满足，使劳动、劳动的产品以及作为劳动对象的整个自然界不再仅仅是人借以维持肉体生存需要的手段或工具。这在人类历史的发展上是一个极其重要的问题，是"自然的人化"的又一方面的重要含义。它对美的本质的了解同样有着十分重要的意义。

关于这一点，马克思在《手稿》中也作了许多论述。马克思说："动物只是在直接的肉体需要的支配下生产，而人则甚至摆脱肉体的需要进行生产，并且只有在他摆脱了这种需要时才真正地进行生产。"[①] 如果人只以满足肉体生存需要为劳动的终极目的，那就与劳动是人的创造性的自由的活动这一本质特征不能相容，从而也就是对人的本质的否定，把人降低为动物性的存在。因此，马克思反复指出，这是劳动的异化的根本表现。他说："异化劳动把自我活动、自由活动（按：这正是人类劳动的本质特征）贬低为单纯的手段，从

---

① 《1844年经济学—哲学手稿》，人民出版社1979年版，第50页。

而把人类的生活变成维持人的肉体生存的手段。"① 人真正成为人，人自身的个性和力量的全面发展，只有在他的劳动生产力发展到超出自然存在的直接需要的满足之后才有可能。真正的审美的领域，也正是一个超出了自然存在的直接需要的满足的领域。只有在这个领域里，人自身的劳动、劳动产品以及作为人的劳动对象的自然，才会向人显示出它们是人的创造性的自由的活动的产物，人才会从中感受到美。例如，原始人制造的石斧，凝结着人类改造自然的智慧、才能和力量。它那刚好符合劳动目的的坚硬的质地、光滑的表面、锋利的刃口、合规律的平衡对称的形式之所以能引起我们一定程度的美感，就因为它感性物质地体现了远古人类改造自然的智慧、才能和力量，向我们显示了人支配自然的自由。但是，对于原始人来说，石斧还只是同他们生存需要的满足有着重大关系的一种对象，他们还不可能超出生存需要的满足去看石斧，因而石斧虽然已包含了劳动所创造的美，但对他们说来却并不是审美的对象。从我国历史上看，石斧之具有纯粹美的意义，大约是在汉代。但也并非把石斧直接拿来作为审美对象，而是在玉这种装饰品中仿制石斧的形象。汉玉中的"圭"，其形制完全和古代的石斧一样，显然是石斧的仿制。一般而言，实用向审美的转化，决定性的条件在于实用的东西已不再仅仅被看作满足肉体生存需要的手段，因而能够被人类当作自己创造的智慧、才能和力量的表现来加以观赏。由此更进一步，伴随着人类生活越来越超出直接生存需要的满足，人类从自然所取得的自由越来越大，于是美同劳动实用就逐渐分离开来了。对人自身的力量的自由运用和发展的追求成了独立于实用功利需要的东西，它本身自有价值，于是美与满足实用功利需要的对象就不再处处联系在一起了。然而这种看来是超功利的追求，在根本上又是为了人自身的创造的智慧、才能和力量的全面发展，而且这种获得了全面发展的人又会反过去作用于对自然的改造，使人的需要获得更好的满足。自康德美学问世以来，超功利始终被极

① 《1844 年经济学—哲学手稿》人民出版社 1979 年版，第 51 页。

大多数美学家视为同美不可分离的一个根本特性。其实，中国古代的庄子学派早已意识到这一点了。但历史上的一切美学家都还不能科学地说明美何以是超功利的，在怎样的意义上是超功利的。从马克思的观点来看，超功利的实质在于对自然的直接的生存需要的超出，它是人类把他的全部生活当作他的创造性的自由的活动来加以观赏的一个根本条件。马克思说："囿于粗陋的实际需要的感觉只具有有限的意义"①。但这当然不是说美的产生在其根源、基础上同满足实际需要的功利无关。相反，超功利是功利的满足的发展的产物，不能设想一个连最起码功利需要也无法满足的人能够超功利。在另一方面，超功利的审美并不否定人的功利需要的满足，而是要把这种满足提高到不同于动物的满足的高度，使之成为一种真正符合于人的尊严的满足，使需要的满足本身同时成为对人的自由的肯定，也就是使需要真正成为人的需要。

同以上所说马克思的"自然的人化"的思想的第二个方面的含义相联系，人们常常会提出这样一个问题：在私有制下被异化了的劳动，对劳动者来说成为维持肉体生存的手段，并且否定着劳动者自身的自由的劳动，能不能创造美？回答是肯定的。首先，那对劳动者自身来说是否定着他的自由的劳动，从对自然的改造上来说仍然是人创造性地支配自然的活动。创造的成果虽然是以劳动者自己的牺牲为代价，但它体现了人类改造自然的伟大力量，从而成为美的对象。如我国商周的青铜器，埃及的金字塔，就是古代高度异化了的奴隶劳动所创造的人类史上的奇观。其次，如马克思所指出，劳动者的异化了的劳动创造出了被不劳动的剥削者所占有的自由时间，从而使统治阶级中的少数人有可能专门进行美与艺术的创造。从这方面看，异化劳动也间接地创造着美。

第三，人类的劳动是人征服自然的创造性的自由的活动，但这种活动是由结成社会的人类整体所进行的活动，不是单个的、孤独的人

———————————

① 《1844年经济学—哲学手稿》，人民出版社1979年版，第79页。

的活动。这也就是说，人类只有结成社会，在相互合作的协同的活动中去改造自然，才能从自然取得自由。但是，在私有制社会中，在漫长的历史时代里，由个人结成的社会反过来成了个人所不能控制的、压制个人的力量，个人与社会陷入了对抗之中。这种对抗，在资本主义社会发展到了十分尖锐的程度。消灭这种对抗，亦即消灭"人的异化"，是马克思所说的"自然的人化"的第三个方面的含义，也是十分重要的含义。

关于这个问题，马克思不但在《手稿》中作了反复的说明，在《手稿》写成之前的《黑格尔法哲学批判》、《论犹太人问题》、《詹姆斯·穆勒〈政治经济学原理〉一书摘要》等著作中已经作了说明，在后期的一系列经济学著作中又作了进一步的阐明。所有这些说明，归结到一点，就是强调人的社会性，人是"社会的动物"。个人作为感性的自然存在物，只有在同他人的关系中，也就是在社会中才能成为人，才能取得真实的自由。可是，在资本主义社会下，个人与社会分裂了。社会不是对个人作为感性存在的肯定，不是对他作为个人所应有的自由的肯定，反而成了一种不可抗拒地否定着个人的力量。"每个人不是把别人看做自己自由的实现，而是看做自己自由的限制"①。"现代的市民社会是彻底实现了的个人主义原则，个人的生存是最终目的；活动、劳动、内容等等都不过是手段而已"②。对工人来说，劳动异化了，成了对工人的生命的自由的否定，成了一种单纯为了维持肉体生存而不得不进行的痛苦的活动。对于资本家来说，他的生存的最高目的就在保持和不断增殖他的资本，资本成了他的"人格"、生命；无情地击败其他资本家，尽可能最大限度从工人身上获取剩余价值，成了他的一切活动的最高原则。作为人，他自然也需要享受、审美，但这一切都必须从属于他的自私自利的资本的利益。而且"人的本质力量的实现，只是被看作放荡的愿望、古怪的

---

① 《马克思恩格斯全集》第1卷，人民出版社1956年版，第438页。
② 《马克思恩格斯全集》第1卷，人民出版社1956年版，第345～346页。

癖好和离奇的念头的实现"①。"一切肉体的和精神的感觉为这一切感觉的简单的异化即拥有感所代替"②。在这种情况下,人的活动和他的活动的对象,只具有一种意义,即满足利己主义的实际需要的意义。从它的上面,人看不到人自己的尊严和独立性,看不到他作为与动物不同的人的创造性的自由活动,从而也就看不到美。如果说他也看到了美的话,那也只是在暂时超脱了功利需要枷锁的美与艺术的欣赏和创造活动中。美与艺术的欣赏和创造处处显得是同实际需要的满足毫无关系的东西,是在被异化了的广大世界中惟一保持着独立自由的王国。这也就是西方现代资产阶级美学之所以反复大讲美的超功利性,大讲只有美和艺术才能使人生获得解脱和安慰的根本原因。怎样消除以上所说的这种情况呢?惟一的办法就是消除私有制,从而消除个人与社会的分裂和对抗,使个人与社会统一起来,使人成为真正的人,即在与他人的社会联系中实现自己的自由的人,使人与人的社会联系成为对个人自由的肯定。马克思说:"只要人是合乎人的本性的,因而他的感觉等等也是合乎人的本性的,那么其他人对某一对象的肯定,同时也是他自己本身的享受"③。个人的排他的利己主义消失了,对象对于人也不再仅仅具有满足利己主义的实际需要的意义了。"〔对物的〕需要和享受失去了自己的利己主义性质,而自然界失去了自己的赤裸裸的有用性,因为效用成了属人的效用。"④在这里,人真正实现了我们在前面所说过的对人的直接的肉体生存需要的超越,也就是在马克思所理解的意义上实现了"超功利",于是对象对于人就不仅仅是一个有用的东西,而成了审美观赏的对象。因为,那本来是为了满足人的需要而进行的活动,现在向人显示出了它的不同于动物活动的本质特征,即能动地支配外部世界的自由自觉的活动的特征。这种在科学的意义上理解的"超功利"的全面实现,既是

---

① ② 《1844 年经济学—哲学手稿》,人民出版社 1979 年版,第 95、77 页。

③ ④ 《1844 年经济学—哲学手稿》,人民出版社 1979 年版,第 103、78 页。

以劳动生产力的高度发展为前提的，又是以由生产力的高度发展而来的个人与社会的分裂和对抗的消灭为前提的。人不再是把自己和他人对立起来的利己主义的人，他现实地认识到他对自己的自由的肯定同时就是对他人的自由的肯定；反过来说，他人的自由的肯定，同时也就是他自己的自由的肯定。总之，他现实地确认了人本来是社会的动物，个人的自由、幸福只能存在于个人与他人的社会联系之中。而人的这种社会性，本来就是由那使人与动物区分开来的劳动的社会性所决定的。

上述个人与社会的统一的实现是一个漫长的历史过程，是人类创造自身历史的成果，经常要经历复杂而残酷的斗争。这种统一，当我们把它作为人类艰苦斗争的历史成果去加以感性的直观时，它就进入了审美的领域。在这个领域中，我们活生生地看到了个体作为感性自然的存在同他作为普遍的社会性的存在这两者的矛盾如何得到了统一，个体如何通过社会，在他的感性自然的存在中实现了人的自由。在美和艺术的领域中，人作为个体的感性自然存在方面取得了最为重要的地位，并且完全具体地表现出它是如何同人的普遍的社会性统一起来的，人的普遍的社会性如何落实到千差万别的个体的感性自然存在上面，并使人的自由得到感性具体的实现。马克思的"自然的人化"的思想的伟大和深刻之处，在于它看到个体的感性存在如果同社会处于分裂对抗之中，那么人就还没有在真正的意义上成为人，没有最终地完全摆脱动物的状态。不仅如此，马克思还看到了人作为个体感性存在与社会的完全统一，只有通过消灭私有制，建立共产主义社会才能实现。在这里，马克思的美学就同他的科学共产主义理论内在地联结起来了。

联系着科学共产主义来研究马克思的"自然的人化"的思想，研究马克思的美学，我认为是我们的美学研究的一个极为重要的方面。当前，作为我们社会主义精神文明建设的一个重要部分的审美教育，其核心我以为就是要从根本上树立马克思所说的"劳动创造了美"的观点，并且如马克思着重指出的那样，使"一切属人的感觉和特性"最后从私有制下"彻底解放"出来,不做自私的实际需要的奴隶,成为马克思所说的"具有人的本质的全部丰富性的人","具有深刻的感受力的丰富的全面的人"①。当然,做到这一点需要经历一个漫长而复杂的历史过程。其中,劳动生产力的高度发展,社会财富的充分涌流是根本的条件。

不论美的形态多么复杂,美作为"自然的人化"的产物,分析起来总包含着互相渗透在一起的两个方面:一方面是可以直观到的感性自然的形式,另一方面是处处透过这种感性自然形式所表现出来的人的自由。这种感性形式是一种合规律、合目的的形式。而所谓合目的在美学上已越出了满足肉体生存需要的实际目的,而且即使在这种目的的范围之内,也不只在目的的实现所带来的实际利益,而在从目的的实现中所表现出来的人的自由。这也就是康德美学所谓"合目的而无目的"的真正的含义。同时,"自由不在于幻想中摆脱自然规律而独立,而在于认识这些规律,从而能够有计划地使自然规律为一定的目的服务"②。因此,那体现了人的自由的感性自然形式又必然是合规律的。不仅那些直接经由劳动创造出来美的东西是这样,就是没有直接经由人的劳动在形态上加以改变的自然物的美也是这样。欣赏的经验告诉我们,许多美的自然物常常使我们感到是合规律而又合目的的,而且使我们赞叹它是最巧妙的人工也无法作成的。其所以如此,是由两个原因决定的:第一,由自然规律所决定的某些属性、形式,在人类征服支配自然的过程中,已成为体现着人的自由的属性、形式,对人产生了美的意义。第二,自然本身是一个合规律地运动着的整体,一定规律的发生作用必然产生一定的结果。而人在劳动实践中只能依靠掌握自然的这种规律性,利用它来达到人的目的。因此,被人在劳动实践中肯定为美的形式规律,也正是自然自身所具有的形式规律。当人类在自然中直观到与美的形式规律相似的形式规律时,就会感到也是美的,并且感到它好像是由某种神奇的力量创

___

① 《1844年经济学—哲学手稿》,人民出版社1979年版,第80页。
② 《马克思恩格斯选集》第3卷,人民出版社1972年版,第153页。

造出来的。这种对自然的神奇创造的赞美，是人类在实践中已经能够掌握利用自然规律去创造美的对象的产物，是在漫长的历史过程中产生形成的人与自然的和谐统一的表现。归根到底，人对自然的支配，是建立在对自然规律及其必然产生的结果这两者的联系的认识之上的，他在劳动实践中肯定为美的规律形式，只能是在自然中发生作用的规律形式。从马克思的《手稿》来看，也就是马克思所说的"物种的尺度"和人的"内在固有的尺度"两者的同一性、一致性的表现。人的"内在固有的尺度"的实现只能通过掌握利用"物种的尺度"来实现。这"物种的尺度"也就因为它同人的"内在固有的尺度"相联系，并感性现实地肯定着人的自由而成为美的了。

美的另一个方面是体现在感性物质的形式中的人的自由。这种自由是指劳动以及与之相关的人的其他的活动，不仅仅是用以维持人的肉体生存需要的手段，而且成为多方面地发展人的个性、才能和力量的手段。它的感性物质的形式作为人的创造性的自由的活动的表现具有了观赏的价值。这个自由的领域所在，即是美的领域所在。这样看来，"自然的人化"作为人的实践创造所取得的自由的感性现实的成果去观察，就叫做"美"。美既是人与自然、个体与社会、主观与客观的统一，同时又具有不以个别主体的好恶为转移的客观性。但这种客观性，是作为人类实践创造的成果来看的客观性，因而不同于与人类无关的自然属性的客观性。从哲学上看，它类似于经济学所研究的商品的使用价值和交换价值，是对人类而言才有意义的一种属于价值范畴的客观性。美学史上早就有人提出美是一种价值，我认为这种看法是对的，但必须从马克思的实践观点出发才能得到科学的说明。美是人类社会实践所创造出来的一种价值，这种价值永远与人类历史同在，并且归根到底是以人类历史的进步发展为其客观的尺度的。在我看来，美学上对美的本质的探索，其具体的方式方法虽然可以而且应该是多种多样的，但如果离开了马克思的实践观点，就会陷入唯心主义或机械唯物主义，而且后者的最后的归宿，也仍然只能是唯心主义。美既然是以实践为基础的"自然的人化"的产物，因此美的产生离不开自然，但又不是自然自身的产物，而是人类历史的产物。在这一点上，它同商品的价值不是自然自身的产物是类似的。马克思在批评那些企图从物的自然属性中去找寻商品价值根源的经济学家时说过：

> 经济学家们把人们的社会生产关系和受这些关系支配的物所获得的规定性看作物的自然属性，这种粗俗的唯物主义，是一种同样粗俗的唯心主义，甚至是一种拜物教，它把社会关系作为物的内在规定归之于物，从而使物神秘化①。

这段话，其基本的精神，我想也可以借用来评论那些看不到美是"自然的人化"的产物，单从自然属性中去找美的根源的美学家。

（原载《学术月刊》1983 年第 4 期）

---

① 《马克思恩格斯全集》第 46 卷（下册），人民出版社 1980 年版，第 202页。

美——从必然到自由的飞跃

美是在人类改造世界的实践基础上，从必然到自由的飞跃所取得的历史成果。从人类历史发展的观点来看，对美的本质的分析，我认为就是对人类如何从必然王国跃进到自由王国的分析。恩格斯说："最初的、从动物界分离出来的人，在一切本质方面是和动物本身一样不自由的；但是文化上的每一个进步，都是迈向自由的一步。"①恩格斯在这里所说的文化上的进步，无疑应当包含人类所特有的美的创造与欣赏在内。从下面的分析我们可以看出，美是人在他的生活实践创造中取得的自由的感性具体的表现。而人类审美与艺术活动的终极目的，就是要不断促进人类从必然王国向自由王国的飞跃。

一、马克思主义哲学对必然与自由的一般看法

必然与自由的关系问题，是哲学上一个有着多方面的重要意义的问题。在谈到这个问题时，我们必须首先把马克思主义哲学所说的自由同唯心主义哲学所说的自由严格地区分开来。

马克思主义哲学认为，真正的自由是人类对客观必然性的认识和实际的支配。这种自由的取得只能是人类改造世界的实践活动的产物。自由不是离开必然性而独立，而是在实践活动中对客观必然性的支配，也就是掌握和利用客观的必然性，使之为人的目的服务。历来的唯心主义哲学在这个问题上的一大错误，就是把必然与自由互不相

---

① 《马克思恩格斯选集》第3卷，人民出版社1972年版，第154页。

容地对立起来，幻想超越客观的必然性去取得自由。虽然历史上也有个别的唯心主义者，如黑格尔，认识到了必然与自由的辩证关系，但黑格尔还仅仅只在精神、意识的范围内来看问题。他所谓的自由还仅仅只是对必然性的认识，只是"自我意识"发展的一个环节，不是人在实践活动中改造了世界，实际地支配了必然性的结果。因此，黑格尔所说的自由还只是精神上的自由，不是现实的实际的自由。而且他所说的必然性，也不是马克思主义哲学所说的客观的物质世界的必然性，即客观事物所具有的规律性，而是"绝对精神"运动发展的必然性，是一种被黑格尔所神秘化了的必然性。

在人类全部哲学史上，只有马克思主义哲学才第一次科学地、简捷而明快地解决了必然与自由的关系问题。恩格斯指出："自由不在于幻想中摆脱自然规律而独立，而在于认识这些规律，从而能够有计划地使自然规律为一定的目的服务。这无论对外部自然界的规律，或对支配人本身的肉体存在和精神存在的规律来说，都是一样的。……因此，自由是在于根据对自然界的必然性的认识来支配我们自己和外部自然界；因此它必然是历史发展的产物。"① 对马克思主义哲学的这个基本观点，毛泽东同志曾作了进一步的深刻的阐明。他说："必然王国之变为自由王国，是必须经过认识与改造两个过程的。欧洲的旧哲学，已经懂得'自由是必然的认识'这个真理。马克思的贡献，不是否认这个真理，而是在承认这个真理之后补充了它的不足，加上了根据对必然的认识而'改造世界'这个真理。'自由是必然的认识'——这是旧哲学的命题。'自由是必然的认识和世界的改造'——这是马克思主义的命题。"②

马克思主义哲学是站立在人类对客观物质世界的实践改造的基础上来认识必然与自由的关系问题的，因此它始终把人的自由的实现看作是一个历史的过程，从来不脱离一定的历史条件去抽象地谈论人的自由。在马克思主义哲学看来，自由永远是历史具体的、有条件的，

---

① 《马克思恩格斯选集》第3卷，人民出版社1972年版，第153~154页。
② 《自由是必然的认识和世界的改造》，见1983年12月25日《人民日报》。

没有什么超历史的、无条件的自由。马克思主义哲学对必然与自由关系的认识，是同马克思主义的历史唯物主义不能分离的。这是在自由问题上，马克思主义哲学同一切追求所谓绝对自由的唯心主义哲学的又一个重大差别。

自由作为一个哲学范畴来看，不应当同一般所说的政治自由、贸易自由、恋爱自由等完全混为一谈。因为这一类的自由只是说人们在一定的条件下有作出自由选择或决定的权利，并不意味着这种自由就必定是人对客观必然性的认识和实际的支配。例如，资本主义社会下的政治自由，在不少情况下是一种虚假的形式上的自由，并不是人对客观必然性的认识和实际支配。这种自由经常使人成为不可预测的偶然性的奴隶。如马克思、恩格斯曾经深刻指出过的那样，"这种在一定条件下无阻碍地享用偶然性的权利，迄今一直称为个人自由"①。实际上，这恰恰是极大的不自由。因为在这种情况下，个人根本不可能认识和控制周围世界的必然性，必然性对于人来说成了一种盲目的、捉弄人的、不可知的力量。西方现代哲学中许多悲观主义的论调，都是由此而来的。

二、劳动与人的自由

以上，我们一般地概述了马克思主义哲学对必然与自由的关系的看法，这是我们由之出发的根本的理论前提。下面，我们分析一下人类是如何支配外在的必然性而取得自由的，以及这种自由如何对人表现成为美。我们的分析必须从劳动开始，因为正是劳动把人和动物从本质上区分开来，也正是劳动使人能够支配他周围世界的必然性，从周围世界取得自由。

劳动是人取得他的生存所必需的物质生活资料的活动，但它不是动物的那种本能地、无意识地适应自然的活动，而是有意识、有目的地改造自然的活动，因此是一种能够支配自然的必然性，从自然取得

---

① 《马克思恩格斯全集》第 3 卷，人民出版社 1960 年版，第 85 页。

自由的活动。恩格斯说:"动物仅仅利用外部自然界,单纯地以自己的存在来使自然界改变;而人则通过他所作出的改变来使自然界为自己的目的服务,来支配自然界。这便是人同其他动物的最后的本质的区别,而造成这一区别的还是劳动。"① 这就是说,由于人能够进行劳动,因此人能够支配自然界,从自然取得自由。由此可见,能否从自然取得自由,这是由劳动所决定的人与动物的本质区别所在。关于劳动是人的自由的活动,是人与动物的本质区别,这个观点马克思、恩格斯曾作过多次论述,这是马克思主义关于人的本质的一个极为重要的论断。有人认为,马克思主义的这个论断把自由说成是人所固有的本质,因而是一种"先验的假定"。这个看法是错误的。因为马克思主义说人和动物相比,他的本质在于自由,这是从对人的劳动的本质的分析所得出的结论,是一个客观存在的历史事实,根本不同于唯心主义哲学脱离事实先验地假定自由是人的本质。如果我们承认人与动物的本质区别在于人能够进行劳动,同时又承认人的劳动能够支配自然的必然性,从自然取得自由,那就必然要承认人和动物相比,其本质在于自由。这是承认历史的事实,丝毫不是什么"先验的假定"。所以,不要害怕承认自由是人的本质,不要以为承认这一点就陷入了先验唯心主义。如果这样想,看来好像很激进、很革命,其实是把马克思主义简单化了,也根本不可能真正战胜先验唯心主义。问题并不在于是否承认自由是人的本质,而在于从什么样的出发点和基础上来承认。马克思主义承认自由是人的本质,首先是以对必然与自由的关系的辩证唯物主义的解决为其理论前提的,也就是以肯定自由是对必然的认识和实际支配为前提的;其次是依据对人与动物的本质区别——劳动的分析而得出来的。日常的事实告诉我们,一个三岁小孩,他在自然面前的活动也要比动物的活动自由得多。古代的奴隶被奴隶主当作牛马来驱使,但奴隶改造自然的劳动仍然是一种自由自觉的活动,不同于牛马的那种本能的、无意识的活动。而且奴隶社会的全部文明,就是建立在奴隶改造、支配自然的劳动基础之上的。人类

---

① 《马克思恩格斯选集》第3卷,人民出版社1972年版,第517页。

劳动的本质决定了他在自然面前是不同于动物的自由的存在物。这个基本事实是不能否认的。如果否认这一点，认为人在自然面前是不能取得自由的，不自由是人所固有的本质，这看来好像同先验的唯心主义划清了界限，实际上完全违背了历史的事实，取消了人与动物的本质区别，在理论上和实践上都必然要得出一系列荒谬的，甚至是反动的结论。从马克思主义的观点看来，如果认为不自由是人的本质，那么说人类历史是一个不断从必然王国到自由王国的飞跃过程，就是毫无根据、不可思议的，人类争取自由的一切斗争也都是毫无意义的了。至于人的自由的本质同人的社会关系两者之间的联系，我们将在下面再加以论述。

由于人的劳动既是满足生存需要的活动，同时又是能够支配自然的必然性，从自然取得自由的活动，因此，人的劳动及其产品对于人就产生了双重的意义。一方面，它满足了人的某种生存需要；另一方面，作为人创造性地改造和支配自然的活动来看，即作为人的自由的活动来看，它又会在满足人的生存需要之外，引起一种和生存需要的满足不同的精神上的愉快。因为人要在劳动中达到自己的目的，使自然为人的目的服务，从自然取得自由，并不是一件简单容易的事。它要求人必须发挥出自己创造的智慧、才能和力量去克服种种困难。特别是在人类发展的早期阶段，情况更是如此。正因为这样，当人在劳动中达到了自己的目的，他就不仅满足了自己的某种物质需要，而且会因为看到自己终于战胜了自然而产生出一种欢乐感，一种和物质需要的满足所带来的生理愉快不同的精神愉快。在最初，这两种愉快自然是混而为一的，但它们之间已有质的区别。这种精神愉快就是从劳动中产生的最初的美感，它来源于人对自然的支配，产生于人对他在劳动的过程及其产品上所表现出来的自由的直观。而那体现了人支配自然的智慧、才能和力量，也就是体现了人的自由的劳动过程及其产品，就是人在他的语言中称之为"美"的东西。这一点，在我们今天的劳动产品中，也可以很清楚地看到。例如，长江大桥作为人民劳动的产品，一方面满足了人民的物质生活需要，另一方面又表现了人民改造社会和自然，使天堑变通途的伟大智慧和力量，因此它那飞架南北的雄姿就对我们具有了美的意义。人类的生活和人类所生活的周围世界之所以会对人发生美的意义，就其终极的最后的根源来看，是由于人类维持他的生存的活动既是一种满足物质需要的活动，同时又是一种能动地支配自然的自由的活动。如果人类维持他的生存的活动，是像动物那样一种本能的、无意识的活动，只能适应自然而不能支配自然，那么人类就不可能从他的生活和他所生活的周围世界中发现什么"美"。这个基本的，并不难了解的事实，对于认识美的本质有着十分重要的意义。

　　人类劳动的本质特征决定了人类满足物质生存需要的活动能够表现为人类支配自然的自由的活动，因而从单纯满足物质生存需要的劳动中产生了美。但是，正因为人类劳动是一种能够支配自然的自由的活动，人类改造自然的能力是无限的，所以人类对自由的追求决不会停留在物质生存需要满足的范围之内。它必然要超出这个范围，走上一条无尽漫长的以人类自身才能的多方面发展为目的的道路。这首先是由于生产力的提高，使人类在满足物质生存需要之外有了剩余的产品，从而使人类在从事满足物质生存需要的必要劳动时间之外，有了从事其他活动的自由时间，也就是有了使人的才能在社会生活的各个方面获得发展的时间。对于这一点，马克思、恩格斯都曾作过多次深刻的论述。他们指出，人类文化的发展，归根到底是取决于人类在进行维持肉体生存的必要劳动之外，有多少用于其他活动的时间。尽管在最初这种自由时间，经常是为不劳动的剥削阶级所独占的，但超出物质生存需要的满足去求得人类生活的多方面的发展，这仍然是人类历史的一个巨大进步。如果人类所追求的目的仅仅局限在物质生存需要的满足上，以这种满足为人类生存的终极的目的，那么不论这种满足是多么好，人类在实际上还没有脱出动物状态，没有达到人所应有的真正的自由。正因为这样，马克思认为，当人的活动还处在满足生存需要的范围内，那么人类就还处在必然王国之内。但这又不是说在这个范围内人还没有自由，而是说在这个范围内，人类的活动还是"由必需和外在目的"所"规定"的。也就是还没有摆脱维持肉体存在这一自然需要的束缚，进到"真正的自由王国"，即以人类能力的发展为目的本身的王国。与此同时,马克思又指出"这个自由王国只有建立在必然王国的基础上,才能繁荣起来",也就是只有在人类为满足肉体生存需要而进行的物质生产劳动的基础上才能发展起来①。由此我们可以看出,人类自由的发展,最初是在满足肉体生存需要的范围内,以后又以此为基础而超出了物质生存需要的满足。于是,人类所追求的"美"也随之越出了物质生产劳动的范围,扩大到了和物质生产劳动并无直接关系的社会生活的各个方面。这就是说,"美"作为人的自由的感性具体的表现,最初是同满足生存需要的物质生产劳动不可分地结合在一起的,以后却超越了物质生产劳动,不再直接同物质生产劳动结合在一起了。虽然在这时物质生产劳动的发展仍然最终决定着人的自由的发展,从而决定着"美"的发展,但这种"美"已经走入了一个无限广阔的世界,再不局限于物质生产劳动的范围了。这是美的发展史上的一个重大进步,尽管这个进步在剥削阶级统治的社会中又是以美和劳动的分裂为代价的。

这个超越了物质生产劳动的美的领域究竟是怎样的呢?要回答这个问题,我们就必须分别对人与人之间的社会关系和人与自然的关系两者同人的自由的实现的关系作出分析。

三、社会关系与人的自由

人类的劳动不是孤立的个人的行动。人只有结成一定的社会关系共同活动,才能改造自然,满足自己的生存需要,并从自然取得自由。马克思说:人在生产中不仅仅同自然界发生关系。他们如果不以一定的方式结合起来共同活动和互相交换其活动,便不能进行生产,"为了进行生产,人们相互之间便发生一定的联系和关系;只有在这些社会联系和社会关系的范围内,才会有他们对自然界的影响,才会有生产"②。马克思又说:"一切生产都是个人在一定社会形式中并

---

① 参看《马克思恩格斯全集》第 25 卷,人民出版社 1974 年版,第 927页。

② 《雇佣劳动与资本》,第 25 页。又见《马克思恩格斯选集》第 1 卷,人民出版社 1995 年版,第 344 页。

借这种社会形式而进行的对自然的占有。"① 因此，人的自由的实现离不开人类改造自然的物质生产劳动，同时也离不开人们在物质生产劳动中所结成的社会关系。正因为这样，马克思在《关于费尔巴哈的提纲》中指出："人的本质不是单个人所固有的抽象物，在其现实性上，它是一切社会关系的总和。"②

人们常常把马克思关于人的本质的这个十分重要的著名论断，和马克思认为人同动物相比，其本质在于自由这个论断互不相容地对立起来，并且认为只有前一论断才是马克思关于人的本质的科学定义。这种看法，我认为是错误的。马克思的这两个论断不是互不相容的，而是完全一致的。因为人较之于动物之所以是自由的，是由于人能进行物质生产劳动，而物质生产劳动又只有在一定的社会关系中才能进行，这样人的自由的本质就同社会关系不可分地联结起来了。马克思说人的本质在其现实性上是一切社会关系的总和，这是说我们不能脱离一定的社会关系去观察人的本质，并不是说任何社会关系都符合人所应有的、不同于动物的自由的本质。例如，资本主义社会关系的总和使工人成为靠出卖劳动力为生的被剥削者，我们能不能说这就是工人作为人所应当具有的本质呢？显然不能。实际上，资本主义社会关系的总和是对工人作为人所应当具有的自由的本质的否定，所以工人要起来推翻这种社会关系的总和，把它加以改造。正因为这样，马克思在指出人的本质在其现实性上是一切社会关系的总和之后，接着就指出费尔巴哈的错误在于他"没有对这种现实的本质进行批判"③，而只看到孤立的抽象的个人。这里所谓对现实的本质进行批判，就是要揭露那由社会关系的总和所决定的现实的人的本质同人在一定历史条件下所应当具有的、不同于动物的自由本质的矛盾，进而改造那否定着人的自由本质的社会关系。如果简单地认为任何一种社会关系的总和所决定的本质都是人所应当具有的本质，那就否定了用革命手段

---

① 《马克思恩格斯全集》第 46 卷（上册），人民出版社 1979 年版，第 24 页。

②③ 《马克思恩格斯选集》第 1 卷，人民出版社 1995 年版，第 56 页。

去改造社会关系的必要性，陷入了安然忍受一切的宿命论。这是和马克思主义根本不能相容的。

由此可见，马克思主义对于人的本质的认识是这样的：首先，它指出由于人能够进行物质生产劳动，支配客观的自然的必然性，因此人和动物相比，其本质在于自由；其次，它指出由于人只有结成一定的社会关系才能进行生产劳动，因此人的自由的本质的实现同社会关系不能分离。但现实的社会关系所决定的人的本质在剥削阶级统治的社会里常常是和人的自由的本质相矛盾的，因此必须批判这种社会关系，并通过革命去改造它。

马克思主义的上述根本观点说明人的自由永远是历史的具体的东西，它不可能超越现实的人所生活的一定的社会关系。在这里，马克思主义同资产阶级唯心主义的根本对立并不在是否承认自由是人的本质，而在是否从一定的社会关系出发去历史具体地考察人的自由本质，是否把人的自由本质的实现看作是为一定的社会关系所决定的东西。资产阶级唯心主义的根本错误在于它否认人的自由的实现不能脱离一定的社会关系，从抽象的孤立的个人出发去追求一种不受历史条件制约的所谓绝对的个人自由。这当然只能是一种幻想，并且起着维护资产阶级社会关系的作用。

从历史上看，人的自由永远只能在一定的社会关系中得到实现。马克思说："……人不是抽象的蛰居于世界之的存在物。人就是人的世界，就是国家，社会。"① 在原始的氏族社会，每一个成员的自由都离不开整个氏族的存在和发展。氏族的灭亡就意味着个人的灭亡。古代各氏族间的战争在我们现在看来是十分之野蛮和残酷的，但同时也表现了各个氏族成员以氏族的存在为自己的生命，为保卫氏族的存在而毫无畏惧地献身的精神。在氏族社会解体之后，出现了阶级和国家，这时个人的存在和发展同样离不开他所属的阶级和国家的存在和发展。而且随着分工的出现，生产力的发展，人的社会关系日益复杂化，并且日益脱离直接的物质生产而独立起来，个人的自由的实现更

----

① 《马克思恩格斯选集》第 1 卷，人民出版社 1995 年版，第 1 页。

是处处依赖于他所处的社会关系。维护这种社会关系，遵循和实行这种社会关系所提出的各种要求，具有了比保持个体的生存更加无比崇高的意义。反映在思想上，就出现了中国古代儒家对所谓"义"与"利"的区分，和在两者不可得兼的情况下"舍生而取义"的道德观念。这时个体对自身的自由的追求明显越出了生存需要的满足，而把维护那在他看来是惟一能使他的自由得到肯定的社会关系放到了最高的位置，并为此而不惜牺牲自己的生命。个体明确地意识到了他自身是社会性的存在，社会性是他自己的本质，他的真正的自由离不开他与别人的社会关系。这种对个体与社会的关系的明确意识，一方面被剥削阶级利用来加强它的统治，另一方面又无疑是人类发展史上一个重大的进步。与此同时，美作为人的自由的表现，开始同道德上的善密切地联系起来了。美不再只是人在他的物质生活需要的满足中所体验到的自由，而且是人在他的复杂的、多方面的社会关系中所体验到的自由。这自由不是表现在物质需要的满足中，而是表现在人与人的社会关系中，即表现在个人与社会的高度统一中。在这种统一中，个人把某种社会要求的实现看作是比他自身的生命更宝贵的东西。这种要求的实现，不是他不得不服从的东西，而是他完全自觉地用自己的全部生命去求其实现的东西，是对他作为人的自由的最高的肯定。个人与社会的这种高度的统一，当它感性具体地表现出来的时候，就会引起人们的赞美，不但是善的，而且是美的了。在古今中外一切为社会进步发展而献身的人物的生活和斗争中，我们都可以清楚地感受到这种美。就是在日常普通的生活中，一种合乎道德的行为，当它表现为个体发自内心的行动，不带有丝毫的勉强和个人私利上的考虑，那么对这种行动的感性具体的直观，就会引起我们一种不同于单纯的道德评价的美感。

美通过人的社会性，摆脱生存需要的束缚而与人的道德上的善相联系，这是我们认识美的本质的一个极为重要的方面。从这个方面看，美是人的社会性的完满实现。这种社会性是植根于人的劳动的社会性的，是由个人只有在社会中才能取得自由这一基本的事实所决定的。马克思说："人是最名副其实的政治动物，不仅是一种合群的动物，而且是只有在社会中才能独立的动物"①。他又说："只有在集体中，个人才能获得全面发展其才能的手段，也就是说，只有在集体中才可能有个人自由"②。因此，美作为人的自由的表现，同人的社会性分不开。不仅如此，美还是人的社会性的高度完满的表现，比一般所说的善，处在更高的位置。因为在美的境界中，个人充分自觉地和完全感性具体地意识到了自己作为个体的存在与社会的不可分的统一。

四、自然界与人的自由

人是从狭义的动物分化而来的，因此人本来是自然界的一部分，他的生活一刻也离不开自然。对于人与自然的统一性，费尔巴哈曾有深刻的认识。他说："印度人只是作为印度的太阳、印度的空气、印度的水、印度的动物和植物的产物，才是印度人，并且已经成为印度人"③。从人与自然的关系来看，只有当人类的生活同自然的规律相一致的情况下，才会有人的自由。但人类生活同自然规律的一致，不同于动物对自然规律的无意识的适应，它是人类在实践中认识自然规律，并按照自然规律有意识、有目的地改造了自然的结果。这也就是说，人类能动地改造和支配自然的实践活动（首先是物质生产活动），是人与自然的统一的基础，也是人从自然取得自由的基础。对于这一点，包括费尔巴哈在内的马克思主义以前的唯物主义者是始终无法认识的。他们在最好的情况下也只懂得人类的生活离不开自然界，不懂得人所生活的自然界是人在他的实践中改造了的，并不断在改造着的自然界，而不是在人类产生之前的那个未经人类改造的自然界。因此，在美学上他们也不懂得自然是通过人对它的实践改造才对

---

① 《马克思恩格斯全集》第 46 卷（上册），人民出版社 1979 年版，第 21 页。

② 《马克思恩格斯全集》第 3 卷，人民出版社 1960 年版，第 84 页。

③ 《费尔巴哈哲学著作选集》（上卷），商务印书馆 1962 年版，第 597 页。

人成为美的。他们把美设想为一种根本同人类实践无关的、亘古不变的自然属性，认为在人类产生之前美就已经存在，这是一种美学上的拜物教。实际上，所谓自然美是人类在漫长的实践中改造了自然的产物，是人的自由在人所改造和支配了的自然界中的表现。

人对自然的改造是一个极其复杂的多方面的过程，并且是随着生产力的发展而发展的。因此，不应当孤立地静止地去观察人对自然的改造，把人对自然的改造狭隘地理解为人对某一个自然物的形态的改变。实际上，大自然是一个整体，并且是作为一个整体同人类多方面的生活发生关系的。人对自然的改造，既包含对个别自然物形态的改变，也包含在不改变自然物形态的情况下，对自然物的属性和规律的广泛认识和利用。如果人对自然的改造仅仅局限在对个别自然物形态的直接改变上，那么他同自然所发生的关系就还是狭隘有限的，带有动物的性质。因为一切动物生活的特点，正在于动物只在一个狭隘有限的范围内，同和它生存有关的个别自然物发生关系。人类却不同，他是在一个极其广阔的范围内同整个自然发生关系。他对自然的改造决不仅仅限于改变个别自然物的形态，而是要占有和支配整个自然。从哲学上说，所谓人与自然的关系，决不是仅仅指人和个别自然物发生的关系，而是指人同整个自然界的关系。

对于人来说，自然首先是人类的生活资料和生产资料，是他的物质生产劳动的对象和手段。因此，自然物的属性、规律、形式等，首先是由于它同人类的劳动和生活需要发生了关系才开始对人产生了美的意义。这样一种自然物的美，是作为人类的劳动产品来看的美，也就是我们在第二节中所说的同人类的生存需要的满足相联系的美。那被人类所征服和支配了的自然物，由于它的被征服和支配是人类克服了巨大困难的创造性活动的结果，是人类能够战胜自然的智慧、才能和力量的见证，也就是人类能够从自然取得自由的见证，这才对人类产生了美的意义。例如，原始狩猎民族所猎获的动物的皮毛花纹色彩之所以产生了美的意义，就是由此而来的（见普列汉诺夫的有关论述）。所以，自然物的种种属性、规律、形式对人成为美的，其最初的根源是在人类改造自然的物质生产劳动。但这种作为劳动产品来看的自然物的美，还不是一般所说的自然美。美学上所谓的自然美，已不是作为劳动产品来看的自然物的美，而是越出了物质生产劳动的范围，同人类生活发生了多方面关系的自然界的美。这种美已经同满足生存需要的物质生产劳动无关，但从根本上看，它是在物质生产劳动的基础上发展起来的，并且是随着人类改造自然的物质生产力的发展而发展的。自然美产生和发展的历史和以物质生产劳动为基础的人与自然的关系的发展史不能分离。只有在物质生产劳动基础之上，具体地考察了人与自然的关系的发展史，我们才能透彻地了解自然美产生和发展的历史。

自然界越出满足人类生存需要的范围而对人成为单纯的审美对象，经历了漫长的历史过程。概括地说，自然界只有在它不再仅仅是满足人类生存需要的对象，而成为在生存需要的满足之外使人的自由获得实现的对象，这时它才能成为单纯的审美对象。而要做到这一点，又必须具备下述一些基本的条件。

第一，随着生产力的发展，劳动分工的不断扩大，人类需要的日益提高和多样化，人同自然的关系不再局限在某个狭隘的方面，整个自然界同人类生活发生了越来越广泛的关系，成为同人类多方面的社会生活发生了密切联系的对象，或者借用黑格尔的说法，成为人类能够安居的"家"。这时自然界才有可能成为单纯的审美对象。例如，在人类还只知道进行狩猎活动，而且人类的全部生活除狩猎之外几乎再没有其他内容的时候，这时自然界对于人来说就还只是或主要是进行狩猎的对象和场所，而自然界对人类所具有的美的意义也就只能限于和人类的狩猎活动相关的范围。但人类的劳动并不只停留在狩猎上，在狩猎之外人类又学会了农业、手工业、冶金、航海、商业等等，因此人类对自然的认识和支配也随之不断扩大。自然对于人来说，不再只是他所从事的某一种劳动的对象和场所，而成为他的日益多样化的劳动的对象和场所，从而日益成为他的生活所全面地占有的对象。在这个历史的发展过程中，自然对于人也相应地具有了越来越多方面的美的意义，并且随着人类社会生活领域的扩大而逐步地超出了物质生产劳动的范围。

第二，这种对物质生产劳动的超出，首先是同人类劳动的社会性的发展分不开的。我们已经说过，人类对自然的改造不是孤立的个人的活动，而是结成一定社会关系的人们共同进行的活动。人类劳动越是复杂，越是具有相互不能分离的社会性，人类对自然的改造就越是具有超出个人生存需要满足的社会意义，而和道德上的善相联系，因此自然的美也相应地和道德上的善相联系，不再只是同生存需要的满足相联系。这时所谓的自然美就是一种脱离了生存需要的满足，不是仅仅作为劳动的对象和产品来看的美了。例如，人类对他赖以生存的土地的占有和开发，不但是世世代代辛勤劳动，战胜了各种困难的结果，而且常常还要用生命去保卫。原始氏族之间所爆发的残酷的战争就已经说明了这一点。正因为这样，人类对自然的支配和占有，在生存需要的满足之外产生了一种社会的精神的意义，自然与人之间也产生了一种精神上、情感上的关系。我们一般所说的乡土感情、民族感情、爱国感情最能清楚地说明这一点。在这种感情中，家乡的一草一木对我们都具有极深厚的感情上的意义，成了同我们的生命和自由不可分离的无比珍贵的东西。自然界的一切，因为同支配和占有它的人的社会性的情感相联系而成了美的对象。这也就是说，自然成了社会性的人赖以实现他们的自由的对象，他们的全部生活和情感已经同他们在长期艰苦的斗争中所占有和开发的自然不可分地联结在一起了。这是自然对人成为美的一个极为重要的原因。

第三，随着物质生产的发展，人类在物质生活需要之外产生了精神生活需要。这种精神生活需要不同于物质生活需要，但它的满足同样离不开自然界。由于人的劳动的社会性的发展，使自然对人产生了精神上、情感上的意义，因此人不仅要使自然同人的物质生活需要相协调，而且还要使它同人的精神生活需要相协调。例如，人对他所居住的自然环境，不但要使它便于生活，只要有可能，还要使它同人的精神上的要求相协调。建筑中对自然环境的选择，中国园林艺术的创造，都明显地考虑到了精神的因素，要使外在的自然显示出人的内在的精神和理想，造成一种和人的心境、情调相一致的环境。人类的精神需要的产生及其实现和自然所发生的多方面的联系，使得自然在广大的范围内对人具有了美的意义，并且和单纯的物质需要的满足分离开来了。研究人类精神需要的满足同自然的关系，是研究自然美的一个重要方面。

第四，在人类对自然的漫长改造过程中，自然不仅对人发生了精神上、情感上的意义，而且整个自然界在人的眼里逐渐变为一个合规律而又合目的的对象，一个似乎是由某种神奇的力量所创造出来的"作品"。因此，自然界虽然并不是由任何有意识、有目的力量创造出来的，而人类却把它看成是一个有意识、有目的地产生出来的创造物，对大自然的和谐、壮观、神奇发出了不断的赞美。例如，中国古代的庄子早就发出了"雕琢万物而不为巧"的赞叹，似乎大自然是由一个伟大的艺术家所创造出来的作品。这种情况常常被解释为不过是人的联想的产物，以证明自然美是由人的主观意识创造出来的。而另一些自认为是唯物主义者的人们，则用这种现象来证明自然美是天生的，同人类改造自然的实践活动毫无关系。实际上，自然在人看来之所以显得是一个合规律而又合目的的对象，那样地巧妙而不可思议，仍然是人在实践上认识和支配了自然的结果。人类对自然的支配，不论在任何情况下都只能是对自然规律的掌握和运用，使自然规律发生作用的结果刚好与人的目的相一致。如恩格斯指出，"……我们必须时时记住：我们统治自然界，决不象征服者统治异民族一样，决不象站在自然界以外的人一样，——相反地，我们连同我们的肉、血和头脑都是属于自然界，存在于自然界的；我们对自然界的整个统治，是在于我们比其他一切动物强，能够认识和正确运用自然规律"①。由于人对自然界的统治只在于人能够正确认识和运用自然规律，使之为人的目的服务，因此，当自然规律为人所正确认识和运用之后，它对于人来说就从"自在的必然性转化成为我的必然性"，自然规律在人看来也就成了一种不是盲目的，而是合目的地发生作用的东西了。例如，当人认识了四季的变化规律同农作物生长的关系，并能够运用它去培植农作物以后，这时四季的变化规律对于人来说就具有了合目的性。人类对自然规律的正确认识和运用越是广泛、深入，

----

① 《马克思恩格斯选集》第3卷，人民出版社1972年版，第518页。

自然规律的作用越是同人的目的相一致，自然界对于人来说也就越是成为一个合规律而又合目的的存在物，由此就产生了对大自然神奇、巧妙的赞美。这种赞美是以人对自然规律和人的目的的协调一致的认识为前提的，是人能够在广大的范围内正确认识和运用自然规律的产物。俗语有所谓"巧夺天工"的说法，它说明"人工"是以"天工"为依据的，也就是以对自然规律的作用及其必然产生的结果的认识为依据的。人类认识到一定的自然规律发生作用必然会产生一定的结果，于是人类就能利用各种自然规律，使它发生作用的结果刚好是人的目的的实现。正是由于人能够"巧夺天工"，巧妙地使自然规律的作用和人的目的实现相一致，因此人才会感到自然物的生成是合规律而又合目的的，从而对"天工"发出了赞美。这种赞美，实质上是对人与自然的统一性的赞美，是对自然规律同人的目的的协调一致的赞美，它只能是人在改造自然的漫长实践中认识、利用和支配了自然规律的结果。假如人还不能正确地认识和运用自然规律，自然规律对于人来说还是一种不可知的、盲目地发生作用的力量，人类就决不会把自然看作是一种合规律而又合目的地产生出来的创造物，对大自然的神奇巧妙发出赞美，而只能把大自然当作一种可怕的神秘的力量来加以崇拜。古人在赞叹自然美时，有所谓"天开图画"的说法，实质上还是人开图画。因为只有当自然经过人的实践改造，成为人所认识和支配了的东西，并且同人的社会性的情感和精神生活发生了关系，人才能感受到自然中的景色是美的或不美的，有画意或没有画意的。人在自然中所发现的一切美，归根到底只能是人在漫长的实践中认识和支配了自然的产物。

以上我们从几个基本的方面分析了自然对人成为美的条件和原因。所有这些分析，归结到一点，就是经过人类长期的实践改造，自然同人类的物质生活和精神生活联为一体，成了人的自由的实现不可须臾离开的东西，也就是成了马克思所说的"人化"了的东西。所谓对自然美的欣赏，不外是人在他所认识和支配了自然界中直观他从自然所取得的自由。这一点非常明显地表现在人在欣赏自然美时总是把自然现象同人的生活相联系，把自然看作是具有人的情感和精神意义的东西。中国古代美学所谓的"情景交融",简明而深刻地揭示了自然美欣赏所具有的这种特征,说明作为审美对象来看的自然是体现了人的情感、精神、理想的自然。这种现象的发生本来是人在改造自然的漫长过程中同自然发生了多方面情感关系的结果,是自然成了人的内在的精神自由赖以实现的对象和环境的结果,但单个的人在欣赏自然美时是不会去想到这些的。他只限于直观和享受那由人类世世代代改造自然所取得的成果,而完全不去想一想他所欣赏的自然是怎样在人类历史发展的漫长过程中成为美的。因为这一过程对于单个的人来说早已过去了,消失了,看不到了。由于只看到结果而看不到结果由之产生的历史的过程,于是单个的人就认为自然的美是天生的,或是由主体的意识赋予自然的,根本同人类认识支配自然的历史过程毫无关系。孤立静止地、脱离人与自然的关系的历史发展去看自然美,这是在自然美问题上一切错误理论产生的一个重要原因。直到现在还有人这样提出问题:既然你们认为美的自然是"人化了的自然",那就请你们"化"一"化"给我看看。他把"自然的人化"看作是某一个人所表演的魔术,而不懂得它是人类全部历史漫长而复杂的发展过程的结果。这种形而上学、超历史看问题的方法,是永远也不可能达到对自然美的正确了解的。

五、美学意义上的自由的诸特征

通过以上的一系列分析,我们已经约略地可以看出,美作为人的自由的表现,是以马克思主义哲学对必然与自由的关系的解决为其理论前提的,但美学意义上的自由又不同于一般哲学意义上的自由。认识两者的联系与区别,对于认识美的本质是一个十分重要的问题。现在我们就来概略地考察一下美学意义上的自由的三个基本特征。

第一,美学意义上的自由已经越出了物质生活需要满足的范围。

哲学上所说的自由包括人类生活的一切领域。美学上所说的自由是以人类物质生活需要的满足为基础的,但又已经越出了物质生活需要满足的领域。这就是说,仅仅从物质生活需要的满足来看的自由,不属于美的领域，不能表现为美。例如，当一个人很饿而又没有东西可吃的时候，这时他受着自然生理需要的必然性的支配和压迫，陷入了不自由。当他吃饱了以后，他就解除了这种压迫，取得了自由。但这种自由在一般情况下只能带来一种由于生理需要的满足所引起的快感，不会产生美感，也不可能成为美的对象。只有当饮食超越了单纯填饱肚子的需求之后，才会有对"美味"的追求。再如，当一个人为了某种正义的事业而进行绝食斗争的时候，他虽然在生理上陷入了极大的不自由，但在精神上却是自由的，并且能够引起我们一种崇高的美感，成为美的对象。由此可见，美学意义上的自由具有超出物质生活需要满足的特征。就是许多既能满足人的物质生活需要，又具有美的价值的事物，它们的美也决不是仅仅来自需要的满足，而是来自这满足需要的事物的取得，显示了人改造世界，支配客观必然性的智慧和才能。如我们在前面已经提到的长江大桥的美就是这样。它的美同长江大桥满足了人民的物质生活需要分不开，但并非仅仅来自需要的满足，而是来自长江大桥的建成显示了人民改造世界的智慧和力量。一切满足人的物质生活需要的东西，如果仅仅满足需要，不能显示出人改造世界的智慧、才能、力量等，那就只具有实用的价值，不具有审美的价值。其所以如此，又是同下面我们就要讲到的审美意义上的自由的第二和第三特征密切相关的。

第二，美学意义上的自由是对客观必然性的一种创造性的掌握和支配。

任何自由都只能是对客观必然性的掌握和支配。但只有当人对客观必然性的掌握和支配表现为人的一种创造性的活动时，人对客观必然性的掌握和支配才能表现为美。如果人对客观必然性的掌握和支配还停留在按照客观必然性所规定的程序进行机械的操作和活动的水平上，见不出人的创造性，那么这种操作或活动虽然能使人控制客观的必然性，取得自由，但却不能成为美。这就是说，美学意义上的自由不是一般地说符合或遵循必然性而已，它已经表现为一种既符合于客观必然性，又不受客观必然性所束缚的创造性的活动。而且这里所说的创造性，是和不同的个人的个性相联系的东西，是个人所特有的独

91

创性的表现。这一点，在人对各种劳动技能的掌握上可以清楚地看到。例如，一个人如果没有掌握纺织这种劳动的技能，即这种劳动的规律性，那么他在纺织劳动中不会有自由。但同样是对纺织劳动技能的掌握，可以是机械的、不熟练的，或虽然熟练却缺乏创造性的，也可以是高度熟练而又富于创造性的。就对客观必然性的支配来说，应当说在这两种情况下人都取得了自由，但只有后一种情况下的自由才能引起我们美的感受。俗语有所谓"熟能生巧"的说法，人对劳动技能的掌握只有当它不但"熟"而且"巧"的时候，才会使我们觉得美。例如，庄子笔下所描写的"庖丁解牛"之所以是美的，就因为庖丁解牛的技能已达到了一种出神入化的境界，显示了人支配客观必然性的高度的创造性。如中国古代美学和德国古典美学已经指出的那样，美处处具有一种符合客观必然性但又不受客观必然性束缚的特点，它显得是合规律而无规律，无规律而合规律的。日常的审美经验告诉我们，一切引起我们美感的感性物质形式都普遍地具有这样一个特征：它既是合规律的，同时又不是机械呆板地合规律的，而是具有丰富多样的变化的。许多美学家把这称之为"多样统一"，并且认为事物的形式只有符合"多样统一"的要求才能成为美。其所以如此，就因为只有在既有统一性又有多样性的情况下，事物才显得既是符合规律的，又不受机械的规律所束缚，这样才能体现美学意义上的自由的要求。缺乏合规律性不能有美，因为在这种情况下不可能有自由。只有机械呆板的合规律性也不能有美，因为在这种情况下自由还没有表现为人对客观必然规律的创造性的支配。不论是对自然规律还是社会规律的支配，只有当它表现为人的创造性的活动，和个体所特有的独创性的发挥不可分地结合在一起的时候，才会成为美的。"创造"在美学上是一个需要深入研究的重要范畴。在没有"创造"存在的地方，在只有"规矩"而没有"巧"存在的地方，是不会有美的。

第三，美学意义上的自由是个人与社会的高度统一的实现。

我们在前面已经说过，人只有在一定的社会关系中才能取得自由，企图超越一定的社会关系去追求个人自由永远只能是唯心主义的幻想。由于人只能生活在一定的社会关系中，因此人的自由的实现同人的相互依存的社会性不能分离。如果我的自由的实现即是对他人的自由的否定，反过来说，他人的自由的实现即是对我个人自由的否定，那么我和他人就处在对抗之中，双方都不可能有真正的自由。只有当我和他人的社会关系既是对我的自由的肯定，同时也是对他人的自由的肯定（反过来说也是一样），我才能有真正的自由。正是在这个意义上，马克思指出："人的本质是人的真正的社会联系，所以人在积极实现自己本质的过程中创造、生产人的社会联系、社会本质，而社会本质不是一种同单个人相对立的抽象的一般的力量，而是每一个单个人的本质，是他自己的活动，他自己的生活，他自己的享受，他自己的财富。"① 只有在这样一种社会联系中，人的真正的自由才可能得到实现，社会关系才不会成为和人的自由相对立并否定着人的自由的力量。但是，这样一种自由的实现是一个极为漫长的历史过程。在存在着阶级对抗的社会中，人在他的相互依存的社会性中去实现自己的自由总是就一定的社会关系的范围而言的，并且只有在一种符合社会发展要求的社会关系中才是可能的。而且，只要阶级的对抗还存在，这种自由的实现就总是有局限性的、片面的、以对抗为条件的。尽管如此，凡是有自由存在的地方，总是人在一定社会关系的范围内，使自己和他人的自由都同时得到肯定的地方，也就是个人与社会达到了统一的地方（统一的方面、程度等等因历史条件的不同而不同）。这种统一要求个人必须履行他对别人和社会应尽的职责，而个人对这种职责的履行可以是被动的、勉强的、不得不然的，也可以是积极主动的，把社会要求的实现看作是自己的天职、使命，把他人的自由的实现看作是自己的自由的实现，充满着创造的精神和牺牲的精神。前一种情况虽然使个人不至于因为违背社会的要求而陷入不自由的状态，但还只是一般地符合于社会的要求而已，不能引起我们的美感。只有后一种情况才能引起我们的美感。因为在这种情况下，我们看到，人高度自觉地意识到他的真正的自由只能存在于他与别人相互依存的社会性中，并且不怕一切艰难困苦去求得这种真正自由的实

① 《马克思恩格斯全集》第42卷，人民出版社1979年版，第24页。

现，因此就会引起一种和我们肉体生存需要或个人私利的满足带来的愉快不同的精神愉快，即审美的愉快。例如，真诚的爱情和友谊在人们看来是美的，成为古今中外文艺作品不断歌颂的对象，就因为它是人的相互依存的社会性的完满表现。从中我们充分地感受到了人的真正的自由同我们与他人的社会关系不可分的联系，感受到在这种社会关系中，我们和他人的自由、幸福都同时得到了完全感性现实的、完满的肯定。再如，人的真正的自由的实现离不开人赖以生存的阶级、民族、国家，特别是在阶级、民族、国家的存亡与同我们与他人的存亡不可分地联系在一起的时候，这时我们更会强烈地感到人的相互依存的社会性，感到这种社会性是和我们的自由的实现一刻也不能分离的东西，从而对我们的阶级、民族、国家，对我们为维护它而进行的斗争，以及在这一斗争中我们与他人的生死与共的关系，产生出一种强烈的崇高的美感。这在古今描写剧烈的社会斗争，特别是描写正义的、革命的战争的作品中，可以最清楚地看到。所有这一切都说明了美是人在他的相互依存的社会性中获得了实现的自由，美学意义上的自由是个人与社会的高度统一的表现。在这里，个人完全感性具体地认识和体验到，他与别人相互依存的社会性的本质，即是他个人的真正自由的本质，两者不是互相对立和外在的东西。因此，社会要求的实现，对于个人来说不再是一种不得不勉强地服从的东西，一种不得不尽的职责、义务，而完全成了他的高度自由自觉的活动。

以上，我们分析了美学意义上自由的三个基本特征，其中最重要的又是上述的第三个特征。因为第一特征，即对于物质生活需要的超出，在根本上是为人的相互依存的社会性所决定的。第二特征，即人对客观必然性的支配表现为人的一种创造性的活动，虽然对了解美学意义上的自由有很重要的关系，但这种创造性的活动只有当它同第三特征相联系，即和人类生活的相互依存的社会性相联系，具有重要的社会内容的时候，才可能成为美的。例如，体育运动中的许多技巧都是人对必然性一种创造性的支配的表现，因而具有美的因素，但由于缺乏深刻的社会内容，因此还不是严格意义上的审美对象，不是艺术作品，不同于表现社会生活内容的舞蹈艺术。从广大的范围来看，和人的自由不可分离的人的相互依存的社会性是一切美所具有的内容，而人对客观必然性的创造性的支配，则是使这种内容获得实现的形式。日常的审美经验告诉我们，凡是我们称之为美的东西，总是表现出人的社会性情感的东西。在这种情感中，没有个人的私利打算，个人与社会达到了高度的统一。如我们上面提到的真诚的爱情、友谊，对阶级、民族、国家的爱等，就是这样的一种社会性的感情。这种感情，既直接地表现在人与人的社会关系中，也较为间接地表现在人与自然的关系中。不论具体情况如何，凡是有美存在的地方，就是有这种社会性的感情存在，并获得了感性具体实现的地方。离开了人的社会性，所谓人的自由，所谓美，是不可思议的。我们说美是人的自由的表现，也就是说美是个人与社会的高度统一的表现，是动物所没有的人的社会性的高度完满的表现。审美与艺术活动在人类生活中所具有的最为重要的意义，就是要使人从美的欣赏与创造中直接地感受和体验到个人的自由同他人的自由、个人的发展同社会的发展的不可分的联系，把个人的自由的实现同社会发展向个人所提出的要求的实现内在地统一起来。通过审美与艺术的活动，发展和丰富人的社会性的情感，使社会的发展向个人提出的要求对个人说来不是一种外在的、强制的要求，而成为个人的完全自由自觉的活动。总之，审美与艺术的最主要的作用，从根本上看，不外就是要促使人类把对客观必然性（包括自然的必然性和社会的必然性）的掌握变为人的一种高度自由的活动，不断推动人类历史从必然王国向自由王国飞跃。

六、共产主义社会的实现与美的发展

人类从必然向自由的飞跃经历了一个十分漫长而复杂的历史过程，因此美的发展也经历了一个漫长而复杂的历史过程。对于美的本质的考察不能脱离对人类历史发展的考察。

在原始氏族社会，虽然还没有阶级对立的存在，但由于生产力发展水平很低，人对自然的支配能力也很低，人与人之间的社会关系和氏族血缘关系直接地联系在一起，整个社会生活的内容是贫乏的，因此人从客观世界所取得的自由是很有限的，在人类生活中美也是很有限的。虽然原始艺术由于它强烈地表现了人类在野蛮时代同自然的搏斗，企图取得对自然支配的种种冲动、幻想和努力，因而至今对我们也仍然有着特殊的美的意义和价值，但它经常是同神秘的自然崇拜、巫术迷信结合在一起的。在这种原始艺术的美之中，人类对必然性还没有清楚确定的认识，还不能把必然性和人的自由内在地有机地结合起来。必然性对于人来说，是人类企图加以征服的东西，但又是一种神秘的不可知的东西。因此，我们可以说，原始艺术的美是在一种神秘幻想的形式下表现出来的必然与自由的统一。它特殊的美的价值不在必然性与自由的合乎理性的统一和结合，而在人既处在神秘的必然性的支配之下，但又企图摆脱它的支配那种原始的冲动和努力。

在人类脱离原始氏族社会进入文明社会之后，生产力有了巨大的发展，人类支配自然的能力空前提高。但与此同时又出现了阶级的对抗，产生了一个阶级对另一个阶级的剥削。如恩格斯所指出的："由于文明时代的基础是一个阶级对另一个阶级的剥削，所以它的全部发展都是在经常的矛盾中进行的。生产的每一进步，同时也就是被压迫阶级即大多数人的生活状况的一个退步。对一些人是好事的，对另一些人必然是坏事，一个阶级的任何新的解放，必然是对另一个阶级的新的压迫。"① 这一基本的事实注定了在剥削阶级社会中，人类自由的实现和发展，总是以绝大多数人的自由的牺牲为代价的。这是了解剥削阶级社会中的美的一个关键性问题。尽管在剥削阶级统治漫长的历史时代中，人类也在不断地向着自由前进，产生了许许多多美的艺术珍品，但人类自由的取得始终是充满着矛盾性、二重性的，美的取得也是充满着矛盾性、二重性的。

奴隶社会、封建社会和资本主义社会是剥削阶级统治社会的三大形态。但如马克思、恩格斯多次指出过的，其中前两个形态有一个不同于资本主义社会的共同特点，那就是它们的物质生产活动和全部社会生活都是以人身依赖为特征的。尽管在奴隶社会和封建社会，这种

---

① 《马克思恩格斯选集》第 4 卷，人民出版社 1972 年版，第 173 页。

人身依赖的程度和形式有所不同。因此，人的自由只有在这种依赖关系及与之直接相联的等级制所能容许的范围内才能得到实现。社会生产力也因为受到这种依赖关系的局限只能在狭窄的范围内得到发展，基本的劳动方式是简单协作和世代相传的小手工业。在这种情况下，虽然人类对客观必然性的认识和支配的能力较之于原始社会已大为提高，但这种支配经常要残酷地牺牲大量的人力，人被当作牛马来驱使。因此，这种对必然性的支配虽然已不是原始社会中那种在神秘荒诞的幻想形式下的支配，但却是一种在必然性对于人占据压倒优势的情况下所取得的支配，是人类用他大量的血和肉去和自然作殊死斗争的结果。所以，它产生出来的美，一方面显示了人类力量的崇高和伟大，另一方面又会使人产生一种压抑感，有时甚至显得恐怖和神秘。如中国奴隶制时代的某些青铜器，埃及的金字塔，欧洲中世纪的某些建筑就是这样。在社会生活的各个方面，由于和人身依赖关系直接相联的等级制是神圣不可侵犯的东西，个人只有在全力维护和绝对服从于它的情况下，才可望取得自由。因此，那种能够给人以自由的东西，对个人来说，是驾凌于他之上的一种具有无限威力的东西。这又使得在这一历史时期，人类所能取得的自由——美，鲜明地带有严肃、崇高、威严的性质。当然，在以人身依赖关系为基础的等级制发展到把人的最起码的自由也剥夺干净了的时候，人民就会起来推翻它，创造一种新的自由的生活，新的美。但只要社会的发展还未能越出封建社会的范围，以人身依赖为基础的等级制是消灭不了的。

除上述的以严肃、崇高、威严为其特征的美之外，在古希腊奴隶社会以及我国后期奴隶社会和封建社会中，我们还会看到一种必然与自由达到了高度协调的美。它以比例的匀称合度，形式的优美动人，情感的和悦宁静为特征，处处显得是人对客观必然性的一种轻松自如、得心应手的支配，完全不同于上述那种显示了人对客观必然性支配的沉重和艰苦，带有强烈崇高色彩的美。这就是欧洲18世纪至19世纪后期温克尔曼、黑格尔高度推崇的所谓古典的美。在把客观必然性同人的自由内在有机地、恰到好处地统一起来这一点上，这种美确实达到了很高的成就。但是，由于这种美是以生产力在狭隘范围内的发展为基础，以无数劳动者的牺牲为条件，专供少数统治者欣赏的，因此它在不少情况下脱离了现实的人类改造世界的艰巨斗争，缺乏重大深刻的、丰富的社会内容。就连对古希腊艺术的古典美赞不绝口的黑格尔也看到了"如果和东方人想象中的华美壮丽弘大相比，和埃及的建筑、东方诸国的宏富相比，希腊人的清妙作品（美丽的神、雕像、庙宇）以及他们的严肃作品（制度与事迹），可能都象是一些渺小的儿童游戏"①。马克思称赞古希腊艺术由于表现了人类儿童时代的天真而具有永恒的魅力，但同时他又指出企图回到那个儿童时代去是可笑的②。他还指出，人类在他的早期发展阶段，之所以显得比较全面，也就是比较和谐，是由于他们的生活是简单的，还没有造成自己丰富的关系。马克思认为，"留恋那种原始的丰富，是可笑的"③。在历史发生的次序上，前述具有强烈崇高色彩的美先于这里所说的古典的美。后者有比前者更优胜的地方，但也有不及前者的地方。

资本主义社会的产生打破了封建社会的人身依赖及与之相联的等级制度，第一次把个人的独立自由提到了最高的位置，如果说在封建社会下，人的自由的实现是同人身依赖关系的保持分不开的，或者说这种人身依赖关系本身即是人的自由在当时能够得以实现的条件，那么在资本主义社会下，人的自由的实现却是以打破人身依赖关系为条件的。这是历史的一个重大进步。因为它使人的自由发展，第一次摆脱了各种似乎是天然决定的、神圣不可侵犯的、统治与服从关系的束缚，获得了广泛的可能性。但是，在另一方面，这种自由发展又是建立在资本主义商品生产基础上的，人的劳动力本身也完全成了商品。所谓人的自由和独立，实际上是说每一个人作为商品的所有者是自由和独立的，至于每一个人所持有商品是否能卖出去，他在同别人所进行的商品交换中是发财还是破产，这完全取决于人所不能控制的商品生产的发展。人与人之间的关系变成了商品的买者与卖者的关系，从

---

① 《哲学史讲演录》第 1 卷，三联书店 1956 年版，第 161 页。

②③ 见《马克思恩格斯全集》第 46 卷（上册），人民出版社 1979 年版，第 49、109 页。

而变成了物与物之间的关系，变成金钱关系。每一个人都企图在商品交换中获取最大的利益，把对方作为实现自己的目的的手段，而不管这会给对方带来什么灾难。而且这样做被看做是每一个人的自由的权利，因为它不是基于什么等级的特权，也不是出于什么对他人的恶意，而是基于商品交换的原则。由此可见，在资本主义社会下的所谓个人自由，实质上使人成了不能为人所控制的商品生产的奴隶，人的自由的实现处处依赖于他们所生产的物——商品的交换。如马克思所深刻指出的那样，这种自由或独立性，是"以物的依赖性为基础的人的独立性"①。这就是资本主义社会下的自由的深刻矛盾所在。当资本主义社会还处于和封建等级特权作斗争，并推动着生产力飞跃发展的上升时期，这时它对封建等级特权的反抗挑战，对提高劳动生产力的狂热追求，具有肯定人的自由和人的力量的重大进步意义。它既打碎了对神圣不可侵犯的等级制的崇拜，也打碎了对自然的崇拜，因此它所追求的美也抛弃了上述奴隶社会、封建社会的美所特有的那种充满等级制的威严的崇高。资产阶级社会的美，自然也有它的崇高，但不是拜倒在神圣的等级制下的崇高，而恰恰是在蔑视神圣的等级制并和它作斗争中所表现出来的崇高。在对自然的征服上，也不再是那种单纯由无数的人力的使用和牺牲表现出来的崇高，而是借助于科学的力量大规模地支配自然所表现出来的崇高。如马克思、恩格斯在《共产党宣言》中指出，资产阶级"第一次证明了，人的活动能够取得什么样的成就。它创造了完全不同于埃及金字塔、罗马水道和哥特式教堂的奇迹"②。就是资产阶级"文艺复兴时期"所产生的那些极为优美的作品，也并不就是古希腊艺术的古典美的重现。因为不论它是如何理想化，它所描绘的仍然是世俗的活人，对现实的人生充满着热爱、追求和尽情享受的欢乐，没有古希腊艺术常见的那种似乎对外在事物无动于衷的所谓"静穆"的风味。和奴隶社会、封建社会的

---

① 《马克思恩格斯全集》第46卷（上册），人民出版社1979年版，第104页。

② 《马克思恩格斯选集》第1卷，人民出版社1972年版，第254页。

美相比，资本主义社会上升时期的美是人类冲破了等级特权的束缚和掌握了科学技术的巨大力量之后对客观必然性的支配的产物。因此，它表现为人类的一种合乎理性和科学的，辛勤的实践创造的产物。它可以是崇高的，但不带有或很少带有神秘色彩。它也可以是优美的，但不是缺乏内容的儿童游戏。对于人来说，必然性既不是凌驾于人之上的有无限威力的东西，也不是游戏似地就可以支配的东西。对必然性的支配是人在他每天的完全实际的活动中不断努力创造的结果，没有或极少有神秘幻想的意味，因此美也处处成为同人类日常的现实生活联系在一起的东西，囊括了看来是平凡的人类日常生活的各个领域。美的这种充分的人间化、现实化，甚至可以说是平凡化，恰恰是资本主义社会的产生在美的发展上所引起的具有重大意义的变化，是人类美的发展史上第二个重要转折（第一个转折是从原始社会到阶级社会）。但是，由于资本主义社会是建立在商品生产基础上的，人的自由实际上是个人作为商品所有者的自由，因此资本主义的商品生产越是向前发展，人也就越是受到表现为物与物的关系的商品交换的支配。商品价值的最一般的体现者——货币成了人所追求的最高目的，而人类生活的一切活动却成了只不过是达到这个目的的手段。因为我只能依靠货币去实现我的一切要求，有了货币我就有了一切，没有货币我就什么也没有。货币所代表的物的价值成了决定人的价值的东西，人与人之间的一切关系归根到底要用货币来衡量。我可以为你提供最热诚周到的服务，但在这种服务的后面我所考虑的却是能否得到相应的报酬。我为你提供这种服务，并非因为我对你有什么特殊的好感，而是因为我可以得到一笔可观的报酬。金钱成了决定人与人之间关系最重要的东西，于是人与人之间的关系不论在表面上看来是如何热情，在实质上却是冷酷无情的。为了追求金钱，每一个人都牺牲了自己个性的自由发展，把自己变为达到他人目的的手段。每一个人和另一个人的最本质的联系，仅仅在于为了取得货币而互相成为对方的目的和手段。在这种情况下，人一方面同他人处在普遍的社会联系之中，另一方面人又感到自己是孤独的。社会的财富随着资本的竞争和科学技术惊人的发展而飞速地增长着，但对于个人来说财富的增长并不是与个人的个性的全面发展相一致的东西，而恰恰是对立的东西。因为对于个人来说，财富的占有意味着货币的占有，而货币的占有意味着使自己成为达到他人的目的的手段。资产阶级的先驱们在反封建的斗争中曾经狂热鼓吹过的个性解放、个性自由，在资本主义社会的发展过程中一天天被货币的无孔不入的力量所奴役和粉碎。人类在支配自然方面取得了过去无法设想的成就，但在社会生活中却被一种无形的、巨大的、盲目的必然性所支配。于是，自 20 世纪以来，在西方资本主义世界中就产生了种种企图脱离社会去追求自由——美的思潮。极端个人主义、反理性主义、色情主义、宗教神秘主义等的表现被看作是自由的实现，看作是美。所谓"现代派"的艺术就是在这种历史条件下产生出来的，它异常鲜明强烈地表现了资本主义社会下个人与社会的深刻的分裂，表现了在资本的强大力量的压制下，个人的孤独、绝望、愤懑，痛苦的抽搐和疯狂的挣扎……从这一类五花八门的艺术里，我们活生生地看到了这样一种景象：个人处在那为他所不能控制的盲目的必然性的支配之下，被它痛苦地折磨着；他企图摆脱这种必然性的支配，但却又找不到出路，看不到前途，于是就陷入了各种荒诞神秘的幻想之中，直致把兽性的本能的发泄看作是一种解放。这同我们前面所说的原始人处在自然的必然性的压迫下，企图支配它而又无力支配的情况有类似之处。也正因为这样，现代派的艺术看起来好像回到了原始艺术，同时原始艺术也被一些现代派的艺术家给以高度的评价（自然是从资产阶级的美学观点所作出的评价）。作为资产阶级在它上升时期鼓吹的个人自由的没落和破产的表现，现代派艺术从反面向我们说明，只有在一个物质生产力的发展为人类所支配，并成为人类全面发展的手段的社会中，才会有现代意义上的真实的个人自由，也才会有建立在生产力的高度发展基础之上的、为过去任何时代所不可能设想的真正的美。这样一个社会，不是别的社会，就是马克思、恩格斯所科学地论证了的社会主义、共产主义社会。

共产主义社会和资本主义社会的根本区别之点，在于它消灭了资产阶级及其对生产资料的占有，把生产资料转归全社会所有。这一变革丝毫没有抛弃资本主义社会在生产力的发展上所取得的巨大成果，而只是使它成为联合起来社会的人所支配和占有的东西。这看来好像不过是生产资料的所有制的变化，但这种变化却引起了人类历史的划时代的伟大变化。如恩格斯所指出，这一变化消除了产品对生产者的统治，社会的盲目的必然性对人的统治，"人终于成为自己的社会结合的主人，从而也就成为自然界的主人，成为自己本身的主人——自由的人"①。这是人类"从必然王国进入自由王国的飞跃"②。这一变化必然要引起美的根本变化。这种变化，就其主要的方面来看，可以指出以下几点：

（1）由于劳动不再是为剥削者而进行的劳动，同时由于物质生产力的高度发展，劳动条件的极大改善，劳动本身将越来越直接地带有美的创造的性质，并成为人的生活的第一需要。马克思所说的"劳动创造了美"将成为生活中随处可见的现实，在一切剥削阶级统治的社会中所存在的美与劳动的分裂和对立将一去不复返。

（2）由于消灭了剥削阶级的统治，从而在根本上消灭了个人与社会的分裂与对抗，人类真正成了马克思所说的"社会化的人类"，不是在相互的分裂和对抗中，而是在相互的联合和合作中去实现自己的自由。社会的发展和个人自由的实现达到了完全的一致，因此美作为人的自由的实现同时就是人的社会的本质的完满实现，美与善达到了高度的统一。

（3）由于人类在生产力高度发展的基础上支配了自然和社会的必然性，而且这种支配越来越成为对客观规律的一种充分自觉能动的运用和控制，在广度和深度上都不断在发展着，因此美将表现为人类生活的发展和客观规律的高度协调一致。美的创造将同现代大工业的发展、科学发现的创造性运用越来越密切地结合起来，马克思所说的"把工业看成人的本质力量的公开的展示"将成为活生生的现实。这种借助于现代科学技术所实现的人的生活与客观规律的高度协调，是古代以农业和手工业为基础的协调所不能比拟的，它为人类的美的发展开辟了无限广阔的前景。自古以来，由于科学的发展是有限的、缓慢的，同时也由于这种发展总是局限于用来为少数统治阶级生产物质

---

① ② 《马克思恩格斯选集》第3卷，人民出版社1972年版，第443、441页。

财富,因此科学本来是人类借以认识和支配客观必然性的最有力的武器,但它同人类生活的美的创造却显得是互相分离或漠不相关的。共产主义社会既然使科学回到了人民手中,并把它极为广泛地运用于人民的日常生活,因此科学和美的创造将完全地结合起来。过去人类单纯依靠手的灵巧所创造出来的一切美的东西,虽然将保持着它们的历史的价值,但同人类借助于现代科学技术所创造出来的美相比,便会黯然失色。正如在避雷针的面前,希腊神话中掌管雷电的丘必特已失去了他的神圣的位置一样,在现代科学技术的面前,奴隶社会、封建社会中的手工业者的熟练又算得了什么呢?

(4)随着生产力的提高,必要劳动时间的缩短和自由时间的增多,美的创造和欣赏将成为人类社会生活的一个极为重要的内容,并直接成为全面发展人的个性的主要手段。在人类历史上,生产力的每一次发展所创造出来的自由时间是很有限的,并且都被少数统治阶级所独占了。只有在共产主义社会下,生产力的发展才能创造出日益增多的自由时间,并且使这种自由时间归全社会所占有。这是美与艺术的繁荣最重要的保证,是人类从必然王国向自由王国飞跃的根本条件。

我国已进入社会主义社会,这个社会是共产主义社会的初级阶段。因此,我国社会主义四化建设越是向前发展,社会主义制度越是完善,上述关于共产主义社会的美所具有的几个基本特征也将日益清楚地显示出来。当前,从审美教育的角度来看,我国社会主义的审美教育包含着多方面的内容,但我以为其中最重要的是这样两个方面:第一,树立马克思所说的"劳动创造了美"的观点。这是共产主义的审美观区别于过去一切剥削阶级的审美观的根本之点。美不是从天上掉下来的东西,也不是人脑主观自生的东西,它归根到底是由劳动创造出来的。我们今天社会主义社会中的美,当然更是这样。毛泽东同志指出:"社会主义制度的建立为我们开辟了一条达到理想境界的道路,而理想境界的实现还要靠我们的辛勤劳动。"[①] 这是千真万确

_____

① 《毛泽东著作选读》(甲种本,下册),人民出版社1986年版,第478页。

的真理。我们决不否认生活的享受，但如果脱离社会主义下的劳动创造去讲美，把美归结为不需要用劳动去创造的单纯的生活享受，那就有可能导致腐化堕落，把美混同于各种低级庸俗的官能享乐。社会主义的审美教育的第二个重要方面，就是要通过美的创造与欣赏使广大社会成员不但在理智上，而且在情感上，认识社会主义社会的发展同个人自由的发展的深刻的一致性，看到离开社会主义社会的发展就不可能有个人的真正自由的发展，从而把为社会主义、共产主义而奋斗变成个人情感深处的自觉信念和行动，而不是空洞的口号或出于外在强制的行为。要在社会主义的审美教育中达到上述两个重要的目的，从一般的美学理论来看，就要从理论上讲清楚美是人在改造世界的实践创造中支配客观必然，取得自由的表现。但是，当我们把美与人的自由相联系，常常会招来不少的误解。特别是在用"左"的褊狭的眼光来看问题的情况下，就会不加分析地认为这是提倡不要纪律，宣传资产阶级个人主义等。实际上，我们所说的自由是马克思主义所说的对客观必然性的支配，也就是毛泽东同志所说的对必然的认识和世界的改造，决不是资产阶级唯心主义者所说的那种否认必然性、不要必然性的"自由"，也不是那种只讲对必然性的认识，不讲对世界的改造的"自由"。也许有人会认为，为了使美学联系实际，直接为建设社会主义精神文明服务，何必去研究什么是美这种玄虚的问题，只要指出"为共产主义而奋斗就是美"，不就解决了问题吗？是的，这个说法并不错，但它不能成为美的定义，不能解释许多复杂的美的现象。而且，既然肯定这种说法是对的，那就必须回答：为什么为共产主义而奋斗就是美？我认为，这个问题只能从美是人在改造世界的实践创造中支配了必然，取得了自由的历史成果这个基本事实中去找到回答。共产主义社会之所以是人类历史上最美好的社会，就因为只有在这个社会中，人类才在真正的意义上实现了从必然王国向自由王国的飞跃。共产主义是自由的王国之所在，因此也是美的王国之所在。我认为，这是从对人类历史的科学分析中所告诉我们的真理。

从劳动到美
——学习札记

　　劳动与美的关系，我以为是马克思主义美学应当详加研究的一个极其重要的问题，完全可以而且非常需要有人写出大部头的著作来。这个问题的研究涉及对多方面的科学所提供的实证的材料，包括对考古学、人类学以及西方当代的哲学人类学和文化人类学所提供的大量材料的搜集、整理、加工、改造、利用。限于种种条件，我对这个问题有研究之志而无研究之力。但由于常常想到它，所以就随手写下了一些札记，不过多是偏于哲学思考的。现在把它整理一下印出来，也许可供对这个问题有兴趣的同志参考，说不定还可起点抛砖引玉的作用，促使我所期待着的，对这个问题更好更多的研究出现。

一

　　劳动一方面是人类满足物质生活需要的活动，另一方面又是人类有意识、有目的改造自然的活动，因而是一种创造性的自由的活动。这是人满足物质生活需要的劳动同动物满足物质生活需要的活动的根本不同之点。

　　关于劳动是人的自由的活动，马克思、恩格斯曾作过多次说明，应当集中起来加以仔细的研究。其中和这个问题有关的最为重要的著作是：马克思：《1844 年经济学—哲学手稿》的有关部分；马克思：《政治经济学批判》（1857～1858 年草稿）的有关部分；马克思：《资本论》法文版第一卷第七章论使用价值的生产的部分；恩格斯：《自然辩证法》的有关部分，特别是论到劳动同人类的产生发展、动物的生存同人类的生活的区别那些部分。在所有这些著作中，从哲学的角度上讲劳动是人的自由的活动，除《1844 年经济学—哲学手稿》之外，讲得最为明白详细的，是马克思在《政治经济学批判》（1857～1858 年草稿）中批判亚当·斯密不加分析地认为劳动是对人的自由的否定时所说的一段话①。此外，马克思在他的许多经济学著作中对人类劳动的条件、过程与本质的分析，也十分值得注意研究。

由于人类的劳动既是满足物质生活需要的活动，又是一种创造性的自由的活动，因此人类通过他的劳动，一方面获得了某种物质生活需要的满足，另一方面又会产生一种精神上的愉快，即一种由于见到人通过创造性的活动，克服了种种困难，从自然取得了自由而产生出来的愉快。这种精神上的愉快，显然不同于由物质生理需要的满足而产生的愉快，它就是人类最初的美感。而那被人类在他的语言中称之为"美"的东西，最初指的就是既很好地满足了他的物质需要，同时又引起了他的精神愉快的东西，也就是以感性物质的形态体现了他征服自然的创造的智慧、才能和力量的那些劳动的过程和成果。

尽管剥削阶级历来是轻视劳动的，但劳动同美的内在联系仍然在中外古代思想家的思想中或多或少留下了一些迹印。苏格拉底和柏拉图都有片断的言论涉及了美与生产劳动的关系，但最值得注意的是中国古代大思想家庄子关于"技"（包括各种生产技艺）与"道"的关系的论述，以及他用以说明这种关系的许多生动的寓言。庄子所说的"道"是一切美所从出的根源。和"道"相一致的境界是一种高度自由的境界，同时也就是一种美的境界。在庄子看来，"技"虽然不是"道"，但当它达到了出神入化的高度自由的境界时，它就进入了和"道"相一致的自由境界，同时它的表现也就有了美或能唤起美的感受。庄子的"庖丁解牛"的寓言最好地说明了这一点。在庄子的笔下，那已经"进乎道"的庖丁解牛的技艺的表演，"合于桑林

---

① 见《马克思恩格斯全集》第 46 卷（下册），人民出版社 1980 年版，第 112～113 页。

之舞,乃中经首之会",看去就像一场美妙的音乐舞蹈。庄子又描写庖丁在解完牛之后,"提刀而立,为之四顾,为之踌躇满志"。这其实就是庖丁在把他解牛的劳动当作他的自由的创造性的活动来欣赏。他在"踌躇满志"中的自豪感、欢乐感,实际就是由劳动而产生的美感。

和动物的活动相比,人类满足他的物质生活需要的劳动,是一种创造性的自由的活动,这应当是一个不难理解的客观事实。然而美发生的秘密,就包含在对这个不难理解的事实的深入理解之中。劳动之所以产生了美,就是由于人类的劳动既是满足人类物质生活需要的活动,又是一种创造性的自由的活动。如果不是这样,如果人类满足他的物质生活需要的劳动是像动物那样一种本能地、无意识地适应自然,处处为自然所支配的活动,那么人类的劳动以及建立在劳动之上的人类的全部生活,还会不会有人类称之为"美"的东西呢?

当然,劳动要成为人的创造性的自由活动,需要有种种在人类历史发展过程中才能取得的条件。在这些条件中,最重要的首先是生产力的发展,即人类征服支配自然的能力的发展,特别是生产工具的制造;其次是社会关系的发展。因为人对自然的征服支配,只能是结成一定社会关系的人们共同进行的活动。在剥削阶级统治的社会关系中,劳动对于劳动者自身来说常常是一种为了维持生存而不得不进行的活动,是一种负担、折磨、痛苦,不被当作是他自身的自由的活动来看待。但从劳动者对自然的改造上来看,他的劳动仍然是人类征服支配自然的自由活动。如果不是这样,剥削阶级就不需要占有劳动者的劳动。因为一种不能征服支配自然的劳动,决不会给剥削者带来任何他所需要的东西。

劳动成为创造性的自由活动不能脱离一定的历史条件去观察,但这并不会导致对劳动是人的创造性的自由的活动这一论断的否定。要否定这一论断,就只有否定人的劳动与动物的活动的区别。然而这种区别是否定不了的,企图否定这种区别是错误的,甚至是反动的。古代的奴隶虽然被奴隶主当作牛马来驱使,但在自然的面前,他们的活动仍然是人所特有的自由自觉的活动,不是牛马的毫无自由自觉的活动。如果他们的活动是牛马的毫无自由自觉的活动，他们就不能为骄奢淫逸的奴隶主提供各种精美的生活必需品，更不会创造出金字塔之类的世界奇迹。

二

既然人类生活中美的产生，在根本上是由于人类赖以满足他的生存需要的劳动同时也是一种自由的创造性的活动，那么美的诞生和发展显然同以下的一些问题分不开。

第一，人类劳动的发展怎样使人在一定的历史阶段上，开始意识到从他满足生存需要的劳动和产品上所表现出来的自由？

第二，这种自由如何随着劳动的发展而发展，在范围和表现形式上变得越来越广阔、多样？

第三，在这个发展过程中，人对他的自由的表现——美的追求最后如何同物质生活需要的满足相分离而获得了独立的意义和价值？

第四，在这之后，人类的自由——美又如何在根本上仍然为劳动的发展所制约？

看来，根据实证的材料去一一分析和解决这些问题，将使我们对美的诞生、发展及其本质获得一种由历史事实所验证的科学的认识，而不致仅仅停留在抽象的哲学分析上。

三

从人类最初的历史发展来看，人类从他满足物质生活需要的劳动中意识到了人的自由的表现，也就是意识到了美，可能经历了这样一些历史阶段：

第一，原始的自然崇拜。在自然崇拜中人类还感受不到他在自然面前的自由，因而也感受不到美。但是，这种崇拜使人强烈地意识到自然是在人的意识之外和不以人的意识为转移的强大力量，意识到了人与自然之间的巨大对抗，从而迫使人最后必须去考虑如何消除这种对抗，以维持自己的生存。而且自然崇拜还开始使自然物同人发生了一种情感上的、精神上的关系，使自然物对人具有了一种无比重大神圣的精神意义。这实际上是人只能依靠自然而生存，他的生存离不开自然这一事实在人类意识中的最初的表现；同时也是人类把他的生存同自然不可分地联系在一起，从而对自然产生了一种社会性的情感关系、精神关系的表现。它对后来人类审美意识的发生发展有着不可忽视的深远影响。

第二，巫术。巫术已开始摆脱对自然的单纯的崇拜，而企图借助于某种迷信狂想、魔法去战胜自然。它在我们今天看来是愚昧可笑的形态下，表现了原始人类试图征服自然的强烈愿望，因而已经萌发了人在自然面前是能够取得自由的意识。正因为这样，巫术已开始包含了审美的因素，它经常同舞蹈、音乐以至绘画、雕塑结合在一起，成为美与艺术从劳动中产生出来的一个重要的中间环节。

第三，神话。神话已脱去了巫术的那种迷信狂想和企图用魔法去战胜自然的特征，而是在想象中去同化和征服自然物，其中已经明显地表现了人对自身在自然面前的自由的肯定和歌颂。神话是人类脱出巫术迷信之后，在他的想象中去直观和赞颂人的自由的表现，也是人类第一次用审美的态度去看他的生活和周围世界的表现。正因为这样，神话成为各民族在进入文明社会初期后借以进行艺术创造的土壤。

从自然崇拜到巫术，再到神话，大约是研究人类社会初期审美意识的萌发生长必须逐一地加以实证考察分析的三个阶段。从历史的辩证的发展来看，我们可以这样说：扬弃了的自然崇拜是巫术，扬弃了的巫术是神话，扬弃了的神话是艺术。而这种扬弃的过程，决定于劳动生产力的发展，决定于人通过劳动在多大程度上从自然取得了自由。劳动始终是最后的动力、基础、源泉。

四

人类劳动所特有的自由创造的性质是和满足人的物质生活需要不

109

能分离的，因此美一开始就同满足物质生活需要的劳动和劳动的产品不能分离。但是，人类并不是一开始就能从他的劳动和劳动产品上看到人的自由的表现，看到美。相反，开始他仅仅是从需要的观点去看他的劳动和劳动产品，完全不把它看做是美的对象。人类怎样从需要的观点转到用审美的观点去看他的劳动和劳动的产品呢？这至少需要有两个条件。

第一，由于劳动生产力的发展，人类创造出来的产品除了维持生存需要之外有了剩余。与此同时，在生产维持生存需要的产品的必要劳动时间之外有了可以用于其他活动的自由时间（其多少与剩余产品的多少成正比）。这时，即令是在需要的满足上，人也有了在好坏不同的各种产品中进行选择的余地，喜爱那些能最好地满足需要的产品。这种从需要的观点出发对产品的好坏评价，已经包含了美与不美的评价。因为在人类社会初期，能最好地满足需要的产品，也就是那些很不容易生产的，最能体现人的创造的智慧和才能的产品。在这种情况下，对需要的满足来说是最好的东西，同时也就是美的东西，"好"和"美"是一回事。但是，在同样都能满足人的需要的产品中区分好坏，这本身就已表明人类已开始意识到产品的好坏，从而需要的满足的好坏是同生产产品的人的创造的智慧和才能相联系的。对"好"的产品的赞美，其实也就是对创造这种产品的人的智慧和才能的赞美。由此更进一步，随着人类征服自然的能力的提高和剩余产品的不断增多，以及由此而来的自由时间的增多，人类最后就把从需要的观点去看产品和从人的创造的智慧和才能的观点去看产品区分开来了，也就是把"好"和"美"区分开了。他不仅要求产品要尽可能好地满足人的需要，而且要尽可能"美"一些，考究一些。也就是要在需要的满足之外，尽可能显示出人的创造的智慧和才能，给人以精神的愉快，不只是合乎需要而已。这种对需要观点的超出，发展到一定程度，就出现了用于享乐、装饰的奢侈品的生产，即审美价值超过了满足物质需要的使用价值的产品的生产。尽管在开始的时候，仅仅只是为少数人生产，但随着人类物质生产力的发展，奢侈品又会转化为多数人都希望得到而且可以得到的必需品。另一方面，同剩余产品与自由时间的出现相适应，最初要通过极为艰苦的劳动才能满足的需要，现在可以通过比过去容易很多，并且能充分保证需要的满足的劳动去取得，于是原先那种为谋生所必需的艰苦劳动就会转变为一种游戏性质的活动，即一种单纯显示人的创造的智慧和才能而从中获得快乐和享受的活动。例如，像恩格斯所指出的那样，在人类学会了大量饲养繁殖畜群，较之于单靠狩猎为生的时期，很容易地就能取得充裕的乳肉食物之后，这时打猎就变成一种消遣、游戏了。如果这种从谋生所必需的劳动演变而来的游戏，不只是单纯的消遣，而且具有了重要的社会意义，那它就会发展为艺术。资产阶级美学的艺术起源于游戏说有其合理、深刻之处，只是它不懂得劳动先于游戏，劳动之所以能变为游戏是由劳动生产力的发展所决定的，并且是由于人类原先借以谋生的劳动同时也是人类的创造性的自由的活动。

第二，对自然规律和人类支配自然的能力的认识的提高。人类最初在某些方面支配了自然，并且有了重大的发明创造（如火的发现和利用，石斧、石刀和其他劳动工具的制造），但在当时和以后一个长时期内还不懂得人究竟是如何支配了某些自然物的，这些自然物何以会具有合乎人的需要和目的的重大作用。于是，人对自然的这种支配的表现，本来在其中已经包含了美，但人却把它当作一种既和人类生存攸关，但又很难理解的现象来加以崇拜。如恩格斯所指出，人类在使用青铜和铁器很久之后，对石刀还保持着一种崇拜的感情。例如，宰杀祭祀用的一切牲畜还是用石刀，犹太传说中约书亚曾下令生在野地里的男孩要用石刀行割礼，克尔特人和日耳曼人杀人祭神时也只用石刀（中国历史上我估计也会有与此类似的现象，尚待研究）。但是，当人类随着生产力的发展而提高了对自然规律和人支配自然的能力的认识之后，上述这种崇拜就会逐步归于消失，人对自然的种种支配的表现也就会显现为人改造支配自然的创造性活动所取得的历史成果，而成为美的欣赏的对象。与此同时，这种支配原先同维持人类生存的那种重大的关系，也消失在远古的历史背景之中，这时美看起来就好像是同实用功利毫无关系的东西了。如中国汉代用做装饰的玉之中的"圭",其形状完全是石斧的摹仿,原来是劳动工具的形状转化成了美的形象。

上述两个方面,归结到一点,我想可以肯定,只有当人类超出单纯满足需要的观点去看他的劳动和劳动产品的时候,他才能看到那包含在需要满足中的人的劳动的自由的表现,从而也才能看到"美"。而这种超出本身又是人类的劳动生产力和他的需要的满足不断发展的结果。

五

当人类从满足他的需要的劳动和劳动产品中看到了人的劳动是人的自由的表现的时候,他就看到了"美",但这时人类所说的美还仅仅限于满足需要的劳动的范围,直接间接地都同满足需要的物质生产劳动不可分。在这种情况下,还不能说人已经感受到了和物质生活需要的满足完全区分开来了的美。一个为了满足人的物质生活需要而生产出来的产品,不论它美到何种程度,仍然是为了满足物质生活需要而创造出来的。在这里,美虽然已经不同于单纯的物质生活需要的满足,但又仍然是和满足物质生活需要东西结合在一起的。这样,就还没有严格意义上的美,即完全超越物质生活需要满足的美。

人类所说的美是怎样最终脱出它由之产生的物质生活需要满足的领域,进入超越物质生活需要满足的广大领域呢?我想,至少下述三个方面是应当认真加以研究的。

第一,正如生产工具比它所生产的东西更重要、更宝贵一样,人类在他的发展过程中也一定会认识到,他的创造的智慧、才能和力量的发展提高比他一时的需要的满足更重要、更宝贵。由此,那和人类需要满足不可分的人的创造的智慧、才能和力量的发展就具有了自身独立的意义和价值,不再只有当它直接带来需要的满足时才有价值。原始的狩猎舞蹈已经开始表现了这一点。这种狩猎舞蹈显然不能使原始人猎获到野兽,但它却具有训练、培养、发展原始人的狩猎的本领和才能和激发劳动热情的作用。但是，当人类对他自身的创造才能的发展的重视还是直接以提高劳动生产的本领为目的的时候，这时美的追求还仍然局限在物质生活需要满足的范围之内。不过，较之于只看到需要的直接满足，看不到人的创造的才能的发展本身所具有的重要意义，这是一个重大的进展，是美越出物质生产需要领域的前提或起点。

第二，在从上述前提或起点进一步发展的过程中，直接与人的劳动相联的人的社会性的发展起着巨大的决定性的作用。人类的劳动不是单个的孤立的人所进行的活动，而是结成一定社会关系的许多人共同进行的活动。马克思、恩格斯多次指出，人是社会的动物，人如果不结成社会共同活动，就不能战胜自然。此外，由于人类的需要是多种多样的，每一个人都不可能单独生产出他所需要的各种东西，这就决定了人类的生产必然是社会性的。在一定的社会分工下，每一个人都是在相互为对方而进行生产，也就是马克思所说的"相互交换其活动"。每一个人只有在为他人、社会的需要而生产的情况下，才能满足他自己的需要。这就是由马克思深刻指出的，人的社会的本质的现实根源所在。动物界则不同，由于每一种动物的需要都是单一的，并且都能自行满足其需要，因此在动物界就不会有一些动物为另一些动物生产的事。蜜蜂看来是共同进行生产的，但它们都生产同一种东西，并且仅仅是蜜蜂的生存所需要的东西，大象、老虎等动物的生存并不需要它。正因为个人物质生活需要的满足不能离开他生存于其中的社会，而只能在社会中，在同他人的社会关系中求得满足，因此个人为了满足他的需要，不仅必须和其他人一起结成一定的社会关系去向自然作斗争，进行生产，而且还要和其他人一起去维护他所赖以生存的社会，参与各种社会斗争，推动社会的进步发展。这一点，在原始人的部落战争中已可以非常明显地看到。这种战争，在我们现在看来是非常之残酷野蛮的，但它恰好说明了原始人强烈地意识到他个人的存在同他的部落的存在是不能分离的。为了维护他的部落的存在，使之不受其他部落的侵犯，他可以为之献出自己的一切，死亡对他说来决不是什么可怕的事（这种精神，在屈原的《国殇》一诗中

113

还多少可以看到）。上述人的社会性的发展，使得人对他的自由——美的追求迈出了极为重要的一步，越出了物质生活需要满足的领域。自由——美不再仅仅同物质生活需要相联系，而且同广大的社会斗争相联系，同人与人之间的社会关系相联系。个体生存需要的满足如果同人追求实现的社会理想相矛盾，同他的社会的本质相矛盾，他就会抛弃这种需要的满足（哪怕是一种最好的满足），为维护他的社会理想而斗争，直至牺牲他个人的生命也在所不惜。如果说在最初人类是把需要的满足的好坏同美相联系，"好"即是"美"，那么现在则发展到把他的社会性的本质的实现，即把伦理道德的"善"的实现同美相联系。"好"不一定就"美"，只有符合于"善"的东西才能是"美"。"美"与"善"常常被看作是同一的。在人的劳动的社会性发展的基础之上，"善"的观念的发展强有力地把人类对"美"的追求推出了单纯物质生活需要满足的领域，并赋予了那原先主要是表现在物质生活需要满足中的自由（"美"）以重大深刻的社会意义，从而使美感从原先与之混淆在一起的动物生理快感中明确地区分开来了。这一点，在原始人庆祝生产丰收，特别是战争胜利的舞蹈中已经可以看出来。他们在这一类舞蹈中所体验到的"美"已不再是仅仅同物质生活需要的满足相联系的东西，开始越出物质生活需要的满足而具有了明显的重大的社会意义。这是人从他的超越肉体生存需要满足的社会性本质的实现中所体验到的美，它具有团结、凝聚、协调人群的重大社会作用。资产阶级美学常讲的审美的无私性，其最终的根源在人的社会性。

第三，当"美"与"善"相联系而越出物质生活需要满足的领域之后，一方面，由于美具有了陶冶、塑造人的社会性，使个人与社会相协调的重大社会作用；另一方面，由于个体在人类历史的发展中意识到他个人的一切需要的满足只有当它和"善"相一致，也就是和人的社会性的存在相一致的时候才具有真正的意义和价值，才是人的自由的真正实现，也才是真正的美；这样，对于美的追求，美的创造与欣赏就逐步地发展为人类社会精神生活需要的一个方面，不但独立于物质生活需要的满足，而且还同单纯的善区分开来了。单纯的善是对人的社会性的行为的规范，而美则是感性的个体从善的实现中所获得的自由，是人的社会性的存在同他的感性个性的存在两者的完满统一。在最初，"善"与"美"是混在一起的，而当个体感到他从"善"的实现中获得了自由，把"善"的实现当作他的自由的创造性的活动来看待的时候，"美"就从"善"之中分化了出来。换句话说，个体对社会所提出的道德行为规范的遵守，这是"善"；个体不仅遵守这些道德行为规范，而且把实现这些规范看作是他同个人以及整个社会的自由发展不可分离的东西，并不顾一切地去求其实现，这就是美。如果说在物质生活需要满足的领域中，美是人的自由在满足他的需要的劳动和劳动产品中的对象化，那么在越出了物质生活需要满足的领域中，美是人的自由在他与别人的社会关系中，在他作为人的社会性（表现在伦理道德上就是"善"）中的对象化。

第四，美在其发展中成了社会精神生活需要的一个独立的方面，这一点又是同人类历史发展中体力劳动与脑力劳动分工的出现分不开的。这种分工有力地促使美的创造与欣赏成为社会精神生产的一个独立的部门，推动了美的发展。但在另一方面，它又剥夺了广大劳动人民专门从事美的创造与欣赏的可能性，使之成为剥削阶级中少数人所独占的东西。这是历史进步不可避免的矛盾性的表现。

如果我们从总体上来回溯一下美从物质生产劳动的领域到超越物质生产劳动的领域的发展，那么它大致上经历了这样两大阶段：第一阶段是从"美"与"好"的合一到"美"与"好"的区分，这还是处在物质生产劳动的领域之中。第二阶段是从"美"与"善"的合一到"美"与"善"的区分，这已经越出了物质生产劳动的领域。如果把这过程更简单地表示出来，那就是：好→美→善→美。其中后一个美已经越出物质生活需要满足的领域，成为社会精神生活需要的一个独立方面了。

六

同美越出物质生活需要的领域相适应，人类创造美的活动也发生了变化。这种变化，表现为依次出现的人的自由的物化或对象化的几种不同的形态。

第一形态：人的自由在人的劳动和劳动产品上的物化。它包含一切和人类物质生活需要的满足相联系的美。

第二形态：人的自由在人的社会关系中的物化。它包含一切超出物质生活需要满足的社会生活中的美。

第三形态：以上述两种形态为基础，并由之产生出来的人的自由在不是作为劳动对象而是作观赏对象的整个自然界中的物化。它包含一切所谓的"自然美"。

上述三种形态都是人类改造自然和社会的实践活动中所发生的人的自由的物化。但是，在第一种形态的物化发生之后，就已开始产生同上述物化不同的另一种形态的物化，这就是人从现实生活中所感受到的自由的再物化。这是一种意识形态性的物化，即艺术作品的创造。它不以对自然或社会的实际的直接的改造为目的（虽然它最终不能离开这个目的），而是直接以美（广义上的美）的创造为目的。但上述三种形态的物化是这种形态的物化的前提和基础，因为这种物化的内容、形式、手段、材料都是由前三种形态的物化所提供的。而在前三种形态的物化中，第一种形态的物化又是其他两种形态的物化的前提和基础。其他两种形态的物化是由第一种形态的物化发展而来的，没有第一种形态的物化就决不会有其他两种形态的物化。

七

从劳动到美的发展，实际上就是在人类满足物质生活需要的劳动中所包含着的人的自由的发展，是这种自由从物质需要的满足中分离出来，并不断超越需要的满足而获得独立发展的过程。但是，这种超越恰好又是以人类物质生活需要的满足及其充分的发展为条件的，因而在根本上是决定于人类劳动生产力的发展的。

人类生活的领域，基本上可以分为两大领域：一个是满足物质生活需要的领域，另一个是超出了物质生活需要满足，以人类能力的发展作为目的本身的领域。如马克思在《资本论》第3卷中所指出，前一领域是"必然王国"，后一领域是"自由王国"。而所谓"必然王国"的领域并非说人类在这一领域中没有自由可言。相反，在这一领域中人同样是有自由的，这种自由就是马克思所说的社会的人联合起来合理地调节他们和自然之间的物质变换，控制和支配自然界盲目的必然性。这种自由，作为人的创造性活动的表现，就是人类在物质生产劳动领域中所感受到的美。但是，人类在这个领域所进行的活动，终究是由维持和再生产人类自然肉体生命的必要性和由此而来的外在目的所规定的，还没有超出自然需要的束缚，因此在马克思看来它仍然是一个必然的王国。实际上，人类如果以维持和再生产他的自然肉体生命为他的一切活动的最终目的，那么人类的生活和动物的生活就还没有在根本上区分开来。但是，由于人类满足生存需要的劳动同时就是人能动地支配自然的自由的活动，这本身就规定了人类劳动的发展必然要使他的生活超出满足物质需要的领域，即超出马克思所说的必然王国，进入不以物质需要的满足为目的，而以人类才能的发展本身为目的的自由王国。真正有独立的意义和价值的美，正是出现在马克思所说的这个自由王国中。但这个自由王国又绝非是不受必然性制约的。人类才能本身的发展和其他任何事物的发展一样，有其不能摆脱的必然性，这种发展仍然只能是对客观必然性的认识和支配。而且这个自由王国，如马克思所说，只有建立在必然王国的基础之上，也就是使人类得以生存和发展，满足物质生活需要的生产劳动基础之上，才能繁荣和发展起来。因此，那个以"美"为其国徽的自由王国的出现和发展，归根到底还是离不开人类物质生产劳动的发展。这也是马克思的美学和以"美的王国"为"自由王国"的席勒的美学的根本区别所在。不论从劳动到与物质生活需要的满足完全无关的美之间隔着多么遥远的距离，从前者到后者经历了多么漫长的年代，有多多少少尚待具体研究的复杂的中间环节，美在其终极的根源上终究是劳动创造的产儿。马克思第一次说出的"劳动创造了美"这个论断，是科学地考察通观人类历史发展的全程所得出的论断，是只有像马克思这样超出了剥削阶级狭隘眼界的伟大思想家才能作出的论断，是已经和正在不断为历史所证实的论断，是人类全部美学史上令人有石破天惊之感的论断。它给美学中各个复杂问题的解决投射了一道强大的真理之光，它是建立真正科学的美学指路明灯。我深信，不怕艰辛地循着这个指路明灯前行的研究者们，走一程会有一程的收获。他们将是真正科学的美学的建设者，将会在美学研究的长河中不断增添真理的颗粒，并且使真理以最清楚明白的形态呈现在人们的眼前。相反，那些离开这一指路明灯的研究者，或者不过用他们的错误的理论从反面证明了马克思的论断的正确性；或者也能提供某些片面的真理，不自觉触及到了同马克思这一论断相合的某些现象，但他们所得到的东西终究不过是为证实马克思所指出的真理提供了某些材料。这些材料只有经过马克思主义的批判改造才能成为建设科学的美学有用的东西。

八

从实践上看，"劳动创造了美"这一论断的重要意义是很明显的。

第一，它极其明快地指出了人类至今所享有的全部的美，归根到底是由千百年来被剥削者所贱视的无数劳动者的劳动所创造出来的。黑格尔在《精神现象学》一书中，曾站在剥削者的立场上描绘了这样一幅绝妙的图画："主人把奴隶放在物与他自己之间，这样一来，他就只把自己与物的非独立性相结合，而予以尽情的享受；但是他把对物的独立性一面让给奴隶，让奴隶对物予以加工改造。"妙极了！好主意！但这恰好清楚地说明了主人所"予以尽情的享受"的东西，是奴隶所创造出来的。我们并不否认，包括黑格尔在内的许多剥削阶级的代表人物，也曾对人类文化艺术的创造作出了伟大的贡献。但他们之所以能作出这种贡献，一个最根本的条件，就因为他们"把奴隶放在物与他自己之间"，"让奴隶对物予以加工改造"。于是他们就占有了奴隶们的劳动所创造出来的种种条件，特别是自由时间，以集中应用于文化艺术的创造。如果剥削阶级的代表人物也把他们"放在物与他自己之间",自己去"对物予以加工改造",以维持他们的生存,那么他们就不可能对文化艺术的创造作出贡献。从没有劳动就没有人类生活中的一切美这个意义上说,那些被剥削阶级视为牛马的,每天在那里默默地流汗以至流血的劳动者,实在比一切最伟大的艺术家还要伟大。因为那一切盖世的艺术珍品归根到底是他们流成了河的汗和血所浇灌出来的。

第二,它鼓舞我们从劳动中去创造美,把美与生活的创造不可分地联结起来,教我们不要把美看成是单纯的享受,而把劳动创造看得比单纯地以美为享受更高,更有价值,更伟大。我们并不排斥美所带给人的愉快享受,但正因为我们要在更大的范围内和更高的程度上获得这种愉快享受,所以我们要千百倍奋发地进行劳动创造。如果每一个人都只愿享受美,而不愿进行艰苦的劳动创造,那么人类世界就要毁灭,美也要毁灭。有一种观点否认"劳动创造了美",要我们从在人类出现之前就已存在的物质的属性特征中去找美,据说美就是存在于这种属性之中,只待人去发现,而同人的劳动创造根本无关。实际上,人类所发现的美是他在劳动实践中创造出来的东西,在发现之前他先要创造。没有创造,他在他的生活中永远不会发现美。那第一性的物质无论如何伟大、神圣,没有人类实践对它的征服支配,它对于人类就不会有一点美。从我们今天来说,没有千百万人民所进行的社会主义建设的实践创造,你从哪里去发现我们社会主义时代的美呢?难道这种美是隐藏在某种特别的物质属性中,而同我们的社会主义建设的实践创造毫无关系的东西吗?

第三,它极其鲜明地指出了无产阶级的、社会主义和共产主义的审美观同一切剥削阶级的审美观的根本差别,指出了社会主义、共产主义的审美教育所要解决的最根本的问题。从我们今天社会主义精神文明的建设来说,在审美教育方面,最重要的任务就是要树立马克思所指出的"劳动创造了美"的观点。这决不意味着我们否定人所应有的各种享受,而是说享受不能脱离劳动,而且劳动较之于享受是更高贵的东西。更进一步来说,随着物质生产力的高度发展,劳动自身也将成为一种享受。①

一九八四年一月十九日写毕

---

① 20世纪后半期，西方的"后现代主义"将审美与消费的关系提到了重要的地位。以人类物质生产劳动为根基的马克思主义美学从来就不否认审美与消费的关系，马克思在他的经济学著作中曾多次谈到这个问题。在这个问题上，马克思主义与后现代主义的主要区别是：第一，不论消费需求对生产的推动作用多么大，人类能够消费什么和怎样消费，最终仍然是由物质生产的发展状况决定的。因此，那和消费相联的美也是决定于物质生产，并由物质生产创造出来的。第二，人类无疑会随着物质生产的发展而不断提高物质生活消费的水平，但物质生活消费水平的提高不可能成为人类生存和发展所追求的最高目的或终极目的。或者说，人类不可能变成德勒兹（G. Deleuze）所说的"欲望的机器"。因此，美虽然和消费相关，但不能把美简单地等同于消费欲望的满足。第三，随着劳动的社会性与科学性的发展，劳动本身也将越来越带有审美与艺术创造的性质。因此，美并不仅仅存在于消费的领域中。——作者补注

从美的哲学分析到心理学
和社会学的分析

　　以实践为基础的马克思主义美学，应当把对美的哲学分析和心理学、社会学的分析内在地结合和统一在一起。因为实践作为美的创造的基础，本来就包含着这三个既有区别，又不可分地结合在一起的方面。首先，实践作为马克思主义哲学的一个根本范畴，当然是同物质与精神、人与自然、主体与客体、主观与客观、必然与自由这些根本性的哲学问题分不开的。其次，实践作为主体的人的实践，离不开主体的一系列心理活动，必然要在主体的心理上引起各种反应，产生出主体的各种意识形态。马克思早就指出："工业的历史和工业的已经产生的对象性的存在，是人的本质力量的打开了的书本，是感性地摆在我们面前的、人的心理学。"① 马克思主义在论到劳动、社会意识形态、文学艺术等问题时，也曾多次涉及心理学方面的问题。最后，人的实践从来是社会的实践，是在一定社会历史条件下进行的，并为这种条件所制约的实践。因此，作为美的创造的基础的实践，明显地还有一个必须加以考察的社会学的方面。对于马克思主义来说，这个方面是同历史唯物主义不可分离地联系在一起的。所谓社会学的分析，在根本上即是历史唯物主义的分析。我们只有在马克思主义实践观点的基础之上，把上述三个方面内在地有机地统一起来，才能逐步达到对美以及艺术本质的清晰的理解。

---

　　① 《1844 年经济学—哲学手稿》，人民出版社 1979 年版，第 78 页。

一

在上述三个方面中，哲学的分析是前提、基础。我在一些文章中已多次指出，美是人在实践创造中取得的自由的感性具体表现。这种自由是哲学意义上所说的自由，但又不能等同于一般哲学意义上所说的自由，而具有自身的特点。这些特点，概括起来说主要有以下几个方面：

第一，这是一种以物质生活需要的满足为基础，但又已经超出了物质生活需要满足的自由，摆脱了需要的束缚。

第二，这种自由表现为人对客观必然规律的创造性的掌握和运用，规律与人的内在的目的达到了高度的统一，既合乎规律而又摆脱了机械的规律的束缚。

第三，这种自由表现为人的个体感性存在同普遍的社会性存在的高度统一。人的社会性的实现，成为对个体的自由完满的肯定，或者说，社会性对个体来说成了和他的自由不能分离的东西，成了他的自由的本质。这也就是马克思所说的"对象对人说来成为社会的对象，人本身对自己说来成为社会的存在物，而社会对人说来成为这个对象的本质"①。

我认为在对美作心理学和社会学的分析时，必须牢牢地把握住以上三个方面，否则这种分析就将是空泛的或枝节的，不能深入地抓住美之为美的本质。

二

对于美的心理学的分析牵涉到各个方面的许多复杂问题，如审美感受（美感）中诸心理因素的相互关系，审美感受活动的心理过程，等等。这里，我想只来略为说明一下一个美的对象同主体的心理的关

---

① 《1844年经济学—哲学手稿》，人民出版社1979年版，第78页。

系问题，即从美的本质的角度来说明美同主体心理的关系。

一个客观的美的对象反映到主体的心中，引起种种复杂的心理活动，而其中最重要的是使主体产生一种特殊的愉快的情感。情感成为古今中外对美的心理分析的最重要的问题，这决不是偶然的。除情感之外，如直觉、想象等心理因素固然也是重要的，但只有当这些心理因素的活动同审美的情感的发生相联系时，它们才能构成审美心理活动中的要素。换言之，各种心理因素是否属于审美心理的范围，最根本的是看它们是否同审美的情感相联系，并以产生这种情感为其最后的目的。

和前述美作为自由的表现三个特征相对应，审美的情感具有下述几个方面的特征：

第一，它是一种虽然最终以物质生活需要的满足为基础，但又已经超出需要的满足的愉快情感。由单纯的需要的满足所引起的情感不是审美的情感。审美的情感固然也可同需要的满足相联系，但绝非仅仅由需要的满足所引起的情感，而是在需要的满足中所体验到的一种超出了需要满足的自由的情感，也就是康德所谓的"自由的愉快"。这种对需要的超出，是人不同于动物的一个根本之点。

第二，它是一种同周围世界形形色色合规律的感性物质形式直接相联的愉快的情感。这些形式的诸特征不是单纯的认知的标记，也不是需要的满足所要加以改变和占有的对象，而是人的生命的自由的生动显现。人在对它的感性直观中获得了极大的愉快和享受。这是世界的合规律性同人的内在目的的高度统一在主体心理感受上的表现。

第三，它是一种个体同他人、社会达到了和谐统一的愉快的情感。在这种情感中，个体感到社会要求的实现即是他个人自由的实现，他人的幸福即是他自己的幸福。反过来说，他自己的幸福对于他人来说，也正是这个人的幸福。总之，个体直接地深刻地感受到了他个人的自由、幸福同他人、社会的自由、幸福不可分的联系。在古今中外一切描写纯真的爱情、友谊以及描写爱国主义感情的文艺作品中，最能清楚地看到这一点，说明审美的情感是一种个人与他人、社会达到高度统一的情感，是从人的社会性本质的感性具体的完满实现产生出来的一种愉快的情感。尽管这种实现常常伴随着激烈的矛盾冲突，以致造成个体的死亡，但个体仍然在他的社会性本质的实现中获得了极大的满足，产生出一种精神上的愉快感。

以上三个方面，是审美的与非审美的情感重要区别所在。只是一般地讲美同情感不可分是不能解决问题的，重要的是必须找出审美的与非审美的情感的区别。这种区别的根本之点在于审美的情感是一种由于直观到人的自由的实现而产生出来的愉快的情感，并具有上述的三大特征。我认为这是区分审美的非审美的情感的关键所在。

由于客观的美在主体方面集中表现为上述愉快的情感，因而从主体方面看来，一个美的对象就成了主体的这种情感的表现、外化或客观化。同时，这种表现、外化或客观化是一点也不能脱离对象所具有的感性物质形式的，它只能通过这种形式而表现出来。因此，西方一些美学家（如美国的苏珊·朗格）主张美是情感的形式，在抛掉了这种说法的唯心主义基础之后，并不是完全错误的。问题只在于：（1）形式何以会成为情感的表现？（2）形式所表现的情感是怎样的一种情感？（3）为什么形式表现了这种情感就成了美的？我认为只有马克思主义的实践观点的美学才能对这些问题作出科学的回答。

立足于马克思主义的实践观点的基础之上，从心理学的角度来看，可以说美是人在改造世界的实践创造中所产生的自由的情感，在他所改造了的物质世界的感性形式上的表现。在这里，情感与形式是互相渗透在一起的。情感是表现在形式中的情感，形式是表现着情感的形式，两者不能分离。形式只因为它通体渗透着人的自由的情感，以这种情感为它的生命、本质，形式才对人成为美的。这里所说的形式，是在广泛的意义上说的，它包含人所生活的整个感性物质世界所具有的各种属性特征。

中国古代美学虽然还没有像西方近现代美学那样明确地去考察情感与形式的关系问题，但不论在诗歌、绘画、书法理论中都涉及了这个问题，并提出了不少深刻的观点。如诗歌理论中讲得很多的"情"与"景"的关系问题就是如此。这里的"情"自然是指感情，并且是艺术所表现的感情，即能给人以审美感受的感情。而所谓"景"，

124

从哲学上分析起来，是指诉之于人们感官的客观世界的各种感性的状貌、特征等。如果再进一步加以哲学的抽象，也就是我们上面所说的感性物质世界的形式。中国古代美学认为"情"与"景"必须统一起来，只有两者相统一才会有美。例如，王夫之说："情景虽有在心在物之分，而景生情，情生景，哀乐之触，荣悴之迎，互藏其宅"①。他又说："情景名为二，而实不可离。神于诗者，妙合无垠"②。因为"景中生情，情中含景，故曰：景者情之景，情者景之情也"③。这种"情"与"景"不可分离的互相渗透，从哲学的抽象上说，即是情感与形式的互相渗透。中国历代美学，一般说较少从本体论上去讲美的本质，而多从主体的心理感受与对象的关系去讲，包含着很丰富的审美心理学的内容，对美的本质的心理方面有十分贴切深入的说明。

对美的本质的本体论方面的研究是必要的、不可忽视的。但在另一方面，由于美本来是通过人的社会实践而发生的主体的客体化，人的自由的物化、对象化，因此，如果不从主体心理的方面去分析美，美的本质就常常会显得十分抽象而不可捉摸，同人们日常的审美经验离得很远。例如，一般地说美是人的情感的表现，这虽然是一种未经分析的笼统的说法，但听起来很接近于人们日常的审美经验，很易于为人们所接受。可是，如果没有对美的本体论的、哲学的分析，进而对一个客观对象为什么会成为人的情感的表现，表现在美的对象上的感情是什么样的一种感情等问题作出科学的说明，那就会从现象上得出一种错误的结论，认为美不过是人的情感心理活动的产物。实际上，事物成为人的情感的表现，物质世界的感性形式成为具有人的情感生命的东西，是人类从动物中分化出来以后，在漫长的时期中改造了世界的产物，也就是马克思所说的"以往全部世界史的产物"④。

---

① 《中国美学史资料选编》（下册），中华书局 1980 年版，第 278 页。

②③ 《中国美学史资料选编》（下册），中华书局 1980 年版，第 278、279页。

④ 《1844 年经济学—哲学手稿》，人民出版社 1979 年版，第 79 页。

但整个资产阶级的哲学和美学都是从孤立抽象的人出发的，也不可能懂得实践（首先是物质生产实践）是人类全部生活的基础，因此那表现在一个美的对象上的情感与形式的互相渗透，就这样那样地被归结为主体心理活动的产物了。

三

对于美的本质作出心理方面的分析，较之于没有这种分析而仅仅有哲学的分析要具体得多了。但如果停留在心理分析上，而不进到社会学的分析，那么所谓心理分析也还是脱离具体历史的抽象的东西，并且会走到超历史的烦琐枝节的经验分析的错误道路上去，或者把主体的心理结构抽象化、神秘化，堕入唯心主义。

无论人的心理结构如何复杂，它最终是为人类历史的发展，首先是为物质生产的发展所决定的东西，对它的分析不能脱离对人类历史发展的分析。正因为这样，马克思指出，那种忽视了"通常的、物质的工业"，忽视了"人的劳动的这一巨大部分"的"心理学，不能成为真正内容丰富的和现实的科学"①。资产阶级的社会学的美学，如丹纳的《艺术哲学》，虽然高度重视社会对人类审美心理发展的重大影响，但它不懂得社会的发展最终是由物质生产的发展决定的。因此，它虽然也作出了一些不可忽视的贡献，但最后还是不能对社会与人类审美心理发展的关系作出科学的说明。在它那里，社会的发展，从而人类审美心理的发展最后还是用精神的原因，而不是用客观必然的物质原因来解释的。尽管它也可以承认物质生产同社会的发展有关，从而同人类审美心理的发展有关，甚至可以承认物质生产有重大的作用，但它只认为物质生产是同社会发展有关的各种因素中的一个因素，而不承认物质生产是最后的决定性的东西。对于这一点，普列汉诺夫曾作过精辟的说明。在最终用物质生产来说明社会心理，从而说明美与艺术的发展这一点上，普列汉诺夫对马克思主义美学作过重

---

① 《1844年经济学—哲学手稿》，人民出版社1979年版，第80～81页。

要的贡献。但普列汉诺夫对美的本质还缺乏深刻的认识,对从物质生产到社会心理之间的各种复杂的中间环节的探讨也还不够。普列汉诺夫之后,弗里契之流的所谓社会学的美学,是对马克思主义的庸俗化,是不足为训的。但我们不应当因为反对庸俗社会学而忽视人类物质生产的发展归根到底决定着人类审美心理的发展这条马克思主义的根本原理。

讲到马克思主义对人类审美心理及与之相应的艺术发展的社会学的分析,首先需要解决一个从物质生产到审美心理的诸层次或环节的问题,而在每一个环节的分析上,又必须充分注意从美学的角度去加以解剖。

怎样找出这些层次或环节呢?我以为黑格尔对艺术美的发展的分析是十分值得注意的。他对于艺术美发展的诸层次的分析,只要加以马克思主义的改造,就会为马克思主义的社会学的美学的分析奠定一个大致的基础。黑格尔把决定艺术美的发展的东西划分为三个层次。第一层是"一般的世界情况,这是个别动作(情节)及其性质的前提";第二层是"情况的特殊性",也就是由"一般的世界情况"中所包含的差异和对立而产生出来的"情境及其冲突";第三层是在这种"情境及其冲突"中"主体性格对情境的掌握以及它所发出的反应动作",它包含主体的全部复杂的内心生活①。我认为这种层次划分抓住了社会学分析的要点,但对每一层次都必须作马克思主义的改造。

第一层次,所谓"一般的世界情况",也就是我们所说的一定历史时代的社会状况或社会背景。以中国而论,例如汉代和魏晋南北朝时期的社会状况就很不相同,因而审美心理也很不相同。怎样去分析这种社会状况呢?马克思为我们提供了一个十分简明的科学的公式。他说:"从物质生产的一定形式产生:第一,一定的社会结构;第二,人对自然的一定的关系。人们的国家制度和人们的精神方式由这

①　参见黑格尔《美学》第 1 卷,商务印书馆 1979 年版,第 228 页,以及第三章的有关部分。

两者决定，因而人们的精神生产的性质也由这两者决定"①。这是一个可以广泛地适应于一切历史时代的科学公式，问题在于要历史地具体地去应用它，在这里有大量的工作要做。而在具体历史地进行上述分析时，又必须特别注意由一定的物质生产方式所决定的一定的社会结构和人对自然的一定关系两者如何决定着一定历史时代的审美心理（它是马克思所说的"精神生产"的一个部分）。其中，中心的问题是由这两者所决定的人的自由的问题，也就是黑格尔以唯心的方式所说的"个体的独立自足性"问题。它同物质生产力的发展在总的方向和趋势上是一致的，但又绝非处处同生产力的发展成正比。这也就是马克思所说的物质生产的发展同精神生产的发展之间的不平衡性问题。古代社会，如马克思所论到的古希腊社会，生产力的发展远不如资本主义社会高，但当时人在与他人的社会关系中和在与自然的关系中，都要显得比资本主义社会下更有个体的自由和完整性，因此也更有利于艺术的繁荣发展。黑格尔对所谓"英雄时代"的分析已天才地猜测到了这一点。马克思也指出"稚气的古代世界显得较为崇高"②。但他又指出"留恋那种原始的丰富，是可笑的"③。人类将通过对资本主义社会所创造出来的全部巨大的生产力的支配而走向古代社会不可比拟的人的真正自由全面的发展，即走向共产主义社会。这将是人类的审美艺术活动空前繁荣的时代。

黑格尔所说的第二层次是由"一般的世界情况"中的差异和对立所引出的"情境及冲突"，实际就是一定历史时代所包含的诸矛盾在社会生活各方面的具体表现与展开。也就是为一定历史时代的基本矛盾所决定的具体的生活状况，无数个人的充满着偶然性的各种特定的生活境遇。这个第二层次是必不可少的。如果仅停留在第一层次上，那么我们对一定历史时代的社会状况及其审美心理的了解就还是

---

① 《马克思恩格斯全集》第 26 卷（Ⅰ），人民出版社 1973 年版，第 296 页。
②③ 《马克思恩格斯全集》第 46 卷（上册），人民出版社 1980 年版，第 486、109 页。

抽象的。只有在弄清第一层次的基础上，进一步弄清一定历史时代五光十色的种种生活，我们才能具体地把握这一历史时代的审美心理。

但是，在弄清这第二层次之后，还必须再进入第三层次，即弄清黑格尔所说的在各种具体情境下的主体或人物的性格、行为、内心生活等等。因为离开具体的主体、人物就不会有什么社会生活。一个历史时代的审美心理具体地表现在这一历史时代各种人物的处境、遭遇以及他们在特定情境下对于人的自由的追求之中。它是十分细致而具体的东西，深藏在特定历史时代和特定情境下人物复杂的内心生活之中。美的世界，就外部世界来说是一个广大多样的物质世界；就主体来说，这个美的世界又是同主体内心生活中种种复杂的矛盾冲突，心灵深处的追求、愿望、理想等不能分离的。我们只有深入到特定时代和特定情境下主体的心灵世界中去，具体地体验到了他们的欢乐和痛苦、希望和悲哀、成功和失败、期待和幻想等，我们才能真正打开这一时代审美心理的奥秘，并对之作出科学的解剖。

黑格尔所说的三个层次，是一个比一个更为具体的，是从对时代本质总体的宏观进到对个体心灵世界的微观。在最后的终点上，我们才能具体把握一定历史时代的审美心理。按照黑格尔的逻辑学，这是一个一般——特殊——个别的发展过程。当然，这个过程是又可以倒回去的，但倒回去所得到的只是对某一时代审美心理产生的历史条件的一般特征的概括。而就对审美心理的真正具体的认识来说，其历程应是一般——特殊——个别。但从马克思主义的观点来看，这里作为出发点的一般，绝非黑格尔所说的"绝对精神"在某一历史阶段上的显现，而是为物质生产的发展所决定的一定社会形态。对我们来说，从一般出发即是从一定的社会形态出发。这是决定审美心理产生发展的根本前提，同时我们又不能停留在这个前提上，而必须走向最后的终点——对感性个体的心灵的了解。这样才能打开人类审美心理发展的历程这本书卷。

当我们对人类审美心理的历史发展作出了社会学的亦即历史唯物主义的分析之后，一切历来笼罩在审美心理上的神秘的东西就会消失。对美的一般心理学的分析，将会因为它与人类历史发展的结合而解开一些单靠心理科学不能解开的谜，同时对美的哲学的分析也将得到历史的验证而扬弃它的单纯抽象思辨的弱点，成为由历史确凿地证明了的、现实的、科学的真理。

一九八四年一月二十一日写毕

谈 形 式 美

省工艺美术学会的负责同志叫我来讲一讲，我很想来，但我实在讲不出什么东西，因为我对工艺美术是外行。不过，我是搞美学的，对工艺美术的兴趣很大。我感到工艺美术在人民生活中的作用不可忽视，它极其广泛地渗透到人民生活中，每天都在起着陶冶人民思想情操的作用。在这方面，我们的工艺美术家作出了重要贡献，但过去宣传介绍很不够。一般你要说中国有哪几个名画家，可以说得出来，但工艺美术家呢？你要问我，我也说不出来。其实我们很多工艺美术家搞了很多东西，在人民生活中起了很大作用。如一个茶杯，一种花布，我们觉得很好看，究竟是谁设计的呢？不知道。这种情况要改变，要宣传介绍全国的，我们本省的有成就的工艺美术家，要充分肯定这些同志的劳动。

工艺美术的创作，主要是形式美的问题。不知道这个看法怎么样？当然，每一种艺术都有形式美，但工艺美术更加突出。所以，我今天想来谈一谈形式美。

一、工艺美术和形式美

提到工艺美术，我觉得它在造型艺术中是很古老的艺术，也可以说是起源最早的艺术。马克思很欣赏福兰克林说过的一句话："人是制造工具的动物。"这工具是劳动工具，是为实用的目的制造出来的，但它又能具有审美的价值，所以我们可以说，劳动工具也就是人类第一次制造的工艺美术品。如现在博物馆中的石斧、石刀，打磨得很光滑，形式平衡对称，合乎规律，我们现在看起来能够引起美感。

它是劳动工具，但从它具有审美价值来说，也可看作是工艺美术品，所以工艺美术一开始就与人类生活紧密联系在一起，是最古老的一种造型艺术，比绘画、建筑、雕塑还要早。除工具的制造外，还有日常用品的制造，更明显地具有审美的价值。如半坡村出土陶盘，当中画了两条鱼，朝不同方向游动，正好形成一个永不止息的循环圈，和盘子的造型很和谐地结合在一起，非常生动巧妙。还有我国商周的青铜器，在当时是一种用具，同时也是一种非常成功的艺术品，可以说是中国奴隶社会造型艺术的代表，就像雕塑是古希腊造型艺术的代表一样。有些青铜器的制造规模很大，有纪念意义，同时有很高的艺术价值。很可惜，这些青铜器制造者的名字都没有留下来。因为在当时，这些人都是工人、匠人，被人瞧不起，其实他们也是艺术大师。那样复杂、巨大、精美的青铜器的设计制造，不是艺术大师能搞得出来吗？但是这些人的名字却没有留传下来。古希腊的雕塑，后人还知道几个雕塑家的名字，像菲底阿斯呀，还知道几个人嘛。中国青铜器的艺术大师，还没有人知道一个。所以整个艺术史，工艺美术方面是最薄弱的，很多杰出的艺术家被埋没了。设计了那么多美的东西，不知道是谁搞的，说不出来。工人、工匠被轻视，这种现象现在应该扭转过来。对现在的工艺美术家的创造应该很好地肯定，加以宣传介绍。

工艺美术开始是从实用来的，跟实用联结在一起。它之所以成为一种美术，就因为它是实用的又是美的，就是实用与美的统一。除开特种工艺不讲，就实用工艺来说，主要的问题是怎样把实用同美统一起来。实用和审美两者的关系怎么处理，这恐怕是个比较重要的问题。常常有人片面强调实用，忽视以致否定审美，这就取消了工艺美术。这种情况在"四人帮"横行时是很多的。反过来说，片面强调美而抛开实用，这也不行。这样就会失去工艺美术的特点。作为工艺美术来说，还是要把美与实用结合起来。实用要考虑，但是实用必须与美相结合，这样才能成为艺术品。如何使实用的东西成为美的，美渗透到实用里去，实用的是美的，美的又是实用的，在实用的功能里包含美，这是实用工艺美术创作的基本问题。有些民间的陶器，实用与美结合得很好，有一种很质朴的美，你不觉得它是有意设计的，这恰恰是很高级的设计。相反，有一种设计使人觉得是硬加上去的，人工气太厉害，往往不是那样理想。实用与美的统一要自然，不要使人觉得是外加上去的，要有装饰而又使人家感到你没有在故意地装饰。比如一些女同志的打扮，她打扮了而又使你觉得她没有打扮，这样比较高级。

工艺美术的美是什么呢？主要是形式美。一张画也有形式美，但从绘画来讲，它的形式美是同它描写的具体东西结合在一起的。就工艺美术来说，形式美比较抽象，是一种比较纯粹的形式美。如许多图案并不具体描写什么东西，但它的线形的组合变化就能使我们感到美。还有色彩的运用，比如说红色，你说它是描写红太阳？红旗？或是别的什么？不一定，它就是红色，但这个红色本身就能使你感到美。生活中的红色总是同红花、红旗、红霞……连在一起的，但抛开这些具体的东西，红色本身也还有它的美。就在纸上涂上一片红色，不具体描写什么红的东西，只要这红色涂得很均匀、鲜明，它也有它的美。工艺美术里的形式美很多就是这种情况，它相对地比较独立，比较纯粹，不具体描绘一个东西。要求工艺美术处处都要像绘画那样具体表现一个思想主题，描绘一个什么具体东西，这是违反工艺美术的特点的，是不对的。当然有一些工艺美术设计可以表现某种思想，具有某种政治意义，像商周的青铜器显然有政治意义，表现了那个时代的思想感情。我们一看大多都很威严，使人有种神秘的感觉，把赞颂奴隶主统治的思想感情表达出来了，但又不是具体描写一个什么东西。有时也有比较具体的描写，但是结合美化器形的需要，充分地加以图案化和装饰化了的，并且经常带有象征性。还有我国战国时期的某些铜器上，相当具体地描写了捕鱼、耕作、战争等场面。古希腊的瓶画，我国明清瓷器上所画的山水人物，当然也都是具体描写了一定的对象的。但这种情况，实际是绘画与工艺美术的结合。而在这种结合中，绘画必须服从于工艺美术的特点。首先要器形的设计具有形式美，否则无论画上怎么好的画，作为工艺美术来说都是不成功的。其次，所画的画也不同于一般的画，它处处要起装饰器形的作用才行，要有助于增加器形的美，而不是相反。所以，实用工艺美术的特点，最根本的还是强调抽象形式的美，不同于具体描写各种事物的绘画或雕塑。

一种比较抽象的形式美，它是不是没有内容呢？不是的。它也有内容，但这种内容不能很具体，它主要是表现某种带概括性的情调、趣味、理想，比如说威严、崇高、富丽、雅致、活泼、轻快等，给人一种美的感染，陶冶人们的性情。在工艺美术里，特别在实用工艺美术里，纯形式的美是占着主导地位的，别的一切都得服从于它，否则就不成其为工艺美术。另外，还有一种看法，认为工艺美术的内容就是实用，这也是值得研究的。我认为只能说工艺美术的美是同实用结合在一起的，而不能说实用就是它的内容。例如所有的茶杯的实用性都是一样的，但不同的工艺美术家设计出来的茶杯却有不同的美，能说这些美都是以实用为内容的吗？不能这样看。如果说都以茶杯的实用性为内容，为什么设计出来的形式这么多种多样，各有不同呢？实用是能同美结合在一起的，在实用工艺美术中，美不能脱离实用，但实用不能成为美的内容。工艺美术的美的内容，还是通过某种美的形式所表现出来的某种情调、趣味、理想等。所以，茶杯的实用性总是一样的，不同的工艺美术家却可以有完全不同的设计。

由于形式美，而且是相当抽象的形式美在工艺美术中有着极为重要的作用，所以我们要提高工艺美术的水平，很重要的一条就是要研究形式美。一个工艺美术家应该是对形式美最为敏感的。一种线条，一种色彩应该怎样配合才美，工艺美术家应该是最敏感的，否则就很难搞好设计了。应该研究形式美，培养对形式美敏感的能力。我们看一些女同志的打扮，对形式美相当敏感，连头上扎辫子的头绳的色彩都有讲究，考虑到了与衣服的色彩起一种呼应或对比的作用，看上去很漂亮。

工艺美术品最大的作用是美化人民生活，培养人民高尚的情操。一个环境，天天看到的东西是比较美的，用的茶杯、桌子、椅子等各种东西，看来都是比较美的，天天看到它，就会对我们的情感起一种无形的潜移默化的作用。一个设计得很美的茶杯，不能告诉你一个什么思想主题，给你讲一篇什么大道理，但这个茶杯设计得好，我每天用它时，心里感到舒服，精神愉快，对我起了一种潜移默化的作用，无形中陶冶了我的性情。人们每天所接触使用的各种东西都是美的，这种美会影响人们的心灵，使人们的心灵受到感染，变得更加高尚优美。

多年来我们不敢讲美，特别是不敢讲形式美，这与我国长期是一个封建社会有关。封建思想经常压抑着人们的个性，同时也压抑着人们对于美的合理的要求，特别是宋代以来的封建思想更是这样。宋代以来的某些理学家认为人的欲望与天理是矛盾的，对美的追求会违背天理。① 过去有句话：“饿死事小，失节事大”。一个女人，男人死了，就要守寡，就是饿死了，也要守。饿死这个事情是小，失节这个事情是大，这种思想是很厉害的，但是从宋代才开始这么看的。唐朝时艺术很发达，思想比较自由。如公主（皇帝的女儿）的丈夫死了，可以再嫁，而且写在唐书上。有些公主好像还嫁过三次之多，在当时不认为是一种可耻的事情，到宋代就不行了。宋代的封建统治很厉害，这种封建主义对中国人民的思想束缚，我认为到现在还没有完全破除。拿穿衣服来说罢，本来是应该各有特点，各人穿自己喜欢的美的衣服，但现在就有许多人不敢这么办。有的女同志很会设计衣服，做得很漂亮，但常常不敢穿着上大街。为什么？因为有许多人看了会觉得奇怪，甚至觉得不合理，你为什么要穿这样的衣服呀？你为什么不和大家穿一样的衣服呀？为什么要标新立异、招摇过市呀？如此等等。在众目睽睽之下，只好不穿了。这就是受到了封建主义思想束缚的表现，在这种情况下要讲美就难了。更何况那些指责你的人并不以为他有封建思想，反而认为他是百分之百的无产阶级，给你扣上一顶资产阶级的帽子。我们要彻底清除封建思想在社会上的影响，还需要有相当长的时间。就我们的工艺美术家来说，我认为应该有点勇气打破一切否定美的封建思想，理直气壮地讲形式美，为美化人民的生活而努力。说资产阶级讲形式美是腐化，其实资产阶级比不准讲形式美的封建地主阶级要进步得多。我们也要承认他们的工艺美术有值得借

---

① 这里的说法现在看来有简单化的毛病——作者补注。

鉴的地方，承认他们比我们的文化水平要高些，对美的问题要比我们考究些。庸俗腐朽的东西我们要批判、排斥，有美的价值的东西要研究、吸取，但不必拜倒在它的面前。外国资产阶级做得到的，中国人就赶不上吗？我们要超过资产阶级，这不是说大话，我们总有一天会做到这一点的。中国这么多人口，这样悠久的历史，难道就搞不过他们吗？我不相信。如果工艺美术家自己都不敢讲美，或不欣赏美、热爱美，工艺美术怎么搞啊？

那么，什么叫形式美呢？比较简单地说，形式美就是我们所看到的各种东西的自然物理属性的美，就是形状、色彩、线条这些东西的美。我们看到的东西总有形状色彩吧？还有面与面相交的地方总有线条吧？这些形状、色彩、线条的美就是形式美。当然，从美学上讲，形式美还包含声音的美，不过这里不去讲这方面。用中国古代的话讲，形式美就是"声色之美"，声是声音，色不单指颜色，还包含形状、线条等等在内。讲声色之美，封建思想就认为是搞腐化、堕落。其实，可以是腐化的，也可以是不腐化的。形式美是我们生活中大量感受到的东西，没有一个人离得开它。你穿的衣服，色彩、形式怎么样？这就是形式美嘛。

二、形式美的来源

一种形状，一种色彩，一种线条，为什么能引起我们的美感呢？这是怎么回事呢？形式美起源于人们对客观世界的改造。人要生活，就要进行物质生产。所谓物质生产，就是把一个自然的对象加以改变，使它符合于人的目的。比如说木材，原来是些板子，把它加以改造，锯下来，组合起来，做成一张桌子，这张桌子是用木材做成的，但已经不是原来木材的样子了，已经按人的需要，人的目的把木材的形态改变了。这样一张桌子的形态不是天然的木材形态，它是我的创造性活动的产物，从它上面，我看到了自己创造的才能和智慧的表现。如刨得很光亮，样子匀称，结构精巧大方等，这样，桌子的形状对我来说就有了美的意义了。还有，我们周围生活当中有很多色彩，如天上的朝霞，树的绿色，大海的蓝色等为什么美？这也是因为通过人改造自然的实践，这些事物同人的生活发生了关系，成为我们生活环境的一部分，因而这些色彩就产生了美的意义。整个大自然经过人的改造，成了人类所居住和生活的家，这样，日月星辰、山河大地，各种形状、色彩对人产生了美的意义。要不是这样，就不可能有美。比如说，王维有一联诗："明月松间照，清泉石上流。"明媚的月光很美，美从哪里来呢？我想是人改造世界的实践使月亮同人的生活发生了关系，月亮成了人的某种理想的生活环境的一部分。假定是在原始社会，我们大家都住在树上，到了晚上，树下是成群的野兽威胁着我们，那个时候，我们能感受到"明月松间照"的美吗？相反，月亮的光辉可能引起恐怖的感觉。就是在现在，如果深夜让一个人在武当山或神农架地区走路，周围可能有野兽，随时会把你吃掉，这时月亮即使再皎洁，你都不会觉得美。所以自然界的很多形状、色彩之所以成为美，完全是因为自然环境经过人的改造，用马克思的话来说：把它"人化"了。工艺美术形式美的很重要的起源是物质生产，是人类对客观事物的加工改造，它同人的创造的智慧才能关系极大。有些特种工艺，它的美就在于看了使我们对人的智慧、耐心、毅力感到惊叹。普通人做不到的，或很难做到的，创造这些特种工艺的工艺美术家做到了。可能有人会说，这有什么意义呀，是不是在做无聊的事？当然不是，在这里我们看到了人的智慧、才能、毅力、耐心的伟大，从而提高我们对工作、生活的热爱、信心。

三、形式美的特点

形式美的一个特点是：它与生理上的愉快，舒服不舒服有很密切的关系。本来一切能引起我们美感的东西，一般来讲，在生理上都能引起快感。生理的快感是美感的必要基础。比如我们大家都不喜欢听噪音，我看世界上没有一个人说：我喜欢欣赏噪音。为什么？因为噪音刺激人的耳朵，在生理上感到不舒服，噪音不可能存在美，音乐上噪音的运用是另一回事。所以美感必须有生理的快感作为它的基础。

一件工艺美术品如果设计得不能保持平稳，看上去好像要倒下来的样子，我们就觉得不美。如一个茶杯的设计不平稳，没有安定感，就不美，因为不平稳的东西使人产生危险的感觉，在生理上是不愉快的。德国有个美术家做过一个试验，说色彩有重量。他把一张纸分成两半，都涂上一种颜色（红色或是蓝色），一种是上半部涂成深的，下半部涂成浅的，一种是上半部涂浅的，下半部涂深的，并问大家哪种美些？结果很多人回答下深上浅美些。为什么呢？因为上深下浅有压力，好像要垮下来似的，而下深上浅有安定感。还有些色彩非常混乱刺眼，我们觉得不美，为什么？因为刺激人的眼睛，感觉不快。我们希望有调和、单纯而又丰富的颜色，看起来感到舒适，这样才觉得比较美。还有，为什么美的形体要平衡对称呀？因为人体就是平衡对称的嘛！人体在正常活动中必须在变化中保持平衡对称。所以平衡对称的破坏会使人不快，觉得不美。形式美与人的身体构造、内部器官的各种活动很有关系，与身体的快感、舒服很有关系。美感与快感有关，但快感又不等于美感。如打喷嚏，打不出感到难受，打出后感到舒服，但你能说这引起美感吗？再如抓痒，也能引起快感，但却不是美感。美感和快感相比要多一个东西。多一个什么东西呢？简单地说多一个精神意义的东西，有一种社会性的情感、情操、精神的意义在里面。例如看到金黄色觉得幸福，看到红色常常有热烈兴奋的感觉。红色还常常被用来象征革命。这就不是一种单纯的快感问题了，有种社会意义精神意义。再如蓝色能引起柔和宁静之感。今年夏天，我在北戴河住了一阵，看到了大海的蓝色很有味道。当海很平静时，大海的蓝色似有温柔的感觉，好像充满了情感。当它在奔腾时，那就不一样了。这样的东西不能单纯用生理快感去解释。所以形式美与生理快感有关，但比较高级的对形式美的欣赏，在于它不仅仅注意快感问题，而注意形式美包含的社会精神意义。对形式美的低级的欣赏主要是感官的刺激。比如小孩子，你把各种有颜色的东西放在他面前，一般来说，他最喜爱红色、黄色。为什么呀？因为红色、黄色刺激他的眼睛，最能引起他的注意。德国实验派的美学家作过试验，证明小孩子喜欢红色、黄色，对比较淡的颜色不感兴趣。所以说比较高级的形式美，不是仅仅注意鲜明这类东西，还要求有一种精神意义，能造成生活上的一种情调。还有，在多数情况下，民间艺术很注意色彩的强烈对比，一些农村的同志穿衣服喜欢大红大绿的装束，为什么呀？色彩强烈显著，引人注目，而且表现了人民群众乐观、热爱生活的情感，也能取得美的效果，生动、鲜明、欢快。但从提高人民的欣赏水平来说，如果只喜欢大红大绿的话，那说明审美趣味还不够高。比较有文化教养的人一般喜欢一种比较柔和、含蓄的颜色，比较单纯但又丰富的颜色，而不很喜欢太刺激人的眼睛的颜色。但我不是说工艺美术的色彩不能有强烈对比，而是说要注意取得一种和谐的效果。如敦煌壁画的色彩很强烈，但不是很刺激人的，很协调。

四、形式美的各个要素

形式美具体说来还包括哪些东西？我想至少有八个东西，也许还不止。形式美的第一要素就是色彩。马克思曾经讲过色彩问题，他认为色彩是一种最大众化的审美感觉。在实际上确是这样，色彩在形式美里面占有重要地位。世界上对色彩美没有感觉的人很少，除非这个人是一个不正常的人、白痴。一般正常的人对色彩美的感觉都比较发达，所以色彩美在形式美里很突出。倒是对线条的美，很多人的感觉是比较迟钝。这恐怕是因为色彩本身作用于我们眼睛时是很强烈的，最容易感知。那么色彩的美主要是什么呢？色彩的美主要是情感的表现，就是色彩的感情问题。要领会色彩的美，主要要领会一种色彩所表现的感情。色彩是能表达感情的，刚才我们说到了红色使我们感到兴奋，蓝色使我们平静，黄色也使我们感到兴奋，但不同于红色。每种色彩，我们仔细观察它，都是有感情的。色彩不是人，但是它有感情、个性。比如说红色的个性，就好像一个很热情的人，这个人性格好动，引人注目，在什么场合它都要表现表现。蓝色的个性就像一个很温和的人，很含蓄，说话很少，很文静。色彩的美在很大程度上在于色彩感情。所以一个好的美术家，对色彩是很敏感的，这种敏感不但是对明度的敏感，如多明多暗，而且是对色彩感情的敏感。中国古代诗歌里面讲到色彩的时候，常常是与情感连在一起的。传为李白写的《菩萨蛮》里面有一句"寒山一带伤心碧"。"碧"就是绿色的意思，绿色引起了人的伤心，这和在特定情况下绿色引起的感情有关。还有五代牛希济的词《生查子》里有这样两句："记得绿罗裙，处处怜芳草。"就是说记得爱人穿的罗裙是绿色的，所以每看到草都觉得很可爱。还有，由于人们长期生活的自然环境不同，对色彩的喜爱也会有所不同，这也是一个色彩感情问题。除色彩感情之外，色彩美的另一个条件是上面已讲到的和谐。

第二，线条。对线条的美，一般人的感受要薄弱些。比如在书法中，线条的美很重要，但真能欣赏书法特别是草书的人不多。线条的美比色彩的美要抽象点。不过，日常生活中能感觉到线条的美的人还是很多的，比如一个人身材长得苗条，这个苗条里面就有线条的美。不少花瓶为什么要那么设计？很可能从人体得到启发。很多花瓶的美不但在色彩，而且在于它的轮廓所构成的线条。线条的美与色彩的美有什么区别呢？很大一个特点就是线条的美有运动感。因为事物是在空间里运动的，所走的路径可用线条表示出来，几何学上叫轨迹。比如老鹰在天上飞翔，它飞过的路用线条表现出来，就是很多起伏的线条，所以线条与运动感很有关系。色彩呢？色彩在某种程度上也有运动感，如闪动的感觉，但运动感比较强烈的是线条。由于它有运动感，所以线条是有力的，有变化、起伏顿挫。即使是一根直线，也可以是充满力量的。美的线条，是有力的，运动自如，变化万千，同时又表达出某种感情。草书就是这样，它的起伏顿挫的线，有时像京剧的拖腔悠扬婉转、回旋曲折。书法的线条有时有音乐感。从工艺美术来说，线条的应用不可忽视，不单花纹的线条应该有变化有疏密等，而且你设计的东西的外轮廓的线条也要很好注意。比如一个杯子，外轮廓线条的美很有关系，花瓶的美很大程度上在于外轮廓很漂亮，S形的曲线很漂亮。一张桌子你设计得美不美，首先得看它整个外轮廓的线条怎么样。如果一张桌子东倒西歪，不合比例，那还有美吗？在建筑艺术里，线条也很重要。主要用直线的建筑和主要用曲线的建筑，它给你的感觉是不一样的。建筑中风格的差异往往与线条联系在一起。总之，线条有运动感，能表达感情，有时比色彩更强烈，表现感情的可能性也更大。人的感情常常在运动中表现出来，现在我要表现情感，就做手势。线条的运动也能表现情感，它也有性格，有个性。

第三，质地。不同的质地有不同的美。比如金、银、铜、石头……各有不同的美。牙雕的美不同于石雕的美，也不同于木雕的美。牙雕、石雕、木雕用的是不同的材料，它的质地给我们不同的美感。不能说牙雕可以代替黄杨木雕，牙雕的质地光滑，同黄杨木雕不一样，黄杨木雕有一种浑厚的感觉，牙雕更多的是一种精巧的感觉。所以不同的质地有不同的美。一般来讲，光滑的大都比较美。18世纪英国美学家柏克认为光滑是美的条件之一，他讲了美的很多条件，特别强调光滑。当然我们也承认光滑在大多数情况下是美的，绸缎、人体皮肤的美都同光滑有关。但像柏克那样说光滑的东西就一定美，这倒不一定。有一次我开玩笑说，水里的蚂蟥，这个东西很光滑，大概没有人说蚂蟥很美。在许多情况下，光滑是美的，但粗糙的东西也有美的。比如一座假山石，它很粗糙，但可以是美的。拿树来讲，法国梧桐树干的美与光滑很有关系，它的树干很圆，很光滑，均匀笔直，古代形容梧桐树"亭亭玉立"，是什么意思呢？说它像是一个美人一样站在那里；反过来说，松树、古柏的树干很不光滑，但是美的，有苍劲的感觉。就工艺美术来说要掌握各种材料的特殊美感，让其发挥出来。比如牙雕的制作，就和木雕、石雕不同，要充分发挥这种材料的美感，不要用一种不适当的方法去破坏这种材料的美感。使用什么材料，是陶瓷的、金的、银的，还是铜的，很有关系，材料不一样美感不一样。要发挥这个材料之所长，避其所短。

第四，体积。每个东西都有体积，体积的美也要注意，很多东西我们感受到的美与体积有关。一种坚实的、厚重的体积常使人感到美。为什么浮肿使人感觉不美？因为使人感觉他缺乏坚实的体积。相反，一个魁梧、长得很结实的人一站在那里，他的体积就使你感到美，好像这个人占领了空间似的。高大结实的人，我们常常觉得美，其原因之一，在于有坚实的体积。体积的美，还同构成体积的各个面的结构、转折、推移很有关系。面的转折推移越有变化，越使人觉得美。人体的美，很重要的一个原因就在于它的面的构成很复杂，又有许多微妙的推移变化。我们试观察一个健康的少女的颈部、肩部，即可看出面的微妙的推移变化。大雕塑家对这些是最为敏感的。在工艺美术上，体积的美也不能忽视。花瓶、茶壶、杯子、桌子、柜子等日用品的美与不美，同体积大有关系。工艺美术家也需要有敏锐的雕塑感，即对于三度空间中体积的美感。

第五，平面形。平面的各种几何形，方形、圆形、椭圆形、三角形、放射形，各种形状有它不同的美。像五角星是放射状，有伸展的感觉。放射形是比较活泼的一种形式，长方形比正方形要有变化一些，像我们的窗子一般都是长方形的，正方形呆板缺少变化，但在运用得当时，也可以是美的。黑格尔有个意见，他说，椭圆形比较美，椭圆形有变化些，这也有道理。所以我们有些镜子是椭圆形的，椭圆形比圆形有变化些。圆形的变化很合乎规律，西方古代美学家认为圆形最美，也有它的道理。我刚才讲的这些东西，西方做过很多研究，有大部头的书。我们呢？缺乏研究。

第六，结构。各种东西都有结构。一张桌子有它的结构，一个房间的布置，如何摆法，有个结构问题，所以事物的美不美同结构有关系。一个房间布置得美不美，不仅在于这个房间有没有贵重的家具，精致的沙发，还有个布置的问题，怎么摆法，这个摆法就是结构问题。假定一个房间有好多个沙发，摆在窗子下让它排队，排得整整齐齐，恐怕不见得好看；东一个、西一个，随便乱放恐怕也不行。要掌握一种美的结构。结构还与比例有关系，比例问题包含在结构里面。一种东西要美，要有某种适当的比例。长短、宽窄、厚薄、粗细都有一定的比例，这个比例要恰到好处。高明的工艺美术家能使比例恰到好处。我们看青铜器有些比例很好，要仔细琢磨它。一个鼎，下面三只脚，这个脚有多长，与上面那个煮东西的器皿成个什么比例，对它的美很有关系。比例不一样给人的感受不一样。战国时代宋玉是屈原的学生，他写过一篇《登徒子好色赋》，里面赞美一个美人，有这样一句话："增之一分则太长，减之一分则太短。"说这个人长得妙极了，你增加一分觉得太长了，减少一分又觉得太短了，比例恰到好处。搞设计的也有个比例问题，有时一张画把它裁掉一点就舒服了，好看多了，这就是个比例问题。西方美学家对比例作过很多研究，最著名的是黄金律的比例。就是说一个长方形，如果短边比长边，等于长边比短边和长边之和，这样一个比例是最美的。有一个德国美学家做了很多试验，他把很多不同比例的长方形拿给别人看，试验结果，百分之三十以上的人认为符合黄金律的比例是最美的。当然，试验不一定可靠，但它说明某种问题。黄金律的比例为什么美些？因为它既安定又有变化些，完整些。有种长方形，好像是长方形，又好像是正方形，给人残缺不全的感觉，这是不太美的，所以结构问题要注意比例。另外，中国美学家常讲的疏密、简繁等问题也与结构相关，十分重要。

第七，空间。人活动在空间里，空间是我们活动的场所，空间是一个什么形状的空间同我们的美感有密切关系。特别是在建筑里面，空间是很重要的。比如一个房间，假如天花板太低了，我们感到很别扭，好像住在洞里一样；假如天花板太高了，高出正常的一二十倍，又感到很空旷，好像被抛到一个很荒凉的地方。空间不一样，我们感觉不一样。很多同志到过北京，建议你们比较一下天坛的祈年殿和北海的五龙亭的空间处理。祈年殿是圆形的，而且很高，是圆筒形，顶端像个圆锥形。走进去有种严肃神秘的感觉，好像望到苍天一样。五龙亭就不同，它的柱子比较低，基本上是直线正方形，整个亭子好像覆盖在水面上一样，给你一种安静，舒服的感觉。五龙亭和祈年殿因空间处理不一样，结果给我们美的感受也不一样。中国山水画里的三远，高远、平远、深远这三种不同的空间，高远是从平地往高处看，往山尖看；平远是从高处往平处远处看；深远是从山前往山后看，往深处看。这三种不同的空间有三种不同的美。高远一般有崇高感觉，平远感到辽阔自由，深远有种幽深曲折感，有时还有神秘感。塔，一般建在高处，很少有人把塔建在低的地方。一座山，把塔建在上面，这座山就美了，增强了高远的感觉。过去有句唐诗："曲径通幽处，禅房花木深"，这是深远，有曲折无尽的感觉。颐和园的长廊就有这个好处，它曲折有变化，走了半天还没有走完，周围的树又增强了幽深的感觉。建筑里一道门又一道门，常常加强深远的感觉，使建筑显得有变化。故宫的太和殿建得很高，有很多石级，看上去有高远之感，使人觉得崇高。

第八，明暗。明暗就是光线是明还是暗，明暗不仅同绘画、雕塑有关，我看同工艺美术也有关。任何东西要在光下面才能看见，所以明暗是形式美的一个要素，不可忽视。明暗处理得好是美的，处理得不好就不美，画画的同志都很清楚。那么明暗怎样才能是美的呢？我想明暗的美，有两个东西，一个是明暗要能显示出体积和质地，比如圆球形，你的明暗若能把圆球的体积显示出来的话是比较美的。如光线很平的话，看到圆球形好像成了一个平面，就不美。明暗不但显示体积，还能显示质地。是光滑的？是粗糙的？是柔软的？是坚硬的？要能显示出来，这样才是好的明暗。最后明暗还能造成一种情调，米芾画"云山"，朦朦胧胧，有一种幽深飘渺的情调，所以明暗与一定的情感有关系。在工艺美术方面也要考虑到明暗效果。一个工艺美术品放在什么地方，是放在光线很强烈的地方好，还是放在光线柔和的地方好，都有讲究。一个房间的灯光的设计与明暗也有关系，色调也同明暗有关。

五、形式美的基本规律

形式美有它的基本规律，过去的美学家讲了不少。这里概括为四条：一是单纯一致。一根直线要是很直地往前延伸，我们就觉得美，如果是一根水平线，缺乏单纯一致，没有始终保持水平状态，我们就觉得不美。从色彩说，色彩的美同纯净有关。如果很污脏，那就不会美。我们穿的衣服的布，即使没有花纹，如果色彩看起来纯净，那么这个布是美的，这个美是单纯一致的美，符合单纯一致的要求。要是这个布染得不好，深一块，浅一块，那就不行。所以单纯一致是形式美的基本规律，对图案设计是很重要的。

二是平衡对称。大自然的很多东西是平衡对称的，违反了平衡对称不可能有美。过去一些美学家解释说：人本身就是平衡对称的。一种你觉得要倒下来的东西，使你失去了安全感，不会有美。平衡对称是一个很普遍的规律，书法也是这样，像楷书，隶书很明显是符合平衡对称规律的。汉朝的隶书有些平衡对称非常精确。草书有没有平衡对称呀？有。但它是在变化中的一种平衡对称，要把上下左右的字统一起来看。工艺美术图案设计里，平衡对称是大量存在的现象，没有一个成功的设计是违反了平衡对称的。

三是多样统一。仅仅有平衡对称常常是机械的，还要有多样统一。日常生活经验告诉我们，一个房间的布置如果很零乱的话，会使我们感到不美，反过来说很整齐但缺乏变化也感到不美，有机械的感觉。这是说要达到美，既要有变化，又要有统一，要把这两者结合起来。有多样性，但又是合乎规律的；有规律，但又不是机械呆板的。既有变化又统一，这就美了。我想一切好的设计都是这样。有些失败的设计，有统一性而无多样性，平衡对称很精确，但呆板；有些设计好像很大胆，但看起来杂乱缺乏统一性。这两种情况恐怕都存在，都违背了多样统一规律。我们看古今书法，凡是好的，字结构得好，都既是多样的又是统一的。它有变化但又不是乱来，有规律但又不是机械排列。这看来是个简单的道理，但我认为在形式美上是很重要的。我们有些书法为什么结构不好，或缺乏多样性，或缺乏统一性，两者不能结合起来，绘图的构图也是如此。为了达到多样统一，我再讲点形式原理，简单介绍两条。德国有个美学家叫里普士，他讲了怎样达到多样统一的两条形式原理，我觉得还是有一定道理的。一是通相分化的原理，就是每一部分都有共同的东西，是从一个共同的东西（也就是所谓通相）分化出来的，这样就统一起来了。比如图案设计，有很多花纹，但各个部分有某种共同的东西，这样就统一起来了。比如波状线，每个波都是相似的，但又有变化，构成一个整体，这就是通相分化。各部分从一个共同的东西分化出来，分化出来的每一部分有共同的东西，这在图案设计里很多。锯齿形，波状线都是通相分化。再就是"君主制从属"的原理，也是比较常见的。在设计里要有个主体，其他东西要以它为中心，从属于它，就像臣子从属于君主一样，这样就达到了统一。比如说画画，一幅山水画中的山应该有个主山，这个主山就像君主一样，其他的山就像它的臣子，向它朝拜，这样就统一起来了，要不这些山是乱的，有多样性而无统一性。里普士还指出，在运用君主制从属原理时要注意，一方面，臣子不可向君主闹独立性，不从属于它；另一方面，君主的权力又不可过大，以致取消了臣子的相对独立性。这种说法也还是值得注意的，有道理的。如果出现前一种情况，就会失去统一性；反过来说，如果出现后一种情况，又会失去多样性。君主制从属原理，在许多图案设计中都可以看到。也有不少图案是同时运用通相分化和君主制从属这两个原理的。

　　四是对比照应。对比照应的法则是我们中国美学讲得最多的形式美的法则。什么是对比？黑与白是对比，红与绿是对比，直线与曲线是对比，疏密、浓淡、刚柔、左右、上下都是对比。对比是事物矛盾性的表现，有矛盾就有对比，有了对比才有多样性。如果每个东西都是一样的，那还有什么多样性呢？有差异才有多样性，而对比是差异的集中表现。中国人讲写字，要有曲有直，有缓有急，有疏有密，有简有繁，有刚有柔，这都是对比。一个字，如果每一笔都是一样粗，那就不行。要有粗有细，构成对比。一张画有些地方画得非常繁，非常细，有些地方画得比较简或非常简，这就是简繁粗细对比，虚实也是对比。这些道理中国讲得很多，我认为是很宝贵的遗产。在工艺美术设计里面，是一种带普遍性的东西。简繁、疏密、浓淡、刚柔这些对比都是常见的，如果你不能形成这种对比的话，你的设计就是枯燥的，无味的。比如你用线条构成的图案要有疏有密，不能全部是密或全部是疏，要使它有变化。有些画之所以不成功，就是虚实关系处理不好，或是说对比关系没有处理好。色彩的应用也是这样，要有对比。没有对比就没有多样性，但仅有对比不行，还要有照应，有了照应才有统一性。假如我们仅仅用对比的话，两者互相对抗，没有照应，没有照应就统一不起来。所谓"顾盼有情"，"相朝揖"，就是讲的照应。如一张画，画中树和山互相照应，这块石头与那块石头好像两个人在那里眉目传情，通声气。由于有了这个照应就统一起来了。色彩也是这样，如用蓝色为主调，这个地方有蓝色，别的地方要用相近的色调同它呼应。在草书里，写一个字要考虑上下左右的字，不能单独考虑这一个字。相争相让，也就是互相照应。多样统一和对比照应是分不开的。如果我们要求多样统一的话，处处离不开对比照应。有对比就有多样，有照应就有统一。对比照应问题是中国美学关于形式美的精髓，非常重要，比西方的讲得好，比里普士那些人都讲得好，我们不要轻视我们的这些东西。

形式美的基本规律，大致说来就是上面这些。我们只要看看西方和中国美学史上有关形式美的论述，基本的思想不外是上面所说的这些。从道理上讲，并没有什么特别难懂的地方，但具体的运用却很不容易，需要在长期的创作实践中去体会，去掌握。大凡伟大的画家、工艺美术家，对于形式美的各个法则的运用都有一种特殊的敏感，搞出来的东西，我们仔细观察，都会发现它是巧妙地运用了形式美的各个法则的。所以，要了解和运用这些法则，最好是把大艺术家的作品反复仔细地看一看，领会他们是如何运用这些法则的。特别是中国的书法，它是最纯粹地体现形式美法则的一种艺术，很值得研究。我们如果把古代大书法家写的字拿来仔细研究研究，对了解形式美的法则大有好处。另外，形式美的法则归根到底又是从现实生活中美的形体动态中概括出来的，不是从天上掉下来的，也不是哪一个人主观臆想出来的。所以，为了领会形式美的法则，做到能够灵活地、自由地运用它，又很需要经常留心注意观察现实中的形体动态美，从中是可以得到如何搞好工艺美术设计的重要启示的。把形式美的法则看成是同现实的形体动态美无关的东西，这是一种唯心主义的观点，是不合实际的。许多民间工艺美术家的设计之所以成功，在于他们对现实中各种形体动态美有许多观察，感受丰富，所以他们常常能够灵活运用形式美的各个法则，做出新颖的创造。如果对现实的形体动态美缺乏丰富生动的感受，所谓形式美的法则就会成为一些僵死、空洞的公式。

六、形式美的现代风格问题

工艺美术里，从 19 世纪末叶以来是有一种现代风格的，这种现代风格的特点是重视抽象的形式美。单纯化的抽象形式美在现代工艺美术风格中很突出，现代资产阶级的建筑也是如此，一看就是一个几何形体摆在那里，长方形或是正方形，圆柱形。像过去封建社会的那种精雕细刻的美，在现代西方资本主义国家就不那么太受欢迎。即使欢迎，也是作为一种难得的小摆设来看。在多数情况下，他们要求很明快，很单纯的几何结构，色彩也是这样，基本是原色平涂，搞一个大的色块就行了，不要很多太繁琐的东西。原因是随着科学技术的发展，西方的很多东西，不论建筑也好，家具也好，都是事先用机器加工成很多构件，一块块的板子，一定的几何形状，然后将这些板子构件拼起来，结合起来就是一件家具，一个建筑。所用的是由机器按设计图样的统一规格加工出来的构件，而这些构件当然是些抽象的几何图形，或正方形、长方形、圆形、三角形等。而这些构件的色彩，一般都是平涂的。在这种情况下，一个家具的美不美，一所建筑的美不美就关系到这些构件的几何图形的结合以及色彩的结合。这些几何图形、色彩结合得好就美，结合得不好就不美。一把椅子就是几个构件的结合，它的靠背可能是长方形，椭圆形，坐的地方是正方形，或是圆形等，总之它是抽象几何图形的结合。像封建社会里，在一个椅子上雕一条龙呀，雕很多花呀，这在现代社会来说就少了。像故宫里皇帝、老爷坐的那个椅子上面雕的花恐怕要好多年才雕得出来。现在不是这个样子，现在是机器生产，统一加工结构，所以抽象几何形状的美成了很突出的东西。抽象派的绘画为什么会出现，我认为同这个有一定的关系。对抽象派我们要批判它的怪诞不合理的东西，但也不能全部否定。有些抽象派作品在处理抽象的形式美这点上是有成绩的，它能把几何图形、色块组合成为一种很协调的美的东西。现代化的家具，它的形象很单纯，这点是过去的一些家具赶不上的。明清的家具，有的比较繁琐，也有造型简练明快的，都有它的历史的价值。现代化的家具没那么繁琐，就是简单的几何图形的结合，看起来大方，舒服。现代风格的流行和社会审美意识、趣味的变化有关，现在一些青年倾向于现代风格。今年我到北戴河去，看到有一种垫茶杯用的工艺草垫卖，我和一个年纪大的同志都选购富有民间风味和具有敦煌传统画案的小草垫，那个同志的女儿却喜爱挑选具有现代风格、图案抽象简单的工艺草垫。我向那个同志讲："我们跟青年人的要求不一样了。"我们要看到随着我们国家工业化、现代化的发展，人们的审美要求也会发生变化。所以对现代派的东西既要批判，又不要简单地说："现代派就是资产阶级，资产阶级等于腐朽。"不要这么简单化，对现代派东西要好好分析研究。但是我们民间的古典的东西是不是不要呢？当然不是不要。如果不要，那就是数典忘祖，虚无主义。我想工艺美术的风格可能有三种：一种是传统的、古典的，一种是民间的，一种是现代的。这三种风格可以同时并存，百花齐放，不要排斥一种或是抬高一种。当然中国古典的风格将来也会向现代化的过渡，但这是很自然的过程，不要勉强搞。勉强搞往往破坏原来的风格，失去了原来的优点。我想现代风格要重视，但民间的、古典的风格也要发展。古典的、民间的风格，将来渐渐地会现代化，形成具有我们民族特点的现代风格。几种风格同时发展很好，古典的，民间的，搞得好外国人也照样喜欢。不过我不是说艺术的价值要用商品价值来衡量，要把艺术价值与商品价值尽可能统一起来。有些情况下不容易统一，但为了卖钱而不管艺术质量这个不太好。过去，任伯年、吴昌硕、齐白石都是卖画的，他们都是大画家。尽管是卖画的，他们还是认真地搞，所以他们的作品有很多是卖出来的，现在看来还是艺术珍品。解放前，齐白石在北京卖画，按尺寸大小论价，但这并不影响他成为一个大画家。他卖画，他的画照样画得好。如果单纯为了卖钱，不讲艺术质量，这恐怕不好，有损于一个艺术家的尊严。卖钱是对的，艺术创造是艰苦的劳动，劳动应该给报酬，有什么不对呀！认为卖钱可耻，这是一种封建主义的思想，有时还是一种虚伪的思想，故作清高。但反过来说，为了卖钱而不管质量好坏，这也不对。今天就讲到这里。

（本文是作者一九八〇年十月十一日给湖北省
工艺美术学会所作的报告）

论美学理论的更新

解放以来，我国美学理论研究工作取得了重要的成绩。但是，时代在迅速地发展着，新情况、新问题层出不穷。已有的理论即使是正确的，也需要根据新的情况加以丰富和发展。更进一步说，除已有的理论之外，还需要逐步地探索和形成新的理论。为了美学理论的进一步繁荣，美学理论自身的更新已成为一个迫切的问题。

所谓更新，包括实质上的新和形式上的新，也包括新的研究领域的开拓。如果有了实质上的新，而且真有重大突破，那么一般地说形式相应地也会比较新。如果实质不新，而仅在形式上做文章，那么在多数情况下是谈不上真有重大的理论进展的。比如用某些新术语、新方法来讲一些别人已经提出的论点，在理论上并未提供什么新的东西，读者感到失望。"更新"，是有科学价值的更新，因而只能是根据事实和前人提出的种种理论进行独立的、艰苦的研究的结果。

美学理论的更新势在必行。但如何更新？我以为以下几个问题值得考虑。

第一，重新系统深入地研究马克思主义。

这只是针对愿意和主张以马克思主义为指导来研究美学的人而言，我并不认为任何人研究美学都必须以马克思主义为指导。因为这在实际上是做不到的，特别是目前我们正处在社会主义的初级阶段，情况更是如此。而且以其他的思想为指导研究美学也有可能提出某些有价值的看法，只要不涉及政治法律上的问题，应当尊重这一类理论的存在。马克思主义者可以同它开展对话、交流、讨论和竞赛，这是有利于马克思主义自身的发展的。就是在马克思主义内部，也可以有不同的流派。中国历史上孔子、孟子、荀子都是儒家，但他们的思想却各有自己的特色和贡献，不能互相代替。马克思主义何尝也不能这样呢？

在肯定马克思主义是我们研究美学的指导思想这个前提下，我认为我们的美学理论的更新首先就是要抛弃过去对马克思主义的种种简单的、僵化的、教条的理解。这是第一步。第二步还应争取提出马克思主义还没有明确提出或没有提出的新的概念、范畴、原理。这就是马克思主义在新的历史条件下的丰富和发展，和那种认为更新就必须抛弃马克思主义的看法根本不同。更进一步说，我认为只有在马克思主义的基础上去更新，才可望得出真正有重大科学价值的成果，建立起在各派美学中最有科学性和最符合于客观实际的美学。当然，非马克思主义的美学也可能提出某些有价值的见解。但由于它在根本的出发点上是错误的，因此它的见解经常是片面、夸大、烦琐、神秘的。而且有许多本来可以解决的问题，它却百思不得其解。在理论日趋多元化的今天，我深信马克思主义将在这种多元的发展中被证明为是最有生命力的。

然而，这需要我们作出种种艰苦的、认真的努力。首先需要重新系统深入地研究马克思主义。这种研究，要从马克思、恩格斯的原著，特别是从马克思的著作出发去研究。严格地说来，即使不可能阅读马克思的全部著作，也必须仔细地、反复地阅读马克思从早期到晚期的全部主要著作。而且由于马克思的哲学是从德国古典哲学发展而来的，因此又必须去研究康德、黑格尔、费尔巴哈等人的著作。对德国古典哲学缺乏应有的了解，就不可能真正了解马克思主义的哲学，从而也不可能真正了解马克思主义的美学。此外，还要看到马克思一生所写的大量经济学的著作，其中包含着很为深刻的哲学思想。例如，编入《马克思恩格斯全集》第46卷的马克思于1857～1858年所写的《经济学手稿》，就有巨大的哲学意义，并且和美学有着密切的关系。1861～1863年所写的《经济学手稿》① 同样也有不可忽视的

① 见《马克思恩格斯全集》第26、47、48卷，人民出版社1973年版、1979年版、1985年版。

重要意义。在这些手稿的基础上写成的《资本论》，当然也是这样。马克思从来不是仅仅在狭窄的范围内来研究经济学的。他研究经济学最终是为了科学地解释人类社会的历史发展，特别是为了解释资本主义社会的发展，从而为社会主义奠定科学的理论基础。因此，马克思的经济学著作广泛地涉及人类历史发展的问题，具有深刻的历史哲学和文化哲学的内容。我们过去研究马克思的美学，主要是着眼于他的《1844 年经济学—哲学手稿》。这固然很重要，但还不够，还要通观和仔细地研究马克思的全部经济学著作，并和对他的哲学的研究结合起来。只有这样才能真正了解马克思主义的哲学和美学思想的实质。

如果我们认真进行了上述种种方面的研究，就会发现马克思主义决不像某些人所设想的那么简单，同时也会发现在马克思主义中包含着解决现代哲学—美学提出的种种重大问题的钥匙。我们还会发现，我们直接从马克思的原著中所看到的马克思主义同多年来我们所讲的马克思主义在许多方面是很不一样的。

多年来我们接受和熟悉的马克思主义是怎样的一种马克思主义呢？我认为基本上就是斯大林所说的马克思主义。从根本上看，应当承认斯大林的思想还是马克思主义的。但在他那里马克思主义被简单化，而且在一些根本问题上明显离开了马克思主义。

这里我只以他的《辩证唯物主义与历史唯物主义》这本在长时期内被奉为至高无上的经典（其影响之大远远超过马克思、恩格斯、列宁的著作）为例来作一些说明。如果我们通盘考察、研究了马克思有关哲学的全部言论，我们就会看到实践，首先是物质生产实践即劳动在马克思的整个哲学思想中具有最重要的、根本性的意义。我曾经借用马克思评黑格尔《精神现象学》的话指出：劳动是马克思主义哲学的真正诞生地和秘密。① 但是，在斯大林的这本小册子中，却完全忽视了实践对马克思主义哲学的根本性意义。全书只有两个地方顺带地提到了实践。一个是在讲唯物论坚持世界是可知的时，他指出："经过经验和实践检验过的知识（按：这里把'经验'和'实

---

① 参见《艺术哲学》，湖北人民出版社 1986 年版，第 164 页。

践'并列是很不确切的），是具有客观真理意义的、可靠的知识；世界上没有不可认识的东西，而只有还没有被认识、而将来科学和实践的力量会加以揭示和认识的东西。"① 另一个地方是提到了"科学和实际活动的联系、理论和实践的联系、它们的统一，应当成为无产阶级党的指路明星。"② 这两个地方都只是从认识论的角度提了一下实践，而完全看不到对于马克思主义哲学来说，实践不仅仅是一个同认识论相关的问题，它是全部马克思主义哲学的基石。而且就是对实践在认识论上的意义，斯大林也没有作出较为充分的说明。虽然，斯大林在谈到历史唯物主义时，强调了物质生产对社会发展的决定作用，但仍然未能充分认识实践（物质生产是人类实践的最基本的，也是最重要的形式）对整个马克思主义哲学的根本性的重要意义。由于忽视了这个至关紧要的问题，于是马克思主义哲学在斯大林那里就被大大地简单化了。包含在马克思所说的实践中的种种巨大深刻的哲学思想，如人与自然、主体与客体、存在与思维、个体与社会（群体）等复杂问题的解决都消失不见了。在这样一种哲学中，原来马克思所说的物质世界、社会存在、辩证法等都具有了一种宿命地决定着人的活动的性质。尽管斯大林也承认先进的社会意识有巨大的作用等，但他的哲学所设想的世界仍然是一个凌驾于人之上，处处从外部来决定人的世界。这样一种唯物主义，还是马克思在《关于费尔巴哈的提纲》里所批判了的那种"不是把感性理解为实践活动的唯物主义"。③

如果从斯大林更往前追溯，我认为恩格斯的一本对马克思主义哲学的发展产生了重大影响的著作即《路德维希·费尔巴哈与德国古典哲学的终结》一书也有对实践在马克思主义哲学中的重要地位强调和说明不够的缺点。这表现在恩格斯在提出和说明哲学的基本问题时只提到了实践是检验真理的标准，而未充分说明实践对解决思维与存在、精神与自然的实际统一（不限于认识论意义上的统一），以及

① 《斯大林选集》第 2 卷，人民出版社 1972 年版，第 434 页。
② 《斯大林选集》第 2 卷，人民出版社 1972 年版，第 436 页。
③ 《马克思恩格斯选集》第 1 卷，人民出版社 1972 年版，第 18、16 页。

对解决费尔巴哈不能解决的人的本质问题的重大意义。于是就造成了一种误解，似乎马克思主义的唯物主义就只是主张存在是第一性的，思维是第二性的。实际上这只是马克思主义的唯物主义同过去一切唯物主义共同的东西，而不是两者相区别的东西。这显然产生了很深的不良影响。虽然恩格斯的《自然辩证法》一书对马克思的实践观作了不少深刻的、重要的阐发，但却并未引起人们的充分的注意。在恩格斯之后，列宁的《唯物主义与经验批判主义》也仍然主要是从认识论的角度讲到了实践，只讲了实践是检验真理的标准。在这本书中，列宁说："世界图景就是物质运动和'物质思维'的图景。"①就肯定世界的物质性来说，是正确的，但这仍然是马克思主义的唯物主义和过去一切唯物主义共同的看法。如果从马克思主义的唯物主义来看，那就必须考虑到进行实践活动的主体，必须把人类所生活的世界看作是人类的实践活动的产物和结果（这是马克思作了多次强调的说明的），而不仅仅是物质运动和思维的图景。就人类的社会生活说，它虽然也是客观物质的活动，但显然不同于自然物质的活动。列宁的《哲学笔记》基本上也还是局限于从认识论的角度来讲实践，但某些地方已越出认识论的范围，可惜未得到充分发挥。在列宁之后，毛泽东的《实践论》及《人的正确思想是从哪里来的》极大地提高了实践在马克思主义哲学中的地位，并对实践作了不少重要的阐明，但整个而言，基本上也还是从认识论来讲的。

最近人们常在谈马克思主义哲学的所谓"生长点"问题，我认为"生长点"就是在现代科学和哲学发展的条件下来进一步研究发展马克思所说的实践。由此生发开去，就会达到对一系列重大问题的应有的解决，作出重要的理论创造。现在，也许已到了重新研究马克思所说的实践，确认和恢复它在整个马克思主义哲学中的根本性地位的时候了。在我看来，马克思主义的实践观点不仅有认识论的意义，而且有本体论的意义。②

---

① 《列宁选集》第 2 版第 2 卷，人民出版社 1972 年版，第 361 页。
② 参见拙著《实践本体论》，《武汉大学学报》1988 年第 1 期。

除上述带有根本性的实践观点之外，在马克思主义哲学中长时期为人们所忽视并被简单化地理解的重要问题还有：人的本质与自由问题、人的本质的异化问题、个体的感性存在与人的社会性问题、人类的历史发展与伦理道德问题、意识形态和社会心理的产生发展问题，等等。包括实践观点在内的所有这些问题看来并非就是美学问题，但马克思主义的美学要获得更新和发展却是同这些问题的解决不能分离的。例如，有一种观点认为，如果说生活是最终决定文艺发展的东西，那就会把生活变为抽象的主宰文艺的神，剥夺了创作主体的能动性，并且排斥个体生活和心灵生活。其实，这里的问题是如何理解生活。生活就是人的自我实现和自我创造，也就是马克思所说的"人的感性活动"。因此，它是不会剥夺主体的创造性的，而且它本身就包含了个体生活和群体（社会）生活、心灵生活和物质生活。把生活视为抽象的从外部来决定人的一切的神，这并不是马克思主义的观点，而是对马克思主义哲学作一种机械唯物主义的理解或曲解的观点。所以，为了反对这种观点，并不需要反对文艺的创造最终是由生活所决定的，而只需对生活作出符合于马克思主义的解释，并且阐明作为最终决定文艺创造和作为文艺反映对象的生活所特有的含义（即在审美和艺术创造意义上的生活应该如何理解）。再如，马克思关于人的异化及其消除的问题发表了许多重要见解（包括他的晚期著作在内）。对这一问题的研究也和美学、艺术理论有十分密切的关系。在我看来，西方现代的哲学家、美学家、艺术家绝大部分都是活动在异化的范围内，从人的异化的情况下来看各种现象的。如马克思曾经指出的那样，资产阶级的"哲学家——他本身是异化的人的抽象形象"①。资产阶级的美学家、艺术家也是这样。如果我们深刻理解了马克思关于人的异化问题的思想，我们就能揭开西方资产阶级哲学、美学、艺术的种种看来是神秘的东西的真正实质。拿海德格尔等人的存在主义的哲学和美学来说，从根本上看，它不是对资本主义下被异化了的人及其艺术的一种神秘的思辨又是什么呢？它强烈地感受

---

① 《1844年经济学—哲学手稿》，人民出版社1985年版，第118页。

到了人的异化现象的存在，而且还相当深刻地揭露了它，但却找不到异化产生的根源及如何消灭它的现实途径，于是就出现了种种晦涩神秘的说法。

重新系统深入地研究马克思主义，我认为是我们的美学理论更新的根本。但这不意味着我们就只能停留在马克思主义已经提出的观点上。相反，我们应当有志气、有胆量去提出新的观点。尽管这绝非易事，而且必须以严肃审慎的态度去对待它。但只要我们肯定马克思主义必须随时代的发展而发展，那么新的观点的提出就是必然的。西方马克思主义的许多观点在我看来是不正确的，但它企图努力从新的情况出发去研究马克思主义，就有值得我们学习的地方。就哲学——美学的根本问题而言，我觉得历来我们所讲的唯心、唯物、反映这些观念都有需要重新进一步加以研究的地方。本文暂不讨论。

第二，系统深入地研究 19 世纪末、20 世纪初以来的西方美学。

19 世纪末、20 世纪初以来，西方美学提出了为数众多的理论观点。马克思主义的美学要得到更新和发展，不能脱离对西方现代美学的批判的清理和总结。自 1980 年以来，这工作已取得可观的成绩，但还不够，还要坚持不懈地继续下去，以期彻底打破我们过去对西方现代美学闭目塞听的现象，使我们在研究马克思主义美学时能真正立足于现代，有一个现代的参照系。如何应用马克思主义去深入地分析解剖西方现代美学的各种理论观点，已成为一个越来越迫切的问题。如果只限于引进介绍，那是结不出我们自己的理论果实的。要对西方现代美学作出真正深入的分析解剖，清晰明了地揭示它的实质，给予恰当的评价，这又离不开对马克思主义的重新系统深入的研究。马克思主义会使我们认清在西方现代美学的常常是烦琐、晦涩、神秘的说法后面所包含的东西究竟是什么，哪些是可以吸取的合理的东西。否则就只能追随西方现代美学的某个理论派别，在它设定的思想体系范围内去进行思考，就将陷入各种烦琐枝节的议论中，而不可能认识某一理论流派的真正的实质。如对海德格尔的哲学和美学的研究，若要真正弄清他的思想实质，包括弄清他的那些神秘晦涩的说法究竟是从何而来的，他的整个思想的理论结构为什么是现在我们所看到的这个样子，这就离不开马克思对人的本质以及资本主义下人的本质的异化的种种深刻的分析，也离不开马克思对 18 世纪以来的德国社会及其哲学的特征的分析。

对于西方现代美学，总的来看我认为不宜估计过高。拿已经翻译出版的 M. 李普曼编的《当代美学》一书来说，它大致可以反映西方20 世纪 70 年代美学的状况。但通观全书，其中究竟有多少可以称得上是具有深刻重大意义的思想呢？更多的恐怕还是一些琐碎枝节的臆想之谈。在我看来，西方现代美学在根本点上并未超过康德美学，有时还从康德后退了。就整体而言，康德美学是西方现代美学的开山祖师，它在西方美学史上的影响只有柏拉图、亚里士多德的美学足以和它相比。然而，康德美学中那种鲜明的启蒙主义的进步精神，在西方现代美学中却大大地褪色了。这是卡西尔也多少意识到了的。但是，在另一方面，西方现代美学又从多种不同的角度深化了对美学问题的研究，使对美学问题的探讨变得更为细致、复杂、丰富，并且产生了资产阶级的一大批可以称得上是第一流的美学家，如桑塔耶那、克罗齐、柯林伍德、杜威、苏珊·朗格、阿恩海姆，等等。弗洛伊德、海德格尔、萨特、卡西尔虽然还不能说是严格意义上的美学家，但他们的美学思想是有重要的意义和影响的。对于这些美学家以及二流以下的其他一些美学家的著作思想都值得我们认真加以研究。其中最重要的又是这样两个方面。一是他们从各种不同的角度，如：生命哲学、语言哲学、符号学、现代心理学、分析哲学、文化人类学、哲学人类学、艺术学等角度对美学问题所作的种种考察，二是他们在美学上所提出的一些重要问题都是现代西方审美意识和艺术发展中出现的问题的直接间接的反映，如艺术能否定义的问题，艺术的意义、指称、判断、解释的问题，等等。马克思主义的美学也应当去仔细地研究这些问题，作出自己的回答，并在这个基础上来考虑当代马克思主义美学的概念、结构、体系的建立，包含某些新的术语、概念、范畴的确立。一种称得上是当代的马克思主义美学应当包含对当代人类社会和美学的发展所提出的各种重大问题的回答，应当具有和现代科学和哲学的发展水平相适应的理论形态。而且只有这样，马克思主义美学的根本思想（在我看来就是从人类物质生产实践的本质出发去找寻对美与艺术问题的回答），才能得到多方面的、科学的、实证的说明，成为一个有丰富内容的、具体细致的科学体系。回顾我们过去对马克思主义美学的研究，它的一个严重的缺点正在于经常是一种单一的、抽象的研究，而忽视了从各种不同的角度、学科去进行具体的、细致的、多元的、实证的研究。这种状况如没有一个根本性的改变，马克思主义美学的更新和发展是不可能的。马克思主义美学的根本观点即实践的观点，借用科学哲学家伊·拉卡托斯的话来说，是马克思主义的哲学和美学的"硬核"，其他的思想是这一"硬核"的"保护带"，是由这一"硬核"的"经验转换"和"理论转换"而来的。脱离这个"硬核"，我认为就在根本上脱离了马克思主义，各种重大的问题都不可能得到符合事实的科学的解决。但只有这个"硬核"是不行的，还必须有从"经验转换"和"理论转换"而来的各种有机的和"硬核"相联的"保护带"。而所谓"转换"，就是要从各个方面去展开对实践的多层次的、实证的研究。因为马克思主义所说的实践本来就是人类全部历史的总根基，包含和涉及了种种方面的复杂问题。立足于这一观点之上，我们既可以对西方现代美学作出深刻的分析，又可以吸收它所提供的一切科学的、实证的思想资料来丰富和推进马克思主义美学。

第三，系统深入地研究中国古代美学。中国当代的马克思主义美学应当具有中国的民族特色。但所谓具有民族特色不是用古人的一些词句来装点一下我们今天的理论，而是要站在现代的高度去分析解剖古人的思想，吸收融会其中一切能够与现代美学相通的有价值的东西，使我们的马克思主义的美学得到更为丰富、深刻的阐明，并和我们民族的优秀传统联结起来。举例来说，对艺术作品的结构层次的分析是现代美学所关注的一个重要问题，而这个问题我国古代美学也已经意识到，并提出了自己的看法。如：刘勰在《文心雕龙》中提出文学作品是由"情志"、"事义"、"辞采"、"宫商"四个方面构成的，这实际也就是对文学作品的结构层次的一种分析，而且其深刻的程度不见得就低于西方现代美学的分析。只要我们能从现代美学的高度去观察分析中国古代美学，我们就能从中发现许多至今仍然有深刻理论价值的东西。在这方面，还有许多的工作等待着我们去做。

第四，系统深入地研究当代中国和世界的审美意识及艺术的特征及其发展趋势。

历史地看，一定的美学是一定历史时期的审美意识和艺术的发展在理论上的集中表现。那些发生了重大、显著影响的美学，也就是最好的，但不一定就是完全正确的从理论上表达论证了某一历史时期审美意识和艺术发展的要求、趋势的美学。为什么在20世纪初克罗齐、贝尔等人的美学发生了很大的影响？就因为它对"直觉"、"表现"、"意味"、"形式"的强调刚好符合19世纪末叶以来西方审美意识，包括趣味、好尚和艺术发展中出现的新变化、新要求。以贝尔来说，他在哲学上的修养是不高的（远低于克罗齐），而且他的美学显然缺乏系统严密的论证，但他的"有意味的形式"这一说法却风行一时，影响甚大。这就因为它很简捷地说出了19世纪末叶以来西方艺术发展中一种带普遍性的新倾向，较之于贝尔所崇拜的塞尚等人有关绘画的一些言论更具有美学理论上的概括性。我国唐代陈子昂对"风骨"的提倡也与此类似。今天，马克思主义美学要更新自身和产生广泛影响，就不能不密切地注意、观察、研究当代中国和世界的审美意识和艺术发展的趋向，回答当代所提出的美学问题。如果我们对此感觉麻木，甚或一无所知，那就很难使美学理论得到更新。

回顾20世纪初以来，现当代审美意识和艺术的发展究竟有何特点呢？我想至少有以下两个不可忽视的特点。首先，人作为个体感性存在的意义、价值问题被推上了最重要的位置。在18世纪以至19世纪前半期，这个问题是普遍地被认为由启蒙主义者所提出的"理性"所保证和解决了的。而当资产阶级反封建的革命完成，启蒙主义所约许的永恒完美的"理性王国"在现实中暴露出它的重重矛盾和问题之后，于是个体感性存在的问题就极大地突出起来，从叔本华、尼采到生命哲学再到存在主义的非理性以致反理性的强大思潮就应运而生了。① 尽管存在主义的思潮在今天的西方已经不时髦，但它最为鲜明突出地提出的个体感性存在的问题并未得到解决。至少就人文科学的范围而言，这个问题的提出和要求解决，是现代思想区别于近代思想的一个根本标志。西方资产阶级和小资产阶级的思想家无法解决这个问题，但马克思早在19世纪40年代就作出了科学的解决。马克思的科学社会主义理论就是对这个问题的解决。尽管还只是一种理论上的解决，而且社会主义、共产主义的实现问题出现了马克思未能预见到的种种新的复杂的情况，但至今为止这一理论在科学上的正确性还是推翻不了的。上述这个由历史所提出的具有重大意义的问题表现在审美意识和艺术的发展上，使得对个体感性存在的意义和价值的追求和确证成为现当代审美意识和艺术发展的最重要的趋向，一切阻碍和否定这种追求和确证的东西都将被推翻。美与艺术日益直接地成为个体感性的自由心灵的显现形式，而不再是某种凌驾于个体感性存在之上，从外部来规定个体感性存在的"物自体"。"摹仿说"之所以为"表现说"所取代，"形式"的"意味"、"情感"、"表现性"之所以受到极大的重视，原因就在这里。我们可以说在古代以至近代的美学中，"美"基本上被看作是外在的客体从来就具有的某种属性、关系，等待着主体去发现它、再现它、摹仿它；而在现代的美学中，"美"却只能是作为个体感性存在的主体的自由心灵的显现形式。这是一个重大的转变，黑格尔在论到他所说的"浪漫型"的艺术时对此已有了天才的预感。马克思主义的哲学和美学决不否定，而是高度重视个体的感性存在的（自斯大林以来的马克思主义对此有严重的曲解）。它所作的种种努力，就是要从人类的历史发展中，从人的社会性中去找到使个体感性存在的意义与价值得到真正确证的现实途径。这也正是马克思主义区别于存在主义等思潮的一个根本之点。在我国，随着改革的提出、深化和展开，封建的、"左"的、小生产的意识的逐渐崩溃，对个体感性存在的意义与价值的追求也空前突出起

---

① 参见拙作《走向现代》，《美术思潮》1987年第1期；《感性、理性与非理性》，《江汉论坛》1987年第7期。

来，并且在新时期的文艺中得到了鲜明的表现。我们的美学不应去否定这种表现；相反，应看到这是历史的一个重大的进步和转变。我们所要做的工作是要使对个体感性存在的意义与价值的追求和确证同人的社会性的发展统一起来。但又要看到这个统一是一个漫长的历史过程，所以不能陷入乌托邦式的空想，而要具体历史地去把握这个统一的现实进程，这就是问题的症结所在。其次，现当代的审美意识和艺术发展的另一个重要特征，是和现代科学技术的发展日益密切地联系起来了。门罗的《走向科学的美学》一书鲜明地表现了这种趋向，尽管门罗的具体看法我认为有许多并不正确。今天，科学技术在广大的范围内直接成为生产力，并渗入到人们生活的各个方面，强有力地改变着人们的生活方式、思维方式、交往方式和对外部世界的关系、看法。在 19 世纪 40 年代初，马克思就已指出：

> 自然科学……通过工业日益在实践上进入人的生活，改造人的生活，并为人的解放作准备，尽管它不得不直接地完成非人化。工业是自然界同人之间，因而也是自然科学同人之间的现实的历史关系。因此，如果把工业看成人的本质力量的公开的展示，那么，自然界的人的本质，或者人的自然的本质，也就可以理解了；因此，自然科学将失去它的抽象物质的或者不如说是唯心主义的方向，并且将成为人的科学的基础……①

马克思的这个极其深刻的天才预见今天已不断为种种事实所证实。在西方，原来互相轻蔑、讽刺、嘲骂的科学哲学和人文哲学已出现了互相接近、融合的趋势。科学哲学已不能不考虑社会的人的本质问题，人文哲学也不能再把自然科学的巨大发展置之不理，而仅仅作形而上的抽象思辨了。这种情况也必将影响到美学、艺术的发展。有关审美和艺术的种种问题将不断与自然科学相联系而得到实证的考察和研究。哲学的考察和思辨不会被取消，但它将同自然科学的实证的研究

---

① 《1844 年经济学—哲学手稿》，人民出版社 1985 年版，第 85 页。

紧密地结合起来。人们的审美的趣味、好尚，艺术的创造也将因自然科学的发展所提供的材料，所发现的规律、形式而发生种种变化。美与艺术的发展本来就离不开人与自然的统一，从而也离不开自然科学的发展。现代科学技术的发展已把人与自然的统一推进到了一个前所未见的新阶段，因此它也将把审美与艺术的发展推进到一个新阶段。

展望未来，审美与艺术在人类生活中的作用和地位将大大提高，从而美学的作用与地位也将大大提高。① 紧紧地跟随时代的发展，使马克思主义美学不断得到更新和发展，是摆在我们面前的一个大有可为的重要任务。

（原载《学术月刊》1988 年第 5 期）

---

① 这是我在20世纪80年代末的想法。从历史的长远的、宏观的发展来看是对的，从当代的现实生活来看则是一种过于乐观的想法，90年代以来美学的发展本身也已经证明了这一点。上世纪80年代出现了"美学热"，这主要是因为那时美学的发展是同反对"文革"的极左思想联系在一起的，它本身就是批判极左思想的一个方面军。到了80年代末和90年代初，随着反"左"的任务基本完成和中国社会转向市场经济社会主义，"美学热"就迅速降温了。但这又不是说美学将走向衰落，而是说它已进入了一个前所未见的新时代，需要重新建构它自身。在上世纪80年代基本形成的马克思主义实践观美学也不会走向"终结"，它将在与各种强烈反对它的理论的对话与论争中获得丰富与发展。但目前这种对话与论争尚未充分展开，马克思主义实践观美学对各种反对它的理论还没有进行仔细的清理与回答——作者补注。

美 学 十 讲

第一讲 什么是美学

美学是一门年轻的科学。它是在 1750 年，德国哲学家鲍姆加登所著《美学》（Aesthetica）一书出版之后，才开始被看作是一门独立的科学，并在 18 世纪后半期迅速发展起来。但美学是怎样的一门科学？它是研究什么的？这在历史上一直有不同的理解，到今天也还在争论中，没有公认的结论。不过，就美学已经研究和正在研究的范围来看，不出下述三个方面。

第一，美学是一门研究美的本质的科学。美是我们在生活中每天都可以感受到的，但美之为美的普遍的共同的本质是什么呢？为什么极不相同的许多事物都能引起我们的美感？使各种不同事物成为美的原因是什么？美是事物客观具有的一种特殊的属性呢，还是我们的主观意识的产物？这些问题，古代的哲学家就已经提出来加以探讨了。美学开始成为一门独立的科学之后，德国古典美学家从哲学的角度集中地研究了美的本质问题。马克思批判继承了德国古典美学，在他的《1844 年经济学—哲学手稿》一书中，第一次从哲学的根本原则上给了美的本质问题以科学的解决。美的本质问题在美学中带有极大的重要性。为了帮助人们树立正确的审美观，区分什么是美、什么是丑；为了解决艺术创造和欣赏中一系列根本性的问题，今天我们对于美的本质问题，还需要在马克思主义的指导下，继续进行深入的研究。

第二，美学是一门研究审美意识的科学。所谓审美意识，首先指的是美感，其次还包含审美理想、审美趣味、审美标准等一系列问题，总之是一切同我们对美的主观感受相关的问题。美只有通过人们的主观感受才能为人们所感知，而人们对美的主观感受有它的特殊的规律性，有不同于科学认识或日常功利、伦理道德认识的显著特征。例如，你在解答一个数学难题的时候，你的心理活动，同你在欣赏音乐、绘画或看电影、读小说时的心理活动就很不一样。当你考虑把一棵树砍下来可以做什么家具的时候，你的心理活动同你在欣赏这棵树的美的时候也大不相同。对一个人的行为，我们从道德上评价它和从审美上感受它，两者也有区别。美学对审美意识的研究，能够从认识论和心理学上为我们找出审美活动的特殊规律，对于提高人们的审美能力，培养健康高尚的审美理想、审美趣味，树立正确的审美标准，都有重要作用。

第三，美学是一门研究艺术的普遍本质，特别是研究艺术的审美特征的科学。艺术是一种意识形态，它和其他意识形态（哲学、科学、政治理论，等等）相比，有许多不同的特征，但最为重要的本质的特征，在于艺术能引起人的审美感受。所以，尽管有一些美学家认为艺术不在美学研究的范围之内，但相当多的美学家还是认为美学的研究不能脱离艺术，另有一些美学家则认为美学的研究对象就是艺术。在我们看来，艺术是对现实美的一种带有很大能动性的集中反映，同时也是一定历史时代的审美意识的集中表现。这种反映和表现又是物质形态化了的。艺术作品都是用一定的物质材料（如语言、声音、人体动作、色彩、线条、大理石等）造成的可供欣赏的审美对象，并且具有重要的社会功能。所以，美学研究虽不能局限在艺术的范围内，但也不能脱离艺术这个十分重要的对象。我们的美学研究应该更加紧密和深入地同艺术的创造、欣赏和批评结合起来，努力促进我们的社会主义文艺发展。

美学同社会的精神文明有着直接的密切的关系。任何一个社会的精神文明都和真、善、美分不开。这三个方面既有区别，又是不可分地统一在一起的。一个社会的审美理想、审美趣味是高尚还是卑下，丰富还是单调；审美能力是锐敏还是迟钝，精细还是粗陋，这是衡量社会精神文明发展高度的一个重要标尺。高尚的道德风尚同高尚的审美观念是不能分离的。为了建设社会主义精神文明，我们需要学习、研究美学，并使美学普及到广大群众中去。我们的美学研究，应该同人民的生活相结合（但要防止简单化、庸俗化），在建设社会主义精神文明中发挥它应有的作用。

第二讲 什么是美

为了建设社会主义精神文明，我们需要树立正确、高尚、进步的审美观。而要树立这样的审美观，就需要从理论上搞清楚什么是美。但这个问题恰好是美学中一个极为复杂困难的问题，很早就被人比作是一个"谜"。为了解答这个"美之谜"，不知有多少美学家绞尽了脑汁。但直至目前为止，仍然众说纷纭，莫衷一是。这篇短文所讲的，只是笔者个人的一些供参考的意见。

凡是我们称之为美的东西，都是在我们的意识之外存在着的一个对象，而且是一个感性具体的对象，具有鲜明的形象性和个性。我们对它的美感就是由它所具有的各种生动、具体、形象的属性所引起的。例如我们对一朵花的美感，就是由花的形状、颜色、姿态以至香味等所引起的，花的美不能脱离它客观具有的各种属性而存在。美只能存在于感性具体的现实世界之中，这应该是唯物主义在美学上的一个基本的出发点。那么，客观事物所具有的属性何以能够引起我们的美感呢？历史上有一派美学家很早就企图通过经验的观察，从物所具有的各种属性中去把美找出来，把美规定为某些能够引起美感的特殊属性。但这种做法碰到了一个很大的困难，那就是所找出的美的属性无法说明千变万化的事物的美。例如18世纪英国经验派美学家柏克找出了美的事物所必须具备的七种属性，但这些属性并不能普遍地说明一切事物的美。如他认为"光滑"是美的事物所必须具备的一种很重要的属性，但事实上并不是所有光滑的东西都美。这种企图从物的属性中去找寻美的做法遭到了另一派美学家的尖锐批评。他们从根本上否定了这种做法，转而从精神、意识中去找美。他们或者认为美是某种神秘的"绝对理念"的表现，或者认为美是审美主体的直觉、幻觉、下意识的欲望、情感……的表现。如主张"感情移入说"的德国美学家里普士认为，一朵花之所以产生了美，是由于我们把自己的感情移入或投射到了花的上面，使花成了我们的感情的生动体现。这一类美学家对于美的具体说法虽各有不同，但他们都认为美不是单纯的物理事实，而是某种精神性的东西的表现。这种看法，把美说成是精神、观念、意识的产物，否认美是现实生活中的客观存在，我认为是违背事实的，因而是不正确的。但他们认为美同人的主观方面的精神、意识有关，美是某种精神性的东西的表现，这却是一个深刻的思想。例如，拿红色来说，当我们把它作为物理学研究的对象来看的时候，它同我们主观方面的思想感情没有什么关系，只是一种单纯的物理现象。但当我们把红色作为审美的对象来看的时候，它立刻就同我们主观方面的思想感情不可分地联系在一起，具有了某种精神上的意义。作为审美对象来看的红色，经常表现某种热烈、奋发、昂扬的感情，在许多情况下还成为革命的象征。如我们欣赏五星红旗的美，这红旗所具有的红色就已不是一种单纯的物理现象，它同时还具有一种同我们的革命斗争相联系的情感内容和精神意义。

这样看来，一个美的对象，既是在我们意识之外客观存在着的感性具体的对象，同时又是一个表现了人的主观方面的某种情感，具有某种精神意义的对象。我认为这样说比较符合实际。问题在于：第一，客观的事物何以能成为人的情感的表现，具有精神上的意义？第二，一个美的对象所体现的情感、精神是什么样的一种情感、精神？因为并不是任何一种情感、精神的体现都能成为美的。回答了上述两个问题，我认为美是什么这个问题也许就大致可以解决了。

客观的对象怎么能够表现人的思想感情，具有精神意义呢？这是由于人在长期的历史的实践中改造了周围世界，使各种事物同人的物质生活和精神生活发生了密切联系的结果。例如，红色之所以常常表现出一种热烈兴奋的感情，这和人们在生活中对火焰、太阳等红的色彩的感受有关，也和远古以来人们在战斗中的流血牺牲分不开。红色之所以常常成为革命的象征，一个重要的原因，就在于革命的进行和取得胜利需要有不怕抛头颅、洒热血的勇敢牺牲的精神。当然，红色所表现的感情并不是在任何情况下都是美的，更不是在任何情况下都是革命的象征。同样是红色，在某些情况下它所表现的情感是美的，在另一些情况下却只能给我们以恐怖、肮脏、丑恶的感觉。这一方面是由于生活中各种具有红色的事物在不同的情况下同人的生活的联系是不同的；另一方面还由于一个美的对象虽然表现着某种情感，但并不是任何情感的表现都能成为美的。英国美学家罗斯金说过一句很有意义的话：一个少女能够为她失去的爱情而歌唱，但一个守财奴却不能为他失去的金钱而歌唱。从古至今，没有哪一个守财奴能把他失去金钱的痛苦感情写成一首美丽动人的诗。

在一个美的对象上所表现出来的感情究竟是怎样的一种感情？审美的和非审美的感情的区别何在？这是美学家至今还没有完全解决的问题。我的初步见解是：审美的感情是人们看到了自己的自由或理想获得了实现而产生出来的一种精神上的愉快感情。这里所谓的自由，决不是任意胡来、为所欲为的意思，而是人们在实践中认识、掌握和支配了客观世界的必然性的结果。具有自觉能动性的人类，从来不愿做客观必然性的奴隶，总是力求通过自己的实践去掌握和支配客观必然性，使各种和人类的生存、进步、发展相关的目的获得实现，从客观世界取得自由。然而自由的实现却不是一件轻而易举的事，它要求人们必须发挥出他所具有的创造的智慧、才能和力量去克服种种困难，有时还要付出巨大的牺牲。正因为这样，当人类支配了客观的必然性而取得自由的时候，他不仅达到了自己的某个目的，满足了某种实际需要，而且还会产生一种精神上的愉快——由于见到人通过自己的创造性活动支配了客观必然性而产生出来的愉快。德国美学家康德曾经把美的愉快称之为"自由的愉快"，这是把握住了表现在一切美的对象上的情感所具有的本质特征的，虽然康德对自由与必然的关系还缺乏正确的认识。守财奴失去金钱的痛苦感情的表现之所以不能成为美的，就在于它是一种动物式的自私的感情，从中我们看不到人的自由，因此这种情感的表现不能成为美的艺术。

审美的经验告诉我们，在我们感受到美的时候，经常觉得无拘无束，入迷而出神，好像同我们所欣赏的美的对象融为一体，合而为一了。这是人的自由同客观外界的必然性两者的高度统一在人的情感心理上的反映。而这种统一的达到，是人的创造性的实践活动的产物。从最高的哲学概括来看，美是人类改造世界的历史成果，是人在实践创造中取得的自由的感性具体表现。

第三讲 形 式 美

美的现象虽然无限多样，但经过分析，可以划分为若干基本形态。美学史上早就有一些美学家进行过这种划分。我认为从相对于艺术美的现实美来说，美大致上可以划分为形式美、精神美、自然美三种基本形态。我们现在从文明礼貌的角度提出来的"四美"，都同美的这三种基本形态密切相关。

形式美指的是客观世界的自然物理属性所具有的美。它又可以划分为两大类，一类是诉之于听觉的声音的美。如歌唱家的歌声，乐曲的节奏，诗歌的韵律，人的语声、笑声以至大自然中的各种音响，听起来是否悦耳，都属于听觉的形式美问题。另一类是诉之于视觉的形状、颜色、线条、空间等的美。如一种花卉，一个贝壳，一种动物，一件家具，它的形状色彩看起来是否悦目，这都属于视觉的形式美问题。形式美是我们在生活中最为直接和大量经常地感受到的。

形式美来源于人改造世界的实践。人要改造客观世界，使之符合于人的愿望、要求、理想，他就必须利用和改造事物的各种自然物理属性，找到或赋予它以一种合乎人的目的的形式。例如，在原始社会，要制造一把石斧，就必须从各种石头中找到一种质地坚硬的石头，并使它具有一种合乎使用目的的形状，把它的表面打磨光滑，并造成一个锋利的刃口，等等。由于这石斧是人类劳动的成果，因此我们今天在历史博物馆中看到它的时候，它那坚硬的质地，光滑的表面、合乎规律的平衡对称的形状等自然物理属性就引起了我们一种精神上的愉快——一种由于见到远古劳动人民创造的智慧和才能，见到人类支配自然的力量而产生出来的愉快。这种愉快从本质上看就是美感，而我们称之为美的石斧所具有的各种自然物理属性，就是人支配自然的力量，也就是人的自由在石斧上的感性物质的表现。还有不少事物，人类虽然没有从形态上直接改变它们，但由于人类在生活中对它们的占有和利用，同样是人类征服自然，从自然取得自由的结果，因此它们所具有的某些自然物理属性也对我们产生了美的意义。如老虎这种猛兽的形状、色彩以及它所显示出来的勇猛的力量之所以使我们感到美，是从远古以来，人类依靠自己的勇敢和力量征服了老虎，使它不再对人的生命造成威胁的结果。因此，我们可以说人类对老虎的美的欣赏，其实就是人类对自己支配自然的力量的欣赏。诉之于听觉的形式美同样来源于人改造世界的实践，它是同人的生产劳动以及其他生活活动相联系的人的自由的情感在声音上的表现。如劳动中有节奏的号子的美，就是同劳动中的协调动作以及人在劳动中战胜自然的欢乐、自豪的情感分不开的。许多音乐美学家都指出过音乐是情感的语言，而音乐所表现的情感是人在改造世界的实践中所体验到的自由的情感，并且经常是同人体的合规律的自由的动作联系在一起的。一切我们今天称之为美的形式最初都起源于生产劳动，但在漫长的历史过程中，这些形式逐步地摆脱了它同个别、具体的生产劳动的联系，越来越获得了广泛的、普遍的意义，成为肯定人的自由的一般形式，并通过审美与艺术创造、欣赏的活动而普遍地为人们所认知。因此，我们今天在感受到形式美时，完全可以不去想它最初同某一具体生产劳动的联系。

由于形式美是自然物理属性所具有的美，而自然物理属性的状态又经常同人的生理上的愉快或不愉快密切相关，所以形式美同人的生理上的快感有很为直接的联系。但我们对形式美的美感又不是单纯的生理快感，它已经超出单纯生理快感而具有精神上的意义。越是高级的形式美，越是渗透着社会的人所具有的高尚情操。人们都希望自己周围的一切事物具有赏心悦目的形式美，这种愿望是完全合理的。但要取得形式美，既要有高尚的情操，又要懂得形式美的一些基本规律（如单纯一致、平衡对称、多样统一等）。把形式美混同于动物生理的快感，一味追求生理官能的刺激，或喜好破坏形式美规律的"新奇"，这都不利于提高我们对形式美的美感。至于形式美同人的精神美的关系，我们将在第四讲再说明。

第四讲 精 神 美

精神美是人的自由在人的精神品质上的感性具体表现，它同人与人的社会关系密切相关。

人是一定的社会关系的总和，人的自由只有在他同别人的社会关系中才能实现，但社会却又是不以任何个人的主观意愿为转移的。特别是剥削阶级统治的旧社会，它常常无情地拒绝个人的自由发展的要求，甚至把个人投入毁灭的深渊。因此，生活于一定社会关系中的个人为了求得自由发展，就必须联合起来去改造那压制着人的自由发展的社会，使社会的发展同个人的自由发展统一起来，从社会取得自由。然而，社会的改造经常要遭到各种反动、腐朽、落后、保守的社会势力的强烈抵抗，这就要求一切进步的、革命的人们必须充分发挥出自己的聪明才智去战胜各种困难，同阻碍社会发展的各种势力进行坚忍不拔的，甚至是殊死的斗争。正是在这种斗争里，我们看到了人改造社会、从社会取得自由的强大的力量，同时也就看到了人的精神美。人在改造社会的斗争中感性具体地表现出来的卓越的智慧、崇高的感情、坚强的意志，就是人的精神美的三个基本方面。而构成人的精神美的本质的东西，又在于个人把他的自由的实现同某种进步的、革命的、崇高的社会理想的实现不可分地联系在一起，把实现这种理想看作是自己全部生命价值的所在，在任何巨大的困难面前都决不屈服后退。例如，雷锋的不朽的精神美就在于他自觉地把为实现共产主义的理想而斗争看作是他的全部生活一刻也不能离开的目标，并且不顾一切地去追求实现这个目标。个人的自由的实现同社会的进步发展这两者之间的不可分的统一，是人的精神美的核心所在。

社会的改造是多方面的，人的精神美也是多方面的。它既表现在破坏一个旧社会的血与火的斗争中，也表现在建设一个新社会的艰巨的、看来又常常是平凡的工作中；既表现在对一切腐朽反动势力的烈火般的仇恨中，也表现在进步、革命的人们之间无私的爱之中。马克思在讲到工人阶级的精神品质时说过："人与人之间的兄弟情谊在他们那里不是空话，而是真情，并且他们那由劳动而变得结实的形象向我们放射出人类崇高精神之光。"这正是工人阶级在团结战斗中所表现出来的精神美。

人的精神美在从古至今许多伟大的文学作品中得到了最为充分的表现，读来使人赞叹不已。所有这些作品对不同历史时代的先进人物、英雄人物的成功描绘，就是人类在改造社会的漫长斗争中表现出来的精神美的一幅连续不断的、宏伟的历史画卷。中国文艺历来高度重视对人格精神美的表现，这是中国美学和文艺的光辉传统。

精神美高于形式美，这是古希腊哲学家和美学家柏拉图在他对美的等级排列中明确提出来了的。比柏拉图更早，自孔子以来中国美学也把精神美摆在最高地位，并且很少有柏拉图那种唯心神秘色彩。精神美之所以高于形式美，在于它比形式美具有更重大、更深刻的内容，更能充分显示人之所以为人的自由的本质。人的精神美同外部形体的形式美有时是统一的，有时又是不一致的。在精神美而形式丑的情况下，精神美能够压倒形式丑而放射出自己的光辉，有时甚至使我们觉得它克服和战胜了形式的丑。在形式美而精神丑的情况下，形式美会因为精神丑的暴露而丧失它的价值。所以孟子说："西子蒙不洁，人皆掩鼻而过之"。鲁迅说："我诅咒美而有毒的曼陀罗华。"

第五讲 自 然 美

自然美指的是自然界的美，包括单个的自然物（如花、鸟、虫、鱼之类）和人类所生活的整个自然环境的美。这种美是人改造了自然的产物，是人从自然取得的自由在自然界各种事物上的感性物质的表现。当自然还是一种不可制服的力量威胁着人的时候，自然对于人是不会有什么美的。夜晚住在树上，被周围成群的野兽威胁着的原始人，决不会感受到王维所描写的"明月松间照"的美。只有当人类把自然逐步改造成了人类可以自由地活动和安居的家，自然在一定的范围和程度上与人达到了和谐统一，自然对于人才产生了美。

我们说自然美是人改造了自然的产物，这里所说的人对自然的改造应当广义地理解为人对整个自然的征服、支配、占有，而不应狭隘地理解为人对自然界中的每一种事物都要直接从形态上去加以改造。如对于太阳，我们不可能从形态上去直接改造它，但只要我们认识了太阳同人类生活的关系（最初是直接同农业生产相联系的），能够利用它有益于人类生活的方面，避免它有害于人类生活的方面，我们也就初步支配了太阳这种自然物。而这种支配，就逐步使太阳对人产生了美。在我国古代神话"后羿射日"中，那带来了大旱，晒焦了大地的草木，威胁着人类生存的太阳并没有什么美。但到了战国时期，在《楚辞》的《东君》中，太阳却成了被赞美的对象，它被想象为一个每天勤劳地驾着车子在天上行走，不断给人类带来光明和幸福的和悦可爱的神。这种对于太阳的美的感受，无疑同我国古代农业生产的发展，人对自然的支配力量的提高分不开。

所谓人对自然的改造，还要作为一个历史的过程来了解。人们常常以为人的自然形体的美完全是天生的，实际上人体是在漫长的劳动过程中得到改造而逐步成为美的，又经过生理遗传一代一代传了下来。如皮肤的光滑常常被看作是人体美的一个条件，但在从猿到人的过程中，人体开始并不像现在这样光滑，而是长着许多毛。再如人手的美同它的灵巧分不开，而人手的灵巧正是人类进化过程中长期劳动的产物。只要我们去追溯考察各种事物的美同人类改造自然的实践的关系，就会看出自然美是人类改造了自然的产物。可是，由于单个的人常常意识不到他所生活的自然是人类在漫长的历史中改造了的自然，因此某些美学家就把自然的美看作是天生的，同人的实践活动没有关系。这是一种缺乏历史观点的错误看法。

人类对自然美的独立的欣赏比对形式美、精神美的欣赏要晚得多。自然美不同于形式美和精神美，但它又把形式美和精神美包含到了自身之中。如一棵松树，就它的形状色彩的美来说是形式美，就它象征着某种坚强不屈的人格来说又体现了精神美。而自然物之所以能成为某种精神道德的象征，那原因是由于在历史的过程中，自然不但同人的物质生活发生了关系，而且还同人的精神生活发生了关系。人不但按照物质生活的要求去改造自然，而且还力求要使周围的自然物同人的精神生活协调起来。如我国苏州等地的园林建筑，建筑师们在设计时都十分注意使园林的自然环境同人的精神生活的理想相协调。一般说来，在自然美中，形式美的因素占着重要地位，大自然中一切使我们感到心旷神怡的东西都同形式美有关。但对于自然美的较高级的欣赏，并不停留在感官愉快上，而能够从中体验到某种和人生相关的较深刻的精神内容。

自然美的欣赏能够在无形中培养人们的高尚情操，唤起和增强人们对自己的家乡和祖国自然山水的爱，以及保护自然环境的意识。例如，一个懂得欣赏和热爱自然美的人，是决不会去干最近新闻报道中说的那种开枪射杀白天鹅的蠢事的。所以，在美育中，自然美的欣赏有着不可忽视的意义。

第六讲　美的客观性

美是主观的还是客观的？这是美学史上一直在争论的问题。

我认为美是客观的。这首先是因为美不是人的主观意识活动的产物，也不是什么在人类之前就存在着的所谓"绝对精神"的产物，而是人改造世界的实践活动的产物。拿花的美来说，如果脱离人类改造世界的实践去孤立地加以观察，就会以为花的美是欣赏者的情趣、心境、爱好、联想的产物。而实际上，离开了人改造世界的实践，花对于人就不会有什么美。原始艺术史的研究告诉我们，完全不懂得农业，只知以狩猎为生的原始氏族，即使住在花草繁茂的地区，他们对于花也毫无兴趣，感受不到什么花的美。在他们的器物装饰画和洞窟壁画中找不到植物的形象，而只有动物的形象。人类从花的身上感受到了美，是人类学会了农业，整个植物界同人类的生活直接发生了密切关系以后的事。在这之后，不同的人对于花的美之所以有不同的感受，归根到底仍然是为人们的生活实践所决定的。不同的生活实践使人们的生活同自然发生了不同的关系，因而使包括花在内的各种自然物对于人们产生了不同的美的意义。我们只要仔细地加以分析，就会看到任何一个人所感受到的花的美或其他自然物的美，都不是他的意识创造出来的，而是他参与其中的一定的社会实践创造出来的。不论意识在审美中的作用有多么大，它都不能直接创造客观现实的美，而只能反映人们在实践中创造出来的美。但这里所说的反映，当然不是简单的摹写。

其次，美之所以是客观的，还在于美是人的自由的实现，而真正的自由，只能是人按照对客观规律的认识去改造世界，支配了客观必然性的结果。因此，真正的美是同人类历史发展的必然规律相一致的，它经常同进步的、革命的阶级或社会集团的理想联系在一起。相反，一切腐朽反动的阶级或社会集团所追求的自由是违背历史发展的客观必然的，并不是真正的自由，因此他们所谓的美从人类历史的发展来看，或者是十足的丑，或者具有某种外在的美的形式，而内容却是空虚腐朽的。虽然在一定的条件下，这种所谓的美也可能得到一些人的欣赏，但它终究要为历史的发展所否定，被绝大多数人所抛弃。只有合乎历史发展必然的人的自由的实现，才是人类历史上永存的美。因为这种美是人类在前进的道路上所取得的历史成果，它凝结着人类的智慧、力量和理想，不但能给我们真正美的愉悦，而且能够启示和鼓舞我们去为推动历史的前进，创造更加美好的生活而斗争。人类改造世界的实践是判定美丑的最后的标准。古往今来人们所说的一切美，都不可避免地要受到人类历史实践的检验而决定它们是否真正的美，是否在人类历史上有其长远存在的价值。

有些美学家认为美既不是客观的也不是主观的，而是主客观的统一。对于这种说法，应作具体分析。如果所谓主客观的统一是由实践所达到的统一，是人改造了客观世界的结果，那么这种说法同我们所主张的美是客观的说法并没有什么矛盾，而是一致的。因为实践就是毛泽东同志曾经指出过的"变主观的东西为客观的东西"，使主观与客观达到统一的活动。然而，主观的东西一旦通过实践变成了客观的东西，它就是在人的意识之外的客观存在了。所以，美作为实践的产物，既是主观与客观的统一，同时又是客观的。相反，如果离开实践去讲主客观的统一，把这种统一看成是精神意识活动的结果，那就同唯心主义者认为美是主观的说法在本质上没有什么区别。

第七讲　真善美的联系与区别

真同美和善是互相区别而又不可分地联系在一起的。我们要透彻地了解美的本质，不可不研究真善美的联系和区别。

什么是真？我认为从客观世界来说，真指的是客观事物的存在及其发展的必然性、规律性。美不能脱离真，因为美是人改造世界的产物，是人的自由的实现，而自由的实现一点也离不开人对客观事物的必然规律的掌握。就拿一张桌子来说，如果人不认识木材的性能，不懂得如何通过劳动改变木材的形态使之符合于人的使用目的，那就不可能把一堆木材变成一张具有形式美的桌子。马克思说过："劳动是活的、塑造形象的火。"而这种塑造是以对客观事物的必然规律的掌握为前提的。但是，客观事物的规律本身，当它还没有在实践中为人掌握和运用的时候，它并无美丑可言。例如，平衡对称是数学上研究的自然规律，它本身并无美丑可言，我们也不能说一切符合这一自然规律的事物统统都是美的。但当这一规律为人所掌握，并运用到劳动工具、日用器皿、房屋舟车的制造上，使之巧妙地适应于人的某种目的，这时它就因为体现了人的智慧和才能，成为人的自由的感性现实的肯定，而具有美的意义了。所以，一切美的东西都是合乎规律的，但单纯的合规律性还不是美。美是客观规律与人的目的，合规律性与合目的性的高度统一。在一个美的对象上，规律与目的不是互相对抗，而是融为一体，不可分离的。合规律的运动自身即是目的的实现，目的成了规律内在的灵魂。我们常用"自然天成"、"不露斧凿痕"来称赞一件艺术品的美，这就是说它虽然是人工制造出来的，却又好像是天然生成的，达到了合目的与合规律的高度统一。

什么是善？历来有种种不同的理解。我认为从马克思主义的观点来看，真正的善（也就是合乎道德）是个人的特殊利益同社会的普遍利益两者的统一。如果个人的特殊利益的满足违背了社会的普遍利益，那就是恶，不是善。反过来说，如果社会的普遍利益是脱离个人利益，在根本上同个人利益相敌对的东西，那么这种普遍利益就是虚假的，它同样是恶而不是善。由于个人的发展一刻也离不开社会，所以善作为个人的特殊利益与社会的普遍利益的统一来看，其本质也就是自由。正因为这样，美始终离不开善。不论在中国或西方古代的美学中，善常被用做美的同义语，善即是美，美即是善。但美究竟又不同于善。善所注意的是个人的行为是否符合社会的普遍利益，它是通过冷静的理性分析来判定的。而美所注意的却是个人如何通过他的创造性的活动和努力使善得以实现，它是通过充满感情的观照、欣赏来把握的。善的实现过程也就是社会的改造和建设的过程，它要求个人必须用坚强的意志去克服摆在自己面前的种种困难，有时甚至要献出自己的生命。当善的实现感性具体地显示出人改造和建设社会的智慧和力量时，人们的行为就不仅会引起我们的敬重，而且会引起我们的赞叹，于是善的同时也就成为美的。最高的善的本质在于自由，而自由的实现又不能脱离对客观必然规律的掌握，换句话说，不能脱离真。从这个意义上，我们又可以说美是真与善的统一。而这个统一之所以成为美，完全在于它是人的创造性的实践的结果。美是在这种创造性的实践活动中感性具体地表现出来的人的自由，善则是这种活动同社会的普遍利益的一致。

在现实生活中，美同真和善是不可分离的，是同一事物的三个不同方面。例如，葛洲坝水电站的建设，从它符合自然界的客观规律来说是真，从它符合广大人民的利益来说是善，从它是千百万人民忘我的创造性劳动的结果来说是美。脱离真和善去追求美，这种美将是徒具形式的空虚的东西，甚至是庸俗丑恶的东西。我们的文艺作品应当力求做到美与真和善的完满统一，防止脱离真和善去孤立地追求美。

第八讲　美感的特征

美虽然是客观的存在，但它要为人所感知，却一刻也离不开人的审美感受（美感）。所以，研究人对客观世界的审美感受的规律性，是美学的一个重要课题，并且是一个涉及不少科学部门的复杂课题。这里我们只简略地说一说美感的几个显著特征。

美感的第一个显著特征，在于它带有突出的直观性，经常表现为一种不加思索的直接感受。我们判定一个东西是美的或丑的，不需要按照某些既定的概念进行一番复杂的分析证明之后再作结论。英国美学家柏克说过："美的出现引起我们一定程度的爱，就像冰块和烈火之产生冷或热的观念一样灵验"。但是，美感的直观性并不意味着在审美的时候概念、思维、理论统统不起作用。相反，在我们对美的直观里潜伏着各种复杂的理性认识，只不过在长期的生活实践中，它已经渗透到了我们对各种事物的情感态度里，因而审美的直观，就显得好像是不加思索的了。例如，当我们不加思索地直感到五星红旗的美时，其中就有我们在长期中对中国人民革命的理性认识在起作用，而且这种认识越深刻，我们对五星红旗的美的感受也就越深刻。否定美感具有直观性是错误的，因为它取消了美感的特点，把美感等同于一般的科学认识。相反，否认美感中有理性认识在起作用，把美感说成是非理性的欲望冲动或神秘的直觉的产物，同样是错误的，并且不利于审美与艺术的健全发展。

美感的第二个显著特征，在于它交织着情感和想象。中国古代美学中所谓的"神与物游"，"登山则情满于山，观海则意溢于海"，就是对这一特征的生动描述。情感和想象在科学认识中固然也起着不可忽视的作用，但它只是导向抽象的理论认识的一种辅助手段；而在美感中，情感和想象却是在它们交互作用和活跃的展开中导向对客观的美的欣赏和体验，从而使我们的性情得到陶冶。当然，在美的欣赏中我们也能够获得对客观真理的认识，但这种认识就内容来说，只限于同人的自由的实现相联系的生活的真理，而不是任何一种真理，如物理学中的某个定理；就认识的方式来说，又是感性具体的而不是抽象的，并且同我们主观的情感态度不能分离。从对于真理的认识来看，审美不但使我们在生动具体的形态中认识生活的真理，而且还能够激起我们对真理的热爱，推动我们去为真理而斗争。例如，我们在看了

《白毛女》之后，不但生动具体地认识了中国人民只有在共产党领导下，同反动派进行坚决斗争，才能获得自由解放这条真理，而且还会被这真理深深感动，激起我们向一切反动势力作斗争的强烈感情。审美所产生的这种认识作用是一般的科学认识所不能代替的。

美感的第三个显著特征，在于它不是功利欲望的直接满足。我们所欣赏的不少美的东西，例如各种各样的花，我们欣赏它的美，并不是因为它有什么实际用途，能带给我们什么功利欲望上的满足。有些美的东西，例如一座宏伟的铁桥，虽然具有功利实用的价值，但当我们把它作为美的对象来欣赏的时候，它之所以美决不仅仅在于它所具有的功利上的价值，而在于从这种功利价值的创造中所显示出来的人的智慧、才能和力量。所以，我们在欣赏一座宏伟的铁桥的美时，并不去考虑它有多少经济价值、造价有多高这类问题。如果我们对一切事物都仅仅从功利实用的观点去看，那就没有美的欣赏。但是，人类之所以珍视欣赏一切美的东西，又无不是因为它们对于人类的进步发展有利、有益。从这个方面看，审美不是超功利的。但所谓有利、有益，并不是说审美能直接给我们带来什么功利欲望的满足，而是说它能够激发人对生活的热爱，唤起人对理想的追求，丰富人的智慧，使人摆脱各种卑微的个人私利欲望的束缚而变得心胸开阔、情操高尚起来，从而有利于整个社会的进步发展。借用我国古代杰出的哲学家和美学家庄子的话来说，审美的功用是一种"无用之用"，但却有着不可忽视的"大用"。狭隘的功利主义者对美采取蔑视、否定的态度，是完全错误的。

第九讲　审美理想和审美趣味

和人们对客观世界的审美感受（美感）紧密相联，有两个重要的东西：一个是审美理想，一个是审美趣味。

人们的审美感受总是受着一定的审美理想支配的，不可能越出人们在一定的时间条件下所具有的审美理想。例如，由于审美理想的不同，对于梅花的美，今天一个革命者的感受就和古代的隐逸之士的感受很不相同（虽然在对梅花的自然属性的美的感受上会有某些共同的东西）。一个人的审美理想如果是庸俗腐朽的，那么在他看来是很美的东西，实际上却是很丑的东西。

审美理想同人们的世界观不能分离，它归根到底决定于一定时代、民族、阶级、国家、社会的物质生活状况，人与自然和人与社会的关系，以及人们在一定社会关系中所处的地位。但审美理想又不同于一般的世界观，它是人们所追求着的某种完满的美的境界，具有诉之于情感和想象的生动的形象性和无穷的多样性。它不是仅靠几条抽象的原则所能规定的，也不是某种固定的模式。如古希腊人崇尚健美的理想，表现在他们许许多多风格各异的雕塑中，并不存在一个关于健美的人体的简单模式。历史上有一些美学家曾经企图把某种美的理想确立为一个固定不变的模式，这种做法是错误的、有害的。

审美理想是人们在长期生活实践中逐渐形成的，并且同人们的文化教养有密切关系。培养人们健康高尚的审美理想，是审美教育的一个很重要的方面。但决定人们审美理想的最重要的东西，是人们的生活实践。例如，一个人如果在生活实践中从未感受过或根本感受不到无产阶级和劳动人民的生活和斗争的美，那么再高明的审美教育也很难使他具有革命的审美理想。革命的审美理想的形成是同人们的生活实践分不开的。

审美趣味是人们在审美中的个人爱好差异的表现。和科学认识不一样，人们对客观世界的美的感受经常表现出个人爱好的差异，而且这种差异的存在被认为是完全合理的，所以西方有"谈到趣味无争辩"这样的谚语。例如，在科学上，人们对梅花的生长规律的正确认识，决不会因人们的爱好不同而不同，但对于梅花的美的感受却经常是因人而异的。其所以如此，是由于美作为人的自由的实现，丝毫不排除人们千差万别的个性。因为否定了人的个性，也就否定了人的自由。所以，不论美的欣赏和创造，处处都同人们的个性分不开。由于种种社会原因以及天赋的气质、性别、年龄、经历而具有不同个性的人，他们在美的欣赏上必然要表现出个人爱好的差异。可是，美的欣赏虽然同个性分不开，却不能认为任何一种个性都是合理的、正当的。惟一正当合理的个性，是同社会的前进发展相一致的个性。同这种个性相联系的审美趣味越多样越好，它们各有其存在的价值，的确是用不着争论的。但对于那种同不正当、不合理的个性相联系的审美趣味，却完全需要而且应该进行争论。实际上，从古至今这种争论就不断地在进行着，进步高尚的审美趣味同庸俗腐朽的审美趣味之间的斗争从来就没有停止过。这是因为人们在审美上的个人爱好不同于生活上的某些个人爱好（如喜欢吃什么口味的菜之类），它在个人爱好的形式中包含有普遍必然的社会内容，同整个社会的精神风尚密切相关，而不是仅仅同个人相关。

审美趣味的高下，从个人来说，是判定一个人的审美修养如何的准确标志；从社会来说，是判定一个社会的精神风尚如何的重要标志。所以，培养人们高尚的审美趣味，是审美教育不可忽视的一个重要方面，它同建设社会主义精神文明密切相关。

第十讲　评几种不正确的审美观

在日常生活中，有一些常见的不正确的审美观。试举几例如下。

"看起来使我感到舒服的就是美。"这种看法把感觉上的舒服作为美的标志，会导致把美感混同于快感。虽然生理的快感常常是美感的必要条件，但不能说美感就是快感。如抓痒可以引起快感，但不能说引起了美感。又如用一种下流的眼光去看一个健美的女性的身体或一幅画女人体的名画，所得到的就是一种动物生理的性的快感，不是美感。一切低级趣味的审美观的一个重要特点，就是把生理的快感视为美感，把肉欲的满足视为美的享受。我们不否认美感常常伴随着生理的快感，但美感已超出了生理的快感，具有了社会精神的意义。把美感降低为单纯的生理快感，并且在"美"的名义下去竭力追求这种快感，那结果只能导致生活的腐化。

"凡是新奇的就美。"新奇的东西的确可以有美。如一种别出心裁的时装设计，只要它是符合美的规律的新创造，那就是美的。认为我们的服装、家具、建筑等必须永远因袭一种既定的形式，千年万代不许改变，这是毫无道理的，荒谬的。就是自然界的美，有的也同新奇有关。如石林，岩洞中的钟乳石的美就是这样。问题在于真正有价值的新奇之美是符合于美的规律的新发现、新创造，不是破坏美的规律的倒行逆施，胡搞一气。所以，不加分析地把美等同于新奇是不对的。更何况有许多并无新奇之感的东西同样可以很美，而且真正的新奇之美并不是但求引人注目而矫揉造作的。

"生活阔气就是美"或"有钱就是美"。讲美要有一定的物质条件，这是不能否认的。从马克思主义的观点来看，人的全面自由的发展也必须以生产力的高度发展，社会财富的不断增长为根本条件。但美就其本质而言是人的自由的实现，所以美又并不是处处都同物质生活的富裕成正比。因为在不少情况下，例如在剥削阶级占统治地位的旧社会，物质生活的富裕常常是以牺牲人的自由和尊严为代价取得的，它不是人的自由的肯定，而恰恰是人的自由的否定。物质上富裕的生活，只有当它同勤奋的劳动、高尚的精神、合理的社会结合在一起的时候，才可能真正成为美的。如果物质生活的富裕带来了精神生活的空虚，使人成了金钱所支配的奴隶，这时个人即使在最奢侈豪华的生活中也感受不到生活的美，甚至会走上悲观厌世的道路。这在西方资本主义世界早已是众所周知的事实。从我们今天来说，我们既要努力使广大人民过上富裕的生活，又要努力使物质生活水平的不断提高和马克思主义所说人的全面自由发展统一起来。充分意识到这一统一的重要性并努力去实现它，这正是我们的社会主义社会的优越性所在。

美是人的自由实现，但只有在进入共产主义社会之后，人类才能在充分的意义上实现人的自由。正如恩格斯所说的，到那时，"人终于成为自己的社会结合的主人，从而也就成为自然界的主人，成为自己本身的主人——自由的人"。因此，只有共产主义社会才是人类历史上最美好的社会。不论达到这个社会的路程是如何的遥远和艰难，人类终将不断朝着这个伟大的目标前进。我国新民主主义革命和社会主义革命的辉煌胜利以及当前正在胜利进行的"四化"建设，都是在为最终实现这个伟大的目标创造条件。在这个过程中，我国人民已经和正在不断地创造出一切剥削阶级统治下的社会所不可能有的美，就像毛泽东同志曾经指出过的那样，正在描绘着最新最美的画图。

（本文系作者为《湖北日报》"美学讲座"所写，
于1981年4月16日起在该报连载）

美 学 对 话

开 场 白

亲爱的读者！您所要看到的这场关于美学的对话，大体上是小赵和老张关于美学问题的若干次谈话、讨论整理加工的结果。小赵是一位高中毕业的知识青年，今年 25 岁，现在某家具厂当木工。他虽然只有高中文化水平，但一向勤奋好学，工作之余总是手不释卷，读了不少书，对美学又有非常浓厚的兴趣。老张是某校的美学教员，年已半百，虽说是教美学的，他认为自己对美学这门科学也还不甚了了，顶多只能算个半通。小赵和他比邻而居，因为都对美学有兴趣，所以有空碰到一起，几乎是三句话不离美学。要是节假日，他们就经常在老张的书斋里彻夜长谈。小赵在老张面前是以求教者的身份出现的，但他也有自己的一些看法，不肯轻易放弃。而且有时他还会"捣鬼"，使用"激将法"，故意"将"老张的"军"，想考验一下老张的看法究竟是怎样的，是否真有道理。两人相处久了，关系介乎亲密的师友之间，老张也从不以"老师"自居，所以有时他们会为某个问题争得面红耳赤，唇枪舌剑，你来我往，互不相让。但到了最后，一般都还能取得基本一致的看法。如若不行，他们就各自保留自己的意见，以待将来的探讨。

闲言少说，书归正传。下面就来看他们的对话。这对话共分四回，每回讨论一个问题。在写法上，和读者所看过的柏拉图或是狄德罗笔下的那些隽永机智、妙趣横生的对话相比，自然是拙劣多矣，何敢望其项背！但如肯于赏光一阅的读者，读后感到还有所得，不算完全浪费时间，我们就喜出望外了。

第一回　什么是美学

赵：老张！我们天天在谈美学，但究竟什么叫美学呢？我们厂有些工人同志，特别是青年人，对美学很有兴趣，他们问我什么是美学，我啰嗦了半天，也还是说不清楚。你能用一句简单明了的话，给美学下个定义吗？

张：你这真有点为难我了。老实告诉你，我对这个问题也还没有弄清楚。用一句简单明了的话说出来，这太难啦！你看这样好不好，我们别忙着给美学下定义，先来讨论讨论美学是研究什么的，最后也许能找出个定义来。

赵：好，就这么办。你先说说看，美学究竟是研究什么的。

张：还是你先说。你不是同你们厂的青年同志讨论过一次了吗？你就讲讲你的看法，也讲讲你们厂里青年同志的看法。

赵：也行，就我先谈，讲错了你别见笑。我说顾名思义，美学就是研究美的学问。不研究美，"美学"还能叫"美学"吗？我们厂的一些青年同志也这么看，而且他们还认为生活中的美很多，所以应当分门别类地研究，比如说研究"爱情美学"、"发式美学"、"家具美学"、"烹调美学"，等等。如果不研究这些，只是抽象地去讲美，美学就脱离实际了。

张：不错，美学是要研究美，就像数学要研究数一样。历史上也有些美学家这样为美学下定义，说美学是"关于美的科学"。不过，我对你的看法有两点保留。第一，我不同意美学只研究美；第二，我不同意分门别类地建立什么"爱情美学"、"烹调美学"……

赵：你的第一点保留，我们还可再讨论。老实说，我感到美学非研究美不可，但除美之外，是否还要研究别的什么，我也没有想清楚。至于你的第二点保留，我认为那是因为你是搞哲学出身的人，压根儿就对实际问题不感兴趣，只喜欢弄些抽象概念。

张：（苦笑了一下）好家伙，你对搞哲学的人就是这么看的吗？

赵：（不让步）要不，你为什么反对研究"爱情美学"、"烹调美学"……呢？你知道吗？青年人对这些可有兴趣啦！他们不愿听你讲一套什么是美的抽象理论，他们要求具体，具体，再具体！

张：青年们都是这么看的吗？这且不说它。我问你，所谓"爱情美学"包含些什么内容，你能给我具体地讲一讲吗？

赵：这还不明白？比如说，谈恋爱的时候怎么对待对象的美与不美，人的外表美同心灵美的关系是怎样的，这些就是"爱情美学"所要解决的问题。

张：呵，原来如此。中心就是人的外表美以及外表美同心灵美的关系，这自然是美学在研究美时需要加以解决的问题，但它不只是同谈恋爱有关呵！另外，我还要问你，你承认不承认，在谈恋爱的时候，除了对象的美与不美之外，还要考虑政治、经济等条件？

赵：当然要考虑。

张：既然如此，我看除了"爱情美学"之外，恐怕还得研究"爱情政治学"和"爱情经济学"。

赵：你别挖苦人了，直截了当地讲你的看法好不好？

张：我是这么看的，建立正确的审美观的确同爱情有重要关系，不可忽视。我们在讲美学的时候，结合青年的思想修养讲讲这方面的问题，是有意义的。但因此就提出什么"爱情美学"，以及把生活中的一切同美有关的东西的研究都挂上"美学"二字，弄得"美学"满天飞，这恐怕不太好。比如所谓"烹调美学"，我认为是很难成立的。因为菜的味道好不好吃，基本上是一种生理的快感，不是美感。菜的式样、色泽、装法等，固然也有看去美与不美的区别，但主要还是为了促进人们的食欲，不是为了美的欣赏。

赵：不见得。古人谈美，就常常把味道的美包含在内。中国的"美"这个字，《说文解字》的注里说"羊大则美，故从大"，显然同羊大好吃有关。还有，英文里的"taste"这个词，既有味、滋味的意思，也有审美观念、鉴赏力的意思。

张：不错，人类审美意识的产生，开始同味有关，这是一个值得研究的问题。不过，到了后来，随着人类历史的发展，味的好吃与否，严格地说就不再被看作是一个美与不美的问题了。我看，这是人的审美意识发展中的一个重大进步。从我们今天来说，你能把从欣赏音乐得到的美感同你所说的味道的"美"看成一回事吗？

赵：这倒不好这么说。很难说我欣赏贝多芬的交响乐或是冼星海的《黄河大合唱》感到美，就像吃了最好吃的冰淇淋一样感到愉快。不过，现在西方讲的"技术美学"，你认为能不能成立？

张：这倒可以成立。因为在现代条件下，各种产品的技术设计是一个复杂问题，有它的一些特殊的规律需要探讨。但你讲的那些个"美学"，很难说有什么独特的需要专门探讨的美的规律。它们大致上不过是一般美学已经研究的形式美规律的一种经验性的运用而已，虽然与美学有关，也可以适当地作一些必要的研究、说明，但很难成为美学研究的一个部门。我看，还是不要随便地把什么东西都同美学挂上钩，左一个"美学"，右一个"美学"，这样会使美学庸俗化、简单化啊！

赵：就算你讲的是对的，但离开了生活中各种具体的美的东西去研究美的本质，那就是没有用处的空头理论了。

张：不见得。正是为了从根本上解决你所说的生活中各种具体的美的问题，并且使美学真正派上大的用场，所以就不得不搞你所谓的"空头理论"。

赵：这话怎讲？

张：你要解决生活中各种具体的美的问题，需不需要懂得什么是美？

赵：当然需要。

张：那么，你以为应当怎样去解决"什么是美"这个问题呢？

赵：具体对象具体分析，总之要具体。

张：好，我们就来具体分析一下。比如说，你们家具厂出的那些得到顾客欢迎的家具是很美的，它为什么美呢？

赵：可以用这样两句话来说明：形式新颖大方，制作精工细致。

张：我们再来分析一下一棵古松的美。它之所以美，是不是由于"形式新颖大方，制作精工细致"？

赵：嗨！你别开玩笑了！我刚才不是说过具体对象具体分析吗？家具的美怎么能同古松的美拉扯到一起呢？

张：对，是各有不同的美。不过，它们之所以被我们称为美，是不是还有一种使它们成为美的共同原因呢？比如说，你们家具厂所做的各式各样的家具，我们把它们叫做"家具"，是不是因为它们具有"家具"的共同特点呢？

赵：当然是这样。

张：但是，按照你的具体分析法，就只能见到一种美的东西就说它有怎样的一种美，至于各种不同的美的东西的共同点，或者说那使它们成为美的共同原因却找不到了。你能告诉我，那使家具和古松都成为美的共同原因是什么吗？或者说，它们作为美的东西，具有什么共同点？

赵：（感到有些为难）这……你何必硬要找出这个共同原因干嘛呢？不知道它，不照样可以欣赏家具和古松的美吗？

张：当然可以欣赏。这就像我们不懂得消化系统的生理学照样可以吃饭一样，不过，要是这样，那有没有美学都没有关系了。

赵：（有点着急的样子）你是说我主张取消美学？

张：哈哈，你着急干嘛？我是说按照你的说法，"什么是美"这样的问题就用不着研究了。但是，尽管人们不用学美学，也不知道那使各种各样的事物成为美的共同原因是什么，照样可以欣赏美，"什么是美"这个问题还是逃避不了的，不能不研究它。你知道，对于同一个事物，特别是社会生活中的事物，这个人说很美，那个人说很丑，争执不休。假定有一个人说我们的故宫、长城的建筑很丑，你会引起什么反应？

赵：这是胡说八道，一定要同他辩论辩论。

张：这一类的辩论在生活中很多。有时即使我们不去张口辩论，我们在心底里也对那些把真正美的东西说成是丑的人表示蔑视，嗤之以鼻。不过，真的要辩论起来，从理论上说，就不得不回答"什么是美"这个问题了。如果你不能在理论上和事实上证明"什么是美"，你怎么能断定对方的说法是错误的呢？而要回答"什么是美"

这个问题，就不能不找出那使一切美的事物成为美的共同原因，也就是找出美的本质。这就像假定有一个人否认桌子是家具，你要驳倒他，你就得找出桌子和其他一切家具的共同点，证明桌子确实是家具而不是别的东西一样。

赵：对，是这么回事。

张：如果说美学有什么用处的话，它的一个大用处就是帮助人们理解什么是美，什么是丑，树立正确的审美观。这可是关系到社会主义精神文明的大事啊！如果说美学要联系实际，首先就要联系人们认为什么是美、什么是丑这个实际。现在有极少数青年，只热心于讲求发式、服装打扮、家具等的美，对于"什么是美"这个关系到宇宙人生的大问题却不感兴趣，结果是他们认为美的，恰恰是丑的，或者是很庸俗无聊的。当然，发式等的美不是不能讲，在可能的条件下，青年们想把自己打扮得美一些，这没有什么可非议的。难道要我们的青年都是一副窝窝囊囊的样子才好吗？随着生产的发展，物质生活水平的提高，我国人民在日常生活各个方面的美的要求也将越来越提高。这是好事，决不是坏事。那种认为讲美就必定是资产阶级思想表现的"左"的谬论，一定要抛掉它！问题在于我们所要的美，应当是一种符合于社会主义精神文明要求的、健康高尚的美，而不应该是那种低级、庸俗，甚至腐朽的所谓"美"。另外，我们对美的追求，也不应当限于发式等的美的讲求上，还要扩大到生活的各个方面，表现在如何对待工作、处理人与人之间的关系，如何看待人生的意义、价值、前途和理想等方面。有时候我们可以看到，有些人在衣着打扮之类的事情上显得很有审美能力，但在生活的其他更为重要的方面却表现出他还不懂得什么是真正的美。由此看来，认真弄清楚"什么是美"，这才是美学应当研究的大问题，它比研究什么发式等等的美更重要。现在有的青年认为美学的用处就在给他解决发式等等怎样才美的问题，这是对美学作用的一种误解，至少是一种狭隘肤浅的理解。

赵：我完全赞同你的主张，只不过按你刚才所说，要弄清什么是美，就要找出那使一切美的事物成为美的共同原因，这却是一个难题。你说用什么方法才能找到？

张：用观察比较的方法行不行？

赵：很难。比如说，我们刚才讲到的家具和古松都有美，但这是两个根本不相同的东西啊！任你怎么翻来覆去的加以比较，也很难发现它们成为美的共同点。还有，月亮也有美，但它同古松、家具美的共同点又表现在哪里呢？

张：那么，用科学实验的方法行不行？

赵：你是说把家具和古松拿到实验室去化验？那也只能找出它们的化学成分，从哪里找得出美呢？就是用最高级的 X 光透视机去透视，也看不出美在哪里。

张：不错。剩下来只有一个方法，那就是对美进行哲学的分析。马克思在谈到经济学的研究时说："在经济形态的分析上，既不能用显微镜，也不能用化学反应剂。那必须用抽象力来代替二者"。我感到，对于美的本质的分析也是这样，没有哲学的抽象力是绝对不行的。事实上，"什么是美"这个问题，最初就是由古代的一些思想家、哲学家提出来加以思考、讨论的，被看作是同宇宙人生密切相关的一个重大哲学问题。到了 18 世纪，美学才开始成为一门独立学科，这也主要是 18 世纪以来资产阶级哲学获得了迅速发展的结果。你知道，1750 年，德国哲学家鲍姆嘉通（Baumgarten，1714～1762）发表了一本叫《美学》的书，从此以后，美学正式成为一门独立学科。但从鲍姆嘉通到黑格尔，美学都被看作是哲学的一个部门，是一门哲学学科。黑格尔以后，美学不断脱离哲学而发展起来，但对于美的本质的分析，仍然一点也离不开哲学。现代西方有不少美学家，他们蔑视哲学，反对对美的本质进行哲学的、抽象的分析，其结果他们对于美的认识就停留在一些琐屑的经验现象的观察上，思想十分肤浅。古希腊的柏拉图在他的《会饮篇》中早就说过，最高的美只有最高的哲学修养才能见到。虽然柏拉图是唯心主义者，他的讲法很有些神秘，但还是有深刻的道理的。缺乏高度的哲学思维能力，的确很难把握住美的本质。

赵：我现在承认我原先讲的那个所谓具体分析的方法不中用，那其实不是什么具体分析，不过是说出我对生活中的一个一个美的事物的感受而已，这的确是找不到美的本质，回答不了"什么是美"这个问题的。不过，请你不要见怪，我也多少读了一些从哲学上来分析美的本质的文章，包括你所写的文章在内，总感到说了半天，美究竟是什么还是弄不清，并且同我们在日常生活中对各种美的事物的具体感受离得太远了，很难解释我们感受到的各种具体的美。你刚才引证了马克思的《资本论》，就拿《资本论》中马克思对商品的本质的分析来看，它虽然相当抽象，不容易读懂，但只要你肯下功夫，认真读懂之后，就得到了关于商品本质的正确有效的概念，处处可以用它来解释我们在生活中所看到的各种各样商品交换的现象，使人感到原来弄不懂的问题现在弄懂了，豁然开朗了。如果我们对美的本质的哲学分析也能做到这样，那该有多好！

张：你说得有道理。我们对美的本质的分析，如果能达到马克思对商品的本质的分析那样严密、科学的高度，那就太好了！老实告诉你吧，这也是我在梦寐以求的哩！不过，话又说回来，这是很不容易做到的。而且和政治经济学比较起来，美学到目前为止还是一门很不成熟的年轻的科学。再从马克思对政治经济学的研究来看，马克思不但是伟大的哲学家，有强大的思想武装，高度的抽象力，而且他还不厌其烦地考察了资本主义和资本主义以前社会经济发展史中的各种具体的情况和细节，又对在他之前的资产阶级政治经济学的各种理论学说作了全面深入的批判的研究。这样，他才对商品的谜一样的本质，第一次作出了科学的说明。现在，我们对美的本质的研究情况是怎样的呢？我们是主张以马克思主义哲学为指导去进行研究的，但我们对马克思主义哲学的理解是否已经足够正确和深透？比如，人与自然、个体与社会、主观与客观都是马克思很早就论述过的一些直接关系到美的本质的解决的重大哲学问题，我们对这些问题是否已经有了正确的，深刻的理解？有一些同志总觉得在人与自然、个体与社会、主观与客观之间横亘着一条不可超越的鸿沟，如果你主张两者可以相互渗透，他就声称你必定是唯心主义。此外，我们对人类审美意识的发展史和文艺发展史，究竟作了多少具体的考察呢？最后，对历史上各种关于美的学说和理论，我们又作过多少批判的研究呢？在上述三个方面还不具备相当条件的情况下，要对美的本质作出令人满意的分析，是不太可能的。但我们还是要看到，自从 20 世纪 50 年代我国美学界就美的本质问题展开百家争鸣以来，我们对这个问题的认识得到了展开和深化，取得了不可忽视的成果。至少，通过争鸣，各派意见的分歧在哪里，解决问题的关键在哪里，是越来越清楚了。只要我们今后继续努力下去，并且注意把对美的本质的哲学分析同对美的具体历史的发展的考察结合起来，那就一定会取得新的突破，使我们对美的本质的认识越来越接近客观实际。如果看到对美的本质的哲学分析一时还不能完全令人满意，于是就声称哲学分析的方法不用用，倒向取消哲学分析的经验主义方面去，那么我们对美的本质的认识就只能是肤浅的、表面的，不可能取得真有重大理论价值的科学成果。

赵：你讲得不错。我开始对美学产生兴趣的时候，脑子里把美学想象成为一门非常有趣，又很好懂，不用伤什么脑筋的学问。后来读了一些文章，又同你讨论了若干次，才感到我原来的想法是根本不对的。美学是一门很为复杂，很需要动脑筋的学问。缺乏相当的哲学素养，看来美学中的许多问题都不好解决。你说，美学首先是一门哲学性质的科学，这是一个值得注意的历史事实。今天，美学同其他各门科学发生了广泛联系，我还感到现代自然科学的发展必然要给美学以深刻的影响，帮助美学解决一些单靠哲学不能完全解决的问题。但从基础上看，美学的基础恐怕还是哲学，对不对？

张：很对。既要肯定美学的基础是哲学，同时又不要忽视现代美学的发展离不开其他科学的帮助。比如说，心理学、人类学、人体科学、社会学、控制论等的发展都同美学有关，有些还有非常直接密切的关系。

赵：我们才讨论了美学研究的一个方面，下面请你再谈谈美学除研究美的本质之外，还要研究些什么？

张：还要研究美感，扩大一点说，研究审美意识。而且除研究美感之外，还要研究艺术。美学不但要使人知道"什么是美"，而且还要使人知道"怎样欣赏美"。一般来说，人们对于后一个问题往往比对前一个问题更有兴趣,同时后一个问题也比前一个问题显得更具体一些,比较容易理解和把握。这后一个问题,经常是同审美理想、审美趣味的问题联系在一起的,但中心是人对客观事物的审美感受——美感的特殊规律问题。比如说,你在解答一个数学难题时的心理活动,与你在读小说、看电影、听音乐、欣赏花卉或大自然美景时的心理活动,是不是有显著的不同?

赵:当然不同。

张:这种不同里面,就包含有美感的特殊规律在内。一个人可能在思考解决数学难题上是能手,但在欣赏艺术和大自然的美上却不见得高明。我曾经听过一个相声,记不得是谁说的了。讲的是有一个人听了一位著名钢琴家的演奏回来,别人问他,这个钢琴家的演奏怎么样?你猜他怎么回答?

赵:怎么回答?

张:他说:我觉得敲得很响!

赵:哈哈……

张:美虽然是客观的存在(这里所谓的客观存在是什么意思,我们将来再谈),但人如果在主观方面缺乏感受它的能力,那么美对于他来说就等于不存在。这就是马克思所说过的,对于非音乐的耳来说,最好的音乐也不存在。发展和提高人们的审美感受能力,是一个重要问题,它关系到人的全面发展。而要提高人们的审美感受能力,就要研究美感问题。对于艺术创作来说,这也是很重要的。一个没有高度审美能力的艺术家,很难成为一个高明的艺术家。另外,美感的研究同美的本质的研究也有十分密切的关系。前面我们说过,从美的对象来看,极不相同的事物都能使我们感到美,但它们作为美的对象,有什么共同的地方,这却很难发现。如果从美感来看,情况就不一样。不论我们的美感是由什么事物引起的,也不论人们的美感存在着多么大的差异,只要是美感,它就总是呈现出一些共同特征,既不同于科学认识,也不同于政治伦理道德或实用功利方面的考虑。这种共同特征,只能是美的对象所具有的共同特征在人们意识中的反映。所以,把美感的特征研究清楚了,会大大加深我们对美的本质的认识，并使这种认识较为具体，更接近于人们日常的审美经验。如果完全脱离美感去研究美的本质，就不容易把问题搞清楚。

赵：不错。从我看过的一些文章来看，我感到我们过去对美感问题的研究不够，也很少研究美感与美的关系。还有一些文章似乎认为联系美感去研究美，或从美感出发去研究美，就陷入了唯心主义。这种看法你觉得怎么样？

张：我觉得只要肯定了美感最终是为美决定的，那就不能说是唯心主义。美之为美的特征，非常鲜明和集中地反映在美感的特征里面，不研究美感就很难弄清什么是美。比如说，康德的美学对美感问题的分析，就对美的本质的研究产生了很为深刻的影响。康德分析了审美判断同理论认识上的逻辑判断以及伦理道德判断的区别。这种区别，从对象上看，其实就是美的对象同理论认识对象以及伦理道德对象的区别在人的心理上的表现。另外，一般地说，美感是美的反映，但美感对于美的欣赏创造有着非常直接和强烈的作用，有时使人觉得美似乎就是美感产生和创造出来的，这也是一个很值得研究的问题。

赵：我也感到美和美感的关系很复杂，不容易说清楚，但又的确很值得研究。不过，美感是发生在人心里的过程，看不见，摸不着，如何研究呢？

张：虽然看不见，摸不着，但却是人们都可以体验得到的。而且这种体验经常表现在人们对美的欣赏评论中，艺术家的创作过程中，以及艺术家对自己的创作经验的描述中。美感的研究不能完全脱离哲学的分析，因为美感不论有着怎样的一些特征，归根到底仍然是人的意识对于社会生活的一种反映，所以美感的分析在根本的出发点上不能不受一定哲学的影响和制约。但在另一方面，心理学的分析对于美感的研究又有着极为重要的意义。因为美感区别于一般科学认识的一个重要特征，就在于知觉、表象、情感、想象、意志这些心理因素起着非常突出和显著的作用。虽然思维也在起作用，但它处处都不能脱离上述这些心理因素，而且这些因素占有非常重要的位置。如果说美的本质问题基本上是一个哲学问题，那么在一定的哲学前提之下，美感问题可以说基本上是一个心理学问题。

赵：是的，情感和想象这些心理因素在美感中的地位比在一般科学认识中的地位重要得多。不分析情感、想象，恐怕很难说明美感。我过去也想过这个问题，还读了一两本讲心理学的书，都是苏联的一些学者编写的。虽然也有帮助，但不知道现代西方资产阶级心理学还有没有一些多少有参考价值的东西？

张：这我也知道得很少。不过，像格式塔（Gestalt）心理学以及弗洛伊德（Freud，1856～1939）、莱恩（Jung，1875～1961）的精神分析心理学，都有值得注意的地方。前者对形式的视知觉同人的情感心理的对应关系的研究，后者对个体心理的复杂情况的分析，同美感的研究都很有关系。不过，这两派心理学也都有一些牵强的，甚至是荒谬的东西，不能盲目相信，要用马克思主义的观点去加以具体的分析。此外，黑格尔以后，以里普士（Lipps，1881～1941）等人为代表的所谓心理学的美学，对于美感的心理研究，究竟取得了怎样的一些成果，这也很需要全面占有材料，批判地加以总结。可惜，这样的工作，我们可以说还没有开始去干，目前还只有一些片断的、很不完全的介绍。

赵：是啊！起码要先把他们的著作原原本本地翻译过来嘛！

张：有关方面已经拟订了一个计划，要着手翻译出版一批西方现代美学的有代表性的著作。你等着吧！

赵：我是在等，在盼，就希望能尽可能快一点，时间不等人啊！美感问题的研究就谈到这儿了。讲到美学要不要研究艺术的问题，你认为要研究，我看了一些文章，这个问题的争论好像很大。有一种意见认为美学就只研究美和美感，至于艺术，应该另外成立一门艺术学来研究。如果美学也要研究艺术的话，那也只限于研究同美有关的方面。你对这个问题怎样看呢？还有，我们常说的文艺理论，它同美学的关系是怎样的？两者有什么区别？

张：你所讲的都是一些难题。在考察美学的对象问题时，说美学要研究美和美感，不管这算不算是美学的定义，好像多数人都赞同。最难办的是美学要不要研究艺术，如果要研究的话，怎么研究，这种研究同一般所说的艺术理论区别何在。按我现在的想法，我感到解决这些问题的关键在于对美和艺术的本质怎么看。如果认为美就是艺术的本质，那么美学对美和美感的研究同对艺术的研究在根本上就是一致的，不应当分家。反过来说，如果认为美并不是艺术的本质，或者认为艺术只有一部分同美有关，那么对于艺术的研究就应当同对美和美感的研究完全分开，或部分分开。

赵：看来你好像是赞成第一种想法的？

张：不错。我的想法同黑格尔的看法相近。我不赞成黑格尔否定现实美的存在，认为美就是艺术美，但我认为他把在极广泛意义上了解的美看作艺术的本质，主张美的研究同艺术的研究是一致的，美学就是关于美的艺术的哲学，或者干脆就是研究艺术美的哲学，这种看法恐怕有合理的地方。

赵：什么叫做"在极广泛的意义上了解的美"？

张：这问题三言两语说不清，我们还是将来再讨论好不好？目前我只能简单地说，这种在极广泛的意义上了解的美，是从整个人类历史发展来看的，从人类社会的本质上了解的美，不限于形式美，或一般日常生活中所讲的漂亮，好看。我认为在这种意义上了解的美就是艺术的本质，所以在美学上研究美同研究艺术是不能分离的，两者是内在必然地结合在一起的。

赵：这里还有问题，即你所理解的那种美，是不是真的就是艺术的本质。我想这也是今天无法详细讨论的了。

张：对。且留待我们将来讨论"什么是艺术"的时候再来详谈吧。

赵：好。不过，我还想问问你，按照你的说法，还要不要一般所说的文艺理论呢？我们常讲的艺术与政治、艺术与经济基础的关系这些问题放在哪里研究呢？

张：我想，只要肯定了艺术的本质是我所说的那种在极广泛的意义上了解的美，那么它同政治、经济等的关系也是美学应当研究的。因为艺术同政治、经济显然有十分密切的重要的关系。

赵：但你这种研究同我们过去一般所谓文艺理论中对这些问题的研究有什么区别？

张：过去的研究，不承认美——我在上面所说的从广泛的意义上了解的美——是艺术的本质，因此这种研究所得到的结论常常是很空泛的，甚至是简单化的。其实，既然美是艺术的本质，我们怎么能脱离艺术的这个本质特征去讲艺术同政治、经济的关系呢？我们研究任何一个事物同其他事物的关系，都不能离开这个事物区别于其他事物的本质特征去研究。例如，离开人区别于动物的本质特征——劳动，我们就无法正确说明人与自然的关系。

赵：这倒是对的。不过，这样一来，一般所说的艺术与政治、经济的关系也成了美学问题了？

张：不错，关键在怎样研究。既然美是艺术的本质，研究政治、经济同艺术的关系，也就是研究艺术美的创造发展同政治、经济的关系。这不是什么外在的关系，而是内在必然的关系，是对艺术美研究的一个重要方面。从马克思的历史唯物主义的观点看来，这是一个不能忽视的方面。不分析社会政治经济的发展规律，就无从认识艺术美的发展规律，至少是不能作出彻底科学的说明。当然，这并不是说艺术美就没有它的相对独立的发展规律。但这种独立性究竟还只能是相对的，它不能不在根本上受到政治经济发展的制约。

赵：按你这样说，文艺理论就没有存在的必要了。

张：我们先来看一看一般所说的文艺理论包含一些什么东西。我觉得它不外是这样两个部分混合而成的，一部分是关于各门文艺共同的一般原理，例如文艺的特征、文艺的内容与形式等等，另一部分就是关于某一门文艺的一些理论，如关于文学或是美术的理论。大学里面中文系讲的文艺理论，都是既讲一些不只限于文学的关于各门文艺的一般原理，又讲一些专门属于文学的理论，这两个东西混合起来，就叫作文艺理论。其他艺术院校所讲的文艺理论也大致与此相同，只不过在讲了关于各门文艺的一般原理之后，所讲的不是文学方面的理论，而是美术、音乐、戏剧等的理论罢了。

赵：我也看过几本讲文艺理论的书，情形倒确实是和你所讲的差不多。你觉得这样搞不行吗？

张：我是觉得不行。我感到现在所讲的文艺理论中那些关于各门文艺的一般原理的部分应当划归美学，也只有这样才能真正把这些一般原理讲深、讲透。剩下来的那些专属于各门文艺的理论，应当独立起来，加以丰富发展，形成各个部门的文艺理论，如文学理论、美术理论，等等。简单说来，现有的文艺理论应当一分为二，一部分划归美学，一部分划归部门文艺理论。这样划分之后，一方面原来包含在文艺理论中的那些关于各门文艺的一般原理可以研究得更深透，因为这些一般原理本来是只有提到美学的高度才能认识清楚的。另一方面，那些专属于各门文艺的部分也可以研究得更深透，不至于停留在一些空泛的说法上。例如，在作了这样的划分之后，文学理论自然也要讲内容与形式之类的问题，但不是一般地讲文艺的内容和形式，而是专门讲文学的内容与形式。因为文学的内容与形式显然不同于美术、音乐、建筑这些艺术部门的内容与形式，它有自己的一系列需要专门深入探讨的问题。你看，经过上面所说的划分，不但原来包含在文艺理论中的那些关于各门文艺的一般性原理可以研究得更充分、更好，就是那些原来同一般性原理混合在一起的专属于各门文艺的理论也可以研究得更充分、更好。现在是把两个东西混合到一起，结果是哪一方面都研究不好，我看对学生的帮助也不大。他们学了半天，一般原理的部分没有学好，自己所搞的那一门文艺的理论也没有学好。这叫两头失着。

赵：你所讲的值得考虑。另外，按你这么说，大家常常问到的美学同文艺理论的区别何在这个问题也就不成为问题了。

张：是这样。我觉得要说有文艺理论的话，这个文艺理论就是各个部门的文艺理论——文学理论、美术理论、戏剧理论，等等。它们同美学的区别是很清楚的。美学是各门文艺理论的基础，各门文艺理论要以美学为指导去研究本门文艺中各种有自己的特殊性的问题。同时，各门文艺理论研究所取得的成果又会反过来丰富加深美学的内容。美学同各门文艺理论的关系，就相当于自然哲学或自然辩证法同各门自然科学的关系。

赵：我知道你的意思了。在你看来，除美学之外，剩下来关于文艺的科学就是各个部门的文艺理论，再没有我们一般所说的既非美学，又不是部门文艺理论的那样一种一般性的文艺理论了。

张：是这样。如果在美学和各个部门的文艺理论之间还有一个一般性的文艺理论的话，它究竟有什么独立的研究对象可言呢？

赵：它是不是可以从既非美学又非部门文艺理论的角度来研究各门文艺共同的一般原理呢？

张：这又回到我们前面讲过的问题上去了。我觉得美即是艺术的本质，所谓从非美学的角度去研究艺术的一般原理是很难做到的。艺术的一般原理的研究同美无法分离。如果硬是要分离的话，那所谓艺术的一般原理的研究实际上是非常贫乏的，没有什么东西了。①

赵：好，我现在暂且同意你的这种看法。但还有一个问题。现在我常看到人们讲什么音乐美学、电影美学、绘画美学、文学美学，甚至还有什么小说美学。你不是也写了一本关于书法美学的小册子吗？在你看来，这些个名词能否成立呢？

张：我看可以成立。这一类所谓美学，不外是研究某一门艺术所特有的美的规律。它们既可以包罗到美学的总体系中去，当然也可以各自独立地发展。例如，黑格尔《美学》第三卷对各门艺术的研究，也就是各门艺术的美学。

赵：那么它们同你所说的不属于美学的各门艺术理论的关系是怎样的呢？

张：我想是一种部分重合的关系。各门艺术理论如果不研究本门艺术所特有的美的规律那是不成的，但除此之外，它还要研究本门艺术的一些很为专门具体的技法、技巧、体裁等问题。例如，音乐理论就不能不研究和声学、对位法这些东西。另外，如果说可以把对各门艺术的美的规律的研究包罗到美学的总体系之中去，那么从美学来说，这种研究也主要是从总体上把握基本特征以及各门艺术之间的联系，不可能作非常详尽的探讨。

赵：不过，我看现在的一些这个那个"美学"，好像同原来所说

———————————

① 这里的说法不准确，请参看我后来所写的关于艺术学的文章——作者补注。

的一般的文艺理论没有多少差别，似乎就是挂了一个"美学"的招牌。

张：可能有这种情况。这是个水平问题了，慢慢来提高吧！

赵：你在谈到美学研究美和美感的问题时，都附带谈到了如何进行研究的问题。在艺术问题上，是否也请你说说应当如何研究。

张：首先，我感到艺术的研究无法脱离美的本质的研究。美的本质没有搞清，艺术的本质是很难搞清的。不论我们认为艺术有怎样的一些特征，它的一个最重要的特征就在于能引起人们的审美感受。尽管人们对于艺术的美，在不同的时代、不同的阶级和不同的社会集团中，有着各种不同的看法，但丝毫不能给人以审美感受，看了只能使人感到恶心和呕吐的作品，终究成不了艺术的。这并不是说艺术就不能表现生活中丑恶的东西，也不是说审美感受就只限于对那种古典风味的和谐的美的感受。这些问题，我们将来再找时间详谈。其次，对艺术的研究离不开对人类全部艺术史的研究。我们在研究艺术的时候，像研究美一样，是不能没有哲学分析的。但这种分析应当以对艺术史上的事实的研究为基础，要尽可能地经得起艺术史的事实的验证，不能主观臆想，以意为之。同时，在研究艺术史的时候，要运用马克思的历史唯物论去具体分析各个时代的艺术产生的社会物质生活条件，从中发现被这种条件所决定的一定时代人们的社会心理，以及从这种社会心理所导引出来的审美意识；然后观察、体验、分析这种浸透着一定时代的社会心理的审美意识是怎样表现在一定时代的艺术之中的。如果打个比方说，社会物质生活条件是大地，社会心理是从大地蒸发出来的水汽，艺术作品则是水汽凝结而成的云。这种研究方法可以说是一种艺术社会学的研究方法，但对于我们来说实际上也就是历史唯物论的方法。在艺术研究上，一切简单化地认为经济处处直接决定艺术发展的庸俗社会学的方法我们都要反对，但决不要因此就忽视以至否定马克思的历史唯物论方法。表现在艺术中的审美意识或审美心理，不管表面上看来同社会的物质生产离得多么遥远，好像风马牛不相及，但仔细追溯起来，它们产生形成的最后决定性原因仍然是物质生产方式。马克思在《1844年经济学—哲学手稿》中说过：

"工业的历史和工业的已经产生的对象性的存在，是人的本质力量的打开了的书本，是感性地摆在我们面前的人的心理学；……那种还没有揭开这本书，亦即还未触及历史和这个恰恰从感觉上最容易感知的、最容易理解的部分的心理学，不能成为真正内容丰富的和现实的科学。"马克思的这些话，很值得我们仔细地加以思考。从过去一些马克思主义者对艺术的研究来看，普列汉诺夫很善于从一定社会物质生活条件出发去分析由它所产生的社会心理，进而又通过这种社会心理的变化的分析去说明一定社会的艺术的发展。你看过他的《从社会学观点论18世纪法国戏剧文学和法国绘画》这篇文章吗？

赵：就是你借给我看的登在1956年12月号《译文》上的那篇文章？我看了一下，的确是讲得不错，很有说服力。

张：当然也还不是十全十美，但在应用历史唯物论去研究艺术的发展这点上，很有值得我们学习的地方。

赵：你把美学研究些什么，以及美学研究的方法都讲了。从方法上说，归结起来好像就是三种：哲学的、心理学的以及社会学的。所谓社会学的，从我们的观点看来，在根本上也就是历史唯物论的。

张：不错，就是这么三种方法，而且这三种方法经常是互相渗透的，不是孤立的。

赵：现在我们对"什么是美学"的讨论，可告结束了。最后，你能不能给美学下一个简明的定义呢？

张：难啦！如果把我们上面所说的归结起来，自然可以说美学是一门研究美、美感和艺术的学问。三者的关系又是这样的：美感是对现实生活中客观存在的美的对象的反映，它同人们的审美理想、审美趣味相联系构成了审美意识，而艺术则是审美意识的集中的物化形态。这样，我们也可以说美学是研究现实生活中的审美对象、审美意识，以及审美意识的集中的物化形态——艺术的学问。

赵：什么叫"审美意识的集中的物化形态"？这你在前面还没有说哩！

张：这不外是说，艺术作品是人们对客观世界的审美意识的集中表现，并且是用某种物质材料体现出来的。例如，画家把他对客观世界的审美意识体现在线条、色彩等物质材料中，造成了一张人人可见到可欣赏的画，这就是审美意识的物化。关于艺术的种种问题还是暂时按下不表，先来看上面所说的美学的定义行不行。

赵：我觉得好像还可以，至少是指出了美学要研究一些什么东西。

张：是有这么一点用处。不过，老实说这还只是一种简单的描述性的定义，不够理想。

赵：那么要怎样才能达到理想呢？

张：我想恐怕要找出一个能够包罗和概括美、美感、艺术这三者的共同本质的更高的概念才成。但这个更高的概念的得来，又要牵涉到种种复杂的问题，经过许多的论证，而且还不见得比现在这个描述性的定义更好懂一些。所以我们目前就暂时这么定义吧。另外，对于美学的定义，也不必看得太死，美学在发展着，它的定义也不是一成不变的。从历史上看，美学所研究的领域，由于种种历史的原因，有时这个方面特别为人们所注意，有时另一个方面又特别为人们所注意，于是就有了各种各样关于美学的定义。而且人们对美学中各种问题的观点看法不同，也影响到对美学的定义。但不管人们对美学怎样下定义，总的看来，它的研究对象离不开美、美感、艺术这三个东西。

赵：我看也是这样，虽然说法各各不一，美学总离不了对这三个东西的研究。不过，可不可以说三者之中还是有一个中心呢？最近我读了《美学》第三期上发表的李泽厚同志的《美学的对象与范围》这篇文章，他强调美学的研究要"以美感经验为中心"，你对这个看法是怎么想的？

张：泽厚同志的那篇文章是篇好文章，很有些富于启发性的见解。你所说的"中心"问题，我想要具体地历史地去看。从美学研究的内在的层次结构来看，美、美感、艺术三者是处在有机的辩证联系之中。它们的关系可以这样图示出来：

美 ⇌ 美感 ⇌ 艺术

这里，向前指和向后指的箭头表示美、美感、艺术三者之间的辩证的相互转化关系。客观现实中的美，经由主体的审美活动转化为主体所意识到的美，这就是美感。主体所意识到的美，经由主体的艺术创造活动转化为一个物化了的可供欣赏的美的对象，这就是艺术。这是顺向的转化过程。从反向的转化过程来看，艺术作品经由主体的欣赏活动，提高和丰富了主体的美感，而提高和丰富了美感的主体，又经由社会实践活动，作用于客观现实中美的创造。在这个顺向和反向的辩证转化过程中，美感的确居于联结美与艺术的中心位置。离开了它，三者的辩证转化就成为不可能。所以，在美学研究中，美感确实是一个应当好好抓住的中心环节。但是，这里要注意两个问题：第一，抓住美感这个中心环节，不等于说其他环节不重要。例如，不透彻地弄清美的本质，美感的研究就会停留在现象上，很难作出有科学价值的深刻分析，把握美感的规律性。黑格尔以后直至现在，西方美学对于美感研究的一个重大弱点就在于此，它经常迷失纠缠在种种琐细的心理现象的分析中，不得要领。第二，从美学研究的内在结构来看，美感是处在中心的位置，但在美学的历史发展过程中，美、美感、艺术这三个东西，究竟何者成为研究的中心，这又同一定的历史条件以及美学自身发展的必然进程有关。不是在任何情况下，美感都必定成为研究的中心。例如，在德国古典美学中，美的本质的研究是中心。虽然康德很重视审美心理的分析，开了后来所谓心理学的美学的先河，但康德在根本上还是把他的美学当作他的整个哲学的一个有机组成部分来看待的。他关于美的理论在哲学上的意义，远远超过了审美的心理分析。今天，美学发展的情况和德国古典美学产生的时代已经很不相同了。在现代化的、科学技术得到高度发展的时代，一方面是个体对自身的独立性的意识迅速地增长了；另一方面，在西方资本主义世界，社会却成了一种同个体的独立自由的发展尖锐地对抗着的力量。在这种情况下，马克思早就指出的个体与社会的矛盾从何产生和如何解决这个"历史之谜"，日益成为西方人文科学所注意的中心。

赵：我插一句，现在我们的青年中有一些人也在苦苦思索这个问题，个别人对存在主义还非常有兴趣哩！

张：青年人想思考这个问题不是坏事。如果他们真的能通过思考科学地解决了这个问题，对于树立共产主义的世界观很有好处。问题在于一些青年没有看到个体是不能脱离社会去求得发展的，也忽视了我们的社会主义制度同西方资本主义制度的根本区别。正因为这样，他们也看不到存在主义并没有真正解决个体与社会的矛盾，它的最后结论实际上还是一种极端个人主义、厌世主义，这是解决不了问题的。真正解决了个体与社会的统一问题的，只有马克思的科学共产主义。可惜，有一些青年还没有认识到这一点，但我相信会有越来越多的青年通过他们的生活实践和思考逐步地认识到这一点。

赵：我插了一句，害得你走题了。还是赶紧回到美学问题上来。

张：这还不算走题，美学问题本来就是同个体与社会的关系这样的大问题分不开的啊！当代美学的发展趋势，是不能脱离对个体与社会如何达到和谐统一这个大问题的探求的。其间，对个体审美经验的心理分析是一个重要问题，然而这种分析最后又必定会导致对美与艺术的本质的再认识，不可能仅仅停留在心理分析上。所以，我设想当代美学的发展将会日益地把美、美感、艺术这三个东西的研究辩证地统一起来。而在研究方法上，也将会把哲学的方法、心理学的方法和社会学的方法有机地结合起来，并且在许多方面，将吸取现代自然科学和社会科学所取得的、直接间接同美学有关的成果，使美学成为一门越来越丰富具体的、具有自然科学的精确性的学问。从根本指导思想上看，不论经过多少曲折，美学在它未来的发展过程中，将不断趋向于从审美与艺术的领域来探求和揭示个体与社会的统一的必要性，把审美与艺术看作是达到这种统一的一个重要手段。这也就是说，美学在它未来漫长的发展过程中，将会趋向于马克思的科学共产主义思想。因为，美只能存在于人与自然、个体与社会的统一之中，审美的王国是一个建立在人对必然王国的征服和支配的基础之上的自由王国。而这个自由王国，只有在共产主义社会中才能获得真正的实现。马克思、恩格斯在《共产党宣言》中是这样为共产主义社会下定义的："代替那存在着阶级和阶级对立的资产阶级旧社会的，将是这样一个联合体，在那里，每个人的自由发展是一切人的自由发展条件。"这不是一个无限美好的社会吗？这不是对几千年来折磨着人类的个体与社会的矛盾这个"历史之谜"的彻底解决吗？我希望将来有机会向你证明，由于马克思的科学共产主义解决了"历史之谜"，因而马克思也就解决了"美之谜"。因为"美之谜"的解决本来就包含在"历史之谜"的解决之中。对于我们来说，对于每一个理解和信服马克思所发现的人类历史发展规律的人来说，最高的美在哪里呢？它不在柏拉图所描写的那个超感性的理念世界里，也不在存在主义者所幻想的超社会的个人绝对自由里，而是在真正使个体与社会达到了高度和谐统一的共产主义社会实现里。美学将是一门只有在共产主义社会里才能得到高度繁荣发展的科学。今天，我们的美学研究也应当以科学共产主义为它的灵魂。我们的美学所要达到的大目标，就是要从审美和艺术的领域促进人们把个人的发展同我们的社会主义事业的发展统一起来，把为社会主义事业服务看作是自己的天职，自己生命的意义、价值和幸福的所在。马克思主义的美学同科学共产主义是息息相关，不能分离的。没有科学共产主义，就没有马克思主义的美学。

赵：（兴奋地）好！太好了！完全同意你的说法。看来我原先对美学的了解还是比较狭窄的。美学问题是要同宇宙人生的大问题联系起来才能看得清和看得深，也才能使美学发挥它的重要作用。时间不早了，我还能同你这么没完没了地谈下去吗？再见吧！愿你今晚上睡得好。

张：再见！

第二回　什么是美

"美是生活"

赵：老张！最近忙吗？今天是国庆节，想来你可以休息两天了吧。

张：是很想休息休息，否则真的感到有点所谓"难乎为继"了。

不过，你一出现在我的面前，我就知道休息不成了，我们之间必定又要有一场没完没了的讨论。

赵：哈哈！是呀！上次我们讨论"什么是美学"的时候，你还记得你在"什么是美"这个问题上很"将"了我几"军"吗？从那以后，我脑子里就总是在转这念头：什么是美？究竟什么是美？想来想去，有时好像想清了，过会儿又觉得不行了。总觉得自己的想法能说明某些美的现象，但却又无法说明另一些美的现象。要回答"什么是美"这个问题，就要找出一种说法或一种理论，能够用来说明所有一切美的现象。但这种说法或理论却很难找到，总是觉得有漏洞，有毛病，不能概括所有一切美的现象。美这个东西确实是变化万千，不好捉摸啊！欣赏美的时候我们觉得美是一种很具体也很有趣的东西，但一旦想要寻根究底地解决"什么是美"这个问题，那就好像一步一步堕入了一个非常抽象的王国，看来问题的关键，还是上次你说的，要找出那使一切美的事物成为美的共同原因。

张：对！这是问题的关键。如果只是一个一个地去描绘形容生活中各种美的事物如何如何美，不论描绘形容得怎样生动，从理论上看，"什么是美"这个问题还是解决不了的。最近我在一个刊物上看到一篇题为《花之美》的文章，它说花之美在"色、香、韵"，讲得相当生动。但花何以会有美？花之美是从哪里来的，它的本质是什么？这篇文章还没有回答这些问题。至于对更广泛的"什么是美"这个问题的回答，如果仅从花上面去找寻，是很难找到答案的。

赵：我和你有同感。这一类文章我也看过一些，有趣是有趣，文字一般也还生动，就是说明不了"什么是美"这个问题。所以，看来我们还得暂时牺牲一点有趣，硬着头皮来想一想你所说的那个问题：使世界上一切美的事物成为美的共同的原因或根据是什么？

张：这不是我提出的问题，柏拉图早就在他的《大希庇阿斯篇》中把"什么东西是美的"和"什么是美"这两个问题区分开来了。在这篇写得很好的对话中，苏格拉底同希庇阿斯对"什么是美"这个问题展开了一系列的讨论，提出了各种关于美的定义、说法，如美就是恰当，美就是有用、有益，美就是快感，等等。但经过反复论辩，发现没有哪一个定义站得住脚。最后苏格拉底对希庇阿斯说，虽然他们的讨论没有找到美的定义，但至少有一个益处，"那就是更清楚地了解一句谚语：'美是难的'"。不过，我看我们现在某些通俗地讲美的文章，却刚好产生了一种相反的感觉："美是容易的。"

赵：别嚼舌头了，你还是直截了当地讲讲我们刚才所说的那个问题吧。

张：我想先听听你的看法。你前几天不是从我这里借了好几本关于美学的书去看吗？你是爱动脑筋的，我估计你一定已经形成了某些看法。

赵：好！就我先谈。我感到世界上一切美的事物不论如何多种多样，都有一个共同点，那就是它们都是同人的生活有关的东西。美就存在于生活之中，离开了生活就没有什么美。所以，我认为车尔尼雪夫斯基的"美是生活"这个定义还是很有道理的。的确就像他所说的那样，一切美的东西都是"显示生活或使我们想起生活"的东西。

张：很对！你抓住了车尔尼雪夫斯基关于美的定义的有价值的地方。他的定义非常明确地指出了一切美的事物所具有的一个最显著、最基本的共同点。比如我们现在不少文章中经常谈到的花之美，发式、服装、家具之美，还有爱情美，等等，哪一样离得开人的生活呢？就是大自然中的许多东西，也像车尔尼雪夫斯基所说的那样，它们的美同它们使人想起人的生活分不开。比如他说"动物界的美都表现着人类关于清新刚健的生活的概念"，"对于植物，我们喜欢色彩的新鲜，茂盛和形状的多样，因为那显示着力量横溢的蓬勃的生命"，等等，都有一定的道理。总而言之，大千世界一切被人叫作美的东西都离不开生活。

赵：既然一切的美都是"显示生活或使我们想起生活"的东西，那么研究"什么是美"这个问题，也就是研究生活为什么会有美，或者说研究生活对于人为什么会具有美的意义。对不对？

张：对。美的现象不论如何多种多样，变化无穷，都是由于它们同人的生活发生了联系，才成为美的。所以，在肯定了美同生活不能分离之后，就要研究由于什么原因生活对于人产生了美。而要解决这个问题，又不能不研究人的生活的本质。但正是在这个问题上，车尔尼雪夫斯基的理论存在着很大的缺陷。

赵：什么缺陷？

张：我们来看一看车尔尼雪夫斯基是怎样说明"美是生活"的。他首先指出："美包括着一种可爱的、为我们的心所宝贵的东西。但是这个'东西'一定是一个无所不包，能够采取最多种多样的形式，最富于一般性的东西；因为只有最多种多样的对象，彼此毫不相似的事物，我们才会觉得是美的。"

赵：这段话我看没有什么错。它指出美是人心所珍爱的东西，并且说美是一种最富于一般性的东西，能够表现在无限多样，彼此毫不相似的种种事物之中。这些说法都是不错的。

张：我也是这么看。问题出在接下去的一段话。车尔尼雪夫斯基在指出美是一种无限多样、最具有一般性的东西之后，想要找出这个最有一般性的东西究竟是什么。他说："在人觉得可爱的一切东西中最有一般性的，他觉得世界上最可爱的，就是生活；首先是他所愿意过的、他所喜欢的那种生活；其次是任何一种生活，因为活着到底比不活好：但凡活的东西在本性上就恐惧死亡，恐惧不存在，而爱生活。"这里，车尔尼雪夫斯基认为美这个最有一般性的东西，它的本质就是生活。这个思想是正确的、深刻的，因为它抓住了千差万别的美的事物所具有的一个最根本的共同点，比那些离开人的生活，仅从事物的属性中去找美的本质的看法深刻多了。车尔尼雪夫斯基面向生活，非常明快和直截了当地肯定了美的最普遍、最一般的本质是人的生活。这是他杰出的地方。但是，为什么人觉得可爱的，也就是觉得美的一切东西中最有一般性的东西是生活呢？车尔尼雪夫斯基认为是由于"但凡活的东西在本性上就恐惧死亡，恐惧不存在，而爱生活。"这样，他就陷入谬误了。因为他把人的生存欲望和动物性的生存欲望混淆起来了，没有看到两者的本质区别。正因为这样，他竟然说"任何一种生活"对于人来说都是可爱的，"活着到底比不活好"，这就不对了。

赵：你讲得有道理。人决不会认为"任何一种生活"都是可爱的，也决不会处处只求能够逃避死亡，生存下来。中国古代不就有"杀身成仁，舍生取义"这样的格言吗？如果人爱生活仅仅是由于他恐惧死亡，并且认为不论怎样活着总比死了好，那么人的生活同动物的生活就没有多大差别了。这样一种只求把生命保住的生活，决不会有什么美。

张：你说得很对。不过，从车尔尼雪夫斯基的一生来看，他是一个伟大的学者，也是一位坚强不屈的革命家，不是那种苟且偷生的人。但他在上面那些话里对于人何以觉得生活最可爱的解释，显然是不对的。这是受他非常推崇的德国哲学家费尔巴哈的影响，从自然的生物学的观点来看人的结果，不懂得人同动物的本质区别。另外，按照他的说法，动物也是恐惧死亡的，但动物并不觉得它的生活有什么可爱，有什么美。

赵：看来，车尔尼雪夫斯基的美学有正确的深刻的一面，也有相当简单化的很不正确的一面。不论怎么说，仅用动物性的生存欲望解释不了人的生活的美。这确实是车尔尼雪夫斯基的"美是生活"这个理论的重大缺陷。

张：过去有一些苏联学者对车尔尼雪夫斯基的评价，有不少过分吹捧的地方，这是不对的。实际上，只有克服了车尔尼雪夫斯基的理论的缺陷，才能科学地说明美为什么同生活不可分，生活对于人怎样成为美。这一点，普列汉诺夫在论到车尔尼雪夫斯基的美学时曾经指出过，但他只是一般地强调人们的生活是由人们的物质生产状况决定的，仍然没有解决为什么"美是生活"，生活对于人为什么会有美这个问题，事实上，这个问题，马克思在车尔尼雪夫斯基提出"美是生活"这个定义之前的十一年，即1844年，就已在他的《1844年经济学—哲学手稿》里从根本上给以解决了。这里，问题的关键在于要弄清楚人的生活和动物的生活的本质区别。打开"美之谜"的秘密的金钥匙，就包含在对这种区别的深入的认识和分析之中。

"劳动创造了美"

赵：我看了一些你的文章。我知道，在美的本质问题上，你强调的是劳动的作用，"劳动创造了美"。我认为你的看法有一定的道理，但也有不少地方是我感到难于同意的。请你不要见怪，今天我准备坦率地同你争论争论呢！不过，你的文章对这个问题讲得还不太详细具体，请你今天比较详细具体地谈一谈好不好？

张：好，我尽量办到。我先讲讲，然后请你批评吧。你千万不要客气，你认为不对的地方，就狠狠地驳。这对我自己真正弄清问题是很有好处的。我想，你一定会同意，人和动物为了维持肉体生存，都需要从自然界取得物质生活资料。但动物取得物质生活资料的活动是一种简单适应环境的、本能的、无意识的活动，而人的活动却是一种有意识、有目的地改造自然，进行物质生产的活动，也就是劳动。人是通过劳动去取得物质生活资料的，这就是人和动物的最后的本质区别所在。这个看法你觉得怎样？需不需要引证一下马克思、恩格斯在这个问题上的有关论述？

赵：不需要。这个看法我完全同意，因为它是合乎事实的。

张：既然你同意这个看法，我们就有了讨论问题的一个共同的出发点。现在让我们继续前进，看我们能不能从人区别于动物的劳动的本质中把美的本质找出来，进而说明人的生活怎么会对人成为美的。

赵：（半信半疑地）试试看！你说怎么个找法？

张：劳动既然是人有意识有目的地改造自然的活动，它是不是一种积极的、创造性的活动？

赵：当然是的。我记得在哪本书里面看到马克思说："劳动是积极的，创造性的活动。"

张：是马克思在 1857～1858 年写的《经济学手稿》里说的。这句话对我们理解美的本质至关重要！

赵：这是很好懂的道理嘛！有那么重要吗？

张：很好懂的道理常常也是很重要的道理。由于劳动是积极的、创造性的活动，因此人类总是有一种不可遏抑的趋势，力求通过劳动创造去掌握和运用客观的必然性，从客观世界取得自由。他决不会像动物那样，做客观必然性所支配的奴隶。

赵：这也是不难懂的道理。人类发展的历史就是一个不断从必然王国向自由王国飞跃的历史。

张：但人要从客观世界取得自由，也就是支配客观的必然性，是不是一种轻而易举的事呢？

赵：当然不是。为了改造自然，特别是为了改造社会，从客观世界取得自由，人类要克服种种困难，常常要付出重大的牺牲。就拿我们国家来说，为了从三座大山的压迫下解放出来，取得自由，我们民族曾经付出了多么巨大的牺牲啊！

张：对！为了战胜各种困难，人类就需要在他的实践过程中发挥出他的各种创造的智慧、才能和力量，去同困难作斗争，有时还要付出重大的牺牲，否则，他就不可能战胜困难，取得自由。你说是不是这样？

赵：你怎么老是问我一些几乎是不说自明的问题呢？战胜困难，取得自由，当然是人发挥他的各种创造的智慧、才能和力量去改造世界的结果。

张：请你注意，我们的讨论离解决美的本质问题越来越近了。

赵：哪有这么简单的事！

张：既然战胜困难，取得自由，是人发挥他的各种创造的智慧、才能和力量去改造世界的结果，那么人在取得自由之后，就不仅完满地达到了他的某个实际的目的，或满足了某种实际需要，而且还会在精神上产生出一种快感。

赵：什么快感？

张：一种由于看到人有征服支配世界，从世界取得自由的创造的智慧、才能和力量而产生出来的快感。这种快感，如果借用康德的说法，就是所谓"自由的愉快"。这种愉快就是最本质的意义上的美感。而那引起了这种"自由的愉快"的对象，也就是那些用它的感性物质的形式向人显示或者说确证了人的自由对象，就是人在他的语言中称之为"美"的东西。

赵：你从劳动出发，三下两下就得出了什么是美的结论，这恐怕太简单太武断了吧！你最好举个例子来讲讲，看看你的说法能不能成立。

张：好，是要举例说明。我感到最容易明白，也可以说是最好分析的例子，就是经过人对自然物的加工改造而产生出来的劳动产品的美。我们就先来用这一类劳动产品的美证明一下上面的说法好不好？

赵：好，就先限制在你讲的这一类劳动产品的美上面来谈。

张：比如说：今天陈列在博物馆里的古代劳动人民制造的石斧，你觉得有没有美？

赵：是有一定程度的美。它那刚好符合人的劳动需要的平衡对称的形式，颇有些锋利的刃口，打磨得相当光滑的表面，甚至那看起来很坚硬的石头的质地，这一切都使人感到有美。

张：为什么会有美呢？我以为这是因为我们感到在远古的条件下，这石斧的制成是很不容易的，它向我们显示了我们祖先改造自然的创造的智慧、才能和力量，也就是显示了远古人类在争取改造自然的斗争中所取得的自由，因而引起了我们的赞美。要知道，大自然虽然产生石头，但永远生产不出刚好符合人的劳动需要的石斧。要造成一把符合人的劳动需要的石斧，首先就要从各种石头中找到一种质地坚硬的石头，找到之后又要经过制作打磨，赋予它一种刚好符合人的劳动需要的形式。这在古代不是一大创造发明吗？不是显示了人无比优越于动物，具有征服支配自然的创造的智慧和才能吗？石斧上那些引起我们的美感，被我们称之为"美"的种种属性，难道不是因为它凝结着人的智慧和才能，感性具体地向我们显示了人类的自由吗？除此之外，你还能用什么别的原因来解释石斧的美呢？

赵：你别太自信。石斧这东西是人制造出来的，它的美不能完全离开人的劳动创造去解释。不过，石头质地的坚硬，这不是自然生成的吗？

张：是自然生成的，但在石斧上，石头这种坚硬的属性已被人发现和利用它来为人的目的服务了。这本身就是人的创造的智慧和才能的表现嘛！

赵：就算你说的是正确的吧，我们在感到石斧有美的时候，谁会去想到你说的这些大道理呢？我们只不过觉得它的形状样子有一种美就是了。

张：是没有想到这些。不但没有想，而且人们还觉得使石斧成为美的根源好像就在它的形状样子或属性之中，它的美就是由这些属性决定的，同人的活动无关。但人们没有想到的东西不等于不存在。而且这没有想到或根本不去想的原因本身就在人类劳动的特点之中隐藏着。

赵：你是不是有点故弄玄虚了。

张：不是的。你知道，在劳动中，人的创造的智慧和才能是在他的劳动的整个过程中表现出来的。而这个过程，如马克思多次指出的那样，不断由动的形态转化为静的形态，由活动的形式转化为存在的形式。到劳动过程终了时，过程就看不到了，我们看到的就只是一个能满足人的某种需要的产品，它具有种种符合于人的目的形式、属性。这形式、属性本来是人在劳动过程中对自然物加以改造的结果，也就是他的创造的智慧和才能的对象化或物化，现在看来却好像是产品自然而然地具有的了，因为人们这时已看不到，也不再去想它产生创造的过程了。正是这种情况使得我们在感受着一个劳动产品的美的时候，觉得它的美好像是为产品的属性所决定的，同人的活动无关。如你所说，石斧的美同它的平衡对称的形式、光滑的表面有关。但这形式，这光滑，难道不正是劳动过程中人的创造的智慧和才能的产物吗？可是，在石斧上你已经看不到这过程了。平衡对称、光滑等已经作为这过程的结果，表现为石斧所具有的感性物质的属性了。实际上，这些属性对我们成为美，根源是在劳动，是在这些属性感性现实地表现了人的创造的智慧和才能。我感到，从古至今，一些美学家之所以离开人的劳动创造，单纯从物的属性中去找美的根源，一个重要的原因就在于他们不懂得马克思透彻分析了的人类劳动过程的特征，看不到表现为静态的存在物的劳动产品的诸属性是人的劳动创造过程的对象化或物化。这对了解美的本质是一个很为重要的问题，后面我们还会讲到它。

赵：（有点信服了）嗯！恐怕是这么个道理。但问题还不少呀！现在我们觉得石斧有美，古人可并没有把它作为美的对象来看啊！对他们来说，石斧只是一种极为重要的劳动工具。普列汉诺夫不是说过吗，人类先是从实用的观点去看事物的。审美可是超出了劳动创造、实用功利之后的事啊！从这方面来看，能说美是劳动创造的吗？

赵：问得好！这里我们又碰到一个同理解美的本质有重要关系的问题了。你所说的这个问题的解决，其实也正好还是包含在劳动之中。

赵：这是什么意思？

张：是这么个意思。从实用观点转到审美观点，这本身最终是由劳动生产力的发展决定的。由于劳动生产力的发展，一方面，人征服自然的创造的智慧、才能和力量越来越高；另一方面，人在满足最迫切的生存需要之外，或多或少有了一些自由时间，也就是马克思所说的在维持肉体生存需要的必要劳动时间之外的时间。这时，人就不再仅仅从满足肉体生存需要的观点去看事物，不再把他的劳动和劳动产品仅仅看做是维持肉体生存需要的手段，而开始从中体验到人征服自然的胜利所带来的精神上的欢乐，感受到人征服自然的创造的智慧、才能和力量在他的劳动产品的感性物质形式上的表现，意识到人能够从自然取得自由。于是，劳动产品对于人逐渐地显出它所具有的美的价值，人开始用审美的观点去看他的劳动产品了。这时，正如德国著名的文学家和美学家席勒在他的《美育书简》中所说的那样，"他所拥有的事物、他所创造的事物，不能再只具有服务的痕迹，他的目的的怯懦形式了；除了他所作的服务以外，它必须反映那思考它的敏锐的智力，那执行它的可爱的手，那选择和提出它的明朗和自由的精神。"相反，如果生产力的发展还很低，人还缺乏征服自然的能力，他的最起码的生存需要的满足也经常没有保证，这时人怎么能超出实用功利的观点去看事物呢？又怎么能把他的劳动产品作为征服自然所取得的胜利成果，作为他创造的智慧和才能的结晶来加以观赏呢？

赵：你的意思是说，人从实用功利的观点转到用审美的观点去看事物，这本身就是劳动生产力发展的结果？

张：是这个意思，但还不仅仅是这个意思。除此之外，还包含有这样的意思，由于劳动生产力的发展，使得人的劳动从维持肉体生存的手段，变成了人的自由创造的活动。这是从劳动中产生美的一个极其重要的关键问题。当人连最起码的生存需要也常常不能满足的时候，这时人和动物的区别还是不大的。在外部，他受着自然的压迫，自然对他来说是一个有着各种不可知的可怕力量的国度，是一个完全黑暗无法预知的必然王国；在内部，他受着肉体生存需要的压迫，这需要冲击着他，要求满足，但却常常无法满足。在这种情况下，人是极不自由的，劳动对他来说还只是一种勉强维持肉体生存需要的手段，并且是一种不见得能够达到目的的手段。只有当生产力的发展使人脱出了这种和动物没有多大差别的状态之后，只有当劳动对于人不再只是维持肉体生存需要的手段，而成为一种自由的创造性活动之后，那凝结在劳动产品中的人的创造的智慧、才能和力量，才会冲破需要的束缚，向人显示出它的价值，放射出美的光辉。如果说从经济学上看，一个劳动产品是马克思所说的"自然物质和劳动这两个要素的结合"，那么从美学上看，一个劳动产品的美就是产品的感性物质的形式同人的自由这两要素的结合。同一的人类劳动，作为满足人的某种物质需要的合目的的活动，创造了产品的使用价值；作为人的创造性的自由的活动，创造了产品的审美价值。如果人的劳动不是一种和动物的本能的生存活动不同的创造性的自由的活动，那么产品对于人来说就决不会有什么美，那建立在物质生产劳动基础上的人的全部生活对于人来说也不会有什么美。美是人类劳动的产儿，它是从劳动中诞生的，这是理解美的本质的重大关键。恩格斯曾经指出，马克思主义"在劳动发展史中找到了理解全部社会史的锁钥。"与此同时，马克思主义也在劳动中找到了理解全部美的现象的锁钥，第一次揭开了"美之谜"。

赵：（很不以为然）仅从劳动产品的美来说，我认为你的分析是有道理的。但你因此就断言劳动创造了美，我看很难解释许多事实，而且也不见得是马克思的观点。我可以承认人的劳动创造的产品有不少是美的，但也有丑的，还有不美不丑的，怎么能说劳动创造出来的东西都是美的呢？劳动和美之间不存在什么必然的因果联系。

张：你的这种说法，使我想起了一个类似的问题。

赵：什么问题？

张：你承认不承认人的思维能认识真理？

赵：当然承认。

张：但错误的不符合实际的思维能否认识真理？

赵：不能。

张：但你能不能就因此断言思维不能认识真理？

赵：那不能这么说，我们说思维能认识真理是在一定的意义上说的，指的是那种正确的合乎实际的思维。

张：现在我说劳动创造了美，同样是在一定意义上说的嘛！

赵：什么意义？

张：就是我们在上面说了半天的意义——劳动是人的创造性的自由的活动。作为这样一种劳动，劳动创造了美，它同美之间存在着必然的因果联系，就像正确的合乎实际的思维同真理的认识之间存在着必然的因果联系一样。

赵：你别太自信了。你知道，马克思说过："劳动为富人生产了奇迹般的东西，但是为工人生产了赤贫。劳动创造了宫殿，但是给工人创造了贫民窟。劳动创造了美，但是使工人变成畸形。"这不是明明说劳动既可以创造美，也可以创造丑吗？

张：你对马克思的这段话的这种理解，恰好说明了你还没有搞清楚马克思是在怎样的意义上讲"劳动创造了美"。马克思所说的那种给工人创造了赤贫，使工人变为畸形的劳动，是私有制下的异化劳动，也就是使工人受着残酷的折磨和压迫的劳动。这种劳动对于工人来说，不但不是他的生命的自由活动，而且恰好是对他的自由的否定；不但不能使他支配周围世界，而且恰好使他受周围世界的支配。他的劳动资料、劳动产品都不属于他自己，他的劳动创造得越多，他自己失去的东西也就越多。劳动既然同工人生命的自由活动相对立，它对于工人来说就失去了人类劳动所特有的创造性的自由的活动这一性质，成了仅仅是工人不得不用来维持肉体生存的手段。这样一种劳动当然不可能给工人的生活创造出美，而只能给工人造成赤贫以及肉体的畸形。但是，从工人的劳动对自然的关系来看，它又仍然是人类征服自然的活动，是人的创造性的自由的活动。如果不是这样，如果工人的劳动不能征服支配自然，创造不出任何东西，资本家就不需要占有工人的劳动，工人的劳动对他来说就没有任何价值。正因为对工人来说是否定着他的自由的劳动，从对自然的改造上说，仍然是人类征服支配自然的创造性的自由活动，所以它一方面造成了工人生活的贫困，甚至把工人的生活降低到了动物的水平，另一方面却又创造了人类历史上的美的奇迹。例如，古代的奴隶劳动与资本主义社会下工人的劳动相比，对于奴隶来说是一种更加异化了的劳动，但从人类对自然的改造来看，它又创造出了不朽的美的奇迹，如我国商周的青铜器、秦代的阿房宫、长城、埃及的金字塔，等等。由此可见，只要弄清楚了在什么意义上说"劳动创造了美"，就不会像你所说的那样，从马克思的话中得出劳动既创造美也创造丑的结论。相反，马克思的话正好说明了只要劳动表现为人的创造性的自由的活动，它就会创造出美；异化劳动对于工人自己的生活来说之所以创造不出美，就因为这种劳动对于工人的生活来说不是自由的创造性的活动。由此，马克思提出了他的伟大的革命思想。为了使人类的劳动不论从对劳动者自己的生活来说或从人对自然的改造来说都成为产生和创造美的活动，就要消灭私有制，消灭异化劳动。这样，马克思就把他的美学同共产主义理想的实现联结起来了。

赵：你从两个方面分析资本主义下工人的劳动，既从劳动对工人的生活的关系来分析，又从劳动对自然的征服支配这个方面来分析，这对我有启发，也确实可以证明马克思是在什么意义上说"劳动创造了美"。但是，在消灭了资本主义剥削之后，比如说我们今天的社会主义社会中，能说工人的每一件劳动产品都是美的吗？

张：你好像又忘了我们刚才说的那个前提了。只要劳动是一种创造性的自由的活动，也就是表现了人征服、支配自然的创造的智慧、才能和力量的劳动，它所创造的产品就一定有美。这就像只要思维是一种正确的合乎实际的思维，它就一定能认识真理。

赵：可是你所说的创造的智慧、才能和力量的表现，还是一种很模糊的说法。这种表现要达到怎样一个程度才能有美呢？这里有没有一个客观的标准、尺度呢？

216

张：有。但这个标准、尺度是由人类历史的发展决定的，是一个具体的历史的尺度。比如说，我们前面谈到的石斧，由于表现了古代劳动人民创造的智慧、才能和力量有了美，今天如果谁同样制造出一个石斧，并且声称它是一个美的杰作，那你会作何感想呢？

赵：这当然是非常可笑的。

张：再有，就拿你们家具厂所制造的那些很美的家具来说，它是技艺高超的师傅制造出来的呢，还是那些连桌面也还刨不平的木工制造出来的呢？

赵：当然是技巧高超的师傅制造出来的。

张：再说，你前不久读过的柏拉图的《大希庇阿斯篇》中说，一个汤罐也可以有美，"假定是一个好陶工制造的汤罐，打磨得很光，做得很圆，烧得很透，像有两个耳柄的装二十公斤的那种，它的确是很美的。"相反，如果是一个很糟糕的陶工制造的，打磨得非常粗糙，做得七歪八扭不成样子，烧得又很不透，虽然不漏水，完全可以使用，但能够有美吗？

赵：当然不能。

张：这样看来，你现在也同意劳动作为人的一种创造性的自由的活动来看，是必然能创造出产品的美来了？说这样的劳动既可以创造美，也可以创造丑，那恐怕讲不通吧？

赵：经你这么七说八说，我现在也只好同意你的看法了。不过，即使我同意劳动产品的美是劳动创造的，也很难说一切美都是劳动创造的。比如说，日月星辰、白云彩霞、江河湖海、奇峰异洞等自然事物和自然景色，都是非人为的纯自然产生的，受着客观自然规律的支配，根本不是什么人的劳动产品，它们不是仍然很美吗？这样一些俯拾即是的事例，不就有力地证明了你的"劳动创造了美"的主张是站不住脚的，是一种简单化的观念吗？

张：不见得。我想你这种看法的产生，恐怕倒是由于你对"劳动创造了美"的理解太简单化了。

赵：好家伙！你来个倒打一耙。我怎么简单化了呢？我说的那些美的自然事物，明明不是劳动产品嘛！

张：你以为我就把它们看作劳动产品吗？

赵：那倒不至于。但这同你的"劳动创造了美"的主张是不能相容的啊！

张：可以相容。问题在于你不要把劳动对自然的改造简单地理解为就是对自然中的这个那个事物在形态上加以改变。其实，劳动对自然的改造应当从整体上去看，它不仅是指对这个那个事物的形态的改变，更重要的是指人同整个自然的关系的改变。人的生活不仅仅同他直接改变了的某些自然物发生关系，而且同整个自然界发生关系。人对自然的改造，应当从人对整个自然的征服、支配、占有这样的意义上来了解。这正是人与自然的关系不同于动物与自然关系的一个根本的区别所在。比如说，一个毛虫也同自然发生关系，但这种关系和人同自然的关系是不是一样的？

赵：当然不一样。

张：怎么不一样？

赵：毛虫只同和它的生存有关的个别自然物发生关系。

张：对了！费尔巴哈说过一段有意思的话。他说："毛虫，它的生活和本质都限制在某一种植物上面，这样，它的意识也就越不出这个有限制的区域之外；它固然能把这种植物与其他植物区别开来，但除此之外，便什么也不知道了。"人不是毛虫。他在改变个别和他的生存有关的自然物的同时就不断在改变着他同整个自然界的关系，他的生活决不局限在同个别自然物的关系上。马克思说得好："动物只生产自己本身，而人则再生产整个自然界"。"人较之动物越是万能，那么，人赖以生活的那个无机自然界的范围也就越广阔。"

赵：什么叫"再生产整个自然界"？难道人还能把太阳月亮、山河大地重新生产出来，造出另一个太阳月亮、山河大地？

张：当然不能。但是，人能改变他同太阳月亮、山河大地的关系，使整个自然成为适宜于人居住的，为人所征服、支配、占有了的自然。所谓"再生产整个自然"，不外就是指通过劳动改变人同整个自然的关系，使自然从与人相对抗的，或和人漠不相关的自然，变成同人的生活相协调的自然。这也就是高尔基所说过的，创造和人的文化相联系的"第二自然"。

赵：自然就是自然，那有什么第一自然、第二自然。这种说法我看不通。

张：或许你的想法也有道理。不过，我们今天生活的自然同人类出现之前的那个自然，难道是完全一样的吗？

赵：太阳还是那个太阳，月亮还是那个月亮，有什么不一样？

张：关系不一样。通过劳动，太阳、月亮成了人所认识了的东西，同人类生活发生了密切的关系。至于山河大地，同人类产生之前的那个洪荒世界相比，也已经大不一样了。

赵：没有什么不一样，还不是原来的那个山河大地。

张：我说你的思想方法有问题，你总是想把自然和人分开来观察。其实，人就生活在自然之中，而且他所生活的自然是他在劳动中改造了的自然。那个洪荒世界中的自然，怎么会是你我今天生活的自然呢？那时世界上还没有人类的存在呀！人类出现之后，才不断把自然改造成了适合于人生存、居住的自然。野蛮人生活的那个自然同我们今天生活的自然已经大不一样了。这一点你承认不承认？

赵：这……恐怕得承认。但你总不能说人类像把木头造成桌子那样地造出了一个月亮，也不能说月亮之所以美，是由于它是人的劳动创造出来的产品。

张：你又来了，我不是说过了吗？不要把人对自然的改变理解得那么简单嘛！这里的改造指的是人同月亮的关系的改变。

赵：怎么个改变？

张：首先是通过劳动改变。当人类学会了从事农业之后，看起来在农业劳动中他好像只同他所种植的农作物以及土地发生关系，其实，与此同时，他同那非常遥远的天体世界也越来越发生密切关系，最后他研究起天文学来了，日月星辰都成了同他的生活不能分离的东西。因为日月星辰的变化同季节气候的变化分不开，季节气候的变化又同农作物的生长分不开。这个道理想来没有什么神秘难解的地方吧？

赵：这我懂得，但还说明不了月亮之类的美。

张：不错。当人类还只为了进行农业生产，单纯从掌握季节气候变化的需要去看月亮的时候，他还是从天文学、气象学的观点去看月亮，不是从审美的观点去看月亮。但是，月亮如果不是通过劳动而与人类生活发生了关系，它对人就不可能有什么美。人同月亮的关系，开始还只是同农业生产相联系，后来随着人类劳动生产力的发展，社会生活的复杂化，月亮对人就逐渐地产生了美的意义。在这里，关键是人同整个自然的关系的变化，从一种不自由的关系，变成了一种自由的关系。

赵：我知道你是要请出"自由"这个法宝来的。但什么是你所说的"自由的关系"？

张：不是我偏爱"自由"这个法宝，实在是它本来就同美的本质问题分不开，这一点我们后面还要再谈。现在仅从人与自然的关系来说，所谓自由的关系，是这么个意思：第一，自然被人所支配，成为和人的生活相统一的自然，再不是同人的生活相对抗，威胁着人的生活的自然。第二，自然对于人来说不再仅仅是维持肉体生存，满足物质需要的手段，而成为超出物质需要的满足，全面发展人的个性和才能，使人的自觉自由的生活得到实现的条件。只有具备了这两个条件，自然对于人才能成为美的，才能有那种不同于劳动产品的自然美。

赵：抽象，太抽象！你还是举例说明吧！

张：是！举例说明。比如说，生活在原始森林中，晚间住在树上的原始人，能不能欣赏王维的《山居秋暝》这首诗中所描写的"明月松间照"的美？

赵：不能欣赏，但不等于这种美不存在。

张：你是说原始人虽然不能欣赏，但这种美仍然存在，是不是？

赵：不错。

张：好，我们来研究一下原始人为什么不能欣赏。你说说看都有些什么原因？

赵：审美能力很低。不，应当说几乎还没有一点审美能力。这又是由于他们经常连肚子都吃不饱，也没有什么知识文化，不知道月亮是个什么东西。而且晚间住在树上，周围有成群的野兽在嗥叫，威胁着他们的生命，说不定还有各种各样的虫子在咬他们，你叫他们如何欣赏？哪有心情欣赏？

张：我想你还可以举出许多原因，但你举出的这些原因，最后都可以用一句话概括起来：他们还没有认识和征服自然，自然对他们说来还是一种神秘不可知的、恐怖的东西。他们同动物还没有多大差别，在自然的面前他们的力量还非常微小。换句话说，在自然的面前他们还很不自由。

赵：嗨！又搬出"自由"来了！

张：是很不自由嘛！和安居在辋川别墅，不愁吃不愁穿的王维比较起来，差得太远了。我说原始人感受不到"明月松间照"的美，不是什么审美能力太低，而是这种美对他们来说根本就不存在。因为自然还是一种几乎处处压迫威胁着他们的力量，自然对他们怎么能有美呢？

赵：不对，自然美仍然存在，只是他们欣赏不了。这就像原始人认识不到月亮运行的规律，但这种规律仍然存在。如果不这样看，那就是在搞唯心主义了。

张：哟！你把月亮的运行规律是客观存在同月亮的美是客观存在看成一回事？

赵：当然是一回事。

张：那就是说你认为在人类产生之前，月亮的美就已经存在了？

赵：对！当然是这样！古时候原始人所看到的月亮同王维和我们现在所看到的月亮有多大差别？为什么现在美，古时候就不美？即使地球上还没有人，月亮也照样美。不这样讲，就不合乎唯物主义！

张：所以嘛，我说你在自然美问题上的思想方法有问题。你想脱离人与自然的关系去谈自然美，这是办不到的。你的想法恐怕还很难说是唯物主义哩！你要看到，月亮作为自然物无疑不以人为转移，在人类产生以前就已存在，但月亮这种自然物对人产生了美的意义，这却是人类历史发展的结果，是人与自然的关系在物质生产劳动的基础上不断发生变化的结果。我们已经说过，当人类学会从事农业生产，并且懂得如何通过观察月亮的运行情况去掌握季节气候变化的规律，为农业生产服务，这时月亮虽然还是不懂得从事农业的原始人所见到的那个月亮，但已不是一种神秘不可知的东西或与人的生活漠然无关的东西，而成了与人的生活发生了密切关系的东西了。月亮既然同人的农业生产发生了密切的关系，它就会随着人类改造自然的物质生产劳动能力的提高和由此而来的人的社会生活的多样化、复杂化进一步同人的生活发生多方面的关系。比如说，它可以在黑夜来临的时候为人照明，使人们得以从事各种活动，不单是从事生产劳动，而且还有各种娱乐活动，包括弹琴、饮酒、赋诗、跳舞以至男女之间谈情说爱等活动。这在中国古代诗歌中有许多反映，我们不妨举出一些来看看：

> 种豆南山下，草盛豆苗稀。
> 晨兴理荒秽，带月荷锄归。（陶渊明）

> 独坐幽篁里，弹琴复长啸。
> 深林人不知，明月来相照。（王维）

> 花间一壶酒，独酌无相亲。
> 举杯邀明月，对影成三人。（李白）

这一类的诗举不胜举，它们足以充分说明月亮开始虽然还只同农业生产发生关系，不是审美对象，但后来却同劳动生产之外人的多方面生活发生了关系，而且越来越同人的许多值得留恋的、美好的生活活动分不开，于是月亮对于人就产生了美的意义，经常成为诗人们所描绘的对象。在非常喜欢月亮的诗人李白的笔下，月亮成了可以邀来共饮的亲密的朋友。尽管这个月亮还是住在树上的原始人也能看到的那个月亮，但它同人的关系已经大不相同了。在漫长的改造自然的物质生产劳动的过程中，人逐步地改造了大自然，创造出了他同大自然的一种超出了单纯物质需要满足的和谐自由的关系，于是才有了包括月亮在内的各种自然美。所以从"劳动创造了美"的观点来看，这里所谓的劳动创造，决不是说把月亮等等自然物也加以改造成为劳动产品，而是说改造人与自然的关系，使自然不仅仅同人的物质需要的满足相联系，而且同人的多方面的生活活动，同他的自由的生活的种种表现相联系。一句话，使人与自然的关系成为一种超越功利实用的、和谐自由的关系。只有当人同自然处在这样一种关系中，自然对人才会有美。而这种关系归根到底是由劳动创造出来的，而且只能由劳动创造出来。正是在这个意义上，我认为自然美也是劳动创造的产儿。

赵：危险！你说了这么一大篇，我看你越说越陷入了"天人合一"、"大自然没入我，我没入大自然"的唯心主义泥坑中去了！

张：你这种想法的产生，是由于你只看到人与自然的区别，而没有看到人与自然的相互联系、相互渗透。这可不是马克思的唯物主义啊！你强调人与自然有区别，这是对的。但难道就只有区别，没有联系吗？连费尔巴哈也知道人只能存在于他和自然的联系中。你要活着，就要呼吸空气，这空气不是自然物吗？你不呼吸空气就不能生活，这个简单的事实就完全足以说明你不能离开自然而生活。人与自然的相互渗透，或借用中国古代哲学的表达方式——"天人合一"，这在美学上是一个很值得深入研究的问题，不要一提这问题就害怕掉入了唯心主义。马克思主义是在实践的基础上讲人与自然的相互渗透的嘛！这种渗透是由实践客观地决定的，不是由人的主观意识或某种神秘的绝对精神决定的。这哪里有什么唯心主义呢？没有人与自然在实践基础上的相互渗透，哪里还有人类历史，还有美呢？我说劳动创造了美，你说有一个不可超越的难关——对自然美的解释。你以为主张劳动创造了美，就必定要主张自然美是劳动的产品，其实那有这么简单的事。你认为"劳动创造了美"无法解释自然美，是因为你给自己设置了两个实际并不存在的障碍：一个是你企图脱离人与自然的关系去解释自然美；另一个是你把人对自然的改造理解得很狭隘，只限于在形态上改变某个自然物。是不是这样？

赵：嗯！现在看来你的说法又好像有些道理了。不过，就拿月亮的美来说，即使我承认是在人改造他与自然的关系中才成为美的，你总不能否认月亮的自然属性对月亮成为美大有关系吧？比如，它的皎洁的光芒，圆的形状，即使不同人的社会生活相联系，它本身不也是美的吗？这个问题不解决，你的说法恐怕还是站不住的啊！

张：对！如果月亮没有皎洁的光芒，形状看上去又是个歪七扭八的东西，它哪里还有美呢？但是，包括月亮在内的一些自然物所具有的光和形这一类的美是从哪里来的呢？难道是仅仅由自然属性决定的，同人类的社会生活没有关系吗？我看不是这样。这些自然属性对人成为美，仍然是人在长期的劳动生产实践中发现这些属性同人的生活有密切关系，并且创造性地利用这些属性来为人服务的结果。圆形的美，显然同古代各种圆形的器皿、车轮等东西的制造有关。这些东西在古代被制造出来，完全可以说是极为重大的发明创造。在这类器物的制造中，人类认识发现了圆形，并且创造性地利用它来为人类的生活服务，极大地增进了人类支配自然的能力，因而圆形对人也就产生了美的意义。光的美显然同人对昼夜的变化，在白天和黑夜的不同感受有关，也同火的发现和利用有关。人只有在光明中才能自由地行动，黑夜会带来恐怖和不安，这对于远古的人类来说是很明显的事实。当人类第一次在他居住的黑暗的洞穴中生起了火的时候，它给古代人类所带来的欢乐和留下的深刻印象是不难想象的。在古代自发产生的宗教中有拜火教，崇拜"光明之神"，在基督教的创世纪中有上帝创造光的记载，在中国古代历史文献中"光"和"美"经常联系在一起。马克思在《1844年经济学—哲学手稿》中也曾提到了"光亮的居室""曾被埃斯库罗斯笔下的普罗米修斯称为使野蛮人变成人的伟大的天赐之一"。这都说明光在人类的生活中是多么重要。光明的东西是美的观念，显然是在人类历史发展的漫长过程中产生的。光只因为它同人类生活发生了密切关系才对人成为美。所以月亮的光和圆的形状对人成为美，其根据仍然要到人类劳动实践的历史发展过程中去找寻。马克思曾讲到的金银的光泽的美也是如此。总之，月亮的光和圆的形状决不会无缘无故就对人成为美的。自然物所具有的各种属性都只有在它们为人所认识、利用，同人的生活发生了密切关系的情况下，才有可能对人成为美的。如果你硬要坚持月亮的美就只在它的自然属性，同人类生活毫无关系，我想最有说服力的方法，就是请你像天文学家研究月亮那样用某种自然科学的实验的方法从月亮的自然属性中去把"美"找出来，并且充分地证明这种"美"不具有任何同人类生活有关的意义、内容。如果你能做到这一点，我一定服输，把我上面的这些说法当做荒谬的无稽之谈一笔勾销。怎么样？你是不是开始试试去设计一种从月亮的自然属性中把"美"找出来的仪器。这比你同我空口辩论好得多。

赵：别挖苦人了。你也不要太自信，说不定哪一天人家硬是发明了这样一种仪器呢！就算你上面说的是对的，还有一个很简单的事例，我看是"劳动创造了美"这种理论根本解释不通的。只凭这个事例，就可以推翻这种理论。

张：什么事例？

赵：比如说，人的形体美，也就是长得漂亮，这不是天生的吗？古人就有所谓"天生丽质"的说法嘛！

张：呵！原来是这个事例。我先问你：林黛玉美不美？

赵：当然美。

张：你在博物馆看到的北京猿人能不能生出像林黛玉这样的美人儿来？

赵：那怎么生得出来呢？北京猿人的样子像猿猴，身上还长着许多毛，只能生出像他那副样子的一个猿猴。

张：很对！这不就推翻了你的形体美是天生的说法了吗？我想你会同意，人类有一个漫长的进化、发展的过程。开始，他的形体同猿猴相似，以后通过劳动，他在改造自然的同时也逐步地改变了自己的躯体，最后才产生了我们现在称之为美的人体。这美的人体又经过生物遗传而一代代传下来，所以看起来美人就是天生的了。如果人类不是在漫长的劳动过程中改变了自己的躯体，永远停留在北京猿人所处的发展阶段上，林黛玉似的美人从哪里生出来呢？

赵：好家伙，一下子又拉扯到劳动上去了。照你看来，就没有办法证明自然美仅仅决定于自然属性了吗？

张：有办法，但还是我们上面所说的那个自然科学的实验的方法。比如说，发明一种特别的 X 光透视机，用它去照射林黛玉之类的美人的身体，从她的身体里面把美找出来，证明美同人类的历史毫无关系，完全是一种动物生理的属性。为了取得反证，还可把一只年轻的母猿猴也拿来照射一下，以证明在它的动物生理的属性里找不到"美"这种属性。

赵：你又来了！透视机可以照出林黛玉的肺部有黑斑、空洞，也就是有肺病，但照不出"美"这个属性来。

张：那么怎么办呢？

赵：怎么办？不就是说你的看法是对的吗？

张：我决不想自封正确。但我想来想去，总觉得要离开人类生活，仅仅从自然属性中去找美，是找不到的啊！

赵：话不要说得那么绝对嘛！也许别人终于找到了呢？

张：好！是可以无妨去找一找，慢慢再作结论。

美 的 分 析

张：你还记得吧，在上次我们关于劳动产品的美的讨论中，我们说过："一个劳动产品的美就是产品的感性物质的形式同人的自由这两要素的结合。"这虽然仅仅是从劳动产品的美来说的，但已经包含了关于美的一般的定义了。

赵：在特殊里是包含有一般。如果你关于劳动产品的美这个定义是正确的，那么它是应当包含有能够适用于一切美的现象的道理的。

张：是这样。劳动产品之所以有美，是由于人类生产劳动产品的活动是一种创造性的自由的活动。而人的生活活动，不论是生产劳动还是其他方面的活动，都是一种创造性的、自由的活动。恩格斯在《自然辩证法》中说过："动物的正常生存，是由它们当时所居住和所适应的环境造成的；人的生存条件，并不是他从狭义的动物中分化出来就现成具有的；这些条件只是通过以后的历史的发展才能造成。人是唯一能够由于劳动而摆脱纯粹的动物状态的动物——他的正常状态是和他的意识相适应的而且是要由他自己创造出来的。"这段话不是在讲美学，但对美学来说十分重要。由于人的生活是人自己创造出

226

来的，也可以说是他的"作品"，因此他的整个生活，同我们前面讲到的劳动产品一样，也是他的创造性的、自由的活动的产物，是他的自由的感性物质的表现。正因为这样，生活对他就产生了美的意义。你看，我从劳动产品的美的本质，引申出人类一切生活的美的本质，这站得住脚吗？

赵：从逻辑上看，是这么一回事，我看可以说得通。车尔尼雪夫斯基说："美是生活"，但还没有真正说明为什么美是生活。你所引的恩格斯的那段话，的确回答了美学上的一个重大的关键问题。"美是生活"，就因为人的生活是人自己创造出来的，否则生活对于人就不可能成为美。不过，你的说法我觉得还是太抽象。特别是你反复讲到的"自由"，具体的含义究竟包含些什么，好像还没有说清楚，显得太空泛了。

张：我也觉得确实是太空泛。现在我们就来尽可能具体一些分析一下构成美的两大要素：人的自由和体现人的自由的感性物质的形式，然后再来分析一下两者的相互关系。

赵：这太好了！请你先把你所说的"自由"的含义尽可能说得具体一些。

张：我觉得"自由"是一个同美的本质分不开的极其重要的概念或范畴。从美学上看，或者说在审美的意义上来了解的"自由"，我认为有三层含义。第一层指的是对客观必然规律的掌握和运用。你知道，马克思主义者所说的"自由"，不同于一切唯心主义者所了解的"自由"，它不是所谓精神的自我规定，不是脱离尘世，不是主观臆想的观念中的自由，而是对客观必然性的实际的认识和支配。恩格斯在《反杜林论》中说过："自由不在于幻想中摆脱自然规律而独立，而在于认识这些规律，从而能够有计划地使自然规律为一定的目的服务。"他又说："自由是在于根据对自然界的必然性的认识来支配我们自己和外部自然界。"毛泽东同志也曾指出："自由是对必然的认识和对客观世界的改造。只有在认识必然的基础上，人们才有自由的活动。这是自由和必然的辩证规律。"

赵：你所引证的这些话很重要。一讲到"自由"，我们就必须把马克思主义者的理解和唯心主义者的理解严格地区分开来。

张：对！这是一个不能含糊的问题。看起来，这对于我们已成为哲学常识了，但现代很有影响的存在主义哲学家萨特，我以为他的理论的一个重大缺陷，就是还不懂得自由与必然的辩证关系。

赵：这暂时不去管它，我们现在是从美学上来讨论"自由"的问题。这"自由"同一般哲学上所讲的"自由"究竟有何不同呢？它怎么表现为美呢？

张：美学上所讲的"自由"同哲学上所讲的"自由"是不能分离的，但两者又有区别。这区别我们下面还要讲到。现在只从掌握必然这个方面来看，美学上所说的"自由"，是同人的创造性的活动联系在一起的，并且是感性具体地表现在人的创造性的活动之中的。当人对客观必然规律的掌握和运用在我们的眼前感性具体地表现为人的一种创造性的活动的时候，这时"自由"就成为美的了。在这里，"自由"作为美，除了它是感性具体地表现出来的之外，它的一个重要特征在于它是人的一种创造性活动的结果，不是对规律的一种机械死板的运用。康德曾说美的事物具有"合规律而又无规律"的特点，中国古代美学讲到艺术创造的时候也曾有所谓"无法而法，乃为至法"（石涛语）这样的话，我认为都是指对于规律的一种创造性的掌握和运用。你试去仔细观察一下生活中的各种美的现象，都可以看出它既是符合规律的，但却又显得完全不受任何机械的规律的束缚，达到了一种高度自由的境界。

赵：有道理。生活中这样的事例很多。比如说，一个很好地掌握了游泳技巧的人，他在水里游起来非常轻快自如，看上去使我们产生一种高度的自由感，这种自由的表现就是很美的。还有，体操中的平衡木这个项目的表演，它的美也在于既是处处符合规律的，而且不能有丝毫差错，但又显得是非常自由的。

张：我知道，你是一个体育爱好者。体育运动虽然还不是艺术，但有着相当多的美的因素。这种美，就是在一种合规律运动中的自由的表现。你知道，每一种运动都规定有一套必须严格遵循的规则，但优秀的运动员都显得既是处处遵循规则的，却又完全不受规则的束缚。他在严格规定的规则中取得了高度的自由，显示出了人的卓越的创造的智慧和力量，因此就引起了我们的美感。

赵：很好，是这么回事。

张：不仅体育运动中的美是这样，其他一切领域中的美都是这样。比如说，一个人的道德精神的美，就表现在某种崇高的道德原则非常自然而然地表现在他的言谈举止、待人接物，以及处理生活中种种重大问题上面。对别人来说，要处处实行这些原则是不容易的，甚至是很难的；对于他来说，实行这些原则却好像成了他的一种天性、本能，并且经常做得恰到好处。

赵：我们可以说，他把那在别人看来是具有外在的强制性的道德原则变成他的自由活动了。

张：对。还有自然界的美，也同它引起我们的自由感很有关系。

赵：不错。比如说我们常觉得鸟类比爬虫类美，青蛙比癞蛤蟆美，大概同自由感有关。

张：关于各种形态的美，我们下面还要专门讨论。现在我们就不再来搜罗例证了，接着往下讲我所说的"自由"的第二层含义，好不好？

赵：好！例证的搜罗我看好办。

张：美学上的"自由"的第二层含义，我们在讨论"劳动创造了美"这个问题的时候已经大体说过了。它指的就是人对他的活动和与他的生活有关的种种事物，不再仅仅看作维持肉体生存的手段，而看作是他的创造性的自由活动的表现。

赵：对！这一点我们已经讨论过，它是人从实用的观点转到用审美的观点去看世界的一个重要条件。只不过这怎么能同"自由"联系得上呢？

张：联系得上。而且从人类历史的发展来看，人只有超出了肉体生存需要的满足之后，他才在真正的意义上同动物区分开来了。如果他处处只想到肉体生存需要的满足，并且以这种满足为生活的最终目的，那他的生活就同动物的生活没有多大差别。他还处在他的肉体生存需要的束缚和压迫之下，没有真正意义上的人的自由。所以马克思说："动物只是在直接的肉体需要的支配下生产，而人则甚至摆脱肉体的需要进行生产，并且只有在他摆脱了这种需要时才真正地进行生产。"

赵：这话我也知道，但过去读了就完了，想不到它同美的问题还大有关系。人如果不能摆脱肉体需要的束缚，处处都把事物仅仅看作是满足需要的手段，看到一棵松树，就只想到砍下来可以当柴烧或做家具，看到一颗珍宝，就只想到能值多少钱，看到一个美女，就只想到如何占有她……那当然谈不上美的欣赏了。

张：自康德以来的西方近现代美学，一直在讲美具有"超功利"的特性。我国古代的大哲学家和美学家庄子对此也早就有了深刻的认识。这个看法我认为是有道理的，对美学来说是很重要的，不能抹煞。问题在于要对它作出科学的解释。从马克思的观点看来，我认为"超功利"首先是由于生产力的发展，使人类的需要不断提高，最后超出了肉体生存需要的满足。所以，"超功利"不是不要物质基础，相反，它恰好是人的需要的满足在生产发展的基础上获得了发展的结果。马克思曾在他的许多经济学著作里多次分析了剩余价值和自由时间的关系，以及自由时间同人类发展的关系。他指出，只有当人类的劳动生产力发展到除满足最迫切的生存需要之外，还有剩余劳动和剩余产品的时候，人类才可能在从事满足生存需要的必要劳动时间之外，有了用之于发展科学、艺术，包括进行美的欣赏和创造在内的自由时间。马克思指出："这种剩余劳动一方面是社会的自由时间的基础、从而另一方面是整个社会发展全部文化的物质基础。"他又说："整个人类的发展，就其超出对人的自然存在直接需要的发展来说，无非是对这种自由时间的运用，并且整个人类发展的前提就是把这种自由时间的运用作为必要的基础。"马克思这些看来只是讨论经济学问题的话，有着重要的美学意义。它从根本上指出了"超功利"的现实的物质的基础。在人类必须把全部时间用之于满足最迫切的生存需要的时候，是不可能有什么"超功利"的审美的，"超功利"必须以剩余劳动和与之相联系的自由时间的出现为前提。而这种自由时间，在历史上是几乎全部为不劳动的剥削阶级所占有。鲁迅多次说过，中国古代的封建士大夫文人们之所以能有闲情逸致欣赏自然美，进行诗歌、绘画等的创作，是因为有人在为他们进行物质生产劳动的缘故，否则他们就"清高"不起来，无法"超功利"了。陶渊明如果每天饿着肚子，那是写不出"悠然见南山"这样的诗来的。

赵：说得好！"超功利"必须有物质基础，在根本上是决定于人类物质生产力的发展的。我想这就是马克思的历史唯物论对"超功利"的看法同资产阶级美学不同的一个根本之点吧。

张：对！除此之外，从马克思的观点看来，"超功利"还是人之所以为人的自由的本质的表现。尽管在剥削阶级统治的社会中，基本上只有少数统治者能够摆脱为满足生存需要而进行的生产劳动。对于绝大多数劳动者来说，在许多情况下，劳动是"异化"的。它不是劳动者的自由的活动，而是一种强制的、为了维持肉体生存而不得不进行的活动，在实际上同动物的活动差不多。只有在私有制被消灭之后，劳动对于劳动者来说才不再仅仅是维持肉体生存需要的手段，而成为自由的活动。与此同时，由劳动生产力的发展所创造出来的自由时间，也完全由劳动者自己所占有了。从这个方面看，"超功利"是同人类从私有制下获得解放分不开的。作为人类生活的一个重要方面的审美和艺术的活动，只有在社会主义、共产主义社会下才有可能得到充分的发展。

赵：这样来解释"超功利"，比资产阶级美学的说法就深刻多了。另外，我认为审美是"超功利"的，但它是不是像资产阶级美学所说的那样只以美本身为目的，"为美而美"？我觉得人类不会"为美而美"，美的追求总得有一个目的。

张：不错，是得有一个目的。问题只在对这个目的如何了解。

赵：当然不可能是某种直接可见的功利实用的目的。比如说，我们欣赏的许多花，都没有什么用途。极少数花，如菊花，可以用作药材。但我们欣赏它的时候，根本不想到它有什么用途。即使它什么用途也没有，照样还是美的。但是，又不能因此就说美是无目的的，同人类的利益毫无关系，特别是在阶级社会中，社会生活中的美常常同各个阶级的利益分不开。

　　张:"为美而美"不存在。美的追求不能脱离人类生存和发展的根本利益,在阶级社会里不能脱离各个阶级的生存和发展的根本利益。问题在于这里所说的利益不是某种有限的、直接的功利目的的实现。美的作用在于陶冶人的情操,使人的个性、智慧和才能得到全面自由的发展。这种发展也正是人类的发展所必需的,而且正是人类的生活不同于动物生活的根本区别所在。我们已经说过,如果人类的一切活动仅仅以满足肉体生存的需要为最终目的,那么他的生活就还没有真正超出动物的生活。这样说来,美是不是同需要的满足毫无关系呢?那也不是的。它并不否定需要的满足,而是要把这种满足提高到远远超过动物的水平,使这种满足配得上人的尊严,并且具有动物的需要根本不能相比的无限的丰富性。所以,从人类历史的发展来看,我们可以说美是以人类无限的自由发展为目的的,它本身就是人的自由的表现。但这种自由又是建立在人类对于客观必然规律的认识和支配的基础之上的,是人类在长期艰苦的斗争中战胜盲目性的结果。我们时时都要注意不要把自由同必然分割开来,自由即是对必然性的征服。从今天来说,我们对美的追求是不能同完成四化建设这一伟大而又艰巨的事业分开的。我们所追求的无比高尚的美,就在我们建设"四化"的社会主义强国,并朝着共产主义前进的伟大斗争中,它是这一斗争的产物和结果。

　　赵:完全同意。从我们今天来说,脱离四化建设去追求自由、追求美,这种美恐怕不会有多大的价值,而只能是空虚的无意义的。

　　张:不过,你也不要偏到"左"的方面去了。以为一提为四化建设而斗争,就连人家穿一件漂亮的、别出心裁的衣服也看不顺眼了,以为是"资产阶级思想"的表现了,不得了了。

　　赵:哪里的话,难道世界上就只有资产阶级才能穿漂亮衣服?无产阶级就必须穿得像个叫化子?马克思在哪本书上说过这个话?

　　张:哈!你的火气比我还大呢?

　　赵:我讨厌那些"左"的谬论,但我也不同意一个人整天就只想着怎么寻到件漂亮的衣服,以此为人生的最高目标,如果这样讲美,那还是马克思说的,没有超出动物状态,没有达到人的真正的自由。

张：对！对！有时候有些穿得很漂亮的人，看上去差不多就像是一具行尸走肉。

赵：你又说得太过火了，对旧社会的某些剥削阶级分子可以这样说，今天还是不要这样说。

张：哈哈！你比我懂得政策。

赵：行了！你所说的美是"自由"的第二层含义，我算是大致上搞清楚了，现在就讲讲第三层含义好不好？

张：这第三层含义很重要，但很难懂。

赵：你不要故弄玄虚，只要讲得真有道理，人家总是会懂的。

张：这第三层含义，用一句话说出来，就是个人与社会的统一。没有这种统一，人是不会真正有自由的。

赵：怎么个统一法？

张：要了解这个统一，先要了解人有二重性。

赵：什么二重性？

张：人一方面是一个个体，每一个人都有他的个性、爱好，有他的种种欲望、要求、愿望、理想等，需要求得满足。人不是幽灵、观念，他是一个有血有肉的实实在在的人，并且是一个同别的人不同的人。用一个哲学术语来说，我们可以说人是个体感性存在。

赵：不错。人不是什么虚无缥缈的东西，他要吃、要穿，要结婚、生孩子……而且世界上确实没有两个完全相同的人，俗语说：人心不同，各如其面。

张：但是，人又是社会的人。他生活在一定的社会关系中，在阶级社会里他从属于一定的阶级。马克思说得好："人并不是抽象的栖息在世界以外的东西。人就是人的世界，就是国家社会。"作为社会的人，每一个人都得履行社会所提出的各种普遍的要求，如对人诚实、孝敬父母、遵守纪律、认真工作，等等。从社会来说，这些要求是不以某一个人的个性、愿望、意志为转移的，无论任何人都得实行，否则他就会受到舆论的谴责，甚至受到法律的制裁。

赵：当然，不这样，社会就不成其为社会了。

张：但是，社会的要求在不少情况下，特别是在剥削阶级统治的社会中，常常是同个人的个性、愿望、意志等相矛盾的。这就是说，社会的要求的实现，恰好就是对个人的个性、愿望、意志等的否定，也就是对个人的自由的否定。个人深深地感到了他既是个体感性的存在，又是社会性的存在这种二重性的矛盾。这种矛盾，常常在人的内心引起深刻的精神上的痛苦。他如果不实行社会的要求，就要遭到各种打击、压制、迫害；相反，他如果实行社会的要求，那又恰好是对他个人自由的否定。

赵：旧社会这种情况很多。反动派制定一整套所谓道德、法律，强迫老百姓非实行不可。但实行的结果，却使得老百姓家破人亡。

张：就在统治阶级内部也有这种情况。如贾宝玉要是实行封建阶级关于婚姻家庭的那一套原则，他就否定了自己在爱情上的理想、自由。

赵：这种矛盾如何解决呢？

张：不同的历史时期有不同的解决方法，但最根本的是消灭私有制，实现共产主义。

赵：今天我们消灭了私有制，但是否也存在个人与社会相矛盾的情况呢？

张：还存在，但性质起变化了。有些人感到他同社会相矛盾，常常是因为他坚持一种不顾社会利益的极端个人主义。这种矛盾，问题并不在社会方面，而在个人。还有一些矛盾主要是由于社会生产力还不够发达而产生的。它同旧社会的那种矛盾有根本性质的不同。第一，它不是对抗性的矛盾；第二，它是一种局部的暂时的矛盾。在这种情况下，一个有革命觉悟的人就应当自觉地牺牲自己的个人利益以服从社会的整体利益。这种牺牲，由于它是为整体的发展而作的牺牲，因此它并不是对个人自由的否定；相反，它正是人不同于动物的高度自由的本质的表现，正是人的社会本质的崇高性的表现。一个人如果只为自己的生存而活着，在必须为整体的利益而牺牲的时候贪生怕死，那他就没有真正超出动物性而达到真正人的自觉性。连我国古代的思想家孟子都已经看到，人有比生命更宝贵的东西，在"生"

与"义"两者不可得兼的时候，应该"舍生而取义"。

赵：这样看来，所谓对个人自由的肯定，不等于说就是保全生命、苟且偷安。

张：对！只知道保全生命，以保全生命为最高目标的人，实际上还没有完全脱离动物状态。

赵：同意。不过你讲了半天，好像是讲政治学、伦理学，这同美学有什么关系？

张：大有关系。不弄清个人与社会的统一问题，美是弄不清的。

赵：究竟两者的联系何在？

张：联系就在美作为自由的表现，也就是个人与社会的统一的表现。没有这种统一，是不会有自由，也不会有美的。

赵：但这种自由与政治上、伦理道德上所讲的自由有什么区别呢？

张：主要有两点区别：首先，在这种自由里，人感到社会的伦理道德、政治法律等要求是同他作为感性存在的个性、欲望、需要、理想等完全一致的，他感到他的自由只有在这些要求的实现中才能得到充分、完满的肯定。换句话说，这是一种从人的个性、欲望、需要、理想等的实现中直接感受到的自由，不同于那种抽象的仅仅在理智上认识到的自由。在这种自由里，社会的伦理道德、政治法律等要求已不是外在于个体，或只被个体在理智上肯定为正确的东西，它已变成了个体内在的心理欲求，成了个体维系他的生命的自由的命根子了。这才是人的社会性的完满的实现，也可以说是人生的最高境界。当这种境界感性具体地呈现在我们眼前的时候，它就是一种美的境界。例如，古今成功的文学作品之中所描写的那些道德崇高的人物形象，无产阶级的英雄人物的形象，就具有这样的美。如果在这些形象中，某种崇高的道德精神还没有化为个体内在的心理欲求，没有成为他的生命的意义和价值的所在，那么这些形象就不可能是成功的、美的，而只能成为道德概念的图解，一定感动不了我们。其次，由于个体与社会达到了上述的高度的统一，因此个体与他人也就达到了协调和统一，一切自私的只追求私人利益、需要满足的念头也就消灭了。正像马克思所指出的那样，对人说来需要成了人的需要，不再是动物性的只求自我保存的需要，所以"其他人对某一对象的肯定，同时也是他自己本身的享受"。这也就是审美之所以不是自私的、排他的，而要求与别人共享的一个重要原因。我们在上面说的"超功利"，真正说来只有在个人与社会达到了和谐统一的情况下才能普遍地得到实现，而这种和谐统一的实现，归根到底又是同共产主义社会的实现分不开的。

赵：你所说的个人与社会的统一，看来倒确实是一个值得考虑的同美学有密切关系的问题。仔细想起来，我们在审美时的心境，的确是我们个人的个性、欲望、要求、理想等同某种社会的要求达到了和谐统一的心境。有时也会发生对抗，但人却要努力克服这种对抗，也就是改造那压迫着人的种种社会关系，以取得自由。

张：不错。不少作品常常描写这种对抗，但只有当在这种描写中肯定了人的力量，特别是把这种对抗的克服表现为人的创造性的自由活动（包括英勇的牺牲）时，它才能成为深深地打动我们的成功的艺术作品。

赵：到目前为止，你讲了作为美的本质的自由的三种含义，这三者的关系究竟如何呢？

张：三者之中，对必然的认识和支配是基础，但如果个人与社会的矛盾得不到解决，那么人对自然的必然性的认识和支配常常并不能给大多数人带来自由，而且作为美所具有的"超功利"的特征也很难实现。所以，真正说来，最为重要的是个人与社会的统一问题，但这个统一的实现又是为生产力的发展所决定的，而必须以对客观必然性的认识和支配为条件。另外，我们在认识这三重意义的自由时，处处都要看到它有一个根本特征，那就是必须感性具体地落实到个体的身上，同个体的个性等不能分离。只有这样的一种自由，才是审美意义上的自由。

赵：经你这么一说，我感到对构成美的本质的自由有所了解了，但还是觉得太抽象，同生活中美的现象好像离得很远。

张：这是因为现象常常是变易不定的，非常多样的，而且有时看来还好像是同本质相矛盾的。不过我们上述的说法本身，也还有一个进一步具体化的问题。但这种具体化，有时倒是更进一步的抽象化呢！

赵：那有这样的怪事！

张：事实上，不管看来怎样奇怪，要抓住事物的最根本的东西，是需要有高度的抽象的，否则就毫无办法，永远只能停留在现象上。这个问题，列宁在《哲学笔记》里曾作过深刻的说明。这里我不想去引证了，只说说怎么更进一步地把我们上面关于作为美的东西的自由弄得更具体些，更好理解些。

赵：对！不管怎么说，你讲的使人难于捉摸，这总是不好的。你就再说说，怎么好理解一些。

张：我想可以把我们以上所说的归结到一点：人有一种不可压制、消灭的要求，那就是支配周围世界的必然规律，使社会的人的自由要求，在个体的生活中，在他的感觉、情感、愿望中，感性具体地得到实现。在这一意义上，我们可以说美就是人的内在心灵的自由的感性具体的表现。凡是在人的内在心灵的自由感性具体地表现出来的地方，我们都可以感受到美。美是人生的一种高度自由的境界。

赵：这看来是较为具体一些了。因为内在心灵的自由是每一个人都可以体验到的，而且在审美的时候，我们也的确可以体验到自由的心境。就是在欣赏一朵花的美的时候，我们体验到的也正是一种无拘无束、怡然自得的心境，获得了一种精神上的快慰和享受。说美是人的内在心灵自由的感性的具体表现，我看是符合审美的事实的。但你这样说，不怕别人给你扣上一顶唯心主义的帽子吗？

张：不怕！搞理论得有点勇气才行。而且我们在上面说了一大篇，已经对我们所说的自由的含义作了多方面的说明，把它同唯心主义者所说的自由区分开来了。现在我们再来讨论一下人的内在心灵的自由如何表现在外在的感性事物的形式上。这是对美的分析的另一个重要方面。

赵：美总要表现在某种可见、可感、可闻的事物上，用一般的说法来讲，美总是有形象性的，无形象的、不可感知的东西不成其为美。但"形象"这个概念我常常觉得还是相当模糊的。所谓美的"形象",究竟是怎样的一种"形象"呢?

张:它应当是一种通体都表现了人的内在心灵自由的形象,并且只有作为人的心灵自由的表现来看才成其为美的。这个形象既是感性的,所以它具有各种能够为我们感觉到的形式。这形式一方面是符合规律的,另一方面又正好体现了人的社会性,以自由为其特征的情感、愿望、理想等。人的内在的心灵自由的要求同外在的感性物质的合乎规律的形式两者契合无间、交融统一,得到了完满的实现,这就是美。但是,仅仅这样说,你一定还是感到不够具体,同各种美的现象离得太远。所以,我想下面就来具体地分析一下美的各种形态。

赵:那太好了!如果不进一步分析一下美的各种形态,你的说法听起来还是太笼统、空泛。

形 式 美

张:大千世界形形色色的美,我想大致上可以把它分为三类:形式美、精神美、自然美。比如你今年春天同你爱人小李在北海公园五龙亭照的那张像,虽然不是一张画,在摄影艺术上也还不算很成功,但看起来就有我说的这三种美。那看上去使人感到非常安定、舒展、秀逸的五龙亭的形式、结构、色彩里就有形式美;湖面的波光,水中的云影,堤上的绿柳红花,这些就是自然美;你和小李亲切地靠在一起,两人都有一副含情脉脉的样儿,但又不做作、忸怩,有一种社会主义时代青年落落大方、青春焕发的神情风姿,这里面就有精神美……

赵:好了,好了!你这个一向不喜欢堆砌美丽辞藻的人,今天怎么啦?

张:我这堆砌了半天,还是不成功,没有办法。不过,这照片里确实有这三种美。这三种美,自然又不是各不相干的,而是互相联系、互相渗透的。形式美里会有精神美,而且它经常同自然美分不开,自然美里也常常渗透着精神美。在具体的美的事物上,三者虽然可以区分,也可有所侧重,但很难分离,不少情况下是三位一体。从历史的发展上看，大致上是形式美的感受居先，然后是精神美，最后是自然美。现在我们就按这次序来谈，先谈形式美。形式美这个词常有一些含义不尽相同的用法，但从现实生活中各种美的事物来看，我认为形式美就是指事物的自然的物理属性（包括自然的各种形式结构）所具有的美。它又可以分为两大类：一类是诉之于视觉的，指的是事物的形状、结构、体积、色彩、光线、质地、空间等的美。如衣服、家具式样色彩的美，就是诉之于视觉的形式美。另一类是诉之于听觉的，指的是各种声音的音色、节奏、韵律所具有的美。如有的女同志说话清脆好听，我们形容她"声若银铃"，这就是诉之于听觉的声音的美。还有，大自然中许多啼鸟的叫声，热火朝天的劳动中的吆喝声，号子声，军队齐步前进的步伐声，骏马奔驰的蹄声，江上轮船的汽笛声……都可以有美。这两大类合起来就是中国古代所谓的"声色之美"。这里的"色"不只指颜色，也不只指女色，而是泛指一切诉之于视觉的形式美。"声色之美"即形式美，显然就是一种悦耳悦目的美，也就是我们常说的漂亮、好看、好听这一类的美，它是人们在生活中经常大量地感受到的。从人类审美意识的发展上看，它的发生也最早。我国古代美学讲美，最先就是从五味、五声、五色的美讲起的。在《左传》和《国语》中，记录了子产、医和、史伯、晏婴、伍举等人有关这个方面的言论。古希腊讲美，开始也是讲的声音、形体、色彩的美，毕达哥拉斯派和赫拉克利特都有一些片断的言论保存了下来。

赵：形式美确实是人们最普遍、最直接地感受到的一种美。讲美不能不讲形式美。这种美看起来就好像是事物的自然属性所具有的，完全决定于事物的自然物理属性。例如，一朵花的美，从形式上看，就同它具有的颜色、形状分不开。而且，我们对它的感受非常直接，简直好像是一种不加思索的本能。见到一种美的形式我们就立刻觉得美，就像我们摸到一个热的东西立刻觉得热一样。

张：不错，这一类的美同事物的自然物理属性不能分开，显得就像是自然物理属性本身天然具有的，同人的活动没有什么关系。正因为这样，古希腊美学很早就企图把这一类美规定为物自身所具有的特性，比如说比例匀称。但是，事实告诉我们，并不是一切比例匀称的东西都美，而且有许多事物的美是根本不能用比例匀称去加以解释的。例如，天上白云的美，一棵松树的美，都同比例匀称没有关系。同时，所谓比例匀称与不匀称也还是一个模糊的、不确定的概念。究竟要怎样的比例才能叫"匀称"，才能叫做美呢？英国的美学家柏克说过，天鹅和孔雀这两种动物的颈子和躯体的比例很不一样，但都是美的。这样看来，形式美虽然同事物的自然物理属性分不开，但要把形式美规定为某几种自然物理属性是办不到的。因为多种多样的，而且常常是极不相同的属性都能使我们感到美。还有，同一种属性，在一种情况下使我们感到美，在另一种情况下却又使我们感到很不美了。例如：花、朝霞的红色使我们感到美，但是你忽然在墙上发现一个血手印，它的红色能使你感到美吗？所以，形式美的问题根本解决，还是要找出那使各种自然属性成为美的普遍的原因或根据。从终极的根源上看，形式美还是发生于劳动，只能从劳动中去找到解释。问题的关键在于，人要生存，不断满足自己的需要，就得发现和利用事物的种种自然属性来为人的生活服务。而这种发现和利用对于人来说是一个有意识有目的的创造过程，因而那被人掌握利用了的自然物理属性对于人来说就逐步成为不只是满足人的某种生活需要的东西，而且开始具有美的意义了。

赵：你这还只是一种抽象的原则的说法，一碰到具体形式的美，就不好解释了。

张：的确还只是相当抽象的说法，具体到某一自然物理属性怎样对人成为美，经常牵涉到各种复杂的因素，需要从人类审美意识的发展史上去作各种深入具体的考察。但是，就在目前，我认为也有一些事实足以证明上述抽象原则的正确性。人类对于自然物理属性的利用，基本上有两种情况，一种是在劳动实践中发现了某一自然物理属性同人的生活有密切关系，在不改变它的具体形态的情况下去占有它、利用它；另一种情况不只是在自然原有形态上的占有、利用，还要根据对自然规律的认识加以改造，使之符合人的目的和需要。前一种情况，使得自然界的各种未被人直接加工改造的属性对人成为美

240

的，后一种情况使自然的属性在一种被加工了的形态下对人成为美的。就前一种情况来看，我们可以举出前面我们已经说到的火的发现与利用作为例证。火是自然中本来就存在着的东西，不是人的劳动生产出来的东西。但由于火的发现和利用，在人类的发展史上有着极为重大的意义，是人类的一大创造发明，是人类对自然力的支配的表现，因而那被人所支配了的火就不只是一种同人的生存需要相联系的东西，它还能引起人的精神上的极大喜悦。火所发出的光芒，它的色彩，以至火焰熊熊燃烧时的跳动的形状等自然物理属性对于人就成为一种可爱的、美的东西了。在唐诗中我们看到有这样的句子："日出江花红胜火"，"江青花欲燃"，用火来形容花的美，可见火同美的关系的密切了。再如，在人类的狩猎时期，人们在吃掉了猎获到的虎之后，就用它的皮、爪、牙齿等作为装饰品。这些东西的形状、色彩、花纹等对人产生了美的意义。这是为什么呢？普列汉诺夫曾作了这样的说明，他指出："野蛮人在使用虎的皮、爪和牙齿或野牛的皮和角来装饰自己的时候，他是在暗示自己的灵巧和有力，因为谁战胜了灵巧的东西，谁就是灵巧的人，谁战胜了力大的东西，谁就是有力的人。……这些东西最初只是作为勇敢、灵巧和有力的标记而佩戴的，只是到了后来，也正是由于它们是勇敢、灵巧和有力的标记，所以开始引起审美的感觉，归入装饰品的范围。"普列汉诺夫的说明我认为是有道理的。即使在最初这种装饰也许还同巫术图腾有关，但作为美的装饰则无疑如普列汉诺夫所说的那样，是由于用作装饰的兽皮、爪、齿等，对于古代人类来说，是他们征服战胜自然的力量的见证和纪念，因而才为他们所珍爱，引起他们一种不同于需要的满足的精神上的快感，被用作美的装饰。从我国古代的审美意识的发展来看，美最初常常同动物皮毛的色彩花纹的美联系在一起。《论语》中讲有没有"文"的美时，就举了虎豹的毛色和犬羊的毛色不同为例，认为美同"文"分不开。这种观念的发生，不能不追溯到狩猎时期动物的猎获，特别是像虎豹这样一些在古代非常难于抓到的动物的猎获。看来是动物天然具有的毛色花纹，只因它同人类征服野兽的狩猎的活动相联系，成为人的勇敢和力量的象征，才逐步获得了美的意义。如果我们再来看看那些表现在由人加工改造自然物而产生的劳动产品上的自然物理属性的美，就更可以看出形式美同人类劳动实践的关系。各种劳动产品的自然物理属性的美，包括它的质地、式样等的美，无不是因为自然物通过人的劳动，取得了一种刚好符合于人的目的、需要的形式，而且从这形式上，人看到了他支配自然，发现和利用自然物的属性来为人服务的创造的智慧、才能和力量。如前面我们已经讲到的石斧的平衡对称的形式之所以使我们感到美，就因为平衡对称这个本来是自然物理的规律，被人创造性地掌握和利用它来为人的目的服务。在美学上，一般讲到形式美的规律时，平衡对称经常被列为一条规律。还有，整齐一致、多样统一等也是许多美学家所公认的形式美规律。其实，这些规律也就是自然物本身具有的规律。它们之所以成了形式美的规律，根本的原因就在于人要支配自然，改造自然物，使之符合于人的目的，就不能不利用这些最普遍地存在着的自然物理规律。当这些规律为人创造性地掌握和应用，表现了人支配自然的智慧和才能时，它们就获得了美的意义了。

　　赵：你对形式美规律的这种解释，我觉得很有些意思。但是，我们今天感受形式美，根本就想不到它同劳动有什么联系。比如说，我们不仅在石斧这种劳动产品上感到平衡对称的形式是美的，而且许多并非劳动产品的东西，它的平衡对称的形式也照样使我们感到美，这又是为什么呢？

　　张：你所说的问题很重要。当对形式的美感还只同劳动产品结合在一起的时候，这时人们可以说还没有认识严格意义上的形式美。我想这里存在着一个类似马克思在分析商品的价值形态时所说的从简单价值形态到扩大价值形态，再到一般价值形态这样一个漫长的历史过程。开始人们大约是从个别劳动产品上感受到平衡对称的美，然后从许多不同的劳动产品上感受平衡对称的美，最后就不再局限于劳动产品，在一切美的东西上都看到了平衡对称的美。因为平衡对称本来是人在支配外界自然时一刻也不能离开的一个普遍规律。人的一切创造性的自由的活动，都需要善于在活动的同时保持平衡。绝对的平衡就没有活动，活动而失去了平衡就不可能有持续的协调有力的活动，活

242

动就会遭到破坏而不能进行下去。但是，当人们普遍地肯定符合平衡对称为美的时候，那使得平衡成为美的历史过程却已经看不到了，人们再也不去想它最初同劳动的联系了。这就像金银作为货币本来不过是一般价值形态的代表，但从货币上已经看不到货币产生的历史过程了，于是人们就以为货币之为货币，似乎是由金银的自然属性天然决定的。同样，非常具有普遍性、一般性的形式美，本来是人类在漫长的劳动实践中发现、利用自然物理的属性，以及对它加以改造的结果，但人们只看到了结果，而看不到产生结果的历史过程，于是就产生了认为形式美决定于同人无关的自然属性这种想法。其实，从根本上看，形式美不是别的东西，它是人所占有和支配了的种种自然物理属性对人的自由的一种直接的肯定。看起来它们是事物的一些自然物理属性，但却是一些在极其漫长复杂的历史过程中同人类生活发生了密切关系的属性，而且已经成为人的自由（对自然的支配）赖以实现的属性了。所以，我以为形式美是人的内在的心灵自由在外在的自然属性上的表现，它的最重要的特征是在自然物的合规律的形式中显示出人的自由。在开始的阶段，它经常同人改造自然物的创造的智慧、才能和力量联系在一起，这在一切劳动产品所具有的合规律的形式的美里表现得十分明白，但越到后来就越同具体的生产劳动远离了。因为那原先从生产劳动上所感受到的形式美，一方面作为人类文化精神的成果和教养而流传下来，获得了社会的普遍承认，它原先同劳动的具体联系消失在历史的过程中了；另一方面，这些最初从劳动中感受到的形式美，本来就体现了人的自由同外在自然物理属性规律的和谐统一，具有不局限于生产劳动的普遍意义，因而也就超出了具体的生产劳动，成为人们在生活的各个方面都能感受到的美了。

赵：有道理。概而言之，形式美不外就是自然物所具有的属性，包括它的形式规律等同人的自由的要求的统一。比如说，整齐一律常被看做是形式美的一个规律，那原因我想就由于在整齐一律的形式中人感到他有控制周围世界的力量，能够支配他所生活的周围环境，因而产生出一种自由感——美感。就拿房间布置来说，不论怎样布置，整齐总是美的一个条件。如果杂乱不堪，人在其中行动感到极不自由，那也就不会有美了。

张：对！检阅时军队行进的美，也同队形步伐的整齐一律有关，它显示了人能够准确地协调他们的行动，具有高度的控制自己行动的力量。不过，如英国的美学家荷迦斯讲过的那样，错杂也可以有美。比如一条弯弯曲曲的小路，看来不遵循整齐一律要求的树枝的交叉，各种奇特的山石的堆积，等等，也可以是美的。但一切错杂的形式要成为美，必须要在错杂中又显示出某种规律。毫无规律可言的错杂，很难产生美感。

赵：不错，错杂也可以有美。但昆明附近的石林，我看就只有错杂，没有规律，可是仍然很美。

张：恐怕不是这样。石林看起来是错杂的，很不合乎规律，其实你仔细观察一下，那些奇奇怪怪的石头的形状，在令人不可思议的变化中，还是有某种基本一致的共同点的。从整体看，它仍然有统一性，显著地不同于其他名山的石头。如果从地质学的角度去研究，它们的统一性更是很清楚的。一般而言，大自然的事物都有它的合规律性，这点我们在讲到自然美的时候再来谈。

赵：自古以来，美学家讲了许多美的形式规律，你对这些规律怎么看？

张：我想，不论列举出多少规律，最重要的是两个东西，一个是统一性，另一个是多样性。或在统一中求得多样，或在多样中求得统一，这大约是形式美的最根本的规律。如我们前面讲的军队行进步伐的整齐一律，即是统一性的表现，但这种统一性也包含有多样性，这多样性就在行进中的同一步伐的有规律的不断重复，这重复造成了一种运动的节奏感，因而就不是机械静止的无变化的统一了。

赵：那么一种很纯净的色彩，不论是红色、蓝色或其他颜色，都可以使我们感到美，它的多样性又表现在哪里呢？

张：这表现在这同一的颜色纯净地伸展覆盖着一个平面或是某种东西的每个部分。我们在每一部分都看到了同一的纯净的色彩，这里就有了多样性了。

244

赵：好像解释得通。这样看来，形式美似乎有两种类型．在统一中的多样，或在多样中的统一。但统一与多样的结合何以就能成为美呢？如何用你讲的"自由"来解释呢？

张：这里，必须联系到人的目的，人对客观规律的运用和支配来解释。在统一中的多样，使我们感到人不是机械呆板地服从于某种规律，而能自由地运用它。在多样中的统一，使我们感到人能掌握杂乱无章的东西的内在联系，使之从属于人的目的。在这两种情况下，我们都或多或少地能产生自由感——美感。但是，形式美中最为重要的东西，不只在人对自然规律的自由的运用支配，而在其中表现出来的具有较高、较深的社会精神意义的自由。这种自由的表现，经常是同形式与人的情感的表现分不开的。

赵：形式能表现情感？

张：是的。你可以找两个人来做一个实验。叫一个人画一种线条来表现欢乐、昂扬、兴奋的感情，另一个表现悲伤、沉静、哀愁的情感，不管他们怎么画，只要他们觉得确实达到了表现这两种情感的目的就行。结果画出来的线条一定是不一样的。前者的线条是流畅、飞舞、向上的，后者则是迟滞、扭曲、向下的。

赵：很可能是这样。就让我自己来画，这样两种表现不同情感的线条，我想也会不一样。

张：情感与形式有一种对应关系。关于这个问题，格式塔心理学的一些说法值得注意。但追本溯源，这种对应关系的产生，一方面固然同人的生理心理结构分不开，更重要的还是同劳动对人的生理——心理结构的影响和形成分不开。这些问题，我们这里不能详谈了，重要的是要看到所谓形式美并不是没有内容。它有内容，但不是一种具体的情节之类的东西，而是人心中某种心境、情调的表现。例如，我国商周青铜器的形式美，就包含有一种深邃的精神内容，而且使你玩味不尽，愈看愈觉得大有深意。

赵：这大概就是英国美学家贝尔所谓的"有意味的形式"了。我国美学家李泽厚好像也谈过这个问题。

张：不错，较高级的形式美都是一种"有意味的形式"。不少人所说的漂亮、好看，有时主要是一种生理上的愉快，缺乏深刻的精神意义。

赵：你这使我想起目前青年人的服装打扮，有的使人觉得高雅、脱俗；有的则使人看了肉麻，或者是为了扮出一副使人大吃一惊的样儿，以引人注目。看了之后，使人摇头、皱眉甚至恶心。

张：是的。形式美这东西是可以表现人的精神品质的。如何好好引导青年们，提高他们对形式的审美能力，是一个值得注意的问题。不过，社会上有些人的想法太保守，看不惯比较现代化一些的新形式，这也不好。美这东西总不能万古不变啊！

赵：我看这只靠美学不行，还要靠整个社会的文化水平、道德修养的提高。

张：很对！美学可以起作用但也不要把它的作用估计得过高。只从美学的角度看，了解一下精神美，或许就可以更好地理解形式美。

赵：现在就来谈谈精神美，好吗？

精 神 美

张：提到精神美，人们常常觉得它同道德上的善好像没有什么区别，你对这个问题是怎么想的？

赵：我也觉得好像很难区别。一个道德高尚的人，必然是有精神美的，精神美同道德高尚不就是一回事吗？

张：还是有区别。区别就在从精神美来说，高尚的道德品质是从个体的感觉、情感、要求、智慧、意志，以及他的言谈、举止风度等方面表现出来的，是可以感性地直观到的。而且我们在感受人的精神美时，所注意的正是这种种感性直观的表现，而不仅仅是从理智上去评判人们的某种行为是否符合于道德的原则。我们可以说精神美是某种具有普遍社会意义的高尚的道德原则同个体感性存在的生活的统一，它的核心也就是我们前面所说的"自由"的第三层含义，即个人与社会的统一的感性具体的表现。社会提出的某种高尚的道德原则，对个人说来丝毫不是一种外在的不得不执行的原则，而成为他的一种高度自觉自由的行动，成了他不惜以生命的牺牲为代价去追求实现的东西，并且具体地表现在他的全部生活中，表现在最细微的思想、情感、行为中，这样道德上的善同时也就成了精神上的美。

赵：但是，生活中是否有这种情况，虽然道德上是善的，但精神上却不见得美啊？

张：一般说来，道德上的善只要具体表现在人们的思想、情感、行为中，就会有精神上的美。但是，在美学上，严格意义上的精神美，指的不是一般的合乎道德的思想行为，而是从这种思想行为的实现中所显示出来的人格的崇高和伟大，它鲜明而强烈地表现了个人以社会的整体利益为自己的生命，不怕一切艰难困苦，无论在什么情况下都以为社会和他人谋福利为最大的快乐。这样一种道德行为，就不只会引起我们的敬重，而且会引起我们的赞叹，而成为美的对象。如雷锋同志的精神美，就表现在他时时刻刻都把党和人民的利益放在最高的位置，不论在什么情况下都以能为党和人民服务为他的最大的快乐。所以，精神美是道德上的善的高度自觉的实现，它不但符合于某一社会、阶级的普遍利益，而且被个体看作是他的最大的自由和幸福的实现，并且感性具体地表现在他的生活和斗争中。从这个意义上说，精神美内在地包含了善，但又超越了善，不同于一般的合乎道德的行为了。

赵：你这样说，对精神美的要求是否太高了？

张：当然，这样的要求并非每个人都能做到，但道德的善如果不上升到上面所说的这种高度，就难于成为精神美。不过，我这样说，并不意味着具有精神美的人一定都得是建立了丰功伟绩的人，或必须处处都是一个完善无缺的人。就是在日常的生活和工作中，一个人只要发自内心地把为社会和他人谋福利作为自己的最大快乐，没有丝毫勉强或利害的考虑，义无反顾地去做一切他认为是应该做的事，也就有了精神美了。这样的人，在我们今天的社会主义社会中是很多的。

赵：不错。有些人只看到我们的社会中还有种种既不善、也不美的现象，但这究竟不是我们社会的主流。就拿我厂的许多老工人来说，几十年如一日地一心扑在工作上，不计较个人得失，在任何艰难困苦的情况下都从不失去为社会主义、共产主义而奋斗的坚强信念，对我们党和国家的美好前途充满信心和热望,对青年又那么关怀爱护,我有时想起来的确感到他们的形象是崇高伟大的。

张:你说得很好。我常常觉得有些同志看不到我们生活中许多具有精神美的先进人物,甚至是一个很普通的劳动者身上也常常可以看到的精神美,恐怕是由于这些同志自己精神境界就不太高的缘故。人民是伟大的,在广大人民的身上经常可看到精神美的种种表现,有时是表现在一些看来好像微不足道的小事上。我们能否看到这种美,关键在我们是否热爱人民,我们的心是否和人民相通。鲁迅的小说《一件小事》,不就是通过一件小事,写出了旧社会的一个人力车夫的崇高的精神美吗?鲁迅笔下的许多农民形象,也都有精神美。如《社戏》中写的那些农村的青少年,是非常可爱的。就是那个不但不埋怨一伙调皮的青少年偷了他的豆子吃,反而向鲁迅和他的母亲夸耀自己的豆子种得好,很好吃的老农,不也是很可爱的吗?马克思在《1844 年经济学—哲学手稿》里曾满怀激情地写到了工人的精神美。他说:"人与人之间的兄弟情谊在他们那里不是空话,而是真情,并且从他们那由于劳动而变得粗犷的容貌上向我们放射出人的高贵精神的光辉。"

赵:写得太好了!

张:人的精神美,包含着极为丰富的内容和表现形式。从内容上说,我想卓越的智慧,崇高的感情,坚强的意志,大约就是精神美的三个基本方面。例如《三国演义》中的诸葛亮历来被人们看作是智慧的化身,在这个形象上就体现了人的智慧的美;鲁迅的那种"横眉冷对千夫指,俯首甘为孺子牛"的精神,就体现了一种极为崇高的情感的美,这表现在他一系列伟大的作品中;古希腊大悲剧家埃斯库罗斯笔下的普罗米修斯就体现了一种无比坚强的意志的美,青年马克思曾称赞他是"哲学日历中最崇高的圣者和殉道者。"当然,上面所说的这种划分是相对的,因为人的思想、感情、意志三者经常是互相联系,不能分离的。如果再从表现形式来看,中国古代画论中有所谓"以形写神"的原则,"神"要通过"形"表现出米,才能成为精神美。这个"形"所包含的范围非常多样,而且"形"表现

"神"绝不是用某种可视的形象把"神"作为一个概念图解出来。引起人们美的感受的"神",在这里是指人的道德精神,它要渗透到个性各不相同的人的极为复杂的情感心理状态中去,并且自然地、真实而毫不做作地表现在言谈举止、行为动作之中,才能成为精神美。这也就是说,在精神美中,某种高尚的道德原则,在内部,已化为了人的内在心灵自由,在外部,已化为了人的形体动作,哪怕是在他的一言一笑、一顾一盼中,我们都能感受到他的内在的崇高的道德精神,获得一种强烈鲜明而又难以言传的美的感受。我国古代对精神美发表过深刻见解的孟子,曾经指出崇高的道德精神,当它充满于人的内心,表现于人的形体上时,能使人的形体"生色"。这是很有道理的。我们民族历来十分重视人的风度的美,这和精神美也大有关系。实际上,风度的美即是人的精神美的一种自然而然的流露和表现。我国魏晋时期统治阶级很重视人才的选用,当时有所谓的"品藻人物"。这种"品藻",包含着对"人物之美"的评语,常常是采取一种审美的比拟形容的方法来进行的,完全不同于单纯的道德上的鉴定。《世说新语》这本书里有不少的记载,例如在讲到著名的文学家,思想家嵇康时,有这样的记载:"嵇康身长七尺八寸,风姿特秀。见者叹曰:'萧萧肃肃,爽朗清举。'或云:'肃肃如松下风,高而徐引。'山公曰:'嵇康夜之为人也,岩岩若孤松之独立,其醉也,傀俄若玉山之将崩。'"从我们现在来说,我国人民的领袖和老一辈的无产阶级革命家,如毛泽东、周恩来等同志,都鲜明地具有一种体现了无产阶级革命情操的风度的美。

赵:我感到我们民族历来就有一种高度重视精神美的优良传统,这是值得我们自豪的。

张:不错,这一点我们下面还要谈到。在一切美中,精神美是处在最高位置的。

赵:从精神美来说,我还感到常常是在改造社会的剧烈的斗争中最为集中、鲜明地表现出来的。虽然日常生活中也常常可以见到精神美的表现,但一般来说,好像不如在剧烈的社会斗争中所表现出来的精神美那么震撼人心。

张：很对！当一个民族、一个国家、一个阶级、一个政党面临着最剧烈的斗争和最严重的考验时，最能见出人们的精神的美与不美。这也就是古人所谓的"疾风知劲草"了。就文艺作品来说，作家们也常常是通过剧烈的社会斗争的描绘去揭示人物的精神美的，这在悲剧这种艺术形式中表现得最为突出。

赵：精神美是表现在人的身上，但它又好像常常同自然美联系在一起。而自然美常常被人们看作是一个非常难于解释的问题，现在是否请你谈谈对自然美的看法？

自　然　美

张：你大概还记得，我们在讨论"劳动创造了美"的时候已经说过，只有劳动生产力的发展，在客观上创造出了人与自然的协调自由的关系，在主观上使人能够摆脱单纯维持物质生存需要的观点去看自然的时候，自然对于人才有了美的意义。所以，自然美从根本上来说，不外是外部自然界对于人的自由的感性现实的肯定，或者说，不外是人的自由在他赖以生存的自然界中获得了实现。

赵：对！我们争论了这个问题。我认为你的基本的看法是有道理的，问题是在如何解释自然界中许许多多具体的美的现象。

张：老实说，我也常常在考虑你所说的问题，怎么使人感到我们关于自然美的一般看法足以说明人们实际感受到的各种自然美的现象。想来想去，我觉得最好是对自然美的几种基本形态作一些具体分析。

赵：要是能够这样就好了。你认为自然美可以分为哪些基本形态呢？

张：我想一般人所感受的自然美，最为大量的基本形态是各种自然物的形状、色彩的美，比如说，彩霞、贝壳、钻石、不少动物的羽毛花纹等的美。这一类的美，同我们前面讲到的形式美密切相关，但它们完全是自然生成的，同人的活动无关，而且有许多东西完全说不上同人的生活需要有什么关系。它们为什么会成为美呢？看起来是一个很难解开的谜，实际上，这种美从根本上来说正是人在漫长的劳动实践中支配了自然，认识到了自然具有合规律性的和谐的结果。这种和谐虽然是自然本身所具有的，然而它又同人自身的生活的和谐分不开。因为人的生活不能违背自然的和谐，只有在同自然的和谐相一致的情况下，才会有人自身的和谐。恩格斯说过："我们必须时时记住：我们统治自然界，决不象征服者统治异民族一样，决不象站在自然界以外的人一样，——相反地，我们连同我们的肉、血和头脑都是属于自然界，存在于自然界的；我们对自然界的整个的统治，是在于我们比其他一切动物强，能够认识和正确运用自然规律。"正因为人的生活一刻也离不开自然界，人自身生活的和谐自由只能存在于他的生活同自然规律的协调统一之中，因而自然中那些和人的自由相统一的合规律的和谐的表现对人就成为美的了。为了说明这一点，我们可以举出某些蝴蝶翅膀的色彩花纹的美作为例证，这些色彩花纹看上去完全合乎图案设计中所要求的均衡、对称、和谐、多样统一等美的原则，连高明的图案家看了也会惊叹，感到是人也无法设计出来的，似乎自然本身就是一个伟大的艺术家，它合规律而又合目的地创造了自然界的种种无与伦比的美。其实这是由于人所进行的美的创造，一方面有自觉的目的，另一方面这种创造又只能是对自然规律的一种创造性的运用，不能违背自然规律。所以那被人在他的美的创造中所运用了的自然规律，表现在自然物上面，也同样能引起人的美感。蝴蝶翅膀的色彩花纹看上去之所以就像是一种非常难于设想出来的图案，处处合乎图案美的法则，就因为人所设计的图案本来就是根据对自然规律的认识运用而创造出来的，符合于自然本身所具有的均衡、对称、和谐、多样统一等规律。人在图案设计中认识掌握了这些规律，感受和意识到了它的美，这样他才能从蝴蝶的翅膀的色彩花纹中感受到美。相反，如果没有在美的创造中感受和意识到这些规律同美的联系，他就不可能从蝴蝶的色彩花纹中感受到美。所以，自然界的一切合规律的和谐的表现对人成为美的，无不是因为人的自由的实现同它不能分离。如恩格斯所指出，"真正的人的自由"的生活，是"那种同已被认识的自然规律相协调的生活"。因而，一切同人的生活相协调的，从而成为对人的自由的肯定的自然的规律和形式等，才产生和具有了美的意义。

赵：有道理。自然规律和人的生活的协调，是我们理解自然的种种合规律的表现形式对人何以成为美的根本之点。但除此之外，你所说的自然美其他形态还有哪些？

张：第二种常见的形态，就是以自然的蓬勃旺盛的生命力的表现为美。中国历代讲山水花鸟画的理论都一再强调要画出大自然的"生意"、"生机"，在日常生活中，自然生命欣欣向荣，或它的强大的生命力的表现，也都是使我们感到美的。

赵：对！这是一个普遍存在的事实，但如何解释呢？

张：我想，这仍然要从人与自然的关系来解释。我们要像恩格斯所说的那样，"必须时时记住"人只能存在于自然中，不能离开自然而生存。大自然生命的蓬勃向上的发展，这本身就是对人的生命的发展的肯定。如果大自然的生命死灭了，人的生命也就死灭了。人从大自然的永不衰竭的生命力的表现中，看到了人自身生命发展的无限可能性，看到了人和自然的统一，也就是看到自然生命的表现成为人的自由的肯定，因而就感受到了美。这又是人在长期的劳动实践中支配了自然的结果，如果人还不能支配自然，那么自然的力量越是强大，对人来说就越加可怕，决不会有什么美。例如，人从老虎这样的猛兽身上看到生命力的旺盛和强大而感受到它的美，这显然是因为人类已经能够征服它，战胜它，否则就感受不到什么美。有些自然力量，人类暂时还不能征服它，但人类的实践使人类深知自己总有一天要征服它，因此当人处在不受它的力量侵犯的安全状态下，这些自然力量的表现也能成为美（壮美或崇高）。

赵：但是，在某些情况下，自然生命的衰落残败的表现也能使我们感到美，这又是为什么呢？例如，枯树，残荷，还有某些看上去是荒凉的景象，不也是美的吗？

张：这就牵涉到我要讲的自然美的第二种形态了。这种形态的自然美，在于自然同人的某种心境、情绪的联系、契合。人们常说这是人把自己的情感投射到自然上面去的结果。从审美的心理说，这是一种不能完全否认的现象。例如鲁迅的《秋夜》中所描绘的落尽了叶子的枣树，就充满着人的情感色彩。在大艺术家的笔下，几乎一切自然物都可以被拟人化，而成为某种情感的生动体现。但是，这种现象产生的终极的最后根源，仍然在于通过漫长的劳动实践的改造，自然不仅同人的物质生活，而且同人的精神生活发生了密切联系。例如，我们一般所说的乡土感情、爱国主义感情，作为对自己故乡或祖国的自然景物的感情来看，就是一种充满着社会的精神意义的感情。在这种感情里，人同自然发生了一种紧密的精神上的联系。在其他情况下，人的内在的心境，情绪的波动变化，也常常同自然的变化分不开。例如季节的变化，在古代常使人感到时日的流逝，兴起种种的感叹。所谓"忽见陌头杨柳色，悔教夫婿觅封侯"之类，都是由于季节的变化而引起对人的青春易逝，欢聚苦短的感慨。残败、荒凉的自然景象，也是因为同人的某种心境、情绪的联系而成为美的。鲁迅的《秋夜》中所描绘的落尽了叶子的枣树，显然同鲁迅在"五四"之后一度产生的那"荷戟独彷徨"，孤军奋战的心境分不开。在这里，我们要注意，人与自然的关系是怎样的，同人与社会的关系是怎样的分不开。马克思说："人对人的关系，本来就规定着人对自然的关系。"马克思这句话根本不是针对什么自然美的问题而言的，但对理解自然美很为重要。当人与人的关系处在一种充满着矛盾、对立、烦恼、痛苦的情况下，人对自然的关系就会相应发生变化。它有时使人们从自然中去求得慰安（如陶渊明，英国诗人济慈等）有时则使人们从自然中去求得一种反抗的力量或精神寄托。鲁迅对枣树的描绘属于后一种，那枣树实际是一个深感孤独但又绝不屈服的战士的化身。诸如此类的拟人化，虽然同艺术家丰富卓越的想像力有密切关系，但又决非由主观上一时的心血来潮所决定。它在根底上是决定于人与人的关系的变化所引起的人与自然关系的变化。因为人生活在社会中，并且他只有作为社会的人才能同自然发生关系，因而他在社会生活中的处境的变化必然要影响以至决定着他同自然的关系的变化。这就是杜甫为什么在国家危亡的情况下，感受不到春日来临的美，而写出了"国破山河在，城春草木深；感时花溅泪，恨别鸟惊心"这样的诗句来的原因。

赵：我明白你的意思，在分析自然同人的心境、情绪相连而产生的自然美时，重要的是要联系着人与人的关系去分析人与自然的关系。

张：对！只要我们这样去分析，我想就可以看到自然的美并非仅仅是人把自己的感情投射到自然上面去的结果，它最终仍然是根源于一定的社会状态所决定的人与自然的关系。

赵：嗯，有启发，好像是这么一回事，这种情况是不是又同人们常常把某种自然物当作某种人格道德精神的象征有关呢？

张：有关系。这也就是我们要讲的自然美的最后一种形态，即康德所说的"美是道德的象征"。前一种形态和这一种形态有一个不同之点，那就是前一种形态，自然只同某种心境、情绪相联系，不一定明确地被看作人格道德的象征。这后一种形态，在历史上的起源相当之早。我国孔子早就说过"智者乐水，仁者乐山"的话，对后来我们民族的自然美观念的影响很大。汉代的王逸说，屈原的《离骚》"依诗取兴，引类譬喻，故善鸟香草以配忠贞，恶禽臭物以比谗佞，……虬龙鸾凤以托君子，飘风云霓以为小人"等，实际也是以自然为道德的象征。这种现象的产生，人们也常常仅仅看成是作家拟人化的产物。实际上，我看还是由一定社会关系决定的人同自然在精神上所发生的联系的表现，它较之于我们在前面所说的那种形态的自然美，更为显著地带有社会的精神的意义。从它的发生起源看，也许可以追溯到同远古的巫术图腾自然宗教相联系的自然崇拜。在这一类自然崇拜中，某种自然物由于它一度在人的生活中具有极为重要的意义，因而被人看作是一种同人类存在发展生死攸关的神秘的东西，有着一种巨大的精神意义。在人类进入文明社会，摆脱了或基本摆脱了自然崇拜之后，自然物虽然不再被看作是某种神秘的精神实体，但由于它曾经同人类精神发生了密切联系，因而自然物对人来说仍然能够具有精神的意义，只不过不再处处同自然宗教相联系，在历史过程中转变为人格道德的象征。在这里，问题的关键我想是在于具体历史地分析人同自然在精神上所发生的联系，也包括在人类实践的基础上去研究格式塔心理学所指出的人的情感和自然物的形式之间的对应关

254

系。无论如何,如果人没有在长期的劳动实践中征服自然,自然界没有同人的社会生活,包括他的精神生活发生联系,那么自然也绝对不可能成为人的道德的象征。人与自然在精神生活上的联系是一个很值得研究的问题,对于理解自然美很有关系。

赵:不少人常常觉得这种精神联系不过是由人的联想、幻想决定的,而且同一个自然物对于不同的人来说常常具有不同的道德精神意义,可见这种自然美完全是人的意识的产物了。

张:不对。意识在这里是发生着很大的作用,但人之所以会把自然物看作道德精神的象征,这本身是由人的历史发展所决定的。上面我们已经说过,人类与自然发生关系,离不开人与人的社会关系。人是在一定的社会中,并通过社会去同自然发生关系的,因而这种关系就具有一种社会的精神的意义了。如山河大地是人类赖以生存的自然条件,但对它的开发、利用、占有都是人的社会活动的结果,而且常常是世代相承,克服了种种巨大困难的结果,因此山河大地对人就具有社会的精神上的意义了。例如,《诗经》的《鲁颂》中对泰山的歌颂,就同对“鲁侯之功”的歌颂分不开。“泰山岩岩,鲁邦所瞻”,泰山成了鲁邦的强大和鲁侯率领人民开发、占有鲁邦的功绩的象征。至于同一自然物对不同的人具有不同的道德精神上的意义,这是不难从社会关系的变化所引起的人与自然的关系的变化中去找到说明的。就是同一个人对于同一个自然物,在不同情况下产生了不同的感受,那也是由于他在社会生活中处境的变化,引起了他同自然的关系的变化。例如,对一个在社会生活中遭到种种不幸,心情十分忧郁哀伤的人来说,自然也常常显得是忧郁哀伤的。相反,对一个生活得十分幸福的人来说,自然又常常处处显出欢快的色调。这看来好像完全决定于人们一时的心境,其实在根本上还是决定于人们的社会生活的变化所引起的人同自然的关系的变化。归根到底,人是社会的人,他同自然的关系不能不受他的社会生活的影响。马克思说:“自然界的属人的本质只有对社会的人来说才是存在着的。”人与自然的统一、协调不能脱离社会,因此联系着社会去研究人与自然的关系,说明自然美,这是一个重要的问题。如果形而上学地认定社会是社会,自然是自然，两者不发生任何交涉，这样就无法正确解释自然美。

赵：这又牵涉到美学界不断在争论的自然美的社会性问题了。你对这个问题是怎么看的？听了你的一席话，我是赞成自然美具有社会性的，但这样一来，会不会把自然事物混同于社会事物？

张：不会。说自然美具有社会性，不应当理解为具有美的自然事物是一个社会事物，而是说：第一，自然事物是在人类改造征服自然的漫长历史过程中才成为美的，它不是自然自身的产物，而是人类实践作用于自然的产物，因而是社会历史的产物。我们应当把花的红和花的美区分开来，前者是自然的产物，后者则是社会历史的产物。第二，自然美的形式同自然物的属性、规律等分不开，但自然物的属性、规律作为美的外在的感性形式来看，包含着人的、社会的内容，在属于自然的东西里面渗透着属于人的东西。自然与人和人的社会是彼此有别的，但同时二者又处于统一之中。马克思以前的粗陋简单的唯物论经常只承认自然与人的区别，而拒不承认两者的统一；较为杰出的唯物论者如费尔巴哈充分承认这种统一，但仅仅从人的自然要求上理解这种统一，不懂得这种统一是实践、社会历史发展的结果。唯心论有时否定两者的统一，导向宗教禁欲主义；有时承认这种统一，但却是一种以精神为基础和归宿的神秘的统一。只有马克思的历史的和辩证的唯物论才在实践的基础上科学地解决了人与自然的区别和统一的问题。

赵：这问题是不是同马克思所讲的"自然的人化"有关？

张：有关。马克思所讲的"自然的人化"是他的整个美学思想的根本。而所谓"自然的人化"，不外就是在实践的基础上，自然与人相互渗透和统一。从外部的自然界来说，自然界为人所占有和支配，成为同人的生活不可分离的东西，并且和人的生活协调统一，由此产生了自然美以及同自然美不可分的形式美。从人自身来说，他的自然的形体以及他的器官、欲望、需要等也在实践的过程中获得"人化"，充满、渗透了与动物不同的社会内容，从而产生了只有人才具有的审美意识以及前面我们已经讲到的人的精神美。总之，没有马克思所说的以实践为基础的"自然的人化"，就不会有美。对"自然的人化"要从哲学的高度,从人类历史发展的广阔的视野内去观察思考,才能达到正确的理解。目前有一些对"自然的人化"的解释,我总觉得过于肤浅狭隘。中国古代哲学对这个问题很早就有了深刻的认识,虽然它还不可能理解马克思所说"自然的人化"的实践基础,但的确又牢牢地抓住了人与自然的统一,并且把这种统一,即所谓"天人合一"看作是人类生活的最高境界。这种境界,既是一种无比崇高的道德境界,同时也是一种高度完满的审美境界。关于这个问题,李泽厚作了一些很值得注意的说明。

赵:我看到了,但有点语焉不详。而且,我看有些文章还批评他的观点是唯心主义的哩!

张:百家争鸣嘛!多争一争,各种不同看法的对立越是充分地展开,我们就会越接近真理。

赵:对!真理越辩越明。不论如何,离开人与自然的统一去讲美,恐怕不行。

张:是这么回事。不过,你不要忘了这统一是以人类的实践,首先是以物质生产实践为基础的。

赵:当然忘不了这一点。但我看有人说马克思以前也有人讲实践,所以讲实践不见得就是马克思主义的观点。

张:我们讲的实践,当然是指马克思主义所说的实践,这有什么难于了解的地方呢?

赵:人家不管你这些,你还是要在"实践"二字之前加上"马克思主义讲的"这个修饰语才成。

张:这有何难,不过节约一点文字有何不好呢?

赵:好是好,你不怕别人抓辫子吗?

张:哈哈!谢谢你的关照,不过我还是不想照办。

赵:随你的便。现在我想问问你,我们在上面所讨论的形式美、精神美、自然美,三者有没有高下之分?

美 的 等 级

张:我看有高下之分。你知道,柏拉图早就给美排了一个等级。

从低到高，第一级是个别事物的"形体的美"，第二级是所有一切事物共有的形体美。这两级所讲的都属于我们所说的形式美。第三级是"心灵的美"，柏拉图认为它"比形体的美更可珍贵"。第四级是"行为和制度的美"，第五级是"各种学问知识"的美，最高的境界在于"得到丰富的哲学收获"。

赵：柏拉图的这些说法我读过，讲得很有些神秘，但我看他认为心灵的美比形体的美更可珍贵这说法很有道理。

张：不错。柏拉图是个唯心论者，他很轻视感性的物质世界，但他重视精神的东西，还有合理的地方。他所说的心灵、行为、制度、知识等的美，合起来也就是我们所讲过的精神美。这种美，的确是比形式美要高。

赵：我也这么看，但道理在哪里呢？

张：我想，道理就在人把他的社会性的存在看得比他的感性肉体自然的存在要高，不认为维持肉体生存、满足自然需要是人类生存的最高目的，这正是人和动物的本质区别所在。就拿人的形体美同他的精神美来说，两者的统一当然是很好的，但也有矛盾的情况发生。有时形体美而精神丑，有时形体不美，甚至相当之丑，但精神却很美，你说我们应选取哪一种呢？

赵：当然是后面一种。农村里讨媳妇，也重视形体美，但大多数人还是先看劳动怎么样，为人、性情好不好。我曾听到一位老农说：好看是要好看，但人不是一张画，不能只贴在墙上来看呵！

张：（兴奋地）说得真好！这话里有美学，精神美比形体美更重要。几千年前，孟子就说过："西子蒙不洁，人皆掩鼻而过之。"

赵：就是画在画上的西施，如果没有精神美，一派妖里妖气的媚态，那恐怕也不美。

张：对！精神是丑的，外形再美，也会使人讨厌，甚至觉得丑恶。相反，如果精神很美，外形的丑看起来好像也不丑了，有时甚至还使我们觉得有一种独特的美。大致和孟子同时代的庄子曾经说过："德有所长而形有所忘。"精神的美能克服战胜外形的丑，常常还能达到一种崇高的美的境界。你看雨果的《巴黎圣母院》中的敲钟人，他那外形的丑不正是刚好强烈地显示出内在精神的崇高的美吗？

赵：我看过根据雨果的原作改编的电影，和敲钟人相比，那些从形体到衣着都很漂亮的贵族反而使我们感到是十分渺小丑恶的了。

张：的确是这样。雨果是一个善于揭示外形和精神在美丑上的尖锐矛盾的艺术大师。很可惜，我们现在有少数青年朋友只注重或过于注重外形的美，有点忽视精神美。

赵：是有这种现象，原因是多方面的。在"四人帮"统治的时代，一讲"形式美"就会被打成"资产阶级"，那简直可以说是谈美色变。打倒"四人帮"以后，青年们心花怒放，这一下可以大胆宽心地讲求一下形式美，欣赏一下形式美了……

张：很对！打倒"四人帮"后的一年多，我到北京去，到熙熙攘攘的王府井大街去溜了一趟，又到离我的住处很近的北海公园去散步，还坐在路旁的椅子上观察游人……

赵：你是在"体验生活"？

张：不敢这么说，我是想感受一下打倒"四人帮"后人民的心情、气氛。

赵：得到什么样的印象呢？

张：我感到人民是十分之欢乐的，有一种轻松感、幸福感、自由感。而且特别奇怪的是，我觉得中国的妇女和青年们好像一下子都变得漂亮起来了！过去不敢打扮，现在打扮起来了。过去不敢穿的漂亮衣服，现在穿起来了！说实话，我心里是非常高兴的。古老的中国啊！"黑云压城城欲摧"的日子过去了，您新生了，您的人民又重新获得幸福了！

赵：哈！看你这激动的样子！不过，世界上的事情常有两面性。一讲形式美，有些人又专门去追求形式了，盲目摹仿西方的时髦打扮的情况也出现了。这里面不能说没有资产阶级的影响啊！

张：历史的进步总是带有矛盾性的。你讲得对，资产阶级的影响以至腐蚀不可低估，我们必须同它作斗争。但这是不是说我们又要禁止人们讲形式美，把讲形式美同"资产阶级思想"划等号呢？

赵：那怎么行呢？这样从一个极端跳到另一个极端的折腾我们还

没有受够吗？群众、青年中的主流还是好的，重要的是善于引导。

张：对！"引导"二字大有文章可做。我们不要简单地去否定青年们对形式美的追求，而要逐步地引导他们认识精神美比单纯外在的形式美具有更高的价值，并且还要努力培养他们的高尚的审美趣味，使他们对形式美的追求也充满着一种健康向上、高雅脱俗的理想。

赵：这样一种引导是太重要了。单纯的训斥、扣帽子是不行的。重要的是要善于看到青年的特点，他们身上存在的哪怕是微小的积极因素，加以诱导启发。

张：你讲得很对。我还感到青年身上某些错误倾向的产生在很大程度上是由于缺乏生活经验，幼稚。对一个还不很懂得生活的甘苦的青年来说，他往往只迷恋于形式美，而看不到精神美所具有的更高的价值。有一些青年的恋爱的悲剧就说明了这一点。

赵：你也别太低估现代的青年了，其中许多人是很有头脑的。

张：是。我不如你了解得多。

赵：我们谈的本来是美的等级问题，现在一下子扯到青年问题上来了。你认为精神美高于形式美，这是不是说形式美以及自然美就无精神美可言，三者是各不相关的呢？

张：当然不是。如果广义地来看，一切的美都同人的精神美分不开，它们的价值的高下也在于其中所包含的精神的意义、内容的高下。从形式美来说，比如战国时期的青铜器的形式，看起来比商周时期的漂亮，但缺乏商周时期的青铜器那种深邃崇高的精神意义。在审美价值上，我觉得商周的青铜器比战国的青铜器要高一些。从自然美来说，比如印象派的某些表现自然美的成功的风景画，看起来很轻快、优美，但常常缺乏比较深刻的精神意义。中国历代的成功的山水画却很不一样，它常常表现了一种接近于哲学、伦理的深刻的人生境界。从这方面看，是印象派的风景画难于企及的。

赵：这也许是你个人的偏爱。不过，我同意你的这种说法，价值越高的美越具有深刻的精神意义。中国书法的美恐怕也与此有关。

张：不错。精神美是流注于一切的美之中，并且在根本上决定着它们的价值高下的。

美的客观性

赵：我们关于美的问题谈了许多，但你还没有讲到 20 世纪 50 年代以来我国美学界争论得很激烈的美的客观性问题哩！美究竟是客观的，主观的，还是主客观的统一？你对这个问题是怎么想的？

张：我认为美既是主客观的统一，同时又是客观的。

赵：哈！我看你这是自相矛盾。你既然认为美是主客观的统一，那就不能说它是客观的了。反过来说，如果你认为美是客观的，那就不能说它是主客观的统一。这叫二者不可得兼。

张：你这种非此即彼，二者不可得兼的想法是不对的。

赵：怎么不对？

张：我们已经说过，美是人的内在的心灵自由的感性物质的表现。这里包含着两个东西，一个是人的内在的心灵自由，这是属于主观的东西；另一个是外在的感性物质的规律、形式，这是属于客观的东西。这两个东西的统一就是美。由此看来，美不是主客观的统一又是什么呢？中国古代美学常讲的"情"与"景"、"意"与"境"的统一，实质上也是主客观的统一，没有这个统一不会有美。

赵：既然如此，美就包含了主观与客观两个方面，怎么你又说它是客观的呢？

张：这是从不同的角度来看的。美的确是主客观的统一，但这个统一归根到底是人改造世界的实践活动的产物。而实践活动不同于单纯观念的、精神的活动，它是人实际改造世界的活动。只有实践的活动才能实现或达到我们所说的主客观统一，而且这种统一一旦实现，它就是一个客观的历史成果了。从这方面看，美难道不是客观的吗？我们已经谈过的形式美、精神美、自然美，哪一个不是人类改造自然和社会的历史成果呢？哪一个是仅仅由人的精神、意识的活动创造出来的呢？

赵：嗯！从实践的观点看，主客观的统一自然只能说是人的实践的客观成果，不是精神观念的产物，也不是精神的、观念的存在。不过，这里有一个很麻烦的问题。

张：什么问题？

赵：你说美是一个感性物质的客观对象，又说这对象之所以美是由于它表现人的精神——人的内在的心灵的自由，这听起来总使人感到不好理解，而且有神秘唯心的意味。明明是一个物质的东西，怎么可能表现人的精神呢？这个问题不搞清，说服不了人啊！

张：你原先同意我对美的看法，怎么现在又想翻案了？

赵：不是想翻案，问题是按照你的说法，美的客观性这个伤脑筋的问题不好解决。

张：为什么不好解决？我想就因为你在主观和客观、精神和物质之间划出了一道不可逾越的鸿沟。好像主观的、精神的东西无论如何也不可能转化为客观的、物质的东西。你是不是担心一承认这两个东西可以互相转化、互相渗透，就有掉入唯心主义的危险，对不对？

赵：这种危险是不能不先防着点的呀！

张：你坚持唯物主义的精神我很赞成。不过，你可要把马克思的辩证唯物主义、历史唯物主义同机械的形而上学的唯物主义区分开来啊！不用担心，我们说的主客观统一是以实践为基础的，不是以精神、观念为基础的，这样我们就牢牢地站在马克思的唯物主义——惟一真正彻底的唯物主义基础上了。马克思的唯物主义所讲的实践本来就是一种客观的物质性的活动，但它同时也是一种主观转化为客观的活动。这个问题毛泽东同志有非常简明而深刻的说明。他在《实践论》中说，人通过实践，使自己的认识"和客观过程的规律性相符合"，这样就"能够变主观的东西为客观的东西，即在实践中得到预想的结果"。在《论持久战》中，他在谈到人的"自觉的能动性"的时候又说过："思想等等是主观的东西，做或行动是主观见之于客观的东西，都是人类特殊的能动性。"列宁在《哲学笔记》里也曾经说过："观念的东西转化为实在的东西，这个思想是深刻的：对历史是很重要的。并且从个人生活中也可看到，那里有许多真理。反对庸俗唯物主义。注意：观念的东西同物质的东西的区别也不是无条件的、不是过分的。"

赵：好了，好了！你别再引经据典了！就来一个举例说明吧！

张：你想想看，我们每天的生活，是不是一个通过实践而使主观不断转化为客观的过程？没有这种转化，还能有人类的生活吗？假定你的肚子非常饿，在脑子里产生了"我要吃东西"这样一个主观上的要求，如果你不能把这个主观要求加以实现，找到可吃的东西，并且动手动口吃起来，也就是把你要"吃"的主观要求变为客观的事实，那你还能活下去吗？

赵：如果我想吃的主观要求永远只是一种主观要求，不能通过我的行动变成客观的事实，那我当然只能饿死了。但这同美的客观性怎么能扯到一起？

张：这个例子可以说明实践即是变主观的东西为客观的东西的过程。主观与客观之间并不存在一个不可逾越的鸿沟。机械唯物主义者只看到了主观与客观的区别，只强调这种区别，不承认主观的东西可以转化为客观的东西；某些唯心主义者，例如黑格尔看出了这种转化，但却看不到这种转化只有通过实践才能实现，认为只需通过精神的活动就可以实现。只有马克思才第一次在实践基础上解决了主观转化为客观的问题。这种以实践为基础的转化，当它符合于客观规律，表现为人的创造性的自由的活动，成为对人的自由的肯定的时候，这实践的过程连同它的结果就是美了。而这过程和结果，不是客观的东西吗？

赵：同意。但人家还是会揪住你不放的。比如说，花啦、白云啦、朝霞啦……这些物质的东西怎么会成为人的精神、自由的表现呢？

张：这不又回到了我们已讲过的自然美的问题上去了吗？我想不用再重复我们已经讲过的东西了罢！

赵：不用了。美这个东西的神秘性看来同你所说的在实践基础上的主观转化为客观大有关系。如果我们说美是客观的东西吧，这客观的东西分析起来又恰好是主观的东西的客观化，离不开主观。反过来看，如果说美是主观的东西吧，它又不是精神、观念的东西，明明是一个客观对象，你的美感的产生总离不开它。如果硬说美同对象无关，全是人的主观意识创造出来的，那又不能解释人的主观意识为什么不能把一堆臭狗屎"创造"成一个美的东西。唯心主义者和机械唯物论者都不懂得在实践基础上主观的东西可以转化为客观的东西，因此前者就宣称美是精神的产物或表现，后者就宣称美是物所具有的一种同人无关的属性，在那里同美捉迷藏。事实上，从主观、客观的问题来看，美是客观化了的主观，或主观的客观化，也就是主客观的统一。但这个统一既是实践的产物和成果，它同时也就是客观的了。

张：你说得很对。不过，我们还得把这种客观说同唯心主义美学和机械唯物主义美学所讲的客观说的界限划一划。

赵：唯心主义美学也有讲客观说的？

张：当然有。比如柏拉图、黑格尔都认为美是某种绝对精神的表现，这精神不是张三、李四的精神，而是在人类以及整个自然界产生之前就存在着的"客观精神"，所以，表现这种精神的美也就是"客观"的了。

赵：但世界上哪里有离开人和人脑而存在的精神呢？

张：就是嘛！所以这是一种唯心神秘的"客观说"。另外，机械唯物论的美学把美说成是同人无关的物所具有的某种特别的属性，就像红色是物的属性，同人没有关系一样。这又是一种"客观说"。它看起来好像很好懂，也很符合常识，但却是无法成立的。因为它碰到了两个无法解决的难题。

赵：什么难题？

张：第一，它从物里面找到的那些所谓美的属性，无法普遍地说明一切事物的美。例如英国的经验派美学家柏克宣称美的属性有七种，其中有一种他还很为自豪地认为是自己第一次发现的。

赵：什么属性？

张：光滑。

赵：具有光滑的属性就美？那不见得。比如秃头可以很光滑，但你说它美吗？

张：哈哈！你说得真绝！这一类"客观说"还有另一个难题，那就是说明不了它指出的那些属性为什么就美。

赵：我看这不好说明。同一种属性，有时美，有时不美，这种情况多得很。要离开人去证明属性自身就有美，我看除了用自然科学的实验方法之外，没有别的办法。但这又是行不通的。

张：看来你是很不同意机械唯物主义的"客观说"的了。

赵：无法同意，这是一种很粗陋的观点，它否认美同人类历史实践的不可分的联系，简单地把美的客观性等同于自然物质规律的客观性。在美学上这样讲"唯物主义"，是不能解决问题的。不过，美同物的属性还是分不开。

张：分不开。但所谓美的属性只能是这样一种属性……

赵：体现了人的自由的属性，对不对？

张：对！属性之成为美，在于通过实践成了人的自由的表现。由此，我们也就可以明白，为什么同一属性在这种情况下是美的，在另一种情况下又不美了。

赵：关键就在它是否体现了人的自由。不过，这里还有一个大问题，那就是人们对美的判断经常是很不相同的，而且是刚好相反的。比如说一朵花是红的还是白的，只要不是色盲，大家都能得出一致的看法，并且可以用自然科学的方法加以证明。但对于这朵花的美呢，说法就各各不一了。特别是对社会生活中的事物的美与不美，分歧就更大。究竟谁是谁非，可又好像是无法加以证明的，而且也无法强制别人要怎么看。这些问题，机械唯物论的"客观说"是无法解决的。你所说的以马克思讲的实践为基础的"客观说"又如何解决这个问题呢？

张：我们所讲的"客观说"决不是说美是物自身所具有的某种同人无关的属性，只是说美是人类社会历史实践的产物、成果，不是精神、意识的产物。而且美之为美，根本上是在于它表现了人的自由。这样，判断美与不美的客观尺度的问题，也就随之解决了。

赵：怎么个解决法？

张：这尺度是一个客观的历史的尺度。所谓真正的、客观的美，就是真实地、客观地体现了人类在一定历史发展阶段上所取得的自由的美。这自由不是主观的臆想，而是同人类历史发展的客观必然规律相一致的。只有这样的自由才是真正的自由，也只有体现了这种自由的美才是真正的美。

赵：但谁来确定这一点呢？

张：历史，人民来确定。不管人们对美的看法怎么众说纷纭，也不管对于某一事物（包括艺术作品）的美有多少人赞成，多少人反对，历史的发展和人民的实践终究会最后确定，只有那在人类历史前进过程中起了进步作用，符合于历史发展必然趋势的东西，才是真正美的东西。这里所谓的"符合"，自然不是绝对的符合，有各种程度不同的符合，在符合中也会有不符合等复杂情况。不管怎样，凡是美的东西，总与历史发展的必然性有某种程度方面的符合。越是符合，美的价值也就越高。你一定知道，拿艺术作品来说，有些作品红极一时，后来却灰飞烟灭，再也无人问津。相反，有些作品开始遭到嘲笑、排斥，后来却普遍得到人们的赞赏、推崇。这都绝非偶然，而是历史的发展和人民的实践在那里起作用，在那里区分美丑，去伪美存真美的结果。

赵：不错。这看起来是一个不以人们看法为转移的历史过程，是社会精神生产中的自然淘汰过程。最近我读了一个小说家的自选集的序言，其中有这样的话。他说历史"是最后一道公正无私的关卡。一切曾经被夸大或被屈缩的，都要恢复原状，使其以各自的生命力自由蔓延下去。这么一来，短命的便葬身尘埃，长命的则老而不死。这就不必惊讶——为什么某些红极一时的畅销书，转瞬便被人们遗忘。"

张：这话说得不错。美既然是人类历史发展的产物，它也就只能用人类历史发展作为最后鉴别一切美丑的尺度。这是一个不以任何审美家、批评家的看法为转移的客观尺度。真正有权威的审美家、批评家，自觉或不自觉地都不过是历史和人民的代言人。主观唯心主义的美学家否认美有任何客观的尺度，客观唯心主义的美学家企图从"绝对精神"中去找寻一把永恒不变的尺度，机械唯物主义美学家则把与他们所谓同人类无关的美的物质属性是否符合作为尺度，都是错误的，都是从他们对美的本质的错误认识而来的幻想。

赵：看来这一点是没有疑问的，在对美的本质没有正确认识的情况下，美的真正客观的尺度是找不到的。

张：马克思主义第一次认识到了美是人类历史发展的产物，把对人类历史发展的认识变成了科学，因此只有马克思主义才可能找到评价美丑的真正客观的尺度。

赵：从我们今天来说，这尺度恐怕就包含在我们全面开创社会主义建设新局面这一历史发展的必然趋势之中吧！

张：对！完全可以断言，从我们国家当前的情况来说，只有符合这一趋势的东西，才可能是真正有生命力的美的东西。相反，那些违背了这一趋势的东西，不管一时如何流行、吃香，终究是要被历史所淘汰的。

赵：哈！你的口气好大，居然像历史的预言家的样儿了！

张：别开玩笑，这不是什么预言。前车之鉴已经够多够多的了。你今年才二十五岁，在这世界上要比我活得长，等着瞧吧！

再谈"劳动创造了美"

赵：我们反复地讨论了美的问题，作了许多次马拉松式的谈话，现在回过头去看一看，我们的出发点是劳动，对不对？

张：对！劳动是我们的出发点。从根本的、终极的意义上说，美是劳动创造出来的。可惜目前我们对劳动的研究还很不够。在我看来，我们要从生理、心理、工艺、分工、自然、历史、哲学诸方面去研究劳动，至少要把马克思关于劳动的一系列十分丰富深刻的论述先行掌握、消化一下。我们对人类劳动的认识越是具体深刻，我们对美的本质的认识也就越是具体深刻。我以为这是关系到提高我们的美学研究水平的一个大问题。

赵：但是，在一般人的眼里，美同劳动好像是两个离得很远的东西，甚至是不能相容的东西。美好像是在劳动之外，不劳动才有美。

张：这是一种由历史所造成的观点。在私有制社会中，劳动经常是为剥削者进行的劳动，并且是笨重、艰难、枯燥的。对于劳动者来说，它不是人的自我创造和自我实现，反而是对自己的否定，是一种不得不忍受的苦刑。在社会主义、共产主义社会下，情况将发生根本的变化。一方面，由于私有制的消灭，劳动不再是受剥削、受压迫的劳动，而成为劳动者自觉自愿的，同他的生活幸福的创造相联系的活动；另一方面，由于科学技术的飞速发展，劳动将越来越具有科学性，成为一种有吸引力的活动，一种由人借助于各种高度现代化的生产工具，能动地、自由地支配自然力的活动。在上述的这样一种情况下，劳动虽然不会像空想社会主义者傅立叶所设想的那样变为一种单纯的娱乐、消遣，但它将变为人的生活的第一需要，越来越具有审美的、艺术的性质。劳动与美的密切的相互渗透、结合、一致，将是社会主义、共产主义社会发展的必然趋势，也是我们为之奋斗的无限美妙的理想。在共产主义社会下，马克思所说的"劳动创造了美"这一论断，将成为不言而喻的、自明的真理。

赵：但从我们今天的情况来看呢？有一些人可不把劳动看作是美妙的事啊！甚至还有人尽可能逃避劳动，只求自己享福。

张：这也是一种有历史必然性的现象。因为在现在的情况下，剥削阶级意识的影响还存在，使一些人鄙视劳动，还有一些人仅仅把劳动看作是谋生手段，没有认识到在社会主义下，个人的劳动同整个人民、国家的兴旺发达的关系，个人利益与整体利益的关系，因而也就认识不到个人的劳动不只是个人的谋生手段，它具有无比崇高、伟大的现实意义。我想，解决这些问题的方法，经济体制的改革和对人民进行社会主义思想教育都是很重要的。而从美学的角度来看，使人们树立"劳动创造了美"的观点，也有重要意义。在我看来，这一观点的树立，是共产主义的审美教育的一个核心问题，对建设社会主义精神文明有不可忽视的作用。

赵：说得好！我很同意你的看法。但现在我们的一些文艺作品，很少有努力描绘劳动的诗意和美的，更多的是从恋爱、"美人儿"的长相、衣着、姿态、风骚等当中去找"美"，找所谓"诗情画意"。

张：你也不要想得太窄。"美人儿"和她的恋爱也可以写，问题是要有高尚的格调、境界，小市民的庸俗的东西要尽量地少搞。为"四化"而奋不顾身地进行劳动创造（包括体力劳动和脑力劳动两者），应当成为我们的社会主义文艺的一个重大主题，劳动的诗意和美需要我们的文艺家好好地去开掘、表现、塑造。在这里是大有用武之地的，是能够产生出伟大作品来的。如果我们今天脱离"四化"这一伟大事业，脱离为这一事业而进行的艰巨的劳动创造去讲"美"，那么这种"美"就会是空虚、肤浅、无聊的，至少也是没有太大的社会历史价值的。我们时代的最高的美表现在千百万人民群众为"四化"大业的完成而进行的英勇斗争中。这是我们时代的美的最丰富、最广大的源泉，它将不断产生出过去时代所没有的新的美，不论在内容和形式上都划出了一个新的历史时代的美。

第三回　什么是美感

美感的基本特征

赵：对于美的感受，我们每一个人都可以体验到，有的人还能够十分生动贴切地把它描绘形容一番，但如果要从理论上说明一下什么是美感，这就使人感到很不好办了。

张：问题确实复杂。特别是人类审美意识的起源、发生、发展的问题，以及审美感受（也就是美感）的心理分析问题，是十分复杂的，直到现在我们还研究得很不够。不过，既然我们已经讨论了什么是美这个问题，作出了一定的回答，那么至少在总的原则上，我们是有可能对美感的基本特征作出一定的判断的。

赵：你认为它的基本特征是什么呢？

张：美感是由客观存在的美所引起的，因此我们要弄清什么是美感，就不能不弄清什么是美。你大概还记得，我们在讨论什么是美这个问题时已经说过，美是通过漫长的社会实践而产生的，是人的内在心灵自由的感性物质的表现。这是我们研究美感问题时必须牢牢抓住的一个根本前提。所谓美感，不外就是人看到他内在的心灵自由通过社会的实践创造，在他的感性具体的生活中得到了实现，从而产生出来的一种精神上的快感。马克思说，人能够"在他所创造的世界中直观自身"。这种直观，从对人的自由的实现的直观这个方面来看，就是美感。如果我们要给美感下一个定义的话，我想可以说美感是人从他所创造的世界上直观到人的自由获得了实现时所引起的一种精神快感。在这里，为了把握住美感的基本特征，我们要注意这样两个方面。从对象方面看，美感的对象是一个体现了人的内在心灵自由的对象，并且是一个完全感性具体的对象，这对象只是由于它体现了人的内在心灵的自由才引起了我们的美感；从主观感受方面看，美的感受是一种需要从心理学上加以分析的特殊的直观，直观性是美感的一个基本特点。

赵：你对美感的这种看法，是以你对美的本质的看法为基础的。我同意你对美的本质的看法，因此我也同意你对美感的看法。但是，你的这种看法听起来还是太抽象，怎么用它来说明我们对各种具体事物的美感，这还是一大问题。比如说，我们看到一个漂亮的姑娘，产生了美感，这美感怎么能说成就是你讲的"人从他所创造的世界上直观到人的内在心灵的自由而产生出来的一种精神愉快"呢？你不觉得这样讲太牵强、太脱离实际了吗？

张：从一般性的定义到具体现象的说明，是需要进行分析的呵！

赵：怎么分析？按照你的说法，一个漂亮的姑娘之所以引起了我的美感，是由于她是我创造出来的一个对象，体现了我的内在的心灵自由。这不是天大的笑话吗？

张：你别忙着笑。笑话的产生是由于你还没有把我对美感的定义弄清楚，或者说还没有把我们已经讨论过美的本质弄清楚。

赵：也许是你还没有讲清楚呵！

张：对，那也是的。不管怎么说，现在我们再来把它弄清楚一些。

赵：好！不过请你不要离开我说的漂亮姑娘怎么引起我的美感这个例子去讲。讲清这个实际事例，就可以看出你对美感的看法是不是正确的。

张：行，就这么办。首先，你要看到，个人是社会的个人，"我"同"我们"分不开，"我"是"我们"中的一分子。因此，一个引起"我"的美感的对象，虽然不是"我"创造出来的，"我"

也可以感到美。比如说，你们厂生产的那些很美的家具并不是"我"创造出来的，但"我"也感到美。同理，姑娘的"漂亮"或美虽不是你创造出来的，但你也可以感到美。因为这美是人类历史发展的实践过程所创造出来的，而你又是人类中的一分子。

赵：你怕是在进行简单的类比了。我们可以用木材创造出一张美的桌子来，但谁也不能像造桌子那样造出一个美人来。美人是她爹妈生出来的，生出来是什么样就是什么样，不可能事先按照一定的要求进行创造。也许将来有可能在一定的程度上做得到，但至少在目前还不行。

张：你说得很对。但你大概忘了我们在讨论什么是美的时候已经指出，北京猿人是生不出林黛玉似的美人来的，人体美是在漫长的劳动实践过程中，人在改造自然的同时也改造了自己形体的结果。这就是说，人体美归根到底还是人改造世界的劳动实践创造出来的。所以，你在漂亮的姑娘身上所看到的美，虽然不是你或别的什么人创造出来的，但却是整个人类历史的实践创造出来的，尽管这种创造同创造一张桌子很不一样。而且这个漂亮姑娘的长相、肤色、风姿、体态等的美，无不同我们心灵深处对生活的自由幸福的追求联系在一起，无不是因为它体现了我们内在心灵自由的要求。比如说，这姑娘双颊上的红晕为什么使我们感到美呢？难道不是因它显示了青春的朝气和力量，表现了人的生命的自由和幸福么？德国有一个名叫菲希纳（G. T. Fechner）的美学家曾经说过，如果这红晕不是在姑娘的双颊上，而是在她的鼻子上，你会感到美么？

赵：当然不会。那看起来丑死了。

张：为什么？

赵：你心里明白，何必要我说呢？用你哲学上的话头来讲，就因为这鼻头上的红晕不但不能显示生命的自由和幸福，而恰好是否定生命的自由和幸福的一种病态，说不定是生了梅毒了。

张：哈哈！这样看来，用我所说的美感的定义来解释你从一个漂亮姑娘身上感受到的美，还是解释得通的。美感不是人对那感性现实地体现了他的自由的对象的直观，还能是别的什么呢？世界上各种不同的美的事物，尽管具有千差万别的种种属性、特征，但这些属性、特征之所以成为美，说到底无不是因为它们体现了人的内在的心灵自由。从美学上看起来，这千差万别的属性特征不外是人的内在的心灵自由的表现形式或现象形态，就像商品的千差万别的使用价值不外是商品的价值的表现形式或现象形态一样。

赵：你这个比方打得好。在马克思分析过的商品的等价形态中，商品的价值是通过千差万别的使用价值而表现出来的。不管商品的可感觉的自然形态、用途等有什么不同，它们都包含有一定的价值，都是这一定的价值的表现形式或现象形态。

张：对！美的问题也与此类似，千差万别的美都是人的自由的表现形式或现象形态。席勒说过："美是现象中的自由的唯一可能的表现"。这话值得深思，是理解美的本质，进而理解美感的一个重要关键。当我们直观那表现在现象中的自由，生起一种精神的愉快，这愉快就是美感了。

赵：为什么一定要用"直观"这个词呢？

张：是为了从人的主观感受上指出美感的特征。所谓"直观"，既不同于实践的活动，也不同于科学认识中抽象的理论思考，或一般所说的感觉。在美的欣赏中，我们既不是像在实践活动中那样去改变、占有对象，也不是像在科学认识中那样去抽象地思考对象的本质规律，而是在一种不假思索的直接的感受中去领略、品味它的美。有一些资产阶级美学家把这称之为"观照"（contemplation），以把美的欣赏区别于实践活动和理性的思考。这其实也就是我们所说的"直观"。还拿你说的对一个漂亮姑娘产生的美感来说吧，当你对她保持着审美的态度的时候，你就是在"直观"她。如果你动了念头企图去占有她，那你就不是在欣赏她的美。而且在你欣赏她的美的时候，你并不需要先作一番抽象的思考、推论、证明，就像证明一道数学题那样，然后才得出结论说：她是美的。相反，你一看到她时，不费什么思考，立刻就觉得她长得美，这就是美感不同于科学理论思考的直观性的表现。

赵：这么说，在美感中就没有思维在起作用了？

张：那也不是。有思维在起作用，但是在一种直观的形态下起作用。这问题我们下面再谈，现在的问题是要弄清美感的本质特征是什么。我认为美感是对人的自由的直观，这个基本的看法是解决有关美感的各个问题的根本，一刻也离不开它。我们先弄清了这个基本的看法，其他问题就比较易于解决了。现在我们就来分析一下美感同生理快感、功利需要的满足、科学认识、道德评价等的关系，并且粗略地考察一下美感的各种心理因素。

美感与生理快感

赵：从美感与生理快感的关系来看，我觉得完全不能给人以生理快感的东西，是很难引起美感的，但又不能说生理的快感就是美感。例如抓痒引起了生理快感，使我感到很舒服，但不是美感。

张：在历史上，有一种看法，认为美感即是快感。这种看法产生很早，古希腊柏拉图的《大希庇阿斯篇》里已经有了"美就是由视觉和听觉产生的快感"这种说法。中国古代美学里倒找不出这么明确的说法，但在长时期里，人们无疑是把美感和快感混在一起的。不少统治者放肆地、毫无节制地追求声色的快感，做肉林酒池，为长夜饮，制造震耳欲聋的大钟等，以至于因为疯狂地寻求感官刺激而得了病。老子所谓"五色令人目盲；五音令人耳聋；五味令人口爽；驰骋畋猎，令人心发狂"，就是针对这些人说的。在人类历史发展的早期，把美感混同于快感的情况普遍存在，只是随着人类物质文明和精神文明的不断发展，两者才被渐渐地区分开来。但直到现在，把美感混同于快感的情况仍然存在。特别是西方 20 世纪以来，这种情况更是多得很。它表现在西方一些色情的、发泄冲动欲望的、专门给人以强烈的感官刺激的艺术中。在美学上，也有一些人专门研究所谓"快乐美学"，专门从快感出发去讲美感，把美感归结为快感，至少也是过分地强调了快感在美感中的地位。例如，马歇尔（H. R. Marshall）和格兰特·艾伦（Grant Allen）就是这一派美学的重要代表。

赵：难道他们就真的一点也看不到美感和快感是有区别的吗？

张：那也不是。比如说马歇尔也讲到了美感同一般的快感是有区别的，区别就在于美感是一种"稳定的快感"。

赵：这恐怕还不是美的快感同非美的快感的本质区别。比如一个守财奴对于他的金钱总是保持着一种再也"稳定"不过的快感，但这种快感并不是什么美感。

张：对。现代资产阶级美学家在美感的生理基础的分析上可能有某些贡献，但讲到美感同快感的区别时，他们的看法常常是肤浅的。根本的原因在于他们不懂得美是人类历史发展的产物，是社会的人能动地改造世界的结果，是从人所创造的生活中感性现实地表现出来的自由。

赵：从我们对美的这种看法去考虑，美感同快感的本质区别究竟在哪里呢？

张：首先在于这是一种由于见到人的自由通过人改造世界的创造性的实践活动获得了实现而产生出来的快感，因而它是一种具有社会的精神意义的快感，根本不同于一般生理需要的满足所产生的快感。你还记得电影《南征北战》中的一个镜头么？有一位战士随部队转移回到了自己的家乡，俯身在小河里喝了一口水，激动地说：又喝到家乡的水了！这时他是有一种很大的快感的，但这种快感很不同于一个人口渴得要死时得到水喝所产生的生理上的快感。它已经是一种具有社会精神意义的快感，表现了战士对自己乡土的真挚热烈的爱，其中也就包含了美感。

赵：不错。俗语不是有"美不美，乡中水"的说法吗？这里所说的乡中水的美，当然不是就它能够满足解渴的生理需要来说的。

张：对！美的快感是具有社会精神意义的快感。这种快感经常同生理的快感不可分，但它又已经超出了生理的快感，通体渗透着社会精神的意义了。从马克思的"自然的人化"的观点看起来，这也就是以实践为基础的，伴随着"客观意义的自然界"的"人化"所引起的"主观意义的自然界"（人的自然的官能、感觉、欲望等）的"人化"，使得从动物分化出来人的自然的感觉、欲望、冲动越来越渗入了社会的、精神的、理性的成分。马克思说："人的眼睛跟原始的、非人的眼睛有不同的感受，人的耳朵跟原始的耳朵有不同的感受。"这种不同，是人类历史发展的结果，是人的自然的感官转化为社会的人的感官的结果。在美感与快感的关系问题上，如果否认美感与快感的联系，那就是否认美感必须有自然生理的基础，最后只能导致否定美的宗教禁欲主义。反过来说，如果否认美感不同于生理的快感，把美感降低为生理快感，并且在"美"的名义下去竭力追求这种快感，那就会使人腐化堕落。我觉得这后一种倾向，在少数青年人中，似乎有所表现。

赵：是有表现。比如说对摇摆舞的迷恋，欣赏，恐怕就属于这种情况。

张：我没有研究过摇摆舞，完全是外行。但作为一个门外汉，我总感到这种舞所追求的好像就是一种本能的自然冲动的发泄，它也许能引起一种近于疯狂的快感，但其中究竟有多少真正的美感呢？也许我的这种想法，是上了年纪的人的"偏见"。

赵：那也不见得，我也和你有同样的"偏见"。但你所说的那种把美感和快感绝对不能相容地对立起来的禁欲主义的看法，也是很需要防止的偏见。青年人对于这种偏见，真是反感极了。

张：对！这也要防止。美感与快感的关系是应当恰当地加以处理的。

美感与功利需要的满足

赵：除了美感与生理快感的关系之外，美感同功利需要的满足的关系也是一个值得注意的问题。我觉得功利需要的满足常常也能带来快感，但这种快感并不是美感。比如说我前面讲到的守财奴对他的不断积累起来的金钱，是有一种很大的快感的，但显然不能称之为美感。

张：这种完全自私的功利满足所产生的快感，不但不是美感，而且是同美感不能相容的。你试着在生活里去观察一下，那些把自私的功利满足看得高于一切，事事斤斤计较、打小算盘的人，究竟有几个是富于敏锐的审美能力，具有丰富的审美感受的？

赵：那恐怕是百里挑一也难找。如果说他们有时也承认美的东西是有价值的，那是因为它可以卖许多钱。我记得巴尔扎克的小说里写过一个爱财如命的土贵族，他得到一批罕见的世界名画，画框是金子做的，结果他只把画框留下来，把画都给别人了。因为他认为那些画是卖不了大价钱的。

张：自私狭隘的功利打算是审美的敌人。其所以如此，就因为美本来是人的自由的感性表现。我们已经说过，这种自由的一个很为重要的方面，就在于人的生活超出了实际需要的满足，不把维持和满足人的肉体生存看作是人类生活的最高目的。一个处处把自己束缚在自私狭隘的功利需要的满足中，使自己成了这种功利需要的奴隶的人，是没有真正的人的自由的，因而他也就感受不到什么美。对于他来说，世界上的一切东西都不过是满足他的自私狭隘的功利需要的手段而已。如果说他也喜欢某些美的东西，比如长得漂亮的女人，豪华的服装、住宅之类，那也只是当作他自私的享乐手段来看的，而且这些东西的价值处处都要以金钱来计算。从美感与这种狭隘自私的功利需要满足的关系来看，近代西方资产阶级美学讲美是超功利的，我认为是正确的，不能否定。我们中华民族之所以有极高的审美能力，我觉得恐怕同道家一贯提倡的达观、超功利的思想很有关系。儒家和道家相比，很为重视功利，但儒家处处都强调要把"义"与"利"严格区分开来，反对重利轻义、见利忘义，所以儒家一般说来也还没有完全用狭隘的功利需要去否定美，而且还特别重视道德精神的美。只有墨、法两家提倡一种极为狭隘的功利主义，后者还是一种极为自私的功利主义，所以这两家都基本上否定了美。但它们在中国美学史上都没有什么大的影响。审美的超功利性使得审美的确不能给人们带来什么实际的物质利益，在这意义上它是"无用"的。但审美又有着庄子所说过的一种不可忽视的"无用之用"，那就是陶冶人们的情操，使人们从各种卑下、自私的欲念中解脱出来。我国卓越的教育家和美学家蔡元培先生在"五四"前后提倡美育的时候，曾经指出："纯粹之美育，所以陶养吾人之感情，使有高尚纯洁之习惯，而使人我之见、利己损人之思念，以渐消沮者也。"这在今天看来，也还是值得注意的。当然，审美的这种作用不是立竿见影，一朝一夕就见效的，

276

但它能够长期持续不断地、潜移默化地起作用。审美作为人类精神生活一个不可缺少的部分，它所特有的作用的充分发挥，是精神文明发展的一个重要方面。

赵：你讲了这么一大篇，主要是说狭隘自私的功利需要的满足同美感是不相容的。但如果这种功利需要不是狭隘自私的，而是有益于整个社会，符合于社会当前和长远的利益的，那么这种功利需要的满足是否也可产生美感呢？

张：这种情况要具体分析。我认为它可以产生美感，但这美感不是仅仅来自由于利益的满足所引起的快感，而是来自这利益的满足或实现过程中所表现出来的人的创造的智慧、才能和力量，人如何战胜各种困难，从对客观必然性的征服支配中取得自由，等等。例如，你们厂经过改革，今年扭亏为盈，上交利润成倍增长，仅从经济利益的角度来看，大家自然都是感到十分高兴的，连我听到了也为你们高兴，但这高兴还不就是美感。只有当我们从这经济利益的获得，是你们厂的广大工人、技术人员、干部为"四化"贡献力量，发挥了极大的创造性、积极性，进行了艰难复杂的改革的结果这个方面来看，并且还不只是这么一般地抽象地看，而且从你们进行改革的复杂过程中具体深切地感受和体验到了这一点，这时所产生的快感才是美感。我想你们厂在改革过程中许多同落后保守作斗争的动人事迹，这一改革所引起的人们的精神面貌、人与人之间关系的种种戏剧性的变化，是完全有可能写成给人以审美感受的小说的。对不对？

赵：不错。现在回想起来，只说技术攻关的过程中，就有许多令人难忘的情景。新老工人和技术人员的亲密合作，干部深入现场同工人泡在一起，在那股全厂一心扑在"四化"上的热腾腾的气氛、劲头里，就有着十分感人的，也可以说是很有诗意的美。当时我并没有想到这些，但现在一回想起来却觉得的确是美。其中还有许多感人至深的细节哩！现在一时说不完了。用你说的哲学上的说法来讲，当我回忆起那时的情景的时候，也就是从咱们工人阶级的实践创造中直观到了工人阶级改造世界的智慧、才能和力量，直观到我们是"四化"的创业者，再大的困难也阻挡不了我们前进。这时我心里就涌起了一种自豪感，一种沉浸到当时动人情景中去的忘怀一切的愉快感，甚至想提起笔来写诗了。这大约就是那同经济利益的获得所产生的快感不同的美感了。

张：对！是这么回事。我还看到你写的登在你们厂的文艺刊物上的《赞攻关》那首诗哩！写得不错嘛！

赵：你别见笑。那不是写出来的，可以说是从我心里流出来的。不谈这些了，还是回到我们的问题上来。从上面的这种事例来看，当功利是符合于社会的整体利益的时候，还能不能说美也是超功利的呢？

张：在这种情况下，我想应当说功利是美的基础，但由于美感究竟还不是仅仅由功利的满足产生的快感，所以又应当说美感还是超功利的。这两方面联系起来看，是否可以说美感是以功利为基础而又超越了功利的。

赵：我觉得可以这么说。如果否认功利是美的基础，那美就成了不食人间烟火的虚无缥缈的东西了。相反，如果把美等同于功利，看不到美是以功利为基础而又超越了功利的，那就抹煞了美之为美的特征。但是，按照这种说法，你前面提到的资产阶级美学认为美感同功利绝对不能相容的说法，就必须加以纠正了。

张：是要纠正。但这纠正也不是否认美有超功利性，而是要指出我们上面所说的同社会存在发展的整体利益相一致的功利是美感的基础。资产阶级的美学家是很难认识到这一点的，因为资本主义社会是一个个人利益与社会的整体利益相分裂、对抗的社会，所以资产阶级的美学家只看到个人的狭隘自私的功利同美感不能相容这个方面，而看不到和社会整体发展相一致的功利构成了美感的基础这个方面。马克思在讲到废除了私有制的社会主义、共产主义社会时说过："〔对物的〕需要和享受失去了自己的利己主义性质，而自然界失去了自己的赤裸裸的有用性，因为效用成了属人的效用。"这是人从利己主义的需要下的解放，是资产阶级美学反复申说的功利与美的互不相容的矛盾的解决，也是人的审美感受的空前的丰富和发展。美感与功利之间的差异将会越来越缩小，但我想两者终究是不可能合而为一的。

因为人类生活的功利活动的领域和审美活动的领域终究是两个有质的不同的领域。

美感与科学认识

赵：从美感与科学认识来看，两者的关系是怎样的呢？美感同科学认识相比，有什么显著特征？

张：这问题相当复杂。但只要我们紧紧抓住美感是人对他自身的自由的感性直观这个要点，问题大致上是能弄清的。首先，我们已经说过，美作为人的自由的实现，是同人对客观必然规律的认识、掌握、运用分不开的。这就规定了美感不是同科学认识无关的，无法把认识的因素从美感中排除掉。

赵：同意。但两者的关系究竟是怎样的呢？能不能像有些人所说的那样，美感即是一种认识呢？

张：恐怕不好简单地这么说。因为在一个美的对象里，事物的客观必然规律是同人的自由的实现不可分离地联系在一起的，合规律即是合目的，反过来说，合目的也即是合规律。表现在美感上面，我们对事物的客观必然规律的认识也是同我们对人的自由的感性直观不可分离地联系在一起的。正是这一点构成了美感与科学认识的根本区别。

赵：也许是这样。你再具体地说说。

张：例如，平衡对称是数学所研究的一条自然规律，但美学上也常常把它看作是形式美的一条规律。作为形式美的规律，平衡对称只有当它在一个对象上感性现实地表现为人所掌握支配了的规律，并且成为对人的自由的肯定的时候，它才可能引起我们的美感。比如前面我们讲过的古代石斧的平衡对称的形式之所以引起了我们的美感，就因为我们从这种刚好符合于人的劳动需要的合规律的形式上，看到了古代劳动人民创造的智慧和才能，也就是看到人从对自然规律的创造性的掌握运用中所取得的自由。再拿社会规律来说，比如中国人民只有在中国共产党的领导下推翻三座大山，才能获得自由解放，这是一条被中国现代革命的全部历史证明了的必然规律。但在许多成功的艺术作品中，比如说在《白毛女》中，这条规律是同杨白劳、喜儿等千百万劳动人民的遭遇和命运，同他们对黑暗的旧世界的反抗、对光明和幸福的追求，同他们的自由解放的最终实现不可分地结合在一起的。我们在欣赏《白毛女》时，深深感到这条规律是一个伟大的颠扑不破的真理，但我们的这种认识是通过我们对杨白劳、喜儿等劳动人民的遭遇和命运、他们的自由幸福的实现过程的感性直观而得到的，这和读政治理论书籍不一样。

赵：这么说来，能不能说美感是在一种形象的直观中去认识真理呢？

张：在一定的意义和情况下是可以这么说的。但一定要注意：这里所说的真理（从客观方面说就是事物的必然规律），是同人的自由的实现不可分地联系在一起的真理。任何真理，当它还没有感性现实表现为对人的自由的肯定的时候，是不可能进入审美领域的。审美包含着对真理的认识，但又不仅仅是对真理的认识。它的本质的特征，是在一种直观的形态下，从真理的实现中审视人的自由。正如在一个美的对象上，人的自由和客观的必然性是不可分地相互渗透在一起的，在美感里，对真理的认识和对人的自由的直观也是不可分地相互渗透在一起的。

赵：我懂得了。正因为这样，并不是把任何一种真理用形象的方式表现出来就能成为艺术品，就能引起我们的审美感受。比如说，从没有人把医学上用的各种人体模型当作雕塑来欣赏。

张：对！通过美感我们是可以形象地认识真理，但不是仅仅认识真理本身，而是认识真理同作为感性个体存在的人的自由的实现的关系。因此，审美的作用不是科学认识所能代替的。它主要不是传授知识，讲解真理，而是使我们在一种感性直观的形态下，活生生地看到真理同人的自由的实现的关系，从而使我们热爱真理，唤起我们为真理而斗争的热情，把我们推向行动。我们上面所提到的《白毛女》这部作品，就明显地具有这种作用。它在那推翻旧世界的战火纷飞的年代里，曾经激励了多少人去和旧世界的统治者作拼死的搏斗啊！这一点，现在的青年人也许不那么容易理解了。

赵：他们会逐渐地理解的。不过，你也要看到有相当多的现实美的对象或是艺术作品，看起来很难说使我们认识了什么真理。比如说，我欣赏一朵花，或是齐白石画的虾子，能说我从中认识了什么深刻的真理吗？

张：你这个问题提得很好。如果我说通过欣赏某一朵花，使我的思想认识得到了提高，这就未免太牵强可笑了。这种情况也恰好说明了美感同认识有关，但又不能等同于认识。在这里要注意区分两种不同情况，一种是对社会生活中美的欣赏，其中所包含的对真理的认识的因素是比较明显的，但对于形式美、自然美的欣赏，在大多数情况下几乎看不到有什么对真理的认识包含在里面。

赵：你这样讲，是不是同你肯定审美不能脱离认识的说法发生了矛盾？

张：不矛盾。我是说"几乎看不到"，不是说完全没有。对自然美、形式美的欣赏，是要以人们具有一定的文化教养为前提的，也就是要以人们对自然和社会生活的一定的认识水平为前提。一个野蛮人是无法欣赏月亮、梅花等的美的。康德说过，一个人如果表现出对自然美有一种热爱和敏锐的感受性，那就说明他是一个有较高的道德修养的人。这话是有道理的。但在对自然美、形式美的欣赏中，人们是直接从自然形式的合规律性中看到人的自由，而不是像自然科学家那样去研究自然的种种规律，因而认识的因素看起来就几乎没有了。即使你的植物学的知识很缺乏，不知道植物的细胞的构造，也不知道花原来是植物的生殖器官，你照样可以欣赏花。而且就是一个植物学家，他在欣赏花的时候，也决不会想到这些的。因为自然形式的美，本来就只在它的合规律的形式下所显示出来的人的自由。我们对自然美的欣赏也不是为了研究自然的种种规律，而是为了使我们的情操得到陶冶。这种陶冶是包含着认识的因素的，它使我们的情感渗入一种高尚的理性的内容，使我们意识到社会的人同自然的和谐统一，等等。但这终究又大大不同于我们对自然或社会的科学认识。

赵：这样看来，如果说美感也是一种认识的话，那也是对人的自由的一种认识，并且是一种在感性直观形态下的认识。

张：由于美感是这样一种认识，因而它就很不同于一般所说的科学认识了。一般的科学认识，是一种逻辑的抽象的概念的认识，并且只限于揭示客观的必然规律，抛开了这规律同感性具体的人的自由的实现的联系。虽然一切科学研究的最终目的是为了使人类认识掌握必然，取得自由，而且在哲学、伦理学里，对客观必然规律和人的自由的关系的研究还是一个非常重要的问题，但所有这一切研究，都是一种抽象的概念的研究，只有在审美里人才从他的生活中活生生地直观到了自己的自由。所以，在美感里虽然有概念的认识在起作用，但我们通过美感所获得的并不是一个赤裸裸的概念，而是一个生动的意象，也就是一个蕴含着理性认识成果的形象。从一方面看，这形象是感性的，但其中又处处渗透着理性（对社会的人的自由的本质，和人的自由的实现相联系的客观必然规律等的认识）；从另一方面看，它虽然包含着理性，但却又是完全以感性的形态呈现出来的，这种理性的内容永远无法用概念的语言加以精确的规定。

赵：这就是中国古代美学所讲的"情景交融"，"思与境偕"，"言有尽而意无穷"了。

张：对！中国古代美学对美感的特征有许多非常贴切的描述，它从不否认美感中包含着理性的东西，但又不把美感归结和等同于科学认识。这是中国古代美学一个非常高明的地方。在实际上，美感本来就是感性与理性的奇妙的互相渗透，两者可以有所侧重，但永远不能把它们拆开。这从我们日常生活中用来形容美的一些用语里就可以看出来。比如说我们讲某人穿的衣服的色彩式样很"高雅"，你说这"高雅"是什么意思？

赵：有点难于言传，好像就是一种直感。

张：这"高雅"显然同服装的色彩式样有关，但它又不是仅仅反映服装的某种属性，和我们说这服装是"蓝色"的不一样。另一方面，"高雅"这个词也显然不是一种科学上的概念，如"物质"、"电子"、"奇数"、"磁场"、"能"、"有机化合物"，等等。这些概念都是可以精确地定义的，"高雅"却显得可意会而不可言传，它既指事物具有的某些感性特征，又包含从这些特征里所显示出来的某种情调、趣味、风采等。

赵：我想这就是因为美感本来是感性与理性的交融渗透的缘故，它好像是处在对事物的属性的单纯感知和对事物的理性认识之间的一种东西。你说它是对事物的属性的单纯感知吧，它又包含某种具有精神意义的概念；你说它就是一种精神、概念吧，它又不是纯抽象的逻辑概念，还具有感性的特征。

张：对！美感与一般的认识相比，它的复杂性就在这里，而且它的特殊的价值也在这里。它能把我们引入人生的某种境界、情调、意绪之中，使我们反复地去品味、体验人生的意义和价值，把人生的欢乐和痛苦、成功和失败、卑劣和高尚……在我们的心中细细地咀嚼一番。

赵：我最近读到一篇文章，它引用了鲁迅的《纪念刘和珍君》中的一句话："我将深味这非人间的浓黑的悲凉"，用这来说明美感中的味觉和视觉之间的"通感"，看来是不太贴切的。但倒可以用来说明美感是对人生的"深味"，鲁迅把这个词用在上面这句话里，实际是传达出了一种悲剧性的审美感受。

张：同意你的说法。在这"深味"中，既有对死者刘和珍和她的同伴的哀悼，也有对统治者的卑劣残暴的彻骨的憎恨和愤怒。我想，使人"深味"人生，这是美感的意义和力量的所在。而这"深味"，实即是在感性的直观中去体验那深藏在感性中的理性，也就是从种种难于言说的情景中去体验社会人生的真理。由于美感是感性与理性的交融渗透，所以两者的互相分裂和外在就必然要破坏美感。从创作说，图解概念的作品必定引不起我们的美的感受，不管它所图解的概念的意义是如何重大。从欣赏和批评来说，处处从作品中去找寻它所表现的概念，把一切都归结为概念，不懂得"深味"作品所表现的人生境界，这样的欣赏和批评也必定是蹩脚的。很可惜，多年来我们只强调美感与认识的联系，忽略了两者的区别，或只看到外表上的区别，经常把审美等同于认识，美学等同于认识论，给创作、欣赏、批评都带来了不好的影响。

赵：你说的这问题还直接牵涉到艺术上的反映论等大问题哩！

张：是的。这点我们到讨论艺术问题的时候再谈。现在我们来从另一个角度研究一下美感，看看美感同道德评价的关系是怎样的。

美感与道德评价

赵：美感同道德的关系太密切了。不要说对社会美的欣赏，就是对自然美的欣赏也可以看出一个人的道德情操究竟怎样，有没有高尚的趣味、理想？一个缺乏同情心，刻薄寡恩，残忍狠毒的人，对自然美经常是无动于衷的。狄德罗说过："在自然和摹仿自然的艺术里，愚钝和冷心肠的人看不出什么东西，无知的人只看出很有限的东西。"

张：不过，在所谓上流社会中，这一类的人有时会做出一副很受自然美感动的样子哩！

赵：这不外是为了附庸风雅罢了。在我看来，从正面的意义上讲，美感同道德感是一致的，世界上找不出反道德的"美感"。如果说也有这样的"美感"，那恐怕是一种近于兽性的快感。

张：美感同道德感的确有不可分的联系。这是由于美作为人的自由的感性表现，同我们已经讲过的具有各种感性欲求的个体与社会的统一分不开。而所谓道德，是一定社会或阶级的普遍利益在个体处理人与人的关系的行为准则上的反映，同时也是人的社会性的表现，并且是诉之于个体的自觉的意愿的。在任何时候，个体只有通过他与别人的社会关系才能取得自由，而道德正是把个体与社会联系起来的精神纽带，并且又是诉之于个体的心灵的，只有通过个体的自觉的活动才能实现。这就使得审美和道德产生了非常密切的联系。黑格尔在《精神现象学》中把审美与艺术的活动划归"伦理精神"的领域，是有深刻意义的。自古以来，许多思想家、美学家都反复指出了美与善的联系和一致性，中国古代的儒家美学对这个问题就有很为深刻的认识。但美感和道德评价究竟又不是一回事。

赵：当然不能混为一谈。我们感受到某一个人的精神美，这和我们给他作一个道德鉴定不一样。

张：这里问题的关键还是我们在讲精神美的时候已经说过的道德同个体的自由的实现的关系。当道德的实现即是对个体的自由的肯定

（这种肯定不等于是个体生命的保存，它在不少情况下是个体为一个伟大的目的而牺牲），从而成为个体不可遏抑的自觉的心理欲求和行动，并且直观地表现出来的时候，道德感就转化为审美感了。这时，道德已不仅仅是从外部评价人的行为的抽象原则，也不是个体在社会舆论的压迫下不得不实行的原则，它已转化为个体的心理欲求和自觉自由的行动，完全融化在个体的感觉、欲望、要求、情感之中了。从美感与道德的关系来看，美感不是对人的行为的冷静的、理智的分析和道德评价，而是从对人的生活的直观中看到道德对个体的自由的实现的伟大意义和力量，从而产生一种有时可以说是震撼心灵的精神快感。这也就是孟子所谓的"理义之悦我心"了。

赵：有道理。前不久我看了根据孟伟哉的小说改编的一个电视片：《大地的深情》。其中的主角欧阳兰这个人物，我感到写得很为成功。她和部队的同志们一起，在朝鲜战场上为了保卫中朝人民的自由正义的事业，维护革命胜利的成果和人民的幸福，同侵略者进行了英勇而又残酷的生死搏斗。正是在这种生死搏斗中，她深深地体验到了自己与革命的集体和祖国人民的不可分割的血肉联系。用你爱讲的哲学词句来说，也就是体验到了个人与社会的统一，体验到个人的生命只有融合在集体和祖国人民的伟大事业中，才有意义、价值；或者说，才是对人所应有自由的本质的真正的肯定。我想，正是这种从生死搏斗中产生的对个人与社会的不可分的统一的深刻体验，有力地塑造了欧阳兰的心灵美，使她在回国后对待战友的遗孤的种种高尚行为，显得是那样地发自肺腑，自然可信，因而也感人至深。你刚才说孟子讲过"理义之悦我心"这样的话，我感到用来说明我看完这电视后的感受，是再也恰当不过的了。我从欧阳兰身上所看到的无产阶级的"理义"，的确是深深地"悦我心"，使我获得了一种很大的精神快感。但如果作者简单地把欧阳兰的思想行为当作无产阶级道德原则的形象图解来写，变成图解这原则的工具，那么"悦我心"的美感就全完了。

张：对！一种高尚的道德原则，只有当它扎根在人的心灵深处，并且渗透在人的最细微、最隐秘，有时甚至是没有明确意识到的感觉、情感、行为之中的时候，它才能引起审美感受。我们在前面已经说过，美感是感性与理性的不可分的交融统一。这里所说的"理性"，既包含我们在前面说过的对和人的自由的实现相联系的客观必然规律——真的认识，也包含我们现在所说的对同样是和人的自由相联系的道德原则——善的认识。两者又都是同感性相交融，渗透在感性之中的，这样才有美感的产生。

赵：但这两者相互之间的关系又是怎样的呢？

张：是一种统一的关系。因为真正的善不能违背客观必然的规律，而是与它相一致的。反过来说，客观必然规律也只有当它同善的实现相联系的时候，才对人类具有重要的意义。而真正的善既表现了人的社会性，又是同个体的自由的实现相一致的。这样的善，通过人的创造性的实践活动对客观必然规律的掌握而得到实现，在本质上也就是人的自由的实现，从它的感性的形态去看就是美。由此看来，美本身就包含了真和善，它是真和善在实践基础上的统一的感性表现。人们讲美，有时把美看作是同真、善无关的另一个东西，没有看到在美里就包含了真和善。

赵：但你这么说，会不会又抹煞了美同真和善的区别呢？

张：单纯的真和单纯的善自然是和美相区别的，但真和善一在实践的基础上统一起来，这种统一的感性形态就成为美了。这也就是说，美包含了真和善，但又不等于真和善。我们既要看到美同真和善是有区别的，又要看到在美里已经融合了真和善，不应当把真、善、美看作是三元并列彼此无关的东西，也不应当仅仅从外部的现象上去找美同真和善的联系。要从实质上找，看到美本来是真和善在实践基础上的交融统一。

赵：这讲法对我有点启发。这样来看美，就不至于把美同真和善割裂开来，走到排斥真、善的唯美主义道路上去，也不至于把美同真和善简单地等同起来，导致对美的否定。

张：真、善、美的关系是一个复杂问题。我这里讲的只是一个初步的想法，而且我们现在谈的是美感问题，不过是附带地涉及它而已，无法深究了。还是让我们继续来讨论美感问题吧。

286

美感的心理因素

赵：美感的心理分析是一个重要的问题，是否请你谈谈在这方面的一些想法？

张：我在这方面的知识很为贫乏，想研究一下也刚刚开始，谈不出什么东西来的。不过，可以讲讲我对解决这个问题的一些大致的看法。

赵：这也可以嘛！不一定一讲出来就是什么成套的定理。

张：我想这个问题的解决，首先还是要从哲学的分析上把美感的本质弄清楚，然后心理的分析才有方向，有成效，有深度。否则就会迷失在各种心理现象的琐细肤浅的外在描述中，找不出规律性的东西。对前人在这方面的研究成果，也很难作出批判的清理，充分地加以利用改造。

赵：在你看来，美感的心理分析究竟要抓住什么根本的观点呢？

张：依我看来，美感是人对他自身的自由的感性直观，这就是美感的心理分析所应当抓住的根本观点。所谓美感的心理分析，不外是分析人从一个感性的对象上直观他的自由时所呈现出来的心理状态或心理结构。把握住这一点，也许就能作出较好的分析。

赵：你能不能按你的这种想法，大致讲讲美感中的各个心理因素以及它们的相互关系呢？

张：我想，由于美感是人从一个感性的对象上直观他自身的自由，因此美感的第一心理要素是对事物的感性形象的知觉，没有知觉就不会有美感。但由于这知觉是和人对自身的自由的直观联系在一起的，这就使得这种知觉不同于日常生活中的其他知觉。它不是把对象当作实用功利的对象或科学研究的对象去知觉的，而是当作人的自由的感性现实的肯定和表现去知觉的。因此，它所紧紧地抓住的只是对象上那些表现了人的自由的感性特征，与此无关的东西都被忽略了。在这里，审美的知觉表现出它有极大的自由的选择性。这种选择性，借用我国《列子》一书中的话来说，就是"见其所见，不见其所不见，视其所视，而遗其所不视。"

赵：这话很有点道理。比如一个高明的画家画裸体，他所见的就是人体身上能够表现人的心灵的自由、纯洁、高尚的东西，对那些只能引起低级的官能刺激的东西一概都加以减弱和略去了。这就是"见其所见，不见其所不见，视其所视，而遗其所不视"了。如果把人体完全"逼真"地、巨细不遗地如实画下来，那还有什么人体美的艺术呢？这样画出来的人体，越"逼真"越使人感到难受……

张：这就是法国画家赛尚讲过的"可怕的逼真"了。审美的知觉，不是这种如实呈现对象的一切特征的知觉，而是一种到处捕捉那些表现了人的自由的感性特征的知觉。一个人审美能力越高，他的知觉就越能敏锐、准确、细腻地捕捉住对象上那些表现了人的自由的感性特征，也就是越能"见其所见，不见其所不见"。而当知觉"见其所见"，即见到了对象上那些表现了人的自由的感性特征的时候，在主体心中就会立即产生出一种愉快的感情。这感情就是美感的第二个重要的心理因素。

赵：它同一般的感情相比有什么特点？

张：首先，它是由于见到人的自由获得了感性现实的肯定而产生出来的一种愉快的感情，不同于我们前面所说过的单纯的生理快感或是仅仅由功利目的的达到而产生的快感。其次，这感情既是由于对人的自由的直观而产生的感情，因此它是同我们对对象上那些表现了人的自由的感性特征的知觉不可分地结合在一起的。德国美学家伏尔盖特（Volkelt）曾强调指出在美感中知觉与感情是浑然化为一体的，这确实是美感的一个重要心理特征。知觉如果不伴随着我们以上所说的这种愉快的情感，或没有唤起这种情感，那它就不是审美的知觉，反过来说，情感如果不伴随着审美的知觉，那么这种情感也决不会是审美的情感。不仅如此，在美感中知觉与情感是处在相互渗透和相互加强的状态之中的。知觉活动的进行和持续不断产生和加强着情感的愉快，同时情感的愉快的加强又不断地使知觉更加地活跃、敏锐、深入、细腻、展开。比如我们在欣赏维纳斯的雕像时，一方面我们的眼睛注视着她的形体，与此同时在我们的心中就生起了一种愉快的情感；另一方面，这愉快的情感又不断地加强着我们对她的形体的知觉，使我们的视线久久地在她的身上徘徊，看了又看，不愿离开。正是在知觉与情感这种浑然一体的不断交互作用之中，我们的美感越来越强烈，有时达到了一种和对象契合为一，物我两忘的境界，得到了极大的审美享受。

赵：你说的这种情况，虽然还是描述性的，我觉得同我们的审美经验倒是大致不差。但是，联想、想象、理解这些心理因素在美感中又是怎么起作用的呢？

张：我觉得美感的心理分析，首先要抓住知觉和情感这两大要素，然后其他要素的作用就较好说明了。在我看来，联想、想象、理解（思维）这些心理因素，是和知觉联系在一起发生作用，形成审美知觉，同时又与情感处在交互作用之中的。

赵：它们是怎么同知觉相联系而形成审美知觉的呢？

张：我觉得情况是这样的。美感既然是从事物所具有的感性特征上直观到人的自由，因而在这种直观中处处都要求要把事物所具有的感性特征同人的自由直接地、不可分地联系起来，也就是要把我们所知觉到的事物的感性形象同人的内在的心灵自由联系起来，这样才能产生审美的知觉。但怎样才能使这两者相联系，并且形成一种直接的、不可分的联系呢？在这里，联想、想象、理解这些心理因素就发生着重大的作用了。正是这些心理因素的作用，使上面所说的这种联系得以实现，形成审美知觉。而在这种作用中，联想、想象和理解又是处在一种交互作用、协调活动中。一方面，联想、想象在极为自由地活动着；另一方面，理解又不可以说是不露痕迹地规范着它，使之合规律地把我们所知觉到的感性形象同人的心灵的自由联系起来。例如，我们在知觉到一棵古松的形象的时候，如果所知觉的形象还没有同人的心灵自由联系起来，这知觉就还不是审美的。只有我们在知觉的同时产生联想、想象，觉得古松就像一个人那样具有一种矫健有力、坚忍不拔的气概、精神的时候，我们对古松的知觉才是审美的。而联想、想象之所以能产生这样的结果，又因为它是一种渗透和充满着主体对人生的意义和价值的深刻理解的联想和想象，从而能够在它的自由的活动中把我们对事物的知觉形象导向一种精神境界，使我们进入一种所谓"神与物游"的状态。这种联想、想象的过程，因种种情况的不同，有时可以为我们比较清楚地意识到，有时则是一种潜意识的、不假思索的活动。这后一种情形，从根本上看，是理性的意识在极其漫长的历史过程中渗透在人的感性中的结果，也就是马克思所说的"感觉通过自己的实践直接变成了理论家"，使得感性的直观自身就包含有精神的意义，看起来并没有什么联想、想象的过程。例如，我们在看到红色时感到兴奋、热烈，并不是我们从红色明确地联想到火、太阳、鲜血等东西的结果。

赵：你在上面说明了联想、想象和理解同知觉的关系，它们同情感的关系又是怎样的呢？

张：我们已经说过，在美感中，知觉和情感是浑然一体、不可分离，并且是相互作用和相互加强的。既然知觉同联想、想象和理解分不开，那么这些心理因素和情感的关系，也同样是浑然一体、相互作用和相互加强的。我们只要省察一下我们的审美经验，就会看到：联想、想象和理解都充满着感情，它们的协同活动越是活跃、自由、舒展，感情就越是浓烈、舒畅、高扬；反过来说，感情的浓烈、舒畅、高扬又会成为一种强大的动力，使联想、想象和理解的协同活动变得越来越奔放、自由。正是在这种相互作用和相互加强的过程中，审美的知觉活跃地持续着，同时审美的感情源源不竭地产生着。

赵：你这种经验性的描述，我觉得有一定的道理。但总起来看，美感的心理特征究竟是怎样的呢？

张：我想，归结起来，或许可以这么说：美感是在知觉的基础上，以联想、想象和理解的协调活动为中介所达到的一种知觉与情感契合无间的心理状态。在这种状态中，我们从对象上直观着人的自由，产生出一种精神的快感。这个心理的过程，可以简单地图示如下：

中间的箭头，表示双方的相互作用。

赵：这样看来，美是要在一种特殊的心理状态下才能把握的东西，由此我又想到美感和美的关系问题。在许多情况下，看起来美好像就是由美感所创造出来的。你对这个问题是怎么想的？

美感与美的关系

张：我觉得不能说一个客观对象本来就没有美，只是由于主体的美感的心理作用才使它产生了美。如果真是如此，那么我们的美感的心理作用为什么不能任意地使一个对象变成美呢？就连主张"移情"（把情感"投射"给对象）产生了美的里普士，也承认能不能"移情"和怎样"移情"是要受到对象的制约、规定的。在资产阶级美学中，这是一种比较实事求是的看法，虽然里普士所谓的对象，说到底还是一种超现实的东西。

赵：这么说来，你是主张美感是美的反映这种说法的了？

张：在基本点上，我是同意这种说法的。但美感的"反映"是我们在前面所说过的"直观"或"观照"，它具有不同于一般哲学认识论上所讲的"反映"的显著特征。它不是仅仅认识对象的属性、规律等，而是马克思说的从对象上直观人自身，即直观人自身通过实践而取得和感性现实地表现出来的人的自由。因此，只有通过实践，人的自由在对象上得到了感性现实的肯定，然后我们才有可能从对象上直观到这种自由，或者说"观照"这种自由，从而在主体的心理感受上引起美感。美感的心理活动之所以不同于其他心理活动，根本的原因也在于它是从对象上直观人自身的自由。说人仅凭美感的心理活动创造了对象的美，我认为是不符合事实的。

赵：但为什么从历史上到现在都有不少人主张美感创造了美，或认为美感即是美，无所谓客观存在的美呢？这总有些什么原因吧！

张：当然有原因。根本的原因就在于美感是人从对象上直观他自身的自由，这就使美感和一般感觉对某一事物具有的属性那种简单被动的接受感知很不相同。它具有极大的能动性和创造性，人可以海阔天空地自由发挥自己的想象，抒发自己的感情，因而美看起来就好像

291

是人的心理活动创造出来的了。此外，美并不是像事物的一般属性那样摆在那里，什么时候都可以感知到，而是像你在前面所说的那样，要在一种特殊的心理状态或心境之下才能感受到。比如说花的红色我们随时都可以感受到，但花的美呢，就要在一种特殊的心理状态或心境下才能感受到，而且心境不同，感受也随之而变。这又使得美看起来是一种特殊的心理活动的产物了。最后，美感既然是对人的自由的直观，因而同一对象对于在社会实践中处于不同地位，对人的自由有不同的理解和看法的人来说，它所引起的反应是很不相同的，这又使得美看起来好像是人的主观的心理活动创造出来的了。在实际上，所有这些情况，都是美感作为对人自身的自由的直观的复杂性的表现，并不能证明美是由美感创造出来的。但是，我这样说，决不是要否认美感在对美的把握中的极其重要的能动作用。相反，我们要充分地承认和研究这种作用。过去我们讲的"反映论"，对这种作用的重要性和复杂性非常忽视，这是不行的，应当纠正过来。

赵：我也有这种感觉，把"反映论"讲得那么简单，好像只要用"反映"这两个字就把一切问题都解决了，哪有这样的事。你再把你的想法谈谈看。

张：我也还是卑之无甚高论。只不过感到在解决美感和美的关系这个问题时，至少要注意两点：第一，"我的对象只能是我的本质力量之一的确证，从而它只能像我的本质力量作为一种主体能力而自为地存在着那样对我来说存在着"（马克思语）。这也就是说，当我缺乏与对象相适应的"主体能力"的时候，对象就不可能成为我的对象，尽管这时它也仍然在我的意识之外存在着。例如，当我是一个瞎子，缺乏视觉这种"主体能力"的时候，对象就不可能成为我的视觉的对象。在视觉的范围内，它对我没有意义。列宁在讲到反映论的时候曾经说过："不言而喻，没有被反映者，就不能有反映，被反映者是不依赖于反映者而存在的。"但人们常常忽略了，如果没有反映者，那就谈不上什么反映。从这方面看，反映又是依存于反映者的。就审美的范围来说，没有美的对象的存在，当然不会有美感，但如果主体缺乏审美能力的话，对象对于他就不可能成为美的对象。例如，对于任何一个有视觉能力的人来说，事物的形状、色彩等都能成为他的对象。但如果他缺乏对形式的审美能力，那他就不能从事物的形状、色彩等当中看到美，这种美就不能成为他的对象。在这里，主体的审美能力对于发现对象的美，就具有决定性的作用了。而且，由于主体的审美能力有高下之分，又具有各各不同的特点，因而不同的主体从同一对象上所发现的美就大不一样。如果我们只一般地讲美决定美感，美感是美的反映，似乎只要有美存在，人就能反映它，而且反映的结果只能是完全一样的，那就是一种忽视主体在审美中的巨大能动作用的简单片面的观点了。还有这样一种观点，它声称即使没有审美的主体，美也照样存在，所以在人类出现之前，美就已经存在了。

赵：我记得我们在讨论自然美的时候谈过这个问题。看来这种说法包含着双重的错误。在主观方面，它把个别的主体同整个人类社会混为一谈，看不到美虽然完全可以不依赖于个别的主体而存在，但却不能脱离整个人类社会而存在；从客观方面看，它把事物的客观存在和事物成为社会的人的对象混为一谈。事物不论作为人的科学认识的对象或是审美的对象都是以人的存在为前提的。没有反映者就不会有反映，因而在没有人的时候，事物虽然照样存在，却不可能成为人的反映对象，既不能成为审美的对象，也不能成为科学认识的对象。如果说这时事物照样有美，那是由于把美看作是自然的产物，不懂得美是人的实践作用于自然的产物，是人的自由的对象化、现实化、客观化的结果。声称美以及真理在人之前就存在，这是一种很古怪的想法。拿真理来说，只有当有了人，也就是有了对客观规律的反映者、认识者的时候，才谈得上什么是真理、什么是谬误。

张：讲得对。看来通过反反复复的讨论，你似乎同开始的时候不一样，有点被我的想法所感染了。

赵：人的想法不是一成不变的嘛！不过，你也不要太自信，你的想法也一定会有不少漏洞和谬误的。

张：那当然。许多大人物都不能担保自己百分之百正确，何况是我呢！

赵：暂且不说这些了。你再讲讲你刚才说的解决美感和美的关系应当注意的第二个方面。

张：我们已经说过，只有当主体具备了同美的对象相适应的审美能力的时候，对象对他才能成为美的对象。在这里，主体的审美能力和对象对主体成为美的对象，是不可分离地联系在一起的。但是，即使主体具有审美的能力，也不是在任何情况下对象都对他呈现为一个美的对象。这就牵涉到我们在前面说过的审美需要有一种特殊的心理状态这个问题了。你如果还没有进入这种状态，你就还没有进入审美的状态。你对对象的反映可能是功利实用的、科学的，但不是审美的。

赵：但要如何才能进入这种状态呢？

张：在这里，我觉得西方现代一些美学家所提出的所谓"审美态度"（das ästhetishe Verhalten）是一个值得注意的问题。我们要感受到对象的美，就要善于从对对象采取功利实用的或科学认识的态度，转到采取审美的态度。既不是去考虑对象具有什么功利实用的价值，对我个人或别人有什么利害关系，也不是去对对象进行科学上的抽象的分析思考，而是对对象的感性存在的特征采取一种我们说过的"观照"的态度，直接从对象的感性特征的直观中去体味同人生的自由幸福相联系的某种情调、意味、精神、境界等。例如，我们要感受一棵松树的美，就要对它采取一种审美的态度，直接从它的夭矫蟠曲的枝干，茂盛的叶子，以至它在特定的气候光线下所呈现出来的状态等，去体味人的某种精神的情调、心境、意味之类的东西。如果你看到一棵松树，只在那里考虑它有什么用途，能用来做什么家具，或者在那里思考它在植物学上属于哪一科，有什么特殊的生长规律等，那你就不是在用审美的态度去看松树，也就感受不到松树的美。由于在日常生活中，我们经常在追求着各种功利实用的目的，处理着各种实际的事务，考虑着各种事情的成败得失，因而我们对于事物往往很难从实用功利的态度转入审美的态度。特别是在金钱、利己主义支配一切的资本主义社会里，从功利实用的态度转到审美的态度，就显得更加的困难。所以，资产阶级的美学家都反反复复地在讲对事物采取审美态度的极端重要性。他们的许多讲法是唯心的、片面的、夸大的，但他们毕竟还是看到了主体的心理状态和对事物所采取的态度同审美的密切关系。我们完全可以这么说，不论客观上存在着多少美的东西，如果主体不能采取审美的态度去看世界的话，这美对他来说就是不存在的。而艺术家和常人的一个重要的不同之处，就在于他比较善于用审美的态度去看世界，因而他能在一般人看不到美，甚至认为没有美存在的地方看到美。例如，英国伦敦常有大雾，而雾中的伦敦也是有它的美的。但一般人对于雾常常是从它对生活的方便或不方便的观点去看的，在有了大雾的时候就想到应当如何行动，安排生活上的种种事情等，很少用审美的态度去看雾中的伦敦，去观照欣赏它的美。英国名画家泰纳就不一样，他用审美的态度去看，去体验、去吟味，画出了雾中的伦敦所特有的美，使画的观者好像获得了一种新发现似的看到了雾中的伦敦原来有这么美，以至于使英国唯美主义作家王尔德说："多少世纪以来，伦敦就有雾，但是谁也没有见到雾，对它一无所知。直到艺术创造了雾，雾才开始存在。"这当然是一种唯心的夸大之词，但它也说明了能否用审美的态度去看世界，对于发现世界的美是多么重要。

赵：我们有一些文艺工作者，你不能说他完全没有深入生活，但他在生活中泡了很长的时间，却看不到生活中的诗意和美，写不出成功的作品来，我想这恐怕同不善于用审美的态度去看世界也有关系。

张：对！做一个艺术家，是需要有艺术家的气质的，是应当善于用艺术家的眼光，也就是审美的眼光去看世界的。

赵：不过，能不能用审美的态度去看世界，这好像也不是仅仅决定于人自身的意图，不是什么时候我想用审美的态度去看，就能用审美的态度去看。

张：对！我们要感受世界的美，就要善于用审美的态度去看世界，但在实际上我们能否采取这种态度，又要受种种条件，如个人的处境、经历、教养、文化水平、社会历史的气氛、时代的状态，等等的制约。一个艺术家对事物的审美态度如果不是由他对生活的感受、认识、体验所激发出来的，而是故意的、生硬的、做作的，那他就只能产生出一些矫揉造作的，甚至是俗不可耐的所谓"美"的作品。

艺术家要成为一个真正善于对世界采取审美态度，对世界的美有敏锐感受的人，归根到底当然还是决定于他的生活实践、文化教养等，同时社会历史的条件也不可忽视。有些历史条件是有利于艺术家对世界采取审美态度的，有些历史条件则不然，它压抑和破坏着艺术家的审美感。前者带来艺术的繁荣，后者则造成艺术的衰落。

赵：对世界采取审美态度很重要，但社会生活中有许多事物，我们在当时当地是很难采取审美态度的。比如，在战争中，当你和敌人肉搏的时候，尽管你确实表现得很英勇，但当时怎么能采取什么审美态度去看啊！

张：当然不能。但在事后，在回忆中，却是完全可能的。比如，在仗打完之后，战士们说我们打了一个漂亮仗，这时就是以审美的态度去看打仗了。还有许多事情，包括我们在儿童时代的经历，在当时当地并没有感到有什么特别的美，但在事后回味起来，却感到是很美的。你看鲁迅的《朝华夕拾》，不是把他少年时代的一些看来是很平凡的事也写得非常之有诗意和美吗？其所以如此，是因为许多事在发生的时候，是同许多实际的利害或功利的目的直接联系在一起的，但在事后我们却可以抛开这些目的，把它当作我们生活的自由幸福的创造过程，当作我们的"作品"来加以体验、观赏了。这时，我们也就是对它采取审美的态度了。

赵：有道理。对事物采取审美态度，看来是使客观事物的美对我们呈现出来的一个极为重要的条件，难怪有些资产阶级美学家说审美态度创造了事物的美了。

张：现在我们再来研究一下一个也许是你感兴趣的问题，不同的人们对同一事物采取审美态度去看，为什么他们所获得的审美感受经常是不一样的，甚至刚好相反。

美感的差异性

赵：这确实是一个需要研究的问题。首先，恐怕要把那产生差异的原因找到。

张：原因是多方面的。由于美感是对人自身的自由的直观，而人

296

的自由的实现是非常漫长、复杂的具体历史的过程，因而反映在主体的审美感受中，就造成了种种差异。人是怎样地创造他的生活的，他也就会怎样地感受美。而人的生活，是为各种非常具体多样的条件，如自然环境、种族特征、社会结构、风尚习俗等所制约着的。因此在审美上就产生了民族的差异、国别的差异、社会的差异、时代的差异、阶级的差异，等等。以机智著称的法国思想家伏尔泰说："美往往是非常相对的，在日本是文雅的在罗马就不文雅，在巴黎是时髦的在北京就不时髦。"以上是从社会历史角度来看的差异性，就个人的角度来看，同一民族、国家、社会、时代、阶级的人，他们对同一事物的美感也经常表现出明显的差异。这是由于个人所参与的社会实践，他们的经历、教养、思想、感情，以至他们的天赋的气质等，都不可能是完全相同的。而审美不外是从对象上直观人自身，所以审美的主体不同，他们从对象上所看到的东西也就不同。更何况对象本来也就具有极为多样丰富的特征，可以在不同的方面引起人们不同的审美感受。中国从古至今不知有多少画家画荷花，但你如果把那些各个不同时代、不同画家的作品搜集起来看一下，就可看到那画法、观察的侧重点、造型的方式、表现的思想情调等，是多么的各异其趣，迥然不同。这一类个人的差异，分析起来，基本是两种：一种是个人的爱好、趣味造成的差异，另一种是个人的审美能力的高下深浅造成的差异。

赵：对于上面说的种种差异应当如何看待呢？有差异是不是说就各美其美，没有客观标准可言呢？

张：那当然不是。审美有相对性，但审美上的相对主义是无法成立的，因为在相对里包含有绝对，在差异性里包含着共同性。这是从经验的观察中也可看到的。古希腊的雕塑是在特定的民族、时代、社会、阶级中产生出来的，但它至今对我们仍有不朽的魅力，而且为不同的民族、时代、社会、阶级的人们普遍地欣赏。前面提到的伏尔泰非常强调审美的差异性、相对性，但他也承认"有些美是通行于一切时代和一切国家的"。

赵：这是事实，但如何解释它呢？

张：我想要点首先在于不论从个人或集团的观点来看，人与人之间总是既有差异性（有时还发展为对立）又有共同性，他们同动物相比终归是一个有着某些基本的共同点的族类。因而，在审美上也有某些共同之处。但这种共同性又始终是伴随着差异性而存在的。中国古代的奴隶主无疑觉得他们的那些巨大的青铜器是非常美的，所以经常刻上"子子孙孙永宝之"这样的铭语；我们今天也觉得是非常之美的，但这美的感受同古代奴隶主当时的感受又显然不能完全等同了。至少，我们再不把这些青铜器仅仅同奴隶主的权势、地位联系起来赞赏它了。审美的共同性表现了美感在差异之中仍然有着某种普遍客观的标准，这一点还要同人类历史发展的过程相联系来加以考察。人类的历史发展是一个不断从低级到高级的连续的长流，如恩格斯所指出的那样："每一个阶段都是必然的，因此，对它所由发生的时代和条件说来，都有它存在的理由；但是对它自己内部逐渐发展起来的新的、更高的条件来说，它就变成过时的和没有存在的理由了；它不得不让位于更高的阶段，而这个更高的阶段也同样是要走向衰落和灭亡的。"因此，每一个时代都有自己的美，这种美将随着时代的发展而消逝，但其中那些同人类历史向前发展的一定阶段相适应，展示了人类在这个阶段上取得的自由，并且构成后来历史发展的一个必要环节的美，却会在人类历史上永远地留存下来，被后人所赞叹欣赏。我们说过，远古人类所制造的石斧，在生产已经高度现代化了的今天，不是还为我们所珍视、赞赏吗？只要用辩证的，而不是割断历史的形而上学观点去观察历史，这并没有什么非常难于理解的地方。由此我们也可以看出，美感虽然有种种差异性，但由于美终究是人类社会历史发展的产物，它包含着一种普遍的客观必然的社会内容，因而作为美的反映的美感也就有了可以客观地加以衡量评价的尺度。这尺度就是历史自身的发展的尺度。关于这一点，我记得我们在讨论美的客观性时已经说过了，这里就不再啰嗦了吧。

赵：美感是有客观标准，但看起来它同自然科学上的标准不太一样，它容许个人有不同的爱好和选择的自由，而且这标准的运用也不是强制性的。

298

张：很对！审美中有一些差异，只是爱好上的差异，不能说谁对谁不对。比如你喜欢欣赏李白的作品，我喜欢欣赏杜甫的作品，能说谁对谁不对吗？审美的爱好选择的自由性，恰好是美是人的自由的感性表现这一本质特征在人们主观感受中的表现，没有趣味、爱好、选择的自由，就没有审美。此外，说审美有客观标准，这标准也只能像康德所指出过的那样，是期望别人赞同，而不是要求别人非要赞同不可。你可以说服、宣传，但不能强制，也无法强制。

赵：这么说，如何解释我们取缔收缴黄色的书刊、录相、音乐磁带等呢？

张：这样做是为了维护社会主义精神文明不受污染，是合乎广大群众的要求的，但收缴也还要伴之以说服宣传。而且，不是一收缴了，所有的人就都认为黄色的东西是丑的，还有人会认为它是"美"的。

赵：那怎么才能彻底解决问题呢？

张：如何彻底？彻底是相对的。要尽可能缩小这些东西的市场，但不要以为可以做到没有任何一人欣赏它。在审美中，高尚的趣味和低级、庸俗的趣味的对立是永远存在的，问题只在谁占上风，谁是主流。

赵：常常还会碰到这种情况，你说某个人所喜欢的东西是不美的，他就蛮有理地说：这是我的爱好，"情人眼里出西施"，谁也不能干涉！

张：你说的这种情况，使我想起康德有关审美的普遍性的一段论述。他说，审美一方面看来是个人爱好，每个人有每个人的爱好，谁也不能强迫谁，但另一方面人们又认为审美判断有普遍必然性，不是仅仅由个人爱好决定的。他举例说，在人们认为哪一种酒好喝，喜欢喝哪一种酒这一类问题上，大家都很谦虚，彼此尊重对方的爱好，不会来一场大辩论；但在认为什么美、什么丑的问题上，人们就不那么谦虚了，他们会争得面红耳赤，互相指责对方没有鉴赏力，不懂得什么是真正的美。你说这是为什么呢？

赵：这……我也说不上来。康德本人是怎么解决这问题的呢？

张：他是用人们心理的共同感、审美不关个人功利的无私性等理由来解决的，虽然也有相当的道理，但我以为还未抓住根本的原因。根本的原因在于，审美的个人爱好不同于个人喜欢喝白酒还是喝啤酒这一类的爱好，它在个人爱好的形式之中包含着普遍必然的社会内容，因而这种爱好就不仅仅同个人有关，而且同社会的风尚、精神面貌有关，同社会中其他人有关，同人们对于生活的意义、价值，社会的发展方向等问题的看法都有关。正因为这样，我们不会同别人去争论究竟是白酒好喝还是啤酒好喝，我也不会因为我认为白酒好喝，就指责别人认为啤酒好喝是错误的、不应该的；但在美丑的问题上呢，那就不一样了。因为这问题不只关系到个人，还关系到社会。如果一个人认为"很美"的东西恰好是低级下流的东西，不但使他自己腐化堕落，而且影响到周围的人，影响到社会风尚，你说我们有没有权利和理由批评他所谓的"美"，劝告他抛弃这种"美"呢？

赵：当然有。不过，很可能他还会大讲"情人眼里出西施"，美本来就是因人而异的哩！

张：我想可以这样回答他："情人眼里出西施"这句俗语虽然说出了审美同个人爱好有关，但事物的美与不美，"情人"眼里的"西施"究竟是不是真的像西施那么美，这到底不是由个人的爱好决定的。完全可能，"情人"眼里的"西施"，其实是一个丑八怪。你知道，人们常常是在讽刺或嘲弄的意味上运用"情人眼里出西施"这句俗语的。

赵：如果他仍然硬是要坚持以丑为美呢，你说怎么办？

张：怎么办？当然不能把他关起来，还是要耐心进行批评教育。如果这人的身上还有若干积极的因素，那么他的生活实践，他在生活中种种遭遇、挫折、痛苦、失败终于会使他看到他原来认为"美"的东西其实是丑恶的。如果这个人身上毫无积极因素，真是从头烂到脚了（这样的人极少），那么他最终的命运不外是死抱着他所谓的"美"沉沦下去，变为社会这个大熔炉所排出去的一粒渣滓。不论在任何时候，社会在不断净化自己的同时，总是要把某些渣滓排除出去的。我们希望社会越来越美好，但不要陷入乌托邦主义。

第四回　什么是艺术

艺术是生活的反映

张：讲到什么是艺术，我认为首先应当肯定艺术是生活的反映。

赵：你这说法是不是有些陈旧了？前两年我听一些人讲，对这种看法要重新考虑了。而且，我记得你谈到美感问题的时候就批评了"反映论"，怎么现在又讲起艺术是生活的反映来了呢？

张：你大概没有听清楚，我不是在根本上否定反映论，只是反对对反映论作简单化的了解。你说说看，从艺术与生活的关系来看，如果说艺术不是生活的反映，那么它是什么呢？

赵：你不用"将"我的"军"。同你说的反映论的观点相对立的观点有不少。比如说，主张艺术是艺术家自我的表现，不能说这种讲法就毫无道理吧？艺术家的作品难道不表现他的思想、感情、人格、理想吗？

张：当然要表现。闭上眼睛不承认这种情况是不行的。我们常说艺术家的作品是他的"人品"的表现，还有所谓"风格即其人"之类的说法，怎么能说艺术家的作品不表现他的自我呢？马克思在讲到密尔顿创作《失乐园》的时候就说过这样的话："密尔顿出于同春蚕吐丝一样的必要而创作《失乐园》。那是他的天性的能动表现。"

赵：马克思说过这样的话？

张：当然说过。请你查阅《马克思恩格斯全集》第26卷，第1册，第432页，还无妨再找原文来核对一下。还有，列宁在他的论列夫·托尔斯泰的一系列论文中，反反复复地讲了托尔斯泰的作品是他对俄国革命的看法、观点、情绪、感情、幻想等的"表现"。列宁还说："作为俄国千百万农民在俄国资产阶级革命前夕的思想和情绪的表现者，托尔斯泰是伟大的。"这话就很明白地肯定了艺术中是有情感的表现的。虽然讲的是表现俄国农民的情感，但这情感必然是艺术家托尔斯泰自己所体验了的，从他的自我内心中发出来的，否则就无从表现，即使表现出来了也感动不了人。

赵：说了半天，你好像又是在为艺术是自我的表现这种说法作辩护了，这和你主张艺术是生活的反映怎么统一得起来呢？

张：怎么统一不起来？

赵：因为按照一般人的理解，"反映"就是把客观存在的东西描写出来，或再现出来的意思，它根本同主观方面的东西的表现毫无关系，两者是不能混为一谈的。

张：呵！这就是你对"反映"这个概念的看法？

赵：不是我的看法，许多文章、小册子都是这么说的嘛！

张：这样看来，"反映"同"表现"是绝对不能相容的了？

赵：当然！

张：那为什么列宁一方面说托尔斯泰的作品是"俄国革命的镜子"，"反映"了俄国革命的"某些本质的方面"，同时又反复地说托尔斯泰的作品是托尔斯泰的思想、情感等的"表现"？

赵：这是你的想法。可人家讲列宁论托尔斯泰的论文，就是只讲"反映"，不讲"表现"的嘛！你有什么理由可以驳倒人家呢？

张：我说问题的关键就是不要对"反映"这个概念作一种简单化的了解，以为"反映"就仅仅指对客观事物的如实再现。其实，"反映"是一个极为广泛的概念。一切属于人的精神、意识的东西，包含人的主观的情感、愿望、理想，以及某些看来是稀奇古怪、不可思议的幻想，统统都是人对客观现实的反映。艺术要表现情感，但这情感难道是艺术家头脑里主观自生的东西吗？它仍然是从生活中来的，是人对他的生活的一种主观反映，只不过它反映的不仅是客观事物的属性，而且还包含人同客观事物的关系。恩格斯说："外部世界对人的影响表现在人的头脑中，反映在人的头脑中，成为感觉、思想、动机、意志，总之成为'理想的意图'，并且通过这种形态变成'理想的力量'。"马克思在谈到反映经济基础的上层建筑时还说过："在不同的所有制形式上，在生存的社会条件上，耸立着由各种不同情感、幻想、思想方式和世界观构成的整个上层建筑。"由此可以看出，马克思、恩格斯以及后来列宁所主张的反映论，并不认为只有感觉、思维才是客观现实的反映，感情、意志、理想、幻想等同样是客观现实的反映。毛泽东的有关论述也是这么看的。但多年来我们一提到"反映"，似乎就仅仅是指的感觉和思维，而把情感、意志、愿望等排斥在外。一说艺术是主体的情感的表现，就以为同反映论不能相容，掉到唯心主义泥坑中去了。其实，情感本身就是人反映外部世界的一种心理形式，它是包含在马克思主义所说的反映论之中的。没有情感的表现，哪里还有什么艺术。说马克思主义的反映论在美学上排斥情感的表现，这是毫无根据的，是对马克思主义反映论的简单化。这种简单化的观点，对我们的艺术的创作和评论，产生了很不好的影响，使艺术家不敢充分地表现自己的情感，使美学、艺术理论不敢深入探讨情感的表现同艺术创作的密切关系，结果是产生了不少图解概念或记录现象的没有生命力的作品。这是一些患了贫血症的作品，什么"艺术的魅力"、"美"，是找不到的。

赵：这样看来，你认为"艺术是自我表现"这种说法是合乎反映论的，正确的？

张：那也不是。

赵：你讲问题怎么这样别扭，一会儿这样，一会儿那样，好像在搞折中主义？

张：不是的，问题本来就有多方面的复杂关系嘛！"艺术是自我表现"，从它肯定艺术创造不能离开自我的表现这点来说，包含有合理的东西。但是，第一，讲这种理论的人否认自我的表现也是一种反映，这就是唯心主义了。第二，讲这种理论的人，把"自我"看成是超社会、超历史的，把"自我"同社会分离开来。其实，这样的"自我"是不存在的，是心造的幻影。艺术家这个"自我"，和别的人一样，是生活在一定社会关系中，并且受着这种关系制约的"自我"。马克思说得好："我们的出发点是从事实际活动的人，而且从他们的现实生活过程中我们还可以揭示出这一生活过程在意识形态上的反射和回声的发展。"艺术就是人的现实生活过程"在意识形态上的反射和回声"的一种。我们决不从超社会、超历史的"自我"出发，而是从永远受着一定社会关系制约的历史具体的"自我"出发。

这个界限是必须划清的。如果从前者出发，就是从历史唯心主义出发，就会把艺术引向脱离现实、脱离人民的道路。这样的艺术，即使不说它是反动的罢，也不可能有重大的社会历史价值。全部艺术史告诉我们，真正伟大的艺术家都同他们生活的社会、时代、人民密切地联系在一起。他们的作品，在表现"自我"的同时，深刻地表现了社会、时代、人民的希望、追求、痛苦、欢乐、理想，等等。马克思讲到的密尔顿，列宁讲到的托尔斯泰，都是如此。对我们今天进步的、革命的艺术家来说，当然更不应该脱离人民的事业去讲"自我表现"。这个"自我"应当是同社会、时代、人民相统一的，投身到历史前进的巨大洪流中去，同它合为一体的"自我"。"自我"与社会、时代、人民的这种不可分的统一，是历来一切伟大的艺术家的一个重要特征，尽管在统一的同时，也常常会有或多或少的矛盾、不统一。

赵：你上面的说法，从两个方面划清了你所讲的反映论同"艺术是自我表现"这种观点的界限。既然如此，可不可以说只要划清了这两条界限，这种观点就是可以成立的、正确的呢？

张：那也不行。

赵：你又来了！怎么你的说法老是教人捉摸不定呢？

张：因为这种说法不仅有我上面所说的两条唯心主义的错误，而且还有另一个错误。

赵：什么错误？既然我们从反映论的观点指出了"表现"也是一种反映，这说法不就是可以成立的，正确的吗？

张：不能成立。因为它没有看到艺术不只是由客观现实所产生的人的主观情感的"表现"，同时还是对那激起了人的情感的客观现实的"再现"，而且这两者在艺术中是不能分离的。这种说法只讲"表现"，不讲"再现"，而且经常把两者对立起来，用"表现"否定"再现"，这就是片面的错误的了。反过来说，只讲"再现"，用"再现"否定"表现"也是不对的。我感到艺术对生活的反映是"表现"与"再现"的统一，两者缺一不可。这是了解艺术对生活的"反映"的一个重要问题。你能从古今中外的艺术作品中找出只有"表现"、

304

没有"再现",或只有"再现"、没有"表现"的艺术作品来吗?

赵:嗯!有一定的道理。艺术家在表现他的感情的时候,总得通过一定的形象来表现。但这"形象"是从哪里来呢?它不可能从天上掉下来,或由艺术家的脑子凭空想出来,归根到底还是只能从现实中来。这样……

张:这样就不能完全没有对现实的"再现"了。

赵:对!不过,像中国的书法艺术,你能说它"再现"了现实生活中的什么东西吗?我听说你写的《书法美学简论》这小册子出来以后,人家狠狠地批了你坚持的"反映论"哩!你是不是有些把唯物主义简单化了?

张:我也不担保自己绝对正确。但书法艺术中也有"再现"的因素,这恐怕是一个难于否认的事实,只不过这种"再现"是很为曲折复杂的罢了。我不想在这里去引用中国历代书法理论中有关书法艺术中的"再现"因素的种种说明了。只说一个简单的事实,书法用笔有所谓"方笔"与"圆笔"之分,两者各有不同的美。篆书是充分发挥"圆笔"之美的,隶书以及不少魏碑的写法是充分发挥"方笔"之美的。但所谓"方"、"圆"和它们各自特有的美是从哪里来的?难道不是从现实中来的吗?

赵:这倒也是的,要完全否认书法美的现实根据、"再现"因素,恐怕有不少困难。不过,书法艺术的美在我看来,主要不是"再现"性的。

张:对!艺术对生活的反映是"表现"与"再现"的统一,但在不同门类以及同一门类的不同作品中,这两者不是一半对一半,而是有所侧重的。例如,书法、建筑、音乐、图案装饰这些艺术门类,显然主要是"表现"性的艺术,但在"表现"中也有"再现"。

赵:有没有"表现"与"再现"相对说来是均衡统一的艺术作品呢?

张:有。但这好像不易从艺术门类上去单独分出这一类来。在目前我们所了解的意义上,那些本身就已经是以"表现"为主的艺术门类,自然很难说同"再现"取得相对的均衡了。但以"再现"为主的艺术门类，其中有些作品可以是"再现"与"表现"相对均衡的，也有"表现"因素显得很为突出，最后甚至干脆发展成以"表现"为主的。拿雕塑来说，基本上是属于"再现"性的艺术。其中古希腊的雕塑大部分是"再现"与"表现"相对均衡的，没有非常突出的主观情感的表现，所以它有一种所谓静穆和悦的风味。现代的罗丹的雕塑就不同了，非常突出地强调主观情感的表现，但也还没有很忽视再现。到了后来的所谓抽象派的雕塑，就全然以表现为主了。

赵：同古代艺术相比，近现代的艺术好像是表现性越来越强了，你说这是为什么，是好事还是坏事？

张：这问题很有些复杂。我想，艺术中的表现性因素的不断增强，恐怕同组成社会的个体的人格的独立性在历史发展过程中的不断增强有关。从这方面来说，不能说是坏事。它使艺术不以对外部世界的逼真再现为能事，逐步地突进到人的内在心灵深处，把人的内心生活的复杂性、丰富性、多面性日益充分地揭示出来了。但与此同时，在私有制社会的条件下，特别是在今天西方资本主义社会中，个体与社会的分裂对抗达到了极为尖锐的程度，这又常常把艺术中的表现引向神秘主义、颓废主义、悲观主义、极端个人主义，直至把艺术变为兽性的疯狂的情感的表现。这一类表现，总的来看，是不能肯定的，但情况复杂，其中也可能有某些可以批判借鉴的东西。我想，只有在消灭了私有制的社会主义、共产主义社会中，艺术中的"表现"因素的增强，才不会再是个人与社会的分裂对抗的产物。相反，这种"表现"无论如何强烈地发展，都显示出个体是与社会相统一的伟大力量。而且，古代艺术中曾经出现过的那种个体与社会相对和谐，从而"表现"与"再现"相对和谐的作品，也会在更高的历史阶段上重新产生出来的吧！从我们民族的美学思想和艺术传统来说，是很强调"表现"的，但不论如何强调，始终都不把它同"再现"完全对立起来，这是值得我们研究继承的一个好传统。

赵：看来，艺术中的"再现"与"表现"和它们的相互关系，是一个值得深入研究的重要问题。把艺术对生活的"反映"，看作是"再现"与"表现"的统一，比一般化地、笼统简单地讲"反映"，好像要稍稍深入一点。但你对唯心主义美学否定艺术是生活的反映的种种理由还没有逐一地加以反驳呵！驳不倒人家，"反映论"立不起来。而且，艺术对生活的反映为什么是"再现"与"表现"的统一，道理在哪里？

张：唯心主义美学否认艺术是生活的反映的理论很多，且待将来有机会的时候再谈罢。这些道理，说起来无非是把艺术对生活的反映的种种复杂情况从某一个方面尽量地加以夸大、吹膨起来，有时它也包含着一些片面的真理，较之于那种粗陋简单的"反映论"，更懂得艺术的特征和复杂性。但不论如何，它否定艺术是生活的反映，这总是错误的。我们充分承认艺术对生活的反映的复杂性，不过，无论怎样复杂，艺术总是一种意识形态、精神现象。虽然它已经以物化的形态存在着，是一个可观赏的客观对象，但相对于生活来说，它终究是对生活的一种反映的产物。只要意识、精神是客观物质世界（包括自然和社会）的反映这条哲学原理推不翻，那么艺术是生活的反映这条原理也推不翻。而且，从马克思主义的观点看来，不一般地说艺术是现实的反映，而说艺术是生活的反映，是和对艺术的本质的了解有重大关系的。你所说的艺术对生活的反映为什么是"再现"与"表现"的统一这个问题的解决，也正好包含在马克思主义对于艺术所反映的人的生活的理解之中。从现代美学史上看，最明确地提出艺术是生活的反映这一命题的人，大约是车尔尼雪夫斯基。但他对"生活"和对"反映"的理解，都还停留在费尔巴哈的直观的唯物主义水平上，并不能真正科学地解决问题。马克思、恩格斯在车尔尼雪夫斯基提出这一命题之前早就创立了辩证唯物主义和历史唯物主义，并对美学问题发表了一系列根本性的重要见解。其中已经包含着艺术是社会生活反映的思想，但已经放在一个彻底科学的世界观的基础之上了。这为我们深入认识艺术的本质开辟了一条惟一正确的道路。在马克思、恩格斯之后，列宁论托尔斯泰的论文，实际上也包含着马克思主义对艺术是社会生活的反映这个基本观点的阐明。但最为明确地从马克思主义的基础上提出和专门阐明了这一问题的，还是毛泽东的《在延安文艺座谈会上的讲话》。在这个问题上，毛泽东对马克思主义美学有重要贡献。我想，既然艺术是生活的反映，我们要深入地认识艺术的本质，就必须深入地认识生活的本质。这是解决什么是艺术这个问题的重要关键。

生活的本质与艺术的本质

赵：你的意思是说，不认识生活的本质，就不能认识艺术的本质？

张：对！就是这个意思。

赵：但什么是生活的本质，这问题乍一听起来使人觉得好像是个不成问题的问题。

张：不成问题的问题？这可是一个并不容易解决的大问题呵！

赵：我们天天在生活，但谁去想"什么是生活"这样的问题呢？你讲讲你的想法看。

张：我的想法不过是从对马克思的说法的体会里得出来的，至于对与不对，那就要请你批评了。简单地用一句话来说，我认为人的生活就是人的自我实现、自我创造。这意思，我们在讨论美的本质的时候已经说过了。

赵：对！我记得你是从实践、劳动、人与动物的区别出发来分析美的本质的。你强调了人的生活与动物的生活的根本区别在于人的生活是人自己有意识、有目的地创造出来的，人是他自身的生活的创造者。在这意义上，人的生活是人的自我实现、自我创造。我认为这样讲是对的，而且的确同了解美的本质大有关系，但同了解艺术的本质有什么关系呢？

张：也大有关系。因为艺术之所以为艺术的一个重大的根本的特征，正在于它是把人的生活作为人的自我实现、自我创造的感性具体的过程和结果来加以反映的。通过这种反映，它向我们活生生地揭示了人类如何在漫长的历史实践中战胜种种巨大的困难，从对客观必然性的认识和支配中取得了自由。我看，这是了解艺术的本质的重大关键。举例来说，假定现在有一个文学家要创作一部作品反映你们厂在"四化"中的改革，他是像经济学家那样去研究总结你们厂在体制改革、经济管理等方面的经验，从中发现某些经济规律吗？

赵：当然不是。这样只能写出经济学的论文，写不出文学作品。

张：或者，他是去研究总结你们厂在搞技术革命方面的经验、成果，从中找出规律性的东西，把它加以推广吗？

赵：当然也不是。

张：那么，这文学家如何去"反映"你们厂的改革呢？我想，他是这样去"反映"的：他注意的是你们厂的个性、经历、思想各个不同的工人、技术人员、干部是如何参加到这场改革中来的？他们对这场改革在内心里有些什么想法？采取什么态度？改革中碰到了一些什么困难？这些困难最后是如何得到克服的？在克服这些困难的过程中，特别是在关键时刻，各色人等的表现是怎样的？这场艰巨而复杂的改革在人们的心灵深处引起了什么重大变化？人们相互之间的关系，他们的生活方式，他们对生活的意义、价值的理解等，又有什么变化？而且所有这一切，都是通过对各种人物的内心世界，他们在面临各种矛盾冲突时的反应和行动的细致入微的刻画，自然而然地表现出来的，完全不同于一般的工作总结之类的东西。比如说，在一般的工作总结里，写到某一位干部的时候说：他克服了长期存在的"左"的僵化的思想和官僚主义习气，成了带领工人和技术人员大胆进行改革的闯将，这也是对这位干部在改革中的情况的"反映"。但文学作品里却不能这么"反映"，他必须从这位干部的内心世界的种种非常具体复杂的矛盾冲突及其解决的过程中，完全活生生把这位干部如何成为改革的闯将向我们展示出来。所以，文学对你们厂的改革的"反映"，是把这场改革作为你们厂的工人、技术人员、干部改造客观世界和主观世界的感性具体的实践创造活动来反映的，并且是同其中每一个人在生活中的希望和追求、成功和失败、高兴和忧伤、欢乐和痛苦、聪明和愚昧、崇高和卑下、坚强和软弱等的表现不可分地联系在一起的。从中我们感性直观地看到了广大人民群众为"四化"而进行的伟大斗争，看到这一斗争所引起的社会生活的巨大变化，它同人民的幸福和祖国美好未来的那种深刻的、不能分离的联系，使我们心潮起伏，思绪万千。这样一种"反映"，只有艺术才能做到。其他一切意识形态对于社会生活的反映，都抛开了人作为千差万别的感性个体存在这个方面，只注意人的普遍性的社会存在方面。然而，不论如何正确的思想理论、道德原则，都只有通过千差万别的个体的感性的实践创造活动才能实现。人是有理性的，但他又决不是一个抽象的理性的存在物，他同时还是一个有血肉之躯的感性的存在物。他的存在就是永不停息的感性的实践创造，并通过这种实践创造不断从必然王国跃向自由王国。普遍的理性必须落实到个体的感性，真正的自由王国并不是一个抽象的理性王国，而是一个内在地和理性相统一的感性王国。人如何在他的个体感性的存在中实现人的真正的自由？为了实现这一自由，他是如何去克服内部和外部的种种矛盾，把自身的生活创造出来的？这就是艺术所要"反映"的东西。我们完全可以说，艺术就是要把人的自由作为人的自我实现、自我创造的过程和结果，在它的无限丰富多样的、活生生的形态中"反映"给人看。从这一点说，黑格尔把艺术归入感性的"自我意识"的范畴，是很值得注意的。我们说艺术对生活的反映不仅是"再现"，还有"表现"，"再现"与"表现"不可分，原因就在于艺术决不仅仅只是"反映"某一客观对象，它同时还要"反映"从这对象上表现出来的自我，"反映"对象同人的自由的关系，也就是把对象作为人的自由的确证和表现去加以"反映"。我们在讲到美感的时候说过，美感是"人在他所创造的世界中直观他自身"，艺术对世界的"反映"也是如此，两者在本质上是一致的。

赵：你说了一大篇，这里存在着好几个问题。首先，你说艺术是把人的生活作为人的自我实现、自我创造的感性现实的活动来反映的，这对于那些反映复杂的社会生活，有种种具体的人物、情节的作品来说，我感到是正确的；但如果说八大山人画的荷花、齐白石画的虾子是人的自我实现、自我创造的感性具体的反映，你不觉得这太过于牵强了吗？

张：任何一般原理的实际运用，都需要有具体的分析，否则它就必然是牵强的。但如果由于这种缺乏具体分析而来的牵强，就把一般原理否定掉，推翻掉，那么世界上就再不会有什么科学了。从你所讲的例子来说，八大山人画的荷花和齐白石画的虾子里虽然不能直接看出人的自我实现、自我创造，不同于一部长篇小说，但八大山人、齐白石从荷花、虾子上看到的美，这本身就是人在长期改造自然的过程中的自我实现、自我创造的产物。而且八大山人、齐白石无疑是从他们所画的荷花、虾子上看到了人，表现了人的某种自由的心境、情绪的。否则，他们的画究竟还有什么价值、意义呢？你用它来做植物学、动物学的挂图吗？这显然是不行的，因为完全不符合植物学、动物学的要求。那么，八大山人、齐白石为什么要画呢？画了来干嘛呢？我们说艺术是把人的生活作为人的自我实现、自我创造的感性现实的活动来反映的，并不意味着一切艺术作品都必须去具体描写人的生活的创造过程，但一切能成为艺术的反映对象的东西，无不是直接间接地同人的生活的自我实现、自我创造相联系的东西。

赵：你这说法或许也有若干道理吧！除此之外，你还说美感和艺术对生活的反映在本质上是一致的，这不就是说美即是艺术的本质吗？

美与艺术的关系

张：是的，我就是这个意思。如果我们不把美狭隘地了解为外形的漂亮、好看，而从整个人类历史的发展上去观察它，把美看作是我们已经讲过的人在他的自我实现、自我创造的实践活动中所取得的自由的感性表现，那么美正是艺术的本质。不论我们说艺术有这特点，那特点，最根本的特点还在于它能引起人的审美感受。为什么能引起审美感受呢？这又恰好因为艺术是把人的生活作为人的自我实现、自我创造的感性现实的活动来反映的，它的本质的特征就在于要从这种感性现实的反映中揭示出人的自由。从根本上说，艺术就是对人在他的生活实践中创造出来的现实美的更高的反映。艺术的本质离不开美。

赵：但你要看到，艺术也可反映现实中的丑的东西呵！这个简单的事实怎么能否认呢？

张：现实中的丑，有两种情况。一种是外形看上去不漂亮不好看，但在不漂亮不好看的形式中却有着一种内在的精神性的美。而且恰恰是在这种不漂亮不好看的形式中，那内在的精神性的美反而表现得更强烈、更崇高。这一类的丑，是可以成为审美的对象的，中国古代的大美学家庄子早就指出过这一点了。清代的一个很有见地的美学家刘熙载也曾说过这样的话："怪石以丑为美，丑到极处，便是美到极处"。西方大约是到 19 世纪末、20 世纪初才提出丑也可以有审美的意义，中国人对此的认识却是很早的。你看五代的大画家贯休所画的罗汉，丑怪之极，但其中又有一种很为强烈的内在的精神美。雨果的《巴黎圣母院》中的敲钟人也是如此。这一类具有审美意义的丑当然完全可以反映到艺术作品中来，成为艺术美。还有另一类丑，的确完全是美的对立面，是对美的否定，不具有任何审美的意义。但这一类丑被反映到艺术作品中来的时候，是经过了艺术家深刻的分析批判和无情的揭露鞭挞的，也就是被否定了的。这种对于丑的否定，反过来说即是对于美的肯定。如果说在现实生活中，这种丑是对于美的否定，那么当它反映到艺术作品中来的时候，它又遭到了艺术家的否定。这就是否定之否定，同时也就是对那被现实丑所否定了的现实美的肯定。这种通过对丑的否定去达到对美的肯定，经常是和艺术的巨大的揭露批判的作用结合在一起的，同时也体现了毛泽东所指出过的美与丑总是"相比较而存在，相斗争而发展"这一客观规律。这样看来，我们不能因为艺术作品也可以反映现实中丑的东西（无审美意义的丑），就认为艺术不只是现实美的反映，美不是艺术的本质。我们只能说艺术对现实美的反映有两种情况，一种是对现实美的直接肯定，另一种是通过对现实丑的否定去达到对现实美的肯定。比如说昆剧《十五贯》对娄阿鼠的描绘，莎士比亚的《奥塞罗》对埃古的描绘，都属于这种情况。有时现实丑还常常掩盖在"美"的假象之中，伟大的艺术家要善于揭露这种假象，深刻暴露它的丑的本质，从而达到对美的肯定。例如，《红楼梦》对王熙凤的描绘，就有这种强大的艺术力量。

赵：即使说承认你的这种讲法是对的，恐怕也很难把一般的美感同艺术对现实美的反映等同起来。因为在一般的美感中，你所说的不具有审美意义的丑的东西，是根本无法引起我们的美感的。

张：对！我只是说从美感和艺术对生活的反映都是对人的自由的直观这一点来看，两者是一致的。但从另一方面看，当然又不能把它们简单地等同。艺术对现实美的反映是以我们日常生活中的美感为基础的，但和一般的美感相比，不但有量的差别，还有质的差别。所谓量的差别，就是它比一般的美感对现实美的反映更集中、更纯粹、更鲜明、更强烈、更广泛；所谓质的差别，就是它不是对我们在日常美感中所感受到的片断零碎的美的记录或再现，而是以这些片断零碎的美的感受为基础，给以陶融铸炼，加工再造，产生出虽然是以现实美为根据，但却又已经不同于现实美的艺术美。如果以为这艺术美自身本来就在生活中有一个完完整整地存在着的原型，艺术家只不过是从生活中发现了它，把它如实记录下来而已，那就是一种很不合乎实际的、极其错误的想法，也是一些简单化的所谓"反映论"的想法。事实上，那来源于现实美的艺术美是一种在现实美基础上的崭新创造，不可能在生活中找到完全和它一模一样的原型。同现实美相比，不只有量的差别，而且已有质的差别。因为它不是由艺术家按生活的原样复写下来的东西，而是由艺术家在生活的基础上重新创造出来的东西。正因为这样，在现实中是丑的引不起我们美感的东西，经过艺术家的创造，也可以转化为艺术的美。而且面对同一的生活，不同的艺术家完全可以有大异其趣的不同的创造。在艺术中，所谓"反映"，决不是对被反映的对象的一种简单如实的复写，它同时就是一种创造，而且是一种极为复杂的创造。王朝闻常讲，艺术是来源于生活的，但它同生活又有很大的差别。这话说得很好。如果艺术只是生活的复写，艺术就失去了它存在的价值和意义。记得我在解放前从一本什么书上读到这么一个故事：一位画家在画一棵树，有一个人看到了，就问他：你在画什么？画家说：我在画这棵树。那人说：树不就在那里吗，谁看不到，何必要画它呢？

赵：我的问题还没有了结。要说艺术的本质就是美，艺术就是对现实美的反映，那么怎么看待艺术的社会作用呢？难道艺术的作用就仅仅在给人美感？它还有没有认识作用、教育作用？最近我读到一篇文章，它主张艺术的惟一的作用就在给人以美感，除此之外再无别的作用。我看这是很难令人同意的。

艺术的社会作用

张：解放以来，我们的许多文章、教科书都讲艺术有三种作用：认识作用、思想教育作用、审美作用。这种说法是从 20 世纪五六十年代苏联的一些文章、教科书中传过来的。

赵：你觉得怎么样？难道这种说法就是错的，主张只有审美作用的说法倒是对的？

张：我不认为这种说法就毫无道理，必须推翻。苏联美学研究历来就有根深蒂固的教条主义、简单化的毛病，这对我们也产生了很深的影响。但我也不认为它所提出的一切看法都是错的，毫无可取之处。从今天来说，苏联美学研究很有一些新的进展，我们应以科学的态度对待这些研究成果。

赵：你别扯远了，就谈谈你对苏联在 20 世纪五六十年代提出的"三作用说"的看法。

张：这说法的最大的毛病就在于它把三个作用平列地提出来，对三者之间的内在联系缺乏分析。说艺术能使我们认识社会，能在思想道德上教育我们，也能给我们以审美的感受，这是符合于我们对艺术作品的欣赏经验的，至少也是符合于对大多数艺术作品的欣赏经验的。但是，相当肤浅，所以也就不能真正解决艺术的社会作用问题。

赵：问题的症结究竟在哪里？你少绕圈子，直截了当地谈谈。

张：症结就在还不理解美同真和善的关系。所谓"三作用"，其实就是真（认识）、善（思想道德的教育）、美（审美）三个方面的作用。而在艺术里，美同真和善是不可分地联系在一起的，真和善不是孤立地存在于美之外。在上次讨论美感问题的时候，我们已经说过，美其实就是真和善通过实践所达到的统一的感性具体的表现。你还记得吗？

赵：记得。

张：既然记得，我也就不用再啰嗦了。只要我们掌握住了美是真

314

和善的统一这个要点，艺术的社会作用的问题，"三作用"的相互关系问题就好解决了。从认识作用来说，我认为不能否认艺术有认识作用，马克思、恩格斯、列宁都很重视这种作用。比如马克思在谈到19世纪中叶的英国现实主义者的作品时说："现代英国的一派出色的小说家，以他们那明白晓畅和令人感动的描写，向世界揭示了政治和社会的真理，比起政治家、政论家和道德家合起来所作的还要多。"马克思还称赞巴尔扎克"在理解现实关系上总是极其出色"，列宁称赞托尔斯泰是"俄国革命的一面镜子"，等等，都是对艺术的认识作用的充分肯定。我们今天反映"四化"建设的一些优秀作品，也都是有认识作用的。但是，问题在于艺术所具有的认识作用很不同于科学的认识作用，它是同对美的感受不可分地结合在一起的，也就是同对表现在生活中的人的自由的直观不可分地结合在一起的。它是在这种直观中去把握、领会、认识真理，因此这种认识就有了不可忽视的重要特点。第一，它不是离开人对自由的追求去抽象地认识真理本身，而恰恰是处处联系着这种追求去认识，因此它所认识的是真理同个体感性的人的自由的实现的关系。这是充满着感情的认识。我们在讨论美感时已经说过，它不只使人认识真理，更重要的是使人热爱真理，激起人为真理而斗争的意志和力量。第二，由于通过对艺术的审美感受而产生的是这样一种认识，因而它又包含着对作为个体感性存在的人的内心世界的种种复杂性，对某一社会的心理特征、精神风貌的细致入微的认识。这也就是中国古代儒家美学所谓的"观风俗之盛衰"。从各门意识形态来说，这样一种认识，只有通过艺术才能获得的。因此，我们要肯定艺术有认识作用，但又一定要看到它同审美的感受不能分离这一重要特征。不能把艺术的认识作用简单地理解为通过形象的方式向人宣传讲解某个抽象的理论，把传授知识当作是艺术的认识作用所在，把艺术混同于科学，或看作是科学借以传授知识的一种辅助手段。

赵：同意。如果这样来看艺术的认识作用，那等于是取消了艺术，也根本无法发挥艺术特有的、为科学所不能代替的认识作用。

张：从艺术的教育作用来说，它也是同我们对艺术作品的审美感受不能分离的。它不是用某种抽象的道德原则来教训人，而是要把这道德原则同个体自由的实现不可分的联系活生生地显示给人看，从而使人的情感受到感染，发自内心地体验到这一原则的正确性和崇高性，把它变成自己内在的心理欲求，而不是某种不得不照办的外在的强制的行为规范。由于和审美感受相联系，艺术对人的教育作用的根本特征和它的强有力的地方，就在于它能通过不断的潜移默化，把高尚的道德原则变为个体自身的心理欲求，使个体的欲望、要求、冲动、情感充满高尚的道德感，像孔子所说过的那样，"说（悦）之不以道，不说（悦）也"。这就是说，人的好恶爱憎同高尚的道德原则达到了和谐统一。他在感觉、情感上所热爱的东西是完全合乎道德的东西，反过来说，他在理智上认为是合乎道德的东西，也正是他在感觉、情感上热爱的东西。

赵：有道理。从这点看，黑格尔说艺术的重要作用在协调人的感性与理性，使两者达到和谐统一，看来不能简单地斥之为唯心主义的胡说，很有些值得深思的地方。

张：对！艺术的最终目的，就是要使感性与理性、个体与社会、人与自然、主体与客体和谐统一起来，促进人的个性得到真正健康的自由的全面的发展。因此，艺术同我们所追求的共产主义理想的实现有不可分离的重要关系。从目前来说，我们要努力通过艺术去塑造人们的心灵，把人类历史上最崇高的社会主义、共产主义的思想情感渗透到人们的心灵深处去，使之成为千百万人民群众发自内心的自觉行动，使人们成为有理想、有道德、有高度文化教养的社会主义新人。

赵：非常同意。现在再回头去看我们所讨论的"三作用说"，可不可以说艺术的"三作用"不能分离，在艺术的作用中，真、善、美是融为一体的。"唯一说"只讲审美作用不对，反过来说，排斥审美作用去讲认识作用、教育作用，或把认识作用、教育作用看成同审美作用平行并列、彼此无关的东西，也是不对的。

张：艺术的作用是使人在审美的同时达到真和善，美与真和善的分裂和对立都是错误的。不过，在不同的作品中，"三作用"中可能某一作用较为突出；在不同的时代和不同的历史条件下，人们也可能突出地强调"三作用"中的某一作用。这里有种种复杂情况需要具体分析。但不论如何，艺术总是作为真、善、美的统一整体对人发生作用的，任何一个作用的片面孤立的发展，都会削弱以至破坏艺术所特有的作用。

（湖北人民出版社 1983 年版）

美学纲要

绪　　论

第一节　美学的研究对象

一、美学的历史发展

1. 远在奴隶制社会时期，古代的思想家或文艺理论批评家已经提出不少美学问题，但美学作为一门独立的科学，是近代的产物。1750 年，德国哲学家鲍姆嘉通所著《美学》（Aesthetica）第一卷的出版，标志着美学这门科学的诞生。以后，美学作为哲学的一个特殊部门，在德国古典哲学中得到确立并迅速发展起来。在美学成为一门独立科学之前，古代美学思想主要是从文艺实践中概括总结出来的。古代思想家（如古希腊的柏拉图、亚里士多德，中国先秦时期的孔丘、孟轲）关于文艺的哲学探讨，各种部门艺术理论（如古希腊亚里士多德的《诗学》，中国古代的《乐记》、刘勰的《文心雕龙》等）的产生和发展都包含有丰富的美学内容。但是，由于在文学艺术之外，人类社会生活中广泛地存在着各种与美和审美（美感）相关的问题，因此古代的思想家不仅考察了文学艺术的本质，而且也对美与审美问题提出了不少重要的、深刻的见解。从中外古代美学思想已可以看出，艺术、美、美感是古代美学研究的三大问题。但是，古代思想家还没有把对这些问题研究看作是一门独立的科学的对象，进行充分系统的分析论证。

2. 在西方，16、17 世纪以来哲学认识论、自然科学（特别是生理学、心理学）和社会科学的发展，有力地推动了美学的发展。这种发展，大致上可以分为下述三个方面。第一，从哲学认识论的角度来研究美、美感和艺术的问题，着重于对三者的本质作一种哲学的考察。第二，从生理学、心理学的角度来研究美、美感和艺术问题，着重于对美与艺术在主体的生理、心理上所引起的反应作一种经验性的考察。第三，从社会学的角度来研究美、美感和艺术的问题，着重于考察美、美感、艺术的产生发展同社会生活的联系。

以上所说三个方面的研究常常是互相渗透的。此外，随着现代科学的迅速发展，又出现了符号学美学、控制论和信息论美学、技术美学等现代美学派别。目前，人类活动中广泛存在的审美因素都受到了美学的重视，美学的各个分支科学都在按照自己特定的研究领域逐步建立。

二、对美学研究对象的看法

1. 自古以来，美学研究所涉及的对象不外美、美感、艺术这样三个方面。但由于种种历史原因，美学家对美、美感、艺术三者的本质及其相互关系的认识各不相同，因此美学史上就出现了关于美学的各种各样的定义。例如，在美和美感的问题上，如果否认美是客观存在，认为美是由美感决定的，那就会认为美学是以美感为研究对象的，不包含客观存在的美。又如在美与艺术的关系上，如果认为美和艺术的本质没有必然联系，那就会认为美学的研究对象只包含美，艺术不在美学研究的范围之内，对艺术的研究不是美学，而是艺术学，两者应当分开。还有，如果认为对美的本质的研究是一个不可能得到结果的抽象的、形而上学的问题，那就会认为美的本质问题的研究应当取消，美学只需要研究艺术或美感。由此可见，对美学研究对象的认识，一方面和美学本身的历史发展分不开，另一方面又和美学家对美学所涉及的各个问题的看法分不开。这就是至今为止，对美学研究对象众说纷纭的原因。

2. 美学在发展，美学的定义也必然要变化发展。但从总体上看，美学的研究对象离不开美、美感、艺术这三个方面。美学家们在研究这些问题时常常各有侧重，形成各种不同的美学。但美学研究的这三个方面并不是相互排斥的，它们之间存在内在联系。三者的关系是这样的：美感是对现实生活中客观存在的美的对象的反映，它同人们的审美理想、审美趣味、审美标准相联系构成审美意识，艺术则是审美意识的集中物化形态。因此，美学是研究现实生活中的审美对象、审美意识以及审美意识的集中物化形态——艺术的一门科学。

3. 就美、美感、艺术三者的内在层次结构看，美、美感、艺术三者处于有机的辩证联系之中。从一方面看，现实中的美经由主体的审美活动转化为美感，主体获得的美感经由一定的艺术创造活动又可能升华为艺术；从另一方面看，艺术可以丰富、提高主体的美感，而丰富提高了美感的主体又可以经由社会实践活动而推动现实生活中的美的创造。其中，美感是从现实美到艺术美，又从艺术美到现实美的中介环节，因此，美感在美学研究中具有重要意义。①

第二节　美学研究的任务和方法

一、美学研究的任务

1. 运用马克思主义的观点和方法，系统地分析美的本质和现实生活中美的产生和发展的规律，帮助人们认识什么是美、什么是丑，树立正确的审美观，深入地认识和理解艺术的本质和创造规律。

2. 具体深入地分析美感的心理规律以及和美感直接相关的审美理想、审美趣味、审美标准的本质，以提高人们对现实美和艺术美的欣赏能力，培养健康向上的审美理想、审美趣味，建立正确的审美标准。

3. 具体深入地研究艺术美的本质，揭示艺术创造与欣赏中存在

---

① 但是，不了解现实美就不可能了解美感与艺术。从这个方面看，又可以说美学是一门以现实美为中心而研究美感与艺术的一门科学。现实美是研究的起点与终点——作者补注。

的美的规律，以推动艺术的发展。其中又要特别注意分析艺术的一般规律和社会主义文艺发展的特殊规律，力求对我国新时期社会主义文艺的发展产生指导作用。

二、美学研究的方法

美学与现实生活有密切联系。美学必须以审美与艺术实践为基础，详细占有材料，通过一定的抽象概括上升到理论，把理论与实践统一起来。此外，美学随历史的进程而发展变化，美学中的范畴和规律也随社会与艺术的发展而具有不同的内容。因此，美学必须把历史的方法与逻辑的方法统一起来。在当前的研究工作中，我们既要反对蔑视理论的经验主义，又要反对使马克思主义僵化的教条主义，坚持实事求是、解放思想的方针，力争不断有新的发现和创造。

理论与实践的统一、历史的方法与逻辑的方法的统一，是我们研究美学的方法论的根本原则。除此之外，我们还要努力掌握前面已经讲到的三种基本方法，即哲学的、心理学的和社会学的方法。对于现代科学所提出的各种方法，如系统论、控制论、信息论等方法，也应当在马克思主义的指导之下，加以吸取和应用。但要防止形式主义，不要把新的方法变成空洞的模式套在已有的结论上，也不要把它看作是万灵药丹。不论任何方法的运用，都不应当违背马克思主义哲学方法论的根本原则，即辩唯物主义与历史唯物主义。只有遵循这个根本原则，同时又不故步自封，善于吸取现代科学的各种方法，进行实事求是的研究，才有可能在美学上真正作出新的创造。

第三节 美学和其他科学的关系

由于美与艺术的问题涉及自然和人类社会生活的各个方面，因此美学是一门涉及许多学科的科学。它的研究带有多种学科相互交叉和重合的显著特点，这也是美学研究的复杂性所在。

一、美学与哲学

美学必须首先解决"什么是美"这个关系到宇宙人生的重大问

题，因此美学家们历来都是依据一定的哲学观点来解决美学问题的。这就决定了美学和哲学有着不可分的联系。没有高度的哲学思维能力，就不可能从根本上揭示美、审美、艺术的本质。当代美学的现状表明，马克思主义哲学科学地分析了人与自然、主体与客体、个体与社会、感性与理性、必然与自由等直接与美学相关的重大问题，揭示了它们在实践基础上的对立统一关系，为美的本质问题的科学解决奠定了最重要的基础。但是，哲学的一般原理不能取代美学问题的具体研究。哲学为美学提供了理论基础和科学方法，美学的研究成果又会反过来丰富和充实哲学的内容。

二、美学与心理学

美学对美感问题的研究和心理学密切相关。美感不只是一般的认识活动，而是一种特殊、复杂的心理活动。对美感的研究必须以心理学的科学成果为依据，但审美心理学又不能等同于一般心理学。它必须以一定的哲学和由之而来的对美的本质的理解为前提，并且要重视研究审美心理区别于其他心理活动的特征。

三、美学与文艺理论

艺术作为审美意识的集中的物化形态，既来源于现实生活，又是人能动地创造出来的一种具有重要意义的社会意识形态。因此，艺术从来就是美学关注的重要对象。但美学研究的是各门艺术的共同特征和一般原理，特别是艺术美的本质特征、创造规律和社会功能，不同于各个部门艺术理论（如文学理论、戏剧理论、美术理论等）的研究。后者所研究的是各个部门艺术的特殊规律，它以美学作为方法论的基础，研究所得的成果又能丰富和推动美学的研究。

美学和各门科学的联系是多方面的。除以上所说的学科之外，美学同人类学、社会学、伦理学、教育学，以及自然科学的某些部门（如现代人体科学）都有着密切联系。从美学发展的趋势来看，它与其他各门科学的相互渗透将越来越广泛和明显。美学将借助于现代科学的成就，使它通过哲学思考所得出的一般原理越来越具体化，成为被现代科学实际地验证了的理论，并广泛地应用于社会生活的各个方面。

第四节　怎样学习美学

一、要有较高的哲学修养

美学和许多科学有着密切的联系，其中最重要的是与哲学的联系。哲学是美学的根本的理论基础和前提，美学中各个根本性的重大问题的解决都离不开哲学。一种美学思想的水平如何，归根到底是由它以之作为理论前提的哲学思想水平决定的。

为了取得哲学修养，提高哲学思维的能力，首先需要认真掌握马克思主义哲学。而要掌握马克思主义哲学，不只要读一两本马克思主义哲学的教科书，还要直接地去仔细读马克思、恩格斯、列宁、斯大林、毛泽东的哲学原著，并进行独立认真的思考，掌握马克思主义哲学的精神实质。除此之外，还要学习哲学史，其中要特别注意学习德国古典哲学的历史。因为马克思主义哲学是从德国古典哲学发展而来的，对德国古典哲学没有比较深入的了解，就不可能真正了解马克思主义哲学。在德国古典哲学中，重点要了解康德、黑格尔、费尔巴哈的哲学。对于19世纪末初期，黑格尔以后的西方现代的各种哲学流派，也要尽可能有所了解。

二、要广泛地了解各门文学艺术

美学的研究不能脱离各门文学艺术，因此美学研究者要争取广泛地了解各门文学艺术。如果能在广泛了解的基础上，有一两门艺术是自己比较熟悉的，那就更好。所谓了解各门文学艺术，包含几个方面：第一，了解它的特征；第二，了解它的历史；第三，有较高的欣赏能力。一个美学研究者，既要有哲学家的气质，又要有艺术家的气质，热爱生活、热爱美、热爱艺术，有较为敏锐的艺术感觉。缺乏对艺术的广泛的了解与体验的美学只能是空洞肤浅的。

三、要学习西方和中国的美学史

理论的研究和历史的研究是密切联系在一起的。对美学中任何一个问题的研究，都需要了解在这个问题上，自古以来提出了怎样的一些观点和理论。只有这样才能使自己的研究有坚实的基础。离开前人已提出的理论，对学术史的发展一无所知，单凭自己一时的感想去研究问题，不但很难取得有价值的成果，还会误入歧途，劳而无功。为了对美学史有所了解，不仅要读一些讲美学史的书，还要直接读一些美学史上的名著。仅就西方美学史而言，如柏拉图的《文艺对话集》，亚里士多德的《诗学》，康德的《判断力批判》上卷，黑格尔的《美学》，车尔尼雪夫斯基的《生活与美学》（即《论艺术与现实的美学关系》）等，都是应当仔细阅读的。现当代西方美学流派的有代表性的著作，也需要阅读。要看到美学是发展的，对现当代西方美学既不要全盘否定，也不应全盘肯定，而要批判地去看待它。西方现当代美学提出了不少新问题和新观点，其中合理的或部分合理的东西，在经过批判的改造之后，是可以用来丰富马克思主义美学的。

四、要尽可能懂得一些心理学和其他与美学有关的自然科学和社会科学

美感问题是美学研究中的一个重要问题，而美感的研究基本上是一个心理学问题，所以美学研究者要尽可能学一点心理学。此外，有些自然科学和美学有重要的关系，也应有所了解。例如，在现代自然科学中有关人与自然的关系问题的种种研究，如果我们有所了解，对于解决美学中的自然美问题，无疑是大有帮助的。在社会科学方面，如哲学人类学、文化人类学以及语言科学，对于美学研究也都有不可忽视的关系。由于美学的研究本身带有很大的综合研究的性质，因此我们在美学研究上要打破那种闭目塞听，孤陋寡闻的状态，视野越开阔越好。

第一章 美 的 本 质

凡是美的事物都能给我们带来审美的愉快，但美的事物千差万别、无限多样，为什么极不相同的事物都能引起我们的审美感受呢？是什么原因使这些事物成为美的呢？所谓美的本质问题的提出，就是要找寻那使一切事物成为美的共同原因或根据。在历史上，这个问题最初是由柏拉图明确提出的。他强调指出，"什么东西是美的"和"什么是美"是两个不同的问题。前者只需要简单地说出某些东西是美的或不美的，后者则要求找出那使一切美的东西成为美的普遍本质。千百年来，美学家们从各自的立场、观点和方法出发，不断在探索着这个难解的"美之谜"。

第一节 美学史上对美的本质的基本看法

一、两大派别

美学史上对于美的本质的探索，自古以来就离不开哲学。这是由于从千变万化的美的事物中去找寻美的一般本质，不能没有哲学的思维，而且不能不涉及精神与物质、存在与意识、主观与客观、自然与社会等根本的哲学问题。人们对美的感知离不开主观意识的作用，因此在探索美的本质问题时很自然地就产生了这个问题：事物的美是由事物自身的性质决定的，还是由人们的主观意识决定的？美的根源是在物质世界中，还是在精神、意识中？因此，不论历史上的美学家是否明确地意识到，他们在解决美的本质问题时总是要以对物质与精神的关系问题的回答，也就是以对哲学基本问题的回答作为前提。凡主张精神决定物质，从精神中去找寻美的根源的，属于唯心主义美学的各种派别；相反，凡主张物质决定精神，从物质世界去找寻美的根源的，则属于唯物主义美学的各种派别。尽管美学史上关于美的本质的理论极为纷繁，但从根本上看，不外唯心主义和唯物主义这两大派别。虽然也有介于两者之间的带折中色彩的理论，但仔细分析起来，不是倾向于唯心主义，就是倾向于唯物主义。

二、唯心主义对美的本质的看法

1. 一切唯心主义者都是从精神中去找寻美的根源，但由于唯心主义可以区分为客观唯心主义和主观唯心主义两大派别，因此在美学上也有客观唯心主义美学和主观唯心主义美学之分。

2. 客观唯心主义认为决定物质世界产生发展的不是某一个人的精神，而是在人类和物质世界产生之前就存在的某种客观的精神实体。客观唯心主义者把它叫作"理念"、"理式"或"绝对精神"，用它来说明物质世界的美的产生。例如，古希腊的柏拉图认为在各种具体的美的事物之外存在着一个"美本身"，也就是美的"理念"。一切具体事物都是由于分有这个美的"理念"才成为美的。它是世界上一切美的事物的根源，并且是永恒的、绝对不变的、最高的美。各种具体事物的美都不过是它的不充分的表现。近代，黑格尔的美学用"绝对精神"的发展来说明美与艺术的本质，也属于客观唯心主义美学。但黑格尔的美学与柏拉图的美学有重要的差别，并且是近代西方资产阶级美发展的高峰。

3. 和客观唯心主义不同，主观唯心主义不是从"理念"、"绝对精神"，而是从主体的精神去找寻美的根源。在近代，这种思想最初表现在英国唯心的经验派美学中。以后，和英国经验派美学有密切关系的康德美学，在根本上也是主观唯心主义的。19世纪末到20世纪，主观唯心主义美学在西方占了压倒的优势，形成了各种各样的派别。但从根本上看，这些五花八门的派别，不外是各自抓住同审美感受有关的某一心理因素（如情感、直觉、幻想、下意识的欲望等），并把它尽量加以夸大，声称它就是美的根源和本质。整个说来，现代西方主观唯心主义的美学，其主导的倾向是把美归结为主体的某种心理要素的表现，认为它就是一切美的根源或创造主。

4. 不论是客观唯心主义的美学还是主观唯心主义的美学，它的根本错误在于认为单凭精神、观念、意识就可以产生美。即使它承认美也应有一个物质的载体，但这载体连同它的美都是精神、观念、意识所产生的。这种看法否认了美是客观的存在，是和人类整个的审美经验相违背的。不论精神、观念、意识在审美中有多么重要的作用，客观的物质世界和它所具有的美，都不是单凭精神、观念、意识就能创造出来的。但是，我们又必须看到，唯心主义的美学在一种片面夸大的形式下，不同程度地深入研究了精神、观念、意识在审美中的重要作用以及它和美的关系，并且对审美感受的诸心理因素作了许多具体细致的考察，其中包含着不少可以批判地加以吸取改造的合理成分和某些深刻的思想。

三、唯物主义对美的本质的看法

1. 这里所说的唯物主义指的是马克思主义以前的旧唯物主义。它们的一个共同的观点，就是认为美存在于物质世界所具有的某些属性特征之中。这是一种朴素古老的观念。古希腊美学很早就提出美在于形体的比例对称、多样统一，虽然还不是建立在唯物主义基础之上的，但已包含了从物的属性特征中去找美的观念。英国具有唯物主义倾向的经验派美学家博克认为美是物体所具有的一些机械地作用于人心的属性，例如，小、光滑、逐渐变化、色彩鲜明……等等。18世纪法国启蒙主义思想家狄德罗提出了"美是关系"说，并且强调指出这种关系是客观事物所具有的，不是人的意识、想象加给事物的。值得注意的是，他所说的"关系"也包含了社会生活中的关系。俄国革命民主主义思想家车尔尼雪夫斯基提出了"美是生活"的著名论点，主张美是生活中的客观存在。车尔尼雪夫斯基从人的生活出发来探究美的本质，这是马克思主义以前唯物主义美学的一个重大发展。

2. 马克思主义以前的唯物主义美学明确地肯定美是客观存在，反对唯心主义认为美是精神、观念、意识的产物，要人们到客观现实中去发现、寻求美，这是正确的，在历史上起了进步作用。但是，旧唯物主义美学认为美是物质所具有某种属性特征，这是一种把美的本质简单化的错误看法。因此，旧唯物主义美学常常不能说清它所谓美的物质属性特征究竟是怎样的一种属性特征。即使在它对这种属性特

327

征作了种种具体规定的情况下，它也不能说明这些属性特征为什么是美的和怎样成为美的，而且它所规定的属性特征不能普遍地说明无限多样的事物的美。例如，博克认为"光滑"是美的事物所必须具备的一个重要条件，但审美的经验告诉我们，并不是一切光滑的事物都美。车尔尼雪夫斯基把美的属性同人们的生活相联系，这一思想是深刻的，但他也不能科学地说明为什么生活对于人能成为美的。

第二节　从马克思主义的唯物主义看美的本质

一、在美学史上，唯心主义和旧唯物主义都不能正确解决美的本质问题

唯心主义者看到了人们的审美感受以及人们对事物的审美判断同主体的精神、意识分不开，于是就声称美是精神、意识的产物；相反，旧唯物主义者看到了人们的审美感受是由客观对象及其所具有的各种属性特征引起的，于是就声称美像事物所具有的形状、颜色一样，是事物的某种与人无关的属性。在今天，人们对美的本质的认识也存在着这样两种最常见的互相对立的看法：一种认为美是因人而异，由人们的意识决定的，没有什么客观存在的美可言；另一种认为美是和人的主观的精神、意识绝对无关的某种属性，有人甚至认为美在人类出现之前就已经存在。这两种看法不断在互相争论着，后者指责前者否认了美的客观存在，前者则指责后者不能解释审美中存在的各种复杂现象。这两种看法各自抓住了美和审美中存在的一些事实、现象，但都不能正确地解释这些事实、现象，所以在根本上都是错误的。它们之间的争论，实质上是马克思主义以前的旧唯物主义和唯心主义之间的争论，两者都不懂得马克思主义的实践观点，因而都不懂得美产生的真正的根源。

二、美是人类社会实践改造了客观物质世界的产物

1. 美和审美既不能脱离人的主观意识，也不能脱离物的客观属

性，但美既不是意识的产物，也不是亘古以来就存在的某种和人类无关的物质属性，而是人类社会实践改造了客观物质世界的产物。美的根源和秘密，归根到底包含在人类社会实践的特征之中。

2. 美既是在我们意识之外存在着的一个客观的对象，同时这个对象又恰好是使人类的生活（包括物质生活和精神生活）获得了实现的对象，也就是人自身的对象化，所以一个美的对象既是客观的存在，同时又是一个体现着我们的某种情感、愿望、理想的对象。凡同我们的情感、愿望、理想不发生关系，或在根本上否定着我们的情感、愿望、理想的对象，都不可能成为美的对象。唯心主义者不懂得美的对象成为我们的情感、愿望、理想的体现，是人在社会实践中支配了客观世界，使人的目的、要求、愿望、理想等获得了实现即对象化的结果；同时又不懂得主体所参与的社会实践不同，从而主体使自身获得对象化的情况不同，同一对象对不同主体所具有的美的意义也就不同。正因为这样，唯心主义者错误地断言对象的美是由主体的意识或"理念"、"绝对精神"所决定的。相反，旧唯物主义者只看到美是一个客观的对象，而根本不懂得这对象同时又是主体自身的对象化，由此就产生出一种看来很符合常识，其实是永远不能实现的幻想，即企图仅仅从物质世界的属性中去把美找出来。事实上，如果美真的是物质所具有的某种同人类社会实践无关的属性，而且在人类产生之前就已经存在，那就应当能够用自然科学的方法去把它分析出来。但直至目前为止，我们可以用物理学的方法去分析各种颜色，却没有任何一个物理学家能用物理学的方法给我们把颜色的美分析出来。同一种颜色，在一种情况下是美的，在另一种情况下又是不美的，这个简单的事实就说明了美和物的属性分不开，但又不是同人无关的某种属性。虽然自然科学同美学的研究有重要关系，但离开人类社会实践，单从物质的属性中去找寻美的本质是错误的。因此，建立以人类社会实践为基础的对象化观念，认识到一个美的对象同时就是主体自身的对象化，这对于理解美的本质是一个极为重要的问题。

3. 客观物质世界的美的诞生，是人类的社会实践作用于物质世界的结果。未经人类社会实践的作用，同人类社会生活不发生任何关系的物质世界，对于人不会有什么美。人类的社会实践首先是为了达到某种功利实用的目的，但由于实践具有和实践主体的个性相连的创造性，能够支配客观的必然性而取得自由，因此当实践表现为主体的创造性的自由的活动时，实践不但可以达到某个实际的目的，满足某种实际需要，而且它的过程和结果，会引起我们一种和实际需要满足不同的精神上的愉快。这是一种由于见到人具有支配客观世界的智慧、才能和力量，见到人的自由通过人的努力获得了感性现实的肯定而产生的愉快，它在本质上就是美感。而所谓美，就是在人类实践的活动及其成果上感性具体地体现了人的自由，从而引起了上述精神愉快的东西。所以，美同客观物质世界的属性特征分不开，但美不是任何一种属性特征，而是经由人的社会实践所作用了的物质世界所具有的那些体现了人的自由的属性特征。

以上还只是对于美的本质的一种很概括的看法。为了更为具体地认识美的本质，我们需要考察美与物质生产劳动的关系。因为物质生产劳动是人类最基本的实践活动，美与人类实践的关系在物质生产劳动中表现得最为清楚。

三、劳动创造了美

1. 马克思说："劳动创造了美。"人与动物的最本质的区别就在于人取得物质生活资料的劳动是一种有意识、有目地改造自然的活动，因而是一种积极的、创造性的活动。正因为这样，人类总是有一种不可遏抑的趋势，力求要通过劳动创造去掌握和运用客观的必然性，从客观世界取得自由，而绝不会像动物那样，做客观必然性所支配的奴隶。可是，对自然的必然性的认识和支配、需要克服种种巨大的困难，在不少情况下还要付出巨大的牺牲，特别在古代更是这样。这就要求人必须发挥他的各种创造的智慧、才能和力量去战胜困难，使自然规律的作用服从于人的目的。因此，人类征服自然的过程，是一个发挥他的创造的智慧、才能和力量的过程。作为这一过程的结果的劳动产品，也就是人的创造的智慧、才能和力量的对象化或物化，马克思所指出过的"自由的实现"，"自我实现，主体的物化"。因此，劳动和劳动所得的产品，就不只具有能够满足物质生活需要的意义，对它的形态的感性直观还能引起上述那样一种在本质上是美感的精神愉快。这种愉快显然不是享用劳动产品时所引起的单纯生理上的愉快，而是劳动的创造性、人对自然的征服、自由的实现所引起的愉快。它所注意的主要不是劳动和劳动产品所要达到的功利目的，而是在目的实现的过程和结果中人的创造的智慧、才能和力量，人从自然取得的自由的种种表现。这种表现是完全感性具体的，它可以表现在劳动过程中的动作、姿态上，也可以表现在劳动产品的形式上。通过创造性劳动所取得的自由的这种动态的（在劳动过程中）和静态的（在劳动的产品上）表现，就是劳动的美之所在。原始社会史的研究告诉我们，人类最初的审美意识的发生同劳动分不开，特别是同劳动工具的制造分不开。尽管审美意识的发生有种种不能忽视的复杂因素（如巫术）在起作用，但根本的、决定性的因素是劳动。相对于劳动来说，其他因素是派生的、被劳动的发展所制约的。

2. 劳动创造了美，但这不是说一切劳动产品都必定是美的，因为劳动只有在它表现为一种创造性的活动，并且成为人的自由的肯定时才能产生美。还不能创造性地掌握客观规律，或者其结果不是对人的自由的肯定的劳动，虽然也是劳动，但不能产生美。

3. 在剥削阶级统治下的被剥削者的劳动，对于被剥削者来说是一种压迫和折磨。在这个意义上，它是不美的，并且会创造出劳动者自身的畸形和丑。但从对自然的改造来看，当劳动者的劳动表现了人类征服自然的智慧、才能和力量，这种劳动同样能够创造美。古代奴隶劳动所创造的金字塔、万里长城等就是例证。此外，在剥削者对劳动人民的统治较为缓和，其剥削的程度还不至于使劳动者完全无法生存下去的情况下，劳动者也可能从他的劳动的创造性的表现中产生某种程度的美的感受。这从民间艺术上可以清楚地看到。

劳动是探求美的根源和本质的一个极其重要的问题，也是尚待研究的一个具有多方面意义的重大课题。树立劳动创造美的观点，是社会主义审美教育的一个根本问题，但劳动虽然是美产生的最深层的根源和基础，客观世界的美却并不限于劳动，它比劳动的领域要更加广泛。

四、美的普遍的本质

1. 在物质生产劳动中创造的美必然要在人类生活的广阔领域中扩展开来。劳动及其产品之所以有美，是由于人类的生产劳动是一种创造性的、自由的活动。而人的生活活动，不论是生产劳动还是其他方面的活动，同样是一种创造性的、自由的活动。人的生活是人自己创造出来的，可以说就是他自己的"作品"，因此他的整个生活同他创造的劳动产品一样，也是他的创造性的、自由的活动的产物，是他的自由的感性物质的表现。正因为这样，人的整个生活对人产生了美的意义。

2. 从劳动的美上我们已经可以看到，美包含着两个不可分离的方面，一方面是以对客观必然性的支配为基础的自由，另一方面是体现这种自由的感性物质的形式。因此，对美的本质的分析也就是对上述两个方面及其相互关系的分析。

3. 马克思主义所了解的"自由"不是所谓精神的自我规定，不是脱离尘世，不是主观臆想的观念中的自由，而是对客观必然性的认识和实际支配。这是马克思主义对"自由"的理解和唯心主义的理解的根本区别所在。美学上所讲的"自由"同哲学上所讲的"自由"是不能分离的，但两者又有区别。从掌握必然这个意义上看，美学上所说的"自由"，是同人的创造性的活动联系在一起的，并且是感性具体地表现在人的创造性的活动之中的。当人对客观必然规律的掌握和运用在我们眼前感性具体地表现为人的一种创造性活动的时候，"自由"就成为美。在这里，"自由"作为美，除了它是感性具体地表现出来的之外，就在于它是人的创造性活动的结果，而不是对规律的一种机械死板的运用。从生活中各种美的现象都可以看出，美既是符合规律的，同时又显得完全不受任何机械的规律的束缚，达到了一种高度自由的境界。

4. 美学上所说的"自由"，是一种超越了功利需要的自由。从人类历史的发展来看，人如果不首先满足他的物质生存需要就不能存在，但物质生存需要的满足并不是人类生存的最终目的。即使仅从物质生存需要的满足来说，人不仅要求能维持起码的生存，而且要求以最好的方式来满足他的需要。例如，吃饭不只要求吃饱，还要求有美味的食品，等等。不仅如此，人还要求在满足肉体生存的需要之外，使他的个性和才能得到多方面的、自由的发展。这个超出物质生存需要满足的领域，随着物质生产的发展越来越扩大，只有在这时人才在真正的意义上同动物区别开来。他对自己的活动和与自己的生活有关的种种事物，不再仅仅看作是单纯用以维持肉体生存的手段，而且看作是人所应有的创造性的自由活动的表现。这正是人从实用的观点转到以审美的观点对待事物的关键。拿日用的器物来说，人不仅要求它制作得符合实用的目的，而且还要求它制作得能显示出人的创造的智慧和才能，更进一步还要求它能显示出人所追求的某种自由的生活理想，在它上面加上种种装饰。美是在人的物质生存需要满足的基础上发展起来的，它以物质生存需要满足为基础，但同时又超出了物质生存需要的满足。这不是说美可以脱离人类生存和发展的根本利益，而是说美不是以有限的功利需要的满足为目的，而是以人类无限的自由发展为目的。这种发展会使个体的个性、才能得到提高和发展，从而又会反作用于物质生产，使人的物质生存需要不断得到更好的满足，并越来越带有审美的性质。

5. 美学意义上的自由是个体的感性具体的发展和社会发展两者的高度统一，其特征在于社会发展的要求对于个体来说不是某种外在的东西，也不是某种不得不服从的抽象原则，而是个体内在的情感要求，并感性具体地表现在他的生活之中。由于个人只有同他人结成一定的社会关系共同活动，才能改造客观世界（包括自然和社会），从客观世界取得自由，因此，个人自由的实现不能脱离他生活于其中的社会关系。超越一定的社会关系去追求个人的绝对自由，这是唯心主义的、永远不能实现的幻想。现实的个人的自由只能存在于他和社会发展要求的统一之中。同时，美学意义上的自由的特殊性，表现在这种统一不是仅仅由理智的思考或功利的考虑所决定的统一，而是由个体内在的情感所决定的统一。这就是说，通过个体的社会实践，表现为政治法律、伦理道德的社会发展要求已经融化在个体的全部情感之中，成为同他的个性不能分离的东西。个体感到社会发展要求的充分实现，同时也就是他的个性的自由的充分实现。社会发展的要求和个体的感性存在的这种内在的高度统一，就是人的社会性的最完满的表现，同时也是最高的美的境界。

6. 美作为人的自由的表现是感性具体的，因此美不能脱离感性物质的形式，这是分析美的本质的又一个不可忽视的重要方面。历史上不少美学家强调美在于形式，把形式问题放在十分重要的位置，就因为美是人的自由的感性具体的表现，它只有通过一定的感性物质形式才能成为人们直接感知的现实的对象。没有感性物质的形式，美就是虚无的、不存在的东西，正如没有肉体，精神就不能存在一样。而所谓美的感性物质的形式，不是任何一种形式，而是通体都表现了人的自由形式。这种形式，具有如下的几个特征。

第一，由于人的自由的实现不能违背客观规律，因此美的形式是一种合规律的形式，具有合规律性。

第二，由于人的自由的实现在于掌握利用客观规律，使之符合于人的目的，因此美的形式不但具有合规律性，同时还具有合目的性，是合规律性与合目的性两者的统一。

第三，由于美学意义上的自由是人对客观规律的一种创造性的掌握和应用，因此美的形式的合规律性与合目的性的统一是一种显示了人的创造的智慧和才能的，具有无限多样变化的巧妙的统一，而不是某种机械程式所规定的标准化的统一。

第四，由于美的形式是人的自由的感性表现，因此美的形式是一种能够体现人的情感、愿望、理想的形式，不同于和人的情感、愿望、理想无关的单纯的自然形式。一切美的形式，既是感性物质的形式，同时又渗透着和人的自由的实现相关的某种精神的意义或情调。所以，美的形式既是直接诉之于感觉的，同时又是超感觉的。

7. 美是人在他的生活的实践、创造中取得的自由的感性具体表现，是人类社会实践的产物，因此美是随着人类实践的发展而发展的。没有人类生活的实践创造就不会有美。人类实践向前发展了，美也要向前发展。我们今天所感受的许多美，是整个人类在漫长的历史时期中实践创造的产物。但我们今天的不同于前人的新的社会实践，又会创造出过去所没有的新的美。从当代的中国来说，我们今天的美包含在实现社会主义现代化这一伟大的实践创造中。社会主义现代化的实践每天都在改变着人与自然的关系和人与人的关系，推动着我国人民个性才能的全面自由发展，创造出过去所没有的新的美。

五、现代社会下的美的特征

在现代科学技术飞速发展的条件下，现代生活的美和人们的审美意识都发生了重大变化。这种变化主要表现在下述几个方面。

1. 现代科学技术的发展使生产者智力的发挥具有越来越重要的作用，这就要求生产者必须比过去具有更高的主动性和创造性；再加上劳动时间的缩短使生产者有了更多用于发展自身个性才能的自由时间，因此现代社会所追求的美日益要求充分表现主体独特的个性，肯定主体的价值。

2. 物质生产的高度发展使得审美的因素渗入社会生活的各个方面，人们对周围的环境、机器、飞机、汽车以及各种日用品的制造提出了越来越高的审美要求。设计的审美价值的讲求已成为现代工业设计的一个重要方面。

3. 对于自然规律的高度简便而精确的掌握，使得现代人所要求的美的形式日趋于具有简洁、明快的合规律性与合目的性，而避免各种繁琐的形式。现代科学技术的发展还将为美的创造提供各种新的物质材料和可能性，产生出过去所没有的各种新的形式。

4. 现代科学技术所要求的高速度的连续工作，改变了人们的时间观念和节奏感，使现代人所要求的美趋向于具有比过去更为鲜明和快速的节奏，但这种节奏只有在不破坏人的心理平衡的情况下才能成为美的。

5. 现代工业的发展所带来的对大自然的污染、生态平衡的破坏，使现代人开始十分注意对自然的保护和人与自然的和谐发展，自然美受到了很大的重视，并且与现代科学对自然的控制和改造结合起来了。现代的自然美已不同于古代的田园牧歌式的情调或隐士眼中的自然美。就大多数人而言，它不再带有超现实的色彩，而是处在与现代人类生活的亲切关系之中，成为给人类带来愉快的享受和休息的重要源泉之一。

现代科学技术的发展正在改变着人们的生活方式，从而改变着人们的审美要求。这一事实将提供大量的材料证明马克思主义所提出的物质生产劳动和美的发展之间所存在的密切关系。但是，在西方资本主义世界，由于资本主义制度所固有的内在矛盾，物质生产的发展又带来了精神的危机，加深着个人的孤独感，使人成为物的奴隶，从而破坏美的健康的发展，产生出各种否定人的真正自由的腐朽的东西。如马克思所指出，资本主义社会下的自由是"以物的依赖性为基础的人的独立性"。只要资本主义的制度尚未改变，人对物的依赖性尚未消除，物还没有成为人全面发展其个性才能的手段，现代资本主义社会下美的发展总是不可避免地要伴随着各种畸形的、丑恶的东西。

第二章　美　的　形　态

第一节　美的形态的划分

一、划分美的形态的意义

美是人的自由的感性表现，这是美的普遍的本质。但由于人的自由的实现及其具体形态是多种多样的，因此美的形态也是多种多样的。对美的多种多样形态的认识，可以使我们对美的普遍本质的认识更加具体化，同时又可以提高我们对美的感受、欣赏能力，并作用于美的创造。

二、怎样划分美的形态

对美的形态的分类，取决于对美的本质的特定看法。历史上有一些美学家曾经从各自的观点出发，对美的形态作了不同的分类。我们对于美的形态的分类是以我们对美的本质的看法为根据的。依据这种看法，我们认为现实美是客观的存在，艺术美是现实美的反映。在这种意义上，美的形态可以区分为现实美与艺术美两大类别。但由于艺术问题我们将在后面进行专门的讨论，所以这里不讨论艺术美的问题，只讨论现实美的问题。而现实美本身，又可以依据我们对美的本质的看法区分为各种不同的形态。从人的自由的实现所涉及的不同领域和方面来说，我们可以把现实美区分为形式美、社会生活中的美（简称社会美）、自然界的美（简称自然美）。这种区分不是绝对的和互相孤立的，只是各自的侧重点有所不同。如形式美和社会美、自然美都不能分离，但形式美又有它相对的独立性，所以可以划为一类，单独加以考察。社会美和自然美也有互相交叉的地方，如城市风景的美和社会美与自然美两者都有关系。但社会美与自然美确实又有各自的不同特点，所以可以划分为两种不同的类型。此外，从人的自由的实现的不同情况和性质来看，我们又可以把美的形态区分为优美与壮美（崇高）、喜剧性的美与悲剧性的美四种。上述的形式美、社会美、自然美都同这四种美分不开，可以按具体情况分属于这四种美。例如，自然美可以是属于优美的，也可以是属于壮美（崇高）的；社会美可以是属于喜剧的美，也可以是属于悲剧性的美，同时还可以有优美与壮美（崇高）之分。自然美虽然很难区分为喜剧性的与悲剧性的，但在一定的情况下也能具有喜剧性或悲剧性的情调色彩。至于形式美，随着上述四种美的不同，其具体形式也会相应带有不同的特点。例如，在喜剧性的美中，形式美常常带有滑稽丑怪的特点。

第二节 形式美、社会美、自然美

一、形式美

1. 形式美是指事物的自然物理属性（包括自然的各种形式结构）所具有的美。它可以分为两大类：一类是诉之于视觉的，指的是事物的形状、结构、体积、色彩、光线、质地、空间等的美；另一类是诉之于听觉的，指的是各种声音的音色、节奏、韵律等所具有的美。形式美显然是一种悦耳悦目的美，也就是通常所说的漂亮、好看、好听之类的美，这是人们在生活中经常大量地感受到的。从人类审美意识的发展上看，对形式美的感受的发生是很早的，中外美学思想的发展都证明了这一点。

2. 形式美虽然同事物的自然物理属性分不开，但各种自然属性成为美的终极根源还在于人的劳动。人要生存、不断满足自己的需要，就得发现和利用事物的种种自然属性来为人的生活服务。而这种发现和利用，对于人来说是一个有意识有目的的创造过程，因此那些被人发现、掌握、利用和支配了的自然物质属性对于人来说就成为对人的社会生活的一种感性现实的肯定，并且由于显示了人支配自然的创造的智慧、才能和力量而开始具有美的意义，不再只是满足某种生活需要的东西。

3. 形式美最初是同劳动和劳动的产品分不开的。例如，人类最初的劳动工具石刀、石斧的制造，就已经包含有形式美。但是，当形式美还处处直接和劳动联系在一起的时候，还没有严格意义的形式美。随着人类生产实践的发展，美与实用功利的分离，形式美越来越同具体的生产劳动远离了。一方面，原来从生产劳动上所感受到的形式美，作为人类文化的成果流传下来，获得了社会的普遍承认，它原先同劳动的具体联系消失在历史的过程中；另一方面，这些最初从劳动中感受到的形式美，本来就体现了人的自由同外在自然物理规律的和谐统一，具有不局限于生产劳动的普遍意义，因而也就超出了具体的生产劳动，成为人们在生活的各个方面都能感受到的美，并且具有了超出于劳动的社会精神意义。因此，从根本上看，形式美是人所占有和支配了的种种自然物理属性对人的自由的一种直接的肯定，或者说，是人的自由在自然物理属性上的表现。

4. 形式美有着明显的规律性。这种规律来自人在改造自然时不能不遵循的自然规律，但当这些规律为人创造性地加以运用，使之符合于人的目的，并且显示了人的创造的智慧和才能的时候，这些自然规律的表现形式也就具有了美的意义。所以，形式美的规律实质上是被人创造性地掌握和支配了的自然规律。

5. 关于形式美的规律有各种不同的说法，如单纯一致、平衡对称、节奏韵律、线条的变化、色彩的调和、空间的结构等都和形式美的规律有关。其中最重要的是多样统一规律。这是因为多样统一的形式既显示了人能掌握客观规律，同时又能创造性地支配它，在合规律中表现出人的自由。只有统一性的形式是机械呆板的，见不出人的创造性和自由，不能使人感到美。相反，只有多样性而无统一性的形式是杂乱无章的，见不出人控制和掌握规律的能力，同样不能使人感到美。中国古代美学对于形式美的规律有很深的认识，其中最重要的是对比照应规律。这实质上是如何取得多样统一的规律。有对比就有了多样性，有照应就有了统一性，因此对比照应是求得多样统一的根本法则。

6. 形式美同自然物理的属性规律分不开，因此形式美同人体的生理快感有着最为密切的联系，在人类历史发展的早期阶段尤其是这样。但形式美又不是仅仅建立在生理的基础之上的，它能够具有一种虽然不很具体，但却宽泛概括的社会精神意义，表现出社会人生的某种境界或情调。情感与形式之间有一种对应关系，其根源同人的生理心理结构分不开，但更重要的还在于劳动和其他方面的生活实践在长时期内对人的生理、心理结构的影响。

二、社会美

1. 前面已经说过，个体的自由只有通过他所生活于其中的社会关系才能实现。所谓社会美，就是人的自由在一定社会关系中的感性具体的表现，其特征是个体的自由发展和社会的发展两者的高度统一。

2. 社会美表现在社会生活的各个方面。在人与人的各种伦理道德关系中，在社会政治、经济、军事、文化等的活动中，都有社会美的表现。社会美的中心是作为实践主体的人本身的精神美，它表现在人的行为、语言、气质、风度之中，也表现在人的服饰以至生活环境之中。精神美是中国古代美学所谓"诚于中而形于外"的东西，不是不可捉摸的观念。

3. 精神美和伦理道德的善有着直接的联系，但又不等于一般所说的合乎伦理道德。因为精神美不仅在于个体的生活行为是符合伦理道德的，而且还在于伦理道德对于个体来说不再是一种由于利害关系不得不遵守的，或基于理智的考虑必须遵守的原则。它已经渗透到个体内在的情感深处，被个体看作是人的生命的意义和价值所在，不惜牺牲一切去求得它的实现，并以此为最大的快乐。这就是说，在个体看来，道德原则的实现同人的自由的实现是完全融为一体的。因此，个体为实现善的那种高度的自觉和不畏一切艰难困苦的精神，不但会引起我们的敬佩，而且会引起我们的赞叹。孔子在讲到人们对待道德的态度和行为时说："知之者不如好之者，好之者不如乐之者"。所谓精神美的境界，就是不考虑个人的利害得失，以道德的实行为人生最大快乐的境界。所以，精神美包含着善，但又内在地超越了善，它是比一般的行善更高的一种境界。

4. 精神美同善的实现分不开，善的实现要在实践中克服战胜各种困难，因此精神美和人的行为分不开。从行为的观点来看，坚强的意志、崇高的情感、卓越的智慧是精神美的表现的三个基本方面。这三者自然又是互相联系的，并且是从各不相同的个体的感性活动中表现出来的，它经常成为文学艺术所描写的重要内容。

5. 语言、风度、服饰的美也是精神美的表现。不同的民族、国家、时代、阶级对于语言、风度、服饰的美有不同的要求，但从根本上说，它应当是个体内在精神美的具有独特个性的自然流露，并且应当符合形式美的要求，和显示出应有的文化教养。

6. 精神美还和人的形体美有关。单从人体美来看，它基本上属于自然美的范畴，我们将在下面再加以说明。这里需要指出的是：当人体美和精神美相一致的时候，人体美会大为加强精神美。在相反的情况下，人体美而精神不美，那么在精神的丑充分暴露出来的时候，人体美就会成为令人厌恶的东西。如果精神美而人体不美，那么在精神美充分地呈现出来的时候，人体丑所引起的不快感便会降低到次要的、无足轻重的地位，使我们被在看来是丑的形体中表现出来的强烈的精神美所吸引。这就是中国古代庄子所说的"德有所长而形有所忘"。因此，和单纯的形体美比较起来，精神美是更本质、更重要的东西。

7. 由于人的最根本意义上的自由同人的社会性的完满实现不能分离，因此美作为人的自由的感性表现，其核心是精神美。一切美都具有精神的内容，都同精神美分不开。它们的价值的高下，密切地联系于其中所包含的精神的意义、内容的高下。形式美、自然美都是如此，艺术美当然更是这样。以形式美而言，较低级的形式美，生理快感的成分较多；较高级的形式美，社会精神的意义较多。

三、自然美

1. 自然美指的是自然界的美，既包含各种自然事物的美，也包含整个自然环境的美。从我们对美的普遍本质的认识来看，自然美是人类社会实践改造了的自然的产物，是人的自由在和人的生活相关的自然对象、自然环境中的感性具体的表现。

2. 为了理解自然美的本质，需要注意掌握以下几个要点。

第一，人对自然的改造既包含对某些自然物的形态加以改变（如用木头制成桌子，用铁制成机器），也包含不改变自然物的形态，而利用它们的属性规律来为人的目的服务（如利用河水来航行，根据对气候、土壤的认识种植农作物）。因此，不能简单地把人对自然的改造理解为对每一自然物的形态加以改变，而应理解为通过人类的生产实践对整个自然的利用、征服、支配、占有。

第二，人对自然的改造是一个漫长的、无限的历史过程，因此应当用历史的观点去看待对自然的改造。有些我们现在看来是天然如此的东西，其实是人类自远古以来在漫长的实践中改造了的东西（如野生动物变为家畜）。这对于理解某些自然物是怎样成为美的，具有重要意义。

第三，人对自然的改造是结成一定社会关系的人进行的活动，是某一氏族、民族、国家世世代代共同活动，克服战胜了各种困难的结果。因此，经过人改造了的周围自然界对于人就具有了社会的精神的意义，和人发生了情感上的联系。例如，乡土感情、爱国主义感情就是由此产生的。自然美的产生同人与自然的这种情感上的联系有着十分重要的关系，它使自然美具有了社会的人的内容。

第四，人对自然的改造首先是为了满足人的物质生活的需要，但由于这种改造是人发挥他的创造的智慧、才能和力量去征服自然的结果，因此自然在满足人的物质需要之外又能引起一种超出了物质需要满足的精神上的愉快，使人意识到人与大自然处在和谐统一之中。人从自然界所取得的这种超越了功利需要的自由，是自然美产生的最重要的原因。

第五，人本来是自然的一部分，不但他的物质生活同自然分不开，而且他的精神生活也同自然分不开。在人类改造自然的漫长的过程中，随着人类精神生活需要的发展和提高，自然在成为人的物质生活的对象之外，又日益地成为人的精神生活的外在环境和条件。自然界的变化和人的内在的情感和自由的精神要求的实现发生了越来越密切的联系，产生了中国古代刘勰所说的"情以物迁"的现象，从而使各种自然物对人发生了审美的意义。

总起来看，经过人对自然的漫长的实践改造，如马克思所指出，自然成为人的另一体，和人的社会性的情感、精神生活和自由的要求发生了不可分离的关系，从而逐步成为人的审美对象。旧唯物主义在理解自然美上的根本错误，在于它只强调人与自然的差别，看不到在实践基础上的"自然的人化"。

3. 缺乏整体的和历史的观点，是妨碍正确理解自然美的另一个重要原因。在这种情况下，只看到某一单个的自然物的美（例如一朵花的美），而不把它放到人同整个自然界的关系中去加以历史的考察，于是就产生一种错误的观念，认为自然物的美同人类的历史实践无关。实际上，每一单个的自然物的美，只要放到人同整个自然界的关系中去加以历史的考察，都可以看出它是人类改造自然的历史实践的产物。未经人类实践直接作用的自然物（如未经开发的荒漠的土地）之所以也能使人感到美（崇高），也是由于人类实践已发展到使人类深信他的力量能够征服一切尚未被征服的自然。

4. 在自然美的欣赏上经常可以看到把自然想象为人，即所谓拟人化的现象，这是使自然美的本质得不到正确理解的又一个重要原因。这种拟人化的现象的发生，是客观上已在实践中被"人化"了的自然在人的审美心理上的反映。只有当人与自然在实践的基础上发生了亲密的情感关系，才会出现人在想象中把自然加以拟人化的现象。所以，拟人化或"情感移入"虽然是自然美欣赏中不可否认的一种重要的心理活动，但自然美并不是由这种心理活动创造出来的。

5. 自然美极为纷繁复杂，大致而言可以区分为下述几种情况。

第一，自然美的大量基本形态是各种自然物的形状、色彩的和谐的美。这种美，从根本上来说，是人在漫长的劳动实践中支配了自然，认识到自然具有和人的目的相一致的合规律性的和谐的结果。这种和谐是自然本身所具有的，但它又同人自身的生活的和谐分不开。人自身生活的和谐只能存在于他的生活同自然规律的协调统一之中，因而自然中那些和人的自由相统一的合规律的和谐的表现对人就具有了美的意义。

第二，自然的蓬勃旺盛的生命力的表现是自然美的又一种形态。这是由于大自然生命的蓬勃向上的发展，本身就是对人的生命的发展的肯定。人从大自然的永不衰竭的生命力的表现中，看到了人自身生命发展的无限可能性，看到了自然生命的表现成为人的自由的肯定，因而就感受到了美。这仍然是人在长期的劳动实践中支配了自然的结果。

第三，某些自然物由于表现了人的某种心境，同人的某种情感相契合而成为美。这是我们在上面已经指出的，通过人类实践，自然同人的精神、情感和自由的要求发生了密切联系的结果。

第四，自然美还表现为康德所说过的"道德的象征"。在前一种自然美的形态中，自然现象只同某种心境、情绪相联系；在这种自然美的形态中，自然现象被进一步看作是某种人格道德的象征。如中国古代孔子所说的"智者乐水，仁者乐山"，水和山被看作是智和仁的象征。这仍然是由人类社会实践所决定的人同自然在精神上发生了联系的表现，是人类历史发展的产物。

6. 人们常说的人体美，从它是天然生成的这一方面来说，可以看作是自然美。但是，和一切自然美一样，人体美同样与人类实践对自然的改造分不开。在从猿到人以及人产生之后的漫长的历史过程中，人类在改造自然的同时也改造了他自己的身体，这样才产生了人体的美。但由于在人类生产实践中所产生的人体美是经由生物遗传而一代代地传下来的，因而在缺乏历史观点的人们看来，人体美就是纯然天生而和人类实践无关的了。实际上，人体是人的劳动和生活的器官，因此人体美是同劳动和生活相联系的。在古代，人们首先是从劳动的观点出发看待人体美的，对人体美的重视同狩猎、战争和带有军事性质的体育锻炼密切相关。因此，硕大、威武有力、矫健、敏捷，是古代对人体美的最基本的要求。而这些要求自然又同人体的高度、四肢的匀称、肌肉的丰满结实等分不开，由此而形成了对人体美的某种形式规范。在美超出了与劳动的直接联系之后，对人体美的要求又和不同的社会、阶级所追求的自由的生活理想相联系。人体的形式在体现了这种理想的情况下便被认为是美的。但不论不同的民族、时代、阶级对人体美的要求如何不同，五官四肢的匀称协调，生命力的充实、旺盛，是人体美最普遍的基本条件。总之，人体作为人的劳动和生活的器官，只有在它鲜明强烈地显示出人的生命的自由和力量的情况下，才可能成为美的。在某些情况下，病弱的身体也能使人感到美，这主要是和人的精神美相关的。

第三节 优美与壮美（崇高）、悲剧与喜剧

一、优美与壮美（崇高）

1. 优美与壮美（崇高）是两种不同性质的美。它的发生，根源于人类在改造世界、实现自身的自由时，主体与客体之间所出现的不同状态。优美是在客体与主体处于相对和谐一致的状态下所产生的一种美。这时客体消除了与主体的对抗，和主体的自由的实现相协调，因此优美所引起的感受是轻快、柔和、恬静、舒适的，如春日的杨柳、平静的小溪、天真的婴儿、亲切的友情……都能给我们以优美的

感受。对优美的欣赏可以给人愉快的休息和享受。在形式上，优美达到了合规律与合目的的最佳的协调统一。它的总的特征是没有任何使人不安的、刺激性的东西，形体、线条、色彩、韵律等都是趋向于柔和、安宁的。

2. 壮美是在客体与主体相对抗，但主体又有充分的力量克服这种对抗的情况下产生的一种美。这时，客体虽然和主体相对抗，但由于主体意识到自己有充分的力量足以压倒这种对抗，使主体的自由得到肯定，因此壮美所引起的感受是振奋、昂扬、激动、雄伟的，如高大苍劲的古松、波涛凶涌的大海、饱经忧患的老人、万马奔腾的激战……都能给我们以壮美的感受。对壮美的欣赏，能激起和增强我们的意志和力量。中国古代把优美称为"阴柔之美"，壮美称为"阳刚之美"。西方美学所说的"崇高"在不少情况下带有宗教意味，并且强调"崇高"含有恐怖、丑怪的因素，在感受上伴随有某种程度的痛感。中国美学中的壮美则主要是指一种雄伟壮观的美，很少带有宗教意味，在大多数情况下也不强调恐怖、丑怪的因素和与崇高感相伴随的痛感。一般而言，崇高在形式上以体积、空间、力量的巨大，色彩的强烈，错杂的结构，不宁静的运动等为其特征。如果说优美的形式显示了合规律性与合目的性两者的统一协调，合规律性处处从属于合目的性，那么壮美（崇高）的形式则显示出在合规律性与合目的性之间存在着一种紧张的对抗，但却又是主体的实践力量所能战胜的对抗。壮美（崇高）的魅力恰好就在主体对这种对抗的超越之中。正因为这样，只要我们处在安全地带，大海越是翻腾咆哮，暴风雨越是雷电交加，我们所产生的崇高感就越是强烈。

3. 优美与壮美（崇高）具有刚好相反的特征，但两者又不是互不相关的。中国古代美学所说的刚柔相济很有值得注意的重要意义。优美以柔和为其特征，但不应当陷入萎靡无力。壮美（崇高）以刚强为其特征，但不应当陷于粗野狂暴。在现实生活中，我们既需要优美，也需要壮美（崇高），应当使两者达到适当的平衡。虽然可以有所侧重，但不应有所偏废。

二、悲剧性的美与喜剧性的美

1. 悲剧与喜剧既是戏剧艺术中的两大种类，同时现实生活本身就存在着悲剧与喜剧，两者给人的美的感受是不同的。我们在这里所说的悲剧与喜剧虽然同戏剧艺术密切相关，但不是指戏剧艺术，而是指现实生活中存在的悲剧性的美和喜剧性的美。

2. 这两种不同性质的美根源于人类在改造世界的实践活动中所碰到的正确与错误、成功与失败、痛苦与欢乐，它在根本上是人类改造世界的实践创造的曲折性、复杂性、艰巨性的表现。只有抓住这一点，才能正确说明悲剧性的美与喜剧性的美的实质。

3. 悲剧性的美存在于人类为实现自身的自由的实践斗争和历史的必然性的相互关系之中。由于这种关系的不同，悲剧性的美又可以区分为两种。先进的、革命的阶级和人物的悲剧性的美，在于对某种符合历史必然的社会理想的追求，由于尚未具备实现的客观条件或认识行动上发生错误而遭到失败。但这种追求在根本上又是符合历史发展的必然性的，并且表现了为实现这种追求而斗争的阶级和人物不畏一切艰难的高度牺牲精神，因此这种失败不只是单纯使我们感到痛苦，而且会引起我们对人类伟大的意志和力量的赞叹，从而产生审美的感受。例如，巴黎公社起义的失败就具有这种伟大的悲剧性的美。落后、反动的阶级和人物的失败也能给我们以悲剧性的美的感受，因为它显示了历史的必然性不可抗拒，充分暴露了落后、反动的阶级和人物的本质，从反面肯定了人类对历史进步和自由的不倦追求的合理性与正义性。

4. 悲剧性的美能够把人类创造自身历史的艰巨的，在许多情况下是惊心动魄的斗争展现在我们眼前，具有强烈的感染力，并且能够给我们以深刻的思想上的启示。悲剧性的审美感受带有痛感，但它是一种被理性所克服和战胜了的痛感，因而又能从痛感产生出一种精神快感。悲剧性的美虽然存在于现实生活之中，但不可能在悲剧发生的时刻直接地感受，而只能在悲剧已成为过去之后，在对它的回忆和反思中感受。而且这种感受只有在提升和表现为艺术之后才能成为纯粹的审美对象。所以，对现实中的悲剧性的美的感受和体验主要是依靠艺术而达到的。

5. 喜剧性的美同样存在于人类生活的实践创造和客观的历史必然性的关系之中，但它所涉及的不是人们的实践活动的失败同历史必然性的关系，而是人们的实践活动在实际上是否真正符合历史的必然性。当某种生活、行为表面看来被许多人认为非常合理、正当、崇高，符合历史必然性，实际上却极不合理，根本违背历史必然性，这时对这种符合历史必然性的假象的暴露和揭穿就是喜剧性的。这是历史上各种落后、反动的人物的喜剧。在另一种情况下，某种生活、行为，表面看来很不合理、很不正当，不符合历史必然性，实际上却是完全合理、正当和符合历史必然性的，这时对这种不符合历史必然性的假象的暴露和揭示，同样是喜剧性的。这是正直、善良、进步的人物的喜剧，它带有歌颂的性质。还有一种情况，生活中某些并非恶人的人物，自以为他的某种行动是非常合理、正当的，实际上却很不合理、正当，这时对这种假象的揭露同样带有喜剧性，但它引起的是一种善意的嘲讽或幽默。一切喜剧性的东西都是建立在假象与本质的出人意料的矛盾上的。看来是假象的东西其实是刚好符合本质的，或看来是完全符合本质的东西，其实是一种十足的假象。喜剧的笑的产生，就是由这种对假象与本质的出人意料的矛盾的揭露引起的。

6. 喜剧性的美的感受能使我们在愉快的笑声中忽然洞见一切用堂皇的外表掩盖起的腐朽事物的本质，使我们不但憎恨，而且轻蔑一切腐朽的东西。除此之外，它还能使我们在看来是背理的、拙笨的、可笑的行为中，发现人的善良、正直、可爱，和获得某种智慧的启示。如果说悲剧主要是作用于人的意志，喜剧则主要是作用于人的智慧。前者使我们的意志变得坚强，后者则使我们的智慧变得敏锐。喜剧历来是同机智分不开的。悲剧和喜剧彼此不同，但又可以结合在一起，互相渗透，形成为悲喜剧。例如，鲁迅笔下的阿Q即是一个具有悲喜剧性格的人物。

7. 悲剧是与壮美、崇高相联系的，喜剧则既可与优美相联系，也可以带有某种崇高的性质。喜剧的笑，有不少是轻快的笑，但也有严肃的笑——高度轻蔑的笑。和悲剧性的美一样，对喜剧性的美的感受主要是依靠艺术。但和悲剧性的美比较起来，人们在不少情况下都可以对生活中的喜剧性的美产生直接的感受。

第三章　美的客观性

第一节　对客观性的两种不同情况的区分

一、两种不同的客观性

在谈到美的客观性时，我们首先应当区分两种不同情况的客观性。一种是自然物质的客观性，它和人类社会的存在与否没有关系；另一种是经过人类实践改造的物质世界的客观性，它是和人类社会的存在直接相连。例如，树木存在的客观性是自然物质的客观性，用木头制成的桌子存在的客观性则是经过人类实践改造的物质的客观性。在人类出现之前，树木已经存在，但没有人类就不会有桌子的存在。因为桌子不是从地里自然长出来的，它是人类实践把木头进行加工改造的结果。我们不能说只有木头才是客观的物质存在，桌子则不是。应当说两者都是客观的物质存在，但情况显然不同。经过人类实践改造的物质存在要以在人类之前就已存在的自然物质为前提，但它的存在不能离开人类的社会实践。此外，如前已指出，这里所说的"改造"，不是仅仅指某一自然物的形态的改变。

二、旧唯物主义的错误

旧唯物主义美学的错误在于把美的客观性等同于与人类社会实践无关的自然物质的客观性。实际上，包括自然界的美在内，一切的美都是人类改造了客观物质世界的产物。因此，美的客观性是一种不能脱离人类社会实践的客观性。我们说美是客观的，仅仅是在美是人类社会实践的产物，不是精神观念的产物这个意义上说的。这也就是说，肯定美的客观性，并不是说美同人类实践无关，是在人类产生之前就存在的某种物质属性。美的客观性来源于人类实践的客观性。每一个人所感受到的美都是在他之前的人类社会实践和他自身所参与的社会实践的产物，而不是他的精神、意识的产物。人们的社会实践是怎样的，存在于他们生活中的美也就是怎样的。狩猎民族的美不同于农业民族的美，古代农业社会的美不同于现代大工业社会的美。

三、美的客观性是一种属于价值范畴的客观性

1. 美是人的社会实践的产物，同时也是作为实践主体的人自身的对象化，因此实践的主体不同，作为他的对象化的美也就不同。存在于一个美的对象上的种种属性，都只因为它是实践主体的对象化，是实践主体的自由的感性表现，才对主体成为美的。所以，同一种物质属性，作为同实践主体的对象化无关的属性来看，对每一个有正常感觉的人来说都必然是一样的，但作为美的属性来看，即作为主体的对象化来看，对不同的主体是不同的。原始的狩猎民族感受不到花的美，不是因为他们审美能力太低，而是因为他们还不懂农业，他们的生活还没有同植物的种植发生关系，整个植物界还没有成为他们的生活的对象化。只有当物质的某种属性已经成为主体生活的对象化和自由的表现，然而主体却还不能感受到它的美，这才能说主体感受不到它的美是由于审美能力的发展不够。

2. 由于对象的美同实践的主体的对象化不能分离，不能脱离主体的实践，因此美的客观性是一种属于价值范畴的客观性。一切价值，不论是经济学上的使用价值还是美学上的审美价值，都同主体的实践分不开，只有相对于主体的实践来说才有意义。因此，所谓真正的美，决定于它与人类社会实践发展的关系，决定于它对人类向上的自由的发展究竟是否有积极的价值。这种价值的存在与否，是客观的，是能够通过人类的社会实践来加以检验的，尽管这种检验常常要经历较长以至很长的时期。按照我们对美的看法，美是人的自由的感性表现，而真正的自由只能是对客观必然性的认识和支配，所以真正的美也就是符合客观必然性的，能够促进人类自由发展的美。其他所谓的美，不论一时如何流行，或迟或早终究要在人类历史发展的过程

中遭到淘汰和否定。

3. 从人类社会实践的观点来看美的客观性，肯定美的客观性属于价值范畴，这样就可以打破那种认为亘古以来就存在着一种永恒不变的美的错误观念，才能对客观的美作出具体历史的分析评价，并且随着人类社会实践的发展不断去创造、发现新的美。

第二节　美的客观性与主客观的统一问题

一、美既是客观的，同时也是主客观统一的产物

美是客观的，但并不排斥主观的作用。相反，美既然是人类社会实践改造了客观物质世界的产物，是人自身的对象化，那么美既是客观的，同时也是实践过程中主客观统一的结果，是客观化了的主观，或主观的客观化。例如，一张桌子是客观的物质的存在，但它同时又是人按照自己的目的改变天然的木材形态而制造出来的。从这个方面看，客观存在的桌子又是经由实践（改变木材，制造桌子的活动）而达到的主客观统一的结果，是原先以观念形态存在于主体头脑中的目的的物化或客观化。因此，认为主张美是客观的，就不能同时主张美也是主客观的统一，这种想法是不对的，是形而上学的。关键在于我们所说的主客观的统一不是精神、观念中的统一，而是经过实践达到的统一，即按照人的目的实际地改变客观物质世界，使主观的目的成为客观的现实。因此，这种统一所获得的结果是一个客观物质的东西，不是观念的东西。在主客观的统一上，马克思主义的唯物主义同唯心主义的根本区别不在是否承认这个统一，而在认为这个统一是人类社会实践活动的产物，还是主体的观念活动或某种"绝对精神"自我运动的产物。

二、美的创造与人的能动性

由于客观的美的对象是在实践基础上主体的对象化、主观的客观化，因此不论在美的创造或欣赏中，主体的能动性的发挥都有着巨大的作用。主体的实践创造的力量的发挥越是充分，它所创造出来的对

象就越美。我们完全可以说，对象的美所达到的高度是同主体实践创造力量发挥的高度成正比的。旧唯物主义美学对美的客观性的理解，否定了主体的实践创造力的发挥对美的发展的作用，是一种违背客观事实的错误观点。唯心主义美学十分强调主体的创造作用，但它所说的创造是一种脱离了实践基础的幻想。充分承认美的客观性，但把对这种客观性的理解建立在人类社会实践的基础上，并且高度重视主体实践创造能力的发挥，这就是马克思主义的唯物主义在美的客观性问题上同旧唯物主义和唯心主义的根本区别所在。主观唯心主义否认美的客观性，要人们脱离人类的现实生活去找寻美，这是错误的。客观唯心主义看来肯定了美的客观性，但它所说的客观性是一种神秘的精神的产物，不是真正现实的客观性。旧唯物主义虽然一再声明美有客观性，但它所谓的客观性是一种脱离人类社会实践的客观性，因而事实上是一种虚幻的客观性。它要人们到在人类之前就存在的物质属性中去找美，而不是到人类对物质世界的实践改造中去找美，其结果就把美变成了一种虚幻的、永恒不变的实体，最后与客观唯心主义殊途同归。

第四章　真善美的联系与区别

第一节　美　与　真

一、从真到美

真指的是客观世界本身发展变化的必然规律。由于人的自由创造活动必须以对客观世界的必然规律的认识与支配为基础，所以美的产生离不开真。但美与真不能等同，因为美并不就是必然规律，客观规律自身是无美丑可言的。只有当客观规律在实践中为人所掌握和利用，使之服从于人的目的，并且显示了人的创造的智慧和才能的时候，客观规律才以其和人的目的相一致的感性形式引起我们的美感。例如，平衡对称是数学所研究的客观规律，但只有当人类在物质生产实践中创造性地应用这种规律于人的目的（例如，古代石斧的制造，后来各种器物的制造，房屋的建筑，等等），使这种规律的感性表现形式成为对人的自由的肯定，这时平衡对称才对人产生了美的意义。平衡对称的规律如此，其他规律亦然。

二、美与真的一致性

由于合规律性是美所必须具备的条件，因此美虽然不就是真，但又是与真联系的，从美可以引导到真。这对于科学技术的研究发展是一个值得注意的重要问题。有一些科学家认为，他们相信自己在审美上觉得是美的公式、定理可能更接近于正确。之所以如此，就因为一个公式、定理如果是高度精确而概括地反映了客观规律的，那么它的表现形式必然具有高度的合规律性，使人感到极其清晰、简明、匀称、巧妙，而不是模糊、冗长、混乱、笨拙的。在工业产品的设计上，即使在没有有意识的装饰美化的情况下，一种在实用功能上最理想的设计，也要比实用功能很不理想的设计美。因为这种设计较之于拙劣的设计能够最好地把合规律性与合目的性统一起来。所以，工业产品的更新换代，不但是实用功能的改善，同时也伴随着外观形式的美的改善。

三、美与真实

真的涵义在不少情况下被理解为真实，而且历来就有不少艺术家反复指出美同真实不可分离，认为真实即是美，或美决不能违背真实。这是由于合规律性是美的不可缺少的条件。但所谓真实，不是简单的实有其事，更重要的是符合规律，具有客观的必然性。美不是抽象的概念，而是完全感性具体的东西，因此符合规律不是概念的图解，具有客观必然性也不是排斥偶然性的赤裸裸的必然。作为美的真，是在不可重复的丰富多样的现象中表现出来的，并且是同个体的自由的实现不可分割地联系在一起的。因此，艺术决不排斥想象、幻想，但最离奇的幻想也应当是符合真实的。这就是中国古代刘勰所说的"夸而有节，饰而不诬"，"酌奇而不失其真，玩华而不坠其实"。

第二节 美 与 善

一、从善到美

善是指人的实践符合目的和需要，但由于人是社会的人，个体的需要、利益和目的只有通过社会才能实现，因此善的更为本质的意义在于个体的实践同社会发展的普遍利益的一致。美必须以善为前提，因为人的自由的实现不能脱离社会，从而不能脱离一定社会阶级和集团的普遍利益。主张"为美而美"，否认美与善的联系，这是不符合实际的。

但是，美又不能等同于善。首先，美不仅仅在于善所要达到的目的，而且在于目的实现所表现出来的人的创造的智慧、才能和力量及其对人的自由的感性现实的肯定。因此，一个可以称之为善的目的，只有当它的实现表现了人的创造的智慧、才能和力量，显示了人的自由，它才不仅是善的，而且是美的。所以，在艺术作品对人物的描写中，重要的不只是"做什么"，而且还有"怎样做"。善的目的的实现越是需要克服巨大的困难，那么"怎样做"对于我们就越有巨大的吸引力。

二、美与善的一致性

美虽然同人类所追求的善的目的的实现不能分离，但美自身的目的是人的个性才能的全面自由发展，它是通过这种发展而最后作用于善的目的的实现的。因此，美并不处处直接以某一具体的功利目的的实现为目的。我们说美不能脱离善，是从美对善的实现的作用来说的。许多美的事物，有助于人们个性才能的自由发展，但并不能带来什么直接的利益的满足。狭隘地理解美同善的关系，要求美必须带来直接的利益的满足，这是错误的，实际上是对美的否定。

中国古代儒家美学强调美与善的不能分离的一致性是正确的，但它在一些情况下要求美必须处处直接地从属于善，把美视为善的附庸，这又是错误的，曾经给中国古代艺术的发展带来不利的影响。美与善的统一，是一种内在的统一。这就是说，善是内在地包含在美之中的，而不是存在于美之外，从外部来规定美，并强制地使美服从于它。只要美同善处于一种外在的互相分裂的状态中，被降低为善的附庸，那么这种美就不外是抽象的善的观念的图解，不会有真正的生命力和感染力。

第三节　美是达到了自由境界的真与善的统一

一、美是真善的统一

从美与善的关系来看，只有在善的实现感性具体地显示了人的创造的智慧、才能和力量，成为对人的自由的肯定时，善的实现才能成为美。与此同时，这种善的实现，显然不能离开对真——客观事物规律性的创造性地掌握和应用。因此，就美同真善的关系来看，美是达到了自由境界的真与善的统一。人类在生活的实践创造中掌握了真，并使善的实现成为对人的自由的肯定，这就是美。

二、真善统一与人类社会实践

真与善的这种达到了自由境界的感性具体的统一的实现，在根本上决定于人类社会实践的发展，其中最为重要的又是下述两个方面。

第一，生产实践的发展及与之相连的社会关系的发展，在多大程度上使人类在满足物质生活需要之外还有自由发展其个性才能的可能。这种发展的可能性越大，真善的统一就越能具有美的性质。

第二，生产实践的发展及与之相连的社会关系的发展，在多大程度上使个体个性才能的自由发展同社会普遍利益的发展相一致。这种一致性越大，即社会普遍利益的发展越是要求个体个性才能的自由发展，真善的统一就越能具有美的性质。

三、美不能脱离真善的统一

由于美是达到自由境界的真善的统一，因此美既与真善有区别，但又不能脱离真善而存在。离开了真善去寻求美，美就会成为空洞的、虚无飘渺的东西。现代资产阶级美学中的形式主义和唯美主义的根本错误在于它把美看成是同真善绝对无关以至无法相容的东西。但资产阶级美学在强调这种矛盾冲突时，常常又在一定程度上揭示了美不同于真善的特殊性。问题在于它竭力夸大这种特殊性，并对这种特殊性作出种种唯心神秘的解释，最后得出了美与真善无关或根本不能相容的结论。

立足于人类社会实践基础上的马克思主义美学充分承认美的特殊性，但它认为美不是与真善无关的某种幻想中的神秘的存在，而是真善在人类社会实践基础上的统一。这种统一的根本特点，就在于它是一种上升到了自由境界的统一。所以，美包含了真善，但又超越了真善。它比单纯的真和善，或真和善在单纯实用功利意义上的统一，都处在更高一层的境界。正因为这样，美能把人类引向真善的理想的统一，使这种统一成为个体内在的情感要求和个性的表现。在人类对美的肯定和热爱中，本身就包含了对真善及其最高统一的肯定和热爱。

第五章　美感的本质特征

第一节　美感的本质

一、对美的本质的认识与美感的分析

美感是美引起的，因此任何对美感的分析都有其哲学的前提，在根本上决定于和一定的哲学相连的对美的本质的认识。人们是怎样认识美的本质的，相应地也就会怎样去认识美感的本质和分析美感。例如，有一些美学家否认美是客观的存在，认为美是"感情移入"的结果，因此他们对美感的分析的中心就是和"感情移入"相关的各种问题。又如，有的美学家认为美是直觉的产物，因此对直觉的分析就成为他们对美感的分析的中心。如果对美的本质的认识在根本上是

错误的或片面的，那么对美感的一般的本质的认识和美感的分析也就会是错误的或片面的。西方现代美学对美感的具体分析之所以常常陷入各种枝节的现象之中，不能抓住规律性的东西，一个重要的原因就在于它极端忽视从哲学上考察美的本质，缺乏对美的一般本质的正确认识。在这种情况下，不可能认清和美感相关的各种心理现象的实质，也不可能对它们的相互关系作出合理正确的解释。

二、什么是美感

1. 由于美是人的自由在人所改造了的客观世界中的感性具体表现，因此所谓美感不外就是人看到他的自由通过实践创造在他的感性具体的生活中得到实现而产生出来的一种精神上的快感。马克思说，人能够"在他所创造的世界中直观自身"。这种直观，从对人的自由的实现的直观这个方面来看，就是美感。美感是人从他所创造的世界上直观到他的自由获得了实现时所引起的一种精神快感。

2. 这是对美感的一种哲学的考察。它肯定了美是在主体意识之外所存在的一个客观对象，但这个对象之所以引起了主体的美感，又只是由于主体从它的种种感性具体特征上看到了人的自由的实现。美感的特殊复杂性就在于此。旧唯物主义美学看到美感的产生不能离开主体意识之外的客观对象所具有的种种属性，于是把美感看作是对某种和人无关的物质属性的被动感知，而不懂得美的对象具有的各种属性特征其实就是作为审美感知主体的人自身对象化的表现，并且只有在这种情况下才对人成为美的。唯心主义美学看到了美感不同于对某种和人无关的物质属性的被动感知，竭力夸大主体意识的作用，于是就把美感和美等同起来，否定了美的客观存在。与此同时，唯心主义美学还常常孤立地抓住美感中的某一心理要素，认为美即是这种心理要素活动的结果。因此，唯心主义美学对美感的分析虽然也有某些可取的东西，但经常停留在对心理现象的外在描述上。例如，不少唯心主义美学把美感归结为情感，但却不能科学地说明审美的与非审美的情感的本质区别究竟何在。

第二节　美感的基本特征

一、美感与快感

1. 在人类历史发展的早期，把美感混同于快感的情况普遍存在。随着人类物质文明和精神文明的不断发展，两者才被渐渐地区分开来。但直到现在，把美感混同于快感的情况仍然存在。它表现在西方20 世纪以来许多专门给人以色情的、低级的感官刺激的艺术中。在美学上，也有人专门研究所谓"快乐美学"，把美感归结为快感。如马歇尔（H. R. Marshall）和格兰特·艾伦（Grant Allen）的美学就是这样。他们也提出过美感与快感的区别问题，如马歇尔认为这种区别就在于美感是一种"稳定的快感"，但这显然不是美感与快感的本质区别。西方美学家在美感的生理基础的分析上提供了某些思想材料，但对美感与快感的区别的看法常常是肤浅的、错误的。

2. 美感区别于快感的根本原因在于，美感是一种由于见到人的自由通过人改造世界的创造性的实践活动获得了实现而产生出来的快感，因而它是一种具有社会精神意义的快感，在本质上不同于一般生理需要满足所产生的快感。尽管由于人的自由的实现不能脱离生理需要的正常的满足，因此美感常常伴随着生理快感，但又超出了生理快感，渗透着社会精神的意义。其次，从人的主观感受来看，人的美感决不是一般动物性的自然感觉，而是人所特有的精神感觉。在美感与快感的关系问题上，如果否认美感与快感的联系，那就是否认美感必须有自然生理的基础，最后只能导致否定美的宗教禁欲主义。反过来说，如果否认美感不同于生理的快感，把美感降低为动物生理的快感，并且在"美"的名义下去竭力追求这种快感，那就会使人腐化堕落。

二、美感的直观性

1. 直观性是美感的一个基本特点，西方美学家把它称之为"观照"（Contemplation），以区别于实践活动和理性的思考。这其实也就是我们所说的"直观",它指的是美感带有一种不假思索的直感的特征。

2. 美感的直观性,根源于美不是抽象的概念,不能脱离感性具体的存在。但美作为感性具体的存在,又是人的自由的表现,因此美感中的直观不是对于现象的一种简单的感觉,而包含有远远超出一般感觉的理性内容,在直观之中有对人生、社会的理性认识在起作用。例如,在我们对五星红旗的美的感受中,就有我们对中国人民革命的理性认识在起作用,而且这种理性认识越是深刻,我们对五星红旗的美的感受就越是深刻。美感中有理性认识在起作用,但这种认识又始终不脱离感性的直观而转变为纯粹抽象的概念的思考,这就是美感的直观性的根本特征。

3. 由于包含在美感中的理性认识始终不能脱离对具有不可重复的个性的感性具体对象的直观,因此包含在美感中的理性认识无法用概念的语言加以精确的规定,从而形成了美感的"言有尽而意无穷"的特点。美感的特殊价值不在于给人以某种抽象的概念的认识,而在于把我们引入人生的某种境界、情调、意绪之中,使我们在感性的直观中去体验那深藏在感性中的理性,从种种难以言说的情景中去体验社会人生的真理。

三、美感的超功利性

1. 超功利性是美感的另一重要特征。所谓超功利性,指的是美感不是由直接的功利满足引起的快感。虽然有不少对象,既可以满足人们的功利需要,也可以引起人们的美感,但这种美感又不是仅仅由功利需要的满足所引起的。因此,有用的东西虽然可以同时是美的,但有用并不等于美。此外,还有不少东西,根本不能给人带来什么功利需要的满足,但同样可以是很美的。

2. 美感的超功利性,其根源仍然在于美是人的自由的感性具体表现,它虽然是以功利的满足为基础的,但又已经超越了功利的满足。有些和功利需要满足相联系的对象,它们的美是来自这种功利需要满足中表现出来的人的自由,而不是仅仅来自功利需要的满足本

358

身。例如，长江大桥的美来自它表现了中国人民征服自然、使天堑变通途的伟大力量和气魄，而不是仅仅来自它在实用经济上的效益。任何实用的东西，如果它的制造既符合实用的目的，又显示了人的创造的智慧、才能和力量，表现了人的自由，那么它就既是实用的，又是美的。相反，如果它不能显示出人的创造的智慧、才能和力量，不能表现出人的自由，那么它可以是实用的，但没有美。还有许多没有功利实用价值的东西之所以有美，就因为它们虽然没有功利实用价值，但却表现了人的自由。而这种对超出实用功利的人的自由的追求，正是人类的生活不同于动物的生活的根本区别所在。如果人处处只追求功利实用需要的满足，并以此为人类生存的最高目的，那么他的生活就还带有动物的性质，他在生活中也不能发现什么美。事实上，以极为狭隘的功利目的的满足去看待生活，评判事物的价值的人，一般都是缺乏对生活的审美感受的。

3. 美感已超越了功利的满足，但就基础来说，它不能脱离功利的满足。从它使人的个性才能、理智情感得到自由协调的发展来看，它能作用于人在满足功利的范围内所从事的活动，使人类的功利需要得到更好地满足，并推动人类历史的进步发展。因此，我们既要承认美感的超功利性，又要看到就其基础和最后的作用来说，美感是不能脱离功利的。自康德以来，西方资产阶级美学对美感的超功利性提出了一些重要的见解，但它否定美感的功利基础是错误的，并且是十足的空想。中国古代美学，特别是庄子的美学，对美感的超功利性有深刻的认识。但除墨家和法家之外，中国古代美学很少把美感与功利看作是绝对不能相容的。西方资产阶级美学竭力强调美感与功利互不相容，这是资本主义社会下功利的满足同人的个性才能的自由发展的深刻矛盾在美学上的反映。

四、美感的能动性

美感是美的反映，但由于美感是主体从对象上直观他自身的自由的感性表现，因此美感不同于对事物属性的简单被动的感知，具有很大的能动性。美感的能动性表现在下述几个方面。

第一，由于美感是从一个有限的、感性具体的对象上直观人自身的自由，因此它比其他任何意识活动都更充分地表现出想象的自由创造能力和与之直接相连的主体情感的抒发与体验。这一点我们在分析美感的心理特征时还要加以说明。

第二，由于主体对人的自由的理解不同，同一对象对于不同的主体会引起完全不同的感受。同一主体处在不同的状态和心境下，对同一对象也会产生不同的感受。

第三，主体的审美能力对于美感起着重要的作用。如马克思所指出，"我的对象只能是我的本质力量之一的确证，从而，它只能象我的本质力量作出一种主体能力而自为地存在着那样对我说来存在着"。这就是说，当我缺乏与对象相适应的"主体能力"的时候，对象就不能成为我的对象，尽管这时它也仍然在"我"的意识之外存在着。因此，没有美的对象的存在当然不会有美感，但如果主体缺乏审美能力，对象对于他就不可能成为美的对象。在这里，主体的审美能力对于发现对象的美，就具有了决定性的作用。而且，由于主体的审美能力有高下之分，又具有各不相同的特点，因而不同的主体从同一对象上发现的美就不大一样。

第四，即使主体具备了同美的对象相适应的审美能力，对象也不是在任何情况下都对他呈现为一个美的对象。这就涉及审美需要有一种特殊的心理状态这个问题。如果你还没有进入审美的状态，你对对象的反应就可能是实用功利的、科学的，但不是审美的。现代西方一些美学家提出，对对象采取"审美态度"是感受对象的美的一个重要条件，这是值得注意的，尽管他们的讲法有不少唯心的、片面夸大的地方。可以肯定，不论客观上存在着多少美的东西，如果主体不能采取审美的态度去看世界，这美对他来说就是不存在的。而所谓采取审美态度去看世界，就是要从日常实用功利的或单纯理智认识的态度，转向超功利的自由的直观。艺术家和常人的一个重要区别，就在于他比较善于用审美的态度去看世界，因而他能在一般人看不到美，甚至认为没有美存在的地方看到美。对事物采取审美态度，是使客观事物的美对我们呈现出来的一个重要条件。因此，我们要感受世界的美，就要善于用审美的态度去看世界。

第三节　美感的心理分析

一、美感心理分析的关键

美感是人对他自身的自由的感性直观，因此美感的心理分析，不外是分析人从一个感性的对象上直观他的自由时所呈现出来的心理状态或心理结构。这是美感心理分析的关键所在。此外，这种分析无疑必须以心理科学所取得的成就为基础，否则就不可能有真正称得上是具体的、科学的美感心理分析。

二、感觉与知觉

由于美感是人从一个感性的对象上直观他自身的自由，因此美感的首要心理因素是对事物的感性形象的感觉与知觉。没有对对象的感觉，以及在感觉基础上形成的知觉，就不会有美感。但这种知觉不同于日常生活中的其他知觉。它不是把对象当作实用功利的对象或科学研究的对象去知觉，而是当作人的自由的感性现实的肯定和表现去知觉。因此，它所紧紧地抓住的只是对象上那些表现了人的自由的感性特征，与此无关的东西都被忽略了。审美知觉具有极大的自由的选择性，有"见其所见，不见其所不见。视其所视，而遗其所不视"（《列子》）的特点。所以，审美的知觉，不是那种如实再现对象的一切特征的知觉，而是一种到处捕捉那些表现了人的自由的感性特征的知觉。

三、联想与想象

联想与想象是美感中重要的心理因素。它们与美感中的知觉联系在一起，其重要作用在于把审美主体所知觉到的事物的感性形象同人的内在心灵自由联系起来，产生审美知觉。

在美感中，联想（包括接近联想、类比联想、对比联想）由于所知觉到的形象的刺激，回忆起已有的生活经验和思想感情，把知觉到的形象与人的自由的表现联系起来，使知觉成为审美的知觉。与联想不能分离的想象，不论是再造性或创造性想象，在美感活动中起着比联想更为重要的作用。因为它比联想的活动更自由，更能能动地作用于对对象的知觉，创造出不同于现成事物的新形象，把知觉中的形象充分地转化为审美的形象。这就是中国古代美学中所说的"象外之象"，它比单纯的联想要高。例如，"云想衣裳花想容"，属于接近联想的范围；"沧海月明珠有泪，兰田日暖玉生烟"，则是比联想更高的创造性想象的产物。

四、情感

通过联想、想象的活动，把对对象的知觉和对人的自由的表现的感受不可分割地结合起来，这是审美心理活动的枢纽。但要做到这一点，还必须有其他两个重要心理因素的参与，一个是情感，另一个是理解。

从一般的心理学上看，情感是对象与主体之间的关系的反映。但审美的情感是主体直观人的自由获得了感性现实的肯定而产生出的一种愉快的情感，因此情感在美感中的重要作用，在于通过情感，主体把对象看作是自身生命的自由的外在表现，进入中国古代美学所谓的"登山则情满于山，观海则意溢于海"的状态。这当然是同联想、想象分不开的，但没有情感的作用，联想、想象就不可能把对对象的知觉和人的自由的感性表现联结起来，从而联想、想象就不会是审美的联想、想象。所以，主体对对象所采取的情感态度如何，是不是一种审美的态度，这决定着其他心理因素的活动是否具有审美的性质。如果主体对待对象的情感态度是非审美的，那么其他心理因素的活动也是非审美的。因此，情感渗透在和美感相关的各个心理要素之中，规定着其他心理要素活动的性质和方向。从这个方面看，情感在美感诸心理要素中占有最为重要的地位。

五、理解

在美感中，把主体所知觉到的事物的感性形象同人的自由的感性表现联系起来，不仅靠联想、想象和情感，理解（思维）也是不可忽视的重要因素。这是由于美感既然是对人的自由的直观，就不可能没有理性的认识在其中起作用，不可能没有对社会人生的意义与价值的理解。这种理解越是深广，联想、想象、情感就越能具有深刻的涵义。但这种理解不是采取完全系统的理论形态表现出来的，而是和主体对生活的感受不可分割地结合在一起，并渗透在联想、想象、情感之中。和主体对生活的感受相脱离的抽象的理论，不论它如何正确、重要，都不可能真正进入美感，成为美感的有机的心理要素。相反，当主体企图用这种抽象的理论来规定美感时，美感所特有的心理状态就会遭到破坏。因此，对于美感来说，理解虽有不可忽视的重要作用，但理解只有在和主体对生活的感受融为一体的时候才能真正在美感中发生作用。美感所要求的理解，重要的不在于它是否具有系统的理论形态，而在于它是不是主体从他对生活的感受中得来的，深刻而又独特的理解。

理解在美感中的作用，还表现在它同情感的不可分离上。审美的情感既然是由对人的自由的直观引起的精神愉快，它就必然是一种渗透着理性的情感，而不是非理性的动物性的冲动。我们在上面所说情感在美感中的重要作用的发挥，是和渗透在情感中的理性的深度密切相关的。

六、记忆

美感活动必须以主体的全部生活经验为基础。这些生活经验以记忆表象的形式留存于主体内心世界之中，构成对美感活动有潜在意义的生活积累，和美感的产生密切相关。一旦现实生活中美的事物引发主体的美感活动，记忆表象就起着增强主体对对象的知觉能力，并推动着联想与想象展开的作用，使想象和过去的各种记忆表象，相互渗透，创造出某种新的表象。此外，情感记忆还会增强主体的体验，使美感活动中的情感得以深入。因此，由主体过去特有的全部生活经验中各种难忘的东西所组成的记忆，可以说是和美感心理活动相关的各种宝贵材料的一个储藏库。

七、美感的诸心理因素的相互关系

1. 在对对象的知觉的同时产生了联想与想象，但联想、想象又不是消极被动地被特定的知觉所制约，它加工改造着知觉材料，规定着知觉的方向。正是在这种知觉与联想、想象的相互作用的过程中，对象的感性特征显现为人的自由的感性表现。同时，联想、想象又把知觉与情感、理解联系起来，不断地深化着美感过程中的知觉活动，使人们对美的事物的知觉产生出审美的精神愉快。

2. 美感中的知觉活动引起主体的情感活动，但推动情感活动自由扩展的重要因素，是在知觉基础上展开的联想、想象活动。正是由于联想、想象活动把感性对象与人的自由联系起来，使人感受到他的自由在现实中得到肯定，才可能引发出主体的愉悦的情感。但情感并不仅仅表现为美感活动的成果，它渗透在美感活动的各个心理因素之中，与联想、想象相互作用又相互加强。浓烈、舒畅、高扬的情感构成一种强大的动力，使联想、想象活动变得越来越奔放、自由。奔放、自由的想象又反过来作用于情感，使情感的体验与抒发变得越来越活跃、深刻、有力。在情感与联想、想象的相互作用和相互加强的过程中，联想与想象无拘无束地持续着，审美的情感也源源不竭地产生着。

3. 在美感中，联想、想象是极其自由的，同时又是合规律的。这是联想、想象与理解的相互作用的结果。一方面，联想、想象在极为自由地活动着；另一方面，理解又可以说是不露痕迹地规范着它，使之合规律地把我们所知觉到的感性形象化为人的自由的感性表现。这种渗透着主体对人生的意义和价值的深刻理解和与之不可分离的情感态度的联想和想象，可以使我们进入一种所谓"神与物游"的状态。这种联想、想象的过程，因种种情况的不同，有时可以为我们比较清楚地意识到，有时则是一种潜意识的、不假思索的活动。这后一种情况，从根本上看，是理性的意识在极其漫长的历史过程中，渗入和融化到人的感性中的结果，也就是马克思所说的"感觉通过自己的实践直接变成了理论家"，使得感性的直观自身就包含有精神的意义，看起来并没有什么明显的联想、想象的过程。

审美诸心理因素的交互作用，归结到一点就是如何使主体所知觉
到的感性形象直接成为人的自由的感性表现。当达到了这一点，主体
就产生出审美的情感愉快，同时知觉和情感也就融为一体，契合无
间。知觉与情感的这种契合深化，是美感的重要心理特征，它标志着
美感的完成。因此，我们对美感的心理特征可以大体上作出这样一个
说明：美感是在感觉和知觉的基础上，由联想、想象、情感、理解诸
心理因素的协调活动所达到的一种知觉与情感契合无间的心理状态。
在这种状态中，我们从对象上直观着人的自由，产生出一种精神的愉
快。

第六章　审美理想、审美趣味与审美标准

第一节　审美理想

一、什么是审美理想

审美理想是人们在社会生活中所追求的某种被视为最完善的美
的境界和美的形象。对于审美理想的概念的理解，应注意以下几
点。

第一，审美理想与人们的生活理想直接相连，因而在根本上不能
脱离一定的历史条件和世界观。任何审美理想都反映着一定历史条件
下人们的实践要求、愿望和需要，具有社会性，并具有一定的、具体
的历史内容。世上不存在永恒的、绝对不变的审美理想，审美理想是
随着社会的发展而变化发展的。在阶级社会里，不同阶级有不同的审
美理想，审美理想的对立和冲突是社会阶级斗争的反映。但对这种现
象要作具体历史的分析，不能作简单化的理解。要以历史唯物主义为
指导，从人类历史的辩证的发展中去分析审美理想的发展。审美理想
的社会性和历史具体性决定了审美理想的发展具有历史的继承性。共
产主义的审美理想是在消灭了阶级的条件下所产生的人类历史上最崇

高的审美理想，同时又是对人类历史上一切具有进步性的审美理想的批判继承和发展。

第二，审美理想是在对现实生活中存在的许多个别的美的事物长期反复感受的基础上形成的，它表现了人们在生活实践中对于尽可能完善的美的追求。但审美理想又不是某种抽象的概念，也不能归结为某种固定不变的、统一的模式。它总是存在于人们对于美的某种形象的构想和预期之中，而且它的实现具有无限多样的可能性。审美理想的普遍性、一致性同它的具体实现的形式的无限多样性不能分离。企图把审美理想规定为某种千篇一律的模式，这是违背美的规律的，并且是审美理想空洞贫乏的表现。

二、审美理想的作用

审美理想作为美感活动、社会审美经验深化发展的产物，渗透、融化在个体的欲望、需要、追求之中，成为个体的自觉的追求，在人们的美感和艺术创造中起着重要作用。这种作用，表现在如下几个方面。

第一，审美理想虽然不是某种固定不变的模式，但它对人们的美感起着规范的作用，和一定历史时代审美的趣味、风尚、爱好密切相关。凡是在一定历史时代得到广泛流行的美，都是同这一时代的某种审美理想相一致的。当某一种审美理想由于历史的原因而退出生活的舞台之后，与这种理想相适应的趣味、风尚、爱好也随之失去原有的地位而趋于衰微。

第二，不同的审美理想对社会审美意识和美感的发展有着不同的作用。健全的、先进的审美理想的形成和传播能够有力地推动社会审美意识和美感朝着健康向上的方向发展。相反，落后、反动的审美理想的流行必然导致社会审美意识和美感的庸俗化和腐朽化。

第三，审美理想在艺术创造中起着最为明显和最为重要的作用。因为艺术美较之于现实美是人们所追求的理想形态的美，所以艺术美是在一定的审美理想的强烈作用下创造出来的。它既集中地反映了一定历史时代所具有的审美理想，同时又能反过来有力地影响一定历史时代审美理想的形成和发展。

第二节　审 美 趣 味

一、什么是审美趣味

1. 审美趣味是人们在审美中的不同爱好和倾向性的表现。它不但表现在不同的个人的不同爱好上，也表现在不同的民族、国家、时代、阶级、社会集团的不同爱好上。

2. 形成审美趣味的根源在美感的差异性。从社会历史角度看，美感是对人自身的自由的直观，而人们对自由的理解，以及自由的具体实现形式在不同的条件下是各不相同的。人是怎样地创造他的生活的，他也就会怎样地感受美。而人的生活，是为各种非常具体多样的条件，如自然环境、种族特征、物质生产、社会结构、风俗习尚等制约着的，反映在主体的审美感受上就产生了民族的、国别的、社会的、阶级的、时代的差异。从个人的角度看，同一民族、国家、社会、时代、阶级的人，他们对同一事物的美感也经常表现出明显的差异。这是由于个人所参与的社会实践，他们的经历、教养、思想、感情、个性以至天赋、气质，等等，都不可能是完全相同的。审美主体不同，他们从对象上看到的美也就不同。

3. 审美趣味同人们审美感受的差异性不能分离，但不是任何一种审美趣味都是合理的、值得肯定的。审美趣味有高尚与落后、健康与腐朽之分，它同人们的审美理想密切相关。审美趣味是审美理想在人们审美爱好上的具体表现，它始终渗透着某种审美理想。审美趣味较之于审美理想是更为具体地在人们的美感中产生作用的东西。此外，审美趣味还和人们的审美能力直接相连。人们的审美理想和审美能力的高下，最为集中而具体地表现在人们的审美趣味中。我们可以从一个人的审美趣味的高下，清楚地看出他的审美理想和审美能力的高下。因此，培养与高尚的审美理想相一致的审美趣味，提高人们的审美能力，是美育中的一个非常重要的问题。

二、审美趣味的多样性与统一性

1. 从人们审美上的不同爱好中产生出来的审美趣味是无限多样的。正是这种多样性使人们的审美感受得以反映出客观世界的无比丰富多样的美。因此，否认审美趣味的多样性，企图肯定某一种趣味而排斥其他多种多样的趣味，是完全错误的，它只能使人们的审美感受趋于枯竭和贫乏，并导致美的创造的停滞和单一化。我们所要排斥的只是那些落后、腐朽的审美趣味，但所谓排斥也并不是简单的禁止，更重要的是通过各种手段积极发展健康的审美趣味，战胜落后、腐朽的趣味。

2. 审美趣味既有多样性，但又不能否认它同时也有统一性。这统一性的产生，从世界历史的范围来看，是由于人类社会实践产生的美具有普遍的、共同的本质。所以，世界各民族虽有不同的审美趣味，但凡是真正美的东西，都能成为全人类共同的精神财富。不同的阶级、时代、社会的审美趣味的统一性，根源于不同阶级、时代、社会的实践产生的美各自具有的共同性。凡是在历史上和人类的进步相联系的美，不论属于哪一阶级、时代、社会，都可能得到广泛的承认和爱好。

3. 审美趣味的多样性与统一性是不可分割地、辩证地联系在一起的。只承认统一性而否认多样性，实际就是对审美趣味的否定，因为审美趣味是和人们审美感受的多样性不能分割的。反过来说，只承认多样性而否认统一性，那就取消了审美趣味的社会性，同时也否定了人们的审美感受相互交流的可能性。因此，只有在多样性与统一性的辩证统一之中，审美趣味才能存在和得到不断地丰富发展。

第三节 审 美 标 准

一、什么是审美标准

由于人们对同一事物的美与不美常常作出不同的甚至截然相反的判断，因此就产生了谁的判断才合理、正确的问题，从而也就产生了审美有没有客观标准可言的问题。很明显，这个问题的解决首先取决于是否承认有客观的美存在。如果承认，那自然就会承认审美有客观标准；反之，就会否认有客观标准。我们认为美是客观的存在，因此人们审美判断的正确与错误是有客观标准可言的。

二、审美标准的客观性

1. 人们对事物的美与不美的判断的分歧是显而易见的，而且和人们主观方面的原因密切联系在一起，不可能像解决自然科学认识上的分歧那样用实验的方法去加以解决，或用逻辑的推论去证明谁对谁错，这就是历来唯心主义美学否认审美有客观标准的主要原因。旧唯物主义美学肯定审美有客观标准，但它所说的标准却是一种超历史的、抽象不变的标准，因此无法科学地解决审美标准的客观性问题。

2. 美是人类社会历史实践的成果，不是精神、意识的产物。所谓真正的、客观的美，就是真实地、客观地体现了人类在一定历史发展阶段上所取得的自由的美。这种自由不是主观的臆想，而是人类在历史地发展着的社会实践中对客观必然规律的认识和支配的结果。只有这样的自由才是真正的自由，也只有体现了这种自由的美才是真正的美。人们所说的美是否同这种美相一致，虽然不能用自然科学的实验方法去检验，但可以而且完全能够通过人类社会实践的历史发展去检验。凡是同人类历史向前发展的一定阶段相适应，展示了人类在这个阶段上取得的自由，并且构成后来历史发展的一个必要环节的美，都会在人类历史上永远地留下来，被后人所赞叹、欣赏。相反，凡是违背历史发展的必然和人类进步的东西，不论在一定的条件下有多少人认为它美，终究要被历史的发展所否定。审美的标准既是客观的，同时又是历史具体的，不存在旧唯物主义美学所说的那种脱离人类历史发展的抽象不变的标准。美与不美，最终要放到人类历史发展的实践过程中去加以衡量。

3. 人们对美与不美的判断的差异有时并不是出于对美的本质的理解的根本差异，而经常是由其他两种原因所引起的。一种是由审美趣味的差异引起的，在这种情况下，只要明白审美趣味的多样性，知道我不喜欢欣赏的东西不等于就是不美的东西，人们的判断的差异所引起的争论自然就可以消除。还有一种差异是由于人们审美能力的高下引起的，在这种情况下，由于审美能力低下而作出的错误判断，只要审美能力有了提高，自然就能得到改正而和正确判断相一致。所以，只要肯定了美的客观的本质的存在，以上这两种性质的差异是完全可以得到客观的解决的。审美标准上的绝对的相对主义无法成立，相对性只表现在人们对美的判断不是在任何情况下都能和客观的美完全一致。

4. 审美在表现形式上是同每一个体的爱好、趣味直接相关的，但在这种看来只和个人相关的爱好、趣味中又包含着一种不以个人为转移的普遍必然的社会内容。因此，审美既和个人的爱好、趣味分不开，同时又有着不以个人为转移的客观标准。当个人的某种审美趣味与一定社会的存在和发展不能相容时，它就会遭到社会的抵制和批判。在审美上，不受社会制约的个人的绝对自由是从来没有的。

第七章 艺术的本质

第一节 艺术是生活的反映

一、艺术作品的基本构成

1. 艺术和各种不同的艺术作品的存在不能分离。一切艺术作品不论如何不同，都表现了人的某种情感、思想、理想、幻想、意志、欲望，等等。总之，它包含着某种属于人的复杂的精神内容。同时，这种精神内容又是通过用某种物质媒介（如语音、声音、身体动作、色彩、线条，等等）造成的感性形象表现出来的，两者相互渗透，不可分割地统一在一起。因此，艺术作品是内在的精神内容和外在的感性形象的统一。

2. 任何艺术作品都是由上述两个方面的统一所构成的。但由于这两个方面及其相互关系都很复杂，不同社会、时代、阶级的人们对艺术的要求又很不同，所以人们可以孤立片面地抓住和艺术相关的这两个方面的各种因素中的某一因素，把它视为艺术的本质，得出关于艺术的各种不同的说法。例如，抓住欲望，抛开其他，就声称艺术是下意识的欲望的表现；抓住表现内在精神内容的外在感性形象中的形式因素，抛开其他，就声称艺术的本质只关系到形式，如此等等。所有这一类说法的片面性是显而易见的，而且它还造成了一种印象，似乎艺术的本质是人言人殊，不可捉摸的。

二、从艺术作品的基本构成看艺术是生活的反映

1. 艺术作品的内在的精神内容虽然同艺术创造的主体（艺术家）的意识分不开，但它归根到底仍然是社会生活在主体意识中的一种反映。例如，荷马在他的史诗中所表现的思想感情当然同荷马的主观意识分不开，但这种思想感情不可能产生在西方 20 世纪现代化的资本主义工业社会。同样，20 世纪西方现代派文艺也决不会在荷马的时代繁荣起来。表现在同一时代的不同艺术作品中的不同的精神内容的产生，也是因为不同艺术作品的创造者生活在不同的社会关系中，有不同的生活经历，从而有不同的思想感情。

2. 艺术作品的外在的感性形象也是生活的反映。这种感性形象可以分为两大类，一类是具象的，即具体地描绘、再现某一客观对象。它虽然不是某一客观对象的如实复制，但显然是对生活中某一客观对象的一种反映。另一类是所谓"抽象的"，它具有某种感性形式，但不是对生活中某一客观对象的具体描绘，如大多数音乐艺术、建筑艺术、抽象绘画、中国书法艺术之类。这一类艺术作品都不能说它感性形象地描绘再现了生活中的什么东西，但它的感性形式仍然是对生活中存在的事物所具有的某些能表现主体感情的形式要素加以抽取、组织和概括化的产物。例如，只因为在现实生活中水平线能引起安定感，它才能成为绘画在表达某种宁静的感情时所使用的手段。艺术中的一切所谓"纯形式"的产生，最终都源于现实生活。

3. 由于构成艺术作品的内在的精神内容和外在的感性形象都来

源于生活，都是生活的反映，因此从艺术作品与生活的关系来看，艺术是生活的反映。这里使用的"反映"这个词，不仅指认识论上的反映，还包含人类整个复杂的精神世界对外部世界的种种反映。此外，"反映"不是指如实的复制，而是指艺术与生活之间存在着一种不可否认的对应关系，有什么样的生活就会有什么样的艺术。

三、驳否定艺术是生活的反映的一些论点

1. 一切唯心主义美学都否定艺术是生活的反映，否定的方法大体上不外两种。一种是片面夸大和歪曲解释艺术中的某些复杂现象，另一种是不顾最明显的事实，任意地（有时是横蛮地）进行诡辩。

2. 唯心主义美学否定艺术是生活的反映的论点很多，最常见而重要的有如下几种。

第一，艺术不是生活的如实的复制，而是艺术家的意识所创造出来的一个绝对独立的世界。这种说法不外是认为主张艺术反映生活即是主张艺术必须如实复制生活。它把"反映"与"复制"混为一谈，这是不能成立的。其次，它夸大艺术与生活的差别，夸大到认为艺术与生活毫无关系，这也是不能成立的。

第二，艺术是主观精神（包括情感、直觉、幻觉、下意识欲望……等等）的表现。主此说者众多，至今仍有很大势力。所有这一类说法的一个基本点，就是把艺术中主体的表现同生活的反映互不相容地对立起来，不承认表现也是对生活的一种反映。因为艺术家所表现的东西，不论如何神秘，都只是他的头脑对生活的一种反映。例如，抽象主义画家宣称艺术"不去反映物质世界，而去表现精神世界"。实际上，"精神世界"不可能脱离"物质世界"而存在，它以"物质世界"为基础，是"物质世界"的反映。抽象绘画所表现的"精神世界"，归根到底是 20 世纪西方资本主义这个"物质世界"在抽象派画家意识中的一种反映。

第三，艺术是一种绝对与生活无关的、独立自在的"纯形式"。

这种说法的错误在于夸大艺术形式的特殊复杂性，否认形式包含有来自生活的情感内容，或承认这种内容的存在，但认为它与生活无关，把形式的创造和生活割裂开来。

四、旧唯物主义的反映论的错误

1. 马克思主义以前的唯物主义一般都主张艺术是生活的反映，但存在着一些重大的错误。还有一些主观上是主张马克思主义的唯物主义的人，把马克思主义的唯物主义同这种旧唯物主义混淆起来，这也是错误的。

第一，旧唯物主义常常把艺术对生活的反映理解为一种消极被动的、如实的复制，不懂得人的主观能动性在艺术中的巨大作用。唯心主义抓住这一点，脱离生活大讲主观能动性的作用，最后得出否认艺术是生活的反映的结论。

第二，旧唯物主义常常把艺术对生活的反映简单地理解为感觉对生活的再现，否定主观情感的表现在艺术中的重要作用，不懂得反映是一个广泛的概念，不但感觉是反映，情感、意志、欲望、幻觉等同样是对生活的反映。因此，旧唯物主义只是简单地否定表现说，而不能真正战胜它。

第三，旧唯物主义不懂得人的生活是人改造世界的实践活动的结果，也不懂得物质生产实践的发展是决定人类生活发展的最终原因，因此，它不能真正唯物地说明艺术是怎样从生活产生，并怎样由生活的发展决定的。凡问题牵涉到艺术产生的根源和艺术的发展时，它就转到了唯心主义方面，用精神的原因和超历史的、永恒不变的人性等来解释艺术的产生发展。

2. 在艺术与生活的关系上，我们既要反对唯心主义的错误，又要克服旧唯物主义的错误，否则就不能在理论上和实践上克服唯心主义的错误。此外，旧唯物主义的影响的存在，是美学和艺术理论上各种简单化的观点产生的一个重要根源。但我们在批评这种简单化的观点时，要防止滑向唯心主义，重复唯心主义的错误。

第二节 艺术对生活的反映的审美本质

一、艺术对生活的反映是审美的

1. "美"这个词在日常生活中常用以指漂亮、好看，或美学上所说的"优美"。这是一种狭义的理解。广义地说，美是人在改造世界的实践的过程和结果中所取得的自由的感性表现。它不但指优美，也指壮美（崇高）、悲剧、喜剧，包含我们在前面已讲过的美的各种形态。有的美学家认为美即是指优美，不包含崇高、悲剧、喜剧等在内。对优美的感受的确不同于对崇高等的感受，但前者和后者显然又有本质上共同的东西。它们都是人的创造的智慧、才能和力量的表现，都能使人看到人的自由在人的生活中所获得的感性现实的肯定，从而使人产生一种特殊的精神愉快。这种愉快不是一般的道德感或功利感，只能归于广义的美感的范围。区分对美的狭义的与广义的理解，是认识艺术与美的关系的一个重要问题。

2. 艺术对生活的反映，它的最根本的特点是把人的生活当作人自身实践创造的感性具体的过程和结果来反映，并从中显示出人的自由的本质。因此，艺术对生活的反映，从广义上看，是一种审美的反映。这在戏剧、长篇小说、电影这些艺术形式中表现得最为清楚。这些艺术形式都有一定的故事情节，通过这种故事情节，人在创造生活的过程中碰到了怎样的一些困难，他为了自己的自由获得实现如何克服战胜这些困难，经历了怎样一些曲折复杂的斗争，都被活生生地反映了出来。我们从它所获得的感受，正是上述广义上的审美感受。人类的全部生活，只要作为人类争取自由的感性具体的实践创造的过程和结果来看，都可以成为艺术的反映对象，给我们以审美的感受。有些艺术作品虽然不能直接描写人为实现自身的自由而进行的实践创造的过程，但它可以用各种方式表现出在这一过程中产生的，和人的自由的实现相联系的某种感情，从而打动我们的心灵，引起我们的审美感受。

374

二、艺术美的构成

1. 艺术美的构成包含内在地统一在一起的两个方面。第一方面可以称之为理性的方面,它指的是和人的自由的实现相关的某种思想。这种思想归根到底是人与社会的关系和人与自然的关系的反映,它表现在如何对待友谊、爱情、家庭、国家、社会、人类等方面。这就是一般所说的和艺术作品的主题相关的东西。但这种思想不是采取纯粹抽象的概念的形式表现出来的,而是同人的生活的感性实践创造的过程和结果,同这一创造过程中各种不同的人的欲望、要求、情感等的感性具体的表现不可分割地联系在一起的。这也就是构成艺术美的第二个方面,即感性的方面。这个感性的方面在作品中具体表现为作品的感性形象,既包含对人类生活实践创造中的人物、事件、环境、过程、结果的具体描绘,也包含不具体描绘事物,但能传达表现情感的某些抽象的感性形式。

2. 艺术美是上述理性与感性两个方面的统一。它所达到的高度,取决于它所包含的和感性不可分的理性内容的深刻程度,以及这种理性内容在感性形象中的表现所达到的完美程度。从一方面看,如果一个艺术作品缺乏深刻的理性内容,它的美的价值就要大为降低;从另一方面看,如果这种理性内容尚未在感性形象中获得完美的表现,作品的美的价值也要受到很大损害。这里所谓完美,并不是指通过某一感性形象把理性的内容图解出来,而是指使理性的内容真实而自然地渗透在生动的感性形象之中,从而成为某一独特的、不可重复的感性形象内在具有的东西。

3. 艺术作品是艺术家创造的产物,因此艺术美和艺术家主观方面的因素不能分离。其中最重要的是两个东西:一个是表现在作品中的艺术家的人格思想,另一个是表现在作品中的艺术家创造的智慧、才能和技巧。

三、艺术美与现实美

艺术美是现实美的反映,但艺术美又决不是现实美的简单复制,而是艺术家在现实美基础上所进行的一种崭新的创造。艺术美与现实美的不同，表现在以下几个方面。

第一，较之于现实美，艺术美具有更为集中、概括和典型的形态。现实美虽然具有艺术美所不能相比的非常丰富、生动、多样的表现，但它经常是零碎、分散、易逝的，此外还夹杂着许多非审美的，或不能使美充分完满地呈现出来的因素。艺术美的创造克服了现实美的这些缺陷。如果把现实美比之为矿石，那么艺术美就是用矿石冶炼而得的金属。

第二，艺术美是对现实美的发现和升华。现实美虽然是客观的存在，但在日常生活中人们常常不能发现它，或不能深切地感受到它。有些美，如我们已经讨论过的悲剧性的美，很难在生活中直接地感受到。许多在生活中能直接感受的美，人们由于种种原因常常会视而不见，或只有一种偶发的、飘忽不定的、肤浅的感受。艺术美的创造改变了这种情况，它深刻地揭示了人们还没有发现的或没有深切感受的现实美，并且以高度集中、概括、典型的形态表现出来。所以，艺术美的创造是艺术家对现实美的独特发现和深入开掘的结果。

第三，艺术美不但是对现实美的一种深刻的发现，而且赋予了现实美不可能有的完美的形式。形式的完美是艺术美高于现实美的一个重要原因。因为艺术美是人有意识、有目的地创造的结果，所以它能把现实美所包含的深广的理性内容表现在最完美的感性形式之中。

第四，艺术美既然是艺术家创造的产物，因此它既是现实美的反映，同时又深深地打上不同艺术家的主观意识和创造才能的特点的烙印。同一的现实美在不同的艺术家那里会得到不同的反映。真正成功的艺术美的创造都是独具一格，不可重复的。但只有在艺术家主观的个人特点和对现实美的客观反映两者达到了内在一致的情况下，艺术家才能有真正成功的创造。如果艺术家主观的个人特点和对现实美的客观反映是互相矛盾的，那么这种个人特点就是没有价值的。它仅仅是艺术家个人的主观任意性的表现，只能形成一种虚假的、缺乏意义的风格。

四、现实丑在艺术中的反映

1. 艺术对生活的反映是一种广义上了解的审美反映，这不是说艺术只反映生活中美的东西，它也可以反映丑的东西。然而这种反映仍然是审美的，艺术并不会因为它反映了丑的东西而使自身也成为丑的。如果说有些艺术作品确乎是丑的，那是因为它对生活的反映违背了艺术的规律。

2. 为了说明现实丑在艺术中的反映，首先需要区别现实中的两种不同性质的丑。一种丑是美的反面，也就是对美的否定；另一种丑是具有审美意义的丑。对于这种丑，中国古代的庄子已经谈到过，古希腊的亚里士多德也曾涉及了它，欧洲中世纪的美学也有所论述。到了近代，还有一些美学家专门把丑作为一个审美范畴来加以研究，如德国美学家卢森克兰茨（J. K. F. Rosenkranz）等。所谓具有审美意义的丑，指的是生活中的某些事物，它的外在形式是丑的，但就在这看来是丑的形式中却包含着某种内在的精神性的美，而且这外在的丑的形式恰好成为内在精神性的美的一种特殊表现。例如，人的五官四肢的某种反常的不合规律的形式，当它强烈地显示出某种内在的精神美时，这种丑的形式也可以具有它的独特的审美意义。所谓具有审美意义的丑，根源于人在实现自身的自由时所遇到的某种使人的正常生存遭受破坏的灾难痛苦或反常的不合规律的现象，但人又通过自己坚强的意志和正直善良的崇高品性而克服了它，于是外在形式的丑就具有了审美的意义。此外，生活中某种看来是十分拙劣可笑的动作，当它恰好是人的内心的某种精神美的表现的时候，也同样可以唤起我们的审美感受。

3. 艺术对于现实中上述两种不同的丑有不同的反映。对于第一种没有任何审美意义的丑，艺术的反映是深刻地揭示批判它的丑的本质。这种对于丑的批判否定，反过来说就是对于美的肯定。我们通过艺术的反映，在一种感性具体的形式中深刻地认识了这种丑的可憎的本质，从而激起对美的热爱和追求。所以，艺术对这种丑的反映，它所产生的效果，仍然是审美的。对于第二种具有审美意义的丑，艺术对它的反映是尽力从外在的丑的形式中揭示出内在的精神的美，使前者成为后者的一种不寻常的、特殊的表现，并形成强烈的对比。它所产生的审美效果，多数是崇高的，有时是幽默的。

第八章　艺术的创造、欣赏与批评

第一节　从美感到艺术创造

一、艺术创造与美感

艺术创造离不开艺术家对现实的审美感受（在前述广义上理解的审美感受），但艺术创造中的审美感受又不同于日常生活中一般的审美感受，它是日常生活中的审美感受的深化、发展和提高。

第一，日常生活中的审美感受经常是不够自觉的、分散的、零碎的、比较表面的，艺术创造中的审美感受则从不够自觉走向充分自觉，从分散、零碎走向集中、概括，从比较表面的感受走向深刻的感受。没有这个过程就很难有艺术的创造。所以，艺术创造中的审美感受既是以日常生活中的审美感受为基础的，同时又提到了更高一级的程度。

第二，艺术创造对从日常生活得来审美感受的提高，包含着两个相互联系的方面。一个是对日常审美感受的集中概括，另一个是对包含在这种审美感受中的具有普遍意义的社会内容的深入发掘，两者处在互相作用之中，不能分离。前者使艺术创造中的审美感受始终保持着来自生活的独特的生动性、丰富性，同时又把它加以有机的集中统一，后者则使艺术家的审美感受具有不再局限于个人的普遍的社会意义。上述过程使得艺术家的审美感受既保持了个人的独特性，同时又成为一定社会的某种审美意识或审美理想的集中体现。日常生活中的审美感受向艺术创造中的审美感受的转化，关键就在于使个人的审美感受同时成为社会的审美意识的集中体现，不局限在对某一个别事物一时一地的审美感受上。这种转化的实现是以艺术家的全部生活实践经验为基础和源泉的。虽然有时看来是偶然的，而且没有为艺术家自觉地意识到，实际上仍然可以从艺术家的生活实践中找到内在的深刻的必然性。

第三，日常生活中的审美感受不能脱离对象的感性形式，艺术创造中的审美感受同样如此，但又有重大区别。因为艺术创造中的审美感受不仅不停留在日常生活中的感受水平上，也不停留在将日常生活的审美感受加以深化、发展和提高上，还要借助于一定的物质媒介把它加以物态化，造成一个可供社会群众欣赏的艺术品。所以，艺术创造中对事物的感性形式的审美感受不受某一对象的局限、束缚，而是能动地整理、组织、改造着艺术家感受到的种种形式，力求使它成为具有社会普遍性的某种审美意识的完善体现。同时，对形式的审美感受始终和艺术家所使用的不同的物质媒介结合着。这是艺术创造中的审美感受同日常生活中一般人的审美感受的一个重大区别。

总起来看，从日常生活中的审美感受到艺术创造的过程，是把艺术家从生活实践中得来的审美感受提升为具有社会普遍性的审美意识，赋予和它相适应的感性形式，并使之物态化的过程。

二、审美意识的物态化

1. 没有审美意识的物态化，就没有艺术作品的产生。因此，审美意识的物态化是艺术创造中的一个重要问题。现代有一些美学家，如克罗齐认为只要艺术家心中直觉到了一个形象，艺术作品即已产生。至于是否用物质媒介把这形象"传达"出来，那是完全无关紧要的。这种对艺术创造中物态化活动（亦即克罗齐所说的"传达"）的意义持轻视或否定态度的看法是错误的。因为它既否认了艺术创造是一种为社会而进行的精神生产，不仅仅是个人心灵的活动，同时又否认了艺术家创造艺术作品的心灵活动只有当物态化活动结束之后，才算最后得到完成。因为物态化活动决不只是把已经存在于艺术家心中的形象毫不走样地传达出来而已，它同时也是艺术家构思的继续发展和最后完成。在传达亦即物态化活动还没有最终完成之前，艺术家的构思是不会终止的。

2. 物态化活动的根本任务，是要把存在于艺术家观念中的，集中体现了一定审美意识的艺术形象，通过一定的物质媒介（语言、人体动作、声音、色彩、线条以及艺术家使用的各种物质材料）固定下来和传达出来。因此，如何掌握应用物质媒介就具有了重要意义。这种掌握应用，对于不同的艺术门类来说，有着各种不同的复杂的技术和技巧。但总的来看，都必须符合于下述两个方面的要求。

第一，物质媒介的形式结构应当是集中体现了一定审美意识的艺术形象内在地具有的形式结构。这就是说，借助这种形式结构所物态化了的艺术形象，通体都是包含在艺术形象中的某种审美意识的表现，没有妨碍这种表现的东西，也没有可有可无或多余的东西。

第二，物质媒介的形式结构除了必须符合于特定艺术形象的构成和审美意识的表现之外，它自身又有着相对独立存在的形式美。因此，物质媒介的形式结构不但要符合上述的要求，而且还要符合形式美的规律，并且要尽可能发挥物质媒介形式自身所具有的表现情感的作用，使之和包含在艺术形象中的审美意识的表现统一起来。例如，一张表现热烈崇高的主题的画，它的物质媒介的形式结构不但要符合所要表现的主题，而且物质媒介的形式结构本身也应当具有充分表现热烈崇高这一类情感的功能。

三、艺术中的再现与表现

1. 艺术作品是艺术家从生活中获得的审美感受升华为具有社会普遍性的审美意识，并获得相应的感性形式和物态化的结果。因此，从艺术与客观现实的关系来看，它是主体的审美意识的表现和与这种审美意识相对应的客观现实美的再现两者的统一。艺术对生活的反映既不是单纯的再现，也不是单纯的表现，而是两者的相互渗透。

2. 从作为创造主体的艺术家方面来看，他如果不把客观现实的美转化为他个人内在的审美感受，并进一步提升为某种具有社会普遍性的审美意识，那就不可能有艺术的创造。因此，仅从艺术家方面来观察，任何艺术作品都包含着艺术家主观意识的表现。没有表现的要求和冲动，就不可能有艺术创造。从唯心主义的立场去讲表现是错误的，站在机械的唯物主义的立场上否定表现也是错误的。

3. 但是，从另一方面看，艺术家所要表现的审美意识既是由客观现实而来的，这种审美意识的表现不能脱离唯一能使它获得表现的感性现实的特定对象，因此艺术中的表现不能脱离对客观现实的再现。不论任何时候，艺术的表现不能没有感性的形象，这就决定了艺术的表现无法脱离对现实的再现。因为艺术中的任何感性形象，不论它和现实事物的感性形象如何不同，最终都只能来自现实，而不能来自其他任何地方。不描绘任何具体事物的最抽象的形式，同样是来自现实的。认为艺术中的感性形象不是来自感性的现实世界，而是来自某个超感性、超现实的世界，这是不符合事实的神秘的唯心主义。

4. 任何艺术作品都是再现与表现的统一，但两者又可以有所侧重，或相对地均衡。这是由多种复杂的原因决定的。这个问题同艺术门类、艺术美形态的划分密切相关，我们将在下一章中加以说明。

第二节　艺术欣赏与艺术创造

一、艺术欣赏与日常生活中的美感的联系与区别

1. 艺术欣赏作为对艺术美的一种感受，在基本的心理要素和特征上同日常生活中的美感没有根本性的差别。而且，日常生活中长期积累下来的审美感受和审美经验，是我们欣赏艺术美的重要基础。一个对生活中的美毫无感受的人，是不可能感受艺术的美的，但艺术美的欣赏和日常生活中一般的审美感受又有重要的区别。

2. 由于艺术美是艺术家从日常生活中所获得的审美感受提高到了具有社会普遍性的审美意识的物化形态，因此艺术欣赏和欣赏者自己从生活中获得的审美感受之间存在着复杂的关系。它是物化在作品中的审美意识同欣赏者自己原有的审美感受（其中自然也体现着某种审美意识）之间相互作用的表现。在对日常生活中事物的审美感受中，欣赏者原有的审美感受也同样起着重要作用，但欣赏者对被欣

赏的对象的美的意义可以按欣赏者自己的感受作出不同的解释（尽管有正确与不正确之分），也可以完全不作解释而漠然置之。艺术作品的欣赏则不同，艺术作品具有为艺术家所赋予的特定的审美意义，只要我们企图去欣赏它，就必须对它的审美意义作出解释，而且这种解释还应当是与作品的审美意义相一致的。这就是说，和日常生活中的美的对象相比，艺术作品的欣赏对于欣赏者的感受具有明确的规定性。例如，当我们欣赏某一自然风景时，我们可以按照我们的感受对它的美作出自己的解释，但在欣赏一张风景画时，我们却不能不考虑它表现的是什么，我们对它的感受和解释是否同作者所要表现的东西相一致。我们可以这样说，一张风景画是画家对自然风景的感受和解释，而我们对风景画的欣赏则是对画家的感受和解释再加以感受和解释。这时我们的感受和解释，显然是为我们欣赏的作品所规定的。这种感受和解释具有如下的一些特点。

第一，它虽然是为作品所规定的，但却又不是纯然消极被动的；相反，它具有一种创造的性质。因为作品所表现的审美意识和凝结于其中的审美感受和我们过去从生活中、艺术中获得的审美感受并不是完全一致的。它可能低于或高于我们已有的审美感受，但不可能与我们已有的审美感受完全相同。欣赏活动的本质，就是以我们已有的审美感受为基础，去感受和解释作品的审美意义。如果我们已有的审美感受使我们在作品中发现了过去曾经感受过，或有类似感受却没有如作品中表现得这样深刻的美，或者发现了我们过去本来可能发现但却没有发现的美，那么我们就会产生一种欣赏的愉快、获得很大的满足。所以，艺术欣赏在本质上是以我们原有的审美感受为基础，对作品的美的一种创造性的感受和发现。在这过程中，我们不断在用自己原有的审美感受去补充、解释、领会、发现作品的美。没有这种创造性的活动，就不会有艺术欣赏。

第二，由于艺术美的欣赏是以欣赏者自身已有的审美感受为基础的，同时审美感受又同欣赏者的生活经验分不开，因此艺术作品对于欣赏者能不能成为美的对象，最终取决于处在特定历史条件下的欣赏者的生活经验所产生的审美感受。如果欣赏者的生活经验中不存在和作品所表现的审美感受相通或类似的审美感受，那么作品就很难成为他的欣赏对象。如果欣赏者的生活经验、审美感受发生了变化，他对同一作品的感受也会随之变化。此外，由于艺术作品的丰富多样的内涵具有不能归结为某个概念的不确定性，因此具有不同生活经验和审美感受的欣赏者完全可以对同一作品产生不同的感受，作出不同的解释。这种不同，只要符合作品的实际，就不仅不应当排斥，而且恰好是对作品多方面的丰富内涵的揭示。

第三，包含在艺术作品中的审美意识是通过一定的物质媒介表现出来，并成为我们的欣赏对象的。因此，对各种不同物质媒介的形式结构及其表达情感的特殊功能的熟悉了解，并且在反复欣赏的过程中培养对这些物质媒介的审美感知的敏锐性，是艺术欣赏的一个重要方面。有些艺术作品，如交响乐、书法艺术，如果我们对它使用的物质媒介的特性缺乏应有的熟悉了解，就很难欣赏它。有些艺术作品，如文学、戏剧、电影，它使用的物质媒介虽然一般不至于成为欣赏的障碍，但如果对它缺乏应有的熟悉了解，也很难深入感受欣赏这一类作品特有的美。

二、欣赏对创造的作用

艺术欣赏是以欣赏者原有的审美感受为基础的，但欣赏的结果又会使欣赏者原有的审美感受得到扩展、丰富和提高。马克思说："艺术对象创造出懂得艺术和能够欣赏美的大众。"这种通过艺术欣赏而得到了提高的审美感受，自然又会反过去作用于艺术家的创造。艺术家是艺术的创造者，同时也是艺术的欣赏者。而且，他在成为创造者之前，首先是一个欣赏者。艺术创造的高低是由各种复杂因素决定的，其中艺术家的欣赏能力或审美能力的高低是一个非常重要的因素。一个艺术家即使有丰富的生活经验，如果审美能力不高，也很难发现生活的美。从艺术创造的技巧来说，一个艺术家即使终身都在苦学苦练，如果审美能力不高，也很难有独特的创造。所以，康德特别强调"鉴赏力"、"审美趣味"在艺术创造中的重要地位，是有合理的、深刻的意义的。此外，艺术作为一种社会性的活动，总是为欣赏者而创造的，它不能不受到欣赏者的审美要求的制约。艺术家越是能正确了解欣赏者对艺术的欣赏要求，并把它变为自身的要求，他的作品也越有获得成功的可能。

第三节　艺术批评与艺术欣赏

一、艺术批评的本质

1. 艺术的欣赏和创造既是个人的活动，和个人的爱好不能分离，但同时又具有普遍的社会意义。每一个社会都不能不考虑艺术对人们的思想感情和行为的影响以及它所产生的社会效果，因此就产生了艺术批评，以表达社会对艺术的看法，按照一定社会的要求去影响和作用于艺术的发展。

2. 任何真正成功的艺术批评，都既是一定社会对于艺术的要求的体现，同时又必须符合艺术自身的特征和发展规律。一切违背艺术的特征和发展规律的批评，不论它表面上显得如何激进，实际上都不能有效地引导艺术的发展，甚至是有害于艺术的发展的。

3. 由于不同的社会、时代、阶级、社会集团对艺术的要求不同，对艺术的特征和发展规律的理解也不同，因此在历史上就产生了各种各样关于艺术批评的理论和标准。真正正确的批评理论，既是符合一定社会的艺术前进发展的客观要求的，同时又是符合艺术自身的特征和发展规律的，两者必须统一起来。

二、艺术批评与欣赏感受

真正成功的艺术批评都是以批评者对艺术作品的独特而深刻的审美感受为基础的。它是对这种感受进行反思和分析的结果，但同时又不导向纯粹抽象的概念和推理，而仍然保持着从艺术作品的欣赏得来的生动丰富的感受，发自内心的激情，等等。艺术批评既不是对作品的纯理智的分析，也不是表面的、杂乱的欣赏感受的记录，而是理智的分析和欣赏的感受两者的相互渗透和统一。

第九章 艺术门类

第一节 艺术门类划分的原则

一、美学史上关于划分艺术门类的看法

在美学史上，很早就有人提出了艺术门类划分的原则问题。如古希腊亚里士多德提出按艺术对现实的摹拟的媒介、对象、方式三者的不同来划分，十八世纪德国启蒙主义者莱辛提出按时间和空间、动和静来划分，康德提出按审美观念的表现方式（语言、表情、音调）来划分，黑格尔提出按他所说的象征的、古典的、浪漫的三种艺术类型来划分。现代又有一些人提出按主体感受的不同情况来划分（如分为知觉的与想象的，或视觉的、听觉的、想象的）。在中国古代，曹丕、陆机、刘勰等人都曾论述过文学门类的划分以及不同门类的审美特征。所有历史上提出的这些划分原则，都有其历史的局限性和片面性，很难根据某一原则，对艺术的所有门类作出一种具有内在必然性的、井然有序的、完整的划分。不过，历史上提出的这些分类原则，终究又从各个不同的侧面揭示了和艺术的分类相关的一些重要问题，值得我们加以研究思考。

二、对划分艺术门类的初步看法

我们认为，由于艺术本身的复杂性，它的划分原则不可能是单一的，而是多种因素的有机结合。下述几个方面，是我们在划分艺术门类时必须加以考虑的。

第一，我们在本单元的第二章中已经说过，艺术对现实的反映是再现与表现两者的相互渗透和统一，但又可以各有侧重。因此，从艺术对现实的反映来说，我们可以把艺术分为再现性的与表现性的两大系列。这种分法，在现代西方美学中已有人提出，但他们对此的解释是唯心主义的。

第二，各门艺术的不同密切关系到它们所使用的物质媒介的不同。例如，音乐不同于雕塑，绘画不同于文学，显然和它们使用的不同物质媒介分不开。因此，物质媒介的区别，是划分艺术门类必须考虑的一个重要方面。

第三，艺术门类的划分必须考虑到物质媒介，而物质媒介的应用又是同物质媒介自身的特征以及我们对它的知觉方式密切相关的。把这两方面联系起来加以考虑，我们又可以把艺术分为这样几类：第一类是诉之视觉的，以可见的线条、色彩、形体为物质媒介；第二类是诉之听觉的，以声音为物质媒介；第三类是诉之由语言唤起的知觉想象的，以语言为物质媒介。

第四，由于艺术对现实的反映，或者是直接反映生活的过程及其导致的结果的，或者只反映结果而使人由结果推知过程的，由此又产生出时间艺术与空间艺术、动的艺术与静的艺术的区分。

第五，以上所说由媒介的使用而来的分类原则，对于某些艺术部门来说，不是单一的，而是综合性的，由此自然又可分出综合艺术这样一个门类。

依据上述的诸原则，我们可以初步将艺术分为再现的与表现的两大系列，每一系列又依据物质媒介的不同而分为不同的门类。

（一）再现艺术

（1）以诉之视觉的线条、色彩、形体为媒介的空间艺术：具象的雕塑、绘画、摄影艺术、专供观赏的具象的工艺品。

（2）以间接诉之知觉想象的语言为媒介的时间艺术：叙事文学。

（3）综合艺术：戏剧、电影、电视。

（二）表现艺术

（1）以诉之听觉的声音为媒介的时间艺术：音乐。

（2）以诉之视觉的身体动作为媒介的时间艺术：舞蹈。

（3）以间接诉之知觉想象的语言为媒介的时间艺术：抒情文学。

（4）以诉之视觉线条、色彩、形体为媒介的空间艺术：建筑、书法、抽象的绘画和雕塑、抽象的图案装饰和以抽象形式构成的工艺品。

第二节 各门艺术的美的特征

一、文学

文学可分为抒情的与叙事的，虽然两者不能截然分开，但显然可以有所侧重。因此，前者划归为表现性的艺术，后者划归为再现性的艺术。最初的文学是同对神和祖先祭祀中的祷告，政治军事集会中的演讲、誓言、命令等所使用的语言分不开的，它带有强烈的表现情感的色彩，以后又发展出抒情诗。侧重于完整地叙事的史诗的发展可能稍晚一些，戏剧、小说文学的发展则更晚。由于文学以语言为物质媒介，而语言的再现和表现的可能性是最不受拘束的，因此没有任何审美感受不可以用文学语言表达出来。至于对生活过程的详尽描述，更没有任何一门艺术能同文学相比。因此，文学具有最广阔而自由地反映生活的手段。文学所特有的美，在于它能够用唤起鲜明的形象知觉和自由想象，具有结构韵律之美的语言把人类生活复杂的创造过程充分地展现出来，并且能使美所包含的社会的理性的内容得到充分而深刻地揭示。在所有各门艺术中，文学居于重要的地位，影响着其他各门艺术的发展。

二、音乐

以声音为媒介的音乐，具有直接而强烈地表现情感的功能。因此它是表现艺术中最重要的部门。声音所具有的表现情感的功能，首先同语言的音调分不开。中国汉代扬雄说"言"为"心声"，虽然是针对文学而言的，但也已表明了声音同人的内心情感表现的密切关系。此外，大自然中各种和人类生活发生了密切关系的事物所发生的声音，对于人来说也会唤起某种相应的情感。语言的音调再加上劳动以至战斗中所发生的有节奏的音响，大约就是最初形成音乐的重要因素，同时又因为同最早的诗的朗诵吟唱相联系而发展起来。音乐虽然也可以通过音响去摹拟再现某种客观的情景，但就其主要方面而言，音乐的本质是表现的而非再现的。它所特有的美，在于它能通过有节奏旋律的声音，把文学语言中只可意会的情感更为充分地、感性地传达出来，并且对人的感官身体活动产生更直接而强烈的影响。这就是中国古代美学所谓"言之不足故嗟叹之，嗟叹之不足故永歌之"。没有配上歌词的音乐，由于它所使用的声音这一物质媒介只能展示人的内心的某种情感状态，不能具体说明传达某种思想，因此带有不确定性。它虽然也可以达到某种很高的哲理境界（如贝多芬的《命运交响曲》），但始终是诉之于人的内在情感体验的。此外，声音是在时间中不停地流动的，因此音乐也是典型的时间艺术。

三、舞蹈

舞蹈是以身体动作和面部表情为媒介来表现情感的艺术，但身体动作比面部表情更重要。较之于音乐，它对现实的摹拟再现的可能性更大。但舞蹈最重要的特征不是再现，而是表现。原始的舞蹈，其再现的目的是很明显的，带有哑剧、歌舞的性质。但就在这种情况下，舞蹈给人的愉快主要也不是再现，而是通过身体的有节奏的，往往是十分强烈的动作，使内心情感获得充分的表现。舞蹈越是向前发展，它的表现情感的特征就越突出。在对情感的表现的直接和强烈上，舞蹈超过了音乐。这就是中国古代美学所谓的"永歌之不足，不知手之舞之，足之蹈之也"。舞蹈所特有的美，在于它用从生活中提炼出来的优美的形体动作，在连续的有节奏的运动中表现出人内心的情感，把情感直接化为可见的形体动作，突破了音乐欣赏中那种对情感的相对静止的体验状态。舞蹈在古代常常同狩猎、战争的训练结合在一起，后来又同体育锻炼相结合。纯粹作为艺术来看待的舞蹈，是某种具有社会普遍性的审美情感的表现，也是一种艺术性的社会交际手段。现代的舞蹈，强调情感的不受拘束的即兴式的表现，并且在节奏上是快速的。但如果所表现的情感缺乏深刻的社会内容，同时身体动作缺乏应有的美的规范，那么这样的舞蹈就还很难说是比较高级的舞蹈。它有时流为一种动物性本能冲动的任意发泄，失去了舞蹈艺术应有的美。

四、绘画

绘画的产生一开始就同在一个平面上对某个事物的再现分不开，但原始的绘画经常是同图腾崇拜、巫术、自然宗教的观念结合在一起的，不是对对象的完全如实逼真的描绘。只是在远古的蒙昧观念过去之后，逼真地描绘对象才被注意，并且在古代条件下被看成是一种难能的技巧。但是，单纯逼真地描绘对象并不是绘画的终极目的和价值所在。具象的、再现性的绘画的美，在于它能通过对对象的描绘，展现出人的某种内在的、具有普遍社会意义和审美意义的精神、情感、思想。用中国古代美学的说法，就是"以形写神"。仅就"形"而言，绘画的美同线条、色彩、明暗、体积、空间等的形式结构的美密切相关，而这种形式结构又必须处处成为内在的精神、情感、思想等的完满显现。西方自 20 世纪以来，产生了所谓抽象派的绘画，否定绘画的再现功能，主张绘画是用不摹拟任何实物的纯粹抽象的视觉形式来表现情感、幻想、冲动、内在需要等的艺术。因此，这一类绘画应划归表现性艺术的范围。它的产生有种种复杂的原因，但最重要的是画家对于美的追求同客观现实发生了难以调和的矛盾，他们在现实的具象事物中感受不到什么美，于是纷纷转向自我内心的某种神秘的、虚无的观念的表现。但是，在这样做的时候，抽象派画家又对纯粹的线条、色彩、明暗、结构等所具有的表现情感的功能作了种种试验和探讨，创造出了一种新的绘画形式，并且在相当程度上体现了现代化大工业社会条件下人们对美的形式要求的新变化。对抽象派绘画不能简单否定，应采取具体地分析批判的态度。

五、摄影艺术

摄影之所以能成为一门艺术，是因为摄影家通过对摄影技术、技巧的创造性的掌握，能够将生活中稍纵即逝的原生态的美拍摄下来，并使拍摄下来的整个场景的构图、明暗的处理符合于美与艺术的规律。纪实性是摄影艺术的优长所在，是它不能为绘画所取代的重要原因。但这种纪实性已不是一般的纪实性，而是充分表现了摄影家的审美敏感与审美创意的、与美和艺术的规律吻合一致的纪实性。这就是说，通过摄影家的创造，摄影的纪实性变成了具有审美与艺术价值的纪实性，从而使摄影成为艺术。摄影艺术的最重要的特征就在于此。如果试图完全打破纪实性，使摄影向绘画看齐，那就会失去它的特点。我们可以说一张优秀的摄影就像是一张优秀的绘画，但同时又是任何优秀的绘画所不能代替的，这才是摄影艺术的可贵所在。

六、雕塑

雕塑是以木头、石头、泥土、石膏、青铜、不锈钢等为材料，在三度空间中再现生活的艺术。由于雕塑不能像绘画那样在一个平面上同时描写各种各样的事物，交代它们的相互关系，再加上它使用的物质材料不具有如绘画的线条、色彩那样直接而自由地表现情感的功能，因此雕塑艺术的美要求有高度的集中概括，把丰富深刻的思想情感浓缩和凝结在一个物质实体的形象上，并使人在空间上能从各种不同的角度去观赏它。和雕塑使用的物质材料相联系，在形式方面，雕塑的美同物质材料的质地，构成立体的面的推移、转折，体积的外轮廓所显示的线的变化、动势等密切相关。此外，雕凿的手工艺的高下也和雕塑的美有关。自20世纪以来，在具象的雕塑之外产生了抽象的雕塑，其情况、性质和抽象绘画大致相同，只是由于所使用的物质媒介的不同而有不同的特点。

七、工艺

实用工艺品可以说是一种和实用相结合的最古老的空间造型艺术，绘画与雕塑的发展都和它分不开。工艺作为一种实用艺术，最初表现在劳动工具的制造上，以后推及于各种日用器物的制造。工艺的美包含着器物自身的造型和图案花纹装饰这样两个方面。就实用工艺来说，它的美表现在器物最理想的实用功能的实现和器物造型、装饰设计的美两者的有机统一。这种设计装饰，可以有摹拟再现的因素，但从主要的方面看，目的在于表现某种美的情调。某些具象的专供欣赏而无实用价值的工艺品，基本上和具象的绘画、雕塑性质相同，但制作的手艺的高下密切地联系到它所特有的美。一般来说，一切工艺品的美都同它显示了制作者创造的智慧、才能、技艺分不开。

八、建筑

建筑艺术虽然在原始社会已见萌芽，但它正式成为一门具有实用性质的艺术则是在奴隶社会出现之后。世界各文明古国都借助于大量的奴隶劳动创造了许多巨大伟美的建筑。对于建筑艺术的发展起着重要作用的是具有重大社会意义和纪念意义的建筑的建造，如皇宫、帝王的陵墓、带有政治和宗教性质的公共集会场所，重大战争中的军事防御工事，等等。专供游玩、娱乐的场所以及个人住宅建筑的发展则是较晚的事。建筑艺术的美在于建筑的物质材料的形式、结构、空间既符合形式美的一般规律，同时又体现出活动、居住于其中的一定时代人们的审美理想。在各门艺术中，建筑很少只反映个人的审美爱好，而不考虑社会广大公众的审美要求。因此，一定民族、社会、时代、阶级的普遍的审美要求和理想经常集中地反映在建筑艺术中，以致我们可以说建筑艺术是一个民族的精神的纪念碑，它和一个民族的世界观和精神的发展有着十分深刻的联系。

九、书法

书法是中国所特有的一门艺术，以后又流传至日本、朝鲜。中国书法之所以能成为一门艺术，在于中国文字特有的象形特征和书写工具，使得中国文字的书写能够发展成为一门借助于对文字的点线和结构的艺术处理来表现情感的艺术。中国书法艺术是同音乐类似的一门纯粹表现性的艺术，但同时又具有某些和绘画相通的特征。书法艺术带有很大的抽象性，但这种抽象终归是以现实的形体动态的美为根据的。

十、戏剧

在原始的再现某一情节的舞蹈中已包含有戏剧的成分，但戏剧成为一门独立的艺术则是在奴隶社会，特别是在古希腊奴隶制民主社会产生之后。公众的政治集会的广泛发展，社会生活中人们的接触和共同活动的增多，是戏剧得以发展的重要条件。戏剧不同于文学的重要特征在于它是通过演员的表演来反映生活的，但它又离不开文学语言、化妆、舞台布景以至音乐等因素，因此戏剧是一种综合性的艺术。虽然戏剧也可达到强烈的表现效果，但再现始终是它的基本手段。对具有重大深刻的社会内容，并且和人物内心世界紧密相连的矛盾冲突的高度集中和展开，是戏剧艺术最重要的特征。可以说，戏剧艺术的特殊魅力，就在于它通过演员的表演，以最集中的形态，把人类在他们的生活实践创造中所碰到的各种复杂尖锐的矛盾冲突活生生地呈现在人们的眼前。从这种矛盾冲突中，我们看到了真善美与假恶丑之间艰巨、复杂、尖锐的斗争。所以，从心理学的角度看，行为意志在戏剧艺术中占有特殊重要的地位。虽然戏剧不能离开台词，但人物在矛盾冲突中的行为意志是更重要的，人物的个性、思想也主要是通过他在矛盾冲突中的行动表现出来。在西方，戏剧最初有音乐伴唱，后来发展为歌剧与话剧两大类型。在中国，戏剧自古以来就与诗、音乐（包含器乐）、舞蹈分不开，后来发展为中国最具综合性的戏剧艺术——戏曲，堪称是人类戏剧史上独一无二的伟大创造。

十一、电影和电视

电影是随着现代科学的发展而出现的一门艺术，它比戏剧艺术更具有综合性。借助于摄影机的多种功能的发挥，电影打破了戏剧舞台时空的限制，能够自由地反映生活中形形色色的景象、人物和事件，并组织成为一个有机的整体，表现出特定的思想主题。较之于戏剧，电影更接近于生活本身，并且能更充分地发挥视觉艺术的功能。视觉形象在电影中占有十分重要的地位，台词、音乐等都必须和视觉形象相配合。凡能用视觉形象充分表现的东西，就不需要再借助于台词去表现。这是成功的电影作品的一个重要特征。电影对生活的再现可以达到任何其他艺术都不能相比的高度逼真，同时这种逼真的再现又能取得高度强烈而深刻的表现效果。电影能在一种最接近于生活的形态下把生活变为艺术，因此它最易于理解，具有广泛的群众性和重大的社会功能。电视艺术是在电影艺术的基础上发展起来的，由于要适应家居随时收看这一条件而产生了不同于电影的若干特点，在表现手法上更加灵活多样，在时间上可短可长，并且比电影艺术更大众化、通俗化。电视艺术在当代文化生活中的地位越来越重要，但电视与电影各有不同的特点，电视不可能取代电影。

第十章 艺术的功能

第一节 艺术的目的问题

一、"为人生而艺术"与"为艺术而艺术"的争论

1. 在古代，对于艺术的作用，不论中外，都主要是强调它在认识和道德教育上的作用，同时也承认它有美的怡悦作用。不管说法如何不同，艺术都被认为是有着积极的社会作用的。19 世纪末叶以来，随着美学上唯美主义思潮的兴起，产生了所谓"为艺术而艺术"的理论。它认为艺术是独立的，它仅仅以自身为目的，而没有在自身之外的其他任何目的，于是产生了传统的"为人生而艺术"和"为艺术而艺术"的争论。

2. 所谓"为艺术而艺术"的提出有种种复杂的原因，普列汉诺夫曾作过许多分析。他认为这种理论的提出，在一定的历史条件下，有和统治阶级以艺术为庸俗的玩乐工具相对立的意义。在这一口号下要求艺术的绝对独立，实际是要求艺术摆脱资本主义下金钱的支配。到了后来，这一口号就成为完全否定艺术的社会作用的错误理论了。

3. "为艺术而艺术"的主张，在否定艺术的社会作用这点上是错误的，在许多情况下是有害的。因为不论艺术有怎样的一些特殊性，它始终是一种社会现象，它的存在和发展不能脱离它所具有的社会功能。这就是说，艺术不可能，实际上也从来没有仅仅以它自身为目的。但是，在另一方面，"为艺术而艺术"的主张又突出地强调了艺术自身的特殊性，反对抹煞这种特殊性，把艺术看作是任意可以用

来达到各种目的的工具或手段。在这一点上，"为艺术而艺术"的主张又有其不应当否认的合理性。

二、正确认识艺术的社会功能

我们认为，既要承认艺术有其社会功能，又要承认艺术有其自身的特殊性，不能用前者来否定后者，也不能用后者去否定前者。而且，正因为艺术有其自身的特殊性，所以它的社会功能也有其特殊性。艺术不能离开人类社会进步发展所提出的许多具体任务的实现，但艺术是以其特殊的手段来促进这些任务的实现的。它的作用在于影响、改变人们的精神，全面发展人的智慧、才能、个性，使人从必然王国走向自由王国。这就是艺术的最终目的。否认这一目的，以艺术为直接达到某种狭隘的功利目的的手段，那就在实际上取消了艺术。在这个意义上，我们可以说艺术有其自身独立的不容否认的目的，但这目的恰好又是人类历史发展所要达到的目的，并且是同人类历史发展在每一阶段上提出的具体任务不能分离的。离开了这些具体任务的实现，艺术就无从发挥其社会功能。

第二节　艺术功能的分析

一、艺术与宗教

1. 由于艺术的起源在根本上是为劳动所决定的，但又同原始的巫术、自然宗教密切相关，因此艺术很早就与宗教联系在一起。在进入阶级社会之后，艺术又成为统治阶级用以宣传宗教的重要手段之一。例如，在欧洲中世纪，艺术完全成为宗教的附庸。中国魏晋至隋唐，佛教艺术也有很大发展。印度艺术更是同佛教密切相连。

2. 以艺术来宣传宗教，它所起的作用总的来说是阻碍社会发展的。但历史的情况是复杂的，在特定的条件下，宣传宗教的艺术也曲折地反映了人民的希望和理想，产生了许多艺术珍品，并对人民的思想感情发生了深刻的影响。宗教成了艺术发挥其社会作用的一个重要媒介。但是，社会越是向前发展，宗教就越是与艺术不能相容，并成为阻碍艺术发展的力量。随着宗教的最后归于消亡，艺术也将从宗教的桎梏中完全解放出来。

二、艺术与科学认识

1. 在原始的、与巫术密切联系的艺术中，既有浓厚神秘的宗教意味，同时也包含了对自然和社会现象的某些观察和认识。随着原始蒙昧时代的结束，理性精神和科学的发展，艺术也开始同对外部世界的科学认识联系起来。在最初的阶段，艺术常常就是对世界的一种形象的认识，所以黑格尔说艺术是"各民族最早的教师"。

2. 但是，艺术和一般的科学认识又有不能混同的特点。作为认识的一种形态来看，艺术教人认识的是那些和人类社会的自由的实现相关的真理，并且是通过社会个体的生活实践创造的感性具体反映而表现出来的。它所要教人认识的不只是真理本身，更重要的是认识真理的掌握同人的生活的创造、自由的实现不可分离的关系。因此，它不只是使人在理智上认识真理，更重要的是使人在情感上热爱真理，把真理和人的自由的实现不可分割地联系起来，并推动人们去为真理的胜利而斗争。这种作用，是一般科学理论的认识所不能代替的。

三、艺术与道德

1. 在原始社会的劳动和部落战争中，已经萌发了对个人的才能、意志、品格的认识，特别是在维护部落的利益的斗争中，个体为部落的利益而勇敢牺牲的道德意识更是表现得十分强烈。这在各民族叙述自己远古的历史的史诗中已经有十分清楚的反映。进入阶级社会之后，道德成了统治阶级维护其利益的重要手段，逐渐产生了各种靠社会舆论来加以维持和执行的行为规范。但在为统治阶级服务的道德中，也包含着某些为维护整个社会的存在和发展所不可缺少的行为规范。同时，被统治阶级也形成了自己的道德原则。由于道德在社会生活中的作用大为提高，并且由于道德同社会的人的自由的实现有着十分密切的关系，因此道德成了艺术所表现的一个十分重要的内容。这在古希腊的悲剧、中国古代的诗歌中表现得很清楚。艺术被看作是对人们进行道德教育的一个极其重要的手段。

2. 但是，艺术的道德教育作用不同于一般的道德教训，不是仅仅从理智上教人认识和实行某个道德原则，而是要通过对人的生活的实践创造的感性具体的反映去影响人们的情感，使一定的道德原则成为个体内在的、不带任何强制性的、自觉的情感要求。用孔子的话来说，就是要使人对道德原则不但"知之，好之"，而且"乐之"，也就是以道德原则的实行为人生的快乐。这实际上就是把道德的境界提高为完全出自个人情感要求的自由的境界，亦即审美的境界。这才是艺术的道德教育作用的根本所在。

四、艺术与政治

1. 只要国家没有消亡，艺术的发展就不能脱离政治。在世界上还存在着民族和阶级的情况下，属于一定民族和阶级的人们只有组成为国家才能存在和发展。而艺术既然是一种社会现象，就不可能设想它能超越一定的政治而存在和发展。特别是在某一民族、阶级的利益集中表现为政治斗争的情况下，这时艺术和政治的关系就更为直接而密切，如欧洲法国大革命时期的艺术，我国抗日战争时期的艺术，就是明显的例证。

2. 但是，艺术不能等同于政治。艺术与政治的关系有时较为直接，但即使在这种情况下，艺术也是以它所特有的手段去作用于政治的。它所反映的是某一民族、阶级的自由解放同政治的关系，并且是通过各不相同的个人的遭遇、斗争的感性具体的描写去反映的，而不是政治概念、口号的简单图解。此外，政治只是社会生活中的一个方面，即使它在一定时期具有十分重要的作用，也不能完全取代社会生活的其他方面。因此，作为对生活的反映的艺术，不可能只局限于政治。以政治取代一切，要求任何艺术作品都必须具有政治内容、绝对服从于政治，必然导致艺术内容的贫乏化，取消艺术的特点。其结果不但不能对政治产生良好的作用，反而会产生不好的、有害的作用。政治只有在它的要求和艺术自身发展的要求两者协调一致的时候，它才能有力地促进艺术的发展。在相反的情况下，政治与艺术之间的矛盾冲突就是不可避免的。从另一方面看，如果艺术在总的方向上违背了符合历史发展要求的正确的政治，那么艺术就会走向腐朽没落。在这种情况下，艺术或迟或早会发生分化，产生出与正确的政治要求相适应的新的艺术。

五、艺术与美育

1. 艺术具有上述的认识作用和道德教育作用，但所有这两种作用的实现又不能脱离艺术所具有的审美作用。美不同于真和善，但它又是真善的统一。这就是说，在美之中就包含了真和善，美不是孤立于真、善之外，与真、善无关的存在。因此，艺术在真（真理的认识）和善（道德以及和道德相关的政治等活动）两方面所产生的作用是和审美的作用不可分割地联系在一起的。尽管在不同的历史条件下，有时艺术对真的作用比较突出，有时对善的作用比较突出，有时审美的作用比较突出。例如，在革命战争年代，艺术对与政治斗争直接相连的善的作用就很为突出。但是，不论哪一种作用占据主要地位（这是相对而言的），艺术总是作为真善美的统一体作用于社会生活的。片面、孤立地强调其中的某个方面而否定其他的方面，都是错误的。

2. 由于艺术对真善的作用不能脱离审美作用，又由于审美作用有其相对的独立性，而且艺术是最为集中纯粹的美的形态，因此艺术和审美教育有着密切的联系。审美教育本身包含了真和善的教育，但又不同于真和善的教育。它是通过美的欣赏和创造去塑造人的心灵和情感，全面发展人的个性和才能，从而使真善和美相统一，成为融化在个体的感性、情感中的东西。美育的范围是广泛的，不限于艺术，但艺术的欣赏创造能力的培养和发展，是进行美育的最直接而有力的手段。在社会主义、共产主义社会的条件下，美育的重要性将极大地提高，并得到充分的发展。马克思所说的"按照美的规律去建造"，将普遍而自觉地表现在人类生活的各个方面。恩格斯在《反杜林论》一书中讲到社会主义社会时，已明确提出了"美学方面的教育"问题。就目前我国的情况来说，随着社会主义现代化的日益发展，广大人民物质生活水平的不断提高，美育将成为建设社会主义精神文明的一个不可忽视的重要方面。

（原载《哲学专业本科段各课程
自学考试大纲》，红旗出版社 1988 年版）

马克思主义美学在当代的发展问题

马克思主义美学在当代将如何发展自己？这是摆在马克思主义美学面前的迫切问题。本文拟对这一问题作一概略的说明。

一、发扬马克思主义的批判精神

包括美学在内的整个马克思主义的发展，我认为首先要发扬马克思主义的批判精神。这里所说的批判，当然不是"文革"时期所谓的"大批判"，而是指马克思主义本身固有的科学的批判精神。我感到这些年来，在改革开放的条件下，面对从西方传入的形形色色的思潮，这种批判精神有所削弱。实际上，只要仔细钻研思考一下马克思主义的经典著作，特别是马克思的著作，就可看到在这些著作中已包含了解决西方现代思想提出的种种问题的钥匙，而且有不少问题本来就是马克思主义早已解决了的。我们所要做的工作，就是在深入理解马克思主义的基础之上，直面西方现代的各种思想，对它们作出一种实事求是的、科学的、全面的批判考察。通过这样的考察，一方面阐发与发展马克思主义的基本原理，使马克思主义积极地参与到当代世界思想发展的潮流中去，扩大与加强马克思主义在当代思想中的影响；另一方面，对所考察的西方现代思想作出细致的、有深度的解剖，既指出它的根本性的谬误所在，同时也不拒绝吸收改造它包含的某些合理因素来丰富与发展马克思主义。如果我们对西方现代的各种思想，从过去简单否定的态度，转而采取屈从的态度，或盲目崇敬它，以为其中必定有了不得的微言大义，丧失马克思主义的批判精神，那就谈不上坚持与发展马克思主义。

早在 1843 年，马克思就已经指出："新思潮的优点就恰恰在于我们不想教条式地预料未来，而只是希望在批判旧世界中发现新世界。"① 他又指出，他和他的同事在理论上所要做的工作，可以归结为"一句话"："对当代的斗争和愿望作出当代的自我阐明（批判的哲学）。"② 此后，马克思开始了他对资本主义社会得以存在的经济基础的批判，在 1859 年出版了他的第一部最为系统的经济学著作，并将这部著作命名为《政治经济学批判》。它既是对资本主义社会的经济结构的批判，同时也是对历史上全部资产阶级政治经济学的批判。直到马克思于 1867 年发表《资本论》第 1 卷，他也仍然以"政治经济学批判"作为副标题。没有这种科学的批判精神，就不会有马克思主义。

我认为，为了批判地考察西方现代形形色色的思想，马克思主义早已为我们准备了很充分的批判的武器，但我们似乎还没有充分地发挥它的作用，因而有时把西方现代思潮中一些显而易见是包含了谬误的论述，或者把马克思主义早已解决了的问题，当作是新思想来看待。例如，美国哲学家罗蒂（Richard Rorty）在他的《哲学与自然之镜》一书中对他所说"镜式本质"或"镜子哲学"的批判及与此相关的对所谓后现代主义加以美化的说法，从马克思主义的观点看来，在理论上并没有提出什么有重大意义的新见解，而且还包含有根本性的谬误，但却往往被看作是了不得的新思想，是所谓"后哲学文化"的代表。罗蒂的这一著作究竟讲了些什么呢？首先，他把历史上的唯物主义的反映论，特别是 18 世纪启蒙主义的唯物主义的反映论称之为"镜子"哲学，以此来否认意识是存在的反映，同时又把它混同于柏拉图的唯心主义哲学，并且完全看不到马克思主义哲学的反映论早已超越了 18 世纪启蒙主义的反映论。通过对"镜子哲学"的批判，罗蒂声称过去的哲学已经终结，再也没有什么独立于历史和社会发展之外的"永恒不变的哲学问题"，因此必须大力提倡走向与非历

① 《马克思恩格斯全集》第 1 卷，人民出版社 1956 年版，第 416 页。
② 《马克思恩格斯全集》第 1 卷，人民出版社 1956 年版，第 418 页。

史性的永恒模式相反的历史主义文化思考，以达"后哲学文化"之境，追求不确定性、可能性、价值多样性、真理的解释性。真正的哲学是"无镜的哲学"，是新解释学，从知识论到解释学是当代哲学的必由之路。他又把所谓"营造体系"的哲学与"启迪"的哲学对立起来，认为只有后者才能"防止哲学走上僵化之路"，云云。① 罗蒂似乎完全不知道马克思主义的历史唯物主义早就指出了从来没有什么超历史的"永恒不变的哲学问题"，也没有什么一下子就可以完全达到的绝对真理，真理是一个无限的过程。马克思主义的这些论述发表于 1886 年，比罗蒂《哲学与自然之镜》的发表早 93 年。恩格斯在《费尔巴哈与德国古典哲学的终结》一书中批判黑格尔的哲学体系时也早已向世人指出：历史和认识都是"生成和灭亡的不断过程、无止境地由低级上升到高级的不断过程"，并指出"这就是辩证哲学所承认的唯一绝对的东西"②。因此，黑格尔声称他的哲学是对"绝对真理"的最后的、完全的认识，这是荒谬的。但当马克思主义哲学提出这些观点时，它完全清楚地了解绝对与相对、永恒性与暂时性的辩证关系，从不因此而走向相对主义、主观主义。罗蒂则显然不懂得这种关系，而用实用主义的主观唯心主义、相对主义来解决问题，一口咬定哲学上没有什么永恒问题、第一原理，一切理论都是人的主观解释的产物，是由"惯例"、"约定"所决定的。这是实用主义的浅薄思想，谈不上有什么新颖之处。全部哲学史告诉我们，哲学上所有的问题都是在一定历史时代提出的，但有些问题由于具有普遍长远的重大意义，因此在提出之后就成为历代哲学不断探讨的问题。这些问题，依历史的变化而有各种不同的回答，但问题本身是取消不的。如意识是不是存在的反映？世界、人生是有意义的还是无意义的？这就是不能取消的永恒性的问题。对它的回答不论如何多元，如何富于罗蒂所谓的"启迪"性，其中总有对与不对的差别。当然，这个对与

---

① 参见王岳川著《后现代主义文化研究》第七章，北京大学出版社 1992年版。

② 《马克思恩格斯选集》第 4 卷，人民出版社 1995 年版，第 217 页。

不对又只能历史地去观察，是就一定的历史条件而作出的评价。在不少情况下，对与不对也并非截然对立的。马克思主义远比罗蒂更懂得什么是真正的"历史主义"，深知历史发展的辩证性与复杂性。而罗蒂的"历史主义"和对多元化、不确定性的鼓吹，不过是给实用主义的主观唯心主义、相对主义披上一件所谓新解释学的外衣。依据马克思主义的立足于人类历史发展的深刻的哲学，我们完全能够对罗蒂的哲学作出有理有据的分析批判，真正是学术性的、科学的批判，并通过这样的批判来有力地阐发马克思主义哲学。但迄今为止，我们几乎见不到这样的批判（不限于罗蒂）。或者也有批判，但却是以过去那种对马克思主义的简单化的了解为依据的批判，既不能真正解决问题，也谈不上有什么重要的学术价值。

马克思主义不能脱离历史而发展，因此也不能脱离一定历史时期所存在的各种非马克思主义、反马克思主义的思想而发展。它只有在对这些思想的批判的考察中才能发展自身，这也就是马克思主义的经典著作何以有很多是论战性著作的原因。从目前世界范围的思想状况来看，例如后现代主义就是我们必须面对的一种思想。此外，如何看待西方马克思主义，也是必须认真研究的问题。而所有这些研究，对我们来说，又必须立足于中国的改革开放、建设中国特色社会主义这一伟大的实践。历史早已向我们提出一个迫切的要求：在深入钻研马克思、恩格斯、列宁、毛泽东、邓小平著作的基础上，努力建设与发展中国的马克思主义学派，并把马克思主义具体地贯彻到包含美学在内的各个学术领域中去。这种马克思主义是中国的马克思主义者基于对马克思主义理论本身及对世界与中国当代现实进行独立思考研究而提出的，它必定会有自身的特色和作出自己的贡献。当然，这样一个马克思主义学派的建设与完善必然要经历一个很长的历史过程。

二、世界背景之一：所谓从现代到后现代

在西方，对所谓现代、后现代的争论，已成为一个相当时髦的话题。对此，我们当然也要以马克思主义的科学的批判精神去加以考

察，切实地弄清楚它究竟是怎么一回事。

在我看来，弄清这一问题的基点，就是要坚持马克思主义的这一根本观点：各个不同历史时期相继产生的各种理论学说及其质的区别，决定于由物质生产的发展所引起的社会结构、人与自然的关系的变化。马克思说：

> 从物质生产的一定形式产生：第一，一定的社会结构；第二，人对自然的一定关系。人们的国家制度和人们的精神方式由这两者决定，因而人们的精神生产的性质也由这两者决定。①

我认为这是一个放之四海而皆准的普遍原理，并且比马克思在其他著作中对这一原理的论述更明晰、精确、完善。这里，首先指出了物质生产，并且是"一定形式"的物质生产（即不是脱离历史的、抽象的、一般的物质生产），具有根源性的、最终的决定作用。其次，它指出由"一定形式"的物质生产产生出两个东西，即"一定的社会结构"（也就是个人与社会的关系或社会中人与人的相互关系）和"人对自然的一定关系"。最后，它指出这两个东西决定着"人们的国家制度和人们的精神方式"（这里的"精神方式"是一个广泛的概念，它可以包含马克思曾经讲过的人"掌握世界"的四种"方式"，也可指人们的精神生活、精神活动的种种方式，即与社会意识形态不可分地联系在一起的种种方式），从而又决定"人们的精神生产的性质"。这里的"精神生产"包含哲学、科学、艺术、宗教等的生产，当然也包含着美学理论的生产。我说马克思对上述原理的表述比他在其他著作中所作的表述更明晰、更精确、更完善，是因为他指出了从物质生产到人们的"精神方式"、"精神生产"之间的极其重要的中介。即由物质生产所决定的人与人的社会关系和人与自然的关系。没有这两个中介，不充分地注意这两个中介，就不可能合理地、正确

————————

① 《马克思恩格斯全集》第 26 卷第 1 册，人民出版社 1973 年版，第 296页。

地、具体地说明物质生产是如何决定人们的"精神方式"和"精神生产"的。我们要深入而有说服力地去解释一定时代的"精神方式"、"精神生产",就要充分注意,并下大力气去研究由一定时代的物质生产所决定的人与社会、人与自然的关系。因为直接地决定人们的"精神方式"、"精神生产"的东西,正是由物质生产的形式所决定的这两个关系。人生存于这两个关系之中,人的生存一刻也不能脱离这两个关系。因此,人对自己的生存的意识(包含现在讲得很多的对"终极价值"、"精神家园"的寻求)是由这两个关系决定的,也就是处于与社会、自然的一定关系之中的人,对于他在这种关系中将如何生存的意识。不管这种意识是真实的还是虚幻的,它总是人对他在这两种关系中将如何生存的意识。如果人认为他所遭遇和面临的这两种关系与他自身的生存发展是一致的,是他的自我实现所必需的形式,他就会对这两种关系采取肯定的态度;反之,就会采取否定的态度。与此相适应,在前一种情况下,人就会肯定他的生存是有意义、有价值的;在后一种情况下,就会声称生存是无意义、无价值的。

我将依据上述马克思的思想来对所谓现代、后现代的问题作一些分析。但我在这里要事先作一点说明:对西方现代以来各种思想的真正深入的、科学的分析解剖,离不开对西方资本主义经济发展所经历的过程和阶段的深入具体的研究。因为只有通过这样的研究才能说明资本主义经济的发展如何引起了人与社会和人与自然的关系的变化,从而引起思想文化的变化。可是,我自己对西方资本主义经济的变化还谈不上有什么具体的研究,所以本文只限于从马克思、恩格斯对资本主义的发展史已作过的分析与展望出发,从思想史的角度对现代与后现代问题作一些很粗略的分析,而把经济史的分析放到将来。

首先,我想来回答一下什么叫现代和现代主义。

在西方历史的研究中,从马克思主义的观点来看,与现代相区别的近代,指的是欧洲中世纪之后,从16世纪到19世纪初期(大致上截至19世纪40年代左右)。与近代相区别的现代,则指的是从19世纪40年代左右到现在。至于当代这一概念,其划分具有很大的相对性，是以划分者所处的年代为转移的。前述罗蒂的哲学标榜"历史主义"，我们对现代、后现代问题的确必须作一种历史主义的考察，但我们所说的历史主义不是罗蒂的实用主义的"历史主义"，而是马克思的历史唯物主义。

基于这样的一种历史主义，西方近代的历史就是资本主义从15世纪开始萌芽至16世纪而不断生长、壮大，到最后战胜封建主义、取而代之的历史。这段充满着各种斗争的历史，在19世纪初叶宣告结束，因为这时资产阶级反封建的革命在欧洲各国已先后完成或基本完成（意、德、俄诸国落在后面）。简而言之，西方近代史就是由文艺复兴开始的，资产阶级反对封建主义的革命史、斗争史。这是资产阶级曾经历过的一段最辉煌而光荣的历史，它产生出了许多伟大的思想家、政治家、哲学家、科学家、文艺家，永远载入了人类的史册。从思想文化方面来看，在资产阶级反封建的革命史上，有三种前后相继的重要思潮：（1）以但丁、达·芬奇、哥白尼、莎士比亚为代表的人文主义思潮；（2）以培根、洛克和笛卡儿、斯宾诺莎、莱布尼兹为代表的经验主义与理性主义哲学思潮；（3）以伏尔泰、孟德斯鸠、爱尔维修、狄德罗、霍尔巴赫、哥德等人为代表的启蒙主义思潮。在启蒙主义之后，以康德、黑格尔为代表的德国古典哲学，是法国启蒙主义精神在德国哲学中的表现。它综合、总结了在它之前的资产阶级哲学的成就，达到了近代资产阶级哲学发展的高峰，并成为资产阶级近代反封建的革命思想转向现代思想的一个重要环节。从它之中，不仅孕育产生了现代资本主义形形色色的哲学流派，同时还产生了资本主义最有力的批判者，未来社会主义、共产主义的科学理论的奠基者——马克思、恩格斯的思想。它是自古希腊以来，欧洲思想发展所达到的最高成就，而且它的影响不限于欧洲，早已遍及全世界。

由以上的论述来看，西方所谓现代的思想是什么思想呢？不是别的，就是19世纪初叶之后，亦即欧洲资产阶级革命基本完成之后的思想。在此之前，欧洲思想的主流是18世纪的启蒙主义。因此，如果用现在很时兴的说法来表达，我们可以把19世纪初叶以来，特别是19世纪40年代左右以来的西方现代思想称之为"后启蒙主义"。

但必须注意，这个"后启蒙主义"包含两大相互对立的思潮：一个是继承了启蒙主义的思想精华，又批判地超越了启蒙主义的马克思主义思想；另一个是表现为形形色色的流派，从不同的角度，在不同的程度上反启蒙主义的思潮。但这又绝不是说，启蒙主义推崇"理性"的思想在西方已断子绝孙、完全死亡了。关于这个问题，留待后面再谈。

在资产阶级反封建思想发展的历程中，启蒙主义是资产阶级所能达到的最进步的思想，并且是直接为推翻封建主义的资产阶级革命作理论准备的。正因为这样，法国启蒙主义者中的许多人都遭到了封建主义的迫害。在18世纪，这些人的确是为资产阶级反封建革命的胜利而斗争的伟大斗士。我们知道，在他们斗争的思想旗帜上写着"理性"两个大字。他们用"理性"来揭露、批判封建主义统治的虚伪、愚昧、专横、残暴。他们认为只有新兴的资本主义社会才是天然合理的，与"理性"的要求完全一致的社会。他们充满历史乐观主义的精神，深信"理性"必将战胜愚昧，资本主义也必将战胜封建主义。而资本主义社会的实现，也就是人类永恒正义的实现，人类的真正彻底的解放。在美学上，他们认为美与真、善是完全一致的。反对愚昧、促进一个符合"理性"的社会的完全实现，是艺术所担负的崇高任务。然而，在19世纪末，当资本主义在欧洲的许多国家中获得实现之后，现实的情况又是怎样的呢？

> ……当法国革命把这个理性的社会和这个理性的国家实现了的时候，新制度就表明，不论它较之旧制度如何合理，却决不是绝对合乎理性的。理性的国家完全破产了。……早先许诺的永久和平变成了一场无休止的掠夺战争。理性的社会的遭遇也并不更好一些。富有和贫穷的对立并没有化为普遍的幸福，反而由于沟通这种对立的行会特权和其他特权的废除，由于缓和这种对立的教会慈善设施的取消而更加尖锐化了；工业在资本主义基础上的迅速发展，使劳动群众的贫穷和困苦成了社会的生存条件。犯罪的次数一年比一年增加。……商业日益变成欺诈。革命的箴言

"博爱"化为竞争中的蓄意刁难和忌妒。贿赂代替了暴力压迫，金钱代替刀剑成了社会权力的第一杠杆。初夜权从封建领主手中转到了资产阶级工厂主的手中。卖淫增加到了前所未闻的程度。婚姻本身和以前一样仍然是法律承认的卖淫的形式，是卖淫的官方的外衣，并且还以大量的通奸作为补充。总之，同启蒙学者的华美诺言比起来，由"理性的胜利"建立起来的社会制度和政治制度竟是一幅令人极度失望的讽刺画。①

"理性的胜利"所带来的，刚好和"理性"的要求相对立的种种罪恶和非正义的出现，给了西方思想以极大的冲击，使它从近代启蒙主义时期转向了"后启蒙主义"时期，即我们现在称之为"现代"的时期。这是西方思想发生了深刻变化的时期。对"理性"的"极度失望"，引出了各种各样的思想流派。这里不打算详论，只来考察一下和文艺、美学上的现代主义相关的主要思想流派。

这个思想流派始于德国的叔本华，中经克尔凯郭尔、尼采，发展为海德格尔、萨特的存在主义。其中，又以海德格尔思想的影响最为深远。这些思想流派的一个基本的共同点，就是由对"理性"的"极度失望"走向对"理性"的否定，在西方现代思想中掀起了一股非理性主义的潮流。过去，在启蒙主义那里，世界和人生的意义是由"理性"予以无可怀疑的保证的；现在，对于叔本华等人来说，"理性"正是使世界变得不可理解，使人生失去意义与价值的根本原因。尼采高呼"上帝死了"，其实也就是说"理性"死了。因为在康德及其他许多哲学家看来，上帝是"理性"得以实现的根本保证。既然上帝死了，"理性"还能单独活下去吗？尽管如此，人究竟还是要活下去的，于是非理性就成了叔本华等人解决问题的法宝。他们展开了对"理性"的猛烈的批判，不仅批判启蒙主义的"理性"，而且对从古希腊哲学到康德、黑格尔哲学的西方理性主义传统予以全面抨击，企图拔掉西方理性主义的根子。这种批判，大致上经历了两大阶段。

---

① 《马克思恩格斯选集》第3卷，人民出版社1995年版，第606~607页。

一是从叔本华开始，用非理性的"生命意志"来对抗、批判"理性"。这种做法，至尼采基本上宣告结束。另一种做法是与胡塞尔的现象学相连的，它企图借助现象学达到对经验世界的"超越"，这就是存在主义，特别是海德格尔思想所采取的基本路线。但胡塞尔现象学所说的"超越"（"先验还原"）是以西方哲学中的理性主义为根基的，可以说是在 20 世纪条件下对康德先验主义哲学的一种改装；而海德格尔却把它变成了一种借助于个人内心体验而实现的"超越"，因此招致了胡塞尔的不满。叔本华和海德格尔等人对西方理性主义传统的批判有其不能否认的意义，因为它揭露了西方传统中理性主义所存在的种种问题和局限，并唤起了人们对非理性现象的注意。问题在于这种批判否定了理性在人类历史发展中所起的重大作用，以理性在其历史发展过程中不可避免地带有的局限性为理由而主张否定理性。实际上，如果世界真成了非理性的，人类社会也就灭亡了。现代人类社会的存在不能没有科学、道德、法律，而所有这些都是以肯定人是有理性的存在物为前提的。从这个方面来看，胡塞尔对存在主义的不点名的批判，对启蒙主义的肯定与赞扬①，哈伯马斯（Habermas）主张"现代性"是要完成启蒙主义的未竟之业，虽然是建立在历史唯心主义之上的，在今天仍有其合理、进步的意义。叔本华等人将理性与非理性互不相容地对立起来，是没有根据的。在人类历史发展的过程中，理性与非理性是既对立又统一的，在对立中有统一，在统一中有对立。19 世纪以来，西方资本主义的发展确实把两者的对立推到了极其尖锐的程度，但这决不意味着两者之间只有对立而无统

---

① 胡塞尔讲到启蒙时代曾这样写道："18 世纪堪称一个哲学的世纪。在这一世纪，为数众多的学者积极从事哲学和作为哲学分支的特殊科学的研究，那时学风蔚然，人们对教育方式以及一切社会、政治和人生存在的形式进行热诚的哲学变革，这些使得这个一再遭到诽谤的启蒙时代令人钦佩。我们在席勒—贝多芬的辉煌的"欢乐颂"中能找到这种精神不朽的证据。在今天，我们只能带着痛苦的感情来理解这些诗句。今昔对比，差别如此之大，简直不可思议。"（见《欧洲科学危机和超验现象学》中译本，上海译文出版社 1988 年版，第 10页。）

408

一。如果真的没有任何统一可言，人就成了动物。正因为这样，即使
是主张非理性主义的哲学家，也不能不为人与动物的区分留下一个地
盘或找到一种根据。如弗洛伊德在讲"本我"之外还要讲"自我"
以至"超我"，海德格尔将人的"诗意的栖居"和"神性"的达到
相连，等等。但这已大不同于 18 世纪的启蒙主义和后来的德国古典
哲学用从科学思维和符合永恒正义的普遍人性而来的"理性"区分
人与动物了。这是一种倒退，同时也是一种进展。因为它看到了过去
的哲学所说的"理性"并不能真正解决人的感性的生存问题。从马
克思主义的观点来看，理性与非理性的统一问题，也就是人作为
"自然存在物"与作为"自为地存在着的存在物"的统一，人的自然
本质与人的社会本质的统一问题。这个统一，是一个包含了全部世界
历史的过程。"因为在社会主义的人看来，整个所谓世界历史不外是
人通过人的劳动而诞生的过程，是自然界对人说来的生成过程。"①
马克思主义高度重视理性的作用（这鲜明地表现在马克思主义对科
学的作用的高度评价上），但马克思主义又决不是启蒙主义意义上或
其他意义上的理性主义。这是因为：首先，马克思主义认为人类历史
的发展以及在科学和认识论意义上的理性的发展，都不是由理性决定
的，而是由物质生产的发展决定的。马克思主义不是用理性来说明历
史，而是用历史来说明理性。因为所谓"理性"，不外是处在一定物
质生产条件下的人们，对人与社会、自然的关系及由此而来的人的思
维、行为准则的理论认识。当由物质生产所决定的人与社会、自然的
关系和社会的个体的生存发展相一致时，在理论上反映（不论是现
实的或虚幻的反映）这种关系的"理性"就会受到推崇；反之，就
会受到批判。但是，当批判者尚未科学地认识到"理性"产生的现
实根源和实质时，他就会简单地宣告"理性"是恶，或虚构出某种
神秘的"超越"来取代"理性"。其次，马克思主义高度重视理性的
作用，但同时又充分确认"人直接地是自然存在物"，"人是肉体的、
有自然力的、有生命的、现实的、感性的、对象性的存在物……人只

---

① 《1844 年经济学—哲学手稿》，人民出版社 1985 年版，第 88 页。

有凭借现实的、感性的对象才能表现自己的生命。"① 因此，那种认为马克思主义忽视甚或否定了人的自然生命及其欲望、冲动的看法是毫无根据的。但我们过去所讲的马克思主义对这个方面重视不够，甚至采取否定、拒斥的态度，这也是事实。马克思主义从它产生的第一天起，就清楚地看到了人的存在的理性的、精神的方面和自然的、物质的方面，并且认为后一方面是前一方面存在的根基，主张人是自然界的一部分，反对脱离自然界去讲人的理性、精神。这个由批判继承费尔巴哈唯物主义而来的思想，具有不可忽视的重要意义。但马克思主义又不停留在这一点上，它从人的物质生产实践对自然界的改造中找到了人的理性、精神与人的自然的欲望、冲动两者统一的现实基础，并把这种统一看成是一个自然历史过程。这个统一，决非要用理性、精神去消灭人的自然的欲望、冲动，而是要使之成为社会的人的欲望、冲动，使作为"自然存在物"的人成为"人的自然存在物"。所以，马克思说："历史是人的真正的自然史。"② "历史本身是自然史的即自然界成为人这一过程的一个现实部分。"③ 马克思主义的这些思想，第一次科学地解决了或者说扬弃了西方哲学中，特别是近现代哲学中理性与非理性的冲突与对立，既扬弃了从古希腊到康德、黑格尔哲学的理性主义，也扬弃了自叔本华以来的种种非理性主义。当然，马克思主义的上述思想还只是从哲学上对问题作出了根本性的解决。为了具体深入地阐发这些思想，迫切需要作细致的、充分实证的研究。这是一个长期的、艰巨的工作，也是关系到马克思主义的发展的重要工作。

叔本华等人的思想，特别是尼采、海德格尔、萨特的思想，对被称为"现代主义"的西方艺术产生了巨大深刻的影响，实际上成了现代派文艺的最重要的哲学、美学基础。其所以如此，有两个重要的原因。第一，这种思想抨击理性，从非理性的观点出发来观察研究

---

① 《1844年经济学—哲学手稿》，人民出版社1985年版，第124页。
② 《1844年经济学—哲学手稿》，人民出版社1985年版，第126页。
③ 《1844年经济学—哲学手稿》，人民出版社1985年版，第85页。

410

人，这就把对人作为个体感性存在这个方面的观察研究推上了最显著、最重要的位置，① 反复申言、强调人的存在具有不能由理性规定的偶然性、一次性、独特性、不可重复性，以及对人的存在的非理性的体验，等等。人作为个体感性存在的这个方面，恰好正是与审美和艺术直接相关的方面，因此叔本华等人的哲学很自然地通向了美学，与美学密切相连，而且有时还采取"诗化"的方式来加以表达。尼采不必说了，即使像海德格尔这样的纯思辨的哲学家，他的著作中也有不少"诗化"的成分。萨特则不仅写哲学著作，而且还直接从事文学创作。第二，构成叔本华等人的哲学的最显著而重要的主题，是对启蒙主义已成过去，资产阶级革命基本完成之后迅速发展起来的人的异化的思考。他们对"理性"与人的个体感性存在之间的尖锐矛盾的揭露与批判，同时也就是对马克思指出的资本主义下劳动的异化所产生的人的异化的反映。马克思指出，异化劳动使"人的类本质——无论是自然界，还是人的精神的类能力——变成对人来说是异己的本质，变成维持他的个人生存的手段。异化劳动使人自己的身体，同样使他之外的自然界，使他的精神本质，他的人的本质同人相异化。……这一事实所造成的直接结果就是人同人相异化。当人同自身相对立的时候，他也同他人相对立"。② 马克思又指出："生产不仅把人当作商品、当作商品人、当作具有商品的规定的人生产出来；它依照这个规定把人当作精神上和肉体上非人化的存在物生产出来。"③ 叔本华等人当然不可能认识马克思对人的异化的根源与本质的分析，但他们又确实在生活中深刻地观察与体验到了人的异化的种种表现，特别是对马克思所说的人的"精神本质"的异化以及"人同人相异化"的现象作了许多生动深刻的、切中要害的描述与分析，

---

① 马克思在《论犹太人问题》中已指出"人的个体感性存在和类存在的矛盾"的解决问题。见《马克思恩格斯全集》第 1 卷，人民出版社 1956 年版，第 451 页。

② 《1844 年经济学—哲学手稿》，人民出版社 1985 年版，第 54 页。

③ 《1844 年经济学—哲学手稿》，人民出版社 1985 年版，第 62 页。

同时毫不含糊地宣告启蒙主义所宣扬的那个完美的"理性王国"在现实中已经完全破产。我认为这是叔本华等人的哲学，特别是尼采与海德格尔哲学不自觉地作出的一个历史的功绩，虽然它的意义是消极的。此外，尽管马克思主义对人的异化问题已从根本上作出了科学的说明，但它对异化在人的精神中（包括潜意识中）及人与人的关系中的种种具体表现尚未作出充分的说明。因此，今天马克思主义在研究人的异化问题时，可以而且应当批判地吸取与改造尼采、海德格尔等人的哲学成果。他们对异化现象的种种描述与分析，一方面有不能简单否定的理论价值，另一方面又很生动贴切地反映了19世纪初期之后，由于人的异化日益尖锐而产生的一种具有普遍性的情绪和心理状态，从而又直接地影响到艺术的发展。例如，海德格尔采用现象学的描述方法，用"烦"（包括"烦心"和"烦神"）、"畏"（对人的整个存在之"畏"，不同于害怕某一个别事物）、"不在家状态"（Nicht—Zuhause—Sein）、"沉沦"（个人的独立性与自由的完全丧失）、"向死而在"（以勇敢地面向死亡来拯救人的"沉沦"）等说法来描述、规定人的存在，从哲学、美学上说出了西方现代主义文艺一次又一次地反复表现的基本主题。所以，一个研究存在主义的美国哲学家巴雷特（Barrett）把"现代艺术"看作是存在主义的"证词"①，这是正确的。

总起来看，当我们把现代主义放到启蒙主义之后西方的历史和哲学、美学的背景下去观察时，我认为现代主义不是别的，它就是"理性"与人的个体感性存在的尖锐的矛盾冲突的艺术表现，就是19世纪初以来日益被异化了的人的内在心灵的艺术表现。当然，我并不否认克罗齐、贝尔等人的美学也曾给了西方现代主义艺术的产生以重要影响，但这种影响主要是在形式方面，而且这些美学思想尚未完全摆脱西方理性主义传统的影响。例如，克罗齐仍然把艺术看作是一种"认识"，只不过不同于概念的、科学的认识；贝尔则主张审美与艺

---

① 见《非理性的人——存在主义哲学研究》中译本第三章，商务印书馆1995年版。

术的最后根据是一种最高的、永恒的"实在"。这个"实在"虽不是纯粹理性的，但也决不是非理性的。西方现代主义是在海德格尔等人的存在主义哲学、美学发展起来的前后，才取得了与历史上处在启蒙主义强大影响之下的近代艺术相对立的典型形态。但是，我们必须看到，与西方现代主义艺术最切合和最有深度的海德格尔的哲学与美学虽然有浓厚的悲观主义气息，但它并没有认为世界人生永远注定是全无意义的。它仍然力求要通过"向死而在"的勇敢精神来拯救人的"沉沦"（亦即人的完全异化），使人能够找到自己的家，"诗意地栖居"于"大地"之上，而且还要实现"天"、"地"、"神"、"人"四元的大和谐、大统一。① 表现在现代主义的艺术上，我们一方面看到了对人的心灵异化所产生的孤独、冷漠、无助、痛苦、死亡种种生动而深刻的描绘（这是现代主义艺术的主要价值所在），同时也看到了对异化的不同程度的抗议与批判，甚至还看到了处在异化状态下的人决心要不顾一切去寻求生存的意义（法国的加缪可作为代表）。后现代主义的阐发者们常说现代主义的美学基调是"崇高"，这是正确的。

海德格尔等人的存在主义哲学、美学及与之相应的现代主义艺术，在二战后曾产生了很大的影响。这是因为它最好地表达了二战这一人类浩劫给西方所带来的种种痛苦的感受，同时也说明了历来被奉为至高无上的"理性"是多么的不中用。但是，存在主义哲学和现代艺术对人生意义的寻求终究是一种哲学的和艺术的空想。它能给人以某种精神上的慰藉、解脱，但不能解决实际存在的种种问题。随着人们对二战的苦难记忆的淡化，资本主义经济在战后的重新振兴，存在主义和与之相应的现代主义艺术退出了人们注意的中心。结构主义起而批判存在主义，斥之为一种私人的、主观任意的哲学。它把世界与人生的意义归之于与主体无关的、先验的、固定不变的"结构"，并用"结构"来否定、取代存在主义所张扬的人的主体性。

① 见《海德格尔选集》第二编："真理·艺术·诗"，上海三联书店1996年版。

结构主义的出现无疑从一个新的角度、方面推动了哲学、美学、文艺理论的发展，但从这种理论的社会意义来看，它否定了存在主义对人的异化的揭露与批判，成了一种为现存的资本主义制度作辩护的保守的理论。

但是，资本主义社会决非某种能够时时进行自我调节的完善永恒的"结构"。20 世纪 50 年代末 60 年代初，西方资本主义社会又动荡起来，不少学生和一部分知识分子起来造反了，并且居然把当时中国"文革"中造反的红卫兵引为同道，大加赞扬。但这次造反，不论当时显得如何轰轰烈烈，由于缺乏深厚的社会基础，而被统治者以各种方式（包含武力镇压）平息下去了。既然走上街头造反不再可能，于是一些同情造反或在造反中颇有名气的知识分子就退回书斋，从文化上来批判资本主义社会。这种批判采取了各种不同的方式，其中一种就是以德里达为主要代表的解构主义。

解构主义把矛头指向以索绪尔语言学为重要根据而建立起来的结构主义，以反"语言中心主义"为其根本。它的基本策略是：只要证明了语言并无确定的意义，那么一切借助于语言而表达出来的思想文化就统统可以解构，宣布任何客观真理性的东西都是纯粹的虚构与欺骗。为此，解构主义者建立了他们的一套理论，看起来似乎很艰深，实际上是哲学史上罕见的一种琐碎、支离的理论，并充满了主观随意性。因为每一个解构主义者都可以把某一思想家的著作看作是解构主义所说的"本文"（Text）来进行解读，并自以为他的解读就是唯一合理、正确的，然后依据这种解读来证实他的理论。而所有这些理论采取的手法，都不外是抓住语言对意义的表达的不确定性、哲学家或文学家思想中存在的矛盾性或不清晰性、读者的理解的多样性和不确定性来大做文章，并片面地加以夸大，以证明语言是不可能具有确定的、客观的意义的。从马克思主义的观点看来，这是一种虚妄之谈。马克思、恩格斯指出："无论思想或语言都不能独自组成特殊的王国，它们只是现实生活的表现。"① 只要从现实生活出发，任何本

---

① 《德意志意识形态》，人民出版社 1961 年版，第 515 页。

文的意义的不确定性、矛盾性都可以得到合理的解释，从而证明不论如何离奇、矛盾、不确定的本文都是现实生活、社会存在在人们的意识、语言中的反映，因此是具有客观的、确定的意义的。现实生活本身是复杂的、矛盾的，在其发展过程中又常常具有不确定性，因此当它反映在本文中时，也就使本文具有了矛盾性与不确定性。正因为本文的这种矛盾性、不确定性是一定现实生活的反映，所以本文所显示出来的矛盾性、不确定性也就具有了确定的、客观的意义，决非主观虚构或不可思议的东西。而且，在若干情况下，这种矛盾性、不确定性恰好就是现实生活的一种深刻的反映，具有十分重要的客观意义（例如，列宁对俄国伟大作家列夫·托尔斯泰的思想和作品中所包含的矛盾的分析）。人们对同一本文的意义有不同的理解，这既是由于本文自身具有多方面的意义，同时还因为本文的读者处在不同的历史条件或社会地位上，他是从他所处的历史条件、社会地位出发来理解本文的。因此，这种不同的理解及其客观意义也完全可以从读者所处的历史条件、社会地位中去找到说明。如果这种理解是符合历史发展的要求的，那么即使它与本文不相符合，从马克思主义的观点看来也应予以肯定。马克思在谈到法国戏剧的古典的三一律时说："……毫无疑问，路易十四时期的法国剧作家从理论上构想的那种三一律，是建立在对希腊戏剧（及其解释者亚里士多德）的曲解上的。但是，另一方面，同样毫无疑问，他们正是依照他们自己艺术的需要来理解希腊人的，因而在达西埃和其他人向他们正确解释了亚里士多德以后，他们还是长时期地坚持这种所谓的'古典'戏剧。……被曲解了的形式正好是普遍的形式，并且在社会的一定发展阶段上是适于普遍应用的形式。"①

有的论者认为解构主义富于辩证法，其实它更多的是一种独断论的、简单化的形而上学（在反辩证法的意义上）和烦琐哲学。有的论者又认为解构主义对资本主义社会有批判的意义，其实它是资本主义思想危机的表现，所谓批判是纯粹消极的。它除了虚无主义地宣告

---

① 《马克思恩格斯全集》第30卷，人民出版社1956年版，第608页。

人类全部思想文化都已破产，历史已经终结之外，提不出任何有积极意义的正面的理想来和资本主义社会相对抗，而且连存在主义反异化的人道主义思想也被它一概加以否定。有意思的是，这种宣告西方思想文化毫无价值可言的思想却成了西方一度很为时髦的思想。这就像一个人还没有死，但他却对别人反复宣告他已经死了，表示欣赏和欢迎。马克思主义者对资本主义社会是采取彻底批判的态度的，但这是一种科学的批判态度。马克思主义者决不否认西方自古希腊以来的思想文化的重大价值，也不否认直至今天为止，西方资本主义文化中也仍然存在合理的、有价值的东西。资本主义尚未终结，人类历史也远远没有终结。

解构主义者所进行的"语言的颠覆"，既动不了资本主义的一根毫毛，也否定不了柏拉图、康德、黑格尔等人在人类思想史上的崇高地位。但解构主义确实反映了西方一部分文人对资本主义的不满情绪，同时也反映出今天西方资本主义的思想文化已一天天陷入绝境，找不到出路。如果从西方文化的观点来看，解构主义又犯了两大错误，一是因为当代资本主义思想文化陷入危机而全盘否定了西方自古希腊以来的思想文化所具有的重要价值，二是把资本主义的终结看作是整个人类历史的终结。随着西方一部分文人中对资本主义的不满情绪和对世界、人生的虚无感的不断增长，在文艺上出现了被称之为"后现代主义"的一种倾向、潮流。如果说现代主义主要是与海德格尔等人的存在主义相联系的，那么后现代主义则主要是与德里达等人的解构主义相联系的。

在对后现代主义的研究中，人们常常提出这样一个问题：后现代主义与现代主义的联系与区别何在？只要不局限在一些极琐碎的、枝节问题的议论上，而从大的倾向来观察，这个问题应当是不难解决的。后现代主义与现代主义都反对启蒙主义，都主张非理性主义，都否认客观真理的存在，都对世界、人生充满虚无感，这是它们共同的地方。但如前所说，现代主义在宣告世界人生已经"沉沦"和变为"虚无"的同时，还力求加以拯救，不放弃追问"存在"的"意义"的种种努力，要使被异化了的、"非本真的人"变为"本真的人"

（海德格尔）或以"自由"为"本质"的人（萨特）。后现代主义则认为现代主义的这种做法是虚妄的，因为世界人生的一切意义都已被解构了，没有任何意义是确定的和值得人们去追求的。如果说现代主义认为世界出了大问题，但还是一个值得去修补和能够修补的世界，那么后现代主义则认为一切修补的做法都是无意义的。"一个需要修补的世界为一个无法修补的世界所代替了。"① 现代主义对人的异化有强烈的感受和切肤之痛，即使不能消灭它，也要去揭露它、嘲讽它。后现代主义则对异化与非异化漠然置之，"预设了一个无意义的、不可拯救的支离破碎的世界和一种作者的观点，这种观点表明，再也不像现代主义那样，去尽力保存一种基于对人的社会的理想主义概念之上的秩序"②。其结果是后现代主义从现代主义的反异化走向与异化相妥协，或者说"归化"于异化，公开承认并且强调人所生活的世界本来就是一个无意义的世界，"导致一种同动乱的世界的神秘主义调和"③，或赤裸裸地宣告世界本来是无比庸俗、卑下、丑恶的，走向反艺术、反美学。如果说现代主义是启蒙主义破产的产物，那么后现代主义则是现代主义破产的产物。但是，启蒙主义并没有因为它在现实中的破产而丧失其历史的意义与价值，现代主义在较小的程度上也是如此。而后现代主义呢，它除了毫不隐晦地宣称世界人生、历史文化是毫无意义的之外，还有多少积极的价值可言呢？它的破坏性的、全面的解构，除了解构之外，还有什么正面的、积极的建树可言呢？从古希腊到现在的西方思想文化真的全完蛋了吗？许许多多哲人和艺术家呕心沥血进行的思索与创造都是无意义的吗？如果你声称柏拉图、康德的思想是毫无意义的，那么人们就有理由期待你拿出比他们高明的思想来。如果你拿不出来，却又要蔑视

---

① 佛克马·伯顿斯编：《走向后现代主义》，北京大学出版社 1991 年版，第 52 页。

② 佛克马·伯顿斯编：《走向后现代主义》，北京大学出版社 1991 年版，第 51 页。

③ 佛克马·伯顿斯编：《走向后现代主义》，北京大学出版社 1991 年版，第 34 页。

历史上一切i伟大的思想家，那么你的高明表现在哪里呢？如果你说一切思想都是无意义的，所以我用不着提出任何思想，但解构的思想不也是一种思想吗？所以，最彻底的做法是宣告在解构的思想出现之后，人类就应当从此彻底地放弃任何思想，不要再去徒劳无益地思想了。

一些论者很为欣赏后现代主义反权威、反中心的说法，认为是"多元主义复兴"的可喜表现。我不否认后现代主义客观上有打破传统思想束缚的意义，但打破传统思想束缚，主张多元化就一定非否定权威、中心的存在不可吗？任何一种权威、中心的存在都必然是和绝对是有害的吗？世界上有各种各样的权威。对于那些反动的、阻碍社会进步和压制思想发展的权威，当然必须反对。对于代表了真理和历史进步要求的权威，则不应反对，而应予以尊重。这种尊重是对真理的尊重，与个人迷信、偶像崇拜有本质的区别。此外，多元化并不意味着能称为一元的各种思想都具有同等的价值，完全可以视同一律。实际上，历史的发展会使那些正确的和具有最大的概括性和深度，与历史发展的客观要求符合的思想，在一定的时期和一定的范围内成为中心，这是思想史上经常可见的事实。某种思想成为中心，不是人为地决定的，而是由复杂的历史发展过程决定的。如果在某一时期出现了无中心的现象，那是由于历史的发展趋向、各种社会力量在历史中所起的作用尚未明朗化。一旦明朗化，中心就会出现。当然，历史的发展是曲折复杂的，在一定历史时期成为被关注的"中心"的思想不一定就是正确的思想。但不能因此就不加分析地反对任何中心。一个健全的向上发展的社会，是一个有健全的权威和中心的社会，同时又是各种有创造性的思想（不是主观随意的胡说八道）能够自由发展的社会。失去了健全的权威和中心的社会，或完全没有任何权威和中心的社会，是一个混乱的社会，是相对主义、虚无主义猖獗的社会。此时，反权威成了唯一的权威。恩格斯曾经批判了现代工人运动中曾一度出现的反权威的思想，指出"把权威原则说成是绝对坏的东西，而把自治原则说成是绝对好的东西，这是荒谬的。权威与自治是相对的东西，它们的应用范围是随着社会发展阶段的不同而改变的"①。在阶级社会中，任何一个阶级要巩固自己的统治，都不能不维护自己思想的权威，今天如美国这样充分自由化的资本主义社会同样是如此。它允许各种思想自由发展是有限度的，那就是不危及资本主义社会的存在，不对资本主义社会的存在产生破坏性的影响。所以，解构主义、后现代主义可以作为一种流行时髦的思潮在西方存在，但绝对成不了官方所肯定提倡的中心、权威。后现代主义及与之相连的解构主义对资本主义社会的存在具有双重的作用：一方面，它可以粉饰、缓解资本主义的矛盾；另一方面，它也会对资本主义社会的存在起一种消解的作用。这也是少数对资本主义不满的解构主义者、后现代主义者在某些情况下能对马克思主义采取某种认同态度的原因。此外，这种思潮在本文阅读的理论上，在暴露西方资本主义思想文化面临的矛盾和问题上，也有某些不应否定的片面的真理可资借鉴。

三、世界背景之二：西方马克思主义

中国当代马克思主义美学的发展所面对的世界思想文化背景，除现代主义与后现代主义之外，剩下来的就是西方马克思主义了。由于相对说来，我们对西方马克思主义的了解较多，它本身所涉及的问题也没有现代与后现代的问题那么广泛与复杂，因此我想只需作一个简短的说明。

首先要讲一下西方马克思主义的产生及其基本特征问题。人们公认卢卡奇是西方马克思主义的奠基人或创立者。卢卡奇早年就参加了列宁所领导的无产阶级革命，但却是一个患有列宁所批判了的"左倾幼稚病"的革命青年。十月革命成功之后，卢卡奇站在拥护苏联社会主义革命的立场上。但是，他作为一个欧洲的学者，随着十月革命式的武装起义在欧洲的重演日益成为不可能，也随着斯大林主义在西方遭到越来越多的批判，卢卡奇逐渐从他早年积极参加的政治革命

---

① 《马克思恩格斯选集》第3卷，人民出版社1995年版，第226页。

转向学术理论研究，并把他的研究一天天转向对西方资本主义社会进行一种思想文化的批判，而不像过去那样鼓吹欧洲无产阶级革命了。由于卢卡奇有深厚的马克思主义哲学修养，对欧洲哲学、思想文化的发展又很熟悉，再加上他拒斥斯大林时代的哲学家对西方思想文化所作的那种教条式的、简单化的批判，因此他能提出一些有独创性和理论深度的观点。这就使得卢卡奇的理论与著作在西方思想界产生了相当大的影响，他本人也成了马克思主义在西方的最有权威性的代表人物。卢卡奇之后，阿多诺、本雅明等人继续沿着卢卡奇开辟的道路向前走，而且比卢卡奇更加注重对西方资本主义思想文化的批判考察。如果说卢卡奇是把对西方思想文化的批判和他对马克思主义哲学、美学基本理论问题的研究密切结合在一起的，那么阿多诺等人对这些基本理论问题的探讨没有卢卡奇那么大的兴趣，哲学思维的素养也不及卢卡奇。他们所关注的是西方资本主义思想文化发展中所出现的各种现实问题。尽管与卢卡奇有些不同，但从总体上看，所有西方马克思主义最主要的特征就是对西方资本主义社会进行思想文化批判。虽然在这种批判中，有的人（如伊格尔顿）也很强调政治上的批判，但仍是一种思想文化领域内的批判。还有马尔库塞，虽然在 20 世纪 60 年代介入了欧洲学生运动，但他仍是一个思想文化的批判家，不是政治革命的领导者。

西方马克思主义有其不可否认的成就。卢卡奇关于文学上的现实主义的一系列文章和著作，他在晚年所写的《审美特性》、《关于社会存在的本体论》两本大部头的著作，对丰富、深化我们对马克思主义美学的思考研究无疑有重要价值。阿多诺、本雅明、马尔库塞等人对资本主义社会思想文化的批判，从各个不同的角度、方面，揭示了资本主义下人的异化在文艺上的种种表现，并展开了对异化的批判。他们把马克思主义美学的探讨和西方现代思想文化和文艺所面临的种种问题紧密地结合起来，这对我们很有启发和借鉴的价值。

但西方马克思主义也有它的弱点，这里只来说一说其中一个根本性的问题。只要我们对马克思主义，特别是马克思的著作与思想有一个较为全面、如实的了解，再把它与西方马克思主义的著作、思想对照一下，就会发现两者有不小的区别。西方马克思主义者并不像我们常说的那样"忠于"马克思的著作与思想，他们常常只是在马克思主义的名义下，借马克思主义的某些思想概念来说他们自己想要说的话。他们极少去仔细研究马克思对种种重要的问题是怎样看的，提出了怎样的一些思想，这些思想的实质、意义、贡献何在，在现代的条件下应如何来阐发、丰富与发展这些思想。例如，马尔库塞提出了建立"新感性"的问题，这是一个有启发性的看法。但讲到这个问题，对于任何一个熟悉马克思著作的人来说，都会想到马克思在《1844年经济学—哲学手稿》、《关于费尔巴哈的提纲》、《德意志意识形态》及其他著作（如《资本论》的四个手稿）中对人的"感性"问题的一系列极其重要而深刻的论述。显然，要从马克思主义的观点来解决建立"新感性"的问题，就要全面深入地研究马克思的这些论述。在此基础上，结合对西方现代思想中有关"感性"问题的种种理论的批判分析，提出马克思主义的系统的理论，丰富和发展马克思在这个问题上的思想，科学地解决西方在人的"感性"的发展上所面临的问题。但马尔库塞却不是这样做的，他虽然也提到了马克思有关这一问题的某些观点，但其理解是表面化的、肤浅的、很不全面和包含错误的。他不是从深入地阐发马克思的观点来找到对问题的解决，而主要是借助于弗洛伊德的性欲压抑说来解决问题，把"爱欲"提到了无比重要的中心位置，并把被压抑的"爱欲"的解放看作消除劳动的"非人化"的关键所在。他忽视了马克思一再指出的消除劳动的"非人化"的根本，是使劳动从维持人的肉体生存的手段变为人的创造性的自由的活动、全面自由地发展人的才能的活动，使人类从必然王国跃向自由王国。而这种飞跃，又是以资本主义下物质生产力的高度发展为前提的。马克思是从人类劳动不同于动物活动的自由本质、资本主义下人的劳动的异化，以及如何在生产力高度发展的历史过程中消除异化等根本观点出发来讲劳动的"非人化"及其解决的。"爱欲"问题自然也包含在其中，但只是一个不应忽视的方面，而非解决劳动的"非人化"的关键。马克思也曾论及这一问题，但他对这一问题的看法是建立在物质生产劳动的发展从根本上决定着人类的生存发展（其中就包含了"爱欲"的发展）这一历史唯物主义的基础之上的，与弗洛伊德从超历史的抽象人性出发来讲"爱欲"问题有根本的不同。由于马尔库塞关于"新感性"的理论不是建立在对马克思关于"感性"的一系列重要论述的深入研究的基础之上的，所以这种理论虽然有不应否认的启发性，但实质上是从马克思那里取来的某些表面化、一般化的空洞词句与弗洛伊德理论的外在结合。它没有把马克思关于"感性"的理论推向前进，并为解决西方现代社会下人的"感性"的发展问题提供一种科学的、深刻的理论。以上只是以马尔库塞的"爱欲"说为例来说明西方马克思主义的弱点所在，其他如阿多诺的以"否定的辩证法"为基础的美学理论，本雅明关于现代艺术的特征及悲剧的看法，以及马尔库塞关于"单面人"的理论，情况都大致相同，即都既有某种带启发性、创造性的观点，但又在一系列根本问题上脱离了马克思的思想，特别是否认马克思认为物质生产决定人类社会历史发展这一观点，不愿把他们对资本思想文化的批判建立在这一观点的基础之上。

不仅马尔库塞等人的理论常常出现上述问题，就是西方马克思主义者中对马克思原作钻研、了解最多的卢卡奇的思想与著作也存在问题。卢卡奇善于发现和提出问题，并将问题提到哲学的高度予以系统的论证和解决，这是西方马克思主义者中其他人不能与之相比的。但卢卡奇也常常偏离马克思的某些根本性的观点，并且常常在被作了教条化、简单化的理解的苏式马克思主义与马克思本来的观点之间摇摆不定。再加上他有将马克思的思想黑格尔化的癖好，因此他常常将马克思对问题的明快而深刻的解决转变成一种抽象、晦涩、烦琐的推论。虽然看起来显得更像是一种深奥的学术研究了，实际上恰好掩盖与冲淡了马克思的基本思想，并且往往在抽象、晦涩、烦琐的往复推论中迷失了方向。我们试把卢卡奇的大部头著作与马克思的《资本论》作一比较，后者将深刻的哲学分析与对大量事实材料的实证研究非常有说服力地结合在一起，使事物的最复杂的本质——清晰地呈现出来；前者却经常笼罩着黑格尔式的思辨的层层迷雾。而在我们耐心地掀开这迷雾去仔细地看一看真相时，往往又发现并无多少可取的、真正有重要价值的东西。我认为卢卡奇在理论上的贡献被他的崇拜者、研究者作了某种盲目的夸大。

我们不能否认西方马克思主义的贡献，不能否认它提出了不少有启发性的、深刻的观点，不能否认它为把马克思主义与西方现代问题的研究结合起来而作了种种的努力，从而使马克思主义在今天西方思想界仍然占有谁也无法否认的一席之地。但我们也不能过高地估计西方马克思主义的成就，要看到它在西方思想界所处的地位是在马克思的思想与西方现代居于主流地位的各种思想之间。这是一个中间地带。所以，我们既不能说西方马克思主义是根本反对马克思的思想的，也不能说它是完全符合马克思的思想的。一切都要作具体的分析。从马克思主义的发展来看，西方马克思主义在把马克思主义与西方现代种种问题的研究结合起来这一点上有不小的功劳，但不能说它已取得了重大的和带全局性、根本性的理论成就，把马克思主义的发展推进到了一个新阶段。

四、中国背景：中国特色社会主义

中国当代马克思主义美学的发展不能脱离世界范围内思想文化发展的背景，同时又必须牢牢地立足于中国的现实，不能脱离中国当代思想文化发展的背景。这个背景，归结为一句话，就是走中国特色社会主义道路。

马克思主义认为物质生产最终决定人类历史的发展，因此要发展马克思主义，最重要的就是要实事求是地去分析物质生产的发展，提出与之相适应的理论。前面说过，西方马克思主义虽然也有它的贡献，但没有也不可能把马克思主义的发展推向一个新阶段，其根本原因就在于西方马克思主义者根本否定或极其忽视上述马克思主义的根本原理。环顾20世纪所有研究马克思主义的人，究竟有谁把马克思主义的发展推向了一个新阶段呢？不是别人，就是中国的邓小平。

由邓小平同志创立的中国特色社会主义理论，是对中国近代以来革命的历史经验，特别是对解放以来我国社会主义革命和建设的历史经验的总结，同时也是对俄国十月革命之后，苏联和东欧的社会主义革命和建设的历史经验的总结。它找到了在中国内部条件和当代世界形势下，如何继续坚持和发展社会主义的唯一正确的道路。历史已经证明，走西方资本主义的道路（亦即资产阶级自由化的道路）是行不通的，走由苏联斯大林时期实行的计划经济体制的社会主义也是行不通的。邓小平以"解放思想，实事求是"的惊人的理论气魄，结束了传统的马克思主义认为社会主义与市场经济根本不能相容的思想，提出了建立和发展社会主义市场经济，通过社会主义市场经济而最终走向共产主义的思想。这个思想完全符合马克思主义的历史唯物主义，但它改变了马克思、恩格斯当年根据他们所处的时代提出的理论，即认为社会主义的实现同时就是资本主义的市场经济的消灭，社会主义是以市场经济的消灭为前提的。历史已证明这个思想在西方资本主义高度发达的国家中未能实现，在已走上社会主义道路，但经济很不发达的国家中更是无从实现。在现在以至未来一个很长的历史时期中，企图消灭市场经济是不可能的。对于经济还很不发达的国家来说，这样做只能引起生产的停滞、衰落、倒退，使人民生活长期处于贫困状态，最后引发深刻的社会危机，使社会主义遭到失败。但在另一方面，如果放弃社会主义道路，推行西方自由资本主义的市场经济，同样只能带来一场社会灾难。因此，建立和发展社会主义市场经济是唯一可行的正确选择。即使我们仍然坚持共产主义的实现就是商品交换、市场经济的消灭，而要实现共产主义也仍然必须以发展社会主义市场经济为由此达彼的中介、桥梁。邓小平的思想不仅对不发达的社会主义国家的建设和发展来说具有重大意义，而且对发达的资本主义国家在未来走向社会主义也有很值得注意的意义。邓小平中国特色社会主义理论的提出，将马克思主义推向了一个新的历史阶段，亦即从过去以阶级斗争为中心和实行计划经济体制的社会主义的时代转向以经济建设为中心和发展社会主义市场经济的时代。从世界范围来说，也就是从冷战时期的马克思主义走向冷战解体之后的马克思主义。这是一个巨大而深刻的历史性的变化。包含马克思主义美学在内的整个马克思主义的发展，必须充分考虑到这个历史性的变化，在新

424

的历史条件下来努力推进马克思主义的发展。

与计划经济体制的社会主义不同的中国特色社会主义的实行必然要引起中国当代思想文化的巨大深刻的变化，这是我们现在每天都可以感受到的。如果参照前面已讲到的西方近现代思想文化的发展来看这个变化，我认为启蒙与后启蒙的问题的同时出现和相互交叉，是中国当代思想文化发展的一大特征。如何在马克思主义指导下来解决这个问题，是中国当代马克思主义的发展所碰到的一个艰巨而复杂的问题。

在西方的历史上，所谓启蒙的问题，就是消除封建主义思想，建立与新兴的资本主义市场经济的充分发展相适应的思想。具体来说，就是反对封建等级特权，建立民主法制、自由平等的思想；反对封建神学的禁欲主义，建立肯定人的欲望包含致富欲望的满足的合理性的思想；反对封建主义的愚昧迷信，建立以科学为权威的思想。在中国，由于种种深刻的历史原因，这个启蒙的任务未能很好地完成。①在一个长时期内，封建主义的思想影响和小农自然经济的狭隘落后的观念还浓厚地存在着，这又导致了对马克思主义、社会主义的误解或曲解，产生了"左"的或极"左"的思想。在中国，"左"的思想之所以有很深的根子，就因为启蒙本来是马克思主义产生的历史前阶，而这个启蒙的任务在中国却未能很好完成，封建主义和小农自然经济思想还有很大的影响。

社会主义市场经济的实行和迅速发展，把启蒙的问题重新凸现出来，成为在20世纪80年代成为中国思想界议论纷纷的一大问题。这是因为社会主义市场经济与资本主义市场经济虽然有本质的不同，但它既然是一种市场经济，它的发展就同样要求必须打破封建主义、小农自然经济等落后思想的影响。如民主法制观念、社会公益观念的极端缺乏，基于宗族血缘的人情观念、狭隘的地域观念的大量存在，对

---

① 从根本上看，这不是由于李泽厚所说的"救亡压倒了启蒙"，而是由于处在封建主义和帝国主义双重压制之下的中国民族资本主义无法得到充分的发展。把"启蒙"与"救亡"分离开来的说法是不正确的。

人所应有的个性、独立性、尊严缺乏尊重，蔑视和嘲笑知识、科学，小农自然经济下的散漫、拖拉、不讲效率的生活、工作方式，竞争意识的薄弱，等等，都极大地妨碍着市场经济的发展。这些在西方已由启蒙主义、工业革命解决了的问题，在今天的中国仍然是尚待逐步解决的问题。但这种解决又是在社会主义条件下的解决，因此既要研究、借鉴西方启蒙主义的进步思想（列宁、毛泽东都曾指出过这一点），同时又要在马克思主义、社会主义的思想指导下来解决。只有这样的一种解决，才能最终达到实际的、真正的解决，而不是启蒙主义的那种从抽象的人性出发的，形式上的解决。拿平等问题来说，只有如邓小平所指出的那样，在发展生产的基础上消灭剥削，实现共同富裕，才可能实现真正的平等。因此，在发展社会主义市场经济中启蒙问题的重新凸现，决不意味着我们要回到18世纪资产阶级的启蒙主义。这是一种在社会主义条件下，以马克思主义为指导的启蒙。由于马克思主义既继承了启蒙，又已远远超越了启蒙，因此对我们来说，这种启蒙就包含在马克思主义、社会主义的思想教育工作之中，而不需要另搞一个什么"新启蒙运动"。此外，社会主义市场经济的大发展，将以其无坚不摧的力量使一切封建主义、小农自然经济的思想土崩瓦解，在社会主义的基础上彻底完成启蒙，并挖掉"左"的思想根子。这是中国近代以来前所未见的、令人兴奋鼓舞的历史巨变。

所谓后启蒙的问题，在西方历史上，就是我们前面已经说过的，资产阶级反封建的革命完成之后，个体如何去求取自己生存的问题，人的异化如何消除，启蒙主义期待追求的人的自由平等如何实现的问题。在中国，社会主义市场经济的推行不仅使启蒙的问题重新凸现出来，而且还同时产生了后启蒙的问题。虽然其性质不能与西方混为一谈，但问题的存在是明显的。这是因为在市场经济条件下，个体的生存不能再像过去那样，一切都由国家"包下来"，长期存在的种种依赖关系正在迅速瓦解，每一个人都必须直面自己的生存，并依靠自己的努力去求取好的或最好的生存。这是长期生活在小农自然经济和计划经济体制社会主义条件下的千百万中国人过去未曾碰到过的。它既为中国人民个性的发展打开了无比广阔的天地，同时又带来了种种问题，社会上普遍地产生了种种不适应感。往日那种事先就预定好了的，而且有实现的充分可能性的生活安排被打破了，个体生存的机遇性、偶然性增强了。虽然生存条件得到了明显的改善，但生存所需要付出的艰辛也增加了。于是，不同程度地出现了个体生存的失落感、不安定感、无常感。一再地说"活得真累"，高唱"游戏人生"、"潇洒走一回"，欣赏"过把瘾就死"等，就是这种失落感、不安定感、无常感的表现。对于一向缺乏西方的悲剧精神、竞争精神的许多中国人来说，这种表现可说是很自然的，不足为怪。从哲学上看，这样一种人生感受，当它贯彻到底时，就会产生出非理性主义的、以人生为虚无的种种思想。因此，我们看到，80年代以来，尼采、弗洛伊德、海德格尔、萨特等人的思想在中国颇为流行，西方现代派艺术也使一些人陶醉万分，趋之若鹜。近年来，后现代主义又开始吃香，也有人在倡导"反美学"了。这也是后启蒙问题在中国凸现出来的表现。

但是，如果认为中国的后启蒙问题与西方是一回事，并且要依靠西方的尼采主义、海德格尔等人的存在主义、德里达等人的解构主义、后现代主义来加以解决，那是没有根据的、错误的。在中国，后启蒙问题的出现只是个体在社会主义从计划经济向市场经济转变这一过程中所产生的不适应感的表现，它同时也包含了在当代条件下对人生的意义与价值的艰苦探索，具有不可忽视的世界历史意义，但不可能形成像西方那样一种以非理性主义为主要特征的强大思潮。这不仅是因为中国几千年来的思想传统与这种思想很难相容，而且还因为中国特色社会主义的发展完全能够解决后启蒙问题，克服西方各种非理性主义、虚无主义思想的影响。其所以如此，又是因为在中国的社会主义条件下，社会的发展与个体的发展在根本上是一致的。只要我们坚持社会主义道路，不断为千百万个体的生存发展创造出越来越好的条件，同时努力通过种种方式提高个体生存发展的能力，并使个体最基本的生存条件获得可靠的保障，问题就会得到解决。与此相适应，在思想价值观念上大力提倡人与人之间的相互理解、关心、支持，继

427

承中华民族的优秀传统和近现代以来的革命传统（这是两个相互联系的传统，对其中任何一个都不可轻视），发扬为他人、社会、国家、人类而奉献的精神，以防止市场经济条件下人与人的关系的孤立化、自私化、单子化。这也就是马克思多次说过的，使个人成为"社会的个人"，而不是"孤立的、封闭在自身的单子里的"个人。①

中国特色社会主义的发展从根本上规定了中国当代马克思主义美学发展的历程与方向。由于启蒙与后启蒙的问题在西方的历史上本来就是与文艺、美学的发展密切相联系的，因此注意在社会主义市场经济发展中出现的启蒙与后启蒙交叉的问题，在马克思主义、社会主义思想的指导下去观察它和解决它，这是很为重要的。鼓吹西方的以抽象的人性论为基础的启蒙主义或以非理性主义为基础的各种后启蒙主义的思想流派，都不能真正解决中国的问题。

由于中国特色社会主义是改革开放、面向世界和面向高度现代化的社会主义，由于中国社会主义市场经济的发展已同整个世界经济的发展不可分割地联系在一起，因此建设中国特色社会主义决不仅仅只是和中国人有关的一个地区性的任务，而是一个有世界历史意义的任务。近代以来，只有在今天，中国才真正参与到了世界历史的发展之中，不再只面对仅限于本国的地区性的任务。正因为这样，中国人为解决中国特色社会主义建设而提出的思想，将越来越成为有世界历史意义的思想。在 21 世纪，我们可以期待中国产生有世界性影响的哲学家、美学家、艺术家。相反，如果我们脱离建设中国特色社会主义的道路，那么中国人就只能扮演西方思想文化的追随者的角色。

五、结语：走向新世纪的马克思主义美学

在 21 世纪将要来临的时候，瞻望未来，马克思主义美学将如何发展？对于这个问题，只能从整个马克思主义在当代所处的历史条件

---

① 《马克思恩格斯全集》第 1 卷，人民出版社 1956 年版，第 438 页。

去作出实事求是的说明，而不能坠入主观臆断与空想。前面我之所以勉力对马克思主义美学在当代的发展所面临的思想背景作了一些极粗略的说明，目的也是为此。下面我想来谈谈两个问题，一个是马克思主义美学的理论体系的建立与发展，另一个是 21 世纪马克思主义美学的研究可能会具有的某些新特点或它所应关注的新课题。这两个问题自然又是密切联系在一起的。

我认为直到目前为止，马克思主义美学的发展还处在建立和形成自己的基本理论体系的阶段。马克思主义的创始人一方面从哲学和社会主义理论上为马克思主义美学的建立提供了最根本的理论前提，另一方面又针对审美与艺术问题发表了一系列十分重要而深刻的言论。这些言论是和他们的哲学、社会主义理论紧密相连的，相互之间有着内在的、必然的关系，并不是一些零星的、偶发的言论。因此，马克思主义的创始人无疑已为马克思主义美学的建立奠定了坚实深厚的理论基础，但他们又还没有建立起一个马克思主义美学的详备的理论体系，如马克思建立政治经济学的理论体系那样。今天，马克思主义美学要发展自身，就不能不致力于基本的理论体系的建立。这一工作，过去仅仅作过一些初步的尝试，远远还没有完成。马克思主义美学在21 世纪的发展不能脱离这个建立基本理论体系的工作，我们要为此而作长期不懈的努力。后现代主义"反体系"的思想是不能成立的，并且是相当虚伪的。任何一种思想，为了能够传播和产生影响，都必须做到"言之有故，持之成理"，因而也就必须取得一种体系化的形式。强烈反体系的德里达以及前述罗蒂等人的思想，都有它们自己的体系，而且看起来还好像很复杂、深奥，不易驳倒。相反，马克思主义美学由于还没很好地建立起自己的体系，因而被不少人看作是简单化的，不值一驳的。为了建立马克思主义美学的体系，我认为需要注意以下的问题：

（1）重新如实地、全面深入地了解和研究马克思主义的整个思想（包括哲学、政治经济学、社会主义），特别是马克思主义本人的思想。由于过去在如实地、全面深入地了解研究马克思主义，特别是马克思本人的思想方面做得很不够，甚至把斯大林的思想看作就是对马克思主义的不可动摇的经典表述，因而引起了对马克思主义的种种严重的误解和曲解。马克思本人所阐述的许多丰富而深刻的思想远未得到充分的研究，于是在马克思那里早就作了深刻解决或已指出了解决途径的问题，至今还是问题，或被作了不正确的解决，但却又被看作是无可怀疑的正确解决。因此，在目前和今后一个很长的时期内，我认为马克思的著作仍然是有待我们去不断深入开掘的宝藏。我们不必害怕别人说我们是没有创造性的"教条主义者"，只知做马克思著作的注释工作。相反，真正的创造性，困扰着我们的种种问题的解决，以及西方许多学者百思不得其解的问题的解决，将来自对马克思著作中许多思想的深入理解与阐发，并由此提出新的表述与论断。例如，马克思在他的经济学著作中（包括《资本论》的几个手稿）一次又一次作了论述的关于劳动的思想，看来是在讲经济学问题，实际上对于哲学和美学有着非常重要的意义。只要我们透彻地理解了这些思想，并结合着人类历史的发展和现代科学、哲学的发展去加以发挥，哲学和美学上的许多重大问题当可迎刃而解。在重新了解研究马克思主义的时候，从美学来说，我们又要特别注意马克思主义哲学的实践论和以实践论为前提和基础的反映论（两者是内在地联系在一起的，不是互不相干或平行地存在着的）。它是马克思主义美学的根基，离开了它就不可能有什么马克思主义美学。我国自50年代中期开始，一直延续到80年代初的美学讨论，它所取得的一大成就，就是确认了马克思主义哲学的实践观点是马克思主义美学的根本，形成了一个从实践观点出发来探讨美学问题的学派①。从世界范围来看，不论苏联或东欧的马克思主义美学，都没有像中国的马克思主义美学这样高度重视实践观点，把它确立为马克思主义美学的根本，并作了许多深入的探讨与阐发。这是中国人对坚持与发展马克思主义美学所作的一个重要贡献，应当把它放到世界马克思主义美学发展的历程中去加以观察研究，不要只一味推崇外国人的东西，轻视我们自己的东

---

① 这个学派包括老、中、青三代的许多学者，但他们对实践观点的阐发各有不同，值得仔细研究。

西。近年来，有一些同志提出"后实践美学"的说法，主张建立"生命美学"或"生存美学"（超越美学）。这当然有启发思路、多方面地探讨美学问题的作用，但也有值得商榷的地方。在我看来，"生命"、"生存"问题当然很重要，马克思也曾多次论及，但人的"生命"、"生存"的根基是马克思所说的物质生产实践。离开这一根基去讲"生命美学"或"生存美学"，恐怕很难超越西方已经讲了很久的生命美学和存在主义美学，至多只能成为这两种美学在中国的支流。当然，只要讲得好，的确有些新意，也会有若干价值。但要真正科学地、深刻地解决审美与艺术同生命、生存的关系，恐怕还是不能脱离马克思主义的实践观点。此外，从社会历史的观点来看，上述"后实践美学"的提出，我以为也是我在前面已讲过的中国当代社会所存在的后启蒙问题在美学方面的表现。"后实践美学"的主张者认为这是马克思主义实践观的美学不能解决的，但实际的情况刚好相反。这一点将会在中国当代美的探索中最后得到确证。

（2）具体历史地、科学实证地展开对马克思主义美学的各个重大问题的研究。例如，马克思主义的创始人已指出艺术是反映社会存在的一种意识形态，这是一个根本性的、十分重要的观点，但尚待我们紧密结合人类历史和艺术的发展去加以具体实证的研究，作出有充分说服力的、系统深入的分析论证。没有这种研究，就永远只能停留在抽象的一般原则上，也无法真正指出与这个原则相反的各种看法的错误究竟何在，同时也无法将这个原则实际应用于对各种复杂的艺术现象的解释。今天，不对马克思美学的各个重大问题展开具体实证的研究，马克思主义美学就无从得到发展。我们要努力学习马克思在研究资本主义经济时卓有成效地使用了的方法，将深刻的哲学分析与细致的实证研究紧密地结合起来，结束早已令人生厌的，不断重复一般化的抽象原则的做法。

（3）对从古代到现当代的一切美学理论予以批判的考察，吸取改造其中一切合理的东西，纳入马克思主义的美学体系。在这方面，我们同样要学习马克思研究政治经济学的方法。马克思的政治经济学是在批判地考察资产阶级政治经济学各个流派的理论的基础上建立起来的。他把资产阶级政治经济学的发展史看作是资产阶级经济学家对资本主义经济现象的认识的发展史，深入地分析了其中哪些思想是正确的，哪些是为现象所迷惑，对事实的本质作了颠倒、歪曲的反映的。通过这样的分析，马克思吸取改造了资产阶级政治经济学中一切合理的东西，建立了他自己的科学的理论体系，同时也真正克服、扬弃、战胜了资产阶级政治经济学各个派别的理论，使资产阶级的许多经济学家也不能不承认马克思的政治经济学是一种有重要理论价值的学说。马克思对资产阶级政治经济学的批判的考察集中表现在现题为《剩余价值学说史》一书中（马克思的未完手稿），很值得我们参考研究。我们应当将马克思的方法应用于对美学史的批判考察，抛弃过去那种从几个简单、抽象的原则出发去讲美学史的做法，把美学史的研究和马克思主义美学体系的建立紧密地结合起来。在这个过程中，我们作为中国人，还要对中国悠久光辉的美学进行批判的考察，在马克思主义的基础上辩证地综合中西美学的历史成果，以创造出当代中国化的马克思主义美学，为世界美学作出我们自己的贡献。

以上讲的是马克思主义美学体系的建立问题，下面再来谈谈 21 世纪的马克思主义美学可能具有的若干特点。

第一，坚持社会主义理想。

马克思主义美学的产生是与马克思主义的社会主义理想的提出分不开的。没有马克思主义的社会主义理论，就不会有马克思主义的美学。在未来的新世纪里，坚持、发展与阐明社会主义理想，是我们抗击一切历史虚无主义、悲观主义的根本立足点。对此，我们应予以高度的重视。今天，西方资本主义社会已陷入深刻的精神危机和悲观主义之中，它再也提不出一种新的社会理想来解决它面临的危机，顶多只能诉之于保守主义，尽可能缓和这种危机。因为就资本主义社会而言，18 世纪启蒙主义的理想就是它可能提出的，再也无法超越的最高理想。我们已经指出，当代西方某些思想家，如胡塞尔、哈伯马斯提出了继续实现启蒙的理想。这虽然比否定一切理想的历史虚无主义要好，在今天的西方社会中仍有其进步意义，但实际上是不可能真正实现和解决问题的。马克思早就指出法国社会主义者如普鲁东等人的

"愚蠢"，"他们想要证明，社会主义就是实现由法国革命所宣告的资产阶级社会的理想"①。从历史发展的宏观的角度来看，只有继承启蒙又超越启蒙的马克思主义的社会主义才能最终解决西方资本主义社会的问题。这种社会主义决非某些人所说的乌托邦。马克思、恩格斯在创立他们的社会主义时，一开始就是一切乌托邦思想的最坚决的反对者。他们所说的社会主义是建立在对资本主义生产的科学分析的基础之上的，是资本主义下生产力高度发展的必然产物。马克思一方面深刻揭示了由资本主义的发展所引起的人的异化，另一方面又指出资本主义下生产力的高度发展必然为最终消灭异化、实现社会主义创造出现实的、物质的条件。马克思始终是用历史的观点来分析资本主义，既指出它在人类历史发展中所起的"伟大的文明作用"，它的"积极本质"，同时又指出它的"局限性"，"它的消极的片面性"，并指出资本对生产力的发展的巨大推动作用最后必然要达到它再也无法超越的"最大限制，因而驱使人们利用资本本身来消灭资本"，实现社会主义。② 对马克思思想的这个方面，过去的研究很不够，因而社会主义被一些人看作是乌托邦。西方马克思主义者中的许多人也都认为社会主义已成为一种虚无缥缈的幻想。他们看不到资本主义下社会生产力的不断发展，最后总要达到一个极限，这时如果不从资本主义转向社会主义，就无法使生产力继续得到发展。这也就是说，从历史的趋势来看，资本主义下生产力越是向前发展，实现社会主义的条件就越是具备。正因为这样，马克思主义的社会主义者是以历史发展的客观规律为依据的真正的历史乐观主义者，它与一切历史的虚无主义、悲观主义是对立的。也正因为这样，马克思说"19世纪的社会革命不能从过去，而只能从未来汲取自己的诗情"③。虽然在马克思、恩格斯之后，西方资本主义社会的状况发生了许多重要的变化，但资

① 《马克思恩格斯全集》第46卷上，人民出版社1979年版，第201页。
② 《马克思恩格斯全集》第46卷上，人民出版社1979年版，第393～394页。
③ 《马克思恩格斯选集》第1卷，人民出版社1995年版，第587页。

本主义生产的发展最后必将导致社会主义的出现这一根本思想并未被推翻。社会主义的理想没有也不可能灭亡，今天我们面临的任务是在变化了的历史条件下来探求走向社会主义的道路。当然，这条道路将是漫长的。但从16世纪开始，资本主义的实现不也走了一条漫长的道路吗？21世纪社会的生产力将会有更大的、空前的发展。这种发展不是使我们离社会主义更远，而是更近。西方一些学者所说的"晚期资本主义"，不过是人类走向社会主义必经的一个历史阶段。我们需要从上述马克思的观点来研究当代资本主义的变化，高度注意社会生产力发展中那些最终将会导致社会主义的重大变化。

第二，肯定和揭示世界和人的存在的意义与价值，以对人的社会性的深刻揭示去对抗人的异化，建立新时代的理想主义与英雄主义。

今天，在西方后启蒙时期尖锐提出的世界和人的存在的意义与价值这一巨大问题依然存在。现代主义作品对人的异化现象的深刻反映以及后现代主义作品对世界与人的存在的无意义、无价值的宣告，决非意味着人类历史的末日已经到来，而仅仅意味着资本主义已陷入深刻的精神危机之中。这些作品在客观上起着恩格斯所说过的"动摇资产阶级世界的乐观主义，不可避免地引起对于现存事物的永恒性的怀疑"的作用。① 当然，它的虚无主义、悲观主义、神秘主义也会产生坏作用，这是资本主义在精神文化上解体不可避免的一个历史过程。作为这个过程最终结果的东西，将是在社会主义的理想下改造世界，重建世界和人的存在的意义与价值。但就是在此前，崇高与卑下、正义与罪恶、进步与反动的对立与斗争仍然存在，其意义与价值的差别是不能"削平"的。因此，马克思主义美学在文艺上应当立足于社会主义，充分肯定和历史地揭示世界和人的存在的意义与价值，深刻揭示人的相互依存的社会性以对抗人的孤立化、异化，建立新时代的理想主义与英雄主义以对抗极端个人主义、虚无主义、悲观主义。特别是在中国的条件下，有充分的可能做到这一点，而且我认

---

① 《马克思恩格斯选集》第4卷，人民出版社1995年版，第673页。

为这将成为包括文艺在内的中国当代思想文化发展的一个基本的走向。当然，问题的解决是复杂的、艰难的，但对此持一种悲观主义的看法也是没有根据的。这一类看法的产生是由于缺乏马克思主义的历史分析的观点，或仍然受到"左"的思想的影响与束缚。

第三，促进大众文艺的健康发展，并推动它与处于较高层次的文艺的接近与融合。

在现代的条件下，审美与文艺已成为广大社会群众日常精神生活和社会交往的一个重要方面，不再是为少数"天才"、"精英"所独占的东西。往日审美与文艺的那种高高凌驾于群众日常生活之上的神圣性、神秘性被打破了，这是历史的一个重大进步。但由于种种历史的、社会的原因，又使这种大众文艺走向粗俗化、完全的商品化，追求低级的感官享乐。马克思、恩格斯早就指出过："无产阶级的享乐，一方面由于漫长的工作日（因而对享乐的要求达到了顶点），另一方面由于无产者所得到的享乐在质量和数量上非常有限，因而具有了目前这种粗陋的形式。"① 但这决非不可避免的现象，特别是在社会主义条件下，随着物质生产的发展和广大社会群众文化素质的提高，大众文艺终将朝着高级的方向发展，逐渐接近目前我们称之为"高雅"的文艺，并与之融合。虽然通俗性、普及性的文艺与较高级的文艺之间的区别将永远存在，但这是毛泽东所说过的"普及"与"提高"之间的差别，而不是说"普及"性的文艺就必然是和应当是粗俗的。大众化的文艺的出现，审美与文艺活动的日趋社会化、群众化，是当代马克思主义美学必须深入研究的重要问题，它会引起整个美学的重大变化。把大众文艺当作是一种单纯消极有害的现象来加以批判是不对的。马克思、恩格斯早就多次指出，随着生产力的高度发展，在社会主义、共产主义下，广大社会群众将会在维持生存所需的必要劳动时间之外，获得越来越多的"自由时间"，以从事科学、艺术活动。审美与艺术活动的群众化、生活化，是历史发展的必然趋势。即使是在资本主义制度下，21世纪社会生产力的大发展，我认

① 《德意志意识形态》，人民出版社1961年版，第480页。

为也会使西方大众文艺发生某种改变，提到一个新的水准。

第四，充分重视与研究现当代物质生产、科学技术对审美与艺术活动的重要影响。

和那种认为审美与艺术和物质生产无关的想法相反，科学技术越是发展和广泛直接地渗入到人们日常生活的各个方面，物质生产对人们的审美与艺术活动的影响也将越来越广泛、密切。现代技术美学或设计美学的发展已充分地说明了这一点。随着现代科技手段的发展，这种美学设计将变得更加自由，更具有马克思所说的"按照美的规律来建造"① 的性质。环绕着我们，满足我们物质生活需要的种种产品，将具有越来越高的美学价值。所谓美的形式规律也将是与现代科技相适应的规律，而不再是与古代的小手工业相适应的规律。物质生产活动本身，最终也将如马克思所说的那样，"创造出……这样一些主观的和客观的条件，在这些条件下劳动会成为吸引人的劳动，成为个人的自我实现"，因而成为像音乐家"作曲"那样的一种"真正自由的劳动"，给人以精神的享受。②

（原载《马克思主义美学研究》第 1 辑，
广西师范大学出版社 1997 年版）

----

① 《1844 年经济学—哲学手稿》，人民出版社 1985 年版，第 54 页。
② 《马克思恩格斯全集》第 46 卷下，人民出版社 1980 年版，第 113 页。

马克思主义实践观与当代美学问题

审美与艺术历来是人类精神文化的一个重要方面，同时也渗透在人类物质文化生活之中。20 世纪以来，美与艺术发生了重大变化，美学也相应地发生了重大变化。特别是在我们即将进入 21 世纪之际，如何来看待美与艺术在当代社会生活中的地位与作用，怎样来建设当代的美学，是一个很值得认真思考的问题。

我国美学界从 20 世纪 50 年代初期开始，到"文革"前及"文革"后的 80 年代，围绕着美的本质问题展开了一场持续不断的大讨论。讨论的结果，在较多的人当中形成了一个基本的看法，即认为马克思主义哲学的实践观点应当是解决美学中各种问题的哲学前提或基础，并对实践与美和艺术的关系作了不少重要的探讨与阐发。我认为这是这次讨论取得的最重要的成果，从世界范围内马克思主义美学的发展来看，也是中国学者所作出的一个贡献。20 世纪 90 年代以来，一些同志一方面肯定了实践美学的贡献，另一方面又对它提出了各种质疑和批评，形成了被称为后实践美学的种种观点。与此同时，还有一些同志提出了审美文化问题，并进行了许多研究。这样，就在美学界形成了实践美学、后实践美学、审美文化研究多元发展的百家争鸣局面。

我个人一向是主张实践美学的，但我并不认为包含在这一概念下的各种观点都是完全正确的，也不认为实践美学已经很好地解决了美学中的各种问题。实际上，实践美学的主要成就在于它把马克思主义的实践观作为美学的哲学前提确立了下来，它为了完善自身还需要进行大量的研究工作。特别是面对时代日新月异的发展，实践美学必须有新的大的发展。后实践美学对实践美学的批评，有些触及了它的弱点，但我又不同意美学的新的发展需要放弃马克思主义的实践观点这个哲学前提。在我看来，正是马克思主义实践观点的提出才使传统的美学宣告终结，为一种真正新的美学的产生开辟了广阔的道路。

后实践美学对实践美学的一个带有共同性的、重要的批评，是认为它把审美活动与实践活动混淆或等同起来了。从马克思主义本身来看，从来只认为实践活动是美与艺术产生的根基、源泉，并没有认为实践活动即是审美活动。毫无疑问，实践活动不是审美活动，但审美活动却又是从非审美的实践活动中产生出来的。历来许多美学家长期陷入的一大迷误，就是只看到和只强调审美活动与实践活动的差别，因而只从审美活动本身去说明审美活动，竭力要"从审美的活动中排除实践的活动"（克罗齐）。他们不知道也不承认，正如每一个人不是自己生出自己，而是由他人（父母）生出来的一样，审美活动也不是自己生出自己，而是由非审美的实践活动生出来的。劳动不是审美活动，但其中无疑存在着美。抗洪抢险也不是审美活动，但其中却存在着令人惊心动魄的悲壮之美。实践之所以产生了美，就因为人类的实践活动（首先是劳动）是不同于动物活动的有意识、有目的的活动，因而是能够支配客观必然性的，创造性的、自由的活动。正是基于人类劳动与动物活动的本质区别，马克思、恩格斯都曾多次指出人是"自由的存在物"，他的活动是"自由的活动"。美就是人的自由在人创造他的生活的实践活动的对象、过程和结果上的感性表现。人类掌握必然而取得自由的活动是艰巨、复杂、曲折的，在一些情况下表现为困苦、艰辛的活动，有时甚至表现为受难与牺牲，但只要它是对人的自由的肯定，就会有美（广义的美，包含崇高、悲剧等形态）的存在。许多自然物的美看起来同人的实践创造活动没有关系，实际上仍然是人在长期实践活动中改造了自然，使整个自然界与人类发生了亲密的关系，成为人的自由生活实现的条件和对象的结果。由于人类的实践活动不是孤立的个人的活动，而是结成一定社会关系的人们共同进行的活动，人只有在集体、社会中才能取得自由，因此美作为人的自由的感性表现同时也是人的社会的本质的实现。人的实践活动具有社会性，人只有在与他人的社会关系中才能实现自己的自由，这是美的极深刻的基础。抽象地讲，我们还可以说美是在人类实践基础上个体与"类"（人类）的统一。个体的存在是短暂的、有限的，"类"的存在是永恒的、无限的。个体的自由的实现不能脱离整个人类社会的发展，而且个体既然同时又是"类存在物"，就不能只考虑个人短暂的生存，还要考虑子孙后代以至整个人类的生存。所以，奉献是美的，是人的社会性的伟大表现，特别是在人类处于艰难的时代。在西方，被血淋淋地钉在十字架上的耶稣之所以成为许多画家反复描绘的题材，原因就在于此。总而言之，人类为了争取自由而不断进行的实践活动是美的真正的、终极的、最后的根源。但在漫长的人类历史中，由于剥削阶级的统治而造成的劳动的异化，掩盖了劳动是人类生存的根基和劳动在本质上是人的自由的活动这一基本事实，从而堵死了从人类实践出发去认识美的根源的道路，使美成了一个"谜"。德国古典美学自康德开始已经从自由与必然的统一来探讨美的本质，但只有马克思在黑格尔和费尔巴哈的启发下，第一次把这种统一放到了人类感性现实的实践活动的基础之上。如果我们承认实践是美与艺术的根源，那么当代的美学将怎样发展，什么是我们的时代所需要的新美学，就必须从当代人类社会实践（首先是物质生产实践）的新的发展中去找到说明。我只想简略指出，当代美学的发展不仅不会脱离实践的基础，使审美活动与实践活动日益分离开来，反而会使两者日益接近和相互交融。就中国当代而论，美学的发展不可能脱离建设中国特色社会主义的伟大实践。中国美学界，包括主张后实践美学的同志们，实际都在对此进行思考。我深信，从这种思考中，最终将会产生一种有世界意义的新美学。

后实践美学对实践美学的另一个重要的批评，是认为实践美学以之作为哲学前提的马克思主义的实践观还是一种理性主义的哲学，没有解决主客二元对立问题。因此，实践美学残留着或有极明显的理性主义印记，不懂得美的本质就是超越，美是超理性、超现实的。这里明显存在着两个问题，一个是对马克思主义哲学的理解，另一个是美与超越的关系。认为马克思主义哲学是一种"理性主义"的哲学，这是一种很大的误解。仔细研究一下马克思、恩格斯的哲学论著，就会看到感性物质的自然界和作为自然界一部分的人的感性自然的存在是马克思主义哲学的根本出发点。在这一点上，马克思主义哲学与在它之前的唯物主义哲学没有什么差别。马克思主义哲学的划时代的重大贡献，是在指出人所生活的自然界以及作为自然存在物的人成为与动物不同的自然存在物，是人类实践在长时期中改变了自然和人自身的结果。所以，马克思说他的"新唯物主义"是"把感性理解为实践活动的唯物主义"。这就是马克思主义哲学的精髓所在。"感性"在马克思主义哲学中占有优先的地位，同时马克思主义哲学所说的实践活动既是有意识、有目的的活动，又是实际改变世界的感性物质的活动，而不是仅仅在观念、精神中发生的活动。这样一种活动，是变主观的东西为客观的东西、变观念的东西为物质的东西的活动，因此它正是哲学史上长期存在的主客二元对立的真正消解。这个主客二元对立的消解问题是 20 世纪西方哲学中讲得很多的热门话题，实际上马克思、恩格斯在 19 世纪 40 年代就已提出和解决了这个问题（详见马克思的《1844 年经济学—哲学手稿》和恩格斯的《英国状况·十八世纪》）。这种解决不是如西方现代某些哲学家所说的那样，回到主客不分的原始混沌的状态。如果真的回到这种状态，人就成了动物或与动物差不多了。人之所以区别于动物，正因为他能把自己作为主体与客体区分开来，所以他的活动才是有意识、有目的的活动，从而才可能是自由的活动。所谓主客二元对立的消解决不意味着消灭主客的区分，而是要消灭主客的对立，使之达到统一。如马克思所指出，"思维与存在虽有区别，但同时彼此又处于统一之中"。这个统一的基础、中介、桥梁就是实践。马克思主义哲学认为从哲学认识论的意义上说，"理性"就是对客观世界的规律的理论认识；从伦理、道德、法律的意义上说，就是人的行为的社会规范。二者都来源于和决定于人的感性物质的实践活动的发展。如果"理性"脱离和阻碍了人的感性物质的实践活动的发展，从而脱离和阻碍了人类历史的发展，那么这种"理性"最后必然要被否定而产生出新的"理性"。因此，在感性与理性的关系问题上，马克思主义哲学既不是用某种抽象的"理性"来规定、说明人的存在和人的历史的"理性主义"，更不是西方现代哲学中流行的非理性主义、反理性主义，而是主张在人类实践基础上不断推进感性与理性统一的历史唯物主义。审美与艺术即是这种统一的一个重要方面。它的特征是人的自由的理性直接呈现为人的感性，人的社会本质的实现直接成为人的个性、生命和情感的内在要求。但这又不是如有的学者所主张的那样，是存在于感性之外的理性不断"积淀"到感性中去的结果。在我看来，人的存在本身就包含了感性与理性两个方面，两者始终处在相互作用、相互渗透之中，但感性（人的肉体的生存和发展）又居于优先的、基础的地位。如果要讲审美的超越性，那么这种超越是指超越动物性的感性，超越理性与感性的外在对立（即理性成为感性的内在要求），超越单纯的实用功利要求的满足和纯粹物质性的消费与享受。这种超越在根本上又是为人类的实践活动，首先是由物质生产的发展所决定的。我们对美的追求也就是对自由、幸福、理想的追求，但这种追求不是虚幻的超越，也不是进入某种和理性绝缘的领域。虚幻的超越得到的只是虚幻，不是美。最离奇的想象也只有在它成为现实的人的自由理想的表现时才会有美。完全脱离理性，或所谓"超理性"的领域是一个神秘的宗教的领域，但就是宗教的艺术也是因为它在虚幻的形式下展现了人对自身的自由本质的追求才成为美的。非理性或反理性在西方19世纪以来的艺术中十分时髦，但这种非理性或反理性的主张只有在它包含了对西方资本主义社会下人的异化的揭露或抗议时才会具有某些价值。在我看来，这种非理性或反理性是西方资本主义社会下感性与理性发生了尖锐的矛盾冲突而无法得到解决的表现。它对这种矛盾的强烈的揭露有助于矛盾的解决，但矛盾的解决不是否定、取消理性，或去寻求所谓"超理性"，而是在人类社会实践发展的基础上，重建理性与感性的统一与和谐。

在后实践美学中还有一种产生了一定影响的观点，就是主张从生命的秘密中去找寻美的秘密。它也把马克思主义的实践观当作理性主义哲学来批判，并且认为实践原则是抽象的原则，只有生命原则才是具体的原则，美就是"超越性的生命"。生命与美的关系很重要，十分值得深入研究。马克思、恩格斯也曾多次论述过生命问题，并深刻

441

指出，人正是通过劳动、实践而使人的生命与动物的生命区分开来的。脱离劳动、实践，就不会有人的生命，当然也不会有人的生命的美，而只能有动物性的官能快感。马克思说："吃、喝、性行为等等，固然也是真正的人的机能。但是，如果使这些机能脱离了人的其他的活动，并使它们成为最后的和惟一的终极目的，那么，在这种抽象中，它们就是动物的机能。"（《1844 年经济学—哲学手稿》）所以，实践原则不是抽象原则，相反，倒是脱离了实践的生命原则才是抽象原则。只要把人作为人来看，人的生命是通过人的实践活动而表现出来的。当实践的活动呈现为生命的自由活动，生命就成为美的。当然，植物、动物的生命也有美，但这美是对人而言的，并且是因为它成为人的自由的生命活动的条件和对象才是美的。

（原载 1998 年 10 月 23 日《光明日报》）

20 年来的中国当代美学

回顾改革开放以来中国当代美学的发展，我作为亲身参与的一员，感到心情很不平静。在全国美学界同仁的努力下，我们取得了令人欢欣鼓舞的成就。只说这 20 年来发表、出版的有关美学的论文、专著、教材，虽然还没有确切的统计数字，但无疑超过了我国 1900 年到 1978 年之前已发表出版的全部论文、专著、教材的总和。从世界各国对美学研究的开展情况来看，中国对美学研究的关注、执著、投入也是罕见的，甚至可以说是独一无二的。

中国当代美学的发展可划分为两大阶段。第一阶段：1950 年至"文革"前，它可以说是中国当代美学发展的序曲，在百家争鸣声中开展了对美的本质问题的热烈大讨论，为后来中国美学的发展打下了良好的基础。第二阶段：1978 年至现在，这一阶段还在继续发展。但截至目前为止，又可把这一阶段分为两个小的阶段，一个是 1978 年至 1989 年，另一个是从 1990 年至现在。

1978 年至 1989 年，是中国美学空前兴旺发展的时期，也是中国美学界最忙碌、最热闹、最兴奋的时期。随着"四人帮"的灭亡，谈美色变、美学成为禁区的时代结束了。中国美学界很快活跃起来，拾起被"文革"打断了的美的本质大讨论这一线索，再次掀起一个讨论的高潮。讨论的结果，在较多的人当中形成了一个基本的共识：美既不是某种与人的存在无关的物质属性，也不是人的意识、观念的产物，而是人类实践改造了世界的产物。美的根源既不是在物的属性之中，也不是在人的意识之中，而是在人的实践活动之中。这就是现在所说的实践美学的基本观点的确立。它是来之不易的，放在 20 世纪世界马克思主义美学的发展中去观察，也有不可忽视的重要意义。

1980 年，中华全国美学学会（现名中华美学学会）在昆明宣告成立。年届 83 岁高龄的朱光潜先生也亲自到会，并当选为第一任会长。1981 年，王朝闻主编的《美学概论》出版。此书是集许多学者之力，前后历时六七年方写成的，是我国第一部以马克思主义为指导的系统的美学教材。它在很大程度上总结了"文革"前我国对马克思主义美学研究取得的成果，是一部有重要学术价值的著作。它的出版，对在广大群众中传播马克思主义美学，产生了重要的作用。此外，在20 世纪 80 年代，我国美学界还做了两件重要的事情。一是出版了一系列研究中国美学和美学史的著作，填补了"五四"以来没有一部中国美学史的空白，并为本来是一门"西学"的美学的中国化打下了重要的基础。二是出版了李泽厚主编的《美学译文丛书》，以前所未见的规模和速度翻译出版了西方现代各主要流派的代表性著作，敞开了西方现代美学的大门，打破了过去闭关自守的状态。在美学教材的编写方面，继《美学概论》之后，又出版了蔡仪主编的《美学原理》等许多著作。

1990 年以来，20 世纪 80 年代的"美学热"显著降温，美学界不少同志大呼美学发生了"危机"。其实，这是美学进入了一个密切结合中国当代现实社会，更广泛而深入地发展自己的时期。在 20 世纪 80 年代，美学之所以受到社会的热烈关注，是因为当时需要冲破以讲美为资产阶级腐朽思想的表现、美学成为禁区这种"左"的和"极左"的思想禁锢。这就是说，美学实际上是当时思想解放运动的一个方面。到了 20 世纪 90 年代，禁区已被彻底打破，而且自改革开放以来，随着生产力的大发展，人民物质生活水平的迅速提高，讲美、求美已走入千家万户的生活之中，不再只是学者们在书本中讨论的抽象的问题了。最显著的现象是，"蓝蚂蚁"从中国的大地上消失了。美和广大人民的日常生活密切地联系在一起，中国人民的个性获得了空前的解放，大众文艺也在中国迅速发展起来。与此同时，也出现了一些不健康的甚至是丑恶的现象。于是，不少人惊呼"大事不好了"，在文学界发出了召唤"人文精神"的呼声。我则始终认为，20 世纪 90 年代以来中国的审美意识、审美观念和艺术所发生的巨大深刻的变化，就其主流、本质方面来看是好的，是"五四"以来前所未见的、最深刻的、具有世界历史意义的变化。至于在这一变化过程中，不可避免地会出现的一些不健康的、丑恶的现象，是能够随着改革开放和中国特色社会主义的发展和完善，整个国民文化素质的提高而逐步地得到解决的。此外，我们在判定什么是健康的或不健康的、美的或丑的时，还需要进一步清除"左"的和封建主义观念的影响。

20 世纪 90 年代以来，社会主义市场经济的全面推进，引起了中国社会巨大而深刻的变化，同时也给中国当代美学提出了一系列巨大而深刻的问题。这些问题归结到一点，就是在社会主义市场经济条件下，在中国特色社会主义的初级阶段，怎样来认识美与艺术的本质，解决当代中国社会以至当前整个世界所提出的美学问题？或者说什么是当代社会条件下的美与艺术，美与艺术在人类当代的社会生活中占有怎样的地位，能够发挥什么作用？这是海德格尔晚年在与《明镜周刊》的记者的谈话中已提出的问题。往前追溯，是黑格尔的美学已经提出的问题。现在，中国当代美学也面临这一问题，这是中国近代以来美学发展的一个划时代的重大变化。美学不是不重要了，完蛋了，而是它肩上的担子更加沉重了。中国当代美学将通过对这一问题的解决而走向世界，并在解决这一问题的过程中发扬光大中国传统美学的优秀、丰富而深刻的思想，对世界美学作出自己的重要贡献。

面对上述问题，20 世纪 90 年代以来的中国美学发生了重要的变化。首先，实践美学看来沉寂了，因为它要真正从理论上解决时代提出的新问题，需要有一个深入思考研究的过程。另外，原先实践美学的内部发生了分化，有的学者提出了建立"后马克思主义"的问题（这是我不敢苟同的），企图突破原先主张的实践美学的观点。这在中国美学界产生了相当大的影响。一批年轻的学者纷纷对实践美学提出质疑与批评，于是形成了被称为后实践美学的各种观点。大致与此同时，另一些年轻学者敏感而及时地抓住了和大众文艺的发展相关的审美文化问题，大力开展研究，形成为中国当代美学研究的一个受到关注的重要方面。这样，就使中国当代美学的研究活跃起来，出现了实践美学、后实践美学、审美文化研究多元发展的可喜局面。当然，除这三者之外，中国美学界还存在其他不同的理论观点。但相对而言，不及这三者的影响大。

展望未来，中国当代美学将会怎样发展呢？首先，实践美学与后实践美学的论争将会继续下去。这是好事，不是坏事，对中国当代美学的发展将产生重要的推动作用。为了使这种论争取得有价值的成果，我认为从实践美学的主张者来说，应仔细地倾听和了解后实践美学的各种观点，并积极地作出回应。这样才能使实践美学本身不断得到完善和发展。从后实践美学的主张者来看，需要对他们所批评的实践美学以及它作为出发点的马克思主义哲学与美学作仔细的了解、研究，尽量避免出现种种不应有的误解。此外，后实践美学的理论资源，基本上来自西方尼采、海德格尔、伽达默尔等人的美学。如后实践美学相当普遍地主张"超越"是美的本质，这与海德格尔认为"存在地地道道是超越"是类似的。吸取西方现代的理论资源是必要的，但同样需要对之有仔细的了解研究，尽量避免出现不应有的误解。至于说到审美文化研究，我很希望能在吸取西方现代审美文化理论的成果的同时，建立起有中国特色的审美文化理论。除上述三种理论之外，中国当代美学在它的发展中还会不会出现新的理论派别呢？完全可能出现。因为美学必定要随着人类社会历史的发展而发展，新问题是层出不穷的，美学是可以而且应当从各种不同的角度、侧面去研究的。多元化是中国当代美学发展的必然趋势。但无论如何多元，我认为马克思主义实践观的美学不仅不会消失，而且是真正面向未来的、最有发展前途的美学，要"消解"它是不容易的。至于它能否成为"主流"，这取决于社会历史条件，也取决于马克思主义实践观美学的研究者能否认真坚持邓小平同志提出的"解放思想，实事求是"的方针，随着时代的前进而前进，拿出具有重大理论价值的研究成果来。"主流"从来不是自封的。

（原载《深圳特区报》1999 年 1 月 25 日。）

略论 19 世纪末至 20 世纪
马克思主义美学

　　马克思主义美学在 19 世纪 40 年代产生之后，并没有对当时德国和整个欧洲的美学产生明显的影响。这是由于马克思把他的注意力集中到了对社会政治经济问题、工人运动、社会主义理论、政治经济学、青年黑格尔派唯心主义批判等问题的考察上，美学只是在他考察这些问题的过程中附带涉及的问题。这又是因为对于马克思和马克思所处的时代来说，上述这些问题的考察比美学问题更重要。马克思没有像他早年的朋友卢格（A. Ruge，1802～1880 年）那样写出专门的美学著作，他的包含有重要的美学思想的著作《1844 年经济学—哲学手稿》，以及他与恩格斯合著的、对理解马克思主义的哲学与美学有重大意义的著作《德意志意识形态》，又是在 1932 年才公之于世的。另一篇对理解马克思主义的哲学与美学同样具有重大意义的著作《关于费尔巴哈的提纲》，是在 1888 年才作为恩格斯的《路德维希·费尔巴哈与德国古典哲学的终结》一书的附录发表的。就是在上述这些著作发表之后，由于种种历史原因，其美学思想在相当长的时期内也还没有得到深入的研究和正确的理解。所以，从 19 世纪 40 年代到 19 世纪末以至 20 世纪，人们对马克思主义美学的理解，基本上是局限于马克思、恩格斯在论述他们的历史唯物主义时所提出的艺术是反映社会存在的意识形态，是由经济基础决定的上层建筑这个一般性的原理上。但就是对这个原理的理解，也常常存在不少误解以至曲解。马克思、恩格斯的同时代人，英国的莫里斯（W. Morris，1834～1896 年）曾写了《艺术与社会主义》一书，集中论述了劳动与艺术的关系，至少在英国的范围内产生了一定的影响。但莫里斯是一个空想社会主义者，所以他的书虽然也有某些价值，但没有也不可能真正解决劳动与美和艺术的关系，以及社会主义艺术的本质特征等问题。莫里斯的美学来源于英国艺术批评家罗斯金（J. Ruskin，1819～1900年）的美学，本质上是对资产阶级人道主义的美学作一种空想社会主义的解释。

真正从历史唯物主义的一般原理出发来思考研究马克思主义的美学，始于19世纪末20世纪初。这是因为，随着德国工人运动的高涨出现了一些工人艺术团体，有些同情社会主义的艺术家也站到了工人一边，于是就在理论上提出了无产阶级、社会主义与艺术的关系这个问题。德国社会民主党的主要理论家、曾得到恩格斯赞许的梅林（F. Mehring，1846～1819年）集中考察了这个问题。他一方面提出艺术应当成为无产阶级所进行的阶级斗争的武器，另一方面又仍然受着康德美学的深刻影响，认为艺术具有超功利性与自律性，不可能成为政治意识形态的直接表现。梅林自己还不能解决他的理论所包含的明显的矛盾，但这个矛盾本身所包含的问题却是需要予以解决的重要问题。尽管如此，无产阶级革命运动的发展把梅林提出的问题抛到了一边，并被认为是梅林思想的不彻底性的表现。艺术是阶级斗争的武器的说法得到了大多数人的肯定。和这种说法相关，为了说明艺术与无产阶级斗争的关系，法国的拉法格（P. Lafargue，1842～1911年）、俄国的普列汉诺夫（Г. В. Плеханов，1856～1918年）对经济基础、物质生产、社会存在与艺术的关系作了许多研究，其中尤以普列汉诺夫的成就为最大。我们知道，马克思主义对俄国很早就产生了明显的影响。1883年，以普列汉诺夫为主要代表的"劳动解放社"成立，开始致力于在俄国传播马克思主义，找寻俄国革命的道路。为了在普遍关注艺术问题的俄国知识界传播马克思主义以及解决无产阶级、社会主义与艺术的关系问题，普列汉诺夫利用德国美学家格罗塞（E. Grosse，1862～1926年）、芬兰美学家希尔恩（Y. Hirn，1870～?）等人研究原始艺术取得的成果，对审美和艺术的起源与物质生产劳动的关系作了马克思主义的考察，写成了《没有地址的信》（1899～1900年）这部重要的著作。他还十分具体地考察了18世纪法国戏剧和绘画的发展，写成了《从社会学观点论十八世纪法国戏剧文学和法国绘画》（1905 年）这篇长文。在这两部著作以及《无产阶级运动与资产阶级艺术》（1905 年）、《艺术与社会生活》（1912～1913 年）等一系列著作中，普列汉诺夫以大量艺术史的事实很有说服力地论证了马克思主义认为艺术是由社会存在所决定的社会意识形态这一根本观点，批判了唯心主义美学以及法国美学家丹纳（H. Taine，1828～1893 年）脱离物质生产，用种族、环境、时代三要素来说明艺术发展的艺术社会学。普列汉诺夫对马克思主义的历史唯物主义的艺术社会学的研究作出了重大贡献，但他还没有认识到马克思在《1844 年经济学—哲学手稿》中已经指出的，美与艺术是人在劳动中改造自然、创造自己生活的实践活动的产物这一根本性观点，当然也还没有充分认识到资本主义下劳动的异化引起了美与艺术和人的本质相异化这一重要观点。他忽略了人类社会实践对理解马克思主义美学所具有的极为重要的意义，仅仅在社会意识与社会存在的关系的范围内来考察美与艺术的问题。因此，他虽然正确地指出了劳动先于艺术、功利先于审美，但没有真正解决艺术是如何由劳动中产生出来的，原先是功利的对象后来何以能转变为审美对象的问题。在他看来，是生物学上的人的本性决定了人类能够产生审美的观念，至于劳动、物质生产的作用，则只在于决定人们为什么会具有这种或那种审美观念。在审美与功利的关系问题上，普列汉诺夫与梅林不同，他对康德认为审美是超功利的说法明确采取了否定的态度。他认为，功利是审美的前提、基础，在审美中包含着或潜伏着人们没有明确意识到的功利。但这只指出了审美与功利的联系，还没有真正解决审美与功利的本质区别问题。

1917 年俄国十月社会主义革命的胜利使德国 19 世纪末已经提出的无产阶级、社会主义与艺术的关系问题成为更加受到关注的、直接的现实问题，从而有力地推动了马克思主义美学研究的发展。这一时期俄国和苏联的美学，大致上可以 20 世纪 30 年代为界划分为前后两大时期。在前一时期，出现了所谓"无产阶级文化派"，对艺术与阶级斗争、马克思主义哲学与艺术创作的关系作了极其简单、狭隘、错

误的解决，鼓吹打倒一切非无产阶级的艺术，推行"辩证唯物主义
创作方法"。列宁尖锐地批评了"无产阶级文化派"的观点，也批评
了艺术超阶级、超政治的观点，并在他关于列夫·托尔斯泰的一系列
论文中作出了如何应用历史唯物主义和马克思主义的反映论来分析艺
术的典范。列宁对美学、艺术问题的研究虽然不及普列汉诺夫那样详
细具体，但在对历史唯物主义的理解和应用上比普列汉诺夫更正确、
更深刻。列宁美学思想的阐明者卢那察尔斯基（Луначарский，1875～
1933 年）对马克思主义美学有重要贡献，但又一度受到西方生理学
美学错误观点的影响。另外，弗里契（В. Фриче，1929～1952 年）
在这一时期建立起了直接用生产力与生产关系的发展来解释艺术发展
的庸俗社会学的美学，并被许多人认为就是马克思主义的美学。到了
20 世纪 30 年代，前一时期的一些显然错误的思想被清算，多数人认
为艺术虽然与阶级斗争分不开，但它的主要任务应当是为苏联的社会
主义建设服务，真实地反映广大人民建设社会主义的新生活。这样，
前一时期的阶级斗争美学和庸俗社会学的美学被反映论的美学和现实
主义的美学所取代。艺术的本质与目的被看作是用一种形象化的方式
帮助人们认识社会生活的本质，而在所有的艺术流派中，只有现实主
义才能做到或最好地做到这一点。依据这种看法，"社会主义现实主
义"于 1935 年被正式确立为苏联文艺的根本原则。这种反映论美学
和现实主义美学在确认艺术是现实的反映上，在用马克思主义来解释
现实主义艺术上，在促进艺术与社会主义的结合上，都曾起过不能否
认的重要的历史作用，并且在实际的创作中也曾推动了一批优秀作品
的产生。因此，在 20 世纪 30 年代左右，苏联的马克思主义美学开始
在世界范围内发生影响。西方一些学者在讲到美学与艺术的发展时，
通常都把苏联的"社会主义现实主义"列为一个方面，并把它看作
是马克思主义美学的代表。但是，真正从马克思主义的观点来看，这
种反映论美学和现实主义美学有一个重大的缺陷，那就是还没有认识
到或没有充分认识到马克思、恩格斯在 19 世纪 40 年代就已指出的，
美与艺术是人类社会实践改造了世界的产物这一根本性观点的深刻意
义。它也讲实践，但只把实践看作是使主体的意识与对象发生关系，

从而反映对象的一个必不可少的重要条件，不承认或不理解那为意识所反映的对象同时也是主体的实践活动的产物。它成为主体的对象以及主体在意识中如何反映它，是由主体在一定历史条件下参与的社会实践决定的。因此，这种反映论美学和现实主义美学所讲的反映、认识，基本上还停留在主客二元对立的旧唯物主义反映论的水平上。它还认识不到或不能充分深入地说明艺术对现实的反映的特殊性与复杂性，把这种反映等同于一般哲学认识论所说的反映、模写，区别仅仅在于艺术是用一种形象化的方式进行的反映、模写。此外，它也不可能从人类社会实践出发去具体历史地解决艺术对现实的反映的真实性问题。它正确肯定了现实主义艺术在人类对现实的认识中曾经起过的重大作用，但否定了其他流派的艺术在一定历史条件下和一定范围内也能达到对现实的真实反映。它狭隘地理解艺术对现实的反映的真实性，甚至把全部艺术史归结为现实主义与反现实主义的斗争史。

在上述反映论美学和现实主义美学形成发展的过程中，早年参加了共产党并曾在苏联研究马克思主义美学的匈牙利著名美学家卢卡奇（G. Lucács，1885～1971 年）起了十分重要的作用。他为这种反映论美学和现实主义美学作了最系统的论证，超过了苏联其他美学家。卢卡奇直至晚年写作《审美特性》（1963 年）一书时也仍然坚持他的反映论美学和现实主义美学。尽管他在书中许多地方讲到了劳动、实践和美与艺术的关系，但他只把劳动、实践看作是艺术对现实的反映、模写得以产生的重要条件。这就是说，他仍然只是从反映与被反映的关系来讲实践的作用，不承认美及艺术的反映对象本身是人类实践改造了世界的产物。卢卡奇一方面坚持他的反映论美学和现实主义美学，另一方面又在 1923 年出版了《历史和阶级意识》一书。在这本书中，他脱离资本主义下物质生产的发展来讲人的异化的产生与消灭问题，并从德国社会学家韦伯（M. Weber，1864～1920 年）那里借来了"总体性"这一概念，认为异化的消灭和无产阶级革命的胜利决定于无产阶级能否用"总体性"概念去认识资本主义社会的本质和自身的历史使命。这样，卢卡奇就把无产阶级革命的胜利问题变成了无产阶级能否借助于"总体性"概念而使自己的阶级意识发生转变的问题，脱离马克思主义的科学社会主义而陷入了历史唯心主义。但正是这种主张从意识的活动和意识的分析中去认识资本主义社会的本质和解决资本主义社会的矛盾的历史唯心主义观点很快在欧洲受到了不少人的欢迎，使卢卡奇成为西方马克思主义的创始人。在这种观点的影响下，产生了以对资本主义社会进行思想文化批判为特征的德国法兰克福学派的马克思主义，其主要代表人物有本雅明（W. Benjamin，1892~1940 年）、阿多诺（T. W. Adorno，1903~1969 年）、马尔库塞（H. Marcuse，1898~1979 年）等。他们对资本主义社会的思想文化批判包含了美学、艺术方面的批判，并且是其中的一个重要组成部分，这样就形成了所谓西方马克思主义的美学。

西方马克思主义美学对扩大马克思主义在西方现代美学中的影响无疑是起了作用的，它对西方现代资本主义社会的审美意识与艺术的批判也提出了某些有价值的观点。但从总体和主要倾向来看，这个被称为马克思主义的美学已经脱离了马克思、恩格斯从物质生产实践的发展出发来观察、解决包含艺术与美学在内的一切意识形态和思想文化问题的历史唯物主义观点。它对卢卡奇所坚持的、虽然还有重大缺陷的反映论美学和现实主义美学也采取了根本否定的态度。卢卡奇的美学以它的反映论和现实主义理论为依据，对西方现代派艺术统统加以否定，这是一种缺乏历史分析的、简单化的、偏狭的见解。法兰克福学派的美学家则转而夸大现代派艺术所包含的对资本主义的某些批判成分，主张通过发展现代派艺术来造资本主义的反。这种美学是一种所谓"否定的美学"、"造反"的美学，看来它又回到了19世纪末梅林以艺术为阶级斗争的武器的观点上。但梅林在根本上还是从历史唯物主义出发来解释艺术与阶级斗争的关系的，并不否认艺术是经济基础、社会存在的反映。法兰克福派的美学，如阿多诺、马尔库塞的美学则不同，为了"否定"资本主义社会和向它"造反"，它认为艺术不反映任何现实中已经存在的东西，只追求现实中尚未存在的东西。因此，艺术在本质上是异于现实的，是非现实、超现实的，从而也是非模仿、非反映的。这种号称马克思主义的理论，竟然忘记了马克思、恩格斯早就多次指出的观点，任何看来是不可思议的离奇的幻想，同样是现实生活在人们意识中的一种反映。此外，这种理论还鼓吹通过艺术以及审美来拯救心灵、拯救世界、拯救人类，即鼓吹一种脱离现实的审美与艺术的乌托邦。早期法兰克福派的美学，如本雅明的美学注意到了现代资本主义社会下生产技术的发展变化对艺术产生的影响，并提出了个别有启发性的看法。但它又把艺术生产和物质生产作简单的比附，认为艺术家进行创造的技术或技巧就是艺术的生产力，艺术家与欣赏者的关系就是艺术的生产关系。这实际上又回到了与 20 世纪 20 年代俄国弗里契的庸俗社会学的美学相类似的思路上去。在法兰克福学派之后的西方马克思主义的美学家，如美国的詹姆逊（F. Jameson, 1934 ~   ），英国的伊格尔顿（T. Eagleton, 1943 ~   ），在美学上都各有他们的某些贡献，但从根本上看，又经常是脱离马克思主义的实践观点、历史唯物主义来观察解决美学问题的。包含在整个西方马克思主义美学中的一切合理的、可取的成分，最终只有放到马克思主义的实践观点、历史唯物主义的基础上予以批判的分析、改造，才能成为真正有意义、有价值的东西。

中国马克思主义美学的产生与发展经历了与俄国、苏联和西方不同的道路。它可以 1942 年毛泽东《在延安文艺座谈会上的讲话》发表为标志，划分为前后两大历史时期。前一时期，包含"五四"运动之后至 1930 年"中国左翼作家联盟"成立和活动时期，基本上是从俄国、苏联引入、介绍马克思主义美学的时期，其中不仅介绍了马克思、恩格斯、列宁、斯大林有关文艺的言论，苏联文艺界各个派别关于文艺问题的看法与争论，而且还介绍了普列汉诺夫、卢那察尔斯基以及车尔尼雪夫斯基等人的美学，在俄国 20 年代甚为流行的弗里契的美学也被介绍过来了。在鲁迅（1881 ~ 1936 年）、瞿秋白（1899 ~ 1935 年）的大力支持下，"左联"进行的这种介绍工作做得很认真，为中国人了解马克思主义美学打下了良好的基础。但在长时期内，如何将马克思主义美学应用于中国的实际，促进中国革命文艺的发展，这个问题还没有得到全面、正确的解决。因为这个问题的解决并不仅仅是一个文艺本身的问题，它直接牵涉到对整个马克思主义（特别是哲学）以及中国革命的性质、任务、方向、前途的认识问题。1937年，毛泽东写了《实践论》、《矛盾论》，深入考察研究了马克思主义哲学。1939年，毛泽东写了《中国革命和中国共产党》，次年又写了《新民主主义论》，科学系统地解决了中国革命的性质、任务、方向、前途问题。这样，毛泽东就从马克思主义哲学和中国革命问题的研究两个方面为文艺问题的解决作了充分的理论准备。此外，毛泽东青年时代就酷爱文学，进行诗歌创作，这与马克思、恩格斯是类似的。毛泽东本人还是一个有卓越成就的诗人、文章家和书法家，并且对包含文艺在内的中国历史文化有极为广泛深入的了解，这对他研究解决文艺问题有重要的影响，并使他对文艺的特征有一种深刻的理解。

《在延安文艺座谈会上的讲话》（以下简称《讲话》）的发表，第一次科学地总结了"五四"以来中国文艺发展的历史经验，把马克思主义美学和中国文艺发展的具体实际相结合，使马克思主义美学真正在中国生根，并在中国这个东方大国中推进了马克思主义美学的发展。在20世纪的马克思主义美学中，以毛泽东为代表的中国的马克思主义美学，是足以同苏联和西方的马克思主义美学并列而无愧的，并且在一些重大问题上作出了超越前两者的贡献。

在中国处于激烈严酷的抗日战争的条件下，毛泽东在他的《讲话》中指出文艺应当成为"团结人民、教育人民、打击敌人、消灭敌人的有力的武器"，但毛泽东又没有像苏联或后来西方马克思主义美学中的某些人所主张的那样，简单地认为艺术是"阶级斗争的武器"。毛泽东是从文艺与生活的关系出发来提出他对文艺的本质的看法的，他指出文艺是"一定的社会生活在人类头脑中的反映的产物"，生活是文艺的"唯一源泉"。毛泽东的这种看法与马克思主义认为文艺是社会存在或经济基础的反映的原理完全一致，但它不直接用对社会存在或经济基础的反映，而用"生活"这一概念来规定文艺的反映对象，并指出"生活"是文艺的"唯一源泉"，这更符合文艺区别于其他意识形态的特殊本质，并且确定了"生活"是文艺的本源，从根本上反驳了西方现代包括海德格尔在内的一切唯心主义美学关于艺术的本源的看法。而毛泽东所说的"生活"，又是同他在

《实践论》中作了深刻阐明的马克思主义的实践观点联系在一起的。毛泽东指出实践是"变主观的东西为客观的东西"的活动，其中物质生产活动是"最基本的实践活动，是决定其他一切活动的东西"。实践"不限于生产活动一种形式，还有多种其他形式，阶级斗争，政治生活，科学和艺术的活动"，包括"社会实际生活的一切领域"。因此，说"生活"是艺术的"源泉"，在毛泽东的思想中也即是说人类改造世界的实践活动是艺术的源泉，两者是完全一致的①。值得注意的是，在《讲话》发表之前，周扬（1908～1989 年）在 1937 年已依据马克思、恩格斯、列宁和毛泽东的实践观点来研究、介绍了车尔尼雪夫斯基所主张的"美是生活"和"艺术是生活的再现"的美学，既肯定了它的合理性和贡献，同时又批评了它的不足，并在《我们需要新美学》一文中明确提出："无论是客观的艺术作品，或是主观的审美能力，都不是本来有的，而是从人类的实践过程中所产生的。这就是我们和一切观念论美学者分别的基点"②。由于周扬对车尔尼雪夫斯基美学的评介符合毛泽东的《实践论》的思想，因此毛泽东在《讲话》中明显针对车尔尼雪夫斯基美学以及它所批判的黑格尔美学对生活美与艺术美的关系的看法提出了自己的看法，指出艺术美来源于生活美，但又高于生活美。这就既肯定了车尔尼雪夫斯基认为艺术美来源于生活美，生活美具有艺术美不能比拟的生动性、丰富性的思想，同时又批判地吸取了黑格尔认为艺术美是人类心灵创造的产物，因而高于现实美（自然美）的辩证观念，克服了车尔尼雪夫斯基声称艺术只能是生活的苍白的复制，永远也不能超过生活美的直观唯物主义的错误。毛泽东还指出反映社会生活的文艺能够"帮助群众推动历史的前进"，"使人民群众惊醒起来，感奋起来，推动人民群众走向团结和斗争，实行改造自己的环境"。这同样是马克思主义哲学的实践观点在美学上的应用，与车尔尼雪夫斯基认为艺术的作用只在于"再现"和"说明"生活根本不同。但毛泽东又"不赞成把

---

① 引文分别见毛泽东的《在延安文艺座谈会上的讲话》和《实践论》。

② 《周扬文集》第 1 卷，人民文学出版社 1984 年版，第 217 页。

文艺的重要性过分强调到错误的程度",因此,如前所述阿多诺、马尔库塞等人认为凭借艺术就可以"否定"和超越资本主义的现实和拯救世界,从毛泽东的观点看来,当然是一种错误的、唯心的空想。总的来看,毛泽东的美学是建立在马克思主义实践的唯物主义基础上的美学,与苏联及卢卡奇的忽视马克思主义实践观点的反映论美学和现实主义美学有重要的不同①,当然更不同于否认马克思主义实践观点的西方马克思主义美学。高度重视和强调马克思主义实践观点,是中国的马克思主义美学的一个重要特征,也是一个重大的优点。从20世纪50年代开始到"文革"后的80年代,中国美学界围绕着美的本质问题展开了一次大讨论,最后在多数人当中形成了一种共同的看法,即认为美既不是人的意识活动的产物,也不是物所具有的与人的存在无关的某种属性,而是人在社会实践中改造了客观世界的产物。这一观点的确立是同毛泽东的《讲话》以及周扬在研究介绍车尔尼雪夫斯基美学时提出的观点一脉相承的,并且在20世纪马克思主义美学的发展中具有不可忽视的重要意义。

除了以马克思主义实践观点为基础,从文艺与生活的关系对文艺的本质作了深刻的规定与阐明之外,毛泽东的《讲话》还详细论述了文艺与人民和文艺与政治的关系这两个重要问题。毛泽东指出革命文艺的服务对象是广大的人民群众,首先是工农兵。这就从文艺的接受者方面科学地规定了革命文艺、社会主义文艺的本质属性。和这个问题直接相关,毛泽东还批评了文艺工作中轻视普及的倾向,对普及与提高的关系即"初级的文艺"与"高级的文艺"的关系作了辩证的、深刻的解决,提出了在普及的基础上提高,在提高的指导下普及的方针,并强调指出普及是用"工农兵自己所需要、所便于接受的

---

① 毛泽东《在延安文艺座谈会上的讲话》中曾讲到中国的革命文艺是"主张社会主义的现实主义的",这说明毛泽东对"社会主义的现实主义"是采取肯定态度的,同时也和当时中国革命与苏联的密切联系有关,但不能因此认为毛泽东在《讲话》中阐明的美学思想和当时苏联或卢卡奇所讲的美学是一个东西。苏联美学家在论述马克思主义美学在世界各国的发展时,常常绝口不提中国毛泽东的美学,这显然不是由于偶然的疏忽。

东西"去普及，提高是"沿着工农兵自己前进的方向去提高，沿着
无产阶级前进的方向去提高"。毛泽东的这些论述，为革命的、社会
主义意义上的大众文艺的发展奠定了坚实的理论基础。这种大众文艺
不同于西方马克思主义美学所研究的资本主义下完全为商品生产所支
配的大众文艺，而是在马克思主义、社会主义思想指导下的大众文
艺。这是当代大众文艺发展的两种不同的方向、道路，后者将随着社
会主义的发展而日益显示其优越性，最后成为大众文艺发展的普遍必
然的历史趋势。在文艺与政治的关系问题上，毛泽东指出"在现在
世界上，一切文化或文学艺术都是属于一定的阶级，属于一定的政治
路线的"，反对艺术超政治、与政治并行或互相独立的主张，并指出
马克思主义所说的政治指的是集中反映了千百万群众利益的政治，不
是其他任何意义上的政治。与此同时，毛泽东又指出"政治并不等
于艺术"，"缺乏艺术性的艺术品，无论政治上怎样进步，也是没有
力量的"。在马克思主义美学的发展史上，毛泽东对文艺与政治关系
的考察具有重要的理论意义。它的根本思想至今看来仍然是正确的，
但毛泽东在阐述他的思想时，一方面明确地主张艺术与政治必须统
一，并反对将艺术等同于政治；另一方面又提出艺术"必须服从于
政治"，政治标准第一、艺术标准第二的主张，从而导致对艺术与政
治的关系的狭隘理解，忽视了艺术的相对独立性和艺术与政治之间所
存在的复杂关系，在实践上对文艺的发展产生了不利的影响（特别
是在这种思想被发展到了极端的时候）。① 从西方马克思主义美学来
看，艺术与政治的关系是它很为关注的重要问题，特别是法兰克福学
派之后的詹姆逊、伊格尔顿的美学所关注的问题。但西方马克思主义
美学至今为止并没有真正对这个问题作出马克思主义的正确解决。在
被视为西方马克思主义创始人卢卡奇的美学中，艺术被看作是与政治
相互独立的。在法兰克福学派及詹姆逊、伊格尔顿等人的美学中，则
经常把艺术等同于政治，并竭力对艺术在政治上的作用作一种历史唯
心主义的夸张。

———————

① 引文分别见毛泽东的《在延安文艺座谈会上的讲话》和《实践论》。

邓小平在新的历史条件下继承和发展了毛泽东的美学。他在1979 年发表的《在中国文学艺术工作者第四次代表大会上的祝词》中指出，"我们要继续坚持毛泽东同志提出的文艺为最广大的人民群众、首先为工农兵服务的方向"①，"人民是文艺工作者的母亲。一切进步文艺工作者的艺术生命，就在于他们同人民之间的血肉联系。忘记、忽略或是割断这种联系，艺术生命就会枯竭"②。针对新的历史条件，邓小平把文艺看作是在建设高度的物质文明的同时建设高度的社会主义精神文明不可缺少的一个重要方面。这是对文艺的功能、作用的新的历史定位，具有重要的理论意义。它包含了政治，同时又修正了毛泽东的带有狭隘性的"文艺服从于政治"的提法，符合文艺本身的特征，为文艺的发展打开了广阔的天地。邓小平还指出人们的艺术爱好是多样的，"雄伟和细腻，严肃和诙谐，抒情和哲理，只要能够使人们得到教育和启发，得到娱乐和美的享受，都应当在我们的文艺园地里占有自己的位置"③。党要根据文学艺术的特征和规律来领导文艺工作，正确总结过去的历史经验，解放思想，实事求是，研究新情况，解决新问题，发挥文艺家个人的创造精神，在艺术创作上提倡不同形式和风格的自由发展，在艺术理论上提倡不同观点和学派的自由讨论。邓小平在文艺问题上发表的言论，是他所创立的中国特色社会主义理论的一个有机组成部分，标志着马克思主义美学在中国的发展进入了一个新的历史时期。

回顾19 世纪末至 20 世纪马克思主义美学的发展，是同对文艺与阶级斗争、政治的关系，物质生产的发展与文艺的发展的关系，马克思主义哲学的实践观点与马克思主义美学的关系等问题的解决分不开的。各国马克思主义美学的研究者在解决这些问题的过程中走过了曲折复杂的道路，既提出了一些正确的或部分正确的观点，也存在着不少对马克思主义和马克思主义美学的误解以至曲解。例如，声称

---

① 《邓小平文选》第 2 卷，人民出版社 1994 年版，第 210 页。
② 《邓小平文选》第 2 卷，人民出版社 1994 年版，第 211 页。
③ 《邓小平文选》第 2 卷，人民出版社 1994 年版，第 210 页。

"马克思主义美学主要是一种讲艺术与社会的功利关系的理论，是一种艺术的社会功利论"①，就是由对马克思主义美学的误解和曲解产生的一种看法。马克思主义认为人类物质生活需要的满足是审美与艺术产生、发展的前提和基础，但它从来没有认为社会功利目的的实现就是审美与艺术的本质。毛泽东在《讲话》中批判了资产阶级反功利主义的虚伪性，同时也批评了"狭隘的功利主义"。他要求文艺要有益于人民，但并没有把文艺的本质看作就是社会功利目的的实现。马克思主义美学同马克思作过深刻阐明的在物质生产力高度发展的基础上实现人类从"必然王国"向"自由王国"的飞跃这一根本思想分不开。人的个性才能的全面自由发展是马克思主义美学所追求的根本目的。依据这一根本思想，马克思主义一方面批判了资本主义下的贪欲和利己主义的功利追求的极度发展对审美与艺术的否定，把它看作是人的本质的异化的表现；另一方面又批判了脱离物质生产力的发展，企图用审美与艺术来拯救世界的各种各样的美学乌托邦。马克思主义美学高度重视艺术的社会效应、功能、意义，是为了充分发挥艺术特有的作用，推动广大人民群众起来改造压制着人的全面自由发展的旧社会，解放生产力，建立社会主义、共产主义的新社会，使审美与艺术从物质生活需要满足的限制与束缚下彻底解放出来，获得过去所不能设想的繁荣和发展。所以，马克思主义美学决不是什么"艺术与社会的功利关系的理论"、"艺术的社会功利论"，而是在物质生产力高度发展的基础上超越一切功利的束缚，使审美与艺术真正成为人的全面自由发展的实现的理论，是关于美、美感、艺术的真正科学的理论。

（原载《文艺研究》1999 年第 3 期）

---

① 李泽厚：《美学四讲》，香港三联书店 1989 年版，第 17 页。

马克思主义美学研究
与阐释的三种基本形态

从 19 世纪末到 20 世纪，对马克思主义美学的研究与阐释形成了三种基本形态：苏联马克思主义美学、西方马克思主义美学、中国马克思主义美学。

一、苏联马克思主义美学

苏联马克思主义美学的形成和发展是一个复杂的问题，我曾在《略论 19 世纪末至 20 世纪马克思主义美学》一文中作过简略的叙述。本文所说的苏联马克思主义美学，指的是 1992 年底苏联（苏维埃社会主义共和国联盟）成立后，从 1934 年开始得到斯大林认可和支持的"社会主义现实主义"美学。此后，西方各国学者谈到苏联的美学时，都认为就是"社会主义现实主义"的美学，甚至把它等同于唯一的、正统的马克思主义美学。实际上，它确实也是最能代表苏联美学的一种马克思主义的美学。

苏联马克思主义美学可以称为本质主义的反映论、认识论美学。它认为艺术是对社会生活本质的反映，但不是通过抽象概念的方式来反映，而是通过对社会现象具体生动的描绘来揭示社会生活的本质。在"社会主义现实主义"这一基本原则下，文艺对社会生活本质的揭示还必须同以社会主义精神教育人民结合起来。

这种美学在以下三点上是正确的：第一，它肯定了艺术是社会生活的反映；第二，它肯定了这种反映能够而且必须揭示隐藏在社会生活现象之后的本质的东西；第三，它肯定了社会主义社会下的艺术需要用社会主义的精神教育人民。

这种美学存在着下述缺陷：第一，它不能从根本上把艺术对现实的反映和哲学认识论所讲的反映区分开来，认为两者的区别仅仅在对社会生活本质的反映采取了不同的方式；第二，它把社会生活的本质看做是凌驾于感性个体之上，并预先决定着所有个体生存和命运的东西，看不到社会生活的本质其实不过是人类创造自身历史的客观必然过程的理论抽象，不能脱离构成人类总体的无数个体自身生活的创造；第三，它看不到艺术对社会生活本质的反映，是把人不同于动物的自由本质的感性的实现和确证，作为既是社会的又是个体的人在实践中创造自身生活的过程和结果来反映，因此是一种审美的反映，不是对社会本质的概念认识的形象图解。

上述本质主义反映论、认识论美学在哲学上的真正系统的阐明者和论证者不是苏联的美学家，而是 1933～1945 年侨居苏联的匈牙利美学家卢卡奇。卢卡奇虽然在 1923 年出版了《历史和阶级意识》一书，被认为是后来西方马克思主义的始作俑者，但他多次公开作了检讨，指出此书的观点是错误的，声明他已抛弃这些观点。因此，卢卡奇不同于一般所说的西方马克思主义者，相反，他倒是西方马克思主义者所说的"正统马克思主义者"。直至晚年写作《审美特性》一书时，卢卡奇仍然坚持本质主义的反映论、认识论美学。

二、西方马克思主义美学

西方马克思主义是第一次世界大战后欧洲先进资本主义国家的无产阶级革命遭到普遍失败，并无法再次崛起这一历史条件下的产物。现实的巨大变化使西方一些知识分子不知该如何来对待他们过去所信仰和认同的马克思主义。这时卢卡奇的《历史和阶级意识》一书出现了，它认为马克思主义的本质只在方法上，至于马克思主义的各个观点，即使历史证明了它全都是错误的，马克思主义者毫不迟疑地放弃了它，也仍然无碍于做一个正统的马克思主义者。此说一出，西方一些原来认同马克思主义，但在新的形势下又不知如何是好的知识分子就觉得可以放开手脚来"重建"马克思主义了。因此，西方马克思主义的出现伴随着对马克思主义一系列基本原理的质疑、批评、修正、反对和否定。这种马克思主义实际是马克思主义和西方现代唯心主义某些流派的混合物。这种混合物又因为它的组成成分各有不同，而形成各种不同的理论。

在对资本主义社会进行马克思早就说过的"武器的批判"已经不可能的情况下，西方马克思主义所能做的就只有理论的批判了。但这种批判又是在马克思主义的唯物主义反映论、物质生产决定社会历史发展、经济基础决定上层建筑等基本观点遭到质疑和否定的情况下进行的，因此批判就成了一种以文化、意识形态、政治为中心的批判。至于资本主义下物质生产的发展，西方马克思主义者认为它只能造成对人的奴役和统治。他们不理解或放弃了马克思关于资本主义下物质生产发展具有历史二重性的深刻论述，不再相信社会主义的实现正是建立在资本主义生产力高度发展基础之上的。在他们看来，历史的动力不再是物质生产的发展，而是意识、思想、理论的批判。

由于西方马克思主义对资本主义的批判是以文化、意识形态、政治批判为中心的，因此美学与艺术问题就占据了一个特别重要的位置。和苏联的本质主义的反映论、认识论美学不同，西方马克思主义美学是一种和文化、意识形态、政治批判直接联系在一起的美学，可以称之为文化、意识形态、政治批判美学。

这种美学的中心是强调艺术（含审美）对资本主义现实具有巨大的"否定"、"颠覆"、"超越"的功能。它认为这种功能的实现的关键，就是要使艺术自身与现实相"疏离"，成为与现实不同的"异在"，通过审美与艺术的"幻象"来彻底地"超越"和"否定"现实。因此，它认为主张艺术是现实的反映，那就是使艺术与现实相调和，成为对现实的粉饰和肯定。但使人觉得奇怪的是：为什么对现实的"否定"注定是和艺术对现实的"反映"绝对不能相容的？难道艺术家就不能以一种"否定"的形式去"反映"现实吗？然而，提出这样的问题对西方马克思主义美学来说是全无意义的。因为它所说的"否定"、"超越"就是要用审美与艺术的"幻象"宣告现实是虚假的，应该被"否定"和"颠覆"的。它不是站在现实的基础上来否定现实，而是在主观的"幻象"中否定现实，所以它就必定要排除一切对现实的反映。此外，由于它不理解资本主义发展的历史二重性，因此就停留在"否定"、"颠覆"、"大拒绝"上，不承认在资本主义现实中也有应当予以历史地肯定的方面，看不到资本主义下生产力的高度发展最终将导致社会主义的实现。因此，这种"否定的美学"还有一种悲观主义的思想，认为人类永远是不自由的，不相信马克思主义所说人类能从"必然王国"跃进到"自由王国"，所以艺术就永远只能是人类对自身苦难的回忆，是不可能具有任何肯定性的苦难的语言。

这种美学还深受弗洛伊德主义的影响，把艺术看作消除一切被压抑的"爱欲"的解放，同时也就是弗洛伊德所说的"快乐原则"的真正实现。它把这种思想和马克思所讲的"劳动"的本质和"劳动"的异化的消除联系起来，称之为建立"新感性"，而这种建立最后又取决于所谓深层次的"本能革命"（这和中国"文革"时期所说的"灵魂深处闹革命"有某种类似之处）。这是对马克思关于"劳动"的本质的一种很大的误读、曲解，但很能迎合西方1968年"五月风暴"中不少青年学生的要求。

这种美学把艺术看作是一种"审美意识形态"，它的作用或者是解放"爱欲"，或者是揭穿"虚假的意识形态"，或者是对现实社会矛盾的一种意识形态化的解决方式。但绝大多数人都认为它与经济基础无关，不是经济基础的反映。他们对马克思所讲的经济基础与上层建筑的关系存在着种种误读和曲解，并以此为理由来反对马克思的看法。

这种美学把艺术对资本主义现实的"否定"、"大拒绝"看作是艺术的政治功能的实现，但它强调这是一种"审美的颠覆"，其结果又走到了非政治的唯美主义。它认为艺术的审美特性越强，其政治功能就越强；相反，其政治特性越强，政治功能就越弱，不承认政治特性极强的作品同时也可以是审美特性极强的作品。不过，这种看法在强调艺术的政治功能的实现不能脱离艺术的审美特性这一点上是正确的。

这种美学相当集中和详细地考察了"大众文化"、"文化产业"、"艺术生产"等问题。它正确地看到了艺术已成为日常社会文化的组成部分，并且直接受到现代科技的影响，发展为精神生产的一个部门。但由于它不理解资本主义发展的历史二重性，因此它只看到这将导致艺术的商品化，使艺术遭到消解，而看不到它同时又会有力地推动社会大众对艺术的创造与欣赏的积极参与，并将以过去所不能设想的速度与规模，推动艺术在世界范围内的传播与交流，打破民族的与地域的局限性和封闭性。

这种美学高度关注审美与艺术在现当代资本主义社会下发生的种种新变化，因此可以看作是一种现当代形态的马克思主义美学。但它对马克思主义的一系列基本原理采取了否定或保留的态度，渗入了不少非马克思主义的、历史唯心主义的思想。因此，在这种美学中，符合或基本符合马克思主义的正确思想和显然违背马克思主义的错误思想经常是杂然并陈、相互交织在一起的。尽管如此，它仍然推动了马克思主义美学的发展，对我们创造性地思考马克思主义美学的问题有若干借鉴作用。

三、中国马克思主义美学

"马克思主义的普遍真理与中国革命的具体实践相结合"（毛泽东）是中国马克思主义者对待马克思主义的基本态度。这里说的"普遍真理"指的是马克思主义的基本原理，不是指个别结论。意思是说这些基本原理不仅适用于欧洲、俄国，也适用于中国和其他任何国家的革命。这使中国的马克思主义者对马克思主义采取了一种严肃认真的学习研究的态度，要求全面准确地理解马克思主义，反对主观任意地妄加解释。①但马克思主义的普遍真理又必须与中国革命的具

---

① 这也和中国的思想传统有关，中国古代的学者历来不把理论仅仅看作是一种"知识"，而看作是必须身体力行的理想、信念。

体实践相结合，反对脱离中国的具体实践，将马克思主义看作是万古不变的教条，从而确立了"实事求是"这一根本原则。① 从中国马克思主义的观点来看，西方马克思主义对马克思主义基本原理的质疑、批评、否定是轻率、主观、任意、没有根据的；而苏联对马克思主义的理解则在许多情况下带有僵硬、武断、教条的特征。这两者都是中国的马克思主义所不取的。

中国的马克思主义美学是马克思主义的普遍真理（当然包括马克思主义的美学思想）与中国革命文艺发展的具体实践相结合的产物。中国从 20 世纪 30 年代开始，就在鲁迅、瞿秋白的大力支持下，从俄国、苏联系统地输入马克思主义美学，并取得了重要的成绩。但中国是一个有着自己悠久的思想文化传统（包括美学、艺术传统）的大国，在国情上又与西欧、俄国有很大的差异。因此，在中国从苏联输入马克思主义美学的过程中，虽然曾产生过教条主义的错误，有时还很严重，但不能据此认为中国马克思主义美学就是苏联马克思主义美学的翻版。1942 年，毛泽东《在延安文艺座谈会上的讲话》（以下简称《讲话》）的发表，标志着中国马克思主义美学的诞生与建立，并实现了中国革命文艺工作者的大团结，找到了共同的理想、方向和目标。

从时间上看，毛泽东的《讲话》的发表晚于卢卡奇、本雅明（W. Benjamin），而早于后来的阿多诺（T. W. Adorno）、马尔库塞（M. Marcuse）等人的美学著作的发表。毛泽东既不否认苏联马克思主义美学所强调的艺术的反映、认识功能，也不否认西方马克思主义美学所强调的批判功能，但他把两者都放到了以人民大众为本位的马克思主义实践论的基础之上。毛泽东在《讲话》中说过："作为意识形态的文艺作品，都是一定的社会生活在人类头脑中的反映的产物。革命的文艺，则是人民生活在革命作家头脑中的反映的产物。"因

---

① 这同样与中国思想传统中的求实精神、审时度势、知权变的思想相关，但不能简单地称之为所谓"实用理性"，因为它仍然与理想、信念的坚持、贯彻、实现相关。

此，人们常常以为毛泽东的《讲话》中的美学思想与苏联的反映论、认识论美学是一样的。这是一种很大的误解。因为依据毛泽东的《实践论》以及他的《讲话》，毛泽东所说的"社会生活"、"人民生活"在根本上都是和人类改造世界的实践斗争不能分离的。文艺是对这种实践斗争的反映，而不是对卢卡奇所说的社会生活的抽象的"本质"的反映。文艺能帮助人民认识社会生活的本质，但又不停留在单纯的认识上，更重要的是"使人民群众惊醒起来，感奋起来"，走向改造世界的斗争。除认识功能之外，毛泽东十分强调艺术所唤起的与世界的实践改造相关的情感、意志的功能。毛泽东充分重视艺术对旧世界的批判功能，但又不同于西方马克思主义美学所说的"否定"与"超越"，而是实际地改造客观世界，并明确指出"不赞成把文艺的重要性过分强调到错误的程度"。此外，艺术在批判、暴露旧世界的同时，还要歌颂人民大众的生活斗争及世界的光明前途，因此艺术就决不是阿多诺所说的"否定的认识"。讲到"反映"的问题，身为艺术家的毛泽东充分理解艺术对生活的反映的能动性与复杂性，确立了艺术源于生活又高于生活这一根本性的观点，深化和丰富了马克思主义美学的审美反映论。

以毛泽东的《讲话》为代表的中国的马克思主义美学是以人民大众为本位的马克思主义实践论的美学，同时也是毛泽东在《新民主主义论》中所说的"能动的革命的反映论"美学。把人民群众改造世界的实践活动看做是美与艺术的唯一源泉，从而也是马克思主义美学的根本，这是中国马克思主义美学与苏联马克思主义美学、西方马克思主义美学的重大区别所在，也是它对马克思主义美学的研究与阐释的重大贡献所在。由此出发，毛泽东对在他之后西方马克思主义美学所关注的"大众文艺"、艺术与政治的关系等问题提出了有重要理论意义的深刻见解。毛泽东在《新民主主义论》中提出的建立以马克思主义为基础的"民族的科学的大众的文化"的思想，至今仍然是马克思主义在文化问题上的重要方针，需要在新的历史条件下继续坚持与发展。毛泽东对包含艺术在内的文化问题的根本看法，在总体上比西方马克思主义美学中的"文化唯物主义"及其他有关文化的理论要正确和深刻得多，是马克思主义文化理论在中国的发展。

中国马克思主义美学的建立既是以马克思主义为指导的，同时又明显受到马克思曾给以高度评价的俄国革命民主主义者车尔尼雪夫斯基的影响。车尔尼雪夫斯基的美学在 20 世纪 30 年代"左联"时期已被介绍到中国。到了延安时期，周扬又以毛泽东的《实践论》为指导深入地研究、介绍、评论了车尔尼雪夫斯基的美学，并翻译了他的《艺术与现实的美学关系》（即《生活与美学》）一书。周扬在马克思主义实践观点的基础上吸取了车尔尼雪夫斯基的"美是生活"、艺术是生活的再现，生活的美比艺术的美更丰富、更生动的思想，同时又批评了它脱离实践的直观唯物主义的缺陷。在 1937 年所写《我们需要新美学》一文中，周扬依据马克思的《1844 年经济学—哲学手稿》指出："无论是客观的艺术品，或是主观的审美能力，都不是本来就有的，而是从人类的实践的过程中所产生。"[1] 毛泽东的《讲话》采纳和大大深化了周扬对车尔尼雪夫斯基美学的介绍研究取得的成果。并非马克思主义者的车尔尼雪夫斯基的美学之所以会对中国的马克思主义美学产生重要影响，一方面是因为它在艺术与现实的关系的理解上包含有鲜明的唯物主义思想，另一方面是因为它以"生活"为美学的中心概念，这和中国美学传统一向高度重视审美、艺术与人生的关系能够相通，所以周扬曾用"人生即美"来解释它。[2]

1949 年新中国成立后，从 20 世纪 50 年代末开始，中国美学界对美的本质问题进行了一场大规模的、持续了很长时间的讨论。"文革"的发生打断了这场讨论，但"文革"之后又很快恢复，并和对马克思《1844 年经济学—哲学手稿》的深入研究密切结合起来。在西方美学界普遍认为美的本质问题已是一个过时、陈腐的问题的情况下，中国美学界不为所动，锲而不舍地钻研讨论了这一问题，这是值得载入当代美学史册的。讨论的结果，在较多的人当中达成了一个基本的共识：美既不是观念、意识的产物，也不是物质所具有的某种与

---

① 《周扬文集》第 1 卷，人民文学出版社 1984 年版，第 217 页。
② 《周扬文集》第 1 卷，人民文学出版社 1984 年版，第 224 页。

人无关的属性，而是人类实践改造了客观世界的产物。美、美感、艺术产生的根源应当到人类实践及其不同于动物活动的特征中去寻求。这一基本观点的确立，是这次美学大讨论取得的最重要的成果，同时也是对马克思主义美学的一大贡献。因为在此之前，普列汉诺夫、卢卡奇的美学都还没有认识到实践是马克思主义美学的根本，美是人类实践改造了世界的产物，只承认实践与审美意识的产生、艺术对生活的反映有关。至于西方马克思主义美学，则明显是用思想文化观念的所谓"批判"意识来说明美与艺术的。

中国以人民大众为本位的马克思主义实践观美学的发展曾经走过曲折的道路，发生过像"文革"那样对文艺与美学的发展产生了灾难性后果的严重失误。① 惨痛的教训需要记取，但我们又不能永远生活在"文革"的阴影之中，或因此而否定中国的马克思主义美学。下面，我们大略考察一下上述三种对马克思主义美学的研究与阐释的基本形态在当代的发展问题。

四、马克思主义美学在当代

以卢卡奇为理论代表的本质主义的反映论、认识论美学由于它本身在理论上存在重大缺陷，加上苏联式社会主义在实践中遭到了失败，因此这种形态的美学不可能再有新的重要的发展，尽管还会有少数人坚持它。但我们对这种美学在历史上曾经作出过的贡献必须给予应有的肯定评价，不能简单地加以抹煞。在马克思、恩格斯去世之后，苏联在坚持发展马克思主义美学上曾作出了重要贡献，使马克思主义美学产生了世界性的影响，并创造了一批至今看来仍有重要价值的优秀的文艺作品。

西方马克思主义的"批判"美学将会继续存在下去。由于西方

① 值得注意的是，不少西方马克思主义者对"文革"采取了十分肯定、赞扬的态度，这是因为"文革"和他们从历史唯心主义出发来"否定"资本主义社会的思想有共同之处。

现代资本主义的发展必然要在文化、意识形态、政治上不断提出各种问题，这就使这种美学有了存在和发展的空间，它将会在文化、意识形态、政治的批判上不断地做文章。但只要它否认马克思主义所主张的物质生产决定社会历史发展，经济基础决定上层建筑的理论，不承认资本主义发展的历史二重性，不把它的批判建立在对现代资本主义经济发展的科学分析的基础之上，那么这种批判就将是琐屑的、抽象的、空幻的，当然也很难形成足以和西方各种非马克思主义的思想流派相抗衡的，有严整思想系统的流派。它顶多只能对西方资本主义发展提出的文化、意识形态、政治等问题作一些多少有启发性的研究与评论，难以在全局性、根本性的问题上有重大突破。从目前我所了解的有限的情况来看，西方马克思主义美学仍然在文化、意识形态、政治、爱欲、快感、无意识、幻觉这些话题上打圈子。它所利用的思想资源主要来自弗洛伊德主义、结构主义、后结构主义以及后现代主义。它反复在这些流行思潮中穿俊，找寻某些"话语"或概念作为论述某一问题的支点。虽然可以产生某些新意或新鲜感，但真有重要理论意义的实质性的建树是非常罕见的。

崛起于中国的马克思主义实践论美学，目前看来还在为清理和牢固地建设它的哲学基地而辛苦地工作着。它需要通过对马克思主义经典文本实事求是的、深入的解读而消除长期存在的对马克思主义哲学的种种误解和曲解（如怎样理解马克思主义哲学所说的"反映"、马克思主义哲学如何解决决定论与非决定论的对立、物质生产对人类历史发展的决定作用如何具体地实现和表现出来，等等）。在外部，它还要直面各种非马克思主义、反马克思主义的观点，对这些观点作出有充分学理根据的分析与反驳。在内部，它又要面对马克思主义的哲学和美学的不同理解之间的争论。但不论如何艰巨，这个清理和建设马克思主义美学的哲学基地的工作正是马克思主义的哲学和美学在当代的发展所必需的。只要坚持不懈地进行下去，就一定会有收获。

因为忙于清理和建设马克思主义美学的哲学基地，由此就产生了中国当代马克思主义实践论美学的两个明显缺陷。首先，它对许多问题的探讨还停留在哲学思考的层面，和文学艺术的具体现象的研究结合很不够，这就使它难以获得较普遍的关注和产生较广泛的影响。和卢卡奇相比，卢卡奇美学之所以能产生广泛影响，是同他对欧洲和俄国一系列现实主义作家的具体、深入的研究分不开的。和西方马克思主义美学相比，西方马克思主义美学常常就是文学批评的理论，或者是和西方某一时期文学发展的具体研究结合在一起的，因此它能引起西方文学界较普遍的关注，产生影响。而中国研究美学的人，很少关心某一门类文学艺术的批评和历史的具体研究，这种情况亟需改变。其次，我国对西方马克思主义从 20 世纪 80 年代才开始进行比较系统的研究，到现在为止我们对它的了解也还不够具体、细致和深入，因此中国马克思主义美学和西方马克思主义美学之间还没展开充分的、实质性的对话和讨论。大部分对西方马克思主义美学的研究，基本上是一种引进和介绍，就一些根本性的理论问题展开充分讨论的情况还不多见。因此，我们要继续努力更具体、更细致、更深入地研究西方马克思主义美学，下大决心，花大力气，对卢卡奇《历史和阶级意识》一书及其后西方马克思主义美学的各种理论，逐一进行切实的研究与评论。既肯定它的可取的地方，同时也对在我们看来是错误或有问题的地方作出独立的分析批判。中国的马克思主义实践论的美学如果不与西方马克思主义美学进行认真深入的对话，只是关起门来自言自语，就会脱离 19 世纪 30 年代以来世界马克思主义美学思潮的演变与发展，既难以把自己的研究提到当代的高度和作出理论的创新，而且还会被讥为东方第三世界的"农民马克思主义"①。

我们既要深入研究西方马克思主义的美学，同时又要看到中国的马克思主义美学是在与西方极不相同的历史文化背景下产生出来的。西方马克思主义美学谈起来津津有味的话题不一定就是我们感兴趣的话题，而且从当代马克思主义美学的发展来看，也不一定就是有重要理论和实践意义的话题。它所谈论的某些话题（如大众文化问题）

---

① 这是颇有名气的西方马克思主义学者詹姆逊在他的《马克思主义与形式》（1974 年）一书序言中提出的看法，它恰好说明西方对中国的马克思主义缺乏深入的研究，同时也自觉或不自觉地表现了西方对东方一向具有的优越感。

也是我们要重视研究的，但我们还必须找到自己的中心话题。这个中心话题，我认为就是马克思主义美学与建设中国特色社会主义文化的关系。我们知道，西方马克思主义美学经常是与文化研究直接结合在一起的，但由于西方所处的特定历史条件，西方马克思主义者中的大多数人（不是所有的人）对于社会主义的实现已经不感兴趣或持怀疑、保留以至否定的态度。因此，他们所说的与美学密切相关的文化研究基本上与社会主义不沾边，或社会主义文化不是他们关注的中心问题。而对中国来说，这却是一个直接的、现实的问题。从马克思主义美学来说，这又是一个不能不加以研究的重大问题，而决不是仅仅同中国有关的问题。我们从中国当代社会主义文化的建设出发来研究美学问题，完全能够开辟出一条与西方马克思主义美学不同的新道路，并且可以使中国的马克思主义美学同中国古代悠久而光辉的美学传统联结起来，摆脱西方自古希腊以来的美学传统的限制，作出新的创造。

西方马克思主义美学所关注的中心问题是局限于意识、文化领域"批判"，但它对其"批判"的哲学、美学前提却缺乏系统深入的思考和严整的逻辑论证。我们试把海德格尔（M. Heiddger）的《艺术作品的本源》一文同阿多诺的《美学理论》一书作一比较：前者是非马克思主义的，但它对其所主张的美学思想作了系统严整的逻辑论证；后者被看作是马克思主义的，篇幅也比前者大很多，但却只能说是作者对他关注的若干美学问题的零散思考的记录，没有形成一个严整的逻辑系统，各个问题的论证在逻辑上也常常是欠严密的。西方马克思主义美学在表述方式上一般都比较活泼、机智，但在逻辑上却常常经不起推敲。之所以如此，原因就在于西方马克思主义美学对根本性的哲学问题的思考缺乏兴趣。反观马克思的著作，即使像《关于费尔巴哈的提纲》这样极简略的提纲、草稿，也是有内在的严整的逻辑的。如前所说，中国的马克思主义实践论美学正在为清理和建立它的哲学基地而努力，这个哲学基地的建立不能停留在认识论的层面，而必须进入到本体论或存在论的层面。现代美学的发展表明，一切美学问题的解决最终都不可能脱离对人的存在问题的思考。西方马

克思主义美学所关注的文化、意识形态、政治的"批判"，也只有当
它深入到对人的存在的批判的思考时，才可能是深刻的。在这方面，
马尔库塞做得比较好，但他的哲学前提是唯心主义的，而且他对美学
的哲学前提也缺乏系统深入的思考。曾受到新康德主义哲学很深影响
的俄国巴赫金（M. M. Bakhtin）的美学倒是有相当深刻的哲学思考，
但西方马克思主义美学对他的研究只注意他关于"对话"和"狂欢"
的理论。

　　对于马克思主义美学，过去、现在以至将来都会存在各种不同的
理解。从哲学上看，我认为马克思主义美学可以称为实践批判的存在
论美学。① "实践批判"是马克思在《关于费尔巴哈的提纲》（以下
简称《提纲》）中使用过的一个重要的词组、概念。他在《提纲》的
第 1 条中指出费尔巴哈哲学的唯物主义的重大缺陷就在于"不了解
'革命的'、'实践批判的'活动的意义"。这里所说的"实践"，依
据马克思在他的《提纲》及《提纲》写作前后的全部著作（指马克
思脱离青年黑格尔派之后的著作）来看，是针对费尔巴哈反对黑格
尔把"抽象思维"看作是人的本质，而把"感性"看作是人的本质，
即确认人是感性的存在这一根本观点提出来的。马克思赞同费尔巴哈
对黑格尔的这一批判，同时又指出费尔巴哈的根本错误在于"他把
感性不是看作实践的、人的感性活动"。这就是说，在马克思看来，
"感性"作为人的本质是人的"实践"即"人的感性活动"，与单纯
的思维活动不同的、人改变世界的实际活动的产物。从广泛的意义上
说，马克思所讲的"实践"，就是人类在社会生活一切领域中使人的
感性的本质得以生成和实现的活动，也就是人的感性的本质的自我实
现、自我创造的活动。但马克思又指出决定这一切活动的最根本的活

---

　　① 这和我过去主张的实践本体论在根本上是一致的，但又有些不同。关
于我对实践本体论的论述，见拙著《实践本体论》（1988 年）、《马克思主义哲
学的本体论》（1991 年）、《批评与答复—— 再谈我对马克思主义哲学的理解》
（1996 年），均收入《传统文化、哲学与美学》一书，广西师范大学出版社 1997
年版。

动，是人类为了满足物质生活需要而进行的物质生产活动。这不只指产品的生产，同时还指和产品的生产不能分离的分工、科学技术的发展与应用、产品的交换、分配与消费等。简言之，它指马克思在他的经济学中作了深入探讨的物质生产过程的诸方面的总和。它是人类全部生活，同时也是人类历史存在与发展的物质基础。"批判"是指从上述意义的"实践"出发对现实社会的批判，它不仅指理论的批判，同时也指马克思在《黑格尔法哲学批判导言》一文中讲过的"武器的批判"，即对现实社会进行实际的、革命的改造。"实践批判"是马克思主义哲学所具有的根本性特征，只讲"实践"而不讲与"实践"直接相连的"批判"，不能清楚地表达马克思主义哲学不只是"解释世界"，而且要能动地"改变世界"，以及唯物辩证法在本质上是批判的和革命的这一根本特征。我所说的"实践批判的存在论"中的"存在论"一词相当于我过去所说的"实践本体论"中的"本体论"一词，但这里使用"存在论"一词而不再使用"本体论"一词，有几个方面的考虑。首先是为了避免"本体论"一词容易引起一种神秘的感觉和无谓的争论，其次是为了说明马克思所说"存在"主要是指以物质的自然界为前提，作为自然界一部分的人的"社会存在"。但我在过去的文章中已经指出，"本体"一词从"本原"的意义上理解，并不是卢卡奇所说的"社会存在"，而是人类的物质生产实践。因为人的"社会存在"产生于和决定于人类的物质生产实践，并且是随物质生产实践的发展变化而发展变化的。最后，使用"存在论"一词，在美学上可以更清楚、明确地把审美与艺术问题和人的存在问题联系起来。

关于人类实践和美、美感（审美）、艺术的内在联系，我在过去的文章、著作中已作过多次说明，这里不再重复。现在我所要说明的是马克思主义实践论美学在当代发生的、需要引起我们注意的一些新变化。第一，马克思主义把物质生产看作是社会的经济基础，这在今天仍然是正确的，并没有过时。但我们又要看到，随着科学技术的发展，物质生产本身越来越带有和审美相关的文化的性质，经济与文化的关系越来越密切，物质的消费也越来越成为文化的消费。因此，不能停留在把物质生产仅仅看成是审美与艺术产生的物质基础或前提上，而必须同时把物质生产和文化联系起来研究，探讨和马克思主义经济学相关的各种美学问题。第二，在当代条件下，美或审美的主要形式已转变为个体和人类从实现人的自由而永不停息的实践创造中所获得的一种崇高感（成就感、尊严感、自由感）和幸福感，并且常常是和社会政治伦理密切结合在一起的。传统意义上的那种给人以凝神静观的感性愉快的"美"，从原先极高尚神圣的地位下降为生活中的一种感官的快乐和享受。在西方资本主义社会下，则成了弗洛伊德的"快乐原则"的实现或后现代主义所说的无任何意义与目的可言的"嬉戏"。我们只有在面对历史上的古典作品时才保持上述对"美"凝神静观的态度，而我们保持这种态度又只是因为我们意识到它是历史上的作品。如果从人类现代生产的实践创造的发展来看，它已不再是至高无上的了。所以，我们既欣赏它，但又不再低头膜拜了。① 在现当代的条件下，审美活动已与人类生活的没有止境的实践创造合为一体，不再是脱离或超越这种实践创造的一个自在自足的天地。因此，看起来美和美的本质问题已消失、死亡了，实际上它仍然存在，就存在于人类生活的实践创造之中。美和社会的个体的生活的实践创造直接相连，它就是从生活的实践创造中取得的自由感、幸福感的表现，不是脱离生活的实践创造而存在于某个子虚乌有的地方。这是当代的美的最重要的特征，也是对马克思主义实践论美学的正确性的一个有力的确证。第三，以实践为基础的人的本质对象化这种最广义上了解的美就是艺术的本质。艺术产生的一个重要原因，就是由于日常生活中对现实美的欣赏存在着一个难以消除的局限，即无法把人的自由的本质力量的实现作为克服各种困难、挫折、灾难、痛苦的实践创造的过程和结果来加以感性的直观，即作为广义的美的对象来加以欣赏。如上所述，在现当代条件下，审美活动和人类生活的实践创造直接相连，因此现当代艺术已成为艺术家对生活的实践创造的感

---

① 黑格尔对此有深刻的论述，马克思将古希腊艺术的魅力和人类的童年时代相连，直接受到黑格尔的影响，

受与体验的表现，而且它的形式也是由这种表现的需要决定的。但是，从马克思主义的唯物主义观点来看，不论这种表现采取如何古怪、离奇、虚幻、神秘的形式，它仍然是一定社会生活或社会存在（作为人类生活的实践创造的过程和结果）在艺术家头脑中的反映。这里的"反映"当然不是指对某一事物的如实模写，而是指艺术家在他的作品中表现出来的东西仍然有它产生的现实根源，是一定社会存在作用于艺术家头脑的产物，并且在本质上是与这种社会存在相适应的。此外，正是由于在现当代条件下，艺术直接成为个人从生活的实践创造中产生的感受与体验的表现，而且其形式是由这种表现的需要所决定的，于是艺术与非艺术的界限看起来已消灭了。实际上，界限仍然存在。这界限就在于只有当表现成为人的社会的自由本质的创造性表现，表现才会具有艺术的意义与价值。所谓"行为艺术"，只有在符合上述根本条件的情况下才可能有某种艺术的意义。而且，由于它难以摆脱行为的局限和固定下来供人长期欣赏，因此它不能取代使用物质媒介的各门艺术的创造。与其说它是艺术，不如说它是一种艺术游戏更恰当。第四，在现当代条件下，美学不再是一门孤立自在的科学，而是与物质生产的工艺学（高科技的应用）、政治经济学、文化研究（与政治、意识形态密切相关）紧密结合在一起的科学。它的主题也将不再是脱离人类生活的实践创造去对美、审美、艺术作纯粹抽象的形而上学的思考，而是对美、审美、艺术与人类生活的实践创造、社会的人的本质的全面自由发展的关系作出丰富、具体而有成效的实证科学的考察。这种考察将会分化为对各种具体问题的专题研究，而作为所有这些研究的哲学基础的东西，按我的理解，就是马克思主义的实践批判的存在论。

环顾当代世界范围内的马克思主义美学，西方马克思主义的"批判"美学在西方的条件下实际处于边缘地位，但它对中国的影响正在增长。而产生于中国的、以人民大众为本位的马克思主义实践论美学也正是在邓小平开创的建设有中国特色社会主义的新的时代条件下发展着，并且有了越来越好的发展条件。这种实践论美学的最高主题就是社会的同时又是个体感性的人的本质的全面自由发展，它是以马克思、恩格斯在《共产党宣言》中所说"每个人的自由发展是一切人的自由发展的条件"的共产主义社会的实现为终极目标的。困扰着西方的所谓找寻精神家园问题或所谓"终极关怀"、"人文理想"的实现问题，实际上都只能在走向共产主义社会的漫长历程中有条件地、逐步地获得实现。但我们又不能坐等这一社会的实现，从目前来说，我们可以而且应当去努力做到的是：第一，在现有生产力发展的条件下，尽可能把个体的自由发展和社会整体的自由发展协调起来，同时又把后者置于比前者更高的地位，提倡个体为社会整体的发展而献身。这是一种道德的精神，同时也是与人的自由本质不能分离的人的社会本质的实现，是一种崇高的美。第二，随着高科技的发展与运用，努力使劳动从单调的、沉重的、为谋生而进行的活动变为创造性的、自由的、越来越具有审美意义的活动，这是真正的劳动解放，同时也是审美的解放。第三，随着生产发展而来的"必要劳动时间"（为满足物质生活需要而进行劳动的时间）的缩短和"自由时间"的增加，努力使审美与艺术活动成为占领"自由时间"，培养有高尚情操、全面发展人的本质力量的主要活动。这种通过审美与艺术活动得到培养和塑造的人又会反过来作用于物质生产，转化为强大的生产力。这里我们看到邓小平提出的物质文明建设与精神文明建设两手抓、两手都要硬的思想是具有深刻意义、符合新的历史时代特征的。中国的马克思主义实践论美学既要了解、借鉴西方马克思主义美学，同时又要坚持自己不同于西方马克思主义美学的发展方向，并在实践中不断地发展、创新，密切关注当代美学的变化和中心问题，并作出与当代先进生产力、先进文化发展方向及广大人民群众审美需要的新变化相一致的回答。这种回答需要充分考虑到西方马克思主义美学及其他美学流派的各种观点，并在理论上作出尽可能周密的论证。

（原载《马克思主义美学研究》第4辑，
广西师范大学出版社2001年版）

《讲 话》解 读

（一）

从文字上看，毛泽东《在延安文艺座谈会上的讲话》（以下简称《讲话》）是很好懂的，没有什么艰深难解之处。但其中又包含着深刻而丰富的、至今仍有重大理论意义和实践意义的思想。

从好懂或不好懂来估量一种著作的价值，这是肤浅的看法。有些著作看起来很好懂，但却有重大的价值，因为它包含着有重大意义的思想。如《论语》一书，只要我们懂得古汉语，读起来是很好懂的。比如说它讲"仁"就是"爱人"，这有什么不好懂的？但为什么从古至今，对于《论语》的注解、阐释始终不绝、浩如烟海？就因为其中包含着从字面上看来好懂，实际上并不好懂的有重大意义的思想。相反，那些看起来难懂的著作，可能是很有价值的（如康德的《纯粹理性批判》、黑格尔的《逻辑学》、海德格尔的《存在与时间》），但也可能是故弄玄虚（包括在文字表述上玩些花招），实际上并无多少货色，我们大可不必被它的"艰深"所吓倒。对这种"艰深"，黑格尔曾有一个很好的形容，叫作"无内容的深度"。

我认为《讲话》正是属于看起来好懂，实际上并不好懂的著作。为了真正读懂它，用目前比较时髦的说法来讲，需要对《讲话》这一"文本"作一番细致深入的"解读"。

自《讲话》发表以来的 60 年中，已经出现了许多解读《讲话》的文章、著作，取得了不应全盘予以否定的成绩。如中华人民共和国成立初出版的王朝闻的《新艺术创作论》，以及他后来所写的《喜闻乐见》等著作，对《讲话》的思想作了很有创造性的解读。但也毋庸讳言，相当多的解读只停留在政治的层面上，有简单化的毛病，而且不同程度地受到过去长期存在的"左"的、教条主义的思想影响，拘守《讲话》中某些在理论上不够准确的字句，因此既对宣传《讲话》的正确思想起了一定的作用，同时又对我们的文艺的发展产生了某些不良的影响。特别是"文革"时期，对《讲话》作了一种极"左"的解读，使文艺遭受了十年浩劫。其结果又产生了一种至今仍然存在的相当强烈的逆反心理，即不愿对《讲话》作一种冷静、客观、实事求是的解读，而采取一种不屑一顾、断然拒斥与否定的态度。

改革开放之后，邓小平发出了"解放思想，实事求是"的号召，把对《讲话》的解读纳入了正确的轨道，使《讲话》的解读进入了一个新的历史时期。目前，我认为需要在当代的视野下，对《讲话》作出新的解读，既坚持《讲话》在60年前提出的、至今仍有重大意义的思想，同时又对当代文艺发展所提出的各种新问题，以及对否定《讲话》的各种观点作出回答（这里存在着我们不应回避的不少学理上的论争）。只有这样，《讲话》的正确思想才能真正对当代文艺的发展产生影响，落到实处，不至于成为脱离当代文艺发展实际的一些空泛的原则。也只有这样，我们才能认清中国当代文艺一旦脱离《讲话》正确思想的引导必然会出现的种种后果。尽管我深信，即使出现了这种情况，也仍然会有不少文艺家坚持《讲话》的正确思想，但中国当代文艺无疑将会在一个或长或短的时期内，在各种迷途中往复徘徊，付出本来可以避免付出的种种代价。

当然，即使我们作出了上述新的解读，它是否正确也只能由实践来检验，而且不可能也不应当期望所有的文艺家都会认同它。因为文艺家在创作上选择怎样的道路，这是由他自己的生活实践和艺术实践来决定的，而且在根本上要取决于整个社会的发展。说到底，中国特色社会主义的建设越是成功，认同《讲话》的正确思想和马克思主义的文艺理论与美学的文艺家也就越多。但这决不是说理论对文艺家的创作不可能产生任何影响，问题在于理论是否是直面实际的、与实际相结合的理论。

要对《讲话》作出新的解读决不是一件轻而易举的事，因为它必然要涉及与文艺相关的众多问题，而所有这些问题又都是充满争论的。在我看来，对《讲话》的解读至少要包含下述几个方面。

第一，从《讲话》与马克思主义的联系来解读。

《讲话》是毛泽东应用马克思主义的普遍真理（包括马克思主义的文艺理论与美学思想）来解决中国革命文艺的具体实践所碰到的种种问题的产物。因此，对《讲话》的解读不能脱离对整个马克思主义的理解。这里有两个需要予以注意的问题。

首先是对马克思主义的基本理论（如历史唯物主义、从实践及社会存在出发的反映论）的理解问题。在这个问题上，必须通过长期切实的研究，争取对马克思主义的基本理论有一个全面、准确、深入的理解，清除过去长期存在的一切肤浅、片面、简单的理解，及各种各样的误解与曲解。这一方面表现在我国和苏联过去对马克思主义的"左"的、简单化的理解中，另一方面又表现在包括西方马克思主义在内的许多学派对马克思主义的各种各样的解释中。如果我们不彻底清除一切对马克思主义基本理论的错误理解，对这些理解作出实事求是的、有充分说服力的反驳，我们就不可能达到对《讲话》的正确解读，并在新的历史条件下坚持和发展《讲话》中至今仍未过时的正确思想。

其次，从总体上看，我认为马克思主义从创立以来到现在，经历了两个大的历史时代。一个是从马克思、恩格斯在19世纪40年代创立马克思主义开始到苏联和东欧的社会主义解体和冷战结束为止的时代，历时140多年。这是一个以无产阶级和资产阶级的斗争或生死决战为中心的时代，一切思想、理论都是围绕着这个轴心而旋转的。在这个时代，无产阶级的胜利被理解为无产阶级通过武装起义推翻资产阶级，夺取政权，然后将生产资料收归全社会所有，实行按需要进行生产的计划经济，消灭市场经济。这个时代随着苏联和东欧社会主义的解体而宣告结束，马克思主义的发展进入了一个新时代。在这个时代，阶级和阶级斗争在一定范围内仍然存在，但情况发生了重大变化，马克思主义所要解决的中心问题不再是无产阶级与资产阶级的生死决战，而应以经济建设为中心，在和平与发展已成为世界的主题这一新的历史条件下来探索和实现社会主义、共产主义，最后取代资本主义。① 邓小平理论的提出和建立就是马克思主义发展的这个新时代到来的根本标志。我们今天对《讲话》的解读，必须充分注意到马克思主义发展的两大不同时代的根本特点，彻底摆脱各种脱离当代实际的教条主义的束缚。

第二，从《讲话》发表时的历史背景来解读。

脱离了《讲话》发表的历史背景，我们就不能如实地、客观地理解和评价《讲话》。一些对《讲话》的批评和责难，往往就是由此而来的。时过境迁，一些人忘记了当时的历史，于是就产生出各种不恰当的或错误的论断。但我认为从《讲话》发表时的历史背景来解读《讲话》，不应只限于叙述当时的环境与任务，还要充分注意《讲话》和毛泽东在发表《讲话》之前所写的其他著作的关系，特别是和《实践论》（1937 年 7 月），《矛盾论》（1937 年 8 月）、《新民主主义论》（1940 年 1 月）这三篇著作的关系。我认为前两篇是《讲话》的哲学基础，后一篇则是毛泽东当时解决文艺问题的最直接的理论根据。我们完全可以说《讲话》是毛泽东创立的"新民主主义论"（这是毛泽东的一个重大的理论贡献，它指引中国革命走向了胜利）在文艺问题上的应用，是他所主张的新民主主义的文化理论的一个重要组成部分。此外，毛泽东在《论持久战》（1938 年 5 月）中关于人类区别于动物的"自觉的能动性"和关于"抗日的政治动员"的论述，也很值得注意。《讲话》是 20 世纪 30 ~ 40 年代整个毛泽东思想发展的一个有机组成部分，如果孤立地去研究它，就不可能深入地理解它。

第三，从《讲话》的发表对解放区和国民党统治区的文艺的影响来解读。

这个方面的解读类似于西方一些学者如伽达默尔等人所说的"效果史"研究，并且直接影响到对《讲话》的评价。这从 20 世纪

① 恩格斯晚年已在很大程度上预见到这一新时代的到来，这里不详论。

90 年代"重写文学史"的活动中可以清楚地看出来。一些论者对《讲话》发表后解放区的文学很看不起,评价很低,有时近于完全否定。相反,对国统区的文学则兴趣很大,评价很高。对这个问题应如何看,当然是同对《讲话》的评价分不开的,需要作出分析、回答。从我所读到的在"重写文学史"中产生的著作来看,我认为龙泉明、张小东主编的《中国现代文学历史比较分析》(四川教育出版社 1993年版) 一书是比较公正、客观的。

第四,从《讲话》与当时苏联的文艺理论、美学的比较中来解读。

《讲话》的思想无疑受到当时苏联的文艺理论和美学的影响,因为那时苏联被看作是各国共产党都必须学习、效法的榜样。问题在于,能不能因此就说《讲话》的思想就是当时苏联的文艺理论和美学的翻版?我认为不能,两者的差别甚大。这个问题我在《马克思主义美学研究与阐释的三种基本形态》一文中曾简略地谈过,本文在相关的地方还将讲到这一问题。

第五,从《讲话》与西方马克思主义的文艺理论、美学的比较中来解读。

在《讲话》发表之前,卢卡奇于 1932 年出版了《历史和阶级意识》一书,此书被认为是西方马克思主义的开山之作、"圣经"。在《讲话》发表前后,以德国法兰克福学派阿多诺诸人为代表的西方马克思主义的文艺理论、美学迅速发展起来,产生了颇大的影响。因此,对《讲话》的解读不能脱离与西方马克思主义的文艺理论、美学的比较。20 世纪 80 年代末以来,西方马克思主义的文艺理论、美学在中国的影响不断扩大,对《讲话》的解读当然更不能把它撇开不管。关于这个问题,我在上述拙文中也曾作过简略的论述,本文在相关的地方还将涉及。

第六,从《讲话》与西方马克思主义之外其他现当代文艺理论、美学的对比中来解读。

毫无疑问,在对文艺的根本看法上,西方现当代形形色色的文艺理论、美学的看法是与《讲话》的思想相对立的。在这个方面,我认为必须对它们提出的种种错误思想从学理上予以批判和清算，不应从马克思主义正确的思想立场后退，盲目地附和、追随它们。如毛泽东在《整顿党的作风》（1942 年 2 月 1 日）一文中所指出的那样，我们"对任何事情都要问一个为什么，都要经过自己头脑的周密思考，想一想它是否合乎实际，是否真有道理，绝对不应盲从，绝对不应提倡奴隶主义"。我认为自 20 世纪 80 年代后期以来，随着西方各种思想大量涌入中国，一方面我们的眼界比过去开阔了，思考更深入了，另一方面马克思主义所固有的科学的批判的精神显得萎缩起来，毛泽东在《反对党八股》（1942 年 2 月 8 日）一文中所批判过的"洋八股和洋教条"的思想有所滋长。但是，问题的解决决非要回到过去那种对西方现当代文艺理论、美学一律加以简单否定的"左"的、教条主义的道路上去。如毛泽东在《讲话》中明确指出的，"教条主义的'马克思主义'并不是马克思主义，而是反马克思主义的"。它不能真正战胜和克服西方现当代文艺理论、美学中的错误思想。只有坚持邓小平提出的"解放思想，实事求是"的思想路线，我们才能既有说服力地指出西方现当代文艺理论、美学的错误所在，同时又敢于和善于吸收改造其中所包含的一切有合理因素的东西，用它们来丰富和发展马克思主义的文艺理论、美学，使之与时俱进，不断创新，站在当代思潮的前列，并且去引领当代思潮的发展。

第七，从《讲话》与中国传统的文艺理论、美学的联系中来解读。

从表面上看，《讲话》没有直接提及或引用中国传统文艺理论、美学的观点或言论，实际上两者之间存在着内在的、深层的、密切的联系。只要我们加以较深入地解读，就不难看出《讲话》批判地继承了中国文艺理论、美学的优秀传统。它既是马克思主义的，又是充分地中国化了的。这种中国化，首先表现在它是与中国条件下革命文艺发展的实际相联系的，同时还表现在它是批判地继承了中国文艺理论、美学的优秀传统的。这也是《讲话》之所以能为广大的文艺家所接受，并产生了持久、广泛、深远影响的一个很重要的原因。关于这个问题，本文在相关的地方也将涉及。

我认为对《讲话》的解读至少应当包含上述七个方面，但本文不打算按这七个方面来逐一加以解读。我所采取的方式是以《讲话》所详细论述了的或只简略涉及了的一些重大问题为纲，作一种包含上述七个方面的综合性的解读。我觉得这样做，更便于把《讲话》与当代文艺创作的实际和文艺理论、美学发展的实际联系起来，对它的那些至今仍然必须加以坚持的有重大意义的思想作出新的阐述，也包括对某些在理论上不够准确的提法加以澄清。这当然是一个艰巨的任务，本文所作的努力只是一次近于冒险的、大胆的尝试。文中不当或错误的地方，深望读者、专家批评指正，共同推进对《讲话》这一经典性著作的深入研究。

（二）

《讲话》反复从各个方面论述了文艺必须为最广大的人民群众服务，这是《讲话》所要解决的中心问题。因此，本文对《讲话》的解读由此开始。首先，我想要来回答和讨论一下这个问题：为什么要要求和提倡文艺为最广大的人民群众服务？

要求文艺要为广大人民群众服务，这是马克思主义的文艺理论、美学特有的观点，因此也是它区别于一切非马克思主义、反马克思主义的文艺理论、美学的一个根本性的观点。这个观点原已包含在马克思、恩格斯特别是列宁关于文艺的看法中，但直到《讲话》发表之后，才把这个观点提到了最显著、最重要的位置，并结合文艺创造中的各种问题作了多方面的论证。因此，我们可以说这个观点虽然是马克思、恩格斯、列宁已经提出了的，但集中地论证这一观点，并把它确立为马克思主义文艺理论、美学的根本性的观点，则是由毛泽东的《讲话》来完成的。这是毛泽东对马克思主义的文艺理论、美学所做出的一个重要贡献。

如果我们看一看苏联的文艺理论与美学，虽然它也常讲到文艺的"人民性"和文艺应与人民生活相结合的问题，但在它看来，马克思主义的文艺理论、美学的根本观点是马克思主义的反映论，即主张文艺是社会生活的反映。毛泽东的《讲话》也主张文艺是社会生活的反映，并作出了创造性的深刻论述（这个问题我们在后面还要专门加以讨论），但在毛泽东看来，马克思主义的文艺理论、美学的根本问题首先是一个"为什么人"的问题。毛泽东这一看法的合理性与深刻性在于：不论非马克思主义、反马克思主义的文艺理论家与美学家是否承认，文艺在实际上都是社会生活的反映，但如果脱离了为广大人民群众服务这一根本原则，那就不会有马克思主义所要求的、区别于其他文艺的革命的文艺。因此，为广大人民群众服务这一原则集中而鲜明地抓住了马克思主义所要求的文艺的根本特征，从而清楚明白地指出了一切革命的文艺家在创作中必须坚持的根本方向，有力地推动了革命文艺的发展。所以，我在《马克思主义美学研究与阐释的三种基本形态》一文中指出，以《讲话》为代表的中国马克思主义美学是一种"以人民大众为本位"的美学。这是它实际存在的一个不可忽视的重要特征，在当代中国社会主义文艺的发展中，仍然必须坚持。与此相关的问题，留待后面再谈。

从西方马克思主义的文艺理论与美学来看，它明确地肯定了文艺与无产阶级反对资本主义的斗争之间的联系，但不同学者对这一问题的看法是各不相同的。特别值得注意的是，布莱希特在 19 世纪 30 年代后期，正确地看到了只有人民才是反对日益猖獗的法西斯主义的主要力量，因此他提出"我们必须转向人民"[1]，艺术要"为长久以来只是政治客体而现在必须成为政治主体的生产者大众服务"，并指出"我们心里想的人民是创造历史、改造世界和他们自身的人民，是战斗的人民"[2]。他还高度重视马克思《关于费尔巴哈的提纲》的第 11 条，主张艺术不只要"说明世界"，而且还要"改变世界"[3]。在 19 世纪的西方马克思主义者中，布莱希特是最为鲜明、强烈、坚定地主

---

[1] 董学文、荣伟编：《现代美学新维度——西方马克思主义美学论文精选》，北京大学出版社 1990 年版，第 54 页。

[2] 董学文、荣伟编：《现代美学新维度——西方马克思主义美学论文精选》，北京大学出版社 1990 年版，第 56 页。

[3] 梅·所罗门编：《马克思主义与艺术》，文化艺术出版社 1989 版，第 375 页。

张文艺要直接为无产阶级革命大众服务的，他的这种思想又给了本雅明以很深的影响。但在 19 世纪 30～40 年代德国资本主义社会的条件下，加上布莱希特对马克思主义的理解的局限性，布莱希特虽然作了令人钦佩的努力，仍然没有从理论上和实践上找到实现他的这种思想的现实的道路（本雅明更是这样）。尽管如此，我们仍然必须承认布莱希特的历史功绩，并且承认在毛泽东的《讲话》发表的前四年（即 1938 年），布莱希特已明确提出过文艺要为人民大众服务的思想。但这决不意味着毛泽东主张文艺为人民大众服务的思想是从布莱希特而来的（毛泽东当时不可能读到布莱希特的著作），更不能把两者混为一谈。毛泽东的主张是直接从列宁而来的，而且毛泽东是在他的《实践论》、《新民主主义论》的指导下，在人民大众取得了政权的抗日革命根据地的历史环境下来阐发他的主张的，因此这种阐发所达到的高度、深度和广度，都是布莱希特的理论不能相比的。除布莱希特之外，19 世纪 30～60 年代其他的西方马克思主义者，如阿多诺、马尔库塞等人都秉承卢卡奇《历史与阶级意识》一书的历史唯心主义思想，把无产阶级的解放仅仅看作是一个意识形态问题，认为艺术的作用就是要用一种与资本主义的现实和意识形态相对立的"审美幻象"去"颠覆"资本主义社会，因此他们将西方现代派的艺术引为同道，反对卢卡奇在《历史和阶级意识》一书出版之前和之后对现实主义的大力推崇，同时也反对马克思、恩格斯、列宁认为艺术是社会生活的反映的观点。也因此，对他们来说，毛泽东所倡导的艺术家要深入人民群众的生活和斗争，并以人民群众的生活和斗争为主要的"描写对象"，是完全在他们的思想视野之外的，几近于不可理解的天方夜谭。因为即使是布莱希特所作的要使艺术为无产阶级大众所理解和接受的努力，在他们看来也是一种简单化的、可笑的做法。布莱希特也强烈批评过卢卡奇提倡的现实主义，但他并不反对现实主义本身，而只是反对卢卡奇对艺术的狭隘的理解——认为唯有现实主义才能达到真实。尽管布莱希特本人也未能真正解决为无产阶级大众服务的艺术应当如何去反映现实的问题，但他主张艺术家要听取大众对艺术家的作品的意见，努力做到使自己的作品能为大众所接受，这仍然是正确的。阿多诺等人则只紧紧抱住至高无上的意识形态批判或他们所谓的"美学的颠覆"不放，而不问作品与社会群众的实际的生活和斗争的关系，以及作品是否能为群众所接受和产生影响的问题。这些人虽然也讲马克思主义，但都是一些毛泽东曾予以严厉批评的、脱离实际的书斋中的学者。阿多诺的一位相识者曾这样批评阿多诺："在他那里没有印度、中国，没有第三世界，也没有人民民主和工人运动。"① 虽然西方马克思主义者中的一些人，如马尔库塞、哈伯马斯曾一度卷入西方1968年的"五月风暴"（学生造反运动），但他们都不可能真正理解和引导这个运动，很快就撤回书斋，与"造反"断绝关系。梅·所罗门曾这样批评标榜"否定的辩证法"的法兰克福学派的霍克海默、阿多诺等人："上层建筑常常是假革命辩证家的藏身之所。这些辩证家只在两方面不是马克思主义者：国家理论和改造世界的愿望。"② 此外，西方马克思主义者对西方资本主义社会下的"文化工业"或"大众文化"大多持强烈的批判态度。这种批判有它的深刻合理的地方，但停留在单纯的否定上，而全不考虑一种积极意义上的"文化工业"或"大众文化"的建立是否可能的问题。因此，这种批判的结果就只能是为永远只属于少数人的"精英文化"作辩护。但是，不论西方马克思主义存在着怎样的一些缺点，从它主张以文艺批判、否定资本主义社会这一点来看，它和马克思主义的观点还是一致的，并且在西方当代思潮中起了不可否认的重要作用。

除西方马克思主义之外，从西方当代其他的文艺理论和美学来看，如后现代主义认为启蒙主义或马克思主义鼓吹的人类解放的"宏伟叙事"都已灭亡，这样当然也就不可能有什么为人民大众的生活和斗争、进步和解放服务的文艺。这一类理论的最终根据，不外是

---

① 董学文、荣伟编：《现代美学新维度——西方马克思主义美学论文精选》，北京大学出版社1990版，第413页。

② 梅·所罗门编：《马克思主义与艺术》，文化艺术出版社1989版，第579页。

否认人类历史是一个无限地进步发展的过程，从而否认每一历史时代都会有自己的"宏伟叙事"。但这实际上是否定不了的，因此也否定不了为人民大众的进步和解放服务的文艺的存在。

从中国传统的文艺理论与美学来看，其中当然不会有主张文艺要为广大人民群众服务的思想。但是，中国传统的文艺理论和美学深受儒家"民本"思想的影响。这种思想认为，统治阶级如果不顾人民的死活，无限度地剥削压迫人民，那就会遭到灭亡。因此，在坚持"君君、臣臣、父父、子子"这一前提下，孔子在论到诗时就已提出了诗"可以群，可以怨"。"可以群"，朱熹释为"和而不流"，即具有协和、团结、凝聚国家社会的作用，这是符合孔子的思想的。"可以怨"，孔安国释为"怨刺上政"，世与孔子的思想相合。由于允许"可以怨"，所以古代还设立了"采诗"之官，专门采集民间歌谣，以便统治者从中观风俗、知得失，作为施政的参考。在中国古代的文学传统中，统治阶级的文学无疑居于支配地位，但同时也相当重视民间文学。在据说是由孔子删定的《诗经》中即已包含了采自民间的歌谣。历代还有不少诗人、文学家很重视民间的诗歌以及话本小说。这些虽不是毛泽东提出革命的文艺要为广大人民群众服务的直接动因，但无疑对毛泽东的文艺思想产生了潜在的影响。他在《讲话》中强调文艺有团结人民大众的作用，强调普及的重要性，主张革命的文艺家要重视人民大众自己创造的文艺，从中吸取营养，都与此有关。在毛泽东从马克思主义出发提出的文艺要为人民大众服务和中国古代从孔子开始就重视文学与社会的关系和重视民间文学的优良传统之间，是存在着一种批判地继承的关系的。

毛泽东主张文艺要为人民大众服务，很明白地是针对革命的或同情革命的文艺家而言的，因此也是能为他们所赞同、拥护和接受的。相反，对于那些和革命背道而驰或采取中立、超然的态度的文艺家来说，要求文艺必须为人民大众服务，当然就是一种不可思议的、奇怪的甚至是荒谬的主张。对这种主张的各种各样的责难、抨击，归结起来，不外是这样一些问题：有什么理由要求文艺非要为人民大众服务不可？不为人民大众服务的文艺难道就没有价值吗？要求文艺必须为人民大众服务，是毫无道理地对文艺家的创造自由进行粗暴的干涉。

怎样回答这些问题呢？首先要确认一个不难理解的客观事实：不论从创作或欣赏来看，文艺都不仅仅是一种单纯个人的活动，而同时也是一种社会现象。因此，任何文艺家，不论他是否明确地意识到或是否公开地承认，他都是在为他心目中的读者或欣赏者而进行创造的，并且只有在他的作品得到社会上较多或很多的人认同和接受的情况下，他的作品才能成为具有某种普遍社会意义的作品，而不再仅仅是个人活动的产品。至于这意义是好是坏，或好坏兼而有之，这是要由文艺理论批评家、文艺史家去加以研究的。上述道理，在产生于20世纪60年代末的尧斯等人的"接受美学"中得到了值得我们参考的种种分析论证。但在"接受美学"产生的20多年前，毛泽东就已在《讲话》中十分明确地提出了文艺家的创造与他的"工作对象"和他的"作品的接受者"的关系问题，并给予了高度的重视。毛泽东不仅在《讲话》中反复讲到这一问题，在发表于《讲话》之前的《反对党八股》一文中，还曾把"无的放矢，不看对象"列为党八股的第三条罪状。通观人类的文艺史，即使是那些竭力鼓吹"为艺术而艺术"的文艺家，也是有他们心目中所预期的读者或欣赏者的，这就是他们认为能够懂得和喜爱他们所说的至高无上的"美"的读者或欣赏者。他们的作品之所以能在社会上流行，也因为这些作品表达了当时社会上相当一部分人对"美"的看法与追求。再如目前一些人所说的"个人化写作"，其实也有它所预期的读者，大致上说就是那些把文学作为个人内心体验不受任何拘束的表现来看待、对重大的社会政治问题缺乏兴趣的读者。但是，这种写作如果只在一个小圈子内有读者，甚至只是为了作者自己在写作过程中获得一种心理上的满足，那么这种写作产生出来的作品，就只是某个人对文学创造的兴趣爱好的表现，不可能成为超出个人之外、具有某种社会普遍意义的作品。如果作者不只是自己写写好玩而已，还要拿去发表，并且认为一定会拥有广大的读者，借助媒体来宣传推动，那就不是什么纯粹"个人化"的写作，而成了为作者所认定的读者群甚至是为了某种商业上的利益而写作了。

任何文艺家（不包括以文艺为个人单纯的业余爱好，其作品未被社会所承认者）的创作都有他心目中预期的读者或欣赏者，用毛泽东的语言来表达，也就是有他的"工作对象"或"服务对象"。尽管这听起来很有损于一些文艺家非常重视的"清高"，但从事情的实质而言就是如此。文艺家选择什么人作为他的服务对象，这既同文艺家所处的一定历史条件相关，也与生活在此种条件下不同的文艺家个人的生活道路、思想倾向、趣味爱好直接相连。我们充分承认，一切未得到文艺家内心真正认同的、外加的、强制性的选择，都不可能真正对文艺家的创作产生作用，并且是有害于文艺家的创作的。但是，从另一方面看，文艺家选择什么人作为他的服务对象，对于他在艺术上所作的努力和由此而取得的成就，又会产生不可忽视的深刻的影响。这样，我们就碰上了马克思主义的文艺理论与美学为什么非要主张文艺为广大人民群众服务不可的问题了。为了说明这一问题，我们不能不先简略地回顾一下马克思、恩格斯创立的历史唯物主义的根本观点，并从这一观点来观察一下过去的文艺史。

讲到历史唯物主义，我们立即就会碰到来自各个方面的反对观点，包括来自西方马克思主义的反对观点。所以，在下面我对历史唯物主义的简略陈述中，不能不充分地考虑到这些反对观点，但当然不可能与之展开充分的、彻底的论战。我认为这种论战很有必要，但不是本文所能承担的，因此也只能极简略地说一下。

历史唯物主义认为，人类为满足自身物质生活需要而进行的物质生产，是人类得以生存的根基、前提。从逻辑上看，这只不过是陈述了一个客观存在的事实，非常简单，但又非常重要，不是任何貌似高深的逻辑推论所能推翻的，也不是有人认为只要祭起在他们看来是十分了不得的"欲望"、"结构"、"语言"这些法宝，就能加以消解的。如果停止进行物质生产，人类就会灭亡，任何最最富裕强大的国家也将灭亡。我希望历史唯物主义的反对者们能全力以赴地对这一点作出真正有力的反驳，而不要停留在语言概念的游戏上。

根据历史唯物主义的上述观点，我们不难得出另一个观点：人类社会历史的发展，最终是由物质生产的发展决定的。这里有两个关键词:"最终"和"决定",需要作一些说明。

为什么要说"最终"?这是因为历史唯物主义认为,能够影响和作用于人类社会历史发展的因素是多种多样的,有的(如宗教、政治、伦理、法律、文化传统,等等)还能产生很大的作用,但最终决定人类社会历史发展的仍然是物质生产,不是其他任何因素。物质生产之外的其他因素对人类社会历史发展的影响基本上不外两种情况:一种是这些因素发生的影响是与物质生产的发展相一致的,这时它就会直接或间接地推动经济的发展,从而推动整个社会的发展;反之,如果它是与物质生产的发展相背离,阻碍着物质生产发展的,那么,不论一时看来这种影响是多么强大,最终都将被物质生产的发展无情地消灭掉。为了证明这一点,我想不必从历史上去举出种种事例,只需看一看我国从计划经济体制转向社会主义市场经济体制引起了社会生活多么巨大的变化,就可以知道。这种变化当然也包含了文艺的变化,后面我们还要专门加以讨论。由于历史唯物主义认为人类社会历史的发展最终是由物质生产的发展决定的,在这个意义上,历史唯物主义的历史观是"一元决定论",而不是什么"多元决定论"。但它不仅不否认物质生产之外其他多种因素对人类社会历史发展的影响,而且还第一次为科学地说明这些影响指出了正确的道路,使我们能够理清其他思想流派始终无法理清的一团乱麻。"多元决定论"把物质生产(经济)看作只是决定人类社会历史发展的一个因素,摆在与其他多种因素并列的地位,这不过是一种平庸无能的折中主义,其结果只能导向历史唯心主义。

现在我们再来说一下"决定"这个关键词。历史唯物主义认为人类社会历史的发展最终决定于物质生产的发展,这个"决定"指的是一种有中介物的决定,并且是作为一个漫长的过程来看的决定,而不是没有中介物的直接的、当下的决定,像交通指挥信号决定我如何开车那样简单。如果真是这样简单,历史唯物主义就该受到嘲笑,一文不值。那么,什么是这里所说的中介物呢?我在《马克思主义美学在当代的发展》一文中曾依据马克思关于历史唯物主义的有关论述,强调指出这个中介物就是由一定的物质生产所决定的人与自然的关系和人与人的社会关系。物质生产决定了这两个关系，这两个关系又进而决定了人们将怎样生活，他们会建立什么样的家庭、社会、国家，推行什么样的法律、道德，怀有什么样的欲求、希望、情感、理想，等等。如果脱离了由物质生产决定的人与自然、人与人的关系这个中介，我们将无法说明人类社会生活的方方面面。例如，即使我们很清楚原始社会的人们是怎样进行物质生产的，如果我们不由此出发去分析这种物质生产所决定的人与自然、人与人的关系，那就无法说明他们当时为什么会建立起他们生活于其中的那样的社会制度，群婚、乱交为什么会被认为是合理的，各种我们现在看来是奇特、神秘、古怪的思想观念和行为方式为什么会被当时的人们普遍地接受和认同。今天也是一样，脱离了上述的中介物，我们能直接用今天的生产方式（使用信息技术的高度现代化的生产方式）来说明今天少男少女们对"性"的看法，他（她）们的恋爱与婚姻方式，他（她）们喜欢什么样的时装和打扮这样一些问题吗？当然不能。然而，历史唯物主义的反对者们却硬说历史唯物主义就是主张这样想，这样做的。

和"决定"这个关键词相关，历史唯物主义的反对者们还认定历史唯物主义就是一种"经济决定论"，同时还有人说它是"天命论"、"宿命论"（见安东尼·吉登斯著《超越左与右——激进政治的未来》）。我认为，从历史唯物主义主张人类社会历史的发展最终是由物质生产的发展所决定的这个意义上说，历史唯物主义就是"经济决定论"，马克思主义者不必为这个称谓而感到羞愧。相反，承认这个称谓，就可以旗帜鲜明地和"精神决定论"、"文化决定论"、"欲望决定论"、"语言决定论"相区分。但是，承认这个称谓，当然不意味着我们接受历史唯物主义的反对者对"经济决定论"一词所作的解释，即认为历史唯物主义主张只用物质生产的发展来说明社会历史，不承认除物质生产之外还有影响人类社会历史发展的其他种种因素，这一点上面已经说过。所以，我主张接受"经济决定论"这一称谓，是在对它作出历史唯物主义的正确解释的意义上说的，而不是在历史唯物主义的反对者们给这个词注入的那种错误的意义上说的。至于说历史唯物主义就是"天命论"、"宿命论"，我认为归根到底不外乎是把人的主观能动性的发挥、人对外部世界的支配与人对客观规律的认识掌握互不相容地对立起来的结果，同时也是把历史发展的必然性与偶然性互不相容地对立起来的结果，认为只要承认其中的一方就必然要否定另外的一方。这种彻头彻尾反辩证法的思维方式充分说明，历史唯物主义的反对者们连黑格尔唯心辩证法的水平也远远没有达到。如果他们永远拒绝辩证的思维方式，那么谁也无法使他们从自己为自己设置的思想陷阱中爬出来。

既然人类社会历史的发展最终是由物质生产的发展决定的，那么物质生产的直接参与者即广大的劳动群众就在人类历史的创造中占有了不能否认的重要地位。"无论不从事生产的社会上层发生什么变化，没有一个生产者阶级，社会就不能生存。"① 广大劳动群众既是使人类社会得以存在和发展的物质生产劳动的承担者（他们为此而作过数不尽的牺牲），又是推动和实现一切社会变革的决定性的主体（他们同样为此而作过数不尽的牺牲，甚至血流成河）。当然，这决不是说只有广大劳动群众才参与了历史的创造，不从事生产的阶级就没有也不可能参与历史的创造。如果这样看，那就是一种简单化的、非马克思主义的观点。在一定的历史条件下，不从事生产的阶级也能参与、推动甚至领导社会的变革。但是，只有在这些阶级所要求的变革客观上代表了一定历史时期广大劳动群众的利益，因而得到了劳动群众支持和拥护的条件下，这种变革才能获得实现。如欧洲18世纪由资产阶级领导的反对封建制度的社会变革之所以能取得胜利和成功，原因就在于此。

在人民群众在历史上的地位和作用这个问题上，历史唯物主义的反对者们都否认人民群众是历史的创造者。例如，把马克思主义说成是"天命论"的英国学者吉登斯认为，"历史首先是被剥夺者创造的思想——这是主人—奴隶辩证法的社会主义版本——是富有诱惑力的，然而是错误的"②。为什么？有两大理由：第一是历史没有"任

---

① 《马克思恩格斯全集》第19卷，人民出版社1963年版，第351页。

② 吉登斯：《超越左与右——激进政治的未来》，社会科学文献出版社2000年版，第263页。

何必然方向"，因此我们就根本不需要去找寻什么"可以拯救我们的历史能动者"，"不论它是无产阶级的还是其他阶级的"①；第二，"在后传统社会领域中，没有一个集团垄断着激进思想"②。我认为吉登斯的这些说法都是从他没有正确理解历史唯物主义而来的。首先，他把历史唯物主义认为人民群众是历史的创造者这一观点说成不过是黑格尔在《精神现象学》中讲过的主人与奴隶的辩证法的"社会主义版本"，这是非常简单、肤浅的错误看法。在此，我希望吉登斯下点工夫去仔细研究一下马克思的历史唯物主义的产生史、形成史。其次，说历史没有"任何必然方向"，只有吉登斯所说的无从预测的数不尽的"风险"，那么我们就真的只有听天由命，成为各种突如其来的"风险"的奴隶了。如果战争、恐怖主义、火灾、水灾、地震等的发生都没有任何必然性可言，我们又如何能够去预防、克服和战胜它们？事实是，我们对各种风险产生的原因、必然性认识得越是清楚，我们就越是能够预防、克服和战胜它们。这难道需要作什么高深的论证才能理解吗？最后，不加分析地说马克思主义的社会主义是一种"激进思潮"，这也是完全错误的。毫无疑问，马克思的社会主义是一种彻底革命的理论，但它是建立在历史唯物主义的科学基础之上的，因此它一贯坚决反对不顾客观历史条件、以"激进"又"激进"的面目出现的各种盲动主义、冒险主义（包括恐怖主义）。马克思认为无产阶级是社会主义革命的主体、先锋，这也是从对资本主义下物质生产发展的科学分析得出的结论，决不是为了把无产阶级抬上"救世主"的宝座，更不是为了要让无产阶级来"垄断"吉登斯所谓的"激进思潮"。总之，吉登斯据以否认人民群众是历史创造者的理由都是不能成立的。

人民群众（首先是指广大劳动群众，其次是指在一定历史条件

① 吉登斯：《超越左与右——激进政治的未来》，社会科学文献出版社2000年版，第262页。

② 吉登斯：《超越左与右——激进政治的未来》，社会科学文献出版社2000年版，第263页。

下，非劳动者阶级中一切能参加社会变革的人）是历史的创造者这一思想，已经很清楚地包含在马克思、恩格斯、列宁、斯大林（这里只就他的某些著作中的思想而言，不涉及今天对他的历史评价）的思想中，但第一次明确提出"人民是人类世界历史的创造者"这一命题的，是毛泽东，并且最初就是见于他的《讲话》。中国无产阶级领导下的反帝、反封建的新民主主义革命具有极为广泛的群众性，只有把各阶级、阶层中能够参加这一革命的人们，特别是占人口绝大多数的农民，都充分地动员、团结、组织起来，才能取得革命的胜利。因此，高度重视最广大的人民群众对争取革命胜利的决定性作用，贯穿在毛泽东的全部思想中，成为他的思想的一个十分鲜明、重要的特色，同时也是他的文艺理论与美学思想最重要、最鲜明的特色。

从人类历史上看，人民群众在创造历史的同时就开始了文艺的创造。原始社会中产生的各种陶器的造型，绘制在陶器上的各种图形、绘画以及山洞石壁上的绘画，原始的舞蹈、诗歌、戏剧、雕塑、建筑，口头流传的各种神话故事及长篇史诗，都是人民群众创造出来的。虽然在当时并不具有今天我们所说的单纯艺术上的意义，但同时又无疑已组成了一个极为丰富多彩、生动有力、含义复杂的艺术世界。它成为人类艺术发展的开端和始基，永远吸引着我们去观赏它、研究它，并且雄辩地证明了马克思所说在与动物活动相区别的人类物质生产劳动中，"人也按照美的规律来建造"① 这句在美学史上具有划时代意义的名言。

在人类社会从原始社会进入阶级社会之后，整个社会分裂为不从事物质生产劳动的、居于统治地位的阶级和专门从事物质生产劳动的被统治阶级。这种分裂，同时也是脑力劳动（精神劳动）与体力劳动（物质劳动）、精神生产与物质生产的分裂。从马克思主义的观点来看，它也是人类进入阶级社会之后出现的一次社会大分工②，既推动了人类社会的发展，同时又压抑以致剥夺了广大物质生产者充分发

---

① 《马克思恩格斯全集》第 42 卷，人民出版社 1979 年版，第 97 页。
② 参见《马克思恩格斯选集》第 1 卷，人民出版社 1995 年版，第 82 页。

挥自己在精神生产方面（包含文艺创造）的天赋和能力的可能性。尽管如此，在漫长的历史年代中，广大劳动群众仍然在创造着自己的文艺（民间文艺）。包含众多艺术部门在内的民间文艺，非常丰富而鲜明地表现了劳动群众惊人的创造智慧与才能，在人类文艺发展史上具有不可忽视的重大价值。有时它还给处于衰颓状态的统治阶级的文艺注入了一种刚健、质朴、清新的精神，使它产生了新的气象。但是，居于支配地位的、具有充分的发展条件的文艺，当然是统治阶级的文艺。然而，统治阶级的文艺之所以能得到充分的发展，正是因为劳动群众承担了整个社会生存所必需的物质生产劳动，使统治阶级的文艺家能有充分的自由时间进行文艺创造。如鲁迅曾经说过的那样，如果陶渊明没有人在为他进行生产，而要自己早砍柴、晚挑水，那他就无法写出"悠然见南山"这样的诗句。

此外，更值得注意的是，人民群众创造历史的活动所引起的社会变革，是推动文艺发展的最深层的历史动因。我们不能设想文艺能脱离人类历史的发展而发展，因此，不论文艺家是否认识到人民群众是历史的创造者（在历史唯物主义产生之前，这是不可能的），每一时代人民群众创造历史的活动所引起的社会变革，总是在从历史的最深处对文艺的发展施加影响，规定着它的行程和方向。如果说真的有如荣格（C. G. Jung）所言那样一种"集体无意识"在暗中支配着文艺家的创作，那么这个"集体无意识"并不是什么从先天得来的神秘的东西，而是文艺家对他生活的那一时代社会生活中正在发生的某种巨大而深刻变革的一种不自觉的意识。不论文艺家对这一变革采取怎样的态度（赞成、反对、中立、逃离），他都无法躲开它。荣格曾用游泳来比喻文艺家的创作离不开"集体无意识"的支配，他说："他想像他是在游泳，但实际上却是一股看不见的暗流在把他卷走。"[1]这"暗流"是什么？我认为，从马克思主义的观点看，就是那在社会深处涌动着的，影响着每一个体生存的社会变革潮流。而文艺史上一切有如历史纪念碑那样耸立着的伟大作品，就是某一时代复杂的社

---

[1]　荣格：《心理学与文学》，三联书店1987年版，第113页。

会变革最真实而深刻的反映。如果我们进一步去考察一下这些作品，至少其中多数作品都具有这样一个共同点：它们不仅深刻地揭示了这一变革对统治阶级生活的影响，而且还同样深刻地揭示了这一变革对人民群众生活的影响，他们在这一变革中的活动、希望、理想、追求，他们所遭遇的痛苦与牺牲、胜利与欢乐，等等。这一类作品，在描写统治阶级时，致力于揭露它的虚伪、残忍、空虚与无能；而当它们的笔锋触及普通人民或代表着人民的人物时，则对人民的质朴、真诚、无私、坚忍、无畏、英勇发出了赞美之情。这使得这一类作品达到了其他作品难以比拟的历史的深度与广度。仅拿文学来说，在西方文学史上，但丁的《神曲》、莎士比亚的众多戏剧、弥尔顿的《失乐园》、巴尔扎克的《人间喜剧》、狄更斯的《双城记》……就属于这一类作品。如果就俄国而论，普希金、陀思妥耶夫斯基、列夫·托尔斯泰的作品也可列入其中。这里当然只是粗略地举例而言，此外还有不少作家的作品也可列入这一类。和这一类作品不同的另一类作品，其主要特征是把目光集中在统治阶级的生活上，如果它们能较深刻地写出统治阶级在巨大的历史变革面前对人生所产生的苦闷、孤独、失落、虚无、颓丧的种种表现，它们也能具有一定的价值，但这不能与前一类作品相提并论。如鼓吹唯美主义的戈蒂耶的《莫班小姐》、王尔德的《快乐的王子》也有它们的价值。但如果与前一类作品相比，借用英国哲学家休谟曾经使用过的比喻来说，前者是高山，后者则只是丘陵。从中国现代文学来说，我认为鲁迅的作品当之无愧地可以列入前一类。我不同意将鲁迅"神化"，但也不同意将他矮化，甚至丑化。没有根据地侮蔑前贤，是学者的耻辱。

人民群众创造历史的活动和文艺的发展的密切关系，是在历史唯物主义产生之后才第一次被明确地揭示出来。提出文艺要为无产阶级和广大人民群众服务，是伴随着历史唯物主义的产生、无产阶级作为一个独立的阶级登上现代革命历史舞台之后，才由马克思、恩格斯首先提出的。但把文艺为广大人民群众服务作为一种文艺方针向广大的、文艺工作者提出，这只有在无产阶级领导下的广大人民群众取得了政权，建立了自己的国家之后才有可能。虽然列宁在 1905 年发表的《党的组织和党的出版物》中已明确提出"为千千万万劳动人民"服务的思想，但他是针对当时党所领导下的"出版物"而言的，并且是就党所领导的整个"写作事业"而言的，它包含了文艺，但不只指文艺。直至 1917 年俄国社会主义革命胜利和取得了政权之后，为广大人民群众服务才作为苏维埃政权的文艺方针而提出。在中国，虽然"左联"在 1930 年成立后，不仅提出而且有组织地实行"无产阶级文学"的口号（扩大些说，也包含文学之外的其他艺术部门），但仍然主要是针对左翼作家而言的。它不仅不可能成为国民党统治下的文艺方针，而且还引来了国民党对左翼作家联盟骇人听闻的残酷迫害。不过，在毛泽东于 1927 年 10 月创建的井冈山革命根据地及以后的革命根据地中，为广大人民群众服务当然是根据地在文艺上所实行的方针。但当时严酷的斗争环境还不可能使革命的文艺获得较充分的发展，直到 1935 年，在陕甘宁边区建立了抗日民族革命根据地，国民党统治区大批进步的、革命的文艺家来到延安之后，发展革命的文艺、实行为广大群众服务的文艺方针才真正现实地提上了历史的日程。以延安为中心的陕甘宁边区，是毛泽东所说的以无产阶级为领导的新民主主义社会的实现，也是后来的新中国的雏形。① 正是在人民当家作主的这个新民主主义社会中，为人民大众的文艺才得以蓬蓬勃勃发展起来，开辟了五四运动之后中国文艺发展的新阶段。

（三）

以上我们讲了《讲话》主张文艺必须为人民大众服务的根据。接下来我们将要讨论《讲话》对"什么是人民大众"这一问题的回答，以及和文艺如何才能最好地实现为人民大众服务这一伟大目标相关的种种问题。但在进一步讨论这些问题之前，我们不能不先来讨论

---

① 有一种观点认为延安时期的社会是一个所谓的"兵法社会"，我认为这是根本错误的。实际的情况是，它是一个新民主主义社会，又是一个处在严酷的战争环境中的社会。

一下在马克思主义中历来就是和人民问题相关的阶级、革命、社会主义等问题。这是因为自 20 世纪初以来，特别是前苏联和东欧社会主义崩溃以来，包括西方马克思主义在内的种种思想流派，都对马克思主义所讲的"阶级"、"人民"、"革命"、"社会主义"这些根本性概念提出了种种质疑和批评。许多人认为这些概念已经被消解或过时，再不具有理论上的"合法性"，无法继续使用这些术语来解释我们今天的现实了。对此，我们必须结合实际，从理论上作出回答，这也是我们进一步解读《讲话》，坚持和发展它的正确思想所必需的理论前提。所以，尽管这些问题看起来和文艺问题离得很远，我们还是不能不花费一些篇幅，对它作一个哪怕是极为概略的考察。

马克思主义认为，"人民"、"阶级"、"革命"、"社会主义"这些概念，历来就同物质生产发展决定的人类社会的历史发展分不开，在不同的历史条件下具有不同的含义、内容和表现形态。这就是说，它们并不是一些与人类社会历史发展无关，仅仅存在于纯思维中的永恒不变的概念。因此，我们要分析这些概念，并回答各种非马克思主义、反马克思主义思想对这些概念提出的质疑与挑战，就必须分析自 19 世纪以来到现在，由物质生产发展所决定的人类社会历史的发展。本文认为，这是能够真正符合实际地解决问题的根本，离开了它，就不免要陷入各种主观臆断的、抽象的理论幻想之中。

人们过去对 19 世纪以来资本主义的历史发展分析，深受列宁《帝国主义论》一书的影响，以自由竞争和垄断为基本出发点来分析资本主义的发展，并且认为垄断资本主义即帝国主义时代就是资本主义的垂死阶段。现在看来，这种分析是成问题的，必须回到马克思所采取的分析方法上来，即不是从自由竞争和垄断出发，而是从资本主义在不同发展阶段上使用的生产工具出发。如马克思所指出，生产工具的制造与使用，"不仅是人类劳动力发展的测量器，而且是劳动借以进行的社会关系的指示器"①。因此，从生产工具的制造与使用出发进行分析，这才是区分资本主义发展的不同历史阶段，并认识这些

----

① 马克思：《资本论》第 1 卷，人民出版社 1975 年版，第 204 页。

不同历史阶段的社会状态的最本质的根据。依据这种分析，马克思将资本主义的发展划分为两大时期。一个是从16世纪中叶到18世纪末叶的工场手工业时期，另一个是从19世纪初到马克思生活的时代的机器大工业时期。马克思于1883年去世，此后的时代他再也看不到了。但他从对机器大工业时期所作的极其细致而透彻的研究中，预见到了机器大工业时代之后信息技术革命时代的到来。下面，我将依据马克思、恩格斯的论述及其他相关材料，把19世纪初到现在资本主义的发展划分为三个时期，并逐一考察在这三个时期中阶级、革命、社会主义所发生的变化及其在思想上的种种反映。这三个时期是：（1）从19世纪初到19世纪末的机器大工业时期；（2）从19世纪末到20世纪上半期由机器大工业时期向信息技术革命过渡的时期；（3）从20世纪后半期到现在的信息技术革命迅速发展的时期。

从历史上看，工场手工业时期还只是资本主义现代化大生产从欧洲中世纪的行会和家庭手工业中产生出来的时期。直到进入普遍使用机器的大工业时期之后，资本主义才获得了空前迅速的扩大与发展。从社会的状态看，这一时期最典型的特征是：在18世纪还处于潜伏状态的无产阶级与资产阶级的矛盾斗争极其迅速而猛烈地发展起来，并在社会生活的各个方面充分、清楚地表现出来。无产阶级作为一个独立的阶级登上了世界历史舞台，推动了马克思主义的产生，使社会主义从空想变为科学，并与国际性的、如火如荼的工人运动结合起来了。马克思、恩格斯依据他们当时对资本主义社会的物质生产、经济发展的研究，在1848年发表的《共产党宣言》及其他著作中（最重要的是1880年出版的恩格斯的《社会主义从空想到科学的发展》一书），为无产阶级提出了一个社会主义的革命纲领。这个纲领的基本要点是：无产阶级与资产阶级的矛盾斗争的发展将推动无产阶级起来发动武装起义，夺取政权，推翻资本主义，将生产资料收归整个社会所有，实行按需要进行的有计划的生产，最终实现共产主义。下面我们将会看到，恩格斯晚年对这一纲领作了重大的修正。但此后这一纲领又在列宁的领导下于俄国付诸实施，其后经历了一个从成功到失败的长过程。这就引起了当代西方一些信奉、拥护资本主义制度的学者

（主要集中在美国，英、法、德三国由于历史的原因，在进步的知识界至今仍保有较深的社会主义传统）对马克思主义的阶级斗争学说和社会主义理论的种种否定、攻击与嘲笑。最典型的例子就是丹尼尔·贝尔所著的《意识形态的终结》和日裔美国学者弗兰西斯·福山所著的《历史的终结》。这两本书是相互呼应的，都声称马克思主义的阶级斗争学说和社会主义理论已经被埋葬了，历史宣告了资本主义的意识形态和社会制度就是人类所能达到的最后一种，同时也是最合理的一种意识形态和社会制度。这就是说，资本主义的实现即是人类历史的终结。从学术理论的观点来看，这两本书除了对马克思主义予以种种显然歪曲的解释和攻击，并对社会主义在苏联遭到的挫折和失败表现出一种毫不掩饰的幸灾乐祸的快意之外，没有提出什么称得上是言之成理的有价值的理论，比我们在前面已提到过的吉登斯的《超越左与右》一书差多了。因为后者虽然也反对马克思主义，也有对马克思主义的歪曲解释，但它仍然希望对当代社会的未来作一种客观的学术探讨，提出了一些可供参考的理论见解，也没有武断地宣称资本主义就是人类历史的终结。由于福山的书为资本主义制度辩护过于心切和过于武断，因此连并非马克思主义者的解构主义大师德里达也看不过去了，专门写了一本《马克思的幽灵》来反驳福山的看法。他通过一种互文本的解读（这是德里达的拿手好戏）来回应福山：你说社会主义已经死亡了，但马克思的"幽灵"仍然在空中游荡，你仍然摆脱不了它，就像莎士比亚的《哈姆雷特》一剧中所写的哈姆雷特摆脱不了他已死的父亲的幽灵一样。这幽灵时时出现，哈姆雷特要他手下有学问的学者霍拉旭去和他对话。福山能成为对话者吗？德里达的这本书确有写得甚为巧妙而颇堪玩味之处。马克思的阶级斗争学说和社会主义理论是马克思穷毕生之力的研究而建立起来的一个严整复杂的思想体系，他的卷帙浩繁的著作仍在，不是各种歪曲的解释所能推倒的，也不是一时一地的失败所能证伪的。马克思的贡献不只在他指出历史上有阶级斗争存在，更重要的是他指出阶级和阶级斗争是人类物质生产发展到一定历史阶段的产物，因此它也将随着资本主义下物质生产力的高度发展而归于消灭，从而使社会主义、共产主义获得实现，使社会的人最终摆脱阶级和分工的束缚而获得全面自由的发展。这样，他就把社会主义放到了社会生产力的发展这一物质基础之上，把社会主义的实现看作是资本主义下生产力高度发展的必然结果，并对社会主义、共产主义的本质特征（人的全面自由发展的实现）作出了阐明，使社会主义从空想变为科学。这就是马克思的阶级斗争学说和社会主义理论中至今仍然保持着它的正确性和有效性的最根本的东西。至于社会主义、共产主义将如何才能最终获得实现，这取决于生产力的发展及与之相关的各种复杂的社会历史条件，只能由历史本身的发展来回答。马克思、恩格斯在 19 世纪 40 年代提出的社会主义革命的设想、方案，当然也只能由历史来加以验证，并不是什么一成不变的东西。马克思、恩格斯从来就强烈反对任何脱离一定历史条件的，非历史、超历史的理论教条。这就从根本上宣告了一切脱离物质生产力的发展，不从一定历史条件出发对马克思主义的种种反驳都是无效的。福山对资本主义制度的竭力美化，美化到以资本主义为人类历史的终结，既经不起大量事实的验证，也推不倒包含在马克思的阶级斗争学说和社会主义理论中至今仍然正确有效的东西。真正缠绕着福山及其他资本主义崇拜者们的东西不是德里达戏说的"马克思的幽灵"，而是由马克思深刻指出的资本主义本身所存在的各种现实的、活生生的矛盾。正因为这样，任何一个愿意正视这些矛盾并寻求解决之道的真正的学者，都不得不同马克思对话。

资本主义的机器大工业时代发展到 19 世纪后期，特别是 19 世纪末叶，开始进入了从机器大工业时期向信息革命时期过渡的时期。最早从对机器大工业时期的发展的政治经济学研究中预见到了这一点的是马克思，这表现在他的《政治经济学批判》（1857～1858 年经济学手稿）一书中（这一点后面还要再谈）。至于从工人阶级与资产阶级关系的变化以及工人阶级社会主义革命所处的历史条件的变化指出了这一点的，则是恩格斯。现在我想综合他们两人的观点，简要指出这一时期的变化，并对和这一时期相应的俄国十月社会主义革命的爆发及其后西方马克思主义的产生作一些分析。

首先，工人阶级和资产阶级的关系发生了明显的变化。这表现在工厂主"越来越了解到：没有工人阶级的帮助，资产阶级永远不能取得对国家的完全的社会统治和政治统治。这样，两个阶级之间的关系就逐渐改变了"①，"过去带头同工人阶级作斗争的最大的工厂主们，现在却首先起来呼吁和平和协调了"②。于是，工厂主们放弃了19世纪初以来用尽可能延长工作时间、增加劳动强度和降低工资来榨取工人血汗的做法，转而改善工人的劳动条件和生活条件，提高工人的工资。到了20世纪上半期，欧洲的先进资本主义国家以及美国都先后以大同小异的方式实行了"福利国家"制度，使工人阶级和资产阶级的矛盾大幅度地缓和了。"通过使劳工参与政府管理，福利国家变成了阶级妥协的符号，明显地解决了长期存在的'社会问题'，同时也保护了经济的有效性"③。推动资产阶级去这样做的，不仅因为19世纪以来工人阶级多次举行的大规模罢工与武装反抗会给工厂主们日益扩大的企业造成重大经济损失，并对资产阶级的社会政治统治的合法性提出严峻的挑战，而且还因为科学技术在生产中日益广泛的应用，使得财富的创造越来越不再取决于工人的"直接劳动时间"，而"取决于一般的科学水平和技术的进步，或者说取决于科学在生产上的应用"④。

其次，恩格斯晚年对他和马克思过去对欧洲工人阶级革命的看法作了回顾与反思，指出1848年欧洲无产阶级革命起义及其后1871年巴黎公社起义的失败，表明"当时欧洲大陆经济发展的状况还远没有成熟到可以铲除资本生产的程度"⑤。相反，事实说明当时欧洲资本主义"还具有很大的扩展能力"⑥。如原来落后的德国"简直就成

① 《马克思恩格斯选集》第4卷，人民出版社1995年版，第426页。
② 《马克思恩格斯选集》第4卷，人民出版社1995年版，第420页。
③ 吉登斯：《超越左与右》（中译本），143页。
④ 《马克思恩格斯全集》第46卷下，人民出版社1980年版，第217页。
⑤ 《马克思恩格斯选集》第4卷，人民出版社1995年版，第512页。
⑥ 《马克思恩格斯选集》第4卷，人民出版社1995年版，第512页。

了一个头等工业国"①，"1865 年英国的工业繁荣达到顶点"②。在这种情况下，期待无产阶级的武装起义取得成功是"错误"的，"只是一个幻想"③。

最后，欧洲历史条件发生的重大变化，包括城市街道建筑的变化，使工人阶级不可能再像过去那样以突然发动武装起义、进行巷战的形式夺取政权。工人阶级的政党必须学会应用"一件新的武器"，这就是充分利用资产阶级的民主选举制，参加竞选，争取在议会中取得最多的席位。④ 恩格斯还指出，在英、法、美这些资产阶级民主选举制获得了充分发展的国家，只要社会主义一旦成为绝大多数选民的要求，"旧社会有可能和平长入新社会"⑤。

恩格斯极为明确地指出 19 世纪中期至 19 世纪末的阶级关系和工人阶级革命的历史条件发生的重大变化，和马克思从政治经济学上指出工人的"直接劳动"时间已不再是创造财富的决定性因素，等等，这都充分有力地证明，马克思主义永远是从物质生产的发展所决定的具体历史条件出发来观察解决各种问题的，它绝不是一种一成不变的教条主义的理论。这正是马克思主义永远不会衰竭的强大生命力所在。

以上所述恩格斯对 19 世纪末欧洲工人阶级革命的看法，除了其中他认为在社会主义成为绝大多数选民要求的条件下，资本主义可能和平长入社会主义这一点尚待由历史加以证实之外，其他的看法都得到了充分的证实。自 19 世纪末以来，欧洲和美国的社会民主党或共产党都转入了和平的议会斗争，社会上也没有再发生工人阶级大规模的武装起义，由劳资纠纷所引起的罢工都能在资本社会的法律范围内通过谈判而求得解决。这种情况，使欧洲和美国的资本主义获得了稳

① 《马克思恩格斯选集》第 4 卷，人民出版社 1995 年版，第 512 页。
② 《马克思恩格斯选集》第 4 卷，人民出版社 1995 年版，第 423 页。
③ 《马克思恩格斯选集》第 4 卷，人民出版社 1995 年版，第 510 页。
④ 《马克思恩格斯选集》第 4 卷，人民出版社 1995 年版，第 516～517 页。
⑤ 《马克思恩格斯选集》第 4 卷，人民出版社 1995 年版，第 411 页。

定、顺利、迅速的发展。

但是，正如恩格斯所指出过的，"历史常常是跳跃式地和曲折地前进的"①。恩格斯去世后的12年，即1917年，俄国爆发了十月社会主义革命，工人阶级夺取了政权。这看来证明了恩格斯晚年提出的看法是错误的，实则不然。首先，恩格斯的看法是针对欧洲而提出的，它并不事先排除俄国工人阶级在特定的历史条件下能够实行武装起义并取得政权。其次，在俄国社会主义革命从胜利最后走向了失败的今天，我们再回头来看一下恩格斯当年提出的看法，就会感到他从物质生产的发展状况出发来观察工人阶级革命的进行，是多么符合马克思主义的历史唯物主义和具有从实际出发的科学精神。俄国社会主义革命从胜利最后走向失败的原因可能很多，但以下几点是最重要的。第一，工人阶级能够在一定的历史条件下通过武装起义取得政权（这是列宁的社会主义能首先在一国之内取得胜利的理论的合理之处），但取得政权不等于就能长期保持政权并最终建成社会主义。第二，为了做到这一点，工人阶级的政党必须使自己始终成为代表广大人民群众根本利益的党，并致力于推进生产力的发展，一直发展到恩格斯所说的"可以铲除资本主义生产的程度"，才能最终建成社会主义。如果生产力的发展不断趋于萎缩，人民的生活水平不断下降，工人阶级的政党就可能失去政权。第三，工人阶级虽然在一个国家之内取得了政权，但它能在与整个世界资本主义经济相隔绝的情况下单独发展自己的经济，建成社会主义吗？如果这是不可能的，那么在整个资本主义世界经济还只能是市场经济的情况下，社会主义国家能够排除市场经济而单独实行计划经济吗？历史已经证明这是不可能的。俄国在十月革命胜利之后，可以说是把我们前面所讲的马克思、恩格斯在19世纪40年代提出的社会主义革命方案在苏联做了一次大规模的试验，但结果却以失败告终。尽管苏联也曾有过它的光辉岁月，也曾把生产力的发展推进到使西方资本主义生畏的地步，但最后却可以说是完全自行瓦解了。广大人民群众没有行动起来去挽救它的瓦解，而

①《马克思恩格斯选集》第2卷，人民出版社1995年版，第43页。

是漠然地看着它瓦解，甚至希望它瓦解。这是一次巨大的历史教训。如何在新的历史条件下重新思考和解决社会主义建设问题，这是由邓小平来实现的，我们留待下面再谈。

在机器大工业向信息技术革命转变过渡的时期，一方面在俄国和后来的苏联兴起了热烈的无产阶级革命，另一方面在欧洲及美国，资本主义稳定顺利的发展使革命进入了低潮。此外，欧洲许多倾向或同情马克思主义的知识分子对苏联式的社会主义革命，特别是列宁去世后的斯大林式的社会主义革命大都采取了一种保留或批判的态度，因为斯大林式的武断专横和欧洲深远的民主主义传统难以相容。反过来说，苏联的马克思主义对欧洲的这些知识分子也采取了一种批判的态度，认为他们根本还没有摆脱资产阶级民主主义的偏见，还远远够不上称为马克思主义者、社会主义者。这样，欧洲同情或倾向马克思主义的知识分子就走向了独自寻求马克思主义的革命的道路，产生了与苏联式的马克思主义不同的西方马克思主义。

1923年，卢卡奇出版了他的《历史与阶级意识》一书，此书很快在欧洲引起了热烈的反响，被认为是西方马克思主义的奠基之作和经典。之后又出现了被称为法兰克福学派的霍克海默、阿多诺、马尔库塞等人的马克思主义。在这之后又有法国的阿尔都塞、德国的哈贝马斯、美国的詹姆逊、英国的伊格尔顿等人的马克思主义。这个以欧洲为地盘，以后又扩及美国的西方马克思主义，观点各不相同，但又存在明显的共同点。首先，它对苏联以马克思主义最忠实的继承者、捍卫者自居，并以一种极端教条主义的态度对待马克思主义深为不满以至厌恶。因此，西方马克思主义者是以传统马克思主义的挑战者，特别是苏联马克思主义的挑战者的姿态出现在西方思想界的。这是卢卡奇的《历史与阶级意识》一书之所以大受欢迎的重要原因，同时也是西方马克思主义者能从西方资本主义社会获取学术研究资金的原因。在冷战的局面下，西方资产阶级对西方马克思主义研究的支持，其实际的意图无非是要从思想上来打击苏联，同时也是为了遏制马克思的革命思想在西方的传播，以及争取、安抚西方一些对资本主义怀有不满情绪的知识分子、学者和文化人。上述情况决定了西方马克思

505

主义者不是客观、冷静、求实地去研究马克思、恩格斯的思想，从中找到解决西方当代各种新问题的钥匙，并通过对这些问题的解决使马克思主义得到丰富和发展，包括提出新的概念、命题、原理。相反，他们最感兴趣的是要修正、改变或根本否定马克思主义的基本原理，"重建"他们心目中的"新马克思主义"。他们所做的这种"重建"工作，虽然也包含了某些可供我们参考的见解，但并没有从根本上驳倒马克思主义的基本原理（这一点我们在与本文相关的若干问题上还要详谈）。其次，西方马克思主义的另一个显著特点是，几乎所有的西方马克思主义者都否认人类社会历史的发展最终是由物质生产发展决定的这条马克思主义的基本原理，或至少是对它持有许多保留意见。因此，我们看到，从卢卡奇到现在的西方马克思主义者中，没有一个人是认真深入地研究过马克思的政治经济学，或对经济学问题的研究有兴趣的。而不了解马克思的政治经济学，就不可能真正了解马克思的哲学和社会主义理论。从马克思本人的思想发展来看，他是在研究政治经济学的过程中逐步形成他的哲学和社会主义理论的。没有马克思对政治经济学的研究就不会有马克思主义的产生。由于忽视对马克思的政治经济学的研究，对当代资本主义经济发展的研究也没有什么兴趣，因此西方马克思主义所关注的最主要的问题就是"意识形态批判"。而这种"批判"，由于它脱离了对资本主义经济发展的具体深入的研究，因此就必然会成为抽象空洞的批判，并陷入各种各样的理论幻想之中。例如，霍克海默、阿多诺用他们所谓的"否定的辩法"来批判资本主义，而完全忽视了马克思在他的经济学著作中多次深刻地指出的论点：资本主义的发展一方面产生了人的异化，另一方面又会为消灭这种异化创造出物质的条件，使社会主义获得实现。因此，马克思对资本主义的批判是一种深刻洞察了人类历史发展的辩证法或历史发展的二重性的批判，是一种不会陷入空想盲动的科学的批判，而不是霍克海默、阿多诺以至马尔库塞叫得很响的那种简单的"否定"、"颠覆"、"造反"。更何况在霍克海默等人之前很久的 19 世纪的工人运动中，马克思、恩格斯早已看到了俄国的巴枯宁主义者和法国的布朗基主义者将这种"否定"、"颠覆"、"造反"付诸实施后所产生的结果。这当然不是要完全否定西方马克思主义的"意识形态批判"在当代西方思想界所起的作用，而是说需要看到这种批判所存在的重大缺陷。大致来说，西方马克思主义者仍然在使用"阶级"、"革命"、"人民"、"社会主义"这些概念，但在他们那里，这些概念常常是抽象空洞的，或者是作了一种空想的、错误的解释的。美国的马克思主义者詹姆逊不断在讲"晚期资本主义的文化逻辑"，他是西方马克思主义者中比较重视经济问题研究的一位学者，但可惜他只抱住 E. 曼德拉的晚期资本主义理论不放，而看不到或不承认在马克思的大量经济学手稿中，已包含了许多对资本主义发展的历史趋势的深刻洞察与预见。

下面，让我们转到第三时期即从 20 世纪后半期到现在的信息技术革命时期来。这是当代思想发展最为活跃而迅速的时期，也是马克思主义发生了重大变革的时期。

首先，我们要说一下这一时期的总特征。对这一时期，西方学术界有各种不同的说法，如称之为"后工业"、"后现代"、"后传统"、"后革命"时期，"晚期资本主义"时期，等等。很明显，作为前缀的"后"（Post—）这个词广泛地被使用，但实际上解决不了什么问题。如果只就时间的次序看，那么许多概念都可以挂上"后"这个词，如"资本主义社会"可以称之为"后封建社会"，"社会主义社会"也可以称之为"后资本主义社会"，但这并不能明确地指出"后封建社会"或"后资本主义社会"的根本特征是什么。本文主张马克思提出的观点，即以生产工具或生产手段的变化来划分人类物质生产发展的不同时期以及由之产生的社会，如马克思所说："手推磨产生的是封建主的社会，蒸汽磨产生的是工业资本家的社会。"① 依据马克思在 19 世纪 50 年代后期已预见到的，人们当前谈得很多的"知识经济"、"信息技术革命"的说法，我认为可以把这一时期称之为"信息技术革命时期"。其意思就是说：相对于马克思已讲过的机器大工业时期而言，这是一个日新月异的信息技术越来越广泛地被应用

---

① 《马克思恩格斯选集》第 1 卷，人民出版社 1995 年版，第 142 页。

于物质生产的各个领域的时期。它与机器大工业时期的根本区别就在于此。

马克思早就指出，机器大工业的发展必然要使科学技术在生产中的应用不断发展，最后使知识、智力"变成了直接的生产力"①。因此，人类的物质生产、财富的创造不再取决于工人的"直接劳动时间"，而是取决于科学技术的进步及其在生产中的应用。马克思在这里所说的"直接劳动"，指的就是机器大工业时期，由工人开动、看管、使用机器进行的劳动。而与这种"直接劳动"不同的劳动，则是指劳动"不再象以前那样被包括在生产过程中，相反地，表现为人以生产过程的监督者和调节者的身分同生产过程发生关系。……工人不再是生产过程的主要当事者，而是站在生产过程的旁边"。②"人不再从事那种可以让物来替人从事的劳动"③。今天，在一切以电脑来操作的物质生产中，这已是十分明显的事实。

马克思对上述物质生产中发生的变化，给予了很高的重视和评价，认为它会最终导致资本主义社会的灭亡。他说：

> 一旦直接形式的劳动不再是财富的巨大源泉，劳动的时间就不再是，而且必然不再是财富的尺度，因而交换价值也不再是使用价值的尺度。……于是，以交换价值为基础的生产便会崩溃，直接的物质生产过程也就摆脱了贫困和对抗性的形式。④

但是，马克思从来不是根据某种纯理论的推想来解决问题的。他指出，由于直接形式的劳动不再是创造财富的巨大源泉，知识、智力本身已直接成为生产力，这就极大地缩短了人类为创造物质生活需要的产品必须花费的社会必要劳动时间，从而大大增加了社会在劳动之外

---

① 《马克思恩格斯全集》第46卷下，人民出版社1980年版，第219~220页。
② 《马克思恩格斯选集》第46卷下，人民出版社1979年版，第218页。
③ 《马克思恩格斯全集》第46卷上，人民出版社1980年版，第287页。
④ 《马克思恩格斯全集》第46卷下，人民出版社1995年版，第218页。

从事自由活动的时间，为人的全面自由的发展创造出了现实的条件。但是，在资本家主义制度存在的情况下，资本仍然要把这种由于必要劳动时间的缩短而产生的自由活动时间，作为为资本创造剩余价值的时间来占有。此外，马克思还从他所处的 19 世纪的历史条件出发，指出资本家为了最大限度地占有剩余劳动时间，必然要利用科学技术的力量尽可能缩短社会必要劳动时间。但由于科学技术的应用，在被缩短了的必要劳动时间内创造出来的产品，比过去在同一劳动时间内创造出来的产品要多出很多倍，这就产生了生产过剩，使大量产品卖不出去，从而使剩余劳动时间创造出来的价值无法实现，引起经济危机。由此，马克思指出资本主义制度的存在已成了生产力发展的障碍，解决的办法只能是由工人自己占有剩余劳动时间，并使之成为工人和整个社会全面自由发展的时间。① 但 19 世纪后期以来的情况说明，马克思的这种看法并未获得实现。其原因我认为主要有两点：首先，通过资本主义国家对生产的干预，以及用降价或分期付款的形式出售产品，使资本主义的生产过剩问题至少基本上获得了解决（这也就是凯恩斯的经济理论的功劳所在）。其次，由于社会必要劳动时间的缩短而大量增加的自由活动时间，在今天西方的资本主义社会下，就是工人和其他社会群体用于休闲、娱乐的时间。而休闲、娱乐是需要种种物质手段的，这又使资本主义社会产生了为休闲、娱乐提供服务的种种产业，也就是为资本主义经济的发展开辟了一个新的并且不断在增长发展的财源。因此，必要劳动时间的缩短和自由时间的增加并没有如当年马克思所预想的那样导致资本主义的灭亡，而是使今天的资本主义社会变成了一个以科技革命为生产的推动力，看起来似乎将无限地存在和发展下去的消费社会（包含在物质生活和休闲娱乐两方面的消费）。因为科技革命是没有止境的，人类消费需求的增长也是没有止境的。资本主义社会真的如福山所说，要成为"历史的终结"了吗？这留到后面再说。这里我们先来考察一下这个以

---

① 参见《马克思恩格斯全集》第 46 卷下，人民出版社 1995 年版，第 217～223 页。

现代科技的应用为基础的消费社会的出现所引起的社会结构的变化及其在思想上的种种反映。

由于上述消费社会的出现，我们看到马克思在 19 世纪为我们描绘出来的社会图景已发生了重大变化。在原先的图景中，一方面是占有生产资料（机器、厂房、原料，等等）的资本家，另一方面是为了能生存下去，在资本家及其代理人管辖下利用机器进行紧张的生产的工人大军，他们构成了两个互相敌视和对抗的阶级。但如前已指出的，自 19 世纪末以来，这种敌视和对抗已大幅度地缓和。到了现在，我们看到西方资本主义社会存在着两大社会群体：一个是由雇主组成的群体，另一个是由雇员组成的群体（包含"白领"和"蓝领"工人，或"核心工人"与"边缘工人"），但他们已不是马克思所说的 19 世纪意义上的那种资产阶级和工人阶级了。首先，他们不再组成两个相互对抗和斗争的阶级，而是相互依存与合作。作为个人来看，他们又都要努力追求高消费，过上尽可能富裕的生活。其次，雇主与雇员的区分不是固定不变的，更不是世代相传的，而是可变的、流动的。在一定的条件下，雇员完全可能自己创业，成为雇主，而雇主也完全可能变成雇员。这样，雇主与雇员的差别，看来就只是一种身份地位上的差别了。最后，如果不是从实际占有的财产来看，而只从生活的消费水平来看，雇员（特别是"白领"工人）的消费水平完全可能比他的雇主高。雇员中的"白领"与"蓝领"在地位和消费水平上的差别也只是相对的，并且也是可变的，流动的，不是一成不变的。但是，尽管发生了种种变化，在这个社会中，马克思、恩格斯多次指出的资本和雇佣劳动的矛盾与对抗并未消亡。相反，资本的统治力量渗透到了社会生活的各个方面，虽然从形式上看比 19 世纪要文明多了。正因为这样，马克思主义的社会主义也决不会死亡，一切悲观论调都是没有真正根据的。至于谈到对当今出现的资本主义的消费社会应当如何看，马克思虽然没有也不可能对此直接作出回答，但他早在 1857～1858 年所写的《政治经济学批判》（草稿）中，就已对生产与消费及两者的关系作出了辩证唯物主义、历史唯物主义的深刻说明。这里不能详谈，我只想指出，马克思决不简单地否定消费，更没有把它和社会主义互不相容地对立起来。他说：

> 消费直接也是生产，正如在自然界中元素和化学物质的消费是植物的生产一样。例如，在吃喝这一种消费形式中，人生产自己的身体，这是明显的事。而对于以这种或那种方式从某一方面来生产人的其他任何消费方式也都可以这样说。①

因此，在谈到社会主义与消费的关系时，马克思指出，社会主义"决不是禁欲，而是发展生产力，发展生产的能力，因此既是发展消费的能力，又是发展消费的资料。消费的能力是消费的条件，因而既是发展消费的能力，又是发展消费的资料。消费的能力是消费的条件，因而是消费的首要手段，而这种能力是一种个人才能的发展，一种生产力的发展"②。例如，"如果音乐好，并且听的人又懂得音乐，音乐的消费就比香槟酒的消费更高尚"③。社会主义要"培养人的一切属性，并且把他作为具有尽可能丰富的属性和联系的人，因而具有尽可能广泛的需要的人生产出来"④，而要做到这一点，又要以资本主义生产的发展为历史的前提和基础。目前西方对于消费社会存在着两种尖锐对立的看法，一种是充分肯定的，如"后现代主义"的看法；另一种是强烈地谴责和否定的，如 L. P. 梅耶为让·波德里亚所著《消费社会》⑤ 一书所写的前言中的看法。在这个问题上，马克思主义仍然保持着自己的历史辩证法的观点。从肯定的方面看，由于

---

① 《马克思恩格斯选集》第2卷，人民出版社1995年版，第8页。

② 《马克思恩格斯全集》第46卷下，人民出版社1980年版，第225页。

③ 马克思著：《剩余价值学说史》第1卷，郭大力译，人民出版社1975年版，第323页。

④ 《马克思恩格斯选集》第46卷下，人民出版社1980年版，第392页。

⑤ 让·波德里亚：《消费社会》，刘成富等译，南京大学出版社2000年版。

"消费创造出生产的动力"，"没有需要，就没有生产"①，因此西方消费主义社会的出现将有力地推动生产力和高科技的发展，并大大提高个体的自主性、独立性。从否定的方面看，消费社会的出现，把资本主义所固有的，以生产、财富、高消费为人的生存的最高目的推向了极端，引起了西方资本主义社会深刻的精神危机，使人成了财富、金钱、高消费的奴隶。但是，由消费所推动的生产力的发展，最后必将达到这一点，那时生产不仅"将以所有人的富裕为目的"，而且人们还将把社会的人的个性才能的全面自由发展，看作是比财富的消费更高的目的。这个目的的实现不能脱离财富的创造与消费，但又超越了它。人类将不再以追求高消费为最高目的，因为财富摆脱了它的狭隘的资产阶级形式，不再是目的本身，而是全面发展人的个性才能的手段。② 此外，当生产力借助于高科技革命发展到只需要很少的社会必要劳动时间，就能生产出足以充分满足全体社会成员需要的各种不断更新的优良产品时，由个人占有生产资料，并利用他人的劳动，以求成为世界首富的一切努力，就将成为可笑之举。马克思主义认为阶级的区分（在当代社会中它表现为雇主与雇员的区分）将因物质生产力的高度发展而归于灭亡的理论，将最终得到证实。因此，依据马克思的观点，在西方消费主义社会发展的尽头出现的将是社会主义社会的产生，科技革命的发展最终将带来资本主义的消亡。恩格斯晚年认为在发达资本主义国家中"旧社会可能和平长入新社会"，并非毫无根据的预言，更不能看作是对社会主义革命的背叛（斯大林曾激烈地批判过和平长入论）。

上述这样一个消费社会的出现，必然要在思想上引起各种反映。我把这种反映区分为以下所说的三大派，并略加评述。

第一，反对派。

这个反对派包含各种各样的人。首先要说的是 19 世纪至 20 世纪

---

① 《马克思恩格斯选集》第 2 卷，人民出版社 1995 年版，第 9 页。
② 《马克思恩格斯全集》第 46 卷下，人民出版社 1980 年版，第 222 页，并参见同书上，第 486 页。

的现代派（包含哲学、美学、文艺各方面的人物）。现代派反复指出，机器大工业时代所强调的理性、秩序、科学、效率以至当代科学技术的发展和广泛应用，都强烈地压制了人的生命、意志、欲望的满足和发展，使个体的存在陷入了焦虑、孤独、恐惧、荒谬的状态之中。它认为这一切又是从启蒙主义对理性、科学的大力提倡而来的，因此现代派又是反启蒙的，它用"非理性"来对抗"理性"。尽管如此，在现代派的哲学、美学和文艺作品中，都包含有对资本主义发展所带来的人的异化现象的大胆、尖锐、深刻的揭示，这是它的不可否认的重要历史价值。而且，现代派并没有因此而否定个体的生存，相反，它费尽心血地要去为那陷入了焦虑、孤独、恐惧、荒谬之中的个体找到一种能使他生存下去的意义与价值。这就是现代派所要解决的最高的、看起来也确实很有些悲壮的课题。当然，现代派的这种解决只能是一种哲学形而上的幻想。如目前在中国较为流行的、由海德格尔提出的"诗意的栖居"说，是要以人和"神性"（不等于人格化的上帝）的相通为根本条件的。从马克思主义的观点来看，现代派的产生和它的理论的提出，都源于它不了解科学技术的发展在资本主义社会下所具有的历史二重性，因此它们都具有马克思在 1856 年即已指出的一个基本的共同点："为了要摆脱现代冲突而希望抛开现代技术。"①

西方消费社会的第二个反对派包含西方古典的和现代的各种以维护资本主义无上的合理性为宗旨的自由主义理论。它对消费社会的反对，主要是从伦理道德上强烈谴责它败坏了资本主义固有的各种美德，如勤劳、工作的责任感等，没有什么特别深刻的理论，这里不详谈。需要较为详细地讲一下的是第三个反对派，即西方马克思主义。从法兰克福学派的第一代来说，他们对资本主义的发展所带来的人的异化的批判同前述的现代派是一致的。所以，他们对现代派的文艺十分推崇，但看起来又比现代派更为激进，因为他们要用"否定的辩证法"去"颠覆"资本主义社会。如前已指出的，这是不懂得资本

---

① 《马克思恩格斯选集》第 1 卷，人民出版社 1995 年版，第 775 页。

主义发展的历史二重性的表现。另外，马尔库塞还认为当今的工人也都追求高消费去了，再也不是一个革命的阶级，革命的力量只剩下了激进的学生、流氓无产者、失业者、受压迫的少数民族，等等。这是一种很肤浅的看法。工人追求高消费是应当的（如果他不想安于贫困的话），但这并不会使作为一个阶级或社会群体来看的工人失去革命性，因为工人仍然是资本主义社会中新的生产力的代表者和社会物质财富的创造者。相反，想依靠激进的学生等力量的反抗来创造出一个与资本主义社会不同的新社会，这是一种违背历史唯物主义的幻想，根本做不到。除法兰克福学派中的人物之外，当今美国和英国的马克思主义者詹姆逊和伊格尔顿的基本立场也是反对为消费社会作辩护的理论，即反对我们下面就要讲到的后现代主义的。詹姆逊认为消费社会的出现意味着完整的主体的死亡和精神分裂症的产生，伊格尔顿则在《后现代主义的幻象》一书中集中揭露了后现代主义理论本身存在的种种矛盾。但我认为两者虽然都有值得参考的价值，但都还停留在一种并不完全正确的抽象的哲学词句上，缺乏具体的历史的分析，因此也缺乏充分的说服力。此外，它不谈社会主义在当代的发展问题，或对之采取一种非历史的缺乏根据的悲观态度。如伊格尔顿认为，社会主义"现在也许是比它动荡生涯的任何阶段更加让人讨厌和不切实际的一种观念。假装马克思主义仍然是一种鲜活的政治现实，或者假装社会主义改造的前景，至少对于现在，绝非极其遥远，都是一种理智的欺骗"①。

第二，辩护派。

对消费社会予以肯定并加以辩护的最有影响的理论就是后现代主义。大致从20世纪80年代后期开始，后现代主义被输入中国，至90年代以来产生了显著的影响。这既是由于在一定程度上消费主义也已在中国兴起（但不能完全等同于西方），又是由于后现代主义不像海德格尔等人的庞大哲学体系那么难懂，甚至比西方马克思主义的

---

① 伊格尔顿著，华明译：《后现代主义的幻象》，商务印书馆2000年版，第3页。

理论也好懂得多。它是一种直截了当的文化哲学批评理论，不但不求助于种种思辨的哲学论证，而且还坚决反对这种论证。在这点上，我以为后现代主义是坦率的、不绕圈子和故弄玄虚的。

后现代主义起源于 20 世纪 50 年代的美国，然后才扩及于欧洲，这是不少后现代主义研究者的共同看法。① 其所以如此，绝不是偶然的，而是因为美国是一个最早告别资本主义机器大工业时代、将现代科技广泛应用于物质生产的国家，从而也是一个最早进入消费社会的国家。但从理论上对后现代主义作出明确而系统的说明的不是美国人，而是法国学者利奥塔。之所以如此，又是因为如恩格斯早就指出的，法国民族是一个富于政治思想的敏感性、激进性的民族。② 至今为止，法国思潮仍然是美、英两国西方马克思主义吸取思想资料的重要来源。相反，德国思想的发展，倒是一向就保持着它区别于法国思想的独立性。

后现代主义对消费社会的肯定与辩护不是从经济学出发的，而是从哲学文化上充分肯定由现代科学技术广泛应用于生产而产生的消费社会状态的合理性，并大胆而尖锐地反驳对这种合理性加以否定的各种理论。前面我们已对高科技在生产中的广泛应用引起的社会结构变化作了大略的说明。从人们的生存方式来看，这种变化集中到一点就是：消费社会是一个充分个体化了的社会，找到一份最好的工作，挣到最多的工资，过上最富裕的生活（高消费生活），这就是每个人所追求的最高目的。除此之外，不再存在每一个体都必须为之奋斗的、共同的、更高的目的。如果说还有比上述目的更高的目的（如保卫美国的国家安全），它也必须绝对服从于这个目的。马克思早就指出过，在资本主义社会中，"再也没有什么东西在这个社会生产和交换

---

① 参见佛克马、伯顿斯编《走向后现代主义》一书中欧文·豪、杜威·佛克马、苏珊·罗宾·苏莱曼等人的文章，王宁等译，北京大学出版社 1991 年版。

② 参见恩格斯《英国状况（十八世纪）》一文，《马克思恩格斯全集》第 1 卷，人民出版社 1956 年版。

的范围之外表现为自在的更高的东西，表现为自为的合理的东西"①。这在 20 世纪 50 年代以来美国消费社会的兴起与发展中获得了最充分的证实。

为了证实上述个体化社会的生存法则是绝对合理的，后现代主义的着力点就是要彻底摧毁一切宣称和主张有一种凌驾于个体之上，并决定着个体生存的最高的思想、原理、目的、理想的理论。它为此而使用的方法其实是很简单的。首先，利奥塔断言，不论是启蒙主义所讲的"理性"或马克思主义所讲的"劳动主体的解放"，还是其他理论所讲的"精神辩证法"、"意义阐释学"、"财富创造的理论"，等等，都不过是一种"宏伟叙事"（large narrative，后现代主义使用这个词是含有讽刺意味的，直译出来就是"夸大其词的故事"。large 本有夸张、夸大之意），但它却通过一种"元话语"即证明它的正确性的"哲学话语"而取得了"合法性"。现在，这种使"宏伟叙事"获得"合法性"的"元话语"或"元叙事"已经完全破产，"叙事功能正在失去它的运转部件，包括它的伟岸的英雄主角，巨大的险情，壮阔的航程及其远大目标"。利奥塔曾一度倾向于马克思主义，所以他在反对"宏伟叙事"时，还说了这样的话："我们的怀疑是如此强烈，以至我们现在不再像马克思当年那样，期待从成堆的矛盾中升腾起拯救之光。"从马克思主义的观点来看，利奥塔反"宏伟叙事"的论据是虚弱而短视的。他竟然看不到，启蒙主义及马克思主义之所以在历史上产生了巨大影响，使许多人赞同它并为之而奋斗，这虽然同它的"元话语"或"哲学话语"有关，但更根本的是因为它集中而鲜明地反映了历史和人民的要求。否则，任何"元话语"也不可能使之具有"合法性"。例如，欧洲中世纪的封建主义也有它的"元话语"（神学的哲学话语），但为什么抵挡不住启蒙主义的批判而失去了"合法性"呢？至于说"宏伟叙事"的"运转部件"已经消失，一切都完全平凡化、非英雄化了，社会再无什么"远大目标"可言，这看来是对消费社会状态的一种相当贴切的反映，但同

---

① 《马克思恩格斯全集》第 46 卷上，人民出版社 1979 年版，第 393 页。

样是肤浅短视的，和马克思从现代科技的发展、从知识"变成了直接的生产力"中看到了整个资本主义制度的崩溃和新社会产生的历史前景相比，真有天壤之别。实际上，正在我们眼前迅速发展的高科技革命及其必将引起的人类社会生活的巨大变化，不正是由历史本身所展现出来的又一场真正的"宏伟叙事"吗？只要人类历史的发展不会终结，"宏伟叙事"就不会终结。①

利奥塔及其他后现代主义者为了证明"宏伟叙事"不可能具有"合法性"，不厌其烦反复宣告世界上没有什么永恒不变的、绝对的真理。这其实是马克思主义在19世纪40年代就早已解决了的问题。既然由物质生产的发展所决定的人类社会历史是不断发展变化的，那么反映人类社会历史的思想当然也是不断发展变化的。马克思、恩格斯在《德意志意识形态》一书中就已指出，马克思主义哲学"绝不提供可以适用于各个历史时代的药方和公式"②。在《哲学的贫困》一书中，马克思又指出："生产力的增长、社会关系的破坏、观念的形成都是不断运动的，只有运动的抽象即'不死的死'才是停滞不动的。"③ 类似的话还多得很，我想不必再引证了。在人类思想史上，我以为没有哪一个学派像马克思主义这样强烈而彻底地反对思想是永恒不变的，而且还明确地要求它自身的思想也必须随着人类社会历史的变化而变化。但马克思主义提出和坚持这种观点，是为了防止人们将马克思主义的理论教条化，以使人们的思想和永远处在变化中的、具体的客观实际相符合，从而在改变世界的实践中取得成功。后现代主义则不然，它反对有永恒不变的真理存在，是为了走向"怎么都行"的纯粹的相对主义。此外，后现代主义大讲思想的"多元化"，这为它赢得了名声。但实际上，它的"多元主义"同样有排他性。例如，它把差异性与同一性互不相容地对立起来，认为差异性是不容

① 以上引用利奥塔的原话，均见利奥塔等著《后现代主义》一书，赵一凡等译，社会科学文献出版社1999人民出版社1995年版。这里不一一注明页码。
② 《马克思恩格斯选集》第1卷，人民出版社1995年版，第74页。
③ 《马克思恩格斯选集》第1卷，人民出版社1995年版，第142页。

侵犯的绝对的好，同一性则是必须予以消灭的绝对的坏，这哪里有宽容的影子呢？关于后现代主义鼓吹的"多元主义"，伊格尔顿曾说过一句机智中肯的话："那些到处搜寻某种便利的力量用以反对'现存制度'的人们，通常是身穿多元主义外衣的纯粹一元论者。"①

后现代主义在自以为打倒了它深为厌恶的"宏伟叙事"和永恒真理之后，剩下来的还有什么呢？不是别的，就是它特别喜爱的差异性、异质性、不可通约性、偶然性、不确定性、易变性、随意性、非连续性、断裂性、破碎性，等等。的确，所有这些为后现代主义特别喜爱并大加宣扬的东西，正是对消费社会中个体的生存状态的真实写照。但令人奇怪的是，后现代主义认为所有这些状态都十分之好，应当充分地肯定和捍卫它；与之相反的状态则十分之坏，应当毫不迟疑地反对和消灭它。这就清楚地说明了后现代主义的褊狭渺小，它竟然把上述消费社会中个体的生存状态看作是一种完全合理的、应有的、不应当去加以改变的状态。它不知道（或者知道而不承认）马克思、恩格斯早在 1845 年就已指出，资本主义的发展使"有个性的个人"成了"偶然的个人"，并以美国为例，说明"在一定条件下不受阻碍地利用偶然性的权利，迄今一直称为个人自由"②。马克思、恩格斯由此得出的结论是：消灭资本主义制度，从而消灭偶然性对个人的支配，使人从"偶然的个人"变为"有个性的个人"，从而成为真正自由的个人。③ 后现代主义则相反，它认为偶然性正是人应有的生存状态。由资本主义的发展而来的人的孤立化，即马克思早已说过的人成为"封闭在自身的单子里"④ 的个人，在后现代主义看来也正是应当予以充分肯定的"不可通约"的"异质性"。马克思主义主张从个

---

① 伊格尔顿著，华明译：《后现代主义的幻象》，商务印书馆 2000 年版，第 13 页。

② 《马克思恩格斯选集》第 1 卷，人民出版社 1995 年版，第 122 页。

③ 这里要说一下，马克思主义从不否认历史和个人生活具有偶然性，而只是反对把偶然性与必然性互不相容地对立起来，并且反对把个人受偶然性的统治看作是命定的、合理的、不可改变的。

④ 《马克思恩格斯全集》第 1 卷，人民出版社 1956 年版，第 438 页。

人的个性与社会（人的共同体）的统一中去找寻个人的自由，后现代主义则认为只有在个人与社会的分离中才有个人的自由。人的个体化与社会化在它的思想中是互相对立的，至少也是难以相容的。

在谈到后现代主义的时候，常常会碰到一个问题，即后现代主义与现代主义（也就是我们上面已讲到的现代派）的联系与区别何在？我认为在反对启蒙主义所提倡的"理性"与"科学"和反对马克思主义所主张的通过社会主义的实现而使工人阶级和整个人类获得解放这一点上，后现代主义与现代主义是一致的。但如前已指出的，现代主义还力求要去为那被资本主义异化了的个体找到生存的意义与价值（尽管是从哲学的幻想中去找），后现代主义则认为这是根本不需要的，是可笑的。因为人的生存本来就没有什么"伟大的目的"或高深的意义可言，这一切都是由应予以反对的各种"宏伟叙事"（夸大其词的故事）编造出来的。从这个方面看，现代主义要为个体生存找到一种形而上的意义与价值，也属于后现代主义反对的"宏伟叙事"之列。这也就是说，现代主义还想努力使个体的生存摆脱异化状态，后现代主义则认为现代主义所反对的异化状态正是个体生存应有的正常状态。用美国学者苏珊·桑格塔的话来说，这就是"异化被归化和趋于正常"①。我认为这既是后现代主义的坦率性和抛弃现代主义的哲学形而上学的幻想的表现，同时也是它向消费社会中人的生存状态缴械投降的表现，并且也是它比现代主义肤浅得多的表现。但后现代主义却又正是以它的这种肤浅而自豪和感到洋洋得意的。

第三，中国的马克思主义。

在西方资本主义已进入机器大工业时期之后的高科技革命时期和消费社会时期的情况下，中国马克思主义对当代条件下的社会革命和社会主义的发展是怎样看的？为了说明这个问题，我们又要先说一下中国马克思主义与苏联马克思主义、西方马克思主义的区别。

这个区别集中到一点来说，就是由毛泽东首先提出的："马克思

① 佛克马、伯顿斯编：《走向后现代主义》（中译本），北京大学出版社1991年版，第22页。

主义的普遍真理与中国革命的具体实践相结合。"这看来好像是一个已尽人皆知、不知已被重复多少次的说法了，还需要再谈吗？我认为十分需要再谈，因为它正是中国马克思主义区别于苏联马克思主义、西方马克思主义的根本之点，也正是马克思主义在今天的中国还有强大的生命力，并且能对世界产生重大影响的根本原因。这不是伊格尔顿所说的"理智的欺骗"，而是事实。

毛泽东所说的"马克思主义的普遍真理"指的是马克思主义中那些对认识人类历史的发展规律具有普遍指导意义的基本原理，而不是马克思、恩格斯针对某一特定历史条件所提出的某一革命的方案、对策。后者在毛泽东看来，是要在马克思主义基本原理的指导下，通过对本国革命的具体实践（包含本国特有的国情）进行实事求是的分析才能找到的。也只有这样，才能把本国的革命引向成功。因此，毛泽东认为马克思主义的基本原理是不能违背的，但又必须与本国革命的具体实践相结合。这是完全符合马克思、恩格斯的思想的。我们不止一次地看到，当世界各国的革命者向马克思、恩格斯请教他们国家的革命应当如何进行时，马克思、恩格斯会提出他们的一些看法，但他们的回答最后又都归结到这一点：这要由你们依据本国的实际情况来决定。马克思、恩格斯一生始终严格遵守他们在创立马克思主义时提出的这一原则，即上面我们已经引述了的，"绝不提供可以适用于各个历史时代的药方和公式"。既坚持由对全部人类历史的科学研究而得出的基本原理，同时又始终认为这一原理的应用和实现要以不同国家、不同时代的历史条件为转移，这就是马克思主义的强大生命力所在，也是毛泽东提出的"马克思主义的普遍真理与中国革命的具体实践相结合"这一思想的强大的生命力所在。毛泽东提出这一思想，和他对1921年中国共产党成立以来中国革命的种种经验教训的总结有关，同时也是自古以来就在中国思想传统中存在着的求实精神的继承和发展。这种求实精神，不能像李泽厚那样，以西方的思想为参照系，称之为所谓的"实用理性"。因为这种求实精神的产生是为了把国计民生的种种实际问题的解决和中国古代哲人所怀抱的治国平天下的社会理想、人生理想的实现密切结合起来，决不仅仅是以

"实用"为目的。它虽然还没有上升到西方那种抽象的科学分析的高度,却包含有西方任何最严密的科学分析都难以相比的深刻智慧。因为它不把任何已有的科学分析的模式固定化、神圣化,而是始终坚持从实际出发去找到解决问题的最佳方法。因此,我在过去的文章中曾经指出,李泽厚用"实用理性"来概括中国思想的主要传统是错误的,至少是不准确的,它会导致对中国思想传统的误解与贬低。这是一个需要进一步加以辨析和澄清的问题。

前面我已经提到,苏联马克思主义有一个重要的特征,那就是它认为自己是马克思主义最忠实、最坚决的继承者、捍卫者、实现者。这特别表现在它成立第三国际,对它称之为第二国际的思想予以全面的批判、否定。它完全忽视了恩格斯晚年对19世纪以来欧洲无产阶级革命的回顾与反思。前面我们已经说过恩格斯在1895年曾指出:"欧洲大陆经济发展的状况远远没有成熟到可以铲除资本主义生产的程度。"12年后,俄国十月社会主义革命爆发,当时列宁反对普列汉诺夫的看法,主张俄国工人阶级必须紧紧抓住时机,坚决夺取政权,这是完全正确的。问题在于俄国资本主义的发展本来就比欧洲落后许多,因此俄国工人阶级在夺取政权之后,如何依据俄国生产力的发展状况和俄国不同于欧洲的国情来建设和发展社会主义就成了一个十分重要的问题。现在看来,我认为包括列宁在内,对这个问题的考虑是欠充分的。列宁在《俄国资本主义的发展》一书中证明了俄国也已走上欧洲资本主义道路之后,原先在俄国马克思主义者中争论的,而且马克思、恩格斯也应邀发表了看法的,俄国能否通过大量存在的农村公社制度而走上社会主义道路的问题,就宣告结束了。在这一点上,列宁是正确的,因为俄国确已走上资本主义道路,广大的农村公社已经瓦解。再加上俄国工人阶级已取得了政权,因此列宁认为马克思、恩格斯在19世纪40年代针对欧洲的情况而提出的社会主义革命方案完全能够在俄国付诸实现。这很鲜明地表现在他的《国家与革命》等著作中。但实行的结果并不如列宁设想的那么顺利,因此到了1921年,列宁开始提出了"新经济政策",主张同资本主义国家的商人做生意,开展贸易,并且还主张把一些工厂、企业租给西方资本家经营，等等。但在列宁那里，这还只是"战时共产主义"碰到困难之后，从社会主义、共产主义向后退却的一种策略性的措施。因此，这个退却是有终点的，何时终止要视实际情况而定。列宁去世之后，斯大林很快宣布退却终止，并在农业方面实行消灭富农、强迫集体化的方针。到了1936年，斯大林公开宣布苏联已消灭了阶级，紧接着第二次世界大战就爆发了。所以，回顾俄国从十月社会主义革命的胜利到苏联的瓦解，撇开其中领导人以及不同政治派别之间的种种复杂斗争和政策上的种种失误不谈，从理论上看，最重要的是俄国的社会主义革命还没有找到一条与俄国社会生产力的发展和俄国的国情相一致的道路。虽然列宁以及斯大林本人都曾反对过教条主义，但整个俄国革命都是按马克思、恩格斯在19世纪提出的社会主义革命的模式来进行的，一切离开这个模式的任何想法都被视为大逆不道。在斯大林的思想中，整个马克思主义被极大地教条化和简单化了，最后成了维护苏联官僚特权阶层利益和肃清异己的一面意识形态旗帜。中国则不同，毛泽东所主张的"马克思主义的普遍真理与中国革命的具体实践相结合"的贯彻实行，使毛泽东创立了"新民主主义论"。这个理论的精确性是罕见的，它的确如毛泽东所预想的那样，一步一步地把新民主主义革命引向了胜利，并顺利地转向了社会主义革命与建设。斯大林在领导第三国际的时候，曾向中国革命下过不少指令，但毛泽东从来不是无条件地服从的。他从中国革命的具体实践出发，有的执行，有的则坚决地拒绝。当然，毛泽东也犯过错误，也有他的不可避免的历史局限性。但由于他提出的"马克思主义的普遍真理与中国革命的具体实践相结合"、"群众路线"、"为人民服务"的思想已成为中国共产党的根本指导思想，所以党一旦发现自己的方针产生了错误，就能够采取措施，公开地、有力地纠正错误，转到正确的路线上来，推动党和人民的事业继续前进。对于中国共产党来说，马克思主义是为人民的利益而奋斗的科学，"从实际出发"、"实事求是"是它的根本。

和西方马克思主义比较起来，中国马克思主义对马克思主义的基本原理采取了充分肯定和认真学习研究的态度，始终认为它是必须坚

持、不能脱离的指导思想。西方马克思主义则如我们前已指出的，它
的一大特色就是要对马克思的基本原理提出挑战，要质疑、修正、否
定和"重建"它。表面看来，西方马克思主义比中国马克思主义大
胆多了，有创造性多了。这里的问题其实不是一个胆子大小的问题，
而是是否愿意坚持与客观事实相符合的真理问题。中国马克思主义之
所以主张坚持马克思主义的基本原理，就因为中国革命的实践和人类
社会的历史发展证明了它是正确的，是与广大人民群众的利益和人类
进步发展的实现相一致的。违背了它，就要犯错误，就会给人民的利
益造成重大损失。当然，我们要随着历史的发展，概括总结新的事
实，更精确、更具体、更深入、更有说服力地去阐明它和发展它，而
不是在没有任何充足理由的情况下，轻率地去修正它、否定它。如果
这样做是为了造成某种轰动效应，使自己在名利上有所获，我认为这
是真正的学者所不取的。还有不少西方马克思主义者常常引用马克思
说过的一句话"我只知道我自己不是马克思主义者"，并以此来证明
对马克思主义是怎么解释都可以的。这是天大的误解。马克思说这句
话，恰好是针对那些在"马克思主义"的名义下散布各种在马克思
看来是荒谬的主张的人而言的，意即声明这些主张与马克思自己的主
张无关，马克思不能为这些主张承担任何责任。① 此外，在我看来，
有些西方马克思主义的主张已经和马克思主义的基本原理相去很远了
（例如哈贝马斯所"重建"的"历史唯物主义"）。既然如此，对一
个忠于自己的信念的学者来说，干脆和马克思主义划清界限，另立门
庭，岂不更好，又何必要继续留在马克思主义的营垒之中呢？

以上，我讲了中国马克思主义与苏联马克思主义、西方马克思主
义的区别，决没有从一种狭隘的民族主义出发，想要把中国马克思主
义抬到最高地位，而对其他两种形态的马克思主义予以完全否定的意
思。我只是想说明，中国马克思主义坚持马克思主义的基本原理与具
体实践相结合，比苏联马克思主义、西方马克思主义的做法更合理、

---

① 见恩格斯《致保·拉法格》，《马克思恩格斯选集》第4卷，人民出版
社1995年版，第695页。

更正确。它既不像苏联马克思主义那样脱离具体实践，把马克思主义极度地教条化，也不像西方马克思主义那样，动不动就想修正、否定、"重建"马克思主义的基本原理。它既主张坚持马克思主义的基本原理，又主张必须结合具体实践，这样它就同时纠正了苏联马克思主义和西方马克思主义存在的问题和偏差。我强调坚持和深入研究马克思主义基本原理的重要性，而且不止一次强调要从马克思主义的经典文本中去研究，也不是为了要保持什么"原生态的马克思主义"，而是因为只有这样才能消除长期以来对马克思主义基本原理的种种误解和曲解（包含"左"的和由西方马克思主义的解释造成的误解和曲解）及其在实践中造成的危害，同时也是为了把马克思主义经典文本中许多过去被忽视了的、在当代仍有重大意义的思想发掘出来，以推动马克思主义的发展和创新。所以，我在《马克思主义美学在当代的发展》一文中曾经指出："直到目前为止和今后一个很长的时期内，我认为马克思的著作仍然是有待我们去不断深入开掘的宝藏。"①

以上扯得太远了些，现在我们回到这个问题上来：在西方机器大工业时代已经过去，资本主义进入了信息技术革命和消费社会时期，中国的马克思主义是如何来看待和解决社会革命和社会主义的发展问题的？在这里，毛泽东历来所倡导的，既坚持以马克思主义的基本原理为指导，又要从中国革命的具体实践、从中国的实际和国情出发这一思想的伟大意义就充分地显示出来了。邓小平继承和发展了毛泽东这种彻底唯物主义的伟大精神，提出了"解放思想，实事求是"，从根本上正确解决了马克思主义在当代所面临的历史性课题。这种解决当然首先是针对中国而言的，但如果我们看一下当代社会主义在世界发展的现状，那就可以清楚地看出，邓小平理论具有不局限于中国的世界性意义，是马克思主义在当代的重大发展。下面我将侧重从与包括西方马克思主义在内的现当代思想的比较来说明一下邓小

① 《马克思主义美学研究》第 1 辑，广西师范大学出版社 1998 年版，第 33 页。

524

平理论的贡献。

（1）邓小平重申、恢复和进一步阐明了生产力的发展最终决定人类社会历史发展这一原理在马克思主义中的根本性的重大意义。

我在前面已经说过，大多数西方马克思主义者对马克思主义这一基本原理都是采取保留或否定态度的。为什么会这样，为什么一个自称属于马克思主义营垒的人，硬是不承认马克思、恩格斯已作过种种论证，而且标志着马克思主义对人类思想发展史所作的空前巨大贡献的这条基本原理呢？这个问题值得深入研究。我认为，马克思主义的这条基本原理需要在当代条件下作出比过去更加具体深入的研究是一个重要原因，但更根本的原因则是由于西方马克思主义实质上是西方中产阶级知识分子的左翼对资本主义的不满情绪的一种表现，其中也不同程度地包含了对工人阶级处境的同情，但它并不真正代表西方工人阶级和广大劳动群众的利益，也不认为社会主义、共产主义的实现是可能的。因此，它不把马克思主义作为一门革命的科学来详加研究，只是借用马克思主义的某些思想（而且常常是被它作了歪曲解释的）来表达中产阶级知识分子左翼对资本主义的不满情绪。因为在西方的各种思潮中，对资本主义采取最鲜明强烈的批判态度，而且至今仍有重要影响的思潮，就是马克思主义。至于讲到后现代主义，如前所说，它是把马克思归入它所反对的"宏伟叙事"之列的，它当然不会承认马克思主义认为历史上一切"宏伟叙事"产生和展开的真正现实的基础正是社会物质生产的发展，也不可能认识到它予以充分肯定的"后现代"社会即消费社会其实是信息技术广泛应用于物质生产的产物。尽管当代社会的发展越来越充分和清楚地显示出物质生产、科学技术的发展对整个人类社会生活的直接而强大的影响，但西方当代的各种思想仍然在竭力否定上述马克思主义的基本原理。我以为这既是因为如上所说，这一思想需要结合当代的实际作出更具体深入的阐明，同时也因为在这一思想中包含着一个一切维护资本主义的人们无法接受的结论，即资本主义生产力的高度发展最后必将导致社会主义的实现。再看一下苏联与中国的情况。在苏联，由于新生的工人阶级政权一开始就处在西方资本主义国家的敌视与包围之中，所以列宁最强调的是"国家与革命"的问题，直至 1921 年提出"新经济政策"之后才把注意力转到生产力的发展上来。但这个政策很快就宣告结束，斯大林转而依靠国家政权的力量，从上而下地强行改变生产关系，并由此宣告社会主义的实现已大功告成。所以，苏联马克思主义（包括斯大林的言论）虽然在理论上从来没有否认马克思主义的上述原理，但它的种种做法实际上是与这一原理相违背的。这是导致苏联崩溃的一条十分重要的原因。在中国，毛泽东在理论上也历来充分承认马克思主义的这条基本原理，但反对帝国主义、封建主义的长期残酷的斗争以及解放后为巩固政权而进行的种种斗争，也把发展生产力的重要性推到了阶级斗争、政治斗争的后面。这种斗争的紧迫性使发展生产力的重要性被掩盖和忽视，甚至弄到脱离物质生产力的发展来讲阶级斗争与社会主义，带来了"文革"的灾难性后果。

由上述的历史背景我们不难看出，邓小平从 20 世纪 70 年代开始大声疾呼，反复重申和强调马克思主义上述基本原理的正确性和极大的重要性，可以说是马克思主义在当代发展的一个历史性的转折点。他把工人阶级的革命、社会主义的实现重新放到了它的不可脱离的现实基础即物质生产的发展上来。对此，邓小平作过多次深刻的论述，这里只引述其中的一段话：

> 毛泽东同志是伟大的领袖，中国革命是在他的领导下取得成功的。然而他有一个重大的缺点，就是忽视发展社会生产力。不是说他不想发展生产力，但方法不都是对头的，例如搞"大跃进"、人民公社，就没有按照社会经济发展的规律办事。
>
> 马克思主义的基本原则就是要发展生产力。马克思主义的最高目的就是要实现共产主义，而共产主义是建立在生产力高度发展的基础上的。社会主义是共产主义的第一阶段，是一个很长的历史阶段。社会主义的任务是发展生产力，逐步提高人民的物质和文化生活水平。从一九五八年到一九七八年这二十年的经验教

训告诉我们：贫穷不是社会主义，社会主义要消灭贫穷。①

如果我们比较熟悉马克思主义的经典文本，那么由此不难想到，马克思、恩格斯在1845年批判"青年黑格尔派"奢谈人类"解放"时就已指出："当人们还不能使自己的吃喝穿住在质和量方面得到充分保证的时候，人们就根本不能获得解放。"② 之后，马克思、恩格斯又在他们的许多著作中多次指出，社会主义、共产主义的实现就是要使生产力获得巨大的发展，使广大人民都能过上比资本主义最发达国家中的资产阶级更为富裕的生活。但是，在19世纪的条件下，能够积极参与到推翻资本主义、实现社会主义的革命中来的，当然是生活最贫穷的工人阶级。于是，就在长时期中形成了一种观念，似乎"革命"与"贫穷"分不开，越穷就越革命。连我们前面讲到恩格斯在指出19世纪末工人阶级与资产阶级的关系发生了重要变化，工人阶级的生活得到了改善时，他指的主要还是"工人阶级中的贵族"③，并且把革命的希望寄托在他所说的"伦敦东头"的那些"没有技术的"、处于"巨大的贫穷渊薮"的工人身上。④ 我认为这在现在看来是不正确的。尽管这一类工人确实具有最强烈的反资本主义思想，但真正代表新的生产力的，仍然是那些掌握了当代科学技术的工人。在历史上的一定条件下，"贫穷"确实是与"革命"联系在一起的，但"革命"就是为了消灭"贫穷"，而且"革命"只有在它是为了消灭"贫穷"，并找到了消灭"贫穷"的现实道路的条件下，它才是能够取得成功的真正的"革命"。由此看来，邓小平说"贫穷不是社会主义，社会主义要消灭贫穷"，是马克思主义在当代历史条件下对社会主义本质的深刻阐明。

邓小平把生产力的发展提到了首要的地位，同时他还十分敏锐而

---

① 《邓小平文选》第3卷，人民出版社1993年版，第116页。
② 《马克思恩格斯选集》第1卷，人民出版社1995年版，第74页。
③ 《马克思恩格斯选集》第4卷，人民出版社1995年版，第428页。
④ 《马克思恩格斯选集》第4卷，人民出版社1995年版，第431页。

准确地看到了科学技术在当代生产力发展中具有极为重要的作用。他提出了"科学技术是第一生产力"这一重要论断①，并且指出，"搞科技，越高越好，越新越好"②。这是我们在前面已经讲到的，马克思认为知识、科技已和生产力的发展直接相连的思想在当代的继承与发展。从这个方面看，邓小平理论是高科技迅速发展时代的马克思主义。它和西方当代各种把科技的发展与社会进步对立起来的思想是截然不同的。

（2）邓小平理论对马克思主义的社会主义理论作出了划时代的新的阐明。

我们已经说过，苏联的社会主义可以说是把马克思、恩格斯在19世纪40年代针对欧洲而提出的社会主义革命方案在苏联做了一次大规模实验，结果以失败而告终。由此又引起了福山等人认为社会主义已被"埋葬"，资本主义即是人类"历史的终结"等说法。至于对一向并不真正了解社会主义，对之持保留和怀疑态度的西方马克思主义者来说，这大大增加了他们对社会主义的幻灭感。邓小平则不同，他在20世纪70年代末，在苏联社会主义完全崩溃之前好几年，就重新思考了社会主义问题，提出了实行改革开放，建设有中国特色社会主义的思想，继而又提出了发展社会主义市场经济的方针，为当代社会主义的发展找到了一条新的道路，并在实践中取得了举世瞩目的成就，有力地驳斥了社会主义已被"埋葬"的谬论。

邓小平的社会主义理论的提出，本质上是邓小平继承和发展毛泽东"从实际出发"和"实事求是"的精神（这是一切理论创新最需要的根本精神），对中国一度照搬苏联计划经济的模式造成的不良后果及苏联社会主义最后崩溃的历史经验进行总结的产物，其中最重要的就是在新的历史条件下，改变了以"计划经济"为社会主义不可或缺的最本质的特征的看法。人们对此已谈得很多，现在我想要集中说明一下的是这样一个问题，有人认为邓小平提出的社会主义理论实

① 《邓小平文选》第3卷，人民出版社1993年版，第274页。
② 《邓小平文选》第3卷，人民出版社1993年版，第378页。

际上是从社会主义倒退到了资本主义，我认为这种看法的错误或问题主要表现在两个方面。首先，它把社会主义和资本主义互不相容地对立起来，否认社会主义对于资本主义有一种批判继承的关系。用马克思 1881 年论及俄国能否在农村公社的基础上转向社会主义的问题时的话来说，他认为即使这种转变是可能的，也必须以"占有资本主义制度所创造的一切积极的成果"为不可缺少的条件①。在中国，由于民族资本主义没有得到充分发展，中国没有经历像欧洲那样近三百年之久的资本主义发展阶段，因此在我们的生活中还存在着一些比资本主义还要落后的观念，如蔑视科学、知识，以"贫穷"为"革命"的根本标志，不尊重人应有的自由和个性，以从事的劳动和职业的不同而划分人的高低贵贱，认为有了权力就有了一切，等等。邓小平提出的发展社会主义市场经济的思想，恰好找到了马克思所说的"不通过资本主义制度的卡夫丁峡谷，而占有资本主义制度所创造的一切积极的成果"②的道路，并且也是最后使上述一切错误观念彻底灭亡所必经的道路。其次，如马克思所说过的，"极为相似的事变发生在不同的历史环境中就引起了完全不同的结果"③。在中国，发展社会主义市场经济之所以是必要和可能的，最根本的原因或条件，就是由于代表中国广大人民群众利益的中国共产党已掌握了国家政权和国民经济的命脉。因此，中国社会主义市场经济的发展是以满足最广大人民群众不断增长的物质文化需要，并以最终建成社会主义、共产主义为目的的。这就是它与资本主义市场经济的本质区别所在。④ 此外，计划经济虽然不再是马克思主义的社会主义区别于资本主义的本质特征，但通过社会主义而不断发展物质生产，满足和提高广大人民的物

---

① 《马克思恩格斯选集》第 3 卷，人民出版社 1995 年版，第 769 页。
② 《马克思恩格斯选集》第 3 卷，人民出版社 1995 年版，第 769 页。
③ 《马克思恩格斯选集》第 3 卷，人民出版社 1995 年版，第 342 页。
④ 正如毛泽东讲到同样是资产阶级性质的民主主义革命，会因历史条件的不同而有旧民主主义革命与新民主主义革命之分一样；同样是市场经济，也会因历史条件的不同而有资本主义的与社会主义的性质之别。毛泽东和邓小平的看法，实有异曲同工之妙。

质文化需要，最后实现人的全面自由发展，这仍然是包含在马克思主义中的正确的、深刻的思想，并且是邓小平理论所坚持的。这集中表现在他对"精神文明建设"的重要性的反复强调上。

（3）邓小平重新考察了当代革命问题。

随着西方资本主义的消费社会的到来，特别是随着苏联和东欧社会主义的瓦解，在西方各种各样号称"左翼"的知识分子中，出现了一股宣称"革命"已经"死亡"，"后革命"或"告别革命"的时代已经到来的思潮，这也波及于中国。当然，也还有一些"左翼"人士宣称要继续坚持他们所说的"革命"，决不后退。这在中国也有所表现，那就是一度出现的对格瓦拉的神化与崇拜。所有上述这些号称"左翼"的知识分子，不论他们的思想是如何不同，在对"革命"的认识上有一点是完全相同的，那就是主张采取最激烈的方式，把资本主义社会中的一切都彻底地砸烂、粉碎，然后才有可能实现他们所说的"革命"。这与马克思所说的"革命"根本不同。在马克思看来，如我们前面已多次指出的，资本主义的发展具有一种自我否定的历史二重性，因此社会主义是资本主义制度下生产力高度发展的产物，只有在批判地继承资本主义的发展所创造出来的一切积极的历史成果的基础上，才能建设起来。

西方资本主义消费社会的出现始于 20 世纪 50 年代的美国，至 60、70 年代获得了迅速的发展。这也正是"后现代主义"及"后革命"、"告别革命"的种种理论甚嚣尘上，马克思主义"过时论"大为得势的时候。正是在这样的时候，邓小平多次坚定指出马克思主义绝没有过时，并从当代的历史条件出发考察了当代革命的问题。

从中国内部来看，邓小平在 1984 年指出："我们把改革当作一场革命，当然不是'文化大革命'那样的革命。"① 1985 年，他又再次指出："改革是中国的第二次革命。"② 这些论断，至今也仍然十分值得我们注意。大约在 20 世纪 80 年代后期，李泽厚曾在一些文章中

---

① 《邓小平文选》第 3 卷，人民出版社 1993 年版，第 82 页。
② 《邓小平文选》第 3 卷，人民出版社 1993 年版，第 113 页。

批评马克思主义只讲"革命",不讲"建设",其实"建设"比"革命"更重要（大意如此）。这看来很有道理,但又包含了对"革命"的一种狭隘的理解,即仅仅理解为你死我活的阶级斗争。这样,"革命"与"建设"就被对立起来,被看作是不同的,甚至是不能相容的两件事了。西方那些讲"后革命"、"告别革命"的学者,也是这样来理解"革命"一词的含义的。实际上,早在 1844 年恩格斯写的《英国状况（十八世纪）》一文中,就已把"社会革命"和"政治革命"（阶级斗争）区分开来,并且认为"社会革命"比仅限于政治领域的"政治革命"更重要,"只有社会革命才是真正的革命,政治的和哲学的革命也必然以社会革命为依归"[①]。显然,这里说的"社会革命"指的是在社会生活的广大领域中发生的一切革命性的变革,并不仅仅指阶级斗争。尽管由于明显可见的历史原因,马克思、恩格斯经常把阶级斗争放在十分重要的地位,但他们从来没有狭隘地认为"革命"一词的含义就仅仅是指阶级斗争。如他们高度关注的科学技术领域中的革命,显然不是阶级斗争,即使这种革命的成果可以为不同的阶级所利用。从中国的情况来看,如果说我们在改革开放之前的长时期里,主要是进行阶级斗争（"政治革命"）,同时也进行了一场"社会革命"（脱离"社会革命"的"政治革命"是不可能成功的）,那么,在改革开放之后,中国革命就真正充分地转变为一场前所未有的、极其广泛复杂的"社会革命"了。虽然经济建设是我们今天必须牢牢把握住的中心,但考虑到阶级斗争在一定范围内仍然存在（这是不能掉以轻心的）和马克思主义本身从来就没有狭隘地把"革命"仅仅理解为阶级斗争,因此我认为不能把"革命"与"建设"分离,甚或对立起来,而应当统一起来。没有"革命"的"建设"是不可能真正实现的;反过来说,没有"建设"的"革命"只能是空谈。确认我们目前正在进行的"建设"同时也是一场极其广泛复杂的"社会革命",把两者统一起来,有利于振作精神,继承和发扬我国人民在长期严酷的革命斗争中培养起来的革命传统,以克服我们

---

① 《马克思恩格斯全集》第 1 卷,人民出版社 1956 年版,第 656 页。

在社会主义经济建设中必然会遇到的种种困难。我认为不可低估这种传统在广大人民群众中，包括在青年一代中的影响。一旦国家碰到困难，它就会强烈地迸发出来，什么力量也战胜不了它（最近抗"非典"的胜利就是一个明显的例证）。

从世界革命的范围来看，邓小平也提出了他的新思想、新理论。1984年，他特别指出"和平共处原则具有强大生命力"①。这是一个有重要意义的论断。邓小平敏锐地看到，过去那种搞与资本主义对抗的"社会主义大家庭"，或其他形式的"集团政治"，划分"势力范围"等，都只能带来分裂与对抗，不利于世界和平的发展。1985年，邓小平又提出"和平和发展是当代世界的两大主题"②。这修正了过去许多人认为第三次世界大战不可避免的看法，从总体上规定了马克思主义在当代条件下处理全球性问题的根本战略，一要维护和平，二要发展经济，两者又是密切联系在一起的。这样，过去对"世界革命"的种种不切实际的幻想，包括毛泽东在"文革"中想以中国为世界革命根据地，联合第三世界人民以打倒西方资本主义的想法，都从根本上得到了纠正。这是和前面已讲到的，邓小平重申、恢复和进一步阐明了物质生产发展决定人类社会历史发展这一根本原理分不开的。从这个原理来看，当代世界革命的最大任务是什么？不是别的，就是在维护世界和平的条件下，使各个落后国家的经济都能得到发展，在全球范围内消灭贫穷。不努力去做到这一点，一切革命的词句不论如何响亮都是空谈，并且都只能带来种种有害的后果。邓小平还指出："发达国家应该清楚看到，第三世界国家经济不发展，发达国家的经济也不可能得到较大的发展。"③ 这是从马克思主义的科学分析得出的真话。历史的事实本身最后终将迫使西方发达资本主义国家的决策者们承认，如果不使落后国家的经济得到发展，发达资本主义国家不仅不能使自己的经济得到发展，而且将生活在一个动荡的、不

---

① 《邓小平文选》第3卷，人民出版社1993年版，第96页。
② 《邓小平文选》第3卷，人民出版社1993年版，第104页。
③ 《邓小平文选》第3卷，人民出版社1993年版，第56页。

安宁的、失去安全感的世界之中。在处理中国与世界各国，特别是与西方发达资本主义国家的关系中，邓小平指出，一方面要坚持和平共处原则，超越意识形态差异，大力发展双方在经济、政治、文化上的交往，学习西方一切先进合理的东西，以利于中国的发展；另一方面又要始终坚持我们的社会主义思想，并对有中国特色的社会主义的最终建成作出冷静求实的估计。他说："我们搞社会主义才几十年，还处在初级阶段，巩固和发展社会主义制度还需要一个很长的历史阶段，需要我们几代人、十几代人甚至几十代人坚持不懈的努力奋斗。"① 我们知道，马克思、恩格斯、列宁、毛泽东都曾对社会主义、共产主义的胜利作了过快、过急的估计，在一些情况下产生了不良的后果，可以说直到邓小平才把这种情况彻底地改正过来。但是，对社会主义、共产主义的实现的长期性的肯定，常常会成为资本主义崇拜者们攻击社会主义、共产主义的一个重要理由。如丹尔尼·贝尔在他的《意识形态的终结》一书的最后，利用俄国赫尔岑曾说过的话"遥不可及的目标根本不是目标，而只是陷阱；目标必须是可以逐渐地接近的"②，以此来证明社会主义是根本不可能实现的。对此，我们将如何回答呢？我想，首先要建议贝尔重新去研究一下他应该是知道的资本主义的发展史，看一看资本主义作为一个"目标"而获得实现，曾经花了多长时间。我们还知道，在欧洲中世纪坚决维护封建主义制度的人们中，没有任何一个人认为资本主义是一个能够实现的"目标"，或至少是"可以逐渐接近的"。但结果如何呢？我想贝尔不会不知道。其次，我建议贝尔还要仔细研究一下从毛泽东到邓小平所领导的中国革命发展史，它难道不正是一部"逐渐地接近"社会主义的历史吗？今天，尽管中国决不会做什么侵犯美国的事，更不会向美国输出社会主义，但何以在美国一部分人中也出现了"中国威胁论"的无稽之谈？按贝尔的说法，社会主义既然是一个"遥不可及的目标"，而且作为一种意识形态也已彻底"终结"，美国资本主义的维护

---

① 《邓小平文选》第 3 卷，人民出版社 1993 年版，第 379 ~ 380 页。
② 《意识形态的终结》（中译本），江苏人民出版社 2001 年版，第 468 页。

者们还有什么好害怕的，这岂非杞人忧天？其实，任何一个有其历史必然性的社会目标，不论是资本主义的还是社会主义的，只要它一产生，就进入了不断实现其自身的历史过程之中。这里，用得着神秘的黑格尔所说过的话，"人们总以为目的老没有实现似的"，实际上，那作为"至善"的目的，"已经自在并自为地在世界上实现其自身了"①。

邓小平去世后，江泽民提出的"三个代表"，我认为既是中国共产党建设自身的根本，同时也可以看作是当代条件下对马克思主义的本质特征最简明、准确、精练的概括。这就是说，在当代条件下，真正符合马克思主义的思想必定是符合"三个代表"要求的。反之，一切背离"三个代表"的思想，都是非马克思主义或反马克思主义的。首先，当代的马克思主义必定是代表"先进生产力的发展要求"的。因为如前已指出的，这是马克思主义的根本，是马克思主义观察一切问题的基本出发点。在邓小平指出"科学技术是第一生产力"的今天，这显得尤为重要。其次，它必定是代表"先进文化的前进方向"的。这种"先进文化"是以马克思主义为指导的，同时也是与"先进生产力的发展要求"相一致的。它不只指政治上的意识形态，同时还包含伦理道德观念，人生价值观念，对现代科学知识的掌握，对古今中外文化（当然包括文艺）的了解，以及人们在社会日常生活中应有的文化教养，等等。它与邓小平提出的"精神文明建设"在根本上是一致的。由于全球化的发展，各民族、各地域、各个国家的文化交流日益频繁，并且与经济、政治的交往密切相连，因此在西方，"文化研究"已成为一门学科。我们过去讲的"意识形态"问题仍然存在，不能否认。但在当代的条件下，意识形态是和文化问题交织在一起的，并且在许多情况下是通过文化问题而表现出来的。此外，各国文化的交流，在某些（不是一切）范围和领域是可以超越意识形态的差异的。从我国建设有中国特色的社会主义来看，坚持代表"先进文化的前进方向"，就是要在马克思主义的指导下，既不脱离文化在当代发展的客观趋势，并且具有全球性的广阔眼光与胸怀，借鉴吸取世界文化中一切有价值的东西以为我所用，同时

---

① 黑格尔：《小逻辑》，商务印书馆 1980 年版，第 396～397 页。

又创造性地继承和发展中国文化悠久光辉的传统，使中国文化在全球文化中占有它应当占有的重要地位，并使中国成为一个高度文明的国家。最后，代表"最广大人民的根本利益"，这是"三个代表"的最后落脚点。前两个代表是实现这个代表所必须的前提，但最后的结果如何，仍然必须以是否代表了"最广大人民的根本利益"来加以检验。我们坚持社会主义、共产主义，同样是因为它代表了最广大人民的根本利益。如果它不能给最广大人民群众带来实际的利益，那就会沦为一种政治空谈，不可能得到最广大人民群众真正的认同和拥护。

总的来看，从毛泽东的《讲话》发表到现在的 60 年间，不论在中国还是在世界，由政治、经济、文化、哲学等构成的整个历史背景已发生了重大变化。但不论变化如何巨大，马克思主义的基本原理并没能被驳倒，没有过时。本节之所以来集中地说明这种变化（尽管还只是非常概略的），是为了用马克思主义的彻底历史主义的态度来解读《讲话》，避免《讲话》中那些至今仍需要深入解读的有重大意义的思想被五花八门的各种思想所淹没，同时也是为了适应历史本身的发展，向前扩展和丰富《讲话》的思想。从行文上说，我想先集中作这样一个总的说明，也可避免在后面的解读中多次重复地提及和解释本节中所讲的问题。①

（原载 2002 年、2003 年《马克思主义美学研究》第 6、7 辑）

---

① 本文预定共分 9 节，现已写成和发表的是前 3 节，后文待续。

中国马克思主义美学的建设者与开拓者
——王朝闻美学研究的当代意义

王朝闻同志是我多年来所尊敬与眷恋的前辈、师长与友人，我中青年时代的生活与工作的相当大的一部分是和他联系在一起的。他的去世使我陷入一种难以摆脱的痛苦中。后来忽然想起他曾在一篇文章中谈到他晚年对《古诗十九首》中"人生非金石，岂能长寿考"这两句诗的体会，这才使我的痛苦渐渐缓解。同时又想到他虽然走了，但他为我国文艺事业和马克思主义文艺理论与美学研究所作的贡献，是能像"金石"那样"长寿考"的。他留给我们的千万余言的著作，有如深山大泽，足供后人从不同的角度和不同的需要出发去探寻，从中找到许多深刻、有益和有用的东西。

在中国，较系统地输入与介绍马克思主义美学，始于 20 世纪 30 年代"左联"成立之后，这对马克思主义美学在中国的传播与发展起了十分重要的作用。但是，如何将马克思主义美学的一般原理与中国社会、革命、文艺发展的具体实践结合起来，全面而实际地解决"左联"所提出的创造为工农大众服务的无产阶级文艺的问题，仍然是一个需要在实践中不断探讨的历史性课题。王朝闻在中国马克思主义美学的传播和发展中占有不容忽视的重要地位，他是中国马克思主义美学研究的建设者、开拓者之一，并为此做出了独特的贡献。他的美学思想在今天看来也仍然具有重要的现实意义。

（一）

从简平同志所编《王朝闻艺术活动年表》（以下简称《年表》）

可以看出，王朝闻是从 1929 年开始到 1940 年，在"左联"和鲁迅的影响下，一步步成长为投身于人民革命和抗日斗争的雕塑家、美术家，然后又逐渐转向文艺理论与美学研究。是什么原因促使他发生这种转变的，这是一个和他的美学研究的个性特点相关的、值得加以考察的问题。

从早年开始，王朝闻的活动涉及许多艺术部门，但他是学雕塑的。他所追求的主要目标也就是要做一个有创造性而不平庸的雕塑家。由于他以高度严肃认真的态度来对待自己所学习和从事的雕塑艺术（这和"五四"新文化运动及鲁迅对他的深刻影响有关），因此他就不仅仅满足于对雕塑的技术、技法的掌握，而产生了对雕塑的艺术特质和如何创造性地掌握雕塑艺术技巧的思考。据《年表》记载，王朝闻在 1932 年于杭州艺专学习雕塑时，反复阅读曾觉之译的《罗丹美术论》，鲁迅译的《近代美术史潮论》、《苦闷的象征》和《出了象牙之塔》，丰子恺的《西洋名画巡礼》等著作。这些著作都对他后来的美学研究产生了影响，但其中影响最大的当推《罗丹美术论》。从 1950 年出版的《新艺术创作论》到 1998 年出版的《神与物游》、《吐纳英华》，王朝闻多次详细论及《罗丹美术论》的思想，真可以说是毕生不忘、一往情深。在说明他为什么会高度重视这部著作之前，我想先来考察一下罗丹的进入中国和他对中国现代美学的影响。

据我所知，最早或至少是较早著文向中国人介绍罗丹的艺术和思想的是宗白华先生。他于 1920 年在巴黎多次欣赏了罗丹的雕塑之后，写了《看了罗丹雕刻以后》一文，发表于 1921 年 3 月 15 日出版的《少年中国》第 2 卷第 9 期上。文中介绍了罗丹的雕塑和艺术思想，中心是在说明罗丹的雕塑和艺术思想使他感到激动，有力地证实和深化了他原先对美与艺术的思考和看法。这就是认为充满活力和生命的大自然是"一切'美'的源泉"，"艺术是自然的重现，是提高了的自然"，"艺术的最后的目的，不外乎将这种瞬息变化、起灭无常的'自然美的印象'，借着图画、雕刻的作用，扣留下来，使它普遍化、永久化……使人人可以普遍地、时时地享受"。1979 年，宗白华翻译了德国音乐家海伦·娜丝蒂兹所写的《罗丹在谈话和信札中》一书，次年又写了《形与影——罗丹作品学习札记》一文，其中说"罗丹创造的形象深深往来在我的心中，帮助我理解艺术"。鲁迅于 1928 年在他与郁达夫主编的《奔流》第 4 期上发表了日本作家有岛武郎所著、金溟若所译《逆叛者——关于罗丹的考察》，并在"编后记"中说"自己也曾翻译过，后来渐渐觉得作者的文体，移译颇难，又念中国留心艺术史的人还很少，印出来也无用，没有完工，放下了"。接着又说："要讲罗丹的艺术，必须看罗丹的作品——至少是作品的照片"，并为此而给读者介绍了分别由美国和日本出版的两种罗丹作品集。最后又明显感到遗憾地说："罗丹的雕刻，虽曾轰动了一时，但和中国却并没有发生什么关系地过去了。"但这话现在看来自然是不确切的了。

以上简略地回顾了一下"五四"以来中国对罗丹的介绍与研究，是要说明罗丹的作品和他的艺术思想的确对中国现代美学的发展产生了不可忽视的影响。《罗丹美术论》谈的虽然是罗丹从雕塑创作中得来的种种感悟、体验和思考，但已不限于雕塑，而包含了对艺术与自然和人生的关系，以及艺术创造的特征、规律、技巧等问题的深刻见解。罗丹生活于 19 世纪后期至 20 世纪初年，当时西方的现代派艺术已勃然兴起，但罗丹与任何一个现代派艺术家都不同。从哲学上看，他并不是一个唯物主义者，而是与西方哲学史上的斯宾诺莎类似的泛神论者。而泛神论在西方哲学史上，同时也是唯物主义的一种表现形态，或包含有唯物主义思想。罗丹把泛神论应用于他对美与艺术的观察思考，竭力主张大自然就是美的源泉，大自然无处不美，对于人的眼睛来说不是缺少美，而是缺少发现。因此，他强烈批判学院派虚伪的理想主义和公式主义的表现方法，主张艺术家要返回自然、直面自然、崇敬自然，用自己的眼睛去看自然，从最平凡的东西中发现美。罗丹又是一个热烈真诚的人道主义者，他鲜明地主张艺术要为人生，要努力去表现那虽然有种种苦难和丑恶，但本质上仍是美的、伟大的人生的奥秘。要使艺术家作品的整个形式，包含阴影、光、每一根线条，都成为对人生奥秘的深刻揭示。罗丹还热烈地歌颂肉体的和精神的劳动，主张艺术家应当像一个热爱自己工作的工人那样去完成自己的创作。显然，罗丹的美学思想，既可以很容易地通向"五四"时期艺术为人生的思想，也可以很容易地通向"五四"之后，从鲁迅到毛泽东所主张的从现实社会生活出发，既高度重视艺术的思想性，同时又决不忽视艺术性的马克思主义美学思想。从中国的美学传统看，它也可以很容易地通向中国古代的"师造化"和这一思想最早的奠基者，高度重视艺术与自然的关系的庄子的思想。宗白华先生对罗丹的高度推崇和他对庄子的高度推崇密切相关，因为庄子的哲学正是中国古代的泛神论哲学（参见拙著《中国美学史》第 1 卷老子章和庄子章）。仅就王朝闻与罗丹的关系来看，他不仅从罗丹的作品和思想中获得了用以论证马克思主义美学的很有说服力的资料，而且还把罗丹的某些思想加以改造而吸收到自己的美学思想中。

1940 年 12 月，王朝闻到达延安，次年 12 月 2 日，他在延安《解放日报》上发表了第一篇文艺短评《再艺术些》。文中依据他在到延安之前和之后参加以艺术为武器宣传抗日的感受，指出这种宣传既有不能否认的成绩，同时又存在着脱离实际、脱离群众、违背艺术规律的种种问题。他对于那些"非常吃力地直译着歌词、讲演、纲领、口号，不但没有生动的形象，只是概念，没有艺术应有的魅惑力，只是说明，甚至说明也做不到"的文艺创作进行了批评。他提出：

> ……是的，"艺术就是宣传"。为了宣传得有力，再艺术些！
> 怎样才能磨利我们的武器，限于学力，此刻还说不出具体办法，写这短文的目的不过提出一个值得提出的问题而已。

为什么到延安还不满一年的王朝闻能够如此鲜明而直截了当地提出必须重视文艺作品的艺术性问题呢？我认为这同他作为一个革命的艺术家的责任感分不开，也同他到延安之前反复阅读《罗丹美术论》等著作时对艺术创造的特征等问题的思考分不开，还同鲁迅在一些文章中对"左翼"的文艺家必须重视文艺的艺术性的论述，以及鲁迅在他所编印的《引玉集》、《一个人的受难》、《珂勒惠支版画选》等介绍前苏联及其他国家进步的、革命的木刻版画集的序跋中，对这些作品的艺术力量的精辟分析分不开。1928 年，当时比"左联"更早一些提出"无产阶级革命文学"口号的后期创造社理论家翻译了美国辛克莱的文章，用他的"一切的艺术是宣传"这句话来论证革命文学的合理性及其作用。对此，鲁迅在《文学与革命》一文中指出："一切文艺固是宣传，而一切宣传并非全是文艺……革命之所以于口号，标语，布告，电报，教科书……之外，要用文艺者，就因为它是文艺。"在中国革命文艺发展的最初阶段，不少文艺家只强调以文艺为宣传革命的武器，而对文艺的特殊规律和作品的艺术性有所忽视，一些人甚至非常轻视。鲁迅虽然提出了这个问题，但并没有引起充分的重视。王朝闻在1941年明确地提出这一问题，不论对革命文艺还是对于马克思主义美学在中国的发展，都具有重要意义。《再艺术些》发表之后的次年，毛泽东发表了《在延安文艺座谈会上的讲话》（以下简称《讲话》）。毛泽东在《讲话》中指出："政治并不等于艺术，一般的宇宙观也并不等于艺术创造和艺术批评的方法"，"缺艺术性的作品，无论政治上怎样进步，也是没有力量的"。这正是对王朝闻提出的观点的充分肯定。同时，《讲话》对文艺与群众、文艺与生活的关系作了科学的、深刻的论述，这是王朝闻在过去所读过的《罗丹美术论》及其他著作中都找不到的。他由此获得了一个新的理论制高点，可以使他把过去所读的书中那些合理的、有价值的东西，一一融入到他对艺术性问题的研究中，成为丰富和加深他的研究的宝贵的思想资料。

毛泽东的《讲话》使王朝闻从此走上了美学研究的道路。虽然他还没有完全放弃创作，但理论研究越来越成为主要的方面了。1942年，他开始担任鲁艺美术系创作课教员。1945年秋，他从延安到达张家口，在华北联合大学美术系任教。学校安排他讲创作方法课，并编写讲义，这更把他推上了理论研究的道路，不断对艺术中的各种问题进行紧张的理论思考。这些充分反映在他从1946年至1949年所写的《艺术札记》中。王朝闻的《艺术札记》以及他在华北联合大学美术系讲授创作方法论和编写讲义的经历，为他在1949年春末至冬初写作收集在《新艺术创作论》一书中的文章奠定了坚实的基础。1950年《新艺术创作论》的出版产生了很大的影响，使他成为得到公认的、具有权威性的马克思主义文艺理论家。

540

（二）

王朝闻的美学研究的一个重要的特点，就是坚持以马克思主义为指导，同时又坚决反对一切脱离实际的教条主义和先验主义，始终坚持从文艺欣赏与创作的实际出发，创造性地研究和解决文艺欣赏和创作中的各种问题。可以说，在毛泽东的《讲话》发表之后出现的文艺理论与美学的研究者之中，王朝闻是最富于创造性，也就是最富于创新精神的人物之一。当然，在解放后历次复杂激烈的政治斗争中，王朝闻所写的某些文章也在不同程度上受到了"斗争"的影响。但即使是他那些在激烈的政治斗争中写成的文章，也仍然在努力坚持既要符合马克思主义的根本原则，又要符合客观实际的指导方针。这就是他的这一类文章直到现在看来仍有价值，并没有因时过境迁而失去意义的重要原因。王朝闻晚年曾对文艺创造中出现的一些不健康的，甚至是错误的倾向提出了批评，其目的是为了使我们的文艺创新能沿着已被实践证明的正确道路前进，避免走入歧途。尽管他对西方现代派文艺的评价与分析我认为有值得进一步讨论的地方，但他坚决反对盲目拜倒在西方现代派的脚下，鄙视以至否定我们民族优秀的文艺传统（包含"五四"以来，特别是毛泽东的《讲话》发表以来的优秀传统），这是切中时弊，完全正确的。不论在研究方法上还是在对文艺欣赏与创造的规律的深刻揭示上，王朝闻的美学都包含许多至今仍有重要的现实意义，值得我们深入研究的东西。以下试从几个方面略加说明。

第一，从实际出发的研究方法。

毛泽东的《讲话》发表之后，对于它的研究基本上包含两个方面：一个是从贯彻党的文艺方针的需要出发，应用马克思主义的基本理论去阐发、论证《讲话》的思想的正确性；另一个是有针对性地解决广大文艺家和文艺工作者在实践《讲话》的方针，进行创作时所遇到的各种问题。作为一个从文艺创造转向理论研究的文艺家，王朝闻最为关注的是后一方面的问题。他深知文艺创造的复杂性和其中的甘苦，指出仅仅靠不断引用和重复《讲话》中的词句是不能真正解决文艺创造中的各种实际问题的。他很重视自己的直接经验，认为这是不盲从任何既有的理论，使自己的研究具有独创见解的重要依据。例如，英国哲学家、美学家休谟认为，建筑中的柱子上细下粗，能引起安全感，因而能使人有愉快感；王朝闻则依据自己的实际观察指出，一些桌凳的腿的设计是上粗下细的，却也可以给人以一种活泼而有变化的愉快感。这虽然只是一个琐细的例子，但可以说明王朝闻是如何从自己的直接经验出发来思考美学上的问题的。王朝闻的美学研究，坚持只讲他认为是在自身审美与艺术的经验中获得了证实的东西。如果他觉得尚未得到证实，那就暂时置而不论，继续思考。同时，王朝闻又十分重视从他人得来的间接经验。这包含从对他的同行、战友的创作实践的成败得失的观察思考中得来的经验，也包含从对古今中外卓越的美术家、文学家、戏剧家，还有他所接触到的一些名不见经传的民间艺术家创作的研究中得来的大量经验。他兴味盎然、孜孜不倦地研究历史上一系列卓越的文艺家的作品，不仅是为了让读者能充分地欣赏与体验这些作品的杰出与微妙之处，同时也是为了通过这种研究来具体地探讨文艺创造与欣赏的规律，由此阐发和证实他提出的论点。例如，他在早年写的《艺术札记》和晚年写的《神与物游》、《吐纳英华》等书中，都分析了唐诗宋词中的许多名句，并且说这些诗词不是作为美学理论而写的，但却可以当作美学理论来读。古今中外一切成功的文艺作品无不创造性地体现了文艺创造与欣赏的规律，因此我们完全能够通过对这些作品的欣赏与分析来具体地理解、加深我们对文艺创造与欣赏规律的认识。

为了取得从事美学理论研究所必需的、尽可能丰富的审美与艺术经验，王朝闻作了数十年如一日的努力，一点一滴地积累、增加、丰富他的这种经验。记得在 60 年代，有一次我和他一起看电影，他忽然从口袋里拿出笔记本，在黑暗中摸索着写什么。我问他，他说这电影有一个细节处理得不错，要记下来，免得忘了。正因为王朝闻的美学研究是以他在长时期中积累起来的审美与艺术的实际经验为基础的，所以他的研究是言之有物的，包含着他自己独到的观察与体验，因而能够给广大的文艺家及读者以亲切、平易而又深刻的启发，从而奠定了他在中国当代马克思主义美学研究中别具一格的、为其他任何人难以取代的历史地位。

第二，掌握和应用唯物辩证法的分析方法。

王朝闻的美学研究是以他所掌握的审美与艺术的极为丰富的实践经验为基础的，但又不是单纯经验性的描述，其中包含着深刻、独到的分析。这首先是因为他研究这些经验的目的，是为了找出艺术创造与欣赏中的规律性的东西；其次是因为他通过刻苦的学习思考，很好地掌握了唯物辩证法。如他在分析新年画的创作时，既充分肯定年画必须具有装饰性，同时又指出现实性是主导的，装饰性是从属的；在讲到文学书籍的插图时，指出插图对于文学作品，既要有必要的从属性，又要有相对的独立性。这些说法看来好像很简单，其实由于王朝闻善于辩证地思考问题，所以能十分简要而正确地抓住新年画和文学插图创作中必须注意的关键问题，对提高创作水准极有帮助。

马克思、恩格斯、列宁、毛泽东多次指出，唯物辩证法是贯穿在自然、人类社会和思维中的普遍规律，文艺创造与欣赏当然也不能脱离唯物辩证法这一普遍规律。毛泽东在《讲话》中批评了把唯物辩证法机械地套用到文艺创造中来的所谓"唯物辩证法的创作方法"。周扬在1933年发表的《关于"社会主义的现实主义和革命的浪漫主义"——"唯物辩证法的创作方法"之否定》一文，也曾结合当时苏联文艺界的争论，对所谓"唯物辩证法的创作方法"的错误作了细致的分析批判。但这并不意味着我们不应当用唯物辩证法的观点来观察、分析、说明文艺创造与欣赏中的各种问题。相反，文艺的创造与欣赏是一种充满着辩证法的复杂的精神活动，它恰恰是一切反辩证法的机械论无法予以正确深入的解释与说明的。中国古代美学的一个重大优点，就在于它具有十分丰富和朴素的辩证法思想，主张艺术应当将看上去相反的各种要素恰当地统一起来。这样才能创作出成功的、有艺术魅力的作品。这一思想最为集中地表现在《周易》及历代许多关于诗文书画的著作中，如王朝闻常常提到和引用的清代笪重光的《画筌》，就具有非常鲜明和深刻的辩证法思想。

在 20 世纪 80 年代的下半期，美学界曾一度兴起"方法论"热，以为只要用西方传入的"三论"——系统论、信息论、控制论——的方法来研究美学，中国美学的面貌就会焕然一新，结果我们并没有看到具有真正理论价值的"新美学"降生。之后又有人提倡结构主义或现象学的方法，但至今我也未看到应用这些方法搞出来的真正有价值的理论成果。我不否认上述种种方法都有值得我们参考借鉴的地方，但我认为真正正确有效的方法仍然是马克思主义的唯物辩证法。对于上述各种方法，我们需要吸取的只是其中可以用来丰富唯物辩证法的某些合理的东西（包括纯技术操作层面的东西），而不是用它来取代唯物辩证法。理论创新应当是在坚持唯物辩证法基本原理前提下的创新，并且应当是实事求是的、确有科学价值的创新，而不是在"创新"的名义下来消解马克思主义的基本原理（不仅限于唯物辩证法的问题）。从王朝闻对文艺创造与欣赏的规律的研究来看，他从早年到晚年，始终坚持马克思主义的唯物辩证法的"创新"（无论是在创作方面还是在理论方面），表现了他作为一个马克思主义美学家的坚强信念。

第三，对文艺创造的基本过程的论述。

王朝闻对于文艺创造的基本过程的看法，可以概括为：生活→艺术家对生活的本质的感受、认识、分析与体验→艺术所要表达的主题的产生和艺术形象的创造。他通过对文艺创造中大量事实的深入分析，证实了深入生活是文艺创造的源泉、基础，是决定文艺家的创造能否取得成功的根本条件。其中，他又特别强调文艺家对生活的本质的认识的重要特征，反复指出只有当文艺家对生活的认识不是概念化、一般化的，而是有自己独特而深刻的观察与体验时，这样才能创造出既有真实而深刻的主题思想，同时又富于艺术性的形象。他还有针对性地批评了脱离对生活的本质的认识，满足于罗列生活现象的自然主义和脱离内容的表现去玩弄技巧的形式主义。自从《新艺术创作论》发表以来，上述思想得到了广大文艺家的赞同，可以说已经成为文艺理论的"常识"了。

和延安时期及解放后至"文革"前的时期比较起来，我们今天的文艺无疑已经发生了重大的变化。这种变化首先表现在艺术的社会功能方面。艺术不再和严酷的政治斗争、军事斗争及意识形态上的斗争紧密地联系在一起，而获得了广阔的、宽松的、多样的发展天地，艺术的娱乐作用也空前地凸显出来。但这并不意味着艺术所具有的和审美联系在一起的认识作用和教育作用就消失了，或不再有什么重要意义了。艺术的娱乐作用固然不可忽视，但为了反映当前中国和世界这个伟大的时代，我们也同样需要王朝闻所说的"真实深刻而有高度艺术性地"反映时代生活本质的作品。谈到文艺反映时代生活的本质和规律，那些西方的"反本质主义"和"后现代主义"者自然会跑出来反对。前者认为所谓"本质"、"规律"，只不过是人们想出来用以解决种种问题的权宜之计或有用的假设；后者认为历史充满了不连续性、不确定性，关于"本质"、"规律"的理论是不可思议的奇谈。这里我们无须从哲学上条分缕析地批驳这些理论，而只须简单地指出：一切违背本质的权宜之计或假设最后都是要归于失败的，一切最不可预测的偶然性后面都隐藏着必然性，必然性会不可抗拒地通过无数的偶然性来为自己的实现开辟道路。我们的文艺家如果始终关注对生活的本质的认识与思考，进入到生活的最深处去充分地感受、认识、分析、体验生活的复杂性与辩证性，敏锐而深刻地体察时代进步的脉搏，各种人和事背后所隐藏着的本质性的东西，并以最富于艺术性的形式表达出来，就完全有可能创作出足以和古今中外的大师相媲美的作品。即使做不到这一点，也完全可能把时代的变迁和历史的进步的某一侧面真实地保存在自己的作品中。相反，如果一提到文艺家要努力认识生活的本质，就觉得是早已过时的陈词滥调，甚至作鄙夷状，我认为这是很悲哀的。我在重读王朝闻的《神与物游》、《吐纳英华》两书时，从不少段落中都可以感受到，他在面对种种忽视生活真实和违背艺术创造规律的现象时，产生了一种悲凉的心境，但已经进入暮年的王朝闻，仍然在书中竭尽所能地反复细述认识生活的本质和掌握艺术规律的重要性，希望能引起人们的反思与认同。阅读这些文字，我既感到痛苦，同时又被他那种"夕不甘死"、以身殉道的精神深深地感动了。

第四，辩证地研究和解决欣赏与创造的关系。

在中国以至世界现当代美学中，把欣赏与创造的关系问题提到重要位置，并在马克思主义的美学观、艺术观的指导下对此问题作了具体深入研究的，我认为要首推王朝闻。他的这种研究，首先是受到毛泽东的《讲话》的启发，其次是对中国传统美学的继承，同时又以他丰富的欣赏与创作经验为基础，因此具有他个人鲜明的独创性。这些思想很难纳入西方现当代美学中，也不是马克思主义关于艺术的一般原则的简单推演。

毛泽东在《讲话》中提出了人民大众是文艺作品的"接受者"这一重要概念，文艺家在创作时必须充分考虑到自己的作品能否为人民群众所欢迎。早在《艺术札记》中，王朝闻就已多次指出作品的创造要预先充分估计到群众的"欣赏能力"，既要适应它，也要提高它，并且还提出"能欣赏，不一定能创作；不会欣赏，定不会创作"的观点。由此可见，对欣赏问题的研究之所以引起了王朝闻的高度重视，是同他所接受和一生坚持的文艺要为人民大众服务的思想分不开的，因此在研究的出发点及与之相关的方法上，他同厨川白村的《苦闷的象征》及西方学者对欣赏问题的研究有明显的区别。此外，王朝闻进行的研究虽然与毛泽东指出人民大众是革命文艺的"接受者"分不开，但又有多少人会由此想到需要从理论上对文艺欣赏的规律作深入的研究呢？

从中国古代的美学传统来看，自先秦以来儒家的美学就高度重视文艺的"教化"作用。我认为"教化"一词很切合文艺的功能特征，即不是用文艺去生硬地教训人，而是要用它去感化人，使人们在对作品的美的欣赏中自然而然地接受作品的思想，以达到儒家常说的"移风易俗"、"化成天下"的目的。《论语》中对孔子听了《韶》乐之后的感受的记载，就已经充分地说明了这一点。道家虽然不讲文艺的"教化"作用，但仍然认为对天地万物和艺术之美的欣赏是能通向道家所讲的"道"的，它的作用是使人自然而然地领悟到天地人生之"道"。因此，中国历代美学都是把艺术的欣赏与创造密切联系起来讲的，从不把二者机械地割裂开来。王朝闻充分地继承了这一传统，如上引他认为"能欣赏，不一定能创作；不会欣赏，定不会创作"的说法，就与清代画家龚贤在一则题跋中对"识画"与"作画"的关系的论述很为相似。龚贤认为，"作画难而识画尤难"，"识画"者不一定"作画"，但如果他专注于绘画，就会成为"圣手"；反之，不"识画"者作画，甚至以画为"糊口之具"，是一定画不出好作品来的。

在王朝闻的美学中，欣赏与创造的确是内在地、辩证地统一在一起的，这无疑是他的美学的一大特征。他所写的名篇《欣赏，"再创造"》，以许多生动的例证说明欣赏并不是一种简单的接受，而是欣赏者的"再创造"的活动。只有这种能唤起欣赏者的"再创造"活动的作品，才是有艺术魅力的、能最大限度地发挥文艺所特有的感染教育作用的作品。这篇十分精炼、深切、中肯、明快、生动的文章，虽然是以艺术随笔的形式写出来的，但是就论点的正确性与深刻性来说，比西方"接受美学"的某些冗长、空洞而烦琐地讲"阅读问题"的长篇大论要好得多。从当前文艺创造的现状来看，如何既适应又不断提高广大读者或观众的欣赏要求，创作出具有深刻的思想教育意义，同时又能使读者或观众兴趣盎然地欣赏和接受的好作品，仍然是一个需要不断努力加以解决的问题。如果只从商业的角度考虑作品的"卖点"，取悦于某种低级趣味，那就会导致社会欣赏水平的下降。从长远来看，能够受到大众欢迎的有"卖点"的作品，既不是曲意迎合低级趣味的作品，也不是凌驾于大众之上，以"前卫"、"精英"自命的作品，而是既符合大众当前的欣赏要求、欣赏能力，又能有力地推动它的发展和提高，具有真实而深刻的思想和艺术独创性的作品。对此，王朝闻在《喜闻乐见》及其他文章、著作中，都做过许多很有说服力的分析。

第五，对艺术特征的深刻理解。

王朝闻曾说过他很想写一本《观众学》，由此可见他对欣赏问题的重视，但这不等于说他忽视对艺术创造的研究。依我的看法，他前期的研究工作着重于对艺术创造的探讨，但一开始就是结合着欣赏的，越到后来越感到欣赏与创造有着非常密切的关系，于是更多地关注欣赏问题。正因为他对创造的研究一开始就是与欣赏联系着的，很重视从欣赏的角度来观察创造，所以他在《艺术札记》中就相当明确地提出了一个看法，即认为古今中外一切成功的艺术作品都有一个共同的基本特征："耐看"，即经得起反复欣赏。这看来好像是一个很平凡通俗的字眼，但却准确而深切地把握住了艺术对生活的反映和艺术区别于生活的重要特征。大量的事实说明，任何时代、任何国家成功的艺术作品，都具有"耐看"这一根本特征，也就是马克思所说的"永恒的魅力"。

王朝闻的"耐看"说的提出，既是他对艺术欣赏的规律、特征的研究必然得出的结论，同时也是对中国美学一贯重视欣赏者的能动性和艺术的"含蓄"美的优秀传统的继承。这是他一生致力于马克思主义美学中国化的一个十分重要的方面。

从历史上看，我国古代的思想家很早就把事物的"理"（相当于我们现在所说的"规律"）与人自身的"情"联系起来加以考察，并且认为这种"理"与"情"在现实生活中的表现不是简单、机械、一目了然的，而是极为复杂、变化多端的。因此，在知识的传授与思想的教育上，中国古代的思想家十分强调启发诱导（所谓"循循善诱"），举一反三，而不是硬性强制的、赤裸裸的教训。相应地，在用以传达思想的语言上，也十分强调语言的应用要充分发挥启发诱导，打动人心的作用。孔子说用以"言志"的"言"要有"文"，甚至说"予欲无言"；老子说"道可道，非常道"，"正言若反"；庄子说"言不尽意"，"得意"即可"忘言"，都包含着上述对"言"的功能的要求。影响及于后世，中国历代文艺理论都把"言有尽而意无穷"推崇为文艺创造的最高境界，也就是把"含蓄"的美视为艺术美的最高境界。从欣赏的角度说，也只有这样的作品才是"耐看"的，即能使"味之者无极，闻之者动心"（钟嵘语）。这种对"含蓄"的推崇，包含了中国美学对艺术如何反映现实的根本特征的深刻理解，是中国美学的一大贡献。

在中国革命文艺发展的过程中，为了充分发挥文艺的宣传鼓动作用，不少人极为强调文艺作品对思想的表达要尽可能明白易懂。这自然有它的历史的合理性，但同时它又忽视了中国传统美学中所讲的"含蓄"这一重要特征，甚至认为"含蓄"是必须抛弃的封建士大夫审美趣味的表现，其结果是助长了标语口号化倾向的发展，削弱了作品的艺术力量。王朝闻在收入《新艺术创作论》的《含蓄与含糊》一文中，明确地批评了上述否定"含蓄"的观点。他指出，即使从老百姓日常生动的语言中也可以看出群众是懂得"含蓄"和欣赏"含蓄"的。如果我们的文艺家懂得"含蓄"的道理，那么他的作品就会有更广泛的概括性，更动人、更耐看，更能持续地发挥文艺的感染力。但在写作《含蓄与含糊》一文时，王朝闻还只是把"含蓄"视为应予以高度重视的一种艺术表现手法。他后来对这一问题的研究，则一步步地使他确认"含蓄"与"耐看"是一切成功的艺术作品的根本特征，并把它和马克思主义美学所讲的艺术的"典型化"联系起来了。

和"耐看"问题相连，王朝闻对从西方传入的，本来不过是绘画构图的普通常识的"多样统一"，作了堪称创造性的研究。他指出：一切成功的艺术作品都是既"丰富"又"单纯"的。说它"丰富"，是因为它对生活的本质的复杂性作了深刻的揭示；说它"单纯"，是因为它对生活的一切描写都集中于对生活本质的复杂性的深刻揭示，没有任何多余的、累赘的东西。这样的作品，也就是王朝闻所说充分"含蓄"而"耐看"的作品。相反，看去"丰富"而不"单纯"的作品，把对各种生活现象的描写杂乱无章地堆积在一起，不知道什么是应当着力描写的，什么是完全可以从略或只消一笔带过的，显示不出生活的复杂的本质意义所在；"单纯"而不"丰富"的作品，缺乏对生活本质的复杂性的细致深入的观察与描绘，结果虽然想要表现作者对生活本质的某种认识，但却是简单空洞的、一般化的，甚至是装腔作势的。这两种作品，当然都不可能是"含蓄"而"耐看"的。以上是从作品状态或构成来看的，再从作品与生活的关系来看，王朝闻又多次指出，不论容量有多大的作品，都不可能将生活全部描写出来，而只能依据文艺家对生活的认识，选取其中最有代表性的部分，通过对它的描写而唤起、调动、激发欣赏者的想象，使欣赏者感受和体验到比作品直接描写的对象更丰富、更深刻的内涵，在对作品有所补充、有所丰富、有所发现的愉快欣赏中，自然而然地接受作品所要表达的思想感情。王朝闻把这称为"一以当十"、"不全之全"，以"个别"表现"一般"，因之也就是"典型化"。实际上，他是在对中国传统美学所说的"言有尽而意无穷"的"含蓄"论作出一种现代阐释。王朝闻所说的"典型化"指的是文艺家如何通过对有限的生活场景或自然对象的描写引起欣赏者对更广阔的生活的联想、体验与思索。它既包含小说中典型人物的创造，同时也包含一切不直接描写人物的文艺作品的创造，如一首抒情小诗，一幅山水花鸟画，都应当是"典型化"的，也就是具有"一以当十"的艺术魅力的。

王朝闻对"含蓄"及与之直接相关的"一以当十"的论述，曾一度被认为是他的"偏爱"，只重视"间接描写"而忽视了正面的"直接描写"。我也认为他确有"偏爱"，但这"偏爱"又恰好包含了王朝闻对中国美学与文艺传统的可贵之处的深切理解。实际上，即使是正面直接地描写生活的作品，同样也应当是含蓄有味，而非一览无余的。这可以从古今中外一切采取正面直接描写的、成功的经典之作中找到证明。例如，宋代被人称为"马一角"的马远的侧重于间接描写的山水固然是"含蓄"、"耐看"的，但采取正面直接描写的郭熙的全景式的山水，不也是"含蓄"、"耐看"的吗？就诗歌而论，高度重视"含蓄"的钟嵘，在他的《诗品》中就十分赞赏"皆由直寻"所得的"胜语"佳句，如"思君如流水"、"高台多悲风"、"清晨登陇首"、"明月照积雪"，等等。这里除第一句接近我们现在所说的"间接描写"之外，其他的都是"直接描写"，但同样是含蓄有味的。

王朝闻反复讲过的作品要"含蓄"、"耐看"的问题，对提高我们今天文艺创造的水平，仍然是很重要的。也许，在市场经济的条件下，在文艺和大众传媒结合而变为供娱乐的一次性消费的情况下，还要讲创造含蓄而耐看的作品，很可能被认为是不识时务的冬烘学究的迂腐之谈。这里，我认为问题的关键是如何看待娱乐与文艺的关系。

文艺自古以来就有娱情的作用，按唐代张彦远在《历代名画记》中的说法，它不仅能"鉴戒贤愚"，而且也能"悦娱情性"。王朝闻在他的文章中也曾说过，人民群众对娱乐的需要是不可忽视的，娱乐不是纯然无意义的、消极的东西，即使是魔术和杂技表演，也有提高观赏者的智慧的作用。当前，国内外对"大众文艺"或"流行文化"持批判态度的理论不少，其中固然有值得我们重视思考的看法，但全盘否定"大众文艺"存在的合理性与价值，认为文艺向大众所需要的娱乐靠近就是文艺的毁灭，这显然是缺乏分析、不合实际的偏激之论。文艺与大众所需要的娱乐的关系是否定不了的，问题在于我们应当怎样去引导这种需要的发展，并为它提供怎样的作品。对于有社会责任感和把文艺创造视为神圣事业的文艺家来说，即使是创造满足大众娱乐需要的作品，也必须以严肃认真的态度去对待，苦心经营，不能把它看作是一次性的消费品而粗制滥造。这就是说，要尽可能使它具有一切成功的艺术品都具有的含蓄与耐看的力量，因而能在较长时期中保持它的欣赏价值。以流行音乐来说，那些能较长久传唱的作品，都是从某一侧面揭示了生活或人生的本质，写得含蓄、耐听、耐唱的作品。相反，一切浅薄、直露、无聊以至下流的作品，都只能成为一时的过眼烟云或泡沫。再就我看到的一些电视剧来说，我觉得有相当一部分作品完全低估了观众的欣赏能力，它们毫无必要地交代一些根本无须交代的细节（如请客吃饭的全过程，有急事到某处去，"打的"、上车、开车、下车的全过程），很少考虑为欣赏者留下想象与思考的余地，情节的冗长而缓慢，使人感到是在浪费欣赏者的时间。这样的作品，我怀疑有多少人能耐心地看下去，更不必说看第二次、第三次了。当然，也有一些相当优秀的作品，比如电视剧《汉武大帝》，尽管不无缺憾，但从它重视对历史的本质作一种客观深入的思考与再现，着力于中华民族伟大气魄与精神的表现，同时又充分注意到历史的复杂性与二重性来看，这一部历史电视剧是值得予以肯定的。

写到这里，我感到为了推动中国当代文艺的发展，多么需要文艺评论家在新的历史条件下，写出像王朝闻的文艺评论那样有敏锐、细致、深入的艺术分析和充分说服力的文章来，以帮助读者、观众提高欣赏力，同时也帮助文艺家提高创造力。

第六，探索马克思主义美学的中国化。

我曾说过，西方的美学是一种哲学家的美学，中国的美学是一种艺术家的美学，现在还要加上"鉴赏家"一词，即确认中国美学是一种艺术家、鉴赏家的美学。这不是说西方哲学家的美学就不谈欣赏与艺术创造的问题，而是说美学始终被看成哲学的一个部分，做一个美学家首先必须是一个哲学家。美学研究的目的也只在于从一定的哲学体系出发去对美、美感（审美）、艺术的本质做出一种哲学的说明，而不干预和解决审美与艺术创造中存在的各种具体问题。有的美学家还特别在自己美学著作中声明这一点。即使是亚里士多德的《诗学》、黑格尔的《美学》直接涉及艺术中的各种问题，但最终目的仍然只在作一种哲学的探讨，使美学成为他们哲学体系的一个必需的组成部分。当然，19世纪后期以来，也有一些美学家从实证科学出发来研究美学问题，但这种研究仍然是与某种哲学紧密相连的，目的也仍然是对审美与艺术的本质从理论上做出某种说明，而不是为了解决审美与艺术中的具体问题。这种现象的出现有多种原因，最主要的有两点：一是西方自古希腊以来就把审美与艺术问题和人对世界的认识联系在一起，审美与艺术问题基本上被看作是哲学认识论的一个特殊方面；二是在西方哲学家看来，艺术家怎样进行艺术创造，这是艺术家个人的事情，是由艺术家个人的选择与判断来决定的，别人无从改变和干涉。

反观中国美学，我认为中国美学是一种艺术家、鉴赏家的美学，这决不是说中国美学没有对审美与艺术的哲学思考，而是说它的一切思考都是为了具体地解决审美与艺术中的各种问题。与西方不同，中国人所说的审美和艺术首先是与审美和艺术的教化作用或对人生境界的追求联系在一起的，而不是像西方美学那样，首先是与对世界的认识问题联系在一起的。正因为审美与艺术和教化问题直接相连，所以艺术家怎样进行创造，是历代思想家、哲学家认为必须高度关注的问题，而不是完全可以任由艺术家自行决定的。表现在理论上，中国美学对"什么是美"、"什么是艺术"这样抽象的问题的考察也都同对美的欣赏与艺术创造的具体考察分不开。没有先秦以来的乐论、诗论、文论及关于书画，以至园林的各种理论，就不会有中国美学。道家虽然很少讨论具体的艺术问题，但它对美与艺术问题的理解是和与"技"相连的"艺"的看法分不开的。在表述方式上，中国美学也有较具系统性的著作，如《乐记》、《文心雕龙》、《画语录》等。但在更多的情况下，是围绕所讨论的某个问题，作一种格言警句式的说明，有时还以赋或诗的形式来表达。我们说中国人也有近代才从西方输入的"美学"（Aesthetica），是因为在中国人关于审美与艺术的各种具体考察中，包含有和西方哲学家的美学所考察过的问题类似、相近、相通的问题的思考与回答，而且其理论的正确性与深刻性并不逊色于西方哲学家的美学。如果按西方哲学家的美学标准来看，甚至可以说中国没有西方所讲的"美学"。如王朝闻多次讲到的《罗丹美术论》，按中国人对从西方输入的"美学"一词所作的了解来看，它包含有重要的美学思想。但西方学者所撰写的美学史从来没有把《罗丹美术论》作为美学著作来加以讨论，更不用说把罗丹和他的思想的记录者与阐发者葛塞尔看作是"美学家"了。温克尔曼的《古代艺术史》、莱辛的《拉奥孔》这两本著作倒是被列入了美学史，这是因为这两本讨论古希腊罗马艺术的著作包含有对古希腊罗马美学的许多分析评论。但在西方美学家的眼中，它的重要性仍远不如由哲学家所写的美学著作。

对于中国传统美学的特点和优点，邓以蛰、宗白华先生曾作过很好的说明。邓先生在《中国艺术的发展》一文中说：

> 中国有极精辟底美的理论。不像西洋的美学惯是哲学家的哲学系统的美学，离开历史发展，永远同艺术本身不相关涉，养不成人们的审美能力，所以尽是唯心论的。我们的理论，照我们前面所讲的那样，永远是和艺术发展相配合的；画史即画学，决无一句"无的放矢"的话；同时，养成我们民族极深刻、极细腻的审美能力……

这里，邓先生对西方哲学家的美学的评价有尚可商榷之处，但对中国美学的特征及其重要的优点讲得很好。宗先生在《漫话中国美学》中也指出：

> ……要研究西方的哲学思想和艺术的关系，从而分别出中外美学思想的不同特点。在西方，美学是在哲学家思想体系中的一部分，属于哲学史的内容。但是亚里士多德的《诗学》，和希腊戏剧分不开，柏拉图的美学思想也和希腊史诗、雕塑艺术有密切关系。……要了解西方美学的特点，也必须从西方艺术背景着眼，但大部分仍是哲学家的美学。在中国，美学思想却更是总结了艺术实践，回过来又影响着艺术的发展。

在我看来，西方哲学家的美学的优点在于它能从哲学上对审美与艺术的普遍本质做出一种清晰严密的逻辑分析，提出各种定义、命题。如果这种美学能从哲学上抓住某一历史时代审美与艺术思潮的中心问题，那么尽管它看起来很抽象，也能对艺术的发展产生广泛深远的影响，但这种影响对艺术家的创作来说是间接的。因为西方哲学家的美学不涉及或极少涉及现实生活中审美与艺术创造问题，美学被看作是哲学的一部分，对它的研究是学者、教授们的事，极少有艺术家会去钻研阅读美学著作，从中找到如何欣赏与创造的指导。除了哲学的研究者之外，艺术家对这些高深莫测的著作的态度，与其说是敬畏，不如说更多的是疏离、漠视，甚至是拒斥。相比之下，如邓以蛰、宗白华先生指出的，中国的美学著作是同日常生活中美的欣赏与艺术的创造不可分地结合在一起的，因此文艺家和艺术的爱好者都愿意和喜欢读它。当然，和西方哲学家的美学著作比较起来，中国古代的美学著作很少对种种概念做出明确的定义，也不对它提出的各个命题进行论证。例如，孔子提出诗可以"兴"、"观"、"群"、"怨"，但他没有对这些概念做出明确的定义，也没有告诉我们，诗为什么会有这四种功能。谢赫提出绘画的最高要求是"气韵生动"，但同样没有明确的定义与论证。应当承认，从现代科学分析的观点来看，这是一个缺陷。但从另一方面看，对审美与艺术现象本来就很难做出一种纯概念的抽象规定，因此中国美学用一种感性化、感情化的、生动的文学性语言来表达美学思想，就能引起人们多方面的思索与玩味，使人爱读爱看，不断获得新的启发。孔子所说的"《诗》可以兴，可以观，可以群，可以怨"，以及"《诗》三百，一言以蔽之，曰：'思无邪'"这些言简意深的话，如果仔细分析起来，不见得就比不上亚里士多德的一部《诗学》。

马克思主义美学是从西方传入的，它的产生又是直接批判继承了西方最典型的哲学家的美学——德国古典美学的结果。但马克思主义的美学是建立在以物质生产实践为根本的历史唯物主义基础之上的，主张从人类的历史发展去考察美与艺术的本质，并且十分重视审美与艺术的社会功能，它在无产阶级解放和人类解放中的重要作用。因此，马克思主义美学虽然产生在西方，却又不同于在它之前和之后的西方哲学家的美学，并可以和自古以来就高度重视艺术的社会功能，从日常生活及审美与艺术的实际活动出发来考察美学问题的中国美学相通。马克思主义美学中国化的过程，始于鲁迅在加入"左联"前后对马克思主义美学的研究思考，至毛泽东《讲话》的发表而获得了实现。这种实现，不是表面的，而是内在的、实质上的，可以说是自然而然将中国文艺与美学的优秀传统"化"到了马克思主义的美学之中。

王朝闻既是一个马克思主义美学家，又是一个极有审美敏感的艺术家，并且在青少年时代就喜爱包含民间文艺在内的中国传统文艺（这与 20 世纪 30 年代某些属于"左翼"的激进的青年艺术家不同）。他从 1941 年开始转向理论研究之后，很快就看到中国传统文艺与美学中有许多珍贵的东西。在收入《新艺术创作论》的《论传神》、《祖国遗产不容轻视》，以及收入《新艺术论集》的《表面精确不等于现实主义——线描不容轻视》等文中，他深刻地论述了中国文艺与美学传统的可贵之处，同时对以"不符合科学"为理由来否定中国画的价值、推崇西画而否定中国画的线描的高度成就等观点作了很有说服力的反驳。这些文章对中国传统的文艺理论与美学的研究

（包括我在青年时代对中国画论的研究），产生了重要的影响。此外，在上面已讲到的《含蓄与含糊》等一系列文章中，王朝闻创造性地广收博采中国传统美学中一切合理的、深刻的思想，用它来丰富马克思主义的文艺理论与美学。这是一种真正结合实际的、创造性的理解与应用，而非学究式的为了显示知识渊博的引证与复述。王朝闻的这种孜孜不倦的努力，贯穿于他一生的研究工作中，使他对马克思主义美学的基本观点的种种论述做到了充分的中国化。他在晚年所写的《神与物游》、《吐纳英华》两书中，又集中地阐发了中国传统文艺理论与美学中的各种合理而深刻的思想，比他过去的论述更为丰富并有所深化。他明确指出，中国古代关于阴阳对立而又和谐统一的思想，是中国人关于文艺欣赏与创造的根本思想，这种思想在中国原始艺术中就已经表现出来。后世最早提出的和艺术相关的思想，实际是对包含原始艺术在内的创造经验的理论总结。这对研究中国古代美学思想的起源很有启发性。

王朝闻所探索的马克思主义美学中国化的过程，就是他在马克思主义的指导之下，继承和发扬中国古代鉴赏家、艺术家美学的过程，并由此产生了以他为代表的，中国马克思主义美学的一种独特的形态，也就是中国现代以马克思主义为基础的鉴赏家、艺术家美学。大约在80年代初期，有人曾经提出，希望王朝闻把他的美学思想表达得更加系统化（体系化）。王朝闻后来也朝这个方向作了一些努力。但我对这种要求和王朝闻为之所作的努力始终是持保留态度的。首先，要求王朝闻提供具有明确的体系的美学，这就等于要王朝闻放弃他最擅长的鉴赏家、艺术家美学，而转向哲学家的美学，同时也等于要王朝闻从一个有深刻哲学思维能力的艺术家转变成一个哲学家，并以哲学家的身份来研究美学。这是根本不必要也不可能的。在我看来，他只要沿着自己的路子走下去，就能够提出哲学家以最周密、最复杂的逻辑思考也难以提出的一些新观点、新看法（哪怕是一点一滴的看法），以奉献于美学。相反，如果硬要他去走哲学家的美学的路子，那就会使他的美学失去自己的特色和优势。其次，讲到王朝闻的美学是否有体系的问题，这是和他所继承发扬的中国古代鉴赏家、艺术家的美学是否有体系的问题联系在一起的。自从西方哲学传入中国以后，一些人用西方哲学为范式来观察中国古代的思想，得出了中国古代没有哲学的结论。而美学在西方又是哲学的一部分，既然中国古代没哲学，当然也就没有美学。最早从日本输入西方哲学的王国维，在他的青年时代也是这么看的。后来经过讨论，包括王国维在内的大多数学者都同意中国古代也有哲学、美学了。但何以这是对的，其理由似乎至今也还没有说得十分清楚。在我看来，主要的理由有二：一是中国古代的思想也曾提出和讨论过西方哲学、美学所讨论的问题，这是人类思想文化发展的共性的表现；二是在思想的表达形式上，中国古代的哲学、美学思想确实没有像西方那样采取充分体系化的形式表达出来，但同样有它的体系结构。自先秦以来，凡是在历史上产生了重要影响的哲学家、美学家，他们提出的各种观点之间都有一种内在联系，只要我们找到了这种内在联系，就可以看出他们的思想的体系。王朝闻也是如此。虽然他的美学观点经常是以评论、随笔的形式表达出来的，但他提出的各种观点并不是杂然并存、互不相关的，而是有着内在联系的，由此形成了有他自身特色的体系。大致而言，我以为王朝闻的美学是从阐发毛泽东的《讲话》而发展起来的，它的大的理论框架是与《讲话》相一致的。但王朝闻在阐发《讲话》的思想时，又特别着重于对文艺的审美特性的考察。而他对文艺的审美特性的考察，一开始就是与对文艺欣赏的考察不可分割地联系在一起的。20世纪80年代他又专门研究过"审美关系"问题。从这些方面来看，我以为对美（包括现实美与艺术美）的欣赏与创造（包括艺术家和非艺术家的大众的创造）的辩证关系的研究，是王朝闻美学的核心。它对各种问题的考察都是从这个核心辐射出去，然后又回到这个核心。如果从西方现代美学经常使用的"审美经验"这个词来看，并把"审美经验"不仅理解为欣赏者的经验，而且还把艺术作品看作也是艺术家对他自身"审美经验"的一种提升、加工、改造和传达的产物（西方美学也有类似的看法），那么可以说王朝闻的美学是一种马克思主义的审美经验论。王朝闻对审美经验的研究既和哲学、心理学相关，但又不同于哲学家或心理学家对审美经验所作的研究。它具有个人的独特性与原创性，能对从哲学或心理学去研究审美经验的人们，提供来自一个艺术家的独特而细致深入的观察与思考，以丰富和加深对审美经验的研究。

除体系问题之外，人们对王朝闻美学的一个不一定见于文字的看法是：缺乏充分的逻辑论证。这又使我们不得不再次回到对王朝闻所继承发扬的中国古代的鉴赏家、艺术家美学的看法上来。这里，我想以上文已谈到的王朝闻关于文艺作品要"含蓄"、"耐看"的思想为例来说明一下这个问题。

钟嵘在《诗品》中指出，成功的诗作具有"言在耳目之内，情寄八荒之表"的特征，严羽在《沧浪诗话》中指出最好的诗是"言有尽而意无穷"的。王朝闻在讲到"含蓄"、"耐看"时，多次引用钟嵘、严羽的话而加以发挥。在西方，直到1790年，康德才在《判断力批判》中明确提出了与钟嵘、严羽近似的看法。他认为"审美理念"和"理性理念"的重大差别，在于它是"为想象的那样一种表象，它引起很多的思考，却没有任何一个确定的观念、也就是概念能够适合于它，因而没有言说能够完全达到它并使它完全得到理解"（依杨祖陶、邓晓芒译本）。这显然与严羽讲的"言有尽而意无穷"、以及中国诗论常讲的"诗无达诂"的说法接近。我认为康德的哲学分析是合理、深刻的，后来谢林、黑格尔的艺术哲学又作了进一步的发挥。但能否因此说钟嵘、严羽的看法就没有论证呢？不能。首先，他们用大量的艺术作品作了论证，其论证并非以逻辑的方式展开，而是更接近于我们对艺术的欣赏，因此也更能对艺术产生实际的作用。其次，从钟嵘、严羽的著作中虽然看不到直接的哲学论证，但中国的诗文画论、书论历来都是同中国哲学的思想分不开的，所以我们能够从中国哲学中去找到对这些著作中提出的观点的论证。严羽的说法显然与庄子对"言"的看法相关。庄子认为"言不尽意"，因为"言"所要讲的"道"是变化多端、不可方物的。但要讲"道"又不能没有"言"，不过它不是普通的"言"，而是"寓言"，通过这种"寓言"就可能使人领悟到普通语言所不能表达的深邃广大、变化无穷的"道"。因此，《庄子》一书中充满着各种暗示和引导人们去体悟

"道"的"寓言"。这种"寓言"实际上就是一种文艺性的语言，严羽所说好诗是"言有尽而意无穷"的，就是建立在庄子对日常语言与文艺性的"寓言"的区分之上的。这虽然不同于康德建立在对哲学认识论的考察上的逻辑论证，但不能不承认，这也是一种从不同的语言所具有的不同表达功能上所作的论证。而王朝闻在引用钟嵘、严羽的话来讲"含蓄"、"耐看"的问题时，又引用了列宁关于个别与一般的辩证关系的说法，即一般只能存在于个别中，但个别又不能完全地包含一般。依据这一看法，王朝闻指出文艺只能通过个别来表现一般（从文艺上看就是指生活的本质），并且要选择那最有代表性的个别来表现一般。但由于个别又不能完全地包含一般，因此文艺只能通过对个别事物的典型化的描写去引起和这个别事物相关的更广阔的生活的联想、思索与体验，而不是详尽无遗地把一切个别事都描写出来。这也是王朝闻对如何使作品具有"含蓄"、"耐看"力量的哲学论证。

（三）

上文已经说过，马克思主义美学传入中国之后，它首先要解决的最重要的问题是：如何创造出为中国革命和人民大众服务的文艺？这个问题的解决自然和马克思主义美学对什么是美、什么是艺术的看法分不开。20世纪30年代，鲁迅以及"左联"时期的理论家，在输入马克思主义美学的同时，都曾或多或少地思考过这个问题，延安时期的周扬也很注意这个问题。毛泽东的《讲话》实际上也包含有对这个问题的深刻的回答（参见拙著《〈讲话〉解读》）。但是，从马克思主义的哲学和美学的观点来系统地思考和说明这个问题，始终未能提上历史日程。而对这个问题讲得最多，并视之为美学中心问题的，是"五四"之后介绍、研究西方美学的若干学者，特别是朱光潜先生。当然，他是从西方某一流派的美学来讲的，而不是从马克思主义美学来讲的。1947年，蔡仪先生出版了他的《新美学》，明确坚持从唯物主义的观点来回答"什么是美"的问题。但由于蔡仪先生对唯物主义的理解存在较为严重的缺陷，加上他所作的论述和文艺欣赏与创造的实际也离得较远，因此，此书出版后未能引起理论界（包括马克思主义理论界）的充分重视。新中国成立后，50年代初掀起了批判胡适唯心主义的运动，要求把马克思主义的唯物主义贯彻到哲学社会科学研究的各个领域中去，因此也涉及了美学。朱光潜先生的美学成了批判的对象，"什么是美"和"美的客观性"等问题成了批判中提出的中心问题。记得1963年下半年我去看望朱先生的时候，他告诉我，周扬曾和他打过招呼，让他不要只是被动地接受批判，也应当主动地回答别人的批评，提出自己的见解，大家共同讨论。我以为这是从50年代开始，由批判胡适唯心主义而引发的美学大讨论之所以能较好地贯彻"百家争鸣"方针，取得了重要成果的一个重要原因。批判逐渐转变为一场持续了很长时间的学术讨论，而且还引起了社会上许多并不研究美学的人们的兴趣和注意。

与美学讨论展开的同时，各大学也开始考虑开设美学课了。回顾历史，1921年秋，蔡元培第一次在北京大学开设了美学课，并准备编写《美学通论》作为教材（未写成）。之后，上海及北京的某些美术院校也有开设美学课的。所用的教材，除吕澄先生编写、于1923年出版的《美学概论》之外，影响最大的是朱光潜先生于1936年出版的《文艺心理学》。1956年下半年，清华大学建筑系开设了美学课，并请蔡仪先生主讲，我和李泽厚每次都去旁听。大约在同一时间，北京大学哲学系也成立了由王庆淑、杨辛负责，包括邓以蛰、宗白华、马采先生在内的"美学组"，开始为学生开设美学讲座。大约在1959年正式开课。1961年下半年，我在武汉大学哲学系开设了美学讲座，1962年上半年正式开设美学课并自编讲义。在当时的形势下，很需要有一本系统的马克思主义的美学教材，因此，《美学概论》被列入1961年全国高校文科教材的编写计划中，周扬提出由王朝闻出任主编。1962年3月，我也到北京参加《美学概论》的编写工作了。

王朝闻对主编《美学概论》的工作十分重视，尽心竭力，做出了重要的贡献。他将编写组成员紧密地团结在一起，卓有成效地推动了工作的开展。他认为编写工作要建立在详细占在资料的基础上，而且特别重视中国传统美学资料的搜集整理，成立了一个由于民同志牵头的资料组专门负责此事。1980 年出版的《中国美学史资料选编》一书，就是在当时资料组取得的成果的基础上编写出来的。西方现当代美学的资料由李泽厚负责搜集整理，写成了一篇文章，这就是后来收入他的《美学论集》中的《美英现代美学述略》。我负责搜集整理马克思、恩格斯关于美的问题的资料，并撰写了《马克思、恩格斯论美》一文，但至今未发表。所有资料都打印出来，人手一份。王朝闻在主持编写工作中，始终充分发扬学术民主，鼓励大家就全书的基本观点、体系结构展开充分的讨论，逐渐取得共识，形成全书的基本观点和理论构架。各章的写作由编写组成员分工负责，写成后在组内传阅、讨论、修改，最后由王朝闻再审阅、加工、修改、定稿。在历次讨论中，争议最多、争论也最热烈的是关于"美的本质"问题。这里要顺便说一下，当美学组正在编写《美学概论》时，苏联科学院哲学研究所、艺术史研究所编的《马克思列宁主义美学原理》一书已译成中文，由三联书店于 1961 年出版。虽然从王朝闻到编写组的全体成员都认为此书可以参考，但没有人认为它是一本特别了不得的著作。相反，包括我自己，当时在编写组的一批年纪不过 30 岁左右，以美学研究为专业的青年学者，大家对这本书的评价都很低，认为它的观点相当肤浅，全书各部分、章节之间又缺乏内在的联系。现在我们把已出版的《美学概论》和此书比较一下，就可以清楚地看出两者的基本观点和体系结构的差异。我在 2001 年提出要将对马克思主义美学的理解与研究划分为苏联的、西方的、中国的三种，这是和我在上世纪阅读苏联的权威性著作所留下的印象分不开的。回顾《美学概论》的编写，我直到现在仍然感到欣慰与自豪的是，我们既没有盲目崇拜苏联，也没有盲目崇拜西方。这当然是与主编王朝闻的领导分不开的（但他从不以"领导"自居）。

为了编好《美学概论》，对当时正讨论得热火朝天、众说纷纭、莫衷一是的美的本质问题，究竟如何解决，采取什么样的观点，这是不能不面对的一大问题。讨论的结果，大家倾向于采取当时以李泽厚为代表的实践派的观点，但又对他的观点，特别是他当时已发表的《美学三题议》一文的观点提出了种种质疑与批评。我至今仍然怀念那时的多次讨论，虽然争论有时甚为激烈，但却是在一种谈笑风生的气氛中进行的，完全是为了要找到大家认为是比较妥当、合理的说法，没有什么心存芥蒂、互争高下、决一雌雄的想法。当然，这应该归功于善于引导讨论和营造生动活泼气氛的王朝闻。在主持讨论中，他只是仔细倾听大家的看法，偶尔从反面提出某个问题。每次讨论，他都不作什么结论，大家在讨论中逐步取得共识，那就是采取马克思主义的实践派的观点，至于如何来讲，还要共同研究。

现在我们所看到的《美学概论》一书的分章与结构，我认为是简要、合理、紧凑的，它既反映了作为主编的王朝闻的美学思想，同时又吸收了大家讨论和研究的成果。如关于美的问题，分为"审美对象"与"审美意识"两章，这是和王朝闻主张从客体与主体的相互联系中来讲美与艺术问题相一致的。以"艺术的欣赏和批评"作为最后一章，也反映了王朝闻的看法。其中，直接说明美的本质的"审美对象"这一章的初稿是由李泽厚执笔写成的，在组内传阅之后，王朝闻要我来修改。我当时已基本上形成了一种根本性的看法，即主张从人类实践活动所具有的不同于动物活动的自由自觉的创造性这一根本特征出发来解释实践与美的关系，以及美的本质、美与真、善的联系与区别等问题，因此我就把我与李泽厚在《美学三题议》中发表的看法不同的观点放了进去。王朝闻最后修改定稿时也没有作大的、根本性的改动。但此章关于美的一个概括性的定义，即"美是包含或体现社会生活的本质、规律，能够引起人们特定情感反映的具体形象"，接下去就讲美的"客观社会性"，我记得这是李泽厚的原稿中就有的。我觉得这个定义太一般化，还不能说出美的本质特征。但这定义出现的前后既已有我修改时加入的从实践创造讲美的观点，所以也就保留了它。总之，此章观点的形成和全章的最后写成，是1963年至1964年这两年间编写组成员共同努力和王朝闻最后审阅修改的结果，其中也确实打上了我后来始终坚持的观点的烙印。同时，这一章也是在王朝闻领导下，大家对20世纪50年代以来美学大讨论的一个反思和总结，应当说各种合理的观点都被保存下来，不够合理的地方也得到了修正。

《美学概论》一书是中国学者所写的第一本系统论述马克思主义美学的著作，它的完成和出版，我以为在中国马克思主义美学的发展史上有着不可磨灭的历史意义。此书于1981年由人民出版社出版之后，多次再版，发行量已达到60余万册。这在60年代编写的各种文科教材中，可能是绝无仅有的。它说明此书确有可以保存和流传的较高学术价值。

除主编《美学概论》之外，王朝闻在80年代集中研究了"审美关系"问题。这和他曾主编《美学概论》也有某种关系。《美学概论》出版后受到广大读者重视与欢迎，但也有一些人认为不太好读。当然，这本书在表述方式上不是没有需要改进的地方，但一本美学教科书不能不讲"美的本质"的问题，而这个问题是和哲学直接相关的一个甚为抽象的问题。我在过去的文章中曾经指出过，对美的本质的研究类似于马克思所讲的对政治经济学中商品的本质的研究。如马克思在《资本论》第1卷初版序言中所指出的，这种研究"既不能用显微镜，也不能用化学试剂。二者都必须用抽象力来代替"。马克思所说的"抽象"，是建立在对于客观事实的认识的基础之上的，但对商品本质的把握仍然不是仅靠直接的观察就能解决问题的，而必须有"抽象力"。对美的本质的考察更是如此，因为美是表现在各不相同、千变万化的现象之中的，没有"抽象力"就不能把握它。例如，一个人和一座铁桥、一块石头都可以是"美"的，但为什么都是"美"的，这不是仅凭肉眼直接观察，或使用某种科学仪器去观察就能回答的。更何况《美学概论》是一本教科书，不是科普读物，它是要通过教师的讲解和学生自己的思考才能搞懂的。尽管上述对《美学概论》一书的要求是不合理或不完全合理的，但一向对读者十分热心的王朝闻仍然决心要另写一本书来谈美的问题。他先是写了《审美谈》，之后又写了《审美心态》，两书都是从分析"审美关系"来讲美的问题的。

这两本书加起来有60多万字，是他先后在73岁和76岁时写成的。一位年过古稀的老人投入如此之大的精力来探讨无论对谁来说都难以解释清楚的理论问题，这是很令人敬佩的。我读后一方面为他取得的成就感到高兴，另一方面也有一些不同的想法。但在他生前，找不到时间和机会与他交换意见和讨论，当时总觉得来日方长，不必着急。现在他走了，我再来回顾他对"审美关系"的研究，在肯定他的成就的同时也提出一些不同的看法，我想这丝毫无改于我对他的一贯的尊重。下面，我想撇开"审美关系"一词的由来、含义及美学界在这个问题上的种种争论不谈，概略地考察一下王朝闻对这个问题的研究。

王朝闻对"审美关系"的理解，是和他一向高度重视的欣赏问题的研究分不开的，是对他在欣赏问题研究上取得的重要成果的进一步的发挥与论证。这种发挥与论证，显然又是同美学界自 50 年代到 80 年代一直在争论的美是主观的、客观的，还是主客观统一的问题分不开。这集中表现在王朝闻从主体与客体双方的关系来分析审美关系。在他看来，主客双方要发生审美关系，必须具备两个条件：一方面，主体要具备审美能力（这又与主体的审美要求、趣味、爱好等分不开），另一方面，客体又需要具备与主体的审美能力（包含审美需要）相适应的属性、特征。只有这样，在主体与客体之间才能建立起审美关系，主体才能在这种关系中产生审美愉快。在分析这种关系时，王朝闻十分强调发挥主体的能动作用的重要性。他指出主体的审美活动不是被动的接受，而是一种创造性的活动，并依据他自己的丰富的审美经验，对和主体的审美活动相关的种种心理因素，作了许多值得专门研究审美心理学的人们重视和参考的分析。而在对审美客体的分析方面，他反复强调的是客体必须具有与主体审美的能力、需要相适应的属性、特征，否则它就不可能引起主体的审美愉快，成为主体的审美对象。

王朝闻的上述理论是能用大量的事例予以证实的，对我们今天开展美育活动或研究艺术家的创作仍然有重要的参考价值。例如，今天有人重提宗白华先生在"五四"时期已提出的"生活的艺术化"或"审美化"，我认为是有现实意义的。但是，如果不从各个方面致力

564

于主体的审美能力的提高，那么生活的"艺术化"或"审美化"就难以实现，或者有流于低俗化的危险。此外，王朝闻对"审美关系"的研究还包含两层意义。从20世纪50年代到80年代，我国的美学讨论是围绕着"什么是美"这个问题而进行的，这就使美学的讨论不能不带上直接与哲学思考相关的抽象性。如前已指出，脱离了哲学的抽象思考是不可能对"什么是美"这个问题做出回答的，所以由王朝闻主编的《美学概论》对什么是美或美的本质的解答也不能不带有哲学的抽象性，看起来和日常生活中美与艺术的具体现象以及如何欣赏美与艺术的问题离得很远。一些读者对此有意见，王朝闻也有同感，这是促使他对"审美关系"即美（包含现实美与艺术美）的欣赏者（审美主体）与美的对象（审美客体）之间的关系进行研究。与此同时，王朝闻还想通过这种具体的研究，对50年代以来中国美学界一直争论不休的"美是主观的"、"美是客观的"或"美是主客观统一的"问题，做出他认为是与实际的审美经验相符合的回答。

针对关于"美的本质"的上述不同观点，王朝闻的回答是："美既是主客观统一的产物，同时又是客观的。"我认为他的回答是对的，这也是他主编的《美学概论》的主张，问题在于他在研究审美关系时对此所作的论证有需要进一步商榷、讨论的地方。限于篇幅，这里不能一一就他提出的观点作详细的讨论，只能简略地指出以下几点。

第一，美之所以是主观与客观统一的产物，同时又是客观的，从美的欣赏的层面来说明它固然是必要的、不可缺少的，但更根本的是从人类生活和历史的实践创造这一层面来说明。只有进入这一层面，才能说明主体为什么和怎样成为具有审美能力的主体并产生了与其审美能力相适应的，能唤起他审美愉快的客体；审美主体与审美客体为什么是相互依存、相互作用而辩证统一的，以及在什么意义上我们必须肯定审美客体所具有的属性、特征是客观的。

第二，美之所以是主观与客观的统一，就是因为美是人类变主观的东西为客观的东西的实践创造的产物。这个经由实践创造而达到的统一不是静止的、短暂的，而是一个艰难、曲折、复杂、漫长，永无止境的过程，其中有成功也有失败。但只要人类的实践创造是与人类发展的必然要求相一致的，即使它在一定的社会历史条件下遭到了失败，最终也会取得成功。正因为这样，在审美的范畴上，不仅有在主客观的和谐统一中呈现出来的狭义的美（优美），还有从主客观的矛盾冲突中显示出来的广义的美，即把崇高、滑稽、悲剧、喜剧、怪诞等也包含在内的美。

第三，美之所以是主观与客观的统一，同时又是客观的，包含两层意思。首先，美作为主客观的统一，是人类在社会实践中创造自身生活的产物和历史成果。人类的社会实践活动是客观的，因此美作为人类社会实践的产物和结果也同样是客观的。这就是说，美既不是主体的意识活动（包括审美、欣赏活动）的产物，也不是与主体生活的实践创造无关的某种自在的物质属性。主体的实践创造当然离不开意识的活动，但实践活动不是单纯的意识活动，而是主观见之于客观、变主观的东西为客观的东西的感性物质的活动。审美、欣赏中的意识活动有巨大的能动性，但这种能动性只在于它能敏锐地和富于创造性地去发现由人类的实践创造产生的美，并巧妙地表现在艺术之中。没有由人类实践创造产生的美，就不会有人类的审美活动。而且，审美以及艺术创造之所以具有和必须具有高度的能动性与创造性，就因为美本来就是人类生活实践创造的产物，这种创造又是艰难而复杂的，需要高度发挥人的能动性。其次，从客体具有的物质属性来看，物的各种各样的属性，包含它的形式规律之所以对人具有美的意义，看起来恰好与人的审美要求相适应，就因为这些属性和形式规律是人的生活的实践创造必须掌握的属性和形式规律。因此，不能脱离人类生活的实践创造去讲美的客观性。自然界中某些未被人改造过的自然物的属性和形式规律之所以与人的审美要求相适应，一方面是因为这些自然物的存在是与人类生活的实践创造不能分离的，另一方面是因为它具有的属性和形式规律恰好与人在生活的实践创造中掌握和应用了的属性与形式规律相同或类似。王朝闻反复讲到多样统一是一切美的事物、包含未经人改造的美的自然物所具有的一个普遍特征，就因为人类生活的创造不能违背多样统一的法则。也正因为这

566

样，虽然一切美的事物都具有多样统一的特征，但不能反过来说，凡具有这种特征的事物都是美的。在我看来，《美学概论》一书对美的本质特征的论述之所以比苏联美学的讲法更深刻、更合理，就在于它从人类生活的实践创造出发来讲美，并把美看作是人类生活的实践创造的产物和历史成果。苏联美学则不同，它只承认人对美的反映和作为反映者的主体的实践不能分离，而不承认作为主体的反映对象的美也是由人类生活的实践创造产生出来的。在它看来，如果承认了这一点就等于否定了美的客观性，就陷入了唯心主义。实际上，恰好只有承认了这一点，才能科学地解决美的客观性问题，同时也就能解决和美的客观性密切相关的另一个问题，即审美标准的客观性问题。美是人类生活的实践创造的产物，但如马克思多次指出过的，人类永远只能在他所碰到的既定的条件下来创造他的历史，因此，这种创造不是主观随意的，而必须遵循人类历史发展的客观规律。不论人类是否自觉地认识到了这种规律，也不论人类历史充满着多少偶然性，人类历史终究是按照它本身具有的客观规律发展的。正因为这样，不论人们对什么是美的看法多么不同，但真正美的东西总是与人类历史前进的要求相一致，并且丰富而具体地体现了人类创造自身历史的智慧、才能、力量、希望与理想。人类审美与艺术的全部发展史为此提供了充分的证明。

虽然我认为王朝闻对审美关系的研究以及他想由此证明美既是主客观的统一，又是客观的想法，弱点在于他停留在美的欣赏的层面，没有进一步联系《美学概论》已提出的马克思主义实践观对美的本质的看法来加以阐明，但这并不意味着他的美学就脱离了马克思主义的实践观点。相反，从早年到晚年，王朝闻都是马克思主义实践观的最坚决的坚持者。他始终把实践看作是审美与艺术创造的惟一源泉。他在研究审美关系时，也反复讲到主体的审美能力的形成和发展与生活实践不可分离。在论述人们对事物的审美感受的特征时，他又反复指出过这种感受具有复现自己，从直观自己到证实自己，对自己的创造感到自豪与自得的特征，只不过他没有进一步把这种特征的产生与美是人类生活的实践创造的产物联系起来加以说明。他多次说过，他常常将生活当作艺术来看，从中发现美，这实际上也包含了美是人的生活的实践创造的产物的意思，否则就不可能把生活当作艺术并从中发现美。但是，王朝闻何以又不明确地主张《美学概论》认为美是人类生活的实践创造的产物这一观点呢？我认为这是因为他具有丰富的审美经验，在理论上又始终采取谨慎求实的态度，对《美学概论》中的这一说法是否能合理地解释一切美的现象持怀疑或保留的态度。这还表现在，即使他希望通过他对审美关系的研究来对美的本质问题做出自己的回答，但也始终没有明确地对"什么是美"下过定义。他高度重视的是审美与艺术现象的具体研究，而非做出某种定义式的概括。他通过审美与艺术现象的具体研究为我们提供了许多具体、丰富而深刻的思想。

限于我目前的研究水平，我对王朝闻美学的看法与评论就到此为止了。使我感到很大的悲哀的是，不论我的文章写得怎样，他都已经看不到了。但是，人们对他的思想的种种研究与评论将会继续下去，这也是对他的最好的纪念。在此文即将搁笔之际，抬头看着壁上挂着的，我在上世纪70年代初向他索要的《毛泽东像》（浮雕）的照片（与原作大小相等），脑子里忽然跳出鲁迅曾在《坟》的"后记"中引用过的陆机的两句话："览遗籍以慷慨，献兹文而凄伤。"我决不敢以陆机自比，我的文章也还没有写到我自己认为十分满意的程度，但我此时此刻的心理的确和这两句话表达的意思十分相似。别了，朝闻同志！记得他在1994年送我《〈复活〉的复活》一书时，曾在扉页上写下这样的话："不能经常面谈，把它当作和你交流的东西看待如何？"现在，我真的只能在读他的著作时和他交谈了。但我相信不只是我，还有许许多多的读者都会再读他的著作，不断地和他交谈，并从中获得许多深刻的教益与启发，推动我国马克思主义文艺理论与美学研究不断向前发展。

（原载《文艺研究》2005年第3期）

中国现代美学研究的历史和现状

近现代意义上的美学在我国还是一门很年轻的科学。为了发展这门科学，有必要简略地回顾一下我国现代美学研究的历史和现状。

我国现代美学研究的发展，大体上可以划分为三大时期。

（1）从"五四"前后至1930年"左联"成立

我国古代美学研究有着悠久的历史和光辉的成就。但像西方近现代那样一种系统的美学理论，却是在20世纪初年从西方输入的。开始输入西方美学的第一人是王国维。他运用康德、叔本华、尼采等人的美学理论来研究中国文学（小说、戏曲、词等），引进了西方美学中的主观、客观，理想、现实，优美、壮美，悲剧、喜剧等概念、范畴，使人耳目一新，产生了不小的影响。中国人知道西方美学首先应归功于王国维的介绍。

差不多和王国维输入西方美学同时，鲁迅在他的《摩罗诗力说》中介绍了和19世纪欧洲进步诗人拜仑、雪莱、贝多裴、莱蒙托夫……等人的创作相联系的启蒙主义、革命民主主义的美学思想，并且第一次把美学和艺术的问题同中国人民个性的解放、中国社会的改造联系起来了。《摩罗诗力说》可以说是中国条件下的革命民主主义美学的宣言。它所包含的进步的充满着战斗热情的美学思想同王国维的还有许多消极成分的美学思想形成了一个鲜明的对比。

王国维对西方美学的输入和鲁迅的《摩罗诗力说》的发表，对中国现代美学的发展都有重要影响，但正式拉开了中国现代美学研究的序幕的，则是1917年蔡元培的讲演《以美育代宗教说》的发表（见《新青年》三卷六号）。蔡元培对美育的提倡，是"五四"新文化运动的一个组成部分，产生了广泛的影响，对中国现代美学研究的开展起了重要的推动作用。自此之后，一些介绍西方近现代美学流派的译著陆续出版了。就我所见到的说，主要有下面一些：《近世美学》，高山林次郎著，刘仁航译，蒋维乔、黄忏华校，1917 年出版；《美学略史》，黄忏华著，1921 年出版；《美学概论》，吕澂著，1922年出版；《美学概论》，范寿康著，1926 年出版；《现代美学思潮》，吕澂著，1928 年出版。这些书，基本上是翻译或编译日本人的著作，质量都不太高，但对于中国人了解近现代西方美学还是起了作用的。在对西方现代美学的介绍中，介绍得较多的又是德国里普士（Lipps）的美学。如吕澂著的《美学概论》，是师范学校用的教材，作者在"述例"中说"专取栗泊士（今通译里普士）之说"，实际上就是里普士美学的提要。范寿康著的《美学概论》，也是专讲里普士美学的，但比吕著详细。里普士美学在中国之所以引起了较大的注意，我想是因为它对于美感的分析较为易懂，而且它主张的"情感移入"说同中国传统美学思想有近似之处。

"五四"以后出版的这些著作虽然对中国人了解近现代西方美学起了一定的作用，但所产生的影响是不大的。影响更大的是邓以蛰、宗白华发表的一系列美学论文。因为这些论文不只是介绍西方美学，而是参照西方美学来研究中国传统美学的特征，以及当时中国的审美与艺术的发展问题，提出了不少至今看来仍有重要价值的观点。仅从对国外美学著作的翻译介绍来看，"五四"以后真正产生了较为广泛的影响的外国美学著作，是鲁迅所翻译的厨川白村的《苦闷的象征》。厨川白村的美学思想是席勒、柏格森、弗洛伊德等人的美学思想的结合，虽然在理论上还没有形成一个严整的体系，但它反映了倾向革命的小资产阶级的情绪，认为近代资本主义制度的发展束缚了人的生命力和个性的发展，文艺是生命力受到压抑而产生的苦闷的象征，真正的美就是生命力摆脱外界的压抑强制而得到自由的表现，也就是人的个性自由表现。厨川白村的这种思想，由于它刚好符合"五四"运动之后处在苦闷彷徨中的广大小资产阶级知识分子的思想情绪，因而发生了相当广泛的影响。这种影响有其消极方面，但积极方面是主要的。

570

从"五四"运动到1930年"左联"成立之前，中国现代美学的发展主要是开始着手比王国维的时代更为系统全面地介绍西方美学，反思研究中国传统美学，探索中国审美与艺术发展的道路。除邓以蛰、宗白华之外，并非专门意义上的美学家的鲁迅对文艺的看法产生了深远的影响。鲁迅继续发展了他在《摩罗诗力说》中所论述的革命民主主义的美学思想，把美和文艺的问题更加明确和有力地同中国人民反帝反封建的斗争结合起来。鲁迅反对一切超越现实去谈美的美学，他认为美就在中国人民求解放的斗争中，美应该要鼓舞中国人民去改造那黑暗丑恶的旧中国，摧毁一切束缚中国人民个性发展的旧传统、旧势力，创造出一个光明的未来。但由于鲁迅并不是专门意义上的美学家，所以鲁迅并无专门的美学著作，他的美学思想散见在他的许多杂文、短论以及其他著作中，尚待我们去加以系统的整理研究。

（2）从"左联"成立到解放前

"左联"的成立是现代中国美学发展史上一个重大的转折点。在此之前，中国输入介绍了西方近现代的资产阶级美学，但对于马克思主义的美学几乎没有什么介绍，也极少为人所知。"左联"成立后，开始了大量介绍研究马克思主义美学的工作，确立了马克思主义美学在现代中国美学中的地位，这是有着不可磨灭的重大历史意义的。

最早开始致力于介绍研究马克思主义美学的是创造社，但这一工作的更全面、更深入、更持久的开展则是在"左联"成立之后。已经转变为马克思主义者、参加发起成立"左联"的鲁迅对这一工作给以了极大的重视，比之为普罗米修斯从天国窃火给人间。他用了很多时间从事马克思主义美学的介绍工作，翻译了普列汉诺夫的《艺术论》，卢那察尔斯基的《艺术论》、《文艺与批评》等书，并在序言和后记中加以评介，产生了很大影响。冯雪峰翻译的普列汉诺夫的重要美学著作《艺术与社会生活》，也是产生了广泛影响的一本书。瞿秋白从苏区到上海后，也进行了一系列介绍马克思主义美学的工作。其中最为重要的是对恩格斯给哈克纳斯一信中所谈到的现实主义理论的介绍，以及对列宁的《党的组织与党的文学》一文的基本思想的介绍。"左联"不但介绍了马克思主义美学，而且还努力运用它来解决中国革命文艺发展的各个重大问题，产生了鲁迅的《"硬译"与"文学的阶级性"》、《对于左翼作家联盟的意见》以及瞿秋白与"第三种人"论战等一系列辉煌的篇章。这是马克思主义美学在中国的传播和发展所取得的第一批重要成果。

除介绍马克思主义美学之外，"左联"还介绍了马克思主义以前最富于进步性、革命性的俄国革命民主主义者别林斯基、杜勃洛留波夫、车尔尼雪夫斯基等人的美学思想。这对于在中国传播马克思主义以前的进步的唯物主义美学观，起了重要作用，它同"左联"对马克思主义美学的介绍是相辅相成的。其中，最有成绩的又是对车尔尼雪夫斯基美学的介绍。早在1930年，即"左联"成立的那一年，鲁迅就翻译了普列汉诺夫所写的《车勒芮绥夫斯基的文学观》一文，登在《文艺研究》第一期上。到了40年代末，周扬翻译了车尔尼雪夫斯基的《生活与美学》（即《艺术对现实的美学关系》），在书末辑录了马克思、列宁论车尔尼雪夫斯基的主要言论，并写了译后记：《关于车尔尼舍夫斯基和他的美学》。这是我国第一篇最为系统地评介车尔尼雪夫斯基美学的有重要科学价值的论文。作者在文章的第三部分的结尾说："为着艺术和生活的密切结合斗争，为着艺术之'生活教科书'的任务斗争，这就是车尔尼舍夫斯基的美学的目的，让他也成为我们学习他的美学的目的罢！"周扬对这一著作的翻译介绍，确实达到了他所预期的目的，并对中国现代美学的发展产生了广泛的良好的影响。

马克思主义美学在中国的传播发展，从"左联"成立开始到1942年毛泽东《在延安文艺座谈会上的讲话》的发表，又达到了一个崭新的高度，标志着马克思主义美学的一般原则同新民主主义时期中国革命文艺的具体实践完整地结合起来了。这一著作总结了"五四"以来，特别是"左联"成立以来中国革命文艺发展的历史经验，深刻地提出和回答了有关中国革命文艺发展的一系列重大的、根本的问题，如文艺与群众、文艺与生活、文艺与政治、马克思主义与文艺创作等问题。这些问题虽然不完全是美学问题，但和美学密切相关，或本身即是重要的美学问题，或具有重要的美学意义。而且毛泽东对这些问题的论述，对于马克思主义美学的研究和发展有着根本性的指导意义。在马克思主义美学的发展史上，毛泽东的《讲话》是一篇重要的历史文献，其中包含有毛泽东对马克思主义美学所作的重要贡献。

除马克思主义美学在中国的传播和发展之外，从"左联"成立到解放前，中国现代美学研究中值得注意的还有朱光潜对西方现代资产阶级美学的介绍研究，以及蔡仪在建立系统的唯物主义美学上所作的尝试和努力。

前面已经说过，自"五四"以来，我国对西方近现代美学作了一些介绍，但大都是翻译或编译日本人写的东西，缺少自己的见解。朱光潜的介绍则前进了一步，在介绍的同时进行了自己的独立的研究，提出了不少见解。他的代表作《文艺心理学》出版于1936年。这部著作具有两个鲜明的特点，一是力求把西方现代美学的介绍研究同中国传统的文艺和美学思想的分析结合起来，并且涉及了当时文艺创作和欣赏批评中的一些问题；二是从哲学、心理学等方面系统地介绍和分析了西方现代美学关于美感经验的各种理论，强调美感经验的特征，同时在阐述的方式上力求生动活泼。正因为这样，这本书虽然包含有和马克思主义的文艺主张和美学相对立的观点，但在读者中产生了相当广泛的影响，对帮助人们了解西方现代资产阶级美学起了不小的作用，是"五四"以来介绍研究西方现代美学的有限的几本著作中影响最大的一本。朱光潜的另一本著作《谈美》（给青年的第十三封信），在通俗介绍西方现代美学上也起了不小的作用，使许多青年读者认识到美学与人生的关系，虽然同时也带给了青年某些消极的影响。尽管如此，从对西方美学的介绍研究来说，朱光潜是我国"五四"以来最有成就的一个美学家。

蔡仪在美学研究上所走的道路和朱光潜不同，他所关心的是如何把唯物主义应用于美学，并且试图努力建立一个以唯物主义为基础的美学体系。他的《新美学》就是这一努力所取得的成果。从很早就旗帜鲜明地坚持唯物主义，处处力求要在美学中贯彻唯物主义这一点上，蔡仪在中国现代美学的研究中表现得很为突出，他的尝试和努力不论是否完全成功，都是有意义的。《新美学》出版后也曾引起了不少进步青年的注意，但由于它对审美的特征注意不够，同历史上和现实生活中的审美和文艺现象结合不够，在论述方式上又有某些过于烦琐的缺点，所以这部花了作者许多心血的著作在读者中未能产生广泛的影响。

（3）从解放后到"文化大革命"前

伟大的中国共产党领导下的中国人民革命的胜利，使得我国包含美学在内的整个哲学和社会科学的发展进入了一个前所未有的新时期。美学研究第一次获得了过去所不能设想的良好条件。应该说，在中国现代，真正把美学作为一门科学来进行系统的研究，并且在社会上得到各方面的支持和关心，是从解放后开始的。不论是从事这门科学研究的人数，研究的深度和广度，出版的著作的数量和质量，都超过了过去的任何时期。

解放后从 50 年代初开始，由蔡仪、黄药眠和朱光潜的争鸣而引起的关于美学的大讨论，一直持续到 60 年代，涉及了美学中的许多重大问题，产生了广泛的影响，有力地推动了我国美学研究的发展。这次讨论，在各报刊上发表了数百篇文章，编成了近一百万字的六本讨论集，其规模之大，持续时间之长，是中国历史上没有见到过的。

这次讨论，涉及的问题虽然不少，但中心是美的本质的问题。在讨论中发表的较有代表性的意见主要有三种。朱光潜强调主观方面的意识形态的作用，他认为客观世界没有美，只有美的条件，要经过主观方面的意识形态的作用才能产生美。蔡仪为美在物不在心，美的根源只能从物之中去找，美是物本身所具有的某种同人无关的特性。李泽厚强调美既有客观性，又有社会性，企图从人类社会的历史发展中去找寻美的根源，并且力求对美的本质作出较高的哲学概括。各种不同意见的激烈争论，从各个不同方面接触到了有关美的本质问题的各个难点和分歧的所在，大大加深了我们对美的本质问题的了解，并且使对这一问题的解决的道路逐渐变得清楚起来了。

除对美的本质问题的集中讨论之外，解放后我们的文艺批评和各门艺术理论的发展也同美学研究密切相关，并取得了不可忽视的成

574

果。其中最值得注意的是王朝闻所写的大量文章，虽然不是完全直接地正面讨论美学问题，但包含有从艺术创作和欣赏的丰富经验总结出来的重要的美学观点。特别是他对艺术形象的特征、艺术欣赏的研究，有许多独到的观察和深刻的见解，对马克思主义美学的研究具有重要意义。

在所谓"文化大革命"的十年浩劫中，美学遭到了践踏。打倒"四人帮"后，美学研究很快复苏，而且一天天蓬蓬勃勃地发展起来了。这决不是一种偶然的现象。它是我们民族又有了希望，光明美好的前景在吸引和召唤着人民的表现，也是人民的思想感情从"四人帮"的封建法西斯统治下获得了解放的表现。我国人民的前途是无限美好的，我们的美学的发展前途也是无限美好的。美学将越来越成为一门有广泛的群众性的科学。

回顾我国现代美学研究发展的历史，考虑到它的现状，我们今后应如何来研究和发展美学呢？这里提出个人的一些不成熟的看法供参考。

一、坚持以马克思主义为指导。因为全部美学史已向我们证明，离开了马克思主义的指导不可能有真正科学的美学。

二、为人民服务，为社会主义服务。更具体地来说，为建设社会主义的精神文明服务。美学的发展是建设社会主义的精神文明的一个不可忽视的重要方面。一个社会的精神文明所达到的高度，是同这个社会的审美修养所达到的高度密切相关的。

三、解放后我们的美学研究主要是集中在对美的本质的哲学探讨上。这种探讨对建设马克思主义美学是非常重要的，尽管这种探讨常常显得十分抽象。但我们也不能仅仅停留在对美的本质的哲学探讨上。除此之外，还要大力研究美感问题、审美理想、审美趣味、审美标准等问题。这对于提高人民的审美能力，树立正确的审美观是有重要意义的。过去我们在这些方面的研究很不够，需要努力补上。还有，对各门艺术中的美学问题的研究，对表现在艺术创作和欣赏中的当代中国美学思潮或倾向的研究，也亟需大力加强。这对于发展我们的社会主义文艺，提高批评和欣赏的水平关系极大。关于美的本质的研究，需要继续坚持深入下去，但我觉得在进行哲学探讨的同时，还要更加具体化，同对各种美的现象的具体的历史的考察结合起来。也只有这样，才能真正解决问题。最后，对中外美学史的批判的总结研究，当然也是必须大力进行的。

四、在发展深入的科学研究的基础上，还要努力搞好美学的普及工作。现在广大群众对美学的普及的要求很迫切，我们应当尽一切努力满足群众的要求。在美学普及工作上，要尽可能把科学性同趣味性统一起来。干巴巴的说教群众是不愿意听的，但如果为了趣味性而牺牲科学性，那也是对群众不负责任的表现。另外，在美学普及工作中，处处都应注意如何培养群众高尚健康的、革命向上的审美趣味和审美理想，而不能去迎合群众中存在的某些低级趣味。当前，我们的美学普及工作，应该同"五讲四美"的活动结合起来，为树立社会主义的新风尚作出贡献。这是美学为人民服务、为社会主义服务的具体表现，轻视这一工作是不对的。

（本文是作者在湖北省美学学会成立大会上的讲话，原载于《湖北省美学学会成立大会专刊》，1981 年 3 月 27 日出版）

马克思主义与中国现代美学

中国古代美学有着悠久的传统和丰富的遗产，但近现代意义上系统的美学理论却是在 20 世纪初开始由王国维输入中国的。1908 年发表的鲁迅的《摩罗诗力说》，虽然还不是专门意义上的美学论文，但包含有重要的美学思想。它可以说是在中国条件下第一篇革命民主主义的美学宣言，同还有许多消极成分的王国维的美学思想形成了一个鲜明的对比。

1917 年蔡元培发表了《以美育代宗教说》的讲演之后，美育的提倡成了"五四"新文化运动的一个组成部分，同时也正式地拉开了中国现代美学研究的序幕。就在蔡元培发表演讲的同一年，由刘仁航译，蒋维乔、黄忏华校的《近世美学》（日人高山林次郎著）出版了。这很可能是中国人翻译的第一本最为系统地介绍西方美学的著作。虽然书名叫《近世美学》，实际是从古希腊美学开始讲起，而且论述颇为详细。在此书出版之后，黄忏华、吕澂、范寿康等人又先后写了一些介绍西方美学的小册子。到了 30 年代，朱光潜更进一步展开了对西方现代美学的介绍和研究工作，产生了广泛影响，取得了重要成就。除上述诸人之外，邓以蛰和宗白华也是"五四"后较早在大学中讲授西方美学的学者，但他们的注意力主要是放在应用西方美学来研究中国古代的艺术和美学这个方面，而且也取得了重要成就。

在"五四"运动之后，中国现代美学的发展，一方面是输入、介绍、研究西方现代美学，并且已注意到了如何应用西方现代美学来整理研究中国古代美学的问题；另一方面，随着马克思主义的传入中国，也逐渐地、零星地开始了对马克思主义美学的介绍。而且，马克思主义哲学的传入中国，这本身就为中国现代美学的研究提供了一个科学的世界观和方法论的基础。例如在 1937 年出版的李达的《社会学大纲》一书，即已经讲到了对马克思主义美学有重要意义的《1844 年经济学—哲学手稿》。

但是，比较集中、直接地介绍宣传马克思主义的艺术观、美学观，是从 1928 年开始，由以郭沫若为代表的"创造社"率先进行的。这个历史的功绩鲁迅曾给予充分的肯定。1930 年，"左联"成立后，设立了马克思主义文艺理论研究会等机构，对马克思主义美学的介绍研究进入了一个比过去更加全面、系统、深入的时期，并且在进步的、革命的作家、艺术家和广大青年中产生了广泛深远的影响，有力地确立了马克思主义美学在现代中国美学中的地位。这是有着不可磨灭的重大历史意义的。

这时鲁迅参与和领导了"左联"的工作，以极大的热情投入了马克思主义美学的介绍研究，高度重视这一工作的意义，比之为普罗米修斯从天国窃火给人间。在"左联"成立的前一年，鲁迅就已翻译出版了对马克思主义美学作过重要贡献的卢那察尔斯基的《艺术论》。这书虽然是卢那察尔斯基在受着马赫主义哲学影响的情况下写成的，但在一些重大问题上仍然坚持了马克思主义的观点，而且不乏独创的见解。同年，鲁迅还翻译出版了卢那察尔斯基的《文艺与批评》，这是卢那察尔斯基已经摆脱了马赫主义影响之后写的文艺批评和美学论文的结集，主题是讲无产阶级文艺的创造。1930 年，鲁迅又翻译出版普列汉诺夫的《艺术论》（收入普列汉诺夫的《没有地址的信》中的第一、二、三封信和《论文集〈二十年间〉第三版序》），并写了介绍普列汉诺夫及其美学思想的长篇序言，其中说："他（指普列汉诺夫）的艺术论虽然还未能俨然成一个体系，但所遗留的含有方法和成果的著作，却不只作为后人研究的对象，也不愧称为建立马克思主义艺术理论，社会学底美学的古典文献了。"① 这部著作输入中国，对中国现代美学研究的影响是很大的。鲁迅在参考有

---

① 《鲁迅全集》第 4 卷，人民文学出版社 1981 年版，第 261 页。

关文献基础上写成的长篇序言，材料观点的取舍得当，又包含有他自己研究马克思主义美学的深刻体会，在中国现代美学史上是一篇有重要意义的历史文献。

除鲁迅之外，从 30 年代初开始，瞿秋白在上海作了大量介绍研究马克思主义美学的工作。他翻译了恩格斯给哈克奈斯（现通译为哈克纳斯）、爱伦斯德（现通译为恩斯特）的信，列宁论列夫·托尔斯泰的两篇重要论文（即解放后我们翻译的《列夫·托尔斯泰是俄国革命的镜子》和《列·尼·托尔斯泰和他的时代》两文），并且在有关文章中阐述了恩格斯的现实主义理论。他还翻译了普列汉诺夫、拉法格等人的一些文艺论文，并且评述了在苏联曾经一度有重大影响的弗里契的庸俗社会学的美学，指出了马克思主义美学的研究是一个很为困难、复杂、细致的任务。此外，瞿秋白还写了《"美"》这篇文章，虽然基本上是一篇杂文，有些观点现在看来也不完全准确，但它鲜明地宣传了同唯心主义美学相对立的唯物主义的美学观，强调指出了唯心主义美学所说的存在于精神世界中的绝对不变的美是没有的。"所谓'美'——'理想'对于各种各式的人是很不同的，非常之不同的"①，并且明确地提出："不要神学，上帝，'绝对精神'的'补充'，而要改造现实的现实。"② 这是中国现代美学史上一篇企图用马克思主义去正面地解决美的问题的文章，大约写于 1933 年，但当时没有发表。

"左联"对马克思主义美学的介绍研究，是作为集体的革命事业来进行的，参与和为这一事业贡献了力量的同志很多。冯雪峰翻译的普列汉诺夫的重要美学著作《艺术与社会生活》曾产生了很大的影响。周扬在关于文艺大众化的讨论中，在对苏联社会主义现实主义理论的介绍中，发表了重要的美学观点。他在 40 年代末翻译的车尔尼雪夫斯基的《生活与美学》（即《艺术对现实的审美关系》）一书，对中国现代美学的发展也产生了广泛的良好的影响。书末的译后记

---

① 瞿秋白著：《论文学》，人民文学出版社 1959 年版，第 103 页。
② 《论文学》，人民文学出版社 1959 年版，第 104 页。

《关于车尔尼雪夫斯基和他的美学》，是我国第一篇应用马克思主义观点系统地分析评价车尔尼雪夫斯基美学的论文，具有重要的科学价值。"左联"在介绍马克思主义美学的同时，很早就注意到了介绍俄国革命民主主义的美学。这和"左联"对马克思主义美学的介绍是相辅相成的，它扩大了同现代西方唯心主义美学相对立的唯物主义美学在中国的影响，其意义是不能低估的。

从创造社到"左联"，对马克思主义美学的介绍研究，始终是围绕着如何创造中国无产阶级的文艺，解决中国无产阶级文艺发展中的种种问题而展开的。它带有极大的实践的迫切性，不同于一般的学术理论探讨。但它也包含着对美学上根本性理论问题的研究和阐明，在中国现代美学研究中高举了马克思主义的旗帜，奠定了中国马克思主义美学的理论基础，使马克思主义美学在中国的大地上扎下了根。这个理论基础，最根本的就是从历史唯物主义的观点、阶级斗争的观点去观察和解决文学艺术问题、美学问题。确立和广泛宣传这一观点，是"左联"对马克思主义美学的介绍研究所取得的最重要的成就。不论"左联"时期对马克思主义美学的介绍研究存在着怎样的一些缺点、错误，通过"左联"的努力，马克思主义美学在中国现代美学中普遍地被承认是一个独立的、具有广泛影响的、革命的派别。这本身就是一个了不起的成就。

马克思主义美学在中国的传播，到了 1942 年毛泽东《在延安文艺座谈会上的讲话》发表，达到了一个新的高度，它标志着"左联"一直在以马克思主义美学为指导去探求解决的问题，即中国无产阶级文艺的创造发展问题，第一次得到了最为完善的解决，马克思主义美学的一般原则同中国革命文艺的具体实践终于在根本上正确地结合起来了。这个具有划时代意义的讲话，虽然目的是为了解决党在文艺上的根本的方针、路线和政策问题，但由于这些问题紧密地联系着马克思主义美学的根本原则，因而这些问题的解决同时也就包含着马克思主义美学的应用和发展。这个讲话所涉及的一系列重大问题，虽然不一定都是美学所要研究的问题，但讲话在这些问题上所提出的观点对马克思主义美学的研究有着不可忽视的重要指导作用。有些观点包含有重要的美学意义，或本身就是重要的美学问题，如毛泽东所深刻论述了的生活美与艺术美的关系问题，即是一个很重要的美学问题。在这个问题上，毛泽东发表了既不同于唯心主义美学，又不同于直观机械的唯物主义美学的重要论点，完全可以说是第一次唯物地同时又是辩证地明确论述了生活美与艺术美的关系。一方面吸取了车尔尼雪夫斯基美学中唯物主义的正确的东西，扬弃了它的直观机械的形而上学的东西；另一方面又吸取了黑格尔美学中辩证的合理的东西，扬弃了它的唯心神秘的东西。毛泽东的这篇讲话，是马克思主义美学发展史上的一篇尚待我们深入研究的重要历史文献。尽管历史地来看，其中某些提法是不够准确和完善的，但它的基本精神是正确的，并没有过时。从大的方面来说，当代中国马克思主义美学的研究和发展，是不能违背这一讲话的基本精神的。

解放后，马克思主义美学在中国的传播和发展，进入了一个新时期，美学研究获得了过去所不能设想的良好条件。如果说在过去长期革命战争年代里，我们还只能在直接和当时文艺面临的实际任务有关的限度内对马克思主义美学作某些研究，那么现在就有条件深入到美学中各种专门的、细致复杂的问题中去了。解放后，我国美学研究的蓬勃发展，是过去任何时期不能相比的。虽然在十年内乱中美学遭到了践踏，但打倒"四人帮"后很快得到复苏，而且比过去更加蓬蓬勃勃地发展起来了。这决不是一种偶然现象。它和我们民族的传统有关，同时也是我们民族繁荣和奔向美好未来的不可遏抑阻挡的伟大力量的表现。我国人民的前途是无限美好的，我们的美学的发展前途也是无限美好的。美学将越来越成为一门有广泛群众性的科学。

在回顾解放以来我国美学的发展时，我们要看到解放前一些学者所进行的介绍研究西方现代资产阶级美学的工作，虽然是同当时"左联"对马克思主义美学的介绍研究相对立的，但从另一方面看，又是在中国建立马克思主义美学所必需的。因为马克思主义美学不可能在空地上建立起来，对资产阶级美学的了解研究，进而批判地加以改造，是在中国建立马克思主义美学的一个不可缺少的条件。在这点上，我们必须承认上述的一些学者所作出的劳绩。而且我们还要看到，这些学者绝大部分是爱国的，并且随着中国人民革命的发展越来越倾向进步。曾对西方美学的介绍研究作出了重要贡献的朱光潜，解放后以极大的热情努力学习马克思主义，公开检讨了自己过去坚持资产阶级唯心主义美学的错误，这种精神是十分令人感佩的。但是，在如何应用马克思主义来解决美学问题的看法上，他并不完全同意那些批评他的同志的看法，并且坦率地写出了自己的不同意见，这就引出了从 50 年代后期开始，一直持续到 60 年代、"文化大革命"前的一场美学大讨论。

这是一场富有成果的讨论。在讨论中，虽然有各种不同的、对立的意见在剧烈交锋，但大家都有一个共同的基本的出发点，那就是力求要以马克思主义为指导去解决美学中各个重大问题。在 40 年代末就努力要建立一个唯物主义美学体系，并写成了产生过相当影响的《新美学》的蔡仪，对朱光潜的观点进行了猛烈的批评，始终强调美的根源是在同人无关的物本身具有的属性特征之中。朱光潜在对蔡仪的反批评中不断发展了自己的观点，他主张美是主观与客观的统一，并且在 60 年代以后多次强调指出马克思关于生产劳动、实践的观点应当是马克思主义美学的基本出发点，是解决美的问题的关键所在。朱光潜还指出了马克思以实践为基础的唯物主义在解决主观与客观的关系上同唯心主义和机械唯物主义的根本区别，认为从马克思的唯物主义观点看来，"美就不是孤立物的静止片面的一种属性，而是人在生产实践过程中既改变世界从而改变自己的一种结果"①。在1980年出版的《谈美书简》中，朱光潜还指出："《1844 年经济学—哲学手稿》和《资本论》里的论'劳动'对未来美学的发展具有我们多数人还没有想象到的重大意义。它们会造成美学领域的彻底革命。"②这一观点的提出和论证，我认为是解放后朱光潜美学思想的一个重大飞跃，是他多年努力钻研马克思思想的结晶。和蔡仪、朱光潜的观点相对立，李泽厚在这次大讨论中写下了一系列文章，主张美既有客观

① 《美学问题讨论集》第 6 集，作家出版社 1964 年版，第 188 页。
② 《谈美书简》，上海文艺出版社 1980 年版，第 57 页。

性，又有社会性，并比朱光潜稍早注意到用马克思主义的实践观点来研究美学，引起了各方面的注意，成为我国解放后成长起来的一位有重要成就的美学家。他认为蔡仪的观点是属于机械唯物主义的，而朱光潜的观点则尚未摆脱唯心主义。除上述三位比较有代表性的人物之外，在这次讨论中写了较多文章，也产生了相当影响的，还有蒋孔阳、洪毅然、马奇、施昌东等人。吕荧、高尔太主张美是主观的说法也引起了一些注意。

这次讨论，如果从根本上来看，除去主张美是主观的说法之外，基本上可以划分为两大倾向，一种主张从与人无关的物本身的属性特征中去找美的根源，并由此出发去解决美学中的各种问题，另一种主张从人类的物质生产劳动、社会实践中去找美的根源，并由此出发去解决美学中的各种问题，尽管持后一种主张的人之间也还存在着分歧意见。这两种不同倾向，大约今后会各自循着自己的道路去推进美学的研究，而且双方意见的对立和争论的展开，将有助于推动中国当代美学的发展。

如果我们不限于这次讨论，而把打倒"四人帮"之后的讨论（它实际是上次讨论的延续和深化）也包含进去的话，那么我认为解放以来我们的美学讨论取得的最重要的成果，从根本点上看，就是抓住了马克思主义美学的理论基础中最重要的东西——实践，并且在不少方面得到了深化和展开。许多同志都对如何把马克思主义的实践观应用于美的问题的研究，如何理解马克思在《1844 年经济学—哲学手稿》中有关美的问题的论述，提出了不少好的见解。其中，我以为李泽厚在 60 年代发表的《美学三题议》，打倒"四人帮"后发表的《批判哲学的批判》、《美的历程》及其他一系列论文中，对马克思主义的实践观的美学作出了值得注意的、很有启发性的阐发。例如，他反复说过："美在形式却并不就是形式，审美是感性的却并不等于感性。""在这里，人类的积淀为个体的，理性的积淀为感性的，社会的积淀为自然的。""感情中有理性，个体中有社会，知觉情感中有想象和理解。"而这个"积淀"的过程，也正是人类社会历史发展的漫长的实践过程。这些论述，包含了对马克思所说的"自然的人化"、"人的本质的对象化"的相当深刻的理解和阐明，而且确乎是关系到对美、美感、艺术特征的认识的关键性问题。李泽厚对美学问题的研究，一方面立足于马克思的实践观点的基础之上，另一方面又充分注意到吸取改造德国古典美学、西方现代资产阶级美学和中国古代美学的重要成果，因而能够使问题得到较为充分的深化和展开，富于大胆的创见。

最近几年来，我国美学界对马克思的《1844 年经济学—哲学手稿》展开了前所未有的热烈讨论，举行了多次大型的讨论会。这是我国马克思主义美学进一步深入发展的表现。在我看来，《1844 年经济学—哲学手稿》虽然并非一部专门性的美学著作，但它的确又为马克思主义的美学奠定了坚实的基础，并且标志着人类美学思想史上一次空前深刻的革命的开始，使美学第一次获得了一个真正科学的世界观和方法论，打开了人类千百年来百思不得其解的"美之谜"的秘密。

我们的马克思主义美学，是在中国的条件下发展的。因此，它一方面不能脱离我们民族悠久的美学传统，另一方面不能脱离我们当前的现实生活，不能脱离我们包括社会主义文艺创造在内的整个社会主义精神文明建设这一伟大历史任务。否则，它就将是缺乏生命力的。从前一方面说，我们对中国古代美学遗产的研究刚刚开始，但已经使我们感到它包含着多么丰富的宝藏，有多少等待着我们用马克思主义去加以总结的珍贵的东西呵！比如说，经常同中国古代美学不可分地联系在一起的"天人合一说"，不就在一种看来是神秘的形态下，包含了对人与自然相互渗透统一的朴素的深刻理解吗？这对于解决美学上的问题，是很为重要的。我们应当抛弃一切轻视中国美学遗产的错误想法，或仅仅停留在对古人词句的注释、引证、考索上，而努力给以系统科学的分析解剖，在这基础上建立起具有中国民族特点的马克思主义美学。从努力联系当前的实际这个方面来说，其中最重要的又是要研究在"四化"建设过程中我国社会审美意识的变化及其在文艺上的种种不同美学倾向的表现，因势利导，帮助人们树立以共产主义理想为核心的正确高尚的审美观，并且努力解决现实生活（包括现代化的物质生产）和艺术创作所提出来的种种重要的美学问题。在美学与实际相联系这个方面，我以为自解放以来王朝闻所取得的成就是最大的。在他所写的大量论著中，从艺术创造和欣赏的实际中总结出了一些重要论点。即使是人们所熟知的论点，经过他的阐述，也得到了丰富和深化。德国美学家莱辛在谈到他的《汉堡剧评》时曾经谦逊地说，他的著作虽然没有企图建立一个什么体系，但读者可以从中"发现自己进行思考的材料"，获得"知识的酵母"。这些话，借用来说明王朝闻的著作，也是很为适当的。从 60 年代初开始，王朝闻还致力于主编《美学概论》。这是我国第一本马克思主义的系统的美学教材，它在一定程度上概括了我国解放后至 60 年代美学研究的成果，具有较高的科学价值。

通观"五四"运动之后，马克思主义美学在中国传播和发展的全过程，它所取得的成就究竟怎么样？我认为成就是大的，是不可低估的，是足以使我们感到自豪的。尽管我们还有尚待努力弥补的种种不足之处，但整个来看，马克思主义在中国取得了伟大的胜利，在美学这样一门科学里，也同样取得了胜利。但我们的成就还很少为世界各国美学界所知，而我们自己有时也有点看不起自己的东西。当前，中国当代美学已步入了一个新的繁荣时期，让我们共同努力，不断去攀登美学科学的高峰！

（原载《江汉论坛》1983 年第 1 期）

论鲁迅美学思想的发展

鲁迅一生对美学问题十分重视，为我们留下了丰富而深刻的美学思想。研究鲁迅的美学思想，无疑是鲁迅研究的一个不能忽视的方面。本文想先来探讨一下鲁迅美学思想的发展问题。

一

关于美和艺术的本质的研究，无论在中国还是在西方，都是从古代就开始了的。但美学作为一门独立的学科，在欧洲十八世纪后半期才开始确立。它的输入中国，则是在 20 世纪初年。自鸦片战争之后，随着我国旧民主主义革命运动的产生和发展，民族资产阶级和小资产阶级的代表人物们为了举行反对封建主义的革命，纷纷向西方寻找真理，输入了西方的自然科学和资产阶级的社会政治学说。这也就是与"旧学"和"中学"相对立的所谓"新学"和"西学"。在这种"新学"和"西学"中，也包含了西方资产阶级的美学。但在一个长时期内，并没有什么称得上是美学的介绍。比较早而又比较自觉和系统地介绍西方资产阶级美学的，要推王国维。但由于历史条件和个人的局限，王国维介绍到中国来的，除康德美学之外，并不是处于上升时期、尚有进步意义的资产阶级美学，而是已经进入腐朽没落时期的资产阶级美学，即德国 19 世纪中期叔本华的美学。叔本华的思想，是彻头彻尾的唯心主义，是恩格斯所说的"适合于庸人的浅薄思想"[1]。在美学上，他认为人生就是一个大悲剧，而审美和艺术则是

———————————

[1] 《马克思恩格斯选集》第 3 卷，人民出版社 1972 年版，第 467 页。

从这个悲剧获得暂时解脱的一种手段。王国维之所以同这种悲观主义的美学产生了深切的共鸣，是因为他的一生就是一个大悲剧——初步的民主主义思想无法战胜封建思想重压的悲剧。从近代中国社会的历史发展来看，也就是资产阶级维新变法的改良主义运动无法战胜强大的封建势力的悲剧。

在王国维之外，鲁迅是五四运动之前，又一个向中国认真介绍西方资产阶级美学的人。但鲁迅和王国维截然不同，他不是既有着对民主思想的憧憬和追求，却又不能和不愿砸碎封建精神枷锁的遗老；而是和封建思想彻底决裂、义无反顾地向它宣战的战士，是从封建阶级崩溃没落过程中分化出来的贰臣逆子，"憎恶这熟识的本阶级，毫不可惜它的溃灭"①。他的青年时代，正当维新变法的资产阶级改良主义运动宣告破产、孙中山所领导的资产阶级民主革命不断高涨的时期。在时代革命潮流的激荡下，他通过自己的努力奋斗，成长为一个彻底的战斗的革命民主主义者。也就是在这一时期，他最后下决心要运用文艺这个武器来启发中国人民的觉悟，促进中国社会的改造。他热心地搜求着欧洲（特别是东欧）各国资产阶级革命时期反封建、反民族压迫的作品，并把它介绍到中国来。《域外小说集》就是这一辛勤努力的结晶。虽然出版后读者寥寥无几，但这本书的出版却有着深刻的历史意义。它标志着古老的中国已经开始认真注意到西方资产阶级革命时期的文艺，并且动手把它输入中国，要和中国原有的封建文艺相对抗，掀起一个前所未有的新文艺运动了。这是在鲁迅之前，除梁启超等极少数人之外，许多向西方寻求真理的人们不曾认真注意和考虑过的。他们很注意西方的自然科学和资产阶级的社会政治学说，但没有注意或没有认真注意西方资产阶级革命时期的文艺，不重视或没有充分重视文艺对社会改造所起的作用。他们之中的不少人，是目光短浅的。鲁迅第一个认真地注意到了输入和创造革命的新文艺的问题，而在输入西方资产阶级革命时期的文艺的过程中，他也就自然而然地接触到了西方资产阶级的美学思想。但这不是资产阶级已进入腐朽没落时期的美学思想，而是还处在革命上升时期的美学思想，

---

① 《二心集·序言》。

即启蒙主义的美学思想。这种美学思想，就它的历史的进步意义而言，是资产阶级所能够达到的最进步的美学思想。它具有反封建、反压迫的革命进取精神，同王国维所输入的叔本华的悲观主义美学形成了一个强烈的对比。

在西方美学史上，启蒙主义美学的主要代表人物，在英国有夏夫兹博里（The Earl of Shaftesbury，1671～1713），在法国有狄德罗，在德国有莱辛。启蒙主义美学的共同特点是坚信人类历史是进步的，封建的黑暗势力必然要灭亡，始终把美和艺术的问题同社会的改造密切联系在一起，强调美和艺术对社会改造的积极作用，强调美的客观性，强调艺术与生活的密切联系，强调真、善、美的统一。鲁迅虽然没有向我们一一介绍西方资产阶级启蒙主义美学家的思想，但他在1907 年所著的《摩罗诗力说》中介绍了英国的拜伦和雪莱、波兰的密茨凯维支、俄国的普希金和莱蒙托夫、匈牙利的裴多菲等资产阶级革命诗人的生平、思想和创作，而这些诗人正是在启蒙主义思想潮流的影响和指导下进行创作的，体现在他们的创作活动和作品中的美学思想，其主要方面正是启蒙主义的美学思想。因此，鲁迅在向我们详细地介绍这些诗人的同时，也就向我们介绍了启蒙主义的美学思想。《摩罗诗力说》是鲁迅早期美学思想的集中表现，是一个充满着革命激情的启蒙主义美学的战斗纲领。它对鲁迅后来的美学思想的发展有着持久而深刻的影响。鲁迅后期的美学思想是马克思主义的，和他前期的资产阶级革命民主主义的启蒙思想有质的不同。但鲁迅并不是简单地否定和抛弃他早期的美学思想，而是在马克思主义的基础上进一步把它加以改造和发展。所以我们看到鲁迅后期的不少美学观点，在《摩罗诗力说》中就已经提出来了。但虽然是相同的观点，却又已经有了完全不同的思想基础。例如鲁迅在 1933 年所写的《我怎么做起小说来》这篇文章中说："说到'为什么'做小说罢，我仍抱着十多年前的'启蒙主义'，以为必须是'为人生'，而且要改良这人生。"① 这种文艺必须为人生而且要改良人生的思想，正是鲜明地贯彻在《摩罗诗力说》中的基本思想，也是历史上一切启蒙主义美学

① 《南腔北调集·我怎么做起小说来》。

588

家的基本思想。但鲁迅这时对于"人生"以及文艺如何"为人生"和"改良这人生"的理解，已经是建立在马克思主义的阶级斗争学说的基础之上，具有完全不同的历史内容了，而在《摩罗诗力说》中，却是建立在进化论的思想基础之上的。

以《摩罗诗力说》为代表的鲁迅早期美学思想虽然属于资产阶级启蒙主义的思想范畴，但并不是西方启蒙主义美学的简单肤浅的重复。鲁迅是从中国革命的实际出发去介绍和吸取西方启蒙主义美学的，他的美学带有我们民族的鲜明的特色，并且具有比西方启蒙主义美学更加深广的社会历史内容和更加强烈的战斗性。生活在半封建半殖民地的中国的鲁迅，不但深切地感觉到了几千年来中国人民所遭受的沉重的封建压迫，而且深切地感觉到了封建统治所造成的中国的衰弱和落后，使得中国人民受到了帝国主义肆无忌惮的宰割和奴役，濒临灭亡的绝境。因此，和西方的启蒙主义者相比，鲁迅更接近广大的劳苦人民，并且具备了反封建的坚定性和彻底性。这种坚定性和彻底性，是西方最激进的启蒙主义者也常常缺少的。当然，鲁迅早期的启蒙主义美学也有着和西方启蒙主义美学相同的弱点，那就是还不能摆脱历史唯心主义的束缚。鲁迅强调思想革命的重要性，强调只有改变人民的精神，使人民觉醒起来，中国才能走上独立富强的道路，这是完全正确的，而且是非常深刻的。但鲁迅在 1907 年前后所处的条件下，还不可能认识唯物史观，不可能认识社会存在决定社会意识、人民群众是历史的创造者这些马克思主义的原理，因此他有时过分夸大了思想文化在历史上的作用，夸大了人民群众不觉悟的一面，夸大了个人在历史上的作用。这是鲁迅在写《摩罗诗力说》前后思想上的缺点。但是，尽管有这些缺点，《摩罗诗力说》中的美学思想，仍然是我国旧民主主义革命时期所能够产生的最进步、最革命的美学思想。它把美和艺术的问题同中国社会的改造，同启发中国人民的觉悟、鼓舞中国人民的斗争紧密地联系起来。它热切地召唤能够担当"精神界之战士"的诗人和艺术家的到来，用伟美雄强的声音，打破封建古国的死寂和萧条，唤起中国的新生。它期望中国的诗人和艺术家具有像"恶魔"那样一种勇猛反抗的威力，起来推倒旧社会的柱石，扫荡旧社会的恶习，使中国脱离萧杀的严冬，入于温煦的春日。所有这些思想，是曾经写过《论小说与群治之关系》的资产阶级改良主义者梁启超所不能提出来的，更是以叔本华为美学宗师的王国维提不出来的。

孙中山领导的辛亥革命把清王朝的统治推翻之后，1912年鲁迅到当时中华民国临时政府教育部工作，主管图书馆、博物馆、美术馆和美术教育等事。到教育部之后的两三年间，是鲁迅又一次注意研究美学问题的时期。这时，蔡元培主持教育部，提倡"以美育代宗教"，一时在社会上产生了重要的影响。他之所以邀请鲁迅往教育部工作，一个重要原因就是由于他提倡美育，而鲁迅一向很注意审美与艺术对人的精神的重要作用，因此对美学问题也有多方面的了解与思考。蔡元培提倡以"美育代宗教"，既有不能忽视的重要进步意义，同时又是一种唯心主义的幻想。作为无神论者的鲁迅是不信宗教的，也不信美育可以取代宗教。但蔡元培重视美育，希望发挥美育对改造社会的作用，这是和鲁迅的启蒙主义的美学思想相一致的，是鲁迅所赞同的。鲁迅到教育部以后，十分认真地积极从事文学艺术的普及宣传教育工作。他除了参与美术教育事业和筹办全国儿童画展等工作之外，还在1912年教育部主办的夏期讲演会上主讲《美术略论》，次年又写了《拟播布美术意见书》，并翻译了日本心理学家上野阳一所写的《艺术玩赏之教育》和《社会教育与趣味》，目的都是为了提倡美育。在这些译作中所表现出来的鲁迅的美学思想，其基本精神是同《摩罗诗力说》中的思想一脉相承的。但在当时普遍认为国民革命已经成功的环境条件下，鲁迅所强调的是美和艺术的"表见文化"、"娱人情"、"辅道德"这一方面的作用①，而不是在《摩罗诗力说》中所强调的唤起人们反抗旧社会的战斗作用。可是，正当人们为革命的成功所陶醉，鲁迅也在兴致勃勃地提倡美育的时候，袁世凯上台复辟了。孙中山所领导的资产阶级民主革命的失败，封建势力重新猖獗一时，使得鲁迅所说的"方洋洋盈耳"的美育问题很快烟消云散，再也无从提起了。在政治黑暗、思想苦闷、一无可为的情况下，鲁迅

① 《集外集拾遗·拟播布美术意见书》。

从提倡美育转而搜集金石拓片，研究古碑。

二

十月革命一声炮响，给中国人民送来了马克思列宁主义，也给正处于苦闷之中的鲁迅以深刻的影响，使他看见了"新世纪的曙光"，增添了斗争的信心和勇气。从 1918 年在《新青年》上发表《狂人日记》开始，在五四运动前后的几年间，鲁迅投入了火热的斗争。这时，他真正是在具体地实践着他在十一年前所写的《摩罗诗力说》中提出的启蒙主义美学的战斗纲领，以"精神界之战士"现身文坛，向一切阻碍中国社会前进的腐朽势力举起了投抢。他这时所写的一系列小说和杂文，正如他自己在《摩罗诗力说》中所说的那样，"其力如巨涛，直薄旧社会之柱石"。

但是，五四运动中反对旧文化的革命高潮是不可能长期持续下去的。随着中国革命的深入发展，1921 年伟大的中国共产党成立，原先由共产主义的知识分子、革命的小资产阶级知识分子和资产阶级知识分子（他们是当时运动中的右翼）三部分人结成的反对旧文化的统一战线开始分化，最后完全解体了。像五四运动中那样壮大的反对旧文化的阵势一时再也布不起来。鲁迅暂时还看不到由五四运动开始的文化革命进入了曲折深入的发展时期，他感觉着原先繁荣的新文苑呈现枯寂，战斗的旧战场复归平安，到处是反动军阀复古倒退的嚣张气焰，因而在思想上又一次产生了苦闷和彷徨。就在这样一种思想状态下，鲁迅于 1924 年翻译了日本文艺批评家厨川白村的《苦闷的象征》，并在《引言》中对这本书作了这样的评价。他说："这在目下同类的群书中，殆可以说，既异于科学家似的专断和哲学家似的玄虚，而且也并无一般文学论者的繁碎。作者自己就很有独创力的，于是此书也就成为一种创作，而对于文艺，即多有独到的见地和深切的会心。"① 这本书出版之后，无论在当时或后来，都对我国美学和文艺思想的发展产生了相当大的影响。

---

① 《鲁迅译文集》（三），人民文学出版社 1958 年版，第 4 页。

从政治倾向上看，《苦闷的象征》的作者属于世界已进入帝国主义时代的资本主义社会下的小资产阶级民主派。他认为文艺是苦闷的象征，是被压抑的生命力的表现，这正是资本主义社会下一部分小资产阶级深感生活动荡不安，而又看不到出路和前途的心情在美学上的反映。这种心情和这种对文艺的看法，无疑和当时正处于苦闷和彷徨中的鲁迅的心境，有某种类似之处。然而把文艺看作是苦闷的象征，可以朝着两个不同的方向发展：一是把文艺当作逃避现实的手段，堕入悲观主义和厌世主义；一是把文艺当作向黑暗势力抗争的手段，走上批判和改造社会的道路。厨川白村基本上是向着后一个方向发展的，虽然还仅仅是开步走。他从生命的无止境的创造和进化中去找寻美和艺术的根源，主张文艺家要大胆地、毫无顾忌地和独创地写出自己的心声，这对于揭穿资本主义社会的虚伪和黑暗是有一定的进步意义的，也是鲁迅之所以要来介绍厨川白村的美学思想的重要原因①。如果厨川白村的美学是宣传悲观厌世主义的，那么鲁迅就决不会来介绍它。当然，在另一方面，厨川白村用生命力的被压抑来解释文艺的创造，从哲学上看，这是处于没落时期的资产阶级主观唯心主义的观点，是从主观唯心主义的心理学家和哲学家弗洛伊德和柏格森那里来的，更早还可以追溯到叔本华。但这并不是鲁迅所重视和肯定的东西。我们只要看一看鲁迅早在 1919 年所写的《生命的路》这篇文章②，就可以知道同样是讲生命的进化，鲁迅是从整个人类社会的进步，从中国社会的改造出发的，而不是仅仅从个人出发的。鲁迅的进化论，就其实质来看，是一切启蒙主义者坚信人类进步的历史乐观主义在中国的一种特殊表现形式。尽管鲁迅所讲的生命进化，作为历史观来看也还是建立在唯心论的基础之上的，但它同厨川白村着重从个人出发去讲生命的创造和进化有很大的区别。而且在讲生命的进化的

---

① 除此以外，厨川白村关于文艺的创造和欣赏有某些独到的见解，也是鲁迅要加以介绍的一个原因。如关于文艺欣赏的某些见解，在今天看来也还是有参考价值的。

② 见《热风》。

时候，厨川白村和他所祖述的柏格森是从个人内心的精神活动来讲的，鲁迅却是从现实的社会斗争来讲的。鲁迅一生时刻都把全民族最大多数人的利益、把整个人类社会的进步放在心中，完全不同于垂死没落的资产阶级的主观唯心论者和唯我论者。这里我们要看到，在马克思主义产生以前，一切历史观毫无例外都只能是唯心主义的，但不能因此就认为马克思主义以前一切历史观都是纯粹反动的。18 世纪资产阶级启蒙主义的历史观和进入腐朽没落阶段的资产阶级的历史观都是唯心主义的，但一个在历史上起着进步的作用，另一个则起着反动的作用。

从总的思想倾向来看，表现在《苦闷的象征》中的厨川白村的美学，是 20 世纪初期帝国主义时代小资产阶级民主派的美学，它在一定程度上还有着反抗不合理的社会制度和黑暗势力的进步意义。正因为这样，鲁迅才来翻译《苦闷的象征》。也正因为这样，这书在出版之后，在中国要求革命的小资产阶级知识分子中间引起了相当广泛的反响。但鲁迅的美学思想同厨川白村的美学思想决不是一个东西。鲁迅成为马克思主义者之前的美学思想，是在 20 世纪初期半封建半殖民地中国的历史条件下所产生出来的启蒙主义美学思想，也就是彻底的革命民主主义的美学思想。这种美学思想虽然也代表着革命的小资产阶级，但这个小资产阶级不同于生活在资产阶级民主革命已经完成、资本主义已经发达的日本条件下的小资产阶级。它比日本的小资产阶级具有更加强有力的革命性，它还能够继承和发扬 18 世纪欧洲启蒙主义思想的革命精神，在民主革命的斗争中成为充满着崇高精神和英雄气概的革命民主主义者。对于这一点，列宁在《中国的民主主义和民粹主义》一文中，曾经热情洋溢地作了深刻的阐明。即令是在五四运动后，鲁迅再次陷入了极度的苦闷和彷徨中，他也从来没有对人类和中国的前途失去信心。1926 年，在鲁迅被"正人君子"们打击排挤而不得不离开北京的前四天，他在女子师范大学的演讲中说："如果历史家的话不是诳话，则世界上的事物可还没有因为黑暗而长存的先例。黑暗只能附丽于渐就灭亡的事物，一灭亡，黑暗也就一同灭亡了，它不永久。然而将来是永远要有的，并且总要光明起来；只要不做黑暗的附着物，为光明而灭亡，则我们一定有悠久的将来，而且一定是光明的将来。"① 鲁迅始终坚信人类历史是进步的，始终从人类社会的改造和进步这样的高度来观察美和艺术问题，始终把美和艺术问题同中国人民的解放斗争联系在一起，始终坚持美是客观的，艺术是现实的反映。鲁迅在美学思想上所达到的高度，是生活在日本条件下的厨川白村这样的小资产阶级的美学家所不可能达到的。厨川白村的美学以资产阶级腐朽没落时期的主观唯心论为基础，缺乏同现实的社会斗争的深刻联系，缺乏坚实的、充沛的、彻底的战斗精神。从根本上说，它还只是当时日本的小资产阶级阶层对资本主义社会的一种不满和抗议的表现，还远远谈不到如何运用文艺的力量去彻底改造日本社会的问题。厨川白村的美学同鲁迅前期的美学的区别，是在中国条件下产生的战斗的启蒙主义美学同在日本条件下产生的带有软弱性的小资产阶级民主派美学的区别。

三

1927 年，蒋介石发动"四一二"反革命政变，一巴掌把革命人民推入血海之中，使轰轰烈烈的第一次大革命归于失败。当时鲁迅在广州，耳闻目睹了这一切。惊心动魄的现实阶级斗争轰毁了他一向所相信的青年人必胜于老年人的抽象的、超阶级的进化论，有力地推动了他从进化论转向阶级论，从启蒙主义转向马克思主义，他的美学思想也相应地发生变化。同时，和明确主张无产阶级文学的创造社的论战，也促使鲁迅去研究马克思主义的美学。在这以前，他对于马克思主义的美学当然也是知道的，但只把它看作是各家各派的学说当中的一种，并没有认真深入地研究过。这种研究，大体上是从 1927 年开始的。研究的结果，鲁迅认识到了马克思主义的美学是唯一科学的美

---

① 《华盖集续编·记谈话》。

学。1928 年 7 月 22 日，他在给韦素园的信中说："以史底唯物论批评文艺的书，我也曾看了一点，以为那是极直捷爽快的，有许多昧暧难解的问题，都可说明。"① 从 1928 年特别是 1929 年开始，他用了很大的精力从事马克思主义美学的研究介绍工作，并且把这种介绍比之为希腊神话中普罗米修斯从天帝那里窃火给人间，还指出这样做的目的"本意却在煮自己的肉"，也就是用马克思主义来批判地审查和改造他过去以进化论为基础的启蒙主义的美学思想；同时"也愿意于社会上有些用处"，也就是希望忠实地而不是歪曲地把马克思主义的美学介绍到中国来，能对中国无产阶级文艺的发展产生良好的作用②。在中国现代美学史上，对马克思主义美学的鼓吹虽然是从创造社开始的，但第一个采取科学态度，系统地和切实认真地向中国介绍马克思主义美学的人，却是鲁迅。他的这个功绩是不可磨灭的。在研究介绍马克思主义美学的同时，鲁迅又开始了倡导革命美术特别是革命版画的工作。这同鲁迅在 1912 至 1914 年间提倡美育相比，深刻地显示了他的美学思想的巨大变化。

鲁迅介绍马克思主义美学的工作是多方面的，但其中最主要的是介绍普列汉诺夫和卢那察尔斯基的美学。鲁迅对普列汉诺夫的美学作了很高的评价，说他是"用马克思主义的锄锹，掘通了文艺领域的第一个"③，他的艺术论"虽然还未能俨然成一个体系，但所遗留的含有方法和成果的著作，却不只作为后人研究的对象，也不愧称为建立马克思主义艺术理论，社会学底美学的古典底文献的了"④。鲁迅的评价是正确的。马克思、恩格斯创立了马克思主义的美学，给马克思主义美学奠定了科学的基础，并且对一系列有关美学的重大问题发表了深刻的见解，但主要是由于在他们面前有比美学更加迫切和重

① 《鲁迅书信集》（上卷），人民文学出版社 1976 年版，第 194 页。
② 见《二心集·"硬译"与"文学的阶级性"》。
③ 《论文集〈二十年间〉第三版序》译后附记，《鲁迅译文集》（六），人民文学出版社 1958 年版，第 610 页。
④ 《二心集·〈艺术论〉译本序》。

要的种种工作,因此他们都还来不及给我们留下专门的系统的美学著作①。在马克思、恩格斯之后,进一步发展了马克思主义美学的是列宁。除列宁之外,运用马克思主义来具体研究美学问题的,先有德国的梅林(鲁迅对他也曾有所介绍),后有俄国的普列汉诺夫,而以普列汉诺夫的成就为最大。尽管普列汉诺夫的美学存在着某些偏离马克思主义的、错误的或带有片面性的观点,但总的来看,他不愧是马克思主义美学的卓有贡献的建设者和开拓者,他的美学著作无疑属于马克思主义美学的优秀著作之列。普列汉诺夫的最主要的贡献,在于他广泛深入地研究了艺术史,特别是原始艺术史,用大量的事实有力地证明了人类的审美活动和艺术活动归根到底是为社会的物质生产所决定的;在阶级社会里,则是直接为阶级斗争所决定的。普列汉诺夫抓住一切机会批判唯心史观,努力用艺术史的事实向人们证明唯物史观的原理对于文艺的研究是完全适用的,并且只有它才能使一切文艺现象得到科学的解释。鲁迅之所以高度重视普列汉诺夫的美学,亲自翻译他的《艺术论》(其中收入普列汉诺夫的《没有地址的信》中的第一、二、三封信和《论文集〈二十年间〉第三版序》),并且认为《艺术论》帮助他纠正了"只信进化论的偏颇"②,原因就在这里。鲁迅不但力求忠实地翻译了《艺术论》,而且还认真地为译本写了一篇长序,其中的第三节集中地谈了普列汉诺夫的美学观,同时也可以说就是鲁迅研究普列汉诺夫美学的心得。在简明扼要地叙述了普列汉诺夫的美学观点之后,鲁迅最后说:"蒲力汗诺夫将唯心史观者所深恶痛绝的社会,种族,阶级的功利主义底见解,引入艺术里去了。"③鲁迅的这一论断抓住了普列汉诺夫美学的精华和核心,同时这也正是鲁迅前期建立在唯心史观基础上的启蒙主义美学所不能解决的根本问题。鲁迅通过长期的斗争实践和艺术实践,认识了普列汉诺夫的观点

① 马克思曾经打算为《美国新百科全书》写"美学"条,后来因为编者所规定的篇幅过短而放弃了写作计划。

② 《三闲集·序言》。

③ 《二心集·〈艺术论〉译本序》。

的正确性，解决了这一根本问题，这样他的美学也就从启蒙主义进到了马克思主义。

卢那察尔斯基是普列汉诺夫之后，俄国的又一个杰出的马克思主义美学家。他也曾经有过偏离马克思主义的错误观点，但就全体而论，他是一个有着渊博的知识和卓越的才华的马克思主义美学家，同时也是一位剧作家。和普列汉诺夫相比，他的突出的贡献是在十月革命之后，用全力从美学上研究了"艺术和革命"、"艺术和无产阶级"的问题，无产阶级的文艺批评问题以及布尔什维克党的文艺政策问题，并纠正了普列汉诺夫美学中的某些错误观点。他对美的本质的问题也曾作过系统的研究，著有《实证美学基础》。虽然这书是在马赫主义的影响之下写成的，并且还受到资产阶级的所谓生物学的美学的影响，用人的生理感官的构造和功能来说明美感，但其中也还有不少很有启发性的见解，并不都是违背马克思主义的。鲁迅翻译了他的《艺术论》，其中收入内容和《实证美学基础》的主要篇章相同的一些文章，以及其他一些文章。在译后所写的"小序"中，鲁迅指出书中值得注意的观点："如所论艺术与产业之合一，理性与感情之合一，真善美之合一，战斗之必要，现实底的理想之必要，执着现实之必要，甚至于以君主为贤于高蹈者，都是极为警辟的。"① 这些，也确实是卢那察尔斯基美学中的很可宝贵的思想。从鲁迅早期的美学思想来说，鲁迅一向是主张理性与感情、现实与理想、真善美的统一的，但在他介绍卢那察尔斯基的《艺术论》的时候，这种统一的思想基础已经不是启蒙主义，而是马克思主义了。另外，鲁迅还翻译了卢那察尔斯基的《文艺与批评》，其中收入卢那察尔斯基论无产阶级艺术的重要文章（关于托尔斯泰的论文，实际也是和无产阶级艺术相比较而写的），特别值得注意的是收入了卢那察尔斯基的《关于马克思主义文艺批评之任务的提要》一文。鲁迅在《译者附记》中明确肯定和向读者推荐了这篇文章。的确，在马克思主义美学的发展史上，这是一篇比较系统、完整和深刻地论述马克思主义文艺批评理论

---

① 《鲁迅译文集》（六），人民文学出版社 1958 年版，第 5 页。

的重要文献，直到现在看来也仍然有重要的科学价值。鲁迅对卢那察尔斯基的美学的研究和介绍，大大加深了他对无产阶级艺术的本质和使命、无产阶级政党的文艺政策以及无产阶级的文艺批评等问题的认识，并且对推动中国无产阶级文艺的发展起到了有益的作用。鲁迅指出，由于"输入了蒲力汗诺夫，卢那卡尔斯基等的理论，给大家能够互相切磋"，这就使得中国无产阶级的文艺"更加切实而有力了"①。而这个输入普列汉诺夫和卢那察尔斯基的理论的工作，主要就是鲁迅做的。

在研究介绍马克思主义美学的过程中，鲁迅深切地认识到马克思主义美学是建立在马克思主义的基本学说，马克思主义的辩证唯物论和历史唯物论的基础之上的。因此，要正确地理解和运用马克思主义的美学，首先就必须正确地掌握马克思主义的基本学说。鲁迅指出，对马克思主义美学"要豁然贯通，是仍得致力于社会科学这大源泉的，因为千万言的论文，总不外乎深通学说，而且明白了全世界历来的艺术史之后，应环境之情势，回环曲折地演了出来的支流"②。为了"深通学说"，鲁迅多次强调要认真地、原原本本地弄通马克思主义的基本理论，真正懂得马克思主义的社会科学。他尖锐地指斥那些根本不懂唯物史观，而偏要借唯物史观胡说八道的人。为了使青年不上那些挂着"革命"招牌的作家和批评家的当，他教导青年们要"求医于根本的，切实的社会科学"③。他指出"大概以弄文学而又讲唯物史观的人，能从基本的书籍上一一钩剔出来的，恐怕不很多，常常是看几本别人的提要就算"④。他还指出"中国的书，乱骂唯物论之类的固然看不得，自己不懂而乱赞的也看不得，所以我以为最好先看一点基本书，庶几不致为不负责任的论客所误"⑤。在马克思主

① 《二心集·上海文艺之一瞥》。
② 《文艺与批评·译者附记》，《鲁迅译文集》（六），人民文学出版社1958年版，第307页。
③ 《二心集·我们要批评家》。
④ 《三闲集·文学的阶级性》。
⑤ 《致徐懋庸》，《鲁迅书信集》（上卷），人民文学出版社1976年版，第466页。

义的美学和文艺理论刚刚输入中国的时候，鲁迅所说的这种"不负责任的论客"很不少。鲁迅自己在后期成了马克思主义者，但他从来不不懂装懂，从来不用马克思主义来炫耀于人和抬高身价，而是始终以严肃认真的态度去对待马克思主义，努力忠实地学习马克思主义的基本原理。正因为这样，并不把马克思主义的词句挂在嘴上的鲁迅，却是最懂得马克思主义、最善于识别真假马克思主义的。就从对马克思主义美学的介绍来看，在俄国十月革命后，弗里契的庸俗社会学的美学曾经一度很为流行，被看作是马克思主义的美学，在中国也曾有人把它当作马克思主义的美学来加以介绍，翻译出版弗里契的书。而鲁迅对于弗里契的美学却始终不予重视，除在他翻译的法捷耶夫的《毁灭》中载有弗里契所写的一篇序言之外，从未翻译弗里契的美学著作。这个事实，说明在后期成为马克思主义者的鲁迅，对于什么是真正的马克思主义美学，是有着深刻的识别力的，他在向中国介绍马克思主义美学的论著时，是经过慎重选择的。鲁迅这种不务空名，高度重视和切切实实地学习马克思主义基本原理的精神，非常值得我们学习。

通过研究介绍马克思主义的美学，鲁迅在美学思想上解决了他在前期不能正确解决或不能完全正确解决的一系列根本性的问题，如美与功利的关系问题、文艺的社会作用问题、文艺与政治的关系问题、文艺与群众的关系问题、文艺的起源和发展问题，等等（有关鲁迅美学思想在前期和后期的发展变化的具体内容，我准备在进一步分析鲁迅的美学思想的时候再来加以论述）。鲁迅在后期确立了马克思主义美学的观点，但他从来不把马克思主义美学当作僵死的教条，而是始终坚持从实际出发，具体地运用它去解决文艺运动和文艺创作中的各种问题，并且在这种实际的运用中使马克思主义美学得到丰富和发展。在鲁迅那里，马克思主义美学是渗透到文艺运动和文艺创作实际中去的强有力的东西，而不是抽象空洞的、简单化的、片面畸形的东西。鲁迅在同"新月派"的梁实秋、"第三种人"、"民族主义文学"作斗争中写成的那些辉煌的篇章，是实际地、具体地运用马克思主义美学的典范。

　　鲁迅的美学思想的发展，总的说来经历了三个时期。第一个时期是 1912 年以前他的启蒙主义即彻底的革命民主主义美学思想产生和形成的时期，其标志是《摩罗诗力说》的写成和发表。第二个时期，从 1912 年在教育部提倡美育开始，是鲁迅在他的启蒙主义美学思想的指导下，在思想战线和文艺战线上进行实际斗争的时期，也是他的启蒙主义的美学思想在实际斗争中逐步地暴露出它的弱点和局限性的时期。第三个时期，从 1927 年开始，是鲁迅从启蒙主义转向马克思主义，积极从事马克思主义美学的研究介绍，参加中国共产党所领导的左翼文艺运动和倡导革命美术的时期。不论在哪一时期，鲁迅美学思想的一个最大特色，也是最可宝贵的地方，就在于鲁迅从来没有脱离中国人民的解放斗争去抽象地研究美和艺术的问题，而是把它放到中国人民的解放斗争中去考察，把它看成是关系到中国社会的改造的问题。在前期，他把美和艺术问题同"国民精神"的改造和发扬的问题紧紧地联系在一起。在后期，当他站到马克思主义的立场上，抛弃了"国民精神"这种缺乏阶级分析的抽象的提法，认识到"惟新兴的无产者才有将来"之后，他又把美和艺术的问题同无产阶级改造中国、解放全人类的伟大斗争紧紧地联系在一起。那些脱离中国社会的改造斗争抽象地研究美和艺术问题的人，那些主张"为美而美"，"自称不问俗事的为艺术而艺术的名人们"，在鲁迅看来"只须去点缀大学教室"①。正因为鲁迅始终是从中国社会的改造这个大目标出发去研究美和艺术问题的，这就使得鲁迅虽然没有给我们留下一本专门意义上的美学著作，没有硬造出一个什么美学体系，但他的美学思想无论就科学性和革命性来说，在许多地方都超过了那些专门研究美学、主张不问俗事、为艺术而艺术的名人们，在中国人民中产生了广泛、深远的影响。当然，鲁迅从来没有否认需要有系统的专门的美学著作，他自己一生就在努力从国外输入这样的著作。他之所以亲自翻译日本美术史家板垣鹰穗所作的《近代美术史潮论》，也是因为感到"在新艺术毫无根柢的国度里，零星的介绍，是毫无益处的，

---

　　① 《二心集·上海文艺之一瞥》。

最好是有一些系统"①。鲁迅不但不反对对美学进行系统的专门的研究，而且非常希望有切实的人来进行这种研究，问题在于这种研究应当密切地结合中国人民的解放斗争和革命的文艺运动，于中国社会的改造有益。鲁迅这个贯穿在他一生对美学的研究介绍活动中的基本思想，在今天我们建设和发展马克思主义美学的时候，也是非常值得注意的。我们今天的美学必须同我国人民所进行的社会主义革命和社会主义建设的伟大事业紧密结合起来，必须同建成四个现代化的社会主义强国这个宏伟的目标紧密结合起来，必须同我们的社会主义文艺的创造和发展紧密结合起来。只有这样，我们的美学才有生命力，才有广阔的用武之地，才会为广大群众所关心，才能存在和发展。

文痞姚文元要我们到照相馆里去研究美学，把照相馆说成是美学的发源地（见《照相馆里出美学》），这是极端荒谬可笑而又反动的。照相当然也有一个美与不美的问题，但美学的源泉决不在照相馆里面，而是在最广大的社会革命实践里面。姚文元大概是看过鲁迅的《论照相之类》（见《坟》）这篇文章的罢，那里面也涉及了美的问题，但把照相馆看作是美学的发源地，这是姚文元的发明创造，是鲁迅连做梦也不会想到的。鲁迅论照相而涉及了美，是把它作为一种社会现象来看，以发表他对中国社会的深刻的批评。鲁迅的美学的发源地不是照相馆，而是中国人民的解放斗争，是中国社会的改造。鲁迅始终是从这里出发去研究美和艺术问题的。

鲁迅的美学思想是一个丰富的宝藏。它不但表现在鲁迅的论文、杂文、对古今中外的文学美术的批评、研究、介绍之中，而且还表现在他的小说、散文、诗歌之中。为了建设和发展马克思主义的美学，以服务于社会主义革命和建设的伟大事业，促使更多更好的、最新最美的作品问世，让我们不断努力地研究鲁迅的美学思想罢！

一九七八年三月二十日于武昌

（原载《文艺论丛》，1978 年第 4 辑）

---

① 《集外集拾遗·致〈近代美术史潮论〉的读者诸君》。

中国现代美学家和美术史家
邓以蛰的生平及其贡献

邓以蛰先生是我国"五四"以来著名的美学家和美术史家。在"五四"新文化运动中，他以提倡新文艺为人所知，又长期潜心研究美学、美术史和中国书画美学理论，在我国老一辈学者和文艺家中颇负盛名。他留给我们的《画理探微》等著作，是我国"五四"以来美学研究取得的重要成果的一部分，至今仍然没有失去它的价值。我国美学界对"五四"以来的现代美学史研究刚刚开始，除对王国维、蔡元培、鲁迅有一些研究之外，对其他人几乎没有什么研究。作为邓先生的一个学生，我想来概述一下他的生平和贡献，不但是为了纪念这位一生热爱祖国伟大文化传统的学者，同时也想借此为现代中国美学史的研究提供一点资料。但予生也晚，又加之以孤陋寡闻，文中不当之处一定不少，深望能得到前辈和读者的指正。

一

邓以蛰，字叔存，安徽省怀宁县人，1892年生，1973年病逝。他是清代大书法家和篆刻家邓石如的五世孙。据日人藤冢邻《邓完白与李朝学人的墨缘》一文所载资料，邓家世系简图如下：

君瑞——澹园——
——枝——琰——传密——解——艺孙
（字石如号完白）

图中的艺孙，即邓以蛰的父亲，他一生从事教育事业，民国元年曾任安徽省教育司长。至迟从邓石如开始，邓家是世代书香人家，但非达官显贵。邓石如幼年时很穷苦，他之成为一代书法大师，是靠刻苦自学。在成名之后，由于本非官宦人家出生，地位低下，一生过着"游食江湖"的生活。他虽也受到许多赏识他的艺术的人推重，但也受过不少歧视。邓以蛰出生在这样一个世代书香人家，从小就受到中国传统文化艺术的熏陶。这对于他后来从西方美学研究转向中国书画美学的研究，并作出自己的独特贡献，当然是有着密切关系的。在《辛巳病馀录》中，他曾这样讲过他幼时的生活环境：

> 皖垣北乡，距城四十里许，有铁研山房者，我先人（按：指邓石如。石如因受毕秋帆赠四铁砚，故以铁研山房作斋名）之故居也。位平阪之中，四围皆山，而一面为水，水曰凤水，山曰龙山、龟山、白麟山，故吾高祖完白山人有印曰"家在四灵山水间"，盖纪实也。山房中斋额有抱翠楼、无极阁、长寿神清之居等，皆为楼上。吾幼时常居楼，坐对行循，起卧恒不去目前者，乃一绝好之大痴之《富春山居》或九龙山人之《溪山无尽》长卷，四时朝暮，风雨阴晴，各呈异态，直不待搜筐箧，舒卷把玩而后适也。

生活在这样一个环境中的邓以蛰，他时时呼吸着的，正是中国传统文化的空气。但邓家究竟又非高门大族，先祖完白自幼的艰苦经历也曾给邓以蛰留下甚深的印象。这，我以为同他后来参加"五四"新文化运动，提倡为人生、为民众的艺术，是有一定关系的。

邓以蛰的青少年时期，正当清末西学兴起、"维新"之风颇盛的时候，大批青年为了振兴中华，留学日本。邓以蛰的哥哥仲纯就是留学日本，专攻医学的。1907年，邓以蛰也到了日本，入东京宏文书院学习日语，于1911年回国。在此期间，他接触了西方文化，并且结识了他的同乡和同学陈独秀。这对他突破原先封建传统文化的教养，接受新的思想，无疑起了重要作用。他曾向我谈起陈独秀后来成了右倾机会主义者，但在"五四"时期提倡新文化是有贡献的。在日期间，陈独秀和苏曼殊合作画了一张画赠给他。解放后，我常见这张画挂在他的寓斋的北头壁间。

邓以蛰回国之后，当过日文教员，安庆图书馆馆长。1917年，他又赴美，入纽约哥伦比亚大学专攻哲学，而特别着重于美学。从大学到研究院，共学习了五年。

在"五四"前后，中国人到欧美系统学习美学，邓以蛰是较早的一个。从后来表现在他的著作中的美学思想，以及他和我的一些谈话来看，西方美学家中对他影响较深的是克罗齐、黑格尔，还有推崇古希腊艺术的温克尔曼。他曾在给我的一封信中说："朱先生（指朱光潜）译的《美学》（指黑格尔《美学》）我至今未见到。序言尤其当为你所欣赏吧？可惜温克尔曼的《古代希腊美术史》不易见到，我想黑格尔是从他那儿发展来的，由雕刻发展到艺术的全面。"他对于黑格尔和温克尔曼的这个看法是正确的、深刻的。

1923年，邓以蛰从美国回来，被聘为北京大学哲学系教授，时年31岁。这时"五四"运动已过去了三年，但新文艺的发展还保持着强大的势头。就在这年的8月，鲁迅出版了他的第一部小说集《呐喊》。邓以蛰到京后，一面在大学教课，一面积极投入鼓吹新文艺的活动，在《晨报副刊》及其他报刊上发表了一系列文章，涉及诗歌、戏剧、美术、音乐等各个方面的问题。文笔热情奔放，思想新颖大胆，总的倾向是积极的、进步的，引起了广泛的注意。1924年5月11日，鲁迅和邓以蛰在北京的中山公园碰面了，作了长时间的谈话，《鲁迅日记》曾有记载：

> 星期休息。午后在广慧寺吊谢仁冰母夫人丧。往晨报馆访伏园，坐至下午，同往公园啜茗，遇邓以蛰、李宗武诸君，谈良久，逮夜乃归。[1]

可惜，这次谈话的内容我至今尚不知其详。先生生前虽同我谈起过他

---

[1] 《鲁迅全集》第14卷，人民文学出版社1981年版，第496页。

在二十年代的北京常同鲁迅先生在公园会面，讲到了鲁迅先生不修边幅、幽默、平易近人，但当时没有详问他这次见于《鲁迅日记》记载的谈话内容。

邓以蛰在这一时期所写的主要文章，收集在《艺术家的难关》一书中，1928 年由北京古城书社出版。这些文章表明，他当时是旗帜鲜明地站在以鲁迅为代表的进步阵营一边的，对当时新文艺的发展，尽到了他自己所能尽的一份力量。

1933 年至 1934 年，邓以蛰出游意大利、比利时、西班牙、英、德、法等国，遍访意大利等处的艺术博物馆，游学巴黎大学半年。这是他又一次广泛接触西方文化、实地考察西方艺术的时期。归国后发表了《西班牙游记》，由上海良友图书公司于 1936 年出版。书前有这样一段小记：

> 这本小东西是我于 1933～1934 年间游欧洲的笔记。本来，所想写的预备分作两部分：一部分写各地之所见，一部分记各博物馆中重要之艺术。不料回国后即到清华授课，无暇续写，两年以来，印象已渐模糊。适良友图书公司征稿，乃将在欧洲所写成的一部分应之，遂成是册。所以，这是一极不完整，未加修饰的东西！殊愧对我读者！
>
> 二十五年十一月作者识于北平

这本小书保持着作者 20 年代那种热情奔放的文风，随意而谈，十分率真，是一本有着相当高的艺术水平的散文集。书中对西方文化艺术，风土人情，社会状态，有赞扬也有批评，并常流露出以祖国伟大文化传统自豪的感情。书中的《斗牛》一文，写得腾挪跌宕，错落有致，而作者对这种残酷的娱乐很为反感，看完之后头痛了好几天。他说："我在巴黎，有一位研究细菌学的朋友告诉我，说法国研究杀人细菌，种类甚多，培养神速，我的记心生来差，他说多少时间以内，世界全人类都可灭尽。尼尔（按：发明斗牛的罗马暴君）的暴虐比起现代人的，那又够什么劲儿？我这不会看，非科学的中国人听到这些，看到这些，总打寒噤，闹头痛，活该！活该！"阅读全书，我们所看到的作者，是一位感情诚挚的人道主义者、民主主义者和爱国主义者的形象。

邓以蛰从欧洲回国后的几年，集中精力专门从事学术研究，不再像过去那样关心新文艺发展的状况，无顾忌地发表各种议论了。他一天天从社会退回书斋，专心研究古代书画。这种情况，看来是令人惋惜的，但在当时的历史条件下，有其深刻的社会原因，是一种带普遍性的现象，我们今天实不必对于先辈过多地苛求。就连章太炎、鲁迅也曾指出他"虽先前也以革命家现身，后来却退居于宁静的学者"①。而且，邓以蛰退回书斋，在另一方面又使他深入到了中国书画研究的广大领域，成年累月地沉浸其间，探微索隐，钩玄提要；而他又是一个既有深厚传统文化教养，又受过西方近现代科学和哲学洗礼的人，非只知寻行数墨者可比，这就使他在中国书画及其美学理论的研究上取得了重大的成就。在多年的教学工作中，他还编写了中外美学、美术史讲义，著有《美学小史》，惜稿已失落，尚待搜求。

大约从 20 世纪 30 年代初开始，著名画家司徒乔住在北京什刹海冰窖胡同二号，负责编辑《大公报》的《艺术周刊》（这是同现代中国美术的发展很有关系的一个周刊，留下了不少重要史料）。邓以蛰同这位热情的进步画家有甚深的友谊，经常为副刊写稿。虽然早在1926 年邓以蛰就为日本改造社写了《中国画源流演变》一文②，但他全力以赴地研究中国书画及美学，却大概是从 30 年代初为《艺术周刊》写稿开始的。1935 年 2 月和 4 月，邓以蛰先后为周刊写了《以大观小》和《气韵生动》两文，后一文有附记：

　　余久欲写《画学举隅》一文，其篇目为：书画同源，以大

---

① 《且介亭杂文末编·关于太炎先生二三事》。
② 这篇文章曾以中文刊登在 1926 年 5 月 31 日国立艺术专科学校出版的《艺专》上，收入《艺术家的难关》时改题为《中国绘画之流派与变迁》。后又曾以《国画鲁言》为题刊登于《大公报》副刊。

观小，气韵生动。前仅为《艺术周刊》写《以大观小》一篇，
余无暇着笔。今艺刊拟于伦敦国际中国艺术展览会于上海预展时
出特刊，专论中国艺术，又征文于余，辞不获，遂又草此二篇。
仓促之中，意思难期周密，文字不遑剪裁，深未惬意。读者倘亦
以此相咎，不敢辞也。

二十四年三月二十四日蛰记

这里我们看到邓以蛰当时已经研究并准备写出的问题，正是后来他在
《画理探微》中更为深入地探讨了的问题。此文及与之相关的《六法
通诠》，在 30 年代末 40 年代初写成，分别发表于昆明出版的《哲学
评论》第 10 卷第 2 期和第 4 期上。在同一时期，他又陆续写了《辛
巳病馀录》（未写完），发表在沈兼士主办的《辛巳文钞》上。前两
篇著作是对中国绘画理论的美学探讨，后一篇则是对他所收藏的重要
书画作品的著录、考证、研究，但采取的方法又是近代科学的方法，
而非那种繁琐不得要领的考证。此外，在 1937 年，邓以蛰还写成了
《书法之欣赏》，陆续发表在《教育部第二次全国美术展览会专刊》
和《国闻周报》第 14 卷第 23、24 期上。这也是一篇尚未完成的著
作，因为原定要写书体、书法、书意、书风四个部分，实际只写了前
两个部分。上述四篇著作，就是邓以蛰有关中国美学的主要著作。这
四篇著作发表之后，由于长期患病，除继续讲授他多年来担任的中外
美术史和美学这些课程之外，基本上再没有写其他著作，这样一直到
解放。

　　解放后，邓以蛰先是在清华大学哲学系任教，院系调整后又转到
北京大学哲学系。他对党、对新社会充满热爱。这同他曾经是"五
四"新文艺运动的生气勃勃的参加者分不开，也同他的爱国思想以
及他在旧社会的一些艰难经历分不开。记得有一次他曾和我幽默地谈
到解放前旧大学中各个不同派别的教授们相互排挤所采取的各种钩心
斗角的伎俩，对于在党领导下的新大学幸福生活，流露出一种儿童似
的天真的喜悦之情。解放初，还在清华大学的时候，他在患着严重肺
病的情况下，坚持努力学习马克思主义，学习毛主席的《实践论》，

并且还努力用《实践论》的观点来解释中国艺术的发展，写了《中国艺术的发展》这篇长文①。1952 年到北京大学之后，他因年老多病退休了，但仍然努力做一些力所能及的事，如校点注释古代画论，校阅滕固的《唐宋绘画史》等。他还把邓家世代珍藏的邓石如的大量书法篆刻精品捐献给国家，受到了党和国家的表彰。对新中国美术的发展，他始终十分关心，为它所取得的每一个新的成就感到由衷的高兴。对于群众自己的绘画，如 1958 年曾在北京展出的邳县农民画，他毫无某些专家的鄙夷的偏见。他曾在一封信中对我说："北京美协所办的江苏邳县农民绘画展览会我去看过，满目琳琅，美不胜收！间或有内容含义太抛露的不耐看者之外，大部分都生拙有趣，朴厚有力，真能令人一醒耳目，非陈腐之作可比！"他还注意到农民的新民歌，说他要学习写一写，并且劝我也写一写（当时我正在湖北红安劳动）。他在信中说："农民的绘画，我老眼昏花，腕力退化，学不成了；他们的诗，我倒想学学，这里写几首给您看看，好引起您的兴趣，开始来写！我想旧的形式——格律、腔调，总是农民所熟悉的，因之是爱用它的；至于内容——词汇、感情、思维，您慢慢和他们打成一片，自然遍地皆是，取之不竭。主要的是要身心同他们打成一片这一点上。"他把他写的一首谴责当时英国侵略埃及的诗写给我看，的确写得明白如话，浅显易懂，而又有感情。现在我们应当如何评价1958 年的农民画、新民歌，这是另一问题，重要的是他对农民画、新民歌的看法表现了这个在"五四"新文艺运动中曾著文提倡"民众的艺术"的学者和艺术家对于人民的感情。

末了，还应特别提到的是，邓以蛰退休之后，仍然在他所能做到的范围内，热诚地关心和培养青年一代，真正做到了"循循善诱"和"诲人不倦"。这一点，许多同志都有体会。记得在 50 年代，我还是一个大学生的时候，由于强烈的求知欲和渴望看到他丰富的收藏，我常常接连不断地去打扰他。那通向他僻静的住所的朗润园的石

---

① 见《文物参考资料》第 2 卷第 4 期。

桥和小路，对我来说是多么的熟悉和亲切啊！每一次去后，他总是应我的请求，翻箱倒柜地把要看的画找出来亲自挂好，和我一起慢慢地观赏、分析、评论，从未见他有厌烦的表示。在讲这些作品时，他经常连我当时缺少兴趣的一些有关鉴别古画的知识（如不同时代的纸张、装裱、题款的方式、印章等）都一一详加讲解传授。直到我自己也"为人师"之后，回想起来才深深感到要如此耐心地对待自己的学生，决不是一件容易的事，更何况他正在病中，而当时的我又是一个幼稚且相当任性的青年。他对于学生，从来不生硬地教训，总是亲切地诱导，并且对于学生所取得的每一点进步都由衷地感到高兴。我的习作《"六法"初步研究》出版之后，他收到了书，给我来了一封信，热情地加以鼓励。信中还有这样的话："接书之日，正我腰痛，寸步难移，坐而读之，几令韦编欲绝，掩卷之际，不禁叫绝，快甚！快甚！"这些热情率真的话，使我想起他早年特有的文风。我自知当不起他对我的赞许，但我深深地理解这确是发自他内心的欣喜之情。这种欣喜之情，不仅来自我国历代学者奖掖后进的优良传统，来自他在解放后对如何用马克思主义来解释中国古代画论这一问题的关注，来自我们多年的师生之情，更重要的是来自他对自己一生所献身的事业——中国书画研究的热爱。一个热爱自己所献身的事业的人，当他看到自己的同辈或后进在这个事业上作出哪怕是点滴贡献时，都会感到由衷的高兴。因为这事业是一切献身者的共同事业，而且他们对于推进这一事业的辛劳和甘苦是有深切的体验的。

邓以蛰的一生，是献身于中国艺术的一生。他曾经满怀热情地提倡新文艺，又为了研究美学和美术史，研究中国书画理论，发展具有伟大传统的中国艺术付出了毕生心血。任何一个民族的文化艺术都是许多人在漫长时期中一点一滴的努力所积累起来的，不是一朝一夕由哪一个人一下子创造出来的。回顾历史，我们对于那些在创造中华民族伟大文化艺术的漫长道路上曾经献出过自己心血的人，难道不应当怀着尊敬和诚挚的心情去纪念吗？这种纪念会成为一种力量，使我们努力把今天的工作做得更好一些。

二

作为一个美学家和美术史家，邓以蛰的贡献主要表现在两个方面。一是在"五四"运动以后的几年间提倡新文艺，二是从30年代初起研究中国书画的历史及其美学理论。

邓以蛰提倡新文艺的主要文章，收集在他的《艺术家的难关》一书中。从中我们可以看出，邓以蛰当时在美学上是受着温克尔曼、康德、席勒、黑格尔、柏格森诸人影响的，其中又以黑格尔的影响为最深。至于克罗齐的影响，则主要是在后来他研究中国书画的时候才突出地表现出来。黑格尔的美学虽然是唯心的，但总的来看，是积极的、进步的，并且包含着丰富的辩证法因素。邓以蛰基本上立足于黑格尔的美学来观察"五四"以后的新艺术，发表他对艺术中各种问题的见解，其基本倾向也是积极的、进步的，同当时整个新艺术的进步潮流是一致的。

邓以蛰认为艺术是超出自然的绝对境界、理想境界的表现，他说：

> 柏拉图说艺术不能超脱自然（谓自然的摹仿），而造乎理想之境；我们要是细细解析起来，艺术毕竟为人生的爱宠的理由，就是因为它有一种特殊的力量，使我们暂时得与自然脱离，达到一种绝对的境界，得一刹那间的心境的圆满。这正是艺术超脱平铺的自然的所在；艺术的名称，也就是这样赚得的……①

他又说：

> 现象是自然界的东西，最是变动不居的，不是性灵中的绝对

----

① 《艺术家的难关》，北京古城书社1928年版，第1页。

的境界。艺术得现象的真实，原不是它的分内的事。……所谓艺术，是性灵的，非自然的；是人生所感得的一种绝对境界，非自然的变动不居的现象——无组织、无形状的东西。①

由此可见，邓以蛰对于艺术的根本看法是同黑格尔美学的看法基本一致的。因为，把艺术看作是绝对境界，也就是理想的感性表现，反对把艺术看作是自然的摹仿，正是黑格尔美学对于艺术的根本看法。这种看法是建立在黑格尔客观唯心主义基础之上的，但它主张艺术不是对自然现象的摹仿，而应表现出一种本质性的、深刻的、诉之于人的心灵的精神内容，这却是正确的、合理的。邓以蛰以这种看法为武器，有力地批判了那种专以记录琐屑无聊的生活现象、给人以低级官能快感为能事的所谓"艺术"。他说：

> 艺术与人生发生关系的地方，正赖人生的同情，但艺术招引同情的力量，不在于它的善于逢迎脑府的知识，本能的需要；是在它的鼓励鞭策人类的感情。这鼓励鞭策也许使你不舒服，使你的寒暑表丧失了以知识本能为凭借的肤泛平庸的畅快。所以当代或艺术史上有许多造境极高的艺术，反遭一般读者的非难，就是这个原因。因为不能使他们舒服畅快，所以不易得他们的同情了。其实艺术根本就不仅是使你舒服畅快的东西。②

用理想的艺术去对抗"肤泛平庸"的艺术，认为艺术的目的不在于给人以低级的官能快感，这在"五四"之后新文艺的发展过程中，无疑有着进步意义。

邓以蛰主张艺术要表现理想的、绝对的境界，但他决不主张艺术应当脱离现实，躲到"象牙之塔"中去。相反，在"五四"前后关

---

① 《艺术家的难关》，北京古城书社 1928 年版，第 6~7 页。
② 《艺术家的难关》，北京古城书社 1928 年版，第 6~7 页。

于"为人生的艺术"与"为艺术的艺术"的争论中，他是明确地主张"为人生"的。从上面的引文已可看出，他主张艺术必须"与人生发生关系"，要"鼓励鞭策人的感情"，而不应去迎合社会中那种以艺术为消遣，但图个"舒服畅快"的要求。这在我们今天看来，也仍然是有意义的。此外，邓以蛰还明确地指出："文学的内容是人生，是历史，这是通例"①。"诗的内容是人生，历史是人生的写照，诗与历史不能分离。"② 在谈到戏剧、音乐这些艺术的时候，他都强调了艺术对人生的"陶熔熏化"的作用和"激扬砥砺的能力"，并且肯定了艺术有改造社会的意义。他说："中国人目下的病症是，索寞，涣散，枯竭，狭隘，忌刻，怨毒，要的音乐须是浓厚，紧迫，团聚，丰润，闲旷，隽永，豁达诸风格了。"③ 他呼吁音乐家到群众中去演出，认为社会与艺术是相互需要的，艺术家不应脱离社会。他说："我们社会需要你们艺术家，你们艺术家也需要我们社会。我们俩何不快来握手把臂，吻颈一心，行这个同偕到老的见面礼呢?"④ 在谈到林风眠的绘画时，他还指出艺术虽要以表现理想为目的，但"由理想变为空想，它的表现必近于夸诞驳杂，唤不起观者诚意的领略"⑤。这里更可以明白地看出，主张理想的艺术的邓以蛰是反对脱离现实人生的空想的。

但是，由于历史的和个人的局限，邓以蛰所说的理想缺乏同现实社会的深刻联系和具体的历史内容，因而也就不可避免地带有空想的性质。如他认为"人事上的情理，放乎四海而皆准的知识，百世而不移的本能，都是一切艺术的共同的敌阵，也就是艺术家誓必冲过的难关"⑥，这固然有反对琐屑平庸、层层相因、毫无独创性和生命力

① 《艺术家的难关》，北京古城书社1928年版，第17页。
② 《艺术家的难关》，北京古城书社1928年版，第25页。
③ 《艺术家的难关》，北京古城书社1928年版，第89页。
④ 《艺术家的难关》，北京古城书社1928年版，第91页。
⑤ 《艺术家的难关》，北京古城书社1928年版，第84页。
⑥ 《艺术家的难关》，北京古城书社1928年版，第9页。

的艺术的意思，但同时又会导致艺术家脱离现实的社会去追求理想。他在谈到诗的最高境界时的说法，也无疑带有虚幻的性质。尽管如此，就其主要方面来看，邓以蛰的理想艺术论在当时是起了进步作用的。

邓以蛰不但提倡有高尚理想的、为人生的艺术，他还曾在为北京艺术大会作的《民众的艺术》一文中提倡为民众的艺术。他认为艺术与民众分不开，因为艺术的发展同生命、工作分不开。他说：

> 大概艺术自始就未同生命分开，更说不上艺术与民众有成为两回事的理由。初民有他们剧烈性的音乐所以激起同样的情感来参加群众的跳舞；这中间若除去群众，即无所谓跳舞同音乐了。欧洲北部与英国有些初民的遗迹为极大的石头堆起来的，若不计较精粗，工程之大，可以与埃及金字塔相抗衡。这种建造，根本非群众莫办……不用说，我们走进博物馆或故宫三殿内，对着那些商周的鼎彝以及石砚瓷器，连远在古昔的祖先的工作感情都同我们连接起来了。艺术哪一件不是民众创造的？哪一件又不是为着民众创造的？历史尽管为功臣名将的名字填满了，宫殿华屋尽管只是帝王阔人住居的，哪一点又不是民众的心血铸成的？艺术根本就是民众。①

艺术在根本上同民众分不开，但现实生活中的艺术是怎样的呢？邓以蛰明确地指出，现有的艺术不是为民众的艺术，"中国现今的艺术简直很难打动民众的感情"，它只是少数人欣赏的，甚至只有艺术家自己一个人才能欣赏的艺术。② 所以，民众的艺术还有待于创造。然而，如何创造民众的艺术呢？邓以蛰认为艺术产生既然与生命、工作分不开，所以要创造民众的艺术，首先要使民众有工作，而且这工作必须是"真正自由自主的工作"。他说：

---

① 《艺术家的难关》，北京古城书社 1928 年版，第 93～94 页。
② 《艺术家的难关》，北京古城书社 1928 年版，第 96～97 页。

艺术的源头是与生命分不开的。所谓生命是不断的向前去的活动，这活动就在人类的工作上表现，工作的痕迹就寄在艺术上面……今要民众有艺术，非先使民众有生命不可，要有生命非使他们有工作不可。有了工作——真正自由自主的工作不是弄机器的工作——自然他的感情会引动出来……民众所要的艺术，是能打动他的感情的艺术。要能打动他的感情，非从工作——自由自主的工作起不可。①

这些说法，从思想的渊源来说，显然受着以美和艺术为生命的自由表现的席勒美学的影响，同时也无疑受着在"五四"时期曾经一度高涨的社会主义思潮的影响，在当时的艺术界是一种很难得的、进步的主张。它不但从艺术的发生上指出了艺术为民众所创造，而且看到了艺术同与人的生命的发展不能分离的工作的关系。虽然还没有使用"劳动"这样的词，但从全文来看，所谓"工作"指的也就是劳动。邓以蛰认为离开工作就不会有生命，"工作乃是生命的表现，生命的愉快，生命的幸福"②，民众如果没有工作——自由自主的工作，就不可能产生欣赏和创造艺术的感情，自然就不会有民众的艺术。这都是相当深刻的想法。但是，邓以蛰所说的"民众"还是一个颇为笼统的观念，而且他所说的"民众的艺术"主要是指同民众的日常生活相关、能给群众以欣赏的愉快和美化群众生活的艺术，如"街上走的道路，天天住的房屋，日日动用的器具，辅助身子雅观的衣服，早晚消遣的旷野与剧场……"③ 群众如何才能有自由自主的工作这个问题也还没有得到回答。邓以蛰当时所受的社会主义思潮的影响，主要是英国空想社会主义者兼美学家莫里斯（William Morris，1834～1896年）的影响，带有空想、改良的性质。但是，在"五四"以后

———————————

① 《艺术家的难关》，北京古城书社 1928 年版，第 97～98 页。
② 《艺术家的难关》，北京古城书社 1928 年版，第 98 页。
③ 《艺术家的难关》，北京古城书社 1928 年版，第 99 页。

614

几年的历史条件下，邓以蛰注意到了空想社会主义者莫里斯的美学，根据他《艺术与社会主义》一文的基本论点，结合中国的情况，大声疾呼地提出"民众的艺术"的主张，这是十分难能可贵的。较之那种鼓吹"为艺术而艺术"，蔑视群众，认为民众根本不能也不配欣赏艺术的主张，有着不能抹煞的重要的进步意义。他以热切的感情，呼吁社会注意民众日常生活环境的美化，也是完全正确的，在今天也仍然是有意义的。

从提倡表现理想的、为人生的艺术到提倡为民众的艺术，这就是邓以蛰在"五四"后几年间的基本思想。他在阐明自己的这些思想时把它提到了美学的高度，涉及了西方的美学，特别是黑格尔的美学。在《戏剧与道德的进化》一文中，他还引用了黑格尔的辩证法来说明戏剧。对一些和艺术本质相关的重要问题，如艺术与情感的关系，诗与音乐和造型艺术的区别，戏剧与雕刻的区别，等等，他也发表了一些很有启发性的看法。这在当时，都是使人为之耳目一新的。但他还没有系统地从美学上去考察和论证艺术问题。这些文章基本上还属于文艺评论，虽然包含有重要的、深刻的美学理论，但尚未予以系统的展开。因此，它们在当时所产生的现实的意义大于一般美学理论的探讨。比较起来，邓以蛰作了系统的理论研究，并有著作公开发表的，是我们下面就要谈到的关于中国书画美学的探讨。从现在看来，这些探讨所取得的理论成果的价值大于他在"五四"后几年间所写的文艺评论。但这些文艺评论在当时新文艺的发展中所起的积极推动作用，却又是后者不能相比的。尽管如此，后者对于我们了解中国传统的文艺很有帮助，从而对创造民族的新文艺，直到现在也有着不可忽视的意义。从中国古代美学史的研究来看，它的意义当然更是不可忽视的。

三

我国"五四"以来取得了重要成就的美术史家滕固，在他主编的《教育部第二次全国美术展览会专刊》的《编辑弁言》中，曾经这样评论到收入该刊的邓以蛰的《书法之欣赏》一文，认为是"基于现代学问作明晰周详之发挥，无疑地是对广大人士之一种有价值的指示"。这个看法是很正确的。自"五四"以来，我国学者对于中国古代书画的研究，基本上是循着两条不同的途径进行的，一条着重于资料的搜集、整理、考证，另一条着重于用滕固所说的"现代学问"即西方近现代的哲学和美学来观察中国书画，企图对它作出一种美学上的理论解释和说明。走着后一条道路，并取得了重要成就的，我认为有三位学者，这就是邓以蛰、宗白华、滕固。他们都是彼此很熟悉的朋友，都到西方学习过，都有近现代西方哲学和美学的修养，都企图不停留在考证上，希望对中国古代书画作出一种美学上的分析。但在研究的着眼点上，又各不相同。宗白华主要从美的欣赏的角度对中国书画作一种感性直觉的把握，从审美体验中展现中国书画的美的特征，并上升到哲学的高度，揭示中国艺术同中国古代哲学的密切联系。滕固主要是一位美术史家，他的努力是希望从美学上找到中国美术（他研究的主要是绘画）发展的内在规律，其中又特别着眼于风格的演变，似颇受沃尔夫林（H. Wölfflin，1864~1945）美术史理论的影响。邓以蛰在中国书画的史料考证方面有很深的研究，但他始终强调史与论要密切地结合起来，认为中国古代美学的重要优点在于"永远是和艺术发展相配合的，画史即画学，决无一句'无的放矢'的话；同时，养成我们民族极深刻，极细腻的审美能力"①。1956年，他在我买到的明刊本《王氏画苑》上的题辞中也曾这样说过：

> 弇州画苑，东图补益之，画学要著，略备于斯。古人谈艺，论与史向不分。有此，正吾之优点。分言之弊，流于穿凿失真，如今之美学流于形而上，则绘事即流于形式。影响所及，为害滋甚。

密切地联系着史去研究论，这是邓以蛰对中国书画研究的特点。就其思想的渊源说，是受着温克尔曼、黑格尔的影响的。但他认为后者的

---

① 见《中国艺术的发展》。

研究失之过于抽象，虽然注意到史论结合是一大优点。同宗白华、滕固相比，邓以蛰既不像宗白华那样着重于美的欣赏的直观把握，也不像滕固那样着重于史的演变的风格探讨，而是把画史与画学、书史与书学紧密地结合起来，对中国书画理论作一种哲理的研究，提出了一种关于中国书画的具有相当完整的系统性的美学理论。这在中国现代美学的发展上，应当说是一个独立的贡献，也是第一次尝试。我们知道，应用西方美学来研究中国传统的艺术，始于王国维。但王国维的研究，主要是在文学方面，对于书画涉及不多。"五四"以后，有关中国书画美学的研究，绝大部分是介绍或转述日本人的著作，特别是金原省吾的著作。中国人自己的、有独立见解、并且有系统性的研究，据我目前有限的见闻，大约是由邓以蛰开始的。下面，我想先来概略地介绍一下邓以蛰关于中国绘画美学的研究，然后再谈他的书法美学。

邓以蛰关于中国绘画美学的思想，集中表现在他经过多次反复精心修改的两篇文章中，这就是 40 年代为当时学术界所熟知的两篇重要论文：《画理探微》和《六法通诠》。另外，他的未完稿《辛巳病馀录》，虽然主要是对他的藏品的著录考证，但也包含有重要的理论观点的发挥，充分地显示出邓以蛰如滕固所说的那样，是一个"基于现代学问"去研究书画的人。

从总体上看，邓以蛰关于中国绘画美学的理论，包含着一个自成系统的结构，这就是：

体——形——意
生动——神——意境（气韵）

这是两个互相联系的、历史与逻辑相统一的结构，是邓以蛰对于中国绘画历史发展的理论概括。邓以蛰认为，中国绘画的发展，最初同具有实用意义的器体（陶器、青铜器）的装饰分不开。他说："艺术源于器用。造作物质以适应器用，而器用又适应于美感以成其形体，故

617

艺术为人类美感之表现，同时美感亦因造作而显。"① 他又说："绘画之兴原为装饰器用，是绘画初不能脱离器用而独立也。……此际之绘画，其形之方式仍不免为器体所范围"，并且还明显地具有"正器之位"的作用，即显示器的正反左右，使人不致拿错放错。以后，"时代愈进，装饰之念愈繁……，花纹正器位之迹渐消失矣。"这种说法，正确地肯定了艺术最初与实用不能分离，是符合历史事实的，不同于一切关于艺术起源的神秘说法。就绘画而论，我们虽然不能说原始的绘画都同器用装饰分不开，如原始的洞窟壁画就不是画在器用之上的；但开始具有较为纯粹的审美意义的绘画，还是邓以蛰所说作为器用装饰的绘画。原始的洞窟壁画是同巫术图腾活动相联系的，并不是为了审美的目的而画，所以经常画在人们很难看到的黑暗洞穴深处。邓以蛰认为最初的绘画由于不能脱离器体，目的是为了装饰器体，因此它的创造受着器体的限制，是一种"抽象之图案式"的绘画。随着历史的发展，由原来的"形体一致"出现了"形体分化"，也就是绘画逐渐脱离器体的拘束，变为独立于器用装饰的绘画，最后"由抽象之图案式而入于物理内容之描摹，于以结束图案化之方式，而新方式起焉。此新方式为何？即生命之描摹也"。邓以蛰指出：

> 汉代艺术，无论铜玉器之雕琢，陶漆之绘画，石刻型塑，一皆以生命之流动为旨趣……盖艺术至此不自满足为器用之附属，如铜器花纹至秦则流丽细致，大有不恃器体之烘托而自能成一美观；至汉则完全独立，竟为物理自身之摹写矣；又不满足纯形之图案既空泛而机械，了无生动，因转而拟生命之状态，生动之致，由兹而生矣。形之美既不赖于器体，摹写复自求生动，以示无所拘束，故曰净形。净形者，言其无体之拘束耳。

这里，邓以蛰正确地看到了绘画只有从器体的装饰物解放出来，才能

---

① 《画理探微》，以下未注明出处者均见此文。

成为独立的艺术，广泛地并且充分地、生动地描写人类的生活。而这，的确正是由汉代开始的。虽然，解放后的考古发掘证明，在晚周已有独立于器用装饰的帛画，但究竟还是个别现象，绘画还没有像汉代那样发展为一门独立的艺术（关于汉代艺术在中国艺术发展上的重要的地位和作用，邓以蛰有精辟的论述，详后）。总的来说，邓以蛰立足于"体"（器体）去考察中国绘画的发展，看到了绘画从"形体一致"到"形体分化"的历史过程，并且把中国绘画的发展分为四个时期："商周为形体一致时期，秦汉为形体分化时期，汉至唐初为净形时期，唐末元明为形意交化时期。"这些看法是符合于中国绘画发展的历史实际的，是对中国绘画发展的一种具有美学理论价值的概括，至今仍然值得我们研究。

所谓"生动——神——意（气韵）"这一理论结构，是同上述的"体——形——意"这一结构不可分割地联系在一起的，实际是对这一结构中从"形"到"意"的发展的历史过程的展开。下面，我们就来作一些分析。

邓以蛰认为，"形"脱离"体"之后，到了汉代，着意动物和人的动态的描写，达于生动之致。及至六朝，又由生动进入人物内在性格即"神"的描绘。再到唐以至宋元，又逐步地由"神"的描绘进入"意"的表现。这就是"生动——神——意"这一理论结构所概括的中国绘画发展的历史进程。这一概括，从美学上反映了中国绘画发展的内在逻辑。在"五四"以后关于中国绘画的研究中，是一个重要的理论建树。

邓以蛰对从"生动"到"神"，又从"神"到"意"的历史过程逐一进行了具体分析。首先，他指出了从"生动"到"神"这一历史的转变，他说：

> 吾人观汉代动物，无分玉琢金铸，石雕土范，彩画金错，其生动之致几于神化，逸荡风流，后世永不能超过也。汉代艺术，其形之方式唯在生动耳。生动以外，汉人未到。故其禽兽人物，动作之态虽能刻划入微，但多以周旋揖让，射御驰驱之状以出

619

之，盖不能于动作之外有所捉摹耳。又其篇幅结构，徒以事物排列堆砌，不能成一个体，虽画亦若文字之记载然，观于石刻中每群人物，注以名位，水陆飞动，杂于一幅可知也。汉以后渐趋纯净，虽曰佛教输入，于庄静华丽之风不无有助，但人物至六朝，由"生动"入于"神"亦自然之发展也。神者，乃人物内性之描摹，不加注名位而自得之者也。如写班姬，不借班姬外表之动作以象征其人，或注其名位，以助了解；画若入神，则班姬神致充足，无须假借。汉代人物毋宁只状动作而非状人。如画老子与孔子，不在老子、孔子其人而在其一时间之动作。汉画人物虽静犹动，六朝唐之人物虽动亦静，此最显著之区别。盖汉取生动，六朝取神耳。

这是一段极为精彩的论述，它把握住了汉至六朝绘画发展的重要转变及其美学特征。"汉取生动，六朝取神"，事实正是如此。这在中国绘画的发展上是一个有重要历史意义的转变。"汉取生动"，是因为它注意叙事性、历史性，竭力要表现作为整体来看的人支配自然的那种不可遏抑、无所不在的强大力量，由此形成汉代艺术生动雄强的气势。但对于作为个体的人的个性，汉代艺术确实还未细致深入地去加以表现。因为对人的个性特征的充分重视，是到魏晋六朝才开始的。所以，邓以蛰认为由汉至六朝，绘画艺术的发展是由"生动"入于"神"，这是深刻地揭示了历史转折的枢纽点的，是他长期研究的重要收获。

对于汉代艺术在中国艺术发展过程中的深远影响，邓以蛰曾有多次论述，并且指出了汉代艺术同楚艺术的密切关系。他在《辛巳病馀录》中说：

世人多言秦汉，殊不知秦所以结束三代文化，故凡秦之文献，虽至始皇力求变革，终属周之系统也。至汉则焕然一新，迥然与周异趣者，孰使之然？吾敢断言其受"楚风"之影响无疑。汉赋源于楚骚，汉画亦莫不源于"楚风"也。所谓楚风，即别

> 于三代之严格图案式，而为气韵生动之作风也……在汉代，气韵原为画中之实体也；禽兽生动之极，结于云气，或云气排荡之极而生出禽兽，皆成为一体之运行，如文之有韵也。

这是一个深刻的见解。的确，中国艺术中那种富于浪漫幻想、生动活泼的作风的产生形成，是得力于南方的"楚风"，即以楚骚为代表，同北方"国风"颇异其趣的美学风格的。这种风格，在汉代不但影响了文学，而且还影响了绘画。后世中国绘画美学中的"气韵生动"的原则提出，实如邓以蛰所指出的那样，是由汉代艺术的发展奠定其雄厚的历史基础的。我们还可以说，六朝绘画之所以大受印度佛画影响而仍然保持着中国艺术自己的特征，重要原因之一，也在于中国绘画艺术的基本特征在汉代业已形成，并且在中华民族的土壤中扎下了根，不是外来影响可以轻易改变的。目前，研究汉代艺术对后来艺术的深远影响，还是值得我们细加探讨的一个重要课题。在这方面，邓以蛰正是一个先行者。

邓以蛰在分析了中国绘画由"生动"入于"神"的过程之后，又分析了它如何由"神"入于"意"。这后一过程较之于前一过程是更为复杂的。因此，邓以蛰的分析也较前一过程花了更多的篇幅，作了更多的思考。现在看来，他的分析在某些方面或不免有可以商榷之处，但在基本点上，把握住了问题的要点所在，对我们今天的研究仍然很有启发。

首先，他从他历来所重视的黑格尔的辩证观念出发，在"生动——神——意境"这一发展过程中，把"意境"看作生动与神的统一。他说："含生动与神者庶几达乎意境矣"，"生动与神合而生意境。"然而，这种统一又不是仅从概念上推论出来的。邓以蛰看到"意境"问题的产生，同中国绘画中山水画的发展不能分离。在中国人物画发展的时代，中国画论已提出了"以形写神"、"气韵生动"的原则，这些本来只对人物画而言的原则如何能应用于山水画呢？邓以蛰主要从两个方面分析了这一问题。通过这些分析，得出了如何由"生动"与"神"的统一而达于"意境"的结论。

第一，他指出要把山水看成也是有"生动"与"神"的，就必须把自然界的各种事物看作一个有机地联系在一起的、活动的、有生命的整体，而不是孤立自在、各不相干。邓以蛰指出，这种看法正好是中国山水画家们所特有的。他曾经多次引述和解释宋人董迪在《广川画跋》中所说的这段话：

> ……且观天地生物，特一气运化尔。其功用秘移，与物有宜，莫知为之者，故能成于自然。

这的确是很重要的一段话，它最明白地说出了中国画家对待自然的看法。邓以蛰指出，"气韵生动之理若自大处言之，则气实此一气之气，韵者言此气运化秘移之节奏，生动盖言万物含此气则生动，否则板滞无生气也。"在解放初期写的《中国艺术的发展》一文中，他也曾指出，这段话"抓住宇宙万物都互相依赖，联成一气，一动全动，这一点，从艺术的成就来说，是了不起的。一气运化所形成的自然，由画家的感性直觉来说，就是气韵生动"。特别值得注意的是，他在一个未发表过的关于南北宗问题的提纲里还曾指出董迪的"一气运化"的说法是"泛神论"的主张。"道家者，泛神论者也，重气。"这虽然是寥寥数语，但抓住了问题的要害。在中国的泛神论的观点看来，自然界并不是死的机械的物质堆，而是由"气"的运动所产生出来的一个非常天然和谐、充满生命的整体。它是"造化"的不可思议的杰作，本身就有着令人赞叹的美。儒家虽不同于道家，但同样认为万物是由"天"合目的而又合规律地创造出来的、充满着和谐的生命的整体，甚至能表现出人的感情（如董仲舒的"天人相通"的说法）。儒家所说的这个"天"，有时是一种能动的、合目的但无意识的力量（如孔子《论语》中"天何言哉"的天），有时接近于人格神（如董仲舒所说的能够赏善罚恶的"天"）。在前一种情况下，儒家所说的"天"同道家的泛神论有相通的地方。特别是儒家《周易》的"传"，显然大量吸收了道家思想。中国古代画家用泛神论或半泛神论的观点去看待自然，因而自然在画家的眼中就不是冷漠无情

622

的、死的自然，也不是一种杂乱无章的东西，而有着内在的节奏、生动的韵律和不息的生命。它像人一样，也有"生动"与"神"可以描绘。人有"心"，天地也有"心"，这"心"又与人本身相通一致。因此，本来是对人物画提出来的"以形写神"、"气韵生动"的原则，被推广到了山水画，认为对山水画也完全适用。这里，从自然科学或某些粗陋的唯物主义看来，说人为天地之"心"，是不可思议的胡说八道。但是，从马克思主义的唯物主义看来，这种说法实际上是通过千百万年的实践而产生的"自然的人化"在人们意识上的反映，它对艺术的发展意义至为重大。即使这种反映是一种唯心的、幻想的反映（在马克思主义出现之前，这是必然的），我们也不能简单地加以否定。中国古代哲学的泛神论同中国古代画家对自然的审美观有着极为重要的关系，是一个需要深入探讨的重大问题。邓以蛰指出了这种联系，企图去探明自然山水对于古代画家何以也像人一样具有"神"，这对我们是很有启发的。

第二，邓以蛰分析了山水画对自然的"生动"与"神"的追求，最后发展到了对"意境"的追求，使山水画成了表现画家之心的"心画"。这样，作为"生动"与"神"的统一的"意境"就超出了一般人物画中所追求的"生动"与"神"，"离于形而系诸'生动'与'神'之上矣"。因为在人物画中，"生动"与"神"处处须通过人物的"形"而获得表现，它是依存于"形"的。而"意境"虽也要通过山水之"形"而获得表现，但它却不受"形"的拘束，"形"完全以"意境"的表现为转移。与此同时，"意境"的表现也就是画家的"心"的表现，"意境"与画家的"心"直接地合而为一。

邓以蛰说：

意者为山水画之领域，山水虽有外物之形，但为意境之表现，或吐纳胸中逸气，正如言词之发为心声，山水画亦为心画。胸具丘壑，挥洒自如，不为形似所拘为山水画之开始。至元人或文人画则不徒不拘于形似，凡情境、笔墨皆非山水画之本色而一归于意。表出意者为气韵，是气韵为画事发展之晶点，而为艺术至高无上之理。

邓以蛰用"形意交化"、"形意合一"、"意境笔墨混而一之"、"物与心与画混一"等说法来说明自元至明清成为主流的文人画的特征，是深刻的。它指出了中国绘画从"生动"入于"神"，再由"神"入于"意"这一重大的历史转折。对于这个转折，应当如何评价呢？过去，我基本上是采取否定态度的（见拙作《"六法"初步研究》），现在看来不妥。这一转折固然产生了一些消极的东西，如使一些画家脱离生活，忽视对自然的深入观察以及艺术基本功的训练，但它又使中国的绘画发展到了一个崭新的阶段，极大地突出了艺术作为人的自由的心灵表现这一重大特征，并且在实践上取得了重要的成果，创造出了与六朝至唐宋古典风格不同的浪漫风格的新绘画。当然，这种浪漫风格同黑格尔所说的西方艺术中的浪漫风格不同，它仍然保持着浓厚的古典风味。

邓以蛰关于中国绘画美学的思想是极为丰富而深刻的，而且自成一个理论系统。以上所说，不过是我对他的基本思想的一些体会。读者要想了解他的绘画美学，自然只有直接去读他的著作。这些著作，由于是对中国绘画作一种哲理的研究，有其内在的逻辑结构，在表述方式上又相当简括，因而初读起来可能会感到难读，甚至觉得枯燥。但如果我们想要对中国绘画中各个重大问题从美学上寻根究底地求得一种深刻的理解，不停留在肤浅模糊的感想印象上，那么邓以蛰的这些著作可以说就像橄榄一样，是经得起咀嚼的。

四

邓以蛰关于书法美学的思想，集中表现在他的《书法之欣赏》一文中。如前已提及，这篇文章原打算写四个部分：书体、书法、书意、书风，遗憾的是只写了书体、书法两个部分。文章篇幅不大，但内容甚为精粹，是我国"五四"以来最早从美学上系统考察书法艺术的一篇重要文章。

邓以蛰首先指出了中国书法在艺术中所占之地位。他说：

文字原为语言之符号，初不过代结绳以便于用也。其进化而成为书法，成为美术，世界美术恐无先例。若埃及石刻往往杂其象形文字于图像之间，然考其当时之图像与典籍无异，所刻故实，莫非"死典"（Book of Death），初不谓其异乎经典而为美术品也。图像且如此，其中文字可知也。又若阿拉伯文字尝用之于装饰，然必改变其字为一种花纹图案而后用之。且装饰云者，装饰器物，不能离器物而为自由之表现如中国书法然也。吾国书法不独为美术之一种，而且为纯美术，为艺术之最高境。何者，美术不外两种：一为工艺美术，所为装饰是也；一为纯粹美术，纯粹美术者完全出诸性灵之自由表现之美术也，若书画属之矣。画之意境犹得助于自然景物，若书法正扬雄之所谓书乃心画，盖毫无凭借而纯为性灵之独创。故古人视书法高于画，不为无因。

这一段话，简练精辟地概述了中国书法是一种极为特殊的艺术。的确，在世界各国中，文字的书写发展成为一种极高的艺术，为中国所特有。而书法在美术之中，较之于图案装饰画或一般的绘画，又有其显著的特征。和前者相比，它能离器物的装饰要求而为自由的表现，不处处受制于机械的平衡对称、整齐一律等等规则（虽然书法也不能没有平衡对称）；同后者相比，它不直接描绘现实的物象，而以人内心的情感为表现对象。邓以蛰所谓"毫无凭借而纯为性灵之独创"的真实含义在此（下面我们可以看到邓以蛰并不否认"形质"在书法中的意义，也不根本否认它同现实的某种联系）。书法是直接诉之于视觉的艺术，是美术的一种，但同时又不再现模仿具体的物象，也不像图案或建筑那样为机械的规则所制约，而是以极为自由的方式直接表现人内心的情感。在这意义上，它的确是美术中最不受外界对象限制的、最自由的、直接诉之于人的心灵的一种艺术，是邓以蛰所说的"纯美术"，"艺术之最高境"。中国历代常把书法置于绘画之上，重要的原因之一就在于书法超越了绘画对现实形象的模写，以最自由

625

直接的方式表现人的心灵。书法美的境界较之于绘画美的境界,是更带精神性的,更为微妙而难以言说的。书法的欣赏较之于绘画需要更高的审美修养。

在论及书体的时候,邓以蛰提出了一些重要的见解。首先,它不只是考证各种书体,而且提出对于书体的演变要采取一种"活看法",从我们现在来说,也就是辩证的看法:即不把各种书体看成是互不相关的,而看成是"一脉相通,孳乳浸多","前后相包含"的。每一种体都处在历史的变化之中,乃活体而非"死体"。从这种辩证的看法出发,邓以蛰对古人的"八分"说,作了极好的说明。他说:

> 古人解释八分之义,有引蔡文姬之言,谓割程之隶字八分取二分,割李之篆字二分取八分,于是为八分书。以十分法解释八分字义,固无不可,若用以解释八分书体,疑者甚多。盖如此,则篆多隶少之八分,不亦犹为篆乎?吾亦疑之。唯有不可疑者,即用以解释书体一般之进化,善莫加焉!盖由篆之八分,由八分之隶,由隶之行草,其间必经过十分之八之方式。如八分体,在其变动之初,尤近于篆时为篆八隶二,若变之甚,则可隶八篆二;总不出乎八分之点在。若变到一体之正,则独立为一体矣。准是以谈,诚有篆之八分书,而隶亦可为八分之八分,行草亦无不可为隶之八分。甚矣,八分之说,诚书体变化之关键也。

这里,邓以蛰从"八分"的说法里看到了从旧书体产生出新书体的过程中所存在的从量变到质变的过程:八分旧、二分新——八分新、二分旧——十分新。这个看法是深刻的,发前人所未发。

其次,邓以蛰正确地指出考察书体的变化,不能不注意到书法的用途及其使用的书写工具。"书之始,始于用。"而书法之用需有一定的书写工具,书写工具的变化会影响书体的变化:

> 如谈篆书之形,有所谓悬针、玉箸;甲骨文或籀文收笔却尖如悬针;金文之大篆,秦刻石之小篆,笔致圆婉如玉箸。甲骨

文、籀文刻以书之，故其形不得不如悬针；金文铸书，不得不圆如玉箸，小篆师其意，故虽刻于石而犹然。悬针玉箸，初因其所凭借之物质、工具有以致之耳。如汉分有波磔。波者言横笔有波动起伏之意，磔者言笔之收势，如横笔之作捺势，直笔之作垂势。总之，波磔指分书之姿态不似篆势之均匀平板之处。若究波磔之所由来，则毛笔使之然矣。毛笔是否秦蒙恬个人所造不必论，要之秦汉之间已普遍使用则无疑。

此外，更为重要的是，邓以蛰还从书法在社会生活中的运用看出了不同书体的美的要求，并且把各书体区分为"形式美之书体"和"意境美之书体"两种，前者为篆隶，后者为行草。对于这区分的社会历史的由来，邓以蛰作了深刻的说明：

> ……篆隶之字体间架、行次之整齐端庄，则又为所谓金石丰碑，高文大册所必至之理。盖书之所典饰者为铭功颂德，人之所用于笔者，正求其整齐美观，如秦石汉碑莫不然者，此篆隶之所以为形式美之书体也。
>
> 逮魏晋之际，禁止立碑。一方面，特具形式之美之篆分书体渐少需要。他方面，绢纸笔墨，制造日见精工……。至此，书所凭借之工具，无复如笨重之金石类，而为轻淡空灵之纸墨绢素，其拘束之微，得使书家运用自如。加之，一方面汉魏之交书家辈出，书法已完全进于美术之域，笔法间架，讲究入神，如卫夫人之笔阵。他方面，魏晋士人浸润于老庄思想，入虚出玄，超脱一切形质实在，于是"逸笔馀兴，淋漓挥洒，或研或丑，百态横生"之行草书体，照耀一世。……高文大册，若书之必为篆分隶诸体，法帖则只为行草。行草实为意境美之书体也。

虽然，法帖中亦可以有少量分书，但这种对于书体的两种不同美的区分，在书法美学上是有重要意义的。事实上，篆分隶等书体所追求的主要是形式美，行草所追求的则主要是由情感的自由抒发而显示出来的意境美，两者是有所侧重的，并不是说形式美的书体即无意境美，意境美的书体即无形式美（在我看来，前者主要是一种造型性的美，后者则主要是一种音乐性的美）。邓以蛰还指出，"行草书又为书体进化之止境"，这也是正确的、深刻的。因为只有在行草中，书法艺术作为个体情感的表现这一特征才能得到最充分的体现。这也就是邓以蛰所说的，在草书中，"人与其表现，书家与其书法"达到了高度的"合一"。

在分析了书体之后，邓以蛰又进而分析"书法"。在这里，他首先论述了书法艺术的"形式"与"意境"两者不可分的关系。他指出书体之美虽然可以区分出"形式美的书体"，其形式之所以有美，也还是因为它已有"意境"；而作为美的"意境亦必托形式以显"，"形式与意境，自书法言之，乃不能分开"。同时，他还指出："意境究出于形式之后，非先有字之形质，书法不能产生也。故谈书法，当自形质始。"这种看法，正确地解决了书法艺术中"形式"、"形质"与意境的关系。无形式、形质的"意境"决不能成为美，书法艺术作为诉诸视觉的艺术必有其形式、形质。那种认为书法是无形象的艺术的说法是不对的。书法艺术当然没有绘画中那种直接描绘某一具体事物的形象，但它有诉诸视觉的、能唤起美感的形象。一切美的艺术都是形象的。美学上所谓的"形象"，是在广泛意义上，相对于不可感知的抽象概念来说的，决非仅仅指对某一具体事物的形象的描绘。后面这种对形象的极其狭隘的了解，是由于不懂得美学上所说的形象的涵义而来的。从中国书法艺术的产生来看，邓以蛰认为"形质"先于"意境"，完全合乎历史的事实。中国文字的书写之所以能发展为一种极高的艺术，正因为源于象形的中国文字的构成及其用中国特有的工具书写所取得的效果，使中国文字的"形质"有着能够表现"意境"的广泛的可能性。否则，中国文字的书写就不可能发展成为艺术。

在分析书法的形质的时候，邓以蛰还逐一考察了"笔画"、"结构或体势"、"章法和行次"三个要素，其中有不少精到的见解。对于那些主要涉及书法的技术、技巧的问题，这里不准备详谈了，只想说一说那些从美学上看具有重要意义的若干论点。

628

第一，笔画与情感的表现关系。邓以蛰指出，书法之笔画并非任何一种笔画，而是能够表现情感，给人以美感的笔画。他说：

> 钟繇论笔法曰："笔迹者界也，流美者人也。"书法之笔画，即自人流出者。唯天下之最难言者莫过于自人心流出之事，如美之事即是矣，因其不能如"界"之划然分明，便于理知。

这里，所谓美从人心流出的说法，是就艺术创作中艺术美的产生与艺术家的心的关系来说的。这种美同作为创造者的艺术家的心有不可忽视的密切关系，是一个确定无疑的事实。书法的笔画不同于作为"界"来看的笔画，而是表现着人内心的审美情感的笔画。也就是邓以蛰所说的"书法者，人之用指、腕与心运笔之一物流出美之笔画也。"这是书法的笔画与其他笔画的本质区别所在。一切有关书法用笔的技法、技巧的讨论，无不是为了研究如何才能写出这种称得上是书法的笔画。

第二，结体与人体自身的自我感觉的关系。中国书法理论中关于结构有各种说法。邓以蛰认为"书法之结体，莫不有物理、情感为根据"，因此他在分析结体的时候，重视从人对外界事物的自我感觉中去找到各种结构的根据，这是很值得注意的。他把这种同书法的结体相关的自我感觉区分为四种。第一种是"观照之感"，它同结体的对称相关，因为人自身的感觉要求着对称。第二种是"物理之感"，它同结体的上下轻重取得稳定感相关，因为人体受着地心吸力的作用，要求有稳定感。第三种是"机构之感"，它同结体需要把各个部分组成为一有机的结构相关，因为人体本身即是一有机的结构。第四种"为情感而含有知之意趣者，如远近、深浅、微著诸势"。但邓以蛰认为"唯此已涉于空间立体，书法为平面之形，严格言之，非常有也；有之，殆多涉于书法之行次矣，故不备论与兹"。以上四种根据的提出，抓住了对书法结体研究的重要方面，值得深入探讨。西方格式塔心理学就曾讨论了外在的种种形式结构同人的内在的感觉、情感的互相对应关系，这在美学研究上是一个重要问题，与书法美学的研究有密切关系。另外，邓以蛰所提出的第四个根据，对理解书法艺术的美也是很重要的。他虽未详论，但在讲到书法的行次、章法问题时曾有所涉及，提出了一些很值得注意的看法，这就是下面我们所要谈的第三点，即书法的动态、气势同书法美的关系。

邓以蛰指出书法的结体行次能够表现动态、气势。如"内抱"的结体为静的，"其章法纡余款婉，益见形神内敛"；"外抱"的结体为动的，"其章法峭拔险峻，形亦飞扬"。"凡篆之形势多为内抱，隶则无非外抱"。"真行草可师篆隶之意，作内抱外抱之章法"，取得类似的效果。"如以古人为例，羲之之《快雪时晴帖》近于篆；而献之之《中秋帖》则近于隶；唐之欧近于隶，虞则近于篆，宋之东坡近于篆，而黄米则近于隶。"邓以蛰还指出，"贯于通篇行次间之血脉气势"是章法的根本，而"章法气势"有内外两面，外之一面为形式，内之一面为"精神，活动"。"精神或活动虽无形质，而有往复动静，抑扬顿挫之意，发之于书，自有其向背呼应之势"。而由于"势至于断续起止，转换筋节不差，是由无明而明，由抽象而具体；向以为空幻虚无者，今得见其形迹动态焉。"这也就是说，由于行次之间血脉气势的贯穿运动，那本不可见的人心中的精神活动就表现为纸上书法的可见的"形迹动态"了。这对于书法美的了解是一个至关紧要的问题。正因为书法能表现动态，有不受拘束的血脉气势，因而它才能充分表现人内心的情感，成为一种很高的艺术。这又是由于人的情感只能在活动中得到表现，情感即活动。中国书法能自由地表现动态、气势，因而它也就能充分地表现情感。图案字之所以不能称之为书法艺术，其重要原因之一就在于此。此外，还有一个很值得注意之点，那就是由于书法能自由地表现动态、气势，因而书法虽然是写在平面上的，却又如邓以蛰所指出的那样，"已涉于空间立体"，"由平面之形几于进退伸缩之动态也"。这也就是说，书法借助于动态的表现，打破了平面限制而进入了三度空间。因为运动不只是平面上的位置移动，还有在三度空间中的运动。人们常用"龙飞凤舞"来形容成功的书法艺术，这里所谓的"龙飞凤舞"即已经是超越平面，在三度空间中的运动了。不仅如此，我想还可以补充一点，由于运动又是一个时间的过程，因而又使能自由表现运动的书法超越空间艺术而进入了时间艺术，同音乐艺术相交融。由此可见，动态的自由表现对于书法艺术具有何等重要的意义。邓以蛰用"噫，势之力，其伟矣哉！"来赞美动态表现在书法艺术中的重要意义，是深刻理解了书法艺术特征的发自内心的赞叹，决非一般的虚夸之词。

邓以蛰关于中国书画美学的理论，是他数十年如一日潜心研究的产物，因而其内容的广度和深度，决不是我这篇已经写得很长的文章所能尽述。我只希望，我这挂一漏万的粗浅介绍，能够引起人们对他在解放后几乎被遗忘了的精心结撰的著作的注意，使之在我们当前的研究中产生其应有的作用；使前辈学者的心血，成为浇灌他生前为其成长而奋斗终身的、中华民族文艺这株根深叶茂的大树的养料。而我感到悲哀的是，我的这篇习作再也得不到他的兴致勃勃的审阅教正了。明年即是他逝世的十周年，而我自己也到了五十岁。我愿以这篇习作来表示我对他的深深的怀念，并激励自己，今后努力把自己应做的工作做得更好一些。

1982 年 3 月 31 日深夜写完于武昌珞珈山下

（原载 1982 年《美术史论》第 6 期，后经修改补充，作为"附录"收入《邓以蛰全集》，安徽教育出版社 1998 年版）

马采著《哲学与美学文集》序

马采教授是我在北京大学哲学系读书时的好老师。那时，我能碰上他，还有邓以蛰、宗白华教授这样三位对我热诚关怀的好老师，是我的大幸，也是我引以为荣的。当时朱光潜教授也在北大，但不在哲学系，也没有开美学课，直到60年代，我才有了向他请教的机会，并得到他的不少鼓励。他们四位都是中国"五四"以来研究美学的著名学者，因为院系调整而集中到了北大。这使我以及我的一些对美学有兴趣的同学获得了向他们学习的好机会。现在回顾起来，这对中国当代美学的发展是起了某种重要作用的。

听说马采师的哲学、美学论文集将要出版了，我感到十分高兴。这高兴，不只是出于师生的情谊，还因为马采师的著作在中国现当代的哲学、美学史上具有不可忽视的历史文献价值。学术的研究需要一代又一代的不断努力，我们应当珍视前辈学者用一生心血凝成的著作，应当加以搜集、整理、出版，使之流传久远，对后人产生先导与启迪的作用。因此，我曾多次建议马采师整理、出版他的著作。现在，这本论文集在中山大学的大力支持下出版了。这是一件有益于学术发展的大好事，可喜可贺。

和中国近现代许多进步的学者一样，马采教授是怀着一颗拳拳的爱国之心来进行学术研究的，其最终目的是在中华民族的振兴。他是广东人，青年时代就受到康有为、梁启超、孙中山爱国图强的思想人格的熏陶。他东渡日本求学，也是为了自己的家乡，为了祖国的繁荣富强。从他的哲学研究来看，他研究古希腊哲学而特别属意于苏格拉底的哲学，我想是因为他很为赞赏苏格拉底那种以身殉道、为真理而献身的精神。他又特别注意研究德国古典哲学中康德、费希特的哲学，这也和康德、费希特哲学具有反封建的启蒙精神与爱国精神有关。特别是关于费希特的研究以及对费希特的《告德意志国民》的翻译，更是为了借鉴费希特的思想，以高扬中国人的爱国主义精神。马采教授的所有这些研究，既有其现实的目的与意义，同时又是真正严肃的学术研究，对所研究的哲学家的思想作了系统深入的分析。在过去我国对西方哲学了解不多的情况下，马采教授的这些著作的发表，对增进学术界和青年对西方哲学的了解，是有重要作用的。就是今天读来，仍然能够给我们以许多有益的知识和理论上的启发。

在西方的传统中，美学在很长时期中被看作是哲学的一个部分。马采教授在研究西方哲学的同时，又致力于研究西方美学。他在这方面所下的功夫，看来不但不少于对哲学的研究，而且更有过之。

自"五四"前后蔡元培先生提倡"美育"以来，中国出版了很少几本翻译或编译日本人著作的介绍西方美学的书。还有少数几位学者对德国美学家李普斯的"移感说"美学产生了很大的兴趣，作了较为详细的介绍。所有这些，对中国人了解西方美学都产生了启蒙作用。但总的来说，学术性与系统性不足。真正基于对西方哲学的系统了解，从学术研究上全面、系统、深入地介绍评述西方美学，并且涵盖了理论与历史两个方面的著作，我想或许要推收入本书的，马采教授所著的《美学断章》了。这是他从青年时代起，在日本长期专门研究西方美学的产物。另外，马采教授还写了《黑格尔美学辩证法——艺术的理念,其历史的发展与感觉的展开》、《论艺术理念的发展》，这是"五四"以来，较早系统介绍、研究黑格尔美学的两篇很有分量的重要论文。席勒关于美育的理论，蔡元培先生早就论及，但马采教授的《席勒审美教育论》当是较早系统阐述席勒理论的一篇文章。对于在20～30年代很受重视的李普斯的"移感说"，马采教授也作了很为细致深入的探讨，提出了他自己的创见。

马采教授在哲学、美学研究上的一个重要特点，是十分重视对所研究的哲学家、美学家本有的思想作如实、准确的分析介绍，避免以己意去揣度解释他们的见解，更不把自己的看法和他们的见解混杂起来。这是一种高度求真的精神，在学术的建设上是很可宝贵的。我读他的著作，总是赞叹他写得那样地简要、明晰、谨严，给你许多精确、切实的知识。

和我国许多有成就的著名学者一样，马采教授是学贯中西的。他对中国古代美学、美术史的研究投入了很大的热情与精力。他热爱中国美学、艺术的光辉伟大的传统，一向对那种瞧不起自己的民族传统的看法很不以为然。在对中国古代的美学、美术史的研究上，他也写下了很有价值的著作。可惜限于篇幅，本书未能收入。

最近听说马采师继已出版的、很受读者欢迎的《世界哲学史年表》之后，又快要编成《美学美术史年表》了。这使我十分感动。编过年表、年谱的人都知道，这是一种极为细致、繁杂的工作，需要很大的耐心与认真的精神方能做好。它又往往被视为单纯资料性的工作，因此常是一些学者不愿为或不屑为的。马采师以近90岁的高龄来做这种费时、费神、费力的工作，表现了他一生孜孜不倦，不断为中国学术文化建设添砖加瓦的高尚精神。但我仍望老师节劳，衷心祝他健康长寿。

1993 年岁暮，于武汉大学

（原载马采著《哲学与美学文集》，中山大学出版社 1994 年版）

读《王朝闻文艺论集》

　　王朝闻同志是我国著名的美术家，同时也是著名的文艺评论家。建国以来，他为了宣传毛泽东文艺思想，促进社会主义文艺的发展，解决文艺如何生动而又深刻地反映生活并教育群众的问题，进行了坚持不懈的劳动，写下了数量可观的文艺评论和论文。在内容上，不仅涉及美术的各个部门，而且涉及文学、戏剧、戏曲、电影、曲艺，对文艺创作和欣赏中的许多问题，进行了创造性的研究和探讨，作出了重要的贡献。本书是他解放后到所谓"文化大革命"前十七年中所写的文章的选集。①

一

　　采取实事求是的态度，从实际出发去深入地研究文艺创作和欣赏中的各种问题，是王朝闻同志的文艺评论的一个显著的特点。

　　实事求是是马克思主义的一个基本原则。毛泽东同志历来不断教导我们，对待一切问题都必须从实际出发，采取实事求是的态度。这是我们对待一切问题应有的正确态度，当然也是我们对待文艺问题应有的正确态度。毛泽东同志在《在延安文艺座谈会上的讲话》这篇划时代的著作中指出："我们讨论问题，应当从实际出发，不是从定义出发。如果我们按照教科书，找到什么是文学、什么是艺术的定

---

　　① 《王朝闻文艺论集》是王朝闻同志新中国成立以来至"文化大革命"前的文艺评论文章的选集，全书分三集，约一百万字，上海文艺出版社出版。《新艺术创作论》一书中的文章未选入，该书由人民文学出版社再版。

义，然后按照它来规定今天文艺运动的方针，来评判今天所发生的各种见解和争论，这种方法是不正确的。我们是马克思主义者，马克思主义叫我们看问题不要从抽象的定义出发，而要从客观存在的事实出发，从分析这些事实中找出方针、政策、办法来。我们现在讨论文艺工作，也应该这样做。"

王朝闻同志的文艺评论遵循了毛泽东同志的从实际出发而不是从定义出发的教导。他所探讨和研究的问题，是他在长期从事文艺工作、亲身参加创作实践的过程中感受到的，也是他曾经反复地观察、捉摸、体会和思考过的。全国解放，从延安鲁艺进入大城市以后，为了和全国文艺工作者一起共同学习毛泽东文艺思想，贯彻党的文艺方针政策，创作出更多更好的为群众所欢迎的作品，他拿起笔来，仅在一九四九年一年间，就连续写了五十多篇文章。这些文章，不是从定义出发，生硬简单地向读者重复文艺理论的一般原理，而是处处结合实际，有的放矢地运用毛泽东文艺思想去分析研究文艺创作实践中所碰到的各种问题，找寻如何提高文艺创作水平的具体途径。如收入《新艺术创作论》一书中的《想象、创造与生活经验》、《再论生活经验与创造》、《为政策服务与公式主义》、《主题与政策》等文章，对于大家经常谈到的深入生活、学习政策与提高创作水平的关系，论述深透，很有说服力。这样的文章，使人爱读爱看，读后有收获，能够加深对毛泽东文艺思想的正确性和深刻性的了解，有助于解决文艺创作中的实际问题，因此在发表之后，很快引起了读者的注意，受到了广泛的欢迎，并且得到了毛泽东同志的鼓励和肯定。这些文章清楚地显示了王朝闻同志后来的文艺评论文章一贯具有的独特风格，这就是从具体的文艺现象的分析出发去阐明马克思主义文艺理论的一般原理，把对创作实践中具体问题的研究和作品的评论同对文艺创造和欣赏的规律性的探讨有机地结合起来。这是一种很可宝贵的风格，是体现了马克思主义的实事求是精神的风格。

为了解决文艺中的各种问题，王朝闻同志非常尊重实践经验，而且他作为一个艺术家，对文艺创作的实际有着具体深切的了解。但他又不是那种忽视理论，满足于自己狭隘的实践经验，不愿动脑筋去思考问题的人。多年来，他不但努力学习毛泽东文艺思想，而且努力学习毛泽东哲学思想，特别是学习《实践论》和《矛盾论》。为了解决某一个重要问题，写作某一篇重要文章，他常常带上一本《实践论》或《矛盾论》的单行本，结合所要解决的问题，反复地阅读和思考，在书上写下自己的心得体会。他努力运用毛泽东文艺思想和哲学思想去解决文艺创作实践中的各种问题，而这种运用又不是机械的和教条的，不是把马克思主义当作公式硬套到某个问题上去，而是在它的一般原理指导下，进行独立思考，具体地分析问题和解决问题。这就使得他的文章富于新颖独到的见解，不受任何僵死的清规戒律的束缚，既不同于教条式的八股，也不同于某些空泛的、应景的、一般化的评论文章。他的许多文章，虽然讲的是文艺创作中的某个具体问题或对某些具体作品的评论，但同时又深入地触及到了文艺创作和欣赏中一些带规律性的东西，时有警辟的论述，读来使人深受启发。正因为这样，这些文章所讲到的某些具体的文艺现象虽然已经成为过去，但文中的基本观点却并没有过时，在现在以至将来，对加深我们对文艺的规律性的了解，促进创作水平和欣赏水平的提高，都有重要价值。如写于 1950 年的《端正我们的创作作风，把画领袖像的工作提高一步》这篇文章，由于它相当深刻地阐发了领袖像创作中一些带规律性的东西，因此在今天看来也仍然很有意义，不但对画领袖像的美术工作者有参考价值，对用其他艺术形式表现领袖的文艺工作者也有参考价值。

文艺评论要从实际出发，这个实际包含创作的实际和欣赏的实际。如何提高对文艺作品的欣赏能力，是广大群众经常关心的问题，也是关系到发挥文艺作品对群众的教育作用的重要问题。革命的文艺评论家负有提高广大群众的文艺欣赏水平的重要责任。同时，一切前进的革命的作家、艺术家，也期待着有见识的文艺评论家对自己的作品在艺术上的成败得失作出有独到见解的分析，以求得创作水平的提高。欣赏是批评的必不可少的前提和过程，批评是对欣赏所得的结果的总结和提高，脱离了欣赏的批评，必然是抽象空洞的，它不可能提高群众的欣赏水平，也无助于作家、艺术家创作水平的提高。一个优秀的文艺评论家，应该具有高于一般群众的欣赏能力，在某些方面还应该具有高于作家、艺术家的欣赏能力。他应该独具只眼，能够把某一作品所特有的好处或美点揭示出来，使作者和读者茅塞顿开，豁然有所领悟，看出自己原来还没有观察和体会到的东西。在事实上常常是这样：经过优秀的文艺评论家的分析，我们对一些原来还看不出美在哪里的作品，看出了它的美之所在；对一些原来也觉得美的作品，懂得了它为什么美，因而觉得它更美。优秀的文艺作品在群众中的流传推广，作家、艺术家的创作水平的提高，常常是同具有高度欣赏能力的文艺评论家对作品的评论分析分不开的。

王朝闻同志的文艺评论，密切地结合了创作的实际，同时又非常重视结合欣赏的实际。他对作品的评论，首先是通过欣赏，发生了感动，深切感觉到某一作品所特有的好处，然后再从理论上加以分析。那种对作品并未发生真正的感动，对作品的好处并无深切的感受，却硬要提起笔来写上一大堆大而无当的空话的做法，是他历来最不赞成的。他对他所肯定的作品，不是抽象空洞地说它好，而是结合着自己在欣赏过程中的感受，具体地分析它好在哪里，为什么好。在他的文章中，有许多对古今中外优秀的艺术作品的分析。这些分析，显示了他具有一个卓越的艺术评论家的识力和才华，对作品的欣赏和评论，堪称是敏锐而又细腻的，能够启发、丰富、加深欣赏者对作品的感受和理解。许多作品，在我们还不能看出或不能完全看出它的好处的时候，常常是一经他的分析，作品似乎就以新的面貌展现在我们的眼前，使我们越看越觉得它的确是很美的。仅就他的那些专门评介艺术作品的文章来看，如《〈磨镰刀〉及其他》、《动人的古代绘画》、《创造性的构思》等，都是写得很精辟的。这只是随手举出的几个例子，在其他许多并非专门评介作品的文章中，也有许多对作品的精辟分析，真正称得上是艺术分析的分析。

艺术作品的真与假、善与恶、美与丑，是客观的存在。马克思主义的实事求是的原则，要求我们在评论任何艺术作品的时候，必须如实地去分析它的社会内容和艺术成就，作出符合了作品实际的科学评价。违背实事求是的原则，在艺术评论上阿谀逢迎、吹牛拍马、看风

638

使舵，不但是完全错误的，而且是卑劣可耻的，同马克思主义的革命的战斗的批评不能相容。正如鲁迅早就指出过的那样，文艺评论要好处说好，坏处说坏，才于作者和读者有益。不顾事实、不负责任地瞎捧或瞎骂，都是极端有害的。建国以来，王朝闻同志很善于及时发现那些创造性地反映了我们的社会主义革命和建设的好作品，细致透彻地分析这些作品为什么是成功的，它的可贵之处在哪里，热情地加以肯定，同时又实事求是地指出存在的缺点和不足之处。如对国画《考考妈妈》、《古长城外》、油画《春到西藏》、雕塑《艰苦岁月》、《母女学文化》等作品的分析就是这样。对 1958 年出现的工农兵美术，他在《工农兵美术，好！》这篇文章中给予热情的赞扬，但又不是空洞的赞扬，而是具体地指出工农兵美术中有哪些很可宝贵，值得专业美术工作者认真学习的东西。在赞扬的同时，又不为了迎合群众，故意把工农兵美术说得十全十美。对于戏曲改革所取得的成就，他满腔热情地赞扬，但又不讳言还有某些尚待努力克服的缺点。对于个别的艺术家，当他创作出了好的作品时，就热情地加以肯定；当他的创作显然不能令人满意时，就加以同志式的毫不敷衍的批评。当然，任何优秀的批评家，他对作品的判断完全可能发生错误，或有某些不够全面的地方，因此批评家要虚心听取作家、艺术家和广大读者的意见，要有坚持真理、修正错误的精神。但不论在任何情况下，他都应如实地说出自己对作品的真正看法，而不能弄虚作假，故作违心之论，甚至为某些人充当庸俗捧场的工具。只有实事求是的文艺批评才能推动我们革命文艺的发展，也只有实事求是的文艺批评家才是群众所需要的批评家，尽管他可能得罪某些不要实事求是而只要庸俗捧场的作家、艺术家。

王朝闻同志的文艺评论从实际出发的精神，还表现在他对一切作品的评论和艺术创造中各种问题的研究，始终坚持文艺来源于生活这个唯物主义原则，反对一切脱离生活的主观臆造。他一方面十分强调文艺反映生活并不是机械地摹拟生活，高度重视文艺对生活的反映的能动性，但在另一方面又不断指出对生活的深入认识是艺术家发挥独创性的源泉和根据，即令是最离奇的虚构也必须符合于生活的本质。

639

"不论艺术对生活的反映多么复杂，多么曲折，生活是艺术的创造性的根本条件，生活是艺术唯一的源泉这一真理是永恒的"（《〈齐白石画集〉序》）。在文艺与生活的关系问题上，王朝闻同志既反对机械唯物论者把艺术等同于生活的错误观点，又反对唯心论使艺术与生活相脱离。在许多文章中，他很有说服力地论证了深入生活与发挥艺术的创造性两者的关系，具体地阐明了在艺术创造上坚持从实际出发这一马克思主义原则的重要性。

二

富于辩证的观念，能够运用马克思主义辩证法去观察各种艺术现象，这是王朝闻同志的文艺评论的又一个显著的特点，也是一个显著的优点。

文艺的创作和欣赏，是一种充满着辩证法的极为细致复杂的精神现象，而且在这一领域中，人的主观能动作用表现得非常突出。因此，在解释各种艺术现象的时候，机械论和形而上学是行不通的，非常有害的。离开了辩证法，艺术中各种复杂的现象就不可能得到符合于客观实际的深刻的说明。马克思主义以前机械唯物主义的美学，它的重大缺点之一，就是缺少辩证法。在我们的创作实践和理论批评中，各种简单化的有害于艺术发展的看法的产生，其重要的思想根源之一，也是由于缺少辩证法。如何自觉地运用辩证法去说明艺术中各种复杂的现象，这是马克思主义的美学和文艺理论批评中一个非常重要的问题。对于作家、艺术家来说，如何自觉地运用辩证法去认识生活，创造艺术形象，也是关系到提高创作水平的一个非常重要的问题。

我们读王朝闻同志的文艺评论，经常感到在他对各种问题的分析中，闪烁着辩证法的火花，能够把互相排斥的对立面恰当地统一起来，看到它们之间的相反相成的关系，机智而又中肯地把握住问题的实质，给予正确的解决。如从形而上学的观点来看，艺术形象的单纯性和丰富性似乎是绝对不能相容的，王朝闻同志则反复指出两者是辩证的统一。一切成功的艺术形象，都是既单纯又丰富的。如果把单纯与丰富互不相容地对立起来，否认两者是完全能够统一在一起的，那么所谓单纯就会成为简单，所谓丰富就会成为芜杂。这样的艺术形象，是不能生动深刻地反映生活的，也不可能具有高度的艺术感染力。类似上面所说的这种辩证地观察和解决问题的论述，在王朝闻同志的文艺评论中随处可见。也许有人会以为这并没有什么了不得，但在实际上，要对艺术中的各种问题作出恰当的深刻的分析，要创造性地去把握艺术的规律性，处处都离不开这种辩证地观察问题的方法。一切肤浅空泛、简单生硬、平淡无味的评论文章的产生，从思想上看，一个重要的原因，就因为它观察问题和论述问题的方法是平板的、机械的、僵死的，也就是形而上学的。相反，王朝闻同志的文艺评论之所以有吸引力，读后使人觉得很有启发，除了密切联系实际、不发空论这一条之外，就因为它对问题的观察和解决是辩证的。

在把辩证法运用于文艺理论批评方面，王朝闻同志作了不少的努力。这首先表现在他对文艺与生活的关系、艺术创造中主观与客观的关系这些重大原则问题的分析上，同时也表现在他对艺术创造和欣赏中许多具体问题的分析上。从艺术创造来说，他反复指出艺术家要深刻地反映生活，塑造具有艺术魅力的形象，就必须善于用辩证的观点去观察生活，善于从艺术上去把握和描写生活本身的矛盾运动。从艺术欣赏来说，他反复指出古今中外的一切优秀的艺术作品，不论其作者是自觉或不自觉的，仔细分析起来，它们对生活的反映，包括艺术形式的构成在内，都体现了对立统一这个宇宙的根本规律。这正是这些作品之所以具有深刻的思想内容和动人的艺术魅力的重要原因。这些观点是符合于马克思主义的辩证法的，同时也是符合艺术创造和欣赏的实际的。王朝闻同志在《矛盾的魅力》、《反映矛盾》、《在复杂中把握重点》（以上均见《新艺术创作论》）、《为了明天》、《钟馗不丑》、《透与隔》等文章中以及别的许多文章中反复论述了以上所说的观点。这里我只想谈谈他多次讲到的"把握重点"的问题。他所谓的"把握重点"，就是要艺术家在反映生活的时候，把握住生活中的主要矛盾和矛盾的主要方面，而不要平均使用力量，机械地、详尽无遗地记录一切。这是辩证法在创作上的具体运用，是关系到作品能不能同自然形态的生活相区别，具有较高的概括性的重要问题。但是，在强调把握重点的同时，他又指出："所谓要抓住重点，不是要取消非重点。要是为了抓住重点而把生活看得很简单，取消了和重点相联系的非重点，重点也就不成其为重点了"（《透与隔》）。他没有因为强调把握重点而忽视和取消对非重点的描写，这又是完全符合于辩证法的。在事实上，片面地强调重点，忽视和取消了对非重点的描写，作品对生活的反映就必然是简单化的、贫乏的，谈不上有高度的艺术感染力，有时甚至会造成对生活的歪曲。重点是与非重点相联系而存在的，两者是辩证的统一。成功的艺术作品不是去孤立地描写重点，而是从重点与非重点的辩证联系中去描写重点。如王朝闻同志在他的文章中所分析过的雕塑《艰苦岁月》（潘鹤作），重点是描写红军战士的革命乐观主义精神，但如果忽视和取消了对非重点——红军战士的无比艰苦的斗争生活的描写，那么对革命乐观主义精神的描写就会失去真实感人的力量，甚至成为装腔作势、粉饰生活的虚伪的东西。这一作品的成功之处，就在于它正确处理了重点与非重点的关系，相当深刻地把握住了红军战士的艰苦斗争生活（非重点）和革命乐观主义精神（重点）的对立统一，因而取得了歌颂红军战士的革命乐观主义精神的良好效果。

马克思主义的辩证法告诉我们，任何矛盾都既有普遍性，又有特殊性，而普遍性是存在于特殊性之中的。我们如果不认识矛盾的普遍性，固然就无从发现事物运动发展的普遍的原因或普遍的根据，但如果不研究矛盾的特殊性，就无从确定一事物不同于他事物的特殊本质，而且对矛盾的普遍性的认识也必然是抽象空洞的。因此，我们在认识一切事物的时候，不可忽视矛盾的普遍性，但尤其重要的，成为我们认识事物的基础的东西，则是必须注意它的矛盾的特殊性。这个道理，对于我们研究一切问题都是非常重要的，艺术问题也毫不例外。王朝闻同志的文艺评论十分注意对矛盾的特殊性的研究，这也是他的文艺评论富于辩证观念的表现，同时也是他的文艺评论常常具有深刻见解而不流于一般化的重要原因。

642

　　首先，王朝闻同志十分注意研究艺术区别于其他意识形态的特殊性。他的关于艺术问题的大量论述，从根本上来说，就是从各个方面去探讨艺术的特殊性，找出艺术的创造和欣赏所特有的规律。如收入《新艺术创作论》一书中的《概念化与说服力》、《艺术性及其他》、《再论形象》等文章，都是集中地研究艺术的特殊性的。这些文章中的基本观点，后来在别的许多文章中，又得到了进一步的深化和发挥。其中，《一以当十》、《不全之全》、《透与隔》、《喜闻乐见》，都是比较集中地探讨艺术的特殊性的重要篇章。这种探讨，对于提高我们的创作水平具有极为重要的意义。我们的文艺必须努力宣传马列主义、毛泽东思想，宣传社会主义、共产主义的思想，以教育广大的人民群众，这是我们的文艺工作者所担负的崇高职责。但是，这种宣传是通过艺术的形式来进行的，它必须符合于艺术反映生活、表达思想的特殊规律。如果违背了这种规律，那么不论艺术家所要宣传的思想如何正确，也不可能收到有力地教育群众的效果。应该看到，这些年来由于"四人帮"的干扰破坏，我们的文艺创作的质量是下降了。"四人帮"为了篡权复辟，大搞阴谋文艺，把文艺变成了宣传他们的反革命政治概念的传声筒，用他们所捏造的"三突出"之类的唯心主义和形而上学的框套来绞杀文艺，完全否认了文艺自身有它的特殊的规律性，造成了毁灭文艺的空前浩劫。流毒所及，使得按照某种先验的模式编造作品、图解概念的风气大为流行，千篇一律、味同嚼蜡的作品大量产生，不但不能感染教育群众，而且引起了群众的反感，极大地破坏了我们的文艺所应有的教育作用。我们要拨乱反正，努力提高文艺创作的质量，首先要坚持学习马克思主义，坚持深入生活，除此之外还必须重视研究文艺反映生活的特殊规律。为了充分发挥文艺对群众的教育作用，我们对文艺的特殊规律懂得越多越好。而要掌握文艺的特殊规律，王朝闻同志的文艺评论是很值得一读的。从理论上看，其中一些值得注意的观点，我们将在下文再作一些简略的评述。

　　王朝闻同志不但十分注意研究文艺区别于其他意识形态的特殊性，而且十分注意研究各门艺术相互区别的特殊性。在研究某一门艺术的时候，又十分注意研究这一门艺术中各种不同的样式体裁相互区别的特殊性。例如，他不仅研究了美术同文学、戏剧相互区别的特殊性，而且还研究了美术中的雕塑、年画、漫画、招贴画、连环画、插图、速写、工艺美术等各种不同样式体裁相互区别的特殊性。这种研究，又都是切实认真的，有创造性的。如他讲到文学书籍的插图的时候，指出插图对文学作品来说，既要有相对的独立性，又要有必要的从属性（《谈文学书籍的插图》），这就辩证地抓住了文学书籍插图不同于一般绘画的特点。文学书籍的插图如果违背这一特点，那就不可能是成功的。类似这样的一种研究，在王朝闻同志的文章中占有很大的比重，这对于提高我们的文艺创作的水平是很有帮助的。各门艺术以及各门艺术中各种不同的样式体裁都各有它们的特殊的创造规律，各有不同的特长和局限性。艺术家对此如果没有足够的了解，就很难成功地掌握某一门艺术和某一种样式体裁，创造出优秀的作品。

王朝闻同志十分注意研究矛盾的特殊性，但他又并没有忽视矛盾的普遍性。各门艺术既有它们相互区别的特殊性，又有彼此相通的共同点，而且两者是辩证地联系在一起的。王朝闻同志在分析各门艺术的特殊性的同时，又具体地揭示出了各门艺术彼此相通的共同点。因此，他的谈美术的文章，不仅美术工作者读来感到有启发，戏剧工作者也觉得有帮助；反过来说，他的谈戏剧的文章，美术工作者读起来也会有收获。不把自己的眼光局限在某一门艺术上，不孤立地研究某一门艺术，而是广泛地研究许多门艺术，找出它们各自的特殊本质和它们的共同本质，这种辩证地研究问题的方法，贯穿在王朝闻同志的文艺评论之中，并使他的文艺评论具有丰富多样的内容。

建国以来，我们的文艺理论批评在坚持唯物论、反对唯心论方面取得了很大的成绩，同时也产生了一些简单化的观念；而且在坚持辩证法、反对形而上学方面做得不够，思想上重视不够。不懂得和不善于用辩证法去分析各种复杂的文艺现象，爱作形而上学的简单化绝对化的结论，这种情况是存在的。在坚持唯物论的时候，不懂得或没有充分懂得辩证唯物论和机械唯物论的深刻差别，不自觉地把辩证唯物论混同于机械唯物论的情况也是存在的。从我国古代的文艺理论批评来看，富于辩证的观念是我国文艺理论批评的优良传统，但这个传统还没有得到充分的重视，没有很好地批判继承下来。王朝闻同志的文艺评论，坚持用对立统一的观点去观察各种文艺现象，重视对矛盾的特殊性问题的研究，高度自觉地避免机械唯物论而坚持辩证唯物论，这是值得我们注意的，很可贵的。

三

在文艺领域中，存在着许多带有它自己的特殊性的复杂矛盾。如果不深入地研究这些矛盾，就不能具体地认识文艺这种社会意识形态所特有的规律性。王朝闻同志的文艺评论涉及到了文艺领域中的许多矛盾。但通观他的全部文章，我以为他探讨得最多的是文艺的创造与欣赏这一矛盾，所取得的成绩也最大。这一矛盾，是文艺领域中一个十分重要的矛盾，它牵涉到许多复杂的问题。王朝闻同志在他的许多文章中，分别地考察了这一矛盾的两个侧面——创造和欣赏，同时又着重地考察了创造与欣赏两者的辩证关系。对创造与欣赏这一矛盾的研究，构成了王朝闻同志的艺术评论的重要内容，同时也是他的艺术评论的重要特色所在。

艺术创造的问题，从根本上来看，就是艺术家如何把生活中的文学艺术原料，把自然形态的生活转化为艺术作品的问题。为了解决这一问题，就需要研究文艺与生活的关系问题，艺术对生活的反映的特殊规律问题，艺术创作中主观与客观的关系问题，艺术家的世界观、生活经验、创作方法、艺术技巧的作用问题。对于所有这些问题，王朝闻同志在他的文章中，结合着对各种艺术现象的具体分析，提出了许多很有创造性的见解。但其中我以为他讲得很多而且讲得很好的是文艺对生活的反映的特殊规律问题。他认为"以小见大，以少见多，是艺术创作规律之一"（《透与隔》）。或者说，艺术对生活的反映是以一当十，举一反三。这个基本观点，深刻地把握住了艺术的特殊规律。现实生活是无限广阔和无限丰富的，无论容量如何巨大的作品，也不可能把它全部反映出来，而只能反映其中的某一局部。但是，成功的艺术作品能够通过对某一局部的反映，使读者认识到比这一局部更加广阔和丰富得多的社会生活。艺术作品和艺术家的可贵之处就在这里。现实生活本身的内容是无限的，艺术作品所能反映的内容是有限的，在现实生活和艺术作品对现实生活的反映之间，始终存在着无限与有限的矛盾。高明的艺术家的种种努力，就是要根据各种不同的具体情况，适当地解决这个矛盾，从有限中见无限。所以，就艺术对生活的反映来说，以少见多或以一当十，决不仅仅是一个艺术手法问题，也不仅仅是一个讲究含蓄的风格问题，而是艺术对生活的反映的根本规律问题。不论是侧重于间接描写的容量不大的小品，或是着重于正面描写的容量很大的巨著，相对于无限广阔和无限丰富的现实生活来说，它们对生活的反映都是以少见多，以一当十的。大概不会有人把《红楼梦》看作是以侧面描写取胜的艺术小品罢，但它同它所反映的封建社会的生活比较起来，同样是以少胜多，以一当十的。艺术家如果不懂得这个道理，企图在自己的作品中包罗万象和详尽无遗地记录生活中的一切，以为这就是内容的丰富和完整；或者止于对生活中某一个别的人物和事件作出"这是什么"、"那是什么"的说明，以为这就尽到了艺术的责任；那就不可能生动深刻地反映无限广阔和无限丰富的社会生活，不可能塑造出具有持久的艺术感染力的形象，不可能充分发挥艺术对群众的感染教育作用。当然，要做到以少见多、以一当十，决不仅仅是一个艺术技巧问题，而首先是一个深入生活的问题。艺术家如果不长期深入生活，对生活没有广泛而深刻的观察、体验、研究、分析，那就绝对不可能创造出以少见多、以一当十的形象。这个道理，王朝闻同志在有关的文章中，也作了透彻的说明。

王朝闻同志一方面考察了艺术创造中的种种问题，另一方面又对艺术欣赏的问题作了许多研究，并且反复强调创造与欣赏是对立的统一，欣赏离不开创造，创造也离不开欣赏。离开了欣赏，就不能完全正确地说明和解释创造，不能使艺术家的创作水平得到有效的提高，也不能充分地发挥艺术对群众的感染教育作用。历来的美学和文艺理论，对创造的问题研究得多，对欣赏的问题研究得少。在研究创造的问题的时候，又往往脱离欣赏，忽视欣赏对创造的作用。王朝闻同志非常重视对欣赏问题的研究，强调欣赏与创造的辩证的相互作用，这种看法是符合马克思主义观点的，在理论上和实践上都有着重要意义。

从艺术对生活的反映来看，它之所以能够以少见多、以一当十，首先是由于艺术所反映的生活中的各种事物本来是互相联系着的，是既有个性又有共性的，因此人们对它的认识才能够由表及里，由此及彼，由个性见共性，由特殊见一般。但是，事物本身所具有的联系，还只为艺术对生活的反映提供了能够以少见多、以一当十的可能性。要把这种可能性变为现实性，不但需要有艺术家的创造性的劳动，把自然形态的生活转化为艺术的形象，而且还需要有艺术欣赏者的合作。因为一切艺术作品能否产生以少见多、以一当十的效果，要看它能不能唤起欣赏者的想象、体验、思索的活动，使欣赏者不但身历其境似地进入了作品所反映的生活之中，而且还联想到了比作品所反映的生活更加广阔的生活。离开了欣赏者在欣赏过程中的想象、体验、思索等活动，艺术作品就不可能产生以少见多、以一当十的效果。因此，艺术家在创作过程中，必须预计到欣赏者对作品的反应，了解欣赏者在欣赏过程中的心理活动的特点、欣赏的习惯、要求等等，善于调动、启发和扩大欣赏者的想象，而不要用各种多余的无用的东西去扰乱妨碍欣赏者进入作品所反映的广阔的生活境界。这是关系到作品的艺术感染力和发挥作品对群众的思想教育作用的重要问题。尽管不是每一个艺术家在创作过程中都自觉地意识到这一点，高明的欣赏者也不见得就是高明的艺术家，但一切高明的艺术家同时也是高明的欣赏者，他的欣赏经验经常都在作用于他的创作。为了提高我们的创作水平，艺术家很有必要提高自己的欣赏水平，了解欣赏活动的特点，了解群众的欣赏习惯和欣赏要求。这是提高创作水平的一个不可忽视的重要方面。

从艺术对群众的思想教育作用来看，它是通过群众对艺术的欣赏活动而得到实现的。欣赏的过程，也就是群众接受艺术家在作品中所宣传的思想的过程。因此，对艺术欣赏的规律性的研究，既同提高艺术家的创作水平密切相关，又同充分发挥艺术对群众的思想教育作用密切相关。在这个方面，王朝闻同志也提出了不少有价值的见解。其中最重要的是，他反复指出艺术欣赏活动不是纯粹消极被动的接受，而是在接受的同时又有所发现，甚至于有所"创造"。艺术作品对于艺术家来说，是他认识生活的结果；对于欣赏者来说，却是认识的对象。欣赏者是通过对艺术家的作品的认识去认识作品所反映的生活，从而接受艺术家对生活所下的判断和艺术家所宣传的某种思想的。但在真正成功的艺术作品里，艺术家所宣传的思想是渗透在艺术形象之中，而不是赤裸裸地表现出来的，它要通过欣赏者自己对艺术形象的感受、想象、体验、思索、分析，才能为欣赏者所把握和接受。艺术作品如果没有吸引欣赏者的力量，它也就达不到或不能充分达到宣传的目的。因此，必须看到，艺术欣赏活动一方面是为艺术欣赏对象——艺术作品所规定和制约的，带有被动性；但在另一方面却又是欣赏者的丝毫不能勉强的、自觉的和主动的活动。高明的艺术家，懂得艺术欣赏的特点，不把欣赏者看成是不会动脑筋的傻瓜，不把他对生活的某种看法或结论强制地硬塞给欣赏者，而是依靠生动真实的艺术形象，把欣赏者诱入作品所反映的生活境界之中，使欣赏者通过自己的感受、想象、体验、思索、分析的活动，自然而然地得出同艺术家对生活的看法相一致或基本一致的结论，由衷地接受艺术家在作品中所宣传的思想。艺术作品对群众的思想教育作用的发挥，不能违背艺术欣赏活动的规律，而必须符合于这种规律。如果违背这种规律，在作品中进行生硬枯燥的强加于人的说教，那么不论艺术家的主观愿望如何善良和正确，都不可能收到使群众受到深刻教育的、持久的效果。

王朝闻同志对艺术的创造和欣赏的问题讲得很多，以上所说，不过是在我看来最值得注意的一些观点。而且经过我的粗疏的转述，已经失去了原来那种生动细腻、机智警辟的特色。王朝闻同志对艺术的创造和欣赏的规律性的研究，经常是同他对各种艺术现象和欣赏现象的细致入微的分析水乳交融地结合在一起的，而且经常是以警句的形式表现出来，而不是以抽象的定义、原理的形式表现出来。要把他的观点概括为几条抽象的结论而不损害原作的生动性和丰富性，这是很困难的。对于王朝闻同志在艺术欣赏及其他问题的研究上所取得的重要成果，还有待于我们今后的深入探讨。

四

从我国马克思主义美学的建设和发展来看，王朝闻同志的文艺评论也作出了自己的贡献。

历来对美学的研究，是有各种不同的方式和途径的。从哲学上去系统地分析美和艺术的现象，探求美和艺术的最一般的本质，这是一种方式，而且应该承认它是最主要的方式，但并不是唯一的方式。在中外美学史上都有一些文艺理论批评家，他们所研究的虽然是某一具体艺术部门的问题，或艺术创作和欣赏中的某些具体问题，但同时又通过这种研究，阐发出了具有普遍意义的美学思想。如外国的莱辛、歌德，中国的刘勰、石涛等人都是这样。文艺理论批评和美学，在许多情况下并没绝对不可超越的截然分明的界限，两者常常结合在一起。把美学和文艺理论批评完全明确地区别开来，作为哲学的一个分支或一门哲学学科来看待，是从欧洲 18 世纪后半期开始的。但就是在这以后，美学和文艺理论批评结合在一起的情况仍然存在，而且这种结合决不是什么不可容许的坏事情。相反，它对于美学的发展是必要的，有好处的。历史的事实告诉我们，没有文艺理论批评的发展，也就不可能有美学的发展。例如，以黑格尔为集大成者的德国古典美学的产生和发展，就是同德国十八世纪以来文艺理论批评的繁荣分不开的，这决不是一种偶然的现象。

我们需要建设系统严密的马克思主义的美学理论，但这种理论必须是从实际出发的。而所谓从实际出发，就是要从客观存在的事实出发，经过深入的分析，找出其内部所固有的规律性。这样一种反映了客观事物的内在联系的系统严密的美学理论的产生，需要有一个不断总结实践经验（包括历史上的经验），进行长期的研究和探讨的过程。我们要努力去进行这种研究和探讨，在这方面有大量的工作等着我们去做。但是，在对实践经验的总结、概括和研究还不够的情况下，硬要人为地生造出一个什么体系，那是徒劳无益的。多年来，王朝闻同志为了提高我们的创作水平，孜孜不倦地钻研思考文艺的创造和欣赏中的各种问题。他没有把功夫花在对凭空构造一个什么体系的冥想上，而是花在切切实实地研究总结历史的和现实的实际经验上。这种研究和总结，即使仅仅是一点一滴的成果，但由于它深刻地反映了文艺的规律性，因而都是可贵的、有价值的，比那种不着边际的空论要好很多倍，不会为人们所忽视和遗忘。而且这样的一种研究和总结，也就是在为建设系统的马克思主义美学准备必要的条件，是走向系统的马克思主义美学的或大或小的一步。

王朝闻同志的文艺评论所研究的是文艺的创作和欣赏中的各种具体问题，或是对具体作品的分析评论，但同时也涉及到了美的本质问题、现实美与艺术美的关系问题、审美认识的特征，特别是审美心理学的问题，等等。解放后，我们对美的本质的问题的讨论取得了不小的成绩，把问题的症结和各种不同看法的对立展开了。但是，在讨论中，的确如当时的争论所表明的那样，有一些看法是倾向于唯心主义的，有一些看法是倾向于机械唯物主义的，再有一些看法则是摇摆于唯心主义与机械唯物主义或辩证唯物主义与机械唯物主义之间的。总的来说，还未能在实践的基础上，正确而清楚地把握住主观与客观的辩证关系，因而也就还没有能对美的本质问题给予明确的科学的解决。无论是唯心主义还是机械主义，都是以主观和客观相分裂为特征的，都不能正确认识主观与客观的辩证关系，这是它们之所以不能正确解决美的本质问题的重要原因。王朝闻同志对学术问题一向采取谦虚态度，从来不强不知以为知，所以他并没有对美的本质问题提出自己的一套系统的看法。但是，他从对艺术创造和欣赏的实际观察所得出的许多看法，是很值得注意的。在不少文章中，他反复讲到事物的美一方面不能脱离事物所固有的、不以人们意志为转移的某些属性，另一方面这些属性对于人们之所以成为美的，又是因为它们在客观上和人们的生活理想发生了某种联系，表现了人的生活理想。他看到美和事物的某些属性分不开，但这种属性又是一种体现了人的生活理想

650

的属性。他没有像唯心主义那样，把美看成纯粹是由心所造的幻影；也没有像机械唯物主义那样，把美看成纯粹是由物自身所决定的某种属性（不论其为自然属性或社会属性），和审美主体方面的理想毫不相干。他虽然没有对美的本质下一个什么定义，但他始终是从主观与客观的辩证关系中去观察美的。在事实上，美是人通过实践而能动地改造客观世界的产物，它是主观见之于客观、理想见之于现实的东西。这个问题不搞清楚，美的本质问题是永远也搞不清楚的。其次，王朝闻同志对艺术欣赏的特征的研究，对艺术形象的"一以当十"的特性的研究，对艺术创造中主观与客观的关系的研究，都包含着对审美与艺术的特征的深刻理解。特别是他对艺术欣赏的研究，包含着丰富的审美心理学的内容，这恰好是我们解放以来的美学研究很少注意和研究得很不够的一个方面。所有这些，对于建设和发展我们的马克思主义美学都是有帮助的。我们的美学研究不应该脱离文艺理论批评，或以不屑一顾的态度去对待文艺理论批评，而应该很好地去总结概括我们的文艺理论批评所取得的成就，特别要认真研究那些从文艺实践中总结出来的具有普遍理论意义的创造性的见解。这样，我们的美学研究就能具有丰富生动的内容，和文艺创作和批评的实际密切结合起来，发挥应有的作用。

王朝闻同志的优秀的文艺评论著作，是我们文艺界在党的领导下，贯彻执行毛泽东革命文艺路线，发展马克思主义文艺理论批评所取得的重要成果，其中有很多值得重视的宝贵的东西。我们要看重它，研究它。为了加强文艺理论批评工作，推动我国社会主义文艺的繁荣发展，我们既要研究前人的优秀的文艺理论批评，也要研究今人的优秀的文艺理论批评。对历史遗产采取虚无主义态度是不对的，贵古贱今、贵远贱近也是不对的。当然，王朝闻同志的文艺评论也还有需要在实践中进一步提高和完善的地方。从理论上看，对王朝闻同志的文艺评论提出美学教科书的要求是不适当的，因为它不是美学教科书，同时美学教科书也代替不了它，两者各有各的作用。但某些文章，如果在理论概括上更鲜明些，更集中些，更系统些，对读者就更有帮助。所有这些，不过是作为读者的我们对王朝闻同志的希望。对

于我们来说，重要的是要善于从他的文艺评论中吸取那些对我们现在
和今后来说都将是有益的、可贵的东西。

　　王朝闻同志从事文艺评论工作，如仅从 1949 年算起，到"文化
大革命"前只有 17 年的时间，而且不是全部都用在文艺评论工作
上，但所取得的成绩却是很可观的。本书的出版是对他十七年间的辛
勤劳动的一个纪念，也是对"四人帮"所宣扬的"文艺黑线专政"
论、"空白"论的一个驳斥，并且必将对我们的社会主义文艺的发展
起到积极的作用。任何著作，只要它具有实事求是的精神，在某些方
面反映了客观真理，作出了自己的贡献，那就是谁也抹煞不了的。在
党中央的领导下，我们的文艺理论批评和美学必将在解放以来所取得
的成就的基础上继续前进，在为实现四个现代化而奋斗的新的历史时
期，取得更大的新成就。

1978 年 6 月于苏州

（原载《文艺论丛》1979 年第 6 辑）

美学研究的一个新收获

——读李泽厚著《美的历程》

中国的古典艺术呈现为一个极其丰富多彩的美的世界，具有我们民族的鲜明特色，在世界艺术史上独树一帜，为各国人民所叹赏。然而，从美学角度分析中国艺术的发展，揭示它所具有的美学特征，这个工作我们过去做得不够。"五四"以来，宗白华、邓以蛰、朱光潜、滕固诸先生都做过许多有益的工作，但像李泽厚同志的《美的历程》这样较为连贯地从美学上通观中国古典艺术发展的全程，可以说还不多见。不论我们对本书的观点是否完全同意，它终究从美学上为我们勾画出了中国古典艺术发展的一个轮廓，而且有不少富于启发性、独创性的见解。作者所取得的成就，我以为主要表现在两个方面：一是提出了一些对中国古典艺术的分析有普遍意义的观点；二是对历代中国艺术在美学上的特征及其演变，从总体上作出了概括的分析，企图找出中国文艺发展的内在规律。就前者说，如作者所论述的原始的巫术礼仪图腾同艺术发展的关系，"积淀说"、"儒道互补"等观点，都有很值得注意的理论意义。限于篇幅，对这个方面我想略而不谈，只想介绍一下作者在后一方面的成就。

作者企图从美学上找出中国文艺发展的内在规律，但这样做首先就要解决一个问题：文艺的发展有没有内在的规律？在美学史上，如黑格尔这样的美学家是坚决地主张文艺的发展有内在必然的规律的，虽然他的出发点还是唯心主义。黑格尔《美学》的第二、三卷，就是专门研究艺术发展的内在规律的，并取得了划时代的重大成果。不过，也有不少美学家觉得文艺现象是极其复杂的，很难概括出什么规律。如果这样做，那不外就是削足适履，把某些概念人为地套到复杂的文艺现象上去。对于这个问题，本书作者是这样看的，他指出对于文艺现象"不应作任何简单化的处理","然而,只要相信人类是发展的,物质文明是发展的,意识形态的精神文化最终(而不是直接)决定于经济生活的前进,那么这其中总有一种不以人们主观意志为转移的规律,在通过层层曲折渠道起作用,就应可肯定……总之,只要相信事情是有因果的,历史地具体地去研究探索便可以发现,文艺的存在与发展仍有其内在逻辑。"作者的这个看法,我认为是正确的,符合马克思主义原则的。世界上一切事物不论如何复杂,都有规律可循,文艺决不会成为例外。否定文艺的发展有内在规律,停留在现象的记录和描述上,就不可能对文艺史作出真正有科学价值的研究。

肯定了对文艺发展的内在规律的研究是可能的和必要的,那么应该如何来研究它呢?正是在这个问题上,本书作者提出了较深刻的见解,并且在运用他的见解去进行研究时取得了较好的成果。作者把中国文艺发展的悠久的历史,看作是我们这个文明古国的可以直接感触到的"心灵历史"。他认为"心理结构是浓缩了的人类历史文明,艺术作品则是打开了的时代灵魂的心理学"。这个见解是值得重视的。我们常谈文艺是生活的反映,但如果我们从美学上深入地去研究文艺对生活的反映,那就会看到这种反映最根本、最重要的是反映在一定历史条件下生活着和行动着的人的心灵。不研究人的心灵,不懂得一个时代的社会心理,就不可能懂得这个时代的艺术,也就不可能具体地把握它的美的特征。体现在历代艺术中的美的历程,是同人的心灵发展的历程平行前进的。只有具体地历史地联系着人的心灵的发展去研究艺术的发展,我们才能抓住那活在作品中的美的生命,才能理解它,真正地欣赏它。否则,全部艺术史看去就会是一堆早已成为历史陈迹的僵死的东西,而对它的种种描述研究,不论如何详尽,也难于唤起那活在作品中的生命,并使它为今天的人们所感知。本书对中国历代艺术的美的分析之所以成功,就在于作者处处是结合着具体历史条件的分析,从我们这个文明古国的人们的心灵的发展去看中国艺术的发展的。

在这里,我不想追随作者去一一评述他的美的巡礼,只想举出几个例子来说明一下他是如何把艺术作品作为"打开了的时代灵魂的心理学"来加以分析的，又是如何由此而揭示出那各种不同艺术的美的特征的。拿他对殷周青铜艺术的分析来看，那经常显得狞厉恐怖，有一种压倒人的神秘力量的殷周青铜器，为什么能够给我们一种美感呢？原因就在于这些产生在奴隶社会早期的青铜器，恰恰是我们祖先在那个不得不用最残酷野蛮的手段去求取生存的时代的精神象征，它显示了我们民族在远古那个血与火的时代，踏着千百万尸体前进的巨大深沉的历史力量。也正因此，它的形式风格，既不同于原始的陶器艺术，也不同于后来战国时期那些精巧明快漂亮的青铜器，而独具一种威严、深沉、狞厉的美。只要我们把殷周青铜器一放到它产生的历史时代，去观察体验其中展现出来的那一历史时代的精神，这些远古留存下来的庞大笨重的器物就成了一种充满着生命的东西了。否则，对它们的美究竟何在，很难真正有深刻的感知。

再拿对汉代艺术的分析来说，作者不但指出了它同保存着许多远古巫术神话幻想的楚文化的密切关系，而且指出汉代艺术的重要特征，在于它显示了我们民族在当时那种征服外部世界的强大的力量和信心，展现出一个充满着生命力的琳琅满目的世界。虽然其间也有神，有各种猛兽、怪兽经常出现，但却没有如青铜饕餮那种威吓恐怖的力量了，它们都不过是那生机蓬勃、丰富多彩、热闹非凡的世界的一个有趣的组成部分而已。人是支配世界的力量，他有能力占有一切，获得一切。由此而产生了汉代艺术在形式风格上的一个重要的美学特征，那就是处处都在追求运动、气势、力量的美，同时又带有一种后世很难企及的质朴古拙的风味。

在对魏晋艺术的分析结束之后，作者转入了对佛教艺术的分析。佛教艺术素称神秘难懂，然而一经本书作者的分析，却使人豁然开朗了。他不但从历史发展的过程上符合实际地揭示了佛教艺术发展的三部曲：从对宗教狂想中的悲惨世界的描绘到对人世幸福的虚幻颂歌，再到走向世俗，找到了佛教艺术发展的内在逻辑，而且对每一阶段的佛教艺术所包括的时代心理学及其美学特征，都作了相应的分析。对悲惨世界的描绘，在时间上，是同长期分裂、战祸不断的南北朝时期相联系的，其特征是充满宗教迷狂，艺术音调是激昂、狂热、紧张、粗犷的，但同时又企图表现那通过自我舍弃而获得的心灵的平静和崇高。对人世幸福的虚幻颂歌，是同隋唐统一而带来的较长时期的和平稳定相联系的，其特征是充满对人世幸福的祈求和幻想，色彩绚烂，线条流畅，构图丰满，呈现出一种欢乐热闹的气氛。走向世俗是同中唐以后非身份性的世俗地主势力大增这一历史背景相联系的，其特征是在本来是宗教性的壁画中，出现了不少并无必要描绘的人间世俗的生活小景，而且连观音、文殊、普贤这些神也变成了可亲可近的美的人了。作者对佛教艺术的这些分析，我以为较之仅仅对佛教艺术作一些考证，更能帮助人们了解欣赏那在漫长年月里始终笼罩在神秘烟雾中的佛教艺术。

总起来看，由于作者不但对美学，而且对哲学、中外思想史作过多年的研究，再加上他紧紧抓住了从人的心灵的历程去观察美的历程这一基本的方法，因而作者对中国历代艺术的分析论断，尽管在个别具体问题上容或有可以商榷之处，但从总体上看，我以为是抓住了各个时代的艺术的主要特征的。作者的这些分析研究，虽不同于一般的文学艺术史，但对文学艺术史的研究也能产生重要的启发作用。

（原载《人民日报》1981 年 7 月 22 日）

《赵宋光文集》序

宋光在大学时期，本来读的是北大哲学系，后来接受胡世华先生的建议而转学到燕大音乐系，一年后在院系大调整中并入中央音乐学院，学理论作曲。以后又曾到德国深造。在北大期间，他比泽厚高一班，泽厚比我高两班，所以他们两人都是我的学长。

最近听说宋光的文集将要分卷出版，我很高兴。因为我一向认为宋光写的东西虽然不是很多，但每一篇都写得很精。他的学术研究，不论是对哲学、美学、教育学、音乐学的研究，都是建立在长期深入钻研，独立思考的基础之上的。由于他既有相当渊博的知识，又有不停留在经验层面的深刻的哲学思维能力，因此他提出的种种观点都不同程度地具有某种新意，能给人以重要的启发，推动我们对问题的思考。他还甚为熟悉脑科学、生物学、数学、物理学等各门自然科学的研究成果和新进展，主张用以自然科学为基础的实证的微观研究来充实哲学思辨的宏观概括，反对脱离实证科学研究的空想、玄谈。这使他的学术研究既有深入的哲学思辨，又有相当浓厚的实证科学的色彩。这是他的研究的一大特色，也是一大优点。

在基本的理论出发点上，宋光始终如一，毫不含糊地坚持马克思主义，但他又不把"主义"看成独断的教条，而坚持从各门科学研究取得的成果出发来研究它，阐发它。宋光曾说："就哲学的主义而言，我确认自己是属于马克思主义的隐义学派。"按我对他的思想的理解，他的这种说法有两重意思：一是要致力于去除由来已久的对马克思主义实质的各种遮蔽、误解与曲解；二是要对包含在马克思主义之中，随着时代的发展而显现，但尚未得到昭彰的新义予以研究和阐发。不论从宋光所研究的哪个领域来看，我认为他都是一个富于创新精神的学者。从客观存在的事实出发，通过对前人已有理论的批判考察，提出与前人和同时代人相比有独创之处乃至更胜一筹的看法，这就是他几十年来不断努力的目标。

宋光的研究包含哲学、美学、教育学、音乐学、数学、工程学等诸多方面，这些不同的方面在他的思想中又是联为一体的。下面只来简略地说一下在宋光的思想中占有重要地位的美学见解。

我很欣赏由宋光首先提出的"立美"这一概念。这个概念既有充分中国化的味道，同时又说明了"美"并不是一种天生自在的东西，而是由社会的主体的实践活动所建构起来的，或者说，是主体实践创造的产物。我认为这一点对于说明美的本质至关重要。

在中国古代，"立"这一概念含有设置、建立、建树、创立的意思，并被广泛应用于社会生活的各个方面，提出了"立言"、"立功"、"立德"、"立国"、"立政"、"立志"、"立人"、"立业"、"立学"等等概念。虽然还没有明确地提出过"立美"，但已提出了与文学艺术美的创造相关的概念。最明显的，如《乐记》讲到了"立乐之方"，《文心雕龙》讲到了"立文之道"。中国古代美学既认为文学艺术的创造不能脱离自然和社会，但又不把它看作是对自然的"模仿"，而看作是主体的一种创造性的活动，并且强调它的最终目的是为了"立德"、"立人"、"立政"。这是十分宝贵的思想，它能够通向马克思主义实践观点的美学。

在美的本质问题上，宋光认为："美，是自由运用客观规律（真）以保证实现社会目的（善）的中介结构形式。"或者说，"掌握真以实现善，这形式就是美"。熟悉哲学史、美学史的人都容易看出，这一说法与康德把"美"看作是将"真"与"善"联结起来的"中介"或"桥梁"的观点有明显类似之处。既然如此，这还有原创性吗？有。

真正的原创性不是处处和前人的理论"对着干"，也不是卖弄几个新名词，而是对前人理论中一切合理的东西的批判继承与创新发展。按冯友兰先生曾提出过的说法来看，肯定、继承前人理论中合理的东西可以说是"照着讲"，但这"照着讲"同时也就是"接着讲"，因为前人合理的思想已经通过批判的继承而获得了新的发展。中国当代美学的原创性决不表现在简单地拒绝、抛弃西方美学的一切概念，而是在马克思主义的指导下，结合中国的美学传统和中国当代的现实，批判地吸取改造西方美学中各种有合理性的概念，并提出我们自己的新概念。

宋光提出的美的定义的合理性与创造性表现在三个方面。第一，指出"美"是克服解决"真"与"善"矛盾冲突的"中介结构形式"，强调对"美"的寻求不可脱离对客观规律的掌握与保证社会目的的实现，这就不仅把"美"和人类生活的创造密切联系起来，消除了将"美"孤立于"真"、"善"，到"真"、"善"之外去找"美"的各种神秘化的说法，而且使美的创造具有十分现实的依据与意义，不致堕入各种哲学幻想。第二，"美"既然就是上述的"中介结构"，那么研究"美"就是研究这个"中介结构"。这样，对"美"进行实证科学研究的道路就打开了。不仅从哲学上，而且从各门实证科学来研究这个"中介结构"，正是宋光的美学的主要内容和主要贡献所在。第三，宋光认为，这个"中介结构"的生成和发展的基础，不是康德哲学意义上的心理结构，而是在人类社会长期历史发展中积累起来的，以工具的使用为本质特征的物质生产活动结构，也就是他特别强调的"物质生产的工艺学"所在的领域。这样，宋光就把美学问题的解决放到了马克思主义的实践观点的基础之上。他明确地强调，从人类的宏伟实践出发来认识美的本质、美的存在、美的历史演变，是"马克思主义美学观点的首要特点"。

在这基点上，他又把"中介结构"剖析为"能动侧"与"外化侧"两大相互对应的方面。这很有创造性。我认为比泽厚将结构区分为"外在的即工艺——社会的结构面和内在的即文化——心理的结构面"（见《关于主体性的补充说明》）要更为合理和深入，值得注意研究。宋光对"中介结构"的剖析，既从马克思主义出发，又吸取了皮亚杰发生学认识论的结构构成主义的观点与方法，从而形成了他的美学理念的一个重要特色。

讲到"外化侧",宋光又严格区分了"物化"与"物态化"两个层面。他认为艺术是审美意识的"物态化"表现,不同于物质生产中与一定的实际效用联系的"物化"。这一看法,我认为是合乎实际的,也是颇为重要的。无论哪个层面,"美"作为"中介结构形式"总是"合规律"与"合目的"的统一,这种统一即是"自由"。而且重要的是,这统一在于"形式"的构成,总是通过建立起合目的的形式而达到的,却并不是目的意识所指向的、不问途径是否合乎规律的那个有限内容。在这个意义上,他又把"美"称为"自由的形式"。

宋光很为系统地论证了他所说的"立美"活动和美的本质,同时又非常注意如何在教育中具体应用和贯彻"立美"活动的规律。在教育过程中,他特别强调要将知识的传授从被动接受灌输转变为学生主动思考创造的自由活动。他为此而到北京市育民小学上了五年数学课,作了许多观察、实验。他提出美育的目标是要"培养能自由运用自然规律以高效造福社会的生产者"。宋光给了"立美"以很高的位置。他说"美的吸引力赋予人生的崭新境界在于,当美的需要得到满足而带来享受的愉悦时,享受者正在生产,正在创造,正在驾驭自然,正在造福社会。"这是一种非常积极的审美观,它与一切弥漫于所谓"后现代主义"中的悲观主义、虚无主义都是绝缘的。这也正是马克思主义实践观美学固有的本色。从总体的、根本的意义上说,美育就是要使社会的全体成员,如马克思所指出过的那样,"按照美的规律"来进行高效率的生产以创造高品质的社会生活。宋光高度重视教育在当代社会发展中的重要地位,并把它和"立美"的目标联系起来,这也是他的美学思想的一个重要特色,并且具有十分值得重视的实践意义。

宋光的文集就要出版了,我相信这将对美学的探讨产生有益的作用,使一向不愿张扬自己的宋光的美学思想为更多人注意、了解、研究。他嘱我为这文集写一个序,这是义不容辞的。在武汉近40度的高温下,我通读了他的部分论文,读得匆忙,是否确切地了解了他的所有观点，也没有充分把握。但我可以很有把握地说，他确实属于"马克思主义的隐义学派"，在对诸多隐义执著探寻的曲折幽径间，他总在不断挺进，不断开拓，不断超越自己。

2001 年 7 月 29 日深夜于武汉大学

（原载《赵宋光文集》，花城出版社 2001 年版）

评 H. G. 布洛克的《美学新解》

——兼论艺术的自律问题

最近,《美学新解》(原名《艺术哲学》,滕守尧译,辽宁人民出版社 1987 年版) 一书的作者, 美国俄亥俄大学哲学系主任 H. G. 布洛克教授应邀到武汉大学哲学系讲学。我因此较仔细地阅读了他的这本重要的美学著作, 并和他进行了愉快友好的交谈。就我对西方现代美学的有限的了解来看, 我认为这是一部内容丰富的, 有特出见解的著作。而且和作者交谈的结果, 使我想起中国的一句话: "文如其人"。布洛克教授的著作正如他给我的印象一样, 平易、质朴、坦率和具有客观求实地讨论问题的精神。我以为这是很难得的。

《美学新解》一书很重视语言概念的分析, 认为理论上的错误常是由语言的误用引起的。从这一点看, 作者的观点、方法显然受到分析哲学的影响。但作者又并不停留在语言概念的分析上, 更没有把这种分析烦琐化、神秘化, 而主张 "对我们使用的种种概念的分析, 归根结底又是对我们所在的世界的分析。只要我们所认识的世界是一个有意义的世界, 对其意义的分析就是对这个世界的分析。"(《美学新解》第 4 页。以下只注页码) 贯穿作者全书的一个基本精神是很为重视事实, 这就和分析哲学常常片面强调语言概念的分析不同。因此, 我认为作者的美学思想不完全属于分析哲学一派, 而继承了以杜威为主要代表的美国美学重视经验、事实这一良好传统。

首先, 布洛克十分强调理论的研究必须以事实为根据和符合事实。他说: "一种艺术理论必须能够准确地描述实际的艺术现象, 同其他任何理论一样, 美学理论也必须符合实际。但许多理论都不是这样, 它们宣称自己从事实出发, 对事实作了真实的描述, 实际上都在歪曲事实。"（第 248 页）"不管怎么说，任何一种理论观点，都必须能够让人从中得到有关它试图解释的现象的更多的知识，如果做不到这一点，它就毫无用处，不管它本身听上去多么诱人和有趣。"（第 250 页）和这种重视事实的思想相联系，布洛克反对在理论上走极端。他说："艺术理论也像任何其他一般性理论一样，常常会呈示出这样一种过度赶尽杀绝的极端倾向。这是因为，任何一个领域中的真理都是极其复杂的，如果某种理论想要将其中所有必要的性质都表达出来，就会显得不够明确和清晰，也远远不如那种仅着眼于整个问题的一个方面，而忽视其他方面的极端片面的理论听上去生动有趣。"（第 234 页）然而，这种"极端片面的理论"虽然"听上去生动有趣"，却并不符合事实。因此，布洛克主张"艺术哲学的任务之一，就是要找出这些极端命题的虚假性，把它们同其依赖的正确基础区分开来，最后将这种基础加以改造，使之变成一种清晰明确的理论。"（第 320 页）布洛克的这些看法，我认为是很正确的，在目前西方学者中是颇为难得的，对我们也很有参考价值。因为在我们今天包含美学在内的理论研究中，不顾事实和好走极端的倾向似乎大为增长。而这样做的人，常常表现出他们是最开放、最熟悉西方现代思想的，可是布洛克却证明西方学者并不都是一些不顾事实和好走极端的人。

正因为布洛克十分重视事实，所以他的书没有什么想当然的、随心所欲的、故作高深的议论，而是平实地，明白易懂地分析艺术中的种种实例，由此证明他的看法。而且，也正因为他十分重视事实，所以他一再指出审美经验、艺术与生活之间存在着不能否认的联系。在考察有关"形式"的理论时，他说："我们看到，本世纪 60 年代和 70 年代的大部分艺术，其实是对这种把艺术同生活相分离的形式主义倾向的反抗，它们均试图使伟大艺术回到人类日常生活中，与生活交融为一体。"（第 217 页）他又说，"其实审美经验从根本上说只不过是人对某种具体的感性对象的直觉反应，任何一个生活在这个社会并接受了其文化的人，都能够接受和获得这种经验。假如今天的某些艺术不是这个样子，那只能说，这只不过是某一特殊历史阶段的偶然特征，而不是艺术的本质特征。正如我们在上几章谈到的，说艺术不同于生活，并不是说艺术与生活无关，而是说它'关乎'生活。"（第217～218页）从这里可以明确地看出，对布洛克来说，艺术与生活的联系，或艺术"与生活交融为一体"是"艺术的本质特征"所在。与此相反的看法，在布洛克看来只能"使人对艺术更加迷惑不解，似乎它本质上就是一种难以解释的、模糊不清的和神秘的东西。再也没有比这更加远离事实本相的了。"（第217页）类似的想法、说法，在布洛克的书中还有不少，这里不再一一引录。由此可以清楚看出，布洛克的美学思想是同美国美学中桑塔耶那、杜威等人强调审美经验与日常生活经验不可分离的思想一脉相承的。虽然一般哲学的论证不足，但却没有杜威思想中那种颇为晦涩神秘的东西。在西方现代美学中，如此强调艺术与生活的联系，无疑又是很为难得的（附带说一下，过去我们对杜威实用主义哲学的批判，有很为简单化的地方。在我看来，杜威的实用主义是一种被主观唯心主义地曲解了的唯物主义。在去除了这种曲解之后，其中包含着不可忽视的合理的东西）。

布洛克强调艺术与生活的联系，他必然要碰到一个在西方现代美学中很为重要的问题，即艺术的自律或自治的问题。西方有许许多多美学家主张艺术是自律或自治（autonomy）的，即艺术具有和外界任何事物无关的独立自足性，它自己决定自己，根本不依赖于在它之外的任何事物。这种理论，在结构主义和所谓"新批评"的文学理论中也有十分鲜明的表现（参见韦勒克、沃伦著《文学理论》以及霍克斯著《结构主义和符号学》）。显然，如果主张艺术是自治的，和它之外的任何事物毫无关系，那么艺术就不可能同生活发生什么联系。正因为这样，艺术是自治的或他治的就成了布洛克《美学新解》一书所要解决的中心问题。

布洛克是如何解决这个问题的呢？

首先，布洛克指出他在这个自治与他治的问题的解决上所采取的是一种"调和折中"的办法。他认为"一件作品既是自治的，又同我们生活的现实世界保持联系"（第32页）。因此，对这个问题的解决就是要避免他所说的那种理论上好走极端的倾向。他说："同其他形形色色的哲学难题一样，问题的关键是如何兼顾上述两个方面——即如何作到既承认艺术再现现实和表现人类情感，又不否认它的自治性；如何把它的自治性和它的联系现实性结合起来。这一度是西方美学中的核心问题，目前最有意义的事情是，艺术家们也开始反对形式主义的立场了。"（第 22 页）这个布洛克自称是"调和折衷"的看法，在我看来倒是很符合于马克思主义所说辩证地处理问题的看法的，即既不否认艺术自身的自治性或独立性，同时又不因此一刀切断它与生活的联系。

布洛克在交待了他解决自治与他治问题"采取的战略"（第 31 页）之后，又结合他对"再现"、"表现"、"形式"诸问题的考察，论证了他的基本观点。如他在"导论"中所指出的，包含着这样两个方面。第一就是论证"构成艺术作品的要素或成分均具有再现的和表现的意义，这些意义均独立于或外在于艺术品本身"（第 31 页）。这也就是对"他治论"，亦即认为艺术不能脱离生活的论证。第二是论证构成艺术品的"材料和要素在每一件艺术品中都是以一种独特的方式组织在一起的，这种独特方式无疑会创造出一种新的和内在的性质。这种性质只存在于作品本身，而与其他外在的东西无关。"（第31~32 页）这也就是对艺术的"自治性"的论证。经过这两方面的论证，布洛克认为就可得出结论：艺术既是自治的，但又不能脱离我们所生活的现实世界。现在我想从几个方面来分析一下布洛克的观点。

第一，布洛克主张对艺术作品的"题材"与"内容"加以区分。这是他的立论的一个重要之点。在他看来，不论是艺术的"再现"、"表现"与"形式"都不能离开"题材"，"所谓'题材'，乃是作品之外的东西，而'内容'则是内在的和自治的。这样一来，'自治——他治'问题便得到了解决。"（第 124 页）布洛克一再说明，艺术品的构成，艺术家的创造不能脱离从外部世界得来的"题材"，这就是艺术不可能是纯粹"自治"的根本原因。以"再现"来说，它不能脱离被再现的对象是很明白的，虽然"再现"并不就是如实"模仿"。而且布洛克还指出"再现"的真实性是不能脱离现实的。

他说:"我们在作品中认为可能的事情,乃取决于我们相信它在现实中有可能发生。而这种相信又取决于我们在无数个人遭遇中的亲自经历,因此,它间接地反映了世界上真实事件的真实进程。"(第67页)就"表现"来看,它也不能脱离从外部世界得来的"情感材料"。布洛克说:"艺术家不是靠胡乱涂画就能创造情感效果,而必须依靠现成的情感材料。假如一个社会中各个成员在感知外部世界时,都不是依据特定的情感'语言',情况就是不堪设想———一场车祸不再是可怕的,电闪雷鸣不再是惊心动魄,人的面部表情不再有友好与敌视之分,阳光和熙的天气不再是愉快的,阴云密布的天气也不再是沉闷的,假如你是个艺术家,你也就不可能将某种感情状态再现或表现出来。然而我们生存的世界却并不如此……这个社会大多数人都用同样的情感语言来观看和体验这个世界,而这正是艺术家所需要的原始材料。"(第181页)讲到"形式"问题,布洛克更是发表了很为可取的见解。例如,他颇为尖锐地指出:"抽象表现主义者声称,他们的目标是获取一种完全非再现性的情感表现。但事实,又怎么样呢?他们取得的任何情感效果,却必须处处依赖于艺术品之外的客观事物之外观特征的情感性质。"(第197页)基于与此相同的看法,布洛克还对最有影响的形式主义的自治论的代表人物贝尔和弗莱的美学提出了批评:"如果他们坚持认为审美情感必须是'纯粹自治的'(独立于任何外在的东西),他们就无法解释它的意味或快乐来自何方,假如他们能够成功地解释我们欣赏艺术时的快乐和趣味的本质,他们又只能从艺术之外的'不纯粹的'或'他治的'(向外部联系)源泉中寻找理由和证据。"(第218页)这个批评,比过去的一些人一般地指出贝尔、弗莱的美学有着"循环论证"的问题是更为深刻有力的。

第二,布洛克在批评形式主义的自治论时还讲到了一个重要的论点,那就是指出了艺术的形式总是包含着再现和表现的内容的,没有无内容的"纯形式"。他指出形式主义者为了强调他所谓的"特殊的审美领域","为了找出这一领域的独特特征,把某些奇特古怪、不着边际的东西加到艺术身上,认为艺术除了呈示其形式关系的抽象样式之外，就再也没有更重要的东西了。其余一切，如情调、信息以及理性内容等都与艺术无关，毫无美学价值……一切伦理的、宗教的和历史的内容在美学中都处于次极地位，甚至认为它们与审美无关，因而应从艺术中排除。这样一种歪曲事实的见解，在人们日常的艺术谈论中也常常表露出来。例如，当我们谈到艺术作品的'内在性'时，这种说法的确会迫使我们去排除和无视它之外的其他东西（如再现物等）。的确，除了艺术品所要再现的外部世界之外，它哪里还有什么别的'外在'的东西呢？如果我们果真轻视再现，把它视为'外在'的东西，那么在一幅画像中，除了纯粹的关系和式样之外还会留下什么东西呢？"（第 200~201 页）由此他指出，艺术总是包含有再现的和表现的内容的，"题材"是外在的，这种内容却不是外在的，并且是同形式不可分地结合在一起的。"形式不能同作品的再现性要素和表现性要素分离"（第 202 页）。因此，"在实际事例中，形式与内容决不是互相独立的，它们不可分割，互相信赖。形式决定着内容，反过来又受到内容的限定。"（第 252 页）形式主义者混淆了"题材"和"内容"，不知"题材"是"外在的"，而"内容"却非"外在的"。"因此，在排除了题材之后，作品中并非仅仅剩下形式，而是剩下了由形式和内容构成的艺术统一体"（同上）。而且，在内容与形式两者的关系中，形式"也要受内容的影响（或由内容来决定）。例如没有内容供我们组合和安排，也就无所谓形式，或者说，假如内容改变了，形式自然也要变。"（第 268 页）尽管我认为布洛克对艺术的内容与形式的复杂关系论述不够深入，他对贝尔、弗莱的形式主义美学的批判个别地方欠准确（即不完全符合贝尔、弗莱的原意），但在形式主义美学在西方有极大影响的情况下，布洛克能提出上述见解，这是令人钦佩的。其所以如此，还是因为我们在上面指出的，布洛克有着一种高度重视事实、面对事实的精神。

第三，艺术的意义、指称的问题，是现代西方美学中常常讨论的一个重要问题。布洛克的书在不少地方涉及了这个问题，并通过对它的分析，很有说服力地证明了艺术并不是纯粹"自我指称"的，同现实不发生关系的东西。他以杜夏把一个放在卧室里的尿盆当作一件

667

艺术品陈列为例，指出"宣称艺术的非指称性，其本身便构成了一种指称"（第243~244页）。因为人们"可以像杜夏一样，创造或展出一种普通事物，一种不指称它之外其他事物的作品，但它总归还是要'表达'或'说'些什么。如果杜夏真想得到一种非指称性的普通东西，他满可让自行车停留在自行车上，让自行车停在大街上——但这样一来，它就不会'提'出一种观点或主张，更不会造成一种抗议或挑战。一旦它被移放到一种艺术的环境中（如艺术展厅中），它就立即变成一种指称性的艺术品，而这正是（我们将要在下一章谈的）艺术品的一个极其确定和极其鲜明的特征。"（第245页）布洛克在他这里所说的下一章及全书许多地方指出：艺术作品是人对世界的一种解释，而且是很为重要的解释，它能改变我们观察生活的方式（引文略）。这个看法，较之于解释学的某些说法，是简捷明瞭的，虽然在哲学的深度上较差。正因为艺术终归是人对世界的一种解释，所以艺术品"永远无法避免指向它们之外的其他事物"（第243页）。完全非指称性的艺术并没有被创造出来，相反，"人们反而在这种活动（指艺术创造活动——引者）中揭示出自己对于世界万物的一种态度，不管这种揭示是他们有意作出的，还是无意作出的。"（第245页）此外，布洛克还十分强调审美、艺术同社会文化、历史环境的不可分离的关系。这里略而不谈。

　　第四，以上所说基本上是布洛克对艺术的非自治性的论证。基于这种论证，他十分明确地指出："完全的艺术自治是一个不可能实现但又相当诱人的梦"（第246页）。对于艺术自治论的主张来说，这是再也明白不过的批评了。但在另一方面，布洛克又并不否认艺术的自治性，认为主张一种"完全写实"的，即与生活完全等同的艺术同样是一个梦（同上）。在对艺术的自治性的论证上，布洛克的最重要的观点，首先是指出艺术创造虽然不能脱离从外部世界得来的"题材"、"原始材料"，但构成艺术作品的内容的并不就是"题材"、"原始材料"，而是艺术家对它作出的"独特解释"，因此它是"内在"于作品的，是艺术的自治性的表现。其次，艺术家还要赋予"题材"一种独特的内在联系或形式结构，这也是作品的自治性的表现，而为现实世界中所没有的。布洛克说："一件艺术品总是由外部世界上搜集的材料组成，然而这些材料在作品中又受到了改造，使之能够表达这件特殊作品特有的观点和独特的形象，这种特殊的观点和独特的形象又反过来向外部世界即它所从中借用原材料的世界投射光芒。"（第 278 页）这是布洛克对他关于艺术的自治——他治问题的一个简明的综述。这个看法，我认为基本上是正确的，很值得重视。

但布洛克对艺术的自治性问题的解决还存在着一些有待进一步分析的问题。他认为艺术的内容不就是"题材"，而是艺术家对"题材"的"独特解释"，这有道理。但"解释"既然离不开"题材"，那就不能说"解释"是自治的，即由自身所决定，与外界无关的了。当然，每一个艺术家对同一"题材"的"解释"均有其独特性，不能互相代替，而且就每个艺术家而言，这种"解释"常常带有自发性，并不是在任何情况下都是充分自觉的。但不论如何独特和如何不自觉，它终究不能不受艺术家所处的社会状态和他个人的生活经历所制约。布洛克自己就曾指出："艺术毕竟是某一特定社会的人的艺术，要受到这个社会的人的特殊态度的制约。"（第 248 页）"在任何一种真正的审美情势中，都有社会性因素的参与"（第 383 页）。由此看来，用"解释"与"题材"的区别以及每一个艺术家的"解释"的"独特性"来证明"解释"是自治的，从而证明艺术的内容是自治的，还不是真正充分的理由。当然，我们还看到了布洛克在"再现"这一章中提出的另一个理由，那就是认为"解释"永远只能是主观的，在我们的"解释"之外的客观真实是不存在也不可知的。他说："世间并不存在供我们感知的所谓未加变换和解释的真实，我们感知到的真实永远（必然是）要经历主体的解释和变换。用艺术中的专门术语来说，我们看不到真实本身，我们真正看到的是某个人提供给我们的某种关于真实的解释。"（第 121 页）所以，"当人们批判一种艺术再现时，拿它同'现实'作比较的作法是异常错误的"，比较只能是一种"解释"同另一种"解释"之间的比较，也就是布洛克所说新的"解释"和陈腐的"解释"之间的比较（第 123 页）。但这样一来，虽然维护了"解释"对现实的独立性，从而维护了艺术的自治性，可是布洛克同样要求加以维护的艺术的他治性即艺术与现实生活的联系却又很难再加以维护了。因为"解释"既然只能是主观的，与客观的现实无关，那么艺术同现实生活的联系就只能是一种主观决定的联系，所以也就是自治的即由自我决定的，而不能说是他治的了。这显然又同布洛克曾肯定过艺术有其客观真实性相矛盾（见前）。此外，从哲学上看，这也正是十分重视事实的布洛克的思想的一个重要问题所在，即他还未能解决康德所说的"物自体"是否可知的问题。从布洛克的全书的许多地方来看，他是承认，或至少是不很明确地承认在人的意识或"解释"之外有一个客观世界存在着的。如他说："很明显，画中的埃菲尔铁塔并不同于巴黎的埃菲尔铁塔。因为对巴黎的真实铁塔来说，它的存在独立于一切人类的解释。"（第274页）仅就这里的说法看，我认为显然是唯物主义的。整个而论，布洛克的书虽然并未明确主张唯物主义，但是鲜明地倾向唯物主义的。原因就在他像康德一样承认"物自体"的存在。但他同时又像康德一样认为"物自体"的真相不可知。康德说我们所知的不过是"现象"，布洛克则说所知的只是我们自己的"解释"，世界就是我们的"解释"所认为的那样一个世界，至于它实际是怎样的，那是不得而知的。他说："我们眼睛看到的永远不是物体自身的样子，而是从我们的生物学立场和我们现在的文化背景所看到的样子。"（第57页）康德的"物自体"不可知的思想的产生有种种原因，其中一个重要原因就是脱离人类实践，把事物和我们对事物的认识割裂开来。布洛克一方面很明确地批评了包含在康德美学中的形式主义理论，另一方面在哲学上又未能摆脱康德的"物自体"不可知论，我认为这是他的美学思想的一个重要的弱点，同时也是他未能前后一贯地、充分正确地解决他提出的艺术的自治——他治问题的重要原因。

前面已经指出，布洛克主张艺术既是自治的，同时又是与现实生活相联系的，这一看法，我认为是很可取的。他对这一看法的论证，特别是对艺术不能脱离现实生活的论证，有许多合理的、重要的见解。但是，我认为艺术的自治——他治问题的根本解决，关键在于艺术既是生活的反映（广义而言的反映，不是如实复写，如布洛克所说"要经历主体的解释和转换"。参见拙著《艺术哲学》），同时又是一种与其他反映不同的审美的反映。前者规定了艺术不可能是与生活无关的一个独立自足的东西即"自治"的，后者规定了艺术对生活的反映有其自身独立的、不能违背的规律，也就是所谓"自治的"。因此，艺术之所以具有"自治性"或"自律性"，并不是由于它与生活不发生任何关系，而是由于它对生活的反映是一种有其内在独特规律的反映，即审美的反映。如用布洛克的说法，就是由于艺术对生活的"解释"是一种审美的"解释"。这种审美的反映或"解释"是一个尚待深入研究的复杂问题，这里无法详论。我只想指出一点，即在这种反映或"解释"中，个体的爱好、趣味、气质、天赋起着极其重要的作用，客观的生活真实是通过不可重复的、完全独创的个体感性的形式而反映出来的。这就更使艺术对生活的反映具有了其他意识形态不能相比的高度的"自治性"或"自律性"。但是，在另一方面，不论审美反映如何独特，它终究又是人类社会生活的产物，离开了人类社会生活，就不会有什么对生活的审美反映，也就不会有什么艺术。如贝尔所高度赞扬的，被他认为最有"自治性"的塞尚的绘画，就是塞尚所生活的时代的产物，并不是凭空从塞尚的脑子中产生出来的。然而，由于艺术的审美反映的特殊复杂性以及唯心主义观念的深远影响，不少艺术家常常不能认识到他的艺术的"自治性"同他所生活的时代、社会的关系。

由于种种历史原因，我们过去对艺术的"自治性"或"自律性"的认识和强调是十分不够的。就中国漫长的美学史来看，我们可以说对艺术的"自治性"或"自律性"的较为自觉的认识始于魏晋南北朝的美学（参见《中国美学史》第二卷）。但直到近代，王国维的美学还在为争取艺术的"自治性"而斗争，反对把艺术简单看作是政教伦理的附庸。在我国现代革命艺术的发展过程中，现实斗争的迫切性又使人们把艺术看作是为政治服务的工具或武器。这显然有其不能否认的历史的合理性，但同时又经常忽视以至否认了艺术的"自治性"。极"左"的思想更使它恶性地发展起来，也就是布洛克所说走到了"赶尽杀绝的极端"。因此，在近年来我们的讨论中，对文艺的"内在规律"的强调，以致布洛克所已批评了的那种形式主义的极端的"自治论"在我国影响的明显增大，同样有其历史的合理性。但与此同时，确实又有必要防止走极端，即防止用艺术的"自治性"去否认艺术与生活的联系。如布洛克所指出的那样，企图"切断"艺术"同它外部任何事物之间的联系"（第236页）。如果这样，那么艺术的"自治性"就将成为空洞无物地玩弄形式。这种玩弄可能一时使人们觉得新奇，但决不会有长久的生命力和艺术价值。只有当艺术家既充分认识艺术的特殊性，又牢牢地保持着艺术同生活的内在血肉联系（即不是外在的表面的联系）时，艺术的"自治性"或"内在规律"才会显示出它的真正强有力的作用。

从各方面来看，布洛克的《美学新解》都有不可忽视的重要价值。由此我还想到，西方现代美学家的著作并不都仅仅是马克思主义美学的对立面，其中有一些著作对马克思主义美学的研究和理解还有值得注意的特殊意义。这是我们应当虚心认真地加以研究的。

（原载《江汉论坛》1988年第3期）

伊格尔顿著《美学意识形态》中译本序

中国美学有自己悠久而伟大的传统，但这个传统，只有当它既保持发扬了自身的优秀思想，又批判地吸取了西方现代美学合理的东西，才能继续焕发出它的光辉，并对世界现代美学的发展产生重要影响。因此，对我们来说，深入细致地研究西方现代美学，包括研究西方马克思主义美学，是一个长期的、不可忽视的任务，需要作许多踏实的努力。我想，在马克思主义的基础上来整合中西美学，以创造我们这一时代的美学，也许是一条正确可行的道路。

20世纪80年代以来，我国对西方现代美学的介绍与研究取得了不小的成绩，但对西方马克思主义美学，特别是对距今较近的西方马克思主义美学的介绍与研究，却显得比较薄弱。在距今较近的西方马克思主义美学中，伊格尔顿的美学是影响较大、值得注意的。据我所知，我国已译出了他在文学批评方面的著作《马克思主义与文学批评》和《二十世纪西方文学理论》，但他于1990年出版，专门讨论美学问题的重要著作《美学意识形态》，迄今尚无译本。现在，王杰与傅德根、麦永雄合译的译本由广西师范大学出版社出版了，这是令人高兴的事情。

如本书作者所说，本书还不是一部美学史。但是，它相当详细地讨论了自英国经验主义和欧洲启蒙主义以来一系列重要的思想家、美学家的思想，最后又对后现代主义的美学倾向作了评述，涉及面很广，内容丰富。因此，它在颇大程度上集中地阐述了一位有影响的西方马克思主义学者对西方近现代美学的基本看法，一种不同于一般美学史的看法，很有值得我们参考的价值。此外，作者是英国人，英国是近代经验主义哲学的发源地和大本营，但作者又很推崇近现代德国美学所特有的哲学思辨方法，并且充分肯定了德国美学在欧洲美学中所处的重要地位。这使得作者对许多问题的观察论述不同于西方常见的那种琐碎支离的经验主义的描述分析，而具有了历史的宏观视野和哲学深度。虽然我并不完全同意作者对于美学的根本看法，但读来仍然常常可以发现一些有启发性的观点。例如，作者对康德美学中"美与崇高的辩证法"的论述就颇有启发性。

在我国对西方马克思主义的介绍研究中，经常会碰到一个问题：西方马克思主义究竟是不是马克思主义？我认为回答这个问题，首先要看到和承认马克思主义是必须随着历史的发展而发展的。因此，在历史前进的过程中，必然会出现对马克思主义的各种不同的看法和解释，以至形成不同的理论派别。判定这些不同的看法和解释究竟是否符合马克思主义，一方面有待于我们对什么是马克思主义区别于其他思想派别的根本点的深入研究；另一方面，当问题涉及当代许多重大的具体问题的解决时，还须在坚持马克思主义根本点的前提下，诉之于历史与实践的检验。即使是那些构成马克思主义根本点的不能违背的思想，本身也还需要随着历史的发展而加以丰富发展。因此，对西方马克思主义是否是马克思主义这个问题的回答，应采取一种具体的历史分析的态度。依我的看法，西方马克思主义者有一个重要的特点，他们经常是从他们所处的西方当代社会的情况出发，为了解决他们感到迫切需要解决的某一重要问题而来研究马克思主义的。他们往往只注意马克思主义中那些他们认为有利于解决他们所关注的问题和有利于论证他们的观点的思想，而缺乏对马克思主义整个思想体系如实的、全面的研究。此外，西方马克思主义者处在西方各种流行的非马克思主义思潮的强大压力之下，他们希望回答这些流行思潮提出的问题，并把它的某些思想融合到马克思主义中去，但同时又往往缺乏对这些思潮的真正深入的马克思主义分析。撇开社会政治阶级方面的根源不谈，我认为上述两种情况，造成了西方马克思主义者对作为一个完整思想体系的马克思主义的种种偏离。但他们所提出的问题经常反映了西方当代思想的发展动向，他们对问题的解决不同程度地具有可供我们参考借鉴的价值，而且也不能简单地认定他们的每一个观点都是违背马克思主义的。如本书作者把美学作为一种意识形态来研究，并且极为强调它与政治的密切联系，这在今天中国的不少读者看来可能觉得怪异。但如果考虑到西方马克思主义者在他们的国家中所处的社会政治地位，他们力求要从包括美学在内的思想文化的角度来批判西方资产阶级的政治，那么这种做法就是完全可以理解的了。而且，美学虽然不等于政治性的意识形态，但它与政治难道就毫无关系吗？本书作者从政治角度来观察研究美学，同样可以给我们启发，值得我们思考研究。

在学术研究的范围内，我们把西方学者对马克思主义的研究称之为西方马克思主义，那么东方各国学者对马克思主义的研究似乎也可以称之为东方马克思主义。虽然由于各种原因，在世界学术论坛上，它远不如西方马克思主义那样有影响。马克思主义产生于西方，它在传至东方后，又经历了一个与东方各国社会历史条件相联系的长期发展过程。仅就美学的研究而言，在研究西方马克思主义美学的同时也注意东方马克思主义学者对美学问题的研究，并将两者作一些比较，这也许是有意义的。但正是为了作这种比较，我们需要系统深入地研究西方马克思主义美学。这是建设中国当代马克思主义美学不可缺少的一项重要工作。

本书译者王杰博士是勤奋地致力于西方马克思主义美学的翻译、介绍、研究的一位年轻学者，已经取得了显著的成就。他和他的伙伴傅德根、麦永雄合译这本书，态度十分认真，花了很大力气，反复推敲修改，使译文堪称忠实晓畅可读。如果说某些地方还不是那么好读，我想是因为原书作者的思维与表达方式本来就较为艰涩的缘故。

（原载《美学意识形态》一书，广西师范大学出版社1997年版）

"三个代表"重要思想与艺术的发展

如果中国商周时期青铜冶炼浇灌技术没有发展到相当高的水平，就不会有中国闻名世界的青铜艺术。如果没有电灯的发明，哪来舞台的灯光效果？今天，信息技术的发展将会对艺术产生什么影响？这也是艺术家和艺术理论家不能不加以考虑的问题了。

艺术不是与生产力的发展成正比而同步发展的，其间存在着马克思早已指出过的不平衡关系。但每一艺术繁荣时代的到来最终都是先进生产力的发展引起了整个社会生活巨大深刻变化的结果。没有比欧洲中世纪的生产力更先进的资本主义生产方式的萌芽和发展就不会有欧洲的文艺复兴，当然也不会有莎士比亚的戏剧。此外还可以从中外艺术史上举出许多例证。

从原始社会开始，审美与艺术就是人类文化一个不可或缺的重要组成部分。社会越是向前发展，审美与艺术就越是广泛地渗入到社会文化的各个方面。今天，中国当代艺术的发展不可能脱离建设符合三个"面向"的、民族的科学的大众的社会主义文化这个总方向。实现这个方向，需要广大艺术家在实践中不断进行探索。从 20 世纪 80年代后期到现在，广大艺术家在探索中一步步走了过来，如今方向感是越来越明确了。如在北京举行的 21 届大运会开幕式上的演出，我认为甚为成功，艺术地体现了我们所要求的先进文化方向，很有一些创意。

人类历史的发展不是由个别政治家的意志，少数个人或集团的利益决定的，而是由最广大人民群众的利益决定的。这利益是实实在在的东西，它不仅同物质生活相关，也同精神生活相关。与时俱进，创造出能够在不同方面、不同层次上满足最广大人民群众不断发展变化的审美需要的作品，是我们时代的艺术家义不容辞的光荣使命。

　　江泽民同志提出的"三个代表"重要思想对艺术的发展具有重大指导意义。以上是我的一些浅见，兹提出以就教于艺术界的朋友们和广大读者。

（原载《艺术》2001 年第 3 期，卷首语）

鲍姆加登之后关于美学的争论与看法

　　鲍姆加登第一次把美学确立为一门独立的科学，这是他的功绩所在。但在他这样做的过程中以及他把这一工作完成之后，除了忠实于他的学生和追随者如梅耶尔（G. F. Meier）、门德尔松（M. Mendelssohn）等人之外，许多人对他提出了尖锐的批评。考察一下这些批评和由此引起的争论，对我们历史地了解和回答什么是美学这个问题很有必要。

　　对鲍姆加登的批评可以分为两种情况。一种是根本反对把美学确立为一门与逻辑学并列的独立的学科，甚至认为哲学教授谈论什么美学是有损于哲学的尊严的。对于这一类批评意见，鲍姆加登在他的《Aesthetica》第一卷中把它归纳为十种，一一给予了坚决的驳斥。①这一类否定美学有存在的可能性和必要性的看法，自西方 19 世纪末、20 世纪初以来到现在仍然存在，我们后面再谈。现在我们要讲的是对鲍姆加登的另一类批评意见，它并不否认美学的存在，但对鲍姆加登所作的命名和定义很不以为然，提出了各种不同的看法。18 世纪末至 20 世纪，西方关于美学的种种不同定义的提出，与此有密切的关系。下面，我们来大致地介绍一下康德、席勒、黑格尔、克罗齐及其他一些人的看法。

一、康德的看法

　　康德是德国莱布尼兹之后第一个在德国以至世界产生了广泛深远

---

① 参见马奇主编《西方美学史资料选编》（上），上海人民出版社 1987 年版，第 691～693 页。

影响的伟大的哲学家。但在 1770 年之前，特别是 1781 年他的《纯粹理性批判》一书出版之前，他基本上属于以莱布尼兹为首的德国理性主义学派，并且常用鲍姆加登的著作作为讲义授课。鲍姆加登死后一年，即 1764 年，康德发表了《优美与壮美之感情的观察》(*Beobchtungen über das Gefühle des schönen und Erhabenen*)。在这部著作中，康德和鲍姆加登一样，也是从感觉、情感出发来讲美学的，但显然受到英国经验主义美学家博克 (E. Burke，1729 ~ 1797) 的《关于崇高与美的观念的根源的哲学探讨》(1756 年出版) 以及比此书晚一年出版的另一位英国经验主义美学家休谟 (D. Hume，1711 ~ 1776) 的《论审美趣味的标准》的影响。在从感觉、情感出发来讲美学这一点上，康德与鲍姆加登没有什么分歧，但在如何理解与分析同审美与艺术相关的感觉和情感的问题上，康德不像鲍姆加登那样把这各种感觉、情感纳入德国理性主义哲学认识论的范围，看做是一种低于理性认识的感性认识。《纯粹理性批判》一书出版之后，康德开始建立起了自己的哲学体系，告别了基本上是依附于德国理性主义哲学的时期，即结束了康德哲学的研究者们所说的康德哲学发展的前批判时期，进入了批判时期。1787 年，《纯粹理性批判》出了第二版，在这一版的"先验感性论"的引言部分，康德特别加了一个长注，对鲍姆加登建立的"Aesthetik"（德语，即"Aesthetica"）直截了当地提出了批评。由于这个批评甚为重要，现依蓝公武的译文，全文引述如下：

> 仅有德人习用（Aesthetik）一字以命名他国人之所称为趣味批判者。此种用法起于彭茄顿（Baumgrten）之无谓尝试，彼为一卓越之分析思想家，欲以美的批判的论究归摄于理性原理之下，因而使美之规律进而成为一种学问。惟此种努力毫无成效。盖此类规律及标准，就其主要之源流而言，仅为经验的，因而不能作为吾人趣味批判所必须从属之确定的先天法则。反之，吾人之判断正为审查此等规律正确与否之固有标准。职是之故，或不以此名词用于趣味批判之意

义，而保留为真实学问之感性论之用——此种用法庶几近乎古人分知识为所感者与所思者二类之语意——又或用此名词与思辨哲学中所用之意义相同，半为先验的而半为心理学的。①

康德的意思是说，"Aesthetik"这个词只能用来指哲学认识论上所说的"感性"，即康德所提出的"先验感性论"（transzendentale Aesthetik），对空间、时间的感性直观，以区别于指概念逻辑认识的"知性"（Verstand，或译"悟性"），而不能用来指"他国人之所称为趣味批判者"。这里所谓"他国人之所称趣味批判者"不是别的，就是康德当时所了解到的英国经验主义美学家休谟、博克等人对审美趣味的研究，也就是后来康德所理解的美学要研究的根本问题。康德认为，鲍姆加登用"Aesthetik"命名美学，把它看做是和哲学中研究理性认识的逻辑学并列的专门研究感性认识的一门科学，企图由此去找寻"美之规律"及"标准"，这是根本不可能的。因为在康德看来，这种规律和标准，"就其主要之源流而言，仅为经验的，因之不能用为吾人所必须从属之确定的先天法则"。这就是说，不存在与主体的经验无关的客观普遍的美的规律和标准，相反，这种规律与标准恰好要从主体的判断中去找到说明。这是康德对美学的根本看法，他后来在1790年出版的《判断力批判》中依据这一看法建立起了他的美学。

康德的美学具有晦涩难解的性质，但同时又包含了深刻的思想和发生了广泛深远的影响。我们知道，康德的《纯粹理性批判》是研究主体对自然规律或自然必然性的认识的。1788年，康德又发表了他的《实践理性批判》，研究了人的意志和道德问题。他认为《纯粹理性批判》中考察的"理论理性"只与对自然规律的认识相关，而"实践理性"所涉及的却是"自律"（Autonom）。因为道德的行为是由人的意志决定的，这种决定道德行为的意志又是自由的，它不受自

---

① 康德：《纯粹理性批判》，商务印书馆1957年版，第48页。

然规律或自然的必然性、因果性的影响。为了道德的实现，人可以牺牲个人的幸福和生命。康德接受了法国启蒙主义者卢梭（J. J. Rousseau, 1712～1778）从政治角度提出的人的意志是自由的思想，把它应用到对人的道德行为的考察上，认为人作为道德的存在物是自由的，同时也就在人作为道德主体的范围内肯定了人的本质是自由的。这是一个有重要理论意义的看法。但在康德看来，这种作为"实践理性"（亦即道德行为的普遍原理）的自由与自然律或自然界的必然性无关，因此它只能是超感性的。既然如此，它又如何能在感性的自然界中获得实现呢？或者说，"自然概念的领域"（"理论理性"）与"自由概念的领域"（"实践理性"）如何能够统一起来呢？这就是康德在《实践理性批判》之后的《判断力批判》一书中所要解决的问题。正是在解决这个问题的过程中，康德系统地建立和论述了他的美学，把审美与艺术看作是将"自然概念的领域"和"自由概念的领域"联结和统一起来的中介或"桥梁"。简单地说，审美与艺术就是自由与必然的统一。①

把审美与艺术的本质放在人的自由与必然的统一这个根本问题的基础上来加以解决，这是由康德第一次明确提出的，是他对美学的划时代的贡献。这种看法，既超越了古希腊毕达哥拉斯学派提出的从数的比例产生的"和谐"中去找美的看法，也超越了鲍姆加登认为美是"感性认识的完善"，以及休谟停留在对审美的情感愉快和审美趣味的经验观察上的看法，而紧紧地逼近了解决审美与艺术的本质问题的关键所在。

但康德是如何来解决表现在审美与艺术中的自由与必然的统一的呢？他的解决办法可以归结为下述三点：第一，他接受了休谟认为美只是对象在主体心中引起的一种情感愉快的观点，但进一步分析了这种愉快表现为主体的想像力与"知性"（对自然规律的概念认识的能力）的协调活动。在这种活动中，想像力既是自由的，又是完全合

---

① 以上详见《判断力批判》的《导论》，商务印书馆1987年版。

规律的，呈现为一种"自由中的合规律性"①。因此，审美的愉快是一种"自由的愉快"②。康德从各个方面分析了这种愉快的特征，指出它不是生理感官的满足引起的愉快，也不是功利目的（包含由"实践理性"即道德所决定的功利目的）的实现引起的愉快，而且不是由概念的认识规定的，与概念的认识无关，"虽然它很可以是这个或那个认识的结果"。③ 我们判断某一事物是美的或不美的，这虽然同我们个人的趣味有关，是一种"趣味判断"（Geschmacksurteil），但又不同于人们宣称他喜欢或不喜欢喝某一种酒之类的判断。在后面这种情况下，人们完全可以各行其是，不会发生什么争论。对事物的美与不美的判断则不然，尽管它不可能像科学认识上的判断那样要求每个人都必须同意，但却可以期待、要求别人赞同。如果别人不赞同，我们就会认为这是因为他缺乏审美的鉴赏力。所以，审美的判断虽然不具有科学认识判断那种客观的普遍性，但能够具有存在于审美主体之间的一种主观的普遍性。其次，康德认为上述这种表现于审美中的"自由的愉快"的产生，其根据只能是主观的，即只能是由主体的想像力与"知性"的协调活动引起的，对象只有在它对这种协调活动具有"合目的性"而引起审美愉快时才能被判定为美的。而且，他还认为这种"合目的性"只是一种"主观形式的合目的性"④，即只是对由主体的想像力与"知性"协调活动引起的"自由的愉快"而言的一种形式上的合目的性，与事物的实质、内容及其具有何种实际的目的无关。康德把这种仅仅由"主观形式的合目的性"而引起的美称之为"自由美"（die freie Schönheit），即纯粹的美。但康德也承认还有一种美是与事物的实质、内容及其实际的目的相关的，他称之为"依存美"（die abhangends Schönheit，或译"附庸美"），即不纯粹的美。⑤ 最后，康德认为审美的"自由的愉快"的发生是基于主体的意识活动中有一种"审美的判断力"，这就是一

---

① ② ③ 《判断力批判》上卷，商务印书馆1987年版，第112、46、28页。
④ 《判断力批判》上卷，商务印书馆1987年版，第28页。
⑤ 康德所作的这种划分有它的不可忽视的道理。

种不经概念而直接感知对象对主体的想像力与"知性"的协调活动
具有合目的性的能力。主体方面的这种判断力的存在，是审美以及艺
术的创造得以发生的根源。

由上所述可以看出，康德虽然把审美与艺术的本质问题的解决放
到了自由与必然的统一的基础之上，但他显然是从主体的意识活动来
说明这种统一的。这首先表现在他把审美与艺术活动中呈现出来的自
由看作是由主体的想像力与"知性"协调活动所决定的，是这种协
调活动的产物。尽管在这种说法里包含了康德对审美与艺术活动的特
征的深刻认识，但他没有进一步去说明这种协调活动产生的现实的根
源。虽然他也讲到了对象成为美的是由于它对主体意识的这种协调活
动具有合目的性，但他却一再强调这种合目的性只是出于一种单纯的
"应该"。按他的说法，"自由概念的领域"是不受"自然概念的领
域"影响的，但"自由概念应该把它的规律所赋予的目的在感性世
界里实现出来；因此，自然界必须能够这样地被思考着：它的形式的
合规律性至少对于那些按照自由规律在自然中实现目的的可能性是互
相适应的"。① 这就是说，自由与必然的统一仅仅是出于一种理论上
的设想，即设想它们应当是有可能统一的，而不是说实际上能够统
一。正因为这样，对这种统一的可能性的达到，也就只能求之于主体
意识活动中特有的判断力。既然审美与艺术作为自由与必然的统一只
是主观的应该，并且只与主体的审美判断力相关，因此康德认为不存
在什么科学意义上的美学，美学不外就是对审美判断力的分析。他
说："没有关于美的科学，只有关于美的批判（kritik）。"② 这里所说
的"关于美的批判"也就是对主体的审美判断力作一种分析考察的
意思。康德在这里很明确地进一步申述了我们在前面已讲过的、他在
《纯粹理性批判》第二版的长注中对鲍姆加登的批评，即认为美学就
是"趣味批判"，不是找寻美的客观规律与标准的科学。但康德虽然

---

① 《判断力批判》上卷，商务印书馆1987年版，第13页。
② 《判断力批判》上卷，商务印书馆1987年版，第150页。译文略有改
动。

美学与哲学

不用"Aesthetik"这个词来称呼他的美学，只把美学看做是他的《判断力批判》的第一个部分（第二部分是关于自然界的客观的合目的性的考察），但在讲"审美判断力"时仍然在形容词的意义上用了"Aesthetik"这个词，称之为"aesthetische Urteilskraft"。不过，对于康德来说，"审美判断"也就是前面所说的"趣味判断"。

康德美学对后世的影响是双重的。一部分学者，从席勒（Schiller，1759～1805）、黑格尔（Hegel，1770～1831）到马克思（Karl Marx，1818～1883），特别看重康德从自由与必然的统一来解决审美与艺术的本质这一根本性的思路，并向前发展了它。另外，更多的学者，如下面我们还要讲到的克罗等许多人，则特别看重康德认为美的规定根据只能是主观的和美只涉及形式的看法，并各自根据他们的想法提出了各种观点。

二、席勒的看法

在康德之后，席勒从人性的构成及历史的发展出发，比康德的晦涩而难解的哲学思辨远为明确而具体地论述了美是自由与必然的统一，并且对康德的思想有重要的发展。尽管席勒对人性的了解还是抽象的，但他终究把美的分析放到了对人性的分析的基础之上，并且开始和人的历史发展结合起来了。他认为人有两种冲动，一为"感性冲动"，它产生于人的自然存在，和人追求自然需要的满足分不开；另一种冲动是"形式冲动"，它产生于人的理性存在，要在自然盲目无常的变化中赋予自然以形式，保持人的自由。这两种冲动的统一产生了"游戏冲动"，美就是"游戏冲动"的产物。通过"游戏冲动"，"感性冲动"的对象——"生命"获得了"形象"（实际也就是"形式"），而"形式冲动"则获得了"生命"，这就是"活的形象"，即"最广义的美"。它"同时既消除了自然规律的物质强制又消除了道德法则的精神强制"，所以，美使人成为"完整的人"，使人的自由在感性的现象中表现出来。"美是现象中自由的唯一可能的表现。"席勒把产生美的冲动称之为"游戏冲动"，是取它是一种自

684

由的活动的意思，不是指日常生活中一般所说的游戏。席勒还把人性的发展分为"自然状态"、"审美状态"和"道德状态"三个不同的时期或阶段。这种划分虽然有把这三种状态机械地割裂和分开的毛病，但席勒又由此而对美的产生作了一些历史的分析。他看到了人要从"自然状态"过渡到"审美状态"，在自然需要满足上的"物质的盈余"是一个必不可少的条件，而且他还在一定程度上看到了美是人改变自然的活动的产物。他认为"事物的实在是事物的作品"，而引起人的美感的"事物的外观"则是"人的作品"。"美既是我们的状态也是我们的作为。"这是一个很重要的看法，它突破了康德认为美仅仅是主体的"审美判断力"的产物的看法。席勒还提出"美的王国"是一个既不同于"力量的可怕的王国"（即"感性冲动"的王国），又不同于"法则的神圣王国"（即"形式冲动"的王国）的王国，即"自由王国"。人只有通过审美才能达到真正的自由，并成为不受自然必然性支配的有道德的人。在这里，席勒建立起了他的审美的乌托邦，但其中所包含的合理的深刻的思想，不仅影响到黑格尔，而且还影响到马克思。①

席勒一方面充分肯定康德在美学上提出了有丰富深刻的理论意义的观点（他作为一个文学家，就是在康德的直接启发下开始进行美学思考的）；但另一方面，席勒又不同意康德认为审美趣味永远只能是经验的，不可能找到客观原则的看法。因此，席勒也不把美学看做是对"审美判断力"的批判的考察。他在《论美》（或译《论美书简》）一文中，把在他之前的美学分为或"感性——主观地解释美"（如博克等），或"主观——理性地解释美"（如康德），或"理性——客观地解释美"（如鲍姆加登、门德尔松及其他美在完善论的拥护者）三种，而把他自己的美学看做是第四种，即"感性——客观地解释美"。② 在他看来，第一种的错误是把美的直接性和概念对

---

① 以上论述参见席勒《美育书简》，中国文联出版公司 1984 年版。引文出处不一一注明页码。

② 席勒：《秀美与尊严》，文化艺术出版社 1996 年版，第 36 页。

立起来，认为美仅仅在于感性的情绪状态；第三种的错误是把美看作直接显现出的完善，导致把逻辑认识和道德意义上的善的东西同美的东西相混淆；第二种即康德看法的巨大贡献是分清了逻辑的东西和美的东西，但对美的概念的理解却完全不对。席勒虽然不是一个专业意义上的哲学家，但他凭他的深思的观察与智慧，努力要开出美学的一个新方向，确立他自己的美学。他抓住了和18世纪以来的美学密切相联的两大问题，即主观与客观、感性与理性的关系问题。在前一个问题上，他反对美是由主观的情感、趣味决定的，无法作客观研究的看法，主张客观论，即认为对美的现象、规律是能够作出客观的考察的。在后一个问题上，他反对将审美的感性与理性对立起来，或将审美的感性混同于逻辑的、善的意义上的理性，而主张立足于感性，从感性出发，把审美中的理性看作是在感性中显现出来的理性。他不同意康德的"主观——理性地解释美"的做法，就因为它是从超感性的"理性"（即我们在上面已讲过的"实践理性"，与感性的自然界无关的"自由"）出发的，结果造成了理性与感性的严重对立。虽然康德也要求把两者统一起来，但这种统一却又是由主体的"判断力"决定的，即主观的。席勒所主张的"感性——客观地解释美"的美学，确实在康德之后开辟了美学的一个新方向，要求从主观与客观、感性与理性的统一中去说明美，解决美是自由与必然的统一问题。但席勒把他所说的统一放在了抽象地理解的人性的发展基础之上，这就使他还不可能真正实际地、现实地解决美的本质问题。

从上面对席勒美学的简述中已可以看到，席勒虽然没有像康德那样直接地批评鲍姆加登对美学的命名与定义，但他指出了鲍姆加登及其追随者的美学会导致把美与逻辑的、善的意义上的理性混同起来。这个看法是有道理的，因为鲍姆加登虽然认为美学是一门研究感性认识的科学，但美又并非是一般的感性认识，而是"感性认识的完善"。这个"完善"最终是难以同逻辑的、善的意义上的理性分开的。所以，席勒把鲍姆加登的美学称之为"理性——客观地解释美"的美学，以区别于他自己的"感性——客观地解释美"的美学。

686

三、黑格尔的看法

席勒的哲学和美学对黑格尔产生了重要的影响。据研究黑格尔的专家考证，黑格尔在写作奠定了他的全部哲学基础的《精神现象学》之前，曾在 1795 年读过席勒的《美育书简》。1805 年冬着手写作时，又再次重读此书。① 1817 年，黑格尔在海德堡大学开讲美学，在回顾美学在德国近代的发展时，对席勒的美学作了很高的评价。他认为"席勒的大功劳就在于克服了康德所了解的思想的主观性与抽象性，敢于设法超越这些局限"②，并赞赏席勒把"普遍性与特殊性、自由与必然、心灵与自然的统一科学地了解成艺术的原则与本质，并且孜孜不倦地通过艺术与美感教育把这种统一体现于现实生活"③。对于把美学确立为一门独立科学的鲍姆加登，黑格尔没有作专门详细的评述，但在一开始谈到什么是美学时批评了鲍姆加登对美学的命名与定义。

黑格尔指出，由鲍姆加登提出的"Aesthetik""这个名称不恰当，说得更精确一点，很肤浅"④。这个名称的"比较精确的含义是研究感觉和情感的科学"⑤。由于在鲍姆加登生活的德国，"人们通常从艺术作品所应引起的愉快、惊叹、恐惧、哀怜之类情感去看艺术作品"，因此对艺术所应引起的感觉和情感的研究也就在鲍姆加登所属的沃尔夫学派中"成为一门新的科学，或则毋宁说，哲学的一个部门"⑥。但在黑格尔看来，艺术确实有"激发情绪"的巨大能力，但"激发情绪"并不是艺术的本质性的目的。⑦因此，把美学看作是研究艺术所应引起的感觉和情感的科学，这是不能真正认识艺术的本质，也不能认识美的本质的。对于这一类经常涉及心理学的研究，黑格尔采取了十分轻视的态度。这和康德以及在他之前的英国经验主义

① 见《精神现象学·译者导言》，商务印书馆 1979 年版，第 18 页。
②③④⑤⑥⑦ 黑格尔：《美学》第 1 卷，商务印书馆 1979 年版，第 76、78、3 页，第 57~58 页。

美学把这种研究放在中心的位置刚好相反。黑格尔认为,情感"仅仅是我的一种主观感动,在这主观感动里,具体的内容消逝了,就像跻在最抽象的圆里一样。因此,关于艺术所引起或所应引起的情感的研究就停留在不明确的状态,只是一种抽象研究,把真正的内容和它的具体本质和概念都抛开了。因为关于情感的思索只满足于观察主观感动及其特点,不能深入研究所应研究的对象,即艺术作品,而在研究所应研究的对象时,也就必得抛开单纯的主观状态及其情境。在情感里,这种空洞的主观状态不仅是被保持住,而且被摆在主要地位……所以,这种研究不免由于它的不明确而使人厌倦,由于它注意琐屑的主观方面的特点而令人嫌恶"①。黑格尔否定对与审美和艺术相关的情感作审美心理学研究的意义,这是不正确的。但历来关于审美心理学的研究,的确又存在黑格尔所深刻指出的缺陷。不过,黑格尔以此为理由来批评鲍姆加登对美学的命名"不恰当"、"很肤浅",并不符合鲍姆加登的意思。因为鲍姆加登认为美学要研究"感性认识的完善",它是排除对感觉、情感作主观任意的解释的。从黑格尔本人的观点来看,他也十分强调艺术所具有的认识的意义、价值。如他说:"在艺术作品里各民族留下了他们的最丰富的见解和思想"②,"实际上艺术是各民族最早的教师"③。但尽管如此,鲍姆加登对美学的命名与定义仍然是黑格尔所不能接受的。因为在黑格尔看来,把美学归结为对感觉、情感的研究,从感觉、情感出发去认识艺术以及美的本质,仍然是不正确的。依黑格尔的看法,首先要认识了美与艺术的本质是什么,然后才有可能说明由美与艺术所激起的感觉、情感的本质是什么。而在这种研究中,艺术又居于中心的位置。黑格尔在他的美学讲演的开头就说:"这些演讲是讨论美学的;它的对象就是广大的美的领域,说得更精确一点,它的范围就是艺术,或者毋宁说,就是美的艺术。"④ 黑格尔不否认在自然、现实中也有美的存在,

①②③ 《美学》第 1 卷,商务印书馆 1979 年版,第 41～42、10、63、3页。

④ 《美学》第 1 卷,第 2 章"自然美"。

但他认为这种美是一种有缺陷的、不完满的、被外在必然性所局限的美，不可能成为美学研究的对象。只有摆脱了外在必然性的局限，完全符合美的理想的艺术，才能成为美学的研究对象。① 在美学的名称上，黑格尔不像康德那样，反对鲍姆加登用"Aesthetik"（感性学）这个词来指关于美与艺术的研究，他认为："名称本身对我们并无关宏旨，而且这个名称既已为一般语言所采用，就无妨保留。"② 但黑格尔认为"Aesthetik"不是别的，就是"艺术哲学"或"美的艺术的哲学"。如果同鲍姆加登关于"Aesthetik"的定义比较一下，我们知道鲍姆加登已经说过"Aesthetik"是"美的艺术的理论"。问题在于鲍姆加登是从他理解的"感性认识的完善"出发来研究美与艺术的，而黑格尔则把它放到了自己的与鲍姆加登不同的哲学基础之上。因此，对黑格尔来说，"Aesthetik"这个词虽可保留，但它的含义却不是什么"感性学"了。

黑格尔美学的根本问题就是要解决艺术的本质问题，同时也就是解决美的本质问题。因为在黑格尔看来，艺术与美是分不开的，艺术即是唯一符合理想的美。黑格尔是如何来解决这一问题的呢？他的思考的基本出发点仍然是由康德首先提出的自由与必然的统一问题。但他非常不满意康德先是把自由与感性的自然界对立起来，然后又要求两者统一，而这种统一又只是一种出于主观的"应该"，不是实际地实现了的统一。黑格尔之所以高度评价席勒的美学，就因为席勒敢于打破康德的想法，从主观与客观、感性与理性、自由与必然的实际的统一中去找寻美和解释美。但如前所说，席勒是把这种统一放到抽象地理解的人性的历史发展的基础上去加以解决的，黑格尔则把它放到他的哲学所说的"理念"的自我发展的基础上去加以解决，看起来比席勒和康德的说法都更为神秘，并由此建立起了一个比康德美学还要庞大许多的美学体系。这个"理念"究竟是什么东西，曾使黑格尔的门徒及黑格尔哲学的研究者们伤透了脑筋。实际上，它不过是黑格尔本人通过他对自然、人类历史和思维的规律的研究所得到的一整

①② 《美学》第1卷第2章"自然美"。

套有逻辑必然性的理论，但黑格尔却把它说成是在自然之前已经存在，并产生和决定着自然、人类历史和思维发展的绝对精神。这种唯心主义的颠倒的解释，就是黑格尔哲学神秘主义的根源所在。但黑格尔为什么要作这种颠倒呢？我们可以说他首先是为了要克服康德哲学的主观性。既然自然、人类历史和思维都是由不以任何主体为转移而存在着的"理念"自身的发展决定的，那么人类对自然的思维，思维的规律，人类历史的发展，主观与客观、自由与必然的统一，就都不是由主体的意识决定的，而是由"理念"的发展客观必然地决定的了。而且，"理念"的这种发展是完全辩证的，与历来的形式逻辑以及康德力求要排除思维的矛盾的想法正好对立。黑格尔依靠他的这种哲学来抗击一切否认思维的客观性、人类历史发展的客观必然性的主观主义思想，同时也用它来抗击一切否认存在与思维、主观与客观、必然与自由之间的辩证转化的形而上学思想。由于包含在黑格尔所说"理念"中的种种内容，其实是黑格尔通过对自然、人类历史、思维的研究得来的，而黑格尔又是一个罕见的、有渊博的知识和辩证的思维能力的人，这就使黑格尔的看起来很神秘的哲学包含了许多深刻合理的思想，并且具有一种伟大的历史感。在美学上，由于黑格尔对人类历史以及艺术的历史做了比席勒远为丰富、全面、深入的研究，因此，他既吸取了席勒美学的重要成果，又把美学大大推向前进了。在席勒那里，美作为感性与理性、自由与必然的统一还只被看作是人性的发展所必然达到的结果，并且大都限于作一种描述性的说明，黑格尔则把它放到人类历史发展与创造的广大范围内作了深入的哲学论证，并直接为马克思主义美学的产生作了重要的理论准备。

黑格尔在他的《美学》一书中为美下了一个著名的定义："美就是理念的感性显现。"[1] 但什么是"理念"呢？黑格尔解释说，它是"概念与客观实在的统一"[2]，"概念通过自己的活动，使自己成为客观存在"[3]。在《小逻辑》一书中，黑格尔又说过，"理念"是"主

---

①②③ 《美学》第 1 卷，商务印书馆 1979 年版，第 142、137、140 页。

观性与客观性"的"自为存在着的统一"①，是"自己决定自己，从而自己实现自己的自由概念"②，是"观念与实在，有限与无限，灵魂与肉体的统一"③。总之，在"理念"中，主观与客观、观念与实在、有限与无限、必然与自由的对立都不复存在。"理念"即是最高的真实、最高的自由的实现，而当这种实现在感性的现象中"显现"（scheinen）出来，并和感性现象处于统一体时，这就是美。所以，说"美就是理念的感性显现"，也就是说美是人的自由的感性显现。这显然同席勒对美的看法是一致的。但在席勒那里，它是人的"感性冲动"与"形式冲动"达到了统一的结果；在黑格尔这里，则成了"理念"的自我发展的结果。从形式上看起来比席勒的说法神秘得多，但从实质上看却包含着对美的认识的重大进展。因为黑格尔已经在"理念"的名义下认识到了自由的实现是人类不断克服主观与客观、观念与实在、有限与无限、必然与自由的矛盾的过程，世界历史也就是在它的必然性中不断向着自由意识进展的过程。④ 而且，在《精神现象学》和《美学》中，黑格尔已开始看到这种矛盾的克服是与人的劳动、"实践活动"（praktische tatigkeit）分不开的。在《精神现象学》中，他指出了人正是通过改变外在事物的劳动才认识到他在外在事物、自然界的面前是自由的。⑤ 他还把"工匠"的劳动看做是艺术产生之前一个必经的环节，"艺术家"是从"工匠"而来的，"工匠"是"艺术家"的前身。⑥ 在《美学》中，黑格尔提出了"是什么需要使得人要创造艺术作品"这个重要的问题，⑦ 并指出人不仅在内心的意识活动中认识自己，"人还通过实践的活动"（praktische tatigkeit）来达到为自己（认识自己），因为人有一种冲动，要在直接呈现于他面前的外在事物之中实现自己，而且就在这实践过程中认识他自己。人通过改变外在事物来达到这个目的，在这些外在事

---

①②③ 《小逻辑》，商务印书馆 1980 年版，第 396、398、400 页。

④ 参见黑格尔的《历史哲学》。

⑤⑥ 《精神现象学》上卷，第 130～131 页；下卷，第 192～195 页。

⑦ 《美学》第 1 卷，商务印书馆 1979 年版，第 38、39 页。

物上面刻下他自己内心生活的烙印，而且发现自己的性格在这些外在事物中复现了。人这样做，目的是要以自由人身份，去消除外在世界的那种顽强的疏远性，在事物的形状中他欣赏的只是他自己的外在现实。儿童最早的冲动就有要以这种实践活动去改变外在事物的意味。例如一个小男孩把石头抛在河水里，以惊奇的神色去看水中所现的圆圈，觉得这是一个作品，在这作品中他看出他自己活动的结果。这种需要贯穿在各种各样的现象里，一直到艺术作品里的那种样式的外在事物中进行自我创造（或创造自己）"。① 在人类的全部美学史上，这是第一次从人通过实践活动而实现自己、创造自己的观点来说明美与艺术的本质，也就是把对美与艺术的本质的探讨放到了人类实践活动的本质特征之中。但是，从黑格尔的整个哲学体系来看，不论是劳动或实践活动，都被看作是"理念"永恒地发展和实现自身的活动，并不是现实的人的劳动或实践活动。或者说，黑格尔神秘主义把现实的人的劳动或实践活动变成了"理念"的自我发展、自我实现的活动。

从对美学的定义来看，康德认为美学就是对"审美判断力"的分析考察，同时也就是对康德所理解的美的本质的分析考察；黑格尔则认为美学就是"艺术哲学"——"美的艺术的哲学"。尽管康德对"审美判断力"的分析考察也讲到了艺术，但是从属于"审美判断力"的分析考察的；黑格尔也论述了美的本质问题，但目的是为说明艺术的本质。黑格尔把艺术提到了美学研究的中心位置，并且以他所特有的历史感，结合着整个人类艺术的历史发展，对艺术的本质作了前所未见的详细考察，这在美学的发展史上是有重要意义的。它大大地扩展了美学的研究领域，使美学不再局限在对审美与艺术的主观分析上，而成为一门以艺术为客观研究对象的学问。但黑格尔对美学的看法又包含了不少问题，如美感的分析能排除在美学研究之外吗？美学只需研究艺术美而不需研究现实美吗？美是否就是艺术的本质？美与艺术的关系是怎样的？美的研究与艺术的研究的关系如何处理？是作为一门统一的科学来研究，还是分开作为两门科学来研究？这些问题，在黑格尔之后引起了种种争论。

----

① 《美学》第 1 卷，商务印书馆 1979 年版，第 38，39 页。

四、黑格尔之后至 19 世纪末对美学的看法

1831 年，黑格尔逝世。黑格尔之后至 19 世纪末的美学可以分为两大阶段来观察。第一阶段是从黑格尔逝世之后到 19 世纪 60 年代末、70 年代初，第二阶段是从此后到 19 世纪末。

在第一阶段，哲学的美学在继续发展，美学仍然被看作哲学的一个部门，是对美与艺术的本质作哲学的考察。首先，出现了叔本华（A. Schopenhauer，1788 ~ 1860）的美学。1819 年，黑格尔还在世的时候，叔本华出版了他的《作为意志和表象的世界》一书，其中系统论述了他的美学。叔本华是作为康德、黑格尔的哲学（包含美学）的批判者或反对者而走上当时的哲学舞台的，标志着德国哲学和美学从理性主义走向非理性主义，即从非理性的生命意志出发来解决哲学与美学问题。但在当时几乎没有引起人们的注意，直至 40 年代末才开始产生了明显的影响。其次，在黑格尔死后，他的弟子和其他追随者继续在大力研究和发展黑格尔的美学。1836 ~ 1838 年，在黑格尔的学生荷托（H. G. Hotho）主持下，黑格尔的《美学讲演录》（即中译本《美学》）出版问世。1847 ~ 1858 年，费肖尔出版了他的六大厚册三卷本《美学，或美的科学》，是详细研究和发挥黑格尔美学的最重要的著作。基本上也属于黑格尔派的美学家魏塞（C. H. Weisse，1801 ~ 1866）、罗森克兰茨（J. K. F. Rosenkranz，1805 ~ 1879）对过去很少研究的"丑"的问题进行了专门的考察。1852 年，罗森克兰茨出版了《丑的美学》一书。大致上从 30 年代末开始，黑格尔学派内部发生了分化，出现了反对普鲁士封建专制、具有民主主义政治倾向的青年黑格尔派。这个派别对美学问题也很关注。如青年黑格尔派的刊物《德意志艺术和科学哈雷年鉴》主编卢格（A. Ruge，1802 ~ 1880），于 1832 年和 1837 年先后出版了《柏拉图派美学》和《美学新阶》。马克思在 30 年代末、40 年代初也属于青年黑格尔派，并且也很关注美学问题。但他很快就脱离了青年黑格尔派，创立了自己的哲学和美学。马克思的《1844 年经济学—哲学手稿》的写成标志着

马克思主义美学的诞生，第一次把美与艺术问题的解决放到了人类物质生产劳动和实践创造的基础之上，实现了美学史上空前的大革命，第一次使美学真正成为科学。除黑格尔一派的美学之外，赫尔巴特（J. F. Herbart，1776～1841）、詹梅尔曼（R. Zimmermann，1824～1898）等人发挥了康德认为美只关涉形式的思想，但认为这种形式不是康德所说的主观的形式，而是客观的形式。这一派学者把美学看作是研究美的形式的科学，詹梅尔曼于1865年出版了他的美学代表作，书名就叫《作为形式学的一般美学》。

除了上述叔本华美学、正统黑格尔派美学、青年黑格尔派美学、马克思主义美学和由康德而来的形式派美学之外，这一阶段的哲学美学还有影响较小，但也应提到的费尔巴哈（L. A. Feuerbach，1804～1872）、克尔凯郭尔（S. Kierkegaard，1813～1855）、车尔尼雪夫斯基（Н. Т. Черны-шевский，1828～1889）的美学。

费尔巴哈在1837～1843年间也属于青年黑格尔派，但从1839年开始，通过对黑格尔哲学的批判而宣告与黑格尔派决裂，创立了他的以物质的自然界为出发点和根本的唯物主义和人本主义哲学。这对推动马克思脱离青年黑格尔派曾产生过重要作用。费尔巴哈没有专门的美学著作，但他在一系列哲学著作中常常涉及美学方面的问题。和他对黑格尔哲学的批判相一致，他认为美与艺术的源泉、本质不是"理念"，而是自然和人的感性。他还看到了美与人自身的对象化的关系。但他始终不能真正说明自然对人来说为什么会成为美的，人的对象化是如何发生的，人的感官何以会成为与动物的感官不同的具有审美能力的感官。他把人与自然的关系看作是一种单纯的感性直观的关系，不懂得实践在人类历史发展中的根本性的重大意义，并把实践活动看作是犹太人的自私自利的活动，认为"理论的直观是美学的直观，而实践的直观却是非美学的直观"①。克尔凯郭尔是丹麦的一位非理性主义哲学家和宗教神秘主义者。他也没有专门的美学著作，但在哲学著作中讲到了人的存在的本质和与之相关的美学问题。他的

---

① 《费尔巴哈哲学著作选集》下卷，商务印书馆1984年版，第236页。

思想特色是把人的存在看作是由痛苦、烦恼、孤独、绝望、热情构成的，而人的存在或命运又取决于人与上帝的关系。他认为人的生活可以分为审美的、伦理的、宗教的三种境界或阶段，其中审美阶段是人为感觉、冲动、情欲、享乐、腐化所支配的阶段，因此也是最低级的阶段。道德阶段高于审美阶段，但只有宗教阶段才是最高阶段。车尔尼雪夫斯基是 19 世纪俄国的一位革命民主主义者，他的哲学和美学都直接受到费尔巴哈自然唯物主义的人本主义影响。1855 年，他发表了《艺术与现实的美学关系》（周扬中译本名为《生活与美学》）一书，提出"美是生活"和艺术是现实的"再现"的理论，并对黑格尔派的美学作了激烈的批判。但车尔尼雪夫斯基的美学和费尔巴哈的美学一样，不懂得包含在黑格尔美学中的合理的、深刻的思想，并且在解决人与自然、艺术与现实的关系上比费尔巴哈的唯物主义更为简单化。苏联的美学界曾给了车尔尼雪夫斯基的美学以很高的评价，不少美学家还主张以车尔尼雪夫斯基提出的"艺术对现实的美学关系（或审美关系）"作为美学的研究对象，试图对它作出马克思主义的解释。但这种解释，实际上还没有真正超出马克思主义之前的旧唯物主义的观念。

黑格尔之后的美学发展到 60 年代末、70 年代初，受到当时各门自然科学、社会科学的发展，以及流行一时的法国哲学家孔德（A. Comte，1798～1857）实证主义哲学的影响，出现了一种推崇、提倡实证的、科学的美学潮流。哲学的美学被排挤到了次要的地位，但也还在继续发展着。

这种科学的美学较早的、同时又产生了较重要影响的提倡者是费希纳（G. Th. Fechner，1801～1887）。他是一位心理学家，但对哲学、美学问题也有很大兴趣，还曾发表过一些艺术性的散文、随笔。① 他在为德国实验心理学的发展奠定基础方面作出了重要贡献，之后又努力应用心理学来研究美学，于 1871 年发表了《实验美学》，1876 年

---

① 参见 E. G. 波林著《实验心理学史》及 G. 墨菲、J. 柯瓦奇著《近代心理学历史导引》对费希纳生平的叙述。

又发表了《美学初步》。在后一书的序言中，他提出美学可以区分为
"自上而下"和"自下而上"的两种，前者是从某种哲学原理出发推
演出美学的原理，后者则是从经验事实的观察与归纳出发找出美学的
原理。而其中最重要的又是从美在心理上引起的快感与不快感的事实
出发，把实验心理学应用于美学的研究。虽然费希纳并不否认哲学思
辨的意义与价值，但通过他的提倡，科学的美学在哲学的美学之外取
得了自己的地位。如吉尔伯特·库恩的《美学史》所说："新的科学
趋势产生了许多关于美的科学，如心理美学、人种美学，以及其他类
似的学科，以代替哲学。"①

　　费希纳可以看作是实验心理学美学的创立者。与他同时或较后又
有不少心理学家也参加到美学的研究中来，其中影响最大的是完整地
建立起了感情移入说，用主体生命、人格感情向对象的移入或投射来
解释美与艺术的里普斯的学说，以及稍后于里普斯，在 1900 年出版
的《释梦》中开始提出精神分析学美学的弗洛伊德（S. Freud，
1856～1939）的学说。后者在进入 20 世纪后产生了巨大而广泛的影
响。

　　在费希纳建立心理学的美学之前，法国美学家丹纳（H. Taine，
1828～1893）于 1865 年出版了他的《艺术哲学》，但实际是应用法
国启蒙主义哲学家，特别是孔狄亚克（E. B. Comdillac，1715～1780）
提出的人是环境与教育的产物的思想，以人种、环境和时代三要素
来解释艺术发展变化的艺术社会学。1877 年，英国学者斯宾塞（H.
Spencer，1820～1903）在他的《心理学原理》一书第二卷第九章
《美的情操》中运用进化论来解释美学问题，于是产生了进化论的美
学。在斯宾塞的影响之下，艾伦（G. Allen，1848～1899）从生理学
来研究美的问题，于 1877 年出版了《生理学的美学》。到了 90 年
代，从人类的起源、原始社会的状况出发来研究艺术问题的理论迅速
兴起，于是又产生了被称为人类学的美学，其代表人物有格罗塞

―――――――――
　　① 吉尔伯特·库恩：《美学史》下卷，上海译文出版社 1989 年版，第 692
页。

（E. Grosse，1862～1926）、希伦（Y. Hirn，1870～?）等。①

尽管自60年代末、70年代初以来，所谓"自下而上"的美学或"科学的美学"占了压倒的优势，但就在费希纳发表《实验美学》的同一年，即1871年，尼采（F. N. Nietzche，1844～1900）的美学代表作《悲剧的诞生》也问世了。尼采在叔本华之后，有力地推动了从生命意志的角度对美与艺术的本质的探讨。生命和美与艺术有着直接而密切的关系，是一个需要予以深入探讨的重要问题。虽然尼采对生命的看法和叔本华一样是非理性的，甚至更加强烈（特别是在尼采思想发展的后期），但非理性又确实是生命冲动中客观存在的一种现象，同样需要予以探讨。尼采对非理性的生命冲动的推崇，既有错误以至反动的地方，同时也含有对西方现代社会对生命的压制、扼杀的批判（特别是在他的思想发展的前期）。从理论的论证与表述方式看，尼采的美学不及叔本华美学系统严密，但就思想的独创性、深度和所发生的影响来看，又超过了叔本华的美学以及60年代末以来各种"自下而上"的美学。哲学的美学的优越性在于它能够提出某种关系到美学的整个发展的根本性观点，但如果没有联系到各门科学的实证研究，这种观点就仍然只能停留在一种抽象概括的层面上，不能具体地、实际地说明各种复杂的美的现象。尼采关于美与生命的关系的看法也是这样。因此，所谓"自上而下"和"自下而上"的美学不应当是互相对立的，而应当是有机统一的。但这对马克思主义美学之外的其他各种流派的美学来说很难真正做到。

总起来说，黑格尔去世之后的19世纪的美学发生了种种变化。除40年代马克思主义美学的产生需另行加以专门探讨之外，重要的变化有如下一些。首先，从对美学的研究对象的理解来看，黑格尔派美学在根本上仍然把美学看做是"美的艺术的哲学"。但在原来的黑格尔美学中，关于美的本质的讨论所占分量很少，它只是黑格尔为了说明艺术的本质必须加以交代的一个理论前提，这时的黑格尔派美

---

① 以上论述参考了马采《黑格尔以后的西方经验主义美学》一文，见马采著《哲学与美学文集》，中山大学出版社1994年版。

学则把美的本质的研究大为扩展而成为一个相对独立的重要方面。如上述费肖尔把美学看作是"美的科学",他的六厚册三大卷美学,第一卷讨论"美的形而上学",第二卷讨论"自然和人类精神中的美",第三卷才讨论"艺术中的美"和各门艺术。从康德一派的美学来看,詹梅尔曼等人从康德美学中发展出了专门研究美的形式的美学,把美学看作就是"形式学"即"形式的科学"(Form Wissenschaft),但这一派在当时的影响较小。等到费希纳建立起心理学的美学之后,对康德美学中认为美只与主体情感的愉快与不愉快相关的思想产生了很大的影响。原先在康德美学中还比较简略的对美感的心理分析迅速发展起来。费希纳的实验美学主要是研究美感中的感觉问题,通过一些实验来证明美的感觉的产生需要具备怎样的一些条件,内容是肤浅而贫乏的,但终究开创了心理学的美学。其他一些人的研究则从感觉推展到了知觉、想象、幻觉、情感、生理反应等各个方面。对所有这一类从心理学出发来研究美学的美学家来说,美学不是别的,就是美感的心理分析,即审美心理学。他们也可以讨论美与艺术的本质问题,但都是从属于审美的心理分析的,美与艺术被看作是主体审美心理活动的产物和结果。这一派美学的影响很大,并与日俱增。在把心理学应用于美学研究的前后,将社会学、人类学应用于艺术的研究也发展起来。这一类研究基本上不涉及美的本质和美感问题,或不专门讨论这些问题,明显地出现了美的研究和艺术的研究各自分头独立发展的倾向。此外,再从这一时期美学的哲学基础或哲学倾向来看,非理性主义的思想不断增强、发展。但叔本华、尼采的美学强调非理性的生命意志是美与艺术的根源,克尔凯郭尔强调的则是由痛苦、孤独、绝望所构成的人的非理性的存在,并把审美看成是这种存在的一种低级方式,与宗教神秘主义直接联系在一起,对后来存在主义哲学与美学的产生有明显的影响。费尔巴哈以及受到他的直接影响的车尔尼雪夫斯基都企图通过对黑格尔唯心主义的批判建立起以唯物主义为前提的美学,但远远未能完成这个任务。他们的美学在根本上仍然是唯心主义的,如费尔巴哈把"美学直观"看作与人类实践活动无关和不能相容的"精神直观",车尔尼雪夫斯基从人与动物所共有的求生的本

能来说明"美是生活",都明显是唯心主义的。唯物主义在美学上的
应用是一个十分艰巨的课题,它要以对人类历史发展规律的唯物主义
的理解为前提,这只有在马克思主义产生后才是可能的。

五、20 世纪以来关于美学的几种主要看法

进入 20 世纪,各种美学流派此起彼伏,忽兴忽衰,令人眼花缭
乱。但稍微钻进去了解一下,就会发现名目上的差别远远大于实质上
的差别。这里,只限于对这些流派对美学的看法进行一个概略的考
察。我们将先谈谈 20 世纪初有关美的研究与艺术的研究两者关系的
看法,然后再分述各个美学流派对美学的看法,最后综合起来观察一
下 20 世纪对美学的最基本、最重要的看法。但关于所谓"后现代主
义"、西方马克思主义美学的看法,这里暂不讨论。

关于美的研究与艺术的关系,从鲍姆加登开始到康德、席勒、黑
格尔都认为两者是完全一致的。这就是说,美是艺术的本质,艺术则
是美的表现。尽管他们对美与艺术的看法各有不同,对两者研究的侧
重点也有不同,但在肯定美与艺术的一致性上则是相同的。到了 19
世纪 60 年代末、70 年代初之后,如前所说,美的研究与艺术的研究
出现了各自分头独立发展的趋向。1900 年,格罗塞出版了《艺术学
研究》一书,认为"艺术学"(Kunstwissenschaft)是研究各种艺术
现象,即研究艺术的本质、起源及其作用的一门科学。① 这种说法已
经相当明确地把"艺术学"看作是一般所说的美学之外的一门独立
的科学。1906 年,另一位德国美学家德索(M. Dessoir, 1867~1947)
出版了他的《美学与一般艺术学》(中译本据该书英译本转译,译为
《美学与艺术理论》)一书,在该书的《作者前言》中提出和论证了
将美学与艺术学分开的必要性。他认为艺术作品所表现的东西并不都
是美的,它也表现丑的东西。自然界和生活中都有许多能引起我们的
审美感受的东西,但不是艺术美,和艺术美有本质的区别。而且,艺

---

① 参见马采《艺术学与艺术史文集》,中山大学出版社 1997 年版,第 6 页。

术得以存在的必要性和它特有的力量，决不能局限在传统美学所说的艺术能给人以审美的愉悦这一点上。因此，他主张 将美的研究与艺术的研究区分开来，分属于两门科学。美学研究美，艺术学研究艺术。但德索并不主张把两者互不相容地对立起来，而认为它们是相互联系的。就像人们从相向的两个不同的地点挖隧道，最后会相遇于隧道的中心。①

关于美的研究与艺术的研究的区别及主张将两者分开的说法的提出，显然是 19 世纪后期以来美学研究不断具体化和分化的结果。从理论上看，这种说法的提出和解决直接同美与艺术的关系、美是否是艺术的本质相关；而这个问题的解决，又同如何理解美的本质相关。这里要指出的是，德索的看法提出之后，总的倾向是艺术研究的地位不断上升，美的研究特别是美的本质的哲学研究的地位不断下降。有人甚至将德索的说法推向极端，认为"无论是过去或现在，艺术通常是件不美的东西"②。尽管如此，20 世纪的多数美学家仍然认为美与艺术的本质分不开，但研究的重点已转移到艺术上，而且对美的本质的看法也与传统美学有很大的不同了。

1902 年，克罗齐出版了他的《美学》，全名是《作为表现的科学和一般语言学的美学》，分为原理和历史两个部分。在历史部分，当讲到鲍姆加登与美学的关系时，克罗齐说："尽管有了一个名称，尽管更强地坚持诗的感性特点和非莱布尼兹主义，美学作为一门科学，仍未诞生。"③ 又说："这个尚未出世的婴儿在他手里受到一个时机尚未成熟的洗礼，便得到了'美学'（Aesthetica）这个名称，而这个名称便流传下来。但是，这个新名称并没有真正的新内容。"④ 这

---

① 以上参见德索《美学与艺术理论》，中国社会科学出版社 1987 年版，第 1~6 页。

② 见朱狄《当代西方艺术哲学》，人民出版社 1994 年版，第 4 页。

③④ 克罗齐：《作为表现的科学和一般语言学的美学的历史》，中国社会科学出版社 1984 年版，第 59、63 页。

种看法是相当片面、偏激的。① 鲍姆加登使美学成为一门独立的科学是功不可没的，他把美学的研究领域定位在"感性"上，也有重要的理论意义。从克罗齐本人对美学的规定来看，他从"逻辑的知识"与"直觉的知识"的区分出发来建立他的美学，把美学看作是研究"直觉的知识"的科学，这和鲍姆加登从"理性认识"与"感性认识"的区分来建立美学是类似的。不同之处只在克罗齐不把美与艺术看作是"感性认识的完善"，而看作是由"直觉"所产生的心灵的"表现"。因此，他认为"美学只有一种，就是直觉（或表现的知识）的科学。这种知识就是审美的或艺术的事实"；② 又说，"美学是表现（表象、幻想）活动的科学"③，简单说来，就是"表现的科学"。

克罗齐的美学曾经产生过广泛的、重要的影响。原因何在呢？吉尔伯特·库恩所著的《美学史》引述意大利一位作者的说法，认为是"维护了艺术的独立性和纯洁性"④。这个看法抓住了主要的原因。我们知道，不论是鲍姆加登还是康德、席勒、黑格尔的美学，一方面肯定了美与艺术的特殊性，另一方面又不否认美与艺术和认识（真）、道德（善）的关系，而且还从不同的角度强调了这种关系。但是，自19世纪初期以来，随着资本主义社会内在矛盾的发展，美与艺术越来越显得是和认识、道德及一切实践活动不相干的，甚至是不相容的。艺术看来似乎只有彻底斩断它与认识、道德及一切实践活动的关系，才能成为艺术。在这种情况下，克罗齐出来论证艺术就只是"直觉"、"表现"（这两个词在克罗齐的哲学和美学中是一个意

---

① 克罗齐在其晚期1932年所写的《鲍姆加登的"Aesthetica"》一文中大幅度修正了这种偏颇之见，该文见《美学或艺术和语言哲学》一书，中国社会科学出版社1992年版。

② 克罗齐：《美学原理》，作家出版社1988年版，第14页。

③ 《作为表现的科学和一般语言学的美学的历史》，中国社会科学出版社1984年版，第1页。

④ 吉尔伯库·库恩：《美学史》下卷，上海译文出版社1989年版，第725页。

思），与理性的知识、道德的行为、实践的活动都毫无关系，必须严防它们侵入审美与艺术的领域，这自然会受到许多人的欢迎。克罗齐在哲学上虽然被看作是"新黑格尔主义"者，但黑格尔当年用"实践活动"来说明艺术创造产生的必然性，强调艺术具有重要的认识作用，这对克罗齐来说都成为不可思议的了。时代的变化是巨大的。从美学史来看，把"表现"和审美与艺术的问题联系起来，康德在《判断力批判》中已经讲到，文艺上的浪漫主义流派的美学更是竭力强调"表现"。出版于 1896 年的桑塔耶那（G. Santayana, 1863～1953）的被称为是"自然主义美学"的代表作《美感》，也有专章讨论"表现"问题。但把"表现"与"直觉"联系起来，看作是一回事，并把"表现"作为说明美与艺术本质的唯一的、最高的、终极的概念，这是克罗齐特有的看法。它有不能忽视的合理的方面，但同时也存在种种问题。最主要的问题是，克罗齐不能真正说明，甚至拒绝说明属于审美与艺术的"表现"与不属于审美与艺术的"表现"究竟有何本质区别。因此，在他看来，由于语言也是"表现"，所以从哲学上看，一般语言学也是美学。"在科学进展的某一阶段，语言学就其为哲学而言，必须全部没入美学里去，不留一点剩余"①，这种看法，从促使人们注意到语言和审美与艺术的关系来说是有意义的，但把语言哲学等同于美学则是没有任何根据的。克罗齐自以为有根据，就因为他始终不把属于审美与艺术的"表现"和不属于审美与艺术的"表现"在本质上区分开来。为什么会这样？这既同克罗齐哲学的体系构架有关，也同进入 20 世纪之后艺术与非艺术的界限似乎变得日益模糊起来有关。

克罗齐把美学看作是"表现的科学"曾产生了很大的影响，但在他提出这种看法之前和之后，已有人提出了审美经验（aesthetic experience）这个概念，并把它和美学的研究对象联系起来了。从哲学上看，这个概念的含义比克罗齐所说的"直觉"、"表现"更宽泛、

---

① 克罗齐著：《美学原理》，作家出版社 1988 年版，第 139 页。

更高，完全可以把"直觉"、"表现"包含于其中。把美学看作是研究"审美经验"的科学，这是从 19 世纪后期到整个 20 世纪，马克思主义美学之外的其他美学在美学定义上所达到的最高的也是最有影响的看法。下面我们就来考察一下这种看法。

"审美经验"这一概念的产生、形成和在 20 世纪美学中占据主导地位，有一个相当长的历史过程。首先，最迟也要追溯到 18 世纪英国经验主义的美学。休谟认为，"艺术的一般规律"是"根据经验和对人类普遍感受的观察"而得来的。① 例如，在对艺术作品的美的评价上，人们会有各种不同的看法，但我们可以"把不同国家不同时代共同经验所承认的模范和准则当作衡量尺度"②。博克认为，事物的美和构成它的美的那些"感性的品质"，是"我们凭经验而发现的"③，休谟和博克在这里所说的"经验"，显然就是和审美与艺术相关的"经验"。从哲学上看，"经验"（experienee）一词指的是凭感官对外物的直接接触得来的感性知识，区别于从逻辑概念的推理得来的理性知识。"经验"本来是哲学认识论上的一个概念，当它在 18 世纪的英国被广泛应用于美学之后，不仅指和美感相关的感官知觉，而且还包含联想、想象、情感的活动，当然也可包含克罗齐所说的"直觉"、"表现"的活动。把美感作为"经验"来研究，也就是把它作为主体的感性意识的活动来研究，它已不止是一个认识论上的问题，而同时是一个审美心理学的问题了。一般认识论上所说的感觉仍有重要的作用，但它是和联想、想象、情感的活动不可分地联系在一起的。此外，"经验"一词在日常生活中还可指对某项活动或工作的具体过程的掌握。哲学认识论上所说的"经验"不包含这种意思，但在美学上，审美与艺术是一种需要进行训练才能很好地掌握的活动，如休谟所说，"完成任何作品和判断任何作品所需的巧妙和敏捷，都只有通过训练才能获得"④，所以"经验"一词也就包含了对

---

① ② ③ ④ 马奇主编：《西方美学史资料选编》上卷，上海人民出版社 1987 年版，第 516、520、553、520～521 页。

从事审美与艺术活动所需的条件、技能的了解、训练与掌握的意思。这就是说，审美与艺术创造能力的培养和应用，都同"经验"密切相关，就如一个人是否善于品酒同他对各种酒是否有丰富的品尝经验密切相关。休谟曾举出小说《堂·吉诃德》中的人物桑科自称他的家族世代精于品酒的故事来说明审美能力的高下与"经验"的密切关系。①

在英国经验主义美学之后，如前面所指出，康德在1787年《纯粹理性批判》第二版的一个注中提出美的"规律及标准，就其主要之源流而言，仅为经验的"。这和休谟、博克的看法既有共同之处，也有不同之点。共同之处在于康德认为美的规律及标准是凭"经验"得来的，它不可能具有科学所要的那种客观普遍的必然性；不同之点在于康德不把审美的"经验"看作仅仅是一种感性经验。因为这种"经验"是想像力与"知性"协调活动的结果，而"知性"是一种概念认识的能力。这较之于休谟和博克是一个重要的变化和进展。但康德仍然认为就主要方面而言，审美与艺术是和"经验"相关的，这对后来的美学的发展产生了很大的影响。在康德之后，从19世纪70年代开始，费希纳等一系列心理学家对审美心理学的研究同时也就是对"审美经验"的研究。其中，既研究哲学、美学，同时也是一位心理学家的齐亨（T. Ziehen, 1862~1950）曾在他的《美学讲演录》中指出，美学的全部任务就是对广义的"审美经验"（aesthetische Erlebnis）作科学的研究。② 从哲学方面看，19世纪末至20世纪初，各种形态的经验主义哲学不断兴起，"经验"成为哲学上十分流行而且时髦的概念，并直接影响到美学。1892年，鲍桑葵（B. Bosanqut, 1848~1923）在他的《美学史》第一章中提出美学理论是对"审美意识"（aesthetic consciousness）所作的"哲学分析"，

---

① 见马奇主编《西方美学史资料选编》上卷，上海人民出版社1987年版，第518页。

② 参见李斯托尔《近代美学史述评》，上海译文出版社1980年版，第37页。

并把"审美意识"看作是与"美感"、"审美经验"相同或相近的概念。① 1896 年,桑塔耶那在他的《美感》一书中提出"美学是研究'价值感觉'的学说"②,同时又指出他所说的作为"价值感觉"的对象的美的存在不过是"一种经验"而已。③ 1906 年,德索在他的《美学与一般艺术学》一书中讲到美学所要研究的美的问题时,用一个专章论述了"审美经验"。1913 年,贝尔(C. Bell, 1881~1966)在他的《艺术》一书中指出"缺乏广泛、深刻的审美经验的审美理论显然是没有任何价值的"④,"一切审美方式必须建立在个人的审美经验上。换句话说,它们都是主观的"⑤。从上所述,已可看出自 19 世纪末至 20 世纪初,"审美经验"的研究在美学中占有越来越重要的地位。但从理论上最为明确地把"审美经验"规定为美学研究的中心和对象,始于 20 世纪 30 年代杜威的实用主义美学和在胡塞尔(E. Husser, 1859~1938)创立的现象学哲学直接影响下产生的现象学的美学。

杜威的哲学是所谓"经验自然主义"或"自然主义的经验主义"。它的特点是认为"经验"决不仅仅是过去许多哲学所讲的感性的认识,而是作为有机体的人为了适应环境和环境之间相互作用的活动。所以"经验"包含人们所渴望、追求、喜爱的东西,也包含人们为此而采取的行动,以及他们在行动中因成功带来的喜悦、欣快,和因失败而产生的沮丧、畏惧,等等。杜威认为,按照他对"经验"的这种理解,哲学史上长期存在的精神与物质、"经验"与"自然"的二元对立问题就得到了解决,或者说经验与自然的连续性就建立起来了。杜威是否真的解决了这个问题,这里暂不讨论。现在我们所要说的是,杜威在 1925 年出版的《经验与自然》一书中开始把他所理解的"经验"应用于艺术,以后又在 1934 年出版的《艺术即经验》

---

① 见鲍桑葵《美学史》,商务印书馆 1986 年版,第 6、2、12 页。

②③ 桑塔耶那:《美感》,中国社会科学出版社 1982 年版,第 11、184 页。

④⑤ 贝尔:《艺术》,中国文联出版公司 1984 年版,第 1、5 页。

一书中集中论述了他的美学思想。在他看来，"美"不是别的东西，就是作为有机体的人在与环境的相互作用中从不平衡转入平衡时所出现的状态，实际也就是在人追求实现他的目的过程中所体验到的欢欣、愉快、乐趣等等。因此，杜威认为"美"就存在于普通的日常生活经验之中。例如，救火车飞驰而过，工人在紧张地工作，家庭主妇满心喜悦地栽花，人们观看壁炉里熊熊燃烧着的火陷，这里面都有美的存在。所以，不能像过去的许多美学家那样把"审美经验"与日常生活经验隔离开来，而必须"恢复美的经验与正常生活进程之间的延续关系"[①]。"艺术的源泉存在于经验之中"[②]，艺术作品是"经验的高度集中与经过提炼加工的形式"[③]，"人类经验的历史就是一部艺术发展史"[④]。尽管杜威的美学还存在种种问题，但自19世纪以来，在马克思主义之外的各种美学流派中，杜威把"审美经验"看作是和人类日常生活活动不能分离的，打破了长期存在的把"审美经验"与日常生活经验分离和对立起来，理解为仅仅与主体意识中的感觉、想象、情感相关的欣赏活动或美感活动的看法。应当承认，这是一个重要的变化。因为"审美经验"终究不再只被看作是主体一种特殊的意识活动，而与人类和环境相互作用的生活活动联结起来了。这种相互作用包含了人改变环境的各种活动。杜威及其学派在举例说明"审美经验"的本质时，都多次讲到了人类改变环境的活动。但由于杜威所讲的人在根本上还是生物学意义上的人，而且他在说明"经验"与"自然"的"连续性"时，认为"自然"只能存在于主体的"经验"之中，否认了自然界既与人的"经验"分不开，又是在人的经验之外的客观物质存在。杜威及其学派不可能承认马克思在19世纪40年代就已指出的物质生产实践即人类的物质生产劳动的本质及其对人类历史发展的根本性的决定作用。所以，杜威虽然自称他的哲学为生活哲学、行动哲学、实践哲学，但他对"经验"的

---

①②③④　蒋孔阳主编：《二十世纪西方美学名著选》上卷，复旦大学出版社1987年版，第337、334、333、312页。

唯心主义的理解使他的哲学带有很强烈的非理性主义以至唯意志主义的倾向。① 在美学上，由于杜威所讲的"经验"是生物学上的人与环境的相互作用，不可能理解马克思所说人类实践活动与动物活动的本质区别及由此产生的人与环境的关系和动物与环境的关系的本质区别，或看到了这种区别，但又对它作了唯意志论的解释，因此杜威始终不能真正说明"审美经验"与日常生活经验的本质区别究竟是什么，并常常将艺术看作是单纯由娱乐而产生的。尽管如此，较之于克罗齐及其后的贝尔竭力要将"审美经验"从日常生活经验中分离开来和彻底地孤立起来，杜威的美学是有重要贡献的，并且也一度产生了广泛的影响，超过了曾显赫一时的克罗齐、贝尔的美学。②

现象学作为一个哲学流派，其产生比实用主义要晚。而且，在20 世纪初的哲学诸流派中，它是强烈反"心理主义"、"经验主义"的，也就是反对用心理的、感性的经验来说明认识的产生，而主张将个人的特殊的经验还原为经验的本质结构，并通过这种方法使哲学成为彻底科学的认识论。但这样一种反"心理主义"、经验主义的哲学却很快对美学的研究产生了直接的影响。最早参加了胡塞尔主持的现象学学派的盖格尔（M. Geiger，1880～1937），于1913 年在胡塞尔主编的《哲学与现象学研究年鉴》第一卷上发表了《审美愉悦的现象学研究论稿》，1928 年又出版了《美学入门》。1931 年，胡塞尔的学生因加登（R. Ingarden，1893～1970）出版了《文学艺术作品》一书，次年又出版《对文学的艺术作品的认识》，大力鼓吹把现象学应用于美学研究的极大的重要性。1953 年，杜弗海纳（M. Dufrenne，1919～）的《审美经验现象学》出版，在因加登之后进一步扩大了现象学美学的影响。从盖格到因加登再到杜弗海纳，我们看到现象学的美学都把"审美经验"看作是美学研究的中心对象，而且他们所

---

① 以上关于杜威实用主义哲学的论述，参见刘放桐等编著的《现代西方哲学》第 7 章，人民出版社 1981 年版。

② 这里需要附带指出，我们过去对杜威实用主义的批判有简单化的缺点，忽视了其中所包含的合理的、深刻的思想。

说的"审美经验"又都是指历来传统意义上所说的美的欣赏或美感活动。盖格尔对之作了"现象学研究"的"审美愉悦"很明显同美感活动分不开，也就是历来所说的"审美经验"。在他看来，"美学研究的道路最终存在于我们自己的审美经验之中"①。因加登认为"美学研究课题主要就是指出意识主体与对象、特别是与艺术作品之间的联系；这种联系可以成为展示审美经验及与之相关的审美对象结构的源泉"②。因加登十分注意对文学艺术作品作现象学的分析，这是他的研究特点所在，但他的研究最后仍然是落脚在"审美经验"的分析上。因为在他看来，艺术作品是在主体的"审美经验"的过程中构成或"呈现"为"审美对象"，而他所说的"审美经验"指的就是主体对文学艺术作品的欣赏活动。③ 杜弗海纳认为，美学研究的最主要的任务是"把握本原，即审美经验本身的意义，这既包括构成审美经验的东西，又包括审美经验所构成的东西"④。他还明确地指出，"审美经验指的就是欣赏者的经验"⑤。由上所述，很自然地会产生一个问题：为什么本来是反"心理主义"、经验主义的现象学会迅速地直接影响到美学的研究，而且每一个现象学的美学家都把传统意义上了解的"审美经验"（欣赏、美感活动）看作是美学研究的中心对象？对这个问题的回答，还包含了现象学美学和上述同样也以"审美经验"为研究对象的杜威实用主义美学的区别问题。

我们认为，现象学与美学的联结点是在现象学为了将个人的特殊经验还原为经验的本质结构所采取的方法。对这种方法的论述，是现象学的最引人注目的、主要的内容。这种方法的第一个步骤是所谓本质还原或本质直观的方法，也就是中止对事物的已有的各种判断，

---

① ② 刘纲纪主编：《现代西方美学》，湖北人民出版社 1993 年版，第 454 页。

③ 因加登：《对文学的艺术作品的认识》第四章第二十四节，中国文联出版公司 1988 年版。

④ 杜弗海纳：《美学与哲学》，中国社会科学出版社 1985 年版，第 1 页。

⑤ 杜弗海纳：《审美经验现象学》，文化艺术出版社 1996 年版，第 3 页。

"面向事物本身"即事物直接给予的"纯粹现象",通过本质直观获得对非经验的、无预先假定的本质和对本质的规律的认识。第二个步骤是所谓先验还原的方法,也就是在比本质还原更彻底的中止判断的情况下,通过对意向活动与意向活动的对象的关系的考察,最后把一切意向活动的对象即与意向相关的一切事物还原为纯粹自我(即非生理物理的自我,仅仅是纯粹的思想活动的执行者的自我)的意识活动的产物。这个还原之所以叫作"先验还原",是因为它找到了不依赖于经验,但又能认识经验世界的自我即上述的纯粹自我,打破了一切从生理、物理的自我的心理、经验去说明认识的看法,使哲学成了彻底的科学,不再把认识看作是由主体的心理经验所决定的东西。① 如何来看待胡塞尔提出的现象学方法,不可能在这里来加以讨论,现在需要说明的是它何以能同美学的研究联系到一起。首先,所谓本质还原或本质直观的方法显然同美与艺术的欣赏活动有类似、相通的地方。当我们欣赏一个美的事物(不论它是艺术作品或生活中的事物)时,我们确实完全被事物向我们直接呈现出来的现象所吸引,并在这现象的直观中感受到与所直观的现象不能分离的某种本质性、精神性的东西,而且中止了我们在非审美的状态下对这事物所作的其他种种判断(科学认识的、实用功利的、伦理道德的等等判断)。所以,杜弗海纳说:"审美经验在它纯粹的那一瞬间,完成了现象学的还原。对世界的信仰被搁置起来了,同时任何实践的或智力的兴趣都停止了。"② 不论杜弗海纳的说法是否完全正确,它很明白地说出了美学何以会同现象学相联系。其次,从先验还原来看,胡塞尔提出对象、事物是由纯粹自我的意向活动或意识活动所构成的看法,一方面可以用来说明"审美对象"是由主体的意向活动、"审美经验"所构成的,如因加登所论述的那样;另一方面还可用来为"审美经验"的产生找到一个不同于18世纪英国经验主义美学以来

---

① 关于现象学哲学,参看刘放桐等编著的《现代西方哲学》,人民出版社1981年版,第13章。

② 杜弗海纳:《美学与哲学》,中国社会科学出版社1985年版,第53页。

不断用主体的心理经验来说明"审美经验"的新说法。正如胡塞尔企图建立一种不依赖于生理物理的个体的心理经验的哲学一样,现象学的美学家企图建立一种不依赖于生理物理的个体的审美心理经验的美学,即杜弗海纳所说的"一种客观的美学"①。为此,因加登假定有一种不依赖于个体的"原始情感"的存在,个体的"审美经验"中的各种情感是由它而来的。② 杜弗海纳则认为有一种"情感先验"存在,它决定着个体的"审美经验"的产生。③ 由上述现象学的美学家的思路来看,它与同样也讲"审美经验"的杜威的实用主义美学的差别已很清楚。对于杜威来说,审美经验是从作为有机体的人与环境相互作用的活动(此即杜威所说的"经验")中产生的,"审美经验"与这种活动、人们日常的生活经验不能分离。对于现象学的美学家来说,他们虽然还把"审美经验"理解为过去所说的欣赏、美感的活动,但竭力要用现象学的观点来解释它。把"审美经验"看作是日常生活中的心理经验经过现象学还原之后的产物,强调它与日常生活经验有很大的差别。通过对"审美经验"的现象学的解释,现象学的美学提出了一些有价值的观点,同时又往往陷入一种纯哲学思辨的、相当晦涩的推论或对个别例证的烦琐的描述分析。这种描述分析又往往为现象学的先入之见所设定,并不能真正证实它所要证实的论点。总的来看,现象学美学具有相当强的理性主义色彩,它不放弃对"形而上"的追求,但却又失去了康德、席勒、黑格尔美学的那种理论的广度与深度。它对西方现代艺术的发展没有产生什么明显的、重大的影响,但它对艺术作品的结构的分析,强调"审美经验"(欣赏活动)的能动性及其与作品的解释的关系,这对西方艺术批评的发展产生了明显的影响。

现象学对美学的另一重要影响,表现在也是胡塞尔的学生海德格

① 杜弗海纳:《审美经验现象学》,文化艺术出版社1996年版,第15页。
② 参见因加登《对文学的艺术作品的认识》中国文联出版公司1988年版,第4章,第24节。
③ 参见杜弗海纳《审美经验现象学》,文化艺术出版社1996年版。

尔（M. Heidgger，1889~1976）的美学的建立上。海德格尔既吸取了现象学的方法，同时又另立门庭，成为存在主义哲学和美学的最重要的创立者。海德格尔的美学是沿着黑格尔所说的"美就是理念的感性显现"这一思路发展而来的，但他依据自己创立的存在主义哲学，把"理念的感性显现"变成了他所理解的人的存在的"真理"的"显现"（Erscheinen）或"敞开"（offenheit）、"照亮"（erhellen）。①海德格尔不像现象学的美学家那样大谈"审美经验"，也没有为美学下过明确的定义。但从他的整个美学来看，他对美学的看法与黑格尔相同或类似，即把美学看作是"艺术哲学"或"美的艺术哲学"②。他没有像现象学的美学家那样建立起一个看来系统严密的、庞大的美学体系，但他的美学思想的深度和影响显然超过了现象学美学。

西方20世纪的美学对美学的看法、定义，发展到以"审美经验"为美学研究的对象，可以说就到了尽头、顶点了。"审美经验"是一个可以作各种解释的、十分宽泛的概念。它就像一个很大的口袋，各种与美学研究相关的东西，都可以放到这个口袋中去。但不论对"审美经验"有多少种解释，也不论杜威的"经验自然主义"和现象学的美学对它的解释有何等重要的区别，从根本上说，"审美经验"都被看作是由主体的意识活动产生，并构成或决定"审美对象"的东西。在各种纷繁复杂的说法中，"审美经验"的本质、它的客观现实的基础以及它与"审美对象"的关系问题，并没有得到真正合理的解决。每一种说法既有它的某些可取之处，同时又明显存在着种种问题。

以上我们对自康德以来西方关于美学的各种看法、定义，作了一次走马观花式的巡礼。下面，我们大致依历史的顺序，将其中主要的看法、定义列表如下：

---

①② 参见海德格尔的《艺术作品的本源》及《后记》与《附录》（见《海德格尔选集》，上海三联书店1996年版），这里不详论。

711

美学的定义	提出定义的美学家
审美判断力批判	康德
美的艺术的哲学	黑格尔
美的科学	费肖尔、里普斯
形式的科学	詹梅尔曼等
"价值感觉"的学说	桑塔耶那
表现的科学	克罗齐
审美经验	杜威、杜弗海纳等
艺术对现实的美学关系	车尔尼雪夫斯基、苏联美学家

六、分析哲学对美学的否定性看法

除上述各种看法之外，我们还要大略地介绍一下分析哲学对美学的看法，因为这种看法曾对西方 20 世纪美学的发展产生了不可忽视的影响。

分析哲学形成于 20 世纪初，主要包含以卡尔纳普（R. Carnap，1891 ~ 1970）为代表的逻辑经验主义和以维特根斯坦（L. Wittgenstein，1889 ~ 1951）为代表的日常语言哲学，两者都与美学有重要的关系。从哲学的根本观点看，分析哲学肯定知识与"经验"不能分离，所以它也属于我们在前面说过的从 19 世纪末至 20 世纪初迅速兴起的经验主义的哲学流派。但这个流派在它的发展过程中，对美学采取了基本否定的看法，主张将美学排除于哲学的研究之外，或者说否定美学的研究能成为一门科学。

分析哲学有一个共同的口号，这就是所谓"拒斥形而上学"。它认为过去的哲学所研究的世界的本源、思维与存在、必然与自由、人生的意义与价值等问题，都是一些似是而非的、无意义的问题，即"形而上学"的问题。伦理学与美学所研究的问题也包含在其中，也属于无意义的"形而上学"。因为所有这些问题的研究，都无法通过

"经验"予以证实或证伪，在逻辑上判定其真假。它们没有传递实际知识的意义，只有激发情感的意义，能充实我们的生活，但不能丰富我们的知识。这种"拒斥形而上学"的思想有它的一定的合理性。因为它要求哲学（当然也包含美学）的概念必须高度清晰、准确和符合逻辑，并且揭露了传统哲学确实存在的含混、混沌、武断和经常诉之于主观情感、臆想的弊病。但是，它不理解逻辑概念的辩证本性，也不理解马克思主义早已指出的自然科学和"历史科学"（关于人类社会历史现象的科学）的区别，并且鲜明地表现了在西方现代科学技术迅速发展的条件下产生的唯科学（自然科学）主义的思想倾向，对与世界人生的意义与价值问题密切相关的哲学问题持一种轻视以至厌恶的态度。这也表明，现代资本主义社会的不少哲学家已不同于18世纪至19世纪初还在为资本主义社会理想的实现而奋斗的哲学家。他们对思考和世界人生的意义与价值相关的哲学问题已失去兴趣。哲学问题被归结为以自然科学的"经验"为基础的语言逻辑分析，甚至要求将一切科学的语言统统还原为物理学的语言（如卡尔纳普）。世界在这些哲学家的眼里，不外是一个和数学、物理学相关的，由语言逻辑分析构成的世界。与此无关的种种问题，都被放到了必须加以"拒斥"的形而上学之中。①

在卡尔纳普及其后的艾耶尔（A. J. Ayer, 1910~ ）看来，语言有两种作用，一为陈述事实，一为表达情感。前者属于各门自然科学的领域，可以证实或证伪；后者属于传统的哲学、伦理学、美学的领域，无法证实或证伪。从伦理学来看，如说"张三偷了钱"这是陈述事实，可以证实或证伪；相反，如说"偷钱是错误的"，这是表达情感，无法证实或证伪。同样，从美学来说，"这朵花是红的"，是能够证实或证伪的陈述事实；"这朵花是美的"，是不能证实或证伪的表达情感。卡尔纳普在他的《哲学与逻辑语法》一书的第一章《拒斥形而上学》中说过：

---

① 关于分析哲学的详细情况，参见刘放桐等著《现代西方哲学》，人民出版社1981的版，第9、10章。

　　许多语言的发抒，就它们只有表达作用而不具有表述作用来说，是类似于笑的。例如"啊，啊"的呼喊声，或者就较高级的来说，例如抒情诗。一首其中出现"阳光"和"云彩"等词的抒情诗的目的不是要告诉我们一定的气象学的事实，而是要表达诗人的某种情感，要在我们之中激起类似的情感，一首抒情诗不具有判断的意义，不具有理论的意义，它不包含知识。①

　　上述这种看法，在将陈述（或表述）事实与表达情感区分开来这一点上，是有它的合理性的。因为任何真正科学的研究都必须以客观的事实为根据，而不是主观情感的表达。但是，它因此把判断、理论、知识和情感的表达互不相容地对立起来，认为表达情感的语言在逻辑上没有真假可言（这里的真假不是指情感表达是否真诚，而是指这种表达在科学、理论、知识意义上的真假），从而否定伦理学、美学的研究能成为科学，这是错误的。因为不仅自然现象的研究能成为科学，人类社会历史现象的研究也能成为科学，只不过历史科学有着不同于自然科学的特征与方法。我们知道，19 世纪 40 年代，马克思主义已经指出人们的意识决定于人们的社会存在，而人们的社会存在的发展，即人类社会历史的发展又具有由物质生产的发展所决定的客观必然的规律。这就把一切对人类社会历史现象的研究放到了科学的基础之上。例如，我们认为法西斯主义的思想行为是极端野蛮、残暴和丑恶的，有的人则认为是"美"的、"崇高"的，"伟大"的，并写出文学作品来歌颂它、赞美它。这是两种截然不同的情感表达，但我们能否在科学认识的意义上对它区分真假，作出评价呢？回答是肯定的。只要我们把法西斯主义的产生放到人类历史发展的客观必然的过程中去加以观察，我们就能认清法西斯主义产生的根源和它的实质，并且能举出第二次世界大战中发生的无数事实来证明法西斯主义的思想行为是极端野蛮、残暴、丑恶的。尽管直至现在，仍然有少数

---

　　①　M. 怀特：《分析的时代》，商务印书馆 1987 年版，第 222 页。

人对法西斯主义的思想行为加以歌颂、赞美，但这并不能证明他们的思想情感是正确的，而只能证明错误、反动的思想感情，在产生它们的社会根源尚未彻底消除时，是不会完全消失的。在人类社会历史的领域，对一切和人们的情感直接相联的各种思想理论的正确与错误的判定，不是通过分析哲学家所讲的自然科学实验和语言逻辑分析来判定的，而是通过人类历史客观必然的发展来判定的。一切和人类历史客观必然的发展相违背的思想，不论它受到多少人的肯定和赞美，不论这些人在情感上多么狂热地把它当做"真理"来信奉和宣扬，最终都是要走向灭亡的。在美与艺术的问题上，同样是如此。

除上述卡尔纳普、艾耶尔等人的理论之外，维特根斯坦的反本质主义的思想对美学也产生了明显的影响。

在维特根斯坦看来，在日常生活中，语言有多种多样的用法，这些用法彼此之间只有一系列重叠交叉的联系，找不到任何共同的东西。这就像一个家族的成员有类似性，但却没有一种可称为本质的特性是全体成员都必须具有的。维特根斯坦依据他对日常语言的这种看法，反对从哲学上找寻某类事物的"本质"、"共相"，并依据它去为某类事物下定义。他认为这是根本不可能的，也是完全不必要的。例如，企图为"美"、"艺术"下定义，就是一种愚蠢的、徒劳无益之举。拿艺术来说，从古至今，艺术的变化是如此之巨大，以致不仅古典时代的人，甚至文艺复兴时期的人，都不会把现代派的许多作品称之为"艺术"。各种艺术作品就像是一个只有"家族相似"的大家族，或一个开放的"P系列"，不可能有某种共同的本质。因此，我们完全不需要去苦苦思索什么是"艺术"，为它找到一个定义，只需知道在日常生活中如何使用"艺术"这个词就可以了。上述这种反本质主义的看法已明显地包含在维特根斯坦的哲学和关于美学的谈话、讲演史，后来又由肯尼克（W. E. Kennick）及其他一些人作了更为集中、鲜明的阐发。① 这种看法在我国也产生了影响，如有的论者

---

① 参见肯尼克《传统美学是否基于一个错误》一文，见 M. 李普曼编的《当代美学》一书，光明日报出版社 1986 年版。

认为"美学"是根本无法下定义的，已有的各种关于"美学"的定义没有一个是正确而经得起分析的，企图为美学寻求一个定义，是徒劳无益或缺乏意义的。①

维特根斯坦的反本质主义思想对于打破那种认为美或艺术有某种抽象不变的本质的看法，是有一定的积极意义的。但它认为美或艺术都没有也不可能有共同的本质可言，在理论上只能导致对美学的否定与取消。尽管维特根斯坦本人并没有主张取消美学，但他的反本质主义却必然要得出取消美学的结论。维特根斯坦也曾对美学发表了不少重要的见解，但从分析哲学的基本立场来看，美学在维特根斯坦的眼里是不可能成为一门科学的。在这一点上，他与卡尔纳普、艾耶尔的看法没有什么区别。

什么是美，什么是艺术，是美学不能不研究的根本问题。如美国的一位学者 M. 曼德尔鲍姆（M. Mandelbaum）指出："语言分析并没有给我们任何方便使我们能够回避传统美学中的核心问题。"② 他又说："诸如艺术是否忠实地反映了人性或人类命运的问题，审美价值与艺术的伟大标准之间的关系方面的问题，或者是对审美评价的无常性的意义的估价问题，在目前都不时髦了。我们还必须承认，如果哲学家们既不想正视实际问题也不想正视概括的任务的话，回避这些问题当然比探求这些问题要舒服得多。"③ 曼德尔鲍姆还指出，作为维特根斯坦反本质主义依据的所谓"家族相似"的说法是有问题的。它只注意到了外表的相似问题，看不到"那些有家族相似的人都有一种共同属性，即他们都有共同祖先。当然，这些关系并不是具有家族相似的那些人的外部特征之一，但是它却把这些人与不属于他们家族的其他人区别开来"④。的确，维特根斯坦企图用"家族相似"这样一个比喻性的说法来否定各类事物有共同的本质存在，这是做不到

---

① 见李泽厚《美学四讲》，三联书店 1999 年版。

② M. 曼德尔鲍姆：《家族相似及有关艺术的概括》。见 M. 李普曼编《当代美学》，光明日报出版社 1986′年版，第 256 页。

③④ 《当代美学》，光明日报出版社 1986 年版，第 257、252 页。

的，问题比他所设想的要复杂得多。只拿"艺术"这个例子来说，西方现代派的艺术当然不同于古希腊或文艺复兴时期的艺术，但它们又都有着我们可以称之为"艺术"的共同的特性或本质。正因为这样，我们在日常语言的使用中，才会把意大利文艺复兴时期著名画家达·芬奇（L. da Vinci，1452～1519）的《最后的晚餐》和 20 世纪现代派著名画家毕加索（P. Picasso，1881～1973）的《格尼卡》都称之为绘画"艺术"，而不是称之为"动物"、"机器"、"房屋"等等。这种区分艺术与非艺术的能力，是人类文化长期发展的产物，也是人们长期反复接触、欣赏各种不同的艺术的结果。这就是说，人们不是先懂得了什么是艺术的本质、定义，然后才区分了艺术与非艺术；相反，他是先区分了艺术与非艺术，然后才来思考、研究什么是艺术的本质、定义。由于艺术的本质是十分复杂的，并且是历史地变化着的，因此在美学史上就出现了关于艺术的各种各样的定义。如黑格尔曾指出过的，"要下界说的对象的内容愈丰富，这就是说，它提供我们观察的方面愈多，则我们对这对象所提出的界说也就愈有差异"①。不论美学家们如何为艺术下定义，它总是从不同的方面、角度对艺术的本质的一种认识、揭示。艺术在不断发展变化着，艺术的定义也不断在变化着，用僵化、凝固的观点来看艺术的本质是错误的。但不论艺术如何发展变化，艺术与非艺术的界限是不会消灭的。这正如不论人类社会如何发展，人类与动物的区别是不会消灭的。既然艺术与非艺术的差别永远存在，那么艺术就有它的区别于非艺术的共同本质，这种本质是可以认识和下定义的。但一切定义都是在艺术的历史发展过程中所作出的定义，不能脱离艺术的历史发展去看艺术的定义。

以上我们讲了卡尔纳普、维特根斯坦对美学的否定性的看法，最后我们还要说一下瑞恰兹（I. A. Richards，1893～1980）的所谓"语义学美学"的看法。这种美学主张对美学使用的各种术语、概念必须进行语义分析，显然与分析哲学的看法相同。但它又受到美国实用

---

① 黑格尔：《小逻辑》，商务印书馆 1980 年版，第 414 页。

主义哲学和兴起于美国的语义学的影响①，不能完全等同于分析哲学的美学。瑞恰兹在他的《意义的意义》一书中对"美"这个词进行了语义分析，归纳出传统的和现代的美学对"美"的十六种定义，指出"美"这个词在不同的使用中充满了多义性与歧义性。由此他得出结论，"美"以及"艺术"都是无法定义的。"许多聪明人事实上已放弃了美学的冥思，对有关艺术的性质或对象的讨论不再感兴趣，因为他们觉得，几乎不存在达到任何明确结论的可能性。"② 另外，在写于《意义的意义》之前的《文学批评原理》一书中，瑞恰兹已经宣称："无济于事的幻影——美，这个不可言传的、根本的、不可分析的、单纯的观念至少已被抛弃，伴随着它，一群同样虚假的东西也已随之消逝，或者不久将消逝。"③瑞恰兹的这些看法是建立在这样一个前提上的，即对美以及艺术的定义不能有多义性、歧义性。如果有多义性、歧义性，美学就无法成立。这是一种完全不懂得美与艺术的复杂性、历史性的简单化的看法。美学决不会因为这种简单化的看法而被否定，因为美学始终是在人类历史发展的过程中来认识美与艺术的本质的，这种认识的多义性与歧义性正好表明美学是一门历史的科学，它是随着人类历史的发展而发展的。瑞恰兹在他的《意义的意义》一书中声称"许多聪明人已放弃了对美学的冥思"，这也完全不符合事实。他的这本书出版于 1933 年，而 30 年代至 50 年代，正是因加登、杜弗海纳的现象学的美学，杜威的实用主义美学，卡西尔（E. Cassirer，1874～1945）、苏珊·朗格（S. K. Langer，1895～1982）的符号学的美学，海德格尔、萨特（J. P. Sarte，1905～1980）的存在主义美学大发展的时期，在西方现代美学史上有重要意义的一系列著作相继出版。按瑞恰兹的说法，这些著作的作者都不是"聪明人"，因为他们还没有放弃"对美学的冥思"。事实上，不

---

① 语义学于 20 世纪 30 年代在美国形成，研究语言和符号与其所指之间的关系，语言、思维和行动的关系。

②③ 蒋孔阳主编：《二十世纪西方美学名著选》，复旦大学出版社 1987 年版，第 373、366 页。

论从哲学或美学来看，这些作者的成就与影响都是不容否认的，并且是瑞恰兹无从相比的。此外，还需要指出，即使是否定美学的分析哲学，在它发展的后期，也开始研究起美学问题来了。

（原载《马克思主义美学研究》第3辑，
广西师范大学出版社2000年版）

关于文艺美学的思考

在我国 80 年代，胡经之同志率先提出"文艺美学"这一概念，强调从审美的观点来研究文艺。这对过去忽视文艺的审美特点，仅从政治、社会学、认识论的观点来研究文艺，起了纠偏的积极作用。但到了现在，如何来理解文艺美学的研究对象，它与美学、艺术学以及各个部门文艺的美学的关系是怎样的，看来需要作进一步的思考。这种思考还与我们的中文系及各艺术院校的课程的合理设置有关。下面我想从西方美学、前苏联美学、中国古代美学三个方面来考察一下这个问题。

在西方，当鲍姆嘉登将美学（Aesthetica）确立为一门独立的学科的时候，在他关于美学的定义中，已经包含了美学是"美的艺术的理论"的说法。到了康德，他的美学也讲到了"美的艺术"，但中心是他所说的"审美判断力批判"，不是艺术。经过谢林，再到黑格尔，艺术被提到美学研究的中心位置，他们认为美学就是"艺术哲学"即"美的艺术的哲学"，并建立起了庞大的艺术哲学体系。而在德文中，"艺术"（Kunst）这个词是把艺术意义上的文学（统称为"诗"）也包含在内的，不是只指文学之外的音乐、绘画、雕塑、建筑等艺术部门。黑格尔的《美学》第 1 卷讲了艺术的基本美学原理，第 2 卷讲了艺术美的三种历史形态（象征型、古典型、浪漫型），第 3 卷又分别具体地考察了和这三种形态相对应的包含文学在内的各门艺术。从现在来看，黑格尔的美学也可以说就是我们所说的"文艺美学"了。因为按照这个词的含义，由于中国人是把文学和文学之外的其他各门艺术分开来讲的，所以"文艺美学"也就是从美学的观点来研究文学和其他各门艺术共同的本质规律的一门科学。而这种

720

研究，在西方是包含在美学中的，或者就是作为美学来看的"艺术哲学"。目前西方一种占优势的看法，认为美学即是"艺术哲学"，这个"艺术哲学"也是包含了文学研究在内的。也因此，在西方找不到"文艺美学"这样的概念，而只能找到"文学美学"、"音乐美学"之类的概念，即我在后面还要讲到的各部门艺术美学的概念。在西方，只要单独使用"美学"一词，其中就包含了对文学及其他各门艺术的共同本质的研究，完全不需要在"美学"一词之前再加上"文艺"这个限定词。这也就是说，在西方的概念中，根本就不存在一种与"美学"不同的"文艺美学"。所以，我认为目前我们所说的"文艺美学"其实就是美学，并且只有作为美学来看才能真正研究清楚。因为顾名思义，中国人使用的"文艺"这个词是文学及文学之外其他各门艺术的总称，所以"文艺美学"就不能仅仅研究文学的美，而要研究文学及文学之外所有其他各门艺术共同的普遍的美的规律。这样一种研究又不能不以对美及艺术的本质的研究为理论前提。既然如此，它不是美学又是什么呢？这样说，不是美学想搞"霸权主义"，吃掉"文艺美学"，而是因为"文艺美学"这个概念本身的含义，它所要研究的对象本来就属于美学或"艺术哲学"。

我们再来看看也是从西方而来的"艺术学"这个概念。它最早是由德国的菲德列尔（K. Fiedler）提出的，起因是他认为美与艺术根本不同，艺术决不以美为目标。所以，过去的美学把艺术的研究从属于美，作"美的艺术"来研究是不对的。必须在美学之外另行建立一门"艺术学"，撇开美的问题，从艺术自身来研究艺术。这得到了以研究艺术起源而闻名的另一位学者格罗塞（E. Grosse）的赞同。之后，德索（M. Dessoir）又提出美学与"一般艺术科学"（也就是艺术学）应当加以区分的主张。但他虽然认为美的概念不能完全包括艺术的概念，美的研究与艺术的研究必须分开，但艺术与美又非完全无关，所以艺术学与美学既是互相区别的，又是互相联系的。两者的关系就如同从相向的两个地点挖隧道，最后相遇于隧道的中心。总的来看，"艺术学"的含义就是"艺术科学"（Kunst-wissenschaft）的意思。它是在 19 世纪 70 年代，费希纳（G. Th. Fechner）提出建立

"自下而上"的美学之后，许多学者竭力要使美学摆脱哲学的支配，建立"科学的美学"这一思潮下的产物。这时一些研究艺术的学者认为过去哲学的美学所研究的美的本质问题是一个永远也弄不清的抽象的形而上学的问题，所以美学要成为"科学"，就要抛开美的本质的研究和历来认为"美"就是艺术的本质的看法，以"艺术学"取代过去的"美学"，或在"美学"之外另行建立"艺术学"。但如上所说，按西方对"艺术"这一概念的理解，文学也是包含在"艺术"之中的，所以"艺术学"同样包含了对文学的研究，并不是只研究在文学之外的音乐、绘画、雕塑等艺术，如格罗塞的"艺术学"就包含了对诗、戏剧的研究。

艺术学的兴起是由于一些学者力图要使艺术的研究摆脱传统的哲学的美学而独立。但在我看来，不论西方一些研究艺术（按西方的理解，包含文学）的学者如何厌恶哲学，要对艺术作深入的研究，是不能脱离哲学的。这种对哲学表示厌恶的原因主要来自两个方面。第一，不少西方学者一提起哲学，他们所想到的就是康德、黑格尔式的思辨哲学。他们讨厌这种哲学脱离事实去构造各种玄虚的理论是有合理之处的，但他们既看不到在这种哲学中还包含有不能否认的深刻的、合理的东西，又看不到或不承认在这种哲学之后，已产生了建立在对客观事实的科学考察之上，坚决反对一切唯心思辨的马克思、恩格斯的哲学。马克思主义哲学的产生是哲学史上一个根本性的变革，但由于它过去在长时期内遭到各种误解和曲解，而且由于各种原因对西方现代诸哲学流派采取了一种简单否定的态度，未能在与这些哲学流派正面交锋中来发展丰富自身，回答当代哲学提出的各种问题，因而马克思主义哲学也遭到了不少人的厌弃。于是，直至今日，不少研究艺术的人一提起哲学就感到头痛，认为哲学是没有什么用处的空洞概念，拒绝从哲学上思考艺术问题；或者也作哲学思考，但往往是追随西方现代某一哲学流派思考。第二，19世纪法国孔德的实证主义及其后各种实证主义的变种在西方现代哲学中产生了很大的影响。它认为哲学不可能认识事物的本质和规律，只能描述分析经验的现象、事实，"拒斥形而上学"和"反本质主义"成为十分响亮、时髦的口号。这种实证主义思潮的出现，一方面反映了哲学需要与经验事实的科学考察相结合的合理要求，另一方面又说明现代西方哲学已失去了昔日德国古典哲学对世界人生的本质进行执著的思考的信心、勇气与力量。这种实证主义思潮的大行其道，当然又为艺术的研究拒绝对艺术进行哲学的思考提供了理论的根据。尽管在现代西方，哲学的美学或艺术哲学仍然存在，但由于它还是建立在自康德、黑格尔以来的抽象哲学思辨基础上的，所以它能够在一定的学术圈子内产生影响，但却很难与强大的实证主义潮流相抗衡（如海德格尔的美学就是如此）。不过，反过来说，实证主义的潮流要完全消灭哲学的美学或艺术哲学的研究也是不可能的，因为对艺术的研究，终究不能脱离对世界、人生的意义与价值这个根本性的哲学问题的思考。如果宣告世界、人生根本无任何意义、价值可言，那么艺术就失去了它存在的根据，或者只能产生我们在西方当代所看到的各种乌七八糟的所谓"艺术"。我认为在艺术的研究上，合理的做法是把实证科学的研究和哲学的研究内在有机地结合、统一起来，而不是用其中的一个方面去反对、否定、吃掉另一个方面。但就研究者个人来说，可以随性之所近，侧重研究其中的某一方面。

从美与艺术的关系来看，传统的美学认为美是艺术的本质，把艺术作为美的表现来加以研究，既取得了不能否认的成就，但同时又不可能穷尽艺术这种复杂的社会现象的各个方面。如艺术与人类起源、自然环境、物质生产（当然也包含商品生产）、社会心理、宗教、道德、政治、科学、媒体的关系，以及所谓"精英艺术"与"大众艺术"的关系等等，都需要分别地作细致深入的考察研究，不是美学的研究所能包容得了的。因此，我认为从艺术的研究来看，美学所要研究的只是艺术的美，因为美学不能不研究美的本质问题，从而也不能不研究美的最集中而纯粹的形态——艺术美。至于上述不能为艺术美的研究所穷尽和容纳的各种问题的研究，则应当划归"艺术学"研究的范围。按照这种看法，目前我们所说的"文艺美学"就是美学的一个部分，即对艺术（包含文学）美的研究，或者就是黑格尔所说的"美的艺术的哲学"。美学对艺术美的研究又可分为对各门艺术美的研究，即各种部门艺术美学，如文学美学、绘画美学、电影美学，等等。黑格尔《美学》第三卷对各门艺术的美的特征的分别考察就相当于我们这里所说的部门艺术美学。随着现代科学研究的分工日益细致，部门艺术美学的研究完全可以从美学中独立出来，各自分头发展。例如，从西方来看，由于音乐在艺术中有很大的特殊性，所以音乐美的研究很早就成为独立于美学的一门专门学科了。对艺术美的研究可以分为各门独立的学科，艺术学的研究也同样可以按不同的艺术部门而分头发展，如可以建立文学学、电影学、美术学，等等。艺术学对艺术的研究不同于美学或"艺术哲学"对艺术美的研究，但由于美终究又是艺术之所以为艺术的本质性特征，所以我认为德索主张艺术学与美学既要加以区分，同时又相互联系的看法是合理的。尽管西方当代有一些人强烈主张美的本质问题早已成为过时的无意义的问题，并断言艺术与美毫无关系，但我认为这种看法实际上不能成立。这牵涉到广义的美与狭义的美的区分，美的观念的历史变化等问题，限于篇幅，不来详谈。

下面，我们再从前苏联美学的发展来观察一下"文艺美学"的含义问题。俄国在十月社会主义革命之后，约在20年代就产生了"文艺学"这一概念（可参看现已译出的《巴赫金全集》收入的有关文章）。50年代，苏联的毕达可夫到北京大学讲授"文艺学"，这就使"文艺学"的概念在中国广泛传播开来，在大学的中文系纷纷按毕达可夫讲稿的基本思想开设"文艺学"，但"文艺学"这个概念本身是含混的。如果它指的是从审美的观点来研究各门文艺共同的本质规律，那它就等于美学对艺术美的研究或黑格尔意义上的"艺术哲学"；如果它指的是从审美之外的其他方面来研究各门文艺共同的本质规律，那它就是艺术学。实际上，从20年代开始，苏联所说的"文艺学"讲的就是文学，不涉及或极少涉及文学之外的音乐、绘画、雕塑、建筑等各门艺术。所以，这个"文艺学"就是或主要就是文学理论。与此同时，作为文学理论，它又没有把从美学的观点和从艺术学的观点来研究文学仔细区分开来。传入中国的毕达可夫的"文艺学"强调从意识形态、社会学、认识论的观点来研究文学，审美的观点不占主要地位，这也是后来我国学者提出"文艺美学"这一概念的一个重要原因。

最后，从中国古代美学的发展来看，我国历代都十分重视从审美的观点来研究文学和其他各门艺术。特别是从魏晋开始，很为自觉地对文学和其他各门艺术的美进行了具体深入的探讨。我想这也是在我国产生了"文艺美学"这一概念的历史传统上的原因。但在中国历史上建立起来的"文艺美学"，还是我们在上面所说的部门艺术美学，即关于诗、文、书、画等等的分门别类的美学，没有像西方近代以来那样，建立起包含文学和其他各门艺术在内的关于艺术美的美学或黑格尔所说的"艺术哲学"。但这又不是说中国没有自己的艺术哲学，只是说中国的艺术哲学有不同于西方的特点。中国古代的哲人认为，"美"是与"道"分不开的，"文"（指美的形式，也指文艺）又与"道"分不开。"道"是"文"的本体，"文"是"道"的感性表现。"文"是"道之文"（刘勰：《文心雕龙》），"艺"是"道之形"（刘熙载：《艺概》）。因此，中国的艺术哲学不是别的，就是对"道"与"美"、"道"与"文"的哲学思考。这种思考贯穿在中国历代关于各门文艺的论述之中，使中国人对各门文艺的论述具有了哲学与美学的高度，真正称得上是对各门文艺作一种哲学与美学的考察。这是我们今天应当很好地继承和发扬的优良传统。拿《文心雕龙》与亚里士多德的《诗学》作一比较，前者的哲学和美学的色彩更为浓厚，并且是渗透在对文学问题的具体深入的考察中的。如开篇《原道》，一上来就集中讲了文学之美与天地之美的关系以及文学美的重大作用。

综上所述，我建议对中文系及艺术院校有关文艺的理论课程的设置进行一些调整。拿中文系来说，可以开设两门相互联系又有明确分工的课程。第一门是美学，因为过去所说的"文艺美学"要解决的从审美的观点来研究文艺（不限于文学）的任务，只有名正言顺地放到美学中去，与关于美、艺术的本质的哲学思考联系起来，才能讲清或讲出个究竟，给学生以经过论证的、有学术史上的根据的、较为系统的知识。这就可使学生对文艺的理解不只局限于文学，而扩大到对各门艺术，并为他们理解文学打下一个较为坚实的美学基础，使过去的"文艺美学"大都是讲得很不充分或未能充分展开的美学外加一些文学例证这种情况有所改变，也就是使学生真正切实地、系统地学到美学、了解美学。与此同时，通过学习美学，还可使学生了解哲学，改变中文系的学生一般对哲学比较陌生，不习惯哲学思维，欠缺哲学思维训练这样一种情况。这不论对文学理论、文学史的研究，或文学创作都是大有好处的。除开设美学课之外，还要开一门文学理论课。这门课可以分为两个部分，第一个部分是从美学的观点来研究文学，切忌重复美学已讲过的关于美的一般理论，而要扎扎实实地研究分析文学的美。美学中已讲过的各门文艺共同的一般性的问题，如内容与形式的问题也要充分地转化为文学的内容与形式问题，并且不停留在哲学的层面，总结概括中外古今的有关材料，结合具体文学作品的分析，予以实证科学的考察。文学理论课的又一个部分，是从我在上面所说的艺术学的角度来考察文学。文学的确和审美的问题分不开，强调文学的审美特性以反对各种简单化的做法是对的，但也不能因此忽视文学与社会、经济、政治、道德、科学等的关系问题。离开了这些问题去讲审美，审美就有可能成为一种空洞、肤浅、脱离现实的东西。我们在上面说过，美学与艺术学应当是可以相互补充的，我所设想的文学理论也就是从这两种不同角度对文学的研究的相互补充。中文系的理论课程的调整已如上所说，至于艺术院校的课程，我认为也应以美学课取代目前各艺术院校所开设的，相当于中文系的"文艺美学"的"艺术概论"（这门课程的建立也是从前苏联学来的，这里不详谈），同时依院校的不同性质开设各自的艺术理论课，如美术理论、电影理论、戏剧理论、音乐理论等等，在内容上也要把美学角度的研究和艺术学角度的研究结合起来。我认为经过上述的调整，不论中文系或艺术院校的学生，都既能学到系统的美学知识，又能具体地弄清和美学相关的、他所学的文学或其他某门艺术的美的特征及理论。这是否比只泛泛地讲一下"文艺美学"或"艺术概论"要好一些呢？从文学艺术人才的培养来说，是否可以使我们培养的人才具有更为广泛的知识结构坚实的理论根底呢？此外，我认为研究"文艺美学"或"艺术概论"的学者们不必认为只有把自己的研究和美学区分开来,与它分庭抗礼,才能提高自己的研究的价值与地位。相反,直截了当地确认它即是美学,才能提高研究的层次,并使这种研究更合理,更有发展的前途。从美学的历史发展来看,美学的研究一向包括三个相互联系的方面:美的本质、美感(审美)、艺术,但不同的美学家的研究常常是有所侧重的。作为美学来看的"文艺美学"或"艺术概论",可以发展为一种侧重于艺术的研究,或以艺术的研究为主要方面的美学,但不能因此排斥美的本质、美感(审美)的研究,因为艺术的研究不可能脱离美的本质、美感(审美)的研究。

(原载《文艺研究》2000 年第 1 期)

略论艺术学

为了推动当代各门艺术的发展，我认为在美学之外建立和发展艺术学已越来越迫切了。本文拟对有关艺术学的几个问题作一个提要式的概略的说明。

一、艺术学在西方的产生和发展

艺术学产生于 19 世纪后期至 20 世纪初的德国，在德语中叫做 Kunstwissenschaft，直译出来就是"艺术科学"。这个名称的提出和确立是有重要意义的。我所理解的"艺术学"就是"艺术科学"的简称，它与经济学、社会学、法学等等一样，是众多实证社会科学中的一门学科。至于它与哲学、美学的关系，后面再谈。

自从鲍姆加登于 1750 年把 Aesthtica 即我们现在所说的美学确立为哲学中的一个部门或分支之后，不论人们怎样为美学下定义，它所研究的问题不外是美、美感、艺术三大问题。不同的美学定义来自不同的美学家对美、美感、艺术三者关系的不同理解。此外，不同的美学家对这三者的研究又往往是有所侧重的。但直至 19 世纪初，美学家讲到艺术时，普遍地认为美是艺术的本质，并且把美理解为以古希腊罗马艺术为楷模的理想化的和谐的表现。1852 年，罗森克兰茨（J. K. F. Rosenkranz）出版了《丑的美学》一书，主张对有积极意义的丑的表现也应包含在艺术之中。但他并不否认美是艺术的本质，也不否认对艺术的研究包含在美学之中。约在 1867 年，菲特莱（C. Fiedler）发表了《论造型艺术的评价》一文，提出美与艺术根本不同，艺术并不以美为目标，或至少是不仅仅以美为目标。因此，关于艺术的研究不能包含在过去所说的美学的范围之中，而应从美学中划分出来，建立一门专门以艺术为研究对象的科学，即艺术科学。这是西方主张在美学之外另行建立艺术科学的开始，它得到了后来的格罗塞（E. Grosse）、乌铁茨（F. Utiz）、特索瓦（M. Dessior）等人的赞同和进一步发挥。格罗塞于 1990 年出版了《艺术学研究》，乌铁茨于 1914～1920 年出版了《一般艺术学原论》，特索瓦于 1906 年开始创办《美学与一般艺术学评论》杂志以倡导艺术学研究，1923 年出版了《美学与一般艺术学》一书（此书已有由英文转译的中译本，书名为《美学与艺术理论》。如按德文原名《Aesthetic und allgemeine Kunstwissenschaft》，应译为《美学与一般艺术学》，这里的"艺术学"为"艺术科学"的简称）。特索瓦的书出版以后产生了显著的影响，"艺术学"即"艺术科学"不仅在德国，而且在法、英两国也得到了不少研究者的承认。

艺术学的产生既和上述从菲特莱开始到特索瓦等人将美与艺术明确地区分开来密切相关，同时也与德国美学从 19 世纪 70 年代开始，从过去哲学思辨的研究走向实证科学的研究有很大关系。既为心理学家，又对哲学、文艺有很大兴趣的费希纳（G. Th. Fechner）于 1871 年出版了《实验美学》之后，又在 1876 年出版了《美学初步》。在后一书中，费希纳区分了"从上而下"与"从下而上"的美学。前者是从某一哲学体系的根本原理出发，以演绎的方法推论出对美、美感、艺术问题的看法，建立美学的原理；后者则是从经验的观察与实验出发，以归纳的方法找出美学的原理。费希纳并不否认"从上而下"的美学也有它的价值，但他大力提倡的是"自下而上"的美学。这对艺术学的诞生与研究产生了重要影响。从菲特莱开始，德国主张建立艺术学的学者都赞成费希纳建立"自下而上"的美学的主张，对"自上而下"的美学提出了尖锐的批评，认为它脱离了艺术史的事实，它讲的美的规律等等无法用以说明解释各种各样具体的作品。因此，德国的艺术学研究是和人类学、社会学、心理学等实证科学的研究紧密结合在一起的，反对脱离艺术史和脱离与艺术有关的各门实证科学去构筑思辨美学的空中楼阁。

德国美学中出现强调、提倡实证科学研究的思想，可能受到 19 世纪 30 年代至 40 年代法国孔德实证主义的影响，但又不是简单输入孔德思想的结果。德国的实证主义思想实际是从康德哲学的这个观点来的：没有从"经验直观"得来的感觉材料，思维、知识就必然是空洞无物的。这种康德式的实证主义主张，我们从德国艺术学研究的重要人物之一格罗塞的《艺术的起源》一书的第一章中可以清楚地看到。正因为这样，格罗塞虽然也提倡实证研究，反对思辨的美学，但他在他的书的第二章中，对一般认为是在孔德实证主义影响下写成、与思辨的美学不同的丹纳的《艺术哲学》一书，不但不加赞扬，反而作了基本否定的评价。这实际上是两种实证主义之争，即康德式的与孔德式的实证主义之争。一般来看，仅就主张实证研究而言，我认为康德式的实证主义比孔德式的实证主义有一个较为深刻的地方，那就是不完全排斥哲学思辨，更重视对现象的内在规律的研究。

在特索瓦的《美学与一般艺术学》一书之后，我们看到艺术学在西方没有得到更进一步的大的发展。20 世纪以来的西方美学，从总体上看，有两个重要特点。首先，过去对美的本质的哲学探讨受到了普遍的轻视以至嘲笑，由"审美经验"的研究取而代之，同时在这种研究中就包含了对艺术的研究，并且占有重要地位。这样，德国艺术学者希望将艺术的研究从美学中分离出来成为一门独立的科学的设想就很难得到实现。其次，西方 20 世纪的美学越来越重视艺术的研究，美学基本上被等同于对艺术的研究。但这种研究又是以哲学的研究为主导的，美学即艺术哲学，不是德国艺术学者所主张的那种实证的艺术科学。美国美学家托马斯·门罗曾在《走向科学的美学》一书中大力鼓吹要使美学成为一门科学，并且在该书第二编第 16 节中专门对发源于德国的"一般艺术科学"作了介绍和肯定性的评价。但在门罗的整个思想中，艺术的研究仍然是包含在美学中的一个分支，不是从美学分离出来的一门独立的实证科学。

尽管在整个 20 世纪的美学中，德国学者所主张建立的"一般艺术科学"未能得到大的发展，但各个不同艺术部门的实证的科学研究取得了不少成绩。以我较为熟悉的美术来说，如沃林格尔

（W. Worringer）的《抽象与移情》、沃尔弗林（H. Wölfflin）的《艺术史的基本观念》、贡布里奇（E. H. Gombrich）的《艺术与幻觉——绘画再现的心理学研究》、《秩序感——装饰艺术的心理学研究》，都是对美术进行实证科学研究的很有价值的著作。但在当代西方，不被看作是"艺术学"的研究，而被看作是属于"艺术史"的研究。

二、本文对艺术学的一些看法

前述主张建立艺术学的德国学者都以为对艺术的研究必须而且能够从传统的美学中分离出来，成为一门用实证的方法进行研究的科学。但为什么这一主张或设想从 20 世纪到现在未能得到令人满意的实现呢？下面我想来分析一下其中的原因，并由此提出对艺术学的一些看法以供参考。

第一，艺术与美的关系问题。

德国艺术学的学者反对从温克尔曼、莱辛到康德、席勒、谢林、黑格尔把"美"限定为古典的理想化的和谐的表现，并以此作为艺术的本质和目标，这是有它的合理性的。因为至迟从 19 世纪中期开始，西方艺术的发展已突破了这种美的观念，而把并不呈现为理想化的和谐的悲剧、喜剧、滑稽、丑怪、荒诞统统都包含到了艺术描写的范围之中。例如，罗马的雕塑《维纳斯》固然是很美的，19 世纪罗丹的雕塑《老娼妇》也同样具有重要的审美价值。西方 20 世纪的美学以对"审美经验"的研究取代传统美学对"美的本质"的研究，其中一个重要原因就是要打破传统美学只以古典的理想化和谐为美的观念，以和现代艺术的新的发展相适应。德国主张建立艺术学的学者没有注意或没有充分注意对传统意义上的"美"的观念加以扩展的问题，仍然固守着德国古典美学以理想化的和谐为"美"的观念，因此他们就把"美"与"艺术"对立起来，认为"美"不是"艺术"的本质和目标，"美的价值"和"艺术的价值"是完全不同的两个概念，并以此作为他们主张在研究美的传统美学之外建立艺术学的主要依据。他们没有看到，虽然艺术除"美的价值"之外确实还有其他的价值，如宗教的、道德的、政治的、科学的、哲学的、文化的等价值，但对艺术来说，所有这一切价值又不能脱离"美的价值"而存在。只不过这里所说的"美"，已不再局限于德国古典美学所讲的那种理想化的和谐了。我在 1986 年出版的《艺术哲学》一书中，曾从马克思主义的实践观点出发提出以"广义的美"作为艺术的本质，以区别于西方现代美学仅从主体的"审美经验"来规定艺术的本质。这问题此处无法详谈，现在要说的是，德国主张建立艺术学的学者由于固守着以理想化的和谐为"美"的观念，从而认为美与艺术的本质无关，这就使他们建立艺术学的主张无法得到充分的贯彻和发展，在 20 世纪初期之后即趋衰落了。但这又决不是说艺术学是无法建立或不需要建立的。相反，我认为建立和发展艺术学在现在已刻不容缓。这留待下面再谈。现在我们先要说明一下美学是一门什么性质的科学。为此，又要先说一下哲学与各门实证科学的联系与区别。

第二，哲学的研究与实证科学的研究的关系。

哲学所要研究的问题是和世界（包含自然和人类社会）最一般、最普遍的本质规律相关的问题，各门实证科学（包含各门自然科学和社会科学）所要研究的问题则是自然或社会分门别类的某一范围内的事物的本质规律的问题。用中国古代的哲学语言表达，前者研究的是"形而上"的"道"的问题，后者研究的是"形而下"的"器"的问题。例如，世界上的各种事物是永恒不变的还是变化发展的？这是一个哲学性质的问题。世界上的动物有多少种，它们的生存规律是怎样的？或人类最初是如何从动物中分化出来的？这是实证科学的问题。由于哲学所研究的是整个世界最一般、最普遍的本质规律问题，因此，哲学是人们据以观察、认识、改造世界的世界观。但任何哲学都不是突然从某一个哲学家的头脑中产生出来的，而是生活在一定历史条件下的哲学家，在继承前代哲学发展成就的基础上，通过总结各门实证科学取得的成果而提出来的。因此，每一种新的哲学的提出和建立，如果他对各门实证科学的总结确实达到了在一定历史条件下所能达到的最大的广度、深度与高度，它就会对各门实证科学的发展以及人们的思想行为方式产生重大、持续的影响。但只要各门实证科学随着人类社会历史的发展而向前发展了，哲学也必须向前发展，这样它才能保持自己常新的生命力。尽管如此，不论各门实证科学的发展如何充分，我认为哲学都不会消亡。这是因为对世界最一般、最普遍的本质规律的研究，既与各门实证科学的发展分不开，又不是任何一门实证科学所能完成的。它只能由哲学来完成。

第三，美学是一门哲学性质的学科。

美学从它开始产生起，就是哲学的一个部门或分支。从性质上看，它是一门哲学性质的学科，不同于一般的实证科学。这是由于美学所要研究的是美、美感、艺术的最一般、最普遍的本质规律问题，而这些问题的解决，是和世界的存在、人与世界的关系、人的本质、人的生存的意义与价值这些最终只能由哲学来解决的问题分不开的。当然，美学要解决美、美感、艺术的本质规律问题，也和对人类历史上与美、美感、艺术相关的各种现象的实证观察与研究分不开的。不论这种观察与研究是不自觉的或充分自觉的，是系统的或零碎的，美学对美、美感、艺术的本质规律问题的解决都只能是以这些实证的观察与研究为基础的一种哲学概括，并且是随着这种实证的观察与研究的发展变化而发展变化的。当现实社会生活中的美、美感、艺术发生了变化，美学或迟或早也必然会相应地发生变化。美学的研究不能脱离与美、美感、艺术相关的各种现象的实证的观察与研究，但由于美学所要回答的是什么是美、什么是美感、什么是艺术这样一些高度抽象的问题，因此美学对这些问题的回答也不能不是高度抽象的。这种情况常常会引起不少人对美学的厌弃甚至否定，认为美学家对这些问题的回答不过是一种哲学思辨的空想，完全脱离了具体的事实，根本没有什么意义与价值。如前述主张在美学之外建立实证的艺术科学的德国学者就持有这种看法。再加上人们对美、美感、艺术的看法在不同的历史时代是各不相同的，同一历史时代也存在着各不相同的看法，并且无法用自然科学的实验或逻辑的推论来检验这些不同看法的是非对错，这就给20世纪以来的逻辑实证主义、分析哲学、各种各样的反本质主义提供了否定美学的最根本的理由。

所有上述这些对于美学的看法的偏颇或错误可以归纳为如下几

点：首先，除了某些确实是建立在主观臆想之上的美学之外，不能认为美学对什么是美、美感、艺术这些问题的回答是轻而易举或可以任意而为的。从美的问题来说，柏拉图早就把人们在生活中认为"什么东西是美的"和哲学所要考察的"什么是美"这两个问题区分开来了。对于前一问题，人们可以依据自己在日常生活中对各种美的东西的感觉作出回答，所以是容易的；后一问题却要人们去找出一切被称为"美"的东西的共同本质，所以是困难的。在艺术问题上，现代哲学家、美学家肯尼克（W. E. Kennick）也曾指出，回答"氦是什么"这个问题是容易的，回答"艺术是什么"这个问题却是困难的。这里我不来讲肯尼克是如何解决这一问题的，只说一个人即使对有关艺术的一切具体的详情细节都了如指掌，但他不一定就能对"什么是艺术"这一问题作出回答，并且能言之成理。这是因为要对这一问题作出回答，仅仅有对艺术的详情细节的具体了解是不够的，还要有能够进行高度抽象的哲学思维能力和素养。其次，美学所要研究的美、美感、艺术是随着人类社会历史的不断发展变化而发展变化的，因此恩格斯把美学划归与自然科学不同的、研究人类社会历史现象的"历史科学"。这一点十分重要。正因为美、美感、艺术是随人类社会历史的变化而变化的，因此在这个领域中，我们不可能像在数学、天文学、物理学领域中那样，找到一种不以人类历史的变化为转移，至少相对来说是长期保持不变，并能以自然科学的实验加以验证的本质规律；而只能找到既会产生、又会消失的历史性的本质规律，并且只能依据人类社会历史发展去对它加以权衡、评价和验证。即使在这个领域里也存在着适应于各个不同历史阶段的某些共同的本质规律，但它在不同历史时代的具体表现形态是各不相同的。逻辑实证主义等哲学流派由于不懂得和不承认马克思主义所指出的"历史科学"与自然科学的重大区别，因此它们就宣布找寻美、美感、艺术的本质规律是根本不可能的徒劳无益之举，并对此大加嘲笑。实际上，拿古希腊艺术来说，它有没有自身的本质规律？有没有不以任何时代的任何个人对它的好恶为转移的价值？作为艺术，它与西方现代派的艺术有没有某些基本的共同点？当然都是有的。只要我们从马克思主义的历史观点来看待美、美感、艺术的本质规律，那么一切宣称对这种本质规律根本无法认识的观点都是没有依据的、违背事实的。最后，美学对什么是美、什么是美感、什么是艺术的回答虽然是高度抽象的，但只要这种抽象在一定的条件和一定的范围内是与实证的经验的事实相符合的抽象，它就会对美与艺术的发展产生重要影响，而不是毫无作用、空洞无物的东西。如古希腊提出的艺术是对自然模仿的说法，直到西方18世纪前半期，仍然被绝大多数人认为是对艺术的本质问题的正解解答。19世纪至20世纪以来，西方美学所提出的一些艺术定义，如里普士的"感情移入"说，克罗齐的"直觉表现"说，杜威的"艺术即经验"说，贝尔的"有意味的形式"说，海德格尔的"存在的敞开"说，都在一定的时期和一定的范围内产生了明显的影响。

第四，在美学之外建立艺术学的根据与必要性。

如上所说，我们不应因为美学必然具有的抽象性而贬低甚至否定美学的作用，当然也不应像前述19世纪后期的一些德国学者那样，把他们之前的美学简单地看作是由思辨哲学任意建立起来的空中楼阁，并以此作为建立艺术学的重要根据。在我看来，美学对什么是艺术以及艺术的创造、欣赏、批评等等问题所进行的哲学的考察，虽然确有不少空洞繁琐的议论，但也有不能简单否定的具有重大价值的理论。问题在于我们对艺术的研究不能停留在这种哲学的考察上，而必须对已由美学考察过，或只粗略地考察过，甚至尚未考察过的各种和艺术相关的问题进行一种实证科学的研究。这样才能使美学对艺术所进行的种种具有重要理论价值的考察，具体地落实到当前艺术的创造、欣赏、传播、批评、发展中去。为了达到这一目的，就需要以美学对艺术的哲学考察所取得的成果作为理论的参照系，从各门艺术和艺术史的大量事实和材料出发，建立起一门对各种艺术现象进行实证研究的科学，这就是我所理解的艺术学。这种艺术学不是如前述德国的学者所设想的那样，是一门与美学无关的科学，因为它必须以美学对艺术的哲学考察（特别是对艺术的本质的哲学考察）所取得的成果，作为理论的参照系。企图完全抛开过去的美学研究取得的理论成果而另起炉灶，就会使艺术学的研究处于盲目摸索的状态，找不到解决问题的中心或关键，陷入对种种现象外在的、肤浅的、枝节的、琐碎的描述之中，无法从对众多丰富复杂的现象的实证研究中，揭示出支配这些现象的规律性的东西。因此，艺术学的研究既不能停留在美学对艺术的哲学考察上，也不能抛开这种考察所取得的理论成果。它与美学的关系相当于我们在前面已讲过的哲学与各门实证科学的关系。哲学的产生和发展不能脱离各门实证科学，但它本身又永远不会因此而成为一门实证科学。实证科学的发展必然会受到哲学的影响，但不论这影响多么大，实证科学也仍然是与哲学不同的实证科学。例如，马克思是充分自觉地以他的哲学为指导去研究政治经济学的，在他的政治经济学中包含有丰富深刻的哲学思想，但马克思的政治经济学仍然是一门实证科学，不是哲学。明白了哲学与实证科学的联系与区别，就不难明白美学与艺术学的联系与区别。但这里会碰到一个不小的困难，即艺术学所要研究的问题同时也是美学已经研究，而且还要继续研究的问题。既然如此，如何从研究对象上把美学与艺术学区分开来呢？这个问题曾在 20 世纪 50～60 年代的苏联美学界引起过广泛的争论。普齐斯提出，美学的研究对象就是美，艺术理论的研究对象则是艺术。这种看法与我们上面已讲到的 19 世纪后期一些德国学者的看法是类似的，不同之处在于普齐斯及其他苏联美学家所说的"艺术理论"是哲学性质的，不是德国学者所说的"艺术科学"。普齐斯的看法没有得到赞同，这是因为美的研究无法脱离艺术，反过来说，艺术的研究也无法脱离美。普齐斯的说法所碰到的困难也正是 19 世纪德国主张建立"艺术科学"的学者已经遇到的困难。如何来解决这个困难，区分艺术学与美学的研究对象，我认为最终还得回到上述哲学与实证科学的区别上来，但需要做出更具体的解释。这就是从美学与艺术学的不同特征、作用与功能上去找出两者的区别。由于两者有不同的特征、作用与功能，因此它们就不仅在研究方法上，而且在研究对象上也出现了差别。两者的关系不是一种相互隔离、相互排斥的关系，而是一种相互联系、相互补充、相互推动、相互作用的关系。双方互不可缺，但又各自处于对方之外。

我们已经说过，美学是一门哲学性质的学科。就艺术问题来说，它要思考的最高问题是：什么是艺术？艺术与世界和人类生存发展的关系是怎样的？从这个问题来看，各种关于艺术的著作不论写得如何详尽具体，都无法取代历史上许多哲学家、美学家对艺术进行哲学思考的著作，如杜威的《作为经验的艺术》、海德格尔的《艺术的本源》。但是，反过来说，艺术的现象是十分复杂的，杜威、海德格尔的上述著作不论如何重要，它都无法像冈布里希的《秩序感》一书那样，向我们详尽地解释历史上各种美的装饰图样是如何产生形成和发展变化的。还有一些问题，如各门艺术的制作的技术性问题，这是哲学的美学可以不予考虑的，但却是艺术学需要详加研究的。即使是与美学已研究过的相同、近似的问题，也由于艺术学所要做的是一种实证科学的研究，因此也使问题的范围、性质、意义都发生了变化。下面，我将艺术学所要研究的问题分为基础艺术学（即德国学者所说的"一般艺术学"）和部门艺术学两个相互联系的部分，分别作一些说明。

在我看来，基础艺术学包含对下述问题的研究。

（1）艺术发生学：这就是对艺术的起源的研究，也是过去的美学或多或少涉及了的问题。但过去的美学一般都是从它对艺术的本质某种看法出发推论或推想艺术的起源，欠缺具体实证的研究。如席勒提出的艺术起源于游戏说就是这样。19世纪末至20世纪初，格罗塞和希尔恩（Y. Hirn）依据人类学（不是指哲学的人类学，而是指作为一门实证科学的人类学。按恩格斯在《自然辩证法》一书中的说法，"它是从人和人种的形态学和生理学过渡到历史的中介"）对人类的起源和原始社会的研究，并搜集了原始艺术的大量资料，对艺术的起源做了内容丰富的实证科学的研究，具有开创性的意义，为艺术学研究树立了范例。这种对艺术起源的实证研究，对于美学认识审美与艺术的本质，艺术作品的产生与创造，以致艺术的分类等等，都有重要意义。那种把"本质问题"与"起源问题"分离和对立起来的看法是错误的。离开了对"起源问题"的考察，对"本质问题"的认识就会成为一种主观空洞的臆想。

（2）艺术社会学：艺术是一种复杂的社会现象，因此艺术社会学的研究具有重要的意义，也是过去研究得较多的一个问题。艺术社会学实际上是艺术史的研究与社会学的结合，或者说是将社会学的理论应用于艺术史的研究，以说明社会的各种因素、条件是如何影响到艺术的发展的。因此，研究者采取什么样的社会学，就有什么样的艺术社会学。我个人是主张马克思主义的艺术社会学的，但需要彻底纠正过去曾经产生的简单化、庸俗化的毛病。此外，自20世纪以来，西方社会学已有了很大的变化发展，我们应当批判地吸收其中一切合理的东西，以应用于艺术社会学的研究，这样才能推动艺术社会学的发展，使之与当代社会的发展相适应，不再停留在丹纳或普列汉诺夫的水平上。这是一个需要长期努力研究的课题。目前，我国艺术社会学的研究，无疑应当把重点放在社会主义市场经济下的艺术研究上。

（3）艺术体系学：这个词借用自德索瓦，指的是对艺术的各个门类的划分以及这些门类之间的相互关系的研究。艺术学的研究不能脱离具体的艺术作品，而艺术作品是划分为各种不同门类的，每一门类各有不同的特点，同时又不是孤立地存在，而是与其他门类联系在一起的。因此，艺术体系学的研究是艺术学研究不能缺少的一个方面。过去的美学有的也讲到艺术分类的问题，但大多止于一种比较抽象的哲学分析。其中合理的东西是艺术体系学的研究应当吸取的，但艺术体系学的研究应当是充分实证化的。它建立在对各门艺术及其相互关系的具体深入的研究上，而不是任何预设的哲学前提上。

（4）艺术功能学：艺术的功能问题也是过去的美学或多或少涉及了的，但不占重要地位，讲得也比较抽象、简单。从艺术学来说，我认为这是一个需要进行细致的实证研究的问题，它与艺术的社会功能的充分发挥密切相关。过去的美学所讲的艺术功能，概括起来不外是审美的、教育的、认识的功能。这个三功能说现在看来也还是基本正确的，但情况又有了新的变化。如艺术能给人以娱乐和装饰我们的生活，这在过去是附属在审美的功能之下的。现在也不能脱离审美，但是娱乐、装饰的功能比以前更加突出了。还有审美的愉快和功利的、生理的（包含"性"的问题）愉快的区别与联系，教育、认识功能的内容的扩大与变化及其如何与审美的愉快恰当而充分地统一起来等等，都需要进行实证的研究。过去对艺术的功能的研究，特别是对审美功能的研究一向与心理学相关，但往往脱离具体的艺术作品的欣赏，并且忽视从社会学的层面来分析不同社会群体对艺术的不同要求。

（5）艺术创造学：这个问题在过去的美学中是和艺术的本质问题密切相关的，因此也占有比较重要的地位。问题在于缺乏实证的研究。如克罗齐认为艺术创造是"直觉的表现"，但他却没有对此作出称得上是实证科学的说明。艺术创造是一个十分重要而复杂的问题，直至目前为止，还有待于艺术学的研究者总结美学对这一问题的研究成果，并借助其他实证科学（不限于心理学）和对艺术家的创作经验和艺术作品的具体研究，建立起称得上是实证科学的艺术创造学。此外，我们已经说过，作为艺术学的一个部分的艺术创造学还必须把和艺术创造相关的一些技术性问题的研究也包含在内。

（6）艺术鉴赏学：这里"鉴赏"一词包含对艺术的欣赏与评论。这个问题在过去的美学研究中一般和美感或"审美经验"问题相关，缺少专门研究。"接受美学"所进行的研究也还是哲学性质的。因此，和艺术创造问题一样，实证科学的鉴赏学尚有待建立。

以上我所说的基础艺术学的研究没有把艺术心理学专列出来，因为我认为在所有上述问题的研究中都离不开心理学。如果不联系艺术学研究的各个问题来讲，专门集中而系统地论述和艺术相关的心理学，我认为这是属于心理学的一个分支，不在艺术学的范围之内。

以上讲了基础艺术学，下面再说一下部门艺术学。首先，按艺术的部门来分，就会有关于音乐、舞蹈、绘画、雕塑、书法、摄影、建筑、园林、戏剧、电影、电视、设计、广告等各个部门的艺术学。所有这些门类的艺术学都会涉及我们上面已讲到的基础艺术学所要研究的问题，但又都是从每个艺术门类的特殊性来讲的，因此要尽可能避免泛泛而谈。其次，除以上按艺术门类来划分的艺术学之外，我认为部门艺术学还可以包含对下述一些问题的研究。

（1）艺术教育学：艺术教育是发展艺术的根本，因此对艺术教育的实证研究具有不可忽视的重要意义。

（2）艺术史学：这是对进行艺术史研究所需的原理、方法、史料等等的研究，对艺术史研究的发展有重要意义。

（3）民间（包含少数民族的艺术）艺术学：民间艺术具有多方面的重要价值，因此民间艺术的研究应当成为艺术学的一个部门。

（4）艺术博物馆学：这是对如何建立艺术博物馆，博物馆的功能、作用的研究。它不限于美术，各门艺术都可以而且应当建立自己的博物馆。

（5）艺术鉴定学：这是对如何鉴定艺术作品的真假的研究，它涉及许多专门的知识。

（6）艺术收藏学：在艺术收藏迅速发展的今天，这是一个值得专门加以研究的问题。

不论基础艺术学或部门艺术学所要研究的问题都是永远向未来开放，随着艺术的发展而发展的。以上所说不过是笔者目前认为应当予以研究的一些问题。

三、艺术学在中国

"五四"运动前后，蔡元培在提倡美育的同时，比较系统地介绍了西方的美学。由于蔡元培是通过留学德国而了解研究西方美学的，所以他介绍的西方美学主要是德国美学。在这种介绍中，他已讲到了发源于德国的艺术学即艺术科学。但他当时还只称之为"科学的美学"，在翻译上又把"艺术科学"译为"美术科学"。综合蔡元培的《美学的进化》（1920）、《美学的研究法》（1920）、《美学讲稿》（1921）、《美学的趋向》（1921）这几篇文章来看，他认为19世纪以前，西方的美学是哲学的一个部分。由鲍姆加登创立的美学是"哲学的美学"，是"美学上的第一新纪元"。直至我们在本文第一部分已讲到的费希纳提出和建立了实验的、"自下而上"的美学之后，才产生了"科学的美学"，进入了"美学上的第二新纪元"。在讲述这种"科学的美学"时，蔡元培介绍的主要是心理学的美学，但同时也讲到了在德国艺术学的建立中起了重要作用的格罗塞的《美术的原始》（即《艺术的起源》）、《美术科学的研究》（即《艺术学研究》）。蔡元培不否认"哲学的美学"的价值，但他更重视"科学的美学"，热切地希望在中国"建设科学的美学"。这鲜明地表现在他的《美学的研究法》一文中，只讲了科学的研究法，没有讲哲学的研究法。

虽然在"五四"运动前后蔡元培对"科学的美学"的重视与提倡已明显包含了对艺术学的提倡，但在长时期内，艺术学的研究在中国未得到重视，哲学的美学的研究始终处于主导地位。从我目前了解的情况看，解放前1929年何思敬发表了《美学与社会学》一文，1931年胡秋原翻译出版了苏联弗里契的《艺术社会学》，同年沈起予的《艺术科学论》出版。1937年，蔡慕晖翻译出版了格罗塞的《艺术的起源》。30年代，宗白华还曾在大学中讲授过艺术学，他的讲稿现收入《宗白华全集》，于1994年出版。1941年，马采发表了《艺术科学论》一文，此后又在40年代初写了"艺术学散论"五篇。1997年，作者把1941年发表的论文改题为《从美学到一般艺术学》，作为"艺术学散论之一"，连同其他五篇一起收入作者的《艺术学与艺术史文集》。以上就是我国在解放前关于艺术学研究的主要论著与译著。此外，1942年，毛泽东《在延安文艺座谈会上的讲话》中曾讲到文艺批评对文艺家的作品的"艺术性"的高低，要"按照艺术科学的标准给予正确的批判"，明确提出了"艺术科学"这一概念。此后，王朝闻所写的《新艺术创作论》等一系列著作，现在看来，完全可以说是对毛泽东讲的"艺术科学"所做的卓有成就的探讨，但不少人只把这些著作看作是一般的文艺评论。我虽然曾对这些著作做了高度的评价，但也只看作是与"哲学家的美学"不同的"艺术家的美学"，没有从"艺术科学"的角度去观察它。这是因为毛泽东虽然已在《讲话》中提出了"艺术科学"这个重要的概念，但直到解放之后的长时期内，我们仍然只讲美学而不讲艺术学，实际上认为艺术学就包含在美学之中，不承认或不认识艺术学虽然与美学有密切联系，但又是独立于"美学"之外的一门实证科学。这种观念，现在应当转变过来了。这也是我现在来写这篇文章的原因。

为什么在蔡元培提倡与"哲学的美学"不同的"科学的美学"之后的长时期内，中国未能在"哲学的美学"之外树立起"艺术科学"即艺术学的概念，确认它是与"哲学的美学"不同的一门实证科学？最主要的原因是由于在长时期中，中国人民的主要任务是通过革命的武装斗争去推翻"三座大山"，发展生产力的问题未能提上历史的主要日程，因此自然科学无法得到充分发展，其他各门实证社会科学的发展也很有限。正因为这样，我们看到西方 19 世纪到 20 世纪的不少哲学家同时也是数学家或物理学家，康德和黑格尔也曾对自然科学作过不少研究。中国则不然，极少有哲学家同时是精通某门自然科学或某门实证的社会科学的。中国现代哲学基本上是思辨性的，缺乏实证科学的内容。这种情形反映到美学上，就使得中国的美学基本上就是哲学的美学。在这方面我们确实取得了不能否认的重要成就，但同时也使得艺术科学即艺术学的研究长期处于落后状态，甚至没有被承认为一门独立的科学。

为了在中国当代确立和发展艺术学，下述一些问题我认为是应当一一加以探讨的。

（1）随着当代各门自然科学和社会科学的飞速发展，艺术学研究方法的现代化、更新和多样化的问题。

（2）坚持马克思主义哲学的指导地位的必要性与重要性问题。

（3）继承中国历代各门艺术理论中包含的极为丰富深刻的艺术学思想，建设具有中国特色的当代艺术学问题，其中包含术语、概念和语言表述方式的中国化问题。产生于西方 19 世纪后期的艺术学是一门很年轻的实证科学，20 世纪初期以后又基本上没有大的发展，因此我们在这个领域中是大有可为的。

（4）中国当代艺术学与中国当代艺术的发展之间的密切联系与互动问题。

限于篇幅与时间，本文不可能一一详谈以上的问题。我只想在这里提出一个实际的建议：既然现代艺术学产生于 19 世纪后期的德国，我希望有关方面能结集人力和物力，将德国以及法、英、美诸国有关艺术学的名著、代表性著作一一翻译出版。这是一项基础性的工程，对中国当代艺术学的建立与发展是十分重要的。

（原载《艺术学》第 1 卷第 4 辑，学林出版社 2005 年版）

中国古典美学概观

一、中国古典美学产生的历史条件及其根本出发点

中国古典美学基本上是在春秋战国时期产生形成的。战国以后至近代以前，中国美学虽然又有了多方面的发展，但基本的思想或理论基础仍然是春秋战国时期所奠定，在根本上并没有超出春秋战国时期的美学，即我们一般所说的先秦美学。本文所谓中国古典美学，首先是指先秦美学，其次是指中国进入近代社会之前，先秦美学在漫长的封建社会中的延续和发展。这两者都属于中国美学的古典形态，而明显地区别于中国近代美学。

根据马克思主义社会存在决定社会意识的科学原理，我们要了解中国古典美学，首先要了解它是在怎样的历史条件下产生和发展起来的。这是认识和揭开中国古典美学的实质及其特征的关键。

在我看来，产生中国古典美学的春秋战国时期仍然浓厚地保持了中国原始氏族社会的意识、传统、风尚。一般而言，一个新的社会形态产生之后，那已经过去的旧的社会形态的意识、传统、风尚等等不会一下子完全消失，它往往要存在一个很长的时期才能逐步归于消亡。恩格斯在谈到雅典奴隶制国家的产生时就曾经指出："旧氏族时代的道德影响、因袭的观点和思想方式，还保存很久，只是逐渐才消亡下去。"① 这种情形，在中国原始氏族社会转变为奴隶社会的过程中更是表现得尤为突出，对于了解中国古代社会及其思想的发展，有

---

① 《马克思恩格斯选集》第 4 卷，人民出版社 1972 年版，第 114 页。

着十分重要的意义。

我国商朝已明显进入了奴隶制社会，但由于生产力不够发达，商品交换极为有限，因而使得原始氏族社会的意识、传统、风尚大量普遍地存在着。范文澜曾经指出："因为商朝生产力并不很高，不能促使生产关系起剧烈的变化，对旧传公社制度，破坏是有限度的，奴隶制度并不能冲破原始公社的外壳。"① 这一点，最为明显地表现在西周推行的宗法制度上。这种宗法制度以血缘关系为依据，按血缘关系的远近来区分亲疏贵贱，分配土地，组成国家。它同最后完全打破了氏族血缘关系的雅典奴隶制国家形成了一个鲜明强烈的对比。在雅典，国家的组成，政治权利的分享，公民的权利和义务的确定，是按照每一个公民占有的财产多少来决定的，根本同氏族血缘关系无关，由此产生了希腊古代典型的奴隶制民主社会。在中国古代却很为不同，政治权利的取得处处离不开血缘关系。社会虽然已经变成了奴隶制社会，出现了阶级剥削和压迫，但社会的组织，人们的道德观念等，却依然受着氏族血缘关系的强大影响，奴隶主的国家看来是建立在氏族血缘关系基础之上的一个联合体。人与人之间的关系，不是雅典奴隶制国家那种由财产占有的多少来决定的明白确定的政治法律关系，即国家公民之间的关系，而是一种以血缘关系为基础的上下尊卑的伦理道德关系。政治法律关系同这种伦理道德关系完全合为一体，不可分离。黑格尔站在西方社会的观点上，曾经敏锐地指出了这一点。他说："道德在中国人看来，是一种很高的修养。但在我们这里，法律的制定以及公民法律的体系即包含有道德的本质的规定，所以道德即表现并发挥在法律的领域里，道德并不是单纯地独立自存的东西，但在中国人那里，道德义务的本身就是法律、规律、命令的规定。"② 在中国古代，"犯上"与"作乱"经常被看作是一回事，违

① 范文澜著：《中国通史简编》（修订本）第一编，人民出版社1958年版，第125页。
② 黑格尔著：《哲学史讲演录》第1卷，商务印书馆1978年版，第125页。

背上下尊卑的伦理道德关系即是违背法律，而且常常是比违背法律还要严重的大逆不道。

再从物质生产方面来看，中国进入奴隶社会之后，商品交换和雅典奴隶制国家比较起来还很不发达。生产基本上仍然是分散在原来各个氏族居住的地区孤立地进行，主要是为了自身的消费而不是为了交换。由国家最高统治者管理的手工业也主要是为了满足统治者的消费需要，不以交换为目的。这种情形使得自然对于人来说还没有成为用以生产商品，谋取金钱财富的物质手段，主要是生产使用价值的源泉，而不是生产交换价值的源泉。这又使得中国古代自然科学的发展受到了很大限制，自然界还没有像在古希腊那样成为科学所系统研究考察的对象，人与自然的关系处处表现为与人类社会的生存合为一体的情感关系，而不仅仅是一种外在的实用功利关系或理智认识的关系。

上述种种情况，从各个方面极为深刻地影响到包括美学思想在内的整个中国古代思想的发展。

第一，随着奴隶制社会的产生，中国古代思想家都认为阶级的划分、统治与被统治的关系的存在是必然的、合理的，但另一方面他们又都素朴地肯定了个体与社会、人与自然是能够而且应当统一起来的，从不把两者互相分裂和对立起来。这是整个中国古代思想的一个根本的出发点，同时也是中国古典美学的一个根本的出发点。下面我们可以看到，这对于认识中国古典美学的实质和特征是非常重要的。

第二，中国古代思想，包括美学思想在内，从根本上说是奴隶主阶级的意识形态，但它又同氏族社会的意识形态密切地联系在一起，鲜明地吸收和保存了氏族社会自发产生的原始人道主义精神。恩格斯在谈到氏族社会的时候曾经指出：

……这种十分单纯质朴的氏族制度是一种多么美妙的制度呵！没有军队、宪兵和警察，没有贵族、国王、总督、地方官和法官，没有监狱，没有诉讼，而一切都是有条有理的。一切争端和纠纷，都由当事人的全体即氏族或部落来解决，或者由各个氏族相互解决；血族复仇仅仅当做一种极端的、很少应用的手段；……虽然当时的公共事务比今日更多，——家庭经济都是由若干家庭按照共产制共同经营的，土地乃是全部落的财产，仅有小小的园圃归家庭经济暂时使用，——可是，丝毫没有今日这样臃肿复杂的管理机关，一切问题，都由当事人自己解决，在大多数情况下，历来的习俗就把一切调整好了。不会有贫穷困苦的人，因为共产制的家庭经济和氏族都知道它们对于老年人、病人和战争残废者所负的义务。大家都是平等、自由的，包括妇女在内。他们还不曾有奴隶；奴役异族部落的事情，照例也是没有的。当易洛魁人在 1651 年前征服伊利部落和"中立民族"的时候，他们曾建议这两个部落作为完全平等的成员加入他们的联盟；只是在被征服者拒绝了这个建议之后，才被驱逐出自己所居住的地区。凡与未被腐化的印第安人接触过的白种人，都称赞这种野蛮人的自尊心、公正、刚强和勇敢，这些称赞证明了，这样的社会能够产生怎样的男子，怎样的妇女。①

对于恩格斯所赞美的这个大家都是平等、自由的，处处表现了原始的人道精神的氏族社会，中国古代儒家和道家都明显地保留着对它的向往赞美之情。如儒家的《礼记·礼运篇》所描绘的"大同"社会，正是恩格斯所指出的没有贫穷困苦的人，大家都是平等、自由的氏族社会在人们头脑中的留存和反映。在道家的著作中，更是充满着对原始氏族社会的歌颂。例如《庄子》的《盗跖》一篇中，把"民知其母，不知其父"的社会，即母系社会看作是"至德之隆"的社会，赞美在这个社会中，人民"耕而食，织而衣，无有相害之心"。儒家的"爱人"的思想，道家的"重生"和批判进入阶级社会后的各种罪恶现象的思想，都明显地具有尊重肯定人的生命的意义和价值的特征，渗透着古代人道主义的精神。这种精神的产生显然同对氏族社会的思想传统的继承分不开。这对于我们了解中国古代思想的民主性精华的来源，是一个很为重要的问题。表现在美学上，中国古典美学思想始终是同对人的本质的认识不可分地联系在一起的。对人的生

---

① 《马克思恩格斯选集》第 4 卷，人民出版社 1972 年版，第 92~93 页。

命的意义和价值的充分肯定，是中国古典美学思想的根本出发点，也是它的主流。

第三，由于在中国早期奴隶社会中，以血缘关系为基础的上下尊卑伦理道德关系在社会生活中有着极为重要的意义，因而使得整个中国古代的思想把伦理道德问题放在最重要的位置。中国哲学差不多可以说就是道德哲学，没有任何问题的探讨不是同伦理道德问题联系在一起的。像西方哲学中那种完全同伦理道德问题明确区分开来的本体论、认识论问题的探讨，在中国哲学中几乎没有。对于中国哲学来说，本体论、认识论问题的探讨，归根结底还是为了解决伦理道德问题。而所谓解决伦理道德问题，最重要的又是找到一种实践修养的道路或方法，使人们日常的各种思想行为处处符合伦理道德的要求，最后达到一种崇高的人生境界。因之，人性的善恶问题、道德理想的实现问题成了中国哲学中不断在讨论着的重要问题。这又使得中国哲学和中国美学经常极其自然地融合在一起，并且使得中国美学高度重视审美与艺术的社会性问题，重视情感在审美与艺术中的作用问题。因为审美与艺术对于培养陶冶人的伦理道德感情有着非常明显的重要作用，中国古代思想既然高度重视伦理道德问题，并且把伦理道德原则的实现置于个体的情感心理欲求和实践修养的基础之上，所以中国古代哲学很自然地给了审美与艺术以高度的重视，并且把它同人性的陶冶和发展的问题不可分地联系起来了。这在儒家美学中表现得最为清楚。道家虽然反对儒家所讲的仁义道德，但它所追求的个体生命的绝对自由的境界在实质上也仍然是一种道德精神的境界，并且是同人性问题不能分离的。道家也有自己的道德论和人性论，只不过和儒家很为不同罢了。下面我们还可以看到，道家与儒家的思想，既是对立的，又是互相补充的。

总起来看，中国古典美学产生的历史条件是多方面的，但其中最为重要的是中国古代社会的特征问题。只有抓住这一特征，我们才能真正从本质上抓住中国古典美学的特征。这个特征是什么？就是我们前面所说的中国古代在进入奴隶社会之后仍然大量保存着氏族社会的传统风习，这和彻底打破了氏族社会传统的雅典奴隶制国家是很不相同的。由于氏族社会传统的大量保存，加上商品交换没有充分的发展，一方面固然阻碍了中国古代社会的发展，另一方面又使得中国古代文化浓厚地保存了氏族社会自发产生的人道主义精神，在个体与社会、人与自然之间还没有由商品交换的发展所引起的那种尖锐的分裂和对立。重视人的价值，要求个体与社会、人与自然达到和谐统一，始终是中国全部哲学和美学的根本出发点。所谓"中和"的思想，贯穿在中国全部的哲学和美学思想之中。下面我们可以看到，其中包含着中国古典美学的重大优点，同时也包含着它的缺点。

在中国早期奴隶社会形成的中国古典美学，进入封建社会后又有许多发展变化。但由于上下尊卑的伦理道德关系、自给自足的自然经济仍然在社会生活中占着极为重要的地位，因而中国封建社会的美学同奴隶社会的美学没有根本性的差异，其基本思想是一致的。虽然到了后期封建社会，特别是资本主义萌芽产生之后，中国古典美学在某些方面有所变化，但终究未能完全产生出近代新的美学思想。

下面，我们来概略地分析一下中国古典美学的发展。

二、中国古典美学的第一个基本派别——儒家

以孔子为代表的儒家美学，是中国古典美学的第一个基本派别。在孔子之前，史伯、郤缺、单穆公、伶州鸠、医和、伍举、吴公子札、子产、晏婴等人曾经对诉之于人们感官的美（"五味"、"五色"、"五声"的美），以及美与"和"、美与善的关系发表过一些重要见解，但都是片段零散的，未能集中明确地提出一种对审美与艺术问题的根本看法，形成一种有高度概括性的美学观。孔子在继承前人成就的基础上，从他的"仁学"出发，第一次集中明确地提出了自己对审美与艺术问题的根本看法，指出了审美与艺术在整个社会生活中的地位和作用，从而奠定了儒家美学的理论基础，创立了中国历史上第一个重要的美学派别。

孔子的美学同他的"仁学"不能分离，要认识孔子的美学就必须分析他的"仁学"。

孔子的"仁学"是建立在亲子之爱的基础之上的。这种基于氏族血缘关系的亲子之爱在孔子看来是每一个人都具有的内在要求，只要启发这种要求，使每一个人都自觉实行"仁"——"爱人"的原则，把亲子之爱推广到整个社会，"泛爱众而亲仁"①，那就不会有"犯上"、"作乱"的事发生，个体与社会就能得到和谐的发展。孔子的这种思想自然是为巩固奴隶主阶级的统治服务的，但同时又具有长远的历史价值。首先，孔子"爱人"的思想鲜明地肯定了人类的相互依存的社会性，肯定了个体与社会的统一。其次，孔子的这一思想还肯定了道德原则的实行是同个体内在的情感要求不能分离的，并且肯定了个体生命的意义和价值，主张个体应当在与他人的协调统一中去满足自己的各种心理欲求，不同于那种把道德原则的实行同个体的情感和心理欲求互不相容地对立起来的宗教禁欲主义。孔子的这种本来是为巩固奴隶主的统治服务的思想，包含着氏族社会所产生的原始的人道主义和博爱精神，对我们民族的思想产生了深远的影响。

既然实行"仁"是每一个人都具有的基于氏族血缘关系的内在要求，那么怎样去启发这种要求，把实行"仁"变为人们内在的心理要求，使人们以实行"仁"为人生最大的快乐呢？正是在解决这个问题的时候，孔子看到了那本来是与维护氏族统治的典章、制度、仪式（即所谓"周礼"）混而为一的文艺，有着启发、陶冶人们的情感，使人们乐于行"仁"的内在功能。这样，孔子就把他的"仁学"和美学自然而然地联结起来了，并且在中国美学史上第一次指出了审美与艺术在社会生活中所具有的重大价值，它与培养和陶冶社会性的人有不可分的联系。这就是孔子美学的深刻之处，也是它在中国历史上能够产生持续不断的影响的根本原因。

立足于"仁学"，孔子一方面充分肯定个体生命的发展，包括感官的审美愉悦的合理性和价值，另一方面又要求这种审美的愉悦应当符合以"爱人"为其核心的社会伦理道德要求。而且这种社会伦理道德要求不应当是外在于个体的心理欲求的东西，而应当成为个体内

---

① 《论语·学而》。

在的心理欲求。孔子所谓"知之者不如好之者，好之者不如乐之者"①；"说（悦）之不以道，不说（悦）也"②；"吾未见好德如好色者也"③ 等等说法，都是要求人们把实行"仁"变成内在的心理欲求，变为人生所追求的最大的快乐。这种不论在任何艰难困苦的情况下都以行"仁"为乐的境界，在孔子看来即是人生的最高境界，同时也就是一种审美的境界。在孔子那里，"仁"与"乐"（音乐，在古代也包含了诗歌和舞蹈）是不能分离的，他说："人而不仁，如乐何。"④ 这就是说，只有自觉地行"仁"才可能有真正的"乐"，而所谓行"仁"对于孔子来说又决不是否定个体生命的正常健康的发展，而恰恰是为了使个体生命得到正常健康的发展。孔子主张"丧致乎哀而止"⑤，"乐而不淫，哀而不伤"⑥，都鲜明地表现了他对个体生命的健康发展的高度重视。在让他的学生子路、曾皙、冉有、公西华"各言其志"的时候，孔子又独倾心于曾点所追求的理想："暮春者，春服既成，冠者五六人，童子六七人，浴乎沂，风乎舞雩，咏而归。"⑦ 这种理想的境界正是人我之间达到了高度的和谐统一，社会生活充满了自由愉悦的诗意和美的境界，同时也就是"仁"的原则得到了完满实现的境界。

对于孔子来说，美不是别的东西，它就是"仁"在人类日常现实生活中的完满实现。孔子所谓"礼之用，和为贵；先王之道，斯为美"⑧，"里仁为美"⑨等说法都明显地说明了这一点。而"仁"是以"爱人"为其根本的，所以"仁"的实现也就是个体与社会的和谐统一的实现。孔子的这一思想，从内容上抓住了美的实质特征。因为美作为人的本质力量的对象化，即作为人的自由的实现，只能存在

---

① 《论语·雍也》。
② 《论语·子路》。
③ 《论语·子罕》。
④⑥ 《论语·八佾》。
⑤ 《论语·子张》。
⑦ 《论语·先进》。
⑧⑨ 《论语·学而》。

于个体与社会的统一中。在个体与社会互相分裂对抗的情况下就不可能有美的存在。如果说这时也可以有美，那不是来自个体与社会的分裂对抗，而是来自对这种分裂对抗的克服和斗争。孔子以"仁"即"爱人"为美的内容实质，也就是以个体与社会的统一为美的内容实质。在事实上，一切审美的感情都超出了个人的自私打算，我们从中所体验到的正是一种自我与他人、社会和谐一致的感情，一种洋溢着对他人、社会、人生、国家、民族的爱的感情。由此可见，孔子的"仁学"是深刻地通向美学，和美学直接地融为一体的。

美是"仁"的完满的实现，而这种实现不是抽象的精神、观念的活动，必然要感性具体地表现在人的行为和生活的各个方面，具有可以直观到的感性具体的形式。这种感性具体的形式作为"仁"的完满的表现形式，就是美的形式，也就是孔子所说和"质"（仁义）相统一的"文"。这种"文"在古代包含着各种文物典章、诗乐歌舞，以及礼仪中使用的器物、服饰和应对进退中的容色姿态等等的美。孔子盛赞周代"郁郁乎文哉"①，又盛赞尧的时代"焕乎，其有文章"②，他对于"文"所具有的美的价值是充分地肯定着的。但他认为"文"只有在文是"质"的表现的时候才能具有真正的价值，而不致成为虚华无实的东西。反过来说，如果"质"不表现在"文"之中，有"质"而无"文"，那就是粗野无教养的表现，与做一个具有礼乐教化的"仁人"、"君子"不相称。孔子的"文质彬彬"③的思想，即要求文质统一的思想，看到了美是高尚的道德精神表现在与人类的尊严、文明相称的形式之中，高尚的道德精神应当具有与人类的尊严、文明相称的形式。孔子既反对脱离高尚的道德精神去追求外在的空虚的形式，又反对蔑视人类文明的成果，退回到无文化的粗野状态，否定和取消外在形式的美。在这一点上，孔子同西方19世纪席勒的看法有很为类似之处。席勒曾经有力地驳斥了这样一种人的

———————————

① 《论语·八佾》。
② 《论语·雍也》。
③ 《论语·泰伯》。

意见:"他们不喜欢外部浮华的虚饰往往模糊真正的美德(按:这就是有文无质),但是他们竟然同样不乐意人们也向美德要求外观,他们竟然对于人们主张赋予内在的内容以令人愉快的形式也感到不快(按:这就是只要质不要文,也就是《论语·颜渊》中孔子弟子子贡批评过的棘子城"君子质而已矣,何以文为"的思想)。"① 从形式与内容的关系来看,孔子的文质统一的思想还明显地包括着这样的意思:美不仅仅在形式,也不仅仅在内容,而在内容与形式两者的完满统一。孔子的这些思想,在今天看来,也还是有积极意义的。文与质的统一问题永远是人类审美意识和美学思想发展中的一个根本问题,只不过在不同的历史时代人们对文与质有不同的理解和要求罢了。而且文与质的统一,从我们今天看来,是在社会实践基础上人类物质文明和精神文明的发展所取得的历史成果,也是衡量人类物质文明和精神文明发展高度的一个重要标尺。

除了美的问题之外,孔子对艺术问题也发表了重要的见解。他所提出的"诗可以兴,可以观,可以群,可以怨"② 的思想,不仅第一次对艺术的作用作了简括而明确的分析,更重要的是强调了艺术诉之于个体感情,不同于抽象的说理教训的特征,并且贯穿着孔子所要求的个体的情感心理要求和以"爱人"为根本的伦理道德精神相统一的原则。其中,以"引譬连类"(孔安国注)和"感发志意"(朱熹注)为特征的"兴",在中国美学史上第一次指出了艺术和单纯的说理教训的区别,包含有对艺术特征的深刻理解。"怨"明确地指出了艺术包含着个体对社会生活中各种事物的情感的表现。"观"和"群"也是同审美的情感相联系的,并且突出地表明了艺术所具有的重要的社会功能。总之,在孔子看来,艺术同个体的情感心理要求的表现分不开,但这种情感心理又应当是充满着社会性的伦理道德思想的,其根本的目的在于实现孔子的"爱人"的理想,使个体与社会

---

① 席勒著:《美育书简》第二十六封,中国文联出版公司 1984 年版,第138 页。

② 《论语·阳货》。

和谐统一，从而使个体在这种和谐统一中得到健全的、合理的发展。

孔子的美学是直接以他的"仁学"为理论基础的，孔子的"仁学"的杰出之处，同时也就是他的美学的杰出之处。这种杰出之处，就在于孔子始终不把个体的情感心理要求和社会的伦理道德要求分裂开来，而且孔子所说的伦理道德要求又是以"爱人"为其核心的，充分地肯定着个体生命的意义和价值。因之，孔子一方面反对个体脱离群体、脱离社会，认为"鸟兽不可与同群"①，坚定不渝地肯定了人只能生存于社会之中；另一方面，孔子又没有把社会的伦理道德要求同个体的情感心理要求的满足对立起来，用社会的伦理道德要求去否定个体的情感心理要求，而只是要求个体应当在与他人相亲相爱的协调的关系中去求得自己的发展，应当把履行自己的社会责任，实现一个人人相爱的社会看作是自己崇高的天职和最大的快乐。孔子的这种思想虽然是为奴隶主统治的长治久安服务的，并且在孔子生活的时代具有空想倒退的性质，但从它反对个体与社会相分裂，要求个体与社会和谐统一这一点来说，却是十分伟大的，具有永远不可磨灭的重大历史价值。问题在于孔子所说的与个人相统一的社会，是一个被他大为理想化了的，有着严格规定的上下尊卑的等级制奴隶社会，个人的发展绝对不能违背这种等级制。孔子明确声称："非礼勿视，非礼勿听，非礼勿言，非礼勿动。"② 由此可见，孔子一方面主张个人应当在与社会的统一中求得自己的发展，另一方面孔子所说的社会却又是限制和束缚着个人的发展的。个人的一切发展，如果违背了"礼"，那就是不能容忍的大逆不道。这是由历史所决定的孔子思想中一个不可克服的矛盾，也是他的思想的重大的局限性所在。由于这种局限性，使得孔子的思想有严重地束缚中国人民个性发展的一面，在美学上也相应地有着束缚中国艺术发展的一面。审美与艺术上的一切追求，其意义最后被归结为"迩之事父，远之事君"③ 这样一个

---

① 《论语·微子》。
② 《论语·颜渊》。
③ 《论语·阳货》。

极其狭隘的政治功利目的服务，并且必须把这个目的看作是至高无上的东西。因为孔子虽然高度重视人的社会性，但他心目中唯一绝对合理的社会只能是中国古代早期奴隶制社会。超出这个社会去求得个体的发展，去创造美与艺术，对于孔子来说是根本不可思议的。

在孔子之后，儒家美学在一个很长的时期内继续得到了发展，并且最后取得了主导地位。孔子以后的儒家美学，根据历史发展的顺序，包含孟子的美学、荀子及荀子学派的《乐记》的美学、《周易》的美学、汉儒的美学、宋儒的美学。儒家美学所有的这些后继的流派，当它肯定个体与社会的统一，并且较为重视个体生命的意义与价值的时候，它就能较好地发扬孔子美学中积极的东西。相反，当它把个体与社会对立起来，以实行神圣不可侵犯的伦理道德为理由去否定个体生命的意义和价值的时候，它就走向了反动的禁欲主义，从而也就否定了审美与艺术存在的意义和价值。例如大讲存天理灭人欲的宋儒中的程颐就宣称作文害道，文与道不能相容。这是对孔子美学的否定，是迂儒的理论，同时也是中国后期封建社会统治者与人民利益的矛盾尖锐化的产物。①

三、中国古典美学的第二个基本派别——道家

道家美学是在春秋战国时期产生形成的另一个美学派别，并且是唯一足以同儒家美学相抗衡，在中国美学史上产生了巨大影响的派别。先秦墨家和法家也有自己的美学思想，但都不足以同儒家相抗衡，在中国美学史上也没有重要影响。

儒家美学是建立在"仁"学的基础上的，道家美学则是建立在"道"论的基础上的。因此，要认识道家美学，首先要弄清道家关于"道"的观念。为了弄清它，我们不得不暂时离开美学的领域，先来大略地考察一下道家思想的产生。

道家和儒家虽然在产生的时代上大致相差不远，但却表现出了很

---

① 这种说法现在看来有简单化的毛病，容后再论——作者补注。

为不同的、互相对立的倾向。其所以如此，从根本上看，是由于儒道两家对于中国古代从无产阶级的氏族社会进入奴隶制的阶级社会之后所产生的种种巨大的社会问题，采取了各不相同的看法。

恩格斯指出，人类从无产阶级的原始氏族社会进入奴隶制社会，是生产力发展的必然结果，是一个重大的历史进步，但历史的进步经常带有二重性。一方面，无阶级的原始氏族社会不被打破，人类历史就不能从野蛮进入文明；另一方面，原始氏族社会又是被那种"在我们看来简直是一种堕落，一种离开古代氏族社会的纯朴道德高峰的堕落的势力所打破的。最卑下的利益——庸俗的贪欲、粗暴的情欲、卑下的物欲、对公共财产的自私自利的掠夺——揭开了新的、文明的阶级社会；最卑鄙的手段——偷窃、暴力、欺诈、背信——毁坏了古老的没有阶级的氏族制度，把它引向崩溃，而这一新社会自身，在其整整两千五百余年的存在期间，只不过是一幅区区少数人靠牺牲被剥削被压迫的绝大多数人的利益而求得发展的图画罢了……"① 这个在人类历史上非常巨大深刻的变化，给中国古代思想家留下了强烈印象，在他们当中引起了不同的反响。特别是由于氏族社会残余在中国奴隶社会中大量存在，更使得中国古代思想家对这个历史上的巨大转变给以了极大的注意，产生了剧烈的争论。儒家对这一转变采取了肯定的态度，对奴隶社会所带来的文明是赞美的。当然，它也看到这一转变所带来的种种虚伪罪恶的现象，所以孔子提倡"爱人"，主张实行一种比较温和、开明和合乎人道的阶级统治。这是孔子伟大的地方，也是氏族社会高尚的道德精神在孔子思想中的留存和表现。但孔子所歌颂的是"郁郁乎文哉"的周代奴隶社会，他是新起的奴隶制社会的维护者，这鲜明地表现在他对那处处充满了奴隶制严格的等级观念，和种种不得僭越的规定的"周礼"的维护上。道家则不同，虽然它也并不在根本上否定奴隶制度，但对于伴随奴隶制社会而来的种种罪恶现象采取了极为强烈的批判态度，对原始氏族社会的天下太平的景象充满向往赞美之情。它认为社会中的一切罪恶现象，都是由

---

① 《马克思恩格斯选集》第 4 卷，人民出版社 1972 年版，第 94 页。

于实行儒家所谓的礼教、仁义所引起的。生产的发展和财富的增加又刺激了人们的贪欲，引起了社会的争夺和不安。《老子》书中说：

> 大道废，有仁义；慧智出，有大伪。六亲不和有孝慈，国家昏乱有忠臣。①
>
> 失道而后德，失德而后仁，失仁而后义，失义而后礼。夫礼者，忠信之薄而乱之首也。②
>
> 天下多忌讳而民弥贫；民多利器，国家滋昏；人多伎巧，奇物滋起；法令滋章，盗贼多有。③

老子非常清楚地指出了奴隶制文明所带来的是种种无穷的祸害，庄子及其后学又进一步发展了老子的这种思想。他们一方面反复赞颂"民知其母，不知其父"的原始氏族社会是"至德"之世，另一方面又尖锐地指出仁义道德的实行不过是"假乎禽贪者器"④，也就是给了统治者一种营私利己，窃国称侯的工具。他们还声称"圣人不死，大盗不止"⑤，并且预言"千世之后必有人与人相食者也"⑥。其实，这个历史的预言不需千世之后，早已为历史所证实。此外，庄子及其后学还一再地指出，进入文明社会之后，人变成了物的奴隶，处处受到了物的统治。从我们今天看来，庄子及其后学对于人类进入阶级社会之后所出现的人的异化现象，已经有了一种直观、素朴的认识。《庄子·骈拇》中说：

> ……尝试论之，自三代以下者，天下莫不以物易其性矣。小人则以身殉利，大夫则以身殉家，圣人则以身殉天

---

① 《老子》第十八章。
② 《老子》第三十八章。
③ 《老子》第五十七章。
④ 《庄子·徐无鬼》。
⑤ 《庄子·胠箧》。
⑥ 《庄子·庚桑楚》。

下。故此数子者，事业不同，名声异号，其于伤性以身为
殉，一也。

《庄子》书中其他许多类似的说法，如"丧己于物"①，"危生弃身以
殉物"②，等等，都包含着对人的异化现象的揭露。这是道家的一个
极为深刻的思想。统观道家对于文明社会的批判，我们可以说道家已
从种种社会现象上，看到了恩格斯所说的人类进入文明社会是"一
种离开古代氏族社会的纯朴道德高峰的堕落"，虽然道家的这种认识
在出发点、思想的实质和最后的结论上都不能同恩格斯相提并论。

怎样才能解决文明社会所产生的种种问题呢？道家的看法虽然并
不否定阶级的存在的合理性，但它却幻想着回到它所赞颂的原始氏族
社会的状态去，采用原始氏族社会的办法来治理阶级社会。道家把它
所赞颂的氏族社会同文明社会加以比较，认为氏族社会最大的特点，
也是最大的优点，就是"素朴"、"自然"、"无为"。这种看法既是
一种感性的直观，同时又深刻地概括了氏族社会的重要特征。因为氏
族社会确实是一个自然发生的社会，人与人之间还不存在分裂和对
抗，一切社会问题看来都是自然而然地就得到了合理的解决。用恩格
斯讲到氏族社会的话来说，在这个社会里，"一切问题，都由当事人
自己解决，在大多数情况下，历来的习俗就把一切调整好了"③。此
外，在氏族社会也的确还没有人为他的生产物所支配，成为物的奴隶
的现象。因为如恩格斯所指出，"生产是在极狭隘的范围内进行的，
但生产品完全由生产者支配。这是野蛮时代的生产的巨大优越性，这
一优越性随着文明的到来便丧失了"④。道家抓住他们所赞颂的原始
氏族社会具有的"素朴"、"自然"、"无为"的特征，并且进一步提
高到哲学上来加以论证，为阐明原始氏族社会的优越性提供理论根

①《庄子·缮性》。
②《庄子·寓言》。
③《马克思恩格斯选集》第 4 卷，人民出版社 1972 年版，第 92～93 页。
④ 同上书，第 108 页。

据，于是就产生了"道"的观念。因为道家所谓的"道"，其根本的特征正是"素朴"、"自然"、"无为"，它显然是道家所赞颂的原始氏族社会的特征在道家思想中的一种抽象化了的反映。"道"被说成是产生和决定万物的本原，什么东西也离不开它，实际就是说原始氏族社会所具有的"素朴"、"自然"、"无为"的特征是完全合乎世界本性的，是宇宙的不可动摇的根本原则的表现。在我们的哲学史研究中，对"道"的观念的来源作过种种解释，但常常只看到它同古代思想家对自然的观察和宇宙起源的解释的关系，而没有看到它同道家对原始氏族社会的认识和看法密切相关。在我看来，"道"这一根本概念的提出，其根本目的首先是为了论证原始氏族社会绝对永恒的合理性和优越性。它看来似乎只是一个自然哲学的概念，实际上具有非常现实的社会历史内容。

在道家看来，"道"是产生天地万物的一种能动的但又是无形的实体，在空间和时间上都是无限的。它是宇宙万物的创造主，但它本身却不是其他任何东西创造出来的，它就是它自身产生和存在的终极原因。而且它产生创造万物的一切活动和作用都是无意识无目的的，不同于有意识有目的上帝或人格神。虽然道家也并不否认上帝鬼神的存在，但它认为这上帝鬼神也是"道"所产生创造出来的。这样一种"道"的观念，不同于客观唯心主义者柏拉图、黑格尔所说的"理式"或"绝对理念"。因为"道"是存在于天地产生之前的一种混沌不可名状的实体，道家是把它作为"混成"的"物"来看待的，也就是老子所谓的"有物混成，先天地生"。在中国古代语言中，"物"这一概念是不能用来指精神、观念的。因此，"道"不是柏拉图所说的"理式"，即先于具体事物而存在普遍概念，也不是黑格尔所说的"绝对理念"，即先于具体事物而存在的逻辑范畴。但是，在另一方面，"道"也不能看作是一般唯物论者所说的物质，因为它是一种无所不能的创造的力量，也可以说是宇宙的生命。所以，把"道"简单地说成唯心论或唯物论的观念看来都不太适合，实际上它接近西方哲学中的泛神论观念，即把无限的宇宙自然及其运动变化看作就是神。从思想史上看，一般而言，泛神论是从信仰人格神的观念向否定人格神的唯物论的观念过渡的中间环节。道家的"道"的观念大致上也是这样。它已经否定了世界是人格神的有意识的创造的结果，但又还没有达到完全明确的唯物论的观念。因而，后世既可以对道家的"道"作唯物论的解释（如韩非），也可以把它引向唯心主义（如道教）。不过，总的来看，道家泛神论的观念所包含的唯物论的内容虽不如西方斯宾诺莎的泛神论那么明确，但其主要方面还是倾向于唯物论的。泛神论在中国古代哲学中的表现及其与美学的关系，是一个很值得深入研究的问题。儒家思想中也有泛神论的观念存在。

在道家看来，"道"是万物产生和存在的根本，同时也是美的产生和存在的根本。"道"的本质特征在于自然无为，因此美的本质特征也在于自然无为。得"道"才能得"美"，违背了"道"就无任何美之可言。《庄子》中说："素朴而天下莫与之争美。"① 又说："澹然无极而众美从之。"② 这里所谓的"素朴"、"澹然无极"都是自然无为的意思。《庄子》还说："天地有大美而不言，四时有明法而不议，万物有成理而不说。圣人者，原天地之美而达万物之理，是故圣人无为，大圣不作，观于天地之谓也。"③ 这里更为明确地指出了"无为"是美的本质所在。因此，要理解道家对美和与之相关的艺术的看法，关键在于分析道家所谓自然无为的实际涵义。

讲到道家的自然无为的思想，一般都认为它是一种纯粹消极出世的思想，此外再没有别的了。这是一种非常简单肤浅的看法。实际上，道家所说的"无为"并不是完全消极地否定一切，抛弃一切，而恰好是要通过"无为"达到"无不为"，即达到一种绝对自由的境界。在"无为而无不为"的说法里，包含着道家对于规律、必然与自由的关系的深刻理解。"无为"是顺应自然规律，不用人为的活动去破坏自然规律；"无不为"则是由于顺应自然规律自然而然地获得了一切，实现了一切，也就是达到了高度的自由。在道家看来，自由

① 《庄子·天道》。
② 《庄子·刻意》。
③ 《庄子·知北游》。

是规律自身自然而然地发挥作用的结果，规律自身的发生作用即是自由的实现。相反，破坏和违背自然的规律，是不可能得到自由的。道家的这种思想固然常常忽视了人认识、掌握和应用规律的能动性，但它看到了规律与自由的统一性，看到了高度的自由是规律自然而然地发生作用的结果，这却是十分深刻的，并且从根本上把握住了美与艺术的特征。因为美与艺术的领域正是规律与自由达到了高度统一的领域，规律不是外在于人的自由，束缚和否定着人的自由的东西；相反，正是在规律不受任何干扰地发生作用的过程中，自由获得了完满的实现。这种规律与自由完全合为一体的境界，即是美的境界。道家虽然很少正面地谈到美，但《庄子》书中许多地方都讲到了这种以规律与自由的完全合一为特征的审美境界。以"无为而无不为"为其根本原则的道家哲学，特别是庄子哲学，是处处与美学相通的，和美学浑然一体，不可分离。因为道家哲学所不倦地追求着的是人生的一种自由的境界，这种自由境界也正是一种审美的境界。

我们先来考察一下道家对自然的看法。道家认为自然本身的运动变化正是他们所说的"无为而无不为"的"道"的最完满的体现。因为自然的一切变化完全是自发的、无意识的，但正是在这种自发的、无意识的变化中，自然又成就了一切目的。道家从自然的变化中观察到了合规律与合目的的高度统一，看到了自然生命不受任何外力干预的自由生活，并且以之作为人类生活所应当效法的理想。在中国古代思想家中，道家最热爱大自然，认为自然生命的不受拘束的自由表现是非常之美的。《庄子》书中多次描写了这种自然生命的美。例如，翩翩飞舞的蝴蝶①，"十步一啄，百步一饮"的"泽雉"②，"陆居则饮草食水，喜则交颈相靡，怒则分背相踶"的马③，"栖之深林，游之坛陆，浮之江湖，食之鳅鲦，随行列而止，委蛇而处"的

---

① 见《庄子·齐物论》。
② 见《庄子·养生主》。
③ 见《庄子·马蹄》。

鸟①，"出游从容"的鱼②等等，都因为显示了自然生命的自由自在而使人感到十分之美。如果人为地破坏它们的天然状态，那也就毁坏了它们的美。在道家看来，只有让事物纯任自然地表现出它们的本性，显示出它们的自由，这才会有美的存在。

我们再来看看《庄子》书中许多关于"道"与"技"的寓言，同样是以规律与自由的高度统一为美。而这种统一，又是来自人对自然规律的顺应，使规律的作用与人的目的实现完全合而为一的结果。例如，《养生主》中所讲到的庖丁解牛，在庄子的笔下就像一场给人以美的感受的音乐舞蹈表演。而庖丁解牛之所以能恢恢乎游刃有余，表现出高度的自由，是因为他能"依乎天理，批大郤，导大窾，因其固然"，即完全合乎牛的解剖结构的规律。再如《达生》中讲到吕梁丈夫之所以能在急流险滩中游泳自如，是因为他能够"与齐俱入，与汩偕出，从水之道而不为私"，即完全符合于流水的规律。其余如宋元君画图③，"梓庆削木为鐻"④，"工倕旋而盖规矩"⑤等等寓言，都说明了规律与自由的高度统一。也就是说只有实行"无为"，即纯任自然，才能取得高度的自由。后世经常引用《庄子》中的这些寓言来说明艺术创造的道理，其原因就在于规律与自由的高度统一正是一切成功的艺术创造的特征。

最后，我们再来看看道家对社会生活的美的认识，在根本上也是以纯任自然而达到高度的自由为美。如《庄子·缮性》中赞美古代的氏族社会说："古之人，在混芒之中，与一世而得淡漠焉。当是时也，阴阳和静，鬼神不扰，四时得节，万物不伤，群生不夭，人虽有知，无所用之，此之谓至一。当是时也，莫之为而常自然。"在庄子后学看来，这是一个极为美妙的社会，而它的特征就在"莫之为而常自然"。《天地》中对于这一点有更为具体的说明："端正而不知以

① 见《庄子·至乐》。
② 见《庄子·秋水》。
③ 见《庄子·田子方》。
④⑤ 见《庄子·达生》。

为义，相爱而不知以为仁，实而不知以为忠，当而不知以为信，蠢动相使而不知以为赐。"总之，人们是相亲相爱，处处互相帮助的，但却又是完全出于自然的，根本不是有意识地认为自己是在行仁义忠信之道。从社会的发展来看，这些说法并不是完全出于庄子后学的编造，而是恩格斯曾经指出过的氏族社会中人们"爱好自由，以及把一切公共的事情看做是自己的事情的民主本能"④ 在庄子后学头脑中的留存和反映。从美学上来看，它又说明了道家认为社会的美在于人与人之间的相爱与和谐相处不是外在的义务或道德命令，而完全成为每一个人的本能。一切都是自然而然地发生的，但又是完全合乎社会性的人的要求的，个体与社会达到了高度的和谐，这就是社会生活中人的自由的完满实现，也就是美。

但是，在道家看来，社会的这种自然而然形成的理想状态，因为"圣人"的出现，统治者推行各种仁义道德、典章法律制度而遭到了破坏，实际上也就是因为伴随着阶级对立而来的文明社会的出现而遭到了破坏，产生了各种虚伪的罪恶的现象，人们相互无情地争夺，每一个人都成了物的奴隶。道家把这种现象说成是背离了自然无为的"道"的结果，而要重新使人得到自由，就必须恢复和实行自然无为的原则。但是，阶级社会的出现终究已经是一个既成的事实，道家作为阶级社会中的思想家在根本上也没有否认阶级划分的合理性。因之，所谓实行自然无为的原则，在道家特别是在庄子那里并不是消灭阶级的对立，而是对人世的生活采取一种纯任自然的态度。用我们现在的话来说，也就是超功利的态度，由此去达到人生的一种自由境界，亦即美的境界。在这点上，道家又发挥出了一种极为重要的美学观点。

历来都有不少人认为道家是厌弃和否定生命的，这是一种表面的看法。实际上，道家特别是庄子继承了古代氏族社会重视人的生命自由的观念。如果说老子的思想还带有寡欲和寡情的特点，那么庄子则是热爱生命的。如前所说，庄子看到了阶级社会出现后人的异化现

---

④ 《马克思恩格斯选集》第 4 卷，人民出版社 1972 年版，第 152 页。

象。对于这种使人成为物的奴隶的现象，庄子怀有极大的悲痛，这正是庄子热爱生命的表现。他说："一受其成形，不忘以待尽。与物相刃相靡，其行尽如驰，而莫之能止，不亦悲乎！终身役役而不见其成功，苶然疲役而不知其所归，可不哀耶！人谓之不死，奚益?"① 庄子的后学还哀叹，"今世俗之君子多危身弃生以殉物，岂不悲哉！"这就像"以隋侯之珠弹千仞之雀"一样，完全是轻重倒置，不懂得人自身的生命的可贵。②"重生"、"养生"、"完身"始终是庄子及其后学的根本思想。但人要怎样才能使自己从外物的奴役下解放出来，保持生命的自由呢？庄子及其后学认为根本的方法就是要对人世的贵贱、祸福、得失、是非以至生死采取一种超然的态度，统统把它们看作是相对的东西，并且是人力所不能左右的，一切纯任自然，"不乐寿，不哀夭，不荣通，不丑穷"③，"安时而处顺，哀乐不能入"④；这样就可以保持生命的自由，不至于"与物相刃相靡"，一生为外物所支配而劳神苦心了。在庄子及其后学看来，采取这样一种超然于人世得失的生活态度，亦即符合于"道"的自然无为的态度，就可以达到一种绝对自由的境界，得到真正的美。这就是我们在前面已经提到的"素朴而天下莫与之争美"，"澹然无极而众美从之"的真实涵义。《庄子》书中所描写的"神人"、"至人"、"真人"的生活境界，就是一种超出了人世得失的绝对自由的生活境界，同时也就是一种最美的生活境界。《齐物论》中描写"至人"的生活说："至人神矣！大泽焚而不能热，河汉沍而不能寒，疾雷破山〔飘〕风振海而不能惊。若然者，乘云气，骑日月而游乎四海之外。死生无变于己，而况利害之端乎！""至人"既然连生死都不放在心上，还有什么东西能够使他忧虑恐惧的呢？这样的"至人"也就超越和支配了整个天地，而获得了庄子常说的"天地之大美"了。在所有这些看来是虚幻的

---

① 《庄子·齐物论》。
② 《庄子·寓言》。
③ 《庄子·天地》。
④ 《庄子·大宗师》。

夸大的说法里，包含着美学上的一个深刻的真理，那就是把美同"素朴"、"无为"、"澹然无极"联系了起来，也就是把美同超功利的生活态度联系了起来。这是道家美学的一个十分重要的贡献。因为美的产生虽然在根本上离不开功利，但美之为美却又是超越了狭隘有限的实用功利的。只有当人类超出了实用功利需要的满足，不以功利的满足为生存的最终目的，他才能把自身的生活当作人的自由创造的表现来加以观照，从中感受到美。而庄子恰恰是这种超功利的生活态度的热烈的倡导者，而且庄子所说的超功利具有一种极为雄大的气魄，不但功名利禄是为他所蔑视的，就是生死在庄子看来也不过是不可避免的自然变化，完全用不着对死感到恐怖悲哀。但庄子又并不因此而否定人生的意义和价值；相反，他正是要人们通过这超功利的态度去摆脱人生的种种痛苦和不安，达到一种"不以物挫志"①，而"与物为春"② 的自适自得的生活境界。这样一种生活态度，正是一种超功利的审美态度，而它所达到的境界也正是一种审美的境界。在《庄子》全书中，我们随处都可看到庄子及其后学是以一种极为达观的审美态度去看待生活的。他们热爱自然生命的美，珍视"鱼处于陆，相呴以湿，相濡以沫"③ 的仁爱精神，赞美外形奇丑但却有高尚精神的人④，憎恶统治者的虚伪、巧诈、顽冥和残暴，其基本的精神是乐观、明朗、向上的。历来都有人声称庄子是混世主义或滑头主义者，这其实是一种皮相的看法。从庄子所说的超功利实际上只能是精神上的自我解脱这一点来说，庄子的生活态度无疑带有虚幻的自我安慰，甚至是自我欺骗的性质，但庄子所要达到的却是一种纯洁高尚的、自由的生活境界，这就决不可以同那些但求苟全性命，把追求个人渺小私利的满足看得高于一切的混世主义或滑头主义者相提并论。很显然，如果庄子真的是一个混世主义者或滑头主义者，他会赞赏宋

---

① 《庄子·天地》。
② 《庄子·德充符》。
③ 《庄子·大宗师》。
④ 见《庄子·德充符》。

元君的画史中那位在权贵的面前解衣般礴、旁若无人的画史吗？他会有那么纯真而丰富的审美感受，怡然欣赏"鯈鱼出游从容"之类的美吗？简单地论定庄子是混世主义者或滑头主义者，我认为是不正确的，是一种只看表面现象的轻率的论断。

四、儒家美学和道家美学的区别和联系

儒道两家美学是中国古典美学的两大基本派别。我们在下面将要谈到的楚骚美学和禅宗美学的产生都同这两大基本派别分不开。因此，在分述了儒道两家美学的基本思想之后，很有必要进一步来分析一下它们之间的区别和联系。通过这种分析，我们可以更加清楚地看出儒道两家美学的实质。

儒道两家美学的歧异，最根本的是由于它们站在不同的立足点上来看社会和人的本质。儒家站在维护和肯定奴隶制社会的立场上，高度重视维护奴隶制的上下尊卑的伦理道德关系。它虽然也十分重视个体生命的发展，但它认为个体只有在处处遵循奴隶制上下尊卑的伦理道德的情况下才可能得到发展。因之，对于儒家来说，美归根结底是伦理道德的善的表现形式，而且这种善又是一点也不能脱离奴隶制严格的等级制度的。美必须与这种善相统一，不能违背它。虽然孔子也不否认美自身具有给人以感官愉悦的相对独立的价值，但如果它脱离违背了善，那就是没有意义的。所以孔子说："人而不仁，如乐何？"① 在儒家的思想里，美是必须从属和服从于善的。这种思想，极大地强调了审美和艺术的社会作用，高度重视审美和艺术的社会功能，形成了我国古典美学的一个良好的传统。但是，在另一方面，由于在儒家的思想中美处在从属于善的地位，只是善的表现形式，因而美与善的统一经常是一种外在的统一，它的发展处处都必须受善的规定和限制。在这种情况下，美失去了自身的不能为善所代替的价值，当善被片面地加以强调的时候，就会导致对美的否定。这经常出现在

———————

① 《论语·八佾》。

统治阶级和人民发生了尖锐矛盾，竭力要从伦理道德上加强它对人民的统治的时候。此外，由于统治阶级自身的腐化，也会引起美与善的分裂和矛盾。中国文学批评史上关于文与道、质与文、华与实的一次又一次的讨论，实际上就是美与善发生了分裂矛盾的表现。两者如何才能达到内在的统一呢？这个问题始终是中国的奴隶主阶级和封建阶级都无法彻底解决的。因为它们所说的善都有其阻碍社会发展，压制人民个性的一面（特别是在统治阶级衰落的时期更是如此），因而也就不可能从根本上同美保持长时期的统一。这种情况反映在儒家的美学思想上，使得儒家虽然要求美善统一，但却又无法消除美对于善的从属、附庸的地位，美自身不同于善的独立的价值始终未能得到充分承认，这就束缚了我们民族的审美意识和艺术的发展。由此也可以看到，儒家对于美学虽然作出了重要贡献，但儒家美学基本上还是一种伦理学的美学，美学还没有从伦理学中分化独立出来。着重从社会伦理道德的角度去观察美与艺术的问题，这是儒家美学的重大优点，但同时也包含着它的重大缺点。这种缺点直到现在还在产生影响。

和儒家不同，道家对于那被奴隶制社会取代了的原始氏族社会充满向往之情，对新起的奴隶制社会的文明是否定的。他们站在肯定和赞美氏族社会的立场上来看各种社会问题和人的本质问题，认为奴隶制社会的维护者儒家所提倡的礼法和仁义道德恰好从根本上破坏了原始氏族社会那种素朴天然的状态，使人们变得虚伪、奸诈、自私、残忍，带来了各种前所未有的社会灾难，人完全成了他所追逐的各种物欲的满足的奴隶，在各个方面都被异化了。道家并不否定儒家所说的"爱人"，不否定社会的人所应有的仁义道德，但他认为在氏族社会中，人们并不知道什么是仁义道德，也没有意识到要行什么仁义道德，可是人们的行为却是处处合乎仁义道德的，真诚地相爱的。我们已经说过，道家的这种说法看到了在氏族社会的纯朴状态下，道德完全是人们的一种社会本能，不是迫于社会舆论而不得不实行的一种外在的行为规范。进入奴隶制社会之后，道德变成了维护统治阶级利益的工具，统治者采取各种方法强令人民必须处处实行它，实行的结果使人民失去了个性的自由，成了道德的牺牲品；而统治者自己却可以不顾道德为所欲为，把道德变成他们营私利己，奴役人民的手段。对于这种现象，道家曾作了许多十分大胆和深刻的批判。道家既然对建立在上下尊卑伦理道德等级制度之上的奴隶社会，对儒家大力宣扬的仁义道德采取了否定的态度，因而也就根本不承认美是儒家所说的仁义道德的表现，从来不像儒家那样处处联系着善去讲美，把美看作是必须从属和服从于善的东西。道家以自然无为为美，从社会历史的角度来看，就是以原始氏族社会中那种天然素朴的状态为美。道家对自然无为的赞美，实质上也就是对与奴隶制社会不同的、原始氏族社会天然素朴状态的赞美。恩格斯曾经称赞："这种十分单纯质朴的氏族制度是一种多么美妙的制度呵！"[1] 尽管道家对氏族制度的本质的认识是绝对不能同恩格斯相提并论的，但道家确实对这种"十分单纯质朴的氏族制度"发出了一次又一次的赞美。这在《老子》和《庄子》中都可以找到大量的证明。总之，自然无为是道家对于美的根本观念，是道家哲学和美学的核心。而这种观念，如我们在上节中已经分析过的，是以顺应自然规律而取得高度的自由为美，也就是以自然规律和人的自由的高度统一为美。一切仁义道德的规范，在道家看来都不能损害人的生命的自由发展，都不应当是从外部来束缚和毁损人的生命的自由发展的东西。如果不是这样，那么仁义道德就是人的一种"桎梏"、枷锁，就应当抛弃它。同样，人的各种欲望的满足，包括功名利禄、富贵寿考的追求，如果是以人的生命的自由的牺牲为代价的，那也是极端有害而必须加以抛弃的。所以，庄子处处提倡一种超功利的生活态度，力求要使人从外物的统治下解放出来。从历史的渊源来看，我认为道家是充分地继承了恩格斯所指出过的"野蛮人"（即原始氏族社会成员）的"爱好自由"的观念的。这种观念，恩格斯认为是"氏族制度的果实"[2]。道家以自然无为为美，即是以人的自由的生活境界为美。这是道家美学特别杰出的地方。由于以自由的生活境界为美，由于在道家看来仁义道德不能破坏人的自由的发

---

① 《马克思恩格斯选集》第4卷，人民出版社1972年版，第92页。
② 《马克思恩格斯选集》第4卷，人民出版社1972年版，第152页。

展而应当与之相一致，因之，在道家的观念里，美是包含了善而又超越了善的，从而美也就获得了它自身的独立的崇高的价值，不是善的附庸。这在中国美学史上，是有着极为重要的意义的。如果说儒家的美学还是一种伦理学的美学，美学是处处依附于伦理学的，那么道家的美学则是超出了伦理学的，它已经是纯粹意义上的美学，其地位高于伦理学。

由上述儒道两家美学的根本差异，又生出了儒道两家美学在许多方面所具有的鲜明的不同特征。概而言之，主要有下述几个方面。

第一，儒家视善为美的根本，它极其重视的核心问题是如何通过审美与艺术，用社会性的伦理道德思想去陶冶感化人们的感情。尽管这也包含着儒家对审美与艺术的特征的重要认识，但其基本思想是把审美与艺术当作一种进行道德教育的手段，非常强调伦理道德对情感的控制约束作用，对审美不同于道德教育的特征认识不足。道家则不同，它以自然无为为美，即以人的精神、情感的纯任自然的自由的表现为美，因而它对审美与艺术的特征有着远比儒家更为深刻的认识。道家从不像儒家那样处处主张用伦理道德去规范约束人们的情感，相反，它十分强调审美所特有的直觉性，以及下意识的活动和想象等等的作用。道家关于"言不尽意"的思想，关于"心斋"、"坐忘"等等的说法，实质上讲的是一种与科学认识不同的超功利的审美感受。我们的中国哲学史著作看不到这一点，用哲学认识论的观点去分析道家的这些说法，对道家大加指责，这是很不适当的。实际上，从审美感受的角度去看，道家的这些说法并不是荒谬的无稽之谈，而有着深刻的意义。如所谓"徇耳目内通而外于心知"[1] 的说法，就指出了审美感受不是对外物的一种理智的科学的思考，而是对于人身的生活的一种超功利的自由的直观和体验。此外，《庄子》书中许多关于"道"与"技"的寓言，实际上指出了艺术创造活动既是一种处处合规律的活动，同时又是一种高度自由的活动。在中国美学史上，如果说儒家美学在阐明审美与艺术的社会作用方面作出了突出的贡献，那

---

[1] 《庄子·人间世》。

么对审美与艺术创造的特征的深刻认识，则主要应归功于道家。后世关于审美与艺术创造的特征的种种说法，基本上是渊源于道家的。

第二，儒家视善为美的根本，因此它对于美与艺术主要是从个体与社会的关系这一角度去观察的，它所强调的是个体的道德精神的美，相对来说比较忽视从人与自然的关系的角度去观察，忽视自然美。即令是谈及自然美的时候，也是把自然作为道德精神的象征来看待的。道家则不同，它极为重视人与自然的关系，把人与自然的高度统一，人同永恒无限的自然的合一看作是最高的美。庄子的"逍遥游"的思想充分地表现了这一点。人与无限的宇宙、自然的合一，始终是道家的理想。但这又没有什么神秘的宗教崇拜，使人匍匐于自然之前的观念；相反，是要把人与自然的关系提高到一种绝对自由的境界，不受时间和空间的束缚，也不受任何有限的个别自然物的束缚。儒家与道家都有天人合一的思想，但前者主要是通过道德精神的完善而与天地合一，后者则是要从人与天地的合一中达到个体的绝对自由。前者伦理学的意义大于审美的意义，后者则可以说是纯粹审美的。天人合一同中国古典美学有着极为重要的关系，我们后面还要谈到。这里所要指出的是：道家比儒家更重视从人与自然的关系去观察美的问题，中国古典美学中关于自然美的理论大部分是由道家奠定的。中国艺术所特有的空间意识，即对无限广阔自由的空间的追求也同道家分不开。

第三，在审美的理想、趣味上，处处要求用伦理道德原则去规范个体感情的儒家，比较重视一种有严格程式的人工的美，其基调往往是严肃、刚正的；相反，处处要求任情适性，使个体的情感获得充分自由的表现的道家，则比较重视一种不假人工的，自然天成的美，而且不排斥对奇特丑怪的美的追求，其基调经常是奔放自由的。前者一般具有一种严谨的现实主义精神，后者则常常充溢着浓烈的浪漫主义气息。这两种不同的理想、趣味，鲜明地表现在中国历代的艺术中。

第四，儒家在谈到诗的作用时肯定了诗"可以怨"，这里所说的"怨"包含了"刺上政"（孔安国注）的意思，汉儒曾经加以发挥。这说明儒家美学对不合理的社会政治是主张加以揭露批判的，但这种揭露批判最终仍然是为了更好地实行儒家提倡的仁义道德，巩固统治阶级的统治。所以，"怨而不怒"是儒家的基本思想。道家则不同，它有着远远超过儒家的批判性。因为它对于阶级社会的文明是持强烈的否定态度的，非常大胆而有力地揭露了它的虚伪和黑暗。这样的例子在《庄子》书中随处可见。如《外物》中讲的"儒以诗礼发冢"（即盗墓）即是对儒家的一个极为尖刻而巧妙的讽刺。儒家所谓"怨而不怒"的原则，道家是根本不遵守的。历来被人看作混世主义、滑头主义的道家，其实有着强烈的正义感和无所顾忌的批判精神。他们的某些看来是混世的说法，是为了逃脱黑暗势力的迫害，以免死于非命的"不得已"的手段。① 实际上，在他们的内心里燃烧着对黑暗势力的怒火，并且常常情不自禁地表现出来。道家的这种大胆的批判精神对后世产生了深远的影响，成为打破儒家思想束缚的有力武器。特别是在明中叶资本主义萌芽出现之后，它就同当时在一定程度上主张个性解放的思想结合起来了。汤显祖、袁宏道以至曹雪芹这些人，无不受着庄子思想的深刻影响。

第五，儒家充分肯定了美给人以感官愉悦的形式——"文"，道家几乎不讲"文"这个概念，但并不否认感性形式的美。如庄子思想中的"神人"就具有"肌肤若冰雪，绰约若处子"② 的美，《老子》书中所说的"小国寡民"的理想社会，也是一个"甘其食，美其服"③ 的社会，并不是不要美。但《老子》书中又说过"五色令人目盲，五音令人耳聋"④ 的话，《庄子》中进一步作了发挥（见《胠箧》及其他各章），并且多次讲了美丑是相对的，宣称"厉与西施，恢恑憰怪，道通为一"⑤，因此许多人认为道家是美的否定者。其实，把个体生命的保存和发展放在最高地位的道家并不是从根本上

---

① 《庄子·人间世》。
② 《庄子·逍遥游》。
③ 《老子·八十章》。
④ 《老子》第十二章。
⑤ 《庄子·齐物论》。

否定美，而只是否定在进入文明社会之后，统治阶级所追求的那种放肆的，有害于生命的感官享乐的"美"。例如，据《国语》记载，周王决心要铸一个"听之弗及，比之不度"，大而又大的钟，以此为"乐"，单穆公就曾经激烈地反对，认为"夫乐不过以听耳，而美不过以观目。若听乐而震，观美而眩，患莫甚焉"。这不就是老子所谓"五色令人目盲，五音令人耳聋"的意思吗？在奴隶社会初期，统治阶级以强烈的感官刺激为美的情况是很多的，老子所谓"令人目盲"、"令人耳聋"的说法就是对这种情况的批判。至于庄子强调美丑的相对性，也并非根本否定美丑的区别，而是要人们不要执著于这种区别，因得美而喜，失美而哀，为追求美而丧身失性。而且在庄子的这种说法里，还包含了美丑的条件性以及两者可以相互转化的辩证观念。总之，道家看来好像是否定了美，其实他所否定的仅仅是世俗所追求的各种有害于生命的美，反对把声色的美的追求看得比人自身的生命更重要。在道家看来，真正的最高的美在于人的生命的自由发展，一切声色之美的追求如果有害于它，那就是没有价值的、应当抛弃的。儒家认为感性形式的美在于它表现了伦理道德（"质"），道家虽不否定感性形式的美，但他认为真正的最高的美是超越感性形式美的一种自由的生活境界，因此形体上残缺丑陋的人在道家看来也可以是美的。这是比儒家更为深刻的看法，它开启了后世中国美学以"意境"为美的理论。

儒道两家的美学处处显得是互相对立的，但同时也有着共同的可以相通的地方。首先，它们都是在充分肯定人的生命的意义和价值的前提下来观察美与艺术的问题的，都要求人的生命应当得到正常合理的发展，既反对禁欲主义也反对纵欲主义。其次，道家虽然对文明社会进行了猛烈的批判，但如我们已指出过的，他并不否定阶级的划分的必要性和合理性，这又是同儒家的根本思想一致的。道家实际是希望奴隶社会的统治者像氏族社会的首领那样实行"无为而治"，这当然是一种十足的幻想。再次，儒家在推行仁义之道遭到失败、没有出路的时候，常常会倾向于道家思想，从道家思想中求得某种精神的解脱。孔子所谓"道不行，乘桴浮于海"的说法，以及孟子的"达则兼善天下，穷则独善其身"的说法，已经透露了此中的消息。由于以上所说的各个方面的原因，使得儒道两家既是互相对立的，但又不是不能并存的死敌。历史的记载曾有孔子问道于老子的说法，不论是否属实，都说明了儒道两家是可以共同讨论问题的，这和儒家与墨家、法家的关系很不一样。正因为如此，儒道两家的对立的观点经常是互相补充和互相转化的。① 虽然在中国历史上儒家占着主导的地位，但儒家一般都不绝对地排斥道家，两者常常可以并行不悖。实际上，从战国后期开始，儒道两家的思想就已出现了相互融合渗透的情况。下面我们就来从美学的角度考察一下儒道两家美学的相互渗透。

五、儒道两家美学的相互渗透及楚骚美学的产生

儒道两家美学的相互渗透有种种表现。大致说来，《周易》的美学，以屈原为代表的楚骚美学，《吕氏春秋》的美学，《淮南鸿烈》的美学，扬雄的美学，以至魏晋玄学的美学，都明显地表现了儒道两家美学的相互渗透。但其中的情况又各有不同。《周易》的美学明显地吸取了道家关于自然的思想以及道家的辩证观念，大大丰富了儒家美学，但它又把道家的思想完全儒家化了。《吕氏春秋》和《淮南鸿烈》的美学，兼有儒道两家的思想，但还没有很好结合，基本上是并列杂存的。《吕氏春秋》儒家的成分较多，《淮南鸿烈》则道家的成分较多。扬雄的美学也吸取了道家思想，但儒家思想明显是主体。魏晋玄学的美学有儒家思想的成分，但道家思想明显是主体。因之，以上所说的这些美学思想虽然表现了儒道两家美学的相互渗透，但在根本点上或属于儒，或属于道，并未超出儒道两家的范围。只有以屈原为代表的楚骚美学融合儒道两家的美学而形成了一种既不完全同于儒家，也不完全同于道家的新的美学倾向，并在中国美学史上和文艺史上产生了巨大影响。因此，我们研究儒道两家美学的相互渗透，主

---

① 在我国，"儒道互补"思想的提出，见于李泽厚著《孔子再评价》和《美的历程》。

要应研究楚骚美学。自先秦以来，中国古典美学实际上可以划分为四大潮流，这就是儒家美学，道家美学，楚骚美学和我们下面即将讲到的禅宗美学。① 其中，儒道两家是最基本的，楚骚美学是儒道两家美学融合的结果，禅宗美学则是道家思想与佛教唯心主义融合的结果，但也不同程度地含有儒家的思想。

楚骚美学对儒家思想是采取了明显肯定的态度的。从《离骚》就可以清楚地看出，屈原赞颂"尧、舜之耿介"，"依前圣以节中"，"就重华而陈词"，认为"汤禹俨而祗敬兮，周论道而莫差。举贤而授能兮，循绳墨而不颇。……夫孰非义而可用兮，孰非善而可服。"特别是荀子思想对屈原的影响最为明显，除社会历史的原因之外，这可能是荀子曾长期居楚，在楚国有很大影响的缘故。屈原的"为美政"，举贤授能，重法度的思想，同荀子的有关说法一加对照，相同之处非常清楚。《离骚》开头说的一句为人们所熟知的话："纷吾既有此内美兮，又重之以修能"，实际上也是荀子的重视后天学习修养的思想。这里的所谓"内美"指的是天生的资质之美，历来的注家无异义。"修能"则有人解释为美好的修饰，其实从《离骚》全文来看，指的是在天生的美好的资质之外又加之以后天的努力学习修养。戴震注："内美，生而质性容度之粹美。修能，好修而贤能。"胡文英注："内美，本质也。修能，学习也。"② 这些说法我认为是合乎屈原的原义的。在美学上，屈原也明显地主张美是充满于内部的善表现于外部的结果，赞成儒家的文与质统一的说法。《离骚》中反对"虽信美而无礼"，"羌无实而容长"；《怀沙》中说："内厚质正兮，大人所盛"，"文质疏内兮，众不知余之异采"。《思美人》中说："纷郁郁其远蒸兮，满内而外扬。"《橘颂》中说："青黄杂糅，文章烂兮；精色内白，类任道兮。"这都明显是儒家文质统一的思想。

但是，在另一方面，屈原的思想中同样明显地有道家，特别是庄

_____

① 这一看法在我国的明确提出，见于李泽厚写的宗白华《美学散步》一书的序言。

② 见游国恩主编《离骚纂义》，中华书局 1980 年版，第 25 页。

子的思想。庄、屈的相近相似之处，前人如王国维、刘师培等人早已有所论述。这种相似相近，我认为一方面是屈原所信仰的儒家思想的内在矛盾无法解决的结果，另一方面又同道家思想本来是以楚国为中心的南方历史条件下的产物分不开。屈原诚挚地奉行儒家的"为美政"，忠君爱国爱民的思想，但结果却遭到了小人的打击陷害，君主的疏远放逐，陷入了极大的痛苦和不平之中。这种痛苦和不平把他推向了道家思想一边，对儒家的仁义道德是否真能实现发生怀疑，产生了《庄子·骈拇》中所说"意仁义其非人情乎！彼仁人何其多忧也"的想法，并且企图像道家那样遨游宇宙，求得精神的解脱。如《涉江》中说："忠不必用兮贤不必以，伍子逢殃兮比干菹醢。与前世而皆然兮，吾又何怨乎今之人。"这使我们想起《庄子》书中所说的"人主莫不欲其臣之忠，而忠未必信，故伍员流于江，苌弘死于蜀，藏其血三年而化为碧"①。《涉江》中还说："世溷浊而莫余知兮，吾方高驰而不顾。驾青虬兮骖白螭，吾与重华游兮瑶之圃。登昆仑兮食玉英，与天地兮同寿，与日月兮齐光。"这又显然同道家思想相通，使我们想起《庄子·在宥》中"……余将去女（汝），入无穷之门，以游无极之野。吾与日月争光，吾与天地为常"的说法。总起来看，道家思想对屈原思想的影响主要表现在两个方面：首先是对志士仁人备受压抑打击，而无耻小人却到处得势深感愤慨，也就是《庄子·骈拇》中所说："今世之仁人，蒿目而忧世之患；不仁之人，决性命之情而饕贵富。"这在屈原心中引起了深刻的共鸣。其次是愤慨于人世的不平而思高举远游，即庄子所说的"乘云气，御日月，而游乎四海之外"②。这在《离骚》及其他作品中均屡有表现。

但是，需要注意的是，屈原虽然受着道家思想的影响，但他却又始终不接受道家那种和光同尘，不遣是非，与世俗处的思想，而坚持真、善、美与假、丑、恶是绝对不能调和的，不惜以生命去殉自己的理想。《离骚》中说："民生各有所乐兮，余独好修以为常。虽体解

---

① 《庄子·外物》。
② 《庄子·齐物论》。

吾犹未变兮，岂余心之可惩！"女嬃劝屈原抛弃他的这种想法，所持的理由其实就是道家曾经多次说过的直道而行决不会有好结果，主张"以天下为沈浊，不可与庄语"的意思①，然而屈原却决不接受。此外，《惜诵》中的厉神对屈原的疑问的回答，《渔父》（非屈原所作，但可以见出屈原的思想）中的渔父对屈原的劝告，都更为明显地是用道家的思想来说服屈原放弃他的理想，但屈原同样拒不接受。由此可以看出，屈原一方面接受了道家思想的影响，另一方面却又坚决拒绝接受道家的"一龙一蛇，与时俱化"②的思想，始终坚持着儒家积极入世，以身殉道的精神。由于受到道家思想影响，使得屈原具有一种憎恶人世不平和黑暗的批判精神，并且重视个体的精神自由，不处处受儒家礼法的束缚；但另一方面，他又没有像道家那样流入消极避世，佯狂无为。我们完全可以说，屈原在一定程度上把道家追求个性自由的思想和儒家积极入世的精神结合起来了。这正是屈原思想的特点所在，也是优点所在。表现在美学上，屈原一方面具有道家那种不受拘束的极其大胆的想象，如鲁迅所说的那样，"其思甚幻，其文甚丽，其旨甚明，凭心而言，不遵矩度"③，另一方面却又始终不脱离现实的社会人生，没有失去积极有为的精神。正因为这样，在屈原的作品中，一方面充满着与儒家相通、一致的那种以天下为己任的崇高的道德精神，另一方面这种道德精神又表现在极为奔放、自由、美丽的形象之中，丝毫没有儒家那种严肃的道德说教的气味。虽然屈原也赞同儒家文质统一的思想，但对于屈原来说，美不是善的附庸，而是和善不可分地合而为一的。儒家孔子虽然说过在论及"乐"时，说过既要"尽善"，又要"尽美"的话，④但一般而言，儒家是重善轻美的，而屈原则可以说克服了儒家的这种偏颇，真正使美善两者完满地统一起来了。和道家相比，道家自然也达到了美善的不可分的统

① 《庄子·天下》。
② 《庄子·山木》。
③ 鲁迅著：《汉文学史纲要》第四篇，人民文学出版社 1973 年版。
④ 《论语·八佾》。

一，但这种统一是建立在道家对个体生命的绝对自由境界的追求之上的，一方面有它的异常深刻的地方，另一方面却又不免流入虚幻，而楚骚美学却没有这种缺点。不过，由于屈原坚持着儒家的社会政治思想，因而它对现实的批判性、反抗性又不如对文明社会采取否定态度的道家那么大胆而猛烈。楚骚美学一方面可以说结合了儒道两家美学的优点而避免了双方的缺点，但与此同时又在某些方面失去了双方单独存在的情况下所具有的特出的优点。与儒家美学相比，它既坚持了儒家积极入世的精神，又突破了儒家经典礼法的束缚，这是好的，但在对现实社会的认识的深度和广度上不及儒家。与道家美学相比，它既吸取了道家追求个性自由的思想，又没有陷入虚无出世，这是好的，但在对现实的批判性、反抗性上不及道家。尽管如此，楚骚美学终究作出了儒道两家美学单独来看都不可能作出的特殊贡献，在很大程度上纠正了儒道两家美学各自具有的偏颇，在中国美学史上取得了不依附于儒家或道家的独立地位。后世从儒家立场对屈原所作的种种评价，除班固否认屈原思想同儒家相通、一致之处（这是最保守的儒家分子的评论），王逸天真地把屈原完全儒家化之外，其余刘勰以至朱熹等人都看到了屈原思想中包含着同儒家思想不同的异端，这正是屈原既有儒家思想但又不同于儒家的明证。楚骚美学所作的贡献，主要在保持儒家积极入世精神的基础上吸收了道家，在一定程度上冲破了儒家思想的束缚，大大提高了美的追求在艺术中的地位。即令是对屈原采取攻击否定态度的班固，也不得不承认"其文弘博丽雅，为辞赋宗，后世莫不斟酌其英华，则像其从容"①。仅就艺术的审美境界来说，《楚辞》是超越了《诗经》的，所以鲁迅说："其影响于后来之文章，乃甚或在三百篇之上。"②

楚骚美学的特征，特别是关于它的理论上的说明，首先是表现在屈原的作品中。但除此之外，它也表现在近年来我国出土的许多楚文物，特别是漆器和丝绸的装饰设计上。把楚的文学和艺术作为一个整

---

① 《离骚序》。
② 鲁迅著：《汉文学史纲要》第四篇，人民文学出版社 1973 年版。

体来看，它所表现的美学特征主要有如下一些：

第一，高度发挥了想象、情感在审美与艺术中的作用，不是像儒家那样处处以伦理道德精神来规范想象与情感，而是使伦理道德精神的表现与想象、情感的自由抒发合而为一，前者不是限制、束缚后者的东西。这使得楚国艺术具有一种浓烈的浪漫主义气息。

第二，把人摆在同整个无限的大自然的和谐自由的关系中，不像儒家那样主要着眼于个体与社会伦理的关系。从这方面看，楚国艺术明显地受着道家美学的影响，特别是受着庄子"逍遥游"的影响，对整个自然采取一种鲜明的审美态度，并且追求着一种与无限的自然合一的空间意识。《离骚》说：

> 忽反顾以游目兮，将往观乎四荒。
> 饮余马于咸池兮，总余辔乎扶桑，
> 折若木以拂日兮，聊逍遥以相羊。
> 览相观于四极兮，周流乎天余乃下。
> 和调度以自娱兮，聊浮游而求女。
> 及余饰之方壮兮，周流观乎上下。

其余《湘君》、《悲回风》中也有类似的说法。这些说法里包含着一种重要的审美观念，那就是对整个宇宙"游目"、"流观"的思想，极其重视超出有限事物的束缚达到无限的境界，但又没有走向宗教神秘主义，而始终保持着人与自然的和谐统一，并且高度赞赏生生不息的大自然的力量和运动的美。这表现在屈原的作品中，同时也表现在出土的楚国器物的美化装饰中。如屈原作品中所描绘的"纷总总其离合兮，斑陆离其上下"，"扬云霓之晻蔼"，"高翱翔之翼翼"，"驾八龙之婉婉"（《离骚》），"飞龙兮翩翩"（《湘君》）等景象，在楚文物的丝绸图案中就得到了极生动的表现。

第三，高度重视诉之于感官的繁富、艳丽、热烈的音乐和色彩的美。《离骚》中说："佩缤纷其繁饰兮，芳菲菲其弥章"；《东皇太一》中说："五音兮繁会，君欣欣兮乐康"；这在楚文物的装饰图案中也有鲜明的表现。它不同于孔子所提倡的"素以为绚"、"绘事后素"（《八佾》），崇尚端庄的美；也不同于声称"五色令人目盲，五音令人耳聋"的道家，崇尚素朴的美。在中国古代美学中，楚骚美学最为大胆地尽情追求着感官声色给人的审美愉快，但又丝毫没有后世那种庸俗的富贵气或脂粉气。刘勰在谈到楚骚时曾有"惊采绝艳，难与并能"① 的赞语。这很好地抓住了楚骚的美的特色，同时也完全适用于楚国的其他艺术。

从社会背景来看，楚骚美学是特定历史条件下的产物。要而言之，有以下几个方面是值得注意的：

第一，较之于北方，被目为"荆蛮"的楚国较多地保存了原始氏族社会的传统风习，但同时在生产技术上和思想上又吸取了北方文化，经过长期的艰苦奋斗发展成了一个足以同北方相抗衡的大国。这种情况，造成了两个有利于楚国艺术发展的重要条件。一是人民的个性还未受到北方的礼法教化的束缚，有较多自由发展的余地。《庄子·田子方》中曾记载楚人温伯雪子到齐国，途经鲁国暂住，孔子的门人要求见温，温不愿见，理由是"吾闻中国之君子，明乎礼义而陋于知人心，吾不欲见也"。后来不得不见，见后又再三嗟叹不已，温的仆人问他是何原因，温说："吾固告子矣：'中国之民，明乎礼义而陋乎知人心。'昔之见我者，进退一成规，一成矩，从容一若龙，一若虎，其谏我也似子，其道我也似父，是以叹之也。"这个故事很好地说明了楚人对中原文化的观感，不满于中原那种不近人情的礼法教化，反过来也说明了楚人是比较重视"知人心"，即重视人的个性愿望的。二是楚地重巫，这是原始氏族社会的风习，但楚国究竟又已脱出了氏族社会，生产文化都已有了很大发展，从而又使巫风转化为一种民间的艺术娱乐（这在《九歌》中表现得很清楚），并为艺术的发展提供了极为丰富的古代神话幻想的土壤。我们知道，希腊艺术的鼎盛期处在古代神话传统将要过去但又还没有完全过去的转折

---

① 《文心雕龙·辨骚》。

点上①，古代楚国艺术发展的情况也与此类似。

第二，楚国有着比北方更为优越的自然条件，谋生相对说来比北方要容易一些。《汉书·地理志》的记载说："楚有江汉川泽山林之饶，江南地广，或火耕水耨，民食鱼稻，以渔猎山伐为业。果蓏赢蛤，故呰窳偷生而亡积聚。饮食还给，不忧冻饿，亦亡千金之家。"这种情况，一方面可以看出楚国的贫富分化没有北方剧烈，另一方面由于谋生不如北方那样困难，因而在古代的条件下，除从事满足基本生活需要的必要劳动之外，可以有更多的从事艺术创造活动的自由时间。楚国古代艺术，特别是至今仍使我们惊叹不止的工艺美术的创造，无疑是同这种情况有密切关系的。

第三，南方楚国湖泊纵横，山林连绵，动植物种类繁多，大自然生命的蓬勃，色彩的艳丽，空间的广阔等等，这无疑也对楚人审美意识的形成发生了重要作用。法国美学家泰纳在他的《艺术哲学》中曾多次指出自然环境同一个民族的艺术的发展的重要联系。在我们研究楚骚美学及其在艺术上的表现时，这也是一个值得注意的问题。

总起来看，在我国古代，楚国艺术的发展可以说有一种为北方所不及的得天独厚的条件。马克思在谈到古希腊艺术时曾指出："有粗野的儿童，有早熟的儿童。古代民族中有许多是属于这一类的。希腊人是正常的儿童。他们的艺术对我们所产生的魅力，同它在其中生长的那个不发达的社会阶段并不矛盾。"② 在我看来，处在北方相当艰苦的条件下，并且经历了漫长残酷的战争，在"有虔秉钺，如火烈烈"③ 的气氛下成长起来的北方民族，似乎接近于马克思所说的"早熟的儿童"，对生活的艰辛困苦甚至残酷很早就有了深刻的印象，富于质朴求实的理性精神。而楚民族则处于一种较好的自然条件下，又较长期地保持了原始氏族社会的风习，得到较为顺利和谐的发展。虽然楚人也有尚武精神，但却是与氏族社会的观念联系在一起的，以

---

① 参见黑格尔《美学》第 2 卷，商务印书馆 1979 年版，第 170 页。

② 《马克思恩格斯选集》第 2 卷，人民出版社 1972 年版，第 114 页。

③ 《诗经·商颂》。

为国而死为荣，对战争并无恐怖残酷的观念。《楚辞》中的《国殇》很清楚地表现了这一点，它和《诗经》中那种相当浓厚的厌战思想很不一样。在艺术上，楚艺术和古代神话幻想直接相联，而且人神之间有一种亲切和谐的关系，这又与《诗经》中几乎没有什么神话色彩不同。表现在楚器物上，也看不到北方商周青铜器上常有的那种狞厉威压之感。相反，处处显示出一种近于儿童似的天真优美。如"虎座飞鸟"中的虎，看去宛如为儿童而做的玩具，丝毫没有狰狞可怖的感觉。其余如龙、蛇等动物的表现，也同样如此。看来楚民族是接近于马克思所说的"正常的儿童"的，我们民族的儿童时代可能在楚国获得了较好的发展。而它的艺术，也同样具有如古希腊艺术那样一种显示了"儿童的天真"的"永久的魅力"，但当然又不等同于古希腊艺术，而具有自身的特点。这种特点，我认为就在它比古希腊艺术更多地保存着原始氏族社会的意识，因而也可以说比古希腊艺术更能表现出人类儿童时代的天真、欢快、明朗、活泼。如德国美学家温克尔曼所指出，古希腊雕塑的最重要的特征是"静穆"，而楚艺术却处处化静为动，也不重视古希腊美学家推崇的"比例匀称"、"均衡"诸法则，一切都在运动中，其"均衡"是动态的而非静态的。古希腊艺术还有浓厚的不可战胜的悲剧观念，屈原的作品固然也有明显的悲剧感，但却又充分地肯定着现实人生的欢乐和美好，具有一种超越于生死之上，视死如归的伟大气魄。《怀沙》中说："舒忧娱乐兮，限之以大故。"知道有死而不放弃对人生的欢乐的追求，并且坚信美好的东西终究能战胜丑恶的东西。在上述这些方面，楚艺术优于古希腊艺术。但就面对社会生活中巨大的矛盾、灾难、痛苦，丝毫不回避地去表现它这点来说，楚艺术以及整个中国古代艺术又有不及古希腊艺术的地方。

楚骚美学对后来的中国美学发生了很大影响。汉代司马迁的美学是楚骚美学的继续和发展。其特点是极大地加强了楚骚美学不受儒家礼法束缚的批判性和反抗性，突破了对屈原仍然有严重影响的儒家"怨而不怒"的思想，表现了我国古代人民的英雄主义精神。唐代的韩愈提出"物不得其平则鸣"的思想也显然受到楚骚美学的影响。

楚骚美学与儒家相左的批判性、反抗性，对于美的执著的追求，以及它的浓烈的浪漫精神，始终活在中国历代的美学和艺术中。在明中叶以后，随着资本主义萌芽而来的最初要求个性解放的思想出现以及明王朝的昏庸和走向没落，屈原及其美学思想又受到了很大的重视，出现了一股研究和歌颂屈原的潮流。如画家陈洪绶、肖尺木，思想家王夫之等人，都是屈原的推崇者。

六、禅宗美学的兴起

除儒家、道家、楚骚美学之外，禅宗美学是中国美学史上发生了重大影响的第四个派别。它的产生是同从中唐开始的禅宗这一中国式的佛教的创立和流行分不开的。我们要分析禅宗的美学，首先必须分析一下禅宗的哲学。

禅宗哲学是一个很为复杂的问题。有一种看法认为禅宗思想不外是老庄思想披上了一件佛教的外衣。① 这种看法我认为是不全面的，因为它只强调了禅宗思想同道家思想相同的方面，否认了禅宗思想不只在外表上，而且在实质上都和道家不同，是道家之外一个有其独立地位的思想流派。在我看来，禅宗思想是道家思想同佛教唯心主义结合的产物，它既不能简单地等同于道家，也和从印度传入的佛教唯心主义有很大不同。

禅宗明显地继承了道家的齐万物、泯是非的思想，认为只有这样人才能从尘世的痛苦烦恼中获得自由解脱。和道家一样，如何使人生获得自由解脱是禅宗的中心思想，而且禅宗还比道家更为明确地提出了"如何得自由分？"的问题。② 而所谓自由解脱，又并非像印度佛教思想所说的那样否定现世的人生，希求升入净土天堂。相反，禅宗认为自由解脱并不需要脱离现世人生，"不欣天堂畏地狱，缚脱无碍，即身心及一切处皆名解脱"③。禅宗的真正创始人惠能明确指

---

① 范文澜《唐代佛教》第 66 页。
②③ 《五灯会元》卷 7。

出："法元在世间，于世出世间，勿离世间上，外求出世间。"① 禅家又常有所谓挑水砍柴无非妙道种种说法，越州大珠慧海禅师还声称修道用功，就在"饥来吃饭，困来即眠"②，嘉兴府华亭性空妙普庵主自称"我是快活烈性汉"，"逍遥自在，逢人则喜，见佛不拜"③。种种事实说明禅宗并不否弃现世，毁损生命，而只是要在现世求得一种自由解脱，无挂无碍的生活。这是和印度佛家思想很不相同，而与庄子思想相通的。但是，在如何获得自由解脱，即如何摆脱人世的是非得失的束缚上，禅宗又和道家思想不同。这也就是禅宗之所以成为一个独立思想流派的关键所在。

禅宗和道家都主张对人世的是非得失要采取一种超越的态度。"是非好丑，是理非理，诸知见情，尽不能系缚，处处自在，名为初发心，菩萨便登佛地"④ 但怎样才能做到这一点呢？在道家是主张无为，一切顺任自然，像生出万物的"无为而无只为"的"道"那样去行事，还没有什么"佛"的观念。禅宗则从印度佛教中取来了"万法唯心"的观念，认为"心"是世间万物的本源，一切都是"心"所生的幻象。只要明白了这一点，就不会死死地执著于世间的有无、生灭、得失等等的区别，懂得有是有又是非有，无是无又是非无，这样就可以缚脱无碍，逍遥自在了。这就是所谓"境缘无好丑，好丑起于心；心若不妄名，妄情从何起"⑤。但这又不是根本否认外部世界的实性，而是说它既是实在的，同时又是非实在的，应当超越实在与非实在的区别去看一切。禅宗非常重视的所谓"无念"的实质就在于此。由此可以看出，禅宗用佛教所说的"心"取代了道家所说的"道"。在道家，"道"是万物的创造主；在禅宗，"心"是万物的创造主。前者是泛神论的思想，后者则变成了彻底的主观唯心论。因之，在我国对禅宗的研究中，许多人对禅宗采取了比对道家

---

① 《坛经》，法海本。
② 《五灯会元》卷8。
③ 同上书卷48。
④ 《五灯会元》卷7。
⑤ 《五灯会元》卷4。

更为否定的态度,斥责咒骂之声不绝于耳。实际上,禅宗虽然是主观唯心论,但较之于道家以及儒家,它又极大地强调了人的主体性的意义和价值,提出了"自性"这个观念,并且认为"自性本自清净","自性本不生灭","自性本自具足","自性本无动摇,能生万法";"心量广大,犹如虚空。……能含日月星辰,大地山何(河);一切草木、恶人、善人、恶法、善法、天堂、地狱,尽在空中"①。指斥这些说法是虚幻夸大的谬论是容易的,它确实也有这种错误;但在另一方面,它又高扬了人作为主体所具有的巨大精神力量。道家固然也重视人的力量,认为人可以达到与自然合一的绝对自由的境界,但道家处处强调的是人对自然的顺应,而禅宗则强调人的"自性"的作用的发挥。在道家,是以"道"为"大",禅宗则宣称"性含万法是大"②。总起来看,充分发挥"自性"的力量,超越人世的有无、是非、得失,达到一种绝对自由的境界,亦即禅宗所说的"佛"的境界,这就是禅宗的根本思想。下面我们可以进一步看到,这种思想既源于道家又不同于道家,既有优于道家的地方也有不及道家的地方。

禅宗的这种本来是属于宗教哲学的思想,怎么会同美学联系到一起,并且从中唐开始形成为一种越来越具有重大影响的美学思潮呢?大致说来,有下述的一些原因:

第一,禅宗追求一种超越有无、是非、得失的自由境界,这实质上是一种超功利的审美境界。虽然禅宗不同于道家,但在以超功利的审美态度去对待生活这一点上是同道家相通的。这就使得禅宗思想在根本上和美学相联结,具有重要的美学意义。我们知道,自中唐以来,禅师中出了许多文学家和艺术家,所谓"诗僧"、"高艺僧"为数很多。仅就画家来说,据《佩文斋书画谱》所载,唐宋两代的画僧就有近一百人之多。这并不是一种偶然现象。虽然这种现象的出现有多种社会历史的原因,但禅宗思想本身与美学、艺术相通不能不说是一个很为重要的原因。另外,我们试翻一下《五灯会元》,常常可以见到禅家以艺术为比喻来讲解禅理,而诗人、画家又常常以禅喻

①② 《坛经》,法海本。

诗、喻画，这说明禅学与美学是血脉相通的。

第二，禅宗强调"自性"、"心"的作用，认为"心"可以包万物，生万境，这同艺术创造里心的想象作用的充分发挥有着明显类似之处。汉代的大词赋家司马相如还不知道什么禅宗，但他就已指出："赋家之心，包括宇宙，总览人物。"① 而禅家说"心量广大，犹如虚空。……能含日月星辰，山河大地"等等，虽不是在讲艺术家的心，不也同艺术家的心极为类似么？唐代画家张璪所说的"外师造化，中得心源"的名言，显然已把禅学运用于艺术创造。因为"心源"正是禅家常讲的，它是万象之所出。"夫百千法门，同归方寸，河沙妙德，总在心源"②。宋代苏东坡说："欲令诗语妙，无厌空且静；静故了群动，空故纳万境。"③ 这更为明显地把禅学的思想同艺术创造结合起来了。

第三，禅宗强调世间万物万境均由"心"所生，但"心"本身却是无形的，看不见的。善慧大士的《心王铭》说："体性虽空，能施法则。观之无形，呼之有声。水中盐味，色里胶青，决定是有，不见其形，心王亦尔。"④ 澧州大同广澄禅师又说过："佛性（指心——引者）犹如水中月，可见不可取。"⑤ 类似的说法还可找出许多。这都不是在谈什么美学问题，但确又同审美、艺术的特征极为类似。一切美的事物和艺术作品都表现了人的某种精神性的东西，这种精神性的东西在有形可见的美的事物或艺术形象之中，但却无法把它确定地把捉住，也无法归结为一个赤裸裸的抽象概念。由此看来，禅家所谓"心"表现于有形可见的事物中，但它本身又无法捉摸的说法，以及所谓"道不在声色，而不离声色"⑥ 之类的说法，素朴地包含了和美与艺术有密切关系的感性与理性不可分的交融统一的思

---

① 见《西京杂记》。
② 《五灯会元》卷4。
③ 《苏东坡集》前集卷10《送参寥师》。
④ 《五灯会元》卷6。
⑤ 同上书卷8。
⑥ 同上书卷46。

想。宋代的严羽从艺术上充分地发挥了禅家的这种思想，指出高度成功的艺术作品，"其妙处透彻玲珑，不可凑泊，如空中之音，相中之色，水中之月，镜中之象，言有尽而意无穷"①。这并不是毫无根据的故弄玄虚，而是由禅家思想的启发，对审美与艺术特征的深刻说明。

第四，禅家追求一种超越有无、是非、生灭、得失的自由境界，认为这也就是成佛的境界，而这种境界的达到，既不是靠印度佛教提倡的禁欲主义的苦行或施舍，也不是靠理智的思考，而是靠所谓"顿悟"。这"顿悟"，仔细分析起来，是通过一种内省体验和直觉于"刹那间"领悟到人世的有无、是非、生灭、得失等等统统都是不应当执著的，即领悟到我们在前面说过的有是有又是非有、无是无又是非无，于是就可以解脱一切束缚，来去自由，达到"佛"的境界了。这种紧紧伴随着直觉的内省体验，禅家又称之为"观照"，它完全不同于理智的思考，也不需要借助于文字概念的推理。因为一有理智的思考出现，就会执著于有无、生灭、得失等等的区别，不能进入超越这种种区别的自由境界了。因此禅家主张"本性自有般若之智，自用知（智）惠（慧）观照，不假文字"②。又说："用智慧观照，于一切法，不取不舍，即见性成佛道。"③禅家语录中讲到内省体验直觉的地方很多，有时还联系到了艺术。如饶州荐福道英禅师说："回首不逢，触目无对。一念普观，廓然空寂。此之宗要，千圣不传。直下了知，当处超越。"④ 澧州夹山善会禅师说："闻中生解，意下丹青，目前即美，久蕴成病。"⑤ 禅家所说的这种和对自由境界的达到不可分地联系在一起的内省体验、直觉，很显然同审美感受的态度直接相通。所谓"智慧观照"，在去除了它的宗教的涵义之后，实际和审美中伴随着对人生的自由的体验的直观没有什么区别。正因为这

---

① 《沧浪诗话·诗辨》。
②③ 《坛经》，法海本。
④ 《五灯会元》卷48。
⑤ 同上书卷14。

样，宋代严羽等人认为"大抵禅道惟在妙悟，诗道亦在妙悟"①，并不是没有根据的纯粹的牵强附会，而是深刻地看到了禅宗所讲的妙悟同审美与艺术的相通之处的。此外，禅宗常用灵山会上请佛说法，佛只拈花，不说一句，众皆默然，不知佛意，惟摩诃迦叶破颜微笑，心知其意的故事来说明禅宗是以心传心，不立文字的，这也和艺术欣赏有明显的相通之处。因为艺术的欣赏不是靠说理，而是靠无言的心领神会。晋代的顾恺之已经说过："玄赏自不待喻"。这也正类似于佛与摩诃迦叶之间的不用言说，心心相印。

第五，禅家以"心"、"自性"为世间一切所从出的根源，大大提高了人的主体性的地位，甚至宣称"唯我独尊"，这也影响到艺术上对个人的独创性的推崇。《五灯会元》卷二二记载："问：如何是佛？师曰：不指天地。曰：为什么不指天地？师曰：唯我独尊。"在道家，是以"天地"为尊的，儒家也如此，而禅家则把"我"推上了"独尊"的地位。我们固然也可以因此骂禅家是十足唯心主义的夸大狂，唯我主义等，但恐怕难以否认禅家的这种思想还有打破包括佛在内的一切外在权威的解放意义，在中国思想史上是前所未见的。明中叶到清代，袁宏道、石涛等人强调"我"在艺术创造中的重要地位，反对因袭模仿古人，是受着禅宗这种思想的影响的。此外，禅宗的"解道者行住坐卧，无非是道；悟法者纵横自在，无非是法"②的说法，对于怎样对待艺术创造的法则，也产生了影响。如石涛所谓"无法而法，乃为至法"③之类的说法，显然受到禅宗影响。

从上述各个方面看，禅宗既是一种宗教思想，同时又有丰富深刻的美学意义。在这点上，它同道家思想是极为类似的。道家看来很难说有专门的美学思想，但它的哲学却几乎处处都与美学相通。当然，道家有一些直接论到美与艺术的零碎的言论，这在禅宗思想中也不是没有。但不论道家或禅宗，它所包含的深刻的美学思想，主要不在这

---

① 《沧浪诗话·诗辨》。
② 《五灯会元》卷8。
③ 《画语录·变化章》。

些零碎的言论上。

同道家以及儒家相比，禅宗不仅包含着自己的美学思想，在有关审美与艺术的特征的问题上使中国美学得到了深化发展，而且它还代表了一种不同于儒道两家的审美理想。儒家主要是从个体与社会伦理道德的统一中去找美的，它最为重视的是崇高的道德精神的美，充满积极入世的精神。道家主要是从人与自然的统一中去找美的，高度赞赏人与自然合一的无限自由的境界。禅宗也以达到"自由分"为自己思想的核心，但它是从个体内在精神的自我解脱中去找自由，找美的。因之，禅宗所追求的美的境界较之于儒道两家更加是内向的，并且狭窄得多。所谓禅境，有一种孤寂凄清的特色，缺乏儒家面向社会，道家企图与无限的大自然合为一体的精神。例如，杭州智觉禅师有偈曰："孤猿叫落中岩月，野客吟残半夜灯；此境此时谁得意，白云深处坐禅僧。"① 此类禅境，充满人世的荒漠孤独之感。但在不少情况下，禅境也还有着对自然生命的爱，虽然常常免不了带有一定程度的凄凉的情味。如温州本先禅师有偈曰："幽林鸟叫，碧涧鱼跳，云片展张，瀑声呜咽。"② 人们常说禅家追求的美的境界是消极低沉出世的，这不错；但在另一方面，它又突出了个体对自身存在的意义和价值的感受，显示了人世的冷漠的一面，较之儒道两家都有着更深沉更自觉的自我意识。它虽是出世的，但最后又并未否定个体生命的意义和价值，即令是在清冷的感伤之中仍然企求着达到精神上的自由。禅家中还有一派被称为"狂禅"者，除其中不足为训的末流之外，一般富于反抗精神，放达不拘，极与道家近似。如前面已提到的嘉兴府华亭性空妙普庵主，五代有名的画僧石恪，都有"狂禅"的气味。

禅宗之所以在美学上发生巨大影响，不仅因为它本身具有与美学相通的深刻内容，而且还和禅宗产生流行的社会历史条件有很大关系。禅宗产生于中唐，这在中国封建社会发展的历史上是一个重要的

① 《五灯会元》卷26。
② 《五灯会元》卷27。

转折点。中唐而后，封建社会向上发展的盛世基本上已成过去，转入
了向下的日趋衰落的时代。封建阶级和广大劳动人民的矛盾，封建阶
级内部大地主统治集团和中小地主的矛盾不断地尖锐化、深刻化，侵
蚀和瓦解着儒家所提倡和追求的社会的和谐，个人与社会之间的矛盾
空前地加深了。不但一般的劳动人民深受社会的不平和黑暗的压迫，
就是封建阶级中的许多知识分子也深感社会的动荡不安，人生的艰辛
磨难。在这种情况下，如何求得精神上的解脱安慰，成了一种普遍的
社会心理要求。儒家的理想已同现实的黑暗形成鲜明的对照，道家返
朴归真、自然无为的理想在充满残酷无情的相互争夺的黑暗现实面
前，也完全显得是一种根本无从谈起的空想。由印度传来的佛教，虽
然在唐代一度大为兴盛，但它否定现世、毁弃生命的思想同中国自古
以来强大的人本主义思想传统始终是难以相容的。而以施舍金钱为积
福升天的办法，不但对穷苦人民来说无法做到，对中小地主来说财力
不足，就是对大地主统治阶级来说最后也只能使僧侣成为一个占有越
来越多社会财富和享有各种特权的集团，以致威胁到封建阶级的统
治。在这种情况下，禅宗应运而生。它宣称不要苦行主义，不要拜佛
念经，不要金钱施舍，只要返观自心，超脱人世的苦恼，就可立地成
佛，获得无上的自由。佛即在每个人的心中，离心无佛。虽然佛的观
念仍然被保存着，坐禅、讲道、说法也无疑还具有宗教的形式，但什
么外于人而存在的偶像崇拜，什么天堂地狱、今生来世、因果报应等
等观念都给打破了。这是佛教在中国的发展史上一个巨大的转变。印
度传来的佛教实际上变成了一种研求和实行如何在现世求得自由解脱
的人生哲学，并且渗透着中国传统的并不主张毁损生命的道家思想，
已不是一种严格意义上的宗教。这样一种宗教刚好符合封建阶级以至
广大劳动人民企图求得精神上的解脱和安慰的心理要求，因而很快地
流行起来。在封建阶级的知识分子、文人艺术家中也产生了强烈的反
响，引起了广泛的共鸣。如王维、白居易、柳宗元、刘禹锡等人都是
禅宗思想的赞颂者。连以儒家正统自居，并且强烈排佛的韩愈对禅宗
也有好感。这种情况是同封建阶级的许多知识分子在奉行实践儒家思
想的道路上所遭到的各种挫折和打击分不开的。刘禹锡在《送僧元

嚣南游》一诗的小引里很好地说明了这一点:"予策名二十年,百虑而无一得。然后知世所谓道无非畏途,唯出世间法可尽心耳。飂是在席砚间者,多旁行四句之书;备将迎者,皆赤髭白足之侣。深入智地,静通道源,客尘观尽,妙气来宇。"①另外,值得注意的是,投身禅门的一些人物,不少原来是儒家信徒,对儒学以至文艺很有修养。如法眼宗创始人文益,"旁探儒术,文艺可观";曹洞宗创始人本寂"少慕儒学",等等。由于禅宗在儒者文人士大夫中产生了很大影响,成为他们人生哲学的一个重要方面,而禅宗思想本身又具有和美学相通的丰富内容,这就使禅宗与文艺结下了不解之缘,进而在中国美学史上形成了禅宗美学这一重要思潮。

唐代禅宗对文艺与美学的影响,最早是表现在诗人兼画家的王维身上。但主要是表现在王维晚期的创作上,而不是理论上。较早明确把禅宗理论引人艺术理论之中的,是前面我们已提到的画家张璪,他曾著有《绘境》一书,但已轶。张璪之后,皎然把禅宗以及华严宗思想运用于诗,提出了一种相当系统的诗歌理论。皎然之后的司空图的《诗品》,也显然深受禅宗影响。五代的山水画家荆浩所写的《笔法记》,推崇张璪,提倡水墨画,同样渗入了浓厚的禅宗思想。但是,最为直接而明确地运用禅宗思想来从理论上探讨一些根本性的美学问题,应当说是从宋代开始。其中,欧阳修、苏轼、黄庭坚是开风气之先的重要人物,但禅宗美学在理论上的最重要的代表,是写了《沧浪诗话》、社会地位不高的严羽。虽然所谓"以禅喻诗"的说法在严羽之前早已有人提出,但都是一些零碎的言论,而且相当肤浅。只有严羽才第一次集中而系统地运用禅理来研究诗歌艺术的本质问题,并且正面地、深刻地论述了在美学上有重要意义的一个根本问题,即审美与艺术同理智的认识的区别和联系问题,非常明确而大胆地指出审美与艺术虽然最终不能脱离理智的认识,但绝对不能等同于理智的认识。严羽有着极大的理论勇气,他可以说是建立发展禅宗美学的一名真正的战将。

---

① 《刘禹锡集》卷29。

宋代以后，元代的画家兼诗人的倪云林的美学，明清两代的袁宏道、钟惺、李日华、董其昌、王世祯、石涛等人的美学思想都明显地受到禅宗美学的影响。其中，董其昌倡导的绘画上的所谓"南北宗"说，同禅宗的联系很直接，影响也不小。这个所谓"南北宗"说，目的是在把禅宗（占主导地位的南宗）美学运用于对中国文人画的解释，以提高文人画的地位。它在根本上是一个美学理论问题，而不仅仅是一个绘画史上的派别划分问题。现在一些人看不到这点，不断在争论董其昌对南北宗的划分是否合乎绘画史的事实，打着没完没了的笔墨官司。

禅宗美学的发展，大致来说，中唐到晚唐是准备时期，宋代是完成时期，元、明、清三代是多方面扩大影响的时期。而这影响的扩大，是伴随着颇为激烈的斗争的。严羽的《沧浪诗话》在明清两代受到猛烈的攻击，这种攻击产生的原因，一是由于不少人有儒家的根深蒂固的偏见，认为儒者根本不应当谈禅；二是由于不少人不承认艺术区别于理智认识的重要特征，或对这种特征非常缺乏认识；三是对在宋代文人中地位不高的严羽公然无所顾忌地发议论很为不满。严羽的反对者虽然抓住了严羽著作中某些不够准确妥帖的地方，有的反对者还气势汹汹，形同谩骂，但他们都否定不了严羽所作出的历史贡献，也根本消除不了《沧浪诗话》所产生的重大影响。因为艺术的确存在严羽所指出的与禅理相通的重要特征，不论严羽的反对者如何暴跳如雷，这一特征是抹煞不了的，因而《沧浪诗话》的贡献和影响也是抹煞不了的。事实上，某些有识之士，如清代思想家王夫之，虽然是站在儒家立场上，并且对和禅学有密切联系的王阳明的思想批判不遗余力，但他在论到诗的艺术特征时并不完全排斥禅家。他在《萱斋诗话》、《古诗评选》、《唐诗评选》、《明诗评选》中的不少地方用禅理说诗，并且显然赞同严羽反对以议论入诗，把诗混同于说理文章这一重要观点。他认为诗虽不能没有"理"，但"不得以名言之理相求"，"议论入诗，自成背戾。……议论立而无诗"[1]。又说：

---

[1] 《古诗评论》卷4。

"有议论而无歌咏，则胡不废诗而著论辨也？雅士感人，初不恃此，犹禅家之贱评唱。"①

自宋代以来，禅宗美学的影响越来越大，但这又不是说儒道两家的美学就消歇而无影响了。实际上，在文人士大夫中，即令是大力阐扬了禅宗美学的严羽，在讲到艺术的社会作用时仍然是坚持着儒家观点的。相当多的文人士大夫之所以重视禅宗美学，一是因为它对艺术的特征有着比儒道两家美学更为深入的认识，可以补儒道两家之不足，二是因为它开辟了一种淡泊、凄清、冷峭的美的境界，刚好符合相当一部分士大夫文人处在失意不得志情况下的心境。但中国的士大夫文人极少有从根本上否定儒家思想的，也极少完全不受道家思想影响的，而禅宗对于儒道两家也并不采取根本排斥的态度。所以，士大夫文人谈禅，丝毫不妨碍他们同时也信儒，讲道。自宋代以来，中国美学的发展，明显地呈现出一种儒、道、禅三家合流的趋势。元代的倪云林曾说过一句很有意思的话："据于儒，依于老，逃于禅。"②这恰好可以用来概括宋代以来中国美学发展的大致情况。大部分文人士大夫都是儒、道、禅三家的思想兼而有之，各有各的用处。但也有一些以儒家正统自居而绝对排斥道、禅两家的人物。这一类人多数是一些平庸的封建卫道者，在艺术上和美学上都没有什么大的成就。

七、结语：中国古典美学的精华及其在当代美学发展中可能产生的作用

中国古典美学是在离我们很遥远的漫长的历史时代中形成的，而且始终未能取得一种系统明确的理论形态，但其中的确又包含着丰富而深刻的思想。从现代的观点看来，中国古典美学中究竟有些什么还保存着它的生命力，应当由我们批判地继承和发展的东西呢？下面，我想先就我们已经分析过的四大流派分别作一些概略的说明，然后再

---

① 《古诗评论》卷5。
② 《倪云林先生诗集·附录·良常张先生画像赞》。

从总体上来观察一下。

（一）儒家美学的最大优点，在于它始终不脱离人与社会的关系去观察美与艺术的问题，高度重视道德精神的美以及审美与艺术对陶冶人的道德情操，实现社会和谐的重大作用。尽管我们今天对人与社会的理解，对道德的认识都同儒家有根本的不同了，但审美与艺术是一种社会现象，不能脱离社会去加以观察，这仍然是一个基本的不容否认的事实。审美与艺术的重大作用在于陶冶人的道德情操、达到人与我的和谐发展，这也同样是不能否认的。将审美与艺术同人的社会性，同人的感情中与审美和艺术有着最密切关系的感情——道德感情不可分地联系起来，这就是儒家美学中有着长久的生命力的东西。它对于反对现代西方美学中存在的那种反社会、反道德、反理性的倾向，有着不可忽视的积极意义。

（二）道家美学的最大优点，在于它把美与艺术同人类生活中超功利的自由境界联系起来，从必然与自由的统一上来观察美与艺术的问题。这在中国美学史上是一空前巨大的跃进。因为美与艺术虽然如儒家所指出，离不开人的社会性，但人的生活只有当它超越实用功利的束缚而上升到一种自由的境界时，才会有真正的美和艺术创造。儒家所高度重视的社会伦理道德，如果不是与人的个性合理自由的发展相统一，而是压抑扼杀人的个性，那就决不会有什么美。道家在古代的条件下，看到了随着阶级社会的产生，伦理道德、政治法律制度以至对美与艺术的追求本身都成了压抑扼杀人的个性发展，损害人的生命的东西。道家在批判这种现象时看到了只有消除所有这些东西对人的个性、生命的压抑扼杀，使人达到一种自由的生活境界，才有真正的美可言。道家抓住了美之为美的最本质的东西，即自由在人的生活中的实现，同时在一种看来是消极虚幻的形态下，深刻意识到了审美同超功利的生活态度的密切联系，因而对美与艺术的本质有了比儒家更为深刻的认识。在西方，自康德美学以来，超功利普遍被认为是美的一个重要的本质特征。但是，近代以来西方美学有关超功利的理论，主要还是对于美感所具有的特征的一种经验性的现象的描述，很少从人类生存发展的高度去加以观察，并且经常把超功利的审美看作是暂时从现实生活的压迫中获得解脱的一种手段。道家则不同，它认为"无为而无不为"即合规律与合目的、自然与自由的高度统一是整个宇宙的根本规律，大自然是无限自由的，人类生活也应当如此，因此不受任何功利束缚的自由境界是人类所追求的最高境界。在这种境界中，人同无限自由的宇宙完全合为一体。这样，道家所说的超功利的自由境界即审美的境界，就不仅仅是从审美经验中感受到的一种现象，也不是暂时求得解脱的手段，而是人类生存发展的根本要求，并且是建立在人与整个宇宙的统一这一根本思想之上的。尽管道家有其种种不可避免的历史局限性，但它以个性的充分自由发展，亦即以在最广泛的意义上理解的美为人类所追求的最高目标，这却是一个深刻的、有着长久生命力的思想。而且道家所说的自由，是以顺应自然规律为不可缺少的根本条件的。它虽然忽视以致抹煞了人对自然的支配的能动性，但同时又肯定了人的自由的取得不能违背自然规律，排除了一切使人与自然相分裂，离开自然去追求自由，追求美的思想。在这一点上，道家美学在今天也仍然有其不可忽视的积极意义。因为蔑视、贬低、否定自然，企图脱离自然去追求自由、追求美的思想，在西方现代美学中是常常可以看到的。反过来说，把自然当作与人相对立的偶像来崇拜，在西方美学中也不乏其例。总之，在肯定人与自然的统一的基础上，以超功利的自由境界即美的境界为人类生活的最高境界，这就是道家美学中最可宝贵，在现代也仍然保持着其重大价值的东西。

（三）楚骚美学的重要优点，在于它把深沉、热烈、高尚的社会道德情操同个体的奔放自由的想象、情感，以及对给人以感官愉悦的声色之美的大胆追求三者完满地统一起来了。它既有纯洁、坚强、无畏的道德精神，又有不受拘束的丰富的想象、情感；同时对给人以感官愉悦的声色之美不是采取回避、贬斥的态度，而是毫无顾忌地加以追求，务期穷妍极态，动人心目。一般而言，直到今天来看，想象与情感的自由表现和对感官声色之美的尽情追求，常常会脱离道德、理性的控制而堕入荒诞、粗野、淫荡。楚骚美学却没有此种缺点。在把最能激动感官的繁富艳丽的美同最高尚的道德情操结合起来这一点上，楚骚美学是永远能给我们重要启示的。

（四）禅宗美学的重要优点，在于它把审美与艺术创造中主体的内省体验、直觉、灵感、独创精神等等的作用提到了极高的地位，不是像儒道两家那样，处处从主体与外部世界（自然和社会）的统一中去找美，而开始注意到了主体与外部世界之间的分裂和对立。但它又没有由此导致对主体存在的价值的否定，而竭力要克服主体与外部世界的分裂和对抗，以取得精神的自由。因此，禅宗所追求的美的境界虽然常常有一种主体在无限的宇宙中对自身的孤独无常的感觉，但终究又没有走到否定人生的悲观厌世主义。在看来是消极的形态之下，禅宗既深味着人生的艰辛，又仍然执著和肯定人生，决不放弃对无限和自由的追求。比起儒家、道家和楚骚美学所追求的美来，禅宗所追求的美的境界，鲜明地显示了主体内在的矛盾、痛苦和不安，积极入世、和谐明朗的感觉大为减弱，但从增强了主体对自我内在的价值的体验这一点来说，禅宗美学作出了重大贡献，使审美的境界变得更深邃了。从现代的观点看来，禅宗美学把主体自身的价值提高到了不依存于任何外在事物的地位，但又不同于西方那种用主观去并吞客观，或到彼岸世界去寻求解脱的神秘主义思想，仍然坚持着在现世的人生和自然中去找寻自由和解脱。这是禅宗美学的一个很为可贵之点。

从总体上看，中国古典美学的四大流派虽然各有不同的观点，但又有一个明显的共同点，即都是在肯定人与自然、人与社会、自然与精神、必然与自由、主观与客观的统一这个根本前提上来观察美与艺术问题的。像西方美学中那种或主张美只在物、在客观，或只在心、在主观，把两者互不相容地对立起来的看法，在中国美学史上是没有的。即令是最强调"心"的作用的禅宗，也仍然认为美是人生中的一种境界，不是仅仅存在于观念中的东西，也不是存在于彼岸世界中的东西。不单从物，也不单从心之中去找美，而从物与心、主观与客观的统一中去找美，这是中国美学的一大特点，也是一大优点。其所以如此，首先是由于我们前面已指出的，中国古代思想的发展大受原始氏族社会意识形态的影响。在原始氏族社会，由于尚未发生阶级的分裂和对抗，同时人的生活又是处处依赖于自然的，因而人与社会、人与自然被自发朴素地看作天然是统一的，从而主观与客观也被看作是统一的。其次，在中国进入奴隶社会之后，阶级的分裂和对抗发生了，但一方面由于氏族社会的传统风习还大量存在，另一方面由于中国从奴隶社会到封建社会，商品交换极不发达，重农轻商的思想长期占着主导地位，生产始终是个体自然经济占绝对优势，因而尽管社会出现了分裂和对抗，人与人的关系还没有变为纯粹由金钱利益来决定的关系，而是一种以氏族血缘关系为纽带的政治伦理道德关系。表现在道德理想上，个人与社会的统一始终被认为是不可动摇的原则，两者的分裂和对立则被看作是不合理的。这也就是儒家所提倡的"中和"的思想之所以统治了中国几千年的原因。这种情况，一方面确实束缚了中国社会的发展，另一方面又使得中华民族在思想上不把个人与社会、主观与客观分裂和对立起来，而要求两者的和谐一致。相反，在西方，从古希腊开始，由于它相当彻底地清算了原始氏族社会的传统，商品交换较之于中国古代奴隶社会又有很大的发展，所以个人与社会之间的分裂，从而人与自然、主观与客观之间的分裂比中国古代要尖锐得多。西方中世纪把人与自然互不相容地对立起来，一方面固然是对古希腊社会那种人与自然之间较为和谐的关系的否定，另一方面也是古希腊奴隶社会已经存在的人与人之间和人与自然之间矛盾发展到顶点而无法解决的产物。恩格斯在论到西方的历史时曾经指出过，"实体和主体、自然和精神、必然性和自由"这些"巨大对立"，是"自古以来就有并和历史一同发展起来的"[1]。而18世纪哲学反对基督教的抽象主观性的斗争并没有克服这种对立，反而把它"发展到顶点并达到十分尖锐的程度"[2]。这种情况，当然是资本主义商品生产的巨大发展所引起的人的空前异化的必然结果。直至今天，西方资本主义社会仍然没有能克服恩格斯所指出的上述的"巨大对立"。西方从18世纪以来的近现代的美学，也正是建立在这个

① 《马克思恩格斯全集》第1卷，人民出版社1956年版，第658页。
② 《马克思恩格斯全集》第1卷，人民出版社1956年版，第657～658页。

"巨大对立"未能克服的基础之上的，因而在解决美与艺术的根本问题时，物与心、自然与精神、主观与客观经常处在对立之中。虽然德国古典哲学和美学曾作出了巨大努力企图消除这个对立，但终于只是在纯粹理论的领域中以抽象思辨的空想的形态来解决这个问题。当德国古典哲学和美学过去之后，资本主义社会的矛盾更加深化和尖锐地发展起来，资产阶级失去了它在上升时期的理想和气魄，德国古典哲学和美学企图消除这种对立的种种费尽心血的理论思辨的成果就被抛到了一边，资产阶级的哲学和美学又重新更深地陷入了无法使主观与客观获得统一的巨大矛盾中。因此，自古以来就立足于人与社会、人与自然、主观与客观的统一的基础之上来解决美与艺术问题的中国古典美学，在西方美学企图寻求这种统一的过程中，必将会受到重视，并产生它的重要作用。

由于立足于人与社会、人与自然、主观与客观的统一来观察美与艺术的问题，因而中国古典美学对美与艺术的特征的认识在许多方面超过了西方，并且更富于辩证的观念，所追求的美的境界也常常比西方更高。中国美学既不简单地认为美就在自然，艺术即是自然的模仿，也不简单地认为美就在观念，艺术不过是主观的表现。相反，它总是要求两者应当尽可能地统一起来，使对自然、社会的再现同时成为人的高尚道德情操、人的自由精神境界的完美表现。所以，中华民族所追求的美的境界，既是一种不脱离现实的境界，同时又是一种超越现实的、高度净化的、自由的境界。与此同时，中国美学既不否认审美与艺术具有认识的作用，但又不简单地把艺术看作是一种理智的认识；既很重视情感的表现与艺术的密切关系，又要求情感必须是一种合乎理性的社会性的情感；既很重视感性形式的美，又要求这种美必须是高尚深刻的道德精神或人生的自由境界的完满体现。中国美学常讲的情理交融、"言有尽而意无穷"、尽善尽美等说法，深刻地把握住了艺术的根本特征，把艺术同理智的认识和道德的教训明确地区分开来了。西方美学关于艺术有许多大部头的著作，但在根本观点的深刻性上，常不及中国美学。

但是，我并不认为中国美学较之西方美学是完美无缺的了，它也有不可避免的弱点。其中，最为重要的是中国美学所追求的人与自然、人与社会、主观与客观的和谐，是在一种相当狭隘的社会状态下的和谐。从物质生产说，是一种建立在小生产的自然经济基础上的和谐。因而，这种和谐往往缺乏深刻的多方面的社会内容，常常回避社会生活中存在的巨大、复杂、尖锐的矛盾斗争，并且束缚着人的个性的充分发展。就美的境界来说，中国艺术常常比西方艺术高，但从社会内容的现实性、丰富性来说，中国艺术就显得较为单薄。西方美学和艺术虽然在不少情况下不能把人与社会、人与自然、主观与客观和谐地统一起来，但它充分地展示了人与社会、人与自然、主观与客观之间的巨大的对立和斗争，使人面对现实，即使这现实是极为丑恶和残酷的，也赤裸裸地把它呈现出来。我想，今天的中国艺术，从总体上说，既要努力追求中国美学所向往赞美的那种高度和谐统一的境界，同时又要毫不回避地充分揭示现实的尖锐的对立斗争，把两者内在地结合起来。一方面要使和谐的境界中包含尽可能深广的社会内容，不要回避现实的矛盾斗争；另一方面，在充分揭示现实的矛盾斗争时又不要失去对和谐统一的追求，陷入主观与客观的不可解决的分裂状态，以致滑向虚无主义、神秘主义。

此外，中国美学从主观与客观的统一上去观察美与艺术问题虽然是它的一个极大的优点，但它所说的统一归根结底还是以精神、意识为基础的，不可能认识到这种统一的真正的根基是人改造世界的社会实践。这是它的一个不可避免的历史局限性。今天，我们知道马克思主义的实践观点了，但也还常常存在着一些误解或不正确的看法。这集中表现在离开马克思主义的实践观点去讲唯物主义，错误地认为马克思主义的唯物主义就是认为客观决定一切，根本排斥主观的作用。实际上，马克思的唯物主义决不排斥主观，而是要在实践的基础上使主观与客观统一起来。人类历史的发展就是在实践的基础上主观与客观的统一不断向前发展和提高的过程。而这种统一，由于是人实际地改造世界的历史成果，因而它又是客观存在着的东西，并且是随着人类实践的发展而发展的。美只能存在于主客观的统一之中，但由于这统一是人类实践的历史成果，因此美又是客观的。那种排斥主观的作用，认为人世间的一切都是由客观的物质自然决定的观点，因而认为在人类之前就有美存在的观点，在我看来是一种拜物教的观点，同马克思的唯物主义没有什么共同之处。马克思的哲学无疑是唯物主义的哲学，但它是一种真正克服了历史上的哲学家所不能解决的物质与精神、主观与客观的对立，并把在实践基础上不断克服这种对立看作是人类历史前进目标的唯物主义哲学。① 把马克思的唯物主义哲学仅仅归结为肯定物质的第一性，这是把它等同于旧唯物主义的一种错误想法，并且极大地把马克思的唯物主义简单化了。如果由此出发去看中国古代美学，那也将得出一系列简单化的结论，而看不到中国古代美学一个极其重要的优点恰好在于它是从主观与客观的统一出发去观察和解决美与艺术问题的，避免了西方美学中那种把主观与客观、心与物割裂开来的错误。

（本文是作者1983年8月在上海复旦大学举办的美学进修班讲课的讲稿。原载《美学与艺术评论》1984年第1辑）

----

① 直至现在，仍然有人认为马克思主义哲学是一种主张"主客二元分离"的哲学，这是一种极大的误解或曲解——作者补注。

略论中国古代美学四大思潮

中国是世界文明古国之一。中国古代美学思想是在中华民族悠久的物质文明和精神文明的深厚基础上产生出来的。它概括了中华民族在长达五千年的历史中所积累的审美与艺术创造的丰富经验和认识成果，显示了中华民族高度的审美教养和创造精神。

中国古代美学在论证和表述方式上不够系统，但贯穿着深广的哲学观念，包含着具有长远价值的理论内容。自古以来，中国思想家始终把审美与艺术问题同宇宙、社会、人生的一系列根本问题联系起来加以思考，提到了历史哲学和自然哲学的高度。在古代世界各大民族中，中国古代美学自成一个严整的思想体系，对人类美学思想的发展作出了独特的重大的贡献。

中国古代文明起源很早。在进入文明社会之前，原始氏族社会曾延续了很长时期，物质生产和包括原始艺术在内的意识形态都发展到了很高的程度。进入奴隶社会之后，由于生产力和商品生产的发展水平的限制，未能像古希腊社会那样彻底地清除氏族社会的传统，人与人之间的社会关系、阶级关系仍然同氏族社会的血缘关系不可分地结合在一起，表现为一种以氏族血缘关系为基础的上下尊卑的伦理道德关系。这种情况使中国古代奴隶社会不可能获得像古希腊罗马奴隶社会那样典型的发展，但同时又极大地增强了中国古代社会凝聚和团结的力量。个体与社会的矛盾远不如古希腊罗马奴隶社会那样尖锐，原始氏族社会自发产生的纯朴的人道和自由精神得到了直接的继承和发扬。尽管从社会制度上看，中国古代奴隶社会没有产生像古希腊那样的奴隶制民主社会，但个体与社会、人与自然的和谐统一被看作是人类天然合理的状态，两者的分裂对抗是绝对必须加以避免的。而且人与人之间的关系处处都同基于氏族血缘的情感关系分不开，不是纯然冷酷的政治法律关系。这里自然要把奴隶除外，但从不少历史材料来看，中国古代奴隶所受到的待遇比古希腊罗马奴隶的情况要好一些或好得多。

反映在美学上，中国古代美学一开始就是同社会的伦理道德和与之相关的人性问题不可分地联系在一起的。真正的美被认为只能存在于个体与社会、人与自然的和谐统一之中，审美与艺术活动则是促进这个统一实现的重要手段。中国古代美学很早就从个体与社会、人与自然的统一这样的理论高度来观察美与艺术的问题，这是中国古代美学的重大优点，也是它比古希腊美学以至后来的西方美学深刻的地方。

中国古代美学基本形成于早期奴隶制社会向后期奴隶制社会转变时期，以后在后期奴隶制社会和漫长的封建社会中又得到了进一步的繁荣和发展。中国封建社会与奴隶社会有不能否认的质的区别，但两者在社会结构和意识形态上的差别不大。这是由于奴隶制残余存在的时间很长，同时也因为中国封建社会的结构仍然和基于血缘关系的上下尊卑的伦理道德关系分不开。在中国，包括美学在内的封建文化是奴隶制文明成果的直接继续和发展，这和西方在古希腊罗马奴隶社会之后出现了黑暗的中世纪的情况很不相同。中国封建社会的美学有其新的特征，但基本思想是奴隶制社会美学的延续。

中国古代美学思想的具体表现形态十分丰富多样，错综复杂，但从根本上分析起来，不外儒家美学、道家美学、楚骚美学和禅宗美学四大思潮。① 其中，儒道两家又是最基本的。

一、儒 家 美 学

儒家美学以孔子（公元前 551～前 479 年）美学为代表，它直接建立在孔子仁学的基础之上，第一次对美与艺术的本质作了深刻的阐明。孔子从不否认个体欲望满足的必要性、合理性，没有禁欲主义思想。但他认为个体应当在一种符合于人的尊严的形式中，在与他人的

---

① 这种划分，在我国最初由李泽厚提出，见《宗白华〈美学散步〉序》。

互助互爱（但有严格的等差，下同）的关系中去求得自己欲望的满足。这种满足不应当是动物性的，也不应当是利己主义的。在孔子的思想中，真正的美就是人与人之间的互助互爱——"仁"这一最高原则在个体和群体生活中的完满实现，是在对他人的肯定中的自我肯定。毫无疑问，孔子所说的"人"是有阶级性的，但在他对"人"的问题的看法上，明显地直接受到了从氏族社会传统而来的人道精神的影响。孔子不否认感性形式的美（"文"）能给人以愉悦和享受，但认为只在它体现了"仁"的精神（"质"）的情况下才是真正有价值的和值得肯定的。与此同时，孔子认为那构成美的实质内容的"仁"，是植根于氏族血缘关系的一种使人区别于动物的普遍的心理要求，不是从外部强加于人的东西。每一个人只要自觉到了它，就能实行它，并且会以实行它为人生最大的快乐。这样，孔子以"仁"的完满实现为美的思想，不但看到了美的社会性，而且看到了在审美中的这种社会性不是凌驾于个体之上，从外部加于个体的，而是个体内在固有，并且是能在个体完全自觉的行动中获得完满实现的。孔子把"仁"的实现联系于个体的自觉要求，并看作是对个体本身的高度肯定，因此他也就开始意识到了美与一般道德上的善的区别，并赋予了审美与艺术以重要的社会意义。孔子第一次深刻指出了这种社会意义在于感发陶冶个体的社会性的伦理道德感情，使善的实现完全成为个体的不带任何强制性的自觉行动。这是以孔子为代表的儒家美学的最大贡献，同时也是他的"仁"学能直接通向美学的根本原因。

以孔子为代表的儒家美学反映了孔子热烈赞美和向往的中国前期奴隶社会的鼎盛时期——西周奴隶社会的理想。西周是中国前期奴隶社会的黄金时代，阶级矛盾比较缓和，原始氏族社会的纯朴风尚还保持着很大影响，同时理性精神迅速高涨，物质文化和精神文化空前繁荣。孔子美学思想作为这一上升进步时期社会理想的反映，具有积极的意义和长远的价值。但孔子已处在早期奴隶制社会崩溃并开始向后期奴隶社会过渡的时期，他企图阻止这一历史发展的趋势，无疑是保守倒退的。孔子对美与艺术的社会性有深刻的、划时代的认识，但他心中唯一理想的永恒合理的社会是西周奴隶社会，这个社会的一切上下尊卑的关系是绝对不能违反的。这使得孔子以及整个儒家美学带有它自身无法克服的狭隘性、保守性，并在长时期中产生了束缚我国人民个性发展的有害影响。但如果因此而否定儒家美学的重大价值，那是一种非历史的错误看法。

孔子创立儒家美学之后，战国时期的孟子、荀子以及后来的《乐记》、《周易》又从不同的方面使儒家美学得到了丰富和发展。先秦之后，儒家美学经历了一个漫长的发展过程，也增添了许多不可忽视的新的东西，但在基本思想上没有根本性的变化。一般说来，凡是阶级矛盾比较缓和、个体与社会还能在相当程度上保持和谐统一的时候，儒家美学的积极的方面就会得到强调和发扬。在相反的情况下，其消极的方面就会突出地发展起来，最后导致对审美与艺术采取蔑视否定的态度。这常常也是统治阶级十分腐朽的时候，他们实际上的享乐腐化同他们思想上的代言人的冠冕堂皇的说法形成为一个强烈的对比。

二、道家美学

道家美学的创始人是老子，但其真正的完成者和代表人物是庄子（公元前369年~前286或前289年）。道家美学从"道"的自然无为的观点去观察美与艺术的问题。所谓自然无为，包含着道家从对原始氏族社会生活和自然现象的观察得来的，对哲学上合规律性与合目的性的统一的深刻理解。在道家看来，合目的性并不是外在于合规律性的；相反，合目的性是规律自然而然地发生作用的结果，目的的实现就包含在事物的合规律的运动之中。因此，人不应当去干扰破坏事物自身的合规律的运动，而应当顺应自然的规律，使自己的目的在规律自然而然地发生作用的过程中得到实现。这种思想，明显地有忽视人的能动作用的一面，但又看到了目的的实现不能违背客观规律，而且看到了当人的目的与外在的自然规律完全符合一致的时候，人就能达到一种与宇宙合一的绝对自由的境界。从这方面看，道家又并不看轻人有支配整个宇宙的高度的能动性。而这种目的与规律完全合一的高度自由的境界，就是道家所承认的唯一真正美的境界，即得"天地之美"的境界。但是，在社会生活中，人的目的经常为外在的盲目的必然性所否定，这是一个大量存在的事实，也是道家深切地认识到而竭力企图加以解决的。对此，庄子及其学派的解决办法是主张对人世的利害、得失、是非、荣辱、祸福、生死采取一种听其自然，不容于心的超越的态度，这样就可以从人世的种种痛苦中获得解脱，在精神上达到一种自由的境界，即美的境界。这样一种超越显然是主观精神上的超越，带有虚幻的逃避现实的性质。但在另一方面，这种超越又恰好包含了对人生采取一种超功利的审美的态度，深刻地触及到了审美观照的心理特征。

在中国古代美学史上，道家把美与艺术创造第一次同合规律与合目的统一联系起来，从而同人的自由联系起来，这是一个空前巨大的进展。儒家虽然对美与艺术的社会性有深刻认识，它所说的个性与社会的统一也包含有对人的自由的认识，但还没有像道家这样明确地从自然规律与人的目的的关系的哲学高度上来思考美的问题。在个体与社会之间经常发生的矛盾对抗中，儒家赞扬个体为社会而牺牲有其崇高的方面，但它忽视了这种牺牲并非在任何条件下都是应当的、合理的。因此，儒家美学虽然具有积极入世的精神，推崇道德上的崇高的美，但对美作为感性个体的人的自由的实现和肯定这个方面认识不足，常常把善混同于美。道家则不一样，它并不否认个体与社会的统一，但它把个体的自由的实现放到了最高的位置，并且十分深刻地看到了社会与个体之间存在的尖锐矛盾。它猛烈地揭露和批判了儒家的理想社会，指出儒家所宣扬的仁义道德的实行并未带来个体与社会的和谐一致，相反却带来了前所未见的种种虚伪、阴险、罪恶的行为。道家的这种批判有着异常深刻的历史意义，它在一定程度上察觉到了随着原始氏族社会崩溃、奴隶制社会出现而来的人类道德的堕落和人的异化现象的产生。虽然它对这种现象的解决办法不过是上述的一种主观精神上的超越，但与此同时，它又紧紧地抓住了和审美与艺术的特征密切相联的合目的与合规律、自由与必然的统一问题，以及个体的自由的实现与社会的关系问题，深入到属于美学的根本问题的解决中去，不再像儒家美学那样，基本上还停留在审美与艺术和社会伦理道德的关系问题上。而且它所特有的那种强烈的批判精神，对后世突破儒家思想束缚，揭露与反抗社会的黑暗，起了巨大而深远的影响。

儒家是奴隶制文明的赞颂者，道家则是奴隶制文明的批判者。但道家并不否认奴隶社会的合理性，而只是幻想采取无为而治的方式来治理奴隶制社会，以消除奴隶制文明的弊病。道家的思想反映了早期奴隶社会崩溃过程中一部分失意的、对早期奴隶社会的振兴失去了信心的奴隶主的思想情绪，同时也和道家活动的南方一带比北方更多地保留着氏族社会的风习传统这样一种情况密切相关。较之于儒家，道家更多地受着氏族社会自发产生的原始的人道和自由精神的影响，较少受北方奴隶制社会的严格的礼法的束缚。这是它比儒家优越的地方，也是它能击破儒家思想而自立体系的重要原因。但由于儒道两家都肯定奴隶制社会的合理性，都不同程度地肯定原始的人道和自由的精神，因此它们并不是完全敌对的，双方存在着一种互相对立而互相补充的关系。① 这种关系表现在儒家美学的优点所在，正是道家美学的弱点所在；而道家美学的优点所在，又刚好是儒家美学的弱点所在。中国古代美学对审美与艺术的社会性的认识得力于儒家，对审美与艺术的特征的认识则得力于道家。儒家积极入世的精神起着抵制克服道家虚无高蹈的作用，道家热烈向往自由的精神起着动摇和突破束缚个性的儒家礼法的作用。两者互相对立而又互相补充，共同构成了中国古代美学的基础，使中国古代美学成为一个有机的、丰富而深刻的整体。但由于种种历史的原因，过去对道家美学的贡献缺乏充分的应有的评价。直到现在为止，道家美学的内在的实质还常常不能为人们充分正确和深入地理解，往往抓住一些表面的词句对道家美学作出简单的和否定的评价。对道家美学的重新认识和评价，是当前中国古代美学史研究中一个很值得注意的重要问题。

先秦之后，在汉初的《淮南鸿烈》和后来的魏晋玄学中，道家美学在不同的历史条件下有所发展。中唐以后，道家美学又同佛学的

---

① "儒道互补"这种说法由李泽厚提出，但具体的解释与本文有所不同。

思想相结合，形成禅宗美学。下面我们要讲的在创始时间上属于先秦时期的楚骚美学，实质上也是道家美学与儒家美学的一种特殊的综合。

三、楚 骚 美 学

楚骚美学是以屈原（约公元前340～前277年）为代表的南方楚国审美意识和文艺思潮在美学上的表现。在屈原的时代，楚国早已进入奴隶制社会，北方儒家思想及其文化也对楚国产生了重大影响。但楚国地处南方，如前已提及，比北方更多地保存着原始氏族社会的风习传统。如楚国巫风之盛，为北方所不见。再加上南北自然条件的显著差异，很自然地形成了和北方很为不同的审美意识和文学艺术。它有如异军突起，打破了北方文化的一统天下，极大地丰富了中国古代文化。

反映在美学上，屈原的《离骚》及其他作品有不少地方直接涉及了对美与艺术问题的看法，并且整个地显示出一种和儒道两家美学都有所不同的新倾向、新思想。它充分地肯定着儒家的仁义之道以及儒家在美学上所主张的"文"与"质"即美与善的统一，但又不受北方儒家严格的礼法的束缚，明显地吸取了活动于南方一带的道家思想。较之于儒家，它十分重视个体情感想象的自由抒发，追求着一种奇幻艳丽、自由无羁的美，同儒家所推崇的庄重肃穆的作风很不相同；并且像道家那样，企图遨游宇宙，与大自然合一，对社会黑暗也有一种大胆的揭露和批判的精神。楚骚美学既有儒家积极入世的精神，又避免了它的束缚个性、温顺中庸的缺点；既有道家向往自由的精神，又避免了它的和光同尘、不谲是非的弱点。儒道两家美学的这样一种特殊的综合，使得楚骚美学具有了既同儒道两家都有联系，又和它们都不相同的新特点，并在中国古代美学史上产生了重要影响。

楚骚美学在汉代的影响最大。汉以后，从魏晋开始到以后的各个朝代，楚骚美学的精神也仍然有不可忽视的影响。这种影响的主要的积极方面，表现在敢于打破儒家思想束缚，大胆揭发社会黑暗，追求一种富于个性的自由想象的美的境界。但由于楚骚美学也还未能完全克服儒道两家的弱点，而且缺少系统的理论，具有和儒道两家美学相联系的二重性，因此历代对楚骚美学的评价存在种种分歧。凡站在儒家立场上的人，其中少数倾向保守的人物（如汉代的班固）对楚骚美学采取了否定的态度，较为开明的人物则肯定楚骚美学中那些来自儒家美学的有积极意义的东西，或极力把楚骚美学儒家化，赞扬楚骚美学中与儒家美学相合的东西，批评与儒家美学不相合的东西。凡站在道家立场或倾向于道家立场的人物，则赞赏楚骚美学中那些与道家美学相通的东西，不赞赏那些符合于儒家美学的东西。

四、禅宗美学

禅宗美学是中唐以后所产生的一种新的美学思潮，它集中地反映了中国后期封建社会审美意识的重大变化。

以中唐为标志，中国封建社会开始从上升发展的阶段转入了向下衰落的阶段，像盛唐那样强大繁荣的盛世一去不复返了。随着当权的大地主阶级日趋腐朽，不但一般的人民遭受着日益加深的残酷的剥削压迫，就是中下层地主阶级也受着大地主阶级统治集团的排挤、凌辱、打击以至掠夺。在广大中下层地主阶级知识分子中产生了一种出仕与退隐、入世与出世的深刻的矛盾心理。虽然这种现象在历史上早就有过，但在中唐以后却普遍深刻地发展起来。它已经不仅仅是由于个人在政治上一时的失意引起的，而是由于对社会政治、儒家理想、人生价值等一系列根本问题产生了怀疑、悲观、失望、空幻、虚无的思想情绪。视"道"（儒家之道）为"畏途"（刘禹锡语）的思想出现了，增长了。儒家思想这根重要的精神支柱开始发生动摇，盛唐时期那种以天下为己任，建功立业，报效朝廷的雄心壮志成了完全不可靠的、渺茫的东西。尽管在理论上，儒家思想仍然是神圣不可侵犯的，但它已经很难完全给广大中下层地主知识分子以精神的寄托和鼓舞。在另一方面，道家思想虽然看来是消极出世的，但它又有热爱人生，向往自由，企图与天地万物合为一体的豁达的气概，这同正在日益黑暗下去的社会的苦闷消沉、悲观失望的情绪很难协调，因而也不能完全给中下层地主知识分子以精神的寄托。全部的问题在于如何从对人生的空幻、虚无、悲观的情绪中求得一种精神的解脱和安慰。中唐时期产生的中国式佛学——禅宗，恰好以最适合的方式满足了这种普遍存在的社会心理要求，因而很快地流行起来。禅宗思想来源于印度佛学，但又不同于印度佛学中那些进行烦琐抽象思辨的流派，也不主张毁弃生命，到超世间的极乐世界去求取解脱的宗教禁欲主义思想。它一方面从佛学那里取来了"万法唯心"的思想，另一方面又把它同中国道家对人世得失的精神上的超越态度结合起来，直接地诉之于人们的直觉和内省体验，追求着在一刹那间的领悟（即所谓"顿悟"）中确认人世间的一切都不过是虚幻的、不真实的东西，从而摆脱一切烦恼，达到一种在世间而出世间、出世间而不离世间的自由的精神境界，也就是成"佛"的境界。禅宗的这种理论，一方面以宗教虚幻的形式反映了当时的社会心理，另一方面又明显地同审美与艺术创造有许多相通的地方。因为审美与艺术创造的境界正是一种超越了利害得失考虑的自由境界，同时又是和主体的直觉、内省体验、一刹那间出现的灵感等等分不开的。再加上在一般的禅宗信仰者和遁入空门、皈依禅宗的人中间，有许多人本来是对文艺有相当修养或修养很高的儒者文人，因而在中唐以后，文人士大夫的艺术活动经常很自然地同禅宗的信仰结合在一起，艺术本身也成了从人世的空虚痛苦中求得解脱和安慰的一种重要手段。在这种情况下，逐步地产生出了一种同禅宗思想直接相联的美学思潮，即禅宗美学。

在追求对人世利害得失的精神上的超越而达到自由这一点上，禅宗思想和道家思想是一致的。但作为达到这种超越基础的东西，在道家是与那永恒无限的"道"相合一，在禅宗则是认识到万物都不过是主体的"心"所产生的虚幻的东西。因此，禅宗思想缺乏道家对大自然的那种明朗欢快的爱，那种企图与永恒无限的大自然合而为一的宏伟气魄，而完全退回到主体孤寂的内心世界，把外物看作不过是一时的心境所生的幻象，经常给大自然染上一种凄清、悲凉、冷寂的色彩。但与此同时，禅宗又极大地提高了对人的生存的意义与价值的认识，在虽然是短暂的、瞬间的存在中意识到了主体生命价值的可贵，把对

807

主体的自由自觉的内心生活的追求和表现放到了审美和艺术的最高位置。一切外在的事物、现象，只有作为主体的这种内心生活的表现，才具有真正美的意义和价值。这和黑格尔所说的浪漫型艺术的根本原则——"内在主体性的原则"有某种类似之处。中国禅宗主张出世间而不离世间，反对到超世间的天国中去寻求解脱，因此禅宗美学并不弃绝现实人生，不否认即使在本质上是虚幻的世界中也存在着美。

禅宗美学的产生在中国古代美学的发展中是一个重大的变化，隐含着中国美学从古典主义到近代浪漫主义的转变。从中唐开始，中国文艺史上出现了一种特异的浪漫主义思潮，到明清获得了极大的发展。这种浪漫主义，在其本质的、主要的方面是以禅宗思想为血脉的，不同于先秦庄子、屈原影响下产生的浪漫主义。后者还没有把自我的主体性提到像禅宗这样高的位置，因而还保持着浓厚的古典主义气息。前者虽然也还不能脱出古典的风味，但又随着历史的发展越来越透露出近代浪漫主义的气息。到明中叶资本主义萌芽出现以后，这种以禅宗为思想血脉的浪漫主义，在其感伤色彩加深的同时，又强化了对个体人生意义与价值的探询，因而同近代初步的个性解放思想倾向结合起来了。

禅宗美学的出现大为丰富和发展了中国古代美学。在中国后期封建社会中，除缺乏系统理论形态的楚骚美学之外，禅宗美学与儒道两家的美学鼎立而三，其实际影响有时超过了儒家美学。尽管在表面上，在一般关于美与艺术的社会作用问题上，儒家思想仍占有神圣不可侵犯的地位。禅宗美学无疑是一种主观唯心主义的美学，但又不能把它简单地等同于现代西方的主观唯心主义，而且还要看到它在中国古代美学史上曾经产生过巨大的影响。对待禅宗美学，我想要像恩格斯曾指出的对待历史上的唯心主义哲学那样，不是简单地抛弃它，"而是要批判它，要从这个暂时的形式中，剥取那在错误的、但为时代和发展过程本身所不可避免的唯心主义形式中获得的成果"①。

一九八三年九月底写成，一九八四年一月二十四日重改

---

① 《马克思恩格斯选集》第3卷，人民出版社1972年版，第528页。

中国哲学与中国美学

在中国古代美学史上，美学与哲学是联为一体，不可分离的。这一方面固然是由于中国古代各门科学尚未充分分化，另一方面还因为中国哲学较之于西方哲学更富于美学的意味，同美学有着很直接的联系。这是我们在研究中国美学时需要充分注意的一个问题。限于篇幅，本文只打算对这个问题作一点概略的说明。

在考察中国古代哲学时，我认为非常需要注意的是，中国古代哲学的产生同中国原始氏族社会自发产生的意识、观念有着极为直接密切的关系。一般而言，古代奴隶社会产生之后，原始氏族社会的意识不会一下子消失。恩格斯在谈到雅典奴隶制国家产生时曾经指出："旧氏族时代的道德影响、因袭的观点和思想方式，还保存很久，只是逐渐才消亡下去"①。在中国，由于如范文澜所指出的那样，"因为商朝生产力并不很高，不能促使生产关系起剧烈变化，对旧传公社制度，破坏是有限度的，奴隶制度并不能冲破原始公社的外壳"②，因而恩格斯所说的"旧氏族时代的道德影响、因袭的观点和思想方式"更是大量长期地保持着。这种情况，使得中国古代哲学一方面是在奴隶制文明的成果的基础上建立起来的，并且打上了阶级社会的烙印；另一方面又受着氏族社会意识的强大影响，大量吸取和继承了无阶级的原始社会自发产生的许多高尚的思想观念，即恩格斯在《家庭、私有制和国家的起源》一书中多次赞美过的那种互爱、平

---

① 《马克思恩格斯选集》第 4 卷，人民出版社 1927 年版，第 114 页。
② 范文澜著：《中国通史简编》（修订本）第一编，人民出版社 1958 年版，第 123 页。

等、自由的纯朴道德精神①。这是我们民族古代文化优秀传统的一个不可忽视的重要历史来源。

由于氏族社会的观念、传统、风习的大量存留，中国古代奴隶社会一方面产生了阶级的区分和对立，另一方面这种区分和对立又是和以氏族血缘为基础的上下尊卑的伦理道德关系不可分地结合在一起的。维护和加强这种上下尊卑的伦理道德关系，即是维护和加强奴隶主所推行的严格的等级制度和奴隶主阶级的根本利益。这就使得伦理道德问题成了中国哲学所注视的头等重要的问题，从而又使人的本质问题，特别是人性的善恶问题在中国哲学中占有极为重要的地位。这样，中国哲学和中国美学就在根本上自然而然地联结到一起了。因为美与艺术的问题在根本上是同人的本质问题分不开的。

中国古代哲学关于伦理道德问题有各种不同的学说。但由于在中国古代人与人之间的伦理道德关系和氏族社会以来自然发生的氏族血缘关系不可分，再加上中国古代奴隶社会商品交换很不发达，个人与社会之间的分裂和对立远不如古希腊奴隶社会那么尖锐和严重，因而中国古代哲学差不多完全一致地认为伦理道德是出于人的自然本性，个人与社会的和谐统一是伦理道德的基础。在我国古代哲学家看来，这种统一的实现，主要不是依靠政治法律，而是依靠人与人之间天然发生的一种社会性的伦理道德感情。这一点最为清楚地表现在儒家的"仁"的思想："爱人"、"汛爱众"② 和对"群"的观念的强调中。道家看来对儒家提倡的仁义之道采取了强烈的批判的态度，但这又是由于它看到了儒家所说的仁义之道的实行并未带来真正的仁义，相反却产生了种种虚伪、欺诈、掠夺和不平的现象。道家虽有出世、愤世的一面，但它并不否定个人与社会的和谐统一，仁爱同样是它的根本思想。只不过在它看来，唯有在一个实行自然无为之道的社会里，也就是在它所向往赞美的原始氏族社会里，才会有真正的"孝慈"和

---

① 《马克思恩格斯选集》第 4 卷，人民出版社 1972 年版，第 92~93 页。
② 见《论语》的《颜渊》和《学而》。

"大仁"①。

中国哲学始终不倦地在探求着如何达到一种高度完善的道德境界。而这种道德境界，当它感性现实地表现出来，成为直观和情感体验对象的时候，在中国哲学看来也就是一种审美的境界。孔子所谓"里仁为美"②，孟子所谓"充实之谓美"③，荀子所谓"不全不粹之不足以为美"④，都把美看作是高度完善的道德境界的表现。道家以自然无为的实现为美的最高境界，这是一种绝对自由的境界，但同时也仍然是一种道德精神的境界。因为如上所说，对于道家来说，自然无为之道的实现，同时也是一种最高的道德精神的实现。在中国美学中，道德境界与审美境界是合为一体的，审美境界即是高度完善地实现了的道德境界。这是由于中国哲学把道德原则的实现看作是基于个体内在的社会性心理欲求的，道德原则的实现同时也就是个人与社会的和谐统一的实现。在最高的道德境界中，道德原则转化成了个体内在的社会性心理欲求，它的实现不是出于任何外在的强制，被个体看作是他的全部生命的意义和价值的所在，因而这种境界也就是个体摆脱了动物性的生存欲望和个人私利束缚的一种高度自由的境界，即审美的境界。尽管我们今天对于道德的了解和古人已经有了根本的不同，但革命人民所追求的最高的道德境界，当它以感性直观的形式呈现在我们眼前的时候，它不就同时也是一种审美的境界吗？在不少描写先进人物的优秀的小说、电影中，我们经常在感受着这种与高度的道德境界合而为一的审美境界。

最高的道德境界与审美境界的合一，是中国美学与西方美学很为不同的地方。在西方哲学中，宗教境界经常被看作是比道德境界更高一层的境界。在中国哲学中，最高境界即是最完善的道德境界，同时

---

① 见《老子》第十九章和《庄子·齐物论》。道家赞扬氏族社会，但一点不否认奴隶社会的绝对合理性，而是幻想用氏族社会的方式建立奴隶主阶级的统治。

② 《论语·里仁》。

③ 《孟子·尽心下》。

④ 《荀子·劝学》。

也就是审美的境界，此外再无更高的境界。① 因之，中国美学从来不把美同人世的生活分离开来，不认为最高的美是什么上帝的万能和完善的表现，而总是通过对现世人生的最高道德境界的追求，去达到最高的美的境界。这是中国美学的一大特点，也是一大优点。

由于在中国美学中，审美境界与道德境界是合为一体的，因此又派生出中国美学的一些很值得注意的特点。

第一，理与情的统一。中国哲学把道德原则的实现建立在个体内在的社会性心理欲求上，因此它十分注意审美与艺术活动对人的情感的感化、陶冶和塑造的作用，要求审美与艺术中的情感必须是一种合乎伦理道德的情感。孔子所谓"思无邪"、"乐而不淫，哀而不伤"②，《乐记》所谓"反情以和其志"，《毛诗序》所谓"发乎情，止乎礼义"，都强调了理与情的统一。这是一个重要的观点，因为审美与艺术中的感情，的确不是一种非理性的、动物性的情感，而是一种渗透着深刻理性内容的社会性情感。

第二，理智与直觉的统一。中国哲学高度重视伦理道德问题，但它的目的又不仅仅在于建立一种抽象的道德理论系统，更重要的是在日常的实践行为中，找到一条通向最高人生境界的道路和进行道德修养的具体方法。因之，中国哲学在认识的方法上，既不忽视理智的思考，又很重视个人内在的直觉和体验。因为最高人生境界的达到不能单凭抽象的理智思考，而必须有情感的体验和直观。这种情况，深刻地影响到强调审美境界与道德境界合一的中国美学，使它在审美与艺术创造的问题上始终坚持着理智与直觉的统一，不像近现代西方美学那样，常常用理智去否定直觉（如18世纪法国古典主义美学），或者用直觉去否定理智（如19世纪末叶以来克罗齐等标榜直觉的各种流派）。

第三，外在的感性形式的美与内在的高尚的道德情感的统一。这也就是最先由孔子提出的"文"与"质"的统一。由于中国美学认

---

① 参见李泽厚《中国美学及其他——美国通信》，见刘纲纪主编《美学述林》第一辑，武汉大学出版社1983年版。

② 见《论语》的《为政》和《八佾》。

为美的境界是道德境界的完满实现，因之它认为外在的感性形式的美，只有当它体现着内在的高尚的道德情感时，才是真正有意义、有价值的。这一点，非常鲜明地表现在中国历代成功的艺术作品上。以古代南方楚国的文艺来说，刘勰曾用"惊彩绝艳，难与并能"来形容它的美①，这不仅对楚骚文学，而且对楚国的漆器、丝绸等艺术也是非常之贴切的。但这种艳丽之极的美又渗透着深刻的理性内容和高尚的道德情感，完全不是那种空虚无物的，仅仅给人一些肤浅的感官刺激的美。一般而言，中国艺术的美富于一种深邃的人生哲理，既不脱离现实的丰富生动的感性世界，同时又内在地超越了它，上升到了远比日常的现实世界更高的精神境界。这常常是西方艺术所不能及的。

伦理道德问题是中国哲学最为重视的问题，但这又不是说中国哲学对于自然界的问题毫不关心。在中国古代漫长的奴隶社会中，物质生产以及人民的社会斗争的发展打破了远古氏族社会所存在的神秘的自然崇拜和对人格神的信仰，同时却又保持着氏族社会中那种对人与自然的素朴统一的意识，由此逐步产生和形成了中国哲学的一个根本思想：天人合一。虽然其中还有着不少神秘唯心的东西，各家的说法也不一样，但它终究又非常明白地肯定了人与自然之间并没有一条不可超越的鸿沟，两者是息息相通、和谐一致的。从不把人与自然互相分裂和对立起来这一点来看，中国哲学的这一思想是深刻、伟大的。另一方面，由于中国古代奴隶社会较之于古希腊奴隶社会，商品生产很不发达，从而自然科学也没有得到如古希腊那样充分的发展；反映在哲学上，使得中国哲学对西方哲学极为重视的本体论和认识论问题较少注意研究。即使注意到了和有所研究，最终又常常归结到伦理道德问题上去，目的是为了给解决伦理道德问题作一种自然哲学的论证，社会伦理道德规律常常被说成是以自然规律为根据的。这在儒家的经典《周易》中表现得最为明显。道家提出"道"这个宇宙的本体，其最终目的也仍然是为了解决社会人生的问题。这里无疑存在着中国哲学对自然界的规律和人类认识规律研究不够的缺点，而且把社

---

① 《文心雕龙·辨骚》。

会伦理道德规律看作是同自然规律相通和以自然规律为根据的东西，也显得是一种牵强附会的说法。可是，如果我们从另一角度来看，这些说法表明中国哲学充分地注意到了自然与人的社会精神生活的关系，不是仅仅从自然科学的观点去看人与自然的关系，这又是中国哲学在解决人与自然的关系问题上的一个重大优点。在西方哲学中，人与自然经常被看作是截然不同以至互相对立的东西；在中国哲学中，人与自然却经常被看作是相通的，它不仅与人类的物质生产发生关系，而且还与人类的道德生活、精神生活发生关系。因此，中国哲学所追求的最高的道德境界，同时就是一种人与无限、永恒的自然合为一体的境界。不论我们今天可以指责中国古代哲学对人与自然关系的认识有多少唯心神秘、牵强附会的东西，但恐怕无法否认中国哲学充分肯定了人与自然的统一，而且在说明这种统一时又充分地重视自然与人类社会精神生活的联系，不把自然看作是同人类社会精神生活毫无关系的东西。从这一点来看，我们可以说中国哲学对于马克思所说的"自然的人化"的思想已有了一种素朴的猜测和幼稚的意识。而这，又恰好使中国哲学和中国美学有着一种内在的息息相通的关系。因为美与艺术问题本来是同"自然的人化"的问题不能分离的，自然对人成为美是人在改造自然的漫长的实践中使自然"人化"，同时也使自身的感官、需要、欲望"人化"的结果。① 虽然中国古代哲学还根本不可能基于人类的实践，从理论上清楚明确地认识到这些，但它已在意识的范围内看到了自然具有人的精神的意义和价值。孔子的"智者乐水，仁者乐山"② 的说法第一次清楚地指明了这一点。道家更进一步发展了这一点，把"天地与我并生，万物与我为一"、"静而与阴同德，动而与阳同波"③ 看作是人生的最高境界，同时也就是得"天地之大美"的境界。中国美学以最高的道德境界为最高的美的境界，而这种境界，既是人与社会高度统一的境界，又是人与

---

① 参阅拙著《略论"自然的人化"的美学意义》。
② 《论语·雍也》。
③ 见《庄子》的《齐物论》和《天道》。

自然高度统一的境界，两者是完全一致的。对于中国哲学和中国美学来说，自然既不是神秘崇拜的对象，也不是仅仅满足感官欲望的对象，而是在时间和空间上极为悠远，充满永不衰竭的生命运动，无比壮丽伟大的对象。但人在它的面前又决不是渺小的，相反，人和它处在和谐统一之中。中国哲学和中国美学从来不像西方哲学和美学那样，或拜倒在自然的面前，或主张到超自然的彼岸世界中去寻求永恒和无限。它认为自然本身就是永恒和无限的，而人类生活的永恒和无限就在于与自然达到高度的和谐统一。这常常被中国古代哲学家夸大地说成是所谓"上下与天地同流"①，"赞天地之化育"②，等等。而这种说法，又常常被一些论者简单地指斥为唯心主义的梦呓。其实，在这种说法里，是包含有高扬人的能动性，认为人可以干预支配自然的变化这样一种深刻的思想的。③ 从中国艺术的理论来说，所谓"外师造化，中得心源"④、"思与境偕"⑤、情景交融，始终被认为是艺术创造的重要法则，而其中所包含的根本思想，正是要求自然与人的精神相统一，认为只有在这种统一中才会有美。在表现人与自然的和谐统一上，中国艺术所达到的细腻、深刻、微妙的程度，是世界艺术史上罕见的。

西方哲学，自古希腊以来就一天天陷入人与自然、个体与社会的不可解决的矛盾中。直到近代，这个矛盾依然未能得到解决。恩格斯曾经指出："18世纪并没有克服那种自古以来就有并和历史一同发展起来的巨大对立，即实体和主体、自然和精神、必然性和自由的对立；而是使这两个对立面发展到顶点并达到十分尖锐的程度，以致消灭这种对立成为必不可免的事。"⑥ 但是，直到现在，西方资产阶级哲学仍然深陷在这种对立中而找不到出路。如存在主义把个体和社

---

① 《孟子·尽心上》。
② 《中庸》。
③ 现代科学技术的发展越来越证明了这一点。
④ 见张彦远《历代名画记》卷10。
⑤ 司空图：《与王驾评诗书》，见《司空表圣文集》卷3。
⑥ 《马克思恩格斯全集》第1卷，人民出版社1956年版，第658页。

会、决定论和自由看作是绝对不能相容的东西，就是一个明显的例证。由于西方哲学在长时期内陷入这种对立之中，因而西方美学在解决美与艺术的问题时，经常把人与自然、个体与社会、主观与客观、必然与自由、理性与情感、思维与直觉对立起来。尽管德国古典哲学和美学曾经一度企图努力解决这些对立，但并未真正解决问题。中国哲学和中国美学则不同，虽然它的理论思辨不足，但从古代开始就素朴而明确地肯定了人与自然、个体与社会的统一，因而避免了西方看来是不能解决的种种对立的纠缠，始终认为各种对立的因素是能够而且应当统一起来的，和谐是宇宙的本性。这是中国哲学和中国美学伟大的地方。我们现在已经开始可以看到，在陷入上述种种对立不能自拔的西方现代哲学和美学企图谋求解决这些对立的过程中，中国哲学和中国美学将会一天天为世界所注意，产生它的重要影响。当然，高度和谐的建立是离不开对立双方的矛盾斗争的展开的。在面对这种斗争，充分承认和重视它的不可避免性和合理性这两个方面，中国哲学和中国美学无疑存在重大的弱点。但是，斗争是为了达到和建立和谐，如果脱离和谐去片面地强调斗争，那同样是错误的。和谐虽然离不开斗争，但对和谐的否定同时也就是对美的否定。真正的美，即使在最残酷的斗争中，也仍然一点不放弃对和谐的追求和肯定。脱离和否定和谐的斗争，不过是一种反理性的单纯的破坏，不会有美之可言。中国哲学和中国美学历来以"和"为美，即以个体与社会、人与自然的和谐统一为美。但由于历史的局限，这种"和"是建立在人与自然、个体与社会的一种相当狭隘有限的关系之上的，因而常常带有一种虚幻的超现实的色彩。今天，在现代科学技术高度发展的基础上，在消灭了人对人的剥削和依赖从属关系的社会主义制度基础上，在迈向四个现代化社会主义强国的伟大斗争的基础上，我国人与自然、个体与社会的关系都将发生重大变化，在历史发展的过程中实现我们祖先所不能设想的一种更高的真正的"和"，创造出一种把最深广、自觉和高尚的社会内容同现代最丰富多彩的感性形式结合起来的美，对世界文化的发展作出自己的贡献。

（原载《武汉大学学报》1983 年第 5 期）

中西美学比较方法论的几个问题

马克思、恩格斯在谈到比较解剖学、比较植物学、比较语言学等科学时曾经指出："这些科学正是由于比较和确定了被比较对象之间的差别而获得了巨大的成就，在这些科学中比较具有普遍意义。"① 他们又指出，"法国人、北美洲人、英国人这些大民族无论在实践中或理论中，竞争中或科学中经常彼此比较"。相反，"害怕比较和竞争"是错误的，不利于科学文化的发展。② 显然，这些说法对于美学这门科学来说，同样完全适用。为了开创美学研究的新局面，使我们的美学研究面向世界、面向未来、面向现代化，中西美学的比较研究无疑是应当重视的一个课题。而为了解决好这个课题，方法论的问题值得探讨。

历史的方法

恩格斯说："我们的历史观首先是进行研究工作的指南，并不是按照黑格尔学派的方式构造体系的方法。必须重新研究全部历史，必须详细研究各种社会形态存在的条件，然后设法从这些条件中找出相应的政治、私法、美学、哲学、宗教等等的观点。"③ 我认为中西美学比较研究要取得真有科学价值的成果，首先必须遵循恩格斯所指出的这个历史唯物主义的方法。只有认真深入地研究了中西美学产生的不同历史条件，才可能真正从总体上、实质上把握住中西美学的不同

①② 《德意志意识形态》（单行本），人民出版社 1961 年版，第 508 页。
③ 《马克思恩格斯选集》第 4 卷，人民出版社 1972 年版，第 475 页。

特征，认识两者各自具有的优点和缺点、特长和局限，作出恰当的分析，抓住规律性的东西。否则所谓比较就会停留在字句上、现象上，满足于外在的简单的类比。这种脱离具体历史的、肤浅的、形式主义的比较法是没有多大价值的。

例如，我们要把中国先秦美学和西方古希腊美学加以比较，就不能不对中国先秦社会和西方古希腊社会的历史分别加以研究。这种研究常常超出了美学的范围，涉及许多看来和美学没有什么关系，但却又不能不加以研究的问题。这种研究越是深入，我们对先秦美学和古希腊美学的实质特征的认识就会越深入。例如，先秦美学和古希腊美学都讲到美与和谐的关系问题，但由于历史条件的不同，古希腊美学所讲的和谐主要是同对自然本身的属性、形式、结构的观察研究相联系的，先秦美学所讲的和谐则主要是同人事政治的恰当处理、社会政治伦理道德理想的完满实现相联系的。而且古希腊的艺术理论，如亚里士多德的《诗学》，并不把破坏和谐的尖锐的矛盾冲突排斥在艺术之外，而认为这也是艺术可以和应当加以描写的。中国先秦的艺术理论则不同，它在绝大多数情况下都以追求和谐为最高理想。如果我们要追溯中西古代美学对于和谐以及其他美学范畴的理解为什么会如此不同，并对两者作出历史的分析评价，那就不能不深入地去分析中国先秦社会和古希腊社会的不同特点。关于这个问题，我曾在一些文章中作过一些粗略的说明，这里不再赘述。

中西美学比较中历史方法的应用，还表现在同一概念、范畴、命题是历史地发展着的，在不同的历史阶段上有着不同的涵义。如果脱离历史的发展去看待这些概念、范畴、命题，那就不可能抓住它们的具体历史的内容，当然也就不可能对中西美学作出符合历史实际的比较分析。马克思指出："……哪怕是最抽象的范畴，虽然正是由于它们的抽象而适用于一切时代，但是就这个抽象的规定性本身来说，同样是历史关系的产物，而且只有对于这些关系并在这些关系之内才具有充分的意义。"① 例如，中国古代美学经常是联系着人的本质来论

---

① 《马克思恩格斯选集》第2卷，人民出版社1972年版，第107～108页。

述美与艺术问题的，但在不同的历史阶段上情况又各不相同。大致而言，从先秦到两汉，中国古代美学所强调的是儒家一再宣扬的普遍永恒的伦理道德同美与艺术的一致性，很少谈到个体的不同的性格才情的作用。到了魏晋，以刘邵的《人物志》为标志，个体的不同的性格才情被突出地强调起来，并对文艺和美学产生了巨大的影响。中唐以后，随着封建社会内在矛盾的加深，禅宗哲学的兴起及其影响的扩大，这时的文艺和美学不仅强调个体的性格才情，而且不断地强调"我"在艺术创造与欣赏中的作用。这在晚唐、五代、宋代、元代的诗、文、绘画、书法理论中都有明显的表现。到了明中叶后期和清代前期，李贽、袁宏道、汤显祖、袁枚、石涛等人也都很强调"我"的作用，力主独创。但由于这时已出现了资本主义的萌芽，因而李贽等人对"我"的强调，虽然还不可能完全突破封建伦理道德的藩篱，却已经或多或少带有近代资本主义个性解放的气息了。和上述的历史变化相适应，先秦两汉的美学强调"志"，魏晋美学强调"韵"，晚唐以后的美学强调"意"。当然，自先秦以来和儒家宣扬的伦理道德相联系的"志"，在两汉以后仍然延续了下来，并且始终被统治阶级置于首要地位，但在不同的历史时期情况也各不相同。大致而言，盛唐时期先秦儒家美学的积极方面得到了充分的发展，此后则消极方面日益严重地表现出来，成为主导的方面。以上这些概略的、不见得完全精当的分析可以说明，我们对中国古代美学中各个概念、范畴、命题都应当放到特定历史条件下去加以考察。至于中国古代美学中同一个范畴，如"神"、"气"、"理"等等，在不同历史时期有着不同的涵义，这更是很清楚的，同样需要作历史的具体的分析。再就艺术作品而言，如陶潜、王维、范成大都写田园诗，但三者的情况是很不一样的。离开了历史的具体的分析，我们将永远不能真正懂得中国古代艺术和美学的实质，并对之作出科学的分析评价。而为了进行历史的具体的分析，我以为研究中国艺术史、美学史的人，不应局限在自己所从事的专业范围内，而应当不惜花费力气去研究中国的经济史、政治史、思想史、文化史。综合性的研究是现代科学发展的一个重要趋势。把自己囚禁在一个狭窄的范围内，缺乏广阔的视野，是很难在科学上有所突破的。

辩证的方法

在历史的方法中就包含着辩证的方法，两者不能分离。但相对说来，辩证的方法又有其独立的意义。所谓辩证的方法，从中西美学的比较研究来说，我以为最重要的是在分析中西美学时，要看到两者对各个问题的解决都包含着对立而又统一的两个方面。我们既要同时看到这两个方面，又要找出中西美学各自所侧重的方面。

世界各民族的艺术和美学的发展既有由自然条件和历史条件的不同所造成的差异性，又有由人类历史发展的一般规律所决定的共同性。因此，中西美学的比较研究总是离不开异中求同，同中求异。两者的相同之处，在于中西美学对同一问题的解决不可能脱离人类艺术发展的一般规律。而这种解决，只要加以分析，就可看出其中包含着对立而又统一的两个方面。但由于中西美学所强调的方面不同，于是就产生出两者的差异。看不到这一点，就会陷入片面性，把中西美学互不相容地对立起来，得出不符合实际的简单化的结论。

例如，再现与表现的问题是中西美学比较中经常碰到的一个重要问题。我们可不可以说西方美学只讲再现，中国美学只讲表现呢？我认为不能这样说。在我看来，任何艺术都是再现与表现的统一，而表现归根结底也是对现实的反映，不是艺术家头脑中主观自生的东西。由于历史条件的不同，中国古代美学是侧重于表现的，但并非不要再现或没有再现。拿中国的书法艺术来说，它可以说是最富于表现性的艺术了。但我国历代绝大多数书法家和书法理论家、批评家都一再指出中国书法美的创造是有其现实的根据和来源的。强调表现，但又不否定再现，这正是我国古代美学杰出的地方。西方美学在十九世纪后半期之前，的确是强调再现的，但我们能说古希腊的雕塑、悲剧，欧洲文艺复兴时期至十九世纪上半期的绘画、文学统统都只有再现而没有表现吗？历史的情况是复杂的，我们说中国古代美学侧重于表现，西方19世纪后半期以前的美学侧重于再现，只是就其主要方面而言

820

的。至于具体到各个不同历史时期的艺术和美学，还必须作历史的具体的分析。如欧洲中世纪的绘画，也是十分重视表现的。另外，同样是再现或表现，中西艺术和美学也各有不同的特点，需要进行深入细致的分析。

和再现与表现的问题相关，还有一个两者孰高孰低的问题。可不可以简单地说，不论在任何情况下，表现必定高于再现呢？我认为这仍然是缺乏历史的、辩证观念的看法。应当说，再现与表现各有其特长与局限，它们不应当互相取代，而应当互相补充。至于在不同的时代，或侧重于再现，或侧重于表现，或两者相对地均衡，这又是由种种复杂的历史因素所决定的。我们应力求历史地辩证地把握再现与表现的关系。对于其他问题，也应如此对待。

逻辑的方法

我们所了解的逻辑的方法，同上述历史的方法和辩证的方法是不能分离的，但又有其独立性。在中西美学的比较中，逻辑的方法的应用首先在于要尽可能精确地分析中西美学中各种概念、范畴、命题的涵义。没有这种分析，所谓比较就会是混乱的、想当然的。

对于西方美学，这种分析看起来是比较容易的，因为西方美学对于各种概念、范畴、命题的确有比中国美学更为清晰明确的界定。但是，如果对西方哲学缺乏马克思主义的分析解剖，那也很难抓住西方美学中各种概念、范畴、命题的实质，给以科学的分析评价。例如，康德、黑格尔的美学看来是十分系统的，各个概念、范畴、命题都作出了明确的定义和论证，但要对它作出真正科学的分析评价，并不是一件轻而易举的事。

谈到中国美学，人们常常感到它是素朴的、直观的、经验的、缺乏精确的定义和系统的论证。这确实是一个弱点。但如果因此就认为中国美学纯粹是经验性的，没有深刻的理论，甚至认为它还够不上称为美学，那是错误的。在我看来，中国美学和中国哲学的思维形态，既不是单纯经验性的，也不是单纯思辨性的，而是处于二者之间，感性的直观和理性的思辨、微观的审察和宏观的把握相互交融。因此，中国美学看起来是感性直观的，缺乏系统的分析论证，同时却又包含着不比西方美学逊色的深广的哲理，而且有其内在的理论结构。全部问题在于我们要善于从中把那些和感性的直观直接结合在一起的深刻的理论分析出来，给以现代科学语言的阐述。而要做到这一点，我以为需要注意以下几个问题：

第一，要对马克思主义的哲学和美学有比较系统深入的了解。这是我们科学地分析中国美学不可缺少的解剖刀。

第二，要借鉴西方近现代美学研究的成果。因为中国古代美学所提出和发表了深刻见解的许多重大问题（如包含在禅宗美学中的"顿悟"、直觉问题，先秦以来就不断在讨论的"言"、"意"问题，等等），西方近现代美学在不同程度上都作了系统的研究分析，可以帮助我们去观察、了解、分析中国古代美学。这丝毫不意味着用西方美学去硬套中国美学，而是说有了对西方近现代美学的了解，我们就易于看清中国古代美学所提出的各种问题的理论实质，以及它对这些问题的解决与西方美学的不同之点。不然，就很难对中国古代美学作出现代的科学分析。而所谓对中国古代美学的研究就只能停留在引述、罗列、考证古人的说法上。用古人的话去解释古人的话，说来说去还是使人不知古人的话从现代科学的观点看来其理论的实质究竟是怎样的，也不能使中国古代美学为世界各国的美学家和美学研究者所理解，促进中外美学的交流。这样一种研究，只能使中国古代美学永远保持着一种含混不清、神秘莫测、只可意会不可言传的状态。在现代科学飞速发展的今天，这种研究方法应当改一改了。

第三，要深入研究中国古代哲学。因为中国美学同中国哲学是密不可分地联系在一起的，没有对中国哲学的深入研究就不可能真正理解中国美学。先秦诸子的美学和他们的哲学的密切联系不必说了，就是到了后世，许多关于诗、文、画、音乐、书法的理论也是同特定历史时期的哲学密切联系在一起的。不懂得魏晋玄学的实质及其发展过程，不但不可能真正懂得嵇康的音乐理论所包含的美学思想，恐怕也很难真正懂得刘勰的《文心雕龙》、钟嵘的《诗品》中的美学思想。

不懂得中唐以后禅宗哲学的实质及其发展，对司空图、苏轼、黄庭坚、严羽以至石涛等人的美学思想同样不可能有真正深入的了解。我们对中国美学的研究水平，很大程度上决定于我们对中国哲学的研究水平。

第四，要看到中国古代美学的许多概念、范畴经常具有多重的涵义。这就要求我们对同一个概念、范畴要从不同的侧面或不同层次上去加以分析解剖，不要仅仅从字面上去看问题。例如，"气"这个概念，既可以指艺术家内心中一种崇高的道德精神（如孟子所谓"浩然之气"），也可以指艺术家的个性气质（如曹丕《典论·论文》中所说的"气"），还可以指艺术家创作时的某种精神状态（如刘勰所谓"阮籍使气以命诗"），以及作品的气势、风格，等等。此外，同样是讲"气"，儒家与道家的讲法又各有不同。所有这些，都是需要加以细致严密的分析界定的。

末了还想谈谈系统论等方法的应用问题。对于现代科学的发展所提出的各种方法，我们都应加以研究，不能闭目塞听，墨守成规。但是，任何一种新的方法，如果它是正确有效的，都不可能违反马克思主义所说的历史的、辩证的、逻辑的方法，而只能是马克思主义哲学的方法在现代科学条件下的具体化和发展。相反，如果某种方法在根本上违背了马克思主义哲学方法论的基本原则，我认为这种方法就不可能是正确有效的。我们固然应当大力研究各种新的方法，并且大胆地尝试应用它，但不必无条件地崇拜它，而应当批判地对待它。不要为新而新，更不要在方法的应用上搞形式主义。常见有些文章，在方法上采取了系统论或控制论的方法，但在内容上并没有什么新的东西，只不过把大家早已知道的论点套进了系统论或控制论的模式。从表述方法上看好像很新，就实质内容来说并没有什么新。我想，我们在方法上首先还是要致力于掌握马克思主义哲学的基本方法，并把它具体应用到实际的研究工作中去。这样才可望在科学研究上真正有所创新，也才能正确地对待和吸取其他各种方法为我所用。忽视对马克思主义哲学的基本方法的掌握，甚或以为这种方法已经过时，认为只要应用西方现代提出的某种方法，就会立刻在美学研究上出现奇迹，这种想法是不切实际的。马克思主义哲学的方法是其他各种具体方法的根本，借用魏晋玄学大师王弼关于"本"与"末"的关系的论述来讲，我们应当以本统末，而不应当舍本逐末。

（原载《中西美学艺术比较》，湖北人民出版社 1986 年版）